# 电力工程设计手册

01 火力发电厂总图运输设计
02 火力发电厂热机通用部分设计
03 火力发电厂锅炉及辅助系统设计
04 火力发电厂汽轮机及辅助系统设计
05 火力发电厂烟气治理设计
06 燃气-蒸汽联合循环机组及附属系统设计
07 循环流化床锅炉附属系统设计
08 火力发电厂电气一次设计
09 火力发电厂电气二次设计
10 火力发电厂仪表与控制设计
11 火力发电厂结构设计
12 火力发电厂建筑设计
13 火力发电厂水工设计
14 火力发电厂运煤设计
15 火力发电厂除灰设计
16 火力发电厂化学设计
17 火力发电厂供暖通风与空气调节设计
18 火力发电厂消防设计
19 火力发电厂节能设计

20 架空输电线路设计
21 电缆输电线路设计
22 换流站设计
23 变电站设计

24 电力系统规划设计
25 岩土工程勘察设计
26 工程测绘
27 工程水文气象
28 集中供热设计
29 技术经济
30 环境保护与水土保持
31 职业安全与职业卫生

# 电力工程设计手册

## 工程水文气象

中国电力工程顾问集团有限公司　编著

# Power Engineering Design Manual

中国电力出版社

## 内容提要

本书是《电力工程设计手册》系列手册中的一个分册，系统地介绍了电力工程水文气象的资料收集、现场查勘、分析计算及成果整理等方面的工作内容，可满足火力发电厂、输电线路、变电站、换流站，以及风力发电场、太阳能电站、电力通信工程等电力工程各阶段水文气象勘测设计要求。

本书内容完整全面，结构体系合理，方法简单实用，计算步骤具体，案例资料丰富，系统性、针对性、实用性强。

本书是电力工程水文气象专业工程技术人员必不可少的工具书，也可作为其他行业从事工程水文、工程气象、给排水设计等专业工程技术人员及大专院校相关专业师生的参考书。

**图书在版编目（CIP）数据**

电力工程设计手册. 工程水文气象 / 中国电力工程顾问集团有限公司编著. —北京：中国电力出版社，2017.5（2018.5 重印）
ISBN 978-7-5198-0193-9

Ⅰ. ①电… Ⅱ. ①中… Ⅲ. ①电力工程–水文气象学–技术手册 Ⅳ. ①TM7–62②P339–62

中国版本图书馆 CIP 数据核字（2016）第 318921 号

审图号：GS（2017）747 号

出版发行：中国电力出版社
地　　址：北京市东城区北京站西街 19 号（邮政编码 100005）
网　　址：http://www.cepp.sgcc.com.cn
印　　刷：北京盛通印刷股份有限公司
版　　次：2017 年 5 月第一版
印　　次：2018 年 5 月北京第二次印刷
开　　本：787 毫米×1092 毫米　16 开本
印　　张：31.25
字　　数：1105 千字
印　　数：1001—2000 册
定　　价：176.00 元

## 《工程水文气象》
## 编写组

**主　　编**　胡昌盛

**副 主 编**　刘德平　姚　鹏　晋明红　欧子春　张性慧　胡进宝
饶贞祥

**参编人员**（按姓氏笔画排序）
王　亮　王晓霞　田文文　刘　柱　苏义全　李　舜
李卫林　张文杰　陈全勇　赵永胜　段文辉　桂红华
郭新春　黄传华　崔西刚　辜俊波

## 《工程水文气象》
## 编辑出版人员

**编审人员**　罗翠兰　高　芬　张　妍　郭丽然　董艳荣　丰兴庆
华　峰　姜　萍

**出版人员**　王建华　李东梅　邹树群　黄　蓓　太兴华　陈丽梅
郑书娟　王红柳　张　娟

# 序言

改革开放以来，我国电力建设开启了新篇章，经过30多年的快速发展，电网规模、发电装机容量和发电量均居世界首位，电力工业技术水平跻身世界先进行列，新技术、新方法、新工艺和新材料的应用取得明显进步，信息化水平得到显著提升。广大电力工程技术人员在30多年的工程实践中，解决了许多关键性的技术难题，积累了大量成功的经验，电力工程设计能力有了质的飞跃。

党的十八大以来，中央提出了“创新、协调、绿色、开放、共享”的发展理念。习近平总书记提出了关于保障国家能源安全，推动能源生产和消费革命的重要论述。电力勘察设计领域的广大工程技术人员必须增强创新意识，大力推进科技创新，推动能源供给革命。

电力工程设计是电力工程建设的龙头，为响应国家号召，传播节能、环保和可持续发展的电力工程设计理念，推广电力工程领域技术创新成果，推动电力行业结构优化和转型升级，中国电力工程顾问集团有限公司编撰了《电力工程设计手册》系列手册。这是一项光荣的事业，也是一项重大的文化工程，对于培养优秀电力勘察设计人才，规范指导电力工程设计，进一步提高电力工程建设水平，助力电力工业又好又快发展，具有重要意义。

中国电力工程顾问集团有限公司作为中国电力工程服务行业的“排头兵”和“国家队”，在电力勘察设计技术上处于国际先进和国内领先地位。在百万千瓦级超超临界燃煤机组、核电常规岛、洁净煤发电、空冷机组、特高压交直流输变电、新能源发电等领域的勘察设计方面具有技术领先优势。中国电力工程顾问集团有限公司还在中国电力勘察设计行业的科研、标准化工作中发挥着主导作用，承担着电力新技术的研究、推广和国外先进技术的引进、消化和创新等工作。

这套设计手册获得了国家出版基金资助，是一套全面反映我国电力工程设计领域自有知识产权和重大创新成果的出版物，代表了我国电力勘察设计行业的水平和发展方向，希望这套设计手册能为我国电力工业的发展作出贡献，成为电力行业从业人员的良师益友。

汪建平

2017年3月18日

# 总前言

电力工业是国民经济和社会发展的基础产业和公用事业。电力工程勘察设计是带动电力工业发展的龙头，是电力工程项目建设不可或缺的重要环节，是科学技术转化为生产力的纽带。新中国成立以来，尤其是改革开放以来，我国电力工业发展迅速，电网规模、发电装机容量和发电量已跃居世界首位，电力工程勘察设计能力和水平跻身世界先进行列。

随着科学技术的发展，电力工程勘察设计的理念、技术和手段有了全面的变化和进步，信息化和现代化水平显著提升，极大地提高了工程设计中处理复杂问题的效率和能力，特别是在特高压交直流输变电工程设计、超超临界机组设计、洁净煤发电设计等领域取得了一系列创新成果。“创新、协调、绿色、开放、共享”的发展理念和实现全面建设小康社会奋斗目标，对电力工程勘察设计工作提出了新要求。作为电力建设的龙头，电力工程勘察设计应积极践行创新和可持续发展思路，更加关注生态和环境保护问题，更加注重电力工程全寿命周期的综合效益。

作为电力工程服务行业的“排头兵”和“国家队”，中国电力工程顾问集团有限公司是我国特高压输变电工程勘察设计的主要承担者，包括世界第一个商业运行的 1000kV 特高压交流输变电工程、世界第一个±800kV 特高压直流输电工程等；是我国百万千瓦级超超临界燃煤机组工程建设的主力军，完成了我国 70%以上的百万千瓦级超超临界燃煤机组的勘察设计工作，创造了多项“国内第一”，包括第一台百万千瓦级超超临界燃煤机组、第一台百万千瓦级超超临界空冷燃煤机组、第一台百万千瓦级超超临界二次再热燃煤机组等。

在电力工业发展过程中，电力工程勘察设计工作者攻克了许多关键技术难题，积累了大量的先进设计理念和成熟设计经验。编撰《电力工程设计手册》系列手册可以将这些成果以文字的形式传承下来，进行全面总结、充实和完善，引导电力工程勘察设计工作规范、健康发展，推动电力工程勘察设计行业技术水平提升，助力勘察设计从业人员提高业务水平和设计能力，以适应新时期我国电力工业发展的需要。

2014 年 12 月，中国电力工程顾问集团有限公司正式启动了《电力工程设计手册》系列手册的编撰工作。《电力工程设计手册》的编撰是一项光荣的事业，也是一项艰巨和富有挑战性的任务。为此，中国电力工程顾问集团有限公司和中国电力出版社抽调专人成立了编辑委员会和秘书组，投入专项资金，为系列手册编撰工作的顺利开展提供强有力的保障。在手册编辑委员会的统一组织和领导下，700 多位电力勘察设计行业的专家学者和技术骨干，以高度的责任心和历史使命感，坚持充分讨论、深入研究、博采众长、集思广益、达成共识的原则，以内容完整实用、资料翔实准确、体例规范合理、表达简明扼要、使用方便快捷、经得起实践检验为目标，参阅大量的国内外资料，归纳和总结了勘察设计经验，经过几年的反复斟酌和锤炼，终于编撰完成《电力工程设计手册》。

《电力工程设计手册》依托大型电力工程设计实践，以国家和行业设计标准、规程规范为准绳，反映了我国在特高压交直流输变电、百万千瓦级超超临界燃煤机组、洁净煤发电、空冷机组等领域的最新设计技术和科研成果。手册分为火力发电工程、输变电工程和通用三类，共 31 个分册，3000 多万字。其中，火力发电工程类包括 19 个分册，内容分别涉及火力发电厂总图运输、热机通用部分、锅炉及辅助系统、汽轮机及辅助系统、燃气-蒸汽联合循环机组及附属系统、循环流化床锅炉附属系统、电气一次、电气二次、仪表与控制、结构、建筑、运煤、除灰、水工、化学、供暖通风与空气调节、消防、节能、烟气治理等领域；输变电工程类包括 4 个分册，内容分别涉及变电站、架空输电线路、换流站、电缆输电线路等领域；通用类包括 8 个分册，内容分别涉及电力系统规划、岩土工程勘察、工程测绘、工程水文气象、集中供热、技术经济、环境保护与水土保持和职业安全与职业卫生等领域。目前新能源发电蓬勃发展，中国电力工程顾问集团有限公司将适时总结相关勘察设计经验，编撰新能源等系列设计手册。

《电力工程设计手册》全面总结了现代电力工程设计的理论和实践成果，系统介绍了近年来电力工程设计的新理念、新技术、新材料、新方法，充分反映了当前国内外电力工程设计领域的重要科研成果，汇集了相关的基础理论、专业知识、常用算法和设计方法。全套书注重科学性、体现时代性、增强针对性、突出实用性，可供从事电力工程投资、建设、设计、制造、施工、监理、调试、运行、科研等工作者使用，也可供相关教学及管理工作者参考。

《电力工程设计手册》的编撰和出版，是电力工程设计工作者集体智慧的结晶，展现了当今我国电力勘察设计行业的先进设计理念和深厚技术底蕴。《电力工程设计手册》是我国第一部全面反映电力工程勘察设计的系列手册，难免存在疏漏与不足之处，诚恳希望广大读者和专家批评指正，如有问题请向编写人员反馈，以期再版时修订完善。

在此，向所有关心、支持、参与编撰的领导、专家、学者、编辑出版人员表示衷心的感谢！

《电力工程设计手册》编辑委员会

2017年3月10日

# 前言

《工程水文气象》是《电力工程设计手册》系列手册之一。

本书遵循水文学及气象学的科学理论，较系统地总结了新中国成立以来，特别是2000年以后电力工程水文气象勘测设计的经验和研究成果，全面梳理了电力勘察设计行业最新的设计标准和规程规范要求，并广泛参考了水利水电、铁道、公路交通等部门的相关规程规范和工程实践经验，根据电力工程水文气象勘测设计工作的特点，从理论分析到实际操作，系统地介绍了电力工程水文气象的工作内容、查勘、观测和分析计算等，较好反映了新理论、新方法、新技术和新标准要求，内容完整全面，结构体系合理，方法简明实用，计算步骤具体，案例资料丰富，系统性、针对性、实用性强。

本书分为工作内容及深度要求、水文气象调查、水文气象观测、相关分析与频率计算、供水水源、设计洪水、小流域设计暴雨洪水、泥沙与河床演变、海洋水文、气象共十章。本书是电力工程水文气象专业工程技术人员必不可少的工具书，可满足火力发电厂、输电线路、变电站、换流站及风力发电场、太阳能电站、电力通信工程等电力工程各阶段水文气象勘测设计的要求。本书也可作为其他行业从事工程水文、工程气象、给排水设计等专业工程技术人员及大专院校相关专业师生的参考书。

本书主编单位为中国电力工程顾问集团中南电力设计院有限公司，参加编写的单位有中国电力工程顾问集团东北电力设计院有限公司、中国电力工程顾问集团华东电力设计院有限公司、中国电力工程顾问集团西北电力设计院有限公司、中国电力工程顾问集团西南电力设计院有限公司、中国电力工程顾问集团华北电力设计院有限公司等。本书由胡昌盛担任主编；刘德平、姚鹏、晋明红、欧子春、张性慧、胡进宝、饶贞祥担任副主编；饶贞祥负责编写前言；田文文编写第一章；张性慧、王亮、刘柱编写第二章；段文辉、姚鹏、郭新春编写第三章；赵永胜、陈全勇编写

第四章；胡昌盛、田文文、黄传华编写第五章；刘德平、张文杰、桂红华编写第六章；欧子春、段文辉、崔西刚编写第七章；李卫林、胡进宝、王晓霞编写第八章；姚鹏、李舜、辜俊波编写第九章；晋明红、郭新春、苏义全编写第十章。

在本书编写过程中，参考了《电力工程水文气象计算手册》(2011年10月湖北科技出版社出版）的数据和资料，在此向参加《电力工程水文气象计算手册》编写的单位及个人表示由衷的感谢。

《工程水文气象》编写组

2017年2月

# 目　录

# 第一章

# 工作内容及深度要求

工程水文气象是一个包含陆地水文、海洋水文、水资源和气象等学科内容的综合性专业，是电力工程勘测设计的基础性专业，为电力工程勘测设计提供水文气象方面的设计参数和条件，在发电、输电线路、变电、新能源等各类电力工程中发挥着重要作用。

随着社会经济的快速发展，电力工程建设蓬勃发展，电力建设形势发生了深刻变化。电力工程设计中需要考虑的因素不断拓宽，更加关注生态和环境保护问题，更加注重工程的综合效益以及项目的运行管理和安全，对水文气象条件的要求也越来越多、越来越细。与此同时，电力行业科学技术也取得了明显进步，电力工程设计技术和手段有了较大改进和完善，新技术和新方法层出不穷，信息化和现代化水平显著提升，新形势对工程水文气象专业也提出了新的要求。对电力工程水文气象专业的工作内容及深度要求也随之进一步完善与深化。

电力工程勘测设计分阶段开展，一般勘测设计程序是：初步可行性研究—可行性研究—初步设计—施工图设计。工程水文气象作为电力工程勘测设计的基础专业，根据设计专业对水文气象专业的任务要求，参与上述全部或部分勘测设计过程，提供满足各阶段勘测设计内容与深度要求的水文气象资料。水文气象资料短缺、条件复杂，且对工程影响较大时，宜开展相应的水文气象专题研究。

水文气象勘测设计应以区域内水文气象观测和调查资料为主要依据，并根据需要进行水文测验或设立水文气象专用站，获取工程有代表性的水文气象资料。水文气象资料应首先进行可靠性、一致性和代表性分析，验证其合理性。水文气象分析计算成果及结论，应对依据的基本资料、主要计算环节及参数，结合当地具体条件和水文气象情势特性，进行多方面的分析检查，论证其安全性、合理性。当电力工程遭遇异常水文气象灾害事件时，应及时赴现场查明灾害情况，对水文气象原设计成果进行复核，必要时予以订正，并提出对策措施和建议。水文气象要素的单位及取用精度一览表见附录A。

依据不同工程类型，水文气象专业参与的工程阶段及侧重点各有不同。以下按照发电类、输电线路类、变电类和新能源类四类工程，分别介绍其各勘测设计阶段的水文气象工作内容及深度要求。同时，在广泛收资、调研基础上，整编形成各类工程报告目录模板，以供参考。

## 一、发电类工程工作内容及深度要求

对于发电类工程，水文气象专业参与初步可行性研究、可行性研究、初步设计和施工图设计共四个阶段的勘测设计工作。发电类工程报告目录模板参见附录B。

### （一）初步可行性研究阶段

初步可行性研究阶段水文气象勘测设计的基本任务是初步落实建厂的水文气象条件。本阶段工作以搜集资料、踏勘、调查为主，初步统计分析有关水文气象要数的特征值和设计值，对可能会给厂址造成颠覆性的水文气象要素进行重点论证，从水文气象条件角度，对各厂址可行性进行分析比较，提出水文气象存在的主要问题及对下阶段工作的建议。

1. 水文

应根据 DL/T 5084《电力工程水文技术规程》的有关规定，充分搜集当地水文资料和进行现场踏勘，统计分析如下水文条件：

（1）分析各拟选厂址可能受到的洪水影响，对厂址防洪安全进行初步分析，估算各厂址的设计洪（潮）水、内涝、波浪等设计条件；滨河、滨海厂址应对河岸、海岸侵蚀对厂址的影响进行初步分析。

（2）对取、排水口所在水域的河床或海床演变、水深维持条件进行初步分析。

（3）对拟选灰场的防洪、排水、坝址河床或海床稳定性进行初步分析。

（4）提出各拟选厂址的水文条件分析估算成果，说明存在的主要问题及对下阶段工作的建议。

2. 气象

应按照 DL/T 5084《电力工程水文技术规程》和

DL/T 5158《电力工程气象勘测技术规程》的有关规定，搜集各厂址区域的相关气象资料，统计提供如下气象条件：

（1）厂址区域气候特点及代表性气象站分析。

（2）气压、气温、相对湿度、降水、蒸发、风和其他有关气象要素的累年年特征值。

（3）全年风向频率玫瑰图。

3. 水源

应说明各厂址的供水水源及冷却方式、冷却水量、补给水量及生活用水量，并搜集各供水水源的相关水文资料，初步分析现状及规划条件下设计保证率枯水年份火力发电厂的用水合理性与可靠性，经比较提出推荐的供水水源方案、存在的主要问题及对下阶段工作的建议。各供水水源须取得水行政主管部门原则同意使用该水源的文件，并初步明确允许取水量。

根据国家产业政策，在北方缺水地区，新建、扩建电厂禁止取用地下水，严格控制使用地表水，鼓励利用城市污水处理厂的再生水或其他废水。因此，北方缺水地区的火电建设项目，应当优先使用再生水、矿井排水等作为补给水源。

各类型供水水源的具体规定详见 DL/T 5084《电力工程水文技术规程》、DL/T 5374《火力发电厂初步可行性研究报告内容深度规定》等规程规范。

（二）可行性研究阶段

可行性研究阶段水文气象勘测设计的基本任务是落实水文气象建厂条件。本阶段应全面搜集水文气象资料及相关规划设计资料，对可能影响建厂的主要水文气象要素进行深入水文气象查勘和必要的专题研究，经分析计算，全面提供工程所需的水文气象设计参数和条件，对电厂各厂址的防洪安全性、水源可靠性、取排水适宜性等进行评价，提出水文气象存在的主要问题及对下阶段工作的建议。

本阶段应根据需求开展有关水文气象原体观测和专题研究，如水资源论证、防洪影响评价、海域使用论证、通航论证、温排水数学和物理模型试验、泥沙数学和物理模型试验、水文测验、水文气象专用站建站观测等。

1. 水文

应根据 DL/T 5084《电力工程水文技术规程》的有关规定，在初步可行性研究工作基础上，针对可研厂址方案，进一步补充搜集相关水文资料，进行详细的现场水文查勘、测量，并结合已有的专题研究成果，分析提供如下水文条件：

（1）根据拟选厂址特点，对厂址防洪安全进行详细论证，分析计算厂址设计洪（潮）水、内涝、波浪等设计条件；滨河、滨海厂址存在明显的河岸、海岸侵蚀时，应就其对厂址的影响进行定量分析。

（2）对取、排水口的设计洪、枯水及水深条件进行分析，计算设计洪、枯水位，提出电厂维持水深条件的措施方案或设想；对取水水域的河床或海床演变进行分析，若冲淤幅度较大，应定量提供最大冲淤值。

（3）对拟选灰场的防洪、排水、坝址河床或海床稳定性进行分析，计算灰场设计洪水。

（4）对取水河段的泥沙、水温、冰情等特征值进行统计，如采用直流循环冷却方式，应计算设计水温。

（5）提出各厂址的水文条件分析计算成果，说明存在的问题及建议。

2. 气象

根据 DL/T 5084《电力工程水文技术规程》和 DL/T 5158《电力工程气象勘测技术规程》的有关规定，按照设计任务书要求，全面搜集各厂址区域的相关气象资料，根据气象站最近30年以上气象观测资料进行统计，并深入查勘对厂址有重要影响的气象要素，提供以下全部或部分气象条件：

（1）厂址区域气候特点及代表性气象站分析。

（2）气压、气温、湿度、降水、蒸发、风和其他有关气象要素的累年年特征值和累年逐月特征值。

（3）全年、夏季、冬季风向频率玫瑰图。

（4）设计风速及相应风压。

（5）最近5年最炎热时期（连续3个月）累积频率为10%的湿球温度及其相应的日平均干球温度、气压、风速。

（6）30年一遇极端最低气温。

（7）暴雨强度公式。

（8）雪压及其他气象要素。

对采用空冷机组的火力发电厂，还应收集气象站最近10年的逐时风速、风向和气温资料，统计空冷气象条件，必要时还应在厂址建立空冷气象观测站进行对比分析。应提供的空冷气象条件主要包括：

（1）典型年逐时干球温度累积小时数统计表及累积频率曲线。

（2）最近10年全年和最炎热时期各风向频率、平均风速、最大风速统计成果表及其风向频率玫瑰图。

（3）最近10年全年和最炎热时期风速大于3m/s的各风向频率、平均风速、最大风速统计成果表及其风向频率玫瑰图。

（4）最近10年全年和最炎热时期气温大于或等于26℃，且10min平均风速大于或等于3、4、5m/s的各风向频率、平均风速、最大风速统计成果表及其风向频率玫瑰图。

3. 水源

可行性研究阶段应根据工程方案，补充搜集各供水水源的最新水文资料，根据拟采用的冷却方式、冷却水量及补充水量，分析现状及规划条件下设计保证率枯水年份火力发电厂用水的可靠性，确保火力发电厂水源落实可靠。应根据要求，由业主委托相关单位编制水资源论证报告并通过评审，取得经水行政主管部门批复的取水许可。水源分析应与水资源论证报告编制单位沟通配合，若水资源论证报告已完成审批，应以水资源论证审批结论为准。

各类型供水水源的具体规定详见 DL/T 5084《电力工程水文技术规程》、DL/T 5375《火力发电厂可行性研究报告内容深度规定》等规程规范。

（三）初步设计阶段

初步设计阶段水文气象勘测设计的基本任务是确定水文气象设计参数和条件。在厂址已经审定的基础上，根据确定的工程设计方案要求，补充必要的水文气象查勘和专题研究，对可行性研究阶段提出的设计成果进一步补充、复核，确定厂址水文气象设计参数和条件，主要包括以下内容：

（1）确定厂址设计洪（潮）水。

（2）确定取水口设计洪、枯水。

（3）取水水域的河床或海床演变较大或受人类活动影响较大时，应进一步对河床或海床稳定性进行分析。

（4）确定灰场设计洪水。

（5）补充提供水源泥沙、水温等资料。

（6）补充、复核可行性研究阶段提供的设计气象参数。

（7）结论和建议。

（四）施工图设计阶段

施工图设计阶段水文气象勘测设计的基本任务是根据设计方案的变更、修改和施工要求提供有关水文气象资料，主要包括以下内容：

（1）提供施工期设计洪水和选择施工期所需的水文气象资料。

（2）灰场位置变动或新增灰场后提供有关设计洪水条件（如灰管线、水管线、道路跨河设计洪水等）。

（3）对前设计阶段建立的水文气象专用站及泥沙冲淤监测、水温监测等工作，继续做好观测以积累资料。

（4）设计条件改变或水文气象条件发生异常变化时，应进行补充水文气象勘测。

## 二、输电线路类工程工作内容及深度要求

对于输电线路类工程，水文气象专业参与可行性研究、初步设计（初勘）和施工图设计（终勘）共三个阶段的勘测设计工作。输电线路类工程报告目录模板参见附录 C。

（一）可行性研究阶段

1. 水文

可行性研究阶段水文勘测的任务是从水文条件角度对线路路径方案的可行性进行分析比较，为路径方案选择提供水文资料。

可行性研究阶段宜对线路全线进行初步踏勘，对可能受水文条件制约及水文条件复杂的路径段进行重点查勘，广泛搜集有关水文气象基本资料和水利、航道等规划设计资料，通过初步搜资、调查分析，提供路径选择所需的初步水文成果。对影响路径方案的水文条件，可提供专项水文调查报告。

可行性研究阶段水文勘测成果主要包括以下内容：

（1）概述线路所经地区的流域水文特性，有关的防洪、防涝、防潮和水利水电、河道治理工程现状及规划，通航水域的航道等级和航道整治工程的现状及规划等情况。

（2）初步估算线路跨越重要河流或水体的最高洪水位或最高内涝水位、最高潮位以及防洪控制水位、通航水域的最高通航水位和冬季平均枯水位。

（3）初步分析线路跨越的河道、湖泊、海湾等水体的岸滩稳定性，预测未来河床、海岸的演变趋势，确定线路路径方案的可行性。

（4）对于可能水中立塔的河段或海域，初步分析线路工程对防洪和通航的影响，调查水域的最大天然冲刷深度。

（5）初步分析判断线路是否受溃坝、溃堤的影响，对存在影响的路径段提出调整方案或可能需要采取的工程措施。

（6）初步分析线路受大范围内涝积水影响的路径长度、水深、持续时间。

（7）说明水利、交通等行政主管部门对线路路径的意见或建议。

（8）说明其他影响路径方案的水文条件。

（9）从水文条件角度推荐可行路径方案，提出路径方案存在的主要水文问题及下阶段工作建议。

2. 气象

可行性研究阶段气象勘测的任务是从气象条件角度对线路路径方案的可行性进行分析比较，提供满足路径方案选择的基本气象资料。

可行性研究阶段气象勘测应全面搜集各路径区域的相关气象资料，重点查勘覆冰、大风严重的路径区域，初步落实各路径冰区和风区，初步分析确定线路设计需要的主要设计气象参数。本阶段勘测手段以搜资为主，对重冰区和大风区线路应进行踏勘与调查，查明微地形重冰段和大风段，必要时开展覆冰、大风专项调查。

可行性研究阶段气象勘测成果主要包括以下内容：

（1）线路沿线区域气候特点及代表性气象站分析。

（2）线路沿线大风搜资调查，初步分析确定设计风速与风区划分。

（3）线路沿线覆冰搜资调查，初步分析确定设计冰厚与冰区划分。

（4）线路沿线累年平均气温、极端最高与极端最低气温，累年最大冻土深度，累年年平均与年最多雷暴日数的统计。

（5）从气象条件角度对路径方案进行分析比较，指出存在的主要问题及下阶段工作建议。

（二）初步设计阶段

1. 水文

初步设计阶段水文勘测的任务是在可行性研究阶段勘测的基础上，从水文条件角度对各路径方案进行分析比较，为路径方案优化提供水文资料。

初步设计阶段宜对线路全线进行踏勘，全面搜集有关水文基础资料和水利、航道规划设计等资料，对水文条件复杂的地段进行现场踏勘和水文调查，通过分析计算，提供路径选择及方案优化所需的水文成果。对水文条件特别复杂或影响路径方案成立的路径段，应开展水文专题工作。

初步设计阶段水文勘测成果主要包括：

（1）论述沿线水文基本条件，分析现状及规划的防洪、防涝、防潮和水利水电、河道治理、航道整治工程等对线路路径的影响。

（2）采用合理的水文分析方法，初步分析计算重要跨越水域的各种设计频率的洪水位，提供跨越通航水域的最高通航水位和通航净空高度要求。

（3）初步分析论证重要跨越水域的河床、海床演变现状以及趋势，分析其对线路路径方案的影响。

（4）分析大范围严重内涝区洪水位及持续时间，提供分蓄洪区范围、口门位置及尺寸、设计分洪水位、最高分洪水位、持续时间及最大流速。

（5）对于重要的水中或滩地立塔，初步判定有无冲刷影响，估算最大天然冲刷深度。

（6）对沿线水库、堤防质量安全性进行查勘，分析线路是否受溃坝、溃堤洪水影响。

（7）简述防洪评价专题的主要结论。

（8）从水文条件角度对路径方案优化提出建议，指出存在的主要问题及下阶段工作建议。

2. 气象

初步设计阶段气象勘测任务是在可行性研究基础上，对路径方案进行补充搜资和全线查勘，优化风区和冰区，提供路径选择及方案优化所需的全部气象资料。

初步设计阶段勘测手段以现场查勘和搜资相结合，对重冰、大风区线路应深入进行微地形微气候覆冰、大风调查，必要时可开展专题研究。

初步设计阶段气象勘测成果主要包括：

（1）线路沿线区域气候特点及代表性气象站分析。

（2）线路沿线大风搜资调查，分析确定设计风速与风区划分。

（3）线路沿线覆冰搜资调查，分析确定设计冰厚与冰区划分。

（4）线路沿线累年平均气温、极端最高与极端最低气温及其出现时间，最大风速的月平均气温，覆冰同时气温；累年最多风向及其出现频率；累年最大冻土深度；累年年平均与年最多雷暴日数、累年年平均与年最多雾日数等气象参数的统计。

（5）从气象条件角度对路径方案优化提出建议，指出存在的主要问题及下阶段工作建议。

（三）施工图设计阶段

1. 水文

施工图设计阶段水文勘测的任务是在初步设计阶段勘测的基础上，通过进一步的水文查勘、资料搜集和分析计算，提供线路杆塔定位设计所需的各项水文成果，从水文条件角度提出对杆塔位置的要求与建议。

施工图设计阶段应对线路全线进行查勘，对水文条件复杂或受水文条件影响较大的塔位应进行重点查勘；对水文条件特别复杂的路径段，应开展水文专题工作。

施工图设计阶段水文勘测成果主要包括：

（1）论述沿线跨越的河流、湖泊、内涝区、分蓄洪区、海湾河口等的水文特性，防洪、防涝、防潮和水利水电、河道治理、航道整治等工程现状及规划在初步设计勘测后的变化，分析其对线路的影响。

（2）提供线路跨越水域的各频率设计洪水位、通航水域的最高通航水位和通航净空高度要求；必要时分析提供最高设计洪水位相应的设计浪高或出现的最大浪高，流冰时最高水位，冬季冰面高程，历年大风季节平均最低水位或冬季平均最低水位等。

（3）水中或滩地立塔时，提供塔位处垂线平均流速，漂浮物种类、数量与尺寸，流冰尺寸与相应最高水位、最大流速，洲滩的冲淤变化，一次最大天然冲刷深度，河道整治现状以及规划；分析计算设计洪水位时塔基处的最大局部冲刷深度。

（4）提供内涝区相应设计频率最高内涝水位或历史最高内涝水位、5 年一遇最高内涝水位或常年最高内涝水位及持续时间。

（5）提供分蓄洪区范围、口门位置及尺寸、设计分洪水位、最高分蓄洪水位与持续时间。

（6）对跨越水域的岸滩稳定性进行分析，预测今后 30～50 年岸滩演变趋势对塔位安全的影响，说明水利、堤防管理部门要求的塔位离堤防堤脚的最小距离等。

（7）线路跨越处防洪堤标准较低或质量较差时，应分析计算溃堤洪水对塔位的冲刷影响。

（8）线路在水库下游跨越且塔位处地势较低时，如存在溃坝可能，应提交水库溃坝洪水对塔位的冲刷分析计算成果。

（9）简述防洪评价专题的主要结论。

（10）提供线路塔基水文条件一览表；对存在防洪安全影响的塔位，应提出防护建议。

应注意的是，提供给测绘专业的各种设计水位成果，其高程系统应与线路平断面图一致。

2. 气象

施工图设计阶段气象勘测任务是在初步设计基础上，复核初步设计阶段确定的气象条件，将气象条件落实到塔位。施工图设计阶段的气象勘测内容应包含初步设计阶段的所有要求。

施工图设计阶段气象勘测手段以现场查勘为主，对山区线路应深入进行微地形微气候重冰与大风调查。

施工图设计阶段气象勘测成果主要包括：

（1）对线路设计风速大于等于 30m/s 的风区进行复查，对风口等微地形进行深入查勘，合理可靠地确定不同风区分界塔位，提出线路抗风措施建议。

（2）对线路重冰区进行复查，对风口、迎风坡、突出山脊（岭）等微地形进行深入查勘，合理可靠地确定不同冰区分界塔位，提出线路抗冰措施建议。

（3）补充提供线路设计所需的其他气象特征参数。

（4）当路径发生较大变动时，应补充进行满足内容深度要求的气象勘测。

（5）结论和建议。

输电线路工程各阶段勘测内容深度与技术要求以及水文气象资料搜集、水文气象调查、水文气象条件分析要求及水文气象报告内容等规定详见 DL/T 5084《电力工程水文技术规程》、DL/T 5158《电力工程气象勘测技术规程》及各等级架空输电线路的勘测设计规范，如 GB 50548《330kV～750kV 架空输电线路勘测规范》、GB 50741《1000kV 架空输电线路勘测规范》、GB 50790《±800kV 直流架空输电线路设计规范》等。

不同电压等级的输电线路工程，水文气象勘测设计工作的区别主要体现在防洪标准、设计风速和设计覆冰厚度重现期、河（海）床稳定性分析预测年限等方面，具体可根据各电压等级架空输电线路相应的勘测设计规范和行业规程确定。

## 三、变电类工程工作内容及深度要求

变电类工程，水文气象专业参与可行性研究、初步设计阶段、施工图设计共三个阶段的勘测设计工作。变电类工程报告目录模板参见附录 D。

### （一）可行性研究阶段

可行性研究阶段水文气象勘测设计的基本任务是落实各比选站址的水文气象条件。应全面搜集各站址区域的相关水文气象资料，重点勘测对建站有重要影响的水文气象要素，全面提供建站所需的水文气象条件。各水文气象要素的统计分析计算应符合 DL/T 5084《电力工程水文技术规程》和 DL/T 5158《电力工程气象勘测技术规程》的有关规定。

可行性研究阶段水文勘测成果主要包括：

（1）站址区域自然地理及流域水系、水利工程规划等。

（2）站址防洪（潮）能力分析，提供站址处设计洪（潮）水位，必要时分析说明相应浪爬高。

（3）站址受内涝影响时，应分析确定设计内涝水位，难以计算确定时可根据调查历史内涝水位和设计暴雨分析确定。

（4）说明工程点的排涝体系和自然排水方向。

（5）结论和建议。

可行性研究阶段气象勘测成果主要包括：

（1）站址区域气候特点及代表性气象站分析。

（2）气压、气温、湿度、降水、蒸发、风及其他有关气象要素的累年年气象特征值、累年逐月气象特征值统计。

（3）设计风速与风压，设计最低气温，设计冰厚与雪压。

（4）风向频率玫瑰图。

（5）结论和建议。

### （二）初步设计阶段

初步设计阶段水文气象勘测设计的基本任务是复核落实推荐站址的水文气象条件。在可行性研究基础上，通过进一步补充水文、气象查勘和必要的专题研究，对可行性研究阶段的水文气象勘测成果进行补充与复核论证，全面提供推荐站址的水文气象参数。

初步设计阶段水文气象勘测设计成果应包括可行性研究阶段的所有内容要求。

### （三）施工图设计阶段

施工图设计阶段水文气象的勘测设计任务是，根据设计需要或在近期发生异常水文气象灾害情况下，进行相关水文气象条件的补充勘测，复核或重新分析论证相关水文气象条件。

与常规变电站相比，换流站、接地极所需的水文气象参数视站址条件存在一定区别，可根据设计专业各阶段的任务书要求提供相应的水文气象设计条件。

## 四、新能源类工程工作内容及深度要求

新能源类工程主要包括风力发电、太阳能发电、生物质发电和地热发电等。本手册只着重介绍风力发电及太阳能发电类新能源工程。新能源类工程报告目录模板参见附录 E。

对于风力发电、太阳能发电类新能源项目，水文气象工作内容分为常规水文条件分析与风能、太阳能资源评估两方面。

1. 常规水文条件分析

常规水文条件分析主要是根据设计专业要求，提供各工程点处的设计洪（潮）水位、内涝水位、波浪等设计参数，分析计算方法同常规火力发电厂水文条件分析计算。

2. 风能、太阳能资源评估

风能、太阳能资源评估应根据相关规程规范及国家政策法规进行，如GB/T 18710《风电场风能资源评估办法》、GB/T 18709《风电场风能资源测量方法》、GB 51096《风力发电场设计规范》、DL/T 5067《风力发电场项目可行性研究报告编制规程》、NB/T 31029《海上风电场风能资源测量及海洋水文观测规范》、NB/T 31032《海上风电场工程可行性研究报告编制规程》、GB 50797《光伏发电站设计规范》、GD 003《光伏发电工程可行性研究报告编制办法（试行）》等。

风电场风能资源评估成果应包括：

（1）区域气候特点及参证气象站。

（2）气象参证站累年年气象特征值。

（3）气象参证站风况图表。

（4）风电场实测年风况图表。

（5）风电场代表年风况图表。

（6）风电场风况参数。

（7）风电场风能资源分析与评价。

（8）结论与建议。

太阳能资源评估成果应包括：

（1）区域气候特点及参证气象站。

（2）气象参证站累年年气象特征值。

（3）当地累年年太阳辐射、累年逐月平均辐射数据分析。

（4）工程区域太阳辐射年际变化、代表年太阳辐射月际和日内变化分析。

（5）工程区域太阳能资源分析与评价。

（6）结论和建议。

# 第二章

# 水 文 气 象 调 查

水文气象调查是指当工程点附近无水文站、气象站，或者水文站、气象站已有资料不能够满足工程设计要求时，为了补充水文气象资料而在工程点附近进行的访问调查工作。工程缺少水文气象资料时可通过调查成果获取有效资料；当具备部分资料时，调查成果可以校核已有资料的可靠性，并尽量弥补已有资料的不足；即使具备了一定长度的实测系列资料时，洪水、枯水调查成果也可在设计洪水、枯水计算中起到延长资料系列，增强系列代表性的作用。所以说，水文气象调查在电力工程水文气象工作中占有非常重要的地位，主要内容有枯水调查、水资源调查、洪水及内涝调查、河床演变调查、冰情及漂浮物调查、泥石流调查、海洋水文调查和气象调查等。

## 第一节　枯　水　调　查

本节内容主要针对以自然河流或水库等水利工程为供水水源的工程。

### 一、现场调查准备工作

现场调查前应根据工程取水口的设计方案和水工专业的设计需求确定本次调查工作的任务和目的，根据需要开展的现场工作内容准备好相应的工具和仪器，赴现场前应尽量搜集与本次现场工作相关的资料；并根据工作内容、目的和资料的搜集情况制订详细的工作计划。

#### （一）明确任务

每个调查组成员应了解调查任务和要求，明确调查目的，学习调查方法和有关规定。

#### （二）搜集资料

现场调查前应根据设计枯水计算的需要尽量搜集以下资料：

（1）调查河流所在流域的水系图、流域和调查河段的地形图。

（2）调查河段上、下游水文站历年枯水资料，当调查河流无水文站时，搜集邻近流域水文站的枯水资料；搜集调查河段水准基面变动情况，河段附近水准点位置及高程等测量资料（当涉及多个高程系统时，需明确各高程系统之间的换算关系）。

（3）记载流域内历史上干旱灾害及降雨情况的文献，如水利志、省（县）志、民间谚语、传说等；流域内曾经开展的枯水调查成果资料。

（4）调查河段所在流域水利工程分布情况及发展历史，流域工农（牧）业用水的历史、现状和规划资料。

#### （三）准备工具仪器

需准备好开展现场工作需要的工具仪器主要有：

（1）记录工具。照相、摄影、录音工具，专用表格和野外记录簿等。

（2）计算工具。计算器、三角板等。

（3）定位和标记工具。手持全球定位系统（Global Positioning System，GPS）和红油漆等。

（4）测量仪器。水准仪、经纬仪、卫星实时动态定位系统（Real-time kinematic，RTK）、流速仪、三角堰（或梯形堰、矩形堰）、秒表和皮尺等。

#### （四）拟订工作计划

在上述准备工作的基础上，根据调查的内容及人力、物力，拟订现场调查工作计划。

### 二、现场调查原则

现场调查的总原则是通过现场调查工作，满足枯水调查的目的和要求，其中调查时间、范围、河段及方法的选取需遵循以下调查原则。

#### （一）调查时间的选取原则

枯水调查的年限不应少于40年；历史枯水调查应尽量在枯水期进行；当枯水调查工作是在非枯水期完成时，需另在枯水期对成果进行复核。

#### （二）调查范围的选取原则

历史枯水上、下游调查的范围应按查明枯水水情与推算枯水流量的需要而定，必要时可调查相邻流域河流的特小枯水情况作为参考。

### （三）调查河段的选取原则

（1）调查河段应包含工程取水点及规划取水泵房可能变动范围。

（2）调查河段宜顺直、水流稳定、河道冲淤变化较小；当有急滩、卡口、石梁、弯道时，应选在其上游附近。

（3）调查河段宜靠近居民点，但是需充分考虑人类活动对枯水痕迹的影响，保证调查所得枯水痕迹的可靠性。

（4）调查河段不宜过短，两枯水痕迹间应有一定距离。

### （四）调查方法的选取原则

枯水痕迹调查通常需在河流上一些农业、水利、港工、交通部门修建的永久性建筑物或设施（如码头、桥梁、闸门、引水渠首、渡口等）、生活用水的固定河沿及渔民作业区域等位置进行，调查过程中可结合各类自然灾害、战争、家庭和个人的生产、生活重要事件引导被访问人回忆确定枯水时间，对勘查中确定的重要枯水痕迹进行拍照、摄影或者设立永久性标志。其中包括以下内容：

（1）码头、桥梁、闸门等处可引导被访问者回忆这些地点的永久性标志物在发生历史最枯水位时的情况，裸露在水面以上的高度或埋藏在水面以下的深度。

（2）老灌溉渠首处可调查枯季引水情况、次数、历时、渠首水深变化情况。

（3）渡口和渔民作业区可调查枯季通航情况（通航吨位和吃水深），能否涉水，水深情况及渡口位置有无变动和变动的原因。

（4）生活用水取水或洗衣等的固定河沿处可调查枯季河边水深变化情况。

历史枯水位应有 2 人以上的现场指认，同时枯水应查明 3 个以上的枯水痕迹；枯水痕迹的可靠程度可按枯水发生时是否亲身所见、叙述是否确切、旁证是否较多、枯水痕迹标志是否固定等分为可靠、较可靠和供参考三级评定，DL/T 5084—2012《电力工程水文技术规程》中给出了其可靠程度评定详细分级标准，具体内容见表 2-1。

**表 2-1　枯水痕迹调查可靠程度评定分级标准**

| 项目 | 等级 | | |
|---|---|---|---|
| | 可靠 | 较可靠 | 供参考 |
| 指认人印象和旁证 | 亲身所见，印象深刻，所述情况逼真，旁证确凿 | 亲身所见，印象较深刻，所述情况较逼真，旁证材料较少 | 听传说，或印象不深，所述情况不够清楚具体，旁证少 |
| 标志物和枯水痕迹 | 标志物固定，位置具体或有明显的枯水痕迹 | 标志物变化不大，枯水痕迹位置较具体 | 标志物已有较大的变化，枯水痕迹位置模糊 |

## 三、现场调查内容

### （一）一般地表河流

（1）不论调查河流为有水、断流或干涸状态，都应进行调查，内容如下：

1）历史上发生干旱的年、月、次数，并估算其重现期。

2）发生枯水流量时上游的人类活动，主要包括枯水期上游农牧业取水、工业和生活取水、跨流域交换水量和蓄水工程蓄水量变化等情况。

3）历史上发生各次干旱事件的具体情况，包括干旱前、后降雨情况，无雨日期，受灾程度，干旱持续时间及干旱过程。

4）北方河流枯水若出现在冬季，应了解封冻日期、冰厚、有效水深及上下游有无冰坝、是否发生连底冻等情况。

5）河流中植物的生长情况及其对枯水流量的影响。

（2）根据调查河流的不同水流状态，应分情况进行调查，内容如下：

1）当河流有水流时，调查河流枯水的起、止时间，枯水期水位、流量的变化情况，最低水位、最小流量及出现时间；同时需与水文地质专业人员配合确定河流枯水期的水量补给来源和河床质组成等情况。

2）当河流断流时，调查其断流起、止时间，断流天数，断流次数，各次断流时的水位、水深、水面宽；各次断流的间隔时间；分析各次断流的原因；并与水文地质专业人员配合确定断流时有无河床潜流等情况。

3）当河流干涸时，调查干涸河段长度、位置，干涸起、止时间，干涸天数、次数，各次干涸的间隔时间等情况；并分析各次干涸的原因。

### （二）岩溶地区河流

岩溶地区的枯水调查工作，应与水文地质专业人员共同进行，除了一般地表河流所要求的内容外，还应根据岩溶地区的特点进行其他调查工作。在流域岩溶发育强烈时，应在调查范围进行沿河枯水流量测验，掌握沿程流量变化特征。

岩溶地区枯水调查应着重落水洞、出水洞、河床渗漏的分布范围与水量，取水口枯水水源的组成及来龙去脉，必要时应进行连通试验，可采用水位传递法或示踪试剂法。其上下游调查的范围应按伏流暗河区分布范围与推算枯水调查流量的需要而定。必要时还应对有关支流进行调查。

## 四、枯水调查中的测量工作

### （一）水位测量

（1）当枯水痕迹或枯水位标志可靠并且能够直接

测量时，直接测量枯水位。

（2）当枯水痕迹或枯水位标志可靠但无法直接测量其高程时，可先测量现状水位，再测量、调查或估算枯水痕迹/枯水位标志与现状水位的高差，两者做差求得枯水痕迹或枯水位标志的水位。

（3）当调查结果为枯水水深时，可先测量调查点处河床高程，叠加枯水水深作为当次枯水水位，但应用河床高程时应结合断面冲淤变化进行订正。

（二）横断面测量

（1）断面布设。当利用水文站处的水位–流量关系推求枯水流量时，可直接选择水文站的基本水尺断面；当利用比降法来推算枯水流量时，断面数量不得少于两条。

（2）横断面测量高度。横断面测量高度一般应高于调查时水位；断面测点的控制以能反映断面的变化为准，并详细记录断面附近的河床组成、植被情况。考虑到历史枯水事件发生时断面形态与现状有一定的区别，当具有可靠资料时可对断面进行必要的修正，以便正确计算历史枯水流量。

（三）纵断面测量

纵断面测量包括河底线和测时水面线，测量范围应比枯水标志点分布的长度略长一些，并包括推流计算断面。

（四）枯水流量测验

用比拟法推算枯水流量时，需在调查处设立临时测验站，观测水位和流量，精度应不低于精测法要求。枯水期流量测验的具体要求有：

（1）枯水期流量测验应优先选择流速仪法，在水深不能满足流速仪测验要求时，可采用小浮标法；当部分垂线满足流速仪法测验要求时，一次流量测验可采用流速仪法与小浮标法混合完成。

（2）河道水草丛生或者河底石块堆积影响枯水期正常测流时，应清除河底水草，并平整河底。

（3）当断面内水深小于流速仪一点法测速所必需的水深或流速低于仪器的正常运转范围时，可采用下列措施：

1）对河段进行整治，整治长度应大于枯水期水面宽的 5 倍。

2）当整治后仍不能保证测量精度时，可将河段束窄或采用壅水措施。

3）水深大流速小时，可将河段束窄。束窄河段的长度应大于河宽的 1.0 倍，测流断面应布设在束窄河段的下游河段内。

4）水浅而流速足够大时，可建立渠化的束窄河段，并应使多数垂线上的水深在 0.2m 以上。束窄后河段的边坡可取 1:2～1:4，渠化长度应大于宽度的 4 倍。测流断面应设在渠化河段内的下游，距进口的长度宜为渠化段全长的 60%。

5）整治河段宜离开基本水尺断面一段距离。当枯水期基本水尺水位与整治断面的流量关系较好时，可不设立临时水尺。当基本水尺水位与整治断面的流量没有固定关系时，应在整治河段设立临时水尺。

（4）枯水期经常出现断面内水深太小、流速太低或受到回水影响较大，且测验河段整治困难或通过整治无法完全消除影响时，可设立枯水期测验断面。当出现下列情况之一时，应在枯水期测验断面设立临时水尺：

1）基本水尺断面水流散乱或有多股水流、回流等。

2）水位–流量关系不好。

3）经常在枯水期测验断面断流。

4）枯水期测验断面与基本水尺断面之间有水流加入或者分出。

（5）断面在年内短时间出现水深太小、流速太低，不能使用流速仪测速又不能采取人工整治措施时，可迁移至无水流进、出的河段内设置临时断面测流。

（6）采取涉水测验时，涉水人员应侧向水流方向站立，测速过程中流速仪与测流人员的距离应保持在 0.5m 以上。流速仪法测量工作的主要内容如下：

1）进行水道断面测量。

2）在各测速垂线上测量各点的流速（必要时同时测出流向）。

3）观测水位。

4）根据需要观测水面比降。

5）观测天气现象、测流段及其附近的河流情况。

6）计算、检查和分析实测流量及其有关数值。

## 五、枯水流量推求

根据调查历史枯水水位推算历史枯水流量时，要根据枯水痕迹点分布及河段的水力特性等水文条件，选用水文站水位–流量关系曲线延长法、水力学公式法、比拟法、实测水位–流量关系法、上下游水位相关法和地表水位与地下水位相关法等。

（一）水文站水位–流量关系曲线延长法

当调查河段河道冲淤变化较小、河段附近有水文站，并且枯水发生在畅流期时，可将调查所得枯水位以河底比降或其他方法推算至水文站基本水尺断面处，将水文站处实测水位–流量关系曲线加以延长，推求勘查枯水位对应的枯水流量。

水位–流量关系曲线延长方法应以断流水位作为控制，其中确定断流水位常用的方法有：①根据取水口纵断面资料确定；②参考水位–流量关系曲线低水弯曲部分，应用分析法确定；③水位–流量关系图解法确定。

同时调查过程中需明确断面的冲淤变化趋势，以便计算时参考；若断面冲淤变化较大，需根据确定的冲淤变化值进行订正；冲淤变化值的调查方法详见本章第四节第二条。

（二）水力学公式法

（1）当枯水调查河段下游有天然或人工控制断面（如急滩、卡口、石梁、堰、闸等）时，可采用临界流公式或相应的堰闸等水力学公式推算历史枯水流量；其中临界流水力学公式见式（2-1），矩形断面水力学公式见式（2-2），卡口断面水力学公式见式（2-3）。

临界流水力学公式为

$$Q = A_K \sqrt{\frac{gA_K}{B_K}} \tag{2-1}$$

式中　$Q$——枯水流量，$m^3/s$；

$A_K$——控制断面过水面积，$m^2$；

$B_K$——控制断面水面宽，m；

$g$——重力加速度，$g$=9.8m/s²。

矩形断面水力学计算公式为

$$Q = B_K h_K \sqrt{gh_K} \tag{2-2}$$

式中　$h_K$——控制断面水深，m；

其他参数意义及单位同式（2-1）中。

卡口水力学经验公式为

$$Q = CA_1 \sqrt{\frac{2g(H_1 - H_2 - h_f)}{1-(A_2/A_1)^2}} \tag{2-3}$$

$$h_f = Q^2 L \sqrt{K}^2 \tag{2-4}$$

$$\bar{K} = \frac{1}{2}(K_1 + K_2) \text{或} \frac{1}{\bar{K}^2} = \frac{1}{2}\left(\frac{1}{K_1^2} + \frac{1}{K_2^2}\right) \tag{2-5}$$

式中　$H_1$、$H_2$——卡口上、下断面水位，m；

$A_1$、$A_2$——卡口上、下断面面积，$m^2$；

$h_f$——沿程水头损失，m，可按照稳定均匀流水头损失公式（2-4）计算，因两断面间距不长，$h_f$值一般较小；

$K_1$、$K_2$——上、下断面流量模数；

$C$——系数，根据收缩口的转角情况确定，其对应关系见表2-2。

表2-2　　系数 $C$ 值表

| 收缩口的转角情况 | $C$ |
|---|---|
| 方头桥墩 | 0.80 |
| 圆头（半径较小的）或尖头桥墩，45°的翼墙 | 0.95 |
| 圆弧形堤（半径较大的） | 0.98 |
| 河底河岸连续一致，而不扰乱水头的 | 1.00 |

（2）当调查河段顺直整齐、断面变化甚小或者均匀变化，各断面的组成基本一致，有多处洪水痕迹，且分布均匀，左右岸枯水痕迹间无横比降，水面线呈直线，并与河底线大致平行时，可按照稳定均匀流推算历史枯水流量。均匀流公式为

$$Q = \frac{1}{n} AR^{2/3} I^{1/2} \tag{2-6}$$

$$I = \frac{(H_1 - H_2)}{L} \tag{2-7}$$

式中　$Q$——枯水流量，$m^3/s$。

$A$——断面面积，$m^2$。

$R$——水力半径，m，宽浅河流（一般认为宽深比大于10者）可采用平均水深代替水力半径。

$n$——糙率，可用调查河段实测低水流量和比降，由水力学公式反推，并绘制$H$–$n$关系曲线选用；若无上述资料，可参照邻近水文站低水糙率选用；附近无水文站时可按河道具体情况从天然河道糙率、渠道糙率经验值统计表中选取，见附录F。

$I$——水面比降，‰，尽量采用调查枯水比降，采用式（2-7）计算。

$H_1$、$H_2$——上、下游调查枯水位。

$L$——上、下游调查枯水痕迹之间的距离。

断面要素$A$和$R$可采用单一基本断面的特征值，或采用调查河段上、下两个断面的平均值。当无法确定枯水比降时，可参考河底比降、低水水面线及低水时断面变化综合分析确定。

（三）比拟法

假定出现历史枯水时的糙率和比降与调查时的糙率和比降相同，根据调查时实测的流量、断面等水力要素反求出系数$K$值，用以推求历史枯水流量。

计算公式为

$$Q = \frac{1}{n} AR^{2/3} I^{1/2} = KAR^{2/3} \tag{2-8}$$

$$K = \frac{1}{n} I^{1/2} = \frac{Q'}{A'R'^{2/3}} \tag{2-9}$$

式中　$K$——系数，按式（2-9）推求；

$Q'$——调查时的流量，$m^3/s$；

$A'$——调查时的过水面积，$m^2$；

$R'$——调查时的水力半径，m。

其余符号意义同前。

（四）实测水位–流量关系法

在工程地点设站观测短期水位和流量，定出水位–流量关系曲线，进行低水延长，用调查历史枯水位查出枯水流量。

调查过程中需明确断面的冲淤变化趋势，以便计算时参考；若断面冲淤变化较大，需根据确定的冲淤变化值进行订正；冲淤变化值的调查方法详见本章第四节第二条。

（五）上下游水位相关法

当工程取水点上、下游较近地点有枯水标记时，可沿河测量若干断面的枯水流量，建立上、下游枯水流量关系，结合枯水流量沿程变化，确定工程地点处历史枯水流量。

（六）地表水位与地下水位相关法

若经调查分析，枯水期地表径流主要依靠地下水补给，可建立附近地下水（如井水水位）与河流水位的关系，以最枯地下水位推求地表水枯水位。但地下水位影响因素较多，定量较为困难，有待今后继续探讨。

以上各种方法确定的枯水位或枯水流量，应用时要进行综合分析；对同一工程点的枯水流量或枯水位，需同时用多种方法进行调查分析比较，对各种因素的影响程度要做全面细致的论证，以保证历史枯水流量或枯水位的精度能满足工程的要求。

（七）枯水流量确定中应注意的问题

（1）枯水流量一般很小，断面的细小变化都会导致推算所得枯水流量发生一定的变化，因此应用断面推算枯水流量时要注意调查时断面与历史枯水发生时断面的差异；横向上要考虑断面主槽的摆动、变迁和人为改道、拓宽等，纵向上要考虑断面的冲淤变化以及人为的疏浚等改造，当断面有变化时，应通过认真细致的调查访问对断面进行还原。

（2）当具有实测枯水资料时应分析枯水数据，特别是枯水系列中的极小值是否是天然来水减少的结果；若是人类活动影响（如上游水库和调水工程的建设、农灌或其他用水户取水等）的结果，需对枯水流量进行还原分析计算。

## 六、枯水重现期确定

调查过程中枯水重现期主要根据枯水发生的年代进行估算，确定过程中应尽量在较长的考证期内进行分析。

（1）若根据连续文献资料，调查枯水事件是自记载最远年份至今（$N_1$年）的首位，则本次枯水事件重现期为$N_1$。

（2）若某次历史枯水发生年份以前的枯水情况不清，可以在该年迄今（$N_1$ 年）的时期内进行排位；其中若能够断定其中有 $a$ 次枯水流量均小于该次枯水流量，则其重现期可按照 $N = N_1 / (a+1)$ 确定；若其中有 $a$ 次枯水流量与调查所得枯水流量相近，但又无法判断相互之间的大小时，其重现期可按照 $N = N_1 / (0.5a+1)$ 确定。

（3）若缺乏比较连续完整的文献，但根据老人记忆或较可靠的传说判断该次枯水为老人记忆或者传说以来的首位枯水，可估算枯水事件发生至今的时间（$N_1$ 年）作为该次枯水事件的重现期。

## 七、岩溶地区枯水调查

岩溶地区都存在不同程度的溶洞、漏斗和岩溶洼地等地质构造，地表水与地下水相互补给，河流径流量受河床漏水或涌水的影响。枯水调查过程中，除开展一般河道枯水调查的工作外，还需要根据岩溶地区的水文特点进行其他调查。

（一）调查内容及要求

（1）岩溶地区枯水调查应着重落水洞、出水洞、河床渗漏的分布范围与水量，取水口枯水期水源的组成部分及来龙去脉，从而确定取水口枯水流量的补给来源、流量大小、作为供水水源的可靠程度等；调查过程中必要时可进行连通试验（如水位传递法、示踪剂法等）。其上、下游调查的范围应按伏流暗河区分布范围与推算枯水调查流量的需要而定，必要时还要对有关支流进行调查。

（2）岩溶泉应调查其露头分布范围、水量变化过程、主要补给区。

（二）调查方法

（1）人员组成。由水文人员和水文地质人员共同组成。

（2）搜集资料。调查前广泛搜集该流域的水文调查资料、水文地质资料和地形资料。

（3）调查。深入干支流沿岸村庄，了解取水口上游干支流上落水洞、出水洞的具体位置，河床有否漏水及其位置，泉水出露地点，水量大小。历史上发生干旱年代，干旱情况，以及这些落水洞、出水洞和泉水形成和演变的（可参考历史传说）等，洞内鱼类状况。

（4）分析。根据调查情况，结合水文地质构造及地形资料进行分析，提出河床渗漏的可能河段、落水洞的可能去向、出水洞和泉水的可能补给来源，拟定水文测验计划和连通试验方案。

（5）测量（测验）。根据调查和分析进行以下项目测量（测验）：调查枯水位，历史枯水推流断面，枯水流量，可能漏水河段上下游枯期流量，落水洞、出水洞和泉水露头处枯期流量，以及水质分析取样等。因岩溶地区枯期流量变幅较小，流量测验时尽可能地利用量水堰或量水槽，用流速仪测流时应用精测法。使用量水堰测量枯水流量时，可按其水量大小采用 SL 196—2015《水文调查规范》中要求的方法，具体见表 2-3。

表 2-3 枯水流量测试方法

| 枯水流量变化范围（L/s） | 测试方法 |
|---|---|
| 0.01～60 | 三角堰测流 |
| 60～500 | 梯形堰或矩形堰测流 |
| ＞500 | 流速仪或浮标法测流 |

（6）连通试验。若经过以上工作仍不能确定取水水源的补给来源，或取水口上游河道有落水洞未查清，应根据现场实际情况进一步采用连通试验等方法查清补给来源。可采用的连通试验方法有：

1）在落水洞口投放谷壳、锯末粉等高辨识度物质，在可能的出口处观测是否有投放物漂出。

2）投放无害化学试剂（如漂白粉、食盐、石灰等），在可能的出口处取样分析。

3）通过截流或抽水等方法改变落水洞处落水流量，在可能的出口处测量流量的变化。

4）用荧光素（黄）及同位素（铬、氚等）进行连通试验。

## 八、河网化地区枯水调查

河网化地区水文特征是河网密布、水面面积大、水流串通、受引蓄排灌水工程影响较大，根据河网化地区的特点，枯水调查的内容主要有以下几个方面：

（1）河网内主要干流连通情况，沿程断面尺寸、河宽等变化，缩窄河段或卡口的位置。

（2）河网内主要干流流向及其变化、原因。

（3）取水河段冲淤变化情况。

（4）河网内可能作为主水源的枯水水情特点、对河网的补给情况。

（5）对工程水源有影响的主要引蓄排灌水工程。

（6）选择各水源地至工程的取水通道，推荐工程取水河段。

（7）取水河道水源地枯水期入口处及工程取水口计算断面的选择。

（8）计算工程取水断面过水能力所需河道计算参数、糙率等的调查与实地测量。

## 九、枯水调查可靠程度评定

SL 196—2015《水文调查规范》中给出了枯水调查成果的可靠程度评定分级标准，具体内容见表 2-4。

**表 2-4　枯水调查可靠程度评定分级标准**

| 项目 | 等级 | | |
|---|---|---|---|
| | 可靠 | 较可靠 | 供参考 |
| 资料来源 | 调查资料有依据，多方论证无矛盾，原始资料清晰，数据可靠 | 调查资料大部分有依据，多方论证基本一致，数据虽有小的矛盾，但无原则性错误 | 资料来源不够可靠，大部分是估算或用定性方法估算，多方调查结果不完全一致，但无原则性错误 |
| 定线推流 | 定线合理，低水延长不超过当年最大水位变幅的 ±10%，或历年变幅的 ±15% | 定线基本满足要求，低水延长不超过当年最大水位变幅的 ±15%，或历年变幅的 ±20%；用水文比拟法估算，水文地质条件相似 | 用水文比拟法估算，水文地质条件基本相似 |
| 合理性检验 | 整编成果合理 | 整编成果基本合理 | 整编成果不甚合理 |

枯水调查工作现场应按照一定的格式对调查成果进行翔实的记录，记录表见表 2-5。

**表 2-5　枯水调查成果记录表**

| 河名 | 站（河段）名 | 持续时间 | | | | | | 无雨天数 | 枯水位（m） | | | 枯水流量（$m^3/s$） | | 流量估算方法 | 可靠程度 | 调查年份 | 备注 |
|---|---|---|---|---|---|---|---|---|---|---|---|---|---|---|---|---|---|
| | | 开始时间 | | | 结束时间 | | | | 时段平均 | 最低 | 基面 | 时段平均 | 最小 | | | | |
| | | 年 | 月 | 日 | 年 | 月 | 日 | | | | | | | | | | |
| | | | | | | | | | | | | | | | | | |
| | | | | | | | | | | | | | | | | | |
| | | | | | | | | | | | | | | | | | |
| | | | | | | | | | | | | | | | | | |
| | | | | | | | | | | | | | | | | | |
| | | | | | | | | | | | | | | | | | |
| | | | | | | | | | | | | | | | | | |
| | | | | | | | | | | | | | | | | | |
| | | | | | | | | | | | | | | | | | |
| | | | | | | | | | | | | | | | | | |
| | | | | | | | | | | | | | | | | | |

# 第二节 水资源调查

水资源调查的目的是确定工程拟选取水口所在区域（流域）的水资源总量、已用或者已经分配水资源总量及剩余可利用水资源总量，并通过分析计算初步确定拟选供水水源的供水保证程度、对区域其他用水户的影响及与区域水资源利用规划的协调情况；参考SL/T 238—1999《水资源评价导则》内容，并结合电力工程供水水源的具体特点，将水文调查中水资源调查工作的工作内容分为水资源总量调查、用水量调查和专项调查三项。

## 一、水资源总量调查

由于工程前期工作内容和工作时间的限制，无法由设计单位单独完成区域水资源总量的调查评价工作；该部分内容可参考工程所在地（县或者市级行政区划）或者水源所在流域的水资源调查评价报告、水资源配置报告或者水资源规划报告的相关成果。

## 二、用水量调查

进行实际用水量调查前，可收集工程所在地（县或者市级行政区划）的水资源规划、配置报告和水资源公报等资料，初步了解工程所在区域的水资源取用水量。

### （一）城镇工业用水量调查

1. 调查内容

结合已有水资源规划报告等的成果，前往地方水务/水利局和供水公司等单位进行调查，确定在已有配置用水量的基础上是否有新增工业取水项目，并进行调查和核实。主要调查如下内容：

（1）现状和规划情况下对应的用水单位名称、用水量(包括年用水总量,日用水量和日最大用水量等)，年内用水过程，其中规划情况需明确规划的实施时间节点。

（2）取水口位置及取水设施。

（3）排水口位置及与本工程规划取水口的关系。

2. 调查中应注意的问题

（1）现状和规划用水资料是否通过了水行政主管部门的审批并取得了用水指标。

（2）实际用水情况是否与审批结果及取水指标相符，当用水发生变化时需进行标注。

### （二）农业用水量调查

1. 调查内容

（1）现状和规划情况下对应的灌溉面积、种植制度、灌溉制度和灌溉用水的年内分配过程，其中规划情况需明确规划的实施时间节点，判断其与本工程建设之间的前后关系。

（2）渠系布置情况、渠系渗漏情况（渠系水利用系数）、田间回归水量、尾水排水位置、渠首取水方式、取水设备能力和渠系改造规划等。

2. 调查中应注意的问题

（1）从水行政主管部门搜集到的灌溉用水量与实际用水量有差异时，调查时应尽量搜集实际用水资料，以便对照使用。

（2）灌溉方式（传统大水漫灌和节水灌溉）的改变，使前后农业用水资料不一致，调查过程中应区别使用。

（3）当灌区内已有渠系改造、节水工程或相应规划时，应调查所节水量是否已用于其他建设项目。

### （三）生活用水调查

1. 现状用水量

对于集中供水管网覆盖的区域，可前往供水单位调查收集实际生活用水供水总量资料，作为实际用水量。

对于分散取水的区域，可将用水人数与生活用水定额的乘积作为实际用水量的估算值；用水人数可查阅当年的统计年鉴或者前往相关政府部门了解。用水定额可参考地方颁布的标准或者根据经验法（直观判断法）、统计分析法、类比法、技术测定法和理论计算法等常用的用水定额计算方法确定。

2. 规划用水量

由于规划用水量多受当地区域发展规划的影响，因此可通过所在地（县或者市级行政区划）的水资源规划、配置报告等资料获得。

## 三、专项调查

### （一）城市自来水调查

当工程以自来水作为主水源或备用水源时，需要对城市自来水的供水情况进行调查，落实供水水源的供水能力和可供水量，而不能仅满足于供水单位提供的供水协议。

1. 调查内容

（1）自来水供水机构和供水水源。

（2）自来水厂现状和规划供水能力、现状和规划供水量、供水水质，其中规划情况需明确完工时间节点与工程建设工期的关系。

（3）自来水供水管线布置情况，可供工程接入的供水节点情况（包括具体位置及管道尺寸、供水能力等)，为供水管线接入自来水供水管网的可行性和可靠性分析提供基础资料。

（4）当自来水水源为地下水时，需要调查以下内容：①地下水的汇水面积、补排关系；②水源地区域内地下水位变化情况及趋势、漏斗面积及变化趋势；

③水源地区域内其他水井的取水量变化情况、取水层与自来水取水层的关系。

（5）当自来水水源为地表水时，需要调查以下内容：①取水河段的枯水量情况，有无断流，保证率为97%时的枯水流量；②保证率 97%的枯水位与取水管口的关系；③取水河段的冲淤变化情况及变化趋势，有无取水管口脱流或淤死情况。

（6）水行政主管部门核定的取水指标及其有效期。

2. 调查中应注意的问题

（1）要注意从专业技术方面分析工程取水的合理性、可能性和可靠性。

（2）应注意国家或地方产业政策对工程取水的要求，明确城市自来水作为工程水源的合法性和合理性。

#### （二）再生水调查

采用再生水厂处理过的再生水作为工程主水源既符合目前的国家产业政策，也是充分利用水资源的重要方式。

1. 已建再生水厂

对于已建的再生水厂，重点调查如下内容：

（1）污水水源调查。再生水厂所在区域污水排放总量、再生水厂污水管网铺设覆盖范围和收集能力。

（2）再生水水质调查。再生水厂所采用的污水处理工艺、再生水排放水质和排放标准。

（3）再生水水量调查。①再生水厂设计处理能力、现状处理能力、现状污水处理总量；②再生水的季节及日变化情况（尤其是生活用水占比重较大时），作为选择工程蓄水池容量大小的参考；③再生水各用户水量分配情况，剩余水量是否满足工程需求。

（4）供水管线调查。再生水供水管线布置情况，可供工程接入的供水节点情况（包括具体位置及管道尺寸、供水能力等），为供水管线接入再生水管网的可行性和可靠性分析提供基础资料。

2. 规划再生水厂

对于规划的再生水厂，重点调查如下内容：

（1）污水水源调查。再生水厂所在区域污水排放总量、再生水厂污水管网铺设覆盖范围和收集能力。

（2）再生水水质调查。再生水厂所采用的污水处理工艺、再生水排放水质和排放标准。

（3）设计及规划调查。确定规划设计报告是否得到相关部门的审批，再生水厂建设时间节点等。

（4）供水管线调查。规划再生水供水管线布置情况，可供工程接入的供水节点情况（包括具体位置及管道尺寸、供水能力等），为供水管线接入再生水管网的可行性和可靠性分析提供基础资料。

#### （三）矿井排水调查

1. 已建露天开采矿

对已建的露天开采矿，重点调查如下内容：

（1）降水管井的数量、分布情况、运行情况、排水量大小及运行以来的排水量变化情况。

（2）排水是否集中排放，排水点与工程点之间的距离。

（3）收集煤矿最新设计阶段的水文地质报告，并根据现状判断实际运行情况与最新设计条件是否一致。

（4）确定矿井排水的补给和排泄条件，结合矿井的开采计划保证矿井未来开采过程中不会产生地下水的袭夺，造成排水量的大幅减少。

（5）调查矿区周边地下水位变化情况，判断矿区地下水补给条件的好坏。

（6）煤矿的储量及预计开采年限，是否能够保证工程运行年限内的用水。

2. 规划露天开采矿

对规划的露天开采矿，需要调查如下内容：

（1）与矿区建设配套的水文地质报告。报告中的设计排水量是为保证矿区正常开采而设置的，但是作为工程供水水源时，关注的是其最小排水量。所以，不能以水文地质报告中的设计排水量作为工程的可用水量，需与水文地质专业人员协商确定工程可用水量。

（2）矿区的储量及预计开采年限，是否满足工程使用年限。

（3）矿区排水点与工程地点之间的距离。

3. 已建矿井开采矿

对已建的矿井开采矿，需要调查如下内容：

（1）矿井的实际排水量和排水点。一般矿井的排水是分散的，而且矿井下多设有贮水箱或集中池，达到一定水位或者水量时才启动排水设施，排水不是连续的。需要了解各排水点的排水间隔时间及排水量，各点排水是否可以集中。

（2）矿区各点总排水量及其季节变化情况，重点是最小排水量。

（3）矿井各排水点（或集中后的排水点）与工程地点之间的距离。

## 第三节　洪水和内涝调查

对于洪水和内涝调查工作的不同阶段，工作内容各不相同，为了说明工作过程中需要注意的事项和问题，本节从调查的准备工作、历史洪水调查访问、洪水调查中的测量及摄影、洪峰流量计算、岩溶地区洪水调查、调查资料整理和内涝（平原洪水）调查七个方面对洪水及内涝调查工作进行规范。

### 一、调查准备工作

#### （一）明确任务

每个调查组成员应了解调查任务与要求，明确调查的目的，学习调查方法和有关规定。

（二）搜集资料

根据工程实际情况，应酌情搜集下列资料：

（1）流域航天影像资料、水系图、水利工程分布图（着重关注水库、塘坝等蓄水工程）、水文站网图、河道纵断面资料，工程地点附近河道比降、地形、土壤和植被情况等流域特性资料。

（2）调查河段大比例尺地形图，水准点位置、高程及其变动情况等资料（此项工作可由测量人员负责）。

（3）附近水文站的历年最高洪水位、最大洪峰流量及其出现时间，洪水水面比降、糙率，历年大断面水位–流量关系曲线等资料。

（4）调查河段历年行洪条件、水流变化情况，河道的改道、疏浚、裁弯、筑堤、开渠、堆渣、漫滩、分流、死水，河段上游修桥、建坝和决口等情况。

（5）收集调查河段不同历史时期的河道图，并了解调查河段的冲淤变化情况。

（6）实测、调查暴雨资料及气象分析资料。

（7）有关查勘报告、水文调查报告、历史水灾报告、历史文献、地方志和水利志等资料。

（8）流域内的湖泊、沼泽、洼地和溶洞情况，水工程和水土保持措施情况等。

（9）流域的面积、地形、土壤、植物覆盖及其历史上的变化情况等自然地理特征。

（三）准备工具仪器

准备好开展现场工作需要的主要工具仪器如下：

（1）记录工具。照相、摄影、录音工具，专用表格和野外记录簿等。

（2）计算工具。计算器、三角板等。

（3）定位和标记工具。手持GPS和红油漆等。

（4）测量仪器。水准仪、经纬仪、RTK、流速仪、三角堰（或梯形堰、矩形堰）、秒表和皮尺等。

（四）拟订工作计划

在上述准备工作的基础上，根据调查的内容及人力、物力，拟订现场调查工作计划。

## 二、历史洪水调查访问

（一）历史洪水调查内容

（1）历史洪水发生的时间。

（2）最高洪水位的痕迹（洪水痕迹）、洪水历时和涨落变化情况。

（3）调查河段发生历史洪水时的河床组成、滩地植被情况和冲淤变化情况。

（4）测量洪水痕迹高程、河道纵断面、河道简易地形或平面图。

（5）洪水来源、成因和形成情况。

（6）与洪水相应的流域降水情况，包括降水量、降水历时、强度变化和降水范围。

（7）与洪水有关的文献文物的考证和影像资料。

（8）洪峰流量、洪水总量和洪水过程的推算与分析。

（9）计算或估算各次洪水的重现期。

（二）调查河段的选择

调查河段的选择应符合以下要求：

（1）满足调查目的和要求。

（2）河段较顺直，断面较规整，全河段各处断面的形状及大小比较一致（不能满足此条件时，应选择向下游收缩的河段），河床较稳定，控制条件较好，无壅水、回水、分流串沟、较大支流汇入。

（3）避免有筑坝、桥梁、滑坡和塌岸等。

（4）避免行洪水流有急剧扩散、从缓流到急流、从急流到缓流的现象。

（5）调查河段应包括工程点及其可能的变动范围，尽量选择在老居民点和洪水痕迹较多的河段。

（6）洪水痕迹较多时，宜选择靠近水文站、水位站和居民点的河段。

（三）现场调查方法

现场调查对象应尽可能多，以便相互校核；对关系重大的洪水调查结果如有矛盾，应结合上、下游或干、支流作深入调查，合理判断；调查结果应尽量用调查对象原话或原意如实记录，并在现场仔细检查。

1. 洪水发生年份及日期的调查方法

（1）结合历史上发生的较大事件来联系，如虫灾、战争等。

（2）结合群众最易记忆的事件来联系，如婚嫁、生子、老人去世和搬家等。

（3）由民谚、刻字、记水碑、碑文、报刊、历史文献、老人账本、日记，以及修庙、建桥的碑文中来了解。其中，明代以来的年号与公元对照关系可参考附录G。

（4）根据上、下游及邻近河流的历史洪水年份来间接确定。

2. 洪水痕迹的调查

（1）洪水痕迹应明显、固定、可靠和具有代表性，被调查人指认后现场核实确认。

（2）洪水痕迹经查访确定后，用红油漆做标记，供测量或日后参考；重要洪水痕迹点宜埋设永久标志物。

（3）洪水痕迹最好在左右两岸分别进行调查，以便相互印证。在弯曲河段，由于水流离心力的作用，凹岸的水位常高于凸岸。

（4）洪水痕迹之间的距离及其地点的多少可以根据有无控制断面及所采用的方法来确定。采用比降面积法推算时，洪水痕迹点不应少于2个；采用水面曲线法推算时，洪水痕迹点不应少于3个。两相邻洪水痕迹点之间的距离不宜过长(距离过长时由于中间常有支流汇入或河道断面及河底比降的急剧变化，使水面坡降曲折)，但也不宜过短（过短时洪水痕迹高程测量的误差对比降的计算影响较大）。一般在调查河段选取3个以上的洪水痕迹点，连成洪水水面线，以便与河段中低水位水面线和河床纵断面比较，从而判断其合理性。

（5）对洪水痕迹所在位置（如房屋地基、道路、碑石等）的高程及变迁情况必须考证。如有的房屋地基在洪水后已经填高了，调查时应查清变动高差，以修正调查洪水位。

（6）在荒僻地区，无法依靠向老居民调查或参考永久性建筑物上洪水痕迹的办法来确定洪水位，主要通过寻找洪水时留下的杂草、树枝、泥沙等淤积物(这些淤积物有时悬挂在树枝上)，洪水时水流冲刷的痕迹，洪水对两岸所引起的物理、化学及生物作用的标志等方法来确定洪水位。

1）根据河流淤积物来分析确定洪水位。在河流两旁的台地、洞穴、树穴、石壁上，洪水过后常留有接近于水平的层状淤积物，这些淤积物与山上风化的沙土性质不同，并且在上、下游各处均有，与河底坡降基本相同。在草原和平原河流多为泥草混合物，在森林区则含有树枝。洪水时常有树枝、杂草等漂浮物被挂在树干或树杈上，亦可作为判断洪水的标志，不过应注意树杈可能比洪水实际到达的位置偏高，因为挂有漂浮物的小树，洪水时常被压倒在水中而水退后又复升起；当漂浮物挂在光滑的树干上，经风吹日晒，向下滑动，又可能比实际洪水位低。调查时要细心观察，认真分析。

2）根据洪水冲刷痕迹分析。由于洪水冲刷而留下的痕迹，可作为判断洪水位的标志。如在洪水边缘地带冲走两岸杂草、泥土而显露基岩；在沙壤土地带，由于洪水浸润常发生坍塌，形成一条水面线痕迹；在黄土地带，风化层经洪水冲刷后，出现特别干净的表面；在盐碱地带当被洪水淹浸后，形成一条黑白分界线。以上各种分界线，要与附近地形地物对比分析。

3）根据洪水对两岸所引起的物理、化学和生物作用的标志分析。洪水及其所含的物质与两岸岩石接触之后所引起的物理、化学反应，常留下特殊颜色的痕迹，可供判别洪水痕迹大致位置。

4）利用遥感图片分析洪水痕迹。

需要注意的是荒僻地区的洪水痕迹判别，必须根据地区特点并结合地形、地质条件和洪水痕迹标志物的表征具体分析。如果仅仅依靠偶然发现的一两个孤立洪水痕迹，不加分析就作为确定洪水位的依据，很可能会产生严重错误。

3. 河道断面情况

河道断面深度、宽度及植被情况的变化对过水面积和断面糙率都有较大的影响，进而影响到洪峰流量的计算值，因此在由洪水位推算洪峰流量过程中要充分考虑河道断面的变化情况。

调查时应找些老船工、老渔民、老农民，通过他们对其幼年（或听传说）时河边某种地形地物高度、过河水深、水面宽、植被的种类及分布情况的回忆对比，对发生历史洪水时的河道情况做出判断。

**［例2-1］** 根据被调查者回忆判断河道断面。

2015年某线路工程中对一位62岁的老人进行调查，被调查者反映："村头有一座石桥，桥墩是两块大石头砌在一起形成的，中间有一条缝隙；六七岁的时候在河里洗澡，我那时候差不多有1.2m，站起来离那个缝隙还有差不多0.5m高；现在河底离那个缝隙越来越近了。"

经现场查勘，河床离缝隙距离约为0.5m，据此估算50多年以来河道一直呈现淤积的状态，淤积深度约为1.2m。

## 三、洪水调查中的测量和摄影

主要从洪水痕迹点高程、河道横断面、瞬时水面线、河道纵断面和河道简易地形等方面对洪水调查过程中的测量和摄影工作进行规范。

### （一）洪水痕迹点高程测量

洪水痕迹点高程测量一般用四等水准测量，地形比较复杂时可以适当低于四等水准测量。

### （二）河道横断面测量

1. 断面的布设

（1）断面布设的数量及位置可根据推求流量的要求确定，应能表达出断面面积及其形状沿河长的变化特征。平直整齐的河段可以少取，曲折或者不均匀的河段应该多取，在洪水水面坡度转折的地方也要选取断面。断面距离一般为100～500m。

（2）断面应尽量靠近洪水痕迹点。

（3）断面应垂直于洪水时期的平均流向。

（4）利用水文站实测的水位–流量关系推求流量时，断面应与水文站的基本水尺断面一致。

（5）用比降法推求流量时，断面数目不宜少于2个，并适当布设在顺直河段内，断面附近有较多和可靠的洪水痕迹点，两断面间的水面约呈直线变化。

（6）用水面曲线法推求流量时，断面应布设在水面转折处，断面的数目不宜少于3个。起算断面最好能利用上、下游水文站的断面，若无此条件，起算断面应选择在稍远的顺直河段，用曼宁公式计算起算断面的水位。

（7）用卡口估算流量时，断面应布设在卡口上下渐变段。

2. 断面测点布设

断面测点距离以能反映断面转折变化为度。在滩地平坦地段，前后点间距不宜超过 300m，断面两岸测至历年最高洪水位以上 0.5～1.0m，平原河流两岸漫滩很远而施测有困难者，可测至水边线或历年最高洪水位以上 0.5m 为止。

3. 断面情况查勘

在测量横断面时，应记录断面各部分河床质的组成及粒径、河滩等的植被（植被的种类、稀疏和高度）、各种阻水建筑物的情况（地梗、石坝、土墙等）和有无串沟等情况，借以确定河槽及河滩糙率。

（三）瞬时水面线测量

瞬时水面线测量可采用下面两种方法之一进行：

（1）沿河道同时打一组木桩，桩距以能控制水面转折为原则，桩顶与当时水面齐平，采用四等水准测出各桩顶高程及桩距。

（2）沿河道打一组水尺，测出水尺零点高程和间距，同时观测水位。

（四）河道纵断面测量

（1）纵断面测量的范围应包括调查河段上、下控制断面在内的整个河段，一般比洪水痕迹分布的范围略长，并尽量包括各种推求流量方法的计算断面。

（2）纵断面的测点密度，以能掌握水面转折点为原则，每个横断面处应有测点，如两断面间距过长时，应沿主流补几个测点。

（五）河道简易地形测量

河道简易地形测量是为了确定河段长度及洪水期水流情况，其范围应测至最高洪水位以上。测量内容包括：导线及永久水准点位置，测量河流水边线，洪水痕迹点及横断面位置，洪水淹没范围内的河滩简略地形，阻水建筑物（如房屋、堤坝、桥梁和树木等）、支流入口、险滩、急流、两岸村庄的位置。

（六）摄影和定位工作

对于一些有重要价值及估算洪水流量有较大参考意义的调查访问资料应进行摄影和定位工作，摄影的内容一般为：明显的洪水痕迹，记水碑文、壁字，记载有洪水情况的历史文献、文物资料，河道形势和地形，河槽和河滩的河床质组成及覆盖情况；定位工作内容一般为准确记录摄影地点和需要定位区域的经、纬度或地理坐标。

## 四、洪峰流量计算

计算历史洪水调查的洪峰流量，应根据洪水痕迹点分布、观测资料情况和河段的水力特性选用适当的方法。常见的有水位–流量关系曲线法、比降法、水面曲线法和卡口、急滩控制断面法等计算法。

（一）水位–流量关系曲线法

1. 适用条件

当在水文站断面处调查有洪水痕迹，或在水文站上、下游不远处调查有洪水痕迹，其区间面积很小，能较可靠地将洪水痕迹移到水文站断面处时，利用水文站实测的水位–流量关系曲线延长来推算流量，可以获得较好的结果。有条件参照上、下游水文站实测资料建立调查河段的水位–流量关系者，应优先采用此法。

2. 水位–流量关系曲线延长法

（1）利用水位–流速关系曲线外延。在高水时河槽形状如无特殊变化时，水位–流速关系点呈带状，变化趋势明显，可按其趋势外延。根据实测大断面资料绘制水位–面积关系曲线，用外延得到的流速与同一水位的面积两者的乘积，即可延长水位–流量关系曲线（见图 2-1），得出历史洪水调查洪峰流量。

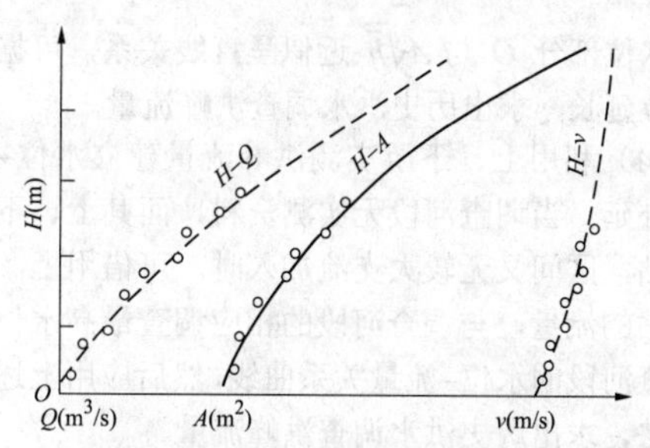


图 2-1 水位–流量关系曲线延长法
（利用水位–流速关系曲线外延）

（2）利用 $H-I^{1/2}/n$ 关系曲线延长。根据曼宁公式

$$Q=\frac{A}{n}R^{2/3}I^{1/2} \tag{2-10}$$

可改写为

$$Q=\frac{1}{n}I^{1/2}AR^{2/3} \tag{2-11}$$

式中 $Q$——洪峰流量，$m^3/s$；

$n$——河道糙率；

$I$——水面比降，‰；

$A$——有效过水断面面积，$m^2$；

$R$——水力半径，m。

在河道顺直、断面稳定而无突然变化的测站，高水部分糙率及比降比较稳定，相应的 $I^{1/2}/n$ 值也接近常数。可据此特性延长 $H-I^{1/2}/n$ 关系曲线。再根据实测大断面资料求得 $AR^{2/3}$，绘制 $H-AR^{2/3}$ 关系曲线，取各水位 $I^{1/2}/n$ 与 $AR^{2/3}$ 的乘积，即可延长水位–流量关系曲线（见图 2-2），得出历史洪水调查洪峰流量。

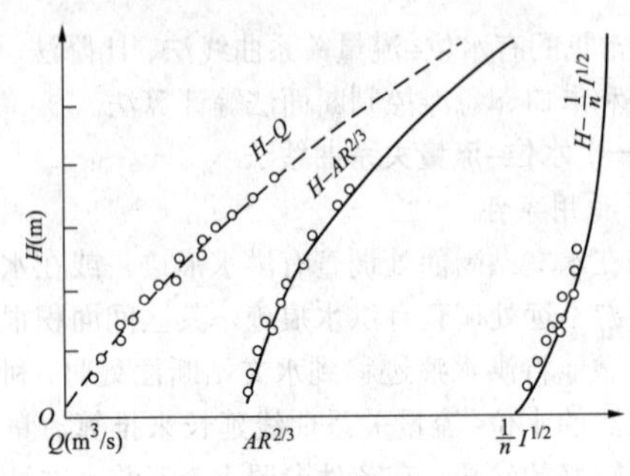


图 2-2 水位–流量关系曲线延长法

（以 $H\text{–}I^{1/2}/n$ 关系曲线延长）

（3）利用 $Q-A\sqrt{R}$ 关系延长。根据谢才公式

$$Q=CA\sqrt{RI} \tag{2-12}$$

式中 $C$——谢才系数。

可改写为 $Q=C\sqrt{I}A\sqrt{R}$，如 $R$ 以平均水深 $\overline{h}$ 代替，则 $Q=C\sqrt{I}A\sqrt{\overline{h}}$。在高水位部分，$C\sqrt{I}$ 近似为常数 $S$，则有

$$Q=SA\sqrt{\overline{h}} \tag{2-13}$$

即高水位部分 $Q$ 与 $A\sqrt{\overline{h}}$ 近似呈直线关系，可据此作高水位延长，求出历史洪水调查洪峰流量。

（4）利用上、下游实测洪峰流量建立水位–流量线并外延。当调查河段无实测资料，而其上、下游有水文站，区间又无较大支流加入时，可借用上、下游水文站的流量，与调查河段的相应调查最高水位，建立调查河段的水位–流量关系曲线，然后应用上述曲线外延法，求出历史洪水调查洪峰流量。

如调查河段距离水文站稍远，中间有不大的区间面积加入时，可按面积比的指数关系将水文站的洪峰流量换算到调查河段，即

$$Q_1=\left(\frac{F_1}{F_2}\right)^n Q_2 \tag{2-14}$$

式中 $Q_1$——调查河段的洪峰流量，$m^3/s$；

$Q_2$——水文站的洪峰流量，$m^3/s$；

$F_1$——调查河段的流域面积，$km^2$；

$F_2$——水文站的流域面积，$km^2$；

$n$——指数，可用地区分析成果，其值一般为0.5～0.8。

实践证明，利用这种方法推算的流量成果较用比降法、水面曲线法计算的精度要高。但是应注意，调查河段与参证水文站之间的距离不宜过远，否则应考虑洪水的展平问题。

（5）顺势延长水位–流量关系曲线。单一断面，高水位断面水力特性无特殊变化、历年的水位与流量关系稳定、趋势明显、外延的幅度不大时，可顺曲线趋势外延，求出历史洪水调查洪峰流量。

（6）特殊情况下水位–流量关系曲线的绘制。

1）受回水顶托、变动回水或洪水涨落影响时，流量主要是受流速（本质上是水面比降）变化的影响，应参照水位–流速关系曲线变化趋势（或者用水位–比降关系曲线）参考绘制水位–流量关系曲线并进行延长。

2）受断面冲淤影响时，应使用连时序法绘制出水位–面积关系曲线，分析其变化趋势，参考绘制水位–流量关系曲线。如果高水时缺少断面面积数据，需要结合测站特性，分析冲淤变化规律，先对面积曲线的缺测部分加以插补，再根据插补的面积曲线与实测的流速曲线，绘制流量曲线。

### （二）比降法

天然河道的洪水一般为不稳定流，不稳定流的计算复杂。但一般洪水过程在最高洪水位时，常常保持一个短时间不涨不落的稳定状态，因此洪水调查时洪峰流量可采用稳定流公式计算。稳定流中又分为稳定均匀流和稳定非均匀流两种。

1. 稳定均匀流洪峰流量计算

（1）适用条件。该计算方法适用于河段顺直整齐、长度适当、各个断面的过水面积变化不大、各断面的组成基本一致、有多处洪水痕迹点，痕迹点分布均匀，左右岸洪水痕迹间无横比降、水面线呈直线，并与河底线大致平行的情况。

（2）计算公式为

$$\left.\begin{aligned}Q&=\frac{1}{n}AR^{2/3}I^{1/2}\\ I&=\frac{H_1-H_2}{L}=\frac{\Delta H}{L}\end{aligned}\right\} \tag{2-15}$$

$$K=\frac{1}{n}AR^{2/3} \tag{2-16}$$

$$Q=K\sqrt{\frac{\Delta H}{L}} \tag{2-17}$$

式中 $Q$——调查洪峰流量，$m^3/s$。

$I$——调查洪水水面比降，‰。

$\Delta H$——上、下两断面水位差，m。

$H_1$、$H_2$——上、下两断面水位，m。

$L$——计算河段长度，即上、下断面间距，m。

$K$——流量模数。当采用两个断面时，$K$ 值应为上、下两断面 $K_1$ 与 $K_2$ 的平均值，即 $K=(K_1+K_2)/2$ 或 $K=\sqrt{K_1K_2}$。若两断面 $K_1$ 与 $K_2$ 相差较大时，应改用稳定非均匀流洪峰流量计算。

$A$——有效过水断面积，$m^2$。计算断面有死水时，应减去其死水面积；有漫滩时，一般宜将主槽边滩分开计算。

$n$——糙率。有实测资料时，应用实测资料反

推值，绘制 $H$–$n$ 关系线选用；无实测资料时，可参考根据地区经验编制的糙率取值表。

$R$——水力半径，m。宽浅河道（一般认为宽深比大于 10 者）可用平均水深 $\overline{h}$ 代替 $R$。

［例 2-2］ 采用稳定均匀流公式计算某河段 1940 年调查洪峰流量。

根据现场调查，1940 年大洪水过程中，该河道横断面左岸出槽，形成主槽和左滩，洪水比降近乎平行河底，断面Ⅰ至断面Ⅳ的流量模数 $K$ 很接近，因此可按稳定均匀流计算洪峰流量。由于主槽和滩地河床组成有明显的差异，对主槽和滩地分别选用糙率 $n$ 和计算流量模数 $K$。洪峰流量计算情况见表 2-6，得 $Q$= 564.5m³/s。

表 2-6　　某河段 1940 年调查洪峰流量计算情况

| 断面 | $H$ (m) | $L$ (m) | $\Delta H$ (m) | $I$ (‰) | 部位 | $A$ (m²) | $B$ (m) | $R$ (m) | $n$ | $K$ | $\overline{K}$ | $I^{1/2}$ | $Q$ (m³/s) |
|---|---|---|---|---|---|---|---|---|---|---|---|---|---|
| | | | | | 主槽 | 154 | 67 | 2.30 | 0.035 | 7663 | | | |
| Ⅰ | 99.23 | | | | 左滩 | 45 | 96 | 0.47 | 0.06 | 453 | | | |
| | | | | | 合计 | 199 | | | | 8116 | | | |
| | | 430 | 2.25 | 5.23 | | | | | | | 7804 | 0.0723 | 564.5 |
| | | | | | 主槽 | 146 | 64 | 2.28 | 0.035 | 7229 | | | |
| Ⅳ | 96.98 | | | | 左滩 | 20.7 | 31 | 0.67 | 0.06 | 264 | | | |
| | | | | | 合计 | 166.7 | | | | 7492 | | | |

2. 稳定非均匀流洪峰流量计算

（1）适用条件。该计算方法适用于河段上、下两断面形状和过水面积相差较大、各断面的平均流速不同、水面线与河底线不平行的情况，计算中应考虑流速水头的变化和局部损失。

（2）计算公式为

$$H_1+\frac{\alpha_1 v_1^2}{2g}=H_2+\frac{\alpha_2 v_2^2}{2g}+h_f+h_j \tag{2-18}$$

$$h_f=Q^2 \tag{2-19}$$

$$K=(K_1+K_2)/2 \text{ 或 } \frac{1}{K^2}=\frac{1}{2}\left(\frac{1}{K_1^2}+\frac{1}{K_2^2}\right) \tag{2-20}$$

$$h_j=-\xi\left(\frac{v_1^2}{2g}-\frac{v_2^2}{2g}\right) \tag{2-21}$$

$$Q=\overline{K}\sqrt{\Delta H\bigg/\left[L-\frac{1+\xi}{2g}\left(\frac{\overline{K}^2}{A_1^2}-\frac{\overline{K}^2}{A_2^2}\right)\right]} \tag{2-22}$$

式中　$g$——重力加速度，m/s²。

$v_1$、$v_2$——上、下断面平均流速，m/s。

$\alpha_1$、$\alpha_2$——上、下断面流速不均匀系数，一般取 $\alpha_1=\alpha_2=1$。

$h_f$——沿程水头损失，m。

$h_j$——局部水头损失，m。

$\xi$——局部损失系数，河道断面急剧扩散者一般取 $\xi$=－（0.5～1.0）。逐渐扩散者可取 $\xi$=－（0.3～0.5）；河道收缩者，取 $\xi$=0～0.1。

［例 2-3］ 采用稳定非均匀流公式计算某河段 1970 年调查洪峰流量。

河段Ⅶ～Ⅷ断面有逐渐扩散现象，其中两断面处的 $K$ 均为按照式（2-20）计算所得；按考虑流速水头差和局部损失进行计算，取 $\xi$=−0.4，用式（2-22）直接计算洪峰流量，计算情况见表 2-7，得 $Q$=14368m³/s。

表 2-7　　某河段 1970 年调查洪峰流量计算情况

| 断面 | $H$ (m) | $L$ (m) | $A$ (m²) | $K$ (×10³) | $\overline{K}$ (×10³) | $\Delta H$ (m) | $\frac{\overline{K}^2}{A_1^2}$ | $\frac{\overline{K}^2}{A_2^2}$ | $\frac{1+\xi}{2g}\left(\frac{\overline{K}^2}{A_1^2}-\frac{\overline{K}^2}{A_2^2}\right)$ | $\frac{(7)}{(3)-(10)}$ (×10⁻³) | $\sqrt{(11)}$ | $Q$ (m³/s) |
|---|---|---|---|---|---|---|---|---|---|---|---|---|
| (1) | (2) | (3) | (4) | (5) | (6) | (7) | (8) | (9) | (10) | (11) | (12) | (13) |
| Ⅶ | 68.15 | | 3360 | 413 | | | | | | | | |
| | | 1480 | | | 449 | 1.39 | 17857 | 12987 | 149 | 1.044 | 0.032 | 14368 |
| Ⅷ | 66.76 | | 3940 | 485 | | | | | | | | |

3. 注意事项

（1）公式中糙率 $n$ 值的选取。在有水文资料的河段，应根据实测的结果绘制水位与糙率关系曲线，并加以延长，以求得高水位时的 $n$ 值，并且计算流量的公式应与计算 $n$ 值时所用的公式相同。

在没有实测资料的河段，$n$ 值可参考上下游或邻近河流上河槽情况相似的水文站的资料确定，也可以从各地区编制的糙率表中查得。

（2）断面为复式断面。如河床为复式断面，具有较宽的滩地，则计算时应将河槽与滩地分开。其总流量等于河槽与河滩流量之和。各部分流量分别根据其平均面积、平均水力半径及各自的糙率计算。

（三）水面曲线法

1. 适用条件

本方法适用于调查河段距离较长，而可靠洪水痕迹点较少；或者调查洪水痕迹点虽多，但按点群趋势，水面出现明显转折；河道比降较大，调查河段内无控制断面存在，不受变动回水的影响等情况。

2. 计算公式

稳定均匀流公式

$$H_1 = H_2 + \frac{L}{2}\left(\frac{Q^2}{K_1^2} + \frac{Q^2}{K_2^2}\right) \tag{2-23}$$

稳定非均匀流公式

$$H_1 = H_2 + \frac{L}{2}\left(\frac{Q^2}{K_1^2} + \frac{Q^2}{K_2^2}\right) - (1+\xi)\left(\frac{v_1^2}{2g} - \frac{v_2^2}{2g}\right) \tag{2-24}$$

3. 计算方法

用水面曲线法计算调查洪水洪峰流量的计算方法有试算法和图解法，这里仅介绍试算法。

首先根据调查洪水痕迹点情况及断面测量情况，确定河道的分段，分段时要考虑各分段内河道尽量顺直，河床组成及滩面覆盖情况基本相同；同时根据各河段实际情况选择各断面的糙率；计算时，一般从下游一个已知洪水位的断面起，向上游逐段推算。假定一个流量 $Q$ 和河段上断面水位 $H_1$，由下游已知水位 $H_2$，利用式（2-23）或式（2-24）进行试算，如计算的 $H_1$ 与假定值相等，则可进行下一河段的试算；如不相等，需重新假定上游水位 $H_1$ 后再进行试算。经逐段向上游推算的水面线，如能与大多数洪水痕迹点相符，则此流量即为所求，否则再假定流量 $Q$ 重新推求水面线，直至与大部分洪水痕迹点相符为止。

**［例 2-4］** 采用水面曲线法计算某河段 1970 年调查洪峰流量。

仍以［例 2-3］中河道调查洪水为例，取 $n$=0.035，分别用式（2-23）和式（2-24）计算流量。首先采用稳定均匀流公式（2-23）计算，假定 $Q$=15500m³/s，计算情况见表 2-8。

**表 2-8　稳定均匀流试算法洪峰流量计算情况**

| 断面 | $H$（m） | $L$（m） | $A$（m²） | $K$（×10³） | $I=\left(\frac{Q}{K}\right)^2$（×10⁻³） | $\overline{I}=\frac{I_1+I_2}{2}$（×10⁻³） | $\Delta H$（m） | $H_1$（m） | 洪水痕迹水位（m） |
|---|---|---|---|---|---|---|---|---|---|
| Ⅷ | 66.76 | | 3940 | 485 | 1.02 | | | | 66.76 |
| | | 1480 | | | | 1.17 | 1.73 | | |
| Ⅶ | 68.45 | | 3470 | 427 | 1.32 | | | 68.49 | 68.15 |
| | | 920 | | | | 1.32 | 1.21 | | |
| Ⅴ | 69.70 | | 3350 | 429 | 1.31 | | | 69.66 | 69.70 |

其次按稳定非均匀流公式（2-24）计算，取 $n$=0.035，河道断面逐渐扩散，$\xi$=−0.40，$Q$=16000m³/s。通过几次试算（见表 2-9），Ⅶ断面的水位以 68.44m 较合适，但试算结果与实际洪水痕迹点比较后，Ⅶ断面水位仍有出入，可能是基本资料和糙率的选取与调查洪水发生时有一定的差别。

**表 2-9　稳定非均匀流试算法洪峰流量计算情况**

| 断面 | $H$（m） | $L$（m） | $A$（m²） | $K$（×10³） | $I=\left(\frac{Q}{K}\right)^2$（×10⁻³） | $\overline{I}=\frac{I_1+I_2}{2}$（×10⁻³） | $h_f=\overline{I}L$（m） | $\frac{v^2}{2g}$（m） | $\frac{v_1^2-v_2^2}{2g}$（m） | $(1+\xi)\times$（10）（m） | $H_1=H_2+h_f-$（11）（m） | 洪水痕迹水位（m） |
|---|---|---|---|---|---|---|---|---|---|---|---|---|
| （1） | （3） | （2） | （4） | （5） | （6） | （7） | （8） | （9） | （10） | （11） | （12） | （13） |
| Ⅷ | 66.76 | | 3940 | 485 | 1.09 | | | 0.84 | | | | 66.76 |
| | | 1480 | | | | 1.25 | 1.85 | | 0.25 | 0.15 | | |
| Ⅶ | 68.44 | | 3470 | 426 | 1.41 | | | 1.09 | | | 68.46 | 68.15 |
| | | 920 | | | | 1.40 | 1.29 | | 0.08 | 0.05 | | |
| Ⅴ | 69.70 | | 3350 | 429 | 1.39 | | | 1.17 | | | 69.68 | 69.70 |

应用水面曲线法推求调查洪水时，对调查洪水痕迹的可靠性要进行细致的评价，在试算过程中应使水面线尽量靠近可靠的洪水痕迹点；同时，对糙率的选取应考虑到历史洪水发生时的河道状况。

（四）其他计算法

洪峰流量的计算方法还有卡口、急滩、堰闸等计算法。用这些公式计算的成果精度较高，有条件时应优先采用。

堰闸法计算洪峰流量时，按调查河段堰闸的类型选用相应的流量公式。

急滩和卡口计算法参见本章第一节五（二）中内容。

其他由堰坝、决口造成的洪峰流量的计算可根据水力学公式计算，具体计算方法可参考第六章第七节。

## 五、岩溶地区的洪水调查

在岩溶现象占一定比重的河流，部分大气降水经漏斗、竖井、落水洞等潜入地下，汇集于地下河网，再经地下河网的调节、暗河输送、落水洞的滞洪后，出露于地表。地面以下，洞川串联，明暗交替，是岩溶地区产流汇流的特点。岩溶地区的洪水调查，除了一般地表河流所要求的内容外，还要对流域特性、水文地质、产流、汇流条件进行调查。岩溶地区的洪水调查可与枯水调查结合进行，由水文人员与水文地质人员共同组成调查组。主要从调查内容、调查中应注意的问题、调查流量的计算三个方面对岩溶地区洪水调查工作进行规范。

（一）调查内容

1. 洪水形成条件

岩溶地区洪水调查工作中首先要弄清洪水的形成条件，调查内容如下：

（1）通过外业调查结合水文地质资料，查明泉点、溶洞水、暗河水的历史和现状排泄条件，地表水与地下水的补给关系，地形分水岭与地下分水岭的关系，漏斗、溶洞、洼地、暗河的分布和走向，以便圈定地下集水面积、滞流区、闭流区，判定流域特性。

（2）汇流特征调查，应查明地下岩溶水的汇入、流出情况，落水洞、暗河网的滞洪、调蓄特性。调查岩溶现状及历史上对洪水形成条件的影响，必要时可通过水源调查、巡回测流和连通试验等方法确定补给关系及汇流情况。

2. 洪水调查

岩溶地区洪水情况及洪水痕迹的调查，主要办法是：①深入实地进行细致的访问；②从民谣、诗歌中了解；③在碑刻或者岩洞石壁等处也刻有记录历史洪水的诗画等。

**[例 2-5]** 根据碑刻进行洪水调查。

在四川涪陵兴隆乡小溪口石盘上刻有“水涨大江贯小溪，戊申曾涨与滩齐，迨今八十三单三载，涨过旧痕十尺梯”；四川忠县忠州镇红星村石壁上刻有“绍兴二十三年癸酉六月二十六日降水泛涨”（注：绍兴二十三年为公元 1153 年）。这些都可以为历史洪水的调查提供参考。

（二）调查中应注意的问题

（1）调查河段应尽量选择在靠近工程地点，能控制全部来水，并且不受下游溶洞壅水影响的明流河段。

（2）当工程地点（或调查河段）在溶洞或暗河的壅水河段时，要特别注意下游溶洞或暗河对调查河段的壅水影响，根据调查河段内受壅水影响的程度，选定计算方法，由计算方法确定调查内容。

（3）由于岩溶地区的洪水，经过暗河网的滞洪或调蓄，其洪水过程线比同样大小的地面河流的过程线矮胖，大洪水与小洪水的水位相差不多，因此，要求洪水痕迹点调查精度要高，否则会出现各大水年洪水水面线互相交叉的不合理现象。

（三）调查流量的计算

（1）若调查洪水痕迹在不受下游溶洞或暗河壅水影响的明流区，洪水流量的计算方法与一般地面河流相同。

（2）若调查洪水痕迹在溶洞或暗河的壅水区时，洪水流量的计算方法有以下三种：

1）回水水面曲线法。调查洪水痕迹在溶洞或暗河的壅水区，当受壅水的影响不大时可以用一般地面河流水面曲线法计算洪水流量。

2）落差开根法。调查洪水痕迹在溶洞或暗河的回水区内，也可用落差开根法进行计算。落差开根法的计算公式是

$$Q_1 = Q_0\sqrt{\Delta H_1 / \Delta H_0} \tag{2-25}$$

式中　$Q_1$——回水时流量，$m^3/s$；

$Q_0$——正常流量，$m^3/s$；

$\Delta H_1$——回水时落差，m；

$\Delta H_0$——正常落差，m。

3）调洪还原法。若调查河段处于溶洞、暗河前的严重壅水河段，洪水流量计算要用调洪还原法。此法中将溶洞以及壅水严重的河段概化为一座水库，上断面入流看作入库，下断面出流看作出库，根据水库调洪原理由已知出流（出库流量）反推入流（入库流量）。计算前，先准备好如下 3 项资料：①洞前滞洪区库容曲线，可用地形资料计算；②洞下游出口流量过程线，可用粗略的三角形过程，一般通过调查而得；

③落水洞天然的泄流曲线，即落水洞前水位与溶洞泄流量的关系曲线，可用调查资料与实测资料进行推算和外延。如果洞内停蓄能力占相当比重，尚需考虑洞内滞洪作用。可采用简化三角形法（高切林法）作调节计算，从库空起调。

（3）如果工程地点在溶洞或暗河的出口下游附近时，调查洪水流量的推求是要推求出洞后的流量。其计算方法有如下两种：

1）综合相关法。如洞后不远有水文站实测资料，在洞前、洞后又有水位观测资料，可通过相关的途径建立洞前水位与洞后流量关系曲线并外延（如水文站流量包括有其他明流区来水，则应扣除明流的流量）。据此查出与洞前调查的历史洪水位相应的流量。

2）水力学方法估算。岩溶地区溶洞或暗河的出流，可视为工程水力学中的压力管道式大孔口出流，用相应公式计算。但由于溶洞的孔口复杂而不规则，其面积也无法施测，能否应用此法，要根据反求出的系数是否稳定来判断。

根据自由式孔口出流公式

$$Q=\mu A\sqrt{2gH} \tag{2-26}$$

由于孔口面积无法施测，式（2-26）改写为

$$Q=S\sqrt{H} \tag{2-27}$$

式中 $S$——包括过水面积在内的系数；

$\mu$——流量系数；

$A$——过水面积，$m^2$；

$H$——计算水头，m。

若由各级水位实测的流量反推出的 $S$ 值变幅较小，说明可以用此法进行计算，并以几次计算的 $S$ 平均值作调查洪水的 $S$ 值，用式（2-27）计算出调查洪水流量。

## 六、调查资料整理

### （一）现场整理

现场整理资料的内容及一般要求如下：

（1）调查记录要及时整理，对群众介绍的水情、雨情、灾情及河道特性等方面的主要情节要落实，存在的矛盾要研究分析，然后将有关内容填入调查表。

（2）测量成果要有计算、校核和测量工程负责人签字，洪水痕迹点应点绘在大比例尺地形图或简易地形图上。纵横断面图比例尺采用2与5的倍数，图幅的大小以满足计算的需要为准。

（3）纵断面图上应绘出平均河床高程线、调查时水面线、调查洪水痕迹点及各调查年份历史洪水水面线。对各洪水痕迹点结合水面线进行可靠性和代表性的分析和评定。对于偏离的洪水痕迹点要分析偏离的原因，如果原因不清楚，应立即进行复查。

（4）根据调查材料和测量成果，初步估算各大水年洪峰流量。

（5）对调查资料及测量成果进行分析，如洪水发生的年份和日期是否可靠，降雨时间与洪水出现时间是否对应，洪水的大小顺位关系是否合理，计算的洪峰流量是否有偏大或偏小的现象等。

（6）洪水痕迹点经过可靠性检查后给予适当的评定，评定的标准划分为可靠、较可靠、供参考三级，见表2-10。

**表2-10　洪水痕迹可靠程度评定分级标准**

| 评定因素 | 等级 | | |
|---|---|---|---|
| | 可靠 | 较可靠 | 供参考 |
| 指认人的印象及旁证情况 | 亲身所见，印象深刻，所讲情况逼真，旁证确凿 | 亲身所见，印象较深刻，所述情况较逼真，旁证材料较少 | 听传说，或印象不深，所述情况不够清楚具体，缺乏旁证 |
| 标志物和洪水痕迹情况 | 标志物固定，洪水痕迹位置具体，或有明显的洪痕 | 标志物变化不大洪痕位置较具体 | 标志物已有较大变化，洪痕位置不具体 |
| 估计可能误差范围（m） | 0.2以下 | 0.2～0.5 | 0.5～1.0 |

### （二）调查成果图表的编制

洪水调查成果图表有洪水痕迹和洪水情况调查表、洪峰流量计算成果表、洪水调查河段（简易）地形图或平面图、洪水调查河段纵断面图、洪水调查河段横断面图等几种，可根据工程具体情况和计算方法的需要选用，表2-11为某地洪水痕迹和洪水情况调查表。

调查过程中可搜集其他单位已有的历史洪水调查资料或者工程附近其他工程已经通过审查的报告中的洪水资料；同时，在工程中应用历史洪水资料时，要特别注意洪水产汇流条件的变化，认真判断历史洪水重现的可能性。

表 2-11　　某地洪水痕迹和洪水情况调查表

| 洪水发生年份 | 洪水痕迹 | | | | | 指认人姓名、年龄、住址 | 洪水访问情况 | 调查单位及时间 |
|---|---|---|---|---|---|---|---|---|
| | 编号 | 所在位置 | 起点距（m） | 高程（m） | 可靠程度 | | | |
| 1949 | 1949-1 | 蒲庄子村村头桥 | 104 | 24.5 | 较可靠 | 李××，72岁，蒲庄子村 | 新中国成立那年发过一场大水，村头桥都淹了；我们去邻村的时候从桥上走，水都没了脚踝 | 华北电力设计院有限公司 2014 年 |
| 1986 | 1986-1 | 韩庄子村南山脚 | 86 | 36.4 | 供参考 | 李××，36岁，韩庄子村 | 听父亲说，那年发山洪的时候，就在旁边这块地里，正好有个人在干活，直接被冲走了，尸体都没找到 | |

## 七、内涝（平原洪水）调查

内涝区可分为自然的低洼内涝区和人为控制的分滞洪区两种。两种情况调查的准备工作及调查步骤与洪水调查基本相同，调查内容有所区别。

### （一）自然的低洼内涝区

对自然低洼内涝区，应了解历史上溃堤破圩情况，了解河网、圩区的分布，各圩区之间、各河汊之间与主河道的联系及其水流流向。主要调查搜集历史上最严重的几次积水情况。

（1）涝区河网水系特性。涝区内外河流、湖泊、洼地及沼泽区的分布情况；涝区内产流、汇流特性与河道长度、比降、糙率等；承泄区类型与位置；涝区的水面率与蓄涝率；蓄涝水位与容积关系曲线。

（2）涝区灾情。历史涝灾情况，典型受灾年份的成灾时间、降雨量、雨型、最大（高）与一般积水深度、积水位、相应范围与历时；涝区成灾暴雨与承泄区高水位的遭遇情况。

（3）涝灾成因。涝区雨量过多、外水汇入、排水出路不畅及承泄条件不良等。

（4）涝区现有水利工程。水库、排水闸、挡潮闸、排水站、排水沟道、蓄涝（洪）工程、堤防、涵洞、桥梁等的分布、数量和规模；现有工程的运用方式、施工质量、兴建和投入运用的时间；现有工程存在的问题等。

（5）涝区防洪和治涝已达到的标准，当地治涝规划与设计标准。

（6）造成内涝积水的降雨量情况，通过降雨量分析，可大致判断其重现期。

（7）现状的汇水区域与历史上严重积水时有无较大的变化，积水区的排水系统有无更新、改造。

（8）关注近期发生较大内涝时间的相关新闻报道和同期的卫星图片。

### （二）人为控制的蓄滞洪区

对人为控制的蓄滞洪区，主要调查搜集防洪调度规划、方案。

（1）蓄涝区规划。蓄涝区位置与设计水位，蓄涝区容积，运用方式，启用标准。

（2）承泄区规划。承泄区位置、治理内容等。

（3）分洪口门的位置、规模，分洪的方式。如启用过还应调查分洪口附近的冲刷情况。

洪水调查工作现场应按照一定的格式对调查成果进行翔实的记录，记录表见表 2-12～表 2-15。

表 2-12　　固定点洪水调查成果记录表

| 序号 | 水系 | 河名 | 固定点名称 | 断面地点 | 坐标 | | 至河口距离（km） | 上游集水面积（km²） | 设立时间 | | 水尺型式 | 年最大洪水 | | | | | | | | | | |
|---|---|---|---|---|---|---|---|---|---|---|---|---|---|---|---|---|---|---|---|---|---|---|
| | | | | | 经度 | 纬度 | | | 年 | 月 | | 发生时间（年、月、日） | 上断面水位 | 下断面水位 | 两断面距离（m） | 比降（‰） | 基本水尺水位（m） | 过水面积（m²） | 洪峰流量（m³/s） | 推流方法 | 基面 | 指导站 |
| | | | | | | | | | | | | | | | | | | | | | | |
| | | | | | | | | | | | | | | | | | | | | | | |
| | | | | | | | | | | | | | | | | | | | | | | |
| | | | | | | | | | | | | | | | | | | | | | | |
| | | | | | | | | | | | | | | | | | | | | | | |

表 2-13　　　河流洪水历史文献摘录表

| 年份/朝代（年号） | 河名 | 地点 | 雨洪及灾情记录 | 资料来源 | | |
|---|---|---|---|---|---|---|
| | | | | 文献名及版本年代 | 卷、册、页 | 存放单位 |
| | | | | | | |
| | | | | | | |
| | | | | | | |
| | | | | | | |
| | | | | | | |
| | | | | | | |
| | | | | | | |
| | | | | | | |
| | | | | | | |
| | | | | | | |
| | | | | | | |
| | | | | | | |
| | | | | | | |
| | | | | | | |
| | | | | | | |
| | | | | | | |
| | | | | | | |
| | | | | | | |
| | | | | | | |

表 2-14　　　蓄滞洪区调查成果记录表

| 站（区间）名 | 水系 | 河名 | 蓄滞洪区名称 | 堤顶高程（m） | 设计 | | 历史最高 | | | | | 基面 | 调查时间 | | |
|---|---|---|---|---|---|---|---|---|---|---|---|---|---|---|---|
| | | | | | 水位（m） | 蓄水量（×10$^4$m$^3$） | 水位（m） | 蓄水量（×10$^4$m$^3$） | 发生时间 | | | | | | |
| | | | | | | | | | 年 | 月 | 日 | | 年 | 月 | 日 |
| | | | | | | | | | | | | | | | |
| | | | | | | | | | | | | | | | |
| | | | | | | | | | | | | | | | |
| | | | | | | | | | | | | | | | |
| | | | | | | | | | | | | | | | |
| | | | | | | | | | | | | | | | |
| | | | | | | | | | | | | | | | |
| | | | | | | | | | | | | | | | |
| | | | | | | | | | | | | | | | |
| | | | | | | | | | | | | | | | |
| | | | | | | | | | | | | | | | |
| | | | | | | | | | | | | | | | |
| | | | | | | | | | | | | | | | |
| | | | | | | | | | | | | | | | |
| | | | | | | | | | | | | | | | |
| | | | | | | | | | | | | | | | |
| | | | | | | | | | | | | | | | |
| | | | | | | | | | | | | | | | |
| | | | | | | | | | | | | | | | |
| | | | | | | | | | | | | | | | |

表 2-15 水文调查表

工程名称及设计阶段：第 × 页/× 页

| 调查时间 | ××××年 ××月 ××日 | | 调查地点 | | | |
|---|---|---|---|---|---|---|
| 被调查人信息 | 姓名 | | 性别 | | 年龄 | |
| 调查人 | | | 记录人 | | | |
| 调查及查勘内容 | 其中需涵盖：<br>（1）调查点地形、地貌、植被覆盖情况；<br>（2）调查点河流及冲沟分布情况；<br>（3）调查点附近历史洪水和内涝情况 | | | | | |
| 现场照片 | 照片内容需与现场调查和查勘内容相对应，并标注清楚 | | | | | |

## 第四节 河床演变调查

本节将从调查内容、河床演变调查、测量与河床质取样以及调查河段变形的分析计算四个方面对河床演变调查工作进行规范。

### 一、调查内容

包括河床变形的调查、河段形态和稳定性调查、河床质组成调查三个方面，这里只介绍前两者。

（一）河床变形的调查

河床的变形分为纵向变形和横向变形。

1. 纵向变形

纵向变形包括弯曲处凹岸的平均水深和最大水深，水面宽，边滩的冲淤及下移情况；指定断面附近一定距离内河床升高、下切及稳定情况；历史上出现的最大一次冲淤值，冲淤原因、年代、当时的水力条件及来沙情况。

2. 横向变形

主要包括洪水、平水和枯水时主流摆动范围、方向和位置；调查河段向两岸扩展的速度、距离和坍塌现象；调查河段逐年向两岸滚动情况、原因和速度，有无来回滚动现象；历史上出现的最大一次坍塌情况、原因、年代和当时的洪水情况。

（二）河段形态和稳定性调查

河段形态按照其演变特性，可分为顺直微弯型河段、弯曲型河段、游荡型河段和汊道型河段四种类型，其调查内容分别如下：

1. 顺直微弯型河段

（1）顺直微弯型河段在洪水时边滩被淹没，水流比较顺直，而在低水时由于边滩和沙洲的作用，河床仍然是弯曲的，所以对顺直微弯型河道应查清边滩形成的条件，边滩是否稳定，向下游移动的速度。

（2）调查取水口是否受边滩的影响，边滩和沙洲的淹没水位。

（3）调查沙洲的土壤结构、形成年代、稳定程度及下移速度、距取水口的距离，以及若干年后对取水口的影响等。

2. 弯曲型河段

首先要查清河道是非蜿蜒型还是蜿蜒型，非蜿蜒型河道比较稳定。

对于蜿蜒型河道，要调查两岸土壤结构，凹岸冲刷情况，河弯发展速度，有无发生过裁弯取直，或今后若干年内有无裁弯取直的可能，凸岸边滩的大小，深槽和浅槽的位置和深度等。

3. 游荡型河段

游荡型河段最显著的特点为水流湍急，河身宽浅，沙滩密布，汊道交织，河床变形迅速，主流摆动不定。调查时应查清此类河段长度和宽度，沙滩、汊道的分布、变化情况、水文情况。

4. 汊道型河段

汊道型河段一般比较稳定，调查时应查清汊道河段本身的宽度及两岸土壤组成；洪水及枯水水流轴线的变化情况；两岸河漫滩的高度及滩面植物被覆情况，江心洲（滩）面积大小，滩面植物被覆情况，滩面相对高度及洪水淹没情况；各分汊所处的阶段，是发展阶段还是死亡阶段。

### 二、河床演变调查

（一）调查前的准备工作

1. 搜集有关资料

（1）有关部门对该河道已进行的调查工作情况、报告及原始资料。

（2）指定河段附近已有的冲淤计算资料，河段附近桥梁、输电线路、跨河管道、取水建筑、节制建筑、护坡护岸等工程情况。

（3）河道治理及疏浚资料，疏浚前后的纵横断面图，疏浚范围等。

（4）附近水文站历年实测断面图，汛前汛后断面比较图。

（5）河务部门及河运管理部门实测的历年河道平面图及水下地形图。

（6）调查河段附近的大比例尺地形图。

（7）记载有河道变迁情况的历史文献资料。

2. 调查人员的组织工作及仪器用品

（1）调查人员的组成中最好有地质人员、水工人员配合进行。

（2）仪器用品包括测量仪器，河床质采样设备及野外分析仪器，照、摄像及定位设备。

（二）调查河段的选定

到现场沿拟定的河段调查，了解河道的地貌特征、地质特点、植被覆盖、土壤状况、河槽断面的可能形态、弯道位置和河岸线的发展趋势等，根据设计要求进一步确定调查河段。

（三）现场调查

1. 纵向变化调查

（1）根据老船工、老渔民的记忆，了解历年河底是逐年抬高、下切，还是稳定，这种变形的一般规律是否符合河流特性。发生一次大水后，是不是一处冲深，另一处淤起滩地。一定要调查到指定断面附近有代表性的最大水深，特别是在枯水季节，如群众经常涉水过河，可根据其记忆了解到河床变迁情况。

［例 2-6］ 根据群众记忆调查河道纵向变化。

2014 年在承德潮河进行调查时，老乡（72 岁、北千佛寺村）反映：“河道本来是在靠山那边山脚下的，清算“四人帮”那年，发生了一场大水，之后河流就走现在的道了。”从而可以明确，该区域潮河河道是变迁的；经实测调查时主河槽深约 2.0m，因此其最大自然冲刷深度能够达到 2.0m。

（2）从河中大树或建筑物了解局部冲刷深度，特别是经过特大洪水考验的老建筑物，应深入细致地了解冲刷情况，掌握冲刷变化规律。如黄河洛口大桥，守桥人员不仅可以提供洪水冲刷的深度，而且记录了洪水期的桥墩前水深变化。一般从河中较大的树木亦可以调查到局部冲刷深度数值。

2. 横向变化调查

（1）从岸边田地流失或者群众的出行等情况确定冲淤宽度。

［例 2-7］ 根据群众出行情况进行河道横向变形调查。

2014 年调查秦皇岛抚宁县沙河时，老乡反映：“我种这块地有十几年了，地靠着河，浇地方便，收成也挺好，就是每年靠近河道的地方都会塌一块，我这块地面积是一年比一年小了。”这说明，由于河水的冲刷影响，河道在逐渐向农田一侧掏挖，河道是不稳定的。

（2）从岸边建筑物寻求河岸坍塌和扩展宽度。河道冲淤不像洪水可能留下水痕，因此很难找到一次最大的坍塌数值。但可以根据洪水发生的年代，找出该年大水前后到目前为止的岸边到建筑物的最大距离，从而可以确定岸边的冲淤宽度。

［例 2-8］ 根据两岸距离变化进行河道横向变形调查。

2014 年调查锡林河时，老乡反映：“村头的这座桥是毛主席给我们修的（理解为新中国成立后毛主席时期），在岸边桥头的地方立了一座碑，这么多年过去了，石碑还在岸边。”说明经过 40～50 年，锡林河的岸滩基本没有发生变迁，两岸是比较稳定的。

（3）利用河边岩石上的洞穴和刻字调查冲淤情况。河边岩石上的标记是不变的，调查河底与岩石标记的高差，可以估计出河底冲淤变化数值。

3. 河势演化调查

（1）室内准备。搜集工程所在河段地形图、航空影像资料、航天影像资料，确定现场调查方案。

（2）现场查勘。对于河势的调查，首先是现场查勘，对该河段有初步认识。如果河段附近有较高的山丘等，可登高俯视全河段，同时勾绘出河段的平面草图，或分段进行拍照，勾绘出河道弯曲形势，边滩、沙洲和心滩的位置。对平原河流，可沿河巡视，勾绘草图。

（3）绘制河道变迁图。根据所绘的草图进行个别访问或开座谈会，请熟悉河道的老人介绍该河段发生过冲、淤和裁弯取直的位置，沙洲稳定情况，边滩近几十年变迁情况，以及整个河段来回摆动范围和摆动周期。访问过程中要做好记录，并将介绍的历史情况用虚线勾绘在同一张草图上，勾绘的时候应请被访者指正。特别是取水口断面及线路跨河断面，应详细了解和勾绘，认为取得了满意资料后，偕同被访者一起到现场重点巡视一次。

（4）地形资料套绘。根据被调查河段不同历史时期的地形图、航空影像资料、航天影像资料等资料，校准后进行套绘，对比不同时间跨度内河道变化情况。

4. 河道采砂调查

向河道管理部门了解工程点附近河道采砂的情况，包括主河道两侧的采砂边界，距现有堤防迎水侧的距离，砂层厚度及上面覆盖土层的厚度。现场查勘工程断面及上下游的采砂情况，请熟悉河段的当地人介绍河段内已采砂情况，包括主河道及滩地的横向变化、纵向变化等。

## 三、测量与河床质取样

（一）测量

根据河床变形计算或河道模型试验的需要，有如下测量工作：

1. 横断面测量

测量方法及要求见本章第三节第三条所述内容。

断面布设以使每两断面之间河段的河床特性相似为原则，具体要求是：

（1）有引水口或支流汇入处，应尽可能将其上下游划分为河段。

（2）考虑河床变形计算上的要求，一般变形剧烈的河段、变形计算段的首段和尾段，或者需要较详细变形资料的河段，都应把分段划密些。

（3）应将可冲河段和不可冲河段分开；还要考虑河床组成的变化。

2. 纵向测量

纵向测量包括两部分，即河轴线的测绘（各断面最深点在平面上的连线），设计河段沿程河道宽及边滩、沙洲、江心滩在平面图上位置的测绘。

（二）河床质取样

河床质取样主要是为了进行河床泥沙的颗粒分析，取得泥沙颗粒级配资料，用来分析研究悬移质含沙量和推移质基本输沙率的断面横向变化情况等。同时河床质的颗粒级配情况也是研究河床冲淤、利用理论公式计算推移质输沙率和研究河床糙率等的基本资料。

1. 河床质取样方法

（1）采样工作的基本要求。

1）能取得河床表层 0.1～0.2m 以内的沙样。

2）采样过程中上提时，采样器内的沙样不能被水流冲走。

（2）采样方法的选择。根据河床质成分、水深和流速的不同采用相应的采样器。根据水深的不同，分别采用测杆和悬索。通常当水深超过 4m 时，使用悬索悬挂采样器沉入河底采样。另外亦可结合水源勘测进行钻探或槽探，槽探适用于滩地浅层取样，钻探适用于水下或滩地深层取样。槽探取样体积，一般为宽、厚各 1m，或者宽、厚各 0.5m，也可按土壤组成分层取不同体积。槽探取样深度可取 0.5～1.5m，钻探可钻至不可冲层。传统上针对沙质河床多使用圆锥式采样器、钻头式采样器和悬锤式采样器；针对卵石河床多使用锹式采样器和蚌式采样器，具体如图 2-3 所示。

2. 取样地点

一般在取水断面和有代表性的若干个断面上进行，具体位置可在河滩非扰动处及主槽取 2～3 点即可。

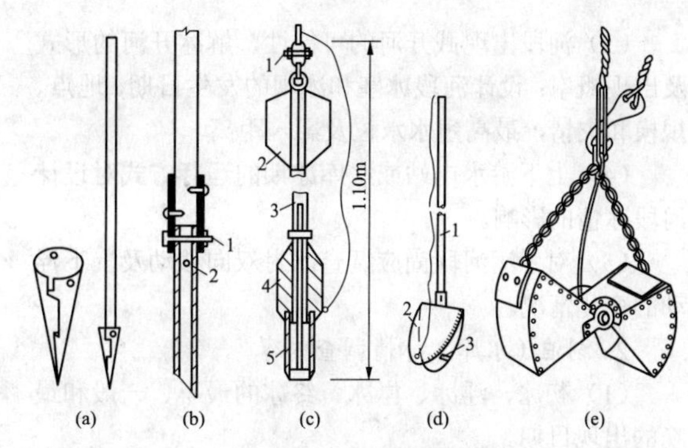


图 2-3 河床质采样器

（a）圆锥式采样器；（b）钻头式采样器；（c）悬锤式采样器；（d）锹式采样器；（e）蚌式采样器

## 四、调查河段变形分析计算

目前常用经验计算、野外调查和河道模型试验来预测河道变形。

（1）根据调查河势资料按河流形势分类，确定该河段类型。

（2）根据调查和测量河段各因素，用河相关系判别该河段是否稳定。

（3）利用历年河道平面图和水道地形图重叠比较，了解或判断河道的冲淤变化、纵向变化和平面上的变化等。

（4）根据以上分析结合调查或搜集到的河道变形资料，预估该河段未来可能的变形。

# 第五节 冰情及漂浮物调查

## 一、冰情

冬季结冰与春季解冰，对工程安全运行危害很大。如秋季水内冰，经常附着于拦污栅上堵塞取水口；冬季由于冰厚迅速增长，减少枯季流量；春季流冰对取水建筑物及坝体破坏性也很大。

（一）调查内容

按河流、湖泊（水库）、滨海（河口）等水体特点进行调查。

1. 河流冰情调查内容

（1）初冰、春季及秋季流冰、封冻、开河和终冰的最早、一般和最晚的出现日期，流冰期和封冻期一般和最长天数。

（2）工程点附近流冰期最大和一般流冰块的尺寸、速度、颜色、密度，最高流冰水位；封冻期岸冰最大冰厚和宽度，冰花厚度和发生日期，有效水深，连底冻起讫持续时间，冰上流水、冰上积雪和水内冰发生情况。

（3）河段出现武开河的可能性，解冰开河的形式及出现概率；设计河段冰塞和冰坝的发生日期、地点、规模和灾情，最高壅水水位及影响距离。

（4）上下游水电站或水库冰期的运行方式对设计河段冰情的影响。

（5）对感潮河段尚应调查冰封双向移动及上下浮动的变化情况。

2. 湖泊（水库）冰情调查内容

（1）初冰、浮冰、岸冰、终冰的最早、一般和最晚的出现日期。

（2）浮冰和岸冰的一般和最长天数。

（3）工程点附近在风浪作用下浮冰最大和一般尺寸、漂流方向对湖岸的影响。

（4）最高浮冰水位、流冰花或冰花漂流情况。

（5）最大和一般湖岸岸冰的厚度、宽度、最大堆积高度。

（6）在河流入湖处或水库回水末端冰塞和冰坝的发生规模、影响范围、最高壅水水位。

3. 滨海（河口）冰情调查内容

（1）初冰、流冰、沿岸冰、结冰的最早、一般和最晚的出现日期。

（2）流冰期和沿岸冰期的一般和最长天数。

（3）工程点附近最大和一般流冰块的尺寸、速度和漂流方向。

（4）沿岸冰最大和一般的厚度、宽度、最大堆积高度、颜色和密度。

（二）调查方法

工程设计河段一般没有冰情观测资料，可通过以下方法获得冰情资料：

（1）移用附近水文站实测资料。

（2）搜集邻近区域的冰情资料。

（3）搜集水利、海洋部门调查资料、普查资料。

（4）搜集邻近地区已建工程兴建前后冰情变化规律研究成果。

（5）对附近的居民进行访问。

（6）开展现场调查和查勘。

（7）采用地区经验公式确定，注意移用的条件，用实测资料进行分析比较。

其中现场调查的主要调查方法有：

（1）河段应包括工程可能变动的范围。对可能产生冰塞、冰坝、冰堆、水内冰的河段和灾害性冰情的河段，深入访问沿岸的老居民、渔民、船工和有关水利设施的运行人员，特别是船工对秋季封冻前的冰情非常注意，他们提供的资料可作为多年平均情况，调查应以对工程有影响的灾害性冰情为重点。

（2）冰的形成及最大冰厚和堆积高度。可向渔民或钓鱼者访问，他们对附近各河段各时期的冰厚都比较清楚，尽可能多访问一些渔民，互相印证，可以取得较为可靠的冰厚资料。

（3）能够表征冰情的特殊水文现象。如水库下游不封冻河段的长度；中、小河流有否连底冻及其持续时间；冰坝、冰塞河段上游壅高水位，流冰期最高水位等，现场指认洪水痕迹，进行测量。

（4）海冰调查。应包括厂址海域内可能产生流冰和固定冰的岸段，通过调查可以了解一般年份的冰情，但调查应以对工程有影响的灾害性冰情为重点，着重了解特殊严寒年份的海冰要素（包括冰量、流冰密集度、方向和速度，沿岸冰堆积量和堆积高度、最大冰厚及宽度等）。

（5）冰灾调查。对于冰灾应重点调查其存在形式与规模、发生和持续的时间、地点、范围、危害程度、形成原因，并了解有关部门为满足工程或其他需要对该种冰灾所采取的相应措施。

（三）冰厚估算

冰厚的变化与水温、气温有密切的关系，其中主要的影响因素是气温。工程地点附近若有水文及气象站，可用实测冰厚与气温资料建立冰厚与累积负气温（日或月负气温）关系曲线（见图 2-4），用历史最冷气温资料，查出最大冰厚。

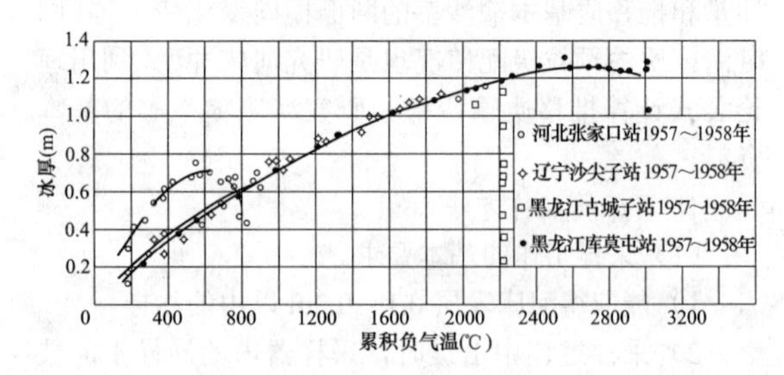


图 2-4　冰厚与累积负气温关系

若无实测冰厚资料，可用如下方法估算最大冰厚值。

1. 动水（河流）冰厚的估算

河流封冰后，冰盖厚度的增长主要取决于气温条件。在冰面无雪覆盖、无风、冰面以下水温为摄氏零度、不计流速影响等条件下，根据水流通过冰层进入空气中的热量，等于结冰所放出的潜热，即可导出式（2-28）

$$h_i = \sqrt{\frac{2\lambda}{L_i \gamma_i} \sum t_i} \qquad (2\text{-}28)$$

式中　$h_i$——冰厚，cm；

$\lambda$——冰的导热系数，一般为 0.0057cal/（cm·s·K）或 492.5cal/（cm·d·K）；

$L_i$——结冰潜热，80cal/g；

$\gamma_i$ ——冰的容重，0.917g/cm³；

$\sum t_i$ ——冰面温度的累积值，℃。

若将系数代入，并取日平均冰面温度的累积值（绝对值），则

$$h_i = 3.66\sum t_i \tag{2-29}$$

为了方便起见，一般常用气温代替冰面温度，同时考虑冰面积雪、风、流速、日照等因素的影响，常写成

$$h_i = k\left(\sum t_i\right)^{\alpha} \tag{2-30}$$

式中 $k$ ——经验系数；

$\sum t_i$ ——累积日平均气温绝对值，℃；

$\alpha$ ——经验系数。

据我国东北和华北的资料分析，经验系数值 $k$、$\alpha$ 的变幅如下：

东北地区 $\alpha$=0.50～0.56，$k$=2.0～2.3。

华北地区 $\alpha$=0.50～0.56，$k$=2.6～3.0。

估算最大冰厚时，先确定累积负气温的临界值，选择适当 $k$、$\alpha$ 值，代入式（2-30）即可求得。

冰厚还可以与当地纬度、海拔建立经验关系。我国最大冰厚的分布与纬度有较好的相关关系（见图 2-5），其关系式为

$$h_i = 8.30\phi - 278 \tag{2-31}$$

式中 $\phi$——纬度（36°～54°）。

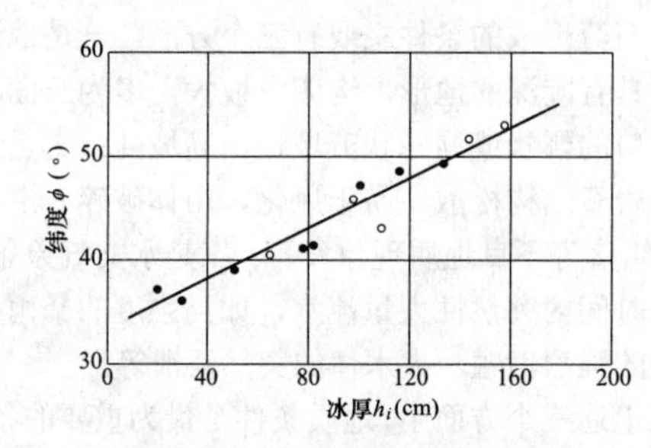


图 2-5 冰厚与纬度关系图

2. 静水（水库、湖泊）冰厚的估算

水库的结冰是静水结冰，它的冰厚除受气温影响外，还与库容的大小，即水库蓄热量的大小，以及水库运行方式等。

（1）小型水库。小型水库由于库容小、蓄热量有限，其冰厚与同地区天然河道基本相近。一些根据小型水库资料推得的冰厚计算经验公式与天然河道的也极为相近，如据黑龙江省音河水库十余年资料求得

$$h_i = k\sqrt{\sum t_i}\, 8.30\phi - 278 \tag{2-32}$$

式中 $k$——计算系数，取值范围为 2.3～2.7；当冰面无雪时 $k$=2.7；当冰面积雪深 10cm 时 $k$=2.5；当冰面积雪 20cm 时 $k$=2.3。

（2）大型水库。大型水库的冰厚计算比较复杂，因为它的结冰过程一方面取决于水面和大气的热量交换，另一方面还与水体本身的热量交换有关。在水体失热过程中，首先通过对流交换使表面和深层水温达到 4℃，然后水面因继续失热而降温，形成深层温度高于表层的逆温分布。当表面温度达到 0℃，库面即开始结冰，并发展成封冻。由于大型水库蓄热量明显较天然河流大，所以它的封冻日期明显比同地区天然河流迟后。如通过对水库冰情资料的分析，确定某地两大型水库的封冻日期推迟 30d 左右。水库封冻后，由于深层水温较高，热量仍将通过传导的方式不断向表层输送，因而大型水库的冰厚也明显比建库前的天然河道薄，一般为天然河道的 60%～80%。另外，由于库内流速很小，以及不受上游开河的影响，所以解冻日期比天然河流要晚，大型水库可以滞后 15d 左右。表 2-16 列出四个大型水库建库前后的冰情特征对比情况。

表 2-16 四座水库建库前后冰情特征值对比表

| 水库编号及项目名称 | | 封冻日期（月-日） | 解冻日期（月-日） | 封冻天数（d） | 最大冰厚（m） | 相应水深（m） |
|---|---|---|---|---|---|---|
| 水库1 | 建库后 | 12-30 | 04-19 | 110 | 0.68 | 50 |
| | 天然 | 11-27 | 04-06 | 130 | 0.83 | |
| | 差值 | 34d | 13d | 20 | 0.15 | |
| 水库2 | 建库后 | 01-15 | 04-08 | 83 | 0.49 | 70 |
| | 天然 | 12-22 | 03-22 | 90 | 0.82 | |
| | 差值 | 24d | 17d | 7 | 0.33 | |
| 水库3 | 建库后 | 坝前不封冻 | — | 0 | 0 | 80 |
| | 天然 | 01-13 | 02-23 | 42 | 0.48 | |
| | 差值 | — | — | 42 | 0.48 | |
| 水库4 | 建库后 | 12-27 | 02-27 | 62 | 0.43 | 17 |
| | 天然 | 12-29 | 03-10 | 72 | 0.56 | |
| | 差值 | 2d | 11d | 8 | 0.13 | |

注 各水库均以河流坝址附近水文站的资料代表天然情况；部分水文站由于水库的建设而迁站，此时以建库前数据为准。

3. 水电站下游零温断面及封冻边缘位置的估算

冬季，我国北方水电站下游也常常有相当长度的河段是不封冻的，呈明流状态。其根本原因是由于水库调蓄了水量和热量，使电站下游的热情和冰情发生了变化。调查和测验资料表明，水电站冬季出库水温一般均高于 0℃。大型水库的出库水温即使在严冬仍可保持在 4℃左右。

刚出库的水体不具备立即成冰的条件，温暖的水

体需流出相当的距离，经充分失热后才能降为 0℃。水温降到 0℃的位置称为零温断面。零温断面位置用该断面到电站尾水的距离 $L_0$ 表示。

零温断面以下，水体继续失热达到过冷却，于是开始产冰。随着流程加长，冰量增加，到一定距离河流又复封冻。这个封冻位置即称封冻边缘位置。封冻边缘位置用该位置到电站尾水的距离 $L_f$ 表示（见图 2-6）。

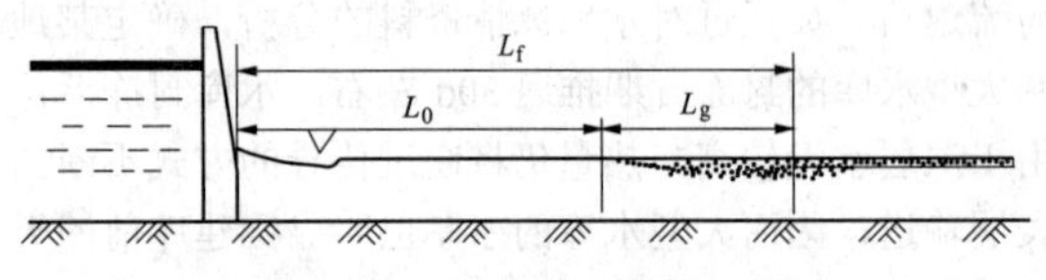


图 2-6 水电站下游 $L_0$、$L_f$ 示意图

（1）零温断面位置 $L_0$ 计算。设零温断面的位置为 $L_0$，根据热量平衡原理，进入 $L_0$ 河段的热量应等于该河段的水面失热量，其热平衡方程为

$$86400\bar{Q}Crt_s = L_0\bar{B}\sum s \tag{2-33}$$

$$L_0 = 86400\frac{\bar{Q}Crt_s}{\bar{B}\sum s} \tag{2-34}$$

式中 $\bar{Q}$ ——水库下泄日平均流量，m³/s;
$C$ ——水的热容量，t·cal/（t·K）;
$r$ ——水的容重，t/m³;
$t_s$ ——出库水温，℃;
$\bar{B}$ ——河段平均水面宽度，m;
$\sum s$ ——单位水面热损失，t·cal/（m²·d）。

由于 $\bar{B}$ 随 $L_0$ 而变，所以 $L_0$ 应用试算法进行，即先假定一个 $L_0'$，求得相应 $\bar{B}$，据以计算 $L_0$，直至 $L_0 \approx L_0'$ 时为止。需要指出，式（2-34）计算结果为 $L_0$ 日内的平均位置。大中型水电站下游 $L_0$ 往往长达十几千米甚至几十千米。在这样长的河段内，流速和水面宽是不均匀的，并且如果有支流加入或人类活动废水注入，就可能改变河段内热平衡状况。在此情况下 $L_0$ 应考虑用分段计算的方法。

（2）封冻边缘位置 $L_f$ 的计算。水电站下游封冻边缘位置 $L_f$ 由零温断面 $L_0$ 及其到封冻边缘的距离 $L_g$ 两部分组成，$L_g$ 变化较为复杂，目前尚无合适的计算方法，但可从影响 $L_f$ 的主要因素入手，通过实际资料寻求经验关系。根据东北地区丰满、云峰、桓仁、回龙山、镜泊湖等电站的观测和调查资料，最小 $L_f$ 与各影响因素一月份最小旬均值有较密切的关系，即

$$L_f = 12.4q^{0.608}t_s^{1.425} \tag{2-35}$$

$$L_f = 14.5q_r^{1.228} + 8.5 \tag{2-36}$$

式中 $L_f$——封冻边缘位置，即最小不封冻距离，km;
$q$ ——电站一月份最小旬平均单宽流量，m³/（s·m）;
$q_r$——电站一月份最小平均单宽热流量，m³·K/（s·m）;

其余符号意义同前。

由于式（2-35）和式（2-36）所用资料仅局限于东北地区几个大中型电站，故在引用时应注意其地区性。

## 二、漂浮物

（一）调查内容

送电线路：漂浮物的种类、大小、河道断面内的分布、移速，以及可能对杆塔的影响。

供水水源：漂浮物的种类、来源、数量、分布特点、构成成分、处理现状及主要水质指标等。

（二）调查方法

（1）收集工程地点附近水文观测站有关漂浮物的记录资料。

（2）对沿岸的居住人群和渔民进行访问。

（3）若河道具有通航功能，可前往地方水务及航运管理部门了解情况。

# 第六节 泥 石 流 调 查

泥石流是山区特有的一种自然现象，是一种夹带大量泥沙、石块等固体物质的特殊洪流，具有爆发突然、历时短暂、来势凶猛的特点，破坏力极大。

泥石流形成的条件主要有三个方面。一是地形条件，要具有陡深的地形，沟床纵坡大，多为三面环山一面出口的瓢状或漏斗状流域，山高坡陡；二是地质条件，岩石结构松散，易于风化，山体破碎，滑坡、崩塌、错落等不良地质现象发育；三是水文气象条件，要有短时间内突然性大量流水，如高强度的暴雨、冰川积雪的强烈消融、大水体的突然溃泄等。

在上述三个方面中，地质条件是最为重要的条件，因此，泥石流的调查工作应与工程地质人员共同进行。

## 一、泥石流的性质

典型的泥石流流域从上到下可分为三个区域，即泥石流的形成区、流通区和堆积区。对电力工程而言，不会设在已知的泥石流河沟，而是考虑它对工程地点特别是取水河段的影响，故应侧重调查泥石流的堆积区；但在判别是否是泥石流河沟，或要掌握泥石流活动规律判明其发展趋势时，则应全面进行调查。

（一）泥石流的类别

泥石流的类型是泥石流的一个重要指标，调查时，泥石流的类型应根据被调查人的描述来判定，但由于这种描述因人而异，有条件时，现场取堆积物搅拌成不同泥石流体样本，请当地亲自看见过泥石流流动的

居民，分别鉴定样品，使之尽量体现某次泥石流当时的实际情况。

泥石流可以根据水源类型、流域形态、固体物质提供方式和堆积物体积进行分类，具体分类标准见表2-17。

表2-17　泥石流分类表

| 分类指标 | 分类 | 特征 |
|---|---|---|
| 水源类型 | 暴雨型泥石流 | 由暴雨因素激发形成的泥石流 |
| | 溃决型泥石流 | 由水库、湖泊等溃决因素激发形成的泥石流 |
| | 融雪径流型泥石流 | 由冰、雪消融水流激发形成的泥石流 |
| 流域形态 | 沟谷型泥石流 | 流域呈扇形或狭长条形，沟谷地形，沟长缓坡，规模大，一般能划分出泥石流的形成区、流通区和堆积区 |
| | 山坡型泥石流 | 流域呈斗状，无明显形成区，流通区和堆积区直接相连，沟短坡陡，规模小 |
| 固体物质提供方式 | 滑坡泥石流 | 固体物质主要是由滑坡堆积物组成 |
| | 崩塌泥石流 | 固体物质主要是由崩塌堆积物组成 |
| | 沟谷侵蚀泥石流 | 固体物质主要是由沟谷堆积物侵蚀提供 |
| | 坡面侵蚀泥石流 | 固体物质主要是由坡面或冲沟侵蚀提供 |
| 堆积物体积（$V$） | 巨型泥石流 | $V \geq 50$万$m^3$ |
| | 大型泥石流 | 20万$m^3 \leq V <$50万$m^3$ |
| | 中型泥石流 | 2万$m^3 \leq V <$20万$m^3$ |
| | 小型泥石流 | $V <$2万$m^3$ |

（二）泥石流的容重

1. 称重法

取泥石流物质加水调剂，请当时目睹者鉴别，选取与当时泥石流体相近似的混合物，按式（2-37）计算，即

$$\gamma_c = q / W \tag{2-37}$$

式中　$\gamma_c$——泥石流流体容重，$kN/m^3$；

$q$——搅拌成流体样品的总重量，kN；

$W$——搅拌成流体样品的总体积，$m^3$。

2. 体积比法

通过调查访问，得知当时泥石流体中固体物质和水的体积比，按式（2-38）计算

$$\gamma_c = \frac{(G_m f + 1)\gamma_w}{f + 1} \tag{2-38}$$

式中　$\gamma_w$——水的容重，$kN/m^3$；

$G_m$——固体物质比重，一般取2.4～2.7；

$f$——固体物质体积和水体积之比，以小数计。

3. 根据稠度特征估算

当粗略估计时，泥石流流体稠度可参考表2-18。

表2-18　泥石流流体稠度特征表

| 特征 | 稀浆状 | 稠浆状 | 稀粥状 | 稠粥状 |
|---|---|---|---|---|
| 容重$\gamma_c$（$kN/m^3$） | 12～14 | 14～16 | 16～18 | 18～23 |

## 二、泥石流调查的内容

根据调查范围的不同，泥石流调查可以分为区域调查和沟谷调查。

（一）区域调查

泥石流区域调查应该搜集的资料主要包括：

（1）不同比例尺的地形图。

（2）区域航空测量图片和卫星遥感图片。

（3）气温、地温、冻土深度，降水、蒸发、湿度，水位、流量、含沙量等。

（4）区域土壤、植被情况。

（5）已有的泥石流调查研究和防治资料。

（二）沟谷调查

泥石流沟谷调查内容主要包括：沟谷泥石流形成区、流通区和堆积区调查，地形地貌调查，地质构造调查，水文气象资料收集，植被情况调查，人类活动调查。

1. 诱发泥石流的水源类型、物质条件

针对诱发泥石流的水源类型、物质条件需要调查以下内容：

（1）暴雨型泥石流主要收集当地暴雨强度、前期降水量、一次最大降水量。

（2）融雪径流型泥石流主要调查收集冰雪可融化的体积、融化的时间和可产生的最大流量等。

（3）溃决型泥石流主要调查因为水库、湖泊溃决而外泄的最大流量及地下水活动情况等。

（4）调查形成泥石流的物质条件。包括流域坡面松散层、沟道的河床组成、沿河的建筑物和堆积物等。

2. 针对泥石流形成区、流通区和堆积区的调查内容

（1）泥石流形成区。泥石流形成区的调查，主要是判定是否有泥石流形成的条件，其中包括人类活动的不良影响，主要是破坏自然条件，增加松散固体物质的补给量或水量。

1）沟谷发育程度，冲沟切割深度、宽度、形状和密度。

2）流域内植被覆盖率、类别及分布状况，水土流失情况等。

3）流域内有无筑路、开矿、采砂石等工程不恰当的弃渣。

4）流域内有无任意砍伐、垦荒、破坏植被形成的水土流失。

5）流域内有无状态不良的水工建筑物，如水渠严重漏水可导致沟坡坍塌，质量不高的或防洪标准低的小型土坝水库可能溃坝。

6）了解当地的气候条件、降雨特性。

其他如地质构造、水文地质条件、地震影响、岩石风化状况、物质成分、粒径结构等，需由地质人员完成。

（2）泥石流流通区。泥石流流通区是泥石流搬运通过区段。主要调查流通区的长度、宽度、坡度、沟床切割情况、形态、阻塞地段石块堆积以及跌水、急弯、卡口情况等。

（3）泥石流堆积区。堆积区是泥石流固体物质的堆积场所，位于泥石流沟的下游或山口以外坡度较平坦处。一般呈扇形、锥形或带形。

1）泥石流的类型、堆积形态、面积大小、扇顶及扇缘位置、堆积扇发展趋势。

2）泥石流泥位痕迹、发生时间、次数、规模、泥位标高、弯道泥位超高等。

3）泥石流发生过程概况、堵塞情况以及泥石流沟床变迁情况。

4）下游河道变迁（堆积区主流流区变化、沟槽冲淤变化）、扇面淤积情况（淤积速度、最大一次淤积高度等）以及对出口处干流的影响。

对泥石流的调查应配合开展必要的测量和摄影工作。如泥位的标高、沟槽切割深度、堆积物的形态、岩石破碎情况、人类造成的不恰当的堆积物情况等。

### 三、泥石流调查的步骤

（一）区域调查

（1）调查访问。访问泥石流灾区有关部门，了解下列内容：泥石流活动历史，激发泥石流的水源条件（暴雨、融雪径流、溃决水体等），泥石流暴发频率、规模、性质，泥石流灾害状况。

（2）实地查勘。在调查访问基础上确定查勘线路、查勘内容。

（二）沟谷调查

（1）根据水动力条件，调查确定泥石流的类型。

（2）调查泥石流形成区的水源类型、汇流条件、地面坡度、土壤情况，不良地质现象的发育情况及可能形成泥石流固体物质的分布范围、储量等。

（3）调查流通区的沟谷纵横坡度、跌水、急弯等特征，沟谷两侧山坡坡度、稳定程度，沟谷的冲淤变化和泥石流的痕迹。

（4）调查堆积区的堆积扇分布范围、表面形态、纵坡、植被、沟道变迁和冲淤情况，堆积物的性质、层次、厚度、平均和最大粒径。判定堆积区的形成历史、堆积速度，估算一次最大堆积量。

（5）调查泥石流沟谷的历史。历次泥石流的发生时间、频次、规模、形成过程、暴发前的降水情况和爆发后产生的灾害情况。

## 第七节　海洋水文调查

海洋水文现象变化繁复，潮汐涨落规律、海洋泥沙运动规律以及波浪等情况，均受具体海域的地理位置、地形条件的影响，目前海洋观测站的数量有限，因而在电力工程设计中，常利用邻近海洋观测站的资料，对拟建地点海域、岸滩必须进行海洋水文调查，借此对参证站的资料进行复核比较和修正，为工程提供正确的海洋水文资料。本节中将主要从调查范围、调查内容和方法两方面对海洋水文调查工作进行规范。

### 一、调查范围

调查的范围除应包括工程地点所在区域，并考虑取水泵房的可能变动范围外，还应包括工程地点附近渔村、已有工矿企业的取排水系统、海上人工建（构）筑物（如堤、码头、引水渠、丁坝等）以及海洋水文测站等。

### 二、调查内容和方法

（一）潮位

1. 潮位调查的内容

（1）最高潮位发生的年月日、地点、有无风浪影响及建（构）筑物挡潮壅高情况和资料可靠程度，海滩变迁历史等。

（2）最高潮位值，标志水深。

（3）本地区发生的海啸情况、海啸的类型。

（4）最低潮位时邻近工矿企业取水系统有无停止运转情况。

（5）最低潮发生的年月日、地点及离岸远近，最低潮位值、标志水深等情况。

（6）工程地点如有测站，应搜集测站布置及有关自然地理资料。如测站布设位置、地点、地面高程等。测站如位于河口，应注意河道上下游断面、坡降、弯曲度、冲淤情况、河口方位、建筑物大小及海滩情况。

（7）搜集测站观测资料。如资料年数、自记记录及测站的沿革，水准标高改正数及水准基面、各基面的换算关系、上游来水情况（测站位于河口），河道建筑物控制运用情况及其对潮水位的影响，该站及附近雨量资料，风及浪的观测资料，其他有关资料及资料来源。

（8）调查年最高潮位的成因（陆域洪水或风暴潮的影响程度），年最低潮位的成因（河床或海床的冲淤）。

2. 潮位资料的审查、合理性分析

为了确定潮位资料的精确性，了解潮位特性及有关影响因素，搜集的潮位资料可以从下述几个方面进行整理审查、插补和延长：

（1）统一水准基面，根据精密水准标高改正数修正实测潮位值。

（2）在相应日期内沿河岸（河口地区）或沿海岸线检查各站潮位变化及其相关关系的合理性。

（3）审查河道建筑物挡潮后，壅高或落低的情况。

（4）根据公历和农历对照、上下游来水、附近雨量及风的观测资料来检查特高及特低潮位的数值。

（5）核对设计地点特大潮漫溢现象和低潮位海滩干涸情况。

（6）根据上下游或左右岸各站相应日期内同时水面线及变化趋势来插补。

（7）如两站经纬度相近，或离海岸远近及河道情况相似（河口地区），可点绘两站潮水位的相关线进行展延。一般高潮水位相关关系较好，低潮水位相关关系较差。

（二）波浪

1. 波浪调查的内容

（1）工程所临海域发生最大波浪的情况。发生最大波浪的原因（风浪影响或涌浪影响），风浪或涌浪持续程度，波浪造成的破坏情况，发生最大波浪时目击者的描述情况，以及最大波浪的发生时刻、来向、量值和重现期等情况。

（2）邻近地区经历过最大波浪的建筑物情况。主要分为以下两方面的内容。

1）建筑物在海域中的具体位置，建筑物的形式（斜坡式或直立式）、轴向方位、附近水深情况及其结构的防波浪加固措施，发生最大波浪时建筑物的运行情况（损坏或稳定），最大波浪的波高、波长和周期估计数值等。

2）搜集建筑物设计潮位、设计风浪、设计风速以及发生最大风浪（涌浪）的历史气象资料，建筑物平面、立面图，该处海域的海图等。

2. 波浪调查资料的审查、合理性分析

由于发生巨大波浪时建筑物往往遭受破坏，有的测站在巨大波浪来到时刻资料中断，因此，波浪调查资料应尽可能结合气象资料推算的波浪资料成果进行验证。主要是审查比较最大波浪的发生时刻、来向、量值和重现期。

**[例 2-9]** 沿海某地波浪重现期的确定。

调查某次台风过境对该区域作用的波浪重现期时，据一位 70 多岁的老乡反映：“村里 100 多年前的石房子都给刮坏了，这辈子没有见过这么大的浪，也没听父辈们说过。”100 多年的石房子被台风破坏，同时老乡的父辈应约为 100 岁，可初步估算此次台风的重现期在 100 年以上。根据该地区近 30 年来的 E～SE 向波高（$H_{1/10}$）及周期（$\overline{T}$）资料，引进若干历史同类波浪的推算数据并着重考虑该次台风波浪的实况调查和取值，进行包含特大值情况的年频率分析，最终计算结果为：$H_{1/10}$=7.16m，$P$=0.83%，重现期为 120 年，大体与调查资料吻合。所以，结合波浪资料以及调查资料确定本次台风波浪的重现期为 120 年。

（三）泥沙

1. 泥沙调查的内容

（1）调查工程取水口处河口或海岸的历史变迁及主要地貌单元；了解海岸带的基本特征，包括海岸滩地泥沙颗粒粗细、有无黏结力，海滩坡度，有无水下沙埂。

（2）工程取水口处海域的泥沙移动形态（推移、悬移及浮泥等形态），该区以何种形态为主；大暴风浪情况下泥沙动态，有无骤淤现象。

（3）工程取水口处海域的泥沙来源，属河流来沙还是由邻近岸滩搬移而来，或属沿岸构造受波浪侵蚀就地形成。

（4）工程取水口处泥沙浑浊程度与涨落潮的对应关系。

（5）工程地点附近已建人工建筑物的淤积情况、防淤措施等。

（6）搜集工程地点的地质、气象（主要是风）、海洋普查、河口水文（流量输沙量）以及地形图、海图、航空拍摄照片、航天影像资料等资料，了解自然概况，并以新老地形图、海图、航空拍摄照片、航天影像资料对比，了解海岸带冲淤变化、泥沙浑浊度等情况。

2. 泥沙调查资料的审查、合理性分析

（1）把搜集来的新老地形图和海图（注意海图上的基准面不同）在统一基准面的条件下将新老海图进行套绘对比，分析海岸线及沿岸地形变化情况，判别泥沙运动情况。

（2）根据工程地点附近现有海岸建筑物泥沙冲淤情况的调查资料，结合海洋岸滩形态和地质地貌调查的资料来判别该地区泥沙来源和运移方向，并与海洋水文测验（投放示踪沙）结果相验证。

（3）在沙质海岸还可利用波浪观测成果来进行沿

岸输沙量及输沙方向的计算，并与上述两方面的工作相比较。

（四）海流

海流调查的内容包括：

（1）海流、潮流。工程取水口附近海域的潮流（涨、落潮）速度、方向，大风情况下（不同方向）海流情况。

（2）工程所在地区海流的性质。包括以下三方面的内容。

1）潮流和余流的大小、方向，有无沿岸流和离岸流存在，潮流椭圆现象是否明显，潮流转向情况（顺时针或逆时针）。

2）河口地区洪水时潮流作用情况，潮流的往复特点。

3）搜集本地区的潮流观测资料、潮流调和分析预报资料等。

（五）海水盐度与氯度

海水盐度的大小对海上水工建筑物和工程冷凝器管道的腐蚀有很大关系，因此必须了解海水盐度在取水口处的分布与变化。在海洋水文调查时应取得工程取水地点的盐度资料。一般可用间接的方法根据海水组成恒定这一特性，先求出某一种元素的含量，从而推算出总盐度来。目前都以测定氯度来推求盐度。

有了氯度可根据式（2-39）计算盐度

$$S\% = 0.030 + 1.8050C_1\% \qquad (2\text{-}39)$$

式中 $S\%$——盐度；

$C_1\%$——氯度。

为了应用方便，一般把氯度与盐度对应值列成表，应用时查表即可。

（六）水温

水温是影响工程机组冷却效果的重要因素，为了研究热水排入海水区时分层流形成的特点，从而确定取排水口形式和布置，以及取水和排水对环境产生的影响（如对渔场的影响），需要确切了解工程地点海域海水的自然水温资料。采用海水冷却的工程取水口一般布置在深层；因此，在进行海水水温的资料搜集和调查时，不仅要有海水表面的水温资料，而且还要有某一深度内水温的垂直分布资料。

由于海洋水温资料的专业性较强，因此多通过当地海洋局或者海洋观测站（点）收集，当所在海域无历史观测资料或者历史资料内容不能满足工程需要时需设立临时观测站进行观测。

（七）其他（冰凌、海生物）

调查工程取水口附近发生最大冰凌（冰冻）的持续时间、最大冰厚、冰冻期间出现最高潮位和最低潮位时水边离岸远近，了解有无冰坝现象，冰坝宽度、长度。

调查工程取水口附近海生物的种类、繁殖等情况，其中需要对海洋污损生物进行重点调查；据统计，全世界海洋污损生物共4000余种，中国沿海已记录614种，其中最主要的类群是藻类、水螅、外肛动物、尤介虫、双壳类、藤壶和海鞘等。

## 第八节　气　象　调　查

工程地点附近无气象台（站），或者气象台（站）的观测资料不足以代表工程地点的气候（气象）情况时，可进行适当区域内的气象调查以补充资料的不足。本节中将从大风调查、导线覆冰调查、积雪和冻土深调查、热带气旋调查、龙卷风调查、寒潮调查和暴雨调查七个方面对气象调查工作进行规范。

### 一、大风调查

（一）调查内容

（1）历史上灾害性大风发生年代、持续时间、风向、风力、同时天气现象（雷雨、冰雹、寒潮、热带风暴）、主要路径、影响范围、重现期。

（2）大风对电力、通信线路、房舍、树木、其他建筑物和农作物的损害情况。

（3）全年、夏季、冬季主导风向。

（4）风灾事故现场的地形、高程、气候、植被情况。

（二）调查对象

气象、电力、通信线路设计运行维护和事故抢修人员，长期从事气象、勘测、巡线和供电安全检查人员，高山建（构）筑物、林业与民政等部门的运行、维护和主管人员以及当地居民。

（三）调查范围和调查点的布设

一般应在工程地点附近 3～5km 范围内进行大风调查，对于特殊地区（如峡谷、海岸等）可适当扩大调查范围。对于发电、变电、电力通信工程，调查点不得少于 3 个，每个调查点调查对象不得少于 2 人；对输电线路工程，应进行沿线调查，宜 5～10km 布设一个调查点；对于山口、谷口、山顶等特殊地形点应进行微地形、微气候调查，了解风速的增大影响；对区域性大风灾和电力工程风灾事故，可组织专门调查，调查范围和调查点根据实际情况决定。

（四）调查前搜集资料

大风调查前需搜集的资料主要包括：

（1）县志等史料中记载的历史风灾情况和气象站、民政局、档案馆等有关单位保存的风灾灾情报告。

（2）工程地点附近已建电力、通信工程和有关建筑物的设计风速、运行维护情况，以及发生风灾的灾情报告和事故修复标准和效果等。

（3）区域建筑、气象部门对风速风压的研究成果、报告和地区风压图等资料。

（五）调查方法

（1）文字记载、民谣、谚语等。查看地方志和碑文等记载的风灾情况；通过民谣和谚语等间接了解风灾情况。

（2）群众记忆。结合当地发生的政治事件、收成、建筑物被毁、婚事、生死、战争等群众记忆较深事件，访问当地久居的老人。

［例 2-10］ 根据群众记忆进行大风调查。

2013 年在张家口张北县附近调查时，张德福（65岁）反映："生我大女儿那年刮起了大风。"经询问，其大女儿出生于 1967 年，所以在 1967 年的时候张北县地区曾经发生过大风。

（3）风力（风速）调查。

1）风力的调查，主要是通过对风害情况的了解用蒲福氏风力表确定小气候区内历史上最大的风力。

2）针对线路工程的调查重点应放在路径经过的山口、山脊、山坡（迎、背风坡）以及山顶等处，同时，对风力的分析，要结合建（构）筑物的破坏程度及其本身实际的抗破坏强度综合分析。

3）调查中应尽量引导被访问者对风害所引起的自然现象或对地面物体破坏情况的回忆和叙述，结合一次风对几种物体的破坏程度或几种自然现象进行分析，初步确定风力等级，并判断调查资料的可靠性及风速大小。其中风力等级可参考附录 H，风力与风速对应关系可参考附录 I。

［例 2-11］根据被调查者的描述确定风力（风速）。

接例 2-10，张德福（65 岁）反映："当时大风来的时候，我们一家都在县城的医院里等大女儿出生；回来的时候发现大风把房子屋顶的瓦都给掀掉了，院子里跟碗口一样粗的枣树给拔出来了"。根据风力等级描述，8 级风陆地表现为折损树枝，9 级风陆地表现为小损房屋。通过被调查这所描述的"房顶上的瓦都给掀掉了"以及"院子里碗口粗的枣树给拔出来了"，并充分考虑当时降水造成院中土地松软等情况等来判断，这次大风的风力在 8～9 级，瞬时最大风速约为 20.8m/s。

（4）风向调查。

1）风向调查，应在风力调查中进一步了解分析，查明当时的风向，可依据建筑物破坏面分布的方位判定。

［例 2-12］ 大风风向调查。

接例 2-11，张德福（65 岁）反映："大风把枣树刮出来后，直接砸在我们东屋的窗户上，最后倒在了东屋和南屋的角落里，有一些树枝也进到窗户里一截；幸亏我们在医院，没在家里，不然说不定还会有人受伤"。枣树倾倒的方向为东屋和南屋之间（东南方向），据此可初步判断大风为西北风。

2）在调查时除要了解灾害性大风的风向外，还需了解全年、冬季及夏季主导风向。访问时引导被访问者回忆春、夏、秋、冬各季烟囱最多的出烟方向，即可大致确定全年、冬、夏季主导风向。

3）由于群众对一般风向不太注意，往往把灾害性风向，如冬季北风或西北风误认为主导风向，所以调查的主导风向，要与附近气象台（站）实测的主导风向对照，发现有矛盾时，应结合地形、地物进一步分析。

（六）调查资料整理

调查资料应在现场整理，重要工程应编写调查报告。

## 二、导线覆冰调查

输电线路拟建在重覆冰区域时，应对工程地点和与其地形、气候相类似的区域进行覆冰调查。对设计冰厚为 20mm 及以上的重冰区，应进行重点调查，查明重冰区的量级、分界与各级重冰区的长度。对设计冰厚为 20mm 以下的中、轻冰区，应进行沿线普查，查明中、轻冰区的分界与长度。调查的重点地域应是寒潮路径山区的迎风坡、山岭、风口、邻近湖泊等大水体的山地、盆地与山地的交汇地带。

（一）调查内容

（1）覆冰地点、海拔、地形、风向、覆冰附着物种类、导线型号及直径、离地高度、走向。

（2）覆冰发生时间和持续日数，覆冰时天气现象：雾天、雨天、雪天、阴天、晴天。

（3）覆冰种类，调查覆冰种类的判定应符合表 2-19 的规定。

表 2-19　　导线覆冰分类参考表

| 种类 | 雨凇 | 雾凇 | | 雨雾凇混合冻结 | 湿雪 |
|---|---|---|---|---|---|
| 气温（℃） | 0.0～3.0 | 低于 −3.0 | 低于 −8.0 | −1.0～−9.0 | −1.0～−3.0 |
| 降水类别 | 小雨、毛毛雨或雾 | 雾或毛毛雨 | 雾 | 有雾，毛毛雨或小雪 | 雪或雨夹雪 |
| 视感 | 透明或半透明、密实、无孔隙 | 粗颗粒、不透明 | 细粒、不透明 | 成层或不成层似毛玻璃，较密实基本无孔隙 | 白色不透明 |
| 手感 | 坚硬、光滑、湿润 | 脆、较湿润 | 松、脆、干燥 | 较坚硬、较湿润 | 较松散、较湿润 |
| 形状色泽 | 椭圆形、光滑似玻璃 | 椭圆形、白色 | 针状、纯白色 | 椭圆形、不光滑 | 圆形、白色 |
| 附着力 | 牢固附着在导线上 | 较牢固 | 轻微振动就容易脱落 | 牢固附着在导线上 | 能被强风吹掉 |

（4）覆冰的形状、长径、短径和冰重。

（5）覆冰重现期，历史上大覆冰出现的次数、时间及冰害情况。

（6）沿线地形、植被及水体分布等情况。

（二）调查前搜集资料

覆冰搜资应包括以下内容：

（1）沿线已建输电线路的设计标准及设计冰厚，投运时间，运行中的实测、目测覆冰资料；线路冰害搜资内容应包括冰厚、冰重、杆塔类型、杆塔高、线径、档距和冰害后的修复标准，以及冰害记录、影响资料、报告等。

（2）覆冰观冰站（点）观测资料：观测日期、长径、短径、冰重、性质、覆冰起止时间，覆冰过程及前后 3 天时段相应的逐时温度、相对湿度，风速风向。

（3）通信线路的设计冰厚、线径、杆高和运行情况，冬季打冰措施，实测覆冰围长、厚度。

（4）高山气象站的观测资料以及通信基站、高山道班、风电场、光伏电站的冰害记录和报告。

（5）气象台站实测覆冰资料、同时气象条件及覆冰天气系统。

（6）地方志、覆冰分析研究报告、冰情资料汇编、区域冰区划分图等。

（三）调查工作原则

（1）线路沿线及其线路通道地形、气候类似的区域，对于重冰区应 1～2km 布置 1 个调查点，微地形严重覆冰段应加密布置调查点；对于中冰区应 2～5km 布置 1 个调查点，微地形易覆冰段应加密布置调查点；对于轻冰区应 5～10km 布置 1 个调查点。

（2）在重冰区线路规划设计阶段，应在覆冰期对规划路径区进行覆冰调查。

（3）覆冰调查同行人数不得少于 2 人，对严重冰害区域并应进行摄像、地形描述和路径图覆冰信息标注等。

（4）覆冰严重区域同一地点的被调查人宜在 5 人以上，并应请被调查人实地指认。

（四）调查对象与相应调查内容

1. 调查对象

覆冰调查的对象主要包括电力部门中负责输电线路设计和运维的工作人员、气象部门工作人员、通信部门负责通信线路运维和检修的工作人员、广播电视部门、交通部门工作人员、林业部门工作人员、民政和应急部门工作人员、高山风电场及光伏电站的工作人员及覆冰灾害文献描述涉及所在部门工作人员。

2. 调查内容

（1）电力部门。在电力部门调查内容主要包括以下三个方面。

1）搜集内容主要包括已建及拟建输电线路的设计标准、设计冰厚、冰区划分、投运时间、运行情况等。

2）重冰区线路应调查搜集重冰区的地形、最高海拔、最低海拔、植被情况，并应调查搜集运行中的实测最大覆冰资料。

3）冰害线路调查搜集的资料主要应包括：冰害时间、地点、海拔、地形，覆冰长径、短径、冰重、持续时间、形状、密度，杆塔类型、杆塔高、导线直径、档距、修复用的冰厚值、抗冰措施及实施后的效果。

（2）气象部门。在气象部门调查内容主要包括以下两个方面。

1）搜集内容应包括观测场位置、海拔、地形及观测年限，雨凇架高度，观测方法，逐年逐次覆冰过程极值的长径、短径、冰重、覆冰起止时间及覆冰种类。

2）覆冰灾害天气资料调查搜集内容主要应包括覆冰天气系统的形成与发展，冷暖气团的移动路径、影响范围及持续时间。

（3）通信部门。在通信部门调查内容主要包括以下三个方面。

1）搜资内容应包括通信线路的投运时间，实测、目测覆冰最大直径，相应冰重及覆冰种类，易覆冰地段的位置及杆距或地埋位置及长度。

2）高山通信基站应调查搜集供电线路上的实测、目测覆冰最大直径，相应冰重及覆冰种类。

3）冰害通信线路调查搜集的资料主要包括：冰害时间、地点、海拔、地形、覆冰直径、冰重、持续时间、形状，杆高、线径、杆距、修复采用的抗冰措施及实施后的效果。

（4）其他相关部门。除上述三个部门外，还应包括广播电视、交通和林业等部分，其中各部门的调查内容如下。

1）广播电视部门覆冰调查搜集资料主要包括高山电视转播塔、供电线路覆冰及受损情况等。

2）交通部门覆冰调查搜集资料主要包括冰雪交通管制路段、时间、路面冰雪情况等。

3）林业部门覆冰调查搜集资料主要包括受灾的区域、范围、海拔，树木种类、高度、直径，倒伏比例，树干结冰厚度、树枝覆冰直径等；并应实地查看林木受灾情况及受损痕迹。

4）民政和应急部门覆冰调查搜集资料主要包括区域冰害情况报告。

5）高山风电场及光伏电站的覆冰调查搜集资料主要包括集电线路的设计冰厚及冰害情况等。

6）地方志办公室、档案馆及图书馆等处查阅冰害文献，主要包括地方志、气象志、中国气象灾害大典及地方年鉴等，主要内容包括历史覆冰的天气描述、覆冰的景况描述、覆冰量级覆冰灾害描述等。

（五）覆冰种类

在大气温度接近或低于 0℃的同时有降水并被冻结在温度接近或低于 0℃的物体上，呈白色透明或不透明的冰层称为覆冰。导线覆冰是天气、下垫面及线路结构等因素综合影响的结果。

1. 雨凇

雨凇为过冷却液态降水落到地面物体上直接冻结而成的坚硬冰层，呈透明或毛玻璃状，外表光滑或略有隆突。这类覆冰的密度大，并牢固地附着在物体上，在其发展和保持期都不因振动而脱落。

2. 雾凇

雾凇为空气中水汽直接凝聚，或过冷却雾滴直接冻结在物体上的乳白色冰晶物，常呈毛茸茸的针状或表面起伏不平的粒状，多附在物体的迎风面上，有时结构较松脆。这类覆冰的密度小，对导线的附着力较弱，轻微的振动就容易脱落。

3. 雨雾凇混合冻结

由两种或两种以上的单种（雨凇或雾凇）冰层重叠或混合构成的冰层称为雨雾凇混合冻结。雨雾凇混合冻结通常有三种情况：一是在雨凇上凝聚雾凇；二是在雾凇上通过冷却毛毛雨滴凝聚形成透明状雨凇；三是雾凇和雨凇的冻结过程多次交替构成的多次覆冰。这类覆冰的附着力强，遇振动不易脱落。

4. 湿雪

雪能附着在导线上是由于雪片表面有水膜存在，故称湿雪。湿雪在导线上逐渐粘附堆积，在风和重力作用下，逐渐下坠旋转而将导线紧紧裹住不断增长。当湿雪层被冻结后形成的冰层称为冻结雪。

雨凇、雾凇、雨雾凇混合冻结和湿雪是导线覆冰的四种基本类型。由于覆冰是由非常复杂的天气过程和地形因素相结合而形成的，在一定的条件下覆冰性质就有可能转化，如雾凇覆冰，由于覆冰中气温的波动，使雾凇表面融化后被冻结，这类原来是雾凇的覆冰结果成了雨雾凇混合冻结。

导线覆冰的种类按表 2-19 分析确定。

（六）调查的步骤与方法

1. 调查步骤

（1）根据线路路径，到附近气象台（站）搜集覆冰观测资料及有关气象因素的资料。

（2）现场访问。

（3）分析整理调查资料。

2. 调查方法

（1）若现场附近有通信线路或输电线路通过，可向当地电信部门或地方供电所了解当地导线覆冰情况，特别是灾害性覆冰，往往造成倒杆断线及停电事故。访问时尽量找到当时值班巡线人员介绍情况，这种资料比较可靠和重要，要认真做好记录。

（2）若现场附近无各种线路通过，可向当地久居的老人调查了解覆冰情况，访问时应采用当地群众对覆冰的叫法。如有的地方把雨凇叫“树挂”，把雾凇叫“树孝”“霜凌”等。

（3）访问时除要了解覆冰的种类外，更重要的是覆冰的厚度，特别是历史上罕见的覆冰，应详细询问当时覆冰的情形，造成的灾害，如压断树枝、小树等，了解压断树枝的大小，连同覆冰的大小，应注意被访问者介绍的情况可能不是最大覆冰厚，若是由于日照已开始融化的覆冰厚度，应进行修正。

（七）覆冰调查资料可靠性评定

导线覆冰的形成十分复杂，对调查资料的整理分析与可靠性评定极为重要。覆冰调查资料的可靠性评定参照表 2-20 进行。

表 2-20　覆冰调查资料可靠性评定标准

| 可靠程度 | 可靠 | 较可靠 | 供参考 |
|---|---|---|---|
| 评定因素 | （1）实测；<br>（2）气象、电力、通信、高山建（构）筑物巡视、抢修和值班人员现场目测，有记录或记忆清楚、有印证 | 气象、非电力、通信、高山建（构）筑物巡视、抢修和值班人员现场目测，所说情节清楚、具体、有印证 | 亲眼所见，所述情节清楚具体，无印证或所述情节不够清楚、具体 |

（八）资料搜集与整理

（1）已建输电线路的设计冰厚与运行中的实测、目测覆冰的有关记录。

（2）气象站实测覆冰资料与大覆冰过程的有关气象资料（风速风向、相对湿度、气温、天气现象及起讫时间）。

（3）适当比例的地形图。

（4）高山建筑物与输电线路的冰害事故记录或报告。

（5）覆冰调查资料应在现场汇总整编，并应在现场进行合理性检查，发现问题应及时复查核实。

## 三、积雪与冻土深度调查

（一）积雪调查

对于无实测资料地区的积雪调查，一般只了解历年的一般积雪深度和最大积雪深度。调查时应注意同一年不同地点积雪深度不同，选择有代表性的及对工程有影响的地点调查。

若工程地点附近有气象台（站），可搜集其积雪观测资料，确定其多年平均积雪深度和历年最大积雪深度。

（二）冻土深度调查

冻土是指含有水分的土壤因温度下降到 0℃或以下时而呈冻结的状态。土壤的冻结深度和持续时间主要取决于当地纬度和气候，地形地貌、土壤、植被等也有影响。

若工程地点附近有气象台（站），可搜集其实测资料。若气象台（站）离工程地点较远，可考虑其距离和地点加以适当修正。

若工程地点附近无气象台（站），可向当地土建施工部门或农村了解历年一般冻土深度和最大冻土深度。

## 四、热带气旋调查

热带气旋是指发生在热带洋面上的一种具有暖心结构的强烈气旋性漩涡，其直径为数百米至上千米。热带气旋是暖核型风暴，中心气压很低，伴有强风和暴雨。不同的地区对热带气旋有不同的分级方法，中国按底层中心附近最大 2min 平均风速划分为六个等级，见表 2-21。

**表 2-21　　热带气旋等级划分表**

| 热带气旋等级 | 底层中心附近最大平均风速（m/s） | 底层中心附近最大风力（级） |
|---|---|---|
| 热带低压（TD） | 10.8～17.1 | 6～7 |
| 热带风暴（TS） | 17.2～24.4 | 8～9 |
| 强热带风暴（STS） | 24.5～32.6 | 10～11 |
| 台风（TY） | 32.7～41.4 | 12～13 |
| 强台风（STY） | 41.5～50.9 | 14～15 |
| 超强台风（SuperTY） | 大于等于 51.0 | 16 或以上 |

注　本表格引自 GB/T 19201—2006《热带气旋等级》。

应对区域内造成严重灾害的热带气旋进行重点调查，对近期发生的造成灾害的热带气旋宜进行现场调查。调查内容包括：灾害发生过程、当时天气变化过程。调查范围应以厂址为中心，半径 300～400km 区域内所有已知的热带气旋。

收集热带气旋有关参数可通过气象部门、海洋部门、水利部门及科研单位，收集国际或国内发布的历年台风年鉴、气象年鉴、天气图、研究报告。有条件的还可收集有关的雷达观测、卫星摄像等。对区域内造成严重灾害的热带气旋在以下方面进行调查：热带气旋出现频次、移动路径和移速变化特点，海水倒灌、潮位上涨、风浪产生的冲击所造成的风灾、洪灾、涝灾的损失情况、发生时间、持续时间、风速、风向，降水量等。如 1985 年 8 月 16～20 日 9 号台风影响我国东部沿海五省一市。乳山县志记载：1985 年 8 月 19～20 日，风力 9～10 级、瞬时 12 级的台风携暴雨袭击乳山，22 万亩玉米全部倒伏，21 万亩其他作物被水淹没，船只、虾池、房屋遭到不同程度破坏。

## 五、龙卷风调查

（一）龙卷风调查的内容与原则

为评价工程区域出现龙卷风的可能性，要详细搜集历史龙卷风资料，进行龙卷风调查，对有代表性的龙卷风要深入调查。

调查与搜集资料主要内容：龙卷风起讫时间和地点、灾情（主要对灌木丛、树木和构筑物最大破坏程度）、路径长度与宽度、最大破坏半径、平移速度、最大风速、气压变化、飞射物种类、受灾区域摄影、录像资料及龙卷风调查报告等。

在调查中，要到气象档案馆收集历次龙卷风的详细资料，较严重的龙卷风要到现场详细调查核实。

（二）龙卷风强度分类

龙卷风强度分类可按富士达龙卷分级法（F-scale）分类法（见表 2-22）或者改进版富士达龙卷分级法（Enhanced F-scale）分类，分为 F0、F1、F2……（见表 2-23）。

**表 2-22　　富士达龙卷分级法（F-scale）强度分类**

| 等级 | 伴生的破坏 |
|---|---|
| F0 | 风速小于 32m/s，轻度破坏；对烟囱和电视天线有一些破坏；树的细枝被刮断；浅根树被刮倒 |
| F1 | 风速 33～49m/s，中等破坏；剥掉屋顶表层；刮坏窗户；轻型车拖活动住房（或野外工作室）被推动或推翻；一些树被连根拔起或被折断；行驶的汽车被推离道路（32.6m/s 是飓风的起始速度） |
| F2 | 风速 50～69m/s，相当大的破坏；掀掉框架结构房屋的屋顶，留下坚固的直立墙壁；农村不牢固的建筑物被毁坏；车拖活动住房（或野外工作室）被毁坏；大树被折断或连根拔起；火车车厢被吹翻；产生轻型飞射物；小汽车被吹离公路 |
| F3 | 风速 70～92m/s，严重破坏；框架结构房屋的屋顶和一些墙被掀掉；一些农村建筑物被完全毁坏；火车被吹翻；钢结构的飞机库和仓库型的建筑物被扯破；小汽车被吹离地面；森林中大部分树被连根拔起、折断或被夷平 |
| F4 | 风速 93～116m/s，摧毁性破坏；整个框架结构的房屋被毁坏，留下一堆碎片；钢结构被严重破坏；树木被吹起后产生小的撕裂，碎片飞扬；汽车和火车被抛出一些距离或滚动相当的距离；产生大的飞射物 |

续表

| 等级 | 伴生的破坏 |
| --- | --- |
| F5 | 风速117～141m/s，难以置信的破坏；整个框架结构的房屋从地基上被抛起；钢筋混凝土结构被严重破坏；产生大小相当于汽车的飞射物；会发生难以置信的现象 |
| F6～F12 | 风速141m/s到声速（330m/s），不可思议的破坏；万一发生最大风速超过F6的龙卷风，破坏的程度和形式是不可思议的许多飞射物，如冰柜、水加热器、贮罐和汽车，会对构筑物产生严重的次生破坏 |

**表 2-23　改进版富士达龙卷分级法**

**（Enhanced F-scale）强度分类**

| 改进的富士达级数（Enhanced F-scale） | 相应的风速 | |
| --- | --- | --- |
| | km/h | m/s |
| EF0 | 105～137 | 29～38 |
| EF1 | 138～178 | 38～49 |
| EF2 | 179～218 | 50～61 |
| EF3 | 219～266 | 61～74 |
| EF4 | 267～322 | 74～89 |
| EF5 | 322 以上 | 89 以上 |

［例 2-13］　龙卷风强度等级确定。

受台风的影响，某出现龙卷风，龙卷风经过的地方飞沙走石，公路旁边的小汽车被推开了10m远，广告牌被吹倒，半吨重的铁板也被卷到天空中，搬移了约150m后掉落。据调查，此次龙卷风造成10间房屋崩塌，同时另有30余间房屋遭到不同程度的破坏，造成22人受伤。

根据龙卷风特征描述，半吨的铁板被卷上天空，小汽车被吹离原地10m，广告牌和房屋损坏，与F2类龙卷风的伴生破坏相一致；因此根据富士达龙卷分级法判定此次龙卷风为F2。

## 六、寒潮调查

寒潮为大尺度天气系统，能够被观测和记录起来，且可查阅到这方面的文献和专著。寒潮暴发在不同的地域环境下具有不同的特点。在西北沙漠和黄土高原，表现为大风少雪，极易引发沙尘暴天气。在内蒙古草原则为大风、吹雪和低温天气。在华北、黄淮地区，寒潮袭来常常风雪交加。在东北表现为更猛烈的大风、大雪，降雪量为全国之冠。在江南常伴随着寒风苦雨。

## 七、暴雨调查

次暴雨或最大10min、1h、6h、24h点暴雨量的重现期超过百年一遇，或洪水重现期超过50年一遇相应的暴雨，或造成重大人员伤亡、财产损失的暴雨，造成重大泥石流、山体滑坡等地质灾害的突发性暴雨，或其他需要调查的暴雨，应进行暴雨调查。

### （一）调查内容

（1）暴雨量。确定各调查点的不同历时（10min、1h、6h、24h、3d和次暴雨量）最大雨量，若有困难时，应估算暴雨量级的上下限。

（2）暴雨时程分配。调查暴雨的起讫时间、强度变化等。

（3）暴雨范围。调查暴雨的中心、走向、分布和大于某一量级的笼罩面积。

（4）暴雨成因。结合天气现象和气象资料分析暴雨成因。

（5）灾情调查。调查暴雨对建筑物、地貌、农田、道路、居民点和水文观测设施冲蚀或破坏情况。

（6）洪水调查。对于靠近暴雨中心的小河流上，选择适当的河段进行洪水调查，并反推暴雨量。

（7）估算暴雨的重现期和调查暴雨量可靠程度的评定。

### （二）方法

（1）暴雨调查应与洪水调查结合进行，选择工程点所在流域，尽量选在老居民点和暴雨集中地区进行，暴雨发生年份及日期调查方法可参考洪水调查。

（2）暴雨调查点的选择，在暴雨中心地区应密些，雨区边缘可稀些，以能绘制出暴雨等值线为宜。

（3）收集县、乡（镇）、村雨量观测资料，如农场、学校、水库、灌渠等，并分析印证承雨器位置和测算法的可靠性。

（4）每个调查点特别是暴雨中心调查点附近，宜调查两个以上暴雨数据进行相互印证。

（5）了解估算暴雨量的承雨器具在暴雨期间是否置于露天空旷不受地形地物影响的地方，宜附上承雨器具和地形照片。准确量算器内水体体积和器口面积，并应扣除器内原有积水、物品和外水加入量，加上漫溢、渗漏和取水等损失的降水量体积。

（6）暴雨资料可向水文、气象和其他部门搜集；特大暴雨中心地区的调查记录，应与邻近的基本站、专用站、雨量站和气象站实测记录相互印证。

（7）暴雨重现期，可根据老年人亲身经历和传闻，历史文献文物考证和相应中小河流洪水重现期等分析比较确定。

### （三）暴雨量可靠程度评定及成果合理性检查

暴雨量可靠程度评定按表2-24进行。

表 2-24　　调查点暴雨量可靠程度评定表

| 项目 | 等级 | | |
|---|---|---|---|
| | 可靠 | 较可靠 | 供参考 |
| 指认人印象和水痕情况 | 亲眼所见，水痕位置清楚具体 | 亲眼所见，水痕位置不够清楚具体 | 听别人说，或记忆模糊，水痕模糊不清 |
| 承雨器位置 | 障碍物边缘距器口的距离大于其高差的2倍 | 障碍物边缘距器口的距离为其高差的1～2倍 | 障碍物的边缘距器口的距离小于其高差的1倍 |
| 雨前承雨器内情况 | 空着或有其他物品，但能量算具体体积 | 有其他物品，量算的体积不够准确 | 有其他物品，其体积数量记忆不清 |
| 雨期承雨器漫溢渗漏情况 | 无 | 无 | 有 |

暴雨调查成果的合理性检查应包括以下内容：

（1）暴雨量调查值与邻近降水量站实测值对照分析。

（2）分析中小河流断面实测或调查洪水总量与相应暴雨总量对照分析。

（3）对北方平原地下水埋深较大地区，分析暴雨对地下水的补给量及水量转换，检查其合理性。

气象调查工作现场应按照一定的格式对调查内容进行翔实的记录，具体形式可参考表 2-25 和表 2-26。

表 2-25　　暴雨资料调查成果表

| 暴雨调查情况 | | 调查单位 | 调查时间 | 调查人 | 暴雨起讫时间 | 资料存放单位 |
|---|---|---|---|---|---|---|
| | | | | | | |
| 暴雨中心位置 | | 省县镇/乡村 | | | 经度 | 纬度 |
| 暴雨范围及最大点雨量 | | | | | | |
| 暴雨量面深关系 | 雨深（mm） | 50 | 100 | 150 | 200 | 250 |
| | 面积（km²） | | | | | |
| 暴雨时程分配 | 时间 | | | | | |
| | 降水量 | | | | | |
| 暴雨成因 | | | | | | |
| 暴雨灾情 | | | | | | |
| 调查点承雨器情况 | | | | | | |
| 暴雨量计算方法 | | | | | | |
| 可靠程度 | | | | | | |
| 存在的主要问题 | | | | | | |

表 2-26　　气象调查（大风、覆冰）记录表

| 调查点编号 | | 调查地点 | | |
|---|---|---|---|---|
| 海拔 | | 地形类别 | | |
| 被调查人姓名 | | 村/镇名称 | 年龄/性别 | |
| 调查项目 | 大风 | | 覆冰 | |
| 发生时间 | | | | |
| 持续时间 | | | | |
| 风力风向 | 风力：1 级、2～8 级；风向：N、NNE、NE、ENE、E、ESE、SE、SSE、S、SSW、SW、WSW、W、WNW、NW、NNW、C | | | |
| 天气情况 | 晴、多云、雨、雪、雾、沙暴 | | | |

续表

<table>
<tr><td colspan="2">调查项目</td><td>大风</td><td>覆冰</td></tr>
<tr><td colspan="2">影响范围</td><td></td><td></td></tr>
<tr><td colspan="2">灾害情况</td><td></td><td></td></tr>
<tr><td colspan="2">重现期</td><td></td><td></td></tr>
<tr><td rowspan="6">覆冰</td><td>种类</td><td colspan="2"></td></tr>
<tr><td>长、短径或直径（mm）</td><td colspan="2"></td></tr>
<tr><td>离地高度（m）</td><td colspan="2"></td></tr>
<tr><td>附着物种类、直径、<br>走向、导线型号</td><td colspan="2"></td></tr>
<tr><td>植被及水体分布等情况</td><td colspan="2"></td></tr>
<tr><td>可靠性评定</td><td colspan="2"></td></tr>
<tr><td colspan="2">调查人</td><td colspan="2"></td></tr>
</table>

# 第三章

# 水文气象观测

由于工程地点实测资料较少，常常不能满足工程设计要求，需要进行现场测验。根据观测项目不同水文气象观测可以分为陆地水文观测、海洋水文观测、气象观测等三类。

## 第一节　陆地水文观测

### 一、观测内容

根据电力工程的具体要求，观测内容一般包括水位、流速、流向、流量、大断面测量、悬移质和推移质泥沙、水温水质观测、冰情观测等内容。

### 二、观测方法

目前水文观测方法主要有流速仪法和走航式声学多普勒流速剖面仪法（简称走航式 ADCP 法）。根据工程项目性质和测验目的不同，观测方法分为建立水文专用站观测、同期多断面对比观测等。

### 三、测验断面选择原则

测验断面一般选择在河道顺直、滩槽均匀、水流集中、无分流汊流、无回水、无死水的河段，如果河段附近有石梁、急滩、弯道、卡口等，测验断面应选在其上游，距离应大于 5 倍的河宽。对于不同的河流，应遵循以下选择原则：

（1）平原区河流。测验河段应顺直匀整，全河段应有大体一致的河宽、水深和比降，单式河槽河床上宜无水草丛生。如果工程需要必须在游荡性河段观测时宜避免选在河岸易坍塌和易变动沙洲附近等。

（2）潮汐河流。应选择河面较窄、通视条件好、横断面较单一、受风浪影响较小的河段进行观测。有条件时可利用桥梁、堰闸布置测验。

（3）结冰河流。应避开有冰凌堆积、冰塞、冰坝的地点。对层冰层水的多冰层结构的河段，通过仔细询问、勘察，选取其结冰情况较简单的河段。

（4）同期对比河段。对于同期对比观测的河段，如核电工程排水口河段水文测验，往往要求掌握一定长度河段内的流速、流向、流量的平面和垂向分布特征，就是常说的河段多断面对比观测。此类项目的测验断面的选择，一般以排水口为基础测验断面，上、下游每隔 2km 设一条测验断面，总断面数一般不应少于 5 条。

### 四、水位观测

电力工程水文勘测中，有时为了移用工程上、下游水文站的长期勘测水位观测资料，或为本工程进行水位资料积累的需要，往往需要对工程点进行水位观测，水位观测分为水位对比观测和长期水位观测两种形式。

（一）水准点

设立水准点的目的是为了使所有水尺保持一个统一的零点高程起算系统。水准点可用水泥桩做成，也可选在一个较为牢固的建筑物基础上。水准点位置应在历史最高洪水位之上，地形稳定，便于保护和引测。水准点底层最小入土埋深：不冻地区为 1.2～1.5m；冻土层厚度小于 1.5m 的地区为 2.0m；冻土层厚度大于 1.5m 的地区应在冻土层以下 1.5m。水准点的高程起算系统根据工程需要可从附近国家高程系统引测，也可以自设假定高程系统。每个水文观测断面都要设立一个Ⅲ等水准点，各断面间的水准点必须保持统一。每半年应进行一次水准点高程校测。

在水文资料中涉及的基面有绝对基面、假定基面、测站基面、冻结基面等四种。

（1）绝对基面。指将某一海滨地点平均海水面的高程定义为零的水准基面。我国各地沿用的水准高程基面有大连、大沽、黄海、废黄河口、吴淞、珠江等基面。

（2）假定基面。为计算测站水位或高程而暂时假定的水准基面。常在水文测站附近没有国家水准点，而一时不具备接测条件的情况下使用。

（3）测站基面。是水文测站专用的一种假定固定基面。一般选为低于历年最低水位或河床最低点以下 0.5～1.0m。

（4）冻结基面。冻结基面是水文测站专用的一种固定基面。一般测站将第一次使用的基面冻结下来，作为冻结基面。

我国历史上形成了多个高程系统，如波罗的海高程、黄海高程、1985国家高程基准、广州高程及珠江高程、大连零点、废黄河口零点、坎门零点、吴淞（口）高程等。不同部门、不同时期往往有所区别。现对各高程系统作简要介绍。

（1）波罗的海高程。波罗的海高程+0.374m=1956年黄海高程。中国新疆境内尚有部分水文站一直还在使用波罗的海高程。

（2）黄海高程。以青岛验潮站1950～1956年验潮资料算得的平均海面为零的高程系统。原点设在青岛市观象山。该原点以"1956年黄海高程系"计算，高程为72.289m。

（3）1985国家高程基准。以青岛验潮站1952～1979年的潮汐观测资料为计算依据，并用精密水准测量接测位于青岛的中华人民共和国水准原点，得出1985年国家高程基准高程和1956年黄海高程的关系为：

1985年国家高程＝1956年黄海高程–0.029m

1985年国家高程基准已于1987年5月开始启用，1956年黄海高程系同时废止。

（4）广州高程和珠江高程。广州高程＝1985年国家高程基准+4.26m；广州高程＝1956年黄海高程基准+4.41m；广州高程＝珠江高程+5.00m。

（5）大连零点。以大连港码头仓库区内验潮站多年验潮资料求得的平均海面为零起算，称为大连零点。该高程系的基点设在辽宁省大连市的大连港原一号码头东转角处，该基点在大连零点高程系中的高程为3.765m。原点设在吉林省长春市的人民广场内，已被毁坏。该系统曾1959年以前在中国东北地区广泛使用。1959年中国东北地区精密水准网在山海关与中国东南部水准网连接平差后，改用1956年黄海高程系统。大连基点高程在1956年黄海高程系的高程为3.790m。

（6）废黄河口零点。江淮水利测量局以民国元年11月11日17:00废黄河口的潮水位为零，作为起算高程，称废黄河口零点。后江淮水利测量局又用多年潮位观测的平均潮水位确定新零点，其大多数高程测量均以新零点起算。废黄河口零点高程系的原点，已湮没无存，原点处新旧零点的高差和换用时间尚无资料查考。在废黄河口零点系统内，存在江淮水利局惠济闸留点和蒋坝船坞西江淮水利局水准标两个并列引据水准点。

（7）坎门零点。民国期间，军令部陆地测量局根据浙江玉环县坎门验潮站多年验潮资料，以该站高潮位的平均值为零起算，称坎门零点。在坎门验潮站设有基点252号，其高程为6.959m。该高程系曾接测到浙江杭州市、苏南、皖北等地，在军事测绘方面应用较广。

（8）吴淞（口）高程。清咸丰十年（1860年），海关巡工司在黄浦江西岸张华浜建立信号站，设置水尺，观测水位。光绪九年（1883年）巡工司根据咸丰十年至光绪九年在张华浜信号站测得的最低水位作为水尺零点。后又于光绪二十六年，根据同治十年至光绪二十六年（1871～1900年）在该站观测的水位资料，制订了比实测最低水位略低的高程作为水尺零点，并正式确定为吴淞零点（W.H.Z）。以吴淞零点计算高程的称为吴淞高程系，上海历来采用这个系统。民国十一年（1922年），扬子江水利委员会技术委员会确定长江流域均采用吴淞高程系。1951年，华东水利部规定，华东区水准测量暂时以吴淞零点为高程起算基准。吴淞（口）高程系统比较混乱，不同地区采用数值不一，如采用，需要仔细核对。

宁波：1985国家高程基准＝吴淞高程–1.87m。

嘉兴：1985国家高程基准＝吴淞高程–1.828m。

### （二）水尺

水尺可采取桩式水尺，将水尺固定在桩上，方便的话可固定在水工建筑物上。以便于观测为宜。对于水位变幅较大的河流，可设多个跟踪水尺，水尺设立前应先对河段的洪枯水位进行调查测量，以最枯水和最高洪水位时都能观测到水位为准。为防止冬天土壤冻胀对水尺的影响，水尺基础埋深应大于当地的最大冻土深度。

为保证水位观测的精度和资料一致性，应按Ⅳ等水准测量要求将水准点的高程联测至水尺零点，并每1～2月对水尺校测一次，当水尺受外力影响发生变动或水尺损坏设立临时水尺时，随时校测。

### （三）水尺水位观测

观测方法一般分为水尺观测和气泡式水位计观测。

水位的标准观测时间为北京时间8:00，将水尺读数记录下来，水尺读数记至厘米。水位观测次数以准确反映水位的变化为准。

水位平稳时，每日8:00观测一次，稳定封冻期没有冰塞现象且水位平稳时，可2～5日观测一次。

水位变化缓慢时，每日8:00和20:00各观测一次。

水位变化较大时，每日2:00、8:00、14:00和20:00各观测一次。

当采用气泡式水位计记录时，水位记录间隔为6min，在仪器记录的同时，每天应进行人工两次现场校核水位观测。

### （四）观测记录和资料整编

1. 日平均水位计算

（1）算术平均法。适用于日内水位变化缓慢且等

时观测的情况

$$\overline{Z}=\frac{1}{n}\sum_{i=1}^{n}Z_i \tag{3-1}$$

式中 $\overline{Z}$ ——日平均水位，m；

$Z_i$ ——单次观测水位，m；

$n$ ——日观测次数。

（2）加权平均法。适用于日内水位变化较大，不等时观测的情况

$$\overline{Z}=\frac{1}{48}[Z_0a+Z_1(a+b)+Z_2(b+c)+\cdots+Z_{n-1}(m+n)+Z_nn] \tag{3-2}$$

式中 $a$、$b$、$c$、…、$m$、$n$ ——各个水位观测时距，h；

$Z_0$、$Z_1$、$Z_2$、…、$Z_{n-1}$、$Z_n$ ——相应时刻的水位，m。

2. 水面比降计算

对于上下两个水尺观测的水位，可通过式（3-3）计算水面比降。水面比降以千分率表示

$$S=\frac{Z_u-Z_L}{L}\times 1000‰ \tag{3-3}$$

式中 $S$——水面比降；

$Z_u$——上比降断面水尺水位，m；

$Z_L$——下比降断面水尺水位，m；

$L$——上下比降断面间距，m。

## 五、流速流向及流量观测

### （一）测次布置

测流断面测次应根据水位与流量关系的变化情况合理布置，以能满足水位–流量关系整编定线、准确推算逐日流量和各种径流特征值为原则。对于水文专用站，枯水期每月施测 1 次，洪水期（5～10 月）每月施测 3 次。当发生较大洪水时，加密测次，以控制洪水变化过程为原则。

### （二）流速仪法测流

1. 测速垂线

根据断面河床情况和水面宽度合理布置测速垂线，控制住断面地形和流速沿河宽分布的主要转折点，主槽垂线应较河滩为密。测速垂线的位置应固定，并根据水位的涨落而及时增减。精测法最少测速垂线数目可参照表 3-1。

表 3-1　精测法最少测速垂线数目

| 水面宽（m） | | ＜5.0 | 5 | 50 | 100 | 300 | 1000 | ＞1000 |
|---|---|---|---|---|---|---|---|---|
| 最少测速垂线数目（个） | 窄深河道 | 5 | 6 | 10 | 12 | 15 | 15 | 15 |
| | 宽浅河道 | | | 10 | 15 | 20 | 25 | ＞25 |

2. 测点

在布设测速垂线上测点时，应注意以下几点：

（1）一条垂线上相邻两测点的最小间距不宜小于流速仪旋桨或旋杯的直径。

（2）测水面流速时，流速仪转子旋转部分不得露出水面。

（3）测河底时，应将流速仪下放至 0.9 倍水深以下，并应使仪器旋转部分的边缘离开河底 2～5cm。测冰底或冰花底时，应使流速仪旋转部分的边缘离开冰底或冰花底 5cm。

测点位置的布置通常采用相对水深，即测点位置距水面的距离与垂线水深的比值。垂线的流速测点分布位置可参见表 3-2。

表 3-2　垂线的流速测点分布位置

| 测点数 | 相对水深位置 | |
|---|---|---|
| | 畅流期 | 冰期 |
| 一点 | 0.6 或 0.5；0.0；0.2 | 0.5 |
| 二点 | 0.2、0.8 | 0.2、0.8 |
| 三点 | 0.2、0.6、0.8 | 0.15、0.5、0.85 |
| 五点 | 0.0、0.2、0.6、0.8、1.0 | |
| 六点 | 0.0、0.2、0.4、0.6、0.8、1.0 | |
| 十一点 | 0.0、0.1、0.2、0.3、0.4、0.5、0.6、0.7、0.8、0.9、1.0 | |

3. 测流时间

单个测点的测流时间一般以不低于 100s 为宜，当流速变化较大时，可采用 60s。

4. 测验记录

对每个测次的测流过程应进行记录，记录的内容包括垂线起点距和水深、测点流速仪的转数、历时、测时水位等。

### （三）走航式 ADCP 法测流

ADCP 为声学多普勒流速剖面仪的简称，其采用动船法测流。采用宽带技术，具有高分分辨率、高精度的特点；采用四波束换能器，可有效地消除船体摇晃的影响。

走航式 ADCP 测量时，一般从左岸开始向右岸往返不间断测量，完整记录流场变化情况。对于上下游流速变化速率不大的河段，可采用一只船从上游至下游依次测量各断面的水文数据；反之，应采用多船法在各条断面同时施测。每次完成后及时填制分层流速流向记录表，绘制分层流速流向矢量图，点绘断面平均流向过程线。

### （四）观测记录和资料整编

1. 流量记录

测流过程记录表见表 3-3。

**表 3-3** 流量测验记录表

施测时间：××年8月4日5时30分（平均时间：4日5时45分） 天气：晴 风向： 风力：

流速仪型号及公式：LS68型，$V=0.690n+0.006$ 最近检定日期： 年 月 日 秒表牌号： 5分钟时间误差： s

| 垂线号数 | | 起点距（m） | 实测水深（m） | 测深时间 | | 基本水尺 | | | | 河底高程（m） | 流速仪位置 | | 测速记录 | | | 流速（m/s） | | | 测深垂线间 | | 过水面积（$m^2$） | | 部分流量（$m^3/s$） |
|---|---|---|---|---|---|---|---|---|---|---|---|---|---|---|---|---|---|---|---|---|---|---|---|
| 测深 | 测速 | | | 时 | 分 | 编号 | 读数（m） | 零点高程（m） | 水位（m） | | 相对 | 测点深（m） | 汛号数 | 总转数$n$ | 总历时（s） | 测点 | 垂线平均 | 部分平均 | 平均水深（m） | 间距（m） | 测深垂线间 | 部分 | |
| 右水边 | | 466.5 | 0 | 5 | 30 | P2 | 0.95 | 8.15 | 9.1 | | | | | | | | | | | | | | |
| 1 | | 456 | 0.4 | | 32 | | | | | | | | | | | | | | 0.2 | 10.5 | 2.1 | | |
| 2 | 1 | 446 | 0.7 | | 35 | | | | | | 0.2 | 0.14 | 48 | 240 | 104 | 1.6 | 1.58 | 1.1 | 0.55 | 10 | 5.5 | 7.6 | 8.36 |
| | | | | | | | | | | | 0.8 | 0.56 | 46 | 230 | 102 | 1.56 | | | | | | | |
| 3 | 2 | 425.5 | 1.5 | | 41 | | | | | | 0.2 | 0.3 | 62 | 310 | 103 | 2.08 | 1.95 | 1.77 | 1.1 | 20.5 | | 22.6 | 40.0 |
| | | | | | | | | | | | 0.8 | 1.2 | 53 | 265 | 101 | 1.82 | | | | | | | |
| 4 | 3 | 405 | 2.1 | | 48 | | | | | | 0.6 | 1.26 | 67 | 335 | 102 | 2.27 | 2.27 | 2.11 | 1.8 | 20.5 | | 36.9 | 77.9 |
| 5 | 4 | 384.5 | 1.6 | | 52 | | | | | | 0.6 | 0.96 | 60 | 300 | 101 | 2.05 | 2.05 | 2.16 | 1.85 | 20.5 | | 37.9 | 81.9 |
| 6 | 5 | 364 | 0.8 | | 56 | | | | | | 0.6 | 0.48 | 50 | 250 | 104 | 1.67 | 1.67 | 1.86 | 1.2 | 20.5 | | 24.6 | 45.8 |
| 左水边 | | 344 | 0 | 6 | 1 | | 0.99 | | 9.14 | | | | | | | | | 1.17 | 0.4 | 20 | | 8 | 9.36 |

| 其他水位记录 | 水尺名称 | 水尺编号 | 水尺读数（m） | 零点高程（m） | 水位（m） | | 断面流量（$m^3/s$） | 264 | 水面宽（m） | 123 | 水面比降 |
|---|---|---|---|---|---|---|---|---|---|---|---|
| | 测流 | | | | | 相应水位（m）：9.12 | 过水面积（$m^2$） | 138 | 平均水深（m） | 1.12 | $R^{2/3}$ |
| | 比降上 | | | | | 计算方法：算术平均 | 平均流速（m/s） | 1.91 | 最大水深（m） | 2.1 | $S^{1/2}$ |
| | 比降下 | | | | | | 最大测点流速（m/s） | 2.27 | 水位差（m） | 0.04 | 糙率 |

2. 实测流量计算

首先根据各点的流速仪转速和历时以及流速仪率定公式计算出各测点的流速。

（1）畅流期实测流量计算。

1）垂线平均流速可按式（3-4）～式（3-11）计算。

十一点法

$$V_m=\frac{1}{10}(0.5V_{0.0}+V_{0.1}+V_{0.2}+V_{0.3}+V_{0.4}+V_{0.5}+V_{0.6}+V_{0.7}+V_{0.8}+V_{0.9}+0.5V_{1.0}) \quad (3\text{-}4)$$

五点法

$$V_m=\frac{1}{10}(V_{0.0}+3V_{0.2}+3V_{0.6}+2V_{0.8}+V_{1.0}) \quad (3\text{-}5)$$

三点法

$$V_m=\frac{1}{3}(V_{0.2}+V_{0.6}+V_{0.8}) \text{ 或 } V_m=\frac{1}{4}(V_{0.2}+2V_{0.6}+V_{0.8}) \quad (3\text{-}6)$$

二点法

$$V_m=\frac{1}{2}(V_{0.2}+V_{0.8}) \quad (3\text{-}7)$$

一点法

$$V_m=V_{0.6} \quad (3\text{-}8)$$

$$V_m=KV_{0.5} \quad (3\text{-}9)$$

$$V_m=K_1V_{0.0} \quad (3\text{-}10)$$

$$V_m=K_2V_{0.2} \quad (3\text{-}11)$$

式中 $V_m$——垂线平均流速，m/s；

$V_{0.0}$、$V_{0.1}$、$V_{0.2}$、…、$V_{1.0}$——分别为各相对水深处的测点流速，m/s；

$K$、$K_1$、$K_2$——分别为半深、水面、0.2水深处的流速系数。

当垂线上有回流时，回流流速应为负值。

2）部分面积计算公式

$$A_i=\frac{d_{i-1}+d_i}{2}b_i \quad (3\text{-}12)$$

式中 $A_i$——第 $i$ 部分面积，$m^2$；

$i$——为测速垂线或测深垂线序号，$i$=1、2、…、$n$；

$d_i$——第 $i$ 条垂线的实际水深，m，当测深、测速没有同时进行时，应采用河底高程与测速时的水位算出应用水深，m；

$b_i$——第 $i$ 部分断面宽，m。

3）部分平均流速计算。两测速垂线中间部分的平均流速计算公式如下

$$\overline{V}_i = \frac{V_{m(i+1)} + V_{mi}}{2} \tag{3-13}$$

式中 $\overline{V}_i$——第 $i$ 部分断面平均流速，m/s；

$V_{mi}$——第 $i$ 条垂线平均流速，m/s，$i$=1、2、3、…、$n$−1。

靠岸边或死水边的部分平均流速计算公式如下

$$\overline{V}_i = \alpha V_{mi} \tag{3-14}$$

$$\overline{V}_n = \alpha V_{m(n-i)} \tag{3-15}$$

式中 $\alpha$——岸边流速系数，可根据岸边情况在表3-4中选取。

表3-4　岸边流速系数表

| 岸边情况 | | $\alpha$值 |
|---|---|---|
| 水深均匀地变浅至零的斜坡岸边 | | 0.67～0.75 |
| 陡岸边 | 不平整 | 0.8 |
| | 光滑 | 0.9 |
| 死水与流水交界处的死水边 | | 0.6 |

4）部分平均流量计算

$$q_i = \overline{V}_i A_i \tag{3-16}$$

式中 $q_i$——第 $i$ 部分流量，$m^3/s$。

5）断面流量计算

$$Q = \sum_{i=1}^{n} q_i \tag{3-17}$$

式中 $Q$——断面流量，$m^3/s$。

当断面上有回流时，回流区的部分流量应为负值。

（2）冰期实测流量计算。

1）垂线平均流速计算。

六点法

$$V_m = \frac{1}{10}(V_{0.0} + 2V_{0.2} + 2V_{0.4} + 2V_{0.6} + 2V_{0.8} + V_{1.0}) \tag{3-18}$$

三点法

$$V_m = \frac{1}{3}(V_{0.15} + V_{0.5} + V_{0.85}) \tag{3-19}$$

二点法

$$V_m = \frac{1}{2}(V_{0.2} + V_{0.8}) \tag{3-20}$$

一点法

$$V_m = K'V_{0.5} \tag{3-21}$$

式中 $V_{0.15}$、$V_{0.5}$、$V_{0.85}$——分别为0.15、0.5、0.85有效相对水深处的流速，m/s；

$K'$——冰期半深流速系数。

2）部分面积计算可采用式（3-12），式（3-12）中的水深 $d$ 值，在有水浸冰的垂线上应为有效水深；在有岸冰或清沟时，盖面冰与畅流区交界处同一垂线的水深两种数据值；当计算盖面冰以下的部分面积时，应采用有效水深；当计算畅流部分的面积时，应采用实际水深。当交界处垂线上的水浸冰厚小于有效水深的2%时，采用实际水深计算相邻两部分面积。

3）冰期流量的计算。将断面总面积、水浸冰面积、冰花面积与水道断面面积分别算出。当出现层冰层水或断面内有好几股水流而其水位不一致时，可不逐一计算。在有岸冰或清沟时，可分区计算。

水浸冰面积计算

$$A_g = \frac{1}{2}d_{g0}b_0 + \frac{b_1}{2}(d_{g0} + d_{g1}) + \frac{b_2}{2}(d_{g1} + d_{g2}) + \cdots + \frac{b_n}{2}(d_{g(n-1)} + d_{gn}) + \frac{b_n + 1}{2}(d_{g(n)} + d_{g(n+1)}) + \frac{1}{2}d_{g(n+1)}b_{n+2} \tag{3-22}$$

式中 $A_g$——水浸冰面积，$m^2$；

$d_{g1}$、$d_{g2}$、…、$d_{gn}$——自一岸测至另一岸，水浸冰在第1、2、…、$n$ 条测深垂线上的厚度，m；

$d_{g0}$、$d_{g(n+1)}$——冰底边的水浸冰厚，m，应采用冰底边上的实测数值，当无法测定时，可借用靠冰底边最近的一个冰孔中的水浸冰厚；

$b_1$、$b_2$、…、$b_n$、$b_{n+1}$——$b_1$ 为岸冰底边至第1条测深垂线的间距，$b_2$ 为第1、2测深垂线间的间距，…，$b_n$ 为末两条测深垂线间的间距，$b_{n+1}$ 为末1条测深垂线至对岸冰底边的间距，m；

$b_0$、$b_{n+2}$——两岸冰底边至水面边的间距。其中水面边的位置，可根据水位在断面上查得。

冰花面积可用类似式（3-22）的方法计算。

## 六、大断面测量

一般每年汛前、汛期和汛后各测一次。大断面测量岸上部分一般采用全站仪观测，水下部分采用测绳、测杆或超声波法测量。测深垂线数应为常规测验方法垂线的2倍以上，应均匀分布并能控制河床变化的转折点。点距控制应以能反映地形特征为原则，高程应

能满足四等水准要求。

## 七、泥沙观测

（一）悬移质泥沙观测

悬移质含沙量一般采用横式采样器垂线混合法取样，水样容积一般要求为2000ml。全断面施测5～7条垂线，当水深小于5.0m时，每条垂线按3点法（0.2h、0.6h、0.8h）取样；当水深大于5.0m时，每条垂线按5点法（水面、0.2h、0.6h、0.8h、河底）取样，每条垂线分别处理，用算术平均法计算。

悬移质含沙量观测一般与流量观测同步，测次一般每个月1次，洪峰期间加测3～5次。

（二）推移质泥沙观测

推移质泥沙一般采用锥式取样器取样，为满足泥沙颗粒分析要求，推移质泥沙取样重量视粒径而定，一般细沙或沙质黏土取样不少于250g，直径大于2mm者取样不少于500g。如遇一次取样数量不足，则分次采取。全断面施测3条垂线，各垂线如经三次采样未发现推移质沙样，可视为无推移质。

对推移质的测次要求，一般2、6、8、11月各施测1次，洪水期可适当加密。

（三）观测记录和资料整编

泥沙观测记录及资料计算应符合GB/T 50159—2015《河流悬移质泥沙测验规范》的要求。

## 八、水温及水质观测

（一）水温观测

水温观测应分层进行，一般采用数字式水温记录计，与水文测验期间同步进行。全断面一般设3条水温观测垂线，水深小于等于5m时施测4点（0.2h、0.4h、0.6h、0.8h），水深大于5m时施测6点（水面、0.2h、0.4h、0.6h、0.8h、河底）。每次流量观测时进行分线分层水温观测，近岸表层水温每日8时观测一次。水温的施测顺序为由上向下施测，水温传感器探头在测点稳定不少于60s后记录水温值，水温记录至0.01℃，并整理为垂线分层水温观测成果表。

（二）水质观测

水质观测时，地表水采样断面的布设应考虑采样河段内生产和生活取水口的位置、取水量；废水排放口的位置及污染物排放情况；河段水文及河床情况；支流汇入、水工建筑情况；河岸植被破坏及水土流失情况；其他影响水质均匀程度的因素等。

采样断面的布设应考虑通信、交通条件，以满足水质监测快速、安全的要求，并尽可能靠近取水口位置，河流断面应根据水面宽度布设采样垂线，凡采样器直接与水样有接触的部件，其材质不应对原状水样产生影响。采样器在采样前应进行清洗。容器不应引起新的沾污。

采样时使样品充满容器至溢流并盖紧塞子，使水样上方没有空隙，这种方法可以减少运输过程中水样的晃动，避免溶解性气体逸出、pH值变化、低价铁被氧化及挥发性有机物的挥发损失。但对准备冷冻保存的样品不能充满容器，以防因体积膨胀致使容器破裂。对需要加入化学保存剂的水样，采样人员应严格按照所要求试剂纯度、浓度、剂量和试剂加入的顺序等具体规定，向水样中加入化学保存剂。所加入的化学保存剂不能干扰监测项目的测定。

## 九、冰情观测

电力工程中陆地水文的冰情观测主要包括流冰观测、固定点冰厚测量、冰塞观测、冰坝观测等。

流冰观测应测记流冰或流冰花的疏密度及其变化，测记最大流冰块的尺寸与流速。冰塞的观测应测记冰塞形成的位置、发生与消失的时间及大致过程，了解冰塞壅水、冰花堵塞引起的灾害情况。冰坝的观测应测记冰坝形成、溃决及其持续时间内发生明显变化的时间及大致过程，了解冰坝引起的灾害情况，如冰坝壅水、冰坝溃决洪水灾害以及冰凌上岸、滩地行凌等毁坏建筑物与农田的一些情况。

大中河流及湖泊、水库的固定点冰厚测量应在同一断面上两孔进行。一孔在河心（湖心、库心）或中泓处；另一孔在离冰底边5～10m处。小河的固定点冰厚测量可仅在中泓一处进行。仅发生岸冰的河段，可只测记岸冰中间一处的岸冰厚。在连底冻时期内，应停止冰厚观测。河段冰厚测量应包括测量河段内各点冰上雪深、冰花厚、水浸冰厚、冰厚和水深。

在冰塞现象严重的河流上，可选择经常发生冰塞现象的河段进行冰塞的专门观测。冰塞的专门观测应分别在冰花聚积段、下潜段及辅助断面上进行。冰塞专门观测应包括冰情目测与冰情图测绘，冰花流量测验或清沟内水内冰观测，测定冰塞位置、范围及体积。

在冰坝现象发生较为频繁的河流上，可选择经常形成冰坝的河段进行专门观测。冰坝专门观测应包括河段冰厚测量、冰情目测与冰情图测绘、测定冰坝位置与尺寸、冰流量测验、估测冰坝体积与冰坝过水能力和灾情等。

# 第二节　海洋水文观测

海洋水文观测的目的和任务是为了解工程及其附近海域的海洋水文要素的时空分布特征和潮流泥沙运动规律，为工程水文分析计算、电力工程设计和环境影响评价、海域使用论证等提供基础资料，为数学模型计算和物理模型试验提供输入条件和验证资料。

## 一、观测内容

海洋水文观测内容主要有潮汐观测、波浪观测、冬季和夏季全潮水文测验、表层流迹线观测、水温观测、盐度观测、海水密度观测、泥沙和底质采样分析、床底浮泥观测、海水透明度及水色观测、海发光观测、海冰观测、部分气象要素观测等。

## 二、观测方法

### (一)观测方式

海洋水文观测的工作方式主要有岸边驻站观测、浮标观测、潜标观测、锚固浮标观测、单船走航、多船联合走航、多船定点观测、立体化海洋观测(利用多种技术手段,进行综合的、三度空间的观测组合系统)等。

工程实践中采用最多的是岸边驻站观测和多船定点观测,即水文专用站和水文测验两种方式。水文专用站为观测时间一般不少于一周年。观测项目为水位、水温、盐度、水质、泥沙、波浪、海冰等。随着水文观测仪器自动化水平提高,波浪、水温、盐度还则常用浮标、潜标和锚固浮标等进行观测。海流观测则常采用锚碇潜标。

水文测验一般采用冬季和夏季全潮多垂线同步观测,观测项目为潮流、泥沙、水温、盐度、底质、海况等,同时配合以多站位的水位观测,必要时还包括漂流观测。

在工程前期,为节省观测费用,也常采用在调查海区布设若干观测点,船到站即测即走的非同步的单船走航观测,即所谓的大面观测。

### (二)海洋水文专用站选址要求

海洋水文专用站应综合考虑各观测项目的观测要求来选择站址,并应考虑交通便捷,不影响电力工程开工后的施工等因素。

1. 潮汐、水温、盐度、水质、泥沙观测点选择

观测点在工程海区应具有代表性;选择在与外海畅通,水深相对较大,水流平稳、风浪小,来往船只较少的地方;在理论最低潮时,水深应大于 1m;选择在海滩坡度较大的地方使水尺位置便于由岸上进行观测。尽量利用海上构筑物如防波堤、码头、栈桥安放水尺、建验潮井或其他观测仪器,避开冲刷、淤积、坍塌、下沉等使海岸变形迅速的地方。

2. 波浪、海流观测点的选择

观测点在工程海域应有代表性,海面应开阔、无岛屿、暗礁、沙洲和水产养殖等障碍物影响,尽量避开陡岸、航道、捕捞区。抛设浮标(或传感器)处的水深一般不小于 10m,海底平坦,尽量避开急流区。

3. 观测站房的位置选择

观测站房位置应靠近各观测点,地势相对较高,场地平整,避免受洪涝影响。采用岸用测波仪观测时,应考虑靠近岸边,观测层海拔以 20~30m 为宜。

### (三)冬、夏季全潮水文测验垂线和配套水位站布设要求

冬、夏季全潮水文测验应根据工程海域的水文条件、工程设计、数学模型计算和物理模型试验验证的需要布设测流垂线。一般观测断面不少于 3 条,分别位于工程断面和两侧。每个断面布设不少于 2 条垂线,工程点处应布设垂线。对于边界条件复杂的工程,应在边界处布设断面。垂线尽量选择在水下地形平坦处,并有一定的间距。

配套水位站一般考虑在工程点附近和两侧布置不少于 3 个水位站,对于边界条件复杂的工程,应在边界处布设水位站。水位站的具体选址要求可参照海洋水文专用站。

## 三、潮汐观测

### (一)潮汐观测技术要求

潮汐观测的目的是为了了解当地的潮汐性质,用所获得的潮汐观测资料计算潮汐调和常数、平均海平面、深度基准面、潮汐预报以及提供观测不同时刻的水位改正数等,供电力工程防护工程、取排水口、防波堤、码头等的设计及数学物理模型试验使用。潮汐观测要求能得到潮水涨、落的完整过程。

潮汐观测分水尺验潮、井式自记验潮仪验潮、超声波潮汐计验潮、压力式验潮仪验潮等。使用较多的是水尺验潮、井式自记验潮仪验潮和压力式验潮仪验潮。验潮设施要有消浪措施,当采用压力式自记仪器时,数据采集间隔要达到消除毛刺影响的要求。

当用水尺观测时,为了掌握潮汐全部变化过程,应日夜连续观测,根据涨落的缓急合理分布测次。一般每隔 1h 观测一次,在接近高、低潮前后每 10min 观测一次,以便测得最高、最低潮水位和出现时刻。受到台风影响时,应适当地加密测次。

当采用自记水位计观测时,根据自记水位计的形式,如日记式、周记式等,定时地更换自记纸,同时观测校验水尺的读数,以校正自记水位计的水位读数。

### (二)观测记录和资料整编

潮水位观测数据需要进行时差订正和水位订正。

水文专用站潮水位的数据处理包括考证测站基面、水准点和水尺零点高程,审核原始记录及各项特征值统计,绘制潮水位过程线,进行合理性检查,制作“逐日潮水位表”“潮水位月年统计表”,最后编写潮水位数据说明书。

水文测验期间的各潮位站的潮高基准面应统一,

一般归算到1985国家高程基准后整编成《逐时潮位观测报表》，并绘制潮位过程线。在对各潮位站同步观测资料进行最高、最低潮位，平均高、低潮位，最大、最小潮差，平均潮差，以及涨、落潮历时的潮汐特征统计基础上，分析测区潮汐性质及运动基本规律。

具体的观测方法和要求可参见 GB/T 50138—2010《水位观测标准》和GB/T 14914—2006《海滨观测规范》。

## 四、波浪观测

### （一）波浪观测技术要求

在工程海区，若缺乏海浪实测资料且附近又无海洋台站的长期测波资料时，应设立临时波浪观测站，至少进行一年的观测以取得海浪的统计特征，并尽可能包含完整的台风期。

海浪观测宜使用连续记录之自记仪器，并且带有波向的仪器（如带波向的“波浪骑士”浮标等），采集数据的时间间隔应满足波浪分析的要求。仪器性能和精度应满足规范的要求，确保设备技术先进，测量精度高，质量可靠。

“波浪骑士浮标”是一种不需要依托而漂浮在海面上的测波装置，可以布放在具有一定水深和开阔的水域，记录和感应装置放在海面圆球状密封浮球中，浮球下部连接锚链，锚链末端由搁置在海底上的铁锚或沉块系留住。要求锚链和锚块的长度和轻重配置，既能使圆形浮球随波浪自由起伏，又不至于在大浪条件下测波装置随流漂失。仪器由安装于圆球内的加速度计作为传感器记录连续的波浪。可以有效地记录高达30m的波浪。

### （二）观测记录和资料整编

由于各种因素造成的连续缺测的时间应小于48h；数据完好率应大于95%。根据一周年波浪观测资料进行整理，绘制测波位置波浪玫瑰图，给出特征频谱和方向谱分析等统计分析报表，编制观测报告。

具体的观测方法和要求可参见 GB/T 14914—2006《海滨观测规范》。

## 五、海流观测

### （一）海流观测技术要求

冬季和夏季全潮水文测验应在冬季和夏季大、中、小潮各至少要进行25h的连续同步观测，断面间距较远时，还应适当延长，确保所有垂线都有完整的潮周期测流。水文测验应在潮位起涨前1h开始观测。

潮流（流速、流向）、含沙量和水温的测验层次依水深而定，当水深 $H>4$m时，采用六点法，即表层、$0.2H$、$0.4H$、$0.6H$、$0.8H$、底层；当 $2\text{m}\leq H<4\text{m}$ 时，采用三点法，即 $0.2H$、$0.6H$、$0.8H$ 层；当 $H<2$m时，采用一点法，即 $0.6H$ 层观测。

盐度、悬沙粒度的测验层次为 $0.6H$ 层。

### （二）观测记录和资料整编

对外业水文测验采集的原始潮流流速、流向资料，流速进行合理性分析，流向进行磁偏角改正，同时根据各点位的分层流速、流向，采用矢量法计算垂线平均流速，可按下列公式计算

$$v_{ix}=v_i\sin\theta_i \tag{3-23}$$

$$v_{iy}=v_i\cos\theta_i \tag{3-24}$$

$$\overline{v}=\sqrt{\overline{v}_x^2+\overline{v}_y^2} \tag{3-25}$$

$$\theta=\arctan\left(\frac{\overline{v}_x}{\overline{v}_y}\right) \tag{3-26}$$

式中 $v_{ix}$、$v_{iy}$ ——分层流速东西方向、南北方向分量；

$v_i$ ——分层流速；

$\theta_i$ ——分层流向方位角；

$\overline{v}_x$、$\overline{v}_y$ ——东西方向、南北方向分量垂线平均流速；

$\overline{v}$ ——垂线平均流速；

$\theta$ ——垂线平均流向方位角。

上述分层流速、流向，垂线平均流速、流向，整编生成《潮流观测记录报表》，并绘制各垂线的水深（潮位）过程线；分层流速、流向过程线；垂线平均流速、流向过程线；分层、垂线平均流速矢量图。对各垂线的实测流况特征如涨、落潮流分层和垂线平均最大流速及相应流向等进行统计。在此基础上对实测流况特征进行分析；并结合潮流的调和分析计算，给出潮流椭圆要素、可能最大潮流及余流，分析测区潮流性质及运动基本规律。

具体的观测方法和要求可参见 GB/T 12763—2007《海洋调查规范》。

## 六、泥沙观测

### （一）悬沙观测技术要求

悬沙观测与海流观测同步进行。取样采用瓶式采水器，容积为 500ml。定点和垂线测点与测流同步进行；水样处理主要采用光电测沙仪法和称重法。

各垂线悬沙使用粒度分析仪进行粒度分析，可分别在涨急落急时采集样品。

### （二）底质采样技术要求

底质采样与海流观测同步进行，可根据工程要求有选择地在几条垂线或所有垂线采样，可分别在涨急落急时采集样品。

采用蚌式取样器抓海底表层沉积样品，使用振动式半自动筛粒度仪及宽域粒度分析仪进行粒度分析。

（三）观测记录和资料整编

外业现场采集的含沙量水样经室内测定计算出测点含沙量后，经分层流速加权后计算垂线平均含沙量。

六点法垂线平均含沙量计算公式如下

$$\bar{\rho}=\frac{\rho_{面}v_{面}+2\rho_{0.2H}v_{0.2H}+2\rho_{0.4H}v_{0.4H}+2\rho_{0.6H}v_{0.6H}+2\rho_{0.8H}v_{0.8H}+\rho_{底}v_{底}}{v_{面}+2v_{0.2H}+2v_{0.4H}+2v_{0.6H}+2v_{0.8H}+v_{底}} \tag{3-27}$$

经合理性检查后，整编成《含沙量观测记录报表》，并绘制各垂线逐时分层含沙量过程线，垂线平均含沙量过程线，各垂线逐时含沙量垂向分布图。对各垂线各级含沙量的出现频率及各垂线含沙量特征值进行统计，对各垂线的单宽输沙量进行计算；在此基础上描述现场含沙量运移的基本状况。

悬沙和底质样品的粒度分析后，所得数据整编生成《悬沙粒径级配报表》和《底质粒度分析成果表》《底质粒径级配报表》，并分别绘制悬沙、底质粒径级配曲线图。以中值粒径 $d_{50}$ 为表征，分析、描述各垂线悬沙及底质粒度的现状，并以等比粒径 $\Phi$ 标准对底质进行砂土分类，对测区各垂线海床的粒度组成结构进行描述。

## 七、水温、盐度与水质观测

（一）水温观测技术要求

由于温度对密度影响显著，而密度的微小变化都可导致海水大规模的运动，因此大洋水温的观测，特别是深层水温的观测，要求达到很高的准确度，要求温度计应稳定和灵敏，同时还应经常加以校准。对于大陆架和近岸深水域，其温度的变化相对较大，用于观测表层水温的温度计其准确度要求为±0.1℃。在近岸浅水水域，因海洋水文要素时空变化剧烈，梯度或变化率比大洋要大上百倍乃至千倍，水温观测的准确度可以放宽。

水温基本定时观测的时制采用北京标准时（东 8 时）。表层海水温度由人工用表层水温表直接观测完成，沿岸台站只观测表层水温，分别于每天的 08 时、14 时和 20 时三次观测。

水温观测分表层水温观测和垂线水温观测。表层水温观测是指观测水面以下 0.5m 的水温。利用锚固浮标进行垂线水温观测可以设定仪器连续采集数据。利用温、盐、深系统可以测量水温的垂直变化，但在正式资料汇编时，还应给出标准层次的温度统计。

温、盐、深系统具有零漂小、长期稳定性好、噪声低等优点。所观测得的资料具有极高的准确度和分辨率。温、盐、深系统投放应符合下列三点要求：①要保证仪器安全，务必不要使仪器探头碰到船舷或触底，释放仪器应在迎风舷，避免仪器压入船底，探头应放在阴凉处，切忌曝晒；②根据现场水深确定下放深度；③若探头过热或海—气温差较大时，观测前应将探头放入水中停留数分钟进行预热（冷）。观测时应写下简洁的温、盐、深系统观测日志，记下投放日期、时间、测站位置、海深、各层的仪器编号及其他必要情况。

（二）盐度观测技术要求

盐度一般与水温同时观测，盐度的观测层次及其他有关规定与水温相同。盐度观测有化学方法和物理方法两大类。化学方法简称硝酸银滴定法。物理方法又分为比重法、折射法、电导法三种，比重法、折射法存在误差较大、准确度不高、操作复杂、不利于仪器配套等问题。电导法是利用不同盐度的海水具有不同导电率的特性来确定海水盐度的方法（温、盐、深系统）。

利用温、盐、深系统观测盐度时，每天至少应选择一个比较均匀的水层，与利用实验室盐度计对海水样品的测量结果对比一次。如发现温、盐、深系统的测量结果达不到所要求的准确度，应调整仪器零点或更换探头，对比结果应记入日志中。

温、盐、深系统的电导率传感器应保持清洁，每次观测完毕都应用蒸馏水（或去离子水）冲洗干净，不能残留盐粒或污物。

（三）水质观测技术要求

水质可按第三章第二节的要求观测。当有工程采用海水淡化方案时，水质全分析指标应包括海水淡化设计的要求。

（四）观测记录和资料整编

水温、盐度和水质资料，经合理性检查后，整编生成观测记录报表。对水温、盐度绘制过程曲线。对实测水温、盐度进行最大、最小、平均等特征值的统计，并结合图件分析，阐述工程水域水温、盐度的平面分布与潮周期内的变化状况。

## 八、海冰观测

海冰观测的要素包括浮冰观测、固定冰观测和冰山观测。

浮冰观测项目有冰量、密集度、冰型、表面特征、冰状、浮冰块大小、浮冰漂移方向和速度、冰厚及冰区边缘线。

固定冰观测项目有冰型和冰界，具体有堆积量、堆积高度、固定冰宽度和厚度。

冰山观测项目有位置、大小、形状、漂流方向及漂流速度。

海冰的辅助观测项目有海面能见度、气温、风速、风向及天气现象。

海冰观测时间为每 2h 观测一次。

岸边海冰观测点应选择那些能观测到大范围海冰情况的地点为测点，该测点周围视距内的海冰特征应具有代表性。测点选定后应测定海拔高度和基线方向。

海区测点的布设为原则上测点与测点之间的距离以其视距的两倍为宜，并宜考虑到与岸边常规观测点的配合，组成观测网。

## 第三节 气象观测

为了全面准确掌握工程地点处的气象条件，为设计提供可靠的气象基础资料，可能需要设立专用气象站，进行专项气象观测。一般风电场、空冷发电厂、太阳能电站和重冰区架空输电线路在设计阶段需要设立专用气象站。

### 一、观测内容

电力工程项目的气象观测内容应根据工程特点、气候特性、设计需求和参证站资料情况确定。电力工程专项气象观测主要涉及常规气象观测、风观测、空冷气象观测、太阳辐射观测和覆冰观测。

常规气象观测内容为设计所需而参证气象站缺测或实测资料代表性较差的常规气象要素。

对于风电场和缺少资料的大风区输电线路，一般需要对风要素进行专项观测。风观测内容为逐层观测的风速与风向，个别层观测气温、气压。缺少实测资料的大风区输电线路观测内容为离地10m高度处风速与风向。

空冷气象观测内容主要为不同高度层的逐时气温、风速和风向。根据具体工程需要，空冷气象观测还包括小球测风、低空探空和低空流场等大气边界层气象条件探测。

对于太阳能电站，一般需要对太阳辐射进行专项观测。太阳能气象观测内容主要为太阳辐射过程及相关气象要素。

对于缺乏覆冰资料的重冰区线路，一般需要建立观冰站（点）对导线覆冰进行专项观测。观冰站（点）观测内容主要为覆冰过程极值和相关气象要素。

### 二、观测方法

电力工程项目的气象观测方式分为人工观测和自动观测，人工观测又分为人工目测和人工器测。按观测期限，气象观测可分为临时观测和长期观测；按观测内容，气象观测可分为单要素观测和综合性观测；按测点形式，气象观测可分为定点观测和随机巡测。

### 三、常规气象观测

（一）观测项目

电力工程常规气象观测项目应视工程的具体需要确定，通常包括气压、气温、风向、风速、湿度、降水、蒸发、日照、冻土、地温、天气现象。

（二）测站选址要求

常规气象要素观测站选址应满足以下要求：

（1）观测站所选站址应对工程地点具有代表性。

（2）观测场四周宜空旷平坦，尽量避免建在邻近有铁路、公路、工矿、烟囱、高大建筑物的地方。

（3）观测场一般设在工程所在地最多风向的上风方，并尽量避开大气污染严重的地方。

（4）测站选址还要考虑观测、维护人员的工作与生活条件。

（5）观测场一般为25m×25m的平整场地，确因条件限制，也可取16m（东西向）×20m（南北向）或更小。

（三）观测年限

观测年限应根据工程特点、工期要求和参证站资料情况确定，一般与附近参证气象站的对比观测时间应不少于1年。

（四）观测仪器和资料整编

专用气象站应针对工程设计需要和自然环境特点配置观测设施及仪器设备，宜优先选用性能稳定可靠的自动气象观测仪器，在观测使用期内应定期检验，在有效期内使用。

观测仪器的安装、性能要求和观测程序，应符合QX/T 45～QX/T 61—2007《地面气象观测规范》的要求；观测资料整编和质量控制要求，应符合QX/T 62～QX/T 66—2007的要求。

### 四、风观测

设计风速对电力工程的造价和安全运行影响较大，加之风电场和缺少资料的大风区输电线路工程，一般需要对风要素进行专项观测，因此，以下对风要素观测进行单独说明。

（一）观测项目

一般电力工程风观测项目为距地面10m高度处的风向和风速。

风电场应观测不同高度层（至少三层）的风向和风速。

（二）测站选址要求

（1）一般电力工程测风站的选址要求见本节“三、常规气象观测”。

（2）风电场测风塔位置应选择在风电场主风向的上风向位置，其风况应能够代表所选风电场的风况。

测量位置附近应无高大建筑物、树木等障碍物，与单个障碍物距离应大于障碍物高度的 3 倍，与成排障碍物距离应保持在障碍物最大高度的 10 倍以上。

近海风电场应尽可能利用小岛、礁石、浅海区设立测风塔，降低测风难度；当在海中立塔测风时，除考虑 10m 高度 10min 平均设计风速外，还应考虑灾害性海浪、暴潮、海流等海洋动力对测风塔的影响。

（三）观测年限

（1）一般电力工程测风站的观测年限要求见本节“三、常规气象观测”。

（2）风电场预可行性研究及可行性研究阶段应连续观测风要素，测风数据不应少于一年。

（四）观测的一般要求

人工观测时，测量 2min、10min 平均风速和最多风向。配有自记仪器的应作风向风速的连续记录并进行整理。

自动观测时，测量 3s、1min、2min、10min 平均风速和风向，最大风速及其风向和出现时间，极大风速及其风向和出现时间。

风速记录以米每秒（m/s）为单位，取一位小数。风向以 16 个方位或度（°）为单位，以 16 方位表示时，用英文缩写符号记录；以度为单位时，记录取整数。风向方位与度数的对应关系见 QX/T 51—2007《地面气象观测规范　第 7 部分：风向和风速观测》。

（五）观测仪器

测风仪包括风速传感器、风向传感器和数据采集器三部分。测风仪器主要有电接风向风速计、自动测风仪、轻便风向风速表、旋转式测风传感器。观测仪器的选择，应以精度不低于参证站同类仪器为原则。

观测仪在现场安装前应经法定计量部门检验合格，在有效期内使用。

对于一般电力工程，风速感应器应安装在牢固的高杆或塔架上，并附设避雷装置。风速感应器（风杯中心）距地高度 10～12m；若安装在平台上，风速感应器（风杯中心）距平台面 6～8m，且距地面高度不应低于 10m。

对于风电场，测风塔高度应不低于拟安装风力发电机组的轮毂中心高度。观测仪器选型上要求必须能够克服当地极端气温、沙暴等不利天气的影响。风速仪、风向标安装时，应至少安装三层，分别为离地 10m 高度处、拟安装的风力发电机组的轮毂中心高度处和离地 10m 的整数倍高度接近拟安装风力发电机组叶片最低位置处。必要时宜每隔 10m 高度安装一套风速、风向传感器。

一般电力工程专用站测风仪基本技术性能应符合表 3-5 的要求。

表 3-5　专用气象站测风仪技术性能表

| 仪器类别 | 测量范围 | 测量精度 | 其他 |
|---|---|---|---|
| 人工 | （2～40）m/s<br>16 个方位 | ±（0.5+0.05V）m/s<br>±1/2 个方位 | 启动风速：1.5m/s<br>风向标不感应角度：≤1 个方位 |
| 自动 | 0～60m/s<br>0°～360° | ±（0.5+0.03V）m/s<br>±5° | 风速分辨力 0.1m/s，<br>风向分辨力 3°；<br>采样速率：1 次/s |

风电场测风仪基本技术性能应符合表 3-6 的要求。

表 3-6　风电场测风仪基本技术性能表

| 仪器类别 | 测量范围 | 测量精度 | 其他 |
|---|---|---|---|
| 风速传感器 | 0～60m/s | ±0.5m/s<br>（3～30m/s） | 工作环境温度：<br>-40～50℃<br>相应特性距离常数：<br>5m |
| 风向传感器 | 0°～360° | ±2.5° | 工作环境温度：<br>-40～50℃ |

（六）观测记录和资料整编

一般电力工程专用测风站观测记录和资料整编应符合 QX/T 51、QX/T 62～QX/T 66—2007《地面气象观测规范》的要求。

风电场测风数据的采样设置应满足风资源评估对测风数据的要求，测风数据收集过程应确保测风数据的完整性、连续性和可靠性。现场采集的测量数据完整率应在 98%以上。观测数据的整编应符合 GB/T 18709—2002《风电场风能资源测量方法》和 GB/T 18710—2002《风电场风能资源评估方法》的要求。

## 五、空冷气象观测

（一）观测项目

空冷气象观测项目主要为不同高度层的逐时气温、风速和风向。根据具体工程需要，空冷气象观测项目还包括小球测风、低空探空和低空流场等大气边界层气象条件探测，观测内容主要有地面气温、风向、风速和气压；地面至 1000m 高空不同高度层次的风向、风速和气温；低空 100m 高度附近平衡气球运行轨迹；总云量、低云量、云状和天气现象等气象观测要素。

（二）测站选址要求

空冷气象站址位置宜在电厂的空冷凝汽器拟布置区域内进行选择，并预留长期运行的余地；观测场四周一般设置约 1.5m 高的稀疏围栏，围栏不宜采用反光太强的材料。

（三）观测年限

宜在初步可行性研究审定之后，视工程进度需要设立空冷气象观测站。观测期限应至少在1个完整年以上，且必须包括连续完整的1个热季。

（四）观测的一般要求

空冷气象观测塔高度和观测层数应根据机组容量大小确定。观测塔必须按照气象行业规定的防雷技术标准的要求设置防雷设施。如山西某电厂依据空冷机组设计对空冷气象条件的要求，在厂址处设置61m高度空冷气象观测塔一座，塔上分三层安装风向、风速测试仪，观测高度分别为10、30、60m，进行各高度逐时风速和相应风向的观测；分四层安装温度测试仪，观测高度分别为1.5、10、30、60m，进行各高度逐时气温的观测；1.5m高度处安装湿度测试仪和气压测试仪，进行逐时湿度、气压的观测。

气象要素气压、空气温度和湿度、风向和风速的观测方法、记录的一般要求见QX/T 49～QX/T 51—2007《地面气象观测规范》。

（五）观测仪器

观测仪器应采用电子自记仪器，主要仪器包括风速传感器、风向传感器、温度传感器、数据采集器等。

观测仪器性能和精确度应满足气象观测规范要求，确保设备技术先进，测量精度高，质量可靠，数据采集完整率达到95%以上。空冷气象观测自动测风仪和温度自动记录仪的技术性能要求如下：

1. 风速传感器

（1）气候环境条件：

环境温度：–40～60℃；

相对湿度：不大于95%（40℃）。

（2）输入信号范围：

阵风量程：0.0～70.0m/s；

平均风速量程：0～51.0m/s；

风频量程：0～30m/s、大于30m/s，共计32个有效风速段；

风向信号：16个有效方位；

温度量程：–55～+85℃。

（3）数据采样周期：

风速风向信号采样周期：1s；

温度采样周期：1min。

（4）数据处理精度：

阵风风速：0.2m/s；

平均风速：0.1m/s；

风速频率：1min；

温度：0.06℃。

2. 风向传感器

测量范围：0°～360°；

精确度：–2.5°～+2.5°；

工作环境温度：–40～50℃。

3. 温度自动记录仪

测量范围：–40～50℃；

精确度：–0.1～+0.1℃；

采样周期：1h。

（六）大气边界层的观测

1. 观测时间

边界层气象条件的测试分冬、夏两季进行。小球测风和低空探空每天探测8次，冬季观测具体时次为：06、08、10、12、14、16、18、20时；夏季观测具体时次为：05、07、10、12、14、16、19、22时；平衡气球观测与低空探空和小球测风同步进行。

2. 观测仪器

地面气象观测使用气象部门常规的气象要素测试仪器：地面温度用阿斯曼通风干湿表测量，地面风向、风速可采用轻便风速表测量，气压可采用空盒气压表测量，云量、云状采用目测法测量。大气边界层风场测试使用双经纬仪基线小球测风，温度场测试使用电子低空探空仪测量。测试内容及使用仪器见表3-7。

表3-7 测试内容与可使用仪器

| 项目 | | 测试方法 | 可使用仪器 | 备注 |
| --- | --- | --- | --- | --- |
| 大气边界层 | 风向、风速 | 双经纬仪基线小球测风 | CFJ-ⅡB型测风经纬仪、20#测风气球 | 仰角、方位角测量精度0.1° |
| | 温度 | 低探测温 | TK-Ⅱ型低探接收机及记录器、电子探空仪 | 精度小于0.1℃/100m |
| | 低空流场 | 平衡气球 | 测风经纬仪及20#气球 | 仰角、方位角测量精度0.1° |
| 地面 | 气温 | 定时观测 | 通风干湿表 | 精度0.1℃ |
| | 气压 | 定时观测 | 空盒气压表 | 精度0.1hPa |
| | 云量 | 等分法 | 目测 | |
| | 风向、风速 | 定时观测 | 轻便风向、风速表 | 精度0.1～0.3m/s |

（七）观测记录和资料整编

常规气象要素的观测记录和资料整编应符合QX/T 62～QX/T 66—2007《地面气象观测规范》的要求。

大气边界层气象条件观测记录和资料整编应符合QX/T 46、QX/T 49、QX/T 50、QX/T 51—2007和《高空气象探测规范》的要求。利用高空风测量的矢量法计算程序，对逐次观测资料进行计算和统计分析，得到不同高度的风向、风速及气温分布状况及平衡气球运行轨迹。

## 六、太阳辐射观测

对于太阳能电站工程，一般需要对太阳辐射进行专项观测，从而对工程区域的太阳能资料进行评估。因此，本节对辐射观测进行单独说明。

（一）观测项目

太阳能电站工程辐射观测项目包括太阳总辐射、直接辐射、散射辐射曝辐量和辐照度的变化过程。

（二）测站选址要求

太阳能电站工程专用测站应能较好代表工程区域的太阳能气象条件；观测场应平坦空旷，不受地物及林木等遮蔽物的影响。

（三）观测年限

工程地点无长期太阳辐射实测资料时，应建立太阳能气象观测站，观测年限一般不应少于3年。

（四）观测的一般要求

（1）总辐射的观测，应在日出前把金属盖打开，辐射表开始感应，记录仪自动显示总辐射的瞬时值和累计总量；若夜间无降水或无其他可能损坏仪器的现象发生，总辐射表也可不加盖。

（2）直接辐射表应保持进光筒石英玻璃窗清洁，准确跟踪太阳；遭遇恶劣天气，应及时加罩，关上电源；仪器安装好后，应试跟踪太阳一段时间，检查其准确性。

（3）观测散射辐射时，应将遮光环按当日赤纬调在标尺相应位置上，遮光环阴影应完全遮住仪器的感应面与玻璃罩。

（4）每日上、下午至少各一次对辐射表进行检查和维护，遇特殊天气应增加检查次数。

辐射项目的观测方法、记录的具体要求见QX/T 49～QX/T 55—2007《地面气象观测规范》的要求。

（五）观测仪器

（1）总辐射表应安装在专用的台柱上，台柱离地面约1.5m，台柱下部牢固埋入地中，接线柱方向朝北，保持仪器处于水平状态；仪器灵敏度为7～14μVW$^{-1}$m$^{2}$，响应时间小于或等于60s。

（2）直接辐射表应安装在专用的台柱上，专用台柱的要求和安装方法与总辐射表相同；直接辐射表底座方位线必须对准南北向，调整纬度刻度盘对准当地纬度，保持仪器处于水平状态；仪器灵敏度为7～14μVW$^{-1}$m$^{2}$，响应时间小于或等于35s。

（3）散射辐射表安装的地方条件与台架安装的要求与总辐射表相同，安装必须使底盘边缘对准南北向，遮光环丝杆调整螺旋柄朝北，根据当地纬度固定标尺位置，保持仪器处于水平状态。

（六）观测记录和资料整编

现场采样时间间隔应不大于1min，并自动记录。采集的有效数据完整率达到98%以上，应确保观测数据的完整性、连续性与可靠性。每年观测结束应及时进行辐射等气象观测资料的整编，资料整编应报表化、规范化，对缺测和失真的数据应说明原因。

辐射项目观测常用计算公式和资料整编要求见QX/T 55、QX/T 62～QX/T 66—2007《地面气象观测规范》。

## 七、覆冰观测

（一）观测项目

（1）观冰站观测内容主要为覆冰过程极值及相关气象要素的连续观测，其具体项目应包括：

1）导线覆冰观测项目：覆冰种类、长径与短径、截面形状与面积、每米冰重，覆冰过程起止时间与测冰时间。

2）导线覆冰气象要素：气温、湿度、风向和风速、气压、降水量、能见度、日照、雪深、天气现象。

3）有条件时应对比观测导线覆冰与周围地物如通信光缆、拉线、树枝的覆冰。

（2）观冰点观测内容主要为覆冰过程极值及测冰同时气象要素，其具体项目应包括：

1）导线覆冰观测项目：覆冰种类、长径与短径、截面形状与面积、每米冰重，覆冰过程起止时间与测冰时间。

2）导线覆冰气象要素：气温、风向和风速、雪深、天气现象。

（二）测站选址要求

（1）观冰站所选区域应覆冰量级大，覆冰过程多；覆冰天气和地形条件对输电线路走廊区域具有较好的代表性；观测场应平坦空旷，气流通畅，不受地物及林木的影响。观冰站的选址应满足观测、维护人员的工作与生活条件，观测人员必须配置安全器材。

（2）观冰点所选位置能在短期内为工程设计提供较多的、与观冰站同步的覆冰数据；对工程区域应有代表性，可供其直接引用或移用，应选在路径走廊地区，无条件的应选在路径走廊附近并与其地形类似的区域；观冰点布设应覆盖路径走廊的各类地理气候区，在同一地理气候区域内应覆盖各种不同的微地形。

（三）观测年限

观冰站的观测年限应不少于5年，观冰点的观测期限应不少于1个覆冰期。

（四）观测的一般要求

观冰站应针对工程设计需要和工程自然环境特点配置观测设施及仪器设备，宜优先选择能可靠运行的自动观测仪器。覆冰自动观测技术尚未成熟前，覆冰观测应以人工观测为主。

覆冰过程观测应包括起始发展、保持和消融崩溃等三个阶段。覆冰过程记录应包括覆冰种类、发展阶段及覆冰时间。

雨凇塔导线覆冰观测，当因天气过程变化，导致覆冰在发展、保持循环变化过程中出现部分脱冰或短暂融化并继续覆冰时，应增加测冰次数；当多次测冰后使所剩冰体长度不足25cm时，应取10cm长度冰体称重。

覆冰要素的观测方法、记录的具体要求见DL/T 5462《架空输电线路覆冰观测技术规定》。

（五）观测设施

观冰站应设立雨凇塔、地面气象观测场，并应配置相应的覆冰及气象观测的仪器设备，地面气象观测场应与雨凇塔相邻。观冰点应设立雨凇架，并应配备可移动式气象观测仪。

雨凇塔应由两组相互垂直的钢结构架组成，并应设置爬梯和护栏。雨凇塔应安全可靠、便于观测和维护，并应考虑覆冰、大风、雷电、地质等影响因素。雨凇塔设计荷载标准应不低于50年一遇。

在场地允许的情况下，雨凇塔布置方向应为冬季主导风向的平行方向和垂直方向；雨凇塔布置档距应不小于10.0m；导线架设高度应为离地2.0、10.0m，导线型号宜为LGJ—400/50。

雨凇架的布置方向可按东西和南北两个方向架设；导线架设离地高度应为2m，档距应为3～5m，导线型号宜为LGJ—400/50。

地面气象要素观测仪器的安装、性能要求和观测程序，应符合QX/T 45～QX/T 61—2007《地面气象观测规范》的要求。

（六）观测程序和资料整编

覆冰要素观测程序和资料整编应符合DL/T 5462《架空输电线路覆冰观测技术规定》的相关规定。雨凇塔（架）导线覆冰记录可按照附录J规定的格式填写。覆冰观测年度报表可按照附录K规定的格式填写。

覆冰相关气象要素观测程序和资料整编应符合DL/T 5462和QX/T 45～QX/T 61—2007的相关规定。

# 第四章

# 相关分析与频率计算

在电力工程水文气象计算中，常要研究一些变量之间的相关关系，并进行频率计算。本章主要介绍了相关关系的几种类型，几种常用的频率分布曲线及其计算方法，相关关系回归效果的检验方法。

## 第一节 相关分析

水文气象变量之间关系的具体形式千差万别，但可概括为两种类型：一种是变量之间存在着完全确定的关系，称为函数关系；另一种是变量之间既存在着客观的联系又不是完全确定的关系，称为相关关系或回归关系。

若将任意两个变量作为平面直角坐标系中的坐标，并按其对应观测值（$x_i, y_i$）（$i$=1, 2, …, $n$）标在此平面图上，就得到 $n$ 个样本点的散布图，这样的图称为观测值的散点图或相关图。从散点图上一般可以看出变量间关系的统计规律。相关关系虽然不是完全确定的，不能用函数准确描述它们之间的关系，但可根据散布图中点分布的特点，用函数描述它们之间的变化趋势。相关分析就是研究变量间相关关系的一种数学方法。在电力行业水文气象研究中，主要使用长系列变量插补展延具有相关关系的短系列变量，增加短系列变量的样本数量。

由于水文气象变量的影响因素一般都比较复杂，因此分析计算中所研究的变量之间的关系，大多属于相关关系的类型。相关分析的主要内容如下：

（1）从一组数据出发，确定这些变量间的定量关系式。

（2）对这些关系的可信度进行统计检验。

（3）从影响研究变量（或称因变量）的许多变量中，判断哪些变量的影响是显著的，哪些是不显著的。

（4）利用所得的关系式对研究变量进行插补或预报。

相关关系分为简单相关和复相关两种。

假相关与辗转相关是相关分析计算中容易出现的错误，在工作中需要加以避免。

实际工作中，应首先对数据进行甄别，判断它们是否具有潜在的相关性。若存在一定的相关关系，则可按照简单相关分析或复相关分析的方法判断其相关关系，并进行进一步的分析计算，以满足工程实际需要。

### 一、简单相关分析

简单相关分析主要研究两种现象之间的联系。简单相关分为直线相关与非直线相关。

#### （一）直线相关

研究直线相关的方法主要是相关图解法和相关计算法。

1. 相关图解法

相关图解法是把两种现象（随机变量）的同期观测资料点绘在同一方格纸上，分析这些相关点的趋势，凭经验目估绘出相关线，使相关点均匀分布在相关线的两旁。个别数据点偏离较远的，要查明原因，若没有错误，要适当照顾，但不宜过分迁就。

根据两变量点在方格纸上的趋势，配以直线或曲线来拟合变量的相关关系。

［例 4-1］ 某站与相邻站历年最高洪水位相关图解法。

某站（$y$ 站）与相邻站（$x$ 站）历年最高洪水位资料见表 4-1。

表 4-1　某两站历年最高洪水位资料　(m)

| 年份 | 2001 | 2002 | 2003 | 2004 | 2005 | 2006 | 2007 | 2008 | 2009 | 2010 | 2011 | 2012 | 2013 |
|---|---|---|---|---|---|---|---|---|---|---|---|---|---|
| 某站（$y$ 站） | 1.31 | 1.73 | 2.14 | 2.72 | 3.06 | 3.59 | 4.12 | 4.33 | 4.89 | 5.22 | 5.67 | 6.50 | 7.21 |
| 相邻站（$x$ 站） | 1.47 | 1.21 | 1.66 | 2.66 | 1.87 | 2.57 | 4.52 | 4.01 | 4.19 | 3.42 | 5.23 | 6.11 | 7.30 |

将两站各年相应数值点绘在方格图纸上得 13 个点，见图 4-1。

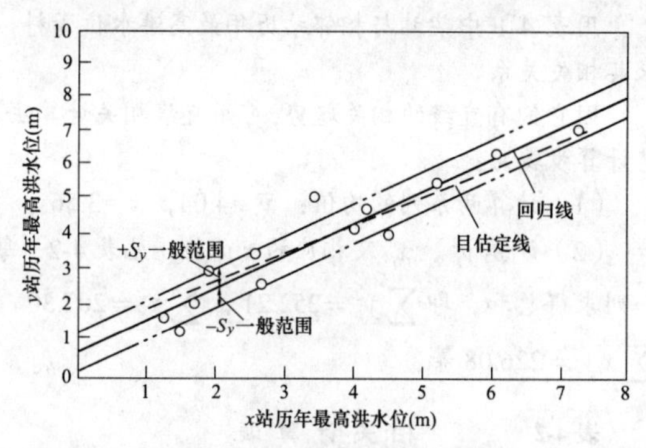


图 4-1　历年最高洪水位相关图

由图 4-1 可见这些相关点的变化基本上呈直线趋势，通过点群的中间按趋势目估绘出相关直线。定线的目的主要是由较长系列的相邻站资料展延较短系列站的资料，使各点与直线的离差和最小，即$\sum(\Delta y)$和$\sum(-\Delta y)$都最小，并使二者的绝对值接近相等，同时确定斜率和截距。

2. 相关计算法

图解法目估定线会有一定视差，精度要求较高时适宜用相关计算法。相关计算法主要包括回归方程式求解、回归线的误差分析、相关系数及相关系数的误差分析、相关效果的统计检验四部分。

（1）回归方程式求解。设 $x_i$ 及 $y_i$ 代表两个实测系列，共计有 $n$ 对，则回归方程式为

$$y = a + bx \tag{4-1}$$

式中　$y$——因变量；

$a$、$b$——待定常数，称为回归系数；

$x$——自变量。

为使直线与相关点拟合最好，按最小二乘法原理可以求出使实测相关点与拟合直线间误差平方的总和为最小，即

$$\sum(y_i - y)^2 = \min\sum(y_i - a - bx_i)^2 \tag{4-2}$$

分别对 $a$、$b$ 求一阶偏导数，并令其等于零，可求得 $a$、$b$，即

$$\begin{cases} \dfrac{\partial\sum(y_i - a - bx_i)^2}{\partial a} = -2\sum(y_i - a - bx_i) = 0 \\ \dfrac{\partial\sum(y_i - a - bx_i)^2}{\partial b} = -2\sum(y_i - a - bx_i)x_i = 0 \end{cases} \tag{4-3}$$

由此推导得

$$a = \overline{y} - r\frac{\sigma_y}{\sigma_x}\overline{x} = \overline{y} - b\overline{x} \tag{4-4}$$

$$b = r\frac{\sigma_y}{\sigma_x} = \frac{\sum x_i y_i - (\sum x_i)(\sum y_i)/n}{\sum x_i^2 - (\sum x_i)^2/n} = \frac{l_{xy}}{l_{xx}} \tag{4-5}$$

各参数可按以下各式计算

$$\overline{x} = \frac{1}{n}\sum x_i \tag{4-6}$$

$$\overline{y} = \frac{1}{n}\sum y_i \tag{4-7}$$

$$\sigma_x = \sqrt{\frac{\sum(x_i - \overline{x})^2}{n-1}} = \sqrt{\frac{\sum x_i^2 - n\overline{x}^2}{n-1}} = \sqrt{\frac{l_{xx}}{n-1}} \tag{4-8}$$

$$\sigma_y = \sqrt{\frac{\sum(y_i - \overline{y})^2}{n-1}} = \sqrt{\frac{\sum y_i^2 - n\overline{y}^2}{n-1}} = \sqrt{\frac{l_{yy}}{n-1}} \tag{4-9}$$

$$r = \frac{\sum x_i y_i - n\overline{xy}}{(n-1)\sigma_x\sigma_y} = \frac{l_{xy}}{\sqrt{l_{xx}l_{yy}}} \tag{4-10}$$

$$l_{xx} = \sum x_i^2 - n\overline{x}^2 \tag{4-11}$$

$$l_{yy} = \sum y_i^2 - n\overline{y}^2 \tag{4-12}$$

$$l_{xy} = \sum x_i y_i - n\overline{xy} \tag{4-13}$$

式中　$\overline{x}$、$\overline{y}$——自变量 $x_i$ 和因变量 $y_i$ 的平均值；

$n$——资料观测年限；

$\sigma_x$、$\sigma_y$——$x_i$ 和 $y_i$ 两系列的均方差；

$r$——两系列的相关系数，表示两变量间的相关密切程度；

$l_{xx}$、$l_{yy}$——方差；

$l_{xy}$——协方差。

将求出的 $a$ 和 $b$ 代入直线方程得

$$y - \overline{y} = r\frac{\sigma_y}{\sigma_x}(x - \overline{x}) \tag{4-14}$$

式（4-14）为 $y$ 倚 $x$ 的回归方程式，只要知道两系列的相关系数及各自的均值和均方差，即可计算出回归方程式或定出回归线。

回归方程中，$b$ 或 $r\sigma_y/\sigma_x$ 是回归线的斜率，常称为 $y$ 倚 $x$ 的回归系数，并用符号 $R_{y/x}$ 表示，即 $R_{y/x} = r\sigma_y/\sigma_x$，所以 $y$ 倚 $x$ 的回归方程又可写成

$$y - \overline{y} = R_{y/x}(x - \overline{x}) \tag{4-15}$$

（2）回归线的误差分析。回归方程是就观测资料的平均关系而拟合的直线，观测点一般并不完全落在直线上，而是散布在线两旁，所以是有一定误差的，它仅是在一定标准情况下与观测点的最佳拟合线，其误差可用均方误来表示，即

$$S_y = \sqrt{\frac{\sum(y_i - y)^2}{n}} \tag{4-16}$$

$$S_x = \sqrt{\frac{\sum(x_i - x)^2}{n}} \tag{4-17}$$

对于样本资料

$$S_y = \sqrt{\frac{\sum(y_i - y)^2}{n-1}} \tag{4-18}$$

$$S_x=\sqrt{\frac{\sum(x_i-x)^2}{n-1}} \tag{4-19}$$

式中　$S_y$——$y$ 倚 $x$ 的均方误；

$S_x$——$x$ 倚 $y$ 的均方误；

$y$、$x$——回归线上的各个 $y$ 值及 $x$ 值。

根据统计推理

$$S_y=\sigma_y\sqrt{1-r^2} \tag{4-20}$$

$$S_x=\sigma_x\sqrt{1-r^2} \tag{4-21}$$

在回归线上对任一个 $x_i$ 值给出的最佳估值 $y$，只能认为是理论上的平均值。根据误差理论，在 $\pm0.6745S_y$ 之间的点，要占全部点的一半，在 $\pm S_y$ 之间的点要占全部点的 68.3%，在 $\pm3S_y$ 之间的点占全部点的 99.7%。实用上称 $\pm S_y$ 为一般范围（见图 4-1），$\pm3S_y$ 为极限范围。

（3）相关系数及相关系数的误差分析。

1）相关系数。由式（4-16）及式（4-17）可知

$$r=\pm\sqrt{1-\frac{S_y^2}{\sigma_y^2}} \tag{4-22}$$

或

$$r=\pm\sqrt{1-\frac{S_x^2}{\sigma_x^2}} \tag{4-23}$$

可见当均方误 $S_y$ 或 $S_x$ 为零时，即全部实测点都与其相应的估计值（即回归线上的值）重合时，则 $r=1$，即两现象是完全相关；而当 $S_y=\sigma_y$ 或 $S_x=\sigma_x$ 时，误差最大，此时 $r=0$，两现象不相关。

2）相关系数的误差。由样本所计算的相关系数必然有抽样误差，按照统计推理，相关系数 $r$ 的标准误差为

$$\sigma_r\approx\frac{1-r^2}{\sqrt{n}} \tag{4-24}$$

相关系数的随机误差为

$$E_r=\pm0.6745\sigma_r\approx\pm0.6745\frac{1-r^2}{\sqrt{n}} \tag{4-25}$$

式中　$E_r$——相关系数的随机误差；

$\sigma_r$——相关系数 $r$ 的标准误差；

$r$——两系列的相关系数，表示两变量间的相关密切程度；

$n$——资料观测年限。

在水文计算中，一般认为 $r$ 的绝对值要大于 0.8，即 $|r|>0.8$ 且 $|r|>4|E_r|$ 才算有比较密切的相关关系，才能通过相关分析来插补展延短系列。相关展延的幅度，视相关程度而定，一般不宜超过实测变幅。

（4）相关效果的统计检验。具体内容详见本章第三节。

［例 4-2］某站与相邻站历年最高洪水位相关计算法。

用表 4-1 中某站与相邻站历年最高洪水位资料，求其相关关系。

因它们有直线的相关趋势，可用直线相关计算法，其计算步骤为：

（1）计算两系列的均值：$\overline{y}=4.04$，$\overline{x}=3.56$。

（2）计算 $y_i^2$、$x_i^2$ 及相应的 $x_iy_i$ 值，见表 4-2，每一列求得总和，即 $\sum y_i^2=252.21$，$\sum x_i^2=207.30$，$\sum x_iy_i=226.08$ 等。

表 4-2　　相关计算表

| 序号 | 年份 | 某站 $y_i$ | 相邻站 $x_i$ | $y_i^2$ | $x_i^2$ | $x_iy_i$ |
|---|---|---|---|---|---|---|
| 1 | 2001 | 1.31 | 1.47 | 1.72 | 2.16 | 1.93 |
| 2 | 2002 | 1.73 | 1.21 | 2.99 | 1.46 | 2.09 |
| 3 | 2003 | 2.14 | 1.66 | 4.58 | 2.76 | 3.55 |
| 4 | 2004 | 2.72 | 2.66 | 7.40 | 7.08 | 7.24 |
| 5 | 2005 | 3.06 | 1.87 | 9.36 | 3.50 | 5.72 |
| 6 | 2006 | 3.59 | 2.57 | 12.89 | 6.60 | 9.23 |
| 7 | 2007 | 4.12 | 4.52 | 16.97 | 20.43 | 18.62 |
| 8 | 2008 | 4.33 | 4.01 | 18.75 | 16.08 | 17.36 |
| 9 | 2009 | 4.89 | 4.19 | 23.91 | 17.56 | 20.49 |
| 10 | 2010 | 5.22 | 3.42 | 27.25 | 11.70 | 17.85 |
| 11 | 2011 | 5.67 | 5.23 | 32.15 | 27.35 | 29.65 |
| 12 | 2012 | 6.50 | 6.11 | 42.25 | 37.33 | 39.72 |
| 13 | 2013 | 7.21 | 7.30 | 51.98 | 53.29 | 52.63 |
| 合计 | | 52.49 | 46.22 | 252.21 | 207.30 | 226.08 |
| 平均值 | | 4.04 | 3.56 | | | |

（3）求出均方差。

$$\sigma_x=\sqrt{\frac{\sum x_i^2-n\overline{x}^2}{n-1}}=\sqrt{\frac{207.30-13\times3.56^2}{13-1}}=1.89$$

$$\sigma_y=\sqrt{\frac{\sum y_i^2-n\overline{y}^2}{n-1}}=\sqrt{\frac{252.21-13\times4.04^2}{13-1}}=1.83$$

（4）计算相关系数。

$$r=\frac{\sum x_iy_i-n\overline{x}\,\overline{y}}{(n-1)\sigma_x\sigma_y}=\frac{226.08-13\times3.56\times4.04}{(13-1)\times1.89\times1.83}=0.95$$

（5）计算回归系数。

$$R_{y/x}=r\frac{\sigma_y}{\sigma_x}=0.95\times\frac{1.83}{1.89}=0.92$$

（6）写出回归方程（$y$ 倚 $x$ 的回归方程）。

$$y-\overline{y}=R_{y/x}(x-\overline{x})$$

$$y-4.04=0.92(x-3.56)$$

即

$$y = 0.92x + 0.76$$

（7）计算回归线的误差。

$$S_y = \sigma_y \sqrt{1-r^2} = 1.83 \times \sqrt{1-0.95^2} = 0.58$$

$$S_x = \sigma_x \sqrt{1-r^2} = 1.89 \times \sqrt{1-0.95^2} = 0.60$$

（8）计算相关系数的误差。

$$\sigma_r \approx \frac{1-r^2}{\sqrt{n}} = \frac{1-0.95^2}{\sqrt{13}} = 0.03$$

（9）计算相关系数的随机误差。

$$E_r = \pm 0.6745\sigma_r \approx \pm 0.6745 \times 0.03 = \pm 0.02$$

（10）最后按回归方程 $y = 0.92x + 0.76$ 绘图，见图 4-1 中的回归线。

另外，由图 4-1 可见，图解法目估定线与回归线未完全重合，说明图解法目估定线有一定的误差。但二线相差很小，说明如果处理得当，图解相关法也可以得到比较满意的结果。如果将相关线外延很多，则二者的差别将会加大。

回归线有一个特性，它必然通过变量 $x_i$ 和 $y_i$ 的均值点 $(\bar{x}, \bar{y})$，利用这一特性可以使图解定线更加准确。

（二）非直线相关

水文现象间的关系，有些关系式是线性的，有些则是非线性的，为曲线形。曲线的种类很多，有些可用图解法目估绘出相关线求解，有些简单的曲线形式，可以通过适当转换变为直线求解。在水文研究中常用的曲线及参数估计方法有线性化方法、直接最小二乘法、二步法等。

1. 线性化方法

（1）双曲线 $\frac{1}{y} = a + \frac{b}{x}$ 型。其图形示例如图 4-2 所示，令 $u = \frac{1}{y}$，$v = \frac{1}{x}$，则得 $u = a + bv$。

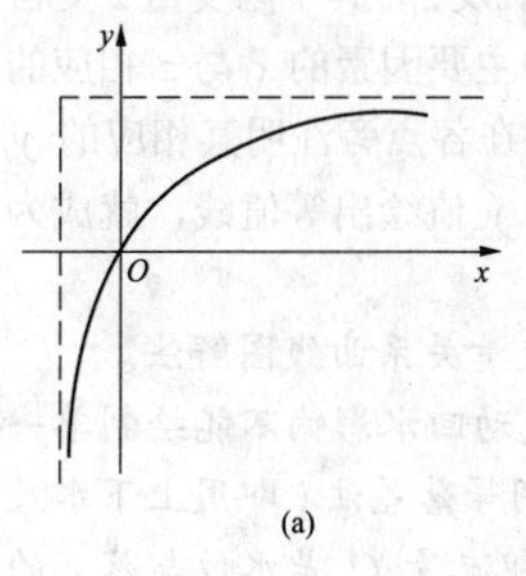


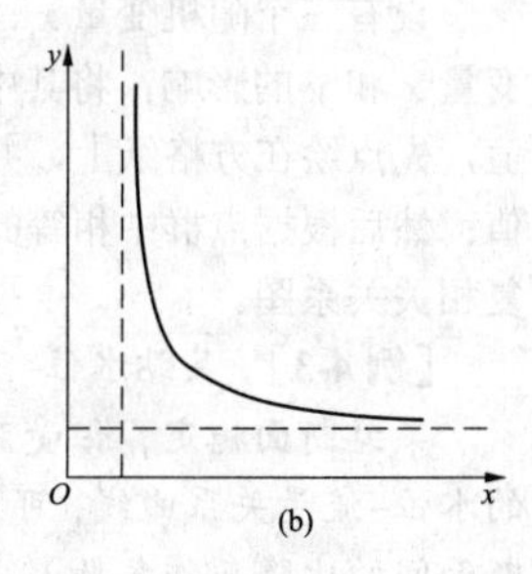


图 4-2 $\frac{1}{y} = a + \frac{b}{x}$ 型双曲线示例

（a）$a>0$，$b>0$；（b）$a>0$，$b<0$

（2）指数函数 $y = ce^{bx}$ 型。其图形示例如图 4-3 所示，令 $u = \ln y$，$v = x$，$b_0 = \ln c$，则得 $u = b_0 + bv$。

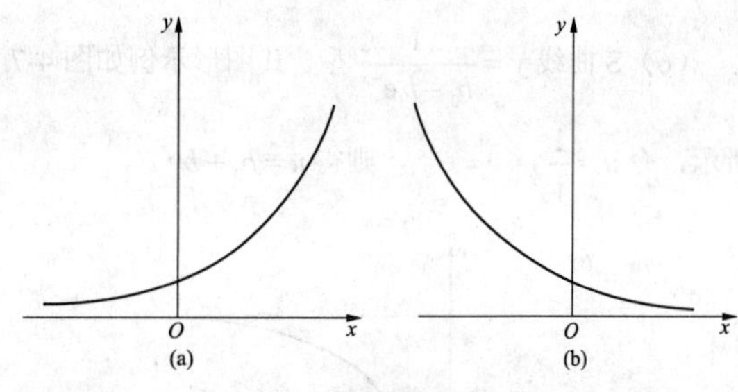


图 4-3 $y = ce^{bx}$ 型指数函数示例

（a）$b>0$；（b）$b<0$

（3）指数函数 $y = ce^{\frac{b}{x}}$ 型。其图形示例如图 4-4 所示，令 $u = \ln y$，$v = \frac{1}{x}$，$b_0 = \ln c$，则得 $u = b_0 + bv$。

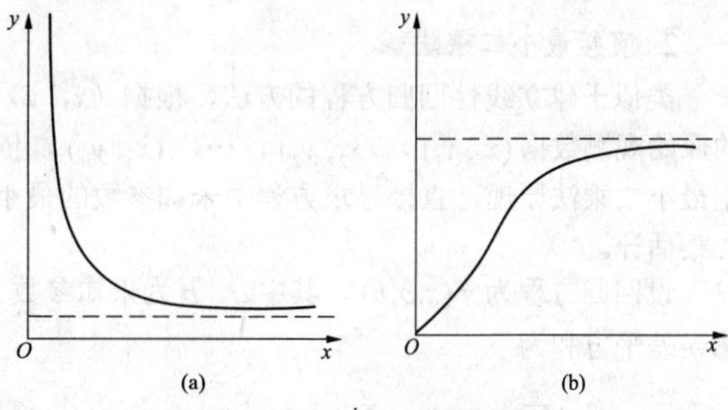


图 4-4 $y = ce^{\frac{b}{x}}$ 型指数函数示例

（a）$b>0$；（b）$b<0$

（4）幂函数 $y = cx^b$ 型。其图形示例如图 4-5 所示，令 $u = \lg y$，$v = \lg x$，$b_0 = \lg c$，则得 $u = b_0 + bv$。

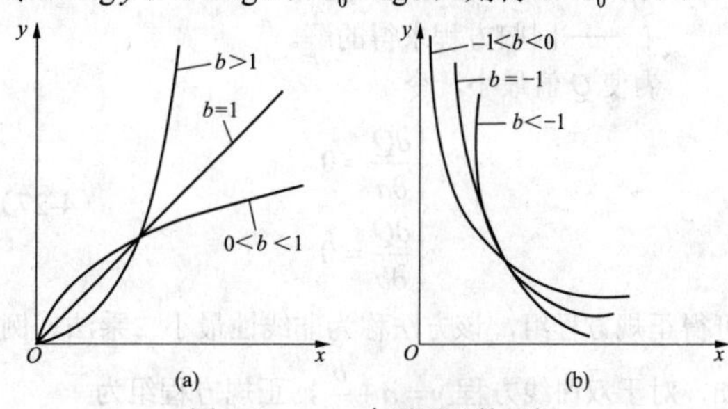


图 4-5 $y = cx^b$ 型幂函数示例

（a）$b>0$；（b）$b<0$

（5）对数曲线 $y = b_0 + b\lg x$ 型。其图形示例如图 4-6 所示，令 $u = y$，$v = \lg x$，则得 $u = b_0 + bv$。

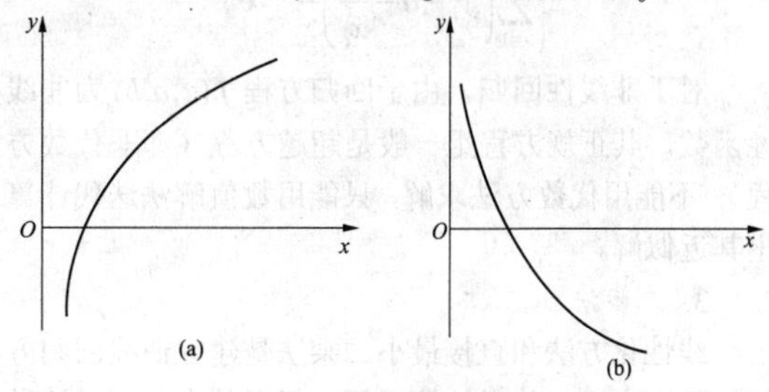


图 4-6 $y = b_0 + b\lg x$ 型对数曲线示例

（a）$b>0$；（b）$b<0$

（6）S 曲线 $y=\frac{1}{b_0+b_1\mathrm{e}^{-x}}$ 型。其图形示例如图 4-7 所示，令 $u=\frac{1}{y}$，$v=\mathrm{e}^{-x}$，则得 $u=b_0+bv$。

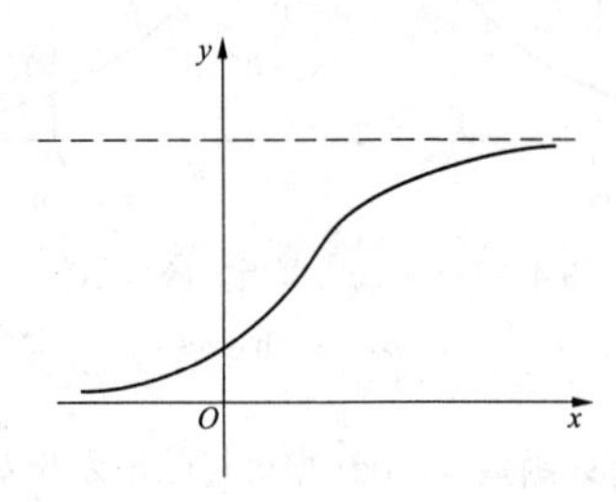


图 4-7　$y=\frac{1}{b_0+b_1\mathrm{e}^{-x}}$ 型 S 曲线示例

2. 直接最小二乘法

类似于建立线性回归方程的方法，根据（$x$，$y$）的原始观测数据 $(x_1,y_1)$，$(x_2,y_2)$，…，$(x_n,y_n)$，依据最小二乘法原理，直接寻求方程中未知参数的最小二乘估计。

设回归方程为 $f(x,a,b)$，其中 $a$、$b$ 为未知参数，总误差平方和为

$$Q=\sum_{i=1}^{n}(y_i-\hat{y}_i)=\sum_{i=1}^{n}[y_i-f(x_i,a,b)]^2 \tag{4-26}$$

式中　$Q$——总误差平方和；

$n$——资料观测年限；

$x_i$、$y_i$——原始观测数据系列；

$\hat{y}_i$——回归方程求得的解。

为使 $Q$ 值最小，令

$$\begin{cases}\dfrac{\partial Q}{\partial a}=0\\ \dfrac{\partial Q}{\partial b}=0\end{cases} \tag{4-27}$$

可得正规方程组，该方法称为非线性最小二乘法。例如，对于双曲线方程 $y=a+\frac{b}{x}$，正规方程组为

$$\begin{cases}\sum\limits_{i=1}^{n}\left(y_i-a-\dfrac{b}{x_i}\right)=0\\ \sum\limits_{i=1}^{n}\left(y_i-a-\dfrac{b}{x_i}\right)\dfrac{1}{x_i}=0\end{cases} \tag{4-28}$$

对于非线性回归，由于回归方程 $f(x,a,b)$ 为非线性函数，其正规方程组一般是超越方程（即非代数方程），不能用代数方法求解，只能用数值解法迭代计算出其近似解。

3. 二步法

线性化方法和直接最小二乘法是建立曲线回归方程的基本方法。前者计算方便，但误差大，而且这种方法只能保证对变换后的回归方程满足总误差平方和最小，而不能保证还原后的回归方程的误差平方和最小；后一种方法精度较高，但计算量太大，必须利用计算机才能完成。二步法是将两种方法结合起来使用，渴望得到较好的结果。具体方法是先用线性化方法求出曲线方程线性化过程中无须变换的参数的最小二乘估计，再用直接最小二乘法求线性化过程中必须变换的参数的最小二乘估计。

以幂函数方程 $y=ax^b$ 为例，先线性化，取对数

$$\lg y=\lg a+b\lg x \tag{4-29}$$

令 $y_i^*=\lg y_i$，$x_i^*=\lg x_i$，$a^*=\lg a$，可得直线方程

$$y^*=a^*+bx^* \tag{4-30}$$

于是按一元线性回归方法，可求得

$$b=\frac{\sum\limits_{i=1}^{n}x_i^*y_i^*-n\overline{x}^*\overline{y}^*}{\sum\limits_{i=1}^{n}x_i^{*2}-n\overline{x}^{*2}} \tag{4-31}$$

然后令

$$Q=\sum_{i=1}^{n}(y_i-ax_i^{\hat{b}})^2=\min \tag{4-32}$$

可求得 $a$ 的非线性最小二乘估计

$$\hat{a}=\left(\sum_{i=1}^{n}y_ix_i^{\hat{b}}\right)\Big/\sum_{i=1}^{n}x_i^{2\hat{b}} \tag{4-33}$$

以上介绍的只是一些简单而常见的曲线回归问题，对一些比较复杂的或是多自变量的方程，其参数估计是很困难的，而且也没有统一的方法，应当根据具体函数形式及观测数据的情况灵活掌握。

## 二、复相关分析

研究三个或三个以上变量间的定量关系称为复相关。复相关计算比较复杂，可编写计算机程序解决，在工程应用上也可以用图解法来表示这种相关关系。

### （一）图解法

设有三个随机变量 $x_i$、$y_i$ 及 $z_i$，其中因变量 $z$ 受自变量 $x$ 和 $y$ 的影响，将其中主要因素的 $x_i$ 与 $z_i$ 相应的值，先点绘在方格纸上，并在各点旁注明其相应的 $y_i$ 值；然后根据点群中相等的 $y$ 值绘出等值线，就成为复相关关系图。

**[例 4-3]**　某站水位–流量关系曲线图解法。

某站断面稳定，但受变动回水影响不能绘制单一的水位–流量关系曲线，可用等落差法（即用上下水尺断面间的比降来作参数），即流量 $Q$ 是水位与落差的函数。当落差为定值时，水位–流量关系是稳定的。这样可绘出各种落差下的水位–流量关系曲线，绘图时应绘成整数的等落差曲线，可以先绘落差相近的点子较多而又较有把握的线，以确定总的曲线趋势，然后再绘其余各条线，见图 4-8。

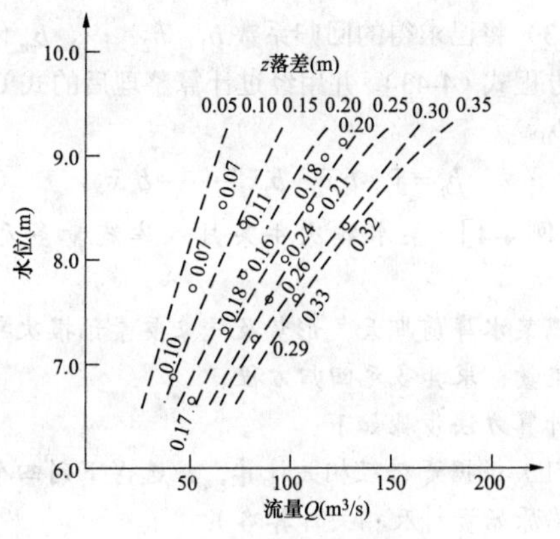


图 4-8　水位–流量关系图

注：点未全部绘出。

当有4～5个随机变量时，可绘制合轴相关图，这种相关图在水文预报中可用。

（二）三变量的相关计算法

当有三个变量 $x_i$、$y_i$ 和 $z_i$ 的实测系列，其系列项数均为 $n$ 时，相关计算方法步骤如下：

（1）计算各系列的均值。

$$\begin{cases} \overline{x} = \dfrac{1}{n}\sum x_i \\ \overline{y} = \dfrac{1}{n}\sum y_i \\ \overline{z} = \dfrac{1}{n}\sum z_i \end{cases} \tag{4-34}$$

（2）计算各自的均方差。

$$\begin{cases} \sigma_x = \sqrt{\dfrac{\sum x_i^2 - n\overline{x}^2}{n-1}} \\ \sigma_y = \sqrt{\dfrac{\sum y_i^2 - n\overline{y}^2}{n-1}} \\ \sigma_z = \sqrt{\dfrac{\sum z_i^2 - n\overline{z}^2}{n-1}} \end{cases} \tag{4-35}$$

（3）计算相关系数。

1）先分别计算各两个变量之间的相关系数。

$$\begin{cases} r_{x/y} = \dfrac{\sum x_i y_i - n\overline{x}\,\overline{y}}{(n-1)\sigma_x\sigma_y} \\ r_{x/z} = \dfrac{\sum x_i z_i - n\overline{x}\,\overline{z}}{(n-1)\sigma_x\sigma_z} \\ r_{y/z} = \dfrac{\sum y_i z_i - n\overline{y}\,\overline{z}}{(n-1)\sigma_y\sigma_z} \end{cases} \tag{4-36}$$

2）再计算三个变量的相关系数。

$$R = \sqrt{\frac{r_{x/z}^2 + r_{y/z}^2 - 2r_{x/y}r_{x/z}r_{y/z}}{1 - r_{x/y}^2}} \tag{4-37}$$

将上面各相关系数代入式（4-37）即可计算出三个变量的相关系数。

（4）写出回归方程。

$$z - \overline{z} = a_1(x - \overline{x}) + a_2(y - \overline{y}) \tag{4-38}$$

$$a_1 = \frac{r_{x/z} - r_{y/z}r_{x/y}}{1 - r_{x/y}^2} \times \frac{\sigma_z}{\sigma_x} \tag{4-39}$$

$$a_2 = \frac{r_{y/z} - r_{x/z}r_{x/y}}{1 - r_{z/y}^2} \times \frac{\sigma_z}{\sigma_y} \tag{4-40}$$

式中　$a_1$、$a_2$——回归系数。

（5）计算回归线的误差。

$$S_z = \sigma_z\sqrt{1 - R^2} \tag{4-41}$$

（6）计算相关系数 $R$ 的随机误差。

$$E_R = \pm 0.6745\frac{1 - R^2}{\sqrt{n}} \tag{4-42}$$

三变量的相关计算表格见表4-3。

（三）多元回归计算

三个以上变量的回归计算，多应用在单站长期统计预报中。由实践得知，水文要素（如流量、水位等）的变化与前期的天气形势和气象要素的变化是有密切关系的，它们之间存在着一定的相关关系，多元回归就是研究这种相关关系的一种方法，这里仅进行简单介绍。

表 4-3　　三变量的相关计算表

| 序号 | 年份 | $x_i$ | $y_i$ | $z_i$ | $x_i^2$ | $y_i^2$ | $z_i^2$ | $x_iy_i$ | $x_iz_i$ | $y_iz_i$ |
|---|---|---|---|---|---|---|---|---|---|---|
| … | … | … | … | … | … | … | … | … | … | … |
| 合计 | | $\sum x_i$ | $\sum y_i$ | $\sum z_i$ | $\sum x_i^2$ | $\sum y_i^2$ | $\sum z_i^2$ | $\sum x_iy_i$ | $\sum x_iz_i$ | $\sum y_iz_i$ |
| 平均值 | | $\overline{x}$ | $\overline{y}$ | $\overline{z}$ | | | | | | |

1. 回归方程形式

假定某一预报对象 $y$（如流量）和诸预报因子 $x_1$，$x_2$，$x_3$，…，$x_m$（如表示天气形势的各种特征值、气象要素等）之间的关系，用多元线性回归方程表示为

$$y = b_0 + b_1x_1 + \cdots + b_mx_m \tag{4-43}$$

式中　$b_0, b_1, b_2, \cdots, b_m$——回归系数。

可由 $y$ 和 $x_i$ 的原始资料，根据最小二乘法原理来确定，并认为上述回归方程可作为预报方程来进行预报。

2. 回归方程求解

（1）挑选因子。根据计算单相关系数的大小，挑选得 $m$ 个因子 $x_1, x_2, \cdots, x_m$，例如以各单相关系数在 0.30 以上者为合格，其中各因子系列均为 $n$ 个数值。

（2）确定回归系数。根据最小二乘法原理，多元线性回归方程中的回归系数，由下列方程组求解

$$\begin{cases} nb_0+b_1\sum x_1+b_2\sum x_2+\cdots+b_m\sum x_m=\sum y \\ b_0\sum x_1+b_1\sum x_1^2+b_2\sum x_1\sum x_2+\cdots+b_m\sum x_1x_m=\sum x_1y \\ b_0\sum x_2+b_1\sum x_2x_1+b_2\sum x_2^2+\cdots+b_m\sum x_2x_m=\sum x_2y \\ \cdots \\ b_0\sum x_m+b_1\sum x_mx_1+b_2\sum x_mx_2+\cdots+b_m\sum x_m^2=\sum x_my \end{cases} \tag{4-44}$$

为简化计算，可采用距平值 $\Delta y$ 和 $\Delta x$，则多元线性回归方程变为

$$\Delta y=b_1\Delta x_1+b_2\Delta x_2+\cdots+b_m\Delta x_m \tag{4-45}$$

求解回归系数的方程组也相应变为(即简化方程组)

$$\begin{cases} b_1\sum \Delta x_1^2+b_2\sum \Delta x_1\Delta x_2+\cdots+b_m\sum \Delta x_1\Delta x_m=\sum \Delta x_1\Delta y \\ b_1\sum \Delta x_2\Delta x_1+b_2\sum \Delta x_2^2+\cdots+b_m\sum \Delta x_2\Delta x_m=\sum \Delta x_2\Delta y \\ \cdots \\ b_1\sum \Delta x_m\Delta x_1+b_2\sum \Delta x_m\Delta x_2+\cdots+b_m\sum \Delta x_m^2=\sum \Delta x_m\Delta y \end{cases} \tag{4-46}$$

（3）将已求得的回归系数 $b_1$，$b_2$，…，$b_m$ 代入原回归方程式（4-43），并用经过计算整理后的式（4-47）求得 $b_0$。

$$b_0=\overline{y}-b_1\overline{x}_1-b_2\overline{x}_2-\cdots-b_m\overline{x}_m \tag{4-47}$$

**［例 4-4］** 某水库次年某月入库流量多元回归计算。

以某水库前期天气形势及气象要素预报次年某月入库流量，求其多元回归方程。

计算方法步骤如下：

（1）根据资料经相关计算，挑选得下列四个预报因子（原始资料及相关计算略）：

$x_1$——上年 1 月份某站平均气温，其 $r_1$=0.6000；

$x_2$——上年 5 月份某站相对湿度，$r_2$=0.3965；

$x_3$——上年 6 月份 500hPa 天气图 584 线的平均纬度，其 $r_3$=0.3542；

$x_4$——上年 8 月份 500hPa 天气图上 25° N 时 70° E、80° E、90° E 三点合计高度，其 $r_4$=0.3141。

（2）计算回归系数。

1）计算预报值 $y$ 与各个因子 $x_i$ 的均值 $\overline{y}$ 和 $\overline{x}_i$、距平值$\Delta y$ 和$\Delta x_i$，见表 4-4。

2）计算简化方程组中各回归系数后面的距平值乘积，见表 4-5。

**表 4-4　距平值计算表**

| 序号 | 年份 | 次年某月入流量 | 上年各因子 | | | | 距平值 ($\Delta y=y-\overline{y}, \Delta x_i=x_i-\overline{x}_i$) | | | | |
|---|---|---|---|---|---|---|---|---|---|---|---|
| | | $y$ | $x_1$ | $x_2$ | $x_3$ | $x_4$ | $\Delta y$ | $\Delta x_1$ | $\Delta x_2$ | $\Delta x_3$ | $\Delta x_4$ |
| 1 | 1953 | 487 | 4.6 | 77 | 29.6 | 255 | 4 | 0.2 | −3 | 1.6 | 1 |
| 2 | 1954 | 403 | 4.5 | 85 | 30.3 | 257 | −80 | 0.1 | 5 | 2.3 | 3 |
| 3 | 1955 | 370 | 1.5 | 80 | 28.3 | 256 | −113 | −2.9 | 0 | 0.3 | 2 |
| … | … | … | … | … | … | … | … | … | … | … | … |
| 23 | 1975 | 662 | 6.2 | 83 | 27.6 | 248 | 179 | 1.8 | 3 | −0.4 | −6 |
| 合计 | | 11115 | 101.0 | 1847 | 644.5 | 5835 | +6 | −0.2 | 7 | 0.5 | −7 |
| 均值 | | 483 | 4.4 | 80 | 28.0 | 254 | | | | | |

**表 4-5　距平值乘积计算表**

| (1) | (2) | (3) | (4) | (5) | (6) | (7) | (8) | (9) | (10) | (11) | (12) | (13) | (14) | (15) | (16) | (17) |
|---|---|---|---|---|---|---|---|---|---|---|---|---|---|---|---|---|
| 序号 | 年份 | $\Delta y^2$ | $\Delta x_1^2$ | $\Delta x_1\Delta x_2$ | $\Delta x_1\Delta x_3$ | $\Delta x_1\Delta x_4$ | $\Delta x_1\Delta y$ | $\Delta x_2^2$ | $\Delta x_2\Delta x_3$ | $\Delta x_2\Delta x_4$ | $\Delta x_2\Delta y$ | $\Delta x_3{}^2$ | $\Delta x_3\Delta x_4$ | $\Delta x_3\Delta y$ | $\Delta x_4{}^2$ | $\Delta x_4\Delta y$ |
| 1 | 1953 | 16 | 0.04 | −0.6 | 3.20 | 0.20 | 0.8 | 9 | −4.8 | −3 | −12 | 2.56 | 1.6 | 6.4 | 1 | 4 |
| 2 | 1954 | 6400 | 0.01 | 0.5 | 0.23 | 0.3 | 8.0 | 25 | 11.5 | 15 | −400 | 5.29 | 6.9 | −184.0 | 9 | −240 |
| 3 | 1955 | 12769 | 8.41 | 0.0 | −0.87 | −5.8 | 327.7 | 0 | 0.0 | 0 | 0 | 0.09 | 0.6 | 33.9 | 4 | −226 |
| … | … | … | … | … | … | … | … | … | … | … | … | … | … | … | … | … |
| 23 | 1975 | 32041 | 3.24 | 5.4 | −0.72 | −10.8 | 322.2 | 9 | −1.2 | −18 | 537 | 0.16 | 2.4 | −71.6 | 36 | −1074 |
| 合计 | | 1284876 | 36.90 | −24.9 | −24.43 | −26.9 | 4129.8 | 217 | −11.5 | −42 | −6620 | 99.77 | 40.76 | −4011.7 | 323 | −6495 |

3）将表 4-5 有关数值代入简化方程组，得下列联立方程

$$\begin{cases}36.90b_1-24.90b_2-24.43b_3-26.90b_4=4129.8\\-24.90b_1+217b_2-11.50b_3-42b_4=-6620\\-24.43b_1-11.50b_2+99.77b_3+40.76b_4=-4011.7\\-26.90b_1-42b_2+40.76b_3+323b_4=-6495\end{cases}$$

4）用消去法和行列式结合解上述联立方程，得出 $b_1$、$b_2$、$b_3$ 和 $b_4$ 分别为 69.85、−26.49、−19.94 和 −15.22。用式（4-47）计算得 $b_0$=6719.06。

（3）建立预报方程式

$$y=6719.06+69.85x_1-26.49x_2-19.94x_3-15.22x_4$$

（4）回归效果的检验（详见［例 4-21］）。

（5）作预报。将 1976 年的预报因子代入预报方程所得 $y$ 值即为 1977 年某月入库流量，1976 年各因子为 $x_1$=5.0、$x_2$=76、$x_3$=25.9、$x_4$=248，代入预报方程得

$$y=6719.06+69.85\times5.0-26.49\times76-19.94\times25.9-15.22\times248=764.1\ (\mathrm{m^3/s})$$

所以预报 1977 年某月入库流量为 764.1$\mathrm{m^3/s}$。

从本例可以看出，多元回归的表达式和计算过程相当复杂，可用矩阵表达并通过电子计算机进行计算。

3. 几种常用的计算方法

（1）从所有可能的因子组合的回归方程中挑选最优者。这个方法就是把所有可能的包含 1 个，2 个，…，直至所有自变量的回归方程都计算出来，并对每个方程作方差分析及对每个自变量作显著性检验，然后选择最优者。

显然，这种方法计算量很大。如果有 10 个因子，就将要建立 $2^{10}-1=1023$（个）方程，而在实际问题中，有 10 个因子是很普遍的。这种方法的优点，是它不会漏掉最好的回归方程。下面要介绍的其他三种方法，则都不具有这种性质。此外这种方法还有可能发现某些仅次于最优的回归方程。

（2）从包含全部变量的回归方程中，逐次剔除不显著的因子。首先建立包含全部变量的方程，对相关系数最小的因子作显著性检验，检验后不显著因子加以剔除，再重新建立方程，直到方程中所有因子都是显著的，于是采用这个方程。

当所考虑的 $m$ 个因子中不显著的变量不多时，利用这种方法通过不多的几步就可以得到最终方程。但在 $m$ 个因子中包含有大量不显著因子时，则由于一开始要计算包含全部自变量的回归方程（而多元回归的计算量是随着自变量个数的增加而迅速增加的），再加上需要剔除的因子很多，所以在这种情况下，用这种方法不是最恰当的。

（3）从一个自变量开始，把变量逐步引入回归方程。先计算各个因子与 $y$ 的相关系数，将其中绝对值最大的一个因子引入并建立方程。对自变量作显著性检验，如果显著则寻找下一个与 $y$ 相关系数最大的因子引入并建立方程。对自变量作显著性检验，直至某一步的自变量不显著则不引入，回归方程建立完成。

这种方法的缺点是，它不能保证最后所得的方程中所有因子都是显著的。这是由于各变量之间存在着相关关系，致使在引入新变量后，原有的变量就不一定再是显著的了。

（4）逐步回归分析方法。将因子一个个引入，引入的条件是该因子的相关系数是没有进入方程的因子中最大的并且该因子是显著的。同时，每引入一个新因子后，在新的方程基础上，再在已进入方程的因子中找到相关系数最小的一个因子并作检验，如不显著将它剔除。就是说每一步（引入一个变量或剔除一个变量作为一步）的前后，都要检验，直至最后没有显著的变量可以引入，也没有不显著的变量需剔除为止。这种方法又称双重检验的逐步回归方法。

在逐步回归法中，需要注意的一点是，要求引入自变量的显著性水平 $a_1$ 小于剔除自变量的显著性水平 $a_2$，否则可能产生死循环。也就是当 $a_1\geqslant a_2$ 时，如果某个自变量的显著性 $P$ 值在 $a_1$ 与 $a_2$ 之间，那么这个自变量将被引入、剔除，再引入、再剔除，循环往复，直至无穷。

## 三、假相关与辗转相关分析

在实际工作中，应用回归分析方法时，常见两种不正确的用法：①假相关；②辗转相关。

### （一）假相关

所谓假相关，是指原来不相关或弱相关的两个变量，通过函数变换，或两者（或其中之一）加入共同成分，而使相关关系变得密切。

例如，设原有两变量 $x$ 和 $y$，它们之间本来不存在相关关系或相关关系较差，对它们的原系列进行一定的变换，若变换后的数量级减少了（如变换成 $\lg X$ 与 $\lg Y$，或 $\sqrt{X}$ 和 $\sqrt{Y}$），就可能出现假相关的现象。

［例 4-5］　两系列 lg$x$ 与 lg$y$ 的假相关。

表 4-6 列出两变量 $x$ 和 $y$ 的原系列和对数变换系列，分别求相关系数，得

$$r_{x,y}=0.625$$

$$r_{\lg x,\lg y}=0.851$$

表 4-6　$x$ 和 $y$ 的原系列与对数系列

| 序次 | $x$ | $y$ | lg$x$ | lg$y$ |
|---|---|---|---|---|
| 1 | 5.48 | 6.14 | 0.739 | 0.788 |
| 2 | 1.78 | 1.72 | 0.250 | 0.236 |
| 3 | 6.72 | 4.72 | 0.827 | 0.674 |
| 4 | 1.13 | 1.14 | 0.053 | 0.057 |
| 5 | 7.26 | 7.12 | 0.861 | 0.852 |

续表

| 序次 | x | y | lgx | lgy |
| --- | --- | --- | --- | --- |
| 6 | 3.64 | 5.45 | 0.561 | 0.736 |
| 7 | 8.71 | 4.42 | 0.940 | 0.645 |
| 8 | 8.39 | 6.97 | 0.924 | 0.843 |
| 9 | 4.72 | 4.35 | 0.674 | 0.638 |
| 10 | 6.22 | 9.77 | 0.794 | 0.990 |
| 11 | 4.43 | 2.59 | 0.646 | 0.413 |
| 12 | 6.00 | 7.48 | 0.778 | 0.874 |
| 均值 | 5.37 | 5.16 | 0.671 | 0.646 |
| 均方差 | 2.37 | 2.54 | 0.270 | 0.278 |

可见变换后，其相关系数增大了，增大的部分属于假相关部分。

在两个变量的原系列（两个系列或其中一个系列）上，加入共同因子，再进行相关，也可以得到较大的相关系数。例如在变量 $x$ 与 $y$ 系列中，将 $y$ 系列加入共同因子 $x$，变成 $xy$、$x/y$、$y/x$ 等，再与 $x$ 系列相关。这样，两个系列中都具有相同的因子，如 $x/z$ 与 $y/z$ 相关，$xz$ 与 $yz$ 相关等，只要两个系列中加入了共同成分，都能出现假相关。

［例 4-6］ 两变量 $z=x+y$ 和 $x$ 的假相关。

原系列为 $x$ 及 $y$，其均值分别为 $\overline{x}$ 和 $\overline{y}$，相关系数为 $r_{x,y}$，新系列 $z=x+y$，其均值为 $\overline{z}=\overline{x}+\overline{y}$。取 $z$ 与 $x$ 相关，按相关系数的定义，有

$$r_{z,x}=\frac{\sum(z_i-\overline{z})(x_i-\overline{x})}{\sqrt{\sum(z_i-\overline{z})^2\sum(x_i-\overline{x})^2}}$$

$$=\frac{\sum(x_i+y_i-\overline{x}-\overline{y})(x_i-\overline{x})}{\sqrt{\sum(x_i+y_i-\overline{x}-\overline{y})^2\sum(x_i-\overline{x})^2}}$$

$$=\frac{\sum(x_i-\overline{x})^2+\sum(x_i-\overline{x})(y_i-\overline{y})}{\sqrt{\sum[(x_i-\overline{x})^2+(y_i-\overline{y})^2+2(x_i-\overline{x})(y_i-\overline{y})]\sum(x_i-\overline{x})^2}}$$

$$=\frac{\sigma_x^2+r_{x,y}\sigma_x\sigma_y}{\sqrt{(\sigma_x^2+\sigma_y^2+2r_{x,y}\sigma_x\sigma_y)\sigma_x^2}}$$

式中 $\sigma_x$ ——$x$ 系列的均方差；

$\sigma_y$ ——$y$ 系列的均方差。

上式可写成

$$r_{z,x}=\frac{1+r_{x,y}\dfrac{\sigma_y}{\sigma_x}}{\sqrt{1+\dfrac{\sigma_y^2}{\sigma_x^2}+2r_{x,y}\dfrac{\sigma_y}{\sigma_x}}}$$

若设原系列间不相关，即 $r_{x,y}=0$，则此时的相关系数 $r_{z,x}$ 为

$$r_{z,x}=\frac{1}{\sqrt{1+\dfrac{\sigma_y^2}{\sigma_x^2}}}$$

显然，当 $\sigma_y^2=\sigma_x^2$ 时，$r_{z,x}=0.707$；当 $\sigma_y^2=\dfrac{1}{2}\sigma_x^2$ 时，$r_{z,x}=0.816$；如果 $\sigma_y^2\ll\sigma_x^2$ 时，$\sigma_y^2/\sigma_x^2\to0$，则 $r_{z,x}\to1$。

（二）辗转相关

在水文计算中，常需要由自变量 $x$（称为参证变量）系列，插补展延 $y$（称为目标变量）系列。如果变量 $y$ 与 $x$ 的相关关系较差，而另一变量 $z$（称为中间变量）与 $x$ 及 $y$ 的相关关系都比较好，于是有人先用 $z$ 依 $x$ 的回归方程，由 $x$ 系列插补展延 $z$ 系列；再用 $y$ 依 $z$ 的回归方程，由 $z$ 系列插补展延 $y$ 系列。这种方法称为辗转相关，仅有一个中间变量的称为一次辗转相关，中间变量多于一个的称为多次辗转相关。

例如，在水文计算中，欲用洪峰流量（$Q_m$）系列延长 30d 洪量（$W_{30}$）系列，以 1、3、7d 及 15d 洪量（分别记为 $W_1$、$W_3$、$W_7$ 及 $W_{15}$）作为中间变量系列。因为 $Q_m$ 与 $W_{30}$ 的相关关系可能不好，而 $Q_m$ 与 $W_1$、$W_1$ 与 $W_3$、$W_3$ 与 $W_7$、$W_7$ 与 $W_{15}$ 及 $W_{15}$ 与 $W_{30}$ 的相关关系可能都比较好，于是可由 $Q_m$ 系列插补展延 $W_1$ 系列，再由 $W_1$ 系列插补展延 $W_3$ 系列，依此类推，最后延长了 $W_{30}$ 系列，这样做就是辗转相关。

虽然辗转相关的中间过程似乎有较好的相关关系，但是，可以证明，在一般情况下，辗转相关的误差大于直接相关时的误差，所以，试图通过辗转相关提高目标变量的估计精度的想法是不正确的。

## 第二节 频率计算

水文频率计算是根据某水文现象的统计特性，利用现有水文资料，分析水文变量设计值与出现频率（或重现期）之间的定量关系。在工程水文气象频率计算中，通常把实测资料系列看作是从总体中随机抽取的一个样本，并在一定程度上可以代表总体。将由样本得到的规律，考虑抽样误差，作为总体规律，并以此分析、估计水文气象特征值的频率曲线，并用频率计算方法获得各种设计标准的设计值，以解决工程上的问题。因此，在资料系列方面要满足下列要求：

（1）具有一致性，即在同一条件下产生的同类型资料。

（2）具有代表性，即现有的短期观测资料中应包括有各种特征数值，尤其应注意保留观测资料中的极端值，这样才能推算出未来比较可靠的水文气象变化规律。

（3）具有可靠性，即资料要求真实可靠。

水文气象频率计算中常用的频率曲线有皮尔逊Ⅲ型分布曲线、极值分布曲线、正态分布曲线等，对它的选择主要取决于与大多数水文气象资料的经验频率

点据的配合情况。本节主要介绍经验频率曲线、皮尔逊Ⅲ型频率分布曲线（简称 P-Ⅲ型频率曲线）、极值Ⅰ型频率分布曲线［也称耿贝尔（Gumbel）频率曲线］及其参数估计，另外，也简单介绍对数正态频率分布曲线、广义帕累托（GPD）分布模型和随机分析模型。

## 一、经验频率曲线

根据水文统计样本的实测水文资料系列，计算各项随机变量的经验频率，点绘经验频率与其对应的随机变量大小的曲线，称为该样本的经验频率曲线。

### （一）经验频率公式

根据已知有限样本（系列）来估计总体的频率分布，即按样本中各项的排位情况来估计每一项随机变量在总体中所对应的频率的数值，称为经验频率。短期观测资料系列的经验频率计算有很多公式，常见的有下列几种：

（1）简单公式

$$P=\frac{m}{n} \tag{4-48}$$

式中　$P$——频率；

$m$——系列按递减（或递增）次序排列的顺序号数；

$n$——观测系列的总项数或年数。

式（4-48）只有在掌握的 $n$ 项资料就是总体的情况下，计算结果才属合理。

频率（$P$）与重现期（$T$）的关系为：

$P\leqslant 50\%$时

$$T=\frac{1}{P} \tag{4-49}$$

$P>50\%$时

$$T=\frac{1}{1-P} \tag{4-50}$$

重现期（$T$）与超越概率 $F(t)$ 的关系为

$$T=-\frac{t}{\ln(1-F(t))} \tag{4-51}$$

例如，在 50 年内（$t$=50）超越概率 $F(t)=10\%$ 的洪水，其重现期为 $T$=474 年。

（2）数学期望公式

$$P=\frac{m}{n+1} \tag{4-52}$$

将观测系列的总项数加 1 是为了避免样本中的最大（小）值即为总体的最大（小）值这种明显不合理的情况。如有 100 年资料，第 1 项约为 100 年一遇，在工程设计中偏于安全，是我国水文计算中广泛采用的公式。

（3）中值公式

$$P=\frac{m-0.3}{n+0.4} \tag{4-53}$$

（4）海森公式

$$P=\frac{m-0.5}{n} \tag{4-54}$$

我国现在常用的经验频率公式是数学期望公式。经验频率简单公式，可用于经验累积频率曲线的内插部分，如某些要素的累积频率计算、历时曲线的绘算等。

### （二）期望公式的抽样误差

在短系列中，计算的经验频率都有较大的误差，系列越短误差越大。在统计学中，以相对均方误 $\sigma'_{P,m}$ 表示误差的平均情况，各项的相对均方误为

$$\sigma'_{P,m}=\pm\sqrt{\frac{n-m+1}{m(n+2)}}\times 100\% \tag{4-55}$$

式中　$\sigma'_{P,m}$——相对均方误。

例如，当 $n$=50、$m$=1 时，经验频率的期望值 $P_m$=0.02，$\sigma'_{P,m}$=98%。$P_m$ 的抽样误差不但很大，而且其分布的偏度也很大。$P_m$ 的不同置信概率的变动区间，参见表 4-7。因此，按期望公式计算的经验频率不能看作是绝对准确和不可改动的，特别是短系列中的首几项更是如此。

表 4-7　　经验频率置信界限 $P_a$ 及 $P_b$　　（%）

| $n$ | $m$=1 | | | | | $m$=2 | | | | |
|---|---|---|---|---|---|---|---|---|---|---|
| | $P_m$ | $P$=50% | | $P$=66.7% | | $P_m$ | $P$=50% | | $P$=66.7% | |
| | | $P_a$ | $P_b$ | $P_a$ | $P_b$ | | $P_a$ | $P_b$ | $P_a$ | $P_b$ |
| 20 | 4.76 | 1.85 | 8.00 | 1.16 | 9.88 | 9.52 | 5.35 | 14.0 | 4.05 | 16.30 |
| 50 | 1.96 | 0.75 | 3.32 | 0.47 | 4.10 | 3.92 | 2.17 | 5.79 | 1.63 | 6.81 |
| 100 | 0.99 | 0.38 | 1.67 | 0.24 | 2.08 | 1.98 | 1.08 | 2.94 | 0.82 | 3.45 |
| 300 | 0.33 | 0.13 | 0.56 | 0.08 | 0.69 | 0.67 | 0.36 | 0.99 | 0.28 | 1.17 |

注　$P_a$ 及 $P_b$ 按 $P'_A/P'_B=P_A/P_B$ 的原则确定，其中 $P_A$ 为经验频率估值落在 0～$P_m$ 区间内的概率，$P_B$ 为经验频率估值落在 $P_m$～1.0 区间内的概率。

### （三）经验频率曲线的绘制方法

经验频率曲线是根据经验频率数据点绘而成的，绘制曲线时应根据点群中心的趋势，大体上应使曲线上方和下方的数据点基本相等，或上下各点与曲线纵坐标离差之和基本相等。

为便于分析和使用，通常把频率曲线绘在专门的几率格纸上，其纵坐标用等分格或普通对数分格。必要时将此曲线适当外延，可满足标准较低的设计要求，但对经验频率曲线的外延有很大的任意性。

［例 4-7］　经验频率曲线绘制过程。

根据某站 1977～2012 年实测最小流量（见表 4-8）数据绘制经验频率曲线。

表 4-8　　某站 1977～2012 年实测最小流量与经验频率表　　($m^3$/s)

| 序号 $m$ | 年份 | 最小流量 $X_i$ | 最小流量递减排列 $X_i$ | 经验频率 $P$（%）$P=\frac{m}{n+1}$ | 序号 $m$ | 年份 | 最小流量 $X_i$ | 最小流量递减排列 $X_i$ | 经验频率 $P$（%）$P=\frac{m}{n+1}$ |
|---|---|---|---|---|---|---|---|---|---|
| 1 | 1977 | 288 | 510 | 2.70 | 19 | 1995 | 502 | 347 | 51.35 |
| 2 | 1978 | 200 | 502 | 5.41 | 20 | 1996 | 339 | 339 | 54.05 |
| 3 | 1979 | 228 | 489 | 8.11 | 21 | 1997 | 350 | 339 | 56.76 |
| 4 | 1980 | 237 | 472 | 10.81 | 22 | 1998 | 446 | 328 | 59.46 |
| 5 | 1981 | 374 | 452 | 13.51 | 23 | 1999 | 290 | 325 | 62.16 |
| 6 | 1982 | 434 | 446 | 16.22 | 24 | 2000 | 472 | 325 | 64.86 |
| 7 | 1983 | 298 | 436 | 18.92 | 25 | 2001 | 420 | 298 | 67.57 |
| 8 | 1984 | 325 | 434 | 21.62 | 26 | 2002 | 436 | 297 | 70.27 |
| 9 | 1985 | 452 | 432 | 24.32 | 27 | 2003 | 219 | 291 | 72.97 |
| 10 | 1986 | 250 | 420 | 27.03 | 28 | 2004 | 165 | 290 | 75.68 |
| 11 | 1987 | 134 | 405 | 29.73 | 29 | 2005 | 328 | 288 | 78.38 |
| 12 | 1988 | 363 | 394 | 32.43 | 30 | 2006 | 297 | 250 | 81.08 |
| 13 | 1989 | 347 | 393 | 35.14 | 31 | 2007 | 393 | 237 | 83.78 |
| 14 | 1990 | 291 | 392 | 37.84 | 32 | 2008 | 405 | 228 | 86.49 |
| 15 | 1991 | 379 | 379 | 40.54 | 33 | 2009 | 392 | 219 | 89.19 |
| 16 | 1992 | 325 | 374 | 43.24 | 34 | 2010 | 432 | 200 | 91.89 |
| 17 | 1993 | 339 | 363 | 45.95 | 35 | 2011 | 394 | 165 | 94.59 |
| 18 | 1994 | 489 | 350 | 48.65 | 36 | 2012 | 510 | 134 | 97.30 |

经验频率曲线绘制过程如下：

（1）将最小流量系列 $X_i$ 按递减顺序排列，并用式（4-52）计算各观测值的经验频率（见表 4-8）。

（2）将各观测值及其经验频率点绘在几率格纸上，并根据点群分布和趋势绘制经验频率曲线，结果见图 4-9。

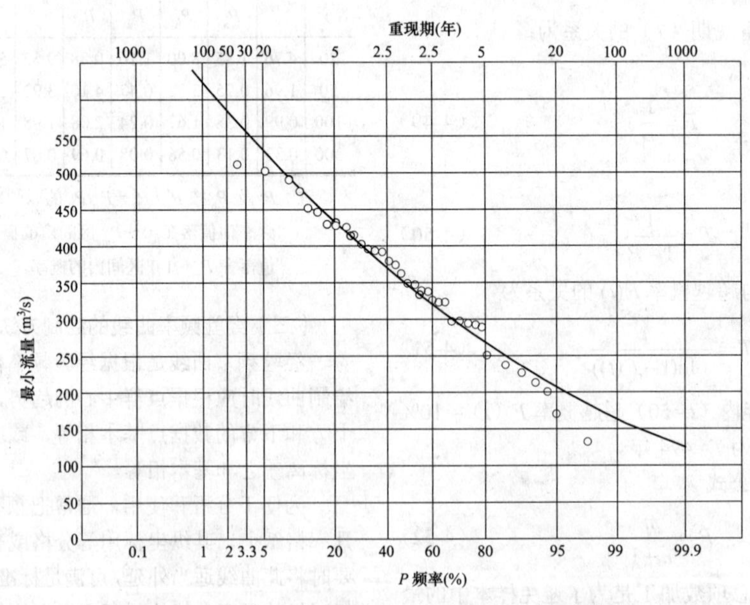


图 4-9　某站 1977～2012 年实测最小流量经验频率曲线

（四）经验频率曲线合理性分析

根据有限系列推算的经验频率有较大的抽样误差。减少误差的途径有以下几种：

（1）增加样本系列长度，即尽量争取在更长的系列中排队，也就是尽量从调查及文献考证中，了解在更长的历史时期中发生的情况。

（2）从本站系列各项数据及其经验频率在几率格纸上相应点群的趋势进行分析比较。个别点据的误差一般较大，而通过点群趋势估定的数值，其误差一般较小，因此绘制频率曲线不应机械地通过头一二个点子，而应照顾点群的趋势。对于每一具体点据，都应看到各有一个摆动范围，计算所得经验频率数值，仅仅是其真实频率的期望值，而不一定就接近于真实。

（3）与邻近站同次经验频率相比较，对两站同一次事件发生的情况分析对照，可发现有无不合理现象。

（4）对于近期发生的稀遇洪枯水，其经验频率点突出偏离点群趋势的，可将其模数与本地区内已知稀遇频率相比而估计其频率。

## 二、P-Ⅲ型频率分布曲线

根据实测资料的频率分布趋势，对频率曲线选配相应的数学函数式。这种具有一定数学函数式的频率曲线，习惯上称为理论频率曲线。理论频率曲线的建立，使频率曲线的绘制和外延以数学函数式为依据，减少了曲线外延的任意性。理论频率曲线的线形很多，适合于水文现象的也不少。根据我国经验，P-Ⅲ型频率分布曲线比较符合我国多数地区水文现象的实际情况。

### （一）P-Ⅲ型频率分布曲线函数式及参数

P-Ⅲ型频率密度曲线（通常简称 P-Ⅲ型曲线）为一端有限、另一端无限的偏态曲线。正偏态时，一般为左端有限、右端无限的偏斜铃形曲线，基本上符合水文现象的变化规律。均值 $\bar{X}$ 决定了密度曲线沿 $x$ 轴的位置，均值增大，曲线整体右移；变差系数 $C_V$ 反映了密度曲线的高矮情况，$C_V$ 值大时，曲线显得矮而粗。偏态系数 $C_S$ 反映了密度曲线的偏斜情况，$C_S>0$ 时，曲线的峰偏左（为正偏态）；$C_S<0$ 时，曲线的峰偏右（为负偏态）。密度曲线峰顶处所对应的变量 $X$ 值（横坐标值）称为众值，即系列中出现机会最多的一个随机变量称为众值。

当坐标原点为水文系列的实际零点时，P-Ⅲ型频率密度曲线的密度函数为

$$f(X)=\frac{\beta^{\alpha}}{\Gamma(\alpha)}(X-b)^{\alpha-1}\mathrm{e}^{-\beta(X-b)} \tag{4-56}$$

$$\alpha=a/d+1$$

$$B=1/d$$

式中 $X$——变量（代表水文气象特征值）；

$\beta$——P-Ⅲ型分布的刻度参数；

$\alpha$——P-Ⅲ型分布的形状参数；

$\Gamma(\alpha)$——伽马函数，可查附录 L；

$b$——P-Ⅲ型分布的位置参数，密度曲线左端起点到系列零点的距离；

$a$——密度曲线左端起点到纵值的距离；

$d$——系列纵值到均值的距离。

由式（4-56）可得 P-Ⅲ型频率分布曲线的分布函数为

$$P(X\geqslant X_P)=F(X_P)=\int_{X_P}^{\infty}f(X)\,\mathrm{d}X$$

$$=\frac{\beta^{\alpha}}{\Gamma(\alpha)}\int_{X_P}^{\infty}(X-b)^{\alpha-1}\mathrm{e}^{-\beta(X-b)}\mathrm{d}X$$

式中 $P$——频率（即超过累积概率）；

$X_P$——频率为 $P$ 的变量。

P-Ⅲ型频率分布曲线实际上是累积频率曲线，通常简称 P-Ⅲ型频率曲线或 P-Ⅲ型分布曲线，如图 4-12 所示，形如一条两侧陡峭的横置 S 曲线。

设$\sigma=\sqrt{\alpha}/\beta$，引入标准化变量$\Phi=[X-E(X)]/\sigma$（$\sigma$为均方差）后，经转换得

$$P(X\geqslant X_P)=F(\Phi)$$

$$=\frac{\alpha^{\frac{\alpha}{2}}}{\Gamma(\alpha)}\int_{\Phi}^{\infty}[(\Phi+\sqrt{\alpha})^{\alpha-1}\mathrm{e}^{-\sqrt{\alpha}(\Phi+\sqrt{\alpha})}]\mathrm{d}\Phi \tag{4-57}$$

式中 $\Phi$——离均系数。

式(4-57)说明分布仅与 $\alpha$ 有关，因 $\alpha$ 可由式(4-58)计算，故也可认为分布仅与 $C_S$ 有关。

P-Ⅲ型分布的三个原始参数 $\alpha$、$\beta$ 和 $b$ 都可用常用统计参数 $E(X)$、$C_V$ 和 $C_S$ 表示，即

$$\alpha=\frac{4}{C_S^2} \tag{4-58}$$

$$\beta=\frac{2}{E(X)C_VC_S} \tag{4-59}$$

$$b=E(X)\left(1-\frac{2C_V}{C_S}\right) \tag{4-60}$$

$$E(X)=\frac{\alpha}{\beta}+b \tag{4-61}$$

式中 $C_S$——偏态系数；

$E(X)$——数学期望值；

$C_V$——变差系数。

P-Ⅲ型频率曲线的函数方程式比较复杂，应用时一般都不按原方程式直接计算，只要根据观测资料（样本）计算并确定三个统计参数（$\bar{X}$，$C_V$，$C_S$），就可查专用表，按式（4-62）推求各种频率的设计数值

$$X_P=(1+\Phi_PC_V)\bar{X} \tag{4-62}$$

或

$$X_P=K_P\bar{X} \tag{4-63}$$

$$K_P=1+\Phi_PC_V$$

式中 $\Phi_P$——离均系数，与 $P$ 和 $C_S$ 有关，由附录 M 查得；

$\overline{X}$ ——观测系列的均值；

$K_P$ ——频率为 $P$ 的模比系数，可计算得到，也可从附录 N 直接查到。

（二）矩法估计统计参数

参数的估计方法有多种，矩法是其中一种经典的最简单的估计方法（其他几种方法将在后文专门介绍）。下面几个矩法参数公式是用样本矩代替总体矩，并通过矩和参数的关系写的，适用于连序样本。对于加入历史特征值的不连序样本，参数计算公式参见第五章第一节及第六章第一节所述。

（1）算术平均值

$$\overline{X}=\frac{1}{n}\sum_{i=1}^{n}X_i \tag{4-64}$$

（2）变差系数（或称离差系数）

$$C_{\mathrm{V}}=\sqrt{\frac{\sum\left(K_i-1\right)^2}{n-1}}=\sqrt{\frac{\sum K_i^2-n}{n-1}} \tag{4-65}$$

或

$$C_{\mathrm{V}}=\frac{1}{\overline{X}}\sqrt{\frac{\sum X_i^2-n\overline{X}^2}{n-1}}=\frac{\sigma_x}{\overline{X}} \tag{4-66}$$

$$K_i=1+\Phi_i C_{\mathrm{V}}=X_i/\overline{X}$$

式中 $K_i$——变量 $X_i$ 的模比系数；

$\sigma_x$ ——均方差，当系列均值相等时 $\sigma_x$ 的大小可反映系列的离散程度，当系列均值不等时，采用相对值 $C_{\mathrm{V}}$ 来反映系列的离散程度。

由式（4-66）可看出，$C_{\mathrm{V}}$ 为均方差与均值的比值，反映了系列相对均值的离散程度，$C_{\mathrm{V}}$ 值较小时，表示变量间的变化幅度小，频率分布比较集中。对于年最大流量系列，$C_{\mathrm{V}}$ 值越大，表示流量的年际变幅越大。

（3）偏态系数（或称偏差系数）

$$C_{\mathrm{S}}=\frac{\sum(X_i-\overline{X})^3}{(n-3)\sigma_x^3}=\frac{\sum X_i^3-3\overline{X}\sum X_i^2+2n\overline{X}^3}{(n-3)\sigma_x^3} \tag{4-67}$$

偏态系数 $C_{\mathrm{S}}$ 表明系列分布对均值是对称的还是不对称的。$C_{\mathrm{S}}$=0 时，表示大于均值和小于均值的变量出现机会相同，其均值所对应的累积频率恰好为 50%。$C_{\mathrm{S}}\neq0$ 时称为偏态，$C_{\mathrm{S}}>0$ 表明系列中大于均值的变量比小于均值的变量出现机会少，其均值对应的频率小于 50%；$C_{\mathrm{S}}<0$ 表明系列中大于均值的变量比小于均值的变量出现机会多，其均值对应的频率大于 50%。

（三）统计参数的误差计算

（1）$\overline{X}$ 的相对误差

$$\sigma_{\bar{x}}=\pm\frac{C_{\mathrm{V}}}{\sqrt{n}}\times100\% \tag{4-68}$$

（2）$C_{\mathrm{V}}$ 的相对误差

$$\sigma_{C_{\mathrm{V}}}=\pm\frac{1}{\sqrt{2n}}\sqrt{1+2C_{\mathrm{V}}^2+\frac{3}{4}C_{\mathrm{S}}^2-2C_{\mathrm{V}}C_{\mathrm{S}}}\times100\% \tag{4-69}$$

（3）$C_{\mathrm{S}}$ 的相对误差

$$\sigma_{C_{\mathrm{S}}}=\pm\frac{1}{C_{\mathrm{S}}}\sqrt{\frac{6}{n}\left(1+\frac{3}{2}C_{\mathrm{S}}^2+\frac{5}{16}C_{\mathrm{S}}^4\right)}\times100\% \tag{4-70}$$

（4）$X_P$ 的相对误差

$$\sigma_{X_P}=\pm\frac{C_{\mathrm{V}}B}{K_P\sqrt{n}}\times100\% \tag{4-71}$$

式中 $B$——与 $P$ 和 $C_{\mathrm{S}}$ 有关的系数，可查图 4-10 得到。

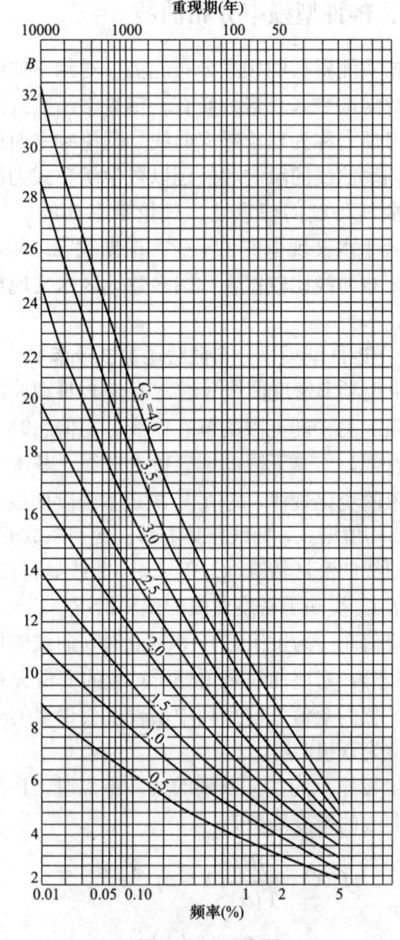


图 4-10 $B$ 值图

用短期观测资料计算 P-Ⅲ型频率曲线三个参数和某设计频率数值时，计算的误差在统计学称为抽样误差。从上述公式可见误差的大小与观测年数 $n$ 和 $C_{\mathrm{V}}$、$C_{\mathrm{S}}$ 值有关。$C_{\mathrm{S}}=2C_{\mathrm{V}}$ 时的均方误见表 4-9，从表 4-9 中可见，要求得到比较精确的参数值，各参数所需观测资料的最少年数是不等的。

表 4-9　　统计参数的均方误表　　（%）

| 参数 | | $\bar{X}$ | | | | $C_V$ | | | | $C_S$ | | | |
|---|---|---|---|---|---|---|---|---|---|---|---|---|---|
| $n$（$a$） | | 100 | 50 | 25 | 10 | 100 | 50 | 25 | 10 | 100 | 50 | 25 | 10 |
| $C_V$ | 0.1 | 1 | 1 | 2 | 3 | 7 | 10 | 14 | 22 | 126 | 178 | 252 | 399 |
| | 0.3 | 3 | 4 | 6 | 10 | 7 | 10 | 15 | 23 | 51 | 72 | 102 | 162 |
| | 0.5 | 5 | 7 | 10 | 16 | 8 | 11 | 16 | 25 | 41 | 58 | 82 | 130 |
| | 0.7 | 7 | 10 | 14 | 22 | 9 | 12 | 17 | 27 | 40 | 56 | 80 | 126 |
| | 1.0 | 10 | 14 | 20 | 32 | 10 | 14 | 20 | 32 | 42 | 60 | 85 | 134 |

（四）P-Ⅲ型频率分布曲线与三个参数的关系

P-Ⅲ型频率密度曲线与其三个参数的关系前面已介绍，现介绍 P-Ⅲ型频率分布曲线的关系与其三个参数的关系，如图 4-11 所示。

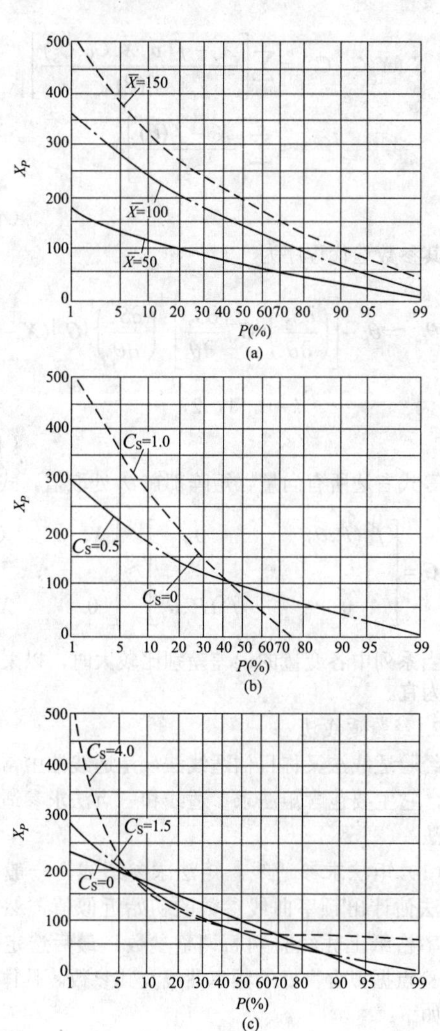


图 4-11　P-Ⅲ型频率分布曲线的数学特性

（a）$C_V$=0.5，$C_S$=1.0，$\bar{X}$ 取不同值；（b）$\bar{X}$=100，$C_S$=1.0，$C_V$ 取不同值；（c）$\bar{X}$=100，$C_V$=0.5，$C_S$ 取不同值

由图 4-3（a）可得，$\bar{X}$ 反映曲线的高低，$\bar{X}$ 越大曲线越高。

由图 4-3（b）可得，$C_V$ 反映曲线的陡坦程度，$C_V$ 越大曲线越陡，$C_V$=0 时曲线为一水平线。$C_V$ 无负值，所以曲线总是左高右低。

由图 4-3（c）可得，$C_S$ 值反映曲线的弯曲程度和两端陡坦程度的差别。$C_S$=0 时曲线左右对称，称为正态分布。在纵坐标为对数分格的几率格纸上，正态分布的频率曲线是一条直线。$C_S \neq 0$ 时称为偏态，$C_S>0$ 称为正偏，曲线向上凹；$C_S<0$ 称为负偏，曲线向下凹。

从上述特性来看，P-Ⅲ型频率曲线的上端随频率的减小而迅速递增以至趋向无穷大，而曲线下端在 $C_S>2$ 时过于平坦，曲线尾部接近于水平。如以洪水而言，越接近于下端的洪水出现的可能性越大，这些特性又与水文现象的变化规律不符。因此，经过深入研究分析论证，也可采用其他更符合实际的线型。

（五）P-Ⅲ型频率曲线的绘制方法

P-Ⅲ型频率曲线的绘制方法有适线法（包括经验适线法）、概率权重矩法和数值积分双权函数法等，其中，适线法是常用方法，而矩法求参适线法是目前应用最多的一种方法。

1. 适线法

适线法的特点是在一定的适线准则下，求解与经验点据拟合最优的频率曲线的统计参数。严格地讲，适线法应包括下列步骤：

（1）采用经验频率公式，在几率格纸上点绘经验分布，即经验点据。

（2）选择合适的频率曲线线型。

（3）拟定适线准则（即目标函数）。

（4）求解频率曲线的参数。

其中，频率曲线参数的求解和适线准则密切相关，下面介绍几种适线准则及相应的参数求解方法。

（1）离差平方和最小准则（OLS）。离差平方和最小准则也称最小二乘法。频率曲线统计参数的最小二乘估计使经验点据和同频率的频率曲线纵坐标之差（即离差或残差）平方和达到极小，而若使目标函数

$$S(\theta)=S(\bar{X},C_V,C_S)=\sum_{i=1}^{n}\left[X_i-f(P_i;\bar{X},C_V,C_S)\right]^2$$

$$i=1,\ 2,\ \cdots,\ n \tag{4-72}$$

达到极小，即满足 $S(\hat{\theta})=\min S(\theta)$，则 $\hat{\theta}$ 必满足方程组

$$\frac{\partial S(\hat{\theta})}{\partial \theta}=0 \tag{4-73}$$

式（4-72）中的函数 $f$ 一般写成

$$f(P_i;\ \bar{X},C_V,C_S)=\bar{X}[1+C_V\Phi(P_i;C_S)] \tag{4-74}$$

式中 $\theta$ ——参数；

$\hat{\theta}$ ——参数，$\theta$ 的最小二乘估计；

$P_i$ ——频率；

$f(P_i;\theta)$ ——频率曲线纵坐标，简记为 $f_i$。

由于式（4-74）对参数是非线性的，一般只能通过迭代法求参数的近似数值解。求解式（4-72）～式（4-74）的最基本方法是高斯-牛顿法，其迭代程序为

$$\theta_{k+1}=\theta_k-\left[\left(\frac{\partial S}{\partial \theta}\right)^{\mathrm{T}}\frac{\partial S}{\partial \theta}\right]^{-1}\left(\frac{\partial S}{\partial \theta}\right)^{\mathrm{T}}(\boldsymbol{X}-\boldsymbol{F})$$

$$k=0,\ 1,\ 2,\ \cdots \tag{4-75}$$

$$\boldsymbol{F}=(f_1,\cdots,f_n)^{\mathrm{T}}$$

$$\boldsymbol{X}=(X_1,\cdots,X_n)^{\mathrm{T}}$$

$$-\frac{\partial S}{\partial \theta}=\frac{\partial \boldsymbol{F}}{\partial \theta}=\begin{bmatrix}\dfrac{\partial f_1}{\partial \bar{X}} & \dfrac{\partial f_1}{\partial C_V} & \dfrac{\partial f_1}{\partial C_S}\\ \vdots & \vdots & \vdots\\ \dfrac{\partial f_n}{\partial \bar{X}} & \dfrac{\partial f_n}{\partial C_V} & \dfrac{\partial f_n}{\partial C_S}\end{bmatrix}$$

式中 T、−1——表示矢量或矩阵的转置和矩阵的逆；

$k$——迭代次数。

式（4-72）中的所有向量都在 $\theta=\theta_k$ 处计值。

选定一组参数初值 $\theta_0$（例如用矩法估计），计算 $f(P_i;\theta_0)$ ($i$=0，1，2，…，$n$)、$\left(\dfrac{\partial S}{\partial \theta}\right)_{\theta=\theta_0}$ 及 $\left[\left(\dfrac{\partial S}{\partial \theta}\right)^{\mathrm{T}}\left(\dfrac{\partial S}{\partial \theta}\right)\right]^{-1}_{\theta=\theta_0}$，由迭代程序求出 $\theta_1$，检验相对误差 $(\theta_1-\theta_0)/\theta_0$ 值是否达到精度要求。反复利用迭代程序式（4-75）进行迭代，直到相邻两次迭代结果 $\theta_{k+1}$ 与 $\theta_k$ 差别合乎精度要求为止。这时就可取 $\hat{\theta}=\theta_{k+1}$ 作为 $\theta$ 的估计。

当系列中各项变量的误差方差比较均匀时，可考虑采用最小二乘法。

（2）离差绝对值和最小准则（ABS）。此准则意在估计频率曲线统计参数值使目标函数

$$S_1(\bar{X},C_V,C_S)=\sum_{i=1}^{n}|X_i-f(P_i;\bar{X},C_V,C_S)| \tag{4-76}$$

达到极小。

对式（4-76）一般采用直接方法（即搜索法）求得参数 $\bar{X}$、$C_V$ 和 $C_S$ 的数值解。当序列中各变量的绝对误差比较均匀时，可考虑采用此准则。

（3）相对离差平方和最小准则（WLS）。变量误差和它的大小有关，而它们的相对误差却比较稳定，因此，相对离差平方和最小更符合最小二乘估计的假定。适线准则可写成

$$S_2(\bar{X},C_V,C_S)=\sum_{i=1}^{n}\left[\frac{X_i-f(p_i;\bar{X},C_V,C_S)}{f_i(\theta)}\right]^2 \approx\sum_{i=1}^{n}\left[\frac{X_i-f_i(\theta)}{X_i}\right]^2 \tag{4-77}$$

其参数迭代程序为

$$\theta_{k+1}=\theta_k-\left[\left(\frac{\partial S_2}{\partial \theta}\right)^{\mathrm{T}}\boldsymbol{G}^{-1}\frac{\partial S_2}{\partial \theta}\right]^{-1}\left(\frac{\partial S_2}{\partial \theta}\right)^{\mathrm{T}}\boldsymbol{G}^{-1}(\boldsymbol{X}-\boldsymbol{F})$$

$$k=0,\ 1,\ 2,\ \cdots \tag{4-78}$$

等式右边所有向量、矩阵都在 $\theta_k$ 处取值。式中

$$\boldsymbol{G}=\begin{bmatrix}f^2(P_1;\theta) & & 0\\ & \ddots & \\ 0 & & f^2(P_n;\theta)\end{bmatrix}\approx\begin{bmatrix}X_1^2 & & 0\\ & \ddots & \\ 0 & & X_n^2\end{bmatrix}$$

当系列中各变量的误差差别比较大时，以采用此准则为宜。

2. 经验适线法

经验适线法又称目估适线法，是适线法中常用的方法，它主要包含矩法求参适线和三点法求参适线两种方法。

（1）矩法求参适线。矩法求参适线，一般先采用矩法估计出频率曲线参数的初始近似值，然后，在几率格纸上凭经验判断调整参数，最后选定一条与经验点据拟合良好的频率曲线及其参数。具体方法步骤如下：

1）将原始资料依递减次序排列，记入计算表内。

2）计算资料系列的均值，由于矩法计算的均值抽样误差较小，一般不加修正，但有时也可作少量的修正。例如，对于洪水系列，当经验点据分布较有规

律但需要调整均值时，一般在 5%以下，不宜超过10%。

3）计算系列 $X_i^2$ 值，求 $\sum X_i^2$，并计算变差系数 $C_V$ 值。由于短期观测资料系列计算的 $C_V$ 值平均偏小，所以可稍加大一些进行试验。加大的方法有几种：① 将矩法的 $C_V$ 值乘以改正系数 $\sqrt{(n-1)/(n-3)}$；② 计算 $C_V$ 的误差 $\sigma_{C_V}$，在 $\sigma_{C_V}$ 的范围内酌情加大 $C_V$；③ 直接适当加大 $C_V$ 值，例如，对于洪水系列，$C_V$ 的调整幅度为 15%～30%。

4）用式（4-51）计算经验频率，并点绘经验点据于几率格纸上。

5）进行适线，选择适当的 $C_S/C_V$ 比值。（根据水文要素及各地区频率计算的经验选定一个 $C_S$ 值。）

6）当选定了 $\bar{X}$、$C_V$ 及 $C_S$ 值后，可查 P-Ⅲ型频率曲线的 $\Phi$ 值表（见附录 M），查出各个 $P_i$ 值的相应 $\Phi$ 值，由式（4-62）计算出 $X_P$；也可查 P-Ⅲ型频率曲线的 $K_P$ 值表（见附录 N），由式（4-63）计算出 $X_P$。

7）将各个 $X_P$ 点绘在几率格纸上，绘出 P-Ⅲ型频率曲线。检查该曲线与经验频率点据的拟合情况，如拟合不好，再次修正 $C_V$ 及 $C_S$ 值，直至认为拟合最佳时为止。

关于 $C_S$ 值的确定，有时 $C_S$ 还可取 $C_V b_{max}$，即根据样本系列的最小值 $X_{min}$ 来估计总体 P-Ⅲ型分布的 $C_S/C_V$ 的最大可能值，$b_{max}=2\bar{X}/(\bar{X}-X_{min})$。

此外，$C_S/C_V$ 的比值还可适当参考下列情况选用：对于 $C_V \leqslant 0.5$ 的地区，可试用 $C_S/C_V=4$；对于 $1.0 \geqslant C_V > 0.5$ 的地区，可试用 $C_S/C_V=3$～4；对于 $C_V>1$ 的地区，可试用 $C_S/C_V=2$～3。

对于洪水频率计算，$C_S$ 值一般可选 $3C_V$ 以上（暴雨 $C_S/C_V$ 倍数值略大于洪水的），对于枯水频率计算，可选 $2C_V$ 左右；对于年径流，$C_S=(2～2.5)C_V$。

试验结果表明，这种改进在某些特定情况下，可收到较好的效果，对于 100 年及 1000 年一遇估计值接近于无偏，而对 $C_S$ 的估计也有所降低。这是由于对 $C_V$ 的估计接近无偏，而对 $C_S$ 的估计也较矩法有所改进。

**[例 4-8]**　目估适线法频率计算。

以表 4-10 某站 1980～2014 年共 35 年实测最大流量资料，用目估适线法作频率计算。

计算过程如下：

（1）将原始资料依递减次序排列，记入计算表内（见表 4-11）。

表 4-10　　某站 1980～2014 年实测最大流量　　($m^3/s$)

| 序号 $m$ | 年份 | 最大流量 $X_i$ | 序号 $m$ | 年份 | 最大流量 $X_i$ | 序号 $m$ | 年份 | 最大流量 $X_i$ |
|---|---|---|---|---|---|---|---|---|
| 1 | 1980 | 284 | 13 | 1992 | 197 | 25 | 2004 | 121 |
| 2 | 1981 | 278 | 14 | 1993 | 83 | 26 | 2005 | 63 |
| 3 | 1982 | 237 | 15 | 1994 | 227 | 27 | 2006 | 425 |
| 4 | 1983 | 102 | 16 | 1995 | 171 | 28 | 2007 | 64 |
| 5 | 1984 | 90 | 17 | 1996 | 146 | 29 | 2008 | 138 |
| 6 | 1985 | 65 | 18 | 1997 | 121 | 30 | 2009 | 448 |
| 7 | 1986 | 110 | 19 | 1998 | 365 | 31 | 2010 | 136 |
| 8 | 1987 | 101 | 20 | 1999 | 110 | 32 | 2011 | 436 |
| 9 | 1988 | 237 | 21 | 2000 | 308 | 33 | 2012 | 158 |
| 10 | 1989 | 105 | 22 | 2001 | 92 | 34 | 2013 | 234 |
| 11 | 1990 | 564 | 23 | 2002 | 230 | 35 | 2014 | 80 |
| 12 | 1991 | 217 | 24 | 2003 | 152 | | | |

表 4-11　　最大流量频率计算表

| 序　号 | 年　份 | 最大流量 $X_i$ | 递减排列 $X_i$ | $X_i^2$ | $P=\frac{m}{n+1}$(%) | 备　注 |
|---|---|---|---|---|---|---|
| 1 | 1980 | 284 | 564 | 318096 | 2.78 | |
| 2 | 1981 | 278 | 448 | 200704 | 5.56 | |
| 3 | 1982 | 237 | 436 | 190096 | 8.33 | |
| 4 | 1983 | 102 | 425 | 180625 | 11.1 | |
| 5 | 1984 | 90 | 365 | 133225 | 13.9 | |
| … | … | … | … | … | … | |

续表

| 序号 | 年份 | 最大流量 $X_i$ | 递减排列 $X_i$ | $X_i^2$ | $P=\frac{m}{n+1}(\%)$ | 备注 |
|---|---|---|---|---|---|---|
| 34 | 2013 | 234 | 64 | 4096 | 94.4 | |
| 35 | 2014 | 80 | 63 | 3969 | 97.2 | |
| 合计 | | 6995 | 6995 | 1896391 | | |
| 平均 | | 197 | 197 | | | |

（2）求系列均值 $\overline{X}=\frac{1}{n}\sum X_i=197$。

（3）计算系列 $X_i^2$ 值，求其 $\sum X_i^2=1896391$。

（4）变差系数 $C_V=\frac{1}{\overline{X}}\sqrt{\frac{\sum X_i^2-n\overline{X}^2}{n-1}}=\frac{1}{197}\times\sqrt{\frac{1896391-35\times197^2}{35-1}}=0.64$。因矩法算得 $C_V$ 值平均偏小，需适当加大，现采用 $C_V=0.75$。

（5）假定 $C_S=3$，$C_V=2.25$。

（6）根据 $C_S=2.25$ 查附录M得到各频率 $P$ 对应的 $\Phi_P$，并根据 $\overline{X}=197$、$C_V=0.75$，代入 $X_P=\overline{X}(1+\Phi_P C_V)$ 计算得到各 $X_P$，结果见表4-12。

（7）将 $X_P$ 值与 $P$ 的关系点绘在图4-12上，绘一条光滑曲线。此曲线与经验频率点群拟合较好，故不再另行适线。

表4-12　　适线成果表

| $P$（%） | 0.1 | 1 | 5 | 10 | 20 | 50 | 75 | 90 | 95 | 97 | 99 |
|---|---|---|---|---|---|---|---|---|---|---|---|
| $\Phi_P=2.20$ | 6.168 | 3.705 | 2.006 | 1.284 | 0.574 | −0.33 | −0.698 | −0.844 | −0.822 | −0.894 | −0.905 |
| $\Phi_P=2.30$ | 6.296 | 3.753 | 2.009 | 1.274 | 0.555 | −0.341 | −0.69 | −0.819 | −0.85 | −0.86 | −0.867 |
| $\Phi_P=2.25$ | 6.232 | 3.729 | 2.0075 | 1.279 | 0.5645 | −0.3355 | −0.694 | −0.8315 | −0.836 | −0.877 | −0.886 |
| $X_P$ | 1118 | 748 | 494 | 386 | 280 | 147 | 94.5 | 74.1 | 73.5 | 67.4 | 66.1 |

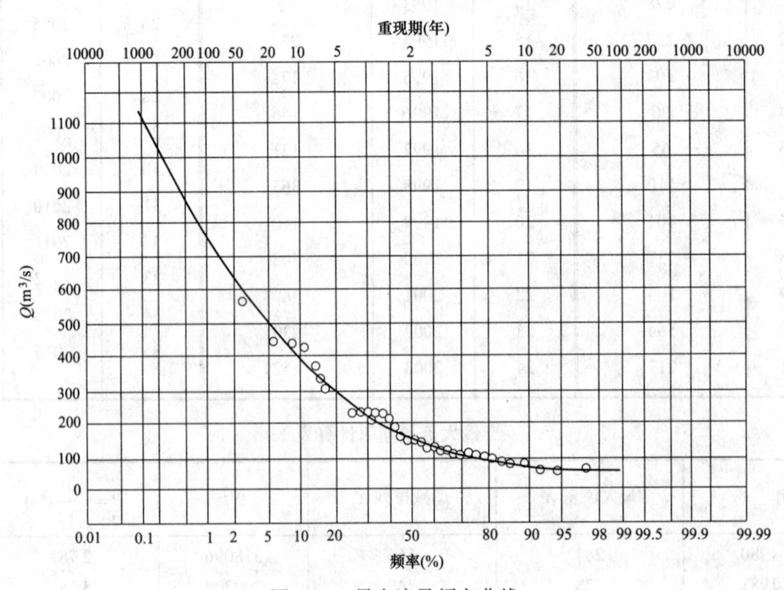

图4-12　最大流量频率曲线

（2）三点法求参适线。三点法求参适线（简称三点法）计算三个统计参数 $\overline{X}$、$C_V$、$C_S$ 值进行适线的步骤如下：

1）先将实测资料系列按大小顺序排队，用式（4-51）计算出各点的经验频率。

2）将各点据与相应的经验频率点绘在几率格

纸上，通过点群中心目估经验频率曲线，在此曲线上读取三点，即（$P_1$，$X_{P,1}$）、（$P_2$，$X_{P,2}$）、（$P_3$，$X_{P,3}$）。

3）按下列公式计算有关参数

$$S=\frac{X_{P_1}+X_{P_3}-2X_{P_2}}{X_{P_1}-X_{P_3}}=\Phi(C_s) \tag{4-79}$$

$$\sigma=\frac{X_{P_1}-X_{P_3}}{\Phi_{P_1}-\Phi_{P_3}} \tag{4-80}$$

$$\overline{X}=X_{P_2}-\sigma\Phi_{P_2} \tag{4-81}$$

$$C_V=\frac{\sigma}{\overline{X}} \tag{4-82}$$

依据有关 $P_1$、$P_2$、$P_3$ 分别取 5%、50%、95%或10%、50%、90%等两组制成的算表，应用时取其中一组进行计算即可。一般多选取 $P_1$=5%、$P_2$=50%、$P_3$=95%三点，从经验频率曲线上读得相应的 $X_{5\%}$、$X_{50\%}$、$X_{95\%}$值，代入式（4-79）计算 $S$ 值。从附录 O、附录 P 可查得 $S-C_S$ 的关系、$C_S-(\Phi_{P,1}-\Phi_{P,3})$的关系和 $C_S-\Phi_{P,2}(=\Phi_{50\%})$的关系，并计算出$\sigma$、$\overline{X}$、$C_V$值。

4）根据式（4-79）～式（4-82）计算出 $\overline{X}$、$C_V$ 及 $C_S$ 后，查 P-Ⅲ型 $\Phi_P$（或 $K_P$）值表，并以 $X_P=K_P\overline{X}$ 计算出 $P-X_P$ 关系表，即可绘制出频率曲线。

5）检验 P-Ⅲ型频率曲线与经验频率点群的拟合情况，如拟合不好，适当修正 $C_V$ 及 $C_S$ 值，$\overline{X}$ 也可采用矩法计算，另行适线，直至认为拟合最佳为止。

此法若选点适当，可减少计算工作量。

［例 4-9］　三点法求参适线。

以表 4-10 资料，用三点法求参适线。

计算过程如下：

（1）用式（4-51）计算出各点的经验频率，结果见表 4-11。

（2）将各点据与相应的经验频率点绘在几率格纸上（见图 4-13），目估绘制经验频率曲线并读取三点，即 $X_{5\%}$=490、$X_{50\%}$=150、$X_{95\%}$=70。

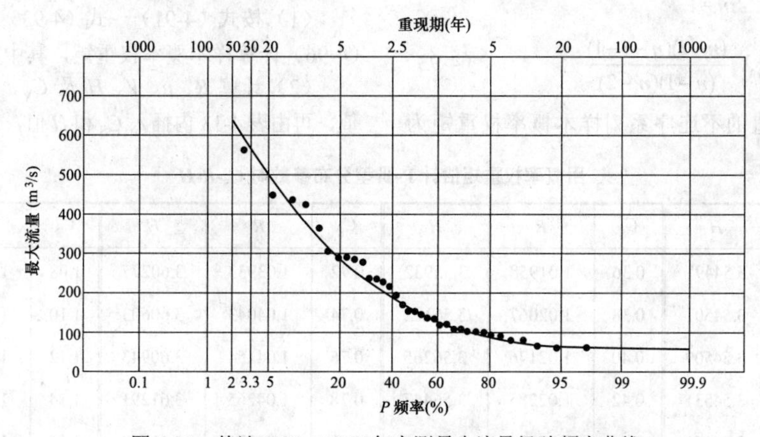


图 4-13　某站 1980～2014 年实测最大流量经验频率曲线

（3）计算 $S$ 值。

$$S=\frac{X_{5\%}+X_{95\%}-2X_{50\%}}{X_{5\%}-X_{95\%}}=\frac{490+70-2\times150}{490-70}=0.62$$

（4）用 $S$=0.62 从附录 O、附录 P 查得 $C_S$=2.2，$\Phi_{5\%}-\Phi_{95\%}$=2.89，$\Phi_{50\%}$=−0.33。

（5）计算$\sigma$、$\overline{X}$、$C_V$值。

$$\sigma=\frac{X_{5\%}-X_{95\%}}{\Phi_{5\%}-\Phi_{95\%}}=\frac{420}{2.89}=145.3$$

$$\overline{X}=X_{50\%}-\sigma\Phi_{50\%}=150-145.3\times(-0.33)=197.9$$

矩法算得均值 $\overline{X}$=197，二者相差约 0.5%。

$$C_V=\frac{\sigma}{\overline{X}}=\frac{145.3}{197.9}=0.734$$

（6）仍选 $C_V$=0.75，$C_S$=3.0$C_V$，查 P-Ⅲ型频率曲线 $K_P$ 值表，并列表计算 $X_P=K_P\overline{X}$ 值（见表 4-12）。

（7）将 $P-X_P$ 画到图上（同图 4-12）。

3. 概率权重矩法

概率权重矩定义为

$$M_j=\int_0^1 XF^j(X)\,\mathrm{d}F \quad j=0，1，2，\cdots \tag{4-83}$$

采用概率权重矩估计 P-Ⅲ型频率曲线参数需利用前三阶概率权重矩及一些经验关系，计算公式为下列几组

$$\overline{X}=\hat{M}_0 \tag{4-84}$$

$$C_V=H\left(\frac{M_1}{M_0}-\frac{1}{2}\right) \tag{4-85}$$

$$R=\frac{M_2-M_0/3}{M_1-M_0/2} \tag{4-86}$$

其中 $H$ 和 $R$ 都与 $C_S$ 有关，可查表 4-13，也可采用下列近似经验关系计算，即

$$\begin{cases} C_S = 16.41u - 13.51u^2 + 10.72u^3 + 94.54u^4 & (4\text{-}87) \\ u = \dfrac{R-1}{(4/3-R)^{0.12}} \quad (1 \leqslant R < 4/3) & (4\text{-}88) \end{cases}$$

及

$$\begin{cases} H = 3.545 + 29.85V - 29.15V^2 + 363.8V^3 + 6093V^4 & (4\text{-}89) \\ V = \dfrac{(R-1)^2}{(4/3-R)^{0.14}} \quad (1 \leqslant R < 4/3) & (4\text{-}90) \end{cases}$$

为保证 $C_V$ 和 $C_S$ 有两位小数准确，要求在计算 $R$ 时，$M_0$、$M_1$ 和 $M_2$ 的计算值至少达到 5 位有效数字。

连序系列样本（由大到小排列）前三阶的概率权重矩为

$$\begin{cases} \hat{M}_0 = \dfrac{1}{n}\sum_{i=1}^{n} X_i & (4\text{-}91) \\ \hat{M}_1 = \dfrac{1}{n}\sum_{i=1}^{n} X_i \dfrac{n-i}{n-1} & (4\text{-}92) \\ \hat{M}_2 = \dfrac{1}{n}\sum_{i=1}^{n} X_i \dfrac{(n-i)(n-i-1)}{(n-1)(n-2)} & (4\text{-}93) \end{cases}$$

含历史特征值的不连序系列样本概率权重矩为

$$\hat{M}_0 = \frac{1}{N}\left[\sum_{j=1}^{a} X_j + \frac{N-a}{n-l}\sum_{i=1}^{n-l} X_i\right] \quad (4\text{-}94)$$

$$\hat{M}_1 = \frac{1}{N}\left[\sum_{j=1}^{a} \frac{N-j}{N-1} X_j + C_1 \frac{N-a}{n-l}\sum_{i=1}^{n-l} \frac{n-l-i}{n-l-1} X_i\right] \quad (4\text{-}95)$$

$$\hat{M}_2 = \frac{1}{N}\left[\sum_{j=1}^{a} \frac{(N-j)(n-j-1)}{(N-1)(N-2)} X_j + C_2 \frac{N-a}{n-l}\sum_{i=1}^{n-l} \frac{(n-l-i)(n-l-i-1)}{(n-l-1)(n-l-2)} X_i\right] \quad (4\text{-}96)$$

其修正系数为

$$C_1 = \frac{N-a+1}{N+1} \quad (4\text{-}97)$$

$$C_2 = \left(\frac{N-a+1}{N+1}\right)^2 \quad (4\text{-}98)$$

可见，用概率权重矩估计 P-Ⅲ型频率曲线参数的计算步骤为：

（1）按式（4-91）～式（4-93）或式（4-94）～式（4-96）计算样本概率权重矩，其中 $\bar{X} = \hat{M}_0$。

（2）计算 $R$、$u$、$V$、$H$ 及 $C_V$、$C_S$；或先计算出 $R$ 值，再由表 4-13 内插入 $C_S$ 和 $H$ 值，最后计算出 $C_V$ 值。

**表 4-13　　用概率权重矩估计 P-Ⅲ型分布参数时 $C_S$-$R$-$H$**

| $C_S$ | $R$ | $H$ | $C_S$ | $R$ | $H$ | $C_S$ | $R$ | $H$ | $C_S$ | $R$ | $H$ |
|---|---|---|---|---|---|---|---|---|---|---|---|
| 0.00 | 1.00000 | 3.54491 | 0.36 | 1.01958 | 3.55932 | 0.72 | 1.03933 | 3.60277 | 1.08 | 1.05936 | 3.67705 |
| 0.02 | 1.00109 | 3.54501 | 0.38 | 1.02067 | 3.56102 | 0.74 | 1.04043 | 3.60603 | 1.10 | 1.06018 | 3.68100 |
| 0.04 | 1.00217 | 3.54509 | 0.40 | 1.02176 | 3.56265 | 0.76 | 1.04154 | 3.60943 | 1.12 | 1.06161 | 3.68606 |
| 0.06 | 1.00326 | 3.54531 | 0.42 | 1.02285 | 3.56447 | 0.78 | 1.04265 | 3.61291 | 1.14 | 1.06273 | 3.69119 |
| 0.08 | 1.00434 | 3.54561 | 0.44 | 1.02394 | 3.56637 | 0.80 | 1.04375 | 3.61644 | 1.16 | 1.06386 | 3.69643 |
| 0.10 | 1.00543 | 3.54601 | 0.46 | 1.02504 | 3.56841 | 0.82 | 1.04487 | 3.62007 | 1.18 | 1.06498 | 3.70179 |
| 0.12 | 1.00652 | 3.54651 | 0.48 | 1.02613 | 3.57051 | 0.84 | 1.04597 | 3.62386 | 1.20 | 1.06610 | 3.70720 |
| 0.14 | 1.00760 | 3.54708 | 0.50 | 1.02723 | 3.57270 | 0.86 | 1.04708 | 3.62768 | 1.22 | 1.06723 | 3.71275 |
| 0.16 | 1.00869 | 3.54773 | 0.52 | 1.02832 | 3.57497 | 0.88 | 1.04819 | 3.68158 | 1.24 | 1.06836 | 3.71833 |
| 0.18 | 1.00978 | 3.54849 | 0.54 | 1.02942 | 3.57734 | 0.90 | 1.04931 | 3.63564 | 1.26 | 1.06948 | 3.72409 |
| 0.20 | 1.01086 | 3.54934 | 0.56 | 1.03052 | 3.57979 | 0.92 | 1.05043 | 3.63976 | 1.28 | 1.07061 | 3.72983 |
| 0.22 | 1.01195 | 3.55028 | 0.58 | 1.03162 | 3.58235 | 0.94 | 1.05154 | 3.64396 | 1.30 | 1.07174 | 3.73576 |
| 0.24 | 1.01304 | 3.55126 | 0.60 | 1.03271 | 3.58500 | 0.96 | 1.05265 | 3.64824 | 1.32 | 1.07287 | 3.74173 |
| 0.26 | 1.01413 | 3.55238 | 0.62 | 1.03381 | 3.58772 | 0.98 | 1.05377 | 3.65266 | 1.34 | 1.07400 | 3.74784 |
| 0.28 | 1.01522 | 3.55359 | 0.64 | 1.03491 | 3.59055 | 1.00 | 1.05489 | 3.65714 | 1.36 | 1.07513 | 3.75403 |
| 0.30 | 1.01630 | 3.55481 | 0.66 | 1.03602 | 3.59346 | 1.02 | 1.05600 | 3.66172 | 1.38 | 1.07626 | 3.76028 |
| 0.32 | 1.01739 | 3.55622 | 0.68 | 1.03712 | 3.59647 | 1.04 | 1.05712 | 3.66643 | 1.40 | 1.07739 | 3.76665 |
| 0.34 | 1.01849 | 3.55776 | 0.70 | 1.03823 | 3.59957 | 1.06 | 1.05824 | 3.67116 | 1.42 | 1.07852 | 3.77311 |

续表

| $C_S$ | $R$ | $H$ | $C_S$ | $R$ | $H$ | $C_S$ | $R$ | $H$ | $C_S$ | $R$ | $H$ |
|---|---|---|---|---|---|---|---|---|---|---|---|
| 1.44 | 1.07965 | 3.77967 | 1.80 | 1.09995 | 3.91332 | 2.40 | 1.13282 | 4.19806 | 3.30 | 1.17661 | 4.74520 |
| 1.46 | 1.08078 | 3.78633 | 1.82 | 1.10107 | 3.92160 | 2.45 | 1.13546 | 4.22501 | 3.35 | 1.17879 | 4.77902 |
| 1.48 | 1.08191 | 3.79305 | 1.84 | 1.10219 | 3.92997 | 2.50 | 1.13808 | 4.25240 | 3.40 | 1.18094 | 4.81314 |
| 1.50 | 1.08304 | 3.79988 | 1.86 | 1.10332 | 3.93841 | 2.55 | 1.14067 | 4.28022 | 3.45 | 1.18306 | 4.84754 |
| 1.52 | 1.08417 | 3.80684 | 1.88 | 1.10443 | 3.94695 | 2.60 | 1.14324 | 4.30847 | 3.50 | 1.18515 | 4.88226 |
| 1.54 | 1.08530 | 3.81383 | 1.90 | 1.10555 | 3.95557 | 2.65 | 1.14580 | 4.33714 | 3.55 | 1.18721 | 4.91727 |
| 1.56 | 1.08643 | 3.82092 | 1.92 | 1.10666 | 3.96429 | 2.70 | 1.14832 | 4.66250 | 3.60 | 1.18925 | 4.95252 |
| 1.58 | 1.08756 | 3.82811 | 1.94 | 1.10778 | 3.97309 | 2.75 | 1.15082 | 4.39579 | 3.65 | 1.19125 | 4.98808 |
| 1.60 | 1.08869 | 3.83546 | 1.96 | 1.10889 | 3.98199 | 2.80 | 1.15330 | 4.42571 | 3.70 | 1.19322 | 5.02392 |
| 1.62 | 1.08982 | 3.84279 | 1.98 | 1.11000 | 3.99094 | 2.85 | 1.15576 | 4.45603 | 3.75 | 1.19517 | 5.05999 |
| 1.64 | 1.09094 | 3.85029 | 2.00 | 1.11111 | 4.00000 | 2.90 | 1.15818 | 4.48672 | 3.80 | 1.19709 | 5.09633 |
| 1.66 | 1.09207 | 3.85783 | 2.05 | 1.11388 | 4.02304 | 2.95 | 1.16058 | 4.51779 | 3.85 | 1.19898 | 5.13291 |
| 1.68 | 1.09320 | 3.86550 | 2.10 | 1.11663 | 4.04650 | 3.00 | 1.16296 | 4.54922 | 3.90 | 1.20084 | 5.16975 |
| 1.70 | 1.09433 | 3.87326 | 2.15 | 1.11937 | 4.07053 | 3.05 | 1.16530 | 4.54922 | 3.95 | 1.20268 | 5.20682 |
| 1.72 | 1.09545 | 3.88106 | 2.20 | 1.12209 | 4.09506 | 3.10 | 1.16762 | 4.61318 | 4.00 | 1.20449 | 5.24412 |
| 1.74 | 1.09658 | 3.88897 | 2.25 | 1.22480 | 4.12012 | 3.15 | 1.16991 | 4.64569 | | | |
| 1.76 | 1.09771 | 3.89701 | 2.30 | 1.12749 | 4.14563 | 3.20 | 1.17217 | 4.67851 | | | |
| 1.78 | 1.09883 | 3.90511 | 2.35 | 1.13017 | 4.17165 | 3.25 | 1.17441 | 4.71171 | | | |

**［例 4-10］** 概率权重矩法估计频率曲线统计参数。

某站共有 17 年洪水观测资料，见表 4-13 第（1）（2）列，采用概率权重矩法估计年最大洪峰量频率曲线统计参数。

具体计算步骤如下：

（1）计算样本概率权重矩。具体计算见表 4-14，

由此得

$$\hat{M}_0 = \bar{X} = 91290/17 = 5370$$

$$\hat{M}_1 = 52385/17 = 3081.47$$

$$\hat{M}_2 = 37594.583/17 = 2211.45$$

**表 4-14**　　某站概率权重矩计算表

| $i$ | $X_i$ | $\frac{n-i}{n-1}$ | $X_i\frac{n-i}{n-1}$ | $\frac{(n-i)(n-i-1)}{(n-1)(n-2)}$ | $X_i\frac{(n-i)(n-i-1)}{(n-1)(n-2)}$ |
|---|---|---|---|---|---|
| （1） | （2） | （3） | （4） | （5） | （6） |
| 1 | 8670 | 1.0000 | 8670 | 1.0000 | 8670 |
| 2 | 7340 | 0.9375 | 6881.25 | 0.875 | 6422.5 |
| 3 | 6830 | 0.8750 | 5976.25 | 0.75833 | 5179.417 |
| 4 | 6430 | 0.8125 | 5224.38 | 0.65 | 4179.5 |
| 5 | 6120 | 0.7500 | 4590 | 0.55 | 3366 |
| 6 | 5920 | 0.6875 | 4070 | 0.45833 | 2713.333 |
| 7 | 5610 | 0.6250 | 3506.25 | 0.375 | 2103.75 |
| 8 | 5300 | 0.5625 | 2981.25 | 0.3 | 1590 |
| 9 | 5100 | 0.5000 | 2550.00 | 0.23333 | 1190 |
| 10 | 4900 | 0.4375 | 2143.75 | 0.175 | 857.5 |
| 11 | 4690 | 0.3750 | 1758.75 | 0.125 | 586.25 |
| 12 | 4540 | 0.3125 | 1418.75 | 0.08333 | 378.333 |
| 13 | 4390 | 0.2500 | 1097.50 | 0.05 | 219.5 |
| 14 | 4230 | 0.1875 | 793.12 | 0.025 | 105.75 |
| 15 | 3930 | 0.1250 | 491.25 | 0.008333 | 32.75 |
| 16 | 3720 | 0.0625 | 232.50 | 0 | 0 |
| 17 | 3570 | 0 | 0 | 0 | 0 |
| $\sum$ | 91290 | | 52385.0 | | 37594.583 |

（2）计算$C_V$和$C_S$。由式（4-102）～式（4-104）得

$$R=\frac{2211.45-5370/3}{3081.47-5370/2}=1.063006$$

$$V=\frac{0.063006^2}{(4/3-1.063006)^{0.14}}=0.004767598$$

$$H=3.686693$$

$$C_V=3.686693\times\left(\frac{3081.47}{5370}-0.5\right)=0.2722$$

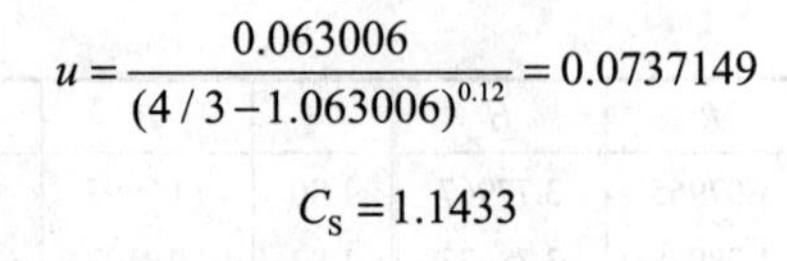

$$u=\frac{0.063006}{(4/3-1.063006)^{0.12}}=0.0737149$$

$$C_S=1.1433$$

由此所得的 P-Ⅲ型频率曲线如图 4-14 所示。由图可见，较之经验点据，频率曲线上部略偏低，拟合欠佳。

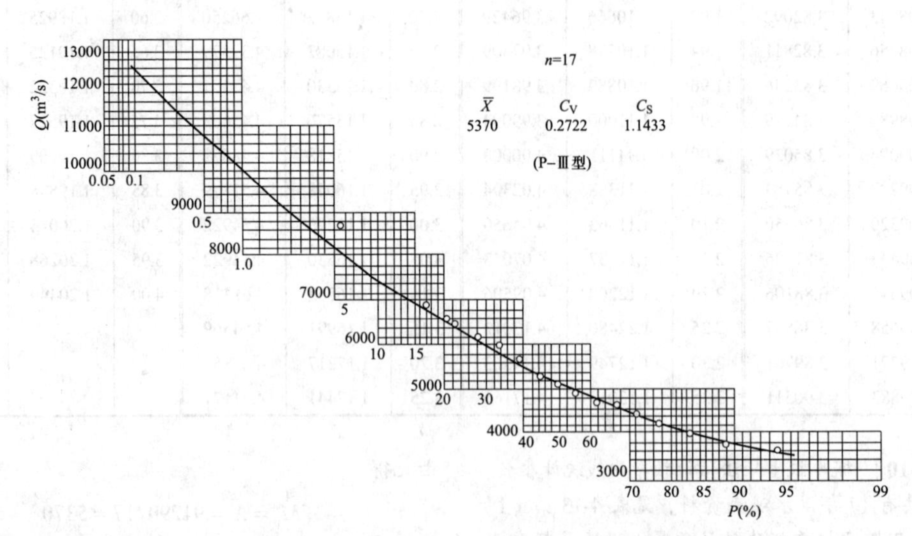


图 4-14　某站年最大洪峰流量频率曲线（概率权重矩法）

4. 数值积分双权函数法

数值积分双权函数法计算 P-Ⅲ型频率曲线三个参数 $\overline{X}$ 、$C_S$和 $C_V$ 的公式分别为式（4-99）、式（4-107）、式（4-108）。此方法旨在通过引入权重函数以提高参数的计算精度，而且采用数值积分公式计算权重函数矩，对 $C_S$和 $C_V$ 公式中待优化的两个系数 $h$ 和 $K$，则仍先用矩法计算。方法中的积分权系数 $W_i$ 仅对连序系列有具体建议，不便用于不连序系列。

数值积分双权函数法的具体计算方法步骤为：

（1）样本容量 $n$，按刘光文建议的规则确定求积公式中的积分权系数 $W_i$（$i$=1，2，…，$n$）。

1）当 $n$ 为奇数时，积分权系数为：

8，-4，8，1，4，2，4，2，…，2，4，2，4，1，8，-4，8

总权数 $\sum W_i=3$（$n$+1），$n$=13，15，17，…。所列权数组合对中心对称。

2）当 $n$ 为偶数时，积分权系数采用：

64，-32，64，8，32，16，32，16，…，32，17，27，27，17，32，16，32，…，16，32，8，64，-32，64

总权数 $\sum W_i=24$（$n$+1），$n$=14，16，18，…。排列时，最好将上列四个奇数（17，27，27，17）排在中央，以取得对称。

（2）计算均值，初算 $C_V$。

$$\overline{x}=\frac{\sum_{i=1}^{n}W_i x_i}{\sum_{i=1}^{n}W_i} \tag{4-99}$$

$$\sigma=\left(\frac{\sum_{i=1}^{n}W_i(x_i-\overline{x})^2}{\sum_{i=1}^{n}W_i}\right)^{1/2} \tag{4-100}$$

据式（4-83），即 $C_V=\sigma/\overline{x}$，可计算出 $C_V$。

（3）确定式（4-101）和式（4-102）中的两个系数，$h=C_V$，$K=1/C_V$。

（4）按下列公式计算两个权函数 $\Phi_2(x_i)$和 $\psi_2(x_i)$，其中 $i$=1，2，…，$n$。

$$\Phi_2(x_i)=\frac{K}{\overline{x}\sqrt{2\pi}}\exp\left[-\frac{K^2(x_i-\overline{x})^2}{2\overline{x}^2}\right] \tag{4-101}$$

$$\psi_2(x_i)=\exp[-\frac{h(x_i-\overline{x})}{\overline{x}}] \tag{4-102}$$

（5）按下列公式计算积分式 $E_2(x)$、$H_2(x)$、$A_2(x)$和 $D_2(x)$。

$$E_2(x)\approx\frac{\sum_{i=1}^{n}W_i(x_i-\overline{x})\Phi_2(x_i)}{\sum_{i=1}^{n}W_i} \tag{4-103}$$

$$H_2(x)\approx\frac{\sum_{i=1}^{n}W_i(x_i-\overline{x})^2\Phi_2(x_i)}{\sum_{i=1}^{n}W_i} \tag{4-104}$$

$$A_2(x)\approx\frac{\sum_{i=1}^{n}W_i\psi_2(x_i)}{\sum_{i=1}^{n}W_i} \tag{4-105}$$

$$D_2(x)\approx\frac{\sum_{i=1}^{n}W_i(x_i-\overline{x})\psi_2(x_i)}{\sum_{i=1}^{n}W_i} \tag{4-106}$$

（6）按下列公式计算 $C_S$ 和 $C_V$。

$$C_S=-\frac{2}{C_V}\left[\overline{x}C_V^2\frac{A_2(x)}{D_2(x)}+\frac{1}{h}\right] \tag{4-107}$$

$$C_V^2=\frac{\frac{1}{h\overline{x}}-\frac{E_2(x)}{K^2H_2(x)}}{-\frac{A_2(x)}{D_2(x)}+\frac{E_2(x)}{H_2(x)}} \tag{4-108}$$

［例 4-11］　数值积分双权函数法求 P-Ⅲ型频率曲线参数。

以［例 4-10］资料，采用数值积分双权函数法计算该站年最大洪峰流量频率曲线统计参数。

计算过程如下：

（1）据样本容量 $n$=17，确定数值积分公式的积分权系数 $W_i$ 为 8、–4、8、1、4、2、4、2、4、2、4、2、4、1、8、–4、8。$\sum W_i=3\times(17+1)=54$，列表计算见表 4-15。

表 4-15　　某站数值积分双权函数计算表

| $i$ | $x_i$ | $W_i$ | $W_ix_i$ | $x_i-\overline{x}$ | $(x_i-\overline{x})^2$ | $W_i(x_i-\overline{x})^2$ | $\Phi_2(x_i)$ | $W_i(x_i-\overline{x})\Phi_2(x_i)$ | $W_i(x_i-\overline{x})^2\Phi_2(x_i)$ | $\Psi_2(x_i)$ | $W_i\Psi_2(x_i)$ | $W_i(x_i-\overline{x})\Psi_2(x_i)$ |
|---|---|---|---|---|---|---|---|---|---|---|---|---|
| （1） | （2） | （3） | （4） | （5） | （6） | （7） | （8） | （9） | （10） | （11） | （12） | （13） |
| 1 | 8670 | 8 | 69360 | 3200 | 10240000 | 81920000 | $3.1378\times10^{-5}$ | 0.8033 | 2570.4870 | 0.8390 | 6.7123 | 21479.2985 |
| 2 | 7340 | −4 | −29360 | 1870 | 3496900 | −13987600 | $1.2477\times10^{-4}$ | −0.9333 | −1745.2175 | 0.9025 | −3.6101 | −6750.8834 |
| 3 | 6830 | 8 | 54640 | 1360 | 1849600 | 14796800 | $1.7481\times10^{-4}$ | 1.9019 | 2586.5677 | 0.9281 | 7.4250 | 10098.0019 |
| 4 | 6430 | 1 | 6430 | 960 | 921600 | 921600 | $2.1138\times10^{-4}$ | 0.2029 | 194.8051 | 0.9487 | 0.9487 | 910.7628 |
| 5 | 6120 | 4 | 24480 | 650 | 42500 | 1690000 | $2.3412\times10^{-4}$ | 0.60867 | 395.6544 | 0.9650 | 3.8599 | 2508.9453 |
| 6 | 5920 | 2 | 11840 | 450 | 202500 | 405000 | $2.4490\times10^{-4}$ | 0.2204 | 99.1843 | 0.9756 | 1.9512 | 878.0598 |
| 7 | 5610 | 4 | 22440 | 140 | 19600 | 78400 | $2.5424\times10^{-4}$ | 0.1424 | 19.9326 | 0.9924 | 3.9694 | 555.7166 |
| 8 | 5300 | 2 | 10600 | −170 | 28900 | 57800 | $2.5376\times10^{-4}$ | −0.0863 | 14.6673 | 1.0094 | 2.0187 | −343.1848 |
| 9 | 5100 | 4 | 20400 | −370 | 136900 | 547600 | $2.4821\times10^{-4}$ | −0.3674 | 135.9200 | 1.0205 | 4.0820 | −1510.3397 |
| 10 | 4900 | 2 | 9800 | −570 | 324900 | 649800 | $2.3884\times10^{-4}$ | −0.2723 | 155.1979 | 1.0318 | 2.0635 | −1176.2009 |
| 11 | 4690 | 4 | 18760 | −780 | 608400 | 2433600 | $2.2537\times10^{-4}$ | −0.7032 | 548.4682 | 1.0437 | 4.1748 | −3256.3658 |
| 12 | 4540 | 2 | 9080 | −930 | 864900 | 1729800 | $2.1384\times10^{-4}$ | −0.3978 | 369.9087 | 1.0523 | 2.1047 | −1957.3313 |
| 13 | 4390 | 4 | 17560 | −1080 | 1166400 | 4665600 | $2.0105\times10^{-4}$ | −0.8685 | 937.9982 | 1.0610 | 4.2441 | −4583.6131 |
| 14 | 4230 | 1 | 4230 | −1240 | 1537600 | 1537600 | $1.8633\times10^{-4}$ | −0.2311 | 286.5082 | 1.8704 | 1.0704 | −1327.2627 |
| 15 | 3930 | 8 | 31440 | −1540 | 2371600 | 18972800 | $1.5709\times10^{-4}$ | −1.9353 | 2980.4385 | 1.0881 | 8.7050 | −13405.7625 |
| 16 | 3720 | −4 | −14880 | −1750 | 3062500 | −12250000 | $1.3637\times10^{-4}$ | 0.9546 | −1670.5591 | 1.1007 | −4.4029 | 7705.1444 |
| 17 | 3570 | 8 | 28560 | −1900 | 3610000 | 28880000 | $1.2191\times10^{-4}$ | −1.8531 | 3520.8590 | 1.1098 | 8.8786 | −16869.3806 |
| Σ | 91290 | 54 | 295380 |  | 30864800 | 133048800 |  | −2.8139 | 11400.8205 |  | 54.1954 | −7044.3957 |

（2）由表 4-15 第（3）（4）列结果，据式（4-116）计算得

$$\overline{x}=\frac{295380}{54}=5470$$

（3）由第（3）（7）列得

$$\sigma^2=\frac{133048800}{54}=2463866.6667$$

$$\sigma=1569.6709$$

$$C_V=\frac{\sigma}{\overline{x}}=0.2869599\approx0.2870$$

$$K=\frac{1}{C_V}=\frac{1}{0.2870}=3.4843\approx3.5$$

同时取　　$h$=0.2870 ≈ 0.3。

（4）由式（4-101）和式（4-102）得：

第一权函数

$$\Phi_2=\frac{3.5}{5470\sqrt{2\pi}}\exp\left[-\frac{3.5^2(x-\overline{x})^2}{2\times5470^2}\right]$$

$$=2.552647\times10^{-4}\exp[-2.047064\times10^{-7}(x-\overline{x})^2]$$

第二权函数

$$\psi_2=\exp\left[-\frac{0.3(x-\overline{x})}{5470}\right]$$

$$=\exp[-5.4844607\times10^{-5}(x-\overline{x})]$$

（5）根据式（4-103）～式（4-106）计算积分式 $E_2(x)$，$H_2(x)$，$A_2(x)$和 $D_2(x)$。

$$\frac{E_2(x)}{H_2(x)}=\frac{-2.8139}{11400.8205}=-2.4682\times10^{-4}$$

$$\frac{A_2(x)}{D_2(x)}=\frac{54.1954}{-7044.3957}=-7.6934\times10^{-3}$$

（6）根据式（4-107）和式（4-125）计算 $C_S$和 $C_V$。

$$C_V^2=\frac{\frac{1}{0.3\times5470}-\frac{1}{3.5^2}(-2.4682\times10^{-4})}{7.6934\times10^{-3}-2.4682\times10^{-4}}$$

$$=\frac{6.2953\times10^{-4}}{7.4466\times10^{-3}}=0.08454$$

所以

$$C_V=0.290757\approx0.2908$$

$$C_S=\frac{2}{0.2908}\left[5470\times0.08454\times(-7.6934\times10^{-3})+\frac{1}{0.3}\right]$$

$$=1.543199\approx1.5432$$

采用双权函数法计算统计参数的P-Ⅲ型频率曲线及它们与经验点据拟合情况，见图4-15。由图可见，计算的频率曲线和经验点据拟合较好。

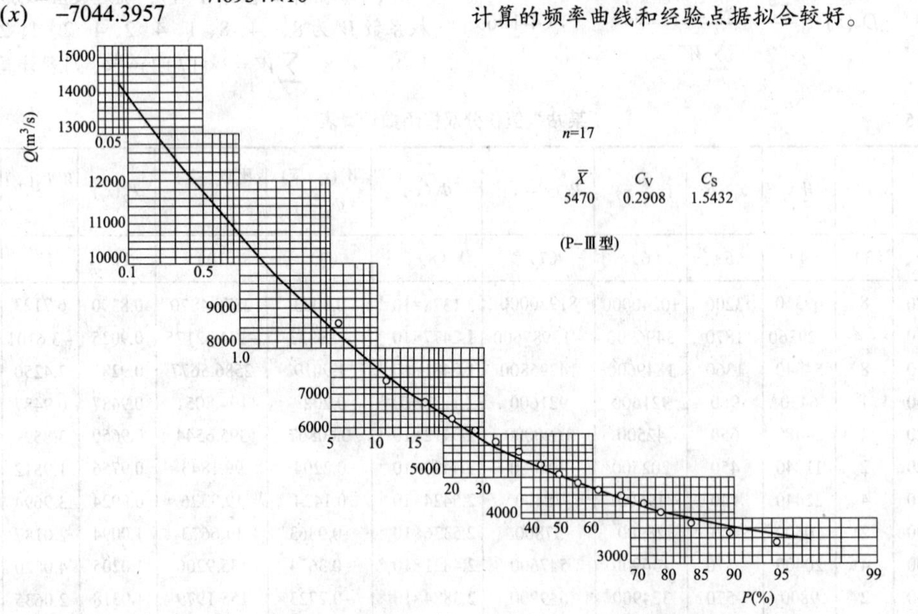


图4-15 某站年最大洪峰流量频率曲线（数值积分权函数法）

（六）频率计算成果的合理性分析

由于资料误差和样本出现的随机性，有限系列的频率计算都有抽样误差，不同计算方法会得到不同的结果，特别是当系列项数较少，且分布又不能近似地代表总体时，就使抽样误差加大，可通过合理性分析，发现某些明显的不合理现象，从而减小抽样误差，纠正某些错误。在实际工作中，常遇到有断缺资料系列，最典型的例子是洪水系列，它通常由实测系列和特大值系列（调查考证系列）组成，把这两类系列统一考虑时，统称不连序系列。特别需要注意的是，有的特大值系列还有一些定性资料，如只知道其排序而空位（或只能估计其排序的范围），或是无法估计其量值（或只知道量值范围），这样就不易用数学公式类方法进行参数计算。还有一种情况是实测系列中有特大值（如1975年8月的洪水），需将它抽至特大值系列中而在实测系列中空位。关于特小值和特大值的处理，第五章和第六章有相关内容的说明。

## 三、极值Ⅰ型频率分布曲线

（一）极值Ⅰ型频率分布曲线的函数

P-Ⅲ型频率分布法虽然有较大的实用性，但是其缺乏严格的概率论理论依据，在海洋水文资料和气象资料的分析中，常用的是极值理论分布。经典极值分布主要为Gumbel（耿贝尔）分布、Fréchet 分布和Weibull分布三种类型，常用于计算波高和潮位多年分布，也用于最大风速、导线覆冰的频率计算。

水文气象上一般常用极值Ⅰ型分布，即Gumbel频率分析法，本手册介绍的是将这种方法进行了简化的方法。

设有一组随机变量 $x_1$，$x_2$，…，$x_n$，当 $n$ 很大，

且 $x_i$ 的抽样服从于指数型分布时，其概率分布称为极值Ⅰ型分布。极值Ⅰ型分布函数为

$$P(X \leqslant x)=\Phi(x)=\exp\{-\exp[-\alpha(x-u)]\} \tag{4-109}$$

推导出

$$\alpha=\frac{C_{1n}}{S}\underset{n\to\infty}{=}\frac{\pi}{\sqrt{6}S}=\frac{1.28255}{S} \tag{4-110}$$

$$u=\bar{x}-\frac{C_{2n}}{\alpha}\underset{n\to\infty}{=}\bar{x}-\frac{0.57722}{\alpha} \tag{4-111}$$

其中

$$S=\sqrt{\frac{\sum(x_i-\bar{x})^2}{n}}=\sqrt{\frac{1}{n}\sum x_i^2-\bar{x}^2} \tag{4-112}$$

$$P=1-1/T$$

式中　$P$——设计频率；

$\alpha$——分布的尺度参数；

$C_{1n}$、$C_{2n}$——系数，由表 4-16 查得；

$u$——分布的位置参数，即其分布的众值；

$S$——均方差或标准差；

$T$——重现期，年。

**表 4-16　系数 $C_{1n}$、$C_{2n}$ 值**

| $n$ | $C_{1n}$ | $C_{2n}$ | $n$ | $C_{1n}$ | $C_{2n}$ | $n$ | $C_{1n}$ | $C_{2n}$ |
|---|---|---|---|---|---|---|---|---|
| 8 | 0.9043 | 0.4843 | 19 | 1.0566 | 0.5220 | 60 | 1.1747 | 0.5521 |
| 9 | 0.9288 | 0.4902 | 20 | 1.0628 | 0.5236 | 70 | 1.1854 | 0.5548 |
| 10 | 0.9497 | 0.4952 | 22 | 1.0754 | 0.5268 | 80 | 1.1938 | 0.5569 |
| 11 | 0.9676 | 0.4996 | 24 | 1.0864 | 0.5296 | 90 | 1.2007 | 0.5586 |
| 12 | 0.9833 | 0.5035 | 26 | 1.0961 | 0.532 | 100 | 1.2065 | 0.5600 |
| 13 | 0.9972 | 0.5070 | 28 | 1.1047 | 0.5343 | 200 | 1.2360 | 0.5672 |
| 14 | 1.0095 | 0.5100 | 30 | 1.1124 | 0.5362 | 500 | 1.2588 | 0.5724 |
| 15 | 1.0206 | 0.5128 | 35 | 1.1285 | 0.5403 | 1000 | 1.2685 | 0.5745 |
| 16 | 1.0316 | 0.5157 | 40 | 1.1413 | 0.5436 | ∞ | 1.2826 | 0.5772 |
| 17 | 1.0411 | 0.5181 | 45 | 1.1519 | 0.5463 | | | |
| 18 | 1.0493 | 0.5202 | 50 | 1.1607 | 0.5485 | | | |

## （二）计算方法

由 $P=\exp\{-\exp[-\alpha(x-u)]\}$ 可解出

$$x_P=u-\frac{1}{\alpha}\ln(-\ln P) \tag{4-113}$$

由 $P=1-1/T$，代入式（4-113）得到

$$x_P=u-\frac{1}{\alpha}\ln\left(\ln\frac{T}{T-1}\right) \tag{4-114}$$

将式（4-110）和式（4-111）中 $\alpha$、$u$ 的值代入式（4-113），得

$$x_P=\bar{x}+\frac{1}{C_{1n}}[-\ln(-\ln P)-C_{2n}]S \tag{4-115}$$

对于低潮位频率计算，即计算小于等于某频率 $P$ 的低潮位时，式（4-115）应改为

$$x_P=\bar{x}-\frac{1}{C_{1n}}[-\ln(-\ln P)-C_{2n}]S \tag{4-116}$$

令

$$\lambda_{nP}=\frac{1}{C_{1n}}[-\ln(-\ln P)-C_{2n}] \tag{4-117}$$

代入式（4-115）和式（4-116），则

$$x_P=\bar{x}\pm S\lambda_{nP} \tag{4-118}$$

其中的 $\lambda_{nP}$ 值可查附录 Q 得到，也可从表 4-16 查出 $C_{1n}$ 及 $C_{2n}$ 后采用式（4-117）计算得到。

现行建筑结构荷载规范用极值Ⅰ型分布计算设计风速及雪压时采用如下公式

$$x_T=u-\frac{1}{\alpha}\ln\left[\ln\left(\frac{T}{T-1}\right)\right] \tag{4-119}$$

$$x_T=x_{10}+(x_{100}-x_{10})(\ln T/\ln 10-1) \tag{4-120}$$

式中　$x_T$——重现期为 $T$ 的设计值；

$x_{10}$——重现期为 10 年的设计值；

$x_{100}$——重现期为 100 年的设计值。

已知 $x_{10}$、$x_{100}$，可由式（4-120）计算其他重现期为 $T$ 的设计值。

［例 4-12］　采用极值Ⅰ型频率分布计算设计波高。

某站 2001～2012 年的实测年最大波高资料见表 4-17，试求 50 年一遇、100 年一遇波高。

表 4-17　某站实测年最大波高值表

| 年份 | 1962 | 1963 | 1964 | 1965 | 1966 | 1967 |
|---|---|---|---|---|---|---|
| 最大波高（m） | 2.3 | 1.6 | 1.9 | 2.1 | 1.9 | 2.3 |
| 年份 | 1968 | 1969 | 1970 | 1971 | 1972 | 1973 |
| 最大波高（m） | 2.8 | 1.3 | 2.5 | 3.0 | 1.9 | 2.5 |

先求出下列参数

$$\bar{x}=\sum x_i/n=(2.3+1.6+\cdots+2.5)/12=2.175\text{（m）}$$

$$S=\sqrt{\sum x_i^2/n-\bar{x}^2}$$
$$=\sqrt{(2.3^2+1.6^2+\cdots+2.5^2)/12-2.175^2}=0.469\text{（m）}$$

由附录Q查出$\lambda_{12,0.98}$=3.456，$\lambda_{12,0.99}$=4.166［也可查表4-16得到$C_{1n}$及$C_{2n}$后采用式(4-113)计算得到］，故50年一遇波高及100年一遇波高分别为

$$x_{0.98}=2.175+3.456\times0.469=3.8\text{（m）}$$
$$x_{0.99}=2.175+4.166\times0.469=4.1\text{（m）}$$

相应于正态分布中一倍$S$置信区间（置信概率为68.3%）的半长$\Delta x_P$为

$$\Delta x_P=1.14078/\alpha=1.14078S/C_{1n}$$
$$=1.14078\times0.469/0.9833=0.5\text{（m）}$$

$\Delta x_P$的大小可以衡量$x_P$值的精度。

$P-x_P$关系点绘在包伟尔几率格纸上，呈一直线。

对于不连序系列潮位，有时会出现概念上的矛盾和计算成果的不合理，究其原因在于查算$\lambda_{np}$值时计算资料年数$n$不妥。对此，福建省水文水资源勘测局的李松仕提出了一种改进方法——利用“克-闵矩法”公式计算，在不连序系列潮位计算中取得了理想的成果。

（三）极值Ⅰ型频率分布曲线函数的另外一种表达形式

极值Ⅰ型分布函数也可写成下述形式

$$\Phi(x)=P(X\geqslant x)=1-\exp\{-\exp[-\alpha(x-u)]\}$$
$$(-\infty<x<\infty) \tag{4-121}$$

$$x_P=\bar{x}_P(1+\phi C_V) \tag{4-122}$$

$$\phi=-\frac{\sqrt{6}}{\pi}\{0.57722+\ln[-\ln(1-P)]\} \tag{4-123}$$

式中　$P$——设计频率，这里$P=1/T$［式（4-119）中的$P=1-1/T$］；

$\phi$——Gumbel曲线离均系数；

$T$——重现期，年。

［例4-13］ 极值分布频率计算。

设 $C_V$=0.38，$\bar{X}_P$=1000，求极值分布及对应于$P$=0.5%的$x_P$值。

解　$\sigma=\bar{x}_P C_V=0.38\times1000=380$

众值

$$u=\bar{x}_P-0.45005\sigma=1000-0.45005\times380=829.0$$

据式（4-110）求得分布的尺度参数$\alpha$=1.28255/380=0.003375。

故所求的极值分布为

$$\Phi(x)=P(X\geqslant x)$$
$$=1-\exp\{-\exp[-0.003375(x-829.0)]\}$$

对于$P$=0.5%=0.005，有

$$\phi=-\frac{\sqrt{6}}{\pi}\{0.57722+\ln[-\ln(1-P)]\}$$
$$=-0.45005-0.7797\ln[-\ln(1-0.005)]=3.679$$

因此

$$x_P=\bar{x}_P(1+\phi C_V)=1000\times(1+3.679\times0.38)=2398$$

## 四、对数正态频率分布曲线

对数正态频率分布曲线的函数式为

$$\left.\begin{aligned}&F(X)=\frac{1}{\sqrt{2\pi}}\int_{-\infty}^{t}e^{-t^2/2}dt=\frac{1}{\sqrt{\pi}}\int_{-\infty}^{t}e^{-\xi^2}d\xi\\&\xi=\frac{t}{\sqrt{2}}=b\lg\frac{X-a}{\bar{X}-a}=K\ln\frac{X-a}{\bar{X}-a}\end{aligned}\right\} \tag{4-124}$$

式中　$b$、$a$、$K$——常数，$a$由式（4-126）计算。

若样本频率分布的偏态较大，可以用变数转换，使新的样本具有正态分布或偏态很小的近似正态分布。正态分布的转换方法有几种，下面介绍一种简化的改进方法，即对正偏的系列使用转换变量$u$，由下式给出

$$u=\lg(X_i-a) \tag{4-125}$$

$$a=\frac{X_{P_i}X_{(1-P_i)}-X_g^2}{X_{P_i}+X_{(1-P_i)}-2X_g} \tag{4-126}$$

式中　$X_i$——统计系列中的原始值；

$a$——常数；

$X_{P_i}$——频率为$P_i$的变量；

$X_{(1-P_i)}$——频率为（$1-P_i$）的变量；

$X_g$——频率$P$=50%的变量。

转换后的变量适线在对数几率格纸上，应成一直线。转换后的频率曲线上各点由下式计算

$$\lg(X_{P_i}-a)=\sigma_u\Phi(P_i,C_s=0)+\lg(X_{50\%}-a) \tag{4-127}$$

$$\sigma_u=0.304\lg\frac{X_{P_i}-a}{X_{(1-P_i)}-a} \tag{4-128}$$

式中　$\sigma_u$——标准差。

为了更明确简化计算方法，如取$P_i$为5%、50%、95%三点，则

$$a=\frac{X_{5\%}X_{95\%}-X_{50\%}^{2}}{X_{5\%}+X_{95\%}-2X_{50\%}}$$

此方法在一些小流域上计算洪峰流量，在一定的情况下是合适的。

［例 4-14］ 对数正态频率分布适线法计算。

以表 4-10 及图 4-13 所示资料计算说明对数正态分布适线法的计算方法步骤。

（1）在图 4-13 经验频率曲线上读三点，其 $P_i$ 为 5%、50%和 95%，相应流量 $X_{P_i}$ 为 490、150m³/s 和 70m³/s。

（2）计算 $a$ 值、$\sigma_u$ 值及 lg（$X_{50\%}-a$）值。

$$a=\frac{490\times70-150^2}{490+70-2\times150}=45.38$$

$$\sigma_u=0.304\lg\frac{490-45.38}{70-45.38}=0.3820$$

$$\lg(X_{50\%}-a)=\lg(150-45.38)=2.0196$$

（3）从附录 M 查出当 $C_S$=0 时的 $\Phi$ 值，并列表计算（见表 4-18），绘成的频率曲线见图 4-16。

表 4-18　　对数正态频率分布适线计算表

| $P$（%） | 1 | 5 | 10 | 20 | 50 | 80 | 90 | 95 | 99 |
|---|---|---|---|---|---|---|---|---|---|
| $\Phi$（当 $C_S$=0 时） | 2.33 | 1.64 | 1.28 | 0.84 | 0.00 | −0.84 | −1.28 | −1.64 | −2.33 |
| $\Phi\sigma_u$ | 0.8901 | 0.6265 | 0.4890 | 0.3209 | 0.0000 | −0.3209 | −0.4890 | −0.6265 | −0.8901 |
| $\Phi\sigma_u+\lg(X_{50\%}-a)$ | 2.9097 | 2.6461 | 2.5086 | 2.3405 | 2.0196 | 1.6987 | 1.5306 | 1.3931 | 1.1295 |
| $X_P-a$ | 812.2 | 442.7 | 322.5 | 219.0 | 104.6 | 50.0 | 33.9 | 24.7 | 13.5 |
| $X_P$ | 857.6 | 488.0 | 367.9 | 264.4 | 150.0 | 95.4 | 79.3 | 70.1 | 58.9 |

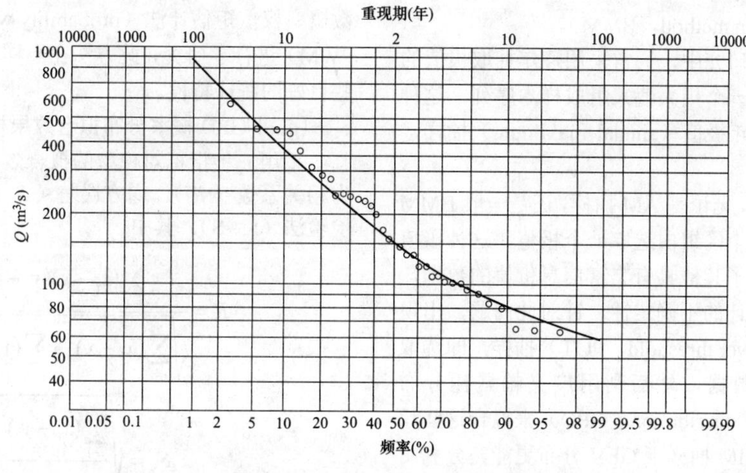


图 4-16　对数正态频率分布曲线

## 五、广义帕累托（GPD）分布模型

海洋水文和覆冰频率计算时，常用极值理论方法。经典极值分布主要为 Gumbel 分布、Fréchet 分布和 Weibull 分布三种类型，这三种类型都是广义极值分布（GEV）的一种特殊形式。广义极值分布（GEV）抽取样本常用的方法是年最大值统计法（AM），即每年取一个最大值组成样本的方法，这种抽样方法对样本序列长度要求较高，样本序列越长，计算结果越可靠。

然而目前海洋水文和覆冰观测资料的年限往往很短，采用年最大值抽样的计算精度不高，于是出现了部分历时序列统计法（PDS），即确定一个合适的临界值(门限值)，每年可取多个超过临界值的值组成样本。广义帕累托（GPD）分布模型就是运用部分历时序列统计法的一种分布，已广泛应用于极值分析领域，近年来在覆冰重现期极值和波浪重现期极值的推算等方面得到了越来越多的应用。

### （一）GPD 概率分布模型及其参数估计

1. GPD 概率分布模型

前面提到经典极值分布主要为 Gumbel 分布、Fréchet 分布或 Weibull 分布三种类型，然而在实际建模过程中，极值数据究竟采用上述三种分布中何种极值分布形式很难确定。为避免分布类型预设错误，Jenkinson（1955）将三种类型的极值分布经过适当变换，从理论上证明三种类型的经典极值分布可以写成一个通式，即具有三参数的极值分布函数，其分布函数为

$$F(x)=\exp\left[-\left(1-k\left(\frac{x-\beta}{\alpha}\right)\right)^{1/k}\right]\quad k\neq0$$

（4-129）

其中$1-k(x-\beta)/\alpha>0$，$-\infty<\beta<\infty$为位置参数，$\alpha>0$为尺度参数，$-\infty<k<\infty$为形状参数（也称为极值指数）。

作为经典极值分布的广义形式，该模型称为广义极值分布（generalized extreme value distribution，GEV）。

当$k<0$时，对应极值Ⅱ型分布，即Fréchet分布；当$k>0$时，对应极值Ⅲ型分布，即Weibull分布；而当$k=0$，模型则简化为

$$F(x)=\exp\left[-\exp\left(-\frac{x-\beta}{\alpha}\right)\right] \quad k=0 \tag{4-130}$$

此时模型为极值Ⅰ型分布，即Gumbel分布，实质为GEV中$k\to 0$的极限形式。

通常经典极值分布及由此构造的广义极值分布（GEV）都是根据次序统计量的抽样方式进行的，即在每一时段（例如逐年、逐月）抽取一个极大（或极小）值，组成极值样本或总体，这种抽样方式称为区组大值法（block maxima method，BMM）。

在海洋和气象研究中，通常采用逐年抽取极值的方式，即每年只取一个极大值来组成样本序列，这种抽样方式又被称为年极值（annual maximum）抽样，简记为AM抽样。

值得注意的是，无论是AM抽样，还是一般BMM抽样，都只是在每个区组内选取一个极值，这种极值数据抽样方式忽略了其他具有丰富信息价值的数据，增加了模型参数估计的不确定性。针对此问题，出现了超门限（peaks over threshold，POT）抽样，即选取某门限值以上的数据，然后利用广义帕累托分布（generalized Pareto distribution，GPD）来拟合这些超越数据，相对于BMM抽样下GEV分布更能充分利用样本数据所包含的信息。

广义帕雷托分布（GPD）起初应用于经济领域，由Pickands在1975年最先引入到水文气象学研究中，其后由Hosking等人进一步发展了该分布的应用，近年来已得到广泛应用。

广义帕累托分布（GPD）也称为阈值模型，其分布函数为

$$F(x)=1-\left[1-k\left(\frac{x-\beta}{\alpha}\right)\right]^{1/k} \quad k\neq 0, \beta\leqslant x\leqslant\frac{\sigma}{k} \tag{4-131}$$

分布密度（PDF）为

$$f(x)=\left(\frac{1}{\alpha}\right)\left[1-k\frac{(x-\beta)}{\alpha}\right]^{1/k-1} \tag{4-132}$$

其中，$k$是形状参数，$\alpha$是尺度参数，$\beta$为门限值。当$k=0$时，分布函数为

$$F(x)=1-\exp\left[-\left(\frac{x-\beta}{\alpha}\right)\right] \tag{4-133}$$

2. GPD概率分布参数估计

GPD建模，关键的问题是对模型中参数进行估计，其中尤以形状参数（也即极值指数）为主，对于模型中参数估计，依据所采用的方法分为半参数法和参数法两大类。

半参数法：围绕Pickands（1975）提出的Pickands估计、Hill（1975）提出的Hill估计、Dekkers&Haan（1989）提出的矩估计，Pickands估计、Hill估计作为极值指数最经典的估计，至今仍被普遍应用。

参数法：基于GPD模型的参数方法，如最大似然估计、矩法估计和概率权重矩估计等。Smith（1987）和Azzalini（1996）则对极值模型最大似然估计进行了研究。由于最大似然估计具有良好的统计特性，其成为近20年来极值理论中最重要与最常用的估计方法。Hosking&Wallis（1985，1987）则对极值模型参数概率权重矩估计法（probability weighted moments，PWM）进行了研究，此方法在小样本估计方面具有一些良好的统计特性。

**（二）GPD概率分布拟合效果检验**

采用三种指标对模型的拟合效果进行检验，分别为相关系数（$R$）、均方误差（$S_S$）和科尔莫哥洛夫检验法（K－S）。其中

$$R=\frac{\sum_{i=1}^{n}(x_i-\overline{x})(y_i-\overline{y})}{\sqrt{\sum_{i=1}^{n}(x_i-\overline{x})^2\cdot\sum_{i=1}^{n}(y_i-\overline{y})^2}} \tag{4-134}$$

$$S_S=\sqrt{\frac{\sum_{i=1}^{n}(x_i-y_i)^2}{n}} \tag{4-135}$$

式中 $x_i$——理论频率；

$y_i$——经验频率；

$\overline{x}$——理论频率的平均值；

$\overline{y}$——经验频率的平均值。

科尔莫哥洛夫检验法是根据假设分布函数$F_0(x)$和经验分布函数$F_n(x)$，计算样本点上的偏差，即

$$d=\left|F_0(x)-F_n(x)\right| \tag{4-136}$$

在上述这些偏差中找出最大值，记作$D_n$。若$n$很大，则可以认为$D_n\sqrt{n}$近似地服从分布函数$\Phi(\lambda)$，这样就可以根据显著性水平$\alpha$，找到满足$\Phi(\lambda)=1-\alpha$的临界值$\lambda_\alpha$，然后比较$D_n\sqrt{n}$和$\lambda_\alpha$：若$D_n\sqrt{n}<\lambda_\alpha$，则接受原假设；否则，拒绝原假设。

取显著性水平$\alpha=0.05$，则$\lambda_\alpha=1.36$。

**（三）门限值选取方法**

对于GPD模型，首先是确定门限值（阈值），找

出门限值以上的数据，得出用于估计的观察数据，然后才能使用半参数、参数方法进行估计。然而，对于门限选取，目前仍一直是困扰极值工作者的一个难题：门限值越大，被分析的数据越少，比较接近分布的极端，分析偏差减少，但由于数据过少，估计方差增加；反之，门限值过小，被分析数据增加，分析的方差减少，但偏差却增加了。

目前选取方法主要可分为定性图解法与定量计算法两大类：一类是主要包含平均超出量函数法与 Hill 图法的图解法；另一类则是主要有基于 Hill 估计的阈值择选方法、厚尾分布与正态分布相交法（McNeil&Frey，2000）、峰度法（Pierre Patie，2000）及 Choulakian&Stephens（2001）根据 Cramer-von 统计量 $W^2$ 和 Anderson-Darling 统计量 $A^2$ 提出的 GPD 模型检验方法等的计算法。以上阈值选取方法各有优劣，但迄今为止，仍然没有一个统一的最好的选取方法。

在导线覆冰研究中，考虑到超门限覆冰极值的出现为一小概率事件，根据泊松分布（Poisson 分布）的性质，相互独立的超门限覆冰极值出现的次数应符合泊松分布。

具体方法为：假定超门限覆冰极值出现次数服从泊松分布，则每年发生超门限的次数 $k$ 的概率为

$$P_k(K=k)=\frac{\lambda^k}{k!}\mathrm{e}^{-\lambda}\quad k=0,1,2,\cdots \tag{4-137}$$

式（4-137）中，$\lambda$ 为 Poisson 分布的参数，在这里就表示年交叉率，表达式为 $\lambda=m/n$，其中 $m$ 为超过门限的极值数量，$n$ 为资料记录的总年数。

通过 $\chi^2$ 检验法对其进行拟合优度检验，判断超门限值发生次数是否符合泊松分布，并由此判断通过 POT 抽样得到的各次超门限极值是否独立。

$\chi^2$ 检验法的基本思想为：设 $X_1,X_2,\cdots,X_n$ 是取自分布为 $F(x)$ 的总体 $X$ 的一个随机样本，$F(x)$ 的形式是未知的，要根据样本检验它是否为某一已知分布 $F_0(x)$，即假设检验

$$H_0:F(x)=F_0(x) \tag{4-138}$$

把随机试验结果的全体分为 $k$ 个互不相容的事件 $A_1,A_2,\cdots,A_k$，在假设 $H_0$ 下，可以计算

$$P_i=P(A_i)\quad i=1,2,\cdots,k \tag{4-139}$$

显然，在 $n$ 次试验中，事件 $A_i$ 出现的频率 $f_i/n$ 与 $P_i$ 有差异。一般来说，若 $H_0$ 为真，则这种差异并不显著。基于这种想法，皮尔逊（Pearson）使用统计量

$$\chi^2=\sum_{i=1}^{k}\frac{(f_i-np_i)^2}{np_i} \tag{4-140}$$

作为检验理论（即假设 $H_0$）与实际符合程度的尺度。

Hill 图是基于 Hill 估计量的一种阈值图形分析方法，Hill 估计量的表达式为

$$\gamma(m)=\frac{1}{m}\sum_{j=1}^{m}[\ln x_j-\ln x_m] \tag{4-141}$$

式中　$m$ ——超过门限值的极值数量；

$x_m$ ——门限值；

$x_j$ ——大于门限值的变量。

考察 Hill 估计量随门限值的演变情况，取 Hill 估计量趋于稳定时对应的数值为最佳门限值。

### （四）重现期极值推算

重现期 $T$ 反映了小概率的数值大小，重现期 $T$ 越长，代表了概率越小，越是稀有事件。在水文、气象方面还经常以 $T$（年）一遇来描述事件概率较小。因此重现期并非是指经过时间 $T$ 后该事件必然再现，而它只是概率意义上的“徊转周期”。极端值在短于时间 $T$ 内也可能出现不止一次，也可能在时间 $T$ 内一次也未出现，这都属于正常情况。

对 GPD 模型进行参数估计后，按照重现期值定义可得 GPD 模型重现期极值 $x_T$ 的估算公式为

$$x_T=\beta+\frac{\alpha}{k}[1-(\lambda T)^{-k}]\quad k\neq 0 \tag{4-142}$$

$$x_T=\beta+\alpha\ln(\lambda T)\quad k=0 \tag{4-143}$$

$$\lambda=m/n$$

式中　$\lambda$ ——年交叉率；

$m$ ——超过门限的极值数量；

$n$ ——资料记录的总年数。

［例 4-15］　用 GPD 模型推求设计冰厚。

某站具有 2002～2009 年共 8 个冬季的实测每次覆冰过程标准冰厚最大值资料，共计 272 组，试求该站 30 年一遇、50 年一遇最大标准冰厚。

计算步骤为：

（1）利用超门限峰值抽样方法确定门限值。选取不同的门限值，得到相应超门限值标准冰厚序列，统计每年覆冰发生的频次，由 $\chi^2$ 检验法对相应不同超门限值的每年覆冰发生频次序列进行泊松分布拟合优度检验，检验结果见表 4-19。

**表 4-19　某站超门限值年发生次数 Poisson 分布的 $\chi^2$ 检验**

| 门限值（mm） | 统计年数 | 发生次数 | 年交叉率（$\lambda$） | 统计量（$U$） | 自由度（$\gamma$） | $\chi^2_{0.05}$ | 是否通过检验 |
|---|---|---|---|---|---|---|---|
| 18 | 8 | 116 | 14.5000 | 2.0484 | 3 | 7.8150 | 是 |
| 23 | 8 | 84 | 10.5000 | 3.4012 | 4 | 9.4880 | 是 |
| 29 | 8 | 56 | 7.0000 | 3.6968 | 3 | 7.8150 | 是 |
| 38 | 8 | 31 | 3.8750 | 1.4792 | 4 | 9.4880 | 是 |

（2）计算不同门限值下的 Hill 估计量，考察 Hill

估计量随门限值的演变情况，见图4-17。

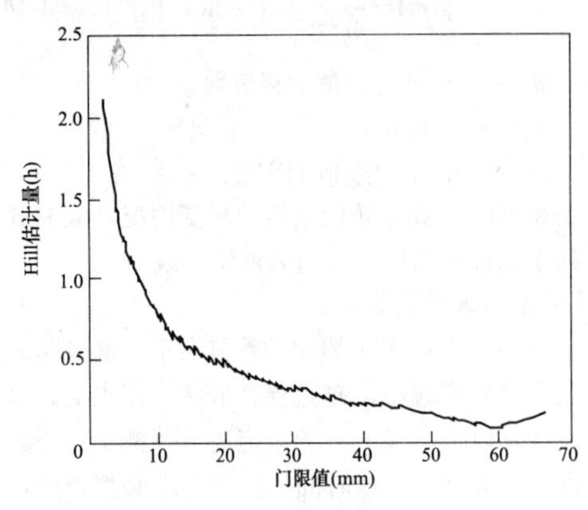


图4-17　某站最大标准冰厚的Hill图

（3）通过泊松分布的$\chi^2$检验可以看出，选取的不同门限值序列全部通过了0.05的置信度检验，说明选取的不同门限值序列的覆冰相互独立。再结合Hill图中Hill估计量随门限值的变化曲线来看，寻找曲线变平缓、趋于稳定的点，确定某站的最佳门限值$\beta$为29mm。

（4）求参数。$X$为大于门限值的覆冰过程标准冰厚最大值序列。

$$b_0 = \bar{X} = 42.0144$$

$$b_1 = \sum_{j=1}^{n-1} \frac{(n-j)X_j}{n(n-1)} = 24.0239$$

$$\lambda_1 = b_0 = 42.0144$$

$$\lambda_2 = 2b_1 - b_0 = 6.0344$$

（5）计算形状参数$\zeta$和尺度参数$\alpha$。

$$\xi = \frac{\lambda_1 - \beta}{\lambda_2} - 2 = \frac{42.0144 - 29}{6.0344} - 2 = 0.1570$$

$$\alpha = (\lambda_1 - \beta)\left(1 + \frac{\lambda_1 - \beta}{\lambda_2} - 2\right) = (42.0144 - 29) \times \left(1 + \frac{42.0144 - 29}{6.0344} - 2\right) = 15.0582$$

（6）计算30年一遇和50年一遇标准冰厚。

$$x_{30} = \beta + \frac{\alpha}{\xi}[1 - (\lambda T)^{-\xi}]$$

$$= 29 + \frac{15.0582}{0.157}[1 - (7 \times 30)^{-0.1570}]$$

$$= 83.4850\text{（mm）}$$

$$x_{50} = \beta + \frac{\alpha}{\xi}[1 - (\lambda T)^{-\xi}]$$

$$= 29 + \frac{15.0582}{0.157}[1 - (7 \times 50)^{-0.1570}]$$

$$= 86.6777\text{（mm）}$$

## 六、随机分析模型

随机分析法是运用随机水文学的理论借助统计试验等方法进行水文分析计算的一种方法，本手册仅作概要性介绍。

### （一）随机水文学

水文过程是水文现象随时间变化的过程。大量实测资料表明，实际的水文过程既受到确定因素的作用，又受到随机因素的作用，是十分复杂的过程。但一般而言，水文过程中总包含两种成分，即确定成分和随机成分，前者表现为水文现象的趋势变化和周期变化等，后者表现为水文现象的相依和纯随机变化。这种包含有随机性成分和确定性成分的水文过程，就称之为随机水文过程，通常依据随机过程理论研究这样的水文过程。近几十年来，随着高速电子计算机的应用和各种随机过程理论及分析技术引入水文学中，研究水文过程的领域逐渐形成了一门新学科，即随机水文学。水文计算中通常的频率计算方法研究不受确定性因素影响而且在时序变化上无相依性，即确定性成分和序列相依性不予考虑的纯随机过程（又称为概率过程）。运用随机分析法求解数理统计中的实际问题的常用方法为统计试验法。

### （二）统计试验法

统计试验法是运用随机数学进行统计试验的方法，又称Monte-Carlo（蒙特卡罗，简记为M-C）方法，是人工产生和利用随机数方法的总称。它是一类通过对有关的随机变量或随机过程的随机抽样，来求解数学、物理和工程技术问题近似解的数值方法。具体来说，就是对所要求解的问题，构造一种随机变量或随机过程，使其某一数值特征（例如数学期望）为所求问题的解，然后对所构造的随机变数或过程进行抽样，并由得到的样本算出相应的参数值，作为所求问题的近似解。

例如：在水文频率计算中，由短系列实测（包括调查历史洪水）年最大流量序列，并考虑其他信息（如地区洪水规律），按常规水文计算方法确定其符合某种概率分布的频率曲线 $Q_m-P$（作为估计的总体概率分布曲线）；再用随机数的模拟方法随机地模拟频率 $P_i$（$i$=1，2，…），并由$P_i$通过$Q_m-P$曲线查出年最大流量 $Q_{mi}$，这就是随机模拟的符合该频率分布的年最大流量序列；然后对所构造的随机序列进行独立重复抽样，通过电算进行统计模拟试验，并使用降低方差的方法以加速结果的收敛，在对模拟结果进行统计处理后，计算出的统计参数和设计值即为所求。同时，要通过控制抽样次数多少来达到必要的精度。由此可见，用M-C方法求解一个实际问题的基本环节包括：

（1）根据问题的内容和特点，构造一个随机变量（或过程），使后者的某一参数为所求问题的解。这一工作常称为构造模拟的概型，是整个求解过程中最重要的一环。

（2）根据概型的特点，设计、使用降低方差的各类方法，加速结果的收敛。

（3）给出概型中各种不同分布随机变量的抽样方法。

（4）在数字计算机上进行统计模拟试验，对模拟结果进行统计处理后，给出问题解的统计估计值和精度估计值。

M-C 方法已有百余年的历史，但在水文学中广泛地应用则是在 20 世纪 50 年代，特别是 60 年代以后。概括地说，这一方法主要用于解决分析方法难以解决的问题，例如，在理论研究方面常用于对估计方法和拟合线型的研究，在实际计算方面，常用于水库的规划设计。特别在随机水文学中，M-C 方法是一个基本工具。另外，对于泥沙沉积、河网随机分布的研究，也可采用 M-C 法。

## 第三节 统 计 检 验

统计检验是利用统计学的方法来检验相关分析所得到回归方程的效果。本节介绍常用的直线相关与复相关的回归效果检验。以下介绍的检验方法，大都是基于一定的概率分布函数按假设检验和区间估计的原理进行的。

设所研究的随机变量为 $X$，其分布包含一个未知参数 $u_0$，设 $U_1$ 与 $U_2$ 是 $X$的两个函数，且对 $X$ 的取值，$U_1<U_2$。这时，如果下式

$$P\{U_1(X)<u_0<U_2(X)|u_0\}=1-\alpha \qquad (4\text{-}144)$$

对一切 $u_0$ 皆成立，则函数 $U_1$ 与 $U_2$ 分别称为 $u_0$ 的下、上置信限；（$U_1$，$U_2$）称为 $u_0$ 的置信区间；$1-\alpha$称为置信区间（$U_1$，$U_2$）的置信水平，表示置信区间包含总体参数的概率；$\alpha$在假设检验中也称信度或显著性水平。

在数理统计中，假设就是指关于随机变量 $X$ 的分布 $F(x|\vartheta)$ 的一种陈述，包括其参数 $\vartheta$ 的取值和函数形式两方面的内容。设 $\omega$ 是参数空间$\Omega$的某一非空子集，关于参数的假设就是如下的一种陈述：$\vartheta\in\omega$，这假设通常称为原假设，记为 $H_0$：$\vartheta\in\omega$。与此对立的陈述：$\vartheta\in\Omega-\omega$ 称为备择假设，记为 $H_1$：$\vartheta\in\Omega-\omega$。

本节所述检验方法，大都属于假设检验，即对从观测的样本资料寻求总体特性中所提出的假设，用某种检验方法对所做的假设做出接受或拒绝的决定。检验中，关于信度$\alpha$的选定，没有一个固定明确的规则，常用的$\alpha$有 0.05、0.01、0.005 等数值，有时用到 0.10，甚至 0.20。$\alpha$的选定，主要应该根据检验问题的性质，考虑出错所引起的损失来确定。此外，以往在电力工程水文气象工作中统计检验应用较少，应用时要注意各种检验方法的特点和使用条件，并注意积累经验。

### 一、一元线性回归方程检验

从［例 4-2］求回归直线方程的计算过程可看出，只要给出一组年径流模数观测值（$x$，$y$），就可以得到一个一元线性回归方程，但并非任意一组观测值所相应的回归方程都有意义，因而要有一种判别标准以检验回归方程的效果。

#### （一）相关系数误差检验法

在目前线性回归检验方法中，通常应用误差的范围判定变量系列间的关系是否密切，即用相关系数的随机误差 $E_r$ 来估计。相关系数的随机误差，可用式（4-25）计算，即

$$E_r=\pm0.6745\frac{1-r^2}{\sqrt{n}}$$

这个公式是假定系列误差均为正态分布，出现或不出现可能性均等的相关系数范围在 $r\pm E_r$ 间，而最大范围在 $r\pm4E_r$ 间。故一般认为当$|r|>|4E_r|$时，相关系数仍保持符号不变者，则相关关系是明显的，或可认为是密切的。

［**例 4-16**］ 回归方程相关系数误差检验。

用［例 4-2］中计算出的参数与回归线方程，对其回归效果进行检验。

计算步骤为：

（1）计算相关系数的随机误差。

$$E_r=\pm0.6745\frac{1-r^2}{\sqrt{n}}=\pm0.6745\times\frac{1-0.95^2}{\sqrt{13}}=\pm0.02$$

（2）计算相关系数出现的最大范围 $r\pm4E_r$，即

$r+4E_r=0.95+4\times0.02=1.03$ （取 1.00）

$r-4E_r=0.95-4\times0.02=0.87$

因 $r>4E_r$（即 $0.95>0.08$），可认为相关关系甚为密切。

严格地说，相关系数 $r>0.8$，$|r|>4|E_r|$，且 $r+4E_r$ 与 $r-4E_r$ 的符号不变，即可认为相关密切。同时，随机误差 $E_r$ 为相关系数的抽样误差，一般按正态分布估计，以$\pm4E_r$ 为最大误差的可能范围，即 $P\{(r-4E_r)\leqslant r\leqslant(r+4E_r)\}=99.3\%$，表示利用样本推算的总体相关系数 $r$ 基本上全部落在（$r\pm4E_r$）范围以内的概率为 99.3%。但在实际工程中，在系列较短时会出现（$r+4E_r$）$>1$ 的不合理情况，此时抽样误差不服从正态分布。要使（$r+4E_r$）$<1$，则需满足 $n>7.279(1+r)^2$，对于 $r=0.8$，则需 $n=24$。对于（$r+4E_r$）$>1$ 的不合理情况，可用下述统计检验法进行检验。

#### （二）回归方程的显著性检验

1. $F$ 检验法

统计检验法中，$F$ 检验用于回归方程的显著性检验时，主要是通过方差比的大小来检验其是否接受原

假设 $H_0$：$b$=0。

（1）方差计算。$N$ 个观测值 $y_1$，$y_2$，…，$y_N$ 之间的差异，可用观测值 $y_i$ 与其算术平均值 $\overline{y}$ 的离差平方和 $s_T$ 表示，称总平方和。$s_T$ 包括两部分：一部分是回归值 $\hat{y}_i$ 与平均值 $\overline{y}$ 之差的平方和，反映由 $x$ 与 $y$ 的线性关系而引起的变差，称为回归平方和 $s_R$；另一部分是观测值 $y_i$ 与回归值 $\hat{y}_i$ 之差的平方和，反映除了 $x$ 对 $y$ 的线性影响之外的一切因素对 $y$ 变差的作用，称为残差平方和或剩余平方和 $s_E$。据此写出

$$s_T = s_E + s_R \tag{4-145}$$

亦即

$$\sum(y_i-\overline{y})^2=\sum(y_i-\hat{y}_i)^2+\sum(\hat{y}_i-\overline{y})^2 \tag{4-146}$$

实用上，采用

$$\begin{cases} s_R = b^2\sum(x_i-\overline{x})^2 = b\left[\sum x_iy_i - \dfrac{1}{N}\left(\sum x_i\right)\left(\sum y_i\right)\right] \\ s_T = \sum y_i^2 - \dfrac{1}{N}\left(\sum y_i\right)^2 \\ s_E = s_T - s_R \end{cases} \tag{4-147}$$

式中 $s_R$ ——$s_T$ 中由于 $x$ 与 $y$ 的线性关系而引起的部分，即回归平方和 $\sum(\hat{y}_i-\overline{y})^2$；

$x_i$——观测值中的自变量，$i$=1～$N$；

$\overline{x}$ ——$x_i$ 的算术平均值；

$y_i$——观测值中的因变量，$i$=1～$N$；

$\overline{y}$ ——$y_i$ 的算术平均值；

$\hat{y}_i$ ——$y_i$ 的回归值；

$s_T$ ——$y_i$ 对 $\overline{y}$ 的离差平方和，即总平方和；

$s_E$ ——$s_T$ 中除了 $s_R$ 之外的其余部分，称剩余平方和或残差平方和 $\sum(y_i-\hat{y}_i)^2$。

统计原理证明，所述方差中，$s_T/\sigma^2$ 服从自由度为 $N-1$ 的 $\chi^2$ 分布，$s_E/\sigma^2$ 服从自由度为 $N-2$ 的 $\chi^2$ 分布，当 $b$=0 时，$s_R/\sigma^2$ 服从自由度为 1 的 $\chi^2$ 分布。

（2）方差分析。假设变量 $y$ 与 $x$ 符合线性回归的数学模型 $y=\beta_0+\beta_x+\varepsilon$，亦即假设 $\beta\neq0$，由于总体是未知的，因此，需要根据一组观测资料通过方差计算来检验原假设 $H_0$：$\beta$=0（相对于备择假设 $H_1$：$\beta_1\neq0$）。根据上述结果及 $F$ 分布的定义，可知在 $\beta$=0 的条件下，统计量（方差比）

$$F=\frac{s_R}{s_E/(N-2)} \tag{4-148}$$

服从自由度为 1 与 $N-2$ 的 $F$ 分布，因此在显著水平 $\alpha$ 下，统计量 $F$ 满足

$$P(F\leqslant F_\alpha(1,N-2))=1-\alpha \tag{4-149}$$

据此，在回归分析中当按式（4-148）算得的 $F$ 值小于或等于其临界值 $F_\alpha$（1，$N-2$）时，接受 $H_0$：$\beta$=0，即拒绝 $H_1$：$\beta\neq0$，称为 $\beta$ 是否为零不显著，所算得的回归方程没有意义，不能使用。反之，若 $F>F_\alpha$（1，$N-2$），拒绝 $H_0$：$\beta$=0，即接受 $H_1$：$\beta_1\neq0$，称为 $\beta$ 显著不为零，所算得的回归方程是有意义的，可以使用。这种用 $F$ 检验对回归方程进行显著性检验的方法称为方差分析。

式（4-149）中的 $F_\alpha$（1，$N-2$）是自由度为 $f_1$=1、$f_2=N-2$、超过概率（信度）为 $\alpha$ 的 $F$ 分布的分割数，可由附录 R 查得。

2. 相关系数检验与零相关检验

（1）相关系数检验。相关系数检验也用于回归方程的显著性检验。根据式（4-2）、式（4-7）、式（4-147）和式（4-148），可以导出上述方差比 $F$ 的另一表达式 $F=s_R(N-2)/s_E=r^2(N-2)/(1-r)$，因而有

$$r^2=\frac{F}{(N-2)+F} \tag{4-150}$$

如令

$$r_\alpha=\sqrt{\frac{F_\alpha(1,N-2)}{(N-2)+F_\alpha(1,N-2)}} \tag{4-151}$$

作为相关系数检验中 $r$ 的临界值，易知前述 $F\geqslant F_\alpha$（1，$N-2$）等价于 $|r|\geqslant r_\alpha$，则若 $|r|>r_\alpha$，回归方程就是显著的。

$r_\alpha$ 值可以在按上述 $F$ 检验法查 $F$ 分布表得到 $F_\alpha$（1，$N-2$）值之后，用式（4-151）算得，也可以从附录 S 相关系数检验表查得。如［例 4-2］，$r$=0.95，$N-2$=11，若取 $\alpha$=0.05，查相关系数检验表得 0.553。可见，$|r|>r_\alpha$，所计算的回归方程是显著的。

（2）零相关检验。根据统计学原理，作为零相关检验用的相关参数可通过 $t$ 分布表按下式算得

$$k=\frac{l}{\sqrt{n-2+l^2}} \tag{4-152}$$

式中 $k$ ——零相关检验中的相关参数临界值，即附录 S 相关系数检验表数值；

$l$ ——$t$ 分布函数，查附录 T；

$n$ ——变量项数。

对于同一 $\alpha$ 值，由式（4-151）所得 $r_\alpha$ 值与由式（4-152）利用 $t$ 分布检验 $H_0$：$\rho$=0 所得 $k$ 值是一致的，所以，零相关检验可以用于回归方程的显著性检验。

**［例 4-17］** 回归方程的显著性检验。

某河上游（$y$）与下游（$x$）两个断面有 10 年（$N=n$=10）同期年径流资料（详细资料略），下游站资料系列较长，拟在 $y$ 与 $x$ 间建立回归关系，以插补上游站资料。为此，要求对回归方程进行显著性检验。

经计算给出：$\overline{x}$=1071.6，$\overline{y}$=1011.1，$l_{xy}$=224452，$l_{xx}$=209534，$l_{yy}$=248768=$s_T$，$s_R=bl_{xy}$=240433，$s_E=s_T-s_R$=8335，$b=l_{xy}/l_{xx}$=1.071，$a=\overline{y}-b\overline{x}$=−136.8。选用信度 $\alpha$=0.05。

**解**（1）据已知条件可写出回归方程 $y=-136.8+1.071x$，计得相关系数如下

$$r=\sqrt{s_R/s_T}=l_{xy}\Big/\sqrt{l_{xx}l_{yy}}$$
$$=224452\Big/\sqrt{209534\times248768}=0.9834$$

（2）用 $F$ 检验法做回归方程显著性检验。通常采用以下两种方法计算，其中方法一较为简捷，方法二略繁琐，两方法可互为比较，其计算结果皆可满足检验精度要求。

方法一：用相关系数检验法检验回归方程的显著性。据式（4-151）计算 $r_\alpha=\sqrt{F_\alpha(1,N-2)/[(N-2)+F_\alpha(1,N-2)]}=\sqrt{5.32/(8+5.32)}=0.632$。而据以零相关检验的原理编制的相关系数检验表（见附录 S），也可以查得 $N-2=8$、$\alpha=0.05$ 时，$k=0.632$，与 $r_\alpha$ 值相同，所以，$|r|>r_\alpha$，所计算的回归方程是显著的。

方法二：用式（4-148）计算方差比 $F=s_R\ (N-2)/\ s_E=240433\ (10-2)\div8355=230.7$。由 $F$ 分布表（附录 R）查得 $\alpha=0.05$ 时，$F_\alpha(1,\ 8)=5.32$，则 $F>F_\alpha(1,\ 8)$，故所计算的回归方程 $y=-136.8+1.071x$ 是显著的。

在实际问题中，一般都是 $|r|<1$。此时要求 $|r|\geqslant r_\alpha$ 才能认为 $x$、$y$ 是有线性关系的。应该指出，通常绘制的点据相关图只应作为对 $x$、$y$ 线性关系取得直观了解的手段，不能代替相关系数的检验。所以，不作相关系数的检验而只凭点据做出主观判断，是不恰当的。因为 $r$ 的大小单凭目估是很不准确的；另外，$r_\alpha$ 与 $\alpha$ 及 $N$ 有关。因此要判断两个变量的相关是否显著，必须计算出 $r$ 并和查得的 $r_\alpha$ 比较。

## （三）均值检验和均值的置信限

### 1. 均值检验

样本平均值 $\bar{x}$ 反映了总体的平均状况，用 $\bar{x}$ 来估计总体的 $\mu$，可利用均值检验法检验正态总体 $N$（$\mu$，$\sigma^2$）的数学期望 $\mu=\mu_0$，$\mu$ 表示总体的平均值，$\sigma^2$ 表示总体的方差，$\mu_0$ 为已知常数。

正态总体 $N$（$\mu$，$\sigma^2$）的 $\mu$，$\sigma$ 是未知的，但可以通过样本 $\bar{x}$、$\sigma$ 估计总体的 $\mu$、$\sigma$ 值。

若 $\left|\dfrac{\bar{x}-\mu_0}{\sigma/\sqrt{n}}\right|\leqslant u_{\alpha/2}$，则接受原假设 $H_0$：$\mu=\mu_0$；

若 $\left|\dfrac{\bar{x}-\mu_0}{\sigma/\sqrt{n}}\right|>u_{\alpha/2}$，则拒绝原假设 $H_0$：$\mu=\mu_0$。

$\alpha$ 的取值根据工程的精度要求而定，一般为 0.05～0.01，$1-\alpha$ 为总体真参数落在置信区间的概率。$u$ 值据 $\alpha$ 查附录 U 正态分布概率表。

［**例 4-18**］　均值检验实例。

以表 4-11 某站最大流量频率计算资料进行均值检验。

最大流量系列 $n=35$ 年，最大流量系列均值 $\bar{x}=197\text{m}^3/\text{s}$。方差计算如下

$$\sigma=\sqrt{\frac{1}{n}\sum(x_i-\bar{x})^2}=\sqrt{\frac{1}{35}\times552876}=125.7\ (\text{m}^3/\text{s})$$

用样本均值 197 估计总体的均值为 190，即检验 $H_0$：$\mu=\mu_0=190\text{m}^3/\text{s}$。同时要求变量落在置信界内的概率为 95%，即显著性水平 $\alpha=0.05$，设变量为正态分布（近似的，因本例 $C_V$ 较大），即落在正态分布右边小区间的概率 $Q(u)=\alpha/2=0.05/2=0.025$，用概率 0.025 反查标准正态分布表（附录 U），表中 $Q(u)$ 值 0.025 对应的纵坐标值为 1.9，横坐标值为 0.06）得 $u_{\alpha/2}=u_{0.025}=1.96$，则

$$P=\left|\frac{197-190}{125.7/\sqrt{35}}\right|=0.329<1.96$$

说明原假设总体均值 190 成立。

### 2. 均值的置信限

设置信下限为 $Q_1$，上限为 $Q_2$，则

$$Q_1=\bar{x}-\frac{u_{\alpha/2}\cdot\sigma}{\sqrt{n}}\tag{4-153}$$

$$Q_2=\bar{x}+\frac{u_{\alpha/2}\cdot\sigma}{\sqrt{n}}\tag{4-154}$$

将［例 4-18］中查表值 1.96 分别代入 $Q_1$ 及 $Q_2$ 得置信水平为 $1-\alpha=95\%$ 的置信区间为（155.4，238.6）。

该例中样本均值 197，而接受 190 的假设值，这是因为在假设检验中接受 $H_0$：$\mu=\mu_0$ 并不等于 $H_0$ 是真实的，对于 $\mu_0$ 取区间（155.4，238.6）内的任一值，例中所得的观测结果都可以接受，都可以作为总体的均值。

由 $P=0.329<1.96$ 说明样本均值 197 可以接受，样本均值与总体均值之间的差异是由于系列的长短与样本的随机波动引起的。

## （四）$t$ 检验

设变量总体为正态分布，其均值 $\mu$ 和方差 $\sigma^2$ 皆未知，可用样本均值 $\bar{x}$ 和方差 $\sigma^2$ 通过 $t$ 检验对均值进行假设检验，即假设 $H_0$：$\mu=\mu_0$，$H_1$：$\mu\neq\mu_0$。

设

$$y=\frac{(\bar{x}-\mu_0)\sqrt{n-1}}{s}\tag{4-155}$$

$$\sigma=\sqrt{\frac{1}{n}\sum(x_i-\bar{x})^2}\tag{4-156}$$

据统计学证明，当 $H_0$ 为真时，$y$ 服从自由度为 $n-1$ 的 $t$ 分布。按照似然比检验原理，对于一个检验问题，当计算的 $y$ 值与据一定自由度和信度查 $t$ 分布表（见附录 T）得到的 $c$ 值相比较，满足 $-c\leqslant y\leqslant c$ 时，则接受 $H_0$。

［**例 4-19**］　$t$ 检验实例。

以表 4-11 某站最大流量频率计算资料进行 $t$ 检验。

［例 4-18］中，$\sigma$=125.7，$\bar{x}$=197，$n$=35，假设 $H_0$：$\mu=\mu_0$=190，经计算，$y=(\bar{x}-\mu_0)\sqrt{n-1}/\sigma=(197-190)\sqrt{35-1}/125.7=0.325$，据$\alpha$=0.05 及 $n$-1=34 查 $t$ 分布表得 $c$=2.03，则 $y<c$，故接受 $H_0$，$\mu_0$=190 成立。

（五）$\chi^2$ 检验法

设变量总体为正态分布，其均值 $\mu$ 和方差$\sigma^2$ 皆为未知，考虑假设 $H_0$：$\sigma^2=\sigma_0^2$，$H_1$：$\sigma^2\neq\sigma_0^2$，对方差进行检验，设

$$y=\sum_1^n\frac{(x_i-\bar{x})^2}{\sigma_0^2} \tag{4-157}$$

据统计学证明，当 $H_0$ 为真时，$y$ 为自由度为 $n$-1 的 $\chi^2$ 分布。按照似然比检验原理，对于一个均方差检验问题，当计算的 $y$ 值与据一定自由度和信度查 $\chi^2$ 分布表（附录 V）得到的 $K_1$、$K_2$ 值比较，满足 $K_1\leqslant y\leqslant K_2$ 时，即接受 $H_0$，否则拒绝 $H_0$。查 $\chi^2$ 分布表时，与 $K_1$ 对应的概率为 $1-\alpha/2$，与 $K_2$ 对应的概率为$\alpha/2$。

**［例 4-20］** $\chi^2$ 检验法计算。

据［例 4-18］，要求检验 $H_0$：$\sigma^2=\sigma_0^2$=22500，对于 $H_1$：$\sigma^2\neq$22500。

**解** 先由式（4-155）算出 $y$，由［例 4-18］，$\sum(x_i-\bar{x})^2=552876$，于是 $y$=552876/22500=24.57。另由 $\chi^2$ 分布表，对自由度为 $n$-1=34，概率 1-$\alpha$/2 和 $\alpha$/2 分别为 0.975 和 0.025，查得相应的 $K_1$=19.87，$K_2$=51.97，由于 19.87＜$y$＜51.97，故接受 $H_0$，$\sigma_0^2$=22500 成立。

## 二、复相关回归方程检验

复相关回归方程的检验和一元回归方程的情形类似，对于任意一组观测数据，都可以通过计算，得出 $y$ 关于 $x_1$，$x_2$，…，$x_m$ 有 $m$ 个自变量的回归方程，然而这个方程并不是在任何情况下都有意义的。为此先假设 $y$ 与 $x_1,x_2,\cdots,x_m$ 符合 $y=b_0+b_1x_1+b_2x_2+\cdots+b_mx_m$ 的关系，即假设 $b_1$，$b_2$，…，$b_m$ 不全为 0，然后用观测的资料对假设进行检验，以决定是否接受这一假设，也就是决定所得到的回归方程是否可以采用。但为了便于确定检验用的统计量的分布，采用上述假设的对立假设作为原假设，即 $H_0$：$b_1=0$，$b_2=0$，…，$b_m=0$。根据此假设及 $F$ 分布的定义，方差比

$$F=\frac{s_{\mathrm{R}}/m}{s_{\mathrm{E}}/(N-m-1)} \tag{4-158}$$

服从自由度为 $m$，$N$–$m$–1 的 $F$ 分布。对于指定的$\alpha$，由 $F$ 分布表可查得 $F_\alpha(m，N–m–1)$值。$F_\alpha$的意义参看式(4-165)。当由 $N$ 次观测的数据组算得的 $F>F_\alpha(m，N–m–1)$时，则拒绝 $H_0$，认为回归关系式适合于该组资料，回归方程是显著的，可以接受。和一元类似，上述检验也可采用另一种等价的形式进行，即对于给定的$\alpha$，由 $F$ 分布表中查得临界值 $F_\alpha(m，N–m–1)$，通过式（4-158）及式（4-159）可分别算得复相关系数 $R$ 及按类似式（4-150）的 $r$–$F$ 关系类推的相应临界值 $R_\alpha$。

$$R=\sqrt{\frac{s_{\mathrm{R}}}{s_{\mathrm{T}}}} \tag{4-159}$$

$$R_\alpha=\sqrt{\frac{mF_\alpha}{(N-m-1)+mF_\alpha}} \tag{4-160}$$

$$s_{\mathrm{R}}=\sum b_is_{iy}=\sum b_i\Delta x_i\Delta y$$

$$s_{\mathrm{T}}=s_{yy}=\sum\Delta y^2$$

当 $R>R_\alpha$时，表示回归方程显著；反之，则不显著。

在用 $R$ 进行显著性检验时，要注意一点，即必须将 $R$ 与 $R_\alpha$进行比较，而不能单纯根据 $R$ 本身的大小来决定。因为 $R_\alpha$的数值与 $m$ 和 $N$ 的相对大小有关。当 $m$ 相对 $N$ 较大时，$R_\alpha$也较大，这时虽 $R$ 较大，也不一定显著。极端的情形是 $m=N-1$，这时 $R_\alpha=1$，所以此时算得的 $R$ 总是不显著的。因为，当 $m=N-1$ 时，即使 $m$ 个自变量与 $y$ 毫不相干，但由于式（4-159）恒有 $R$=1，所以如 $R_\alpha\neq1$，或不考虑 $R_\alpha$，会得出 $R$ 显著的错误结论。

**［例 4-21］** 复相关回归方程检验。

以［例 4-4］资料说明复相关回归方程检验的计算步骤。

（1）建立原假设 $H_0$:$y$ 与各 $x_i$ 之间存在相关关系，由此计算出回归方程。

$$y=6719.06+69.85x_1-26.49x_2-19.94x_3-15.22x_4$$

（2）计算复相关系数。

$$s_{\mathrm{R}}=\sum_{i=1}^n b_is_{iy}=s_{1y}b_1+s_{2y}b_2+s_{3y}b_3+s_{4y}b_4=566715.87$$

其中的 $s_{1y}$=4129.8，$s_{2y}$=–6620，$s_{3y}$=–4011.7，$s_{4y}$=–6495［分别见表 4-5 中第（8）（12）（15）（17）项］$s_{\mathrm{T}}=s_{yy}$=1284876［见表 4-5 中第（3）项］，则

$$R=\sqrt{\frac{s_{\mathrm{R}}}{s_{\mathrm{T}}}}=\sqrt{\frac{566715.87}{1284876}}=0.664$$

（3）根据给定的$\alpha$=0.05、$m$=4、$N$=23 等条件，由 $F$ 分布表中查出临界值 $F_\alpha$（$m$，$N$–$m$–1），通过式（4-160）可算得临界值 $R_\alpha$，即

$$F_\alpha(4,23-4-1)=F_\alpha(4,18)=2.928$$

$$R_\alpha=\sqrt{\frac{mF_\alpha}{(N-m-1)+mF_\alpha}}$$

$$=\sqrt{\frac{4\times2.928}{(23-4-1)+4\times2.928}}=0.628$$

（4）比较 $R$ 和 $R_\alpha$做出判断。因 $R$=0.664＞$R_\alpha$=0.628，故该例回归方程效果显著，符合统计要求。

# 第五章

# 供 水 水 源

电力工程供水水源主要分为天然河流、水库、湖泊、河网、滨海等区域的地表水以及再生水、矿区排水、自来水、地下水等水源，其中海水水源的相关内容见第九章，以自来水为水源的应考虑自来水的水源组成，地下水一般情况不采用，自来水及地下水本章不进行论述。

本章主要分析供水水源可靠性，在分析水源可靠性时，应遵守国家及地方水源资源相关法律、法规要求。目前水资源利用方面存在过度开发、粗放利用、污染严重等三个方面的突出问题，中央有关文件确立了水资源管理“三条红线”，即：确立水资源开发利用控制红线，严格实行用水总量控制；确立用水效率控制红线，坚决遏制用水浪费；确立水功能区限制纳污红线，严控排污总量。主要是严格控制用水总量过快增长、着力提高用水效率、严格控制入河湖排污总量。根据 GB/T 50594—2010《水功能区划分》，水功能区分为两级：一级水功能区包括保护区、保留区、开发利用区、缓冲区；开发利用区进一步划分为饮用水源区、工业用水区、农业用水区，二级水功能区包括渔业用水区、景观娱乐用水区、过渡区、排污控制区等。电力工程取水应在工业用水区内取水。

应根据当地水资源现状与规划、区域水资源的总量控制、水功能区域限制纳污要求、取水影响范围等因素，研究分析可以利用水源，制定水资源利用的技术方案，论证取水可靠性及可行性。

## 第一节 天 然 河 流

在枯水季节，河流地表径流减少，主要靠地下水补给，当流域内无降雨发生，且流域地下水水位下降时，河流就可能出现断流。枯季径流受人类活动影响较大，测验资料精度往往偏低，需在实际工程中引起注意。

在天然河道取水时，大中型火力发电厂按保证率为97%最小流量及最低水位设计，保证率为99%最小流量及最低水位校核，单机容量在125MW 以下的小型火力发电厂按保证率 95%最小流量及最低水位设计，保证率为97%最小流量及最低水位校核，其他工程供水保证率要求按 DL/T 5084《电力工程水文技术规程》中地表取水水源论证的一般规定执行。火力发电厂供水保证率下的最小流量（最低水位）是指用30年以上的历年最小流量（最低水位）进行频率计算得到相应设计频率最小流量（最低水位），历时保证率指用长历时时段（或典型年）按天（或小时）从大到小排序后，统计得到相应供水保证率下的最小流量或最低水位，两者之间的区别在工作中应加以区分。

水源条件是确定电厂能否兴建及其兴建的规模、确定取水高程及循环冷却方式的重要依据，因此，枯水径流分析计算是很重要的工作。有资料地区枯水径流分析计算可采用年或供水期的最小流量进行频率计算；短缺资料地区枯水径流分析计算可以对枯水资料插补延长后进行频率计算；无资料地区枯水径流分析计算采用水文比拟法、枯水径流分区图法、经验公式法等对枯水进行分析估算。枯水径流分析计算的主要工作有资料审查与还原、资料插补延长，以及无资料地区枯水径流估算等。

### 一、有资料地区枯水径流计算

#### （一）枯水资料的审查与还原

1. 资料审查与分析

对已搜集的枯水资料应进行可靠性、一致性和代表性分析审查。

分析审查时，可先从上下游站资料对比、邻近流域资料对比、本站资料的前后对比、历年对比等方面进行合理性分析，特别是对于枯水流量的历年最小值要重点审查，反复分析。比较最小流量出现的日期，对于分析枯水流量的可靠性也很有帮助。发现某些枯水流量资料有疑问时，应进行进一步的调查分析，并修正。

（1）枯水资料可靠性审查。对于水位资料，要检查高程系统、水尺零点、水尺位置的变动、测站迁移等情况；对于流量资料，要检查观测仪器精度、测次、断面及垂线布置、观测断面变化、断面水草生长、冬季冰情等情况。

（2）枯水资料一致性审查。在观测期内，修建水坝、蓄水及引水工程，河道整治、分流等都会使枯水流量及水位发生显明变化，从而改变其概率分布规律，产生一致性问题，因此需要对枯水流量及水位进行还原分析，改正到同一系列后，再进行频率计算。

（3）枯水资料代表性审查。如果资料系列长，接近总体的程度就较高，代表性较好，频率分析成果的精度较高；反之亦然。可从枯水径流周期上分析枯水资料代表性，检查是否包含过一个完整的水文周期（丰水期、平水期、枯水期），是否包含特枯水期，也可以与流域内其他站长系列资料进行对比，分析其代表性。

2. 人类活动对枯水径流的影响及还原

人类活动对枯水径流影响的表现形式是多方面的，有的可能直接对其产生增减的影响，有的通过改变下垫面条件及局地气候间接影响，而且在时间、空间上影响强度不同，获得分析资料也比较困难。因此，要从工程实际出发，多做调查研究，充分判明影响特点，掌握主要因素，尽量搜集各种资料（包括相似流域的），通过多种途径比较，进行分析估算或做出有根据的经验判断。

（1）人类活动对枯水径流的影响，应按设计流域的具体特点、现状与规划的人类活动措施分别考虑对设计枯水流量值的影响。影响因素一般分为以下几个方面：

1）工业用水影响。调查城市化地区的大型工矿企业的用水特性，包括城市化开始时间、城市化规模、用水量、取水地点、取水方式、排水方式等。

2）农业用水影响。调查流域内现状及规划灌溉面积、取水设施分布、取水流量、灌溉制度及各水平年逐月用水分配率，尤其要调查取水方式等。

3）水利工程的影响。调查水库、水闸、跨流域调水等水利工程的流量调节、调度运行方式及径流调节分配原则。

4）航运工程影响。对为改善通航而调节河川径流所采用的诸如节制闸、船闸等工程措施，调查闸门启闭记录和管理情况、设计水位等。

5）土地利用和植被改变的影响。主要取决于由植被所影响的下渗和蒸、散发，继而影响下垫面调蓄水量，通常可引起水文情势的改变。

（2）人类活动使径流量及其过程发生明显变化时，应进行径流的还原。可采用分项调查、退水曲线、上下游枯水径流量相关及长短时段枯水径流量相关等方法进行还原计算。

1）分项调查法。参见本章第二节所述。

2）退水曲线法。对任意给定的一般流域，其出口断面一般都具有一稳定的地下径流退水曲线，其方程式为

$$Q_t = Q_0 e^{-\alpha t} \qquad (5\text{-}1)$$

式中 $Q_t$——退水开始后 $t$ 时刻的地下径流量，$m^3/s$；

$Q_0$——退水开始时，即 $t=0$ 时的地下径流量，$m^3/s$；

$\alpha$——退水系数；

$t$——退水历时，d。

式（5-1）反映一个流域在正常情况下的退水规律，若实测枯水流量的递减情况不受这一规律所制约，即实测点据偏离退水曲线，则可推断这些点据已受人类活动影响。退水系数$\alpha$是退水曲线的基本特征，它反映了流域内地下水的汇流条件，不同流域的退水曲线具有不同的$\alpha$值，同一流域同一季节内$\alpha$值接近于常数。

推求退水系数$\alpha$值的方法有图解法、分析法等。

a. 图解法。将式（5-1）取对数形式，得到 $\ln Q_t=\ln Q_0-\alpha t$ 或 $\lg Q_t=\lg Q_0-\alpha t\lg e$。制作时将退水曲线逐日流量点绘在单对数格纸上，通过点群重心画一直线，即可求得$\alpha$值。

**［例 5-1］** LX 站退水还原计算。

LX 站 1956 年 7 月 8～18 日退水流量见表 5-1。

**表 5-1　LX 站 1956 年 7 月 8～18 日逐日退水流量表**

| 日期 | 8 | 9 | 10 | 11 | 12 | 13 | 14 | 15 | 16 | 17 | 18 |
|---|---|---|---|---|---|---|---|---|---|---|---|
| 流量（$m^3/s$） | 2.66 | 2.22 | 1.66 | 1.54 | 1.17 | 1.07 | 0.88 | 0.68 | 0.52 | 0.37 | 0.21 |

点绘 LX 站退水流量曲线如图 5-1 所示。在直线上读两点（10 日流量 $1.85m^3/s$，15 日流量 $0.67m^3/s$），得

$$\alpha = \frac{\lg Q_0 - \lg Q_t}{t\lg e} = \frac{\lg 1.85 - \lg 0.67}{5\lg e} = 0.203$$

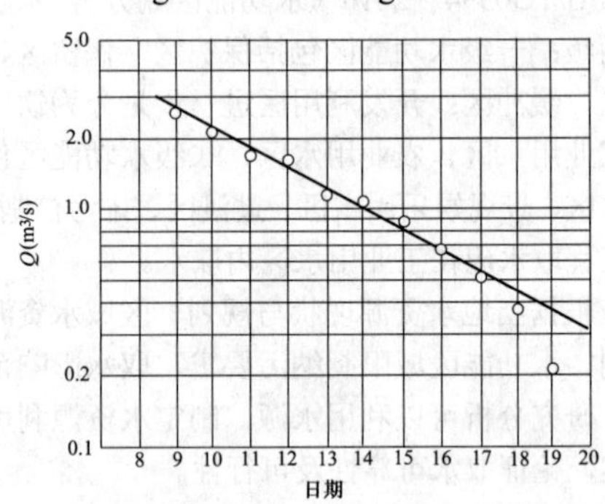


图 5-1　1956 年 7 月 LX 站退水流量曲线系数$\alpha$值图解

b. 分析法。在式（5-1）中，如果 $Q_0$ 为各时段开始的流量，$Q_t$ 为各时段末的流量，同时，取时段 $t$ 为 1d，得到：$Q_1 = Q_0 e^{-\alpha_1}$，$Q_2 = Q_1 e^{-\alpha_2}$，…，$Q_n = Q_{n-1} e^{-\alpha_n}$；$\alpha_1 = \ln Q_0 - \ln Q_1$，$\alpha_2 = \ln Q_1 - \ln Q_2$，…，$\alpha_n = \ln Q_{n-1} - \ln Q_n$。

具体计算时，对退水期相邻日流量取自然对数后相减，即得 $a_i$，取各时段求得的 $a_i$ 值的算术平均值作为退水曲线的$\alpha$值。

将表 5-1 中数字代入公式 $\alpha_n = \ln Q_{n-1} - \ln Q_n$，得

$a_1=\ln Q_0-\ln Q_1=\ln 2.66-\ln 2.22=0.9783-0.7975=0.1808$
$a_2=\ln Q_1-\ln Q_2=\ln 2.22-\ln 1.66=0.7975-0.5068=0.2907$
$a_3=\ln Q_2-\ln Q_3=\ln 1.66-\ln 1.54=0.5068-0.4318=0.0750$
$a_4=\ln Q_3-\ln Q_4=\ln 1.54-\ln 1.17=0.4318-0.1570=0.2748$
$a_5=\ln Q_4-\ln Q_5=\ln 1.17-\ln 1.07=0.1570-0.0677=0.0893$
$a_6=\ln Q_5-\ln Q_6=\ln 1.07-\ln 0.88=0.0677-(-0.1278)=0.1955$
$a_7=\ln Q_6-\ln Q_7=\ln 0.88-\ln 0.68=-0.1278-(-0.3857)=0.2579$
$a_8=\ln Q_7-\ln Q_8=\ln 0.68-\ln 0.52=-0.3857-(-0.6539)=0.2682$
$a_9=\ln Q_8-\ln Q_9=\ln 0.52-\ln 0.37=-0.6539-(-0.9943)=0.3404$
$\alpha_{10}=\ln Q_9-\ln Q_{10}=\ln 0.37-\ln 0.21=-0.9943-(-1.5607)=0.5664$

从以上计算看出，$\alpha_9$ 和 $\alpha_{10}$ 偏差太大，说明 17 日和 18 日的退水流量已受人类活动影响，计算平均 $\alpha$ 值时，可不取用 $\alpha_9$ 和 $\alpha_{10}$，而只取 $\alpha_1$，$\alpha_2$，…，$\alpha_8$，则

$$\alpha=(\alpha_1+\alpha_2+\cdots+\alpha_8)/8=1.6322/8=0.204$$

求出了 $\alpha$ 值，就可以根据在不受人类活动影响下的地下径流量 $Q_0$，按式（5-1）推求数日后的正常地下径流量 $Q_t$，以代替当时受人类活动影响的实测流量。

［例 5-1］中，17 日和 18 日流量已受人类活动影响，现用 $\alpha=0.204$ 予以改正，得

$$Q_{17}=Q_0\mathrm{e}^{-\alpha t}=2.66\mathrm{e}^{-0.204\times 9}=0.424 \quad (\mathrm{m^3/s})$$

$$Q_{18}=Q_0\mathrm{e}^{-\alpha t}=2.66\mathrm{e}^{-0.204\times 10}=0.346 \quad (\mathrm{m^3/s})$$

3）上下游枯水径流量相关法。上下游枯水径流量关系较好的河流，可以建立相关关系，作为某些年份受人类活动影响的改正依据。定关系线时，若再参照枯水流量出现的时间进行考虑，精度能更好一些。AX、SY 站分别为同一河流上、下游水文站，两站逐年最小流见表 5-2。

表 5-2　　AX、SY 站年最小流量表

| 年份 | AX 站（上游） | | SY 站（下游） | |
|---|---|---|---|---|
| | $Q$ (m³/s) | 日期 (-月-日) | $Q$ (m³/s) | 日期 (-月-日) |
| 1953 | 16.40 | -08-14 | 18.80 | -08-14 |
| 1954 | 12.40 | -12-24 | 13.20 | -12-25 |
| 1955 | 2.73 | -05-02 | 3.72 | -05-03 |
| 1956 | 9.38 | -09-03 | 11.30 | -09-03 |
| 1957 | 6.67 | -09-13 | 8.14 | -09-14 |
| 1958 | 14.20 | -05-03 | 21.00 | -05-04 |
| 1959 | 14.90 | -01-18 | 25.90 | -01-27 |
| 1960 | 5.79 | -03-10 | 8.40 | -03-10 |
| 1961 | 13.30 | -01-27 | 23.60 | -02-05 |
| 1962 | 14.60 | -03-17 | 20.00 | -02-25 |
| 1963 | 1.82 | -05-28 | 0.188* | -05-30 |
| 1964 | 8.60 | -04-22 | 10.10 | -04-23 |
| 1965 | 6.98 | -03-21 | 7.70 | -03-28 |
| 1966 | 8.55 | -05-28 | 13.30 | -05-28 |

* 应修正为 2.34。

由表 5-2 可以看出，1959 年和 1961 年上下游最小流量出现日期相差较远，且下游 SY 站最小流量比上游站最小流量偏大较多，说明这两年区间来水影响较大；由于 SY 站上游拦河堵江引水灌溉的影响，SY 站 1963 年最小流量显著偏小，根据 AX 站、SY 站年最小流量（剔除 1959 年、1961 年及 1963 年资料）绘制两站年最小流量相关图如图 5-2 所示，建立的相关方程式为 $Q_{\mathrm{SY}}=1.27Q_{\mathrm{AX}}$（截距为 0）。根据建立的相关方程式对 SY 站 1963 年实测最小流量 0.188m³/s 予以改正，改正后为 2.34m³/s。

同一气候区的相邻流域站也可以建立相关关系，以改正受人类活动影响的枯水流量。

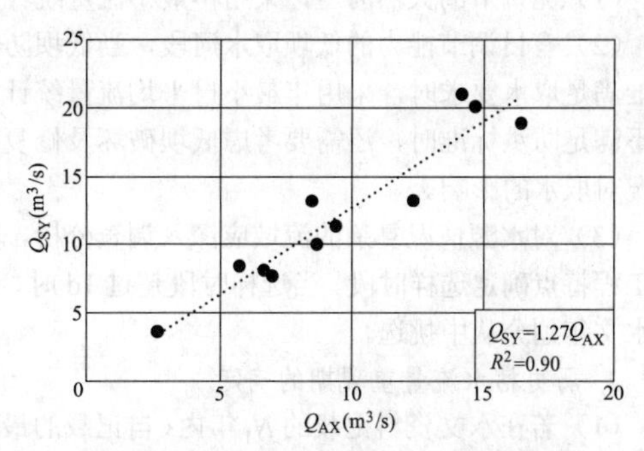


图 5-2　AX 站、SY 站年最小流量相关图

4）长短时段枯水径流量相关法。年最小日平均流量（或年最小瞬时流量）受人类活动的影响很大，但对相应月平均流量影响则较小。枯水期流量比较稳定的测站，可以用长短时段枯水径流量相关法来改正某些年受人类活动影响的实测流量。绘制 JL 站年最小日平均流量 $Q_{\mathrm{d}}$ 与相应月平均流量 $Q_{\mathrm{m}}$ 关系如图 5-3 所示。

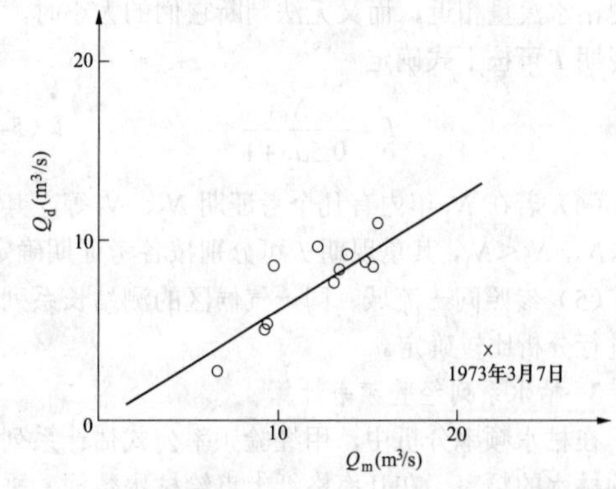


图 5-3　JL 站年最小日平均流量与相应月平均流量相关图

据图 5-3 可以看出，1973 年 3 月 7 日日平均流量与相应月平均流量关系点偏离相关线较远，查其原因系受上游水电站蓄水影响，致使 3 月 7 日日平均流量显著偏小。如果 3 月 7 日确实是 1973 年最小日平均流量的出现日期，则可用相关线改正原流量值。但与下

游JL站流量特征对照后，发现年最小日平均流量不是出现在3月7日，而是12月22日比较合理，因而没有用这条相关线改正3月7日的原流量值。

（二）设计枯水计算

枯水流量系列是进行频率分析、推求设计频率枯水的基础资料，必须经过可靠性、一致性和代表性分析审查。

1. 选样原则

枯水系列是从工程所在地点或邻站水文观测资料中选取表征枯水过程特征值的样本。枯水特性在一年内随季节和成因有明显不同时，应分别选择统计样本。

枯水流量频率分析的统计样本，依工程取水方式、河道枯水径流变化特性，按下列情况分别取样：

（1）无调节的天然河道，采用年最小流量统计。

（2）有日调节能力的低坝取水河段，当低坝防洪标准满足取水要求时，采用年最小日平均流量统计，当不满足防洪标准时，还需要考虑低坝破坏及修复等情况对取水的影响。

（3）对水源情况复杂的流域应深入调查分析，根据工程特点确定选样时段。当选样时段超过1d时，应按水文年划分从中挑选。

2. 历史枯水流量重现期的确定

（1）若在水文资料记载的$N_1$年内（自记载的最远年份至今）能断定所调查到的枯水流量为最小时，其重现期$T$可定$T=N_1$。

（2）若能断定$N_1$年内有$a_1$次枯水流量均小于所调查到的历史枯水流量，其重现期可按下式确定

$$T=\frac{N_1}{a_1+1} \tag{5-2}$$

（3）若在$N_1$年内有$a_2$次枯水流量与所调查到的历史枯水流量相近，而又无法判断它们的大小时，其重现期$T$可按下式确定

$$T=\frac{N_1}{0.5a_2+1} \tag{5-3}$$

（4）若在$N_1$年内有几个考证期$N_2$、$N_3$等，其中$N_3<N_2$，$N_2<N_1$，其重现期$T$可分别按各考证期确定。

（5）参照同一流域、同一气候区的测站长系列资料进行分析比较确定。

3. 枯水系列经验频率计算

在枯水频率分析中，用经验频率公式估计系列中各项枯水的频率，在几率格纸上点绘枯水数据，采用与经验点据拟合良好的频率曲线来推算设计枯水值。

（1）对连序系列用式（5-4）按照递减排列计算

$$P=\frac{m}{n+1} \tag{5-4}$$

（2）对不连序系列，实测特小枯水、历史调查特小枯水其经验频率可根据资料情况，按下述方法之一估算：

1）实测值和调查特小值分别在各自系列中进行排位，其中实测值的经验频率仍可采用式（5-4）按照递减排列计算，也可采用式（5-5）计算

$$P_{m,1}=1-\frac{m}{n+1} \tag{5-5}$$

式中　$P_{m,1}$——在实测枯水系列中按递增顺序排位的等于或小于某一变量的经验频率；

$m$——在实测枯水系列按递增顺序排位的序号；

$n$——实测枯水系列的项数。

调查期$N$年中的前$a$项（历史特小枯水项数）特小值的经验频率可按式（5-6）估算

$$P_{m,2}=1-\frac{M}{N+1} \tag{5-6}$$

式中　$P_{m,2}$——历史特小值系列中按递增顺序排位的等于或小于某一变量的经验频率；

$M$——历史特小值系列按递增顺序排位的序号；

$N$——历史特小枯水系列的调查期年数。

2）实测值和调查特小值共同组成一个不连序系列，各项在调查期$N$年内统一排位。若年年中有历史特小枯水$a$项，其中有$l$项发生在$N$年实测枯水系列之内，则$N$年中的$a$项特小值的经验频率仍可用式（5-6）估算，其余（$n-l$）项的实测值的经验频率可按式（5-7）估算

$$P_{m,3}=\left(1-\frac{a}{N+1}\right)\left(1-\frac{m-l}{n-l+1}\right) \tag{5-7}$$

式中　$P_{m,3}$——$n-l$项实测枯水系列中按递增顺序排位的等于或小于某一变量的经验频率；

$l$——实测枯水系列中的特小枯水项数；

$a$——$N$年中调查到的历史特小枯水项数。

4. 设计枯水频率计算

枯水径流频率计算，要求具有30年以上的实测资料，并加入历史枯水调查和考证资料。

设计枯水频率计算，一般采用P-Ⅲ型曲线，特殊情况经分析论证后也可采用其他线型。在资料系列中，实测或调查的天然流量出现零值，且其重现期小于设计重现期时，可不进行频率计算。

枯水频率曲线适线时应照顾点群趋势，应侧重考虑中下部分较小枯水点据，并尽量靠近精度较高的枯水调查点据，不应简单地通过最小枯水点据，还应参照本站不同时段及相邻地区枯水特征值统计参数的变化规律进行适当调整。

适线时，若$C_S<2C_V$，曲线下端会出现负值，对于最小流量来说，显然不合理。此时，可把负值部分视为零，即相当于出现干涸或连底冻现象。

对枯水频率分析中负偏频率曲线适线，可按式（5-8）对正偏P-Ⅲ型曲线的离均系数值予以修正使用。

$$\Phi(-C_S, P)=-\Phi(C_S, 1-P) \tag{5-8}$$

式中 $\Phi$ ——P-Ⅲ型曲线的离均系数值；

$C_S$ ——偏态系数；

$P$ ——频率，%。

枯水频率计算时，根据有无特小枯水资料的情况，先计算经验频率，用矩法统计参数，然后，适线确定采用的参数并推求设计枯水流量。矩法求参的计算公式分别为：

（1）未加入特小枯水时，仍用式（4-81）、式（4-82）计算，即

$$\overline{Q}=\frac{1}{n}\sum_{i=1}^{n}Q_i$$

$$C_V=\sqrt{\frac{\sum(K_i-1)^2}{n-1}}=\sqrt{\frac{\sum K_i^2-n}{n-1}}$$

或写成
$$C_V=\frac{1}{\overline{Q}}\sqrt{\frac{\sum Q_i^2-n\overline{Q}^2}{n-1}}$$

式中
$$K_i=\frac{Q_i}{\overline{Q}}$$

（2）加入特小枯水时，用式（5-9）～式（5-12）计算，即

$$\overline{Q}_N=\frac{1}{N}\left(\sum_{j=1}^{a}Q_j+\frac{N-a}{n-l}\sum_{i=l+1}^{n}Q_i\right) \tag{5-9}$$

$$C_{V,N}=\frac{1}{\overline{Q}}\sqrt{\frac{1}{N-1}\left[\sum_{j=1}^{a}(Q_j-\overline{Q})^2+\frac{N-a}{n-l}\sum_{i=l+1}^{n}(Q_i-\overline{Q})^2\right]} \tag{5-10}$$

或
$$C_{V,N}=\sqrt{\frac{1}{N-1}\left[\sum_{j=1}^{a}(\frac{Q_j}{\overline{Q}_N}-1)^2+\frac{N-a}{n-l}\sum_{i=l+1}^{n}(\frac{Q_i}{\overline{Q}_N}-1)^2\right]} \tag{5-11}$$

或
$$C_{V,N}=\sqrt{\frac{1}{N-1}\left[\sum_{j=1}^{a}(K_j-1)^2+\frac{N-a}{n-l}\sum_{i=l+1}^{n}(K_i-1)^2\right]} \tag{5-12}$$

式中 $Q_j$——特小枯水流量（$j$=1，2，…，$a$）；

$Q_i$——实测枯水流量（$i=l+1$，…，$n$）。

**[例 5-2]** 最小流量频率计算示例。

用某水文站 1980～2009 年逐年实测最小流量资料（其中有两项特小枯水）进行枯水频率计算。

（1）未考虑调查特小枯水的频率计算（资料和计算见表 5-3 和图 5-4）。

$$\overline{Q}=\frac{1}{n}\sum_{1}^{n}Q_i=1181/30=39.4\ (\mathrm{m^3/s})$$

$$C_V=\sqrt{\frac{\sum_{1}^{n}(K_i-1)^2}{n-1}}=\sqrt{\frac{1.8359}{30-1}}=0.25$$

或

$$C_V=\frac{1}{\overline{Q}}\sqrt{\frac{\sum Q_i^2-n\overline{Q}^2}{n-1}}$$

$$=\frac{1}{39.4}\sqrt{\frac{49358-30(39.4)^2}{30-1}}=0.25$$

适线时，采用 $C_V$=0.26、$C_S$=2$C_V$，得 $Q_{97\%}$=22.5m³/s。

表 5-3　　某水文站未考虑特小枯水时最小流量频率计算表

| 年份 | $Q$ (m³/s) | 序号 | 递减排列 $Q$ (m³/s) | $K_i$ | $K_i-1$ | $(K_i-1)^2$ | $P=\frac{m}{n+1}$ (%) | $Q^2$ |
|---|---|---|---|---|---|---|---|---|
| 1980 | 58.7 | 1 | 63.0 | 1.599 | 0.599 | 0.3588 | 3.2 | 3969 |
| 1981 | 34.6 | 2 | 58.7 | 1.490 | 0.490 | 0.2400 | 6.5 | 3446 |
| 1982 | 37.1 | 3 | 54.3 | 1.378 | 0.378 | 0.1430 | 9.7 | 2948 |
| 1983 | 42.7 | 4 | 51.6 | 1.310 | 0.310 | 0.0959 | 12.9 | 2663 |
| 1984 | 35.7 | 5 | 50.8 | 1.289 | 0.289 | 0.0837 | 16.1 | 2581 |
| 1985 | 35.5 | 6 | 50.5 | 1.282 | 0.282 | 0.0794 | 19.4 | 2550 |
| 1986 | 33.8 | 7 | 47.1 | 1.195 | 0.195 | 0.0382 | 22.6 | 2218 |
| 1987 | 37.8 | 8 | 45.2 | 1.147 | 0.147 | 0.0217 | 25.8 | 2043 |
| 1988 | 41.6 | 9 | 42.7 | 1.084 | 0.084 | 0.0070 | 29.0 | 1823 |
| 1989 | 28.5 | 10 | 42.5 | 1.079 | 0.079 | 0.0062 | 32.3 | 1806 |
| 1990 | 31.5 | 11 | 41.7 | 1.058 | 0.058 | 0.0034 | 35.5 | 1739 |
| 1991 | 20.8 | 12 | 41.6 | 1.056 | 0.056 | 0.0031 | 38.7 | 1731 |
| 1992 | 50.8 | 13 | 41.2 | 1.046 | 0.046 | 0.0021 | 41.9 | 1697 |
| 1993 | 47.1 | 14 | 37.8 | 0.959 | −0.041 | 0.0016 | 45.2 | 1429 |
| 1994 | 25.2 | 15 | 37.1 | 0.942 | −0.058 | 0.0034 | 48.4 | 1376 |

续表

| 年份 | $Q$ (m³/s) | 序号 | 递减排列 $Q$ (m³/s) | $K_i$ | $K_i-1$ | $(K_i-1)^2$ | $P=\frac{m}{n+1}$ (%) | $Q^2$ |
|---|---|---|---|---|---|---|---|---|
| 1995 | 42.5 | 16 | 36.2 | 0.919 | −0.081 | 0.0066 | 51.6 | 1310 |
| 1996 | 41.7 | 17 | 35.7 | 0.906 | −0.094 | 0.0088 | 54.8 | 1274 |
| 1997 | 35.5 | 18 | 35.5 | 0.901 | −0.099 | 0.0098 | 58.1 | 1260 |
| 1998 | 32.5 | 19 | 35.5 | 0.901 | −0.099 | 0.0098 | 61.3 | 1260 |
| 1999 | 31.4 | 20 | 35.1 | 0.891 | −0.109 | 0.0119 | 64.5 | 1232 |
| 2000 | 51.6 | 21 | 34.6 | 0.878 | −0.122 | 0.0148 | 67.7 | 1197 |
| 2001 | 41.2 | 22 | 33.8 | 0.858 | −0.142 | 0.0202 | 71.0 | 1142 |
| 2002 | 63.0 | 23 | 32.5 | 0.825 | −0.175 | 0.0307 | 74.2 | 1056 |
| 2003 | 29.3 | 24 | 31.5 | 0.799 | −0.201 | 0.0402 | 77.4 | 992.3 |
| 2004 | 35.1 | 25 | 31.4 | 0.797 | −0.203 | 0.0412 | 80.6 | 986.0 |
| 2005 | 29.8 | 26 | 29.8 | 0.756 | −0.244 | 0.0594 | 83.9 | 888.0 |
| 2006 | 36.2 | 27 | 29.3 | 0.744 | −0.256 | 0.0657 | 87.1 | 858.5 |
| 2007 | 50.5 | 28 | 28.5 | 0.723 | −0.277 | 0.0765 | 90.3 | 812.3 |
| 2008 | 54.3 | 29 | 25.2 | 0.640 | −0.360 | 0.1299 | 93.5 | 635.0 |
| 2009 | 45.2 | 30 | 20.8 | 0.528 | −0.472 | 0.2229 | 96.8 | 432.6 |
| Σ | 1181 | | 1181 | 30 | | 1.8359 | | 49358 |

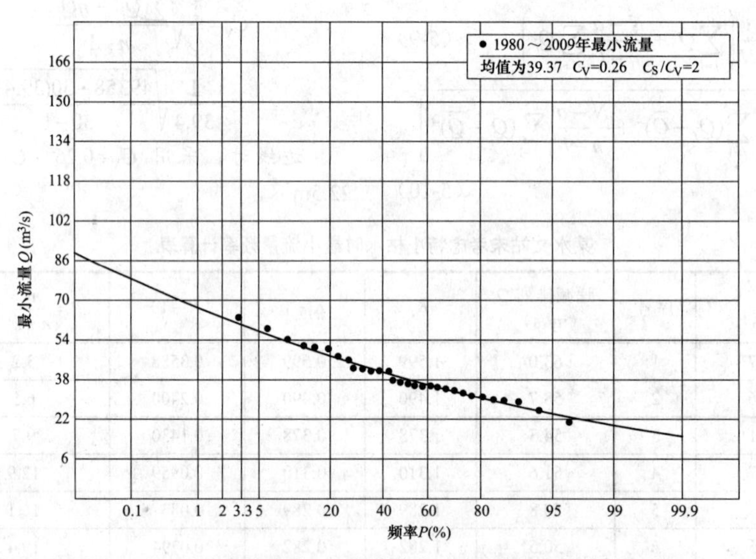


图 5-4 某水文站最小流量 P-Ⅲ频率曲线（未考虑调查特小枯水时）

（2）考虑调查特小枯水时的枯水频率计算。根据调查，参照下游 YK 站的资料，自 1950 年有资料以来，1991 年为极小值，1994 年次之，将这两年资料进行历史枯水处理，$l$=2，$a$=2，$N$ 定为 60 年（计算见表 5-4 和图 5-5）。

$$\sum_{j=1}^{a} Q_j = 25.2+20.8=46.0(\text{m}^3/\text{s})$$

$$\sum_{i=l+1}^{n} Q_i = 1135\text{m}^3/\text{s}$$

$$\sum_{i=l+1}^{n} Q_i^2 = 48290$$

$$\overline{Q}_N = \frac{1}{N}\left(\sum_{j=1}^{a} Q_j + \frac{N-a}{n-l}\sum_{i=l+1}^{n} Q_i\right)$$

$$=\frac{1}{60}\left(46.0+\frac{58}{28}\times 1135\right)=40.0(\text{m}^3/\text{s})$$

$$\sum_{j=1}^{a}\left(\frac{Q_j}{\overline{Q}_N}-1\right)^2=0.3528$$

$$\sum_{i=l+1}^{n}\left(\frac{Q_i}{\overline{Q}_N}-1\right)^2=1.4831$$

$$C_{V,N}=\sqrt{\frac{1}{N-1}\left[\sum_{j=1}^{a}\left(\frac{Q_j}{\overline{Q}_N}-1\right)^2+\frac{N-a}{n-l}\sum_{i=l+1}^{n}\left(\frac{Q_i}{\overline{Q}_N}-1\right)^2\right]}$$

$$=\sqrt{\frac{1}{60-1}\left(0.3528+\frac{60-2}{30-2}\times1.4831\right)}=0.24$$

或

$$C_{V,N}=\frac{1}{\overline{Q}}\sqrt{\frac{1}{N-1}\left[\sum_{j=1}^{a}(Q_j-\overline{Q})^2+\frac{N-a}{n-l}\sum_{i=l+1}^{n}(Q_i-\overline{Q})^2\right]}=\frac{1}{39.4}$$

$$\left\{\frac{1}{60-1}\left[(25.2-39.4)^2+(20.8-39.4)^2+\frac{60-2}{30-2}\right.\right.$$

$$\left.\left.(48290-2\times1135\times39.4+28\times39.4^2)\right]\right\}^{1/2}=0.24$$

适线时，采用 $C_V=0.26$，$C_S=2C_V$，得 $Q_{97\%}=22.5\text{m}^3/\text{s}$。

对比图 5-4 和图 5-5 可看出，将 1991 年和 1994 年最小流量作历史枯水处理后，曲线与经验点拟合比未处理前要好。

**表 5-4　××水文站考虑特小枯水时最小流量频率计算表**

| 年份 | $Q$ (m³/s) | 序号 | 递增排列 $Q$ (m³/s) | $K_i$ | $K_i-1$ | $(K_i-1)^2$ | $P$(%) |
|---|---|---|---|---|---|---|---|
| 1980 | 58.7 | 1 | 20.8 | 0.528 | −0.472 | 0.2229 | 98.4 |
| 1981 | 34.6 | 2 | 25.2 | 0.640 | −0.360 | 0.1299 | 96.7 |
| 1982 | 37.1 | 3 | 28.5 | 0.723 | −0.277 | 0.0765 | 93.4 |
| 1983 | 42.7 | 4 | 29.3 | 0.744 | −0.256 | 0.0657 | 90.1 |
| 1984 | 35.7 | 5 | 29.8 | 0.756 | −0.244 | 0.0594 | 86.7 |
| 1985 | 35.5 | 6 | 31.4 | 0.797 | −0.203 | 0.0412 | 83.4 |
| 1986 | 33.8 | 7 | 31.5 | 0.799 | −0.201 | 0.0402 | 80.0 |
| 1987 | 37.8 | 8 | 32.5 | 0.825 | −0.175 | 0.0307 | 76.7 |
| 1988 | 41.6 | 9 | 33.8 | 0.858 | −0.142 | 0.0202 | 73.4 |
| 1989 | 28.5 | 10 | 34.6 | 0.878 | −0.122 | 0.0148 | 70.0 |
| 1990 | 31.5 | 11 | 35.1 | 0.891 | −0.109 | 0.0119 | 66.7 |
| 1991 | 20.8 | 12 | 35.5 | 0.901 | −0.099 | 0.0098 | 63.4 |
| 1992 | 50.8 | 13 | 35.5 | 0.901 | −0.099 | 0.0098 | 60.0 |
| 1993 | 47.1 | 14 | 35.7 | 0.906 | −0.094 | 0.0088 | 56.7 |
| 1994 | 25.2 | 15 | 36.2 | 0.919 | −0.081 | 0.0066 | 53.4 |
| 1995 | 42.5 | 16 | 37.1 | 0.942 | −0.058 | 0.0034 | 50.0 |
| 1996 | 41.7 | 17 | 37.8 | 0.959 | −0.041 | 0.0016 | 46.7 |
| 1997 | 35.5 | 18 | 41.2 | 1.046 | 0.046 | 0.0021 | 43.4 |
| 1998 | 32.5 | 19 | 41.6 | 1.056 | 0.056 | 0.0031 | 40.0 |
| 1999 | 31.4 | 20 | 41.7 | 1.058 | 0.058 | 0.0034 | 36.7 |
| 2000 | 51.6 | 21 | 42.5 | 1.079 | 0.079 | 0.0062 | 33.4 |
| 2001 | 41.2 | 22 | 42.7 | 1.084 | 0.084 | 0.0070 | 30.0 |
| 2002 | 63.0 | 23 | 45.2 | 1.147 | 0.147 | 0.0217 | 26.7 |
| 2003 | 29.3 | 24 | 47.1 | 1.195 | 0.195 | 0.0382 | 23.3 |
| 2004 | 35.1 | 25 | 50.5 | 1.282 | 0.282 | 0.0794 | 20.0 |
| 2005 | 29.8 | 26 | 50.8 | 1.289 | 0.289 | 0.0837 | 16.7 |
| 2006 | 36.2 | 27 | 51.6 | 1.310 | 0.310 | 0.0959 | 13.3 |
| 2007 | 50.5 | 28 | 54.3 | 1.378 | 0.378 | 0.1430 | 10.0 |
| 2008 | 54.3 | 29 | 58.7 | 1.490 | 0.490 | 0.2400 | 6.7 |
| 2009 | 45.2 | 30 | 63.0 | 1.599 | 0.599 | 0.3588 | 3.3 |

注　前两项特小值的频率采用式（5-6）计算，其他采用式（5-7）计算。

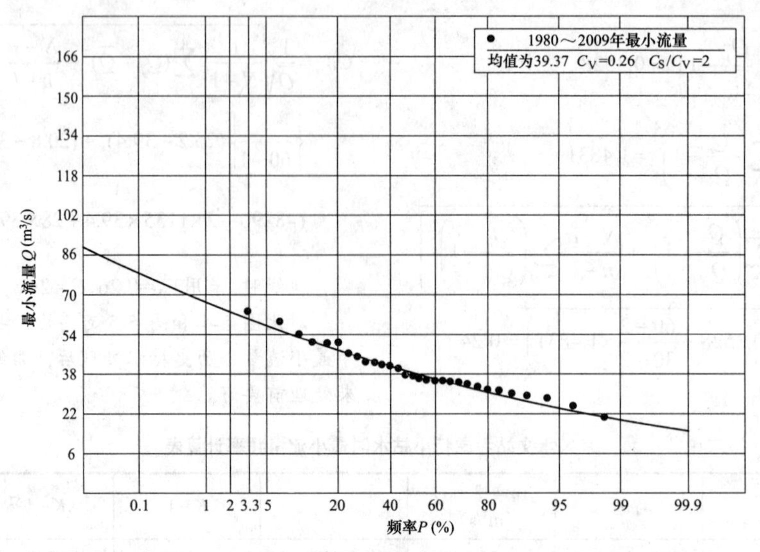


图5-5 ××水文站最小流量P-Ⅲ频率曲线（考虑调查特小枯水时）

## 二、短缺资料地区枯水径流计算

（一）枯水资料插补延长后直接进行频率计算

当实测枯水资料年限不足30年或虽有30年以上资料，但经分析，资料代表性较差，以及资料不连续有缺测时，应进行插补延长，以增加系列的连续性和代表性。用相关分析法进行枯水流量资料展延时，两站应具有15个以上的相关点，展延年数不应超过实测年数。下面介绍几种常用的展延枯水径流的方法。

1. 上下游枯水流量相关

设计站资料系列短，而上下游资料系列较长时，可用设计站与上下游站枯水流量，每年取一个最小值，点绘相关图。在同期观测资料较短，点子少，难以定线时，可以用两站的日平均流量（一年多点）点绘相关线，并考虑传播时间（相邻流域相关，取同日期日平均流量值）。对于一年一个最小值的相关点，要注意枯水出现的时间是否一致，出现时间相差很多，且点偏离关系线较远时，要分析原因，确定点的取舍和修正。

上游有支流汇入时，要加入支流站资料进行相关。干支流枯水流量相加时，要考虑时间上的一致性，不能将干支流在不同时间出现的年最小流量加在一起与下游设计站枯水流量相关，而应该以干流为主，加上支流与干流枯水出现时间相对应的枯水流量；或者以设计站出现枯水的时间为准，找出上游干支流对应时间（即考虑传播时间）的枯水流量相加，然后与设计站枯水流量相关。

XT站、HS站分别为同一河流上游和下游水文站，其最小流量见表5-5，其中XT站流量资料较短，需要用HS站资料进行插补延长。

表5-5 XT站、HS站最小流量表

| 年份 | $Q_{XT}$ (m³/s) | $Q_{HS}$ (m³/s) | 年份 | $Q_{XT}$ (m³/s) | $Q_{HS}$ (m³/s) |
|---|---|---|---|---|---|
| 1952 | 20.6* | 26.2 | 1962 | 10.2 | 13.8 |
| 1953 | 16.6* | 21.5 | 1963 | 6.90 | 11.0 |
| 1954 | 7.33* | 10.5 | 1964 | 4.55 | 5.80 |
| 1955 | 6.91* | 10.0 | 1965 | 5.08 | 7.50 |
| 1956 | 7.50* | 10.7 | 1966 | 4.10 | 7.60 |
| 1957 | 10.6 | 13.8 | 1967 | 2.80 | 4.80 |
| 1958 | 5.32 | 7.68 | 1968 | 4.50 | 8.90 |
| 1959 | 5.50 | 9.60 | 1969 | 13.0 | 17.0 |
| 1960 | 10.6 | 13.2 | 1970 | 4.16 | 6.32 |
| 1961 | 12.3 | 16.4 | | | |

* 插补值。

根据表5-5中的资料绘制XT站（上游）与HS站（下游）枯水流量相关图如图5-6所示，建立的相关方程式为 $Q_{XT}=0.85Q_{HS}-1.55$，用HS站资料插补延长XT站枯水资料，其成果见表5-5。

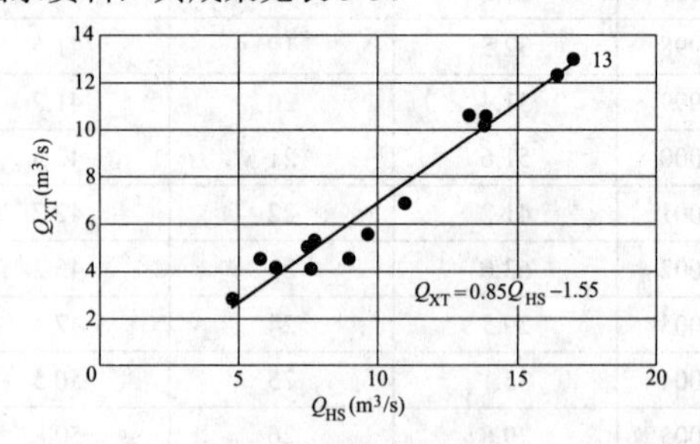


图5-6 XT、HS站枯水流量相关图

某流域AX站及其支流HL站（汇流点位于AX站下游2km处）位于SY站上游，SY站枯水流量资料较短，需要用AX站加HL站资料来展延SY站枯水系列，AX站、HL站、SY站最小流量资料见表5-6。

表 5-6 AX站、HL站、SY站最小流量表

| 年份 | $Q_{(AX+HL)}$ ($m^3/s$) | $Q_{SY}$ ($m^3/s$) | 年份 | $Q_{(AX+HL)}$ ($m^3/s$) | $Q_{SY}$ ($m^3/s$) |
|---|---|---|---|---|---|
| 1954 | 15.7 | 13.2 | 1965 | 8.34 | 7.70 |
| 1955 | 3.49 | 3.72 | 1966 | 11.0 | 13.3 |
| 1956 | 12.0 | 11.3 | 1967 | 13.3 | 14.4* |
| 1957 | 9.07 | 8.14 | 1968 | 10.2 | 11.0* |
| 1958 | 22.0 | 21.0 | 1969 | 20.4 | 22.0* |
| 1959 | 21.1 | 25.9 | 1970 | 14.4 | 15.6* |
| 1960 | 7.94 | 8.40 | 1971 | 6.13 | 6.62* |
| 1961 | 18.6 | 23.6 | 1972 | 4.66 | 5.03* |
| 1962 | 19.4 | 20.0 | 1973 | 25.4 | 25.9 |
| 1963 | 1.99 | 2.15* | 1974 | 24.6 | 25.9 |
| 1964 | 9.39 | 10.1 | 1975 | 38.2 | 44.1 |

* 插补值。

图 5-7 是根据表 5-6 中的资料绘制 AX 站(上游)+HL 站与 SY 站（下游）枯水流量相关图，建立的相关方程式为 $Q_{SY}=1.08Q_{AX+HL}$，插补延长 SY 站枯水资料，其成果见表 5-6。

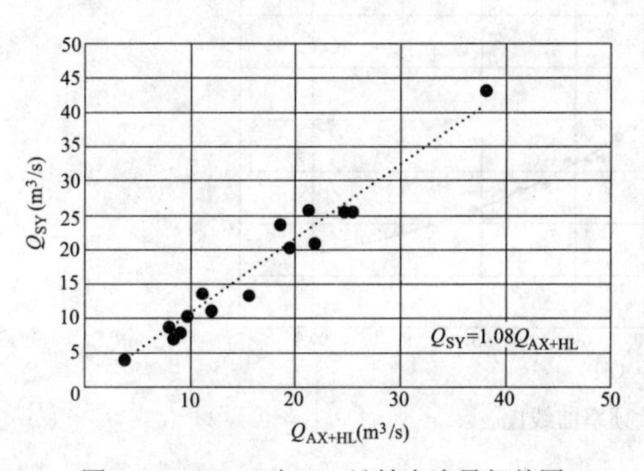


图 5-7 AX+HL 与 SY 站枯水流量相关图

2. 本流域与邻近流域枯水相关

若设计站所属流域上下游没有其他水文站资料，或者有水文站资料但实测枯水流量资料系列比设计站短，不能展延设计站的枯水系列时，可与邻近流域有较长实测枯水资料系列的水文站建立相关关系，来展延设计站枯水系列。在建立相关关系前，必须分析两流域的特征，选择同一气候区、下垫面因素相近，且流域面积比较接近的站作参证站来展延系列。

图 5-8、表 5-7 是相邻流域 DFK 站与 HS 站枯水流量相关图表，从图 5-8 中可看出，相关关系尚好，但其中 1964 年相关点偏离太远，查明原因后将其剔除，得到相关关系为 $Q_{DFK}=0.42Q_{HS}$。

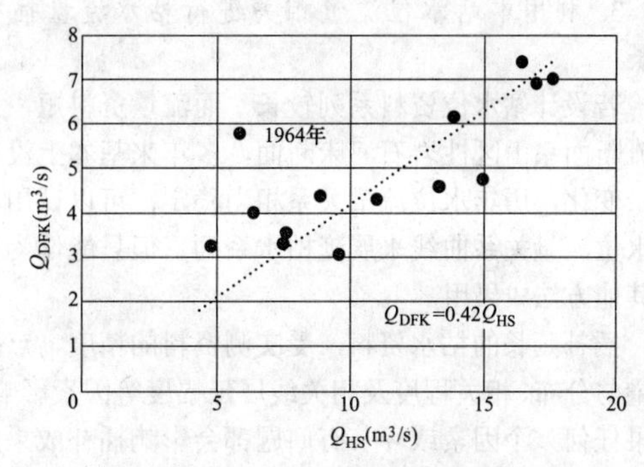


图 5-8 相邻流域 DFK 站与 HS 站枯水流量相关图

表 5-7 DFK 站与 HS 站枯水流量相关表

| 年份 | $Q_{DFK}$ ($m^3/s$) | $Q_{HS}$ ($m^3/s$) | 年份 | $Q_{DFK}$ ($m^3/s$) | $Q_{HS}$ ($m^3/s$) |
|---|---|---|---|---|---|
| 1952 | 11.0* | 26.2 | 1963 | 4.32 | 11.0 |
| 1953 | 9.03* | 21.5 | 1964 | 5.80 | 5.80 |
| 1954 | 4.41* | 10.5 | 1965 | 3.33 | 7.50 |
| 1955 | 4.20* | 10.0 | 1966 | 3.53 | 7.60 |
| 1956 | 4.49* | 10.7 | 1967 | 3.26 | 4.80 |
| 1957 | 5.80* | 13.8 | 1968 | 4.42 | 8.90 |
| 1958 | 3.23* | 7.68 | 1969 | 6.90 | 17.0 |
| 1959 | 3.00 | 9.60 | 1970 | 7.00 | 17.6 |
| 1960 | 4.60 | 13.2 | 1971 | 4.04 | 6.32 |
| 1961 | 7.35 | 16.4 | 1972 | 4.72 | 14.9 |
| 1962 | 6.15 | 13.8 | | | |

* 插补值。

表 5-8 HS 站枯水流量频率计算表

| 年份 | $Q$ ($m^3/s$) | 序次 | $Q$ 排列 ($m^3/s$) | $P(\%)=\frac{m}{n+1}$ |
|---|---|---|---|---|
| 1952 | 26.2 | 1 | 26.2 | 4.5 |
| 1953 | 21.5 | 2 | 21.5 | 9.1 |
| 1954 | 10.5 | 3 | 17.6 | 13.6 |
| 1955 | 10.0 | 4 | 17.0 | 18.2 |
| 1956 | 10.7 | 5 | 16.4 | 22.7 |
| 1957 | 13.8 | 6 | 14.9 | 27.3 |
| 1958 | 7.68 | 7 | 13.8 | 31.8 |
| 1959 | 9.60 | 8 | 13.8 | 36.4 |
| 1960 | 13.2 | 9 | 13.2 | 40.9 |
| 1961 | 16.4 | 10 | 11.0 | 45.5 |
| 1962 | 13.8 | 11 | 10.7 | 50.0 |
| 1963 | 11.0 | 12 | 10.5 | 54.5 |
| 1964 | 5.80 | 13 | 10.0 | 59.1 |
| 1965 | 7.50 | 14 | 9.60 | 63.6 |
| 1966 | 7.60 | 15 | 8.90 | 68.2 |
| 1967 | 4.80 | 16 | 7.68 | 72.7 |
| 1968 | 8.90 | 17 | 7.60 | 77.3 |
| 1969 | 17.0 | 18 | 7.50 | 81.8 |
| 1970 | 17.6 | 19 | 6.32 | 86.4 |
| 1971 | 6.32 | 20 | 5.80 | 90.9 |
| 1972 | 14.9 | 21 | 4.80 | 95.4 |

3. 利用本站水位流量相关进行枯水流量插补延长

若设计站水位资料系列较长，而流量资料短，且测流断面系山区性岩石河床断面，多年来基本上没有冲淤变化，历年水位流量关系相当稳定，可以试用本站水位流量关系曲线来展延枯水系列，但只能作为检验其他方法成果用。

插补延长的枯水资料，受实测资料的精度、点据数量与分布、相关程度及相关线展延幅度等因素影响，如果任何一个因素或环节有问题都会影响插补成果的质量。因此插补的系列不宜太长，对插补延长的结果一般要进行合理性检查，通常可从上下游站及本站不同时段的枯水资料变化规律等方面进行综合分析。系列展延后，即可按有长期资料的情况作频率计算得到设计站的设计枯水。

（二）用上下游站（或邻近流域站）枯水频率曲线及相关关系推求设计枯水

当设计站的实测枯水资料系列较短，需展延的系列较长时，展延系列不仅工作量大，且由于累积误差而使展延系列后的频率曲线精度难以估计。这时，可假定设计站与上下游站枯水出现的重现期在时间上一致，不做设计站枯水系列展延，而借用上下游较长资料系列站的频率曲线求出设计频率的枯水流量，再用设计站与上下游站的枯水流量相关线查出设计站的设计枯水流量。

根据表 5-7 所列 DFK 站和 HS 站枯水资料，求 DFK 站保证率 97%的枯水流量时，只需将 HS 站枯水资料进行频率计算（仅用 21 年资料为例，见表 5-8 和图 5-9），求出 HS 站保证率 97%的枯水流量为 4.32m³/s。根据图 5-8 可得出 DFK 站保证率 97%的枯水流量为 1.94m³/s，而不必先展延DFK站枯水系列，再计算DFK站枯水频率曲线。

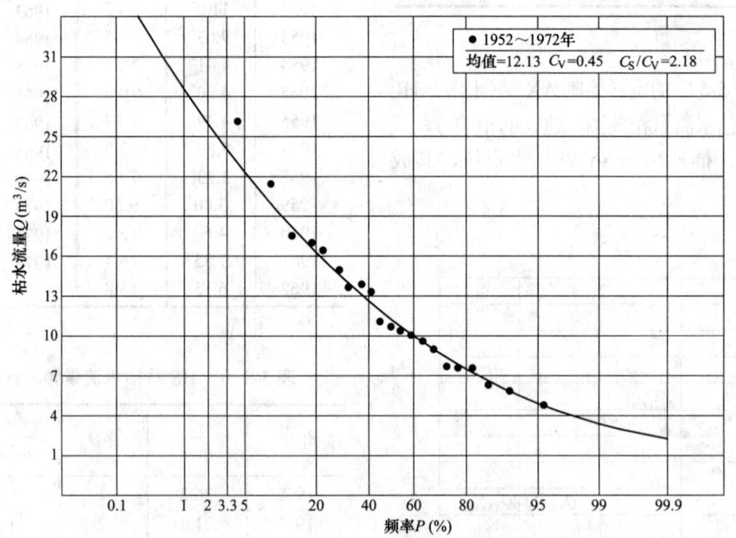


图 5-9 HS 站枯水流量频率曲线图

## 三、无资料地区枯水径流计算

资料缺乏时，设计枯水径流量通常采用水文比拟法、枯水径流分区图法和经验公式法。

（一）水文比拟法

当设计流域无实测资料时，可以根据影响枯水径流因素相似的原则，在该流域附近选一参证流域，将参证流域枯水径流量特征统计参数直接移用到设计流域，均值应移用模数或径流深换算得到。

此法关键在于选择恰当的参证站。参证站应有长期实测资料，气候因素和下垫面因素与设计站相似。对于山区河流，主要是地面高程、坡面方位相似；对于干旱地区，则是河床下切深度和径流年内分配情况相似。在特殊地区，要注意特殊自然条件的影响。

1. 直接移用

如果设计站资料系列短，不足以同上下游（或邻近流域）站建立相关关系，而它们属于同一气候区，下垫面因素也相近，可以假设参证站与设计站同一年份枯水流量的频率相同，并移用参证站的 $C_V$ 和 $C_S$，设计站多年平均枯水流量计算公式为

$$\overline{Q}=\frac{Q_i}{K_{P,i}} \tag{5-13}$$

式中 $\overline{Q}$ ——多年平均枯水流量，m³/s；

$Q_i$ ——设计站实测某年枯水流量，m³/s；

$K_{P,i}$ ——与 $Q_i$ 对应的模比系数，即参证站同一年份的$K$值，可由参证站实测资料反算得到。

如果平行观测资料不止一年，而是 $n$ 年，则可类似地得出 $n$ 个 $\overline{Q}$，取其算术平均值作为多年平均值 $\overline{Q}$。根据统计参数 $\overline{Q}$、$C_V$、$C_S$ 即可求得设计站任何设计保

证率的枯水流量。

［例 5-3］ 用直接移用法计算设计枯水流量。

BT 站、YJX 站枯水径流统计参数计算表见表 5-9，BT 站为参证站，求 YJX 站保证率为 97%的枯水流量。

（1）进行参证站 BT 站的频率计算（略），求出 $\overline{Q}$=10.4m³/s，$C_V$=0.40，$C_S$=2$C_V$=0.80。

（2）选出与设计站同期观测资料的模比系数 $K_{P,i}$。

（3）用设计站 $n$ 年枯水流量分别除以对应年份参证站的模比系数 $K_{P,i}$ 得设计站的 $n$ 个多年平均枯水流量。

（4）将求出的 $n$ 个多年平均枯水流量求其平均值，得多年平均枯水流量 $\overline{Q}$=0.93m³/s。

（5）设计站 YJX 站 $\overline{Q}$=0.93m³/s，并移用参证站 BT 站的 $C_V$、$C_S$，绘制设计站 YJX 站枯水频率曲线，求出 YJX 站保证率 97%的枯水流量为 0.34m³/s。

表 5-9 BT 站、YJX 站枯水径流统计参数计算表

| 年份 | BT 站 | | YJX 站 | | 备 注 |
|---|---|---|---|---|---|
| | $Q_{min}$（m³/s） | $K_P=Q_i/\overline{Q}$ | $Q_{min}$（m³/s） | $\overline{Q}$（m³/s） | |
| 1958 | 11.2 | 1.08 | 0.93 | 0.86 | BT站1951～1970年资料 $\overline{Q}$=10.4，$C_V$=0.40，$C_S$=0.80<br>YJX 站 $\overline{Q}$=0.93 |
| 1959 | 7.93 | 0.76 | 0.76 | 1.00 | |
| 1960 | 11.3 | 1.09 | 1.02 | 0.93 | |

2. 间接移用

（1）流域面积比法。当设计站和参证站流域上暴雨分布比较均匀时，可采用式（5-14）借用同一气候区中下垫面因素相似的邻近流域资料进行频率计算，然后按面积比换算到设计断面。

$$Q_s=\frac{F_s}{F_c}Q_c \tag{5-14}$$

式中 $Q_s$——设计站枯水流量，m³/s；

$Q_c$——参证站枯水流量，m³/s；

$F_s$——设计断面流域面积，km²；

$F_c$——参证站流域面积，km²。

（2）考虑雨量等因素修正的流域面积比法。若设计依据站与参证站以上流域降雨、下垫面条件差异较大时，应考虑降水、下垫面条件的差异，根据式（5-15）推算设计依据站的枯水径流量。

$$Q_s=\frac{H_s}{H_c}\frac{F_s}{F_c}\frac{\alpha_s}{\alpha_c}Q_c \tag{5-15}$$

式中 $H_s$——设计依据站流域多年平均降雨量，mm；

$H_c$——参证站流域多年平均降雨量，mm；

$\alpha_s$——设计依据站控制流域内的径流系数；

$\alpha_c$——参证站控制流域内的径流系数。

（3）流域面积内插法。此法用于上下游都能找到参证站、设计断面位于上下两个参证站之间，且下游枯水流量比上游大时，可以按下式移用

$$Q_s=Q_u+\frac{Q_d-Q_u}{F_{d-u}}F_{s-u} \tag{5-16}$$

式中 $Q_s$——设计断面枯水流量，m³/s；

$Q_u$——上游参证站枯水流量，m³/s；

$Q_d$——下游参证站枯水流量，m³/s；

$F_{d-u}$——上下游参证站间流域面积，km²；

$F_{s-u}$——上游参证站至设计断面间流域面积，km²。

以上方法是枯水流量资料移用的一般方法，适用于枯水流量随着流域面积的增大而增大，或者随着河道长度的增长而增大。但有些河流的情况相反，如沙漠地区的河流、岩溶地区的河流、农业灌溉发达地区的河流，以上方法就不适用。因此，在枯水流量资料移用前，必须对流域进行查勘调查和必要的枯水测验，验明方法是否可行。

（二）枯水径流分区图法

有些地区对多年实测枯水径流资料进行分析，绘制枯水径流分区图，并列出各区的相应计算参数，这对解决无资料地区的枯水径流计算有一定实用价值。因为非分区性因素对枯水径流的影响较大，所以枯水径流分区图的精度较年径流等值线图低，特别对较小河流，可能有较大误差。使用这些图表时，一定要结合实地查勘，并在设计断面附近进行枯水径流量的调查与施测，参照流域内的自然地理情况（包括雨量大小，森林植被、土壤渗透能力等）及人类活动影响等，通过综合分析，最后确定应采用的设计枯水流量。

（三）经验公式法

影响枯水流量的气候因素和下垫面因素众多，但可以从中选出几个主要因素与枯水径流量建立经验关系，进而选配出经验公式。

（1）四川省最小月平均流量经验公式

$$\overline{Q}=aF^b \tag{5-17}$$

式中 $\overline{Q}$——年最小月平均流量，L/s；

$F$——集水面积，km²；

$a$、$b$——分区参数，由表 5-10 查得。

表 5-10 四川省部分地区枯水流量分区参数表

| 分区范围 | 岷江中下游 | 沱江、涪江中下游 | 嘉陵江中上游 | 渠江中下游 |
|---|---|---|---|---|
| $a$ | 0.253 | 2.670 | 1.740 | 0.610 |
| $b$ | 1.300 | 0.824 | 0.824 | 1.060 |

（2）年最 I 小月平均流量多元回归方程。影响枯水流量的流域特征值，包括流域面积、流域平均年雨

量、冬季雨量、夏季雨量、地质特征及流域平均坡度等。年最小月平均流量与这些流域特征关系比较密切，年最小日平均流量与流域特征也有关系，但不如年最小月平均流量关系好。年最小月平均流量与流域特征值的关系，可用逐段回归法建立多元回归方程，其方程式为

$$\lg Q = a\lg F + b\lg H + c\lg H_w + d\lg H_s + e\lg G + f\lg S + A \tag{5-18}$$

式中 $Q$ ——年最小月平均流量，L/s；

$F$ ——流域面积，$km^2$；

$H$ ——流域的年降雨量，mm；

$H_w$ ——与 $Q$ 同一年内的冬季流域平均降雨量，mm；

$H_s$ ——与 $Q$ 同一年内的夏季流域平均降雨量，mm；

$G$ ——地质指数；

$S$ ——流域平均坡度，$\times 10^{-4}$；

$a$、$b$、$c$、$d$、$e$、$f$ ——系数；

$A$ ——常数。

根据分析，得到系数 $a$、$b$、$c$、$d$、$e$、$f$ 及其标准误差，同时得到多重相关系数、偏相关系数、因变量的标准误差，以及回归的方差分析和常数 $A$。

如A流域年最小月平均流量方程式为

$$\lg Q = 1.05\lg F + 0.683\lg H + 0.590\lg G + 0.411\lg H_w + 0.658\lg H_s - 7.0071 \tag{5-19}$$

或 $Q = 9.84\times10^{-8} F^{1.05} H^{0.683} G^{0.590} H_w^{0.411} H_s^{0.658}$

［例 5-4］ A流域B站，流域面积 $F$=9870$km^2$，1965 年年降雨量 $H$=735mm，地质指数 $\lg G$=4.83，1964～1965 年冬季流域平均降雨量（10 月至次年 3 月）$H_w$=276mm，1965 年夏季流域平均降雨量（4 月至 9 月）$H_s$=410mm。试求（预报）1965 年最小月平均流量。

代入式（5-19）计算如下

$$\lg Q = 1.05\lg 9870 + 0.683\lg 735 + 0.590\times 4.38 + 0.411\lg 276 + 0.658\lg 410 - 7.0071 = 4.461$$

则 $Q$=28900L/s。

1965 年实测年最小月平均流量（6 月）$Q$=28000L/s，实测与估算之流量误差为 3%。

以上三种方法中，一般水文比拟法应用广泛，但不论用哪种方法，都必须对流域进行查勘和必要的枯水测验，以修正计算的成果。

## 四、资料的移用

通常，获得的设计站设计枯水流量（或水位）是指设计站测流断面的，而电厂取水口大多不在水文站测流断面上，因此还需通过一定的途径将计算成果移用到电厂取水口断面来。

### （一）流量资料的移用

1. 面积比法

计算公式与式（5-14）相同，即 $Q_s = Q_c F_s / F_c$。

2. 河长比法

取水口位于上下两个水文站之间，且下游枯水流量比上游大时，可以按下式移用

$$Q_s = Q_u + \frac{Q_d - Q_u}{L_{u-d}} L_{u-s} \tag{5-20}$$

式中 $Q_s$ ——设计断面枯水流量，$m^3/s$；

$Q_u$ ——上游水文站枯水流量，$m^3/s$；

$Q_d$ ——下游水文站枯水流量，$m^3/s$；

$L_{u-d}$ ——上下游水文站间河道长度，km；

$L_{u-s}$ ——上游水文站至设计断面间河道长度，km。

在枯水流量资料移用前，必须对流域进行查勘调查和必要的枯水测验，验明方法是否可行。

### （二）取水口枯水位的确定

1. 水位相关法

在取水口设立临时水位站，与设计站（上下游水位站）作同期观测，点绘取水口断面与设计站水位相关图，并延长相关线低水部分，由设计站设计枯水位（通过以上方法计算出的设计枯水流量查水位流量关系曲线得到或直接采用枯水位进行频率计算等方法求得）查出取水口设计枯水位。

2. 建立取水口水位流量关系

取水口断面水位流量关系曲线的绘制，应以一定的实测水位流量资料为依据，绘制所得的关系为工程修建前天然河道情况下的水位流量关系曲线。

在取水口断面实测几次中低水流量和水位，反推糙率 $n$，并施测取水口处大断面图，用水力学公式 $Q = AR^{2/3}I^{1/2}/n$ 计算各级水位相应的流量，点绘取水口水位流量关系曲线，延长低水部分（延长时以断流水位作控制），用以上方法求得的取水口设计枯水流量在关系曲线上直接查出设计枯水位。与此同时，需说明断面的冲淤变化趋势，以便设计时参考。

糙率 $n$ 除用实测流量反推外，还可以根据河道情况选用，但仍需以实测水位流量反推点作控制，以验证 $n$ 的选择是否正确合理。

确定延长低水所用的断流水位，有以下几个方法：

（1）根据取水口纵横断面资料确定断流水位。如取水口下游有浅滩或石梁，则以其顶部高程作为断流水位；对低坝取水，可以用坝顶高程作为断流水位；若取水口下游很长距离内河底平坦，则以取水口断面河底最低点高程作为断流水位。

（2）分析法确定断流水位。在没有条件采用前面的方法确定断流水位时，如断面形状整齐，在延长部分的水位变幅内河宽基本无变化，又无浅滩分流现象，

可采用分析法。即在水位流量关系的中低水弯曲部分，依顺序取 $a$、$b$、$c$ 三点，使这三点的流量关系满足 $Q_b=\sqrt{Q_aQ_c}$，则断流水位 $H_d$ 可按下式计算

$$H_d=\frac{H_aH_c+H_b^2}{H_a+H_c+2H_b} \tag{5-21}$$

式中 $H_a$、$H_b$、$H_c$——水位流量关系曲线上 $a$、$b$、$c$ 三点的水位。

（3）图解法确定断流水位。根据 $Q_b=\sqrt{Q_aQ_c}$ 的条件，在水位流量关系曲线上取 $a$、$b$、$c$ 三点。过 $b$ 点、$c$ 点作平行横轴的两条水平线，分别与通过 $a$、$b$ 所作的垂直横轴的线相交于 $d$、$e$；将 $ed$、$ba$ 延长，得交点 $f$，过 $f$ 点作平行于横轴的水平线交纵轴于 $H_d$，即为断流水位，见图 5-10。

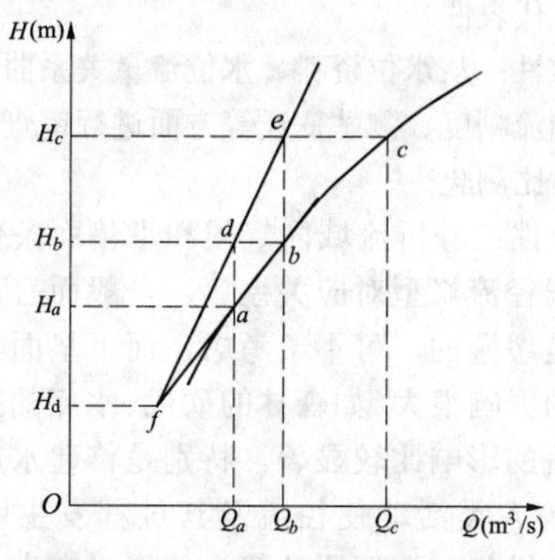


图 5-10 图解法求断流水位示意图

3. 比降推算法

比降推算法适用于取水口距离设计依据站较近且河段顺直，断面形状变化不大时。计算公式为

$$Z_x=Z\pm JL \tag{5-22}$$

式中 $Z_x$——取水口待求设计枯水位，m；

$Z$——设计依据站设计枯水位，m；

$J$——设计依据站枯水期实测水面比降；

$L$——两断面间的距离，m。

以上三种方法也适用于设计依据站设计枯水位的推求。

## 五、流量历时曲线

当采用多水源供水时，若单一水源不能满足供水要求，应按工程设计特点推求设计典型年日流量历时曲线或缺水历时频率曲线。

### （一）典型年日流量历时曲线

典型年日流量历时曲线是根据某一年份的实测日平均流量资料绘成的。曲线的纵坐标为日平均流量或其相对值（模比系数），横坐标则为历时日数或相对历时（占全年的百分数）。

### （二）缺水历时频率曲线

在多水源供水时，已确定缺水天数要求确定水量时可用此法。先假定某一流量 $Q_1$ 为枯水时不足流量，在各年流量历时过程中可查出各年的实际缺水天数（$t_1$，$t_2$，…），将缺水天数进行频率计算，得 $t$-$P$ 频率曲线，根据指定的设计频率，即可查得相应的缺水天数 $t_{P,1}$。另设 $n$ 个不同的 $Q_2$，$Q_3$，…，同上法可绘出对应 $Q_2$，$Q_3$，…，各条缺水历时频率曲线，求得指定频率的缺水天数 $t_{P,2}$，$t_{P,3}$，…，最后建立 $Q$-$t_P$ 曲线，从曲线图上查出允许缺水天数 $t_0$ 所对应的流量 $Q_P$，即为设计枯水流量。水位求取方法相同。

［例 5-5］ 用历时法求设计枯水流量。

某电厂水源采用多水源供水系统。根据××水文站 1960～1995 年日平均流量资料，采用缺水历时频率曲线法，求缺水历时为 160d、$P$=97%时的设计取水流量。

（1）经现场枯水调查，1977 年为 1935 年以来第一个枯水年，其重现期可定为 60 年一遇。

（2）按××水文站 36 年的实测日平均流量，划定不同等级的假定流量，统计出小于或等于各级流量的时间，见表 5-11。

表 5-11 ××水文站小于或等于各级流量的时间统计表 （d）

| 序号 | 年份 | 假定流量（m³/s） | | | | |
|---|---|---|---|---|---|---|
| | | 2.0 | 4.0 | 6.0 | 8.0 | 10.0 |
| 1 | 1960 | 114 | 139 | 143 | 151 | 154 |
| 2 | 1961 | 131 | 144 | 149 | 152 | 157 |
| 3 | 1962 | 121 | 137 | 142 | 154 | 164 |
| 4 | 1963 | 102 | 132 | 143 | 150 | 152 |
| 5 | 1964 | 141 | 160 | 168 | 189 | 227 |
| … | … | … | … | … | … | … |
| 18 | 1977 | 162 | 171 | 211 | 251 | 272 |
| … | … | … | … | … | … | … |
| 32 | 1991 | 132 | 143 | 157 | 178 | 204 |
| 33 | 1992 | 99 | 114 | 126 | 137 | 139 |
| 34 | 1993 | 119 | 130 | 142 | 159 | 174 |
| 35 | 1994 | 106 | 114 | 130 | 148 | 169 |
| 36 | 1995 | 101 | 111 | 124 | 139 | 148 |

（3）将各级流量对应的缺水天数系列按递增顺序排列，分别进行各级流量的频率计算，求出 $P$=97%时小于或等于各级流量的时间，见表 5-12。

表 5-12 $P$=97%时小于或等于各级流量的天数统计表

| 流量（m³/s） | 2.0 | 4.0 | 6.0 | 8.0 | 10.0 |
|---|---|---|---|---|---|
| 时间（d） | 150.2 | 162.4 | 186.7 | 212.8 | 237.4 |

（4）由表 5-11 所示资料，设纵坐标为流量，横坐标为历时时间，点绘 $Q$-$t_P$ 关系曲线，如图 5-11 所示。经查当缺水历时为 160d 时，日平均设计取水流量为 3.60m³/s。

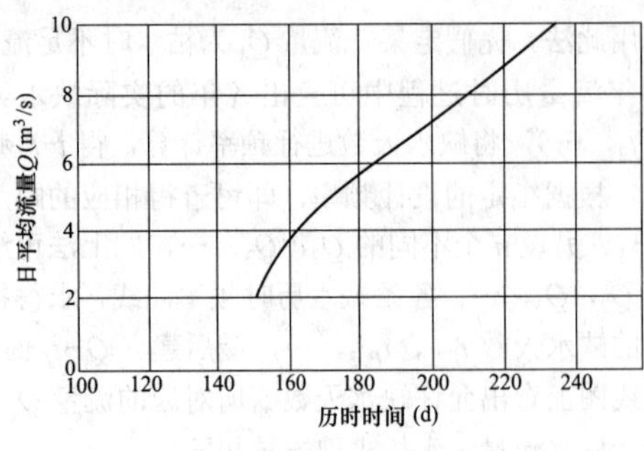


图 5-11 $Q$-$t_P$ 关系曲线

## 第二节 水 库 取 水

从水库取水作为电厂供水水源时，水文计算工作分为三种情形。

（1）在已建水库上取水。水库一般兼具防洪、农业灌溉、城市供水等综合利用功能，而工业、农业用水的保证率不同，农灌用水保证率一般为 50%～75%（丰水地区可达 95%），工业用水保证率一般不低于 90%，大中型火力发电厂用水设计保证率为 97%，小型火力发电厂为 95%。在枯水年时，水库往往不能同时满足全部用户的用水需求，此时需要设立一定的工业预留库容，以优先满足用水保证率高的工业等用水需求。工业预留库容，即当出现设计保证率的干旱年时，电厂等工矿企业除取用水库的天然来水外所缺水量的总和。水库满足工业预留库容的最低水位，为农灌限制供水位。水库消落到农灌限制供水位时，停止向农灌供水，只保证电厂及其他工业用水和生态需水量。

水文计算的任务是：根据工农业用水及生态需水等水量要求，通过水库径流调节计算，分析水库在现状条件下，可支撑的电厂规模，并确定相应的工业预留库容及农灌限制供水位；或在满足电厂既定规模的情况下，提出水库扩建或调整综合利用的要求。

（2）从规划的水库取水。电厂拟从规划的水库取水时，电厂用水需求可与水库规划相结合。考虑电厂的用水需求，与水库规划部门配合，重新对水库进行调节计算，修改水库的设计方案，以满足工农业各部门的综合用水需求。

（3）修建专用水库。当天然河道的设计枯水流量扣除工农业用水及生态需水量以后，余量小于电厂的用水量，又无其他水源补充，但必须在该地区建厂时，可兴建一专用水库（一般以小型水库为宜，但水库的设计和校核标准应满足电厂水源的安全要求），用以调节河道枯水期的天然来水量。此时，电厂规模和用水过程线已经确定，水文计算的任务主要是通过水库调节计算和调洪计算，确定水库的兴利库容和总库容。

电厂在水库取水的水文计算，主要包括设计年径流计算和水库径流调节计算。此外，本节也对水库调度与控制曲线进行了简要介绍。

以水库水作为电厂供水水源时，还应考虑水库淤积对取水的影响，详见第八章第三节水库淤积相关内容。

### 一、设计年径流及其分配

设计年径流的计算分有资料、短缺资料及无资料三种情形。设计年径流的分配包括典型年选择、典型年缩放。

（一）有资料地区设计年径流计算

1. 径流资料的审查分析

径流资料的审查分析，主要包括资料的可靠性、一致性、代表性。

可靠性：从水位资料、水位流量关系曲线、水量平衡、测流精度、测站变迁等方面进行审查，必要时应进行对比测验。

一致性：分析流域内气候和下垫面条件的稳定性、降雨径流峰型对应关系等。一般而言，气候条件变化是缓慢的，可不予考虑，而下垫面条件受人类活动的影响很大（如森林的砍伐、水库的兴建等），对年径流的影响比较显著。特别是修建水库、跨流域调水等人类活动使径流及其过程发生明显变化时，更应进行径流还原计算，使资料在人类活动影响前后具有一致性。

代表性：分析实测的年径流资料中是否包括丰水、平水和枯水三种代表年，可与邻近流域资料系列较长且代表性较好的观测站进行对比分析。资料代表性直接影响年径流频率计算成果：资料中未包括丰水年，频率计算成果就偏小；资料中未包括枯水年，频率计算成果就偏大。

2. 径流还原计算方法

径流还原计算方法主要有分项调查法、降雨径流模式法、蒸发差值法、分类综合估算等。此处主要介绍分项调查法。

（1）分项调查法。分项调查法是径流还原计算的基本方法。当资料比较充分，各项人类活动措施和指标比较落实时，可获得较好的还原计算成果。根据各项措施对径流的影响程度，一般采用逐项还原或对主要影响项目进行还原。

分项调查法采用的水量平衡方程式为

$$W_{TR}=W_{SC}+W_{NY}+W_{GY}+W_{SH}+W_{ZF}+W_{SL}\pm W_{TX}\pm W_{YS}\pm W_{FH}\pm W_{SB}\pm W_{QT} \tag{5-23}$$

式中 $W_{TR}$——还原后的天然径流量，$m^3$；

$W_{SC}$——实测径流量，$m^3$；

$W_{NY}$——农业净耗水量，$m^3$；

$W_{GY}$——工业净耗水量，m³；

$W_{SH}$——生活净耗水量，m³；

$W_{ZF}$——水面蒸发增损量，m³；

$W_{SL}$——水库渗漏水量，m³；

$W_{TX}$——蓄水工程的蓄水变量（增加为“+”，减少为“-”），m³；

$W_{YS}$——跨流域引水量（引出为“+”，引入为“-”），m³；

$W_{FH}$——河道分洪水量（分出为“+”，分入为“-”），m³；

$W_{SB}$——水土保持措施对径流的影响水量，m³；

$W_{QT}$——包括城市化、地下水开发等对径流的影响水量，m³。

各分项的调查和计算方法可参照 SL 196—2015《水文调查规范》。

还原计算应逐年、逐月（旬）进行。逐年还原所需资料不足时，可按人类活动措施的不同发展时期采用丰、平、枯水典型年进行还原估算。逐月（旬）还原所需资料不足时，可分主要用水期和非主要用水期进行还原估算。人类活动对径流的影响有明显地区差异时，可分区进行还原。

还原计算成果应进行合理性检查，可从单项指标和分项还原水量合理性，以及上下游、干支流水量平衡和降雨径流关系变化等方面进行分析。

（2）其他方法。

1）降雨径流模式法适用于人类活动措施难以调查或调查资料不全时，直接推求天然径流量。首先建立未受人类活动等影响的降雨径流模式，再采用受人类活动等对径流有显著影响的降雨资料，推求天然径流量。此法需能建立精度较高的降雨径流关系，且未能解决好融冰化雪径流问题，有其局限性。

2）蒸发差值法适用于时段较长情况下的还原计算。此法认为人类活动对河川径流的影响，主要是增加了蒸发损失，还原时可略去流域蓄水量变化，还原量为人类活动影响前后流域蒸发的变化量。据此又发展了水旱差值法、产流差值法和经验公式法等。

3）分类综合估算法将因人类活动影响而增加的径流损失量分为三类，即由于农林牧措施所增加的损失、由于扩大灌溉面积而造成的损失、由于扩大水面面积而造成的损失，流域径流损失总量为以上几项之和。此法关键在于正确地选用或计算各项参数。

以上方法可参考 SL 278—2002《水利水电工程水文计算规范》、DL/T 5431—2009《水电水利工程水文计算规范》及相关文献。

3. 设计径流的频率计算

当实测径流系列在 30 年以上时，可直接进行频率计算。径流的统计时段可根据设计要求按水文年选取年、期［枯季（10 月～次年 3 月）、连续最枯 4 个月、连续最枯 3 个月、最枯月、最枯日］等。经验频率按数学期望公式计算，理论频率采用 P-Ⅲ型曲线，通过经验适线确定统计参数，适线时侧重考虑平水、枯水年点据。

**［例 5-6］** 设计年径流频率分析计算。

根据某水文站 1970～2001 年逐年年径流系列（见表 5-13）进行频率分析，线型采用 P-Ⅲ型，年径流频率分析成果见表 5-14，年径流频率曲线见图 5-12。

表 5-13 某水文站 1970～2001 年逐年年径流系列表

| 年份 | 年径流量（×10⁴m³） | 年份 | 年径流量（×10⁴m³） | 年份 | 年径流量（×10⁴m³） | 年份 | 年径流量（×10⁴m³） |
|---|---|---|---|---|---|---|---|
| 1970 | 2021 | 1978 | 3172 | 1986 | 1129 | 1994 | 4096 |
| 1971 | 4816 | 1979 | 3346 | 1987 | 2013 | 1995 | 3482 |
| 1972 | 2161 | 1980 | 2768 | 1988 | 4255 | 1996 | 2477 |
| 1973 | 4659 | 1981 | 3581 | 1989 | 1472 | 1997 | 2304 |
| 1974 | 2009 | 1982 | 1632 | 1990 | 4230 | 1998 | 2336 |
| 1975 | 3533 | 1983 | 1615 | 1991 | 1936 | 1999 | 1841 |
| 1976 | 2532 | 1984 | 2104 | 1992 | 3316 | 2000 | 1906 |
| 1977 | 1397 | 1985 | 3323 | 1993 | 2045 | 2001 | 2406 |

表 5-14 某水文站年径流频率分析成果表 （×10⁴m³）

| 均值 | $C_V$ | $C_S/C_V$ | 频率（%） | | | | | | | |
|---|---|---|---|---|---|---|---|---|---|---|
| | | | 1 | 2 | 5 | 10 | 50 | 90 | 97 | 99 |
| 2685 | 0.40 | 2.0 | 5790 | 5320 | 4660 | 4120 | 2543 | 1433 | 1055 | 824 |

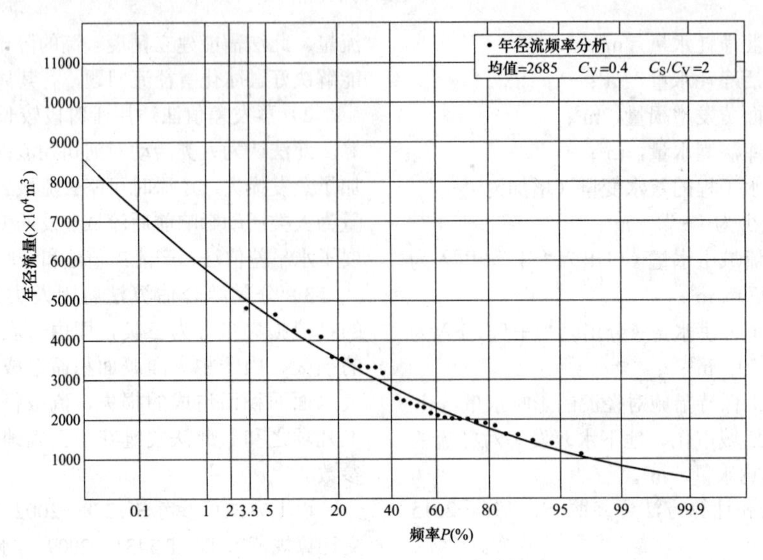


图 5-12　某水文站年径流频率曲线图

［例 5-7］ 不同时段的设计径流频率分析计算。某水库坝址以上的集水面积为 31.75km²，采用坝址处水文站 1959～1979 年和 1988～2008 年径流系列。水库坝址处不同统计时段的径流频率分析成果见表 5-15。

表 5-15　水库坝址处不同统计时段的径流频率分析成果表

| 径流设计值 | 均值 | $C_V$ | $C_S/C_V$ | 频率 | | | | | 多年统计最小值 | 发生年份 |
|---|---|---|---|---|---|---|---|---|---|---|
| | | | | 50% | 75% | 90% | 97% | 99% | | |
| 年径流量（×10⁸m³） | 0.402 | 0.28 | 2.0 | 0.392 | 0.322 | 0.266 | 0.219 | 0.187 | 0.206 | 1959～1960 |
| 年平均流量（m³/s） | 1.28 | 0.28 | 2.0 | 1.25 | 1.02 | 0.85 | 0.70 | 0.60 | 0.65 | 1959～1960 |
| 枯季（10 月～次年 3 月）平均流量（m³/s） | 0.662 | 0.29 | 3.0 | 0.63 | 0.52 | 0.44 | 0.38 | 0.34 | 0.39 | 1960～1961 |
| 连续最枯 4 个月平均流量（m³/s） | 0.417 | 0.33 | 2.0 | 0.40 | 0.32 | 0.25 | 0.20 | 0.16 | 0.18 | 1973-11～1974-02 |
| 连续最枯 3 个月平均流量（m³/s） | 0.347 | 0.39 | 2.0 | 0.33 | 0.25 | 0.19 | 0.14 | 0.11 | 0.14 | 1960-12～1961-02 |
| 最枯月平均流量（m³/s） | 0.243 | 0.49 | 2.5 | 0.22 | 0.16 | 0.11 | 0.09 | 0.07 | 0.09 | 1961-01 |
| 年最小流量（m³/s） | 0.103 | 0.55 | 2.0 | 0.09 | 0.06 | 0.04 | 0.03 | 0.02 | 0.02 | 2008-07-11 |

### （二）短缺资料地区设计年径流计算

当实测年径流系列少于 30 年时，可将年径流系列进行展延后，再进行频率计算。资料展延方法视区域特点分为利用参证站径流量资料展延、利用降雨量资料展延和利用气温资料展延三种情形。

1. 利用参证站径流量资料展延系列

当设计站的上游站或下游站有足够长的实测年径流资料时，可利用上下游站的年径流资料来展延设计站的年径流系列。若两站控制的流域面积相差不大，其径流量一般相关关系较好，如图 5-13 所示为江西乐安江 A 站与 B 站年平均流量相关关系。

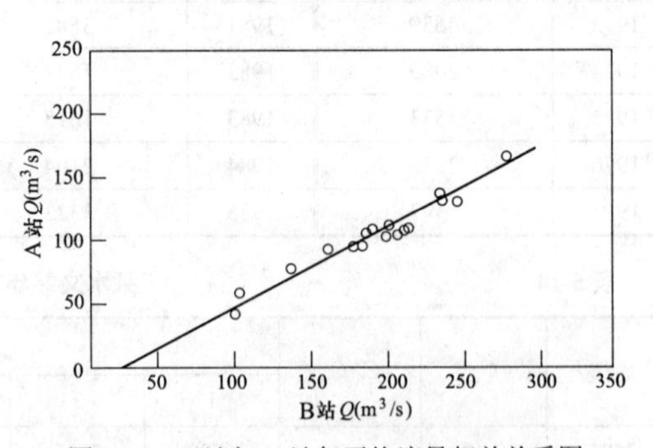


图 5-13　A 站与 B 站年平均流量相关关系图

若两站控制的流域面积相差很大，且区域气候条件变化又很明显时，两站年径流量的简单相关关系可能不好。这时，可以考虑采用复相关，在相关图中引入反映区间径流量的一种参变量（如区间年降雨量）来改善相关关系。

当设计站上下游无长期观测资料时，可考虑利用自然地理条件相似的邻近流域的年径流资料与设计站建立相关关系。

当设计站的实测年径流系列过短时，可考虑采用季径流量或月径流量之间的关系来展延系列。但月径流量的影响因素比年径流量的影响因素复杂，月径流量的相关关系一般不如年径流量密切，因此月径流量关系须谨慎采用。

2. 利用降雨量资料展延系列

当无法利用径流量资料展延系列时，可考虑采用流域内或邻近地区的降雨量资料展延系列。我国长江流域及南方各省湿润地区，年径流量与降雨量之间关系一般比较密切，如图 5-14 所示为贡水赣州以上年降雨量与年径流量关系。当流域平均雨量无法求得，而流域面积不大时，可采用点雨量代替流域平均雨量，关系一般也较好。对于干旱地区，年径流量与年降雨量之间的关系可能不够密切，一般不用此法展延。

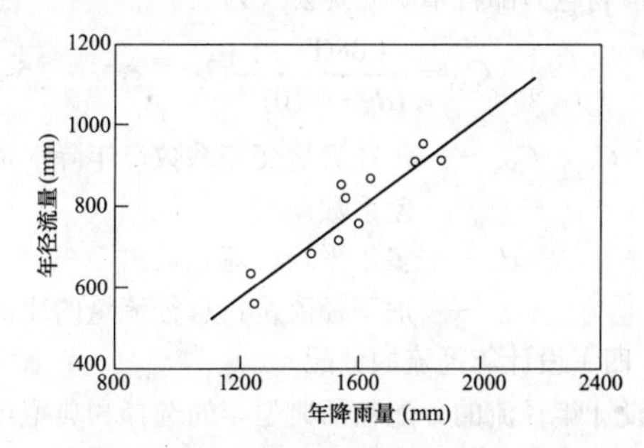


图 5-14 贡水赣州以上年降雨量与年径流量关系图

当设计站的实测年径流系列过短时，可考虑采用月（或双月）降雨量与月（或双月）径流量之间的关系展延系列。但由于降雨与相应径流出现的时间不完全一致，月降雨与月径流量之间的关系一般不密切，采用时必须对流域水文气象条件进行具体分析。

3. 利用气温资料展延系列

我国北方寒冷地区，河川径流主要靠山上融雪水补给，径流与气温之间的关系比较密切，如图 5-15 所示为乌鲁木齐月平均气温与红山嘴月平均流量关系。有了气温与径流之间的关系，即可利用气温资料展延径流系列。

（三）无资料地区设计年径流估算

无实测资料地区的设计年径流估算，主要方法有正常径流量等值线和年径流 $C_V$ 等值线法、水文比拟法和经验公式法。

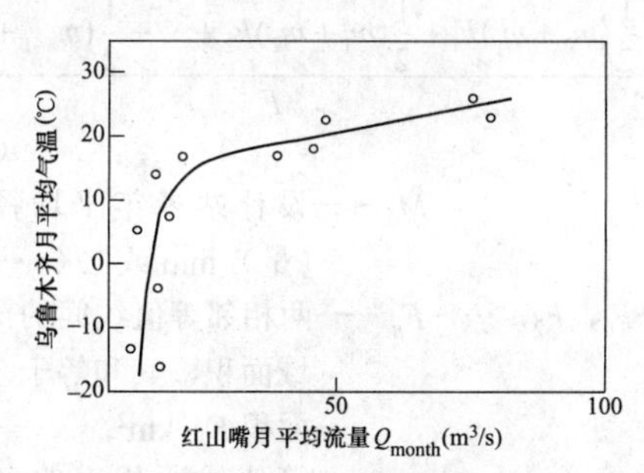


图 5-15 乌鲁木齐月平均气温与红山嘴月平均流量关系图

1. 正常径流量等值线和年径流 $C_V$ 等值线法

正常径流量等值线，是将各中等流域实测的多年平均年径流量标记在各流域平面图形的形心处（对于山区，径流量存在随地理高程增加而增加的趋势，应将多年平均年径流量标记在流域平均高程处），并考虑各种自然地理因素（特别是气候和地形）的特点而勾绘出来的，绘制中还应采用大流域站的资料进行校核调整。各地区水文手册均有年径流量等值线图。图 5-16 所示为四川中部地区多年平均年径流量等值线图。

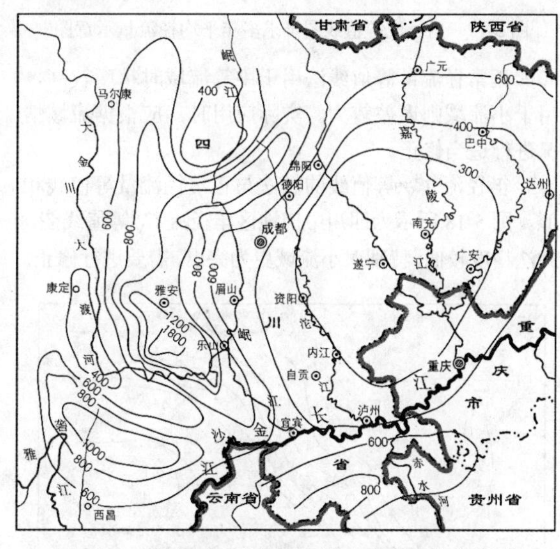


图 5-16 四川中部地区多年平均年径流量等值线图

用等值线图推求无径流量实测资料地区的多年平均年径流量时，应先在图上勾画出设计断面以上的流域面积范围，定出流域平面图形的形心。若流域面积较小，且等值线分布均匀，通过形心处的等值线数值即可作为流域的多年平均年径流量；若等值线未通过形心，则按直线内插求得。若流域面积较大，且等值线分布又不太均匀时（见图 5-17），则用加权平均法计算流域的多年平均年径流量，计算公式为

$$M_0=\frac{\frac{1}{2}(m_0+m_1)F_1+\frac{1}{2}(m_1+m_2)F_2+\cdots+\frac{1}{2}(m_{n-1}+m_n)F_n}{F} \tag{5-24}$$

式中 $M_0$ ——设计站多年平均径流深（量），mm 或 L/（s·km²）；

$F_1$，$F_2$，…，$F_n$ ——两相邻等值线间的部分流域面积，其和等于全流域面积 $F$，km²；

$m_0$，$m_1$，$m_2$，…，$m_n$ ——等值线所代表的多年平均径流深（量），mm 或 L/（s·km²）。

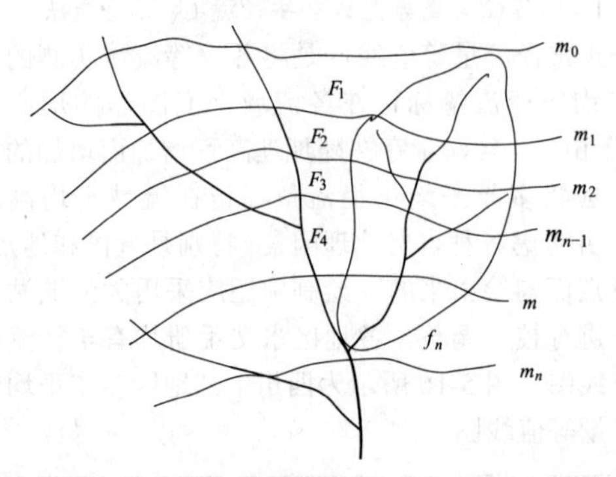


图 5-17 用径流等值线图推求多年平均径流量示意图

正常径流量等值线法用于中等流域时精度较高，用于小流域则误差较大。实际应用时，应根据流域情况进行适当修正。

年径流 $C_V$ 等值线的做法与正常径流量等值线相似。图 5-18 所示为四川中部地区年径流 $C_V$ 等值线图。此法精度较低，特别对小流域更为突出，需要进行修正。

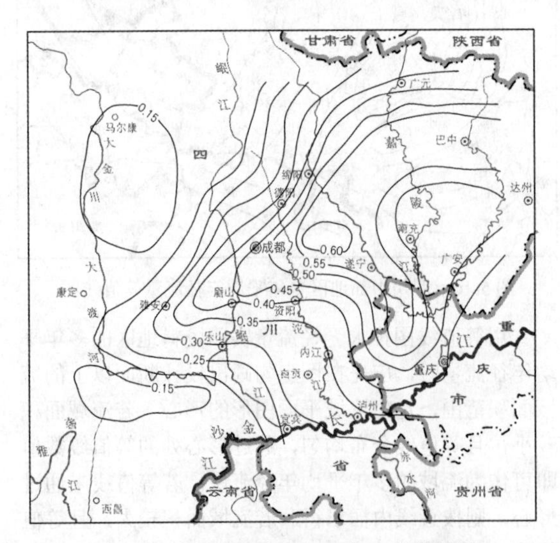


图 5-18 四川中部地区年径流 $C_V$ 等值线图

年径流 $C_S$ 值，一般可将邻近流域的 $C_S$ 值直接移用或进行适当修正，在实际工作中常采用 $C_S=2C_V$。

2. 水文比拟法

水文比拟法是指直接移用上下游站或邻近流域观测站的正常径流量值和年径流 $C_V$ 值。此法选择参证流域是关键。两测站所控制的流域特征应基本相似，且属于同一气候区。如果两流域下垫面因素存在一定差异，可采用降雨量等参数进行适当修正后移用［见式（5-15）］。

3. 经验公式法

不少地区根据实测资料推导出很多正常径流量和年径流 $C_V$ 的经验公式，但其均有一定的适用条件和局限性，使用时应慎重，不可盲目搬用。

长江水利委员会根据乌江流域干流各点实测流量资料，推求的适合乌江流域特性的经验公式为

$$M_0=\frac{73}{F^{0.13}} \tag{5-25}$$

式中 $M_0$ ——多年平均径流量模数，L/（s·km²）；

$F$ ——流域面积，km²。

长江水利委员会推求的适用于嘉陵江流域的年径流变差系数 $C_{Vy}$ 值经验公式为

$$C_{Vy}=\frac{0.43}{M_0^{0.20}} \tag{5-26}$$

水利电力部科学研究院公式为

$$C_{Vy}=\frac{1.08(1-\varepsilon)}{(d_0+0.10)^{0.8}}C_{Vx} \tag{5-27}$$

式中 $C_{Vy}$、$C_{Vx}$ ——年径流量变差系数，年降水量变差系数；

$d_0$ ——多年平均径流系数；

$\varepsilon$ ——地下径流量占总径流量的比值。

（四）设计年径流的分配

设计年径流的分配包括典型年的选择和典型年的缩放。

1. 典型年的选择

在实测年径流系列中选择典型年应遵循如下原则：

（1）选择与设计年径流量或某段时间内设计径流量相近的年份。

（2）选择对工程较不利的年份，对于火力发电厂设计而言，可选择最枯径流量出现在较热季节的年份作为典型年。

2. 典型年的缩放

（1）同倍比法。同倍比法是将典型年的径流分配过程按年径流量的倍比 $K$ 进行缩放，$K$ 由式（5-28）计算

$$K=\frac{W_{yP}}{W_{ym}} \tag{5-28}$$

式中 $W_{yP}$ ——设计频率为 $P$ 的年径流量，m³；

$W_{ym}$ ——典型年的年径流量，m³。

设计年径流的分配过程 $Q_P(t)$ 按式（5-29）计算

$$Q_P(t) = KQ_m(t) \tag{5-29}$$

式中 $Q_m(t)$ ——典型年的径流年内分配过程。

［例 5-8］ 设计年径流的年内分配计算。

某水文站保证率为 97%的设计年径流量为 162m³/s。若选择典型年为 1997～1998 年水文年，其年径流量为 164m³/s，则缩放比 $K$=162/164=0.988。按同倍比法缩放时，计算成果见表 5-16。

**表 5-16** 设计年径流年内分配表 （m³/s）

| 月 份 | 4 | 5 | 6 | 7 | 8 | 9 | 10 | 11 | 12 | 1 | 2 | 3 | 年 |
|---|---|---|---|---|---|---|---|---|---|---|---|---|---|
| 典型年（1997～1998 年）分配 | 372 | 477 | 315 | 166 | 120 | 144 | 87.0 | 56.7 | 45 | 39.1 | 50.0 | 88.6 | 164 |
| 97%设计年分配 | 368 | 471 | 311 | 164 | 119 | 142 | 86.0 | 56.0 | 44.5 | 38.6 | 49.4 | 87.5 | 162 |

（2）同频率法。同频率法是对实测年径流系列 $W_{yi}$、枯水期径流量系列 $W_{ki}$、连续最枯 3 个月径流量系列 $W_{3i}$、最枯 1 个月径流量系列 $W_{1i}$ 分别进行频率计算，求得设计值 $W_{yP}$、$W_{KP}$、$W_{3P}$、$W_{1P}$，求出四个缩放比 $K_1$、$K_2$、$K_3$ 和 $K_4$，计算式为

$$K_1 = \frac{W_{1P}}{W_{1m}} \tag{5-30}$$

$$K_2 = \frac{W_{3P} - W_{1P}}{W_{3m} - W_{1m}} \tag{5-31}$$

$$K_3 = \frac{W_{kP} - W_{3P}}{W_{km} - W_{3m}} \tag{5-32}$$

$$K_4 = \frac{W_{yP} - W_{kP}}{W_{ym} - W_{km}} \tag{5-33}$$

$W_{1m}$、$W_{3m}$、$W_{km}$、$W_{ym}$ 分别为典型年内最枯 1 个月、最枯 3 个月、枯水期和全年径流量。根据以上 4 个缩放比，把典型年径流过程分时段缩放，即可得出设计年径流的年内分配。

缺乏实测资料时，可移用邻近流域的典型年进行年内分配计算。但两流域的面积应相差不大，流域自然地理条件应基本相似，同时注意设计流域的特点，如设计断面枯水季节有断流现象而邻近流域无断流现象时，应对移用的典型年进行适当调整。

（五）计算实例

［例 5-9］ 某换流站取水断面的 97%设计年、月径流计算。

云南某换流站从站址西侧的龙潭河上取水（见图 5-19、图 5-20），取水断面位于龙潭河支流泡猫河入口处，断面以上汇水面积 43.3km²。龙潭河为大中河一级支流，龙潭河上无水文站。要求计算取水断面保证率为 97%的设计年、月径流。

分析思路：设计站确定（大中水文站）—参证站选择（光明水文站）—参证站资料“三性”分析—设计站资料插补延长—设计站设计年径流计算—龙潭河取水坝址断面设计年径流计算。

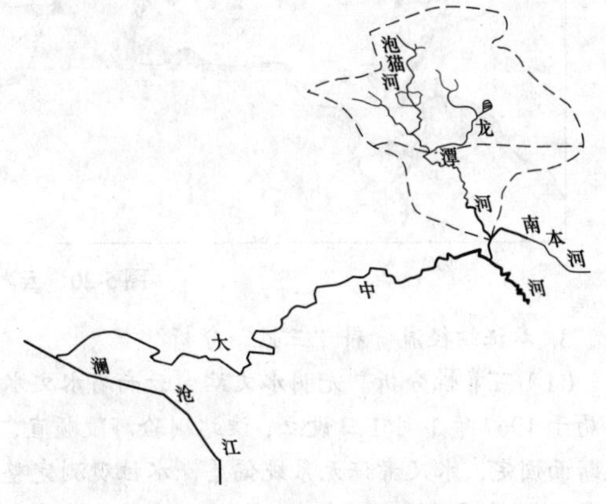


图 5-19 龙潭河流域水系图

1. 设计站确定

大中河流域在干流上有大中河水文站（见图 5-20），该水文站控制流域面积 98km²，仅有 2001 年 1 月～2005 年 12 月（4 个水文年）的径流资料。系列长度不满足要求，插补延长后可作为大中河流域的设计站。

2. 参证站选择

大中河流域东南面的大开河流域上有光明水文站，控制流域面积 390km²，具有 1967～2005 年较长历时的实测资料。大中河与大开河同属澜沧江水系，两流域仅有分水岭之隔，流域重心距离 18.8km，距离较近；分水岭高程相差不大，流域坡度、地面形状的组合及切割程度比较接近；同属南亚热带气候区，影响流域降水的气候成因相同；光明水文站与大中河水文站降雨的年际、年内过程基本一致。两流域的森林覆盖率都在 50%以上，下垫面因素大致相同，产、汇流条件相似，形成径流对应性好。因此，选择光明水文站作为大中河水文站及取水断面径流计算的参证站。

据实测资料统计，径流区雨季 5 月中下旬开始，汛期 6 月开始，年径流变化大致与其相对应。因此，年径流分析计算时，水文年度划分为 6 月起、次年 5 月止。

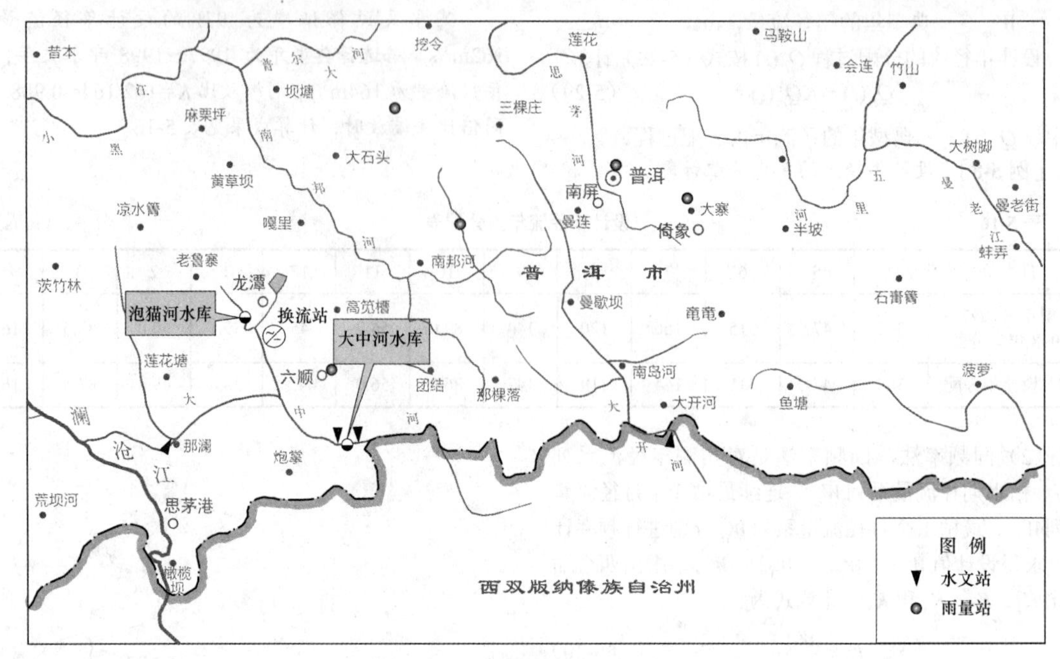


图 5-20　云南某换流站位置及水系图

3. 参证站径流资料“三性”分析

（1）可靠性分析。光明水文站由云南省水文水资源局于 1967 年 1 月 1 日设立，该站测验河段顺直，测流断面固定，水尺考证无系统偏差，水位观测完整，历年水位-流量关系衔接较好，断面以上整个流域形状呈葫芦状，河长 40km，断面布置较好，呈“U”形，水位-流量关系呈单一线，实测资料连续、完整、可靠。

（2）一致性分析。光明水文站上游无较大水利工程，少部分农田灌溉用水后退回河道，总量影响较小，能代表天然特性，无需还原。该站降雨量、径流深对应关系较好，降雨量、径流深具有一致性，见图 5-21。

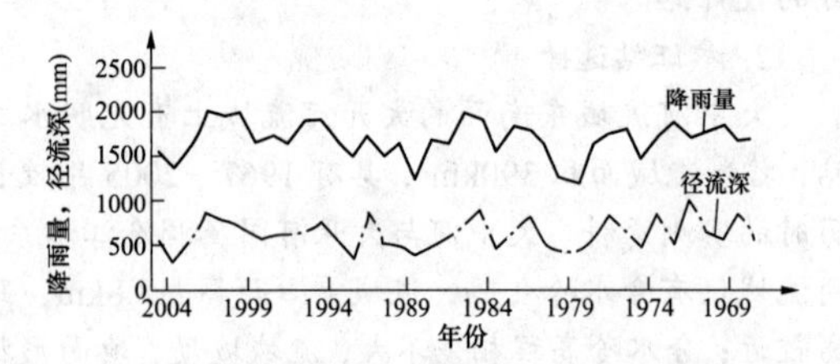


图 5-21　光明水文站降雨量、径流对比图

（3）代表性分析。根据光明水文站 1967～2005 年（水文年，本例下同）年径流实测资料，以逆时序分别按累进均值法、差积曲线法、累进 $C_V$ 值法进行系列代表性比较分析，见图 5-22～图 5-24。

为了更准确找到参证站资料的代表系列，将光明水文站年径流资料初步划分为两个系列，即短系列 1974～2005 年，全系列 1967～2005 年，统计参数见表 5-17。

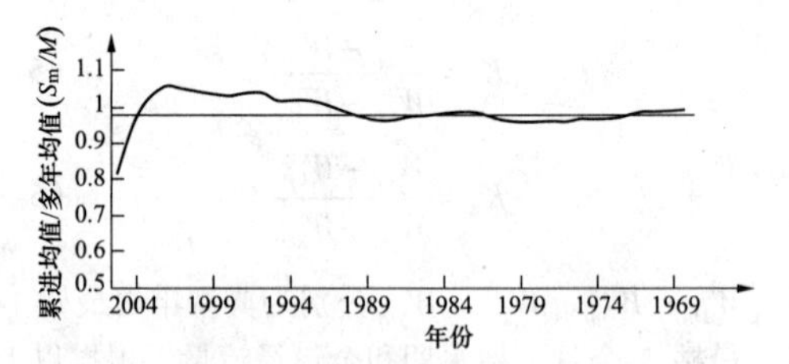


图 5-22　累进均值法代表性分析图

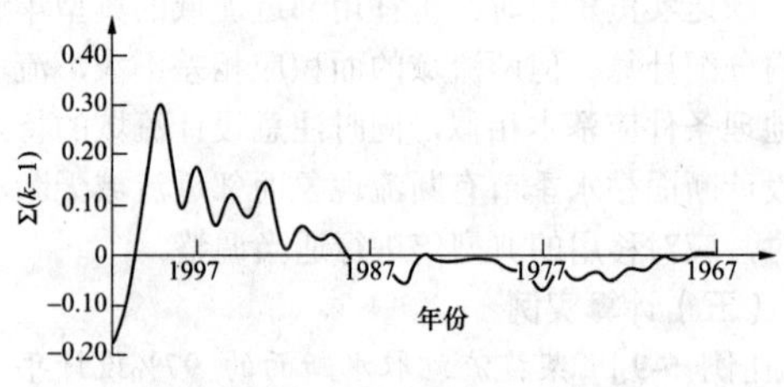


图 5-23　差积曲线法代表性分析图

注：$k$ 为实测值/多年均值。

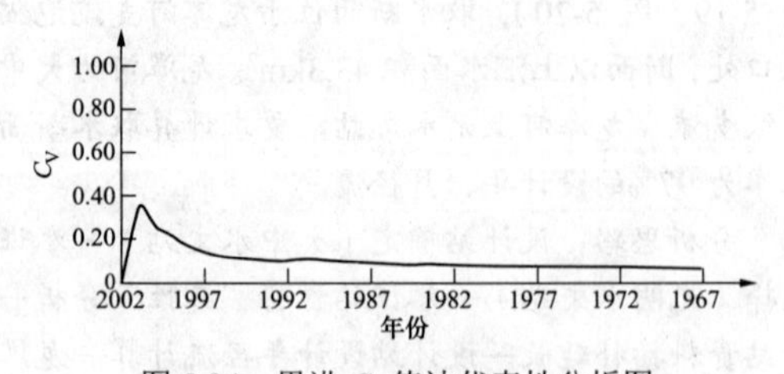


图 5-24　累进 $C_V$ 值法代表性分析图

表 5-17 光明水文站年径流长短系列参数比较表

| 系 列 | 统计参数 | | | 系列长（年） | 周期数（个） | 备注 |
|---|---|---|---|---|---|---|
| | 均值（$m^3/s$） | $C_V$ | $C_S$ | | | |
| 1974年6月～2005年5月 | 7.27 | 0.28 | 2 $C_V$ | 31 | 2.0 | |
| 1967年6月～2005年5月 | 7.53 | 0.28 | 2 $C_V$ | 38 | 2.5 | 全系列 |

由表 5-17 可知，全系列均值较之短系列大 3.5%，变差系数 $C_V$ 值则为一致。由图 5-21 可以看出，两系列均包含有丰、平、枯水段一个以上径流周期，且资料系列均达 30 年以上。从样本系列看，逆时序统计至 1974 年时，均值、$C_V$ 值均已基本趋于稳定，由此认为两系列均具有较高的代表性，可任选其一作为年径流计算的代表系列。考虑全系列超出短系列 7 个水文年，且均为实测值，故设计径流计算的代表系列依然采用全系列，即 1967～2005 年。

4. 设计站径流系列的插补延长

根据大中河水文站、光明水文站同期（2001 年 1 月～2005 年 12 月）径流观测资料进行月均值相关分析计算（见图 5-25），并配合点群对比分析发现，二者相关密切，相关系数为 0.9499，其直线相关方程 $y=0.2436x-0.1961$，可按此公式将大中河水文站径流资料插补延长至 1967 年。

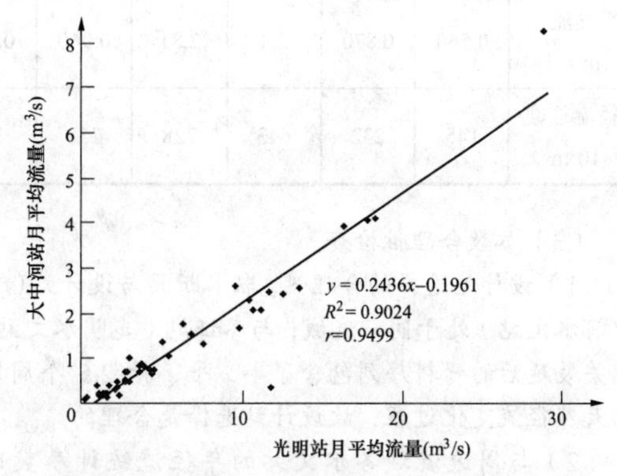


图 5-25 大中河站、光明站月平均流量相关关系图

5. 大中河水文站年径流计算

（1）设计年径流的频率分析计算。根据插补延长后共 38 年的径流系列进行经验频率计算，采用矩法初估统计参数，理论频率曲线选用 P-Ⅲ线型，通过适线法确定统计参数，适线结果见图 5-26，设计年径流计算成果见表 5-18。

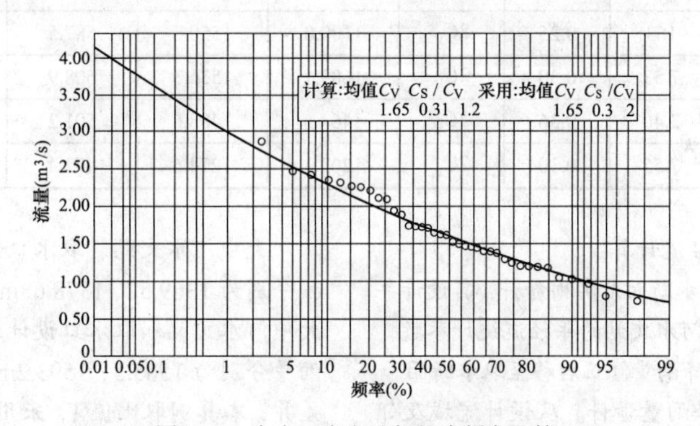


图 5-26 大中河水文站年径流频率计算

表 5-18 大中河水文站设计年径流计算成果表

| 站名 | 面积（$km^2$） | $C_V$ | $C_S/C_V$ | 项目 | 均值 | 20% | 50% | 80% | 97% |
|---|---|---|---|---|---|---|---|---|---|
| 光明水文站 | 390 | 0.30 | 2 | 年平均流量（$m^3/s$） | 7.53 | 9.34 | 7.31 | 5.60 | 3.89 |
| | | | | 年径流总量（$\times10^4m^3$） | 23747 | 29455 | 23053 | 17660 | 12898 |
| 大中河水文站 | 98 | 0.30 | 2 | 年平均流量（$m^3/s$） | 1.65 | 2.05 | 1.60 | 1.23 | 0.852 |
| | | | | 年径流总量（$\times10^4m^3$） | 5203 | 6465 | 5046 | 3879 | 2687 |

注：表头“统计参数”跨面积至项目列，“设计值”跨均值至97%列。

（2）设计年径流的分配。典型年选择原则：①水量相近；②对工程不利；③尽量在实测资料中选取。据此选择枯水年（$P$=97%）为 2003 年 6 月～2004 年 5 月，设计值为 0.852 $m^3/s$，实测值 0.740$m^3/s$。由典型年径流年内分配过程计算设计年径流年内分配过程见表 5-19。

表 5-19　　大中河水文站 $P$=97%设计年径流年内分配成果表

| 项目 | 月份 | | | | | | | | | | | | 年平均 |
|---|---|---|---|---|---|---|---|---|---|---|---|---|---|
| | 6 | 7 | 8 | 9 | 10 | 11 | 12 | 1 | 2 | 3 | 4 | 5 | |
| 平均流量（$m^3/s$） | 0.560 | 0.870 | 2.4 | 2.81 | 0.960 | 0.440 | 0.280 | 0.250 | 0.160 | 0.080 | 0.220 | 1.16 | 0.852 |
| 径流总量（$\times10^4m^3$） | 145 | 232 | 643 | 728 | 258 | 114 | 75 | 66 | 39 | 21 | 58 | 311 | 2687 |

（3）参数合理性检查。

1）设计站选择的合理性。取水断面与设计站（大中河水文站）处于同一流域，与参证站（光明水文站）相关展延后的资料序列包含了丰、平、枯 2.5 个周期的天然径流变化过程，故设计站选择是合理的。

2）与周边流域各水文站的年径流统计参数比较。由表 5-20 分析可知，各站多年平均径流深与面平均降雨量变化基本对应，径流系数为 0.34～0.60，符合降雨量大径流量相应也大的基本分布规律；各水文年的年径流变差系数 $C_V$ 值符合随流域面积增大而有减小趋势的规律；产水模数除曼中田（二）站外，其余基本随面积增加而减小，符合地区分布规律。因此，大中河流域径流统计参数符合地区分布规律，成果合理可靠。

表 5-20　　大中河与邻近流域各水文站年径流统计参数比较表

| 站名 | 面积（$km^2$） | 统计参数 | | | 站平均雨量（mm） | 流域平均雨量（mm） | 平均径流深 $R_{av}$（mm） | 径流系数 $\alpha$ | 产水模数（$\times10^4m^3/km^2$） |
|---|---|---|---|---|---|---|---|---|---|
| | | $Q_{av}$（$m^3/s$） | $C_V$ | $C_S$ | | | | | |
| 大中河水文站 | 98 | 1.65 | 0.30 | $2C_V$ | 1504.4 | 1515.2 | 531.0 | 0.35 | 53.1 |
| 曼中田（二） | 1133 | 33.1 | 0.26 | $2C_V$ | 2009.8 | 1542.2 | 922.3 | 0.60 | 92.1 |
| 大新山 | 8749 | 163 | 0.25 | $2C_V$ | 1100.0 | 1550.6 | 587.5 | 0.38 | 58.8 |
| 光明水文站 | 390 | 7.53 | 0.30 | $2C_V$ | 1689.1 | 1536.3 | 608.9 | 0.40 | 60.9 |
| 下过口 | 151 | 2.40 | 0.36 | $2C_V$ | 1464.6 | 1488.6 | 501.2 | 0.34 | 50.1 |
| 黄花林 | 504 | 7.55 | 0.30 | $2C_V$ | 1202.1 | 1274.6 | 472.4 | 0.37 | 47.2 |

6. 取水断面设计年径流计算

（1）水文比拟法。取水断面无实测资料，其设计年径流的计算，可根据大中河水文站的年径流统计参数，采用水文比拟加流域平均降雨量修正后移至取水断面。

设计流域内无实测降雨量资料。从设计流域及邻近地区站点分布和气候成因相似等因素综合考虑，搜集多个观测站站点高程和同时段平均降雨量，点绘降雨量-高程关系图，见图 5-27。由图可知，流域降雨量随高程增高而增大，其线性分布趋势较为明显，符合一般地区规律。直线相关方程为 $y=0.8414x+433.19$，相关系数 $r=0.9530$。

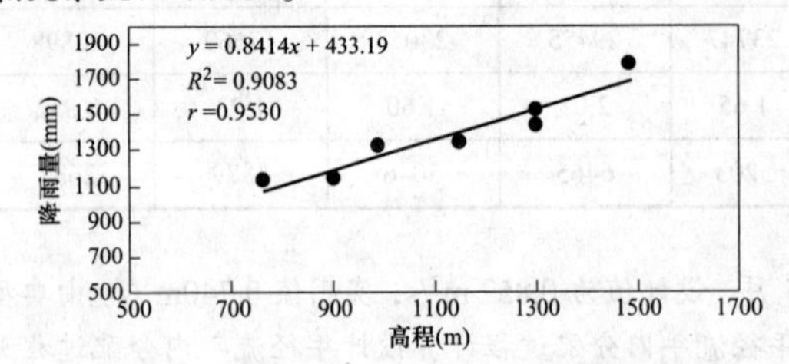


图 5-27　设计流域邻近各站降雨量-高程相关关系图

大中河水文站、取水口设计断面以上流域平均高程分别为 1369.52、1378.68m，采用相关方程计算得到大中河水文站和取水口设计断面以上流域多年平均降雨量分别为 1585.5、1593.2mm；流域径流系数基本无差异，本算例取比值 1，采用式（5-15）计算得取水口断面保证率 97%的年径流为 $1193\times10^4m^3$，即

$$Q_{QS}=\frac{H_{QS}}{H_{DZH}}\times\frac{H_{QS}}{H_{DZH}}\times\frac{\alpha_{QS}}{\alpha_{DZH}}\times Q_{DZH}$$

$$=\frac{1593.2}{1585.5}\times\frac{43.3}{98}\times1\times2687=1193\times10^4\ (m^3)$$

（2）径流深等值线法。根据《云南省水资源综合规划水资源调查评价专题报告（四级区）》（2007）及《思茅地区水资源调查评价》（1986）径流深、$C_V$ 值等值线图，查得大中河流域径流深在 400～600 mm，由各断面流域重心高程求得径流深，$C_V$ 值在 0.29～0.30，由此推求得取水断面保证率 97%的设计年径流总量及年平均流量分别为 $1183\times10^4m^3$、$0.375m^3/s$。

（3）取水断面设计年径流成果取舍。比较水文比拟法和径流深等值线图法计算结果可知，等值线图法结果偏小，但偏幅不大。设计年径流成果选择基于实测资料较多的水文比拟法结果，即以大中河水文站的年径流统计参数，采用水文比拟法加流域平均降雨量修正后移至取水断面，得到保证率97%的设计年径流为$1193\times10^4m^3$。

由大中河水文站设计年径流年内分配成果（见表5-19）采用同倍比法计算，$K$=1193/2687=0.444，得到龙潭河取水断面 $P$=97%设计年径流年内分配成果，见表5-21。

表5-21　　龙潭河取水断面 $P$=97%设计年径流年内分配成果表

| 项目 | 月份 | | | | | | | | | | | | 年平均 |
|---|---|---|---|---|---|---|---|---|---|---|---|---|---|
| | 6 | 7 | 8 | 9 | 10 | 11 | 12 | 1 | 2 | 3 | 4 | 5 | |
| 平均流量（$m^3/s$） | 0.249 | 0.386 | 1.066 | 1.248 | 0.426 | 0.195 | 0.124 | 0.111 | 0.071 | 0.036 | 0.098 | 0.515 | 0.378 |
| 径流总量（$\times10^4m^3$） | 64.4 | 103.0 | 285.5 | 323.2 | 114.6 | 50.6 | 33.3 | 29.3 | 17.3 | 9.3 | 25.8 | 138.1 | 1193 |

## 二、水库径流调节计算

一般而言，径流条件计算的任务在于，已知天然来水量的条件下，根据用水部门要求的调节流量计算所需的水库有效库容，或根据已定的水库有效库容计算可提供的调节流量。

### （一）基本资料

水库径流调节计算的基本资料包括如下几方面：

1. 水库地形特征资料

水库水位－面积曲线（$H-F$ 曲线）；水库水位－容积曲线（$H-V$ 曲线）。

2. 来水资料

水库坝址处的设计年径流量及其年内分配，其计算方法见本节设计年径流及其分配。

3. 蒸发资料

蒸发损失量＝水面蒸发量－陆面蒸发量

水面蒸发量由气象站观测的蒸发资料折算而得，折算系数参照表10-56选用。

陆面蒸发量可近似采用流域多年平均蒸发深度，由流域多年平均降水量减去多年平均径流深得到。

4. 渗漏损失量

水库渗漏损失量与坝址及库区的水文地质条件有关，一般可按表5-22估算。

表5-22　　水库水文地质条件与渗漏损失量估算表

| 水文地质条件 | 以平均库水位的消落深度表示（m/年） | 以蓄水量的百分数表示（%/年） |
|---|---|---|
| 优良 | 0～0.5 | 0～10 |
| 中等 | 0.5～1.0 | 10～20 |
| 恶劣 | 1.0～2.0 | 20～40 |

5. 用水资料

工农业、城镇生活及生态等综合用水量及其年内分配，包括各部门的用水现状及规划资料。

### （二）水量平衡方程式

水库径流年调节计算的基本原理为水量平衡，其方程式为

$$W_{LS}-W_{YS}-W_{ZF}-W_{SL}=\pm\Delta W \qquad (5\text{-}34)$$

式中 $W_{LS}$ ——水库天然来水量，$m^3$；

$W_{YS}$ ——工农业、城镇生活及生态等用水总量，$m^3$；

$W_{ZF}$ ——水库蒸发损失量，$m^3$；

$W_{SL}$ ——水库渗漏损失量，$m^3$；

$\Delta W$ ——水库蓄水量增量，$m^3$。

### （三）径流年调节计算

径流年调节计算一般采用典型年列表法或长系列列表法，水文资料较充分时一般采用后者。

1. 典型年列表法

根据历年年平均径流量资料，通过频率计算求得设计保证率相应的年平均径流量。根据典型年选择原则，选取与设计年径流量接近、年内分配对工程较不利的年份作为典型年。典型年选定后，即可采用典型年列表法进行径流调节计算，求得该典型年所需的兴利库容。

调节计算采用的时段长短，根据水库调节性能及径流和蓄水变化剧烈程度而定。一般而言，年调节水库以月或旬为计算时段，月调节水库以日为计算时段，日调节水库以小时为计算时段。

［例5-10］ 采用典型年列表法进行水库径流年调节计算实例。

已知某水库的面积曲线、容积曲线、保证率为97%的天然来水过程及工农业用水、生态流量的年内分配等，通过调节计算，确定水库的蓄、泄、弃水过程及兴利库容。

1. 确定死库容和死水位

根据附近气候及下垫面条件相似的水文站实测资料，确定流域内多年平均侵蚀模数为300t/($km^2$·年)，

推移质输沙量在多年平均输沙量中的比值，对山区河流取 0.15～0.30，本例取 0.20。根据水库坝址以上流域面积及泥沙密度，计算得到水库多年年平均淤沙容积为 $166\times10^4\text{m}^3$，按照水库运行 30 年计算得到水库死库容为 $0.5\times10^8\text{m}^3$，查水库库容曲线得相应死水位 71m。

2. 不计损失的年调节计算

首先，进行不计损失的水库兴利年调节计算。调节计算时，由供水期末逆运算至汛期末，求得供水库容为 $115.6\times10^6\text{m}^3$，见表 5-23。表中早蓄方案从汛初起顺算，先蓄满供水库容后再弃水；晚蓄方案从汛末继续逆运算，弃水在汛初。

表 5-23　水库兴利年调节计算表（不计损失）

| 月份 | 天数（d） | 流量（m³/s） | | 水量（×10⁶m³） | | (Q–q) ΔT（×10⁶m³） | | 早蓄方案（×10⁶m³） | | 晚蓄方案（×10⁶m³） | |
|---|---|---|---|---|---|---|---|---|---|---|---|
| | ΔT | 来水 Q | 用水 q | 来水 QΔT | 用水 qΔT | 余水（+） | 亏水（–） | 月末蓄水量 | 弃水 | 月末蓄水量 | 弃水 |
| (1) | (2) | (3) | (4) | (5) = (2)×(3) | (6) = (2)×(4) | (7) = (5)–(6) | (8) = (6)–(5) | (9) | (10) | (11) | (12) |
| 5 | 31 | 66.9 | 39.4 | 179.2 | 105.5 | 73.7 | | 73.7 | | 0 | 73.7 |
| 6 | 30 | 97.0 | 52.3 | 251.4 | 135.6 | 115.8 | | 115.6 | 73.9 | 6.0 | 109.8 |
| 7 | 31 | 72.5 | 42.3 | 194.2 | 113.3 | 80.9 | | 115.6 | 80.9 | 86.9 | |
| 8 | 31 | 43.0 | 32.3 | 115.2 | 86.5 | 28.7 | | 115.6 | 28.7 | 115.6 | |
| 9 | 30 | 25.8 | 32.3 | 66.9 | 83.7 | | 16.8 | 98.8 | | 98.8 | |
| 10 | 31 | 19.4 | 32.3 | 52.0 | 86.5 | | 34.5 | 64.3 | | 64.3 | |
| 11 | 30 | 12.8 | 32.3 | 33.2 | 83.7 | | 50.5 | 13.8 | | 13.8 | |
| 12 | 31 | 25.5 | 19.4 | 68.3 | 52.0 | 16.3 | | 30.1 | | 30.1 | |
| 1 | 31 | 38.8 | 19.4 | 103.9 | 52.0 | 51.9 | | 82.0 | | 82.0 | |
| 2 | 28 | 6.8 | 19.4 | 16.4 | 46.9 | | 30.5 | 51.5 | | 51.5 | |
| 3 | 31 | 6.5 | 19.4 | 17.4 | 52.0 | | 34.6 | 16.9 | | 16.9 | |
| 4 | 30 | 12.9 | 19.4 | 33.4 | 50.3 | | 16.9 | 0 | | 0 | |
| 合计 | | | | 1131.5 | 948.0 | 367.3 | 183.8 | | 183.5 | | 183.5 |

3. 计入损失的年调节计算

不计损失的年调节计算完成后，近似地得出了水库的蓄泄过程及调节库容，据此求得时段平均库容，查得相应的平均库面积，求出水库的蒸发和渗漏损失，将此损失值计入时段水量平衡计算，即可求得计入损失后的水库蓄水量变化过程及兴利库容为 $190.6\times10^6\text{m}^3$，兴利库容确定后，可从库容曲线上查出相应正常蓄水位。计入损失的水库兴利年调节计算见表 5-24。

表 5-24　水库兴利调节计算表（计入损失）

| 月份 | 不计损失时（早蓄方案） | | | | 蒸发强度（mm） | 平均库容（×10⁶m³） | 平均库面积（km²） | 损失量（×10⁶m³） | | | 月末库容 V（×10⁶m³） | 弃水（×10⁶m³） |
|---|---|---|---|---|---|---|---|---|---|---|---|---|
| | (Q–q) ΔT（×10⁶m³） + | (Q–q) ΔT（×10⁶m³） – | 月末库容 V（×10⁶m³） | 月末库面积 F（km²） | | | | 蒸发 | 渗漏 | 合计 | | |
| (1) | (2) | (3) | (4) | (5) | (6) | (7) 为 (4) 两相邻值平均 | (8) 为 (5) 两相邻值平均 | (9) = (6) × (8) | (10) = (7) ×1% | (11) = (9) + (10) | (12) | (13) |
| | | | 50.0 | 27.5 | | | | | | | 50.0 | |
| 5 | 73.7 | | 123.7 | 39.0 | 170 | 86.8 | 33.2 | 5.6 | 0.9 | 6.5 | 117.2 | |
| 6 | 115.8 | | 165.6 | 44.2 | 200 | 144.6 | 41.6 | 8.3 | 1.5 | 9.8 | 190.6 | 32.6 |
| 7 | 80.9 | | 165.6 | 44.2 | 200 | 165.6 | 44.2 | 8.8 | 1.7 | 10.5 | 190.6 | 70.4 |

续表

| 月份 | 不计损失时（早蓄方案） | | | | 蒸发强度（mm） | 平均库容（$\times10^6m^3$） | 平均库面积（$km^2$） | 损失量（$\times10^6m^3$） | | | 月末库容 $V$（$\times10^6m^3$） | 弃水（$\times10^6m^3$） |
|---|---|---|---|---|---|---|---|---|---|---|---|---|
| | $(Q-q)\ \Delta T$（$\times10^6m^3$） | | 月末库容 $V$（$\times10^6m^3$） | 月末库面积 $F$（$km^2$） | | | | 蒸发 | 渗漏 | 合计 | | |
| | + | − | | | | | | | | | | |
| （1） | （2） | （3） | （4） | （5） | （6） | （7）为（4）两相邻值平均 | （8）为（5）两相邻值平均 | （9）=（6）×（8） | （10）=（7）×1% | （11）=（9）+（10） | （12） | （13） |
| 8 | 28.7 | | 165.6 | 44.2 | 250 | 165.6 | 44.2 | 11.0 | 1.7 | 12.7 | 190.6 | 16.0 |
| 9 | | 16.8 | 148.8 | 42.5 | 190 | 157.2 | 43.4 | 8.2 | 1.6 | 9.8 | 164.0 | |
| 10 | | 34.5 | 114.3 | 38.0 | 80 | 131.6 | 40.2 | 3.2 | 1.3 | 4.5 | 125.0 | |
| 11 | | 50.5 | 63.8 | 29.0 | 20 | 89.0 | 33.5 | 0.6 | 0.9 | 1.5 | 73.0 | |
| 12 | 16.3 | | 80.1 | 34.5 | 10 | 72.0 | 31.8 | 0.3 | 0.7 | 1.0 | 88.3 | |
| 1 | 51.9 | | 132.0 | 41.0 | 10 | 106.0 | 37.8 | 0.4 | 1.1 | 1.5 | 138.7 | |
| 2 | | 30.5 | 101.5 | 37.0 | 10 | 116.8 | 39.0 | 0.4 | 1.2 | 1.6 | 106.6 | |
| 3 | | 34.6 | 66.9 | 31.8 | 30 | 84.2 | 34.4 | 1.0 | 0.8 | 1.8 | 70.2 | |
| 4 | | 16.9 | 50.0 | 27.5 | 90 | 58.4 | 29.6 | 2.7 | 0.6 | 3.3 | 50.0 | |
| 合计 | 367.3 | 183.8 | | | | | | 50.5 | 14.0 | 64.5 | | 119.0 |

［例 5-11］ 多年调节水库的径流调节计算及设计水位确定。

某电厂位于某水库东侧约 4.5km 处，以该水库为供水水源。水库于 1966 年 3 月竣工，2004 年 5 月进行过大坝安全复核，并通过有关部门的审查。水库大坝按照 100 年一遇洪水设计，1000 年一遇洪水校核。水库坝址以上集水面积 1254$km^2$，多年平均流量 30.26$m^3/s$。水库水电站为坝后式电站，1997 年通过技术改造后，总装机容量 16MW。水库承担 11 个乡镇的耕地灌溉，设计灌溉面积 $2.03\times10^4hm^2$，实际灌溉面积只有 $1.20\times10^4\ hm^2$；同时还担负着部分灌区内和沿渠两岸的人畜饮水、城镇工业用水。现状情况下水库的灌溉用水和城镇用水主要利用水库电站发电后的尾水供应。

该水库是一座多年调节的大型水库，其正常蓄水位 182m，死水位 171m；调节库容 $3.48\times10^8\ m^3$。根据 1978～2006 年实测水位资料统计，该水库最低运行水位为 170.31m，出现在 1997 年 3 月。水库特征水位及相应库容见表 5-25。

**表 5-25　水库特征水位及相应库容表**

| 特征水位（m） | 169 | 170 | 171 | 182 | 183（设计水位） | 184.7（校核水位） |
|---|---|---|---|---|---|---|
| 相应库容（$\times10^8m^3$） | 0.61 | 0.75 | 0.92 | 4.4 | 4.93 | 5.95 |

1. 水库来水量分析

该水库供水工程可行性研究阶段，按 P-Ⅲ型频率曲线适线求得保证率为 97%的年平均流量为 17.9$m^3/s$，年来水总量 $56450\times10^4m^3$。选取 1985 年 4 月～1986 年 3 月为 97%枯水流量的典型年，采用该典型年的年内分配规律推求 97%枯水年的径流分配，成果见表 5-26。

**表 5-26　97%枯水典型年各月来水量成果表**

| 月份 | 4 | 5 | 6 | 7 | 8 | 9 | 10 | 11 | 12 | 1 | 2 | 3 | 全年 |
|---|---|---|---|---|---|---|---|---|---|---|---|---|---|
| 来水量（$\times10^4m^3$） | 8674 | 15677 | 12808 | 1787 | 3031 | 5118 | 1584 | 1352 | 930 | 585 | 2342 | 2562 | 56450 |

因各年来水情况不同，水库水文年末也运行在不同的库水位。由水库 1976～2006 年运行资料可知，历年 3 月份平均水位为 173.10m，以此水位作为水库水文年初的蓄水位，查库容曲线，得相应蓄水量为 $12950\times10^4m^3$。

2. 水库用水量分析

（1）水电站发电用水。水电站现装机 4 台，单机最大引水流量为 11.8m³/s，装机年利用小时数为3162h，发电年用水总量为 53730×10⁴m³。选取 1985 年 4 月～1986 年 3 月水文年作为发电用水典型年，以发电年用水总量为控制，求得发电用水典型年各月发电用水量情况，见表 5-27。

表 5-27　　典型年各月发电用水量成果表

| 月份 | 4 | 5 | 6 | 7 | 8 | 9 | 10 | 11 | 12 | 1 | 2 | 3 | 全年 |
|---|---|---|---|---|---|---|---|---|---|---|---|---|---|
| 用水量（$\times10^4m^3$） | 6214 | 5683 | 5008 | 5041 | 4288 | 3345 | 3394 | 1493 | 3392 | 4397 | 5940 | 5534 | 53730 |

注　本例考虑到发电用水能够满足生态需水量 $3m^3/s$（多年平均流量 $30.26m^3/s$ 的 10%），故没有再考虑生态需水量。

（2）灌溉用水量。由水库 1976～2006 年运行资料可知，灌溉水量主要由发电尾水提供。灌区的设计保证率为 85%，设计水平年农业毛用水总量为 $33024\times10^4 m^3$。现状水平年灌溉用水总量为 $26920\times10^4 m^3$，各月灌溉用水量见表 5-28。

表 5-28　　现状水平年各月灌溉用水量成果表

| 月份 | 4 | 5 | 6 | 7 | 8 | 9 | 10 | 11 | 12 | 1 | 2 | 3 | 全年 |
|---|---|---|---|---|---|---|---|---|---|---|---|---|---|
| 用水量（$\times10^4m^3$） | 2105 | 1055 | 961 | 4014 | 4498 | 4773 | 5001 | 1496 | 945 | 814 | 582 | 677 | 26921 |

（3）城镇供水量。城镇供水量主要由水库发电尾水提供，供水保证率为 95%，供水规模为 $8.5\times10^4m^3/d$，供水总量为 $3003\times10^4m^3$/年，年内各月城镇供水量见表 5-29。

表 5-29　　现状水平年各月城镇供水量成果表

| 月份 | 4 | 5 | 6 | 7 | 8 | 9 | 10 | 11 | 12 | 1 | 2 | 3 | 全年 |
|---|---|---|---|---|---|---|---|---|---|---|---|---|---|
| 用水量（$\times10^4m^3$） | 247 | 255 | 247 | 255 | 255 | 247 | 255 | 247 | 255 | 255 | 230 | 255 | 3003 |

（4）电厂用水量。电厂用水流量约 $2.0m^3/s$，年利用小时数为 5000h，年用水总量约 $3600\times10^4m^3$。

3. 水库水量平衡计算

根据水库调度运行现状，确定水量平衡计算原则如下：①电厂从库区取水，用水流量约 $2.0 m^3/s$，年利用小时数为 5000h，折合 $98630m^3/d$；②水电站发电用水，见表 5-27；③灌溉及城镇供水用水主要由水电站发电尾水供给，不足部分由水库补足，年内各月灌溉及城镇供水量见表 5-28、表 5-29。依据以上原则，水库 97%枯水典型年的水量平衡分析计算见表 5-30。

表 5-30　　现状水平年水库水量平衡分析计算表　　（$\times10^4m^3$）

| 项　目 | 月份 | | | | | | | | | | | | 全年 |
|---|---|---|---|---|---|---|---|---|---|---|---|---|---|
| | 4 | 5 | 6 | 7 | 8 | 9 | 10 | 11 | 12 | 1 | 2 | 3 | |
| 年初蓄水 | 12950 | | | | | | | | | | | | 12950 |
| 来水量 | 8674 | 15677 | 12808 | 1787 | 3031 | 5118 | 1584 | 1352 | 930 | 585 | 2342 | 2562 | 56450 |
| 电厂用水量 | 296 | 306 | 296 | 306 | 306 | 296 | 306 | 296 | 306 | 306 | 276 | 306 | 3600 |
| 水电站发电水量 | 6214 | 5683 | 5008 | 5041 | 4288 | 3345 | 3394 | 1493 | 3392 | 4397 | 5940 | 5534 | 53730 |
| 灌溉、城镇供水总量 | 2352 | 1310 | 1208 | 4269 | 4753 | 5020 | 5256 | 1743 | 1200 | 1069 | 812 | 932 | 29924 |

续表

| 项目 | 月份 | | | | | | | | | | | | 全年 |
|---|---|---|---|---|---|---|---|---|---|---|---|---|---|
| | 4 | 5 | 6 | 7 | 8 | 9 | 10 | 11 | 12 | 1 | 2 | 3 | |
| 直接取自水库的灌溉、城镇供水量 | 0 | 0 | 0 | 0 | 465 | 1675 | 1862 | 250 | 0 | 0 | 0 | 0 | 4253 |
| 总用水量 | 6510 | 5989 | 5304 | 5347 | 5059 | 5316 | 5562 | 2039 | 3698 | 4703 | 6216 | 5840 | 61583 |
| 来水量–用水量 | 15114* | 9688 | 7504 | -3560 | -2028 | -198 | -3978 | -687 | -2768 | -4118 | -3874 | -3278 | 7817 |
| ∑（来水量–用水量） | 15114 | 24802 | 32306 | 28746 | 26718 | 26520 | 22542 | 21855 | 19087 | 14969 | 11095 | 7817 | |

* 数据包括年初蓄水。

由表5-30可知，考虑水库的多年调节库容，水库97%枯水年的来水量既能保证灌溉、供水的现状水平年用水需求，也能满足电厂冷却水用水要求。水库97%枯水年年终水量为7817×10⁴m³。结合水库设计参数及1978～2005年水库运行特征水位情况，确定取水口设计水位为169.6m。

［例5-12］天然河流设计径流分析及调节库容确定。

某电厂拟定以一条年内丰枯变化较大的河流为供水水源。设计断面处的水文观测站具有1966～2004年共39年的流量资料，实测多年平均流量为6.66m³/s，多年平均径流总量为2.1×10⁸m³。电厂一期工程取用水量为0.5m³/s，月均用水量为131×10⁴m³，年均用水量为1575×10⁴m³；二期工程取用水量为1.5m³/s。供水保证率均为97%。试分析该河流水源是否满足电厂一、二期工程的用水需求。

根据电厂用水要求，一期工程年用水量仅为设计断面处的多年平均径流总量的7.5%，所以计算周期取月以下就能满足要求。

通过对设计断面水文站1966～2004年共计468个月的月平均流量进行频率统计，可得其统计参数为$\overline{Q}_{month}$=6.66m³/s，$C_V$=1.36，取$C_S$=3.5$C_V$，经频率计算得$P$=97%的月平均流量为2.86m³/s。

水文站历年月平均流量系列中与该流量较为接近的是1971年2月的月均流量，其值为2.98m³/s，因此，设计典型月选择为1971年2月。根据典型月实测月径流分配过程，可计算出水库设计月径流的日平均可调节流量（已经扣减水量损失及下游生态用水），见表5-31。

表5-31　设计月径流的日平均可调节流量表

| 日期 | 可调节流量（m³/s） | 日期 | 可调节流量（m³/s） | 日期 | 可调节流量（m³/s） |
|---|---|---|---|---|---|
| 1 | 1.92 | 11 | 1.59 | 21 | 3.10 |
| 2 | 1.52 | 12 | 1.29 | 22 | 5.75 |
| 3 | 1.75 | 13 | 1.59 | 23 | 5.37 |
| 4 | 1.44 | 14 | 1.75 | 24 | 3.84 |
| 5 | 1.44 | 15 | 1.68 | 25 | 3.58 |
| 6 | 1.44 | 16 | 2.66 | 26 | 3.84 |
| 7 | 1.44 | 17 | 3.58 | 27 | 4.39 |
| 8 | 1.29 | 18 | 3.10 | 28 | 4.39 |
| 9 | 1.29 | 19 | 2.66 | | |
| 10 | 1.59 | 20 | 3.33 | | |

由表5-31可以看出，当考虑水量损失（蒸发、渗漏）及下游生态用水后，$P$=97%的日平均可利用流量1.29m³/s是火电厂一期工程引流量的2倍以上，日平均流量能够满足电厂一期工程的用水要求。由于天然河流不具有调节能力，必须进一步研究设计断面的瞬时最小流量。

采用设计断面的历年最小流量系列进行数理统计分析，得：$\bar{Q}_{dmin}$=0.56m³/s，$C_V$=0.38，$P$=97%的最小流量为0.29m³/s（已经扣除3%蒸发及渗漏损失、10%下游生态用水），最小流量不满足电厂一期工程的要求，拟修建电厂专用日调节设施。根据选择的典型日流量过程线作日调节计算可确定需要的日调节库容的大小，当无典型日流量过程资料时，电厂一期工程的专用调节设施所需的日调节库容也可以采取如下偏安全的计算方法进行估算

$$V_r=(0.5-0.29)\times24\times3600=18144\ (\text{m}^3)$$

当电厂二期工程兴建时，$P$=97%的日平均流量1.29m³/s不能满足电厂一、二期总的需水要求（2.00m³/s），须根据所选择的典型月流量过程（表5-31）进行调节计算，求出一、二期工程的专用调节水库所需的月调节库容约为$61\times10^4$ m³。

河道内生态流量的计算方法主要包括历史流量法、水力学方法、栖息地评价和整体分析法等方法。目前工程上多采用历史流量法，该方法又分Tennant法、流量历时曲线法和枯水频率法。

历史流量法规定我国北方河流的生态基流应不小于多年平均流量的10%或枯季平均流量的20%（水网区、湖、水库、闸坝等蓄水工程可以最小水深控制）；流量历时曲线法是利用历史流量资料构建各月流量历时曲线，将某个累积频率相应的流量作为生态流量，一般枯季生态流量相应的频率在70%～99%之间，即规定季节性河流或干旱地区，把保持这些地区的生态环境现状作为最低要求；枯水频率法是根据各年连续7日平均最枯流量（一年一值）进行频率计算，取10年一遇的流量作为生态流量。我国在GB 3839—1983《制定地方水污染物排放标准的技术原则和方法》中规定，一般河流采用近10年最枯月平均流量或90%保证率最枯月平均流量。计算中采用的河道生态流量，尚需根据河流实际情况结合水资源论证及相关行政审批结论综合确定。

2. 长系列列表法

当水文资料较充分时，径流调节计算可采用更为精确的长系列列表法。即，根据每一年（调节年）的来水和用水资料，用典型年列表法求得每一年的库容；将这些库容从小到大排列，用经验频率公式计算出相应的频率，点绘出库容频率曲线，即可得到设计保证率相应的兴利库容。

（四）径流多年调节计算

当年需水量大于设计年来水量时，水库的年调节已不能满足用水要求。此时，需要把丰水年多余的水量蓄起来，以补充枯水年水量之不足，由此产生了水库的跨年度调节，即多年调节。

多年调节计算方法主要有列表法、图解法和数理统计法。此处介绍列表法。

列表法计算多年调节水库的兴利库容，其计算方法与年调节计算相似，首先通过年调节计算求得每年所需的兴利库容，再进行频率计算，求得设计的兴利库容。其中，某些年份的兴利库容不仅以本年度供水期的不足水量来定，还需根据前一年或前两年，甚至前更多年的不足水量情况确定。

如图5-28所示，第一、二、三调节年是丰水年，来水大于用水，各年所需兴利库容为$V_2$、$V_4$、$V_6$；第四年至第七年为连续四年枯水年，第四年的兴利库容$V_{xing}$应和前面第三年一起考虑。由于$V_6<V_7$，故第四年$V_{xing}=V_8$；而$V_8>V_9$，$V_9<V_{10}$，故第五年$V_{xing}=V_8+(V_{10}-V_9)$；同理，第六年$V_{xing}=V_8+(V_{10}-V_9)+(V_{12}-V_{11})$；第七年$V_{xing}=V_8+(V_{10}-V_9)+(V_{12}-V_{11})+(V_{14}-V_{13})$。

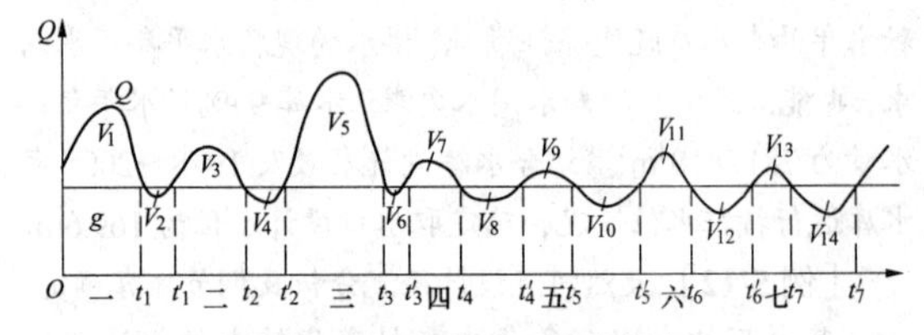


图5-28 来水与用水过程线

在进行调节计算时，应先根据搜集的历年来水和用水资料，大致划分调节年度，初步判别水库放空和水库蓄满时刻，即：连续枯水年的末期水库要放空，连续枯水年第一年的枯水期开始时水库应蓄满。

采用列表法进行多年调节计算，具体方法有三种：

（1）顺时序计算法。先列表计算出各时段的来水用水差值，然后顺时序逐年判别和计算$V_{xing}$，将计算出的$V_{xing}$系列进行统计并绘出库容频率曲线，即可由设计保证率求得设计兴利库容。在多年调节计算中，有时会出现一次蓄洪过程超过12个月的情形，此时应将连续缺水的时段计算完，才是本年真正的库容值。

（2）逆时序计算法。先列表计算出各时段的来水用水差值，然后从水库放空时刻开始，逆时序计算水库蓄水量，水库蓄水过程计算完成之后，便可计算出$V_{xing}$。对各年的$V_{xing}$进行统计并绘出库容频率曲线，从而可由设计保证率求得设计兴利库容。

（3）试算法。假定一个$V_{xing}$，从水库蓄满时刻开始，顺时序进行调节计算。对于水库蓄水量（即月末库容或月末蓄水量），遇余水就蓄，蓄满$V_{xing}$后，有余水就弃水，遇缺水则放水，至放空时还缺水则该年供水破坏。如此计算完成后，可以分别统计出供水保证和供水破坏的年数，从而求出保证供水的保证率。若求出的供水保证率与设计保证率相符合，则假定的$V_{xing}$即设计的兴利库容；若两者不相符合，则重新假定$V_{xing}$，重复上述计算，直至计算的供水保证率与设计保证率相符为止。

若试算几次均不符合要求，可做出 $V_{xing}$–$P$ 关系曲线，由设计保证率查出相应的设计兴利库容。

## 三、水库调度与控制曲线

当包括电厂用水在内的水库设计兴利库容及相应蓄水位确定后，其保障措施与控制运用是通过水库调度实现的，需编制水库调度方案来妥善解决蓄泄关系，合理调节防洪与兴利的矛盾，充分发挥防洪和兴利效益。在缺乏可靠长期预报的条件下，可利用径流季节变化在年循环中的相似性及水文统计的规律性，求得一些具有控制性意义的水位（或蓄水量）过程线，即水库调度线，作为水库调度的控制曲线。由水库调度线及相应的运行区共同组成的水库年运行图，称为水库调度图。

### （一）水库调度线

水利部门在进行水库调度时，需考虑防洪、发电及工农业用水等各种服务对象及设计标准，进行调节计算，进而制定出相应的水库调度线。各用户的用水保证率存在区别，灌溉和发电的用水保证率多为 75%～90%，其他工业用水较农业用水标准高一些，一般为 90%～95%，而电厂用水保证率则达到 97%。因此，为了保证电厂用水，水库运行调度时，对其他工业用水和农业用水必须有相应的限用水位过程，如图 5-29 所示，图中曲线①是农业限灌水位过程线，曲线②是工业限用水位过程线，曲线③是电厂限用水位过程线。

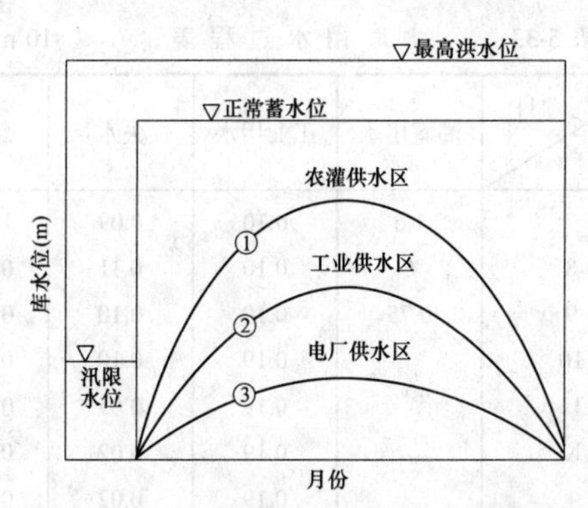


图 5-29　年调节水库调度线绘制示意图

当水库水位高于曲线①水位而低于正常蓄水位时，为农业供水区。此时，水库可同时满足农业灌溉、电厂及其他工业用水需求。

当水库水位高于曲线②水位而低于等于曲线①水位时，为工业供水区。此时，优先保证电厂及其他工业用水，限制农业用水，农业实际用水量为当月来水扣除电厂与其他工业用水量后的剩余水量。

当水库水位高于曲线③水位而低于等于曲线②水位时，为电厂供水区。此时，农业用水量为零，限制其他工业用水，其实际用水量为当月来水扣除电厂用水量后的剩余水量。

当水库水位等于曲线③水位时，其他工业、农业用水量为零；水库水位低于③号曲线水位时，电厂用水遭到破坏。

### （二）水库调度线的绘制

水库的综合利用任务大致分为防洪、兴利、环保三大类。下面着重介绍兴利任务中加入电厂用水后的水库调度线的绘制。

多数情况下，水库兴利任务以灌溉、发电、工业与生活用水为主，加入火力发电厂用水后，可经水库径流调节计算，确定兴利库容及相应灌溉限制水位（即图 5-29 中的曲线①）。为说明调度线的绘制方法，以常遇的农业限灌水位过程线作为图 5-29 中各型调度曲线的代表，其他型曲线的绘制方法均基于同一原理和方法，区别仅在于不同的用水保证率条件。

绘制方法分年调节与多年调节两种情况。

1. 年调节水库灌溉调度线的绘制

（1）基本资料。所需基本资料与水库径流调节计算的基本资料相同。

（2）设计典型年的选择。水库年调节径流计算时已介绍过设计典型年的选择方法，其重点是从安全出发，使所需的调节库容较大。在绘制调度图时，设计典型年选择还要特别注意以下几点：

1）典型年的年来水量应等于或略大于当年的灌溉年需水量。因为选择的典型年应属于保证供水的范围，而年来水量小于灌溉需水量的年份需要多年调节才能保证供水，不属保证范围。为了尽可能考虑到各种典型年的年内分配情况，对于年来水量略小于灌溉年需水量的年份也可以选作典型年，但要修正年来水量使之等于灌溉年需水量。至于年来水量大于年灌溉需水量很多的年份，一般在调度线绘制中不起控制作用，但对一些年内分配很特殊的年份，如供水期后期来水很小的年份，也要注意校核。

2）典型年的来水量月分配过程，较之相应的灌溉需水量月分配过程，应选择组合较不利的情形。

3）若水库来水与灌溉用水之间的相关程度不显著，则除了按同一年份水库来水与灌溉用水进行计算外，还应考虑不同年份来水与灌溉用水的可能组合，可分别以来水为主或灌溉用水为主，选择几个典型年来进行计算。

（3）径流调节计算。根据所选典型年的来水与灌溉用水过程，进行逆时序的径流调节计算。即从来水与用水过程判断该年水库放空的时刻，然后从此时刻开始，逆时序逐时段进行水量平衡计算，求出各时段初（或末）应保持的蓄水量，直到水库开始蓄水时刻为止，得出这一年的蓄水过程。计算中应注意以下几点。

1）当水库还承担有防洪任务时，应根据防洪要求，以各个时段预留的防洪（或调洪）库容为限制，进行上述水量平衡计算。

2）当水库还承担有经常性发电任务时，应在上述调节计算时，每一时段计入一定的发电水量，可以按固定发电流量考虑，也可按等一出力来计算。

3）已建水库较之原设计已经积累了更多的水文资料，根据这些资料再进行径流调节计算，其结果可能与原设计有所不同，应以原设计的调节库容为限制。即当要求的蓄水量大于调节库容时，仍以调节库容为准，进行上述计算。

（4）调度线及调度图绘制。将典型年径流调节计算所得的各种组合情况下的蓄水过程，点绘于同一图上，如图 5-30 所示。然后绘制出上包线与下包线。上、下包线之间，为正常供水区；在上包线以上，对设计保证率而言，有多余水量，为加大供水区；在下包线以下，对设计保证率而言，正常供水将遭破坏，为限制供水区。

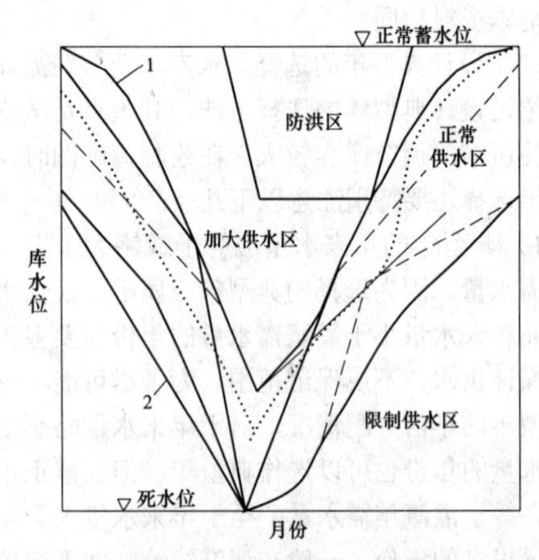


图 5-30　年调节水库灌溉调度图绘制示意图

1—上包线，防破坏线；2—下包线，限制供水线

［例 5-13］　某年调节水库调度图的绘制。

某水库正常蓄水位 96.6m，相应库容 $5.43\times10^8\text{m}^3$；死水位 70.0m，相应死库容 $0.1\times10^8\text{m}^3$。水库兴利任务以灌溉及工业用水（含电厂用水）为主，结合防洪、发电。根据来水与用水量保证率曲线判断，该水库属年调节，绘制调度图。

（1）典型年选择。水库有 24 年的水文资料，要求灌溉设计保证率为 75%。据此选择年径流量由大至小排列第 19 位的年份（水文年为 1969～1970 年）为设计典型年，其年径流量为 $17.1\times10^8\text{m}^3$。为了使调度图能适应多种来水情况，在年径流量接近上述设计典型年数值的若干年中，选择年内分配较不利的 1962～1963 年、1956～1957 年也作为绘制调度图的典型年，但这两年的年径流量分别为 $17.2\times10^8\text{m}^3$ 与 $18.1\times10^8\text{m}^3$，故按年径流量比值对这两年的各月来水量进行修正，使其年水量均等于 $17.1\times10^8\text{m}^3$。修正后的各年来水过程见表 5-32。

表 5-32　某水库典型年来水过程表　（$\times10^8\text{m}^3$）

| 月份＼年份 | 1969～1970 | 1962～1963 | 1956～1957 |
|---|---|---|---|
| 7 | 4.26 | 2.68 | 3.11 |
| 8 | 5.34 | 7.60 | 3.03 |
| 9 | 4.26 | 2.23 | 4.12 |
| 10 | 0.79 | 1.38 | 1.19 |
| 11 | 0.53 | 0.77 | 0.87 |
| 12 | 0.27 | 0.41 | 0.26 |
| 1 | 0.12 | 0.21 | 0.19 |
| 2 | 0.13 | 0.17 | 0.15 |
| 3 | 0.25 | 0.31 | 0.65 |
| 4 | 0.42 | 0.37 | 2.21 |
| 5 | 0.34 | 0.53 | 0.84 |
| 6 | 0.37 | 0.44 | 0.49 |
| 修正比值 | 1.000 | 0.995 | 0.945 |

（2）用水量计算。由于灌溉用水在水库下游取水，故可利用这些用水及弃水来发电，不另安排发电用水。水库用水过程见表 5-33。

表 5-33　水库用水过程表　（$\times10^8\text{m}^3$）

| 月份＼项目 | 灌溉用水 | 工业用水 | 损失水量 | 合计 |
|---|---|---|---|---|
| 7 | 1.6 | 0.10 | 0.09 | 1.85 |
| 8 | 6 | 0.10 | 0.11 | 0.96 |
| 9 | 0.75 | 0.10 | 0.10 | 0.20 |
| 10 |  | 0.19 | 0.10 | 0.29 |
| 11 |  | 0.19 | 0.05 | 0.24 |
| 12 |  | 0.19 | 0.02 | 0.21 |
| 1 |  | 0.19 | 0.02 | 0.21 |
| 2 |  | 0.19 | 0.02 | 0.21 |
| 3 |  | 0.19 | 0.04 | 0.23 |
| 4 | 1.40 | 0.19 | 0.07 | 1.66 |
| 5 | 2.13 | 0.10 | 0.08 | 2.31 |
| 6 | 2.13 | 0.10 | 0.10 | 2.33 |

（3）调度线及调度图的绘制。根据以上资料，进行水库逆时序径流调节计算，得到以上 3 个年份的蓄水过程，见表 5-34，然后取其上、下包线。上包线即防破坏线，下包线即限制供水线。再结合防洪要求，绘制得水库调度如图 5-31 所示。

表 5-34　　某水库典型年蓄水过程及调度线表　　(m)

| 月份 | 1969～1970 年蓄水位 | 1962～1963 年蓄水位 | 1956～1957 年蓄水位 | 上包线 | 下包线 |
|---|---|---|---|---|---|
| 7 | 70 | 70 | 70 | 70 | 70 |
| 8 | 29 日充水 | 27 日充水 | 70 | 27 日充水 | 70 |
| 9 | 75.5 | 81.0 | 25 日充水 | 81.0 | 25 日充水 |
| 10 | 94.0 | 89.9 | 79.0 | 94.0 | 79.0 |
| 11 | 95.7 | 93.6 | 85.0 | 95.7 | 85.0 |
| 12 | 96.5 | 95.1 | 87.5 | 96.5 | 87.5 |
| 1 | 96.6 | 95.6 | 88.0 | 96.6 | 88.0 |
| 2 | 96.4 | 95.6 | 87.8 | 96.4 | 87.8 |
| 3 | 96.2 | 95.5 | 87.5 | 96.2 | 87.5 |
| 4 | 96.1 | 95.7 | 89.0 | 96.1 | 89.0 |
| 5 | 92.8 | 92.0 | 90.8 | 92.8 | 90.8 |
| 6 | 86.0 | 85.6 | 85.5 | 86.0 | 85.5 |

注　本表库水位为月初水位。

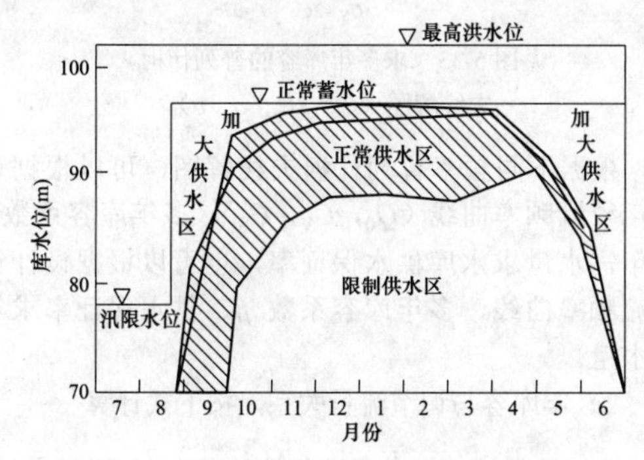


图 5-31　某年调节水库调度线及调度图

2. 多年调节水库灌溉调度线的绘制

多年调节水库调度线的绘制方法可分为时历法与统计法两大类。

（1）时历法。时历法绘制多年调节水库的调度线比较切合实际，明确可靠，但要求具有相同系列的来水及用水资料，工作量较大。

根据来水与用水系列，先进行长系列径流调节计算。计算起点可选择为一确定的蓄水点（如连续丰水年的丰水期末必蓄满，或连续枯水年的枯水期末必放空）。逐年逐时段进行计算，直至系列末，然后以此时的水库蓄水量为系列初的水库蓄水量，继续进行计算，直至计算衔接。计算中，以正常蓄水位及死水位为限制，如水库承担有防洪任务，在汛期还要以防洪限制水位为限制。如果水库放空至死水位以下，则以死水位为限制，该年供水遭到破坏。

将计算得到的年内各时段的各年蓄水量绘于同一图上，如图 5-32 所示。可根据设计保证率去除一些年份的点，如设计保证率为 80%，用 20 年资料计算，则可有 4 年不保证供水。对系列中已经破坏的年份的点予以去除后，根据设计保证率再去除一些点，绘制成上、下包线，作为初步的调度线。根据初步调度线对原系列再进行一次调节计算，检验保证率是否符合要求，如不符合则适当修改调度线，使其符合设计保证率要求。最终所得上包线即为防止破坏线，下包线即为限制供水线，上、下包线之间即为保证供水区。

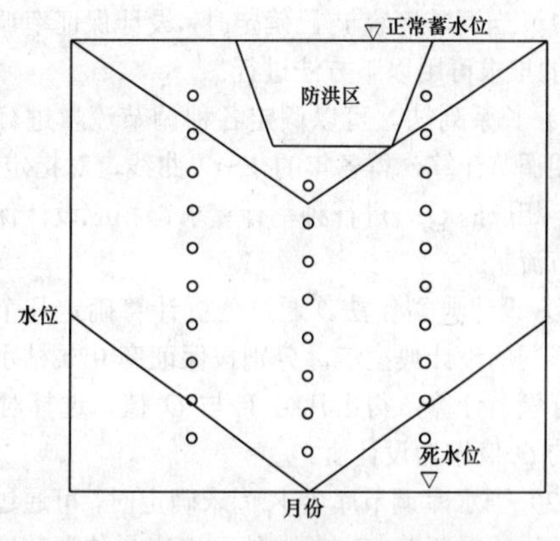


图 5-32　多年调节水库灌溉调度图绘制示意图

（2）统计法。按统计法进行计算，首先进行年库容与多年库容的划分，然后进行调度线及调度图的绘制，并校核供水保证率是否符合设计保证率要求。按照通常的径流调节计算理论，当水库进行多年调节时，年内的水量再分配由年库容承担，年际间的水量再分配由多年库容承担。年库容应当由年来水量与用水量相等或年来水量略大于用水量的年份计算确定。可选择一些这样的年份，进行年内水量平衡计算，求出所需调节库容，择其偏大者作为选定的年库容。

总的调节库容减去年库容，即为多年库容。根据变动电厂供水的多年调节计算理论，计算其供水保证率，以校核原定的设计保证率。若计算保证率比原设计保证率小很多，应向有关部门说明，采取一定的措施，如另辟一定水源或缩小灌溉面积等。

根据所选定的年库容，对所有典型年进行径流调节计算，得到各年蓄水过程的上、下包线。将上包线加上多年库容即得到防破坏线，将下包线加在死库容上即得限制供水线，形式也如图 5-32 所示。

## 第三节　水 库 下 游 取 水

在水库下游河道取水时，应在已定调节库容及用水量的前提下进行径流调节计算，推求设计保证率97%枯水年水库调节下泄流量及区间来水量并考虑区间工农业用水量及生态用水，提出设计枯水年条件下电厂供水的设计最小流量与最低水位。需上游水库（或闸）进行补偿调节泄放时，其调节流量和区间沿程水量损失（如结冰）等，一并列入调度运行计划。水库下游取水尚应根据建设项目水资源论证的要求考虑生态流量的影响。

### 一、水库调节流量的推求

（一）年调节水库设计保证率调节流量推求

（1）当调节库容 $V_r$ 已确定时，设计保证率调节流量 $Q_r$ 的推求可用以下方法进行：

1）长系列法。可以假定各种调节流量进行逐年枯水期调节计算，得各年的 $V_r$-$Q_r$ 曲线，对指定 $V_r$ 查得各年相应的 $Q_r$，进行频率计算求得相应设计保证率的调节流量。

2）设计典型年法。通过分析计算确定几个年内分配不同的设计典型年，分别按保证率 97%枯水年条件进行调节计算，得出几组 $V_r$ 与 $Q_r$ 值，选择对应 $V_r$ 较小的 $Q_r$ 值作为设计值。

（2）当水库调节库容 $V_r$ 尚未确定时，可通过长系列法的设计保证率 $V_r$-$Q_r$ 曲线，选出最佳调节库容与调节流量值。

（二）多年调节水库设计保证率调节流量推求

可根据资料条件、工程要求选用如下方法：

（1）长系列法。当具有 30 年以上系列的来水、用水资料时，可采用长系列法推算。

（2）数理统计法。应分别推求年库容与调节流量关系曲线及多年库容与调节流量关系曲线，将同一调节流量的多年库容与年库容相加，即得调节库容与调节流量关系曲线。关系曲线可按以下方法推求：

1）多年库容与调节流量关系曲线可通过普列什柯夫线解图。由于克-曼第二法计算中的频率曲线组合比较烦琐，为简单地表示出$\alpha$、$\beta$、$C_V$ 间的关系（其中，$\alpha$为径流调节系数，为调节流量 $Q$ 与多年平均流量 $Q_0$ 的比值，$\beta$ 为库容系数，为有效库容 $V$ 与多年平均径流量 $W_0$ 的比值），最早由普列什柯夫制成了 $C_S$=2$C_V$ 线解图，$P$=97%线解图见图 5-33。

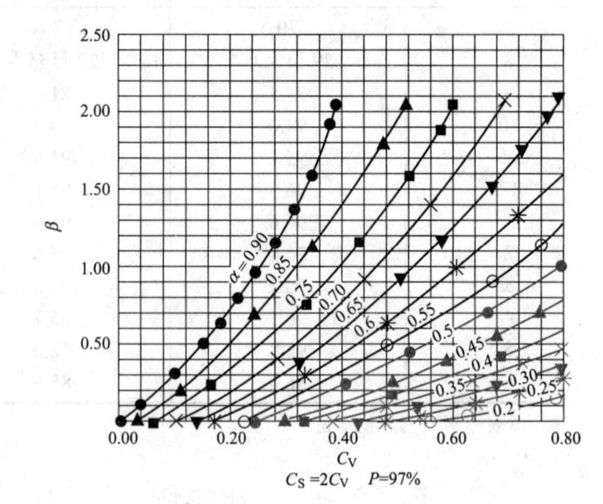


图 5-33　求多年库容的普列什柯夫线解图（$C_S$=2$C_V$，$r$=0）

根据不同频率普列什柯夫线解图，可以根据设计年径流频率曲线（$Q_0$，$C_V$，$C_S$）、多年库容系数 $\beta$ 及年需水量求水库供水保证率，也可以根据设计年径流频率曲线、多年库容系数 $\beta$、供水保证率求年供水量。

2）年库容与调节流量关系，按下式计算

$$V_p=W_pt-M_p \tag{5-35}$$

$$V_0=W_0t-M_0 \tag{5-36}$$

式中　$V_p$ ——多年库容为零时的年库容，×$10^4$m$^3$，相应调节流量为设计枯水年平均流量，即设计保证率下调节系数$\alpha_p$ 乘多年平均流量；

$V_0$ ——$\alpha$=1.0（完全多年调节）时的年库容，×$10^4$m$^3$，相应的调节流量为多年平均流量 $Q_0$；

$W_p$、$W_0$ ——设计枯水年和多年平均来水量，×$10^4$m$^3$；

$M_p$、$M_0$ ——设计枯水年枯水期和多年枯水期平均来水量，×$10^4$m$^3$；

$t$ ——枯水期持续时间与全年时间的比值。

3）若年内丰、枯水时期的起讫时间变动较大时，年库容 $V_y$ 与调节流量 $Q_r$ 的关系可按下式推求

$$V_y=\frac{V_pQ_r}{\alpha_pQ_0} \tag{5-37}$$

式中　$V_y$ ——年库容，×$10^4$m$^3$；

$Q_r$ ——调节流量，m$^3$/s；

$\alpha_p$ ——设计保证率下调节系数。

## 二、区间来水的推求

（一）建库前有较长资料

设计断面上下游在建库前有较长实测资料时，可以用建库前的径流资料进行频率计算，用下游的设计值减去水库坝址以上的对应设计值，求得区间一定频率的设计值。如果只上游（或下游）有水文站，可用频率计算求出水文站断面的设计值，视上下游水量平衡情况再用面积比法或其他方法求出水库坝址至设计断面的区间设计值。

（二）建库后有较长资料

设计断面的上下游在建库后有较长实测资料时，可以用水量平衡方法计算区间来水，即下游水量减去上游水量等于区间来水量。在实际计算时，还要考虑上游站至下游站的传播时间，错开传播时间相减，否则可能会出现负值等不合理现象，使计算难以进行。通过水量平衡计算，求出区间逐日或逐年径流资料，然后再进行频率计算，求出区间径流的枯水设计值。

（三）水文比拟结合区间调查

如果设计断面上下游测站在建库前后均有一定的实测资料，但又不足以进行频率计算，可以用水文比拟法，对建库前资料求出一个区间设计值，建库后资料求出一个区间设计值，再对设计断面与水库之间的区间进行实测和调查来进行修正，最后提出较合理的区间设计值。

## 三、设计断面枯水流量和枯水位

设计断面的设计枯水流量，应为区间设计枯水流量加上水库在这种年份水库调节流量减去区间工农业用水流量。设计枯水位应为设计断面的设计枯水流量对应的水位。

当设计断面的枯水流量由于水库控制而不能满足电厂用水（即设计枯水流量）要求时，应通过计算求出区间设计枯水流量，提出要水库补偿的调节流量和调节方案。这样，设计断面的设计枯水流量已定，只需建立设计断面的水位流量关系曲线，便可求出相应的设计枯水位。

# 第四节 河网化地区取水

## 一、概述

平原河网区水系的主要特点是地势平缓、河道纵横交错、河网水流没有固定的流向。根据我国平原河网的地域分布特征，河网化地区可分为滨海感潮河网区和内陆平原河网区。

（1）滨海感潮河网区。如珠江三角洲平原河网、长江三角洲平原河网、江浙闽粤沿海河网区等，河流下游直接与海洋相连，受外海潮汐影响，在外海潮汐和上游径流的相互作用下，咸水和淡水水流往返流动，该河段水量丰沛。如果淡水水量和水质状况均能满足取水工程的要求，水源分析主要是推求设计最低潮位。当需要确定取水河段水面线或确定港汊的设计枯水期的最大过水能力时，可采用不稳定流方程进行数值计算（即一维或二维非恒定流方程）。

（2）内陆平原河网区。

1）如湖北江汉平原河网、成都平原河网等，河流下游与较大的河流相连，河网内的水流状态受上游来水和河网本身的自然条件以及河网水流出口处较大河流、湖泊的流量、水位等影响。此时的水源分析需考虑工程点受下游大河或湖泊的顶托影响，通过水面曲线法结合具体情况计算取水口的水位和来水量。

2）独立平原河网，如南方的沿江一些圩区河网等，河流自成一体，或者通过排灌站或节制闸、或者通过有控制的排水河道与外江相连，这种河网的水流涨落往往取决于它本身的蓄水能力和排灌能力，此时的水源分析可按有调蓄区的方法分析计算，即按河网的排灌能力与河网的蓄水量进行水量平衡分析来推求取水河段设计枯水期的最大过水能力。一般地，此类河网水量有限。

3）联湖平原河网，如江浙两省的太湖流域平原河网等，河流与大型湖泊相通，河网水流通过湖泊调蓄，涨落缓慢。水源分析可采用稳定非均匀流试算法（即水力学中的能量守恒方程求解）来推求取水河段设计枯水期河道的最大过水能力。

此外，有的河网还上联湖泊，下通海洋，如浙江的杭嘉湖平原河网等，既要考虑上游湖泊对径流的调蓄作用，又要考虑下游海洋潮汐的涨落影响。

平原河网化地区，由于河网本身的网状结构、水流状态的不确定性以及受上下游边界条件的影响等方面都比较复杂，故平原河网水源的分析计算方法需根据具体情况确定，在个别环节的处理上，还带有经验性，如电厂抽水影响距离的确定方面，以及当取水口设在多条河道的交汇口时，可先分别计算各条河道的输水能力，再累加求和，或进行总的概化处理计算求解等。

## 二、河网化地区取水搜集基本资料的内容

河网化地区取水水源分析需要搜集的基本资料包括以下内容：

（1）有关河网水源地及河网水资源的分析、利用及开发规划报告。

（2）河网中已建和规划的水利设施勘测设计资

料、控制运用原则与控制水位，以及工程的调度运行方式。

（3）河网内目前和规划的用水户、用水量、用水季节与用水过程、用水制度和取水位置；对于灌区工程，需要收集灌区的设计规模、种植结构、灌溉定额与灌溉制度，以及历年实际的灌溉水量等。

（4）现场调查并搜集水源地及河网组成的主要河流或湖泊的历史最高水位、历史最枯水位、发生时间、枯水持续时间、断流及干旱情况等的调查与分析资料。

（5）河网各主要河道的特性、作用、河长、断面尺寸、河底高程、底坡、不同时期的水流流向，河网与其他水体的水力联系、现状过水能力、河网及取水河段历史变迁研究资料；输水河道沿程的实测断面或地形图等。

（6）有关单位对河网的水文观测资料，特别是对中、低水位的糙率和比降等的分析数据。

（7）河网内较大的蓄水体的水位-面积、水位-容积关系曲线，历年的实测蓄水过程。

（8）取水口区域（包括水源地在内的）河网水系图、干支流纵横断面图。

## 三、河网水源计算

不同类型的河网，水源分析采用的计算方法也不同。下面以常见的联湖平原河网为例，说明河网取水的水文计算基本方法。

### （一）河网地区水源保证率97%枯水位的水量平衡分析及河段槽蓄水量估算

（1）河网地区水源保证率97%枯水位的水量分析，包括保证率为97%枯水期的降水量、径流量、下泄量、蒸发量等。

（2）各用水户用水量分析，包括人饮水厂取水量、工农业用水量、航运用水量、生态环境用水量等。

（3）河段槽蓄水量估算。

（4）河网区现状与规划水平年的供需平衡分析。

### （二）取水河段设计枯水位的分析计算

（1）分析计算水源地及电厂取水断面保证率为97%、99%的设计枯水位（现状）。

（2）电厂抽水条件下，分析计算枯水位保证率为97%、99%时电厂取水口断面的河道过水能力和相应的水位。

（3）设计枯水位及其对应的河道最大过水能力等有关计算成果的合理性分析。分析从河网水源地到电厂取水断面之间的计算水位是否符合枯水期实测水位的变化规律，分析计算水位是否符合枯水年河网内主要河流枯水位的变化规律。

（4）电厂取水口设计枯水位出现时补给水源的可靠性分析。

### （三）取水河段设计枯水流量分析计算

河网地区河道密布，河槽蓄水容量大，在充分论证其合理性基础上，枯水流量样本可选用历年日平均最小流量，具体分析计算如下：

（1）对于有资料地区，可用实测样本分析计算水源地及电厂取水断面枯水期保证率为97%的最小流量；对于无资料地区，可根据调查的样本与水源地的枯水位分析确定。

（2）考虑了区间用水户取水影响后的电厂取水断面处的设计枯水流量。

（3）保证率为97%最低枯水位条件下电厂取水断面处的设计枯水流量。

（4）电厂供水流量的可靠性评价。从电厂取水口位置的合理性、补给水源对各河道输水的设计枯水流量与区内用水户用水量之间的供需平衡等方面进行分析，论证水资源的可靠性及水源补给计算成果的合理性。

### （四）补水河段过水能力计算方法

当取水河段上游的来流量小于电厂设计取水流量时，需要河网水源地向取水河段给水。设计枯水期，在电厂抽水条件下，取水河段河道的最大过水能力可按稳定非均匀流推求。

当电厂取水河段两端都与河网水源地有联系时，可分别计算双向过水能力，对电厂取水条件下水源地供水的稳定性，可通过试算确定，以水源地水位降落所产生的河段输水能力的计算误差小于0.5%为准；从稳定水源地到电厂取水口之间宜选用沿途束窄的最小断面作为计算断面；当电厂稳定水源地至电厂取水口有多条输水渠道汇入取水河段时，可将各渠道的断面及水力要素概化成一套数据来计算过水能力；当电厂距水源地较远，取水河道较长，且区间河道底坡不同时，可尽量按不同流态分段推算，推求河道的过水能力及相应水深，并分析其合理性。

**[例5-14]** 某电厂输水河段过水能力计算（取水口位于平原河网区）。

某电厂取水于大河，上游有周长水位站，下游有西鸟水位站，其取水断面见图5-34。需要确定在设计条件下河道过水能力能否满足电厂用水流量的要求。采用水力学方法计算平原河网的过水能力（$n$=0.03）。

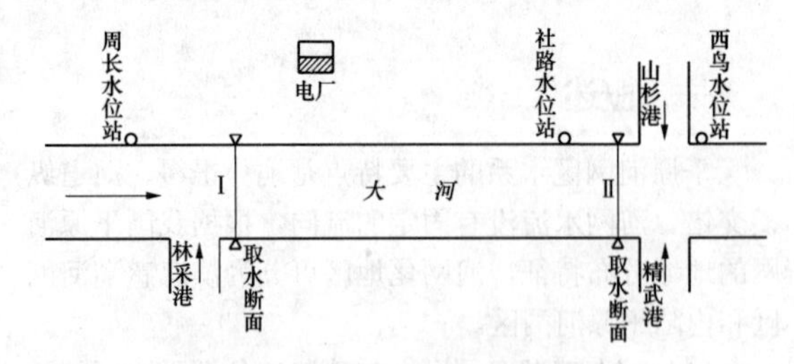


图5-34 某电厂取水河段示意图

（1）自然情况下电厂上游来水量的计算。

1）计算公式。自然情况下，大河枯水期的水面比降很小，可近似用稳定均匀流公式计算

$$Q = AR^{2/3}I^{1/2}/n$$

2）自然水面比降 $I$ 的确定。大河水面比降无实测资料，用多种方法推算枯季取水河段的河道水面比降，分析比较后确定：

a. 根据 1978～1983 年周长水位站全年最低水位前后 5d 平均值和社路水位站同期水位比较，求得 $I=0.005\times10^{-3}$；

b. 根据 1981 年 3 月长钢厂-工农桥厂区河道的实测水位，得 $I=0.0062\times10^{-3}$；

c. 按周长、西鸟水位站 $P=97\%$ 水位计算得到 $I=0.044\times10^{-3}$；

d. 按 1981 年 3 月上游长钢断面实测流速资料和断面资料反推 $I=0.0073\times10^{-3}$。

综上各种方法的 $I$ 值，经分析比较，水面比降 $I$ 值量级一致，且利用实测数据计算的水面比降 $I$ 值接近，确定取用枯季水面比降 $I=0.006\times10^{-3}$。

3）河道概化断面和水力半径。根据实测绘制的纵横断面图，通过输水河段的几何特征，上游自电厂到林采港取 9 个断面，分别求出各断面的水位对应的过水断面面积 $A$ 和相应水力半径 $R$，点绘水位 $H$–$A$、$H$–$R$ 关系曲线，取 $H$–$A$ 曲线中 $A$ 最小的曲线作为计算河段的概化断面。当电厂取水口水位 $H_{97\%}=2.40\text{m}$ 时，河段概化断面的水位 $H=2.42\text{m}$，查得相应的过水断面面积 $A=31.5\text{m}^2$，$R=1.28\text{m}$。

4）上游来水流量计算

$$Q = AR^{2/3}I^{1/2}/n = 31.5\times1.28^{2/3}\times(0.006\times10^{-3})^{1/2}/0.03 = 3.0(\text{m}^3/\text{s})$$

可见，在自然情况下，当出现保证率 $P=97\%$ 水位时，取水河段上游的来水流量（过水能力）仅 $3.0\text{m}^3/\text{s}$。

（2）电厂抽水时河道最大供水能力的计算。当电厂设计抽水量大于河道供水能力时，使取水口处的水位降低，水面比降增大，强迫河道向电厂取水口供水，如图 5-35 所示。如果水位下降较多，下游将出现负比降，形成双向同时向电厂取水口供水情况，$Q_{\text{sum}}=Q_{\text{up}}+Q_{\text{down}}$。一方面，取水口水位下降导致水面比降增加，流速加大，使断面过水能力增大；另一方面，取水口水位下降使输水断面面积减小，断面过水能力 $Q$ 减小，所以水位下降时供水流量不是一直增加的，一般的，水位降低至某一水位时，随水位的下降供水流量开始减小，这时的水位就称之为能取得最大流量的最佳水位。

1）计算公式。对于输水河道的补给水量，可采用水力学中的恒定非均匀流能量守恒方程求解。

对于恒定流，有水流的连续方程

$$Q = A_1v_1 = A_2v_2 \tag{5-38}$$

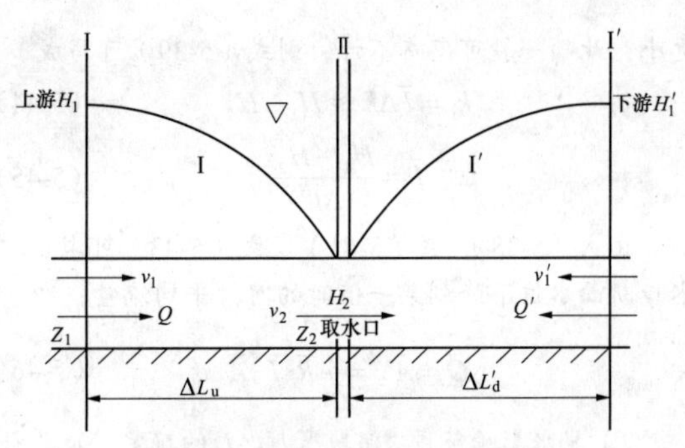


图 5-35 电厂抽水水面下降示意图

若断面Ⅰ和断面Ⅱ处的水流为恒定流的缓变流，则两断面处水体的能量守恒方程为：

$$H_1 + \alpha_1\frac{v_1^2}{2g} = H_2 + \alpha_2\frac{v_2^2}{2g} + h_w \tag{5-39}$$

$$h_w = h_j + h_f \tag{5-40}$$

式中 $H_1$、$H_2$——断面Ⅰ、Ⅱ处水位，m；

$\alpha_1$、$\alpha_2$——流速分布不均匀系数，近似等于 1；

$v_1$、$v_2$——断面Ⅰ、Ⅱ处平均流速，m/s；

$\alpha_1\dfrac{v_1^2}{2g}$、$\alpha_2\dfrac{v_2^2}{2g}$——断面Ⅰ、Ⅱ处流速水头；

$h_w$——水头损失；

$h_j$——局部水头损失；

$h_f$——沿程水头损失。

因为河网区水流是缓变流，局部水头损失 $h_j$ 可忽略，仅考虑沿程水头损失 $h_f$。

根据式（2-22）可以直接计算出断面流量，即

$$Q = \overline{K}\sqrt{\Delta H\bigg/\left[L - \frac{1+\xi}{2g}\left(\frac{\overline{K}^2}{A_1^2} - \frac{\overline{K}^2}{A_2^2}\right)\right]} \tag{5-41}$$

考虑到水流为恒定缓变流，实际计算中也可进行如下简化计算

$$h_f = \overline{I}\Delta L \tag{5-42}$$

$$\overline{I} = \frac{\overline{v}^2}{\overline{C}^2\overline{R}} \tag{5-43}$$

式中 $h_f$——沿程水头损失；

$\overline{I}$——河段平均水面比降；

$\Delta L$——河段长度，m；

$\overline{v}$——断面Ⅰ和断面Ⅱ处流速平均值，m/s；

$\overline{C}$——断面Ⅰ和断面Ⅱ处谢才系数 $C$（$C=R^{1/6}/n$）平均值；

$\overline{R}$——断面Ⅰ和断面Ⅱ处流速水力半径的平均值，m。

由式（5-39）可知，从已知取水口处下降的水位 $H_2$ 求解 $v_2$，属于解高阶隐函数方程问题，解题较烦琐，考虑到平原河流 $v_2$、$v_1$ 差值不大，流速水头损失差值

更小，此项一般可忽略不计，则式（5-39）可写成

$$h_f = \overline{I}\Delta L \approx H_1 - H_2 \tag{5-44}$$

$$\overline{I} = \frac{H_1 - H_2}{\Delta L} \tag{5-45}$$

由式（5-38）、式（5-41）及式（5-43）可求出取水口断面水位下降到某一值时的河段平均流量，即

$$\overline{Q} = \overline{A}\,\overline{v} = \frac{1}{n}\overline{R}^{\frac{2}{3}}\overline{I}^{\frac{1}{2}}\overline{A} \tag{5-46}$$

2）抽水影响范围，河段长度$\Delta L$的确定。如果补水水源地较近且河道开阔或河道宽浅变化不大，可根据电厂取水河段的具体情况，按补水水源地至取水口断面的河长确定输水河段长度$\Delta L$。上游断面Ⅰ位置定在林采港口，$\Delta L_u$=6380m，下游断面Ⅱ位置定在山杉港口，$\Delta L_d$=4020m。把抽水后的影响距离定到上下游河段的分汊节点上，主要是考虑上下游来水充沛，过节点后河道的断面大大增加，抽水后，该处水位下降不会很多；另外，假定该处水位不变，计算河道的过水能力是偏大的。能否满足电厂取水的要求，计算结果可作为第一次近似。

如果补水水源地较远且河道宽浅变化较大，需根据输水河道特点，分段选取卡口断面逐河段量算输水河长$\Delta L$，按上述原理简化方法计算各卡口断面的水位流量变化曲线，依此可得取水口断面的多组水位流量变化曲线簇，再将每组中的最大流量与水位找出，分别点绘卡口水位$H_k$与取水口$Q$、$H$的关系，可以看到，卡口水位越高，取水口的补水流量越大，但由于卡口断面对水位的控制影响，取水口的补水流量增大到一定程度时反而减小，这两组$H_q$–$Q$、$H_k$–$H_q$曲线的交点附近，即为受卡口断面控制影响的最大过水流量。

3）厂区河段最大过水能力计算。

a. 上游河段。根据电厂上游河道断面和水力条件，$\Delta L_u$=6380m，断面Ⅰ处$P$=97%水位$H_1$=2.44m，$A_1$=33.4m$^2$，$R_1$=1.28m，$n$=0.03，$H_2$=2.40m，按式（5-45）和式（5-46）计算列于表5-35。

**表5-35　厂区上游河段最大过水能力计算表**

| 编号 | 取水口水位 $H_2$（m） | 水位下降值 $\Delta H_2$（m） | 断面面积 $A_2$（m$^2$） | 水力半径 $R_2$（m） | 河段平均水面比降 $I$（‰） | 河段平均断面面积（m$^2$） | 河段平均水力半径 $R$（m） | 断面平均流速（m/s） | $Q_{up}$（m$^3$/s） |
|---|---|---|---|---|---|---|---|---|---|
| 1 | 2.1 | 0.3 | 24.3 | 1.11 | 0.053 | 28.85 | 1.20 | 0.27 | 7.91 |
| 2 | 1.9 | 0.5 | 20.2 | 1.01 | 0.085 | 26.80 | 1.15 | 0.34 | 9.00 |
| 3 | 1.6 | 0.8 | 15 | 0.86 | 0.132 | 24.20 | 1.07 | 0.40 | 9.68 |
| 4 | 1.4 | 1 | 11.7 | 0.76 | 0.163 | 22.55 | 1.02 | 0.43 | 9.72 |
| 5 | 1.3 | 1.1 | 10.3 | 0.71 | 0.179 | 21.85 | 1.00 | 0.44 | 9.70 |
| 6 | 1.2 | 1.2 | 9 | 0.66 | 0.194 | 21.20 | 0.97 | 0.46 | 9.65 |
| 7 | 1.1 | 1.3 | 7.8 | 0.61 | 0.210 | 20.60 | 0.95 | 0.47 | 9.58 |
| 8 | 0.9 | 1.5 | 5.6 | 0.51 | 0.241 | 19.50 | 0.90 | 0.48 | 9.38 |
| 9 | 0.7 | 1.7 | 3.6 | 0.41 | 0.273 | 18.50 | 0.85 | 0.49 | 9.10 |

注　根据式（5-41）直接计算的编号1的流量为7.45m$^3$/s，与采用式（5-46）简化计算值7.91m$^3$/s接近，直接计算的具体方法参见第二章第三节。

b. 下游河段。已知：$\Delta L_d$=4020m，$H'_1$=2.38m；$A'_1$=35.0m，$R'_1$=1.31m，$n$=0.03，$H_2$=2.40m，计算列于表5-36。

**表5-36　厂区下游河段最大过水能力计算表**

| 编号 | 取水口水位 $H_2$（m） | 水位下降值 $\Delta H_2$（m） | 断面面积 $A_2$（m$^2$） | 水力半径 $R_2$（m） | 河段平均水面比降 $I$（‰） | 河段平均断面面积（m$^2$） | 河段平均水力半径 $R$（m） | 谢才系数 $C$ | 断面平均流速（m/s） | $Q_{up}$（m$^3$/s） |
|---|---|---|---|---|---|---|---|---|---|---|
| 1 | 2.1 | 0.3 | 24.3 | 1.11 | 0.070 | 29.65 | 1.21 | 34.4 | 0.32 | 9.37 |
| 2 | 1.9 | 0.5 | 20.2 | 1.01 | 0.119 | 27.60 | 1.16 | 34.2 | 0.40 | 11.10 |
| 3 | 1.6 | 0.8 | 15 | 0.86 | 0.194 | 25.00 | 1.09 | 33.8 | 0.49 | 12.26 |
| 4 | 1.4 | 1 | 11.7 | 0.76 | 0.244 | 23.35 | 1.04 | 33.5 | 0.53 | 12.43 |

续表

| 编号 | 取水口水位 $H_2$（m） | 水位下降值 $\Delta H_2$（m） | 断面面积 $A_2$（$m^2$） | 水力半径 $R_2$（m） | 河段平均水面比降 $I$（‰） | 河段平均断面面积（$m^2$） | 河段平均水力半径 $R$（m） | 谢才系数 $C$ | 断面平均流速 $v$（m/s） | $Q_{up}$（$m^3/s$） |
|---|---|---|---|---|---|---|---|---|---|---|
| 5 | 1.3 | 1.1 | 10.3 | 0.71 | 0.269 | 22.65 | 1.01 | 33.4 | 0.55 | 12.46 |
| 6 | 1.2 | 1.2 | 9.0 | 0.66 | 0.294 | 22.00 | 0.99 | 33.2 | 0.57 | 12.44 |
| 7 | 1.1 | 1.3 | 7.8 | 0.61 | 0.318 | 21.40 | 0.96 | 33.1 | 0.58 | 12.39 |
| 8 | 0.9 | 1.5 | 5.6 | 0.51 | 0.368 | 20.30 | 0.91 | 32.8 | 0.60 | 12.19 |
| 9 | 0.7 | 1.7 | 3.6 | 0.41 | 0.418 | 19.30 | 0.86 | 32.5 | 0.62 | 11.89 |

c. 电厂河段最大供水能力。表 5-35 和表 5-36 有关数据列入表 5-37，求得 $Q_{sum}=Q_{up}+Q_{down}$。

由表 5-37 可知，在目前河道情况下，按偏大的计算条件，当水位下降值为 1.3～1.4m 时，河道给水的最大流量（供水能力）为 $Q_{sum}=22.2m^3/s$。

**表 5-37　　电厂河段最大供水能力计算表**

| 序号 | 取水口水位 $H_2$(m) | 水位下降值 $\Delta H_2$（m） | $Q_{up}$（$m^3/s$） | $Q_{down}$（$m^3/s$） | $Q_{sum}=Q_{up}+Q_{down}$（$m^3/s$） |
|---|---|---|---|---|---|
| 1 | 2.1 | 0.3 | 7.91 | 9.37 | 17.3 |
| 2 | 1.9 | 0.5 | 9.00 | 11.10 | 20.1 |
| 3 | 1.6 | 0.8 | 9.68 | 12.26 | 21.9 |
| 4 | 1.4 | 1.0 | 9.72 | 12.43 | 22.2 |
| 5 | 1.3 | 1.1 | 9.70 | 12.46 | 22.2 |
| 6 | 1.2 | 1.2 | 9.65 | 12.44 | 22.1 |
| 7 | 1.1 | 1.3 | 9.58 | 12.39 | 22.0 |
| 8 | 0.9 | 1.5 | 9.38 | 12.19 | 21.6 |
| 9 | 0.7 | 1.7 | 9.10 | 11.89 | 21.0 |

# 第五节 湖 泊 取 水

利用湖泊作为电厂供水水源的分析计算方法主要是通过湖泊的水量平衡计算，确定加入电厂用水后枯水年的湖泊蓄水量变化过程及最低枯水位。

## 一、湖泊特性

### （一）水位-面积曲线

湖泊有水下地形图时，只需用 CAD 中或其他工具量算各等深线所包围的面积，以等深线的高程为纵坐标，以各等深线所包围的面积为横坐标，点图并连成一条光滑曲线，即为湖泊的水位-面积曲线，如图 5-36 中的 *H-F* 曲线所示。

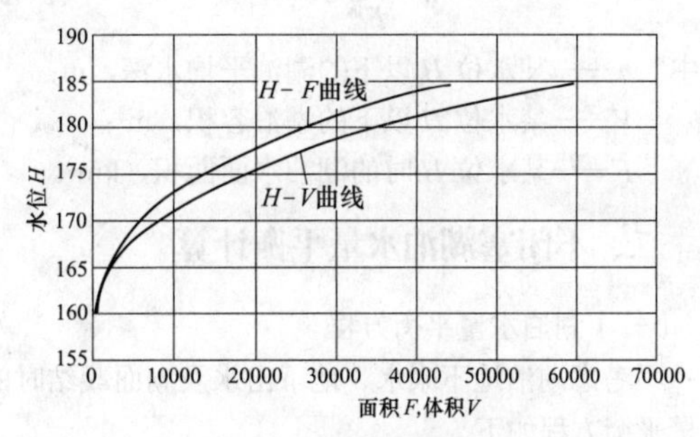


图 5-36　面积曲线和容积曲线

如无湖泊水下地形图时，可实测一定数量的断面图估算，具体步骤如下：实地查勘或访问湖泊附近群众，了解湖泊深度变化，通过湖泊可能最深处布置十字形交叉断面 *A*—*A* 和 *B*—*B*（见图 5-37），根据 *A*—*A* 和 *B*—*B* 断面的变化情况及湖泊大小、工程要求、人员设备等情况再布置其余断面，如图 5-37 中的 1—1、2—2、3—3 等断面。两相邻断面的平均水面宽乘以两断面之间距离即为两断面之间的水面面积。求出各级水位相应的水面面积后，便可绘出湖泊水位-面积曲线。

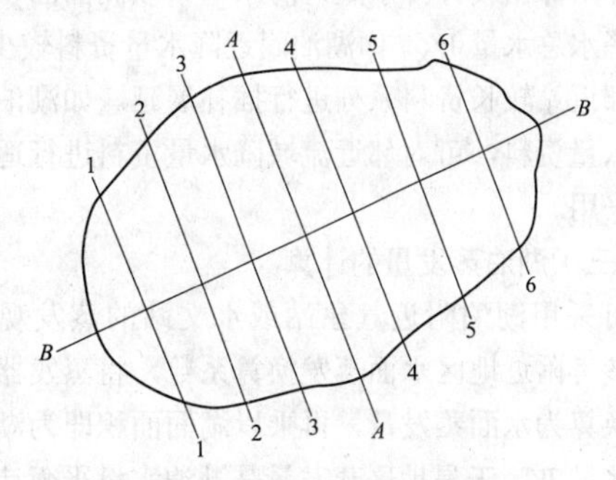


图 5-37　湖泊断面布置图

### （二）湖泊的水位-容积曲线

将湖泊水位分级，在水位-面积曲线上查得各级水位相应的水面面积，自下而上逐级计算两相邻分级水位之间的容积 $\Delta V$

$$\Delta V=\frac{F_1+F_2}{2}\Delta H \qquad (5\text{-}47)$$

或 $$\Delta V=\frac{1}{3}(F_1+F_2+\sqrt{F_1F_2})\Delta H \tag{5-48}$$

式中 $\Delta V$——两相邻分级水位之间的容积，$m^3$；

$\Delta H$——分级水位差，m；

$F_1$、$F_2$——各分级水位的水面面积，$km^2$。

将 $\Delta V_1$、$\Delta V_2$ 等自下而上累加，得各级水位 $H$ 的容积 $V$，然后点图，即为 $H$–$V$ 曲线，如图 5-36 中的 $H$–$V$ 曲线所示。

（三）湖泊平均水深

湖泊平均水深可按下式计算

$$h=\frac{V}{F}\times 10^{-6} \tag{5-49}$$

式中 $h$——某水位 $H$ 以下的湖泊平均水深，m；

$V$——某水位 $H$ 以下的湖泊容积，$m^3$；

$F$——某水位 $H$ 时的湖泊水面面积，$km^2$。

## 二、不闭塞湖泊水量平衡计算

（一）湖泊水量平衡方程

不考虑湖泊地下来水、地下出水及湖面凝结时的水量平衡方程如下

$$W_Y+W_X=W_Y'+W_E+W_y\pm\Delta V \tag{5-50}$$

式中 $W_Y$——入湖地面径流量，$m^3$；

$W_X$——湖面降水总水量，$m^3$；

$W_Y'$——出湖地面径流量，$m^3$；

$W_E$——湖面蒸发水量，$m^3$；

$W_y$——工农业用水量，$m^3$；

$\Delta V$——湖泊蓄水变量，$m^3$。

（二）湖面降水量的确定

湖面降水量可根据湖泊附近的降水量资料进行频率统计，算出设计降水量，降水量乘以湖面面积即为湖面降水总水量 $W_X$。如湖泊附近降水量资料较少，也可用邻近站较长资料系列进行插补展延。如湖泊附近无降水量资料，可对邻近流域降水量资料进行适当修正后采用。

（三）湖泊蒸发量的计算

可采用湖泊附近气象站或水文站的蒸发观测资料，参考附近地区水面蒸发换算系数，将蒸发器的蒸发量换算为水面蒸发量，再乘以湖面面积即为湖面总蒸发水量 $W_E$。干旱地区蒸发量是湖泊水量平衡计算中的一个重要数据，必须认真对待，有条件时应尽量在湖泊设立水面蒸发观测站。

（四）地表径流的推求

湖泊进出口有观测资料时，可按本章第一节有关方法直接进行计算。如无资料或资料短缺，虽可按本章第一节有关方法求得入湖径流量，但出湖径流量比较难求，因此对出湖水量的确定，应进行深入细致的调查工作，必要时要设站观测。

（五）水量平衡计算

以上资料及工农业用水资料具备后，可按本章第二节水库调节计算方法进行湖泊调节计算，求出各典型年湖泊蓄水变化过程及最低枯水位。

## 三、闭塞湖泊水量平衡计算

在东北、西北和西南地区，有些湖泊是闭塞型湖泊，其水量变化，从多年情况来说，是平衡的，用这种湖泊的水作电厂水源时，就会破坏它的天然平衡，即使湖中有相当的水量，也可能是不可靠的。因此，要做深入的工作，找出办法，使湖泊在新的情况下重新达到平衡。比如，减小湖泊的天然蒸发水量来弥补电厂供水的消耗水量，或者采取措施减小地下渗漏来弥补电厂水量消耗，使湖泊水量达到平衡。总之，应从不同湖泊的具体情况来研究湖泊水量平衡的可能性，为电厂供水提供可靠水源。

（一）水量平衡方程式

为说明湖泊水位消落过程，绘制闭塞湖泊水量平衡计算示意图见图 5-38。

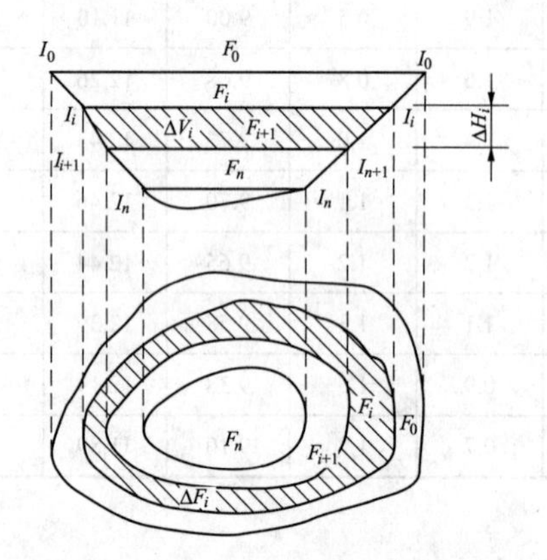


图 5-38 闭塞湖泊水量平衡计算示意图

如图 5-38 所示，设在 $\Delta t_i$ 时段内，湖水由 $I_i$–$I_i$ 消落到 $I_{i+1}$–$I_{i+1}$，其水位差为 $\Delta H_i$，库容减少 $\Delta V_i$，湖面积由 $F_i$ 缩小到 $F_{i+1}$，其差值为 $\Delta F_i$，则水量平衡方程式为

$$W\Delta t_i=\Delta V_i+\left(F_0-F_i+\frac{\Delta F_i}{2}\right)E\Delta t_i\times 10^{-5} \tag{5-51}$$

式中 $\Delta t_i$——时段，a；

$W$——工农业用水总量，$\times 10^8 m^3/a$；

$\Delta V_i$——某一时段内湖泊供水量，$\times 10^8 m^3$；

$F_0$——湖泊起始面积，一般取湖泊多年平均水

位时的湖泊水面面积，km²；

$F_i$——湖泊在某一时段开始时的面积，km²；

$\Delta F_i$——湖泊在某一时段内所减少的面积，km²；

$E$——可利用蒸发强度，等于水面蒸发强度与陆面蒸发强度之差，mm/年。

当减少蒸发损失所获得的水量等于工农业用水量时，湖泊水量达到新的平衡，即 $\Delta V_i=0$，则

$$W=(F_0-F_n)E\times10^{-5} \tag{5-52}$$

此后，湖水位不再下降，这个水位称之为平衡水位。

在湖泊消落深度没有其他条件限制的情况下，若须求出湖泊达到新的平衡时的水位，可将 $W$、$F_0$ 和 $E$ 代入式（5-52）求得 $F_n=F_0-(W/E)\times10^5$，然后，用 $F_n$ 值在湖泊水位-面积曲线上查得平衡水位。

从多年情况来说，闭塞型湖泊水量是平衡的，故式（5-51）没有计及降水和径流补给。

（二）单位时段法——水量平衡计算方法之一

根据工农业用水的年用水量和因湖泊消落而减少蒸发损失的情况，通过试算求出湖泊在某一单位时段内的实际消落深度，并如法逐时段操作，便可以求出湖泊消落深度与消落时间的关系，进而求出湖泊平衡水位及趋近于平衡水位的时间。本法可用于初步可行性研究阶段。用本法进行水量平衡计算的方程式根据式（5-51）改写而成，即

$$W\Delta t_i=(V_i-V_{i+1})+\left(F_0-\frac{F_i+F_{i+1}}{2}\right)E\Delta t_i\times10^{-5} \tag{5-53}$$

**［例 5-15］** 西藏某湖泊平衡水位、消落时间及消落深度计算。

西藏某湖泊流域面积 6100km²，湖面积 624km²，蓄水 150×10⁸m³。径流由降水和融雪补给。最高湖水位为 4442.58m，发生于 1963 年；最低湖水位约为 4438.30m，发生于 1922 年。近 100 年来湖水处于相对平衡状态，湖水位变幅约为 4.3m。实际可利用蒸发强度为水面蒸发强度 1450mm 与陆面蒸发强度 200mm 之差 1250mm。面积曲线和容积曲线见图 5-39。年用水量根据水电站装机进程情况，分阶段增加，前 3 年装机一台 25MW，年用水量 0.69×10⁸m³；第 4～7 年装机两台共 50MW，年用水量 1.38×10⁸m³；第 8 年以后，装机到 100MW，年用水量 2.76×10⁸m³。要求计算平衡水位及趋近于平衡水位的时间。

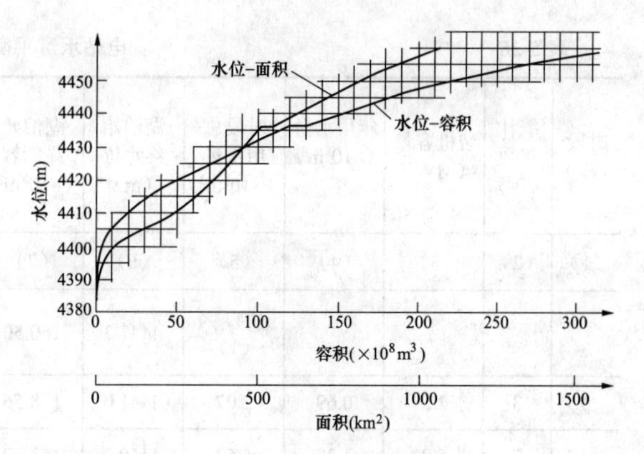


图 5-39 湖泊水位-容积/面积关系曲线

具体计算见表 5-38。在计算时，定起算水位为 4441.3m（即相对平衡水位），任取一个时段，按已知国民经济各部门年用水量求出总用水量。假定一个湖泊时段末（即下一时段初）水位，从容积、面积曲线上查出时段末容积和时段末面积，根据时段初的面积和时段末的面积，即可求出时段平均面积和减少蒸发损失的面积，以湖泊可利用蒸发强度值与减少蒸发损失面积相乘，即得减少蒸发损失水量，进而算出时段减少蒸发损失总量。若减少蒸发损失总量与容积减少值之和等于国民经济各部门时段用水总量，则认为假定的时段末水位正确；若不相等，则再行假定一个时段末水位重新计算，直到相等为止。以时段初水位减时段末水位，即为该时段内湖泊消落深度。以湖泊起始水位（即 4441.3m）减时段末水位，则得该时段湖泊消落深度。

从表 5-38 可以看出，平衡水位为 4425.0m，趋近于平衡水位的时间为 197 年，湖泊的消落深度为 16.3m。

湖水消落深度-运行时间曲线见图 5-40。

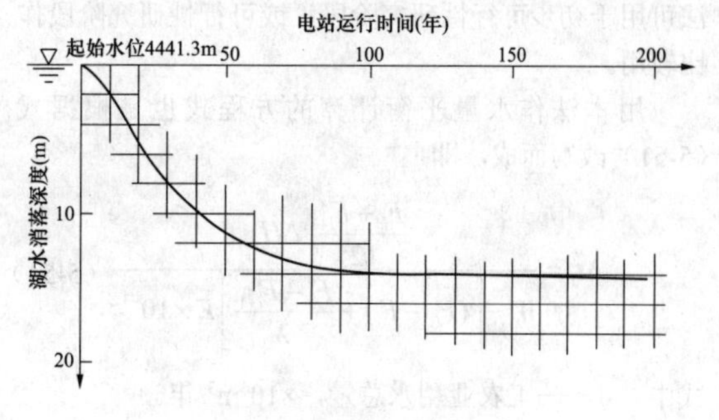


图 5-40 湖水消落深度-运行时间曲线之一

表 5-38　　　　电站水量平衡计算表之一

| 时段（年） | 统计年数（年） | 装机容量（MW） | 年用水量（×10⁸m³/年） | 时段总用水量（×10⁸m³） | 湖泊始终水位（m） | 湖泊始终库容（×10⁸m³） | 湖泊始终面积（km²） | 时段平均面积（km²） | 减少蒸发面积（km²） | 减少蒸发水量（×10⁸m³/a） | 时段减少蒸发总量（×10⁸m³） | 湖泊消落深度（m） |
|---|---|---|---|---|---|---|---|---|---|---|---|---|
| （1） | （2） | （3） | （4） | （5） | （6） | （7） | （8） | （9） | （10） | （11） | （12） | （13） |
| | | | | （4）×（1） | 4441.3 | 160.50 | | | 678–（9） | 0.125×（10） | （11）×（1） | 4441.3–（6） |
| 3 | 3 | 2.5 | 0.69 | 2.07 | 4441.0 | 158.56 | 671 | 674.5 | 3.5 | 0.0438 | 0.131 | 0.3 |
| 4 | 7 | 5.0 | 1.38 | 5.52 | 4440.3 | 153.52 | 656 | 668.5 | 9.5 | 0.119 | 0.476 | 1.0 |
| 4 | 11 | 10.0 | 2.76 | 11.04 | 4438.7 | 144.33 | 625 | 641.0 | 37.0 | 0.463 | 1.850 | 2.6 |
| 6 | 17 | 10.0 | 2.76 | 16.56 | 4436.8 | 133.02 | 592 | 608.0 | 70.0 | 0.875 | 5.25 | 4.5 |
| 10 | 27 | 10.0 | 2.76 | 27.60 | 4434.2 | 118.17 | 561 | 576.0 | 102.0 | 1.275 | 12.75 | 7.1 |
| 10 | 37 | 10.0 | 2.76 | 27.60 | 4432.2 | 106.57 | 540 | 550.0 | 128.0 | 1.600 | 16.00 | 9.1 |
| 20 | 57 | 10.0 | 2.76 | 55.20 | 4429.1 | 90.14 | 508 | 526.0 | 152.0 | 1.90 | 38.00 | 12.1 |
| 20 | 77 | 10.0 | 2.76 | 55.20 | 4427.3 | 80.14 | 485 | 497.0 | 181.0 | 2.26 | 45.20 | 14.0 |
| 20 | 97 | 10.0 | 2.76 | 55.20 | 4426.2 | 74.74 | 472 | 479.0 | 199.0 | 2.49 | 49.80 | 15.1 |
| 20 | 117 | 10.0 | 2.76 | 55.20 | 4425.6 | 71.94 | 465 | 469.0 | 210.0 | 2.62 | 52.40 | 15.7 |
| 20 | 137 | 10.0 | 2.76 | 55.20 | 4425.3 | 70.54 | 461 | 463.0 | 215.0 | 2.69 | 53.80 | 16.0 |
| 20 | 157 | 10.0 | 2.76 | 55.20 | 4425.2 | 69.94 | 460 | 460.0 | 218.0 | 2.73 | 54.60 | 16.1 |
| 20 | 177 | 10.0 | 2.76 | 55.20 | 4425.1 | 69.74 | 458 | 459.0 | 220.0 | 2.75 | 55.00 | 16.2 |
| 20 | 197 | 10.0 | 2.76 | 55.20 | 4425.0 | 69.00 | 457 | 457.0 | 221.0 | 2.76 | 55.20 | 16.3 |

（三）单位深度法——水量平衡计算方法之二

这种方法与单位时段法原理一致，不同的是，单位时段法是求某一单位时段内湖泊的消落深度，而单位深度法是求湖泊消落某一单位深度所需的时间。本法可用于初步可行性研究阶段，或可行性研究阶段作比较用。

用本法作水量平衡计算的方程式也是根据式（5-51）改写而成，即

$$\Delta t_i = \frac{\frac{F_i + F_{i+1}}{2}\Delta H_i}{W - \left[(F_0 - F_i) + \frac{F_i - F_{i+1}}{2}\right]E \times 10^{-3}} \quad (5\text{-}54)$$

式中　$W$——工农业用水总量，×10⁶m³/年。

**［例 5-16］**　用单位深度法计算西藏某湖泊消落深度及死水位。

仍用［例 5-15］所给资料计算，起始水位定为 4440.5m，单位深度 $\Delta H$=1.0m。根据式（5-54）列成表 5-39 格式进行水量平衡计算。

经过计算，选择正常消落深度为 12m，最大消落深度为 15.5m，死水位 4425.0m，湖泊消落深度-运行时间关系曲线见图 5-41。

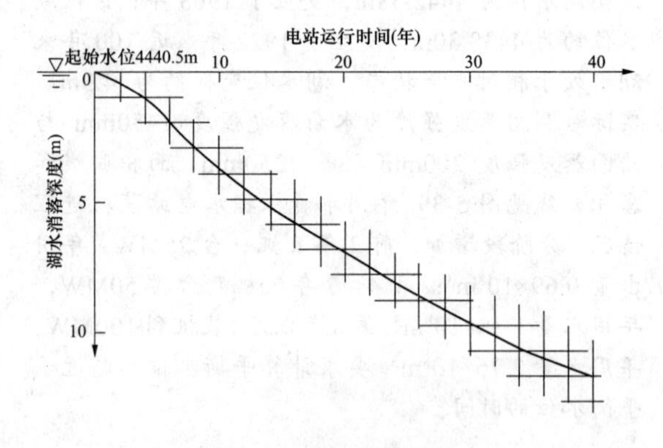


图 5-41　电站运行时间–湖水消落深度关系曲线之二

表 5-39　　羊角雍湖电站水量平衡计算表之二

| 消落深度 | 面积 | 平均面积 | 单位深度内面积减小值的 1/2 | 缩小总面积 | 减少蒸发损失总量 | 工农业用水总量 | 工农业用水与减少蒸发损失之差 | 单位深度消落时间 | 消落时间累计 |
|---|---|---|---|---|---|---|---|---|---|
| $\Sigma\Delta H_i$（m） | $F_i$（km²） | $\frac{F_i+F_{i+1}}{2}$（km²） | $\frac{F_i-F_{i+1}}{2}$（km²） | $F_0-F_i+\frac{F_i-F_{i+1}}{2}$（km²） | （5）×$E$（×10⁶m³/年） | $W$（×10⁶m³/年） | （7）－（6）（×10⁶m³/年） | $\Delta t_i$=（3）/（8）（年） | $\Sigma\Delta t_i$（年） |
| （1） | （2） | （3） | （4） | （5） | （6） | （7） | （8） | （9） | （10） |
| 0 | 624 | | | | | | | | |
| 1 | 606 | 615 | 9 | 9 | 9 | 161 | 152 | 4.0 | 4.0 |
| 2 | 588 | 597 | 9 | 27 | 28 | 310 | 282 | 2.1 | 6.1 |
| 3 | 572 | 580 | 8 | 44 | 46 | 313 | 267 | 2.2 | 8.3 |
| 4 | 555 | 563 | 9 | 61 | 64 | 316 | 252 | 2.2 | 10.5 |
| | 515 | | | | | | | | |
| 5 | 508 | 512 | 4 | 113 | 119 | 291 | 172 | 3.0 | 13.5 |
| 6 | 500 | 504 | 4 | 120 | 126 | 296 | 170 | 3.0 | 16.5 |
| 7 | 493 | 496 | 4 | 128 | 134 | 302 | 168 | 3.0 | 19.5 |
| 8 | 484 | 489 | 5 | 138 | 143 | 276 | 133 | 3.7 | 23.2 |
| 9 | 475 | 480 | 5 | 145 | 152 | 283 | 131 | 3.7 | 26.9 |
| 10 | 467 | 471 | 4 | 153 | 161 | 289 | 128 | 3.7 | 30.6 |
| 11 | 459 | 463 | 4 | 161 | 169 | 264 | 95 | 4.9 | 35.5 |
| 12 | 450 | 454 | 5 | 170 | 178 | 272 | 94 | 4.9 | 40.4 |
| 13 | 440 | 445 | 5 | 179 | 188 | 249 | 61 | 7.3 | 47.7 |

（四）长系列操作法

前面两种方法可以在没有系统资料的情况下，利用多年平均的湖水位、多年平均的蒸发量以及多年平均的工农业用水量，计算湖泊经多年取水而湖水位消落后重新达到平衡时的平衡水位，这个水位是消落后的多年平均水位，并不是准确的设计枯水位，要满足电厂后期设计的要求必须要采用其他方法准确计算出湖泊的设计枯水位。本长系列操作方法是利用实测资料对湖泊进行长系列的模拟计算，能较真实地反映湖泊的运行状况，客观分析电厂用水的可靠性。

长系列操作法分为两步进行：①原体模拟；②加入电厂用水后的应用模拟。其基本原理仍是水量平衡。

1. 原体模拟

原体模拟的目的是求出湖泊的历年天然入湖径流量。一般闭塞湖泊的年入湖径流量（包括地表和地下）都没有实测资料，需要反求。

（1）模拟所需资料。

1）湖区历年逐月降水量。

2）湖区历年逐月水面蒸发量。

3）湖区历年逐月月初水位。

4）湖区历年逐月引水量（进、出）。

5）湖区历年逐月工农业水量。

6）湖泊水位-面积曲线、水位-容积曲线。

（2）水量平衡方程式

$$V_{i+1}=V_i+0.1(P_i-E_i)\frac{F_i+F_{i+1}}{2}\pm W_Y-W_{GN}+W_i \tag{5-55}$$

式中 $V_i$、$V_{i+1}$——本月及下月月初库容，可由相应水位在水位-容积曲线上查得，×10⁴m³；

$P_i$——本月降水量，mm；

$E_i$——本月蒸发量，mm；

$F_i$、$F_{i+1}$——本月及下月月初湖面面积，可由相应水位在水位-面积曲线上查得，km²；

$W_Y$——湖区引水量，引入为“+”，引出为“–”，×10⁴m³；

$W_{GN}$——湖区工农业用水量，×10⁴m³；

$W_i$——湖泊入湖径流量，×10⁴m³。

利用历年资料根据上述方程式即可计算出历年逐月天然入湖径流量（当资料不足时，也可以年为时间单位计算）。

2. 应用模拟

应用模拟即加入电厂用水后，模拟湖泊运行状况。

根据电厂用水方式的不同，有两种模拟方式：①从湖中取水进行二次循环；②以湖泊作为冷却池。

（1）从湖中取水进行二次循环。此种情况比较简单，把电厂用水量（$W_{DC}$）加入到水量平衡方程式中，将水量平衡方程式改写为

$$V_{i+1}=V_i+0.1(P_i-E_i)\frac{F_i+F_{i+1}}{2}\pm W_Y-W_{GN}+W_i-W_{DC} \tag{5-56}$$

此时对每个月来说，只有下月初的容积是未知项，通过对长系列资料进行连续计算，即可得到多年逐月的容积（水位）资料。如经分析，系列中包含了丰、平、枯水年份，资料的代表性较好，可对资料进行循环使用，以求得长系列的湖水位资料。如水位在长系列中的某一时段达到相对平衡，则可得到平衡水位；如在长系列中不能达到平衡，也可从长系列中选出有代表性的一段，以每年的最低水位进行频率计算，以求得各种保证率的水位。

（2）以湖泊做冷却池。此种情况比较复杂，与电厂的取排水口的相互位置关系、气象条件、取排水口之间一定区域水的流场及温度场有关。主要有两部分工作：

第 1 步，计算由于电厂排出热水所造成的附加蒸发量。可通过数学模型计算得到在一定取排水口布置的情况下、不同水位下的水的流场和温度场，然后根据不同的流场和温度场与不同气象条件组合，计算附加蒸发量，建立附加蒸发量（$E_F$）与湖水位（$H$）、气温（$t$）、风速（$v$）、相对湿度（$\gamma$）的关系方程，即

$$E_F=f(H,t,v,\gamma) \tag{5-57}$$

或采用蒸发散热系数 $\alpha$ 的公式计算，参见第十章第九节。

第 2 步，进行水量平衡计算，即在式（5-56）中将电厂用水量 $W_{DC}$ 换为逐月的附加蒸发量 $E_F$（换算为同样的体积单位），而各月的 $E_F$ 根据式（5-57）及逐月的 $H$、$t$、$v$、$\gamma$ 计算。

通过对长系列调节计算后，得到加入电厂用水后的湖泊容积及水位变化情况，以后的分析计算工作与电厂二次循环用水方式一样。

［例 5-17］ 利用内蒙古某湖泊做冷却池的水量平衡计算。

内蒙古某湖泊是一内陆闭塞湖泊，流域面积约 2300km$^2$，其中山丘区占约 66%，冲积平原区占 29%，湖面面积约 127km$^2$；流域气候上处于半湿润和半干旱地区的过渡带，坐落于东亚季风区的西北缘，冬季长而寒冷，夏季短而温暖，降水量少而蒸发旺盛，降水量在年内较集中，汛期 6、7、8 三个月降水量占全年降水量约 65%，降水量年际变化较大，多年平均降水量 406.0mm，年最大 616.8mm，年最小 216.7mm。

该湖流域共有大小 20 余条河沟汇入湖中，多为季节性河沟，其中只有两条河有水文资料；湖边有 $A$、$B$ 两个水位站，观测湖水位和降水量、蒸发量，有 1952～1992 年的水位资料。

现利用此湖做冷却池建一装机为 1200～2400MW 的火力发电厂，需预测加入电厂用水后保证率 97%的最低湖水位。

（1）第 1 步，推求该湖天然入湖水量。根据水量平衡方程式（5-55）逐项计算：

1）水位-容积、水位-水面面积关系曲线。该湖水位-容积、水位-水面面积关系曲线采用 1959 年北京电力设计院勘测成果和 1986 年中科院南京地理所与湖泊研究所的成果的平均值作为计算的基础并点绘而得（图略）。

2）水位。采用湖边 A 水位站实测的 1959～1992 年水位资料，并据之查得时段（月、年）初（末）的容积和水面面积。

3）湖泊降水量。根据 A、B 两站的实测（月）年降水量，取平均值，再乘以各月（年）湖泊平均水面面积，即得各时段湖面降水总量。

4）湖面蒸发量。湖边 A 站有 1956～1962 年共 7 年的蒸发观测资料，B 站有 1956～1992 年的蒸发观测资料，但这些观测资料均为陆上蒸发皿观测，没有水上蒸发观测资料；同时，陆上蒸发皿也因季节、年代不同而有 $\phi$20、$\phi$80 和 E601 三种蒸发皿进行观测，因此先分析 B 站不同时期、不同口径的蒸发皿观测值与 E601 蒸发量的换算系数，再利用气候条件十分接近的官厅水库水上漂浮蒸发皿与 E601 之间的换算系数，通过两次转换，得到大水体逐月水面蒸发资料，以之乘以各月平均的水面面积，即得到各月蒸发水量。因蒸发量变化较大，一般应逐月计算。

5）工农业及生活用水量。流域内的工农业用水量没有详细的统计资料，在当地有关部门配合下，用间接方法估算历年工农业用水量。

a. 农业耗水量。根据当地水利部门统计的历年灌溉面积、机井数以及灌溉制度，井灌以每井控制 100 亩（1 亩=667m$^2$）计，其余为渠灌（塘、坝、河水），井灌综合净定额按 200m$^3$/亩、渠灌综合净定额按 220m$^3$/亩计，可估算出历年的农业灌溉耗水量。

b. 工业耗水量。根据地方提供的历年工业产值及工业用水定额，通过分析，采用工业耗水系数 0.3，万元产值耗水量 450m$^3$，可得出历年的工业耗水量。

c. 生活耗水量。根据当地提供的人口统计资料和用水定额，城镇人均耗水 31.5m$^3$/年，农村人均耗水 20m$^3$/年，可得出历年的生活耗水量。

d. 农村牲畜耗水量。根据当地提供的各种大、小牲畜的养殖数量及其耗水定额，估算出历年的牲畜耗水量。

据以上方法求得 1992 年的耗水量，见表 5-40，将逐年各项耗水量代入式（5-55）中，即可求出该湖

历年天然入湖水量。

（2）第2步，进行加入电厂用水后的调节计算。调节计算是根据水量平衡原理进行逐年逐月的长系列计算。水量平衡方程式为

$$V_i=V_{i-1}+W_{Ri}+W_{Pi}-W_{Ui}-W_{Ei} \qquad (5\text{-}58)$$

式中 $V_i$——第 $i$ 时段的湖泊蓄水量；

$V_{i-1}$——第 $i-1$ 时段的湖泊蓄水量；

$W_{Ri}$——第 $i$ 时段的天然入湖水量；

$W_{Pi}$——第 $i$ 时段的湖面降水量；

$W_{Ui}$——第 $i$ 时段的湖面蒸发水量；

$W_{Ei}$——第 $i$ 时段的各用水部门（含电厂）某一水平年的总耗水量。

计算时段取月，起始水位为1992年12月末的1221.68m。方程中的各变量确定方法如下：

1）湖面降水量。湖面降水量是以A、B两站各月降水量的平均值计算。逐月的水面面积是以时段初、末的平均值确定。

2）湖面水面蒸发量。根据已在前面得到的各月蒸发水量，乘以各月相应的水面面积，得到各月的水面蒸发量。

3）不同水平年的耗水量。电厂建设规模为2400MW，一期计划2000年投产1200MW，2025年达到最终规模。本例仅考虑2000年情况，即电厂耗水量按1200MW计。其他各用水部门的社会经济发展指标如下：工业发展速度，1992～2000年为7%；人口总增长率，1992～2000年为11.6%：城镇人口，2000年达到 $2.2\times10^4$ 人；农田灌溉面积，2000年达到 $10.9\times10^4$ 亩，其中井灌面积 $8.08\times10^4$ 亩，渠灌 $2.82\times10^4$ 亩；牲畜，大牲畜达到 $3.74\times10^4$ 头，小牲畜达到 $12\times10^4$ 只，生猪为 $7\times10^4$ 头。

根据这些指标，以1992年为基准年预测2000年的各种耗水量见表5-40。

表5-40 不同水平年各用水部门耗水量

| 水平年 | 灌溉面积（$\times10^4$亩） | 井灌面积（$\times10^4$亩） | 渠灌面积（$\times10^4$亩） | 井灌耗水量（$\times10^4m^3$） | 渠灌耗水量（$\times10^4m^3$） | 城市人口（$\times10^4$人） | 农村人口（$\times10^4$人） | 城市人口耗水量（$\times10^4m^3$） | 农村人口耗水量（$\times10^4m^3$） |
|---|---|---|---|---|---|---|---|---|---|
| 1992 | 12.78 | 9.86 | 2.92 | 1972.00 | 642.40 | 1.78 | 14.65 | 20.47 | 106.95 |
| 2000 | 10.90 | 8.08 | 2.82 | 1454.40 | 535.80 | 2.20 | 16.00 | 28.91 | 204.40 |

| 水平年 | 工业产值（$\times10^4$元） | 工业耗水量（$\times10^4m^3$） | 大牲畜（$\times10^4$头） | 小牲畜（$\times10^4$只） | 猪（$\times10^4$头） | 大牲畜耗水量（$\times10^4m^3$） | 小牲畜耗水量（$\times10^4m^3$） | 猪耗水量（$\times10^4m^3$） | 总耗水量（$\times10^4m^3$） |
|---|---|---|---|---|---|---|---|---|---|
| 1992 | 5342.00 | 72.12 | 3.74 | 11.52 | 6.64 | 54.59 | 21.03 | 48.49 | 2938.04 |
| 2000 | 9179.00 | 110.15 | 3.74 | 12.00 | 7.00 | 54.60 | 21.90 | 51.10 | 2461.26 |

2000年电厂装机1200MW，电厂内耗水量为 $656.75\times10^4m^3$/年；根据电厂不同的取排水口位置，进行数模试验得到的温度场，计算出由于水温升高而造成的附加蒸发量，从而得到电厂冷却水耗水量，见表5-41。

表5-41 附加蒸发量计算结果

| 月 份 | 1 | 2 | 3 | 4 | 5 | 6 | 7 | 8 | 9 | 10 | 11 | 12 | 全年 |
|---|---|---|---|---|---|---|---|---|---|---|---|---|---|
| 附加蒸发量（$\times10^4m^3$） | 47.6 | 48.8 | 55.1 | 61.4 | 71.4 | 76.4 | 87.7 | 86.4 | 75.1 | 67.6 | 61.4 | 55.1 | 794.0 |

上述各项耗水量的月分配，农灌用水按灌溉制度分配，其余按均匀用水计。

4）天然入湖水量的月分配。该湖的一支流上曾在1957～1960年设径流观测站，从当地降水量系列资料看，4年中有一年属丰水年（1959年），一年属枯水年（1960年），其余两年属平水年；将天然入湖水量从大到小排队，前9年取该站丰水年的月分配，后8年取该站枯水年的月分配，其他年份取该站两平水年月分配的平均值。月分配系数见表5-42。

5）长系列调节计算。原始系列为1956年1月～1992年12月，用此37年系列循环生成计算所用的200年系列，用生成的系列对2000年水平年进行调节计算，计算按式（5-58）原理列表或编程逐时段进行。

计算结果是比较稳定的，2000年长系列调节计算得到月的系列月平均最低水位为1221.75m。

表 5-42　　径 流 系 数 分 配 表

| 月　份 | 1 | 2 | 3 | 4 | 5 | 6 | 7 | 8 | 9 | 10 | 11 | 12 |
|---|---|---|---|---|---|---|---|---|---|---|---|---|
| 丰水年 | 0.07 | 0.03 | 0.09 | 0.04 | 0.02 | 0.04 | 0.22 | 0.23 | 0.14 | 0.04 | 0.03 | 0.05 |
| 平水年 | 0.04 | 0.03 | 0.13 | 0.09 | 0.04 | 0.05 | 0.21 | 0.19 | 0.06 | 0.04 | 0.06 | 0.06 |
| 枯水年 | 0.06 | 0.07 | 0.19 | 0.12 | 0.08 | 0.06 | 0.10 | 0.09 | 0.08 | 0.05 | 0.06 | 0.04 |

在上述调节计算中，天然入湖水量是先扣除陆面部分用水部门的耗水量，即除水面附加蒸发以外的耗水量，附加蒸发水量在调节计算中从水库蓄水量中扣除。

通过调节计算得到年和月的湖水位系列，也可进行频率计算来求设计保证率的最低水位，本例略。

## 第六节　再　生　水

根据《国家发改委关于燃煤电站项目规划和建设有关要求的通知》（发改能源〔2004〕864 号），在北方缺水地区，新建、扩建电厂禁止取用地下水，严格控制使用地表水，鼓励利用城市污水处理厂的中水或其他废水。根据此项产业政策，北方缺水地区的火电建设项目应当优先使用再生水作为补给水源。这一政策在我国大致以秦岭—淮河线为界的北方地区得到了广泛贯彻落实，对优化水资源配置、保护水环境起到了较好的作用。

电厂采用再生水作为供水水源时，分析内容主要包括污水处理厂再生水的可利用水量和出水水质两方面，其关键是再生水可利用水量的分析确定。

此外，GB/T 50335—2002《污水再生利用工程设计规范》要求：工业用水采用再生水时，应以新鲜水系统作备用。GB 50660—2011《大中型火力发电厂设计规范》规定：当采用再生水作为电厂补给水源时，应有备用水源。因此，电厂采用再生水作为供水水源时，原则上应采用地表水等新鲜水作为备用水源。备用天数可根据污水处理厂原水收集系统、处理系统、供电系统等出现故障至恢复正常生产所需的最长时间确定。

### 一、再生水可利用水量

再生水的可利用水量，从其产生环节分析，需考虑的因素有污水处理厂的设计处理能力及集污范围，现状及规划条件下的供水量、用水量、污水量统计，集污管网及污水收集率，以及已建污水处理厂的实测来水量、出水量及水量的季节、日内变幅，未建污水处理厂及其配套设施的建设时间等。

（一）设计处理能力及集污范围

污水处理厂的设计处理能力及集污范围，可根据污水处理厂规划设计文件中的规定，结合污水处理厂主体设施和配套管网建设现状及规划确定。

（二）供水量、用水量、污水量统计

1. 供水量

供水量可分为两类：一类是城市给水工程统一供给的水量；另一类是非城市给水工程供给的水量，如居民、企事业单位等的自备水源。

污水处理厂集污范围内的供水量统计，可根据污水处理厂规划设计文件中的分析论述，结合当地城市给水工程现状、规划，和区域内自备水源调查等，按照现状及规划水平年条件进行统计。

2. 用水量

污水处理厂集污范围内的用水量，包括综合生活用水量（居民生活、市政等用水量）、工业用水量及其他未预见水量。现状用水量，可根据城市供水工程的实际生产水量及非供水工程供水量现状调查确定。规划用水量，可采用分类水量调查预测法，其中综合生活用水量可根据城市规模和地区分布，采用人口指标法等进行测算；工业用水量可根据工艺特点，按工业产值法等进行预测；其他未预见水量可根据地区特点考虑一定的系数确定。

污水处理厂集污范围内的用水量统计，可根据污水处理厂规划设计文件中的分析论述，结合当地经济发展水平、所处地区特点及现状用水水平，并对比各水平年的供水能力，综合判断现状及规划水平年用水量的合理性。

3. 污水量

污水处理厂集污范围内的污水量，可由用水量乘以污水排放系数（又称产污率）折算得到。污水排放系数为一定时间内污水排放量与用水量的比值。综合生活污水排放系数与当地排水设施水平和普及程度等因素有关，工业废水排放系数与工业结构、工艺特点及排水设施普及率等有关。

污水量=用水量×污水排放系数（产污率）　　(5-59)

污水处理厂集污范围内的用水量统计，可根据集污范围内居民、市政及工业等用水量，结合当地经济发展水平及区域特点，参考现状污水排放水平，分别选取相应的污水排放系数，由用水量折算得到相应水平年的污水量。

总的说来，各水平年供水量应大于相应水平年用水量，各水平年用水量应大于相应水平年污水量。若供水能力不能满足相应水平年用水量需求，则用水量、污水量均应根据供水能力相应减少。

（三）集污管网及污水收集率

污水处理厂集污范围内的集污管网建设及完善程度直接关系着污水收集率，进而影响污水处理厂的来水量。污水处理厂配套管网一般要求与主体设施同步建设。污水收集率（又称截污率）是指进入污水收集系统的污水量与污水产生量的比值。污水收集率可根据污水处理厂集污范围内的配套管网建设状况，并参考区域污水收集水平，经综合分析确定。污水收集量可由式（5-60）计算

$$污水收集量=污水量\times污水收集率（截污率） \tag{5-60}$$

污水处理厂的实际处理污水量与污水处理厂设计处理能力、运行费用、设备维修等各因素有关。当污水收集量超过污水处理厂设计处理能力时，应基于实际处理能力进行分析；当污水收集量不满足设计处理能力时，应基于实际污水收集量分析。

（四）再生水可利用水量分析

污水处理厂实际处理污水量，考虑一定的处理损失后，即可得到再生水量。再生水量存在时段、季节等波动变化，而电厂用水保证率要求较高，故需对再生水的稳定可利用水量进行分析。

再生水的可利用水量分析，分为污水处理厂已建、未建两种情形。

（1）对于已建污水处理厂，应重点分析实测来水量、出水量及水量变幅，并结合集污区域内的供水、用水、集污现状及规划，对未来污水处理厂的稳定出水量进行预测，从而测算电厂投产时的再生水可利用水量。

（2）对于未建污水处理厂，可根据规划设计文件，结合其集污范围内的供水、用水、集污现状及规划，并参考周边已建污水处理厂的运行情况，分析预测其建成投运后的稳定再生水量，并考虑污水处理厂及其配套管网的建设时间与电厂拟定投产时间的协调性，从而确定电厂投产时的再生水可利用水量。

再生水可利用水量的确定，还应关注污水处理厂再生水是否已有签约用户，若有，应对已签约水量予以扣除。

此外，应根据污水处理厂进水水质、集污管网、设备检修等各环节可能出现的问题及恢复正常生产所需的最长时间，分析电厂采用备用水源的必要性及所需备用水量。

［例 **5-18**］ 某污水处理厂的再生水可利用水量分析。

某新建电厂工程拟于2020年建成投产，电厂补给水源优先考虑采用所在市污水处理厂的再生水，分析该污水处理厂的再生水可利用水量。

（1）设计处理能力及集污范围。该污水处理厂设计处理能力为 $18\times10^4m^3/d$，计划分两期建设：一期工程污水处理能力为 $8\times10^4m^3/d$，已于2005年5月建成运行；二期工程建设规模 $10\times10^4m^3/d$，计划于2018年初正式投产运行。污水处理厂的服务范围为该市中心城区及工业新区，各期配套管网与主体工程同步建设施工投运。污水处理厂出水水质执行一级A标准。

（2）供水量统计。该市城市给水工程主要由市自来水公司负责，现共有自来水厂6座，其中5座以地下水为水源（供水能力为 $9\times10^4m^3/d$），1座以大型水库水为水源（供水能力为 $10\times10^4m^3/d$），此外当地还存在一定数量的自备水源（供水能力约 $8\times10^4m^3/d$）。

根据该市城市总体规划中的给水规划，当地将加大自备井的关闭力度，并将于2020年前逐步取消规模较小、水质与水压不符合城市供水要求的3座地下水源自来水厂（总供水能力 $4\times10^4m^3/d$），同时考虑水库水源较为充足，拟对水库水源的自来水厂进行扩建，扩建完成后总供水能力 $20\times10^4m^3/d$，并将新建一座以黄河水为水源的自来水厂，供水能力为 $20\times10^4m^3/d$。

综上，不考虑自备井供水能力，该市现状条件下6座自来水厂总供水能力为 $19\times10^4m^3/d$；2020年规划水平年时，4座自来水厂总供水能力为 $45\times10^4m^3/d$。

（3）用水量统计。该市的用水单位主要为居民生活、市政、工业等，2010年用水量约 $22\times10^4m^3/d$。根据城市总体规划对城市人口及经济发展水平的预判，居民、市政等用水根据人口指标法等进行测算，企业等用水根据工业产值法等进行预测，并考虑一定的未预见水量，得到2020年规划水平年时总用水需求约为 $38\times10^4m^3/d$。

对比分析该市的供水量与用水量可知，考虑自备水源地约 $8\times10^4m^3/d$ 的供水能力，现状条件下供水量可满足用水需求；2020年规划水平年时，自来水厂的供水能力已可满足同期预测用水需求，供水有保证。

（4）污水量统计。该市2010年污水量已达 $14\times10^4m^3/d$，并呈逐步上升趋势。

根据城市总体规划中的排水规划，参考该市现状条件下的污水排放量及变化趋势，和附近地区污水量排放水平，该地区污水排放系数取0.75。预测2020年规划水平年时，污水量可达 $28\times10^4m^3/d$。

（5）集污管网及污水收集率。该市污水处理厂一

期工程建设时，同步建设了一期工程配套集污管网，已分二个阶段实施完毕，现状污水收集能力达到 $10\times10^4 m^3/d$ 左右。

污水处理厂二期工程建设规模为 $10\times10^4 m^3/d$，并将同步建设二期工程配套管网，集污管网工程全部完工后收集能力可达 $12\times10^4 m^3/d$。

2020 年水平年时，集污区域污水量可达约 $28\times10^4 m^3/d$，污水处理厂配套管网总的污水收集能力达 $22\times10^4 m^3/d$，一、二期工程总处理能力为 $18\times10^4 m^3/d$，可见，污水收集量能满足污水处理厂设计处理能力。

（6）再生水可利用水量分析。该污水处理厂一期工程自2005年建成投产后，进水流量不断增长，现状条件下通过一期工程配套管网进入污水处理厂的污水量达到 $10\times10^4 m^3/d$，污水处理厂一期工程已超负荷运行。规划条件下，城市供、用水量有保证，污水处理厂二期及配套管网工程建成后，排污量及污水收集量均大于污水处理厂的处理能力。

根据污水处理厂一期工程最近一年的实测运行数据，现状日处理水量约（8～10）$\times10^4 m^3/d$，产生的再生水量最低为 $7.5\times10^4 m^3/d$，其中 $6.2\times10^4 m^3/d$ 的再生水量已提供给其他已建电厂使用，再生水剩余量为 $1.3\times10^4 m^3/d$。

污水处理厂二期及配套管网工程将于 2018 年建成投运，日处理能力 $10.0\times10^4 m^3/d$，考虑集污范围内的排水管网普及率是逐步提高的，且污水排放量存在季节、时段变化差异，经综合分析，2020年电厂建成投运时，污水处理厂二期工程可提供的再生水量按 $6.0\times10^4 m^3/d$ 考虑。

综上，2020年电厂建成投运时，该市污水处理厂一、二期工程合计可为本电厂工程提供的再生水量约为 $7.3\times10^4 m^3/d$。

应注意的是，该污水处理厂运行中曾发生过因停电、设备故障等导致的停止运行现象，最长停运时间为7d。电厂采用污水处理厂再生水作为补给水源时，应考虑一定的备用水源，以满足电厂水源保证率需求。

## 二、再生水出水水质

### （一）污水处理系统

城市污水处理系统一般分为三级：一级处理为预处理，采用物理处理法去除污水中不溶解的污染物和寄生虫卵；二级处理为主体，采用生物处理法将污水中各种复杂的有机物氧化降解为简单的物质；三级处理即深度处理，采用化学沉淀法、生物化学法、物理化学法等，去除污水中的磷、氮、难降解的有机物、无机盐等。

目前我国的污水处理厂一般为二级处理系统，或二级强化处理系统（增加部分脱氮除磷处理工艺）。部分污水处理厂在二级处理的基础上另建有深度处理系统，其出水水质根据下游用户对水质的要求而定。

### （二）出水水质

GB 18918—2002《城镇污水处理厂污染物排放标准》规定：根据城镇污水处理厂排入地表水域环境功能和保护目标，以及污水处理厂的处理工艺，将基本控制项目的常规污染物标准值分为一级标准、二级标准、三级标准。一级标准分为A标准和B标准。部分一类污染物和选择控制项目不分级。

目前我国的污水处理厂多执行一级排放标准，相应水污染物排放基本控制项目最高允许排放浓度见表5-43。

表5-43　一级标准基本控制项目最高允许排放浓度（日均值）　(mg/L)

<table>
<tr><th rowspan="2">序号</th><th rowspan="2" colspan="2">基本控制项目</th><th colspan="2">一级标准</th></tr>
<tr><th>A标准</th><th>B标准</th></tr>
<tr><td>1</td><td colspan="2">化学需氧量（COD）</td><td>50</td><td>60</td></tr>
<tr><td>2</td><td colspan="2">生化需氧量（$BOD_5$）</td><td>10</td><td>20</td></tr>
<tr><td>3</td><td colspan="2">悬浮物（SS）</td><td>10</td><td>20</td></tr>
<tr><td>4</td><td colspan="2">动植物油</td><td>1</td><td>3</td></tr>
<tr><td>5</td><td colspan="2">石油类</td><td>1</td><td>3</td></tr>
<tr><td>6</td><td colspan="2">阴离子表面活性剂</td><td>0.5</td><td>1</td></tr>
<tr><td>7</td><td colspan="2">总氮（以N计）</td><td>15</td><td>20</td></tr>
<tr><td>8</td><td colspan="2">氨氮（以N计）*</td><td>5（8）</td><td>8（15）</td></tr>
<tr><td rowspan="2">9</td><td rowspan="2">总磷（以P计）</td><td>2005年12月31日前建设的</td><td>1</td><td>1.5</td></tr>
<tr><td>2006年1月11日起建设的</td><td>0.5</td><td>1</td></tr>
<tr><td>10</td><td colspan="2">色度（稀释倍数）</td><td>30</td><td>30</td></tr>
<tr><td>11</td><td colspan="2">pH值</td><td colspan="2">6～9</td></tr>
<tr><td>12</td><td colspan="2">粪大肠杆菌数/（个/L）</td><td>$10^3$</td><td>$10^4$</td></tr>
</table>

* 括号外数值为水温大于12℃时的控制指标，括号内数值为水温小于或等于12℃时的控制指标。

电厂采用污水处理厂再生水作为供水水源时，应了解污水处理厂采用的设计出水水质标准，并关注实际出水水质与设计出水标准的差异。对于已建污水处理厂，应根据实测出水水质资料，分析其与设计出水水质的符合性。对于未建污水处理厂，可据设计出水水质作为电厂水源的设计水质，但应了解其集污范围内污水排放现状与规划工业污水排放特点，结合污水处理厂的处理工艺，判断其出水完全达标的可能性，必要时提请设计专业特别重视。

## 第七节 矿 区 排 水

为实现矿区正常开采而采取人工抽水的方式把地下水排出地表，这部分水量称为矿区排水量，主要包括矿井涌水和地表排水。

矿井涌水主要是由于在开采过程中，破坏了地下水原始赋存状态（如损坏隔水层），改变含水层之间的水力关系，造成地下水沿新、旧裂隙涌入开采区域内形成的。

地表排水，在低洼河谷地区开采时，需要采用地面降低水位井（群）进行排水。

由于地表排水比较容易观测计量计算，本节主要阐述矿井涌水量的分析计算。

### 一、矿区排水量的影响因素

（1）开采方式：不同开采方式，矿区排水也会有较大区别。

（2）开采范围：排水量与开采范围是正相关的关系。矿区的开采一般都是按计划分区开采，不同的开采区范围，其地质条件和地下水的补径排条件都会发生变化，因此在评价排水量时，要先确定首采区和达产区的范围，才能确定首采区和达产区各自的排水量。

（3）矿物贮量：根据矿物贮量可估算出可开采年数，从而可判断可供水的保证程度。贮量可通过矿层厚度、矿层分布面积等估算。

（4）开采强度：通常用年开采量表示。年开采量越大，其相应排出的水就越多。

（5）含水层与隔水层：通过了解开采区域周边的含水层水文地质参数（如含水层岩性、单位涌水量、渗透系数等）、隔水层水文地质条件（分布位置、岩性等），可以为排水量计算提供依据。

（6）补给源：包括河流入渗补给、降雨入渗补给、地下径流补给等。

### 二、规划矿井涌水量预测计算

涌水量预测方法较多，精度差异也比较大，地质矿产部门曾于 1977～1978 年对 55 个重点岩溶充水矿山进行涌水量预测与实测涌水量比较，10%矿区预测误差小于 30%，80%矿区预测误差大于 50%，个别矿区预测误差达数 10 倍甚至 100 倍。造成误差的原因很多，主要有水文地质条件不准确、水文地质模型及其参系数选择不当等。

目前矿井涌水量预测方法大致可分为确定性预测方法和非确定性预测方法两类：确定性预测方法主要分为解析法、物理模拟法，数值模拟法、水量平衡法等；非确定性预测方法主要有水文地质比拟法，回归（相关）分析法，其中水文地质比拟法又可分为单位涌水量法、富水系数法、涌水量-降深（$Q$–$S$）曲线法。以下简单介绍工程中常用的解析法、富水系数法、涌水量-降深（$Q$–$S$）曲线法等。

#### （一）解析法

以稳定渗流理论为基础，在稳定流条件下，承压水完整井涌水量按承压水井 Dupuit 公式即式（5-61）计算，地下水由承压转无承压完整井涌水量按潜水井的 Dupuit 公式即式（5-62）计算

$$Q = \frac{2.73KMS}{\lg R_0 - \lg r_0} \times \frac{1}{24} \tag{5-61}$$

$$Q = 1.366K\frac{(2H_a - M) \times M - h^2}{\lg R_0 - \lg r_0} \times \frac{1}{24} \tag{5-62}$$

式中 $Q$——涌水量，$m^3/h$；
$K$——渗透系数，m/d；
$H_a$——水头高度，m；
$M$——含水层厚度，m；
$S$——水位降深值，m；
$h$——水头高度，m；
$r_0$——井的半径，m；
$R_0$——井的影响半径，m。

假设矿井含水层无限均质分布，水位接近水平，影响半径 $R_0$ 可采用式（5-63）进行计算

$$R_0 = r_0 + R \tag{5-63}$$

$$R = 10S\sqrt{K}$$

$$r_0 = \sqrt{F/\pi}$$

$$F = a\,b$$

式中 $R_0$——井的影响半径，m；
$R$——影响半径，m；
$r_0$——井的半径，m；
$S$——水位降深值，m；
$F$——开采面积，$m^2$；
$a$——工作面宽度，m；
$b$——垮落区宽度，m。

#### （二）富水系数法

富水系数法，是水文地质比拟法中最常用的一种，利用已建成的水文地质条件相似和开采方法、范围、进度相似的矿区涌水量或排水量资料来推求新建矿的涌水量。

富水系数是评价矿井（坑）中地下水丰富程度的指标。它等于矿井或坑道的排水量与同一时期矿石开采量之比（即吨矿石排水量）。而富水系数法就是用已勘探或开采矿床实测的富水系数值，近似地估计条件相似新设计矿井或矿坑涌水量计算的方法。

收集采矿量和同期矿坑排水量数据，计算出单位矿物质所排出的水量，即富水系数（$m^3/t$），并根据矿区年或日计划开采量推算设计排水量。比拟相似条件主要包括矿区气象、水文、矿区地质条件及周边环境、开采情况、矿井充水水源等，采用富水系数法计算涌水量公式为

$$Q_p=KW \tag{5-64}$$

式中 $Q_p$——矿区年或日排水量，$m^3/s$；

$K$——富水系数，$m^3/t$；

$W$——矿区年或日计划煤炭开采量，t。

还可以利用采空面积、挖掘长度、采空体积进行富水系数计算与修正。

（三）涌水量-降深（$Q$-$S$）曲线法

有抽（放）水试验资料时，可以采用涌水量 $Q$ 与水位降深 $S$ 之间关系，把 $Q$–$S$ 曲线外延，进而预测涌水量。

影响 $Q$–$S$ 关系曲线的因素有：水文地质条件，抽水井布置、结构，抽水规模等。

为较准确预测涌水量，抽水井的口径、抽水规模、水位降深应尽可能接近开采规模。在不同雨水补给条件下（丰、平、枯水）进行抽水试验，且抽水时间应足够长，以便查清工程所在地的水文地质条件。

根据抽水试验观测资料，绘制 $Q$–$S$ 曲线，判断曲线类型，进行曲线拟合（确定待定参数）。$Q$–$S$ 曲线的主要类型有直线型、抛物线型、幂函数型、对数型。

完成 $Q$–$S$ 曲线拟合后，可进行井径换算。

（四）水量平衡法

分别计算开采区在维持某一稳定的地下水位时的地下水天然补给总量和天然排泄总量，排水量可由下式求得

$$Q_0=Q_{NI}-Q_{NO} \tag{5-65}$$

式中 $Q_0$——排水量，$m^3/s$；

$Q_{NI}$——天然状态下开采区的总补给量，$m^3/s$；

$Q_{NO}$——天然状态下开采区的总排泄量，$m^3/s$。

## 三、已建矿井矿坑排水量分析计算

（一）有监测资料的矿区

分析矿井排水量资料的合理性和可靠性；通过分析矿井排水量变化及其影响因素，选择排水量变化稳定，且能够代表未来矿山开采水平相应时段的排水量的均值，作为评价的排水量。

（二）无监测资料的矿区

选择矿坑排水量变化相对稳定的时段，补充监测矿坑排水量，计算相应的富水系数；综合分析矿区水文地质条件、矿井充水因素及比较同类矿区富水系数等，推算评价矿坑排水量。

## 四、矿区排水可利用量分析

利用矿区排水作为电厂水源时，一般不另设备用水源，而是在厂区设一个小调节水池，对来水量进行日内调节，因此，矿区排水的可利用量，是指矿区正常开采的最小日排水量。

对于已投入运行的矿区，可通过实测排水流量数据，或通过调查矿坑排水泵的实际运行小时数日志和水泵铭牌出力等数据，推算排水量。将逐日、逐月、逐年的排水量数据与矿物开采量进行相关分析，分析确定矿区达产（达到设计采矿规模）正常稳定运行条件下的最小排水量，扣除矿区自用水量后即为可利用水量。

对于规划或在建的矿区，可根据矿区水文地质参数勘探成果，采用矿井涌水量预测法计算最小排水量。在使用矿区水文地质勘探成果时，注意不能把矿区的设计排水量成果直接作为可利用水量。这是因为矿区水文地质勘探报告中的排水量是从丰水的角度进行评价的，水量越大对矿区的运行越安全，而从供水角度而言，则水量越小对供水越安全。基于此，在矿区水文地质勘探水量评价中，确定水文地质参数时通常都是选大值，所以，其成果不能直接使用，而应选其最小值作为计算最小排水量的依据。

# 第六章 设计洪水

设计洪水关系到电力工程的安全施工与运行，设计洪水的分析计算是电力工程水文气象工作的重要内容。根据电力工程所处地理位置特性或设计洪水特性，设计洪水的分析计算可以分为天然河流设计洪水、水库设计洪水、水库下游河流设计洪水、壅水河段设计洪水、岩溶地区设计洪水、平原地区设计洪水及内涝、溃坝与溃堤洪水、设计洪水地区组成和分期设计洪水等内容。本章将对各类设计洪水分析计算方法进行介绍。

## 第一节 天然河流设计洪水

根据工程所在地区或流域的资料条件，天然河流设计洪水计算可采用下列方法：

（1）工程地点或其上、下游邻近地点具有30年以上实测和插补延长的流量资料，应采用频率分析法计算设计洪水。

（2）工程所在地区具有30年以上实测和插补延长的暴雨资料，并有暴雨洪水对应关系时，可采用频率分析法计算设计暴雨，并由设计暴雨推算设计洪水。

（3）工程所在流域内洪水和暴雨资料均短缺时，可利用邻近地区实测或调查洪水和暴雨资料，进行地区综合分析，估算设计洪水。

在实际的电力工程水文分析工作中，天然河流设计洪水的推算方法，根据资料情况和工程要求，一般采用以下三种方法：

（1）直接引用水利等部门的规划设计成果，或用其统计的基础资料，结合本工程特点经分析后确定。

（2）用实测资料（流量、水位、暴雨等）、调查资料或结合地区综合资料进行统计与分析计算确定。

（3）直接通过调查工程地点多次历史洪水来分析确定。如果所引用或计算的是参证站的设计洪水，应通过适当方法推算至工程地点。

### 一、根据实测流量资料计算设计洪峰流量

#### （一）水文资料的审查与分析

水文资料是水文分析与计算的基础，水文资料的可靠性、一致性和代表性是决定成果精度的重要因素，因此应审查水文资料的可靠性、一致性和代表性。

1. 水文资料的可靠性审查

资料可靠性审查主要是鉴定原始资料的可靠程度，审查的内容和方法见表6-1。

表6-1 资料可靠性审查内容和方法

| 项目 | 审查内容和方法 |
|---|---|
| 水位 | 测站沿革，水准基面的变动情况及换算关系；观测方法；基本水尺断面位置及水尺零点高程有无变动；汛期水位测次，有无水尺被冲而中断观测；上下游站同次洪水位过程的对应性（上下游无测站时，也可用相邻流域测站的洪水水位过程作对照检查）；必要时实地调查 |
| 流速、流量 | 测验断面的冲淤变化，测站的高水控制特性，测流情况（包括测站水力特性及断面布设情况、测验方法、仪器及人员等情况），浮标系数的取值及比测分析和水面流速系数的关系等（浮标系数：一般深水大河为0.85～0.90，小河或山区河流为0.75～0.85，也有大于1.0的，需根据比测资料具体分析） |
| 水位流量关系 | 检查方法可参照水文资料整编方法和要求进行，可对照检查历年水位流量关系曲线（特别是高水外延部分）、干支流各断面的水量平衡及洪水流量过程、流域的暴雨过程和洪水过程等 |

资料的可靠性审查的重点应放在观测精度及整编质量较差的年份的观测资料，同时对设计洪水计算成果影响较大的大水年份和历史洪水调查资料要进行充分的分析论证。

2. 水文资料的一致性审查

洪水资料系列应具有一致性。如因水文测站的变动和流域内修建蓄水、引水、分洪、滞洪、排水等工程，以及发生决口、溃堤、河流改道等情况，显著地影响到历年洪水资料的一致性时，应对水文资料进行还原计算，即把前后水文资料改正到同一基础上，再进行频率分析。

3. 水文资料的代表性审查

统计样本的代表性是指选取的样本系列是否能代

表总体分布，当其丰水、平水、枯水出现的频率分布与总体样本分布接近时，统计样本的误差比较小，资料系列具有较好的代表性。但总体样本是无穷的，因此，应对资料系列的代表性进行审查。代表性分析宜从以下两个方面进行：

（1）对于资料系列较长的参证站，可将实测资料和调查考证资料组成不连续系列并进行比较，着重分析特大洪水的重现期，对比系列中大洪水和次大洪水出现的频次，特别是首位或前几位大洪水的量级是否相差较小或过大，对比长短系列的统计参数，以便在频率分析时考虑进行相应的调整。对洪水年际变差很大的我国北方中小河流，还应注意系列中是否包含异常天气成因造成的特大洪水值对代表性的影响。

（2）对于资料系列较短的参证站，可对本站资料系列与气象条件一致、河流走向与下垫面如植被等相似的邻近流域测站的长期资料系列进行比较，分别计算邻站长系列中与本站同期的短系列统计参数，如果长短系列统计参数相近，则认为短系列具有代表性，否则，需要对参证站的资料系列进行插补延长。

（二）资料的插补延长

为弥补参证站的实测资料系列过短或缺测年份过多，应根据相关条件进行插补延长，插补延长的年数不宜超过实测年数。插补时可以依据本站资料、上游和下游距离较近的测站资料，也可以依据相似流域水文站的资料插补，如选择气象条件一致、河流走向与下垫面相似的邻近流域的测站资料。在可能条件下尽量采用多种方法进行插补，经过综合比较，选取较合理的数值，并根据调查资料进行校核。如果区间支流面积占参证站控制面积的40%以上，流域水文条件不相似的则不能作为插补的依据。通常插补延长的方法有下列几种：

1. 根据上下游测站和参证站的洪水特征相关关系进行插补延长

对于区间面积占比小于40%的，可选用两站同次洪水相应洪峰或洪量（一年可取一次或几次）点绘相关图，如果相关性较好，例如，点群分布呈直线趋势，通过点群中心绘出相关线，对偏离的个别点据，应查明原因，设法改正，无法改正者，定线时可不予考虑；如果相关性较差，则不宜作相关分析，需改用其他方法插补延长资料系列。

如果参证站的洪水由其上游几个干支流测站的洪水所组成，则应将上游干支流测站的同次洪水过程错开传播时间叠加后，再与下游参证站的洪水点绘相关关系，进行插补延长。

如果参证站的洪水出现漏测或只有水位观测资料，可用本站的综合水位流量关系插补，也可用本站的洪峰流量与洪量相关关系插补。

2. 根据相邻河流测站的洪水特征值进行插补延长

选择与设计流域自然地理特征相似、暴雨洪水成因一致的邻近河流的测站，点绘该站与参证站同次洪峰流量（或洪量）相关图，以插补参证站的洪水特征值系列。

3. 利用暴雨径流关系进行插补延长

利用本流域暴雨资料，建立某一定时段的流域面雨量与洪峰流量、洪量的相关关系，然后根据暴雨资料插补洪水资料，或通过产流、汇流分析，推求相应于暴雨过程的洪水过程线，进而计算其洪峰流量和洪量等水文特征值。

采用相关法插补延长资料时，一般要求点据不少于15个。如果相关图的精度很差，例如相关系数绝对值小于 0.8，或在相关线两侧±15%范围内对应的点据不足80%时，就不能勉强使用；如果需要将相关直线延长使用，外延部分应不超过实测范围的30%～50%；此外，不宜使用辗转相关的方法，以免放大累积误差。

4. 流域面积比拟法

当设计断面处的资料系列很短，甚至完全没有实测资料时，则无法建立与参证站的相关关系。如果参证站与设计断面相距很近，其间无较大支流汇入，可以直接移用参证站的统计成果，其方法如下：

（1）如果设计断面上游或下游邻近区域有较长系列资料的水文站，两者流域面积相差不超过3%，且区间无天然或人工分洪、滞洪以及大规模取水、排水情况时，可将上游或下游邻近站的洪水统计成果直接移用到设计断面。

（2）当设计断面与参证站的流域面积相差不超过20%，且区间降水、下垫面条件与参证站以上流域相似时，可按面积比推算工程地点的流量，即

$$Q_x = \left(\frac{F_x}{F_a}\right)^n Q_a \qquad (6\text{-}1)$$

式中 $Q_x$、$Q_a$ ——设计断面、参证站的流量，$m^3/s$。

$F_x$、$F_a$ ——设计断面、参证站的流域面积，$km^2$。

$n$ ——指数，有资料时可根据实测（或调查）洪水资料按式（6-1）反求。一般地，大中河流 $n$=0.5～0.7，较小河流（面积 $F$＜100$km^2$）$n$=0.7～1.0。对洪水洪量而言，$n$值近似等于1。

（3）如果在设计断面的上下游附近各有一参证站，而且设计断面的流域面积接近于上下游站流域面积之和的平均值，并且区间面积占比不大于30%，

参证站均有较长的观测资料系列，且暴雨分布均匀，区间无较大直流汇入时，则可按流域面积直线内插，即

$$Q_x = Q_a + (Q_b - Q_a)\frac{F_x - F_a}{F_b - F_a} \tag{6-2}$$

式中 $Q_x$、$Q_a$、$Q_b$ ——设计断面及其上、下游参证站的设计洪峰流量，$m^3/s$；

$F_x$、$F_a$、$F_b$ ——设计断面及其上、下游参证站的流域面积，$km^2$。

具体计算时，可根据上、下游测站的各年实测同次最大洪水的洪峰流量，按照各站控制的流域面积进行内插计算。

(4) 如果设计断面与参证站流域面积、洪水期的降水量相差较大，超过15%的规范规定时，在使用面积比计算设计断面洪水或径流时，应考虑用降水或径流系数等进行修正。如考虑降水量差异时，可按下式计算，即

$$Q_x = \left(\frac{P_x}{P_a}\right) \times \left(\frac{F_x}{F_a}\right)^n \times Q_a \tag{6-3}$$

式中 $P_x$、$P_a$ ——设计断面、参证站的降水量，mm。

(三) 设计洪峰流量计算

当有30年以上的洪水系列时，设计洪峰流量可以通过频率分析法进行推求。

1. 洪水系列的经验频率计算

(1) 在 $n$ 项连时序洪水系列中，按大小顺序排位的第 $m$ 项洪水的经验频率 $P_m$，可采用下列数学期望公式计算，即

$$P_m = \frac{m}{n+1} \quad m=1,2,\cdots,n \tag{6-4}$$

式中 $n$ ——洪水系列个数；

$m$ ——洪水连序系列中的序位；

$P_m$ ——第 $m$ 项洪水的经验频率。

(2) 在调查考证期 $N$ 年中有特大洪水 $a$ 个，其中 $l$ 个发生在 $n$ 项连序系列内，这类不连序洪水系列中各项洪水的经验频率可采用以下数学期望公式计算：

1) $a$ 个特大洪水的经验频率为

$$P_M = \frac{M}{N+1} \qquad M=1,2,\cdots,a \tag{6-5}$$

式中 $N$ ——历史洪水调查考证期；

$a$ ——特大洪水个数；

$M$ ——特大洪水序位；

$P_M$ ——第 $M$ 项特大洪水经验频率。

2) $n$–$l$ 个连序洪水的经验频率可按如下两种方法之一计算：

a. 分别考虑系列为

$$P_m = \frac{m}{n+1} \qquad m=l+1,\cdots,n \tag{6-6}$$

b. 统一考虑系列为

$$P_m = \frac{a}{N+1} + \left(1 - \frac{a}{N+1}\right)\frac{m-l}{n-l+1} \quad m=l+1,\cdots,n \tag{6-7}$$

式中 $l$ ——从 $n$ 项连序系列中抽出的特大洪水个数。

如某项特大洪水同时在两个时期内顺位时，选取经验频率时期较长者作为绘制频率曲线的依据，这样，抽样误差较小。

2. 频率曲线的参数估计方法

频率曲线的统计参数为均值 $\overline{X}$、变差系数 $C_V$ 和偏态系数 $C_S$。可采用矩法初步估算统计参数，再用目估适线法进行调整确定。矩法估算的基本公式如下：

(1) 对于 $n$ 年连序系列，可采用下列公式计算统计参数，即

均值为

$$\overline{X} = \frac{1}{n}\sum_{i=1}^{n} X_i \tag{6-8}$$

均方差为

$$S = \sqrt{\frac{1}{n-1}\sum_{i=1}^{n}(X_i - \overline{X})^2} \tag{6-9}$$

或

$$S = \sqrt{\frac{1}{n-1}\left[\sum_{i=1}^{n} X_i^2 - \frac{1}{n}\left(\sum_{i=1}^{n} X_i\right)^2\right]} \tag{6-10}$$

变差系数为

$$C_V = \frac{S}{\overline{X}} \tag{6-11}$$

偏态系数为

$$C_S = \frac{n\sum_{i=1}^{n}(X_i - \overline{X})^3}{(n-1)(n-2)\overline{X}^3 C_V^3} \tag{6-12}$$

$$C_S = \frac{n^2\sum_{i=1}^{n} X_i^3 - 3n\sum_{i=1}^{n} X_i \sum_{i=1}^{n} X_i^2 + 2(\sum_{i=1}^{n} X_i)^3}{(n-1)(n-2)\overline{X}^3 C_V^3} \tag{6-13}$$

式中 $\overline{X}$ ——系列均值；

$S$ ——系列均方差；

$C_V$ ——变差系数；

$C_S$ ——偏态系数；

$X_i$ ——系列变量（$i=1,2,\cdots,n$）；

$n$ ——系列项数。

(2) 对于不连序系列，其统计参数的计算公式与

连序系列的计算公式有所不同。如果在迄今的 $N$ 年中已查明有 $a$ 个特大洪水（其中有 $l$ 个发生在 $n$ 年实测或插补系列中），假定（$n-l$）年系列的均值和均方差与除去特大洪水后的（$N-a$）年系列的均值和均方差分别相等，即 $\overline{X}_{N-a}=\overline{X}_{n-l}$，$S_{N-a}=S_{n-l}$，可推导出统计参数的计算公式如下，即

$$\overline{X}=\frac{1}{N}\left(\sum_{j=1}^{a}X_j+\frac{N-a}{n-l}\sum_{i=l+1}^{n}X_i\right) \tag{6-14}$$

$$C_{\mathrm{V}}=\frac{1}{\overline{X}}\sqrt{\frac{1}{N-1}\left[\sum_{j=1}^{a}(X_j-\overline{X})^2+\frac{N-a}{n-l}\sum_{i=l+1}^{n}(X_i-\overline{X})^2\right]} \tag{6-15}$$

$$C_{\mathrm{S}}=\frac{N\left[\sum_{j=1}^{a}(X_j-\overline{X})^3+\frac{N-a}{n-l}\sum_{i=l+1}^{n}(X_i-\overline{X})^3\right]}{(N-1)(N-2)\overline{X}^3C_{\mathrm{V}}^3} \tag{6-16}$$

式中 $X_j$ ——特大洪水变量（$j=1,2,\cdots,a$）；

$X_i$ ——实测洪水变量（$i=l+1,\cdots,n$）；

$N$ ——历史洪水调查考证期；

$a$ ——特大洪水个数；

$l$ ——从 $n$ 项连序系列中抽出的特大洪水个数。

偏态系数 $C_{\mathrm{S}}$ 可参照邻近流域统计值设定一个固定的 $C_{\mathrm{S}}/C_{\mathrm{V}}$ 比值作为初始值。

3. 目估适线

（1）据估算的均值 $\bar{X}$、$C_{\mathrm{V}}$、$C_{\mathrm{S}}/C_{\mathrm{V}}$ 值，绘制一条理论频率曲线，如 P-Ⅲ型频率曲线，如果此线与经验频率点群配合良好，则所估参数及线型即为所求，否则，应调整统计参数值，重新绘制曲线，直到曲线与经验频率点群配合最佳为止，并最终确定统计参数值。我国天然河流设计洪水频线型推荐采用P-Ⅲ型。

（2）目估适线应注意的问题。

1）当经验点据与曲线线型不能全面拟合时，应着重考虑配合曲线的中、上部大洪水点据，但不应机械地仅考虑最大洪水点据。

2）调查的特大洪水点据，年代久远的，对适线作用较大，但其流量估算或经验频率的误差也较大。适线时应考虑历史洪水点据与实测洪水点群的分布趋势，既不要机械地只考虑通过最大值点而尽可能接近脱离点群，也不应离开最大值点据过远。

3）适线时除应力求与经验点据拟合外，还应考虑不同历时洪水特征值统计参数的变化趋势及其在地区上的变化规律。

4. 计算设计洪峰流量

设计洪峰流量 $Q_P$ 的计算式为

$$Q_P=K_P\overline{Q}=(\phi_P C_{\mathrm{V}}+1)\overline{Q} \tag{6-17}$$

式中 $K_P$ ——模比系数，可通过 $K_P=\phi_P C_{\mathrm{V}}+1$ 计算，如选用常用的 $C_{\mathrm{S}}/C_{\mathrm{V}}$ 值，还可查相关书籍的模比系数表得到 $K_P$；

$\overline{Q}$ ——洪峰流量均值；

$\phi_P$ ——离均系数，查附录 M P-Ⅲ型曲线 $\phi_P$ 值。

5. 设计成果的合理性分析

在洪水频率计算中，由于长、短样本系列所具有的代表性不同，各项统计参数（$\bar{X}$、$C_{\mathrm{V}}$、$C_{\mathrm{S}}$）及各种频率设计值常存在一定误差，因此，需要从洪水的物理成因和地理分布规律、时间分布规律等方面对统计参数及洪水的设计值进行合理性分析，以提高计算成果的可靠性。合理性分析主要从下列几方面进行：

（1）上下游及干支流洪水关系的合理性分析。在同一条河流的上下游之间，洪峰及洪量的统计参数一般存在较密切的关系。当上下游气候、地形、地质等条件相似时，洪峰流量的均值应该由上游向下游递增，洪峰模数则递减。$C_{\mathrm{V}}$ 值也由上游向下游减小。当上下游气候、地质、地形等条件不一致时，洪峰及洪量的统计参数变化比较复杂，需结合具体河流特点、流域的地形、植被与暴雨等因素的变化情况加以分析。

对于干支流洪水而言，干流洪水的 $C_{\mathrm{V}}$ 值一般接近于主要水量来源的支流。

（2）邻近河流洪水统计参数地区分布规律合理性分析。绘制洪峰流量（洪量）均值与流域面积双对数（$\lg\overline{Q}-\lg F$）关系图，分析点据的分布是否与暴雨及地形等因素的分布相适应，以判断成果的合理性。也可以将洪峰流量、洪量均值模数（即 $\overline{Q}/F$ 及 $\overline{W}/F$）和 $C_{\mathrm{V}}$ 绘成等值线图，并与暴雨均值和 $C_{\mathrm{V}}$ 的等值线图进行比较。如发现有突出偏高偏低现象，要深入分析原因。

（3）地区综合分析法。统计工程点附近地区河流的设计洪水成果，与本工程统计成果点绘某一稀遇频率的设计洪峰模数图，本工程统计成果在模数图中应具有同样的变化趋势。如果偏离这种趋势，应对统计成果进行调整。

通过稀遇洪水的设计值与国内外大洪水记录的对比分析可为设计值合理性分析提供一定的参考。如1000年和10000年一遇洪水小于国内外相应面积的大洪水记录的下限很多，或超过其上限很多，就需要深入检查、分析原因。国内外最大洪峰流量与流域面积的关系见图6-1、图6-2。国内部分中小河流最大流量记录见表6-2，国外部分小河流最大流量记录见表6-3。

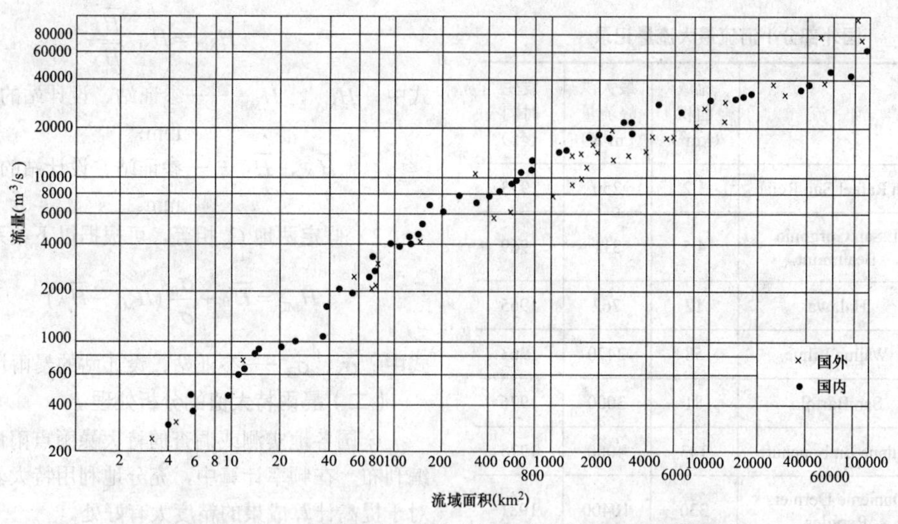


图 6-1 国内、国外部分河流最大洪峰流量与流域面积的关系

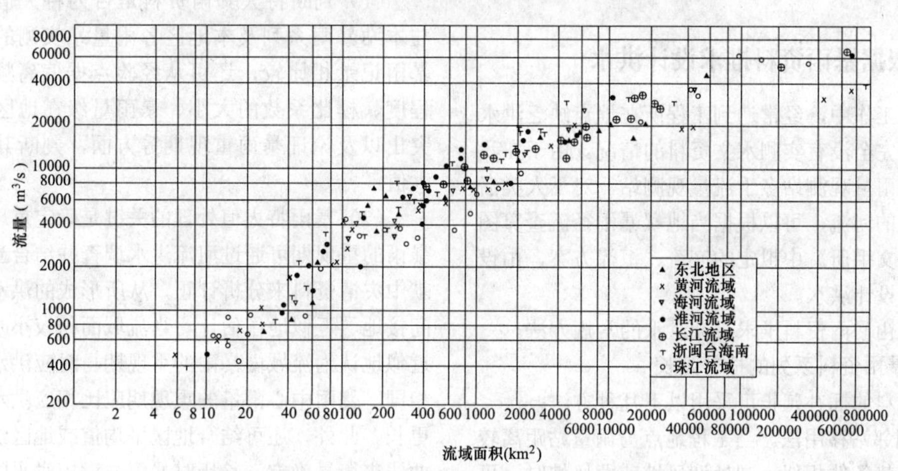


图 6-2 国内部分河流最大洪峰流量与流域面积的关系

**表 6-2 国内部分中小河流最大流量记录**

| 水系 | 河流 | 水文站 | 流域面积（km²） | 最大洪峰流量（m³/s） | 发生时间（年） |
|---|---|---|---|---|---|
| 洮河 | 新沟 | 张家寨 | 0.7 | 102 | 1979 |
| 洮河 | 塌米沟 | 张家寨 | 0.9 | 159 | 1979 |
| 泾河 | 路家沟 | 路坡 | 4.0 | 304 | 1911 |
| 汾河 | 成家曲沟 | 成家曲 | 5.6 | 457 | 1971 |
| 南运河 | 长盛沟 | 长盛 | 9.5 | 456 | 1963 |
| 沭河 | 官坊河 | 官坊街 | 10.8 | 630 | 1907 |
| 洪汝河 | 汝河 | 下陈 | 11.9 | 618 | 1975 |
| 嘉陵江 | 小河坝沟 | 街上 | 14.2 | 867 | 1976 |
| 汾河 | 浮萍石 | 口子上 | 15.0 | 893 | 1919 |
| 沂河 | 浚河 | 吴家庄 | 21.0 | 913 | 1926 |
| 黄河 | 张家沟 | 张家坪 | 24.8 | 996 | 1933 |
| 汉江 | 唐白河 | 大官坟 | 36.6 | 1070 | 1896 |
| 黄河 | 梅力更沟 | 梅力更召 | 39.4 | 1640 | 1900 |

续表

| 水系 | 河流 | 水文站 | 流域面积（km²） | 最大洪峰流量（m³/s） | 发生时间（年） |
|---|---|---|---|---|---|
| 洪汝河 | 石河 | 祖师庙 | 71.2 | 2470 | 1975 |
| 南渡江 | 南渡江 | 白沙 | 75.3 | 3420 | 1894 |
| 大凌河 | 汤头河 | 稍户营子 | 97.2 | 4000 | 1930 |
| 子牙河 | 氏河 | 西台峪 | 127 | 3990 | 1963 |
| 沙颍河 | 沙河 | 二郎庙 | 140 | 4480 | 1943 |
| 闽江 | 溪源溪 | 溪源宫 | 142 | 4600 | 1909 |
| 大凌河 | 瓦子峪河 | 瓦子峪 | 154 | 5320 | 1930 |
| 沙颍河 | 沙河 | 中汤 | 485 | 8550 | 1943 |
| 淮河 | 淠河 | 磨子潭 | 570 | 9350 | 1808 |
| 洪汝河 | 臻头河 | 薄山 | 578 | 9550 | 1975 |
| 宁远河 | 宁远河 | 雅亮 | 644 | 10700 | 1946 |
| 沙颍河 | 干江河 | 裴合 | 746 | 11300 | 1896 |
| 洪汝河 | 汝河 | 板桥 | 760 | 13000 | 1975 |

表 6-3　国外部分小河流最大流量记录

| 地点 | 河　流 | 流域面积（$km^2$） | 最大洪峰流量（$m^3/s$） | 发生时间（年） |
|---|---|---|---|---|
| 美国 | San Rafael San Refae | 3.2 | 250 | 1973 |
| 美国 | L.San Gorgonio Beaumont | 4.5 | 311 | 1969 |
| 美国 | Halawa | 12 | 762 | 1965 |
| 美国 | Wailua Lihue | 58 | 2470 | 1963 |
| 墨西哥 | San Bartolo | 81 | 3000 | 1976 |
| 法国 | Ouinne Embouchure | 143 | 4000 | 1975 |
| 法国 | Ounieme Derniers Rapides | 330 | 10400 | 1981 |

## 二、根据暴雨资料推求设计洪水

在实际工作中，经常遇到工程所在地点缺乏洪水资料，或者完全没有实测水文资料的情况。由于在我国多数地区雨量观测站多于流量观测站，对于人类活动影响较少的河流，可以根据当地《暴雨径流查算图表》或《水文手册》中拟定的产流、汇流方案，由设计暴雨推求设计洪水。

现介绍由暴雨资料推求设计洪水的常规方法。

### （一）暴雨资料系列的插补延长

暴雨资料的插补延长可采用以下几种方法：

（1）相邻站移用法。当工程地点与雨量站距离较近、地形地势条件相似、同处迎风坡或背风坡时，可直接移用邻站的雨量资料。一般年份当相邻站点雨量相差不大时，可移用附近几个站点的平均值。

（2）年最大值等值线法。在雨量站网较稀地区或者暴雨特性变化较大的地区，可绘制同次暴雨量等值线图，也可作同一年各种时段年最大雨量等值线图，由各站地理位置进行插补延长。

（3）如果次暴雨量与洪水的峰（量）关系较好，可建立暴雨量与当地河流的洪峰流量或洪水总量的相关关系，用实测或调查的特大洪水来插补展延暴雨。

（4）对代表性不足的暴雨系列，特别是系列中缺测、漏测大暴雨的，且采用其他方法插补又较困难，但邻近地区已观测到特大暴雨时，当工程地点与邻近地区气候、地形条件相似，暴雨成因相同，暴雨出现的概率也大体相同时，可移用邻近地区的特大暴雨资料。特大值移置可用以下两种方法进行改正：

1）假定两地 $C_V$ 相等，可根据下式进行均值比订正，即

$$H_{MB}=H_{MA}\frac{\overline{H}_B}{\overline{H}_A} \tag{6-18}$$

式中　$H_{MA}$、$H_{MB}$ ——参证站、设计站的特大暴雨，mm；

$\overline{H}_A$、$\overline{H}_B$ ——参证站、设计站的暴雨均值，mm。

2）假定两地 $C_S$ 相等，可根据以下关系订正，即

$$H_{MB}=\overline{H}_B+\frac{\sigma_B}{\sigma_A}(H_{MA}-\overline{H}_A) \tag{6-19}$$

式中　$\sigma_A$、$\sigma_B$——参证站、设计站的暴雨均方差。

### （二）暴雨特大值的分析处理

全国各地实测或调查的特大暴雨点雨量资料已汇编刊布，在频率计算中，充分地利用特大暴雨资料，对于提高计算成果的精度大有好处。

（1）判断特大暴雨资料是否为特大值，一般可与本站暴雨系列及本地区各雨量站实测的历史最大暴雨记录相比较，还可从经验点据偏离频率曲线的程度、模比系数的大小、暴雨量级在地区上是否很突出以及论证暴雨重现期等方面，判断其是否为特大值。

（2）暴雨特大值处理的关键是确定重现期，特大暴雨的重现期可通过河流洪水调查并结合当地历史文献中灾情资料来分析订正，从所形成的洪水的重现期间接地、近似地作估计。当流域面积较小时，一般可近似地认为流域内暴雨的重现期与对应洪水的重现期相同，暴雨中心雨量的重现期应比相应洪水的重现期更长。此外，还可结合地区平均值或地区综合的频率曲线来衡量确定。长历时暴雨与对应洪水的峰和量不一定是同频率的，应分别根据洪水的峰和量作出估计，还可点绘暴雨特大值分布图，从区域性上分析各站特大值的重现期，从而对本站特大值的稀遇程度作出估计。

### （三）设计暴雨的推求

1. 暴雨统计时段的选择

根据设计流域的实测暴雨与洪水资料，分析每年形成最大洪水的暴雨历时持续的时间，确定推求设计暴雨的统计时段。长历时雨量一般为 1、3、7d 雨量，由日雨量记录统计年最大值。短历时雨量一般取 1、3、6、24h 等。

2. 点暴雨量的计算

（1）等值线图法。由于点暴雨量的统计参数在地区上有一定的分布规律，我国各省区均绘制了点暴雨统计参数等值线图，汇编了各时段的暴雨统计特征值，如均值、$C_V$ 可在各省区的水文手册或暴雨洪水查算图表中查得。

在使用暴雨参数等值线图时，应了解该等值线图

绘制的时间、方法和所采用的资料情况，必要时应搜集邻近的雨量站长系列暴雨资料（含近期新增加的暴雨资料），与等值线图成果进行比较分析，合理采用设计暴雨成果。

（2）分区综合法。分区综合法是根据暴雨特性分析，把一个大范围地区分为若干个小的暴雨分区，在同一个暴雨分区内，各地点暴雨的统计参数是相同的，而各个暴雨分区之间，统计参数不连续，是突变的。位于同一分区的站点雨量都符合统一的暴雨概率分布函数，可以利用站群的资料来估计当地的总体分布，在我国应用较多的是中值法（或均值法）。

中值法是将气候一致区内各站暴雨资料的经验频率点据点绘在同一张几率格纸上，取各站同频率点雨量的中值（或均值）作为该分区设计站的点雨量经验频率分布系列，再适线可得该分区设计站的中值（或均值）频率曲线。

当流域面积较小（小于 $50km^2$）时，可以点暴雨量近似地作为全流域的设计雨量（即设计面雨量），如电力工程的灰场设计洪水计算中常采用点雨量代替面雨量。

3. 面雨量的计算

当流域面积较大、点雨量不能代表面雨量时，可根据流域内或邻近地区的多个雨量站资料计算面雨量，计算方法可根据具体条件选用。

（1）当流域内雨量站分布较均匀时，可采用算术平均法计算。

（2）当雨量站分布不均匀时，可用泰森多边形法确定各站代表面积，再用加权平均法计算。

（3）当地形变化较大时，可先绘制雨量等值线图，再用加权平均法计算面雨量。

4. 设计面暴雨量的计算

（1）直接计算法。当工程控制的流域内，有较长系列（一般为 30 年以上）雨量观测资料时，可根据流域内的实测面平均雨量直接进行频率计算。若无逐时雨量资料，最大 24h 雨量可用 $H_{24}=1.12H_d$（$H_d$ 为旧雨量）近似计算。

（2）间接计算法。流域内雨量资料系列较短，或各站系列虽长但互不同期，或站数过少，分布不均，不能控制全流域面积，就无法提供面雨量的长系列资料，因此不能采用直接计算法计算面雨量，需要先求出流域中心处指定频率的设计点雨量，再通过点面关系将设计点雨量转化成所要求的设计面雨量。点面折减系数一般可在当地水文手册查到。

1）定点定面同频率点面关系。如流域的面雨量资料较多，可分别计算点、面雨量的经验频率，根据同频率点面雨量作相关图，求得点、面雨量的换算系数，就可由设计点雨量推求设计面雨量。

2）动点动面暴雨点面关系。选择几场大暴雨资料，绘出给定时段的暴雨等值线图，计算各雨量等值线所包围的面积 $F$ 及相应的面平均雨量 $H_F$，分别以 $H_F/H_0$（$H_0$ 为暴雨中的雨量）与 $F$ 为纵横坐标绘制相关图。一般取几场暴雨 $H_F/H_0$-$F$ 关系的平均线，或为了安全取上包线作为由点设计暴雨推求面设计暴雨的依据。

以上两种点面关系属于经验性处理方法，由于大、中流域点面雨量关系一般都不太好，故在有条件的地区应尽可能采用直接法。当资料不足时，应优先考虑用点面雨量相关插补。当缺乏资料时，才考虑用点面关系间接推求。

（3）设计面暴雨量计算成果的检查。

1）将各时段点面雨量的统计参数（$\overline{X}$、$C_V$）进行对比分析，一般面雨量的参数 $C_V$ 随时段的增大而增大，点面折减系数随时段的增大而增大、随面积的增大而减小。

2）对比直接法和间接法求得的设计面雨量成果。

3）对比分析附近地区的点面关系。

4）设计暴雨量与当地实测（或调查）特大暴雨资料对比分析。

（四）暴雨时、面、深关系

1. 雨量历时关系

推求各种时段的设计暴雨量，一般根据雨量－历时－重现期关系曲线或经验公式推求。在自记和分段雨量资料短缺的情况下，暴雨参数一般以最大 24h 暴雨资料订正。根据当地雨量资料的条件，推求年最大 24h 设计雨量的方法有两种：一种是由年最大一日设计雨量乘以大于 1 的系数（一般为 1.1～1.2）间接推求，$H_{24}=1.12H_d$；另一种是查算年最大 24h 雨量统计参数等值线图。

（1）雨量历时百分率曲线。以 24h 设计暴雨量 $H_{24P}$ 作为推算基点，用相对比值 $H_{tp}/H_{24P}$ 为纵坐标，暴雨历时 $t$ 为横坐标，绘成如图 6-3 所示的雨量历时百分率曲线。该曲线消除了频率 $P$ 的因素，成为单一的曲线。综合了同气象分区内各站的曲线，得出适合于本区的统一的关系曲线。使用时根据本站的 $H_{24P}$ 查曲线找到相对比值 $H_{tp}/H_{24P}$ 即可折算成 $t$ 历时的设计雨量 $H_{tp}$。

（2）暴雨公式。24h 以下的最大暴雨量与历时的关系常用暴雨公式表达。暴雨历时和雨量（或强度）关系公式是经验配线的公式，在我国通常采用指数型公式，即

$$a_{tP}=\frac{S_P}{(t+b)^n} \tag{6-20}$$

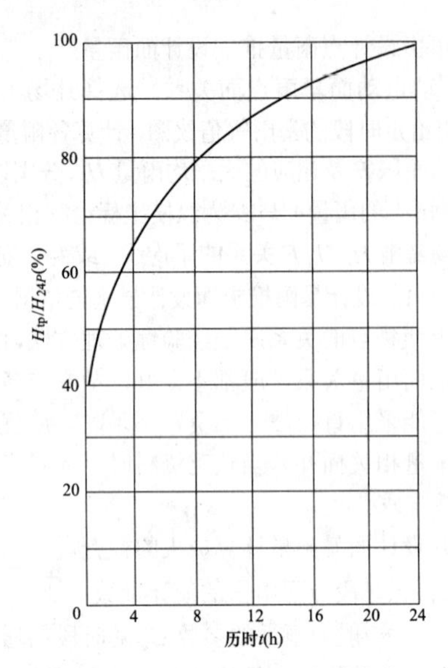


图 6-3 某站雨量历时百分数曲线

当 $b$=0 时，则

$$a_{tP}=\frac{S_P}{t^n} \tag{6-21}$$

式中 $a_{tP}$——历时为 $t$，频率为 $P$ 的平均暴雨强度，mm/h 或 mm/min；

$S_P$——频率为 $P$ 的雨力，当 $t$=1h 时，$a_{tP}=S_P$，数值上等于年最大 1h 平均降雨强度或降雨量，mm/h；当 $t$ 以分钟为单位时，$S_P$ 的单位相应为 mm/min。

式（6-21）在水利部门应用最为广泛。

对于 $S_P$，当历时以小时（h）为时间单位时，$S_P=a_{1P}$，即一般情况下，$S_P$ 为 1h 最大降雨强度或降雨量。

当 24h 内的降雨历时 $t$ 以分钟（min）为时间单位且为三段折线时：

$t$≤1h，则

$$S_P=\frac{H_{24P}}{60^{1-n_1}\times 6^{1-n_2}\times 4^{1-n_3}} \tag{6-22}$$

1h<$t$≤6，则

$$S_P=\frac{H_{24P}}{360^{1-n_2}\times 4^{1-n_3}} \tag{6-23}$$

6h<$t$<24h，则

$$S_P=\frac{H_{24P}}{1440^{1-n_3}} \tag{6-24}$$

当 24h 内的降雨历时以小时（h）为时间单位且为三段折线时：

$t$≤1h，则

$$S_P=\frac{H_{24P}}{1^{1-n_1}\times 4^{1-n_3}\times 6^{1-n_2}}=\frac{H_{24P}}{4^{1-n_3}\times 6^{1-n_2}} \tag{6-25}$$

1h<$t$≤6h，则

$$S_P=\frac{H_{24P}}{4^{1-n_3}\times 6^{1-n_2}} \tag{6-26}$$

6h<$t$<24h，则

$$S_P=\frac{H_{24P}}{24^{1-n_3}}=6^{n_3-n_2}H_{1P} \tag{6-27}$$

从式（6-27）可以看出，当不存在 $n_3$，即 $n_3=n_2$ 时，其表达式就是通常使用的两段折线的形式，即

$$S_P=\frac{H_{24P}}{24^{1-n_2}}$$

暴雨衰减指数 $n$ 可查地区水文手册或采用如下方法计算，即

$$n_{ab}=1-\frac{\lg(H_{aP}/H_{bP})}{\lg(t_a/t_b)} \tag{6-28}$$

或
$$n_{ab}=1+C\times\lg(H_{aP}/H_{bP}) \tag{6-29}$$

4 个分段区间（10min～1h、1～6h、6～24h、24h～3d）的 $C$ 值分别为 1.285、1.285、1.661、2.096，即

$$n_1=1+1.285\lg(H_{10'P}/H_{60'P}) \tag{6-30}$$

$$n_2=n_{1-6}=1+1.285\lg(H_{1P}/H_{6P}) \tag{6-31}$$

$$n_3=n_{6-24}=1+1.661\lg(H_{6P}/H_{24P}) \tag{6-32}$$

$$n_4=n_{24-3d}=1+2.096\lg(H_{24P}/H_{3dP}) \tag{6-33}$$

式中 $n$——暴雨衰减指数，$n_{ab}$ 表示时段 $ab$ 间的暴雨衰减指数，当 $t$≤1h 时取 $n=n_1$，当 1h<$t$≤6h 时取 $n=n_2$，当 6h<$t$≤24h 时取 $n=n_3$，当 24h<$t$<3d 时取 $n=n_4$，$n$ 还可移用邻近测站或地区综合值；

$t$——暴雨历时，h 或 min；

$H_{aP}$、$H_{bP}$——分别为时段 $a$ 及时段 $b$ 的设计暴雨量，mm；

$H_{10'P}$——10min 设计暴雨量，mm；

$H_{60'P}$——60min 设计暴雨量，mm；

$H_{1P}$——1h 的设计暴雨量，mm；

$H_{6P}$——6h 的设计暴雨量，mm；

$H_{24P}$——24h 的设计暴雨量，mm；

$H_{3dP}$——3d 的设计暴雨量，mm。

当采用简化的暴雨式（6-21），即 $a_{tP}=S_P/t^n$ 时，已知设计地点的最大 24h 设计雨量 $H_{24P}$，可由下式推求 0～24h 之间的任意历时为 $t$ 的设计暴雨量 $H_t$，即

$$H_t=a_{tP}t=S_Pt^{1-n} \tag{6-34}$$

式中 $H_t$——历时 $t$ 的降雨量，mm。

2. 设计暴雨的时程分配

（1）典型暴雨的选择原则。选择气候一致区内暴雨雨量接近设计暴雨，暴雨强度大的暴雨过程；降雨日数、主雨峰位置和历时都是大暴雨；雨量分配较集中，主雨峰位置偏后的对工程不利的暴雨雨型。一般各省（自治区）水文手册都统计有各地区暴雨典型分配过程。

（2）各种历时同一频率的设计面雨量及选择的典型暴雨分配过程按同频率雨量控制法进行放大。具体计算方法结合算例说明。

［例 6-1］ 同频率法推求设计暴雨的时程分配。

某流域 $P$=1%的典型暴雨量与设计暴雨量见表6-4。试采用同频率法推求设计暴雨的时程分配。

**表 6-4　　不同历时典型暴雨与设计暴雨数值表**

| 暴雨历时 $t$（h） | 2 | 6 | 12 | 24 |
|---|---|---|---|---|
| 典型暴雨量（mm） | 39.0 | 81.0 | 95.0 | 103.0 |
| 设计暴雨量（mm） | 96.0 | 172.0 | 214.0 | 246.0 |

（1）计算放大倍比系数 $K$ 为

$$K_1=\frac{96.0}{39.0}=2.46$$

$$K_2=\frac{172.0-96.0}{81.0-39.0}=1.81$$

$$K_3=\frac{214.0-172.0}{95.0-81.0}=3.00$$

$$K_4=\frac{246.0-214.0}{103.0-95.0}=4.00$$

（2）推求设计暴雨时程分配。取 $\Delta t$=2h，成果见表6-5。

**表 6-5　　最大 1d 面设计暴雨时程分配表**

| 项　目 | 设计暴雨时段（2h）雨量过程 | | | | | | | | | | | | 合计 |
|---|---|---|---|---|---|---|---|---|---|---|---|---|---|
| 时段序号 | 1 | 2 | 3 | 4 | 5 | 6 | 7 | 8 | 9 | 10 | 11 | 12 | |
| 典型暴雨时程分配（mm） | | 2.0 | 3.5 | 11.0 | 39.0 | 31.0 | 8.0 | 2.5 | 3.0 | 2.0 | 1.0 | | 103.0 |
| 放大倍比系数 | | 4.00 | 3.00 | 1.81 | 2.46 | 1.81 | 3.00 | 3.00 | 4.00 | 4.00 | 4.00 | | |
| 设计暴雨时程分配（mm） | | 8.0 | 10.5 | 19.9 | 96.0 | 56.1 | 24.0 | 7.5 | 12.0 | 8.0 | 4.0 | | 246.0 |

### （五）设计净雨的推求

降雨转化为净雨的过程称为产流过程。其实质是水分在下垫面垂直运动中，在各种因素的综合作用下的发展过程。不同的下垫面条件具有不同的产流机制，不同的产流机制又影响着产流过程的发展，并呈现不同的径流特征。通常分为两种基本的产流形式：蓄满产流和超渗产流。其中蓄满产流的典型代表就是新安江模型，广泛应用于南方湿润地区大流域的产流分析计算。在我国的湿润地区，如江淮流域及其以南地区，年降水量为 800mm，植被良好，包气带常年潮湿，缺水量小，一般很容易在一次降雨过程中得到满足，故以蓄满产流方式为主。在我国干旱地区，如陕北黄土高原区，雨量稀少，年降水量不足200mm，植被极差，包气带缺水量很大，几乎没有可能在一次降雨过程中得到满足。相反，可能出现超过地面下渗能力的局地性高强度、短历时暴雨，故一般以超渗产流为主。对于年降雨量在 200～400mm 之间的半干旱地区和 400～800mm 之间的半湿润地区，产流方式较为复杂，需要根据流域下垫面的具体条件作分析。

电力工程水文分析计算中，通常采用以下两种方法推求设计净雨：对于湿润地区（或干旱地区的多雨季节）一般用降雨径流相关图法，对于干旱地区（或湿润地区的干旱时期）可用初损后损法。

1. 降雨径流相关图法

降雨量 $P$ 扣除损失量即得净雨量，也就是径流深 $R$。净雨量的大小除与本次降雨量有关外，还与降雨开始时刻的流域湿润情况即前期影响雨量 $P_a$ 有关。实用中常采用 $P-P_a-R$ 的降雨径流相关图表示三变量之间的定量关系，见图6-4。

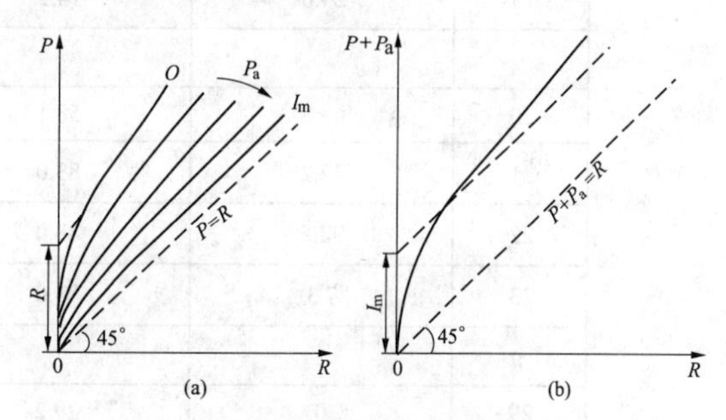


图 6-4　降雨径流相关图

（a）不考虑前期影响雨量 $P_a$；

（b）考虑前期影响雨量 $P_a$

（1）前期影响雨量 $P_a$ 的计算。制作降雨径流相关图的关键是确定前期影响雨量 $P_a$。根据水量平衡原理，$P_a$ 的大小取决于前期降雨的补充量和流域蒸散发的消耗量，可以作逐日平衡计算。而流域蒸散发量 $E$ 与流域湿润情况 $P_a$ 成正比，当流域湿润，土壤蓄水量达最大值 $I_m$ 时，蒸散发 $E$ 也达最大值 $E_m$（$E_m$ 称蒸散发能力，反映气温、湿度、日照等气象因素，其数值各地不同）。$E$ 与 $P_a$ 之间有如下关系，即

$$E=\frac{E_m}{I_m}P_a \tag{6-35}$$

式中　$E$——实际蒸散发量，mm；

$E_m$——蒸散发能力，反映气温、湿度、日照等气象因素，其数值各地不同，mm；

$I_m$——最大土壤蓄水量，mm；

$P_a$——前期影响雨量，mm。

前期影响雨量 $P_a$ 值以典型年法确定，即以设计暴雨分配的典型雨型，或者将典型雨型的历时加长后按同频率或同倍比法缩放得设计条件下的长历时降雨过程，计算其 $P_a$ 过程，确定设计 $P_a$ 值。

任意一天的 $P_a$ 计算公式为

$$P_{at} = K[P_{a(t-1)} + H_{t-1}] \tag{6-36}$$

式中　$P_{at}$——本日的前期影响雨量，mm；

$P_{a(t-1)}$——前一日的前期影响雨量，mm；

$H_{t-1}$——前一日的降雨量，mm；

$K$——流域蓄水量消退系数，可用 $K=1-E_m/I_m$ 求得，在水文计算中对于同一流域可以视为常数，可查当地水文手册或向当地水文部门搜集，长江流域有不少省份采用 $K$=0.80～0.95。

计算天数视流域大小可取 15d 或 20d，计算中如出现 $P_a$ 大于 $I_m$，应取 $P_a=I_m$。$I_m$ 值可查地区水文手册或到水文部门搜集。我国大多数流域 $I_m$ 值为 80～120mm，较大的如淮北地区达 120～150mm，较小的如高山多雨地区为 60～80mm。

$P_a$ 的计算示例如下。

［例 6-2］　某流域前期影响雨量 $P_a$ 计算。

某流域 $F$=126km$^2$，选定 2016 年 7 月 1 日 6 时～7 月 2 日 4 时一次暴雨为典型，计算 $P_a$。

要计算这次暴雨第一天（7 月 1 日）的 $P_a$。据该地区资料，$K$=0.8，计算天数从 7 月 1 日向前计算 20d，即从 6 月 11 日起算，令 6 月 11 日的 $P_a$=0，用式（6-36）逐日计算，得 7 月 1 日的 $P_a$=18.7mm，详见表 6-6。

本例中 $I_m$=83mm。

表 6-6　　$P_a$ 计 算 表

| 月 | 日 | 雨量 $P$（mm） | $P_a$（mm） | $P+P_a$（mm） | 备　注 |
|---|---|---|---|---|---|
| 6 | 11 | 8.2 | 0 | 8.2 | 本日 $P_a$=0 |
| | 12 | 11.3 | 6.6 | 17.9 | 本日 $P_a$=0.8×(0+8.2)=6.6 |
| | 13 | 24.6 | 14.3 | 38.9 | 本日 $P_a$=0.8×(6.6+11.3)=14.3 |
| | ⋮ | | | | |
| | 20 | 68.8 | 58.1 | 126.9 | |
| | 21 | 47.2 | 83.0 | 130.2 | 本日 $P_a>I_m$ 取 $P_a=I_m$ |
| | 22 | 92.5 | 83.0 | 175.5 | 本日 $P_a>I_m$ 取 $P_a=I_m$ |
| | 23 | 7.3 | 83.0 | 90.3 | 本日 $P_a>I_m$ 取 $P_a=I_m$ |
| | ⋮ | | | | |
| | 29 | 0 | 29.2 | 29.2 | |
| | 30 | 0 | 23.4 | 23.4 | |
| 7 | 1 | | 18.7 | | 本日 $P_a$=0.8×(0+23.4)=18.7 |

（2）降雨径流相关图的建立和应用。求得各次实测洪水的径流深 $R$、流域降雨量 $H$ 及前期影响雨量 $P_a$ 值后，可绘制 $H-P_a-R$ 的三变量降雨径流相关图，见图 6-4。若点据误差太大，应检查和修正计算过程中可能产生的误差，调整参数值（如 $E_m$、$I_m$），使点据密集成一族曲线，通过点群中心，定出以 $P_a$ 为参数的一组相关线，作为推求净雨的依据。

相关图的使用方法：对于一次实际的或设计的暴雨，其雨量 $H$ 是已知的，其 $P_a$ 值可根据实际的或设计的前期降雨过程计算得出，由图查得相应的径流深 $R$。如需推求逐时段的净雨量，可以用时段累积雨量 $H_1$，$H_1+H_2$，$H_1+H_2+H_3$，…，查同一条线得出相应的时段累积径流 $R_1$，$R_1+R_2$，$R_1+R_2+R_3$，…，前后时段累积净雨量相减即得到某时段净雨量，见图 6-4。

2. 初损后损法

将流域的损失量分为降雨初期的损失量 $I_0$ 和后期损失量两部分，流量过程线起涨点以前的流域平均降水量作为 $I_0$，与 $I_0$ 相应的降雨历时作为初损历时 $t_0$，$t_0$ 以后的后期损失量则为平均下渗强度 $\overline{f}$ 与产流历时 $t_R$ 的乘积，$\overline{f}$ 值可由实测雨洪资料按式（6-37）计算，即

$$\overline{f}=\frac{H-I_0-R-H'}{t-t_0-t'} \tag{6-37}$$

$$t_R=t-t_0-t'$$

式中 $\overline{f}$——平均下渗强度，mm/h；

$R$——次降雨形成的径流深，mm；

$H'$——雨强小于平均下渗强度 $\overline{f}$ 的后期降雨量，mm；

$t$——降雨历时，h；

$t'$——相应于 $H'$ 的时间，h；

$t_R$——产流历时。

通过试算可求得产流历时内的平均下渗强度 $\overline{f}$ 值，$\overline{f}$ 可取多次分析的平均值。

初损量 $I_0$ 与土壤的干燥程度有关。如果土壤极度干燥，则初损量最大，达到流域内最大初损量 $I_m$。若土壤内有含水量 $P_a$，则初损量为

$$I_0=I_m-P_a \tag{6-38}$$

由此可见，初损量 $I_0$ 是流域最大初损量 $I_m$ 和前期影响雨量 $P_a$ 的函数，$I_m$ 基本上是一个常数，因此，可根据多次实测雨洪资料的分析，建立前期影响雨量 $P_a$ 与初损量 $I_m$ 或加参数（如降雨强度、月份等）的三变量相关图。

由设计暴雨推求设计净雨时，要注意以下两个问题：

（1）对湿润地区（或干旱地区的雨季），考虑到设计的安全和简化计算，对稀遇频率的设计暴雨可以认为雨前流域是充分湿润的，即采用设计 $P_a$ 值等于 $I_m$ 值。对干旱地区（或湿润地区的干旱期），$P_a$ 达到 $I_m$ 的机会很小，可采用几场实测大暴雨洪水资料分析得的 $P_a$ 值的平均值作为设计 $P_a$ 值。

（2）设计暴雨多属罕见的特大暴雨，应用实测暴雨推求的产流方案，常常遇到外延问题。外延时不能单纯按照相关线的趋势，必须结合物理成因分析，特别要重视本流域大雨洪资料的点据，充分考虑雨量或雨强对产流规律的影响，参考自然条件相近的流域的成果，综合分析而定。

### （六）单位线法汇流计算

所谓单位线就是在单位时段内，由流域上时空分布均匀的单位净雨（一般取 10mm）形成的流域出口断面处的地面径流过程线（包括地表径流与表层壤中流）。单位时段可取 1、3、6、12、24h，当时段趋于零时，则相应的单位线称为瞬时单位线。在实际工作中，单位线法可分为经验单位线、瞬时单位线和综合单位线三种。

#### 1. 经验单位线

根据实测雨洪资料直接分析出本流域的单位线称为经验单位线，又称 L.K.herman 单位线。分析经验单位线时，应选用降雨比较均匀，降雨历时较短，雨强较大的孤立洪水。用割除地下径流后的地面径流过程和相应的净雨过程来推求。推求经验单位线的方法有三种：当净雨时段不超过两个时段时，一般用分析法；超过两个时段时，可用图解法或试错法。

用来控制单位线形状的特征称为单位线要素，包括单位线洪峰流量 $q_m$、洪峰滞时 $T_p$ 和单位线总历时（底长）$T_d$。

（1）经验单位线计算。现就分析法举例说明，其计算公式为

$$Q'_{1-1}=Q'_1 \tag{6-39}$$

$$Q'_{1-i}=Q'_i-\frac{h_2}{h_1}Q'_{1-i} \tag{6-40}$$

$$Q'_{2-i}=\frac{h_2}{h_1}Q'_{1-i} \tag{6-41}$$

$$q_i=10\times\frac{Q'_{1-i}}{h_1} \tag{6-42}$$

$$q'_i=10\times\frac{Q'_{2-i}}{h_2} \tag{6-43}$$

式中 $Q'_{1-1}$——第一时段净雨 $h_1$ 在第一时段末产生的地表径流流量，$m^3/s$；

$Q'_1$——地表流量过程第一时段末的流量，$m^3/s$；

$Q'_{1-i}$——第一时段净雨 $h_1$ 在第 $i$ 时段末（$i$=2, 3, 4, …）产生的地表流量，$m^3/s$；

$Q'_i$——地表流量过程中第 $i$ 时段末（$i$=2, 3, 4, …）的流量，$m^3/s$；

$h_1$——第一时段净雨量，mm；

$h_2$——第二时段净雨量，mm；

$q_i$——第一时段净雨 $h_1$ 在第 $i$ 时段末（$i$=1, 2, 3, …）的单位线流量，$m^3/s$；

$q'_i$——第二时段净雨 $h_2$ 在第 $i$ 时段末（$i$=1, 2, 3, …）的单位线流量，$m^3/s$。

**［例 6-3］** 某流域经验单位线推求。

某流域某站控制面积 $F$=963km$^2$，某次洪水的分析计算见表 6-7。其经验单位线的推求步骤如下：

1）根据流域的实测降雨和流量资料，选取某年 6 月 19 日 3 时～6 月 20 日 3 时的一次暴雨及相应流量过程作为推求经验单位线的依据。

2）确定计算时段Δ$t$ 为 6h。

3）确定各时段Δ$t$ 的流域平均雨量（一般采用算术平均法或泰森多边形法计算各时段Δ$t$ 的流域平均雨量），写入表 6-7 中第（5）列内。

4）由 1）选出的流量过程，通过流量过程线 $Q-t$ 读出各时段末的流量，填入表 6-7 中第（2）列内。

5）采用直线平割法分割基流。本次洪水流量过程基流取起涨点流量 6m³/s，写入表 6-7 中第（3）列内。

6）计算地表流量过程 $Q_i'$。将表 6-7 中第（2）列减第（3）列即为地表流量，写入表 6-7 中第（4）列内。

表 6-7　　某流域 6h 经验单位线计算表

| 日、时 | 实测流量 $Q$（m³/s） | 基流（m³/s） | 地表流 $Q_i'$（m³/s） | 降雨量 $H_i$（mm） | 净雨量 $h_i$（mm） | $h_1=67$mm 产生的地表流量过程 $Q_{1-i}'$（m³/s） | $h_2=1$mm 产生的地表流量过程 $Q_{2-i}'$（m³/s） | 由 $Q_{1-i}'$ 求得的单位线（m³/s） | 由 $Q_{2-i}'$ 求得的单位线（m³/s） | 修正的经验单位线（m³/s） |
|---|---|---|---|---|---|---|---|---|---|---|
| （1） | （2） | （3） | （4） | （5） | （6） | （7） | （8） | （9） | （10） | （11） |
| 19 日 3 时 | 6 | 6 | 0 | 11.4 | 0 | | | | | |
| 19 日 9 时 | 6 | 6 | 0 | 95.4 | 67 | 0 | | 0 | | 0 |
| 19 日 15 时 | 109 | 6 | 103 | 7.0 | 1 | 103 | 0 | 15 | 0 | 15 |
| 19 日 21 时 | 1340 | 6 | 1334 | 3.6 | 0 | 1332 | 2 | 199 | 20 | 208 |
| 20 日 3 时 | 576 | 6 | 570 | 1.3 | 0 | 550 | 20 | 82 | 200 | 82 |
| 20 日 9 时 | 329 | 6 | 323 | | | 315 | 8 | 47 | 80 | 47 |
| 20 日 15 时 | 244 | 6 | 238 | | | 233 | 5 | 35 | 50 | 35 |
| 20 日 21 时 | 180 | 6 | 174 | | | 170 | 4 | 25 | 40 | 25 |
| 21 日 3 时 | 128 | 6 | 122 | | | 119 | 3 | 13 | 30 | 17 |
| 21 日 9 时 | 94 | 6 | 88 | | | 86 | 2 | 13 | 20 | 11 |
| 21 日 15 时 | 58 | 6 | 52 | | | 51 | 1 | 8 | 10 | 6 |
| 21 日 21 时 | 30 | 6 | 24 | | | 23 | 1 | 3 | 10 | 0 |
| 22 日 3 时 | 6 | 6 | 0 | | | 0 | 0 | 0 | 0 | |
| 合计 | | | 3028 | 118.7 | 68 | | | 445 | 460 | 446 |

7）计算流域暴雨时程分配，扣除损失得净雨总量 $h$=68mm，列入表 6-7 中第（6）列内。计算时必须注意净雨总量应与地表径流深相等，否则要重新检查计算结果。

地表径流深 $R$ 可由表 6-7 中第（4）列数字的总和求得。即

$R=3028\Delta t/F=3028\times(6\times3600)/963000000=0.068$（m）

故 $R$=68mm。

由此，说明计算结果合理。

8）根据表 6-7 中第（6）列及第（4）列，按式（6-39）～式（6-41）求得第一时段 $h_1$=67mm 产生的地表流量过程及第二时段净雨 $h_2$=1mm 产生的地表流量过程，分别填入表 6-7 中第（7）、（8）两列内。

由表 6-7 中第（7）列 $Q_{1-i}'$ 按式（6-42）计算，其结果列入表 6-7 中第（9）列内。由表 6-7 中第（8）列 $Q_{2-i}'$ 按式（6-43）计算，其结果列入表 6-7 中第（10）列内。

9）将得出的单位线即表 6-7 中第（9）、（10）两列叠加经修正后，求得最后采用的修正经验单位线，见表 6-7 中第（11）列。

修正时要考虑以下因素：要使单位线成为光滑的铃形曲线。单位线的径流深应等于单位净雨深 10mm，即

$$R=\Delta t\sum_{i=1}^{n}q_i/F=\frac{3600\times6\times446}{963\times1000}=10\,(\text{mm})$$

由此计算成果可知，本例的修正经验单位线在径流深方面是无误的。根据 $h_1$、$h_2$ 及修正的经验单位线推求地表流量过程线，应与地表流量过程即表 6-7 中第（4）列数字基本一致。

（2）根据经验单位线推求设计洪水过程线。由设计净雨和经验单位线推求设计洪水地表流量过程线，采用以下算式计算，即

$$Q_{1-i}'=q_i\frac{h_1}{10}$$

$$Q'_{2-i}=q_i\frac{h_2}{10}$$

$$\vdots$$

$$Q'_{m-i}=q_i\frac{h_m}{10}$$

式中 $Q'_{1-i}, Q'_{2-i}, \cdots, Q'_{m-i}$ ——第1, 2, …, $m$时段净雨产生的地表流量过程线；

$q_i$——单位线第 $i$ 时段末的流量（$i$=1, 2, …）；

$h_1$，$h_2$，$h_3$，…，$h_m$ ——第1, 2, …, $m$时段净雨量，mm。

将$Q'_{1-i}$，$Q'_{2-i}$，…，$Q'_{m-i}$错开一个时段相加，即为全部设计净雨产生的地表流量过程线，再加上典型年洪水过程线的基流流量以后，便得出设计洪水过程线。

［例 6-4］ 根据某流域经验单位线，推求设计洪水过程线。

某流域 $F$=963km$^2$，$P$=1%的设计净雨深见表6-8中第（2）列，选择的经验单位线流量过程见表6-8中第（3）列，试推求$P$=1%的设计洪水过程线。

此例净雨时段数 $m$=3，计算过程及结果见表6-8。

**表 6-8　　由经验单位线推求设计洪水过程线计算表**

| 时间（h） | 设计净雨深（mm） | 6h单位线流量 $q_i$（m³/s） | $h_1$=15mm产生的地表流量过程 $Q'_{1-i}$（m³/s） | $h_2$=36.2mm产生的地表流量过程 $Q'_{2-i}$（m³/s） | $h_3$=15mm产生的地表流量过程 $Q'_{3-i}$（m³/s） | 基流（m³/s） | 设计洪水过程线（m³/s） |
|---|---|---|---|---|---|---|---|
| （1） | （2） | （3） | （4）=1.5 $q_i$ | （5）=3.62 $q_i$ | （6）=1.5 $q_i$ | （7） | （8）=（4）+（5）+（6）+（7） |
| 0 | | 0 | 0 | | | 6 | 6 |
| 6 | 15.0 | 15 | 23 | 0 | | 6 | 29 |
| 12 | 36.2 | 208 | 312 | 54 | 0 | 6 | 372 |
| 18 | 15.0 | 82 | 123 | 753 | 23 | 6 | 905 |
| 24 | | 47 | 71 | 297 | 312 | 6 | 686 |
| 30 | | 35 | 53 | 170 | 123 | 6 | 352 |
| 36 | | 25 | 38 | 127 | 71 | 6 | 242 |
| 42 | | 17 | 25 | 90 | 53 | 6 | 174 |
| 48 | | 11 | 16 | 62 | 38 | 6 | 122 |
| 54 | | 6 | 0 | 40 | 25 | 6 | 80 |
| 60 | | 0 | | 22 | 16 | 6 | 44 |
| 66 | | | | 0 | 9 | 6 | 15 |
| 72 | | | | | 0 | 6 | 6 |
| 合计 | 66.2 | | 670 | 1615 | 670 | 78 | 3033 |

2. 瞬时单位线

所谓瞬时单位线就是单位净雨在瞬时（即$\Delta t\to 0$）内均匀地降落在全流域上，在出口断面处形成的地表径流过程线。其基本假定与经验单位线相同。

（1）瞬时单位线公式为

$$u(t)=\frac{1}{K\Gamma(n)}\left(\frac{t}{k}\right)^{n-1}e^{-t/k} \qquad (6\text{-}44)$$

式中 $u(t)$——$t$时刻的瞬时单位线纵高；

$K$——反映流域汇流时间的参数，或称调蓄系数；

$\Gamma(n)$——调节次数$n$（或称为调节系数）的伽玛函数；

e——自然对数的底；

$t$——时刻；

$n$、$k$——参数，计算见式（6-48）和式（6-49）。

由以上可知，决定瞬时单位线的参数只有 $n$、$k$两个。只要$n$、$k$确定了，就可由式（6-44）确定瞬时单位线。

（2）在实际应用中，应由瞬时单位线经过 $S$ 曲线转化为时段单位线。利用其时段单位线，由设计净雨推求设计洪水过程线。

时段单位线公式为

$$u(\Delta t,t)=\frac{1}{\Delta t}[S(t)-S(t-\Delta t)] \tag{6-45}$$

$$S(t)=\frac{1}{\Gamma(n)}\int_0^{t/k}\left(\frac{t}{k}\right)^{n-1}\mathrm{e}^{-t/k}\mathrm{d}\left(\frac{t}{k}\right) \tag{6-46}$$

$$S(t-\Delta t)=\frac{1}{\Gamma(n)}\int_0^{(t-\Delta t)/k}\left(\frac{t-\Delta t}{k}\right)^{n-1}\mathrm{e}^{-\frac{(t-\Delta t)}{k}}\mathrm{d}\left(\frac{t-\Delta t}{k}\right) \tag{6-47}$$

式中 $u(\Delta t,t)$——时段为 $\Delta t$ 的时段单位线纵高；

$\Delta t$——时段长，与经验单位线一样，$\Delta t$ 一般可取1、2、3、6、12、24h；

$t$——以 $t$=0 起算的时刻；

$(t-\Delta t)$——以 $t=\Delta t$ 起算的时刻；

$S(t-\Delta t)$——以时刻（$t-\Delta t$）为自变量的 $S$ 曲线纵高。

由上列公式可知，决定 $S$ 曲线的参数也是 $n$、$k$ 两个。因此只要求出 $n$、$k$，查有关水文技术文献中的 $s(t)$曲线表［或由计算机编程通过求解 $\Gamma(n)$得到］便可得出 $s(t)$。而 $s(t-\Delta t)$即为错后一个 $\Delta t$ 的 $s(t)$，两者相减即可求得时段单位线。

（3）参数 $n$、$k$ 的确定。根据净雨过程 $I(t)$、地表流量过程 $Q'(t)$ 与瞬时单位线 $u(t)$的一阶原点矩及二阶中心矩之间的关系可以得

$$n=\frac{(Q'_{01}-I_{01})^2}{Q'_2-I_2} \tag{6-48}$$

$$k=\frac{Q'_2-I_2}{Q'_{01}-I_{01}} \tag{6-49}$$

式中 $Q'_{01}$、$I_{01}$——地表流量过程线、净雨过程线的一阶原点矩；

$Q'_2$、$I_2$——地表流量过程线、净雨过程线的二阶中心矩。

（4）瞬时单位线法推求时段单位线的计算步骤。

**［例 6-5］** 瞬时单位线法推求时段单位线实例。

某流域的流域面积 $F$=1830km$^2$，试根据瞬时单位线方法推求流域的 6h 时段单位线。

推算步骤如下：

1）从某流域某控制站的实测降雨及流量资料中，选取降雨均匀，雨强大，且容易分割基流的孤立大洪水。考虑这些因素，选择 2016 年 8 月 2～11 日一次洪水及其相应的暴雨，作为推求时段单位线的依据。

2）取时段 $\Delta t$=6h，由流域内各雨量站雨量计算面雨量，并根据产流计算推求净雨过程，填入表 6-9 中第（2）列。

**表 6-9　　净雨一阶原点矩 $I_{01}$ 及二阶中心矩 $I_2$ 计算表**

| 月、日、时 | 净雨过程 $I_i$（mm） | $t_i$（h） | $I_it_i$ | $t_i-I_{01}$ | $(t_i-I_{01})^2$ | $I_i(t_i-I_{01})^2$ |
|---|---|---|---|---|---|---|
| （1） | （2） | （3） | （4） | （5） | （6） | （7） |
| 08-02　08:00～14:00 | 5.5 | 3 | 16.5 | −10.3 | 106.1 | 583 |
| 08-02　14:00～20:00 | 13.5 | 9 | 121.5 | −4.3 | 18.5 | 250 |
| 08-02　20:00～08-03　02:00 | 41.0 | 15 | 615.0 | 1.7 | 2.89 | 118.5 |
| 08-03　02:00～08:00 | 5.8 | 21 | 121.8 | 7.7 | 59.3 | 344 |
| 合计 | 65.8 | | 874.8 | | | 1295.5 |

3）计算净雨一阶原点矩 $I_{01}$ 及二阶中心矩 $I_2$，即

$$I_{01}=\frac{\sum I_it_i}{\sum I_i} \tag{6-50}$$

$$I_2=\frac{\sum I_i(t_i-I_{01})^2}{\sum I_i} \tag{6-51}$$

由表 6-9 中第（2）列得 $\sum I_i$=65.8，第（4）列得到 $\sum I_it_i$=874.8，由式（6-50）求得 $I_{01}$=13.3h。

由表 6-9 中第（7）列得 $\sum I_i(t_i-I_{01})^2$=1295.5，由式（6-51）求得 $I_2$=19.7。

4）将流量过程线分割基流后得出地表流量过程线，见表 6-10 中第（4）列，求第（4）列时段末流量的平均值，即为各时段地表平均流量 $Q'_i$，填入第（5）列。

5）计算各时段地表平均流量过程的一阶原点矩 $Q'_{01}$ 及二阶中心矩 $Q'_2$，即

$$Q'_{01}=\frac{\sum Q'_it_i}{\sum Q'_i} \tag{6-52}$$

$$Q_2'=\frac{\sum Q_i'(t_i-Q_{01}')^2}{\sum Q_i'} \quad (6\text{-}53)$$

由表 6-10 中第（7）列得 $\sum Q_i' t_i=338552$，由第（5）列得 $\sum Q_i'$=5635.2，据式（6-52）求得 $Q_{01}'$=60h。

由表6-10中第（10）列得 $\sum Q_i'(t_i-Q_{01}')^2=2329682$，据式（6-53）求得 $Q_2'=413\,h^2$ 。

**表 6-10　地表流量一阶原点矩 $Q_{01}'$ 及二阶中心矩 $Q_2'$ 计算表**

| 月、日、时 | 流量 $Q$ ($m^3/s$) | 基流 $Q_j$ ($m^3/s$) | $Q-Q_j$ ($m^3/s$) | $Q_i'$ ($m^3/s$) | $t_i$ (h) | $Q_i't_i$ | $t_i-Q_{01}'$ | $(t_i-Q_{01}')^2$ | $Q_i'(t_i-Q_{01}')^2$ |
|---|---|---|---|---|---|---|---|---|---|
| (1) | (2) | (3) | (4) | (5) | (6) | (7) | (8) | (9) | (10) |
| 08-02 08:00 | 0 | 0 | 0 | | | | | | |
| 08-02 14:00 | 2.0 | 1.0 | 1.0 | 0.5 | 3 | 1.5 | –57 | 3249 | 1625 |
| 08-02 20:00 | 4.0 | 2.0 | 2.0 | 1.5 | 9 | 13.5 | –51 | 2601 | 3900 |
| 08-03 02:00 | 31.0 | 2.0 | 29.0 | 15.5 | 15 | 232 | –45 | 2025 | 31400 |
| 08-03 08:00 | 95.8 | 3.0 | 92.8 | 60.9 | 21 | 1230 | –39 | 1521 | 92700 |
| 08-03 14:00 | 232 | 3.0 | 229 | 160.9 | 27 | 4350 | –33 | 1089 | 175000 |
| 08-03 20:00 | 416 | 4.0 | 412 | 320.5 | 33 | 10550 | –27 | 729 | 234000 |
| 08-04 02:00 | 544 | 4.0 | 540 | 476 | 39 | 18600 | –21 | 441 | 210000 |
| 08-04 08:00 | 686 | 5.0 | 681 | 610.5 | 45 | 27500 | –15 | 225 | 137300 |
| 08-04 14:00 | 759 | 6.0 | 753 | 717 | 51 | 36600 | –9 | 81 | 58077 |
| 08-04 20:00 | 691 | 7.0 | 687 | 720 | 57 | 41000 | –3 | 9.0 | 6480 |
| 08-05 02:00 | 585 | 7.0 | 578 | 632.5 | 63 | 39800 | 3 | 9.0 | 5700 |
| 08-05 08:00 | 478 | 8.0 | 470 | 524 | 69 | 36200 | 9 | 81 | 42500 |
| 08-05 14:00 | 367 | 8.0 | 359 | 414.5 | 75 | 31100 | 15 | 225 | 93300 |
| 08-05 20:00 | 250 | 8.0 | 242 | 300.5 | 81 | 24300 | 21 | 441 | 132200 |
| 08-06 02:00 | 184 | 9.0 | 175 | 208.5 | 87 | 18130 | 27 | 729 | 152000 |
| 08-06 08:00 | 140 | 9.0 | 131 | 153 | 93 | 14230 | 33 | 1089 | 166300 |
| 08-06 14:00 | 98 | 9.0 | 89 | 110 | 99 | 10900 | 39 | 1521 | 167500 |
| 08-06 20:00 | 70 | 9.0 | 61 | 75 | 105 | 7875 | 45 | 2025 | 151500 |
| 08-07 02:00 | 52 | 9.5 | 42.5 | 51.8 | 111 | 5760 | 51 | 2601 | 135000 |
| 08-07 08:00 | 36.9 | 9.8 | 27.1 | 34.8 | 117 | 4080 | 57 | 3249 | 113000 |
| 08-07 14:00 | 27.5 | 10.5 | 17.0 | 22.1 | 123 | 2720 | 63 | 3969 | 87800 |
| 08-07 20:00 | 21.5 | 11.0 | 10.5 | 13.8 | 129 | 1780 | 69 | 4761 | 65700 |
| 08-08 02:00 | 17.1 | 11.0 | 6.1 | 8.3 | 135 | 1120 | 75 | 5625 | 46700 |
| 08-08 08:00 | 12.1 | 12.1 | 0 | 3.05 | 141 | 430 | 81 | 6561 | 20000 |
| 合计 | | | | 5635.2 | | 338552 | | | 2329682 |

6）计算参数 $n$、$k$。由式（6-48）、式（6-49）分别得

$$n=\frac{(Q'_{01}-I_{01})^2}{Q'_2-I_2}=\frac{(60-13.3)^2}{413-19.7}=5.56\approx 5.6$$

$$k=\frac{Q'_2-I_2}{Q'_{01}-I_{01}}=\frac{413-19.7}{60-13.3}=8.42\,(\text{h})$$

7）查有关水文技术文献中的 $S(t)$ 曲线表，已知 $n$=5.6，将从表中查得的 $S(t)$与 $i$（即 $t/k$）数值填入表 6-11 中第（3）列与第（1）列。又已知 $k$=8.42h，故 $t=i\times 8.42$h，由此求得的 $t$ 填入表 6-11 中第（2）列。

表 6-11　$S(t)$ 曲线计算表

| $t/k$ | $t\,(h)$ | $S(t)$ |
|---|---|---|
| （1） | （2） | （3） |
| 0 | 0 | 0 |
| 1 | 8.42 | 0.001 |
| 2 | 16.8 | 0.027 |
| 3 | 25.3 | 0.117 |
| 4 | 33.7 | 0.271 |
| 5 | 42.1 | 0.452 |
| 6 | 50.5 | 0.62 |
| 7 | 58.9 | 0.754 |
| 8 | 67.4 | 0.850 |
| 9 | 75.8 | 0.912 |
| 10 | 84.2 | 0.951 |
| 11 | 92.6 | 0.973 |
| 12 | 101.0 | 0.986 |
| 13 | 109.5 | 0.993 |
| 14 | 117.9 | 0.996 |
| 15 | 126.3 | 0.998 |
| 16 | 134.7 | 0.999 |
| 17 | 143.1 | 1.000 |

8）由表 6-11 第（2）、（3）列数字绘 $S(t)$曲线，如图 6-5 所示。本例中降雨及净雨时段 $\Delta t$ = 6h，因此在该 $S(t)$曲线上从 $t$ = 0 开始，每隔 $\Delta t$ ($\Delta t$=6h)读取 $S(t)$ 数值，填入表 6-12 第（2）列。将 $S(t)$错后一个时段即为 $S(t-\Delta t)$，填入表 6-12 第（3）列。

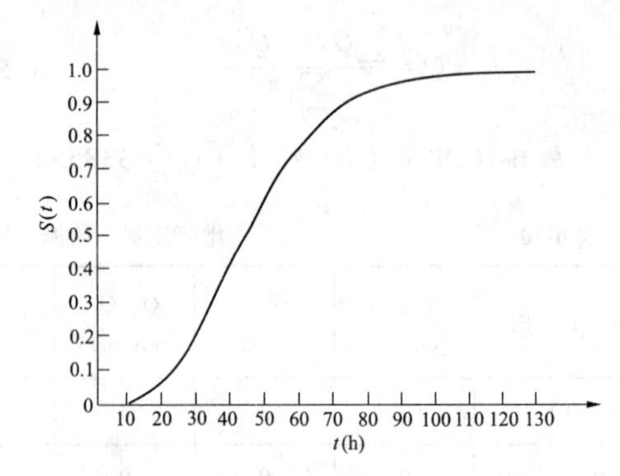


图 6-5　$S(t)$曲线

表 6-12　6h（时段）单位线计算表

| 时段数（$\Delta t$ = 6h） | $S(t)$ | $S(t-\Delta t)$ | 无因次时段单位线 $u(\Delta t, t)$ | 6h10mm 净雨形成的单位线 $q(\Delta t, t)$（$m^3/s$） |
|---|---|---|---|---|
| （1） | （2） | （3） | （4） | （5） |
| 0 | 0 | | | |
| 1 | 0 | | 0 | 0 |
| 2 | 0.003 | 0 | 0.003 | 2.54 |
| 3 | 0.027 | 0.003 | 0.024 | 20.3 |
| 4 | 0.098 | 0.027 | 0.071 | 60.1 |
| 5 | 0.199 | 0.098 | 0.101 | 85.6 |
| 6 | 0.309 | 0.199 | 0.110 | 93.34 |
| 7 | 0.438 | 0.309 | 0.129 | 109.2 |
| 8 | 0.572 | 0.438 | 0.134 | 113.6 |
| 9 | 0.677 | 0.572 | 0.105 | 89.0 |
| 10 | 0.768 | 0.677 | 0.091 | 77.1 |
| 11 | 0.836 | 0.768 | 0.068 | 57.6 |
| 12 | 0.890 | 0.836 | 0.054 | 45.7 |
| 13 | 0.925 | 0.89 | 0.035 | 29.7 |
| 14 | 0.950 | 0.925 | 0.025 | 21.2 |
| 15 | 0.965 | 0.95 | 0.015 | 12.7 |
| 16 | 0.975 | 0.965 | 0.010 | 8.47 |
| 17 | 0.983 | 0.975 | 0.008 | 6.77 |
| 18 | 0.989 | 0.983 | 0.006 | 5.08 |
| 19 | 0.993 | 0.989 | 0.004 | 3.39 |
| 20 | 0.996 | 0.993 | 0.003 | 2.54 |
| 21 | 0.998 | 0.996 | 0.002 | 1.69 |
| 22 | 0.999 | 0.998 | 0.001 | 0.84 |

续表

| 时段数（$\Delta t=6\text{h}$） | $S(t)$ | $S(t-\Delta t)$ | 无因次时段单位线 $u(\Delta t,t)$ | 6h10mm 净雨形成的单位线 $q(\Delta t,t)$（$\text{m}^3/\text{s}$） |
|---|---|---|---|---|
| 23 | 1.000 | 0.999 | 0.001 | 0.84 |
| 24 | 1.000 | 1.000 | 0 | 0 |
| 总计 | | | 1.000 | 847.2 |

9）推求时段单位线。将表 6-12 中 $S(t)$与 $S(t-\Delta t)$相减即得出无因次时段单位线 $u(\Delta t,t),(\Delta t=6\text{h})$，填入表 6-12 中第（4）列。

由 $u(\Delta t,t)$推求 6h 10mm 时段单位线 $q(\Delta t,t)$，按下式计算，即

$$q(\Delta t,t)=\frac{10F}{3.6\Delta t}u(\Delta t,t)$$

$$=\frac{10\times 1830}{3.6\times 6}u(\Delta t,t)=847.2\times u(\Delta t,t)$$

根据上式将表 6-12 中第（4）列乘以 847.2 便得出 $q(\Delta t,t)$，填入表 6-12 中第（5）列。

（5）根据瞬时单位线法推求设计洪水过程线。由瞬时单位线法求得时段单位线 $q(\Delta t,t)$之后，便可根据设计净雨推求设计洪水过程线。其推求方法与经验单位线完全相同，仍可按表 6-8 方法进行。

3. 综合单位线

当本流域无实测雨洪资料时，根据流域自然地理特征及降雨特征间接求得单位线各要素或参数并以之推算设计洪水的一种方法称为综合单位线（又称地貌单位线）法。常见的方法有综合经验单位线法和综合瞬时单位线法。

（1）综合经验单位线法。用公式表示有水文资料地区经验单位线与其主要影响因素（流域面积 $F$、流域长度 $L$、坡面或主槽坡度 $J$ 等）之间的定量关系，最常见的方法是用几个要素来概括经验单位线的形状，将这些要素分别与其主要影响因素建立经验公式，用于缺乏水文资料流域设计洪水的推求，这种方法称为综合经验单位线法。

由于每个地区汇流条件的差异，综合经验单位线公式所考虑的因素及其表达的形式是不同的，因此，全国各省区都提出了适合本地区的综合经验单位线。

（2）综合瞬时单位线。由瞬时单位线的基本公式（6-44）可知，只要确定了参数 $n$、$K$，整个单位线就能推求出来。在综合瞬时单位线过程中，并不直接对 $n$、$K$ 进行综合，而是用另一种形式的参数 $m_1$、$m_2$（$m_1$ 为瞬时单位线的滞时），其与 $n$、$K$ 的关系为

$$n=\frac{1}{m_2} \tag{6-54}$$

$$K=\frac{m_1}{n} \tag{6-55}$$

$m_1$ 及 $m_2$ 反映了瞬时单位线的参数 $n$、$K$，将 $m_1$、$m_2$ 与主要影响因素（如流域面积 $F$、流域坡度 $J_F$、净雨深 $R$ 等）建立综合瞬时单位线的经验公式，用于推求缺乏水文资料流域的设计洪水。

综合瞬时单位线常用以下几种形式表示，即

$$\begin{cases} m_1=K_1F^{\alpha_1}J^{\beta_1} \\ m_2=K_2F^{\alpha_2}J^{\beta_2} \end{cases} \tag{6-56}$$

$$\begin{cases} m_1=K_1L^{\alpha_1}J^{\beta_1} \\ m_2=K_2L^{\alpha_2}J^{\beta_2} \end{cases} \tag{6-57}$$

$$\begin{cases} m_1=K_1F^{\alpha_1}J_F^{\beta_1} \\ m_2=K_2F^{\alpha_2}J_F^{\beta_2} \end{cases} \tag{6-58}$$

式中 $m_1$、$m_2$ ——综合瞬时单位线参数；
$F$——流域面积；
$J$——主槽坡度；
$J_F$ ——流域面积平均坡度；
$L$——主槽长度；
$K_1$、$K_2$ ——系数；
$\alpha_1$、$\alpha_2$ ——指数；
$\beta_1$、$\beta_2$ ——指数。

我国不少省区（如安徽、山东、江苏等省）制定了综合瞬时单位线公式。

山东省部分地区的公式为

$$m_1=KF^{0.301}J_L^{-0.493} \tag{6-59}$$

$$m_2=0.34m_1^{-0.12} \tag{6-60}$$

式中 $J_L$——主槽坡度。

安徽省的公式为

$$m_{1_{i=10}}=12F^{0.15}J_L^{-0.226}J_F^{-0.226} \tag{6-61}$$

$$K=2.0J_L^{-0.232}(m_{1_{i=10}})^{0.516} \tag{6-62}$$

$$m_1=10^{\alpha}i^{-\alpha}m_{1_{i=10}} \tag{6-63}$$

式中 $m_{1_{i=10}}$ ——净雨强度 $i=10\text{mm/h}$ 的参数 $m_1$ 值；
$F$——流域面积，$\text{km}^2$；
$J_L$ ——河道干流平均坡度，‰；
$J_F$ ——流域面积平均坡度，$\text{dm/km}^2$；
$m_1$ ——任何净雨强度 $i$ 时的单位线滞时；
$\alpha$——指数。

用综合瞬时单位线推求设计洪水的方法步骤一般是根据设计流域的面积、主河槽和流域面积的平均坡度、净雨强度等主要影响因素由综合瞬时单位线公式求出 $m_1$、$m_2$，再根据式（6-54）和式（6-55）推求设

计流域的瞬时单位线参数 $n$、$K$，$n$、$K$ 确定后按前述的瞬时单位线法推求设计洪水。

## 三、设计洪水位计算

推算或确定天然河流设计洪水位的方法，根据资料条件和设计要求，大致有以下几种，现分述于下：

### （一）直接用水位资料统计计算

用水位资料推算设计洪水位时，仍用前述频率计算方法进行。计算中，一般将水位减（加）一个常数后再作统计，计算后，再回加（减）该常数才是所求成果。线型一般仍用 P-III 型。要注意的是，水位频率计算参数中，除均值外，其余无实际意义。

应该指出，用水位资料推求设计洪水位只适用于工程防洪标准低、河床冲淤变化小、断面较稳定的情况。

### （二）直接用调查洪水位作为设计洪水位

此法在设计标准较低而允许简化工作的情况下是可行的，如小电厂、小变电站和线路跨越等工程及位于卡口等范围的工程点。在无资料地区也可采用此方法。

### （三）通过水位流量关系求设计洪水位

当工程地点或参证站具有可以应用的水位流量关系曲线时，可以直接引用。如果没有实测资料，可以用曼宁公式作断面过水能力计算，点绘水位流量关系曲线，并应结合洪水调查，以利高水部分的定线。曼宁公式的表达式为

$$v=\frac{1}{n}R^{2/3}J^{1/2} \tag{6-64}$$

式中 $v$——流速，m/s；

$R$——水力半径，m；

$J$——河道比降。

计算时，可按表 6-13 的格式，用表 6-13 中第（1）列和（14）列数据绘图，根据设计洪峰流量查图得设计洪水位。

**表 6-13　　水位流量关系曲线计算**

| 水位 $H$ | 水面宽 $B$ | $\Delta H$ | 断面积 $A$ | | 湿周 $x$ | | | 水力半径 $R$ | $R^{2/3}$ | 比降 J | $J^{1/2}$ | 糙率 $n$ | 流量 $Q$ |
|---|---|---|---|---|---|---|---|---|---|---|---|---|---|
| | | | $\Delta A$ | $A$ | 左岸 | 右岸 | 合计 | | | | | | |
| （1） | （2） | （3） | （4） | （5） | （6） | （7） | （8） | （9） | （10） | （11） | （12） | （13） | （14） |

具体计算时，按以下原则处理：

（1）有漫滩的断面，宜将主槽、边滩分开计算，然后相加。

（2）有回流死水等情况时，注意划分有效过水断面。

（3）对宽浅式河槽，$R$ 可用平均水深 $h$ 代替（$h=A/B$）。

（4）$J$ 可用断面平均河底高程计算的河底纵比降或洪水调查水面比降等方法确定。$n$ 值见附录 g 天然河道糙率表。

### （四）水位相关法

当工程点与上（下）游站有同期洪水位观测和调查资料时，可根据两地洪水位相关，通过参证站的设计洪水位来推求工程地点的设计洪水位；平原地区若洪水比降较小，可根据参证站的设计洪水位和洪水比降推求。

当工程点位于干支流汇合处附近，洪水遭遇情况较为复杂时，要参照地区洪水组成计算方法通过设计洪峰流量来推求。

当工程点位于河弯处，设计洪水位应考虑凹岸壅水、凸岸减水的影响，并可按下式计算，即

$$\Delta h=\frac{v^2}{2g}\times\frac{B}{R} \tag{6-65}$$

式中 $\Delta h$——凸岸和凹岸的水位差，m；

$v$——设计水位时的断面平均流速，m/s；

$B$——设计水位时的水面宽，m；

$R$——河弯的平均曲率半径，m。

### （五）设计洪峰流量和设计洪水位的移用

当引用或推算的是参证站的设计洪峰流量或设计洪水位时，可按下列要求将其移用到工程地点。

1. 移用参证站的设计洪峰流量

先将参证站的设计洪峰流量移用到工程地点，再通过工程地点的水位流量关系进一步求出设计洪水位。

（1）简单的移用方法：流域面积比拟法、面积内插法等。

（2）利用工程点与上（下）游站的洪峰流量相关移用。

（3）用洪水演进计算、马斯京根法等。

（4）过程线叠加法。当工程点上游两支流上有较长观测资料系列，汇流后实测系列较短时，可利用支流的过程线考虑洪水传播时间进行叠加，推算汇流后的设计流量。若区间还有较大支流汇入，应另加修正。

2. 移用参证站设计洪水位

（1）当只有上下游参证站洪水水面比降时，用下式计算，即

$$H_x = H_a \pm JL \tag{6-66}$$

式中 $H_x$、$H_a$——工程地点、参证站的设计洪水位；

$J$——参证站或参证站至工程地点间河段的洪水比降；

$L$——参证站至工程地点间的河长；

$JL$——落差，参证站在上游时用负号，参证站在下游时用正号。

（2）当工程地点上下游都有参证站时，可用上下游参证站的设计洪水位连成直线水面线，按河长内插求得工程地点的设计洪水位。

按水面比降推求设计洪水位，一般只适用于大中河流、平原河流或者水面比降变化平缓的河段。对于蜿蜒曲折、河床起伏不平、过水断面形状不规则的天然河道，必要时应考虑凹岸壅水、凸岸减水的影响，进行水面曲线计算。

（六）天然河道恒定流水面曲线的分析计算

由于生产建设的要求，常需在河道上修建大坝等水工建筑物、丁坝等河工建筑物以及对河道进行裁弯、疏浚、挖槽、汊道修整等整治工程，另外，还有修建码头、桥梁等工程。这些工程将对原来河道的边界条件产生较大的改变，也使水流形态相应地发生变化，河道中河流水深沿程变化的曲线称为水面曲线。由于河道自然状态的改变，使部分河段形成水深沿程增加的壅水河段或水深沿程减小的降水河段，该段河道水流一般与时间不相关，为恒定流；在实际工程中，常常遇到河道上下游水位、流量等水力学要素随时间的变化的流动问题，如因暴雨径流和上游来水引起的洪水向下游演进、溃坝后水体的突然泄放等，这些流动属于河道非恒定流问题，考虑到大多数水流的波动过程比较缓慢，解决这类问题一般是将这类水流简化为明渠非恒定渐变流，采用其基本方程——圣维南方程计算水面曲线。

天然河道最基本的特点就是河线曲直相间，各过水断面宽窄不一，河道底坡和糙率沿程变化。因此，在进行天然河道恒定流水面曲线计算时，需将河道分成若干河段，分段的基本原则主要有每个计算河段和相应断面的水力学要素的平均值能够近似地反映该河段的实际水流状况，同一河段流量没有变化，过水断面形状及面积变化不大，河段糙率、底坡基本一致，平原河流分段长度不宜超过 5km，山区河流不宜超过 1km。

关于非恒定渐变流的计算方法可查阅有关书籍，现简要介绍恒定流水面曲线的计算方法。

1. 水面曲线的基本方程式

由于河底很不平整，难以正确确定断面水深，结合河道的实际条件，一般是直接计算有关断面的水面高程，即水位。对于图 6-6 中的 1-1 至 2-2 河段，恒定流水面曲线计算的基本方程见式（6-67）和式（6-68），即

$$z_1 + \frac{\alpha_1 v_1^2}{2g} = z_2 + \frac{\alpha_2 v_2^2}{2g} + h_\mathrm{f} + h_\mathrm{j} \tag{6-67}$$

或

$$\Delta z = z_1 - z_2 = h_\mathrm{f} + h_\mathrm{j} + \Delta h_v \tag{6-68}$$

式中 $z_1$、$z_2$——上游断面、下游断面的水面高程或水位；

$\frac{\alpha_1 v_1^2}{2g}$、$\frac{\alpha_2 v_2^2}{2g}$——上游断面、下游断面的流速水头；

$v_1$、$v_2$——上游断面、下游断面的平均流速；

$\Delta h_v$——两断面的流速水头之差；

$\alpha$——动能修正系数；

$h_\mathrm{f}$、$h_\mathrm{j}$——本河段水流的沿程水头损失、局部水头损失。

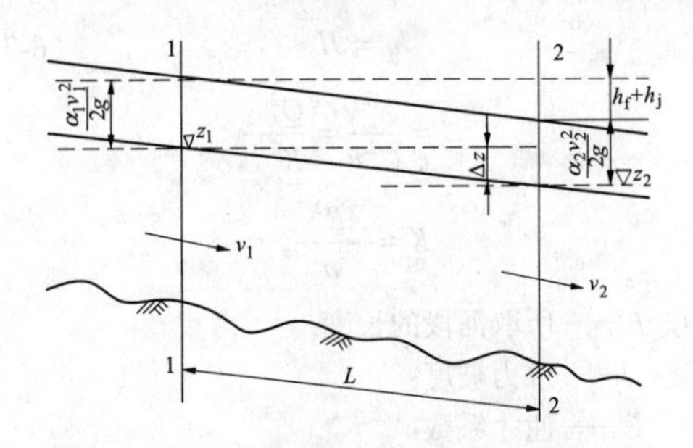


图 6-6 水面线基本方程示意图

图 6-6 中的河段编号，是根据水流流向从上游到下游进行的。由于大多数河道水流为缓流，河道的控制断面一般设在下游，从下游往上游推算。因此，河道断面编号顺序可以从上游到下游，也可以从下游到上游。

下面分别解释式（6-67）中各项含义。

（1）动能修正系数的选定。动能修正系数 $\alpha$ 与断面上流速分布的不均匀性有关。$\alpha$ 值选用不当，对流速不大的平原河段，其计算结果影响不大；但对流速很大的山区河流或急流险滩，其计算结果影响则较大。单式断面的 $\alpha$ 较复式断面的 $\alpha$ 小，山区河流的 $\alpha$ 较平原河流的 $\alpha$ 大。特别在河道断面发生突变的地方，水流近似为堰流的河段，$\alpha$ 值可达 2.1 左右。在平原河流，$\alpha$ 为 1.15～1.5；山区河流 $\alpha$ 为 1.5～2.0。

还可从动能修正系数 $\alpha$ 的定义出发，计算天然河道复式断面的动能修正系数 $\alpha$，即

$$\alpha = \frac{\left(\sum A_i\right)^2 \sum\left(\frac{K_i^3}{A_i^2}\right)}{\left(\sum K_i\right)^3} \tag{6-69}$$

式中 $A_i$、$K_i$——复式断面各部分面积、流量模数。

上述计算公式，要求相关技术资料比较充足。在

技术资料不充足的情况下，可参考其他相关断面的流速分布情况，凭经验直接给出$\alpha$值。

另外，可采用下述近似关系式直接给定某一断面的平均流速，即

$$\left.\begin{aligned} v &\approx (0.8\sim0.9)u_s \\ v &\approx 0.5(u_{0.2}+u_{0.8}) \\ v &\approx u_{0.4} \end{aligned}\right\} \tag{6-70}$$

式中 $u_{0.2}$、$u_{0.4}$、$u_{0.8}$和$u_s$——某一断面沿水深给定位置处的流速，下标数字为相对水深，下标 s 为水面。

使用式（6-70）计算断面平均流速 $v$，则动能修正系数$\alpha$ 可取值为 1.0。

（2）沿程水头损失的计算。均匀流沿程水头损失 $h_f$ 的计算公式为

$$h_f = JL \tag{6-71}$$

$$J=\frac{v^2}{C^2R}=\frac{Q^2}{K^2}$$

$$K=\frac{AR^{2/3}}{n}$$

式中 $L$——所取河段的长度；

$J$——水力坡度；

$C$——谢才系数；

$R$——水力半径；

$Q$——流量；

$K$——流量模数。

由于河道断面形状和大小沿程均在变化，在应用式（6-71）计算河道渐变流的沿程水头损失 $h_f$ 时，应取平均水力坡度$\bar{J}$，即

$$h_f=\bar{J}L \tag{6-72}$$

$$\bar{J}=\frac{Q^2}{\bar{K}^2}=\frac{\bar{v}^2}{\bar{C}^2\bar{R}} \tag{6-73}$$

式中 $\bar{J}$——平均水力坡度；

$\bar{K}$、$\bar{v}$、$\bar{C}$、$\bar{R}$——与所取河段两端断面有关的平均水力要素。

关于河段的平均水力坡度$\bar{J}$的计算，可按定义先计算上述有关平均水力要素，再得到平均水力坡度$\bar{J}$。或者根据计算谢才系数的曼宁公式，用下列方法计算：通过分别计算河段两端 1-1 和 2-2 断面的水力坡度，并取平均值，即

$$\bar{J}=\frac{1}{2}(J_1+J_2) \tag{6-74}$$

式中$J_1=\frac{Q^2}{K_1^2}=\frac{n_1^2v_1^2}{R_1^{4/3}}$，$J_2=\frac{Q^2}{K_2^2}=\frac{n_2^2v_2^2}{R_2^{4/3}}$，其中糙率 $n_1$、$n_2$ 的确定是计算沿程损失 $h_f$ 的关键。

对于如图 6-7 所示的由不同糙率的滩地和主槽所组成的复式断面，则应根据糙率的不同，将断面分为两个或三个不同部分（即左右滩地部分和主槽部分），分别求出各部分的流量模数$K_i=\frac{A_iR_i^{2/3}}{n_i}$，再求得整个过水断面的流量模数$K=\sum K_i$及断面上的水力坡度$J=\left(\frac{Q}{\sum K_i}\right)^2$，由式（6-73）即可得平均水力坡度。

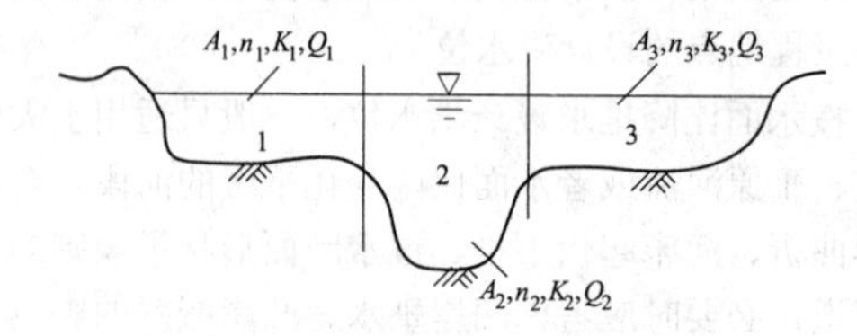


图 6-7 复式断面

（3）局部水头损失的计算。一般来说，河道糙率 $n$ 既反映河槽本身因素对水流阻力的影响，如河床边壁的粗糙程度，河槽纵、横形态的一般变化等，又反映了水流因素对水流阻力的影响，如水位的高低、含沙量的大小等，它属于沿程水头损失的范畴。糙率 $n$ 还包括河道上某些连续存在的不显著的局部变化对水流阻力的影响，因此，在一般情况下可无须考虑局部水头损失。但如果河道局部地方有较突出的变化或障碍物，如断面的突缩和尖扩、急弯段、河床中存在的特大礁石或石梁以及河中的桥墩等，将引起水流涡旋丛生、流态复杂，并产生较大的局部水流阻力。而这些局部水流阻力所产生的局部损失，并未包括在糙率等反映沿程水头损失的参数中，在进行河流（特别是山区河流）的水面曲线等计算中则需要考虑。由于局部水头损失的特殊性，必须对具体的局部阻力进行具体的分析研究，求出反映实际情况的局部阻力系数，应用于各种河道水面曲线的计算中。

下面给出在一般情况下，几种典型河道局部水头损失的计算方法。

1）局部水头损失经验公式为

$$h_j=\xi\left(\frac{v_2^2}{2g}-\frac{v_1^2}{2g}\right) \tag{6-75}$$

式中 $\xi$——局部阻力系数，逐渐扩散河段$\xi$取值 −0.33～−0.55，河槽急剧扩大$\xi$取值 −0.5～−1.0，对于收缩河段河槽$\xi$取值 0。

2）桥墩阻力的局部水头损失为

$$h_j=\xi\frac{v_1^2}{2g} \tag{6-76}$$

式中 $\xi$——系数，方头墩$\xi$取值 0.35，圆头墩$\xi$取

值 0.18，$\xi$ 取值时长宽比均应为 4，如果长宽比大于 4，则 $\xi$ 值应有所增加；

$v_1$ ——紧接桥墩处的断面平均流速。

3）汇流的局部水头损失。指支流汇入主流时，支流断面与交汇后的主流断面之间发生的局部水头损失，即

$$h_j = 0.1\left(\frac{v_2^2}{2g} - \frac{v_1^2}{2g}\right) \tag{6-77}$$

式中 $v_1$、$v_1$ ——汇合前支流上的断面平均流速、汇合后主流上的断面平均流速。

4）弯道的局部水头损失为

$$h_j = 0.05\left(\frac{v_2^2}{2g} + \frac{v_1^2}{2g}\right) \tag{6-78}$$

式中 $v_1$、$v_2$ ——急弯段两端断面的平均流速。

一般地，局部水头损失通常可采用式（6-75）计算。

需要指出的是，由于天然河道地形的复杂性，在进行水面曲线的计算时，一般将局部水头损失并入沿程水头损失中考虑，这时沿程损失系数具有综合沿程损失的含义。

2. 水面曲线计算的基本方法

河道水面曲线的计算就是从某控制断面的已知水位开始，根据有关水文和地形等资料，运用水面曲线基本方程式，逐河段推算其他断面水位的一种水力计算。在推算河道水面曲线时，因一般河道水流为缓流，故控制断面一般放在下游，也就是计算从下游向上游逐段进行。然而对于水流为急流的河道，控制断面则放在上游，计算是从上游向下游逐段进行。

计算河道水面曲线时，可根据实际情况，考虑流速水头变化项或不考虑流速水头变化项。这两种情况，在计算工作量方面有较大差别，在计算精度上也有所不同。下面给出了几种流速水头可否忽略的情况，供选择。

在一般情况下，回水水面的计算，应考虑流速水头。在初步估算设计洪水位时可不考虑流速水头；当断面变化不大，各断面相当均匀并且流速小于 1.0m/s 时，可不考虑流速水头（因这一规定所引起的误差最大不超过 0.1m）；平原河流一般可忽略流速水头的影响，但对平原河道的陡坡和跌水段则应考虑其影响；推算山区河流的水面线，对纵坡比较单一、横断面变化不大的河道，可用忽略流速水头变化的方法。对于纵横断面变化较大（如陡坡、跌水、急剧收缩与扩散）的河段，则不能忽略流速水头的变化，而且在局部变化较急剧的地方还要额外加进局部水头损失，并应在局部变化急剧处的前后加设断面；在山区或比较偏僻地区的水库对回水没有特别的控制要求时，回水水面线的精度要求不必十分严格，此时虽然断面变化较不均匀，流速大于 1.0m/s，也可不必考虑流速水头影响。

进行河道水面曲线计算的方法很多，如逐段试算法、图解法及简易计算法等。鉴于目前计算机及计算技术的发展，在此只重点介绍可适用于计算机编程计算的逐段试算法。

逐段试算法是推算水面曲线的基本方法，它精确可靠，适用性广，在工程实际上被普遍采用。逐段试算法的基本思想是：根据工程或实际情况的需要，将需进行水面曲线计算的整个河段，分成若干个计算河段（或称子河段、局部河段），从下游到上游对这些计算河段逐段进行计算求解，从而可得到整个河段的水面曲线。逐段试算法是对式（6-67）的直接应用。

对于某段计算河段，考虑式（6-67），并将变量函数流速 $v$ 变换为流量 $Q$，沿程水头损失引入式（6-72）、式（6-73），局部水头损失考虑式（6-75），则

$$z_1 + \frac{\alpha_1 Q^2}{2gA_1^2} = z_2 + \frac{\alpha_2 Q^2}{2gA_2^2} + \frac{L}{2}\left(\frac{Q^2}{K_1^2} + \frac{Q^2}{K_2^2}\right) + \xi\left(\frac{Q^2}{2gA_2^2} - \frac{Q^2}{2gA_1^2}\right) \tag{6-79}$$

式中 $z_1$、$z_2$ ——上、下游断面的水位；

$\alpha_1$、$\alpha_2$ ——上、下游断面的动能修正系数；

$A_1$、$A_2$ ——上、下游断面的面积；

$K_1$、$K_2$ ——上、下游断面的流量模数；

$L$ ——计算河段长度；

$\xi$ ——局部阻力系数；

$g$ ——重力加速度。

将上式整理得到

$$E_1 = E_2 \tag{6-80}$$

$$E_1 = z_1 + \frac{\alpha_1 Q^2}{2gA_1^2} + \xi\frac{Q^2}{2gA_1^2} - \frac{LQ^2}{2K_1^2} \tag{6-81}$$

$$E_2 = z_2 + \frac{\alpha_2 Q^2}{2gA_2^2} + \xi\frac{Q^2}{2gA_2^2} + \frac{LQ^2}{2K_2^2} \tag{6-82}$$

式中 $E_1$、$E_2$ 分别代表上游断面与下游断面的能量函数。当流量 $Q$ 及其他条件不变时，$E_1$ 是 $z_1$ 的函数，$E_2$ 是 $z_2$ 的函数。如令

$$DE = E_1 - E_2 \tag{6-83}$$

式（6-83）为对计算河道进行水面曲线计算的基本关系式。当假定的计算河段两断面的水位符合实际水位时，有 $E_1 = E_2$，$DE=0$。当这两个断面假定的水位不符合实际水位时，就有 $DE \neq 0$，这时应寻找满足式（6-80）的水位，也就是求解式（6-80）。

求解式（6-80）的思路有基于手工和计算器的列表试算法、有利用计算机编程的二等分迭代法等。由于计算机和计算技术的发展和普及，下面介绍可用计算机编程的二等分迭代法。列表试算法可参阅相关文献。

用二等分迭代法进行河道水面曲线计算，也就是求解式（6-80）。其基本思想是将解的存在区域进行二等分，即分成两个子区域；判定解在这两个子区域中的某一个子区域，然后对此子区域再进行二等分，直至最后得到解。下面叙述二等分迭代法的主要方法和步骤。

由于式（6-80）或式（6-83）中，上游断面能量函数 $E_1$ 是 $z_1$ 的函数，下游断面能量函数 $E_2$ 是 $z_2$ 的函数。一般来说，有一个断面的水位 $z_0$ 已知，需求解另一个断面的水位 $z$ 。如下游断面水位 $z_2$ 已知，有 $z_0=z_2$，上游水位 $z$ 待求，式（6-80）可写为

$$F(z)=E_1-E_2=0 \tag{6-84}$$

即为以 $z$ 为自变量的误差函数 $F(z)$ 的表示式。假如求出的 $z$ 符合实际的上游水位 $z_1$ 时，或者说 $z_1$ 为式（6-84）的解时，则误差函数 $F(z)=0$ 。实际操作时，$|F(z)|<\varepsilon_1$ ，或相邻两次求解得出的水位误差 $|\Delta z|<\varepsilon_2$ 时，则所得出的 $z$ 为上游水位 $z_1$ 的解。其中，$\varepsilon_1$ 、$\varepsilon_2$ 为允许误差。

二等分迭代法求解式（6-84）的主要步骤：①适当假定上游水位 $z_3>z_0$，结合已知下游水位 $z_0$ 代入式（6-84）计算误差函数 $F(z_3)$ ，如果 $F(z_3)\neq 0$ ，则令 $F(z_3)=F_3$ 。②令 $z_4=\dfrac{z_0+z_3}{2}$ ，计算 $F(z_4)=F_4$ 。③如果 $F_3$ 与 $F_4$ 同号，则令 $z_3=z_4$ 、$F_3=F_4$；如果 $F_3$ 与 $F_4$ 异号，则令 $z_0=z_4$ 。④重复步骤②与③，直到 $|F(z_4)|<\varepsilon_1$，或 $|\Delta z|=|z_3-z_4|<\varepsilon_2$，则迭代停止，所得的 $z_4$ 即为所求的上游水位 $z_1$ 。

然后进入下一计算河段，按上述思路进行计算。在具体实施计算时，大致有以下几个步骤：①根据河道地形及纵横剖面将需计算的整个河段分成若干计算河段。在细分的过程中，应使每个计算河段和相应断面的水力学要素的平均值能够近似地反映实际水流状况，以保证计算的准确性。②输入各断面水位、断面参数，建立各断面几何水力学要素与水位的关系。由于断面几何水力学要素是水位的函数，在试算过程中，要不断重新计算断面几何水力学要素。因此，要输入各断面几何水力学要素与水位的定量函数关系。一般采用插值函数，例如建立拉格朗日二次插值公式，将水位作为自变量，各断面几何水力学要素如面积 $A$、水力半径 $R$ 等作为因变量，可插值计算任意水位条件下的各断面几何水力学要素 $A$、$R$ 等。③给出各河段糙率、局部水头损失系数以及动能修正系数等参数，并用实测数据进行验证。

3. 水面曲线计算的资料准备及计算步骤

（1）水面曲线计算的资料准备：

1）地形资料。如河道地形图和纵横断面图，库区地形图和纵横断面图等。

2）水文资料。如上下游或流域内水文站、水位站提供的水位、流量过程线，河道或水库的设计流量、河道糙率等。

3）水能资料。主要指水库的正常蓄水位、死水位、防洪限制水位、设计洪水位、校核洪水位以及防洪调节水位和流量等。

上面所列的基本资料对不同的设计阶段或具体的工程可以有不同的要求，计算所需的资料内容可以有所增减。

（2）水面曲线计算的主要步骤：

1）根据计算的主要目的，按照上述要求，收集计算所需的资料。

2）核对已收集的地形资料，并进行预处理。即根据河道地形图划分计算河段，对设置的计算断面进行断面几何水力学要素的计算。

3）根据河段地形状况和部分断面实测水位、流量资料，在已划分的计算河段上选定糙率。

4）根据已有的水文资料和水能资料，确定水面曲线计算所需的上下游边界条件，或称起算条件，如确定河道流量大小、对缓流确定下游末尾断面水位值、对急流确定上游起始断面水位值。

5）用上述 1）～4）的计算方法和步骤编程或利用已有程序计算水面曲线。

6）对计算的成果进行分析，并提供成果报告。

4. 河道非恒定流水面曲线计算的基本思想

在实际工程中，常常遇到在河道水流中与时间相关的流动问题。如河道中因暴雨径流和上游来水引起的洪水向下游的演进；潮汐引起的入海河口及感潮河段的水位变动；溃坝后水体的突然泄放；闸门启闭过程中或水电站、水泵站的流量调节等引起河渠上下游水位的波动；暴雨期城市排水系统的流动等。这些现象共同的特点是将引起河道上下游水位、流量等水力学要素随时间的变化。这些流动都属于河道非恒定流问题，也称明渠非恒定流问题。解决这一类问题的其中一项主要措施就是进行河道明渠非恒定流水面曲线的计算。

描述明槽非恒定渐变流运动规律的基本方程为圣维南方程，求解方法包括直接差分法、特征线法等。关于此类问题的详细分析可参阅相关文献。

## 第二节　水库设计洪水

水库的设计洪水一般可采用坝址设计洪水，但当库区回水较长、水库库面较大、水库建成后流域内产流汇流条件有显著改变且对调洪有较大影响时，应采用入库设计洪水。水库坝前设计洪水位是通过来水（坝址或入库设计洪水）配合库容曲线和泄流曲线经过调

洪计算求得。因此，水库设计洪水的主要内容包括入库洪水计算和调洪演算两部分。

水库回水区的设计洪水位是用河段来水配合断面资料等通过回水计算而求得的，计算方法见本章第四节。在多沙河流，还要进行水库淤积计算。

## 一、入库洪水计算

入库洪水包括入库断面洪水和入库区间洪水两部分。入库断面洪水为水库回水末端附近干支流河道计算断面以上的洪水；入库区间洪水又可分为陆面洪水及库面洪水两部分，陆面洪水为入库断面以下至水库周边以上的区间陆面所产生的洪水，库面洪水为库面降雨直接产生的洪水。将干支流及区间各分区的洪水叠加后即为集中的入库洪水。

### （一）入库设计洪水的推求方法

根据资料条件及工程设计需要等情况选用推求入库设计洪水的方法，具体方法有如下 4 种：

（1）采用入库洪水系列进行频率分析推求入库设计洪水。当有条件推算出历年及历史洪水的较长系列的入库洪水时，可通过频率分析，确定入库洪水的统计参数及设计值，进而将典型入库洪水过程线按设计倍比放大，求得入库设计洪水。

（2）按坝址洪水倍比放大典型入库洪水作为入库设计洪水。当入库洪水系列较短，不能采用频率分析法时，推算集中的入库设计洪水，可按坝址同倍比或分时段同频率控制放大典型入库洪水过程；推算分区的入库设计洪水，一般只能按坝址洪量的倍比放大分区典型入库洪水来推求。

（3）由坝址设计洪水反推入库设计洪水。当库区无大支流汇入，区间面积及其洪水所占比重都较小时，可将坝址设计洪水采用流量反演法推算入库设计洪水。

（4）设计暴雨推算法。借用设计暴雨推算设计洪水的计算方法，采用产流、汇流方法推算至各分区入库点后叠加。

### （二）入库洪水的分析计算

推求入库设计洪水时，往往需要先分析计算入库洪水。历年或典型年的入库洪水，可根据条件选用下述方法分析计算。

1. 流量叠加法（合成流量法）

当水库回水末端附近的干流和主要支流有长系列洪水资料，其控制的流域面积占坝址以上的流域的比重较大时，可分别计算干支流和区间各分区的洪水，即

$$Q_{\mathrm{I}}(t)=\sum Q_0(t)+Q_{\mathrm{ql}}(t)+Q_{\mathrm{qs}}(t) \qquad (6\text{-}85)$$

式中 $Q_{\mathrm{I}}(t)$ ——水库入库洪水流量；

$Q_0(t)$ ——干支流入库断面的洪水流量；

$Q_{\mathrm{ql}}(t)$ ——区间陆面的洪水流量；

$Q_{\mathrm{qs}}(t)$ ——区间水面的洪水流量。

干流和主要支流的入库洪水可由水文站的实测资料采用洪水演进的方法演进到入库断面，对个别较大支流入库断面如缺乏水文实测资料，可根据该支流的自然地理条件和雨洪特性，参照本流域或邻近流域相似河流的资料推算，也可根据降雨资料推算入库洪水。如大部分或绝大部分干支流无实测水文资料，其入库洪水可通过水文比拟法或按降雨推算，通常称为间接流量叠加法。

区间入库洪水的推算是流量叠加法的重点，一般应分别推求区间陆面洪水和区间库面洪水。库面洪水可根据雨量和库面面积推算，库面径流系数为 1.0。库面洪水直接入库，不再考虑汇流时间。如库面面积较小，也可简化，将区间陆面和库面合并作为陆面计算。区间陆面洪水的推算方法如下，可根据资料条件及流域自然地理条件等情况选用。

（1）缺乏实测洪水资料时，可根据雨量资料采用综合单位线法等暴雨产流、汇流计算方法间接计算区间洪水，具体方法见本章第一节。

（2）当区间陆面流域面积较大，其自然地理条件和暴雨洪水特性相似，且其中某一条或几条小支流又有实测洪水资料时，可根据区间和小支流测站流域面积的比例，缩放小支流实测洪水，推求作为区间或区间分块的入库陆面洪水。

（3）当区间陆面流域面积较小，其洪量比重占坝址洪量小于 10%时，也可根据相似的相邻流域某河流的实测洪水，按流域面积比近似推求区间陆面入库洪水。

（4）当主要干支流和坝址处均有实测资料时，可将干支流洪水演进到坝址处叠加，然后将坝址洪水减去叠加的干支流洪水，即为区间洪水。

干支流入库断面洪水与各分区推算的入库洪水叠加即为集中的入库洪水。

2. 流量反演法

当资料不能满足用流量叠加法且汇入库区的支流较少时，可采用流量反演法推算集中的入库洪水。根据资料条件，流量反演法可选用示储流量法或槽蓄曲线法。

（1）示储流量法。当坝址处洪水系列较长，而入库干支流缺乏资料时，可将一部分年份或整个坝址洪水系列用示储流量法（即马斯京干法）或槽蓄曲线法转换为入库洪水系列。一般，先只推算部分年份的入库洪水，可将其推算成果建立入库洪水与坝址洪水的关系，再将未推算的其余年份根据上述关系由坝址洪水转换为入库洪水系列。

1）演算公式。用示储流量法推求入库洪水，不同于一般的洪水演算，而是采用反时序演算，计算公

式为

$$Q_1 = C_0' q_2 + C_1' q_1 + C_2' Q_2 \quad (6\text{-}86)$$

$$\left.\begin{aligned} C_0' &= \frac{k - kx + 0.5\Delta t}{0.5\Delta t + kx} \\ C_1' &= \frac{kx - k + 0.5\Delta t}{0.5\Delta t + kx} \\ C_2' &= \frac{kx - 0.5\Delta t}{0.5\Delta t + kx} \\ C_0' &+ C_1' + C_2' = 1 \end{aligned}\right\} \quad (6\text{-}87)$$

式中 $Q_1$、$Q_2$ ——时段初、末入流量，m³/s；

$C_0'$、$C_1'$、$C_2'$ ——系数；

$q_1$、$q_2$ ——时段初、末的出流量，m³/s；

$k$ ——具有时间单位的系数，相当于入流和出流过程线重心间的时间间隔或原河槽槽蓄曲线的斜率；

$x$ ——楔蓄形状系数或称流量比重系数；

$\Delta t$ ——计算时段，可在 $\Delta t$=2$kx$～$k$ 范围内选取。

2）系数 $x$ 和 $k$ 的确定。确定系数 $x$ 和 $k$，可用传统的试错法。试错法是用若干次区间来水较小的孤立大洪水资料按式（6-88）进行分析，即

$$W = k[x\overline{Q} + (1-x)\overline{q}] = kq' \quad (6\text{-}88)$$

式中 $W$——槽蓄量，m³；

$\overline{Q}$ ——时段平均入流量，m³/s；

$\overline{q}$ ——时段平均出流量，m³/s；

$q'$ ——表示河槽蓄量大小的一种流量，称示储流量，m³/s。

假定不同的 $x$ 值，由式（6-88）可计算出相应的 $q'$ 值。对一次洪水而言，应取 $q'$–$W$ 关系成直线时的 $x$ 值及该直线斜率 $k$ 值，然后从各次洪水中选择有代表性的 $x$、$k$ 值。对于 $x$ 值，通常在 $0 < x < 0.5$ 之间选择。

如缺乏干支流洪水资料，也可采用坝址处稳定的水位流量关系曲线，用抵偿河长法求 $x$ 值，即

$$x = \frac{1}{2} - \frac{l}{2L} \quad (6\text{-}89)$$

$$l = \frac{Q_0}{i_0}\left(\frac{\partial H}{\partial Q_0}\right) \quad (6\text{-}90)$$

式中 $l$——抵偿河长，km；

$L$——河段长度，km；

$Q_0$、$i_0$ ——稳定流情况下的流量和比降。

3）演算步骤：

a. 确定系数 $x$ 和 $k$。

b. 选定 $\Delta t$ 值。

c. 用式（6-87）计算 $C_0'$、$C_1'$ 和 $C_2'$。

d. 按式（6-86）反演计算入库洪水过程。此时，反演的起始流量一般可取 $Q_2 \leqslant q_2$。演算结果如出现锯齿状，可略予修改。

（2）槽蓄曲线法。当入库断面附近缺乏水文资料，但库区有较完整的地形资料（包括河道的纵横断面），且坝址至入库断面间水面附加比降较小，可用出流表示槽蓄量的变化时，联解槽蓄曲线与水量平衡方程可推求入库洪水。

槽蓄曲线 $q$–$W$ 可改换为 $q - \left(\frac{q_2}{2} + \frac{W}{\Delta t}\right)$ 的形式；连续方程取有限差形式，即

$$\overline{Q} = \left(\frac{q_2}{2} + \frac{W_2}{\Delta t}\right) - \left(\frac{q_1}{2} + \frac{W_1}{\Delta t}\right) + q_1 \quad (6\text{-}91)$$

式中 $\overline{Q}$ ——平均入库流量，为时段初、末入库流量（$Q_1$、$Q_2$）的算术平均值，m³/s；

$q_1$、$q_2$ ——时段初、末的出流量，m³/s；

$W_1$、$W_2$ ——时段初、末的槽蓄量，根据用河道地形资料建立的槽蓄曲线确定，方法可参阅水文预报等书籍，m³。

由此方程求得的入库流量过程线常会出现锯齿状，应予修匀。

3. 水量平衡法

水库建成后，为了复核水库的安全标准和合理地控制运用水库，也需要推求入库设计洪水。可按水量平衡方程式计算入库洪水，即

$$\overline{Q} = \overline{q} + \overline{q}_s \pm \Delta V / \Delta t \quad (6\text{-}92)$$

式中 $\overline{q}$ ——计算时段内平均出库流量，m³/s；

$\overline{q}_s$ ——计算时段内平均损失流量，包括蒸发、渗漏等，有冰情影响的，还包括结冰损失，一般情况下所占比重不大，可忽略不计，m³/s；

$\Delta V$ ——计算时段内水库蓄水的增量，m³。

计算步骤如下：

（1）根据库水位的变化过程和库容曲线，查出水库蓄水量 $W$ 的变化过程。

（2）根据水库出库流量资料（包括溢洪道、泄水闸、泄水底孔、发电流量及工农业生活用水等）确定 $\overline{q}$ 值。

（3）确定计算时段 $\Delta t$，$\Delta t$ 的选择与库区洪水传播有关，计算时可选择几种不同的 $\Delta t$，从计算成果中选择一个合理的过程线所对应的 $\Delta t$ 作为计算时段。

（4）按式（6-92）计算入库洪水过程。

本法求得的入库洪水包括库面降雨过程。

### （三）坝址设计洪水的分析计算

1. 设计洪峰流量的计算

坝址断面设计洪峰流量的计算方法与天然河流设

计洪峰流量的计算方法大致相同，具体计算方法见本章第一节。

2. 设计洪量的计算

（1）洪量的选样方法。采用固定时段独立选取年最大值法。一般设计时段的长短有1、3、5、7、10、15、30、45、60、90、120d 11种。工程中不必统计上述全部时段，可根据洪水特性和工程设计要求选定2～3个计算时段，一般中小型水库的洪量统计时段为1d和3d。

（2）洪量资料的插补延长。洪量资料的插补延长方法与流量资料插补延长方法大致相同，如移用上下游站资料法、上下游洪量相关法、本流域暴雨径流相关法、相邻河流测站洪量相关法等，详见本章第一节。考虑到洪量的特点，还有利用本站各次洪水的峰量相关法，可由已知的洪峰流量推算出相应洪量，具体操作方法有如下两种：

1）简单的峰量相关法。该法适用于流域面积较小、洪水历时较短、洪水过程较为简单且其峰量呈单一关系的河流。通过点绘本站各次洪水的峰量相关图插补洪量资料。河流的同次洪水峰量关系可采用如下关系式，即

$$W = kQ^n \tag{6-93}$$

式中　$W$——洪量，$m^3$。

$k$——系数。

$Q$——洪峰流量，$m^3/s$。

$n$——指数，与河网调蓄能力有关，高水时有宽阔漫滩地带的河道取$n>1$；河网调蓄能力低者取$n<1$；介于两者之间的河道取$n=1$。

2）加入参数的峰量相关法。如果洪水峰量直接相关关系不够好，可据洪水成因将峰型（单峰、复峰）、洪水发生月份或暴雨中心位置等分类求参数，定出不同类型洪水的相关线。

（3）采用频率计算的方法计算设计洪量，具体方法见第四章第二节及本章第六节。

3. 设计洪水过程线的推求

用流量资料计算设计洪水时，其设计洪水过程线可采用放大典型洪水过程线的方法。

（1）选择典型洪水过程线的原则。

1）应选择洪峰尖瘦（单峰）或前峰小后峰大（复峰）、洪量集中、对水库调洪结果不利的实测大洪水作为典型洪水。

2）应根据分期设计洪水的分期选择该分期时段内发生的实测大洪水作为典型洪水。

有时，按上述原则可以选择几个典型洪水过程，须分别计算这几条设计洪水过程线，供调节计算选用。

（2）典型洪水过程线的放大方法。常用的方法有同倍比放大法和分时段同频率控制放大法。

1）同倍比放大法。一般用同一放大系数（用峰或量的倍比）放大典型洪水过程线，使放大后的洪峰（或洪量）恰好等于设计洪峰（或设计洪量），放大系数计算公式为

$$K_Q = Q_P / Q_d \tag{6-94}$$

式中　$K_Q$——放大系数（放大倍比）；

$Q_P$——设计洪峰流量，$m^3/s$；

$Q_d$——典型洪水的洪峰流量，$m^3/s$。

2）分时段同频率控制放大法。在放大典型洪水过程线时，用设计洪水的洪峰和各时段洪量分别与典型洪水的洪峰和各时段洪量之间的比值作为放大系数，使放大后洪水过程线的洪峰和各时段洪量分别等于设计洪峰和各时段的设计洪量。分段不宜太多，一般为2～5段。现举例说明放大倍比的计算方法。

采用式（6-94）计算洪峰的放大倍比。

分别选取时段为1、3、7、15d的洪量（见图6-8），按照如下方法逐段计算洪量的放大倍比。

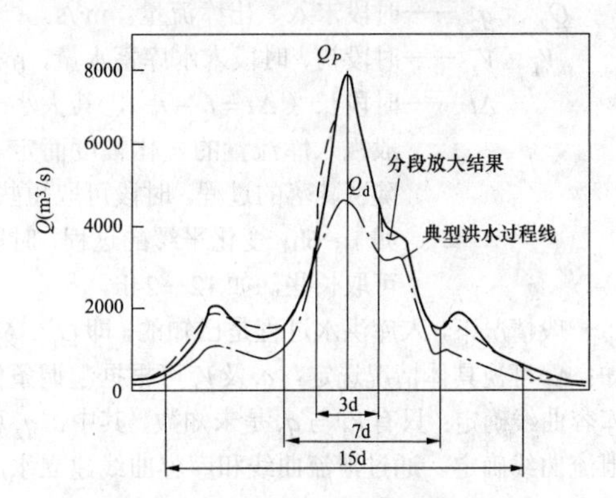


图6-8　分段倍比法绘制设计洪水过程线

1d洪量的放大倍比为

$$K_1 = \frac{W_{1P}}{W_{1d}}$$

式中　$W_{1P}$——最大1d设计洪量；

$W_{1d}$——典型洪水的最大1d洪量。

按上式放大后，可得出设计洪水过程中最大1d的洪量，由于其最大3d的洪量已包括了最大1d的洪量，而且这一天的过程已放大成$W_{1P}$，因此就需要放大其余两天的洪量，使放大后这两天洪量$W_{3-1}$与$W_{1P}$之和恰好等于$W_{3P}$，即

$$W_{3-1} = W_{3P} - W_{1P}$$

所以这一部分的放大倍比为

$$K_{3-1}=\frac{W_{3P}-W_{1P}}{W_{3d}-W_{1d}}$$

同理，在放大最大 7d 中，3d 以外的 4d 内的倍比为

$$K_{7-3}=\frac{W_{7P}-W_{3P}}{W_{7d}-W_{3d}}$$

照此类推可得

$$K_{15-7}=\frac{W_{15P}-W_{7P}}{W_{15d}-W_{7d}}$$

于是典型洪水过程就放大为设计频率的洪水过程线。对于分界处的不连续现象，以洪量控制，徒手修匀即可。

## 二、调洪演算推求设计洪水位

由水量平衡原理可知，在某一时段 $\Delta t$ 进入水库的水量与水库下泄水量之差，应等于该时段内水库蓄水量的变化值，用公式表示为

$$\frac{Q_1+Q_2}{2}\Delta t-\frac{q_1+q_2}{2}\Delta t=V_2-V_1 \tag{6-95}$$

式中 $Q_1$、$q_1$——时段初入、出库流量，$m^3/s$。

$Q_2$、$q_2$——时段末入、出库流量，$m^3/s$。

$V_1$、$V_2$——时段初、时段末水库蓄水量，$m^3$。

$\Delta t$——时段长（$\Delta t=t_2-t_1$），其大小一般视入库流量的变化幅度而定。陡涨陡落的过程，时段可取短些，如 1～6h；变化平缓的过程，时段可取长些，如 12～24h。

一般情况下，入库洪水过程是已知的，即 $Q_1$、$Q_2$ 已知；$\Delta t$ 可视具体情况选定；$q_1$ 及 $V_1$ 可根据起调条件和库容曲线确定；只有 $V_2$ 与 $q_2$ 是未知数，其中，$q_2$ 可由泄流曲线确定。通过泄流曲线和库容曲线建立水库下泄流量与蓄水量的关系，即

$$q=f(V)=f\left(\frac{V}{\Delta t}\pm\frac{q}{2}\right) \tag{6-96}$$

水库调洪演算就是将式（6-95）和式（6-96）联立求解，得出每一时段的 $q_2$ 与 $V_2$，求得整个出库流量过程线。

### （一）调洪演算的基本资料

1. 坝址或入库设计洪水过程

推算坝址或入库设计洪水的方法，见本节一、入库洪水计算。中、小型水库调洪演算时一般都用坝址设计洪水过程线。

2. 泄流曲线、泄洪建筑物形式和尺寸

泄洪建筑物形式和尺寸，通常由有关规划设计部门经过调洪演算和方案比较确定。中、小型水库常见的是开敞式溢洪道，其进口段的水流情况多属宽顶堰溢流，计算公式为

$$q=mb\sqrt{2g}h^{3/2} \tag{6-97}$$

式中 $q$——溢洪道下泄流量，$m^3/s$；

$m$——流量系数，根据堰顶入口处的情况参考有关水力计算手册等书籍资料选定，一般取 0.3～0.385；

$b$——溢洪道进口段堰顶宽度，m；

$g$——重力加速度，$g=9.81m/s^2$；

$h$——忽略了行进流速的水头（溢洪道顶部和库水面的水位差），m。

底孔泄流公式为

$$q=\mu A\sqrt{2gh} \tag{6-98}$$

式中 $q$——泄洪孔流量，$m^3/s$；

$\mu$——流量系数，小孔为 0.60～0.62，大孔为 0.65～0.70，管嘴出流为 0.80～0.98；

$A$——底孔断面积，$m^2$；

$g$——重力加速度，$g=9.81m/s^2$；

$h$——孔心水头，为泄洪孔中心至库水面的水位差，m。

利用式（6-97）或式（6-98），可计算出 $h$–$q$（或 $H$–$q$、$q$–$V^*$）泄流曲线。

3. 库容曲线

可从地形图量算而得，其计算方法见第五章第五节。

4. 其他资料

如下游的防洪要求等。

### （二）调洪演算的方法

1. 半图解法

半图解法按辅助曲线的组成又分双辅助曲线和单辅助曲线两种方法，本手册仅介绍双辅助曲线半图解法。现通过［例 6-6］来说明用此法作调洪演算的方法步骤。

**［例 6-6］** 双辅助曲线半图解法调洪演算实例。

某水库的泄洪建筑物为开敞式的河岸式溢洪道（堰顶高程为 140m，相应库容为 $305\times10^4m^3$），溢洪道项宽 $b$=10m，流量系数 $m$=0.36，假定 100 年一遇设计洪水来临前库水位与溢洪道堰顶齐平，100 年一遇洪水过程见表 6-14 中第（3）列，水库水位容积关系见表 6-14 中第（1）、（2）列，库容曲线见图 6-9。汛期水电站过水流量 $Q_T$ =$5m^3/s$，$\Delta t$=1h，水库下游无防洪要求。试求下泄流量过程、调洪库容及设计洪水位。

表 6-14　　库容曲线及 $q$–$V^*$ 关系计算表

| (1) | $H$ (m) | 139.0 | 140.0 | 140.5 | 141.0 | 141.5 | 142.0 | 142.5 | 143.0 | 144.0 | 145.0 | 146.0 |
|---|---|---|---|---|---|---|---|---|---|---|---|---|
| (2) | $V$ ($10^4$m$^3$) | 260 | 305 | 352 | 350 | 375 | 400 | 426 | 455 | 515 | 580 | 660 |
| (3) $V$-305 | $V^*$ ($10^4$m$^3$) | | 0 | 20 | 45 | 70 | 95 | 121 | 150 | | | |
| (4) $H$-140 | $h$ (m) | | 0 | 0.5 | 1.0 | 1.5 | 2.0 | 2.5 | 3.0 | | | |
| (5) $=16h^{\frac{3}{2}}$ | $Q_{out}$ (m$^3$/s) | | 0 | 5.67 | 16.0 | 29.4 | 45.3 | 63.4 | 83.0 | | | |
| (6) | $Q_T$ (m$^3$/s) | | 5 | 5 | 5 | 5 | 5 | 5 | 5 | | | |
| (7) $=Q_{out}+Q_T$ | $q$ (m$^3$/s) | | 5 | 10.67 | 21.0 | 34.4 | 50.3 | 68.4 | 88.0 | | | |

**解：**(1) 绘制 $q$–$V^*$ 曲线。水库下泄流量为溢洪道 $Q_{out}$ 和水电站下泄流量 $Q_T$ 之和，即

$$q = Q_{out} + Q_T = mb\sqrt{2g}h^{3/2} + Q_T$$
$$= 0.36\times10\times\sqrt{2\times9.81}h^{3/2} + 5 = 16h^{3/2} + 5$$

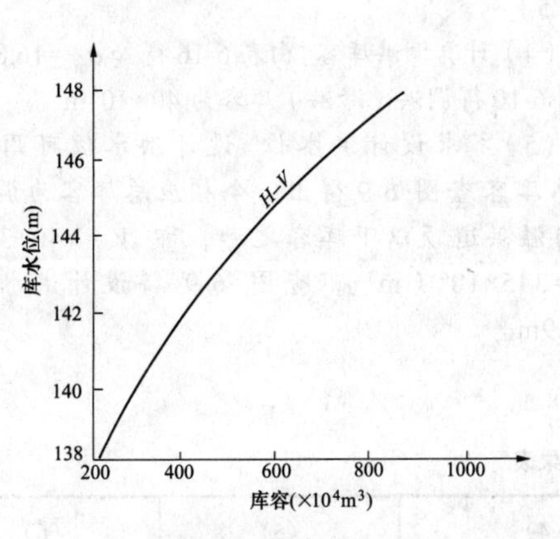


图 6-9　库容曲线

$q$–$V^*$ 关系的计算见表 6-14，其中 $V^*$ 为溢洪道顶以上库容。用表 6-14 中第（3）、（7）列绘图便得出 $q$–$V^*$ 曲线，见图 6-10。

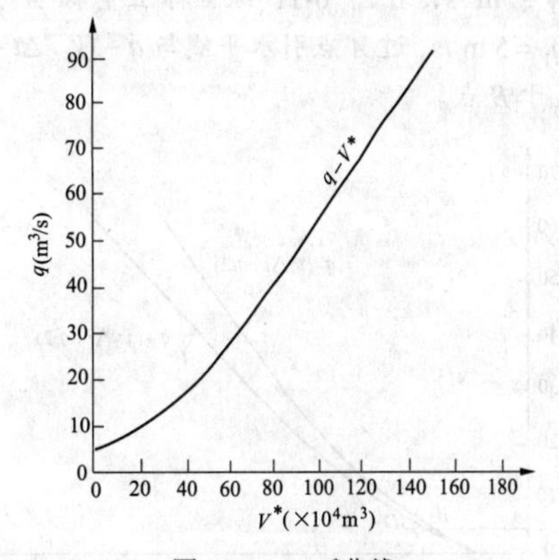


图 6-10　$q$–$V^*$ 曲线

（2）绘制辅助曲线。将水量平衡方程式（6-95）改成

$$\left(\frac{V_2}{\Delta t}+\frac{q_2}{2}\right) = \overline{Q} + \left(\frac{V_1}{\Delta t}-\frac{q_1}{2}\right) \tag{6-99}$$

据式（6-99）和表 6-15，取 $\Delta t = 1$h，列表计算双辅助曲线。根据表 6-15 中第（5）、（7）列和（8）列，绘得辅助曲线 $q-\left(\frac{V}{\Delta t}\pm\frac{q}{2}\right)$ 或者 $H-\left(\frac{V}{\Delta t}\pm\frac{q}{2}\right)$，见图 6-11。

表 6-15　　辅助曲线计算表（$\Delta t$=1h）

| (1) | (2) | (3) | (4) | (5) | (6) | (7)=(4)+(6) | (8)=(4)-(6) |
|---|---|---|---|---|---|---|---|
| $H$ (m) | $h$ (m) | $V$ ($10^4$m$^3$) | $V/\Delta t$ (m$^3$/s) | $q$ (m$^3$/s) | $q/2$ (m$^3$/s) | $V/\Delta t + q/2$ (m$^3$/s) | $V/\Delta t - q/2$ (m$^3$/s) |
| 140.0 | 0 | 305 | 848 | 0 | 0 | 848.0 | 848.0 |
| 140.5 | 0.5 | 325 | 900 | 5.67 | 2.835 | 902.8 | 897.2 |
| 141.0 | 1.0 | 350 | 973 | 16.00 | 8.0 | 981.0 | 965.0 |
| 141.5 | 1.5 | 375 | 1040 | 29.4 | 14.7 | 1054.7 | 1025.3 |

续表

| (1) | (2) | (3) | (4) | (5) | (6) | (7)=(4)+(6) | (8)=(4)–6) |
|---|---|---|---|---|---|---|---|
| $H$(m) | $h$(m) | $V$($10^4$m$^3$) | $V/\Delta t$ (m$^3$/s) | $q$ (m$^3$/s) | $q/2$ (m$^3$/s) | $V/\Delta t+q/2$ (m$^3$/s) | $V/\Delta t-q/2$ (m$^3$/s) |
| 142.0 | 2.0 | 400 | 1110 | 45.3 | 22.65 | 1132.7 | 1087.4 |
| 142.5 | 2.5 | 426 | 1182 | 63.4 | 31.7 | 1213.7 | 1150.3 |

（3）计算下泄流量过程。

根据设计洪水过程线和双辅助曲线查图列表计算出库流量过程线的步骤如下：

1）根据起始条件（水库水位平溢洪道槛顶，$q_1=Q_T=5$m$^3$/s，在图 6-11 纵坐标上量取 $A$ 点，使 $\overline{OA}=q_1=5$ m$^3$/s，过 $A$ 点引水平线与 $q-(V/\Delta t-q/2)$ 曲线交于 $B$ 点。

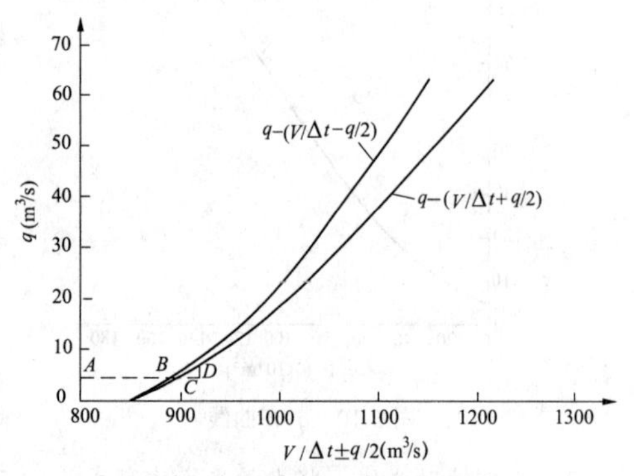


图 6-11　双辅助曲线

2）计算第一时段的入库平均流量 $\overline{Q}$，$\overline{Q}=(Q_1+Q_2)/2=0.5\times(5+30.3)=17.65$（m$^3$/s）；在 $\overline{AB}$ 延长线上量取 $\overline{BC}=\overline{Q}=17.65$m$^3$/s。

3）过 $C$ 点引 $\overline{BC}$ 垂直线与 $q-(V/\Delta t+q/2)$ 曲线交于 $D$ 点，该点的纵坐标即为所求第一时段末的出库流量 $q_2$，从图上量读得 $q_2=6.4$m$^3$/s。

将上述求得的 $q_2$ 作为第二时段初的出库流量 $q_1$，按上述同样步骤求得第二时段末的出库流量 $q_2$，其余时间段类推，得整个出库流量过程，见表 6-16 中第（5）列。

（4）计算调洪库容。由表 6-16 得知 $q_m=16.8$m$^3$/s，查图 6-10 得调洪（滞洪）库容为 $40\times10^4$m$^3$。

（5）推求设计洪水位。设计洪水位可用其相应总库容查图 6-9 得出。令相应总库容为调洪库容与溢洪道顶以下库容之和，即 $V=(40+305)\times10^4=345\times10^4$（m$^3$），查图 6-9 得设计洪水位为 140.9m。

表 6-16　　某水库调洪演算成果表

| (1) | (2) | (3) | (4) | (5) | (6) |
|---|---|---|---|---|---|
| 时间 $t$ (h) | 时段 $\Delta t$ ($\Delta t$=1h) | 设计洪水过程 $Q$（m$^3$/s） | $\overline{Q}=(Q_1+Q_2)/2$ (m$^3$/s) | 出库流量过程 $q$（m$^3$/s） | 备注 |
| 0 | 0 | 5.0 | 0 | 5.0 | |
| 1 | 1 | 30.3 | 17.65 | 6.4 | 最大下泄流量 $q_m$=16.8m$^3$/s |
| 2 | 2 | 55.5 | 42.9 | 10.5 | |
| 3 | 3 | 37.5 | 46.5 | 15.0 | |
| 4 | 4 | 25.2 | 31.35 | 16.8 | |
| 5 | 5 | 15.0 | 20.1 | 16.0 | |
| 6 | 6 | 6.7 | 10.85 | 14.0 | |
| 7 | 7 | 5.0 | 5.85 | 12.0 | |

2. 水量平衡试算法

有了入库流量过程线，经水库调蓄，按水量平衡方程式计算，即可求出下泄流量过程。将式（6-95）改写成

$$V_1+\left[\frac{1}{2}(Q_1+Q_2)-\frac{1}{2}(q_1+q_2)\right]\Delta t=V_2 \quad (6\text{-}100)$$

按式（6-100）作调洪演算时，一般采用试算法。以相应正常蓄水位的某一个下泄流量 $q_0$ 作为入库流量过程线的起点流量。对于过程线起始段流量小于 $q_0$ 的部分，在调洪演算中不予考虑。将入库流量过程线划分为若干时段 $\Delta t$，得每个时段初的入库流量 $Q_1$ 和时段末的入库流量 $Q_2$。根据起调水位（一般采用防洪限制水位或正常蓄水位），从水位库容关系曲线上查得相应的起调库容 $V_1$，从泄流曲线（绘制方法见［例 6-6］上查得出库流量 $q_1$。当 $V_1$、$Q_1$、$Q_2$、$q_1$ 和 $\Delta t$ 为已知时，则可列表按式（6-100）试算解得 $q_2$、$V_2$ 和下泄流量过程，此过程上的最大流量即为相应设计频率的下泄流量，其最高洪水位即为设计频率的水库设计洪水位。

3. 简化三角形法

简化三角形法又称高切林法。当水库工程规模较小、资料缺乏或初步规划阶段作估算时，可用简化计算方法进行调节计算。将入库和出库洪水过程线都概化为三角形（如图 6-12 的右半部所示）。计算时，还假定洪水来临前的库水位与堰顶（开敞式溢洪道）齐平。计算公式为

$$V^*=W_P\left(1-\frac{q_m}{Q_m}\right) \quad (6\text{-}101)$$

$$q_m=Q_m\left(1-\frac{V^*}{W_P}\right) \quad (6\text{-}102)$$

式中 $V^*$——调洪（滞洪）库容，$m^3$；

$W_P$——设计洪水总量，$m^3$；

$Q_m$——设计洪峰流量，$m^3/s$；

$q_m$——出库最大流量，$m^3/s$。

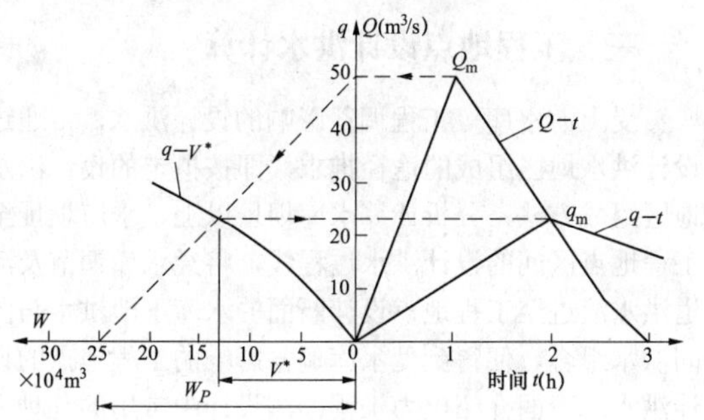


图 6-12 简三角形调洪图解法

用式（6-101）进行调洪计算的方法有如下两种：

（1）试算法。先假定一个 $q_m$，算出一个 $V^*$，然后以此 $V^*$ 值在 $q$–$V^*$ 曲线上查出一个 $q$ 值，如此 $q$ 值与原假设的 $q_m$ 相等，则所设 $q_m$ 和所计算的 $V^*$ 即为所求，否则再试算。

（2）图解法。方法步骤用［例 6-7］说明。

**［例 6-7］** 简化三角形法调洪计算实例。

拟修建一小型水库，按简化三角形法进行调洪计算，资料条件见题解，需推算滞洪库容、最大泄洪流量和设计洪水位。

先按下述步骤试算求解：

1）绘制 $q$–$V^*$ 曲线，方法见［例 6-6］，数据见表 6-17，以此绘 $q$–$V^*$ 曲线，如图 6-12 的左半部所示。

表 6-17 $q$–$V^*$ 数 据 表

| $q$（$m^3/s$） | 0 | 5 | 10 | 15 | 20 | 25 | 30 |
|---|---|---|---|---|---|---|---|
| $V^*$（$\times10^4m^3$） | 0 | 2.0 | 4.2 | 7.2 | 10.5 | 15.0 | 20.5 |

2）用式（6-101）试算推求 $q_m$ 和 $V^*$。根据本例情况，先按表 6-18 的数据计算出设计洪水总量 $W_P$，然后，用试算法推求 $q_m$ 和 $V^*$，则

$$W_P=\sum_1^5 Q_i\Delta t=(25+50+36+22+8)\times30\times60$$
$$=25.4\times10^4(m^3)$$

表 6-18 某水库 100 年一遇洪水过程表

| 时段（$\Delta t$=30min） | 0 | 1 | 2 | 3 | 4 | 5 | 6 |
|---|---|---|---|---|---|---|---|
| 流量（$m^3/s$） | 0 | 25 | 50 | 36 | 22 | 8 | 0 |

第一次试算：假定 $q_m$=20$m^3/s$，以此 $q_m$ 值和 $Q_m$=50$m^3/s$，$W_P$=25.4×$10^4m^3$ 代入式（6-101），得 $V^*=25.4\times10^4\times\left(1-\frac{20}{50}\right)=15.2\times10^4m^3$。用此 $V^*$ 值查图 6-12 得出 $q_m$=25$m^3/s$，与原设不符，应再行试算。

第二次试算：假设 $q_m$=23$m^3/s$，仍用式（6-101）计算得 $V^*=25.4\times10^4\times\left(1-\frac{23}{50}\right)=13.7\times10^4m^3$，由此查图 6-12 得 $q_m$=23$m^3/s$，与所设相等，故本次假设的 $q_m$=23$m^3/s$ 和计算的 $V^*$=13.7×$10^4m^3$ 即为所求。

3）推求设计洪水位。以调洪库容 $V^*$ 和溢洪道顶以下的库容相加所得的总库容值，查库容曲线，便得到设计洪水位（本例未详列）。

用图解法作调洪计算的方法如图 6-12 中箭头方向所示，求得的结果与试算法相同。

## 第三节　水库下游河流设计洪水

工程地点位于水库下游时，应考虑水库（包括规划、设计或已建成的水库）对上游洪水的调蓄作用，水库下泄流量的传播及其与区间洪水的组合等问题，以确定工程地点的设计洪水。水库对上游洪水的调蓄作用，通过本章第二节可得设计频率的下泄流量。水库的设计下泄流量与坝址至工程地点区间的设计洪水组合后，就得到工程地点的设计洪水，如洪峰流量与相应的洪水位，这就是水库下游河流设计洪水的主要内容。

工程点距离水库坝址较近，区间无较大支流汇入，流域面积增加量不大于 3%，且可不考虑溃坝，可直接采用与设计洪水对应的水库下泄流量来推算工程点的设计洪水位。

若工程点距水库坝址较远，区间流量较大，推算工程点的设计洪水时应考虑区间来水和河槽调蓄对水库下泄流量的影响，以及区间洪水与水库下泄流量的组合问题。这项工作可从以下几个方面进行：

（1）搜集资料以分析流域自然地理和暴雨洪水特性，包括流域地形条件、暴雨的地区分布规律和特点、实测洪水和历史洪水的地区组成及其变化规律、洪峰遭遇情况、洪水演进传播时间等。同时，搜集水库设计洪水、调洪演算或洪水调度等资料。

（2）根据地区洪水的组合情况和资料情况，确定下游工程地点洪水组合计算方法，拟定洪水地区组成方法。

（3）根据需要和已确定的洪水组成计算方法，分别计算（或通过搜资确定）各个组成地区的设计洪水，包括天然情况下工程地点的设计洪水、水库设计洪水和调节下泄流量、区间设计洪水等。

（4）将水库下泄洪水（经过河槽洪水演进的出流过程）与区间洪水组合，推求工程地点的设计洪水；并根据需要，采用本章第一节方法推求设计洪水位。

### 一、水库下泄流量计算

当水库实际防洪标准高于电力工程防洪标准时，工程地点设计洪水相应频率的水库下泄流量，采用本章第二节的水库调洪演算方法计算。

当上游水库实际防洪标准低于电力工程防洪标准或虽设计标准高，实为险库时，则工程点需要考虑水库溃坝洪水的影响，这时的设计下泄流量应采用水库的溃坝洪水成果。溃坝洪水及其演进的计算方法见本章第七节。

### 二、区间设计洪水计算

区间一般多属无资料或短缺资料地区，需要间接推算其设计洪水。推算方法一般有如下两类：

（1）用区间设计暴雨和单位线（或综合单位线）推求设计洪水。如果区间面积不大，暴雨洪水特性比较一致，可以把区间作为一个计算单元，用一个区间单位线计算区间洪水。反之，如果区间面积较大，或者暴雨洪水特性不尽一致，可将区间分为几个计算单元，分别推求各个分区的单位线，考虑传播时间叠加成一个全区间单位线，以此计算区间洪水；或者用各分区的单位线求得的洪水叠加成全区间的洪水，详见本章第一节。

（2）用本流域或相邻流域的流量资料计算。

1）上下游洪水相减法。当上（坝址）下（工程地点）断面均有较长的流量资料系列时，可将上断面各次洪水演算至下断面（演算方法可用本章第二节的方法），用下断面同次洪水减去演进的出流洪水，便得到区间洪水过程线。

如果上下断面距离不远，或者区间洪水比重较小因而对整个洪水影响也较小时，可以近似地将上下断面的洪水过程线错开一个传播时间相减而得区间洪水。或者，用上下断面同次洪水的洪量差作为区间洪量，按上断面（包括干支流）洪水过程分配作为区间洪水过程。

2）区间代表站流量缩放法。当区间一些较大支流的控制站有流量资料，而且它们占整个区间面积的比重较大时，可将各支流洪水错开传播时间相加（如果只有一条支流，则无相加问题），再按区间面积比放大为区间洪水。

如果区间无流量资料，当区间洪水比重较小，影响也较小时，可以选用邻近流域的流量资料，按面积比缩放作为区间洪水。

用上述相减法或缩放法求出区间洪水系列之后，便可以用频率计算法推算区间设计洪水的峰和量，再用本章第二节方法放大典型洪水，得区间设计洪水过程线。这时，洪量历时及区间典型洪水年份，要与上下游断面相对应。必要时，作区间历史洪水调查。

### 三、工程地点设计洪水计算

受上游水库等工程调蓄影响的设计洪水，常通过设计洪水地区组成的途径推求，即按拟定的设计洪水地区组成方法，分析计算水库坝址以上、水库坝址至工程地点区间的设计洪水过程线，将经水库调节及河道洪水演进至工程地点设计断面的水库下泄洪水与区间洪水组合，便得到受水库调蓄影响的工程地点的设计洪水。下面介绍电力工程勘测设计中常用的几种水库下游河流设计洪水的简易计算方法。

#### （一）面积比法

当水库控制流域面积比较大、区间面积相对较小或主要来水区位于骨干水库上游时可用此法。面积比法是将下游工程地点的设计洪峰按流域面积比例分配于区间和水库。

当上游仅有一个骨干水库时，工程地点的设计洪峰计算公式为

$$Q_P' = Q_P\left[1-\left(1-\frac{q_{P,1}}{Q_{P,1}}\right)\frac{F_1}{F}\right] \quad (6\text{-}103)$$

当流域内有两个骨干水库时，计算公式为

$$Q_P' = Q_P\left[1-\left(1-\frac{q_{P,1}}{Q_{P,1}}\right)\frac{F_1}{F}-\left(1-\frac{q_{P,2}}{Q_{P,2}}\right)\frac{F_2}{F}\right] \quad (6\text{-}104)$$

其余类推。

式中 $Q_P'$——考虑水库调蓄作用时工程地点的设计洪峰流量，$m^3/s$；

$Q_P$——天然情况下工程地点设计洪峰流量，$m^3/s$；

$q_{P,1}$、$q_{P,2}$——遭遇设计洪水时，水库 1、水库 2 的最大下泄流量，$m^3/s$；

$Q_{P,1}$、$Q_{P,2}$——水库 1、水库 2 的设计洪峰流量，$m^3/s$；

$F_1$、$F_2$——各骨干水库的控制面积，$km^2$；

$F$——工程地点控制的流域面积，$km^2$。

（二）同频率法

区间面积较大或区间为洪水主要来源时，用此法比较合适。

当上游只有一个骨干水库时的计算公式为

$$Q_P' = Q_{P,q} + (Q_{P,q} - Q_{P,q})\frac{q_{P,1}}{Q_{P,1}} \quad (6\text{-}105)$$

当上游有几个骨干水库时的计算公式为

$$Q_P' = Q_{P,q} + \frac{Q_P - Q_{P,q}}{\sum F_i}\left(F_1\frac{q_{P,1}}{Q_{P,1}} + F_2\frac{q_{P,2}}{Q_{P,2}} + \cdots\right) \quad (6\text{-}106)$$

当区间面积上有小水库群，上游有几个骨干水库时（如图 6-13 所示），计算公式为

$$Q_P = Q_{P,q}\left(1-\frac{\sum V_{i,q}}{W_{P,q}}\right) + \frac{Q_P - Q_{P,q}}{\sum F_i}\left(F_1\frac{q_{P,1}}{Q_{P,1}} + F_2\frac{q_{P,2}}{Q_{P,2}} + \cdots\right) \quad (6\text{-}107)$$

式中 $Q_{P,q}$——区间面积的设计洪峰，$m^3/s$；

$W_{P,q}$——区间面积的设计洪量，$\times10^4m^3/s$；

$\sum F_i$——各骨干水库控制面积之和，$km^2$；

$\sum V_{i,q}$——区间面积上各小水库滞洪库容总和，$\times10^4m^3/s$。

（三）简化组合计算法

当粗略地计算上游水库与区间洪水的组合时，可用简化组合计算法。计算公式为

$$Q_P' = q_P + Q_P\left(\frac{F_q}{F}\right)^n \quad (6\text{-}108)$$

式中 $F_q$——区间流域面积，$km^2$；

$n$——面积指数，一般为 0.5 左右。

［例 6-8］ 工程地点设计洪水计算实例。

某流域内有 X、Y 两个骨干水库，X 水库流域内有三个小水库，区间支沟上有两个小水库，位置如图 6-13 所示，需求 A、B 两地 20 年一遇洪峰流量。

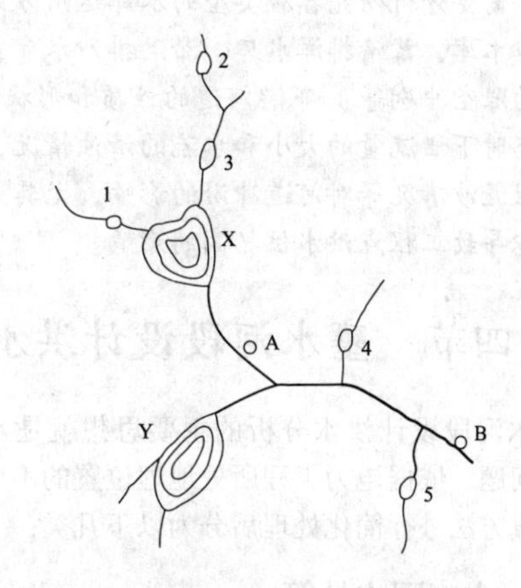


图 6-13 某流域工程位置图

首先，根据搜集的资料，计算出各组成地区的设计洪峰、洪量等数据，见表 6-19。然后分别计算 A、B 两处受上游水库调节后的设计洪峰流量。

对于 A 断面，因为上游水库控制面积大，区间面积小，所以用面积比法计算。

表 6-19 各组成地区的设计洪水

| 项目 \ 位置 | 骨干水库 | | 小水库 | | | | | 设计断面 | | 区间 | | 备注 |
|---|---|---|---|---|---|---|---|---|---|---|---|---|
| | X | Y | 1 | 2 | 3 | 4 | 5 | A | B | X～A | Y～B | |
| 控制面积（$km^2$） | 965 | 453 | 300 | 98 | 292 | 240 | 56 | 1024 | 2200 | 59 | 782 | |
| 天然的 $Q_{5\%}$（$m^3/s$） | 1400 | 580 | | | | 580 | 280 | 1490 | 2000 | | 1180 | |
| 1d 的 $W_{5\%}$（$\times10^4m^3$） | | | | | | 1560 | 365 | | | | 4270 | 经验公式法 |
| 滞洪库容（$\times10^4m^3$） | | | | | | 79.1 | 41.0 | | | | | |
| 下泄的 $q_{5\%}$（$m^3/s$） | 740 | 520 | | | | | | | | | | 调洪计算得 |

$$Q'_A = Q_A\left[1-\left(1-\frac{q_X}{Q_X}\right)\frac{F_X}{F_A}\right]$$
$$=1490\times\left[1-\left(1-\frac{740}{1400}\right)\times\frac{965}{1024}\right]$$
$$=827\ (\mathrm{m^3/s})$$

对于B断面，用区间同频率控制法计算，则

$$Q'_B = Q_q\left(1-\frac{\sum V_{i,q}}{W_q}\right)+\frac{Q_B-Q_q}{F_X+F_Y}\left(\frac{F_X q_X}{Q_X}+\frac{F_Y q_Y}{Q_Y}\right)$$
$$=1180\times\left(1-\frac{120.1}{4270}\right)+\frac{2000-1180}{1418}\times$$
$$\left(\frac{965\times740}{1400}+\frac{453\times520}{580}\right)$$
$$=1680\ (\mathrm{m^3/s})$$

工程地点的设计洪水为坝址处设计溃坝洪水及其演进到工程地点的洪水与区间设计洪水的组合。

在确定了下游工程点的设计最大流量以后，仍用本章第一节介绍的方法推求设计洪水位。推求设计洪水位时，需要分析研究各种类型的水库运用方式（如蓄水拦沙水库、蓄清排浑水库、滞洪排沙水库、低水头电站的泄空冲刷等）、下游河道的性质和形状、水库终极状态时下泄流量的大小和水流的清浊情况，以及支流下泄泥沙情况等对河道冲淤的影响，尤其是由于河道淤积导致工程点洪水位抬高的影响。

## 第四节 壅水河段设计洪水

壅水河段设计洪水分析的主要思想就是水库设计回水问题。依据电力工程所处地理位置的不同，将回水计算方法进行简化处理后分为以下几类：

### 一、水库回水计算

#### （一）用水面曲线推求设计洪水位

水面曲线法计算天然河道设计洪水的方法与步骤已在本章第一节介绍。下面就具体计算时的一些原则再作进一步的说明。

1. 基本资料的处理

（1）计算河段的划分原则。

1）选取的河段内比较顺直，落差$\Delta z$不宜过大，一般在0.5～2m以内（平原河道$\Delta z$＜2m，山区$\Delta z$＜2m）。对于大水库，近坝区的计算河段长$\Delta L$可取大些，越接近回水末端，$\Delta L$宜越小些（一般认为近坝段3～5km一个，库中、库尾1～2km一个，但洪水期上下断面面积差值不应大于25%）。

2）计算河段两端断面的水力要素应能大致代表河段平均情况。断面变化大的河段，计算断面宜加密。突然扩展或突然收缩段的上下端，一般应布置计算断面。

3）有较大支流入汇处的上、下游，或在较大城镇及重要防护点附近，一般均应布置计算断面。

（2）计算河段糙率$n$值的确定。尽可能地采用本河段的实测资料反求糙率，并分析其随水位变化的规律加以选定。无资料时可根据河道特性经现场查勘后参照附录F天然河道糙率表的有关糙率表选用。在初选糙率时，可根据实测或调查洪水的天然水面线验证，即以河段末端（或水库库区的控制站）实际水位与推算的水位符合程度来确定。

对于均匀流或简化为均匀流计算的河段，根据实测资料计算糙率的公式为

$$n=\frac{AR^{2/3}I^{1/2}}{Q} \tag{6-109}$$

式中 $n$——糙率，对于有漫滩的河段，主槽、边滩一般应分别确定糙率；

$A$——过水断面面积；

$R$——水力半径；

$I$——能线比降，均匀流时用水面比降；

$Q$——断面流量。

（3）计算断面要素。根据不同方法的需要，可列如表6-13所示的格式计算各断面的水力要素，如列表试算法和图解法的$H$–$K$关系（包括$H$–$1/K^2$关系或$H$–$1/K$关系，其中$K=AR^{2/3}/n$）、控制曲线法的$H$–$K$关系（$K=AR^{2/3}$）等。

2. 计算或确定各断面的洪峰流量

各断面的洪峰流量计算方法见本章前三节及第七章。在确定某一具体河段的计算流量时，对于区间面积不大或区间无支流加入者，一般可认为该河段的设计流量是一个常数；对于区间面积很大或区间有支流加入者，可将有关组成地区的设计洪水叠加而得。

3. 确定起算断面水位

起算断面一般为已确定设计水位的或易于确定水位的断面。作水库回水计算时，可定在坝前，作洪水调查中的水面曲线法流量计算时，可定在可靠洪痕点的断面处。

4. 采用水库回水曲线计算设计洪水位的方法

水库回水曲线的计算原理与方法同天然河道水面曲线计算分析方法一样，详见本章第一节。根据测量的河床横断面及率定的各断面糙率，可利用成熟水面线计算软件如HEC-RAS进行不同情况下水面线计算。HEC-RAS是美国陆军工程兵团开发的河流分析系统软件，适用于河道一维恒定、非恒定流水面线计算，其计算成果能被世界各国接受、承认。

计算天然河道水面曲线计算涉及的基本资料较多，限于篇幅，本手册不详细举例。

下面以[例 6-9]介绍控制曲线法。该法忽略流速水头变化及局部水头损失，常用来计算水库回水曲线，即

$$n^2Q^2=K^2\Delta H/L \qquad (6\text{-}110)$$

［例 6-9］ 控制曲线法推算水面曲线实例。

现用某河流改道工程说明自下而上推算水面曲线的方法步骤：

（1）计算并绘制 $H$–$K$ 关系曲线（此处的 $K=AR^{2/3}$）。

（2）按表 6-20 格式计算控制曲线，并绘出 $H$–$\sum n^2Q^2$ 曲线，如图 6-14 所示。

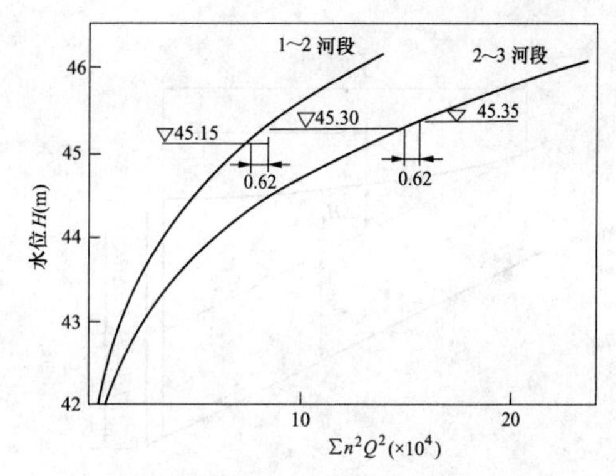


图 6-14 控制曲线 $H$–$\sum n^2Q^2$ （$\times10^4$）

表 6-20 控制曲线 $H$–$\sum n^2Q^2$ 计算表

| 河段 | 断面水位（m） | | 间距 $L$（m） | $K_1^1$ （$\times10^3$） | $K_1^2$ （$\times10^6$） | $K_2^1$ （$\times10^3$） | $K_2^2$ （$\times10^6$） | $\bar{K}^2=\left(\frac{K_1^2+K_2^2}{2}\right)$ （$\times10^6$） | $\frac{\Delta H\bar{K}^2}{L}=n^2Q^2$ | $\sum n^2Q^2$ |
|---|---|---|---|---|---|---|---|---|---|---|
| 1～2 | 43 | 42 | 4500 | 5.21 | 27.14 | 4.72 | 22.28 | 24.71 | 5500 | 5500 |
| | 44 | 43 | | 8.35 | 69.70 | 1.01 | 1.02 | 35.36 | 7850 | 13350 |
| | 45 | 44 | | 12.18 | 148.6 | 4.45 | 19.80 | 84.20 | 18720 | 32070 |
| | 46 | 45 | | 16.25 | 264.0 | 7.39 | 54.61 | 159.31 | 35400 | 67470 |
| | 47 | 46 | | 20.85 | 435.0 | 10.9 | 118.8 | 276.90 | 61600 | 129070 |
| 2～3 | 43 | 42 | 3850 | | | | | | | 7275 |
| | 44 | 43 | | | | | | | | 24095 |
| | 45 | 44 | | | | | | | | 58495 |
| | 46 | 45 | | | | | | | | 122495 |
| | 47 | 46 | | | | | | | | 227795 |
| | 48 | 47 | | | | | | | | 399795 |

注 空格部分数据未列出。

（3）根据计算河段的设计洪峰流量和糙率计算出各河段的 $n^2Q^2$ 值。本例 1～2、2～3 两河段的设计流量均为 3920m³/s，糙率为 0.02，则

$$n^2Q^2=0.022\times39202=0.62\times10^4$$

（4）已知起始断面 1 的设计洪水位为 45.15m，在如图 6-14 所示的控制曲线 1～2 上标出这个水位，并顺横轴方向向右截取“0.62”线段，再向上引查得断面 2 的洪水位为 45.30m；依此类推，在 2～3 河段的控制曲线 2～3 上，从断面 2 的水位和本河段的 $n^2Q^2$ 值截引并查得断面 3 的洪水位（本例为 45.35m）等。

如果从上游向下游推算水面曲线，方法步骤一样，只是控制曲线改用 $H_1$ 和相应 $\sum n^2Q^2$ 值点绘，运算时“$n^2Q^2$”线段在图 6-14 中向左截取，并向下查得下一个相邻断面的洪水位。

5. 确定工程地点的设计洪水位

根据工程地点位置和水面曲线计算结果，直接地或者通过内插确定工程地点的设计洪水位。

（二）用近似方法计算小型水库的回水曲线

1. 包爱理公式法

回水曲线全长的计算公式为

$$L=2\Delta H_1/i \qquad (6\text{-}111)$$

曲线上任一点的壅水高度的计算公式为

$$\Delta H_A=\Delta H_1\left(\frac{L-L_A}{L}\right)^2 \qquad (6\text{-}112)$$

式中 $L$——水库回水曲线全长，如图 6-15 所示，m；

$L_A$——$A$ 点至坝址的距离，m；

$\Delta H_1$——坝前壅水高度，m；

$\Delta H_A$——$A$ 点处的壅水高度，m；

$i$——平均河底比降。

2. 杜别里–留里曼公式法

杜别里–留里曼公式为

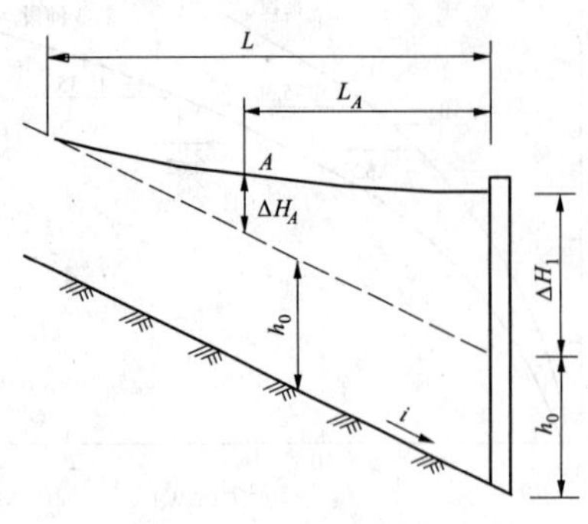


图 6-15 回水曲线图

$$L_A \frac{i}{h_0} = f\left(\frac{\Delta H_1}{h_1}\right) - f\left(\frac{\Delta H_A}{h_0}\right) \tag{6-113}$$

$$h_0 = \frac{K_L A_L + A_M + K_R A_R}{K_L B_L + B_M + K_R B_R} \tag{6-114}$$

式中 $f\left(\frac{\Delta H_1}{h_1}\right)$——壅水曲线函数，查表 6-21 得；

$h_0$——断面在天然情况下相当于设计流量时的正常（平均）水深；

$A_L$、$A_R$、$A_M$——左滩、右滩、主槽过水面积；

$B_L$、$B_R$、$B_M$——左滩、右滩、主槽水面宽；

$K_L$、$K_R$——左滩、右滩平均流速之比。

杜别里-留里曼公式适用于任何 $\frac{\Delta H_1}{h_0}$ 比值的情况，包爱理公式只适用于 $\frac{\Delta H_1}{h_0} \leqslant 1.5$ 的情况。

表 6-21 杜别里-留里曼法壅水曲线函数表

| $\Delta H/h_0$ | $f(\Delta H/h_0)$ | $\Delta H/h_0$ | $f(\Delta H/h_0)$ | $\Delta H/h_0$ | $f(\Delta H/h_0)$ | $\Delta H/h_0$ | $f(\Delta H/h_0)$ | $\Delta H/h_0$ | $f(\Delta H/h_0)$ |
|---|---|---|---|---|---|---|---|---|---|
| 0.01 | 0.0067 | 0.25 | 1.2461 | 0.49 | 1.6468 | 0.73 | 1.9641 | 0.97 | 2.2496 |
| 0.02 | 0.2444 | 0.26 | 1.2664 | 0.50 | 1.6611 | 0.74 | 1.9765 | 0.98 | 2.2611 |
| 0.03 | 0.3863 | 0.27 | 1.2861 | 0.51 | 1.6753 | 0.75 | 1.9888 | 0.99 | 2.2725 |
| 0.04 | 0.4889 | 0.28 | 1.3054 | 0.52 | 1.6893 | 0.76 | 2.0010 | 1.00 | 2.2839 |
| 0.05 | 0.5701 | 0.29 | 1.3243 | 0.53 | 1.7032 | 0.77 | 2.0132 | 1.10 | 2.3971 |
| 0.06 | 0.6376 | 0.30 | 1.3428 | 0.54 | 1.7170 | 0.78 | 2.0254 | 1.20 | 2.5083 |
| 0.07 | 0.6958 | 0.31 | 1.3610 | 0.55 | 1.7308 | 0.79 | 2.0375 | 1.30 | 2.6179 |
| 0.08 | 0.7472 | 0.32 | 1.3789 | 0.56 | 1.7444 | 0.80 | 2.0495 | 1.40 | 2.7264 |
| 0.09 | 0.7933 | 0.33 | 1.3964 | 0.57 | 1.7589 | 0.81 | 2.0615 | 1.50 | 2.8337 |
| 0.10 | 0.8353 | 0.34 | 1.4136 | 0.58 | 1.7714 | 0.82 | 2.0735 | 1.60 | 2.9401 |
| 0.11 | 0.8739 | 0.35 | 1.4306 | 0.59 | 1.7848 | 0.83 | 2.0855 | 1.70 | 3.0458 |
| 0.12 | 0.9098 | 0.36 | 1.4473 | 0.60 | 1.7980 | 0.84 | 2.0975 | 1.80 | 3.1508 |
| 0.13 | 0.9434 | 0.37 | 1.4638 | 0.61 | 1.8112 | 0.85 | 2.1095 | 1.90 | 3.2553 |
| 0.14 | 0.9751 | 0.38 | 1.4801 | 0.62 | 1.8243 | 0.86 | 2.1213 | 2.00 | 3.3594 |
| 0.15 | 1.0051 | 0.39 | 1.4962 | 0.63 | 1.8373 | 0.87 | 2.1331 | 2.10 | 3.4631 |
| 0.16 | 1.0335 | 0.40 | 1.5119 | 0.64 | 1.8503 | 0.88 | 2.1449 | 2.20 | 3.5664 |
| 0.17 | 1.0608 | 0.41 | 1.5275 | 0.65 | 1.8631 | 0.89 | 2.1567 | 2.30 | 3.6694 |
| 0.18 | 1.0869 | 0.42 | 1.5430 | 0.66 | 1.8759 | 0.90 | 2.1683 | 2.40 | 3.7720 |
| 0.19 | 1.1119 | 0.43 | 1.5583 | 0.67 | 1.8887 | 0.91 | 2.1800 | 2.50 | 3.8745 |
| 0.20 | 1.1361 | 0.44 | 1.5734 | 0.68 | 1.9014 | 0.92 | 2.1916 | 2.60 | 3.9768 |
| 0.21 | 1.1595 | 0.45 | 1.5884 | 0.69 | 1.9140 | 0.93 | 2.2032 | 2.70 | 4.0789 |
| 0.22 | 1.1821 | 0.46 | 1.6032 | 0.70 | 1.9266 | 0.94 | 2.2148 | 2.80 | 4.1808 |
| 0.23 | 1.2040 | 0.47 | 1.6179 | 0.71 | 1.9392 | 0.95 | 2.2264 | 2.90 | 4.2826 |
| 0.24 | 1.2254 | 0.48 | 1.6324 | 0.72 | 1.9517 | 0.96 | 2.2380 | 3.00 | 4.3843 |
| — | — | 3.50 | 4.8891 | 4.00 | 5.3958 | 4.50 | 5.8993 | 5.00 | 6.4020 |

注 当 $\Delta H/h_0$ ＞5 时壅水曲线即变为水平直线。

［例 6-10］已知$\Delta H_1=1.4\text{m}$，$h_0=4.6\text{m}$，$I_i=0.0043$，$L_A=550\text{m}$，求$\Delta H_A$。

解：$\Delta H_1/h_0=1.4/3.6=0.304$，查表 6-21 得 $f(\Delta H_1/h_0)=1.35$，代入式（6-113）得

$$f\left(\frac{\Delta H_A}{h_0}\right)=f\left(\frac{\Delta H_1}{h_0}\right)-L_A\frac{i}{h_0}$$

$$=1.35-550\times\frac{0.0043}{4.6}$$

$$=0.836$$

再由 $f(\Delta H_1/h_0)=0.836$ 查表 6-21 得

$$\Delta H_A/h_0=0.10$$

故$\Delta H_A=0.1h_0=0.1\times4.6=0.46$（m）

## 二、桥前壅水计算

### （一）最大壅水高度的位置

桥梁挤压了天然水流，使桥前水面升高。形成桥前壅水高度最大值的位置，在缺乏实测资料的情况下，一般认为，对桥头无导流堤者大约在桥中心上游一个桥孔的距离处，有导流堤者在导流堤上游端部的附近。

### （二）最大壅水高度的计算公式为

$$\Delta H=\eta\left(v^2-v_0^2\right) \tag{6-115}$$

式中　$\Delta H$——桥前最大壅水高度，见图 6-16，m；

$\eta$——壅水系数，与水流进入桥孔的阻力有关，确定方法见表 6-22；

$v$——通过计算流量时的桥下平均流速，与土壤抗冲能力有关，见表 6-23，m/s；

$v_0$——水流未被挤压时的平均流速，即通过计算流量时桥前全断面（包括主槽和可能是路堤部分的边滩）的平均流速，m/s。

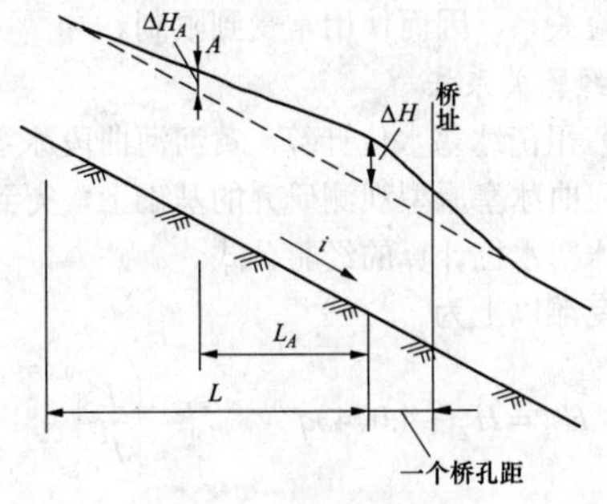


图 6-16　桥前壅水图

表 6-22　　壅 水 系 数 $\eta$ 值 表

| 河段特征 | 河滩路堤阻挡的流量和设计流量的比值（%） | $\eta$ |
|---|---|---|
| 河滩很小的山区河流 | ≤10 | 0.05 |
| 河滩较小的半山区河流 | 11～30 | 0.07 |
| 有中等河滩的平原河流 | 31～50 | 0.10 |
| 河滩较大的低洼河流 | ＞50 | 0.15 |

注　逐年淤积上涨的河流，或水流中含沙量大、洪峰涨落迅速、历时短促、桥下不易造成一般冲刷的河流，均应比照密实土确定。

表 6-23　　桥 下 平 均 流 速

| 土质 | 土的名称 | 颗粒直径（mm） | $v$ |
|---|---|---|---|
| 松软土壤 | 淤泥、细粒沙、中粒沙、松软的淤泥质、砂黏土等 | ≤1 | $v=v_P$ |
| 中等密实土壤 | 砂砾、小卵石、圆砾、中等密实的砂黏土和黏土 | 1～25 | $v=v_P\times 2P/(P+1)$ |
| 密实土壤 | 大卵石、漂石、密实的黏土 | ＞25 | $v=Pv_P$ |

注　1. $v_P$ 为桥下设计流速，设计中按不同情况采用：对一般河流，取通过计算流量时桥下的平均流速；对人工河道或不允许冲刷的河渠，可取附录Ⅶ土的允许（不冲刷）平均流速的土壤允许不冲刷流速。

2. $P$ 为采用的容许冲刷系数，见表 6-24。

式（6-115）为我国铁路、公路等交通部门常用的公式。该公式简单，资料易于取得，系数$\eta$包含了河流类型、桥渡压缩条件，并考虑了冲刷的影响，计算方便。

上游壅水曲线全长用式（6-111）计算，$L$ 为回水末端至最大壅水断面间的距离。

沿上游河段某断面 $A$ 处的壅水高度，见图 6-16，将式（6-111）代入式（6-112）得断面 $A$ 处的壅水高度计算公式为

$$\Delta H_A=\Delta H\left(1-\frac{iL_A}{2\Delta H}\right)^2 \tag{6-116}$$

式中　$L_A$——断面 $A$ 至最大壅水断面间的距离。

表 6-24　　允 许 冲 刷 系 数 $P$ 值

| 河流类型 | 冲刷系数 |
|---|---|
| 山区峡谷段 | ≤1.2 |
| 山前区变迁性河段 | 按地区经验公式确定 |
| 其他各类型河段 | ≤1.4 |

注　平原宽滩河流的平均水深小于或等于 1.0m，允许冲刷系数可大于表列数值。

## 三、冰塞壅水计算

（一）冰塞的成因

大量冰花堆积在河段冰盖的底面，并造成河段水位壅高，这种特殊冰情现象称为冰塞。冰塞是在冰盖发展过程中形成的。当上游冰花源源不断，如封冻边缘处的流速较小，则冰花沿冰盖前缘平铺上溯，封冻边缘顺利发展。当封冻边缘发展到急流河段，其流速大于冰花下潜流速（或称第一临界流速）$v_{01}$，则冰花潜入冰盖底面。冰盖下由于阻力增大，流速锐减，当其达第二临界流速 $v_{02}$ 时，下潜冰花即发生堆积，冰塞开始形成并逐渐发展，造成上游水位壅高、流速减小。野外观测资料证明，冰塞往往发生在水面比降有明显转折的河段，如急滩下端的缓流河段、水库回水末端等。

冰花下潜流速 $v_{01}$ 的计算，国内外有不少观测研究成果，而且其结果都比较接近，变化在 0.6～0.7m/s 之间。

冰花在冰盖下面发生堆积的第二临界流速 $v_{02}$，据黄河刘盐河段及第二松花江白山河段观测资料分析，在 0.3～0.4m/s 之间。

（二）计算方法

1. 水力学计算法

$$Q = HBv \tag{6-117}$$

$$v = \frac{1}{n_{cp}} R^{2/3} i^{1/2} \tag{6-118}$$

$$B = A\frac{Q^{0.5}}{i^{0.2}} \tag{6-119}$$

$$R \approx H/2 \tag{6-120}$$

式中 $Q$、$n_{cp}$ 是已知的边界条件。为了求解 $v$ 值，还需根据实测资料建立稳定流速与流量、平均水深或流量、水面宽的经验关系。例如，据黄河刘盐河段观测资料建立稳定流速与流量、平均水深的关系为

$$v = 1.215 - 0.063\frac{Q^{0.5}}{H} \tag{6-121}$$

稳定流速与流量、水面宽的关系为

$$v = 0.71\frac{Q^{0.35}}{B^{0.36}} \tag{6-122}$$

综合糙率 $n_{cp}$ 可根据下式推求，即

$$n_{cp} = \left(\frac{x_b n_b^{3/2} + x_i n_i^{3/2}}{x_b + x_i}\right)^{2/3} \tag{6-123}$$

一般天然河槽 $x_b \approx x_i$，则

$$n_{cp} = \left(\frac{n_b^{3/2} + n_i^{3/2}}{2}\right)^{2/3} \tag{6-124}$$

式中 $Q$——相应冰塞最高壅水时的流量，m³/s；

$H$——断面稳定平均水深，m；

$B$——水面宽，m；

$v$——断面稳定平均流速，m/s；

$R$——断面稳定水力半径，m；

$i$——冰塞稳定水面比降；

$n_{cp}$——综合糙率；

$A$——稳定河宽系数，据阿尔图宁研究，稳定的河段 $A$ 值为 1.1～1.3，不稳定河段为 1.3～1.7，冰塞河段据刘盐河段资料分析为 0.6～1.1；

$x_b$——河床湿周，m；

$n_b$——河床糙率；

$x_i$——冰盖湿周，m；

$n_i$——冰盖糙率。

河槽糙率 $n_b$ 可据畅流期资料确定。冰盖糙率 $n_i$ 见表 6-25。

表 6-25　冰 盖 糙 率 $n_i$ 表

| 时段 | 封冻后天数（d） | | | |
|---|---|---|---|---|
| | 1～10 | 11～30 | 31～50 | 51 以后 |
| 无冰花堆积 | 0.080～0.040 | 0.050～0.020 | 0.030～0.015 | 0.025～0.015 |
| 有冰花堆积 | 0.100～0.050 | 0.060～0.030 | 0.040～0.025 | 0.030～0.020 |

根据上述公式，通过计算推求冰塞壅水高度。

在应用该法时，首先需要根据本河段的实测冰塞资料，确定稳定流速与流量、平均水深与流量、水面宽的经验关系，因而使用常受到限制。

2. 经验关系法

（1）平衡冰塞水位计算。黄河河曲段冰塞研究课题组在河曲冰塞原型观测研究的基础上，得到了该河段平衡冰塞水位计算的经验公式。

九良滩以上为

$$H_G = H_Z + 4.0743q^{-0.0329}J_0^{0.213}\left(\frac{L}{L_0}\right)^{0.8092} \tag{6-125}$$

式中 $H_G$——平衡冰塞水位，即稳封高水位，m；

$H_Z$——同流量的畅流水位，m；

$q$——单宽流量，m³/s；

$J_0$——断面畅流比降；

$L$——石窑子以上封冰长度，km；

$L_0$——石窑子以上多年平均封冰长度，km。

式（6-125）是在九良滩以上为冰塞主体，且冰塞底部存在输冰运动的前提下建立的。水位差（$H_G$–$H_z$）主要是冰塞大小决定的，与流量关系不明显。

九良滩以下为

$$H_G = H_Z + 3.1519q^{0.20}i_0^{0.359}\left(\frac{L}{L_0}\right)^{0.9593} \quad (6\text{-}126)$$

式（6-126）是基于九良滩以下，属库区冰塞和上游冰塞的尾部，来冰量较少，冰塞规模不大的前提下建立的。水位增值中因水流湿周的增加而升高的水位占比重较大，而这一部分增值正是随流量增加而增加的。

在该河段应用上述两个公式时，可拟定一系列冰塞长度，即可预报当年稳封最高水位，特别是这种冰塞水位发展过程较慢，来水对水位增值影响较少，在封冻结束时，根据实测封冻长度便能更为准确地预报最高稳封水位。

在计算公式中用冰塞长度反映河段来冰强度，符合河曲冰塞的特点，是在无直接来冰资料的情况下所用的间接方法，但用于其他河段则有较大的局限性。

（2）稳封水位的计算公式。黄河河曲段冰塞研究课题组根据“冰塞越厚，水位越高”的规律，建立了南园断面以上稳封冰塞河段冰塞厚度与冰期水位增值的关系式，即

$$\Delta H = 0.13344 + 0.92813\delta \quad (6\text{-}127)$$

式中 $\Delta H$——稳封冰塞河段冰期水位增值，m；

$\delta$——冰塞厚度，m。

（3）初封期冰塞水位。根据黄河上游刘家峡、盐锅峡的实测资料，黄河上游形成冰塞的临界条件和黄河河曲冰塞形成的临界弗劳德数 $Fr$ 为 0.09，即

$$Fr = \frac{v}{\sqrt{gH}} = 0.09 \quad (6\text{-}128)$$

简化后为

$$H = 2.3268Q^{2/3} \quad (6\text{-}129)$$

式中 $H$——冰盖前缘明流的平均水深，m；

$v$——冰盖前缘明流的水流平均速度，m/s；

$Q$——断面平均流速。

应用上式计算出初封期某一过水断面在流量 $Q$ 下的平均水深，根据平均水深–水位的关系求出水位。

冰塞最高壅水位可与冰花总流量建立关系，当缺乏冰量实测资料时，也可以建立气温和流量同冰塞水位的关系。

## 四、冰坝壅水计算

### （一）冰坝的成因

春季开河（江）时，大量冰块在特定河段（如河道束窄处、浅滩、急弯、连续弯道、尚未解冻冰盖的前缘等）发生堆积，阻塞河道，并壅高上游水位，这种特殊冰情称为冰坝。冰坝的形成是水流条件、冰量以及河流边界条件综合作用的结果，具体归纳如下：

（1） 需要有集中而又有足够数量和强度的冰量，这是组成冰坝的物质条件。集中而量大的来冰量往往是由以水力因素为主的武开河造成的。

（2） 需要有阻止流冰顺利宣泄的河流边界条件，如河道束窄处、急弯或连续弯道、多分汊河段、未解体的冰盖等都是冰块宣泄的障碍，当冰量集中时往往容易在这些地点发生堵塞，形成冰坝。

冰块下潜临界流速与冰块尺寸有关，由于其尺寸、强度都较冰花大，所以其下潜临界流速应比冰花的大。据第二松花江白山站的观测资料，$v_0$= 0.8～1.0m/s。

工程所在的河段是否具有形成冰坝的地形条件，通过实地调查访问可以大致判定。但是形成冰坝的规模及壅水高度则受多种因素的影响，具有很大的偶然性。关于冰坝壅水高度的计算，由于问题复杂，目前还没有较成熟的计算方法，一般用的是简单的经验相关法。

### （二）可能产生冰坝地点的估算

在有精度较高的河道地形图时，可用下式粗估冰坝堆积的地点，即

$$a_2 = a_1\frac{n_1J_1^{0.5}h_1^{0.7}B_1}{n_2J_2^{0.5}h_2^{0.7}B_2} \quad (6\text{-}130)$$

式中 $a_1$、$a_2$——上、下（即估算地点）断面的流冰密度，$a_1$ 值可采用上游水文站资料或调查资料；

$n_1$、$n_2$——上、下断面附近的糙率，$n$ 值可根据河道情况查糙率表；

$B_1$、$B_2$——上、下断面的水面宽，m；

$h_1$、$h_2$——上、下断面的平均水深，m；

$J_1$、$J_2$——上、下断面附近的比降，‰。

当河道整齐，两断面特性一致时，则

$$a_2 = a_1\frac{h_1}{h_2} \quad (6\text{-}131)$$

$a_2$<1 时为流冰；$a_2$>1 时，说明流冰密度大于下断面的通过能力，成为不可能流动的状态，可能产生冰坝。

### （三）计算方法

1. 一般经验相关法

（1）解冰时最大冰坝水位与封冻水位的关系。

（2）冰坝水位流量的关系。

（3）冰坝区段水位壅高与冰量的关系。

2. 河深关系法

河深关系法为原苏联多钦科利用有冰坝（冰塞）条件下开敞河槽的水力特性间的关系而建立，可通用于冰坝和冰塞水位的计算。

多钦科认为冰坝（冰塞）水位是冰坝或冰坝上游边缘水深的函数，即

$$H_B = f(h_B) \tag{6-132}$$

$$h_B = Ah_0 \tag{6-133}$$

$$A = J^{0.3}e^{a} \tag{6-134}$$

式中 $H_B$——冰坝、冰塞水位，m；

$h_B$——冰坝、冰塞水深，m；

$h_0$——开敞水流平均水深，m；

$A$——系数，可根据 $h_0$ 和 $H$ 的关系，通过分析整个观测期间冰坝（冰塞）水位的变化资料确定，在缺少观测资料情况下，可用式（6-134）确定；

$J$——比降；

e——指数函数；

$a$——系数。

式（6-134）中，对于冰坝，$a$=2.85±0.15；对于冰塞 $a$=3.30±0.10，而对于冰坝–冰塞堆积，则取这些值的平均数。在选择计算值时，正修正值可用于在冰塞河段形成的冰坝，而负修正值则适用于在冰坝或冰塞形成过程中河宽增加大于 15%的场合。考虑研究河段的比降，为各种结冰类型计算出的 $I^{0.3}e^{a}$ 值列于表 6-27。

为了计算最大冰坝（冰塞）水位，可将水的流量资料、平均深度 $h$（$H$）曲线、河床宽度 $b$（$H$），以及流量为 $Q_0$ 时的水面比降资料作为原始资料，计算简单。根据给定的流量，可计算出开敞河槽的水位以及与其相应的 $h_0$ 和 $b_0$ 值。然后再根据用给定的观测值或按上述公式计算出的 $A$ 值，计算出冰坝上游边缘的厚度和相应的 $H$ 值。

表 6-26　　$J^{0.3}e^{a}$ 的 值

| 冰情类型 | 比降 $J$（×10⁻³） | | | | | | |
|---|---|---|---|---|---|---|---|
| | 0.15 | 0.10 | 0.20 | 0.30 | 0.40 | 0.50 | 0.60 |
| 冰塞 | 1.38 | 1.70 | 2.10 | 2.40 | 2.60 | 2.75 | 2.93 |
| 冰坝 | | 1.08 | 1.34 | 1.53 | 1.65 | 1.77 | 1.87 |
| 冰塞–冰坝堆积 | 1.30 | 1.08 | 1.72 | 1.96 | 2.18 | 2.26 | 2.04 |

| 冰情类型 | 比降 $J$（×10⁻³） | | | | | |
|---|---|---|---|---|---|---|
| | 0.70 | 0.80 | 0.90 | 1.00 | 2.00 | 3.00 |
| 冰塞 | 3.08 | 3.22 | 3.32 | 3.40 | 4.20 | 4.80 |
| 冰坝 | 1.97 | 2.05 | 2.12 | 2.18 | 2.70 | 3.09 |
| 冰塞–冰坝堆积 | 2.51 | 2.62 | 2.70 | 2.78 | 3.42 | 3.80 |

## 第五节　岩溶地区设计洪水

岩溶地区洪水及泥石流洪水均非一般自然景观地区的洪水，在其分析计算方法上，除与一般地区的洪水分析计算方法有相似处以外，更要注意其特殊性。

我国的岩溶主要分布在贵州、云南、广西、湖南、湖北、四川、西藏、新疆、青海、河北、山西、内蒙古等地。我国岩溶的分布面积为 344.3×10⁴km²，约占全国土地面积的 36%，在岩溶区进行工程建设就会遇到岩溶地区的洪水问题。

### 一、洪水特性分析

#### （一）岩溶地区地形地貌特征

我国的岩溶类型主要有南方热带亚热带湿润地区岩溶，北方干旱、半干旱及温带岩溶，高山高原岩溶，滨海岩溶，东北部的温带湿润区的岩溶，埋藏型岩溶和深部岩溶等类型。

岩溶地貌的地表形态，按宏观分类有常态山、丘陵洼地、峰林地形等，按微观地貌有落水洞、溶井、溶洞、漏斗、天窗、地下河管道、塌陷坑、盲谷、断头河、伏流、地下河与岩溶泉等，同时尚有各种负地形如岩溶盆地、岩溶洼地、干谷、干沟等。

岩溶地貌的地下形态有暗河（地下河）、溶洞、溶孔，复杂的管道断面有跌水、深潭、潜流、厅堂、瓶颈、卡口、倒虹吸等。

#### （二）岩溶地区河流特征

受岩溶地区地形、地质、地貌条件控制，岩溶地区地表及地下河具有如下特征：

1. 地表水系发育不完整

在气候温和、降水丰沛的南方岩溶地区，封闭洼地、溶蚀盆地、溶蚀漏斗、落水洞等特别发育，大气降水大部分通过岩溶裂隙、竖井、落水洞等渗、漏入地下直接转化为地下径流，因此地表水系发育不完整。如云南篆长河妥者水文站以上流域面积为 1160km²，大于 40km² 直接汇入河网的支流只有两条，其他大都是间歇性水流。

2. 地下水网发育

在水资源较丰富地区地下往往有较大的溶蚀空间及广阔水域，地下水网对洪水起滞洪调蓄作用。但出现大暴雨时，由于地下水通道受阻，地表岩溶洼地内的竖井与落水洞常涌水漫溢成灾。如，广西东兰板文地下河与红水河岩滩库区相通，流域面积为 352km²，干流全长 26.3km，另有支流和分支流各 6 条。该地下河上游源于江平一带峰丛洼地。中游（即拉平、巴纳内涝区）为峰林谷地，而下游又为高峰丛洼地。当中上游来水集中于中游谷地时，

主要靠巴纳、拉硐、拉平三大消水洞群（共130个）消水至地下河道，经过14km的下游峰丛区排入红水河岩滩库区。由于众多大小不一的天坑、竖井、落水洞遍布区内，受地下河道结构因素制约，每年汛期暴雨洪水排泄不及，致使拉平、巴纳两谷地经常内涝成灾。一般涝期为3～7d；中涝约为15d；特大涝期为100～120d，见图6-17。

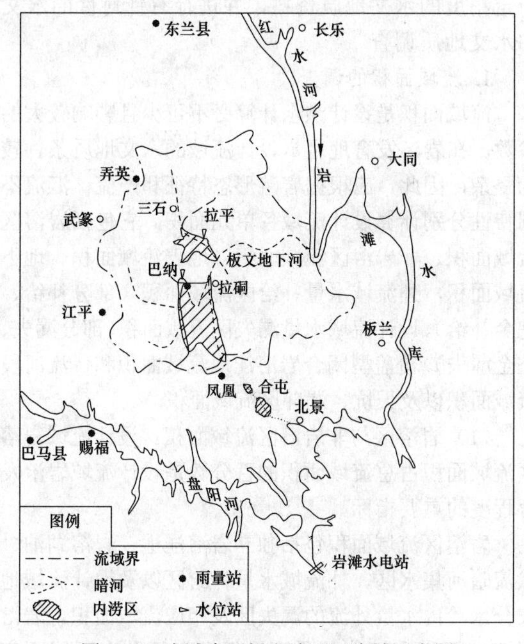


图6-17　岩滩库区板文地下河流域示意图

3. 地表水与地下水相互转换

岩溶地区的水网是由二元结构和多维空间体组成的。当流域内岩溶通道具有多层结构，且各自的岩溶水排泄基准面不同时，地表水与地下水转换更为频繁，一些地下河出口后成为地表小河的源头，而在径流途中，又常常分散注入地下。

4. 地表分水岭与地下水分水岭不吻合

岩溶发育强烈地区，地表、地下河系上下重叠并存，地表、地下水相互袭夺共生。当设计流域地下水系穿越地表分水线，袭夺邻近流域地下河或地表河时，邻近流域部分地表、地下径流补给设计流域，设计流域径流的实际补给面积大于地表流域面积，如贵州省鱼梁河，补水工程坝址上游地表流域面积为12km²，但坝址上游3.3km处苑口南侧有一暗河注入，苑口地下河的流域面积为148km²；反之，设计流域地下水系或地表水系被邻近流域地下水系袭夺，设计流域部分地表、地下径流补给邻近流域，因而，设计流域径流的实际补给面积则小于设计流域地表流域面积。

（三）岩溶地区洪水的产流、汇流特征

岩溶发育地区，特别是伏流暗河区，即地表以伏流为主、地下以暗河（地下河）为主时，洪水的产流、汇流有其特殊性。

（1）裸露岩溶的与薄层覆盖岩溶地区，植被稀疏，岩石裸露，降雨沿纵向裂隙渗入，大部分渗入地下，只有当降雨强度很大时，才会形成地面径流。

岩溶谷地的溶洞、暗河、漏斗、竖井、落水洞异常发育，这些岩溶漏水严重，降雨除了填洼、截流，则全部转地下，形成地下径流。因此，岩溶地区与非岩溶地区相比地下径流较大。如广西桂西北的岳圩水文站属于岩溶流域，流域面积为1069km²，其中岩溶面积为1039km²，占流域面积97%；汪甸站属非岩溶流域，流域面积为1008km²。这两流域气候、降水量、流域形状均相似、面积也相当。选用两流域10场实测降水量接近、降雨天数相同的洪水进行分析，在流域面积相当、气候条件相似的情况下，岩溶流域岳圩站的洪峰流量较小，涨水历时、洪水总历时较长，总径流系数、总径流深、地下径流量、总径流量也都较大。各项水文特征值倍比见表6-27。

表6-27　岳圩岩溶站与汪甸非岩溶站各项水文特征值倍比表

| 项目 | 洪峰流量 | 涨水历时 | 洪水总历时 | 总径流系数 | 总径流深 | 地下径流量 | 总径流量 |
|---|---|---|---|---|---|---|---|
| 平均 | 0.33 | 5.9 | 2.7 | 2.0 | 1.8 | 3.6 | 1.8 |
| 最大 | 0.77 | 15.7 | 4.5 | 3.1 | 2.9 | 6.8 | 3.1 |
| 最小 | 0.15 | 1.3 | 1.8 | 1.4 | 1.2 | 1.6 | 1.3 |

（2）岩溶地区的流域地表分水岭与地下分水岭不吻合时，相邻流域的地表径流可以通过伏流、暗河、泉等相互补、排，地下径流通过裂隙、管道、暗河也可在相邻流域或同一流域内干支流之间相互补、排，致使洪水产流区面积不完全等同于设计流域地表产流区面积，且由于暴雨分布不同，产流区面积也会发生变化。如南盘江二级支流木浪河流域内，根据水文地质图分析确定，在木浪河生不拢以上流域面积为309km²，由于有一部分地区洪水漏失到外流域，生不拢以上实际造峰面积仅为107km²左右。

（3）岩溶地区地下水系发育，汇流完全受控于地质地形条件，而且具有各向异性。

地下径流通道的畅通或阻塞程度直接影响其出流，从地下径流出流平面分布看，又存在分散型与集中型（暗河、泉）等。当地下径流流经细小裂隙和较小的孔洞和管道时，其流速较慢，形成慢速地下径流，并逐步汇集到较大的洞穴和管道中再排入河道。当地下径流流入较大的岩溶洞穴和管道时，其流速较大，形成快速地下径流，并通常经过地下管道汇集于岩溶泉口，排泄入河道。另有一部分地下径流渗入岩石裂隙深部或存蓄于地下溶洞附近的细小裂隙中裂隙水，洪水过后，这些裂隙水慢慢流出排入地下管道，成为基流的一部分。

（4）洪水季节，地下管道或伏流段往往受阻，上游滞洪河段可形成较大水体，对洪水起调蓄作用，地下管道或伏流段甚至可能出现有压流等现象。

如广西澄碧河伶站水文站受浩坤–弄林溶洞调蓄后，洪水过程线呈平头梯形，历时 10～20d，最长达 1～2 个月，见图 6-18。

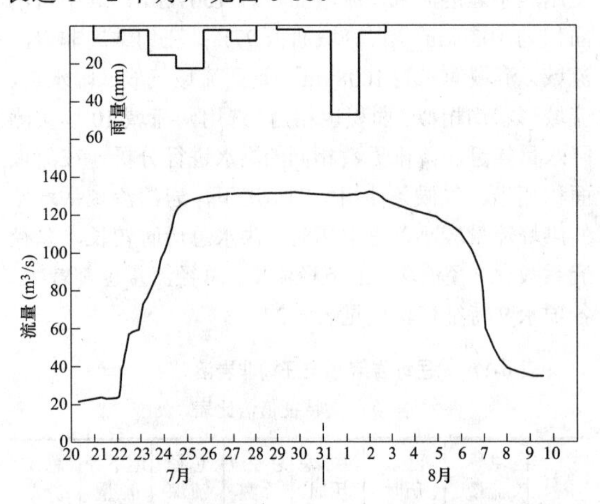


图 6-18　澄碧河伶站水文站 1960 年 7～8 月实测洪水过程线

将澄碧河伶站水文站与流域面积相近，而流域下垫面为砂页岩的非岩溶地区蒙江大化水文站一次洪水过程进行比较，当降雨情况相近时，两站洪水过程线形状截然不同，见图 6-19。

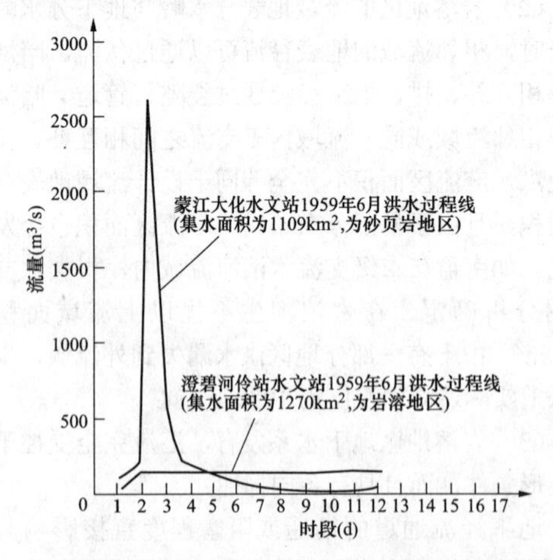


图 6-19　澄碧河伶站水文站、蒙江大化水文站洪水过程线比较

## 二、洪水计算

针对岩溶地区的设计洪水计算，首先要对岩溶地区的相关特性资料进行调查与分析，然后根据搜集整理的相关资料对所需岩溶地区进行设计洪水计算。

### （一）岩溶地区特征资料的调查与分析

由于岩溶地貌和非岩溶地貌组成的设计流域、地表、地下河系重叠并存为其特点。在相邻流域之间、同一流域干支流之间、同一河段上下游之间，地表、地下水转换频繁，在洪水期水量交换尤为明显。因此，岩溶地区涉及洪水计算所需要的基本资料，不仅应有一定数量的水文气象资料，还需要有一定精度的水文地质资料，并进行有针对性的水文和水文地质调查。

1. 流域面积的调查

流域面积是设计洪水计算必不可少且影响较大的参数。在岩溶发育地区，设计流域的水文地质条件较为复杂，因此，应根据岩溶形态特征和产流、汇流不同特性分别计算设计流域各单元面积。它包括岩溶区流域面积、非岩溶区流域面积、地表流域面积、地下流域面积，外流域水量补给区流域面积（部分补给、完全补给)、设计流域水量漏失区流域面积(部分漏失、完全漏失)，覆盖型闭合岩溶洼地流域面积和伏流河段流域面积以及天坑、漏斗区流域面积。

（1）岩溶区与非岩溶区流域面积。设计流域岩溶区流域面积占总流域面积的百分数是设计流域岩溶发育程度的重要指标。

岩溶区流域面积包括独立岩溶洼地、岩溶湖泊、伏流暗河集水区、外流域水量补给区以及设计流域地表分水岭内水量外流的漏失区及相应流域面积。岩溶区流域面积有可能随暴雨量级和暴雨分布不同而变化。这类区域可根据产流、汇流特征，划分为若干计算单元，并视水文气象资料条件和采用的计算方法做适当处理。

非岩溶区流域面积是指设计流域内地表分水岭和地下分水岭基本吻合的闭合区。在设计洪水计算时，这一地区无须做特殊处理，如设计流域非岩溶区成片或相对集中，可作为一个系统，划分为一个计算单元。

（2）地表与地下流域面积。地表流域面积可根据地形分水岭勾绘确定，其中包括向相邻流域漏失部分的流域面积。

地下流域面积是指地表流域面积减去其中漏失区流域面积，加上相邻流域水量补给区的流域面积。

设计流域总流域面积由地表流域面积与地下流域面积之和，减去两者重叠部分面积而得。

（3）覆盖型闭合岩溶洼地。其一般有多层落水洞、裂隙与地下暗河相通，但这些通道一旦被较厚的土层覆盖，洼地渗透率极小。若洼地流域面积大、水量丰沛，又具备良好的蓄水地形，可形成大片积水区，有的成为岩溶湖泊，这对控制断面的洪水过程有重大影响。遭遇到连续大暴雨或洼地积水，可通过地形垭口溢流或洼地落水洞重新开通而泄流。因此，应通过调查测量勾绘洼地流域面积、原有排洪洞穴和地形垭口高程以及计算洼地需水量来推求出覆盖闭合岩溶洼地的流域面积。

（4）伏流河段流域面积。伏流河段具有明显的滞洪作用，与其类似的有断头河、盲谷、落水洞等。不同是伏流河段两端为河道，断头河、落水洞大多与地下暗河相联通。相对而言，伏流河段流域面积广，来水量也较大，这类岩溶地貌形态，对下游控制断面洪水过程具有明显调蓄作用。因此应调查理解其分布特征及影响范围，用地形图准确量算流量出口的流域面积。

（5）天坑、漏斗区流域面积。岩溶发育的裸露岩溶区，地表水系极不发育，甚至见不到地表河系，大片地区满布天坑、漏斗。天坑、漏斗区的流域面积，一方面可以利用地形资料勾绘集水范围；另一方面依靠水文地质普查和泉水测验资料，了解天坑、漏斗区地下暗河水量去向，对照天坑、漏斗区地表流域面积，计算不同时期排水模数，从而分析确定天坑、漏斗区流域面积，以及占设计流域控制断面总汇水面积的百分数，以便在设计洪水计算时，提出切实可行的处理办法。

2. 洪枯水调查

岩溶发育地区水文地理和水文地质条件十分复杂，各种地貌单元产流、汇流条件也各不相同。因此应通过洪枯水调查，了解设计流域各岩溶地貌单元滞洪、调蓄特性对组成坝址洪水过程的不同影响。当频率法仍作为设计洪水计算的方法时，为了扩大洪枯水信息来源，弥补洪枯水资料系列代表性不足，进行岩溶地区洪枯水调查显得更为重要。针对岩溶地区洪枯水调查的特殊性，调查河段不能仅局限于计算河段，应根据不同岩溶地貌单元、洪枯水滞蓄能力的差异和特征，选定调查河段。对于地表、地下分水岭不吻合的设计流域，调查范围应扩大到有水量交换的邻近流域，并且把洪枯水调查和短期水文观测结合进行，为分析洪枯水成因和地区来源组成，提供必不可少的资料信息。在调查手段上，应与水文地质调查紧密结合；在资料整理分析上，应与各种岩溶地貌单元流域面积的分析确定结合进行，并紧抓岩溶滞、蓄系统对设计断面洪枯水的影响而开展调查。

3. 岩溶地区流量资料整理与分析

目前岩溶地区水文站点较稀，难以满足设计洪水地区综合分析的要求。当设计河段无水文测站资料，需用上下游或邻近相似流域洪水资料时，应设法了解洪水峰量随流域面积变化的规律和受岩溶滞洪、调蓄影响的峰量关系，以及洪峰模数地区变化特征等。

岩溶发育河流，由于受到滞洪、调蓄、控泄等岩溶影响，洪水峰量关系与非岩溶地区不同。主要特征是峰量关系指数偏小，有时甚至小于1。

洪峰面积比指数，也是水文分析计算中地区综合分析的重要指标。非岩溶地区洪峰面积比指数在 2/3 左右。山区峡谷形河流，指数可略为偏大。利用岩溶地区实测洪水资料，分析相邻流域之间、上下游河段之间洪峰面积比指数，不仅可以获得对岩溶影响的定性认识，而且有利于正确移用邻近流域、上下游河段洪水参数。

岩溶发育在地区上具有不均匀性，岩溶的滞洪及调蓄作用各河段有较大差别。分析计算洪峰面积比指数，也是了解岩溶影响程度的重要方法之一。岩溶发育地区“有效造峰面积”可以通过水文地质调查或水文分析方法确定。但“有效造峰面积”是一变数，随暴雨量级大小和面分布的不同各异。

（二）岩溶地区设计洪水计算

1. 用流量资料计算设计洪水

岩溶地区水文站点少，特别是伏流、暗河区流域面积比重较大的设计流域，能满足设计洪水计算要求的水文站网布设是不多见的。因此，在岩溶发育地区，要求设计人员深入现场查勘，开展必要的水文地质调研，辅之以短期专用水文站观测，对岩溶影响设计洪水各方面的情况进行有规律性的认识，在设计洪水计算的各步骤、各环节上把握好，提出切合实际的处理方法。利用仅有的坝址水文站洪水系列进行频率分析计算，仍不失为一种可行的方法之一。该设计洪水成果在常遇频率条件下和较小量级的分期洪水条件下是可信的。

直接用实测洪水资料系列计算设计洪水，若不进行岩溶影响的处理或修正，将有可能使设计洪水成果偏大，尤其是稀遇条件下的洪峰流量和短期洪量可能偏大较多，在频率计算缺乏特大历史洪水作控制时更为严重。频率计算方法与采用的线型适用于明流区设计洪水计算。经岩溶洞室滞洪调蓄后，伏流暗河区的出流量显然有所不同，在达到一定量级后其增率和变幅逐渐减小，可视为有效稳定的上限值，当这部分流量占比重较大时，与明流区洪水一样采用上端无限的线型是不相符的。许多调查资料表明，多数地区伏流暗河区的入流和出流的差别都是随着洪水量增大而增大的。

工程所在地点或其上、下游邻近地点具有 30 年以上实测和插补延长洪水流量资料，并有调查历史洪水时，岩溶地区设计洪水计算也可采用频率分析法。

在有实测流量资料的岩溶地区设计洪水计算方法通常与明流地区使用方法基本相同。需要注意的是，岩溶地区的河流，其流域坡面及干支流河槽受岩溶地理的影响（即坡面、河槽调蓄），其设计洪水模数比明流区的模数要小很多。例如：岩溶很发育的红水河（其岩溶地貌占全流域面积 49%）的龙滩水电站流域面积为 98500km²，与非岩溶地区流域面积相近的汉江丹江口水电站（流域面积为 95200km²）相比较，流域面积相当，而洪峰模数两者相差达一倍略多。

对于岩溶地区，特别是在有伏流、暗河溶洞流域面积比重大的设计流域，当流域发生暴雨雨水经过流域坡面上岩溶漏斗、裂隙、溶洞等调蓄后落入地下河系而分不同层次流入干流，洪水经过河槽调蓄后，洪水出流要小很多，因此岩溶地区洪峰模数与明流区域比较显得很小，见表 6-28。

表 6-28　　岩溶地区与非岩溶地区洪峰模数比较表

| 项目 | 电站名称 | 河流 | 坝址以上流域面积（km²） | 设计洪峰流量（$P=1\%$）（m³/s） | 模数值 $M=Q/F^{2/3}$ [m³/（s・km²）] |
|---|---|---|---|---|---|
| 岩溶地区 | 龙滩水电站 | 红水河 | 98500 | 23200 | 10.88 |
| | 岩滩水电站 | 红水河 | 106580 | 24300 | 10.81 |
| | 大化水电站 | 红水河 | 112200 | 25300 | 10.88 |
| 非岩溶地区 | 丹江口水电站 | 汉江 | 95200 | 47000 | 22.54 |
| | 五强溪水电站 | 沅水 | 83800 | 39900 | 20.84 |
| | 东西关水电站 | 嘉陵江 | 78250 | 33900 | 18.53 |

注　$Q$——洪峰流量；
　　$F$——流域面积。

表 6-28 中比较数据说明了岩溶发育地区对洪水调蓄的影响，因此在计算岩溶地区设计洪水时，应注意调查了解设计流域与相邻流域之间的水量交换，结合水文地质查清流域内伏流暗河范围大小，大型滞洪洼地、溶洞排泄量等。根据掌握的岩溶地区水量交换及产流、汇流情况，对直接用洪水资料系列计算的设计洪水成果进行处理或修正，才能提高设计洪水的计算精度。同时对设计成果应进行合理性检查与评价，使设计成果做到安全、合理、可靠。

当设计断面所在河段有洪水资料，且同期暴雨资料条件较好，可以利用暴雨资料计算明流区洪水在设计断面处的出流过程，然后根据设计断面处的实测洪水过程与其相减，推算出伏流暗河区洪水过程，当分割若干次大小不同的洪水后，找出伏流暗河区洪水在设计断面处的洪量及过程与暴雨量之间的关系，寻求设计条件下的伏流暗河区洪水过程及洪量，这将有助于对直接依据流量资料进行频率计算的设计成果进行合理性、可靠性的分析与论证。

2. 用暴雨资料计算设计洪水

工程所在地区具有 30 年以上实测和插补延长暴雨资料，并有暴雨洪水对应关系时，可采用频率分析法计算设计暴雨，进而推算设计洪水，方法与非岩溶地区设计洪水也基本相同。

（1）有短期流量资料的岩溶地区设计洪水。我国绝大多数河流的洪水都是由暴雨形成的，一般在岩溶发育地区的水文测站布点少，雨量资料的观测年限一般比流量资料长，观测站点也多，因此可以利用暴雨资料，通过暴雨分析，设计暴雨计算，分析设计情况下产流、汇流条件，再以径流形成原理为基础，推求设计洪水。如前述，岩溶地区的明流区与伏流暗河区若交叠出现，则产流、汇流特性有很大差异。在设计洪水计算时，应分别计算明流区和伏流暗河区的洪水，而后叠加成整个流域的设计洪水。

［例 6-11］　澄碧河那冻坝址设计洪水计算。

流域概况：广西澄碧河是右江的支流，发源于凌云县青龙山的北麓。在弄桃村潜入地下，伏流 20km 于水源洞出露，再行约 30km 穿过八仙洞后再出露，又经约 15km 后潜入长达 3.5km 的浩坤–弄林暗河，于弄林村附近再次出露以后全为明流，经坡迭、伶站、那冻坝址后注入右江，全长 127km，总流域面积为 2300km²。

澄碧河那冻坝址以上流域面积为 2000km²，坝址上游浩坤溶洞以上控制面积为 1120km²，岩溶发育区面积有约 400km² 划分为伏流暗河区；浩坤溶洞以下至那冻坝址为明流区，区间面积为 880km²。流域内在浩坤溶洞下游 9.6km 处有澄碧河伶站水文站（仅 3 年资料）。因此，那冻坝址以上设计洪水划分为暗河区与明流区两部分计算。

1）伏流暗河区设计洪水计算：对于伏流暗河区的设计洪水计算，应对其洞前及洞后河段进行历史洪水调查。然后根据这些洪水调查资料，结合短期的实测资料，利用综合相关法、水力学法、水库调洪演算法及洪水水面线法计算得伏流暗河区的洞后出流流量。经上述多种方法求得的各个年份历史洪水，泄流量在 210～260m³/s 之间（见表 6-29），差别不大，说明由于溶洞调节能力大，各频率设计洪水相应的泄流量变化就不大。

表 6-29　　浩坤–弄林溶洞暗河出口（历史洪水）流量计算成果表

| 年份 | 流量（m³/s） | | | |
|---|---|---|---|---|
| | 综合相关法 | 水力学（孔口）法 | 水库调洪演算法 | 洪水调查比降法 |
| 1923 | 225 | 214 | 210 | 230 |
| 1911 | 230 | 215 | 220 | 260 |

2）明流区设计洪水计算：浩坤溶洞出口以下至那冻坝址的广大区间为明流区，缺实测流量资料，可由设计暴雨间接推求。其设计思路是首先求出区间设计暴雨量、点面关系、径流系数和设计雨型，再用等流时线法并考虑流域坡面河槽调蓄求得区间设计洪水。

用区间上、下端的百色雨量站及凌云雨量站历年最大3天雨量，分别计算其面雨量，经分析，流域暴雨递减指数$n$采用0.65，按同频率控制得雨量分配百分数，从而得3天暴雨设计雨型；用相邻河流两场较大洪水进行暴雨径流分析，推算区间径流系数，然后采用等流时线法求得区间流域设计洪水。

3）那冻坝址设计洪水计算：那冻坝址设计洪水，由浩坤溶洞出流，叠加区间洪水汇合而成。由于浩坤溶洞出流变化不大，从1911、1923年的历史洪水流量相差很小来看也是如此，故溶洞出流量当频率$P$为0.01%、0.1%、0.2%时取600m$^3$/s；当$P$为1%、2%时取300m$^3$/s；当$P$在2%以下时在210～260m$^3$/s之间取值，设计洪水成果见表6-30。

表6-30 澄碧河那冻坝址设计洪水成果表

| 频率（%） | | 0.01 | | | 0.1 | | | 1 | | |
|---|---|---|---|---|---|---|---|---|---|---|
| 地 点 | | 溶洞出口 | 区间 | 坝址 | 溶洞出口 | 区间 | 坝址 | 溶洞出口 | 区间 | 坝址 |
| 洪量（×10$^8$m$^3$） | 24h | 0.52 | 3.37 | 3.89 | 0.52 | 2.23 | 2.75 | 0.26 | 2.07 | 2.33 |
| | 3d | 1.55 | 4.36 | 5.91 | 1.55 | 3.51 | 5.06 | 0.77 | 3.12 | 3.89 |
| 洪峰流量（m$^3$/s） | | 600 | 8100 | 8700 | 600 | 6040 | 6640 | 300 | 4080 | 4380 |

［例6-12］ 山江工程坝址设计洪水计算。

该工程坝址以上流域总流域面积为702km$^2$（如图6-20所示），坝址上游板盖溶洞控制流域面积为130.3km$^2$，溶洞上游“滞洪水库”调蓄能力为3d。流域右岸距坝址40km处另有淌滩溶洞，其“滞洪水库”调蓄能力为30d，流域面积为167.7km$^2$。以上均为伏流暗河区。坝址至板盖、淌滩溶洞区间面积404km$^2$为明流区。由设计暴雨推求设计洪水的三个组成部分。根据溶洞对洪水影响程度不同，相应地绘制洪水过程线也采用不同形状：①板盖溶洞出流过程采用梯形，洪水总历时为3d，即洪峰持续时间、涨水、退水各1d；②淌滩溶洞对洪水影响较大，调节能力有30d，故洪水过程线用矩形，即洪峰持续时间等于洪水总历时；③区间明流部分设计洪水过程。三部分洪水叠加后得到各种频率的设计洪峰值成果见表6-31。

图6-20 山江工程流域示意图

表 6-31　　山江工程设计洪水成果表

| 组成部分 | 调节能力 | 各级频率设计洪水（m³/s） | | | | |
|---|---|---|---|---|---|---|
| | | 1% | 2% | 10% | 20% | 50% |
| 溶洞暗流 | 3d | 243 | 221 | 149 | 107 | 94 |
| | 30d | 50 | 45 | 30 | 26 | 19 |
| 明流 | | 2060 | 1880 | 1100 | 940 | 690 |
| 坝址 | | 2350 | 2150 | 1280 | 1070 | 803 |

从以上两个工程例子说明在设计洪水情况下考虑溶洞出流变化的不同而采用的合成叠加途径。这两种合成叠加方法虽然不同，但溶洞流量在设计洪水的成果中仅起到相当于基流的作用。

（2）有短期水位资料的岩溶地区设计洪水。在岩溶洼地区域选择适当位置设立专用水位、雨量站，利用专用站（甚至更短期十天半月）一、二次洪水水位过程（若实测资料暂缺，可以调查近几年发生的几次大水的水位过程弥补）及其对应雨量资料，通过洼地容积曲线及溶洞泄流曲线就可以反推入流流量过程线，进而可挑选有代表性的典型入流过程线。至于单位线，由于岩溶地区流域降雨后受坡面河槽多次调蓄，其入流过程线已很平稳，暴雨强度影响也很微弱，因此入流过程线可以作为一次降雨总量单位线。再分析降雨径流关系通过设计频率净雨量按量的同倍比（或同频率控制）法放大典型入流洪水过程线即可求得设计的入流过程线，经洼地洪水调蓄后即可求得设计条件下的出流过程线及洞前壅水（位）过程线。岩溶地区设计洪水过程框图如图 6-21 所示。

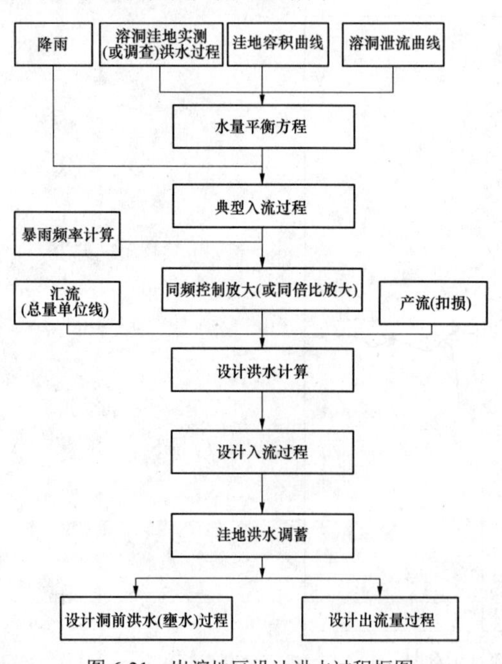


图 6-21　岩溶地区设计洪水过程框图

［例 6-13］ 板文地下河巴纳防洪排涝工程设计洪水计算。

工程点概况：广西东兰县板文地下河防洪排涝工程所在地区由拉平、巴纳两个相邻的带状溶蚀洼地组成，总流域面积为 352km²（见图 6-17）。地表发育有拉京、拉平、那亮、拉朝四条季节性河流。地面一般耕地高程为 290～300m，四周为 800～1000m 的高山，洼地底部周边散布有溶洞、暗河、漏斗、竖井、落水洞等，经地质查明区域内大小落水洞达 130 个之多。地下暗河发育，有支流 6 条、分支流 6 条，水流汇集于板文地下河后又分散排入岩滩水电站库区。

板文地下河位于岩滩水电站中部红水河右岸的板文村，出口高程 177m，每年汛期由于红水河洪水暴涨，板文地下河出口被淹，洞后由明流变为淹没出流。岩滩水电站建成蓄水后原板文地下河出口被淹在水库中，并且因出口排泄点多、分散、隐蔽而无法测流。

板文地下河的拉平、巴纳两岩溶洼地，在岩滩电站建库蓄水前及蓄水后都曾发生过多次特大的、严重的内涝洪水灾害。其中 1968、1993、1994、1996 年等发生的洪水灾害最为严重，内涝水淹持续时间长达 100～120d，洼地受淹水深一般 3～6m，最深达 14～22m，洞前壅水滞洪量达 5000×10⁴m³，形成天然滞洪水库。为解决板文地下河拉平、巴纳内涝区洪灾问题，采取开挖人工隧洞排涝，工程需 $P=20\%$的设计洪水。巴纳及内涝区设计洪水计算过程如下。

1）水文测验概况：板文地下河的巴纳内涝区无流量资料，在流域边缘有东兰、凤凰雨量站达 30 年雨量系列，弄英雨量站有短期雨量观测。据工程需要分别在拉平、巴纳两大消水洞前的控制点设立专用水位、雨量观测站，累计资料达 8 年。各测点设置见图 6-17。

2）内涝区流域面积：利用 1:50000 地形图，以流域四周的山脊线为控制点，结合板文地下河的分布、源头、走向等画出流域分水岭。结合地质调查及对落水洞进行连通试验证实，板文地下河总流域面积为 352km²，同时还查明了该地区具有地表、地下流域面积不吻合的特点，其中地表流域面积为 227km²（拉平内涝区 96km²、巴纳内涝区 131km²），地下河流域面积为 125km²。

3）内涝区容积曲线：巴纳内涝区水位–容积曲线见图 6-22。

4）内涝区设计雨量：巴纳内涝区排涝工程是按 $P=20\%$的 3d 暴雨 5d 排至农作物耐淹水深为设计标准，应以东兰、弄英、凤凰三个雨量站的平均值作为工程点代表雨量，统计历年最大 3d 雨量，组成 37 年系列进行频率计算，得最大 3d 设计雨量见表 6-32。

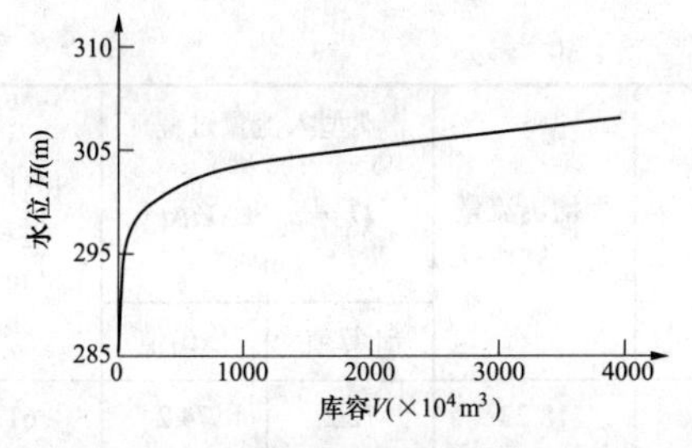


图 6-22 板文地下河巴纳溶洞滞洪区水位–容积曲线图

表 6-32 巴纳内涝区最大 3d 设计雨量

| 项目 | n（年数） | $C_V$ | $C_S/C_V$ | 雨量均值（mm） | 设计频率（%） | |
|---|---|---|---|---|---|---|
| | | | | | 10 | 20 |
| 最大 3d 设计雨量（mm） | 37 | 0.35 | 3.5 | 174 | 255.4 | 219.4 |

5）内涝区溶洞泄流曲线：推求方法见表 6-33 及图 6-23。

表 6-33 板文地下河巴纳溶洞泄流曲线计算表

| 时段 Δt=6h | 水位（$H_i$）（m） | $\overline{H}_i$（m） | 库容 $V_i$（×10⁴m³） | $\Delta V_i=V_1-V_2$（×10⁴m³） | $\Delta V_i/\Delta t$（m³/s） |
|---|---|---|---|---|---|
| 0 | 302.23 | 302.18 | 557.6 | 35.2 | 16.3 |
| 1 | 302.12 | 302.07 | 522.4 | 34.3 | 15.88 |
| 2 | 302.01 | 301.95 | 488.1 | 34.9 | 16.16 |
| 3 | 301.89 | 301.84 | 453.2 | 30.4 | 14.07 |
| 4 | 301.78 | 301.72 | 422.8 | 30.8 | 14.26 |
| 5 | 301.66 | 301.61 | 392 | 27.0 | 12.5 |
| 6 | 301.55 | | 365 | | |

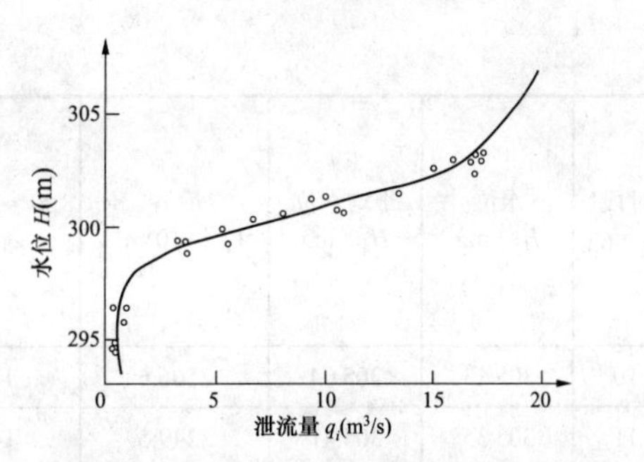


图 6-23 板文地下河巴纳溶洞泄流曲线

6）典型入流洪水的计算：从实测的水位过程中选择几次较大暴雨相应的水位过程，经涝区水位–容积曲线转换成流量，然后用落水洞泄流曲线，结合水量平衡方程式推求若干次入流洪水过程，并选用峰高量大、峰型比较集中的大洪水作为典型入流过程。

7）径流系数分析：径流系数是该地区暴雨洪水转换的重要产流参数，可利用若干入流洪水过程，统计其 3d 降雨量及所造成的径流量，经分析计算得巴纳内涝区的径流系数为 0.80～0.86，并可在设计条件下应用。

8）设计洪水的计算：用造成该次洪水过程的 3d 实测暴雨同设计暴雨量的比值（其中 $P=20\%$，放大系数为 0.823）同倍比或用 1、3d 同频率控制法，缩放实测典型入流洪水过程，经按洪量控制法对缩放的过程线适当修匀调整后，即为所求的内涝区设计洪水过程线，摘取设计洪水过程线的峰顶流量 142.0m³/s，即为所求的 $P=20\%$洪峰流量，结果见表 6-34 及图 6-24。

表 6-34 巴纳内涝区 $P=20\%$典型设计洪水过程线计算成果表

| 时段 Δt=6h | 水位 $H_i$（m） | 平均水位 $H_0$（m） | 库容 $V_i$（×10⁴m³） | $\Delta V=V_2-V_1$（×10⁴m³） | $\Delta V/\Delta t$（m³/s） | 平均出流量 $q_{out}$（m³/s） | 典型入流量过程（反推）$Q_{in}=q_{out}\pm\Delta V/\Delta t$（m³/s） | | 设计洪水过程线（m³/s） |
|---|---|---|---|---|---|---|---|---|---|
| | | | | | | | 计算值 | 修匀值 | |
| 0 | | | | | | | | | |
| 1 | 300.26 | | 157.26 | | | | | | |
| 2 | 300.56 | 300.41 | 190.4 | 33.14 | 15.34 | 8.04 | 23.38 | 23.38 | 19.24 |
| 3 | 302.06 | 301.31 | 503.6 | 313.2 | 145 | 11.51 | 156.5 | 115.5 | 95.06 |
| 4 | 302.76 | 302.41 | 753.6 | 250 | 115.7 | 14.77 | 130.5 | 150.5 | 123.9 |
| 5 | 303.41 | 303.09 | 1060 | 306.4 | 141.9 | 16.07 | 158.0 | 164.5 | 135.4 |
| 6 | 304.01 | 303.71 | 1396 | 336 | 155.6 | 16.89 | 172.5 | 172.5 | 142.0 |
| 7 | 304.35 | 304.18 | 1598.5 | 202.5 | 93.75 | 17.44 | 111.2 | 155.4 | 127.9 |
| 8 | 304.64 | 304.50 | 1781.8 | 183.3 | 84.86 | 17.74 | 102.6 | 116.6 | 96.00 |
| 9 | 304.95 | 304.80 | 1990 | 208.2 | 96.39 | 18.02 | 114.4 | 93.7 | 77.12 |

续表

| 时段 $\Delta t=6h$ | 水位 $H_i$（m） | 平均水位 $H_0$（m） | 库容 $V_i$（$\times10^4m^3$） | $\Delta V=V_2-V_1$（$\times10^4m^3$） | $\Delta V/\Delta t$（$m^3/s$） | 平均出流量 $q_{out}$（$m^3/s$） | 典型入流量过程（反推）$Q_{in}=q_{out}\pm\Delta V/\Delta t$（$m^3/s$） | | 设计洪水过程线（$m^3/s$） |
|---|---|---|---|---|---|---|---|---|---|
| | | | | | | | 计算值 | 修匀值 | |
| 10 | 305.13 | 305.04 | 2106.6 | 116.6 | 53.98 | 18.23 | 72.2 | 74.2 | 61.07 |
| 11 | 305.35 | 305.41 | 2249.5 | 142.9 | 66.16 | 18.51 | 84.5 | 63.0 | 51.85 |
| 12 | 305.47 | 305.41 | 2329.3 | 79.8 | 36.94 | 18.51 | 55.5 | 52.0 | 42.80 |
| 13 | 305.55 | 305.51 | 2387.5 | 58.2 | 26.94 | 18.59 | 45.5 | 45.5 | 37.45 |
| 14 | 305.62 | 305.59 | 2438.6 | 51.1 | 23.66 | 18.64 | 42.3 | 42.3 | 34.81 |
| 15 | 305.66 | 305.64 | 2465.8 | 27.2 | 12.59 | 18.68 | 31.3 | 37.9 | 31.19 |
| 16 | 305.73 | 305.70 | 2513.7 | 47.9 | 22.18 | 18.73 | 40.9 | 34.3 | 28.23 |
| 17 | 305.77 | 305.75 | 2541.3 | 27.6 | 12.78 | 18.77 | 31.6 | 31.6 | 26.01 |
| 18 | 305.82 | 305.80 | 2575.8 | 34.5 | 15.97 | 18.80 | 34.8 | 29 | 23.87 |
| 19 | 305.85 | 305.84 | 2596.5 | 20.7 | 9.58 | 18.83 | 28.4 | 26.4 | 21.74 |
| 20 | 305.88 | 305.87 | 2617.2 | 20.7 | 9.58 | 18.86 | 28.4 | 24.8 | 20.41 |
| 21 | 305.91 | 305.90 | 2637.9 | 20.7 | 9.58 | 18.86 | 28.4 | 23.5 | 19.34 |
| 22 | 305.92 | 305.92 | 2644.8 | 6.9 | 3.19 | 18.89 | 22.08 | 23.1 | 19.01 |
| 23 | 305.93 | 305.93 | 2651.7 | 6.9 | 3.19 | 18.90 | 22.09 | 22.1 | 18.19 |
| 24 | 305.94 | 305.94 | 2658.6 | 6.9 | 3.19 | 18.91 | 22.10 | 22.1 | 18.19 |
| 25 | 305.95 | 305.95 | 2665.5 | 6.9 | 3.19 | 18.92 | 22.11 | 20.9 | 17.20 |

注　$Q_{in}$——典型入流量，$m^3/s$。

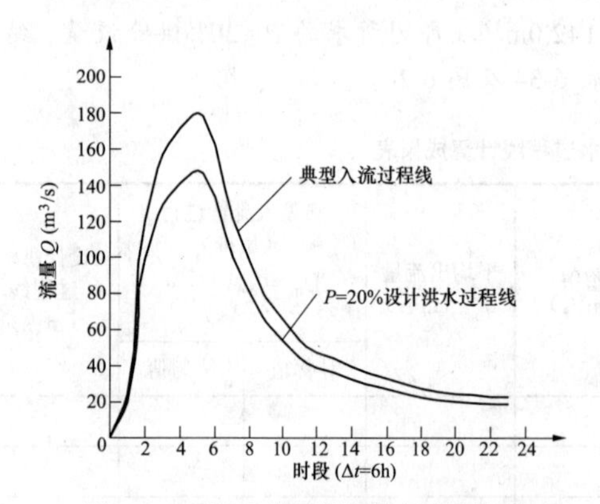


图 6-24　巴纳内涝区设计洪水过程线图

9）成果合理性论证：对该方法计算的内涝区设计洪水成果，受岩溶地区测验条件限制，需检验其正确性。因为该方法最核心的问题是如何推求溶洞泄流曲线（出库流量过程），换言之，只要验证所求溶洞泄流曲线正确，也就证明该方法计算结果正确。可以利用由水量平衡求得的溶洞泄流曲线，对所求的入流典型洪水过程（选 1994 年巴纳、拉平两内涝区汛期 5～9 月入流洪水过程）进行调洪反求，得出相应逐日各时段水位值，然后以调洪最高水位、某一高程的水淹持续时间，即水淹天数同实际发生的实测最高水位值、水淹持续时间进行对比分析，其结果见表 6-35 及图 6-25。

表 6-35　调洪水位与实测水位比较表

| 1994 年 | 巴纳内涝区 | | | 拉平内涝区 | | |
|---|---|---|---|---|---|---|
| | 最高水位（m） | 相应洪量（$\times10^4m^3$） | $z>300m$ 水位历时（d） | 最高水位（m） | 相应洪量（$\times10^4m^3$） | $z>290m$ 水位历时（d） |
| 实测值 | 307.17 | 3540 | 124 | 301.07 | 1260 | 105 |
| 调洪值 | 307.18 | 3540 | 125 | 302.15 | 1530 | 101 |

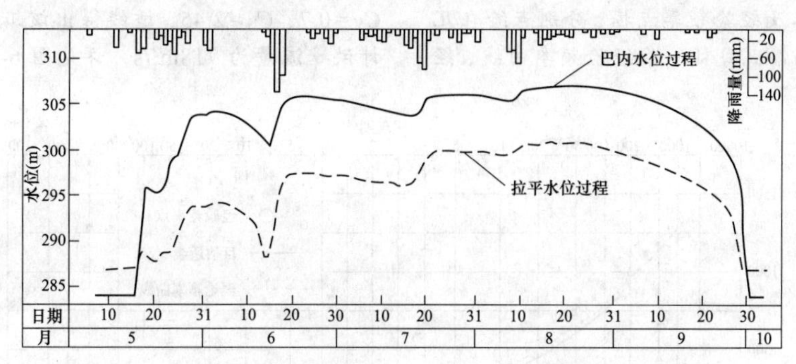


图 6-25 岩滩库区板文地下河拉平、巴纳内涝水位过程线图（1994 年）

从表 6-35 及图 6-25 的实测水位与调洪水位比较中看出，巴纳内涝区调洪反求的最高水位与实测最高水位、相应洪量是相一致的；拉平内涝区两者最高水位相差 1.08m，相应洪量调洪值比实测值大 21.4%，其原因是溶洞泄流曲线采用外包定线的结果。两内涝区水位淹没持续天数几乎一致，说明反求水位与实测水位相符，相应洪量也基本相等，这也论证了洪水计算成果是正确的。

3. 用洪水调查途径推求设计洪水

当岩溶地区既缺水位资料更无流量资料时，可通过洪水调查途径，尽可能去获得多次大洪水信息（水位或流量），根据这些信息再加工以推求设计洪水，下面以二例进行说明。

［例 6-14］ 调查洪水配线法。

在洪水调查中如果获得 3～5 个以上大洪水资料时，先对被访问人员的年龄进行分组来估算该次洪水的重现期，进而确定各个洪水年份的经验频率，并点绘在几率格纸上，然后目估定线，再用三点法按 $P$ 为 1%、5%、99%，$P$ 为 5%、50%、95%，$P$ 为 10%、50%、90%三组取点求参平均后得出设计洪水频率曲线。

如广西桂北某工程其流域面积为 62.7km$^2$，河道全长为 17.3km，平均坡降为 15.3‰，属岩溶山区性河流，无任何水文观测资料，经对该河段进行历史的、近期的洪水调查，得到 1885、1912、1941、1932 年及 1989 年 5 次洪水位资料，并按被访者年龄分组及其对洪水描述情况估算了重现期，经用历史洪水水面线比降结合曼宁公式推求出各年洪峰流量，见表 6-36。

表 6-36 历史洪水洪峰流量成果表

| 项目 \ 洪水年份 | 1885 | 1912 | 1941 | 1932 | 1989 |
|---|---|---|---|---|---|
| 洪痕高程（m） | 706.25 | 704.50 | 704.30 | 704.00 | 701.60 |
| 洪峰流量（m$^3$/s） | 782 | 582 | 461 | 395 | 108 |
| 重现期（年） | 130～150 | 40～50 | 20～30 | 10～20 | 常遇水位 |
| 经验频率 $P$（%） | 0.66 | 2.17 | 3.85 | 6.25 | 50 |

注 $P=m/(N+1)$

式中 $m$——特大洪水序位；

$N$——历史洪水调查考证期。

表 6-36 中重现期的确定是该方法的关键，按经验处理。如 1912 年洪水，在调查访问中有两位 80 多岁的老人讲述，在二十几岁时亲眼所见的一场大水，该场大水是他们一生当中所见过的最大一次洪水，并能详细描述该次洪水时暴雨天气现象和发生洪水日期。据此推算该年洪水重现期定在 40～50 年。其频率点位置取平均值，即 $P=[1/(45+1)]\times100\%=2.17\%$，45 年一遇；1885 年洪水经多位群众指出是老辈流传下来的，查访中也有三位上了年纪的老人能说出是上一个甲申、乙酉年（即 1885 年）发生大水的干支年号，经对洪痕测量，其水位均较其他年份高，现场分析判断认为是超 100 年来最大的一场洪水，重现期宜定为 130～150 年，频率点位置取上限 150 年，则为 $P=0.66\%$；1989 年是常遇洪水位，几乎是每年均可发生，可认为重现期在 1～2 年，其频率为 $P=50\%$；其余 1932 及 1941 年也有类似的调查资料，其经验频率定为 6.25%

及 3.85%。

根据各年洪水及经验频率点据，分别点绘在几率格纸上，视点据情况目估一条经验频率曲线，经用三点法取点分析得洪峰均值 $Q_m=195m^3/s$、$C_v=0.7$、$C_s=2.45$，适线得出该工程 100 年一遇设计洪峰流量为 $718m^3/s$，详见图 6-26。

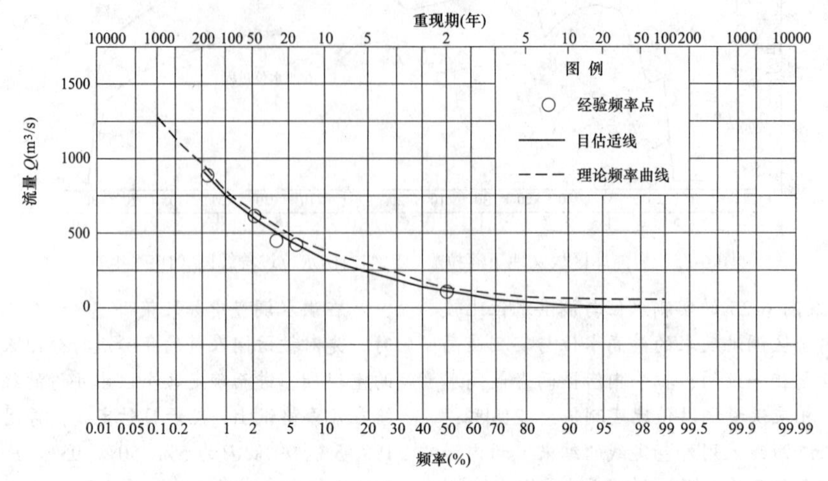


图 6-26 某工程洪水（调查）频率曲线图

［例 6-15］ 水位（调查）–暴雨频率相应法。

此方法假定暴雨发生频率与当次洪水频率相应。利用调查近期洪水或近几年的洪水位，借用邻近雨量站长系列暴雨频率，寻找调查水位与该次暴雨频率经验点据最佳配合，从而推求工程所需的设计频率洪水位。

广西红水河岩滩水电站库区右岸合屯及康屯两岩溶洼地，其底部有一条长约 1.6km 的地下暗河与库区相通，每年暴雨期间洼地排水不畅，易造成库区岩溶浸没性内涝，一般涝期为 3～5d，多则 10～20d。

为治理该地区的洪涝灾害，工程需要频率 $P=1\%$ 及 $P=10\%$ 的设计洪水位。

该岩溶洼地缺少水位、流量实测资料，而近邻约 6km 处有凤凰雨量站（见图 6-17），从 1955～1994 年共有 40 年雨量系列，可作为合屯洼地设计雨量依据站。经计算得最大 1、3、7、15d 时段设计频率雨量，见图 6-27。

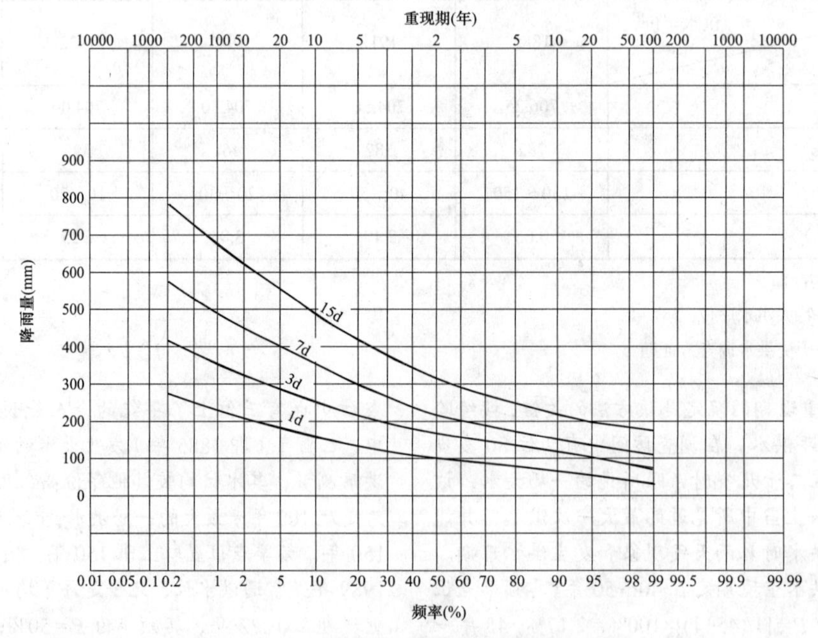


图 6-27 合屯洼地各时段设计雨量频率曲线图

经对该内涝区进行近年洪水调查，得到1993年洪痕水位266.13m，1994年洪痕水位265.94m，1995年洪痕水位265.60m，可用这三年洪痕水位与凤凰雨量站相应的实测最大1、3、7、15d时段雨量比较，在图6-27频率曲线上查出相应年份的时段雨量的相应频率，然后建立洪痕水位与各时段雨量及相应频率的相应关系，见表6-37。

表6-37 调查水位与时段雨量相应频率表

| 年份 | 调查洪痕水位（m） | 最大1d | | 最大3d | | 最大7d | | 最大15d | |
|---|---|---|---|---|---|---|---|---|---|
| | | 实测雨量（mm） | 相应频率 P（%） | 实测雨量（mm） | 相应频率 P（%） | 实测雨量（mm） | 相应频率 P（%） | 实测雨量（mm） | 相应频率 P（%） |
| 1993 | 266.13 | 263.8 | 0.7 | 266.2 | 9.5 | 406.0 | 5.5 | 486.1 | 11.5 |
| 1994 | 265.94 | 129.5 | 30 | 295.4 | 5.5 | 336.5 | 14.4 | 451.2 | 16.0 |
| 1995 | 265.60 | 112.5 | 42 | 175 | 44 | 277.5 | 27 | 282.1 | 60 |

用表6-37中调查洪痕水位与各时段雨量的相应频率，点绘在几率格纸上，经对各时段各水位–频率点的判断分析，以15d雨量的频率与调查洪痕水位点子配合较好，遂取用该组点据再经目估适线得出水位经验频率曲线，经用三点法（5%、50%、95%）取三点，即（5%，266.45）、（50%，265.65）、（95%，265.40），分析得洪峰水位均值 $\overline{X}=X_{50\%}-\sigma\phi_{56\%}=265.65-0.353\times(-0.294)=265.75$，$C_V=0.37$，$C_S=1.88$（公式含义及方法参见第四章第二节经验适线法部分内容）适线得出，该工程 $P=1\%$时设计洪水位为266.99m，$P=10\%$时设计洪水位为266.23m，详见图6-28。

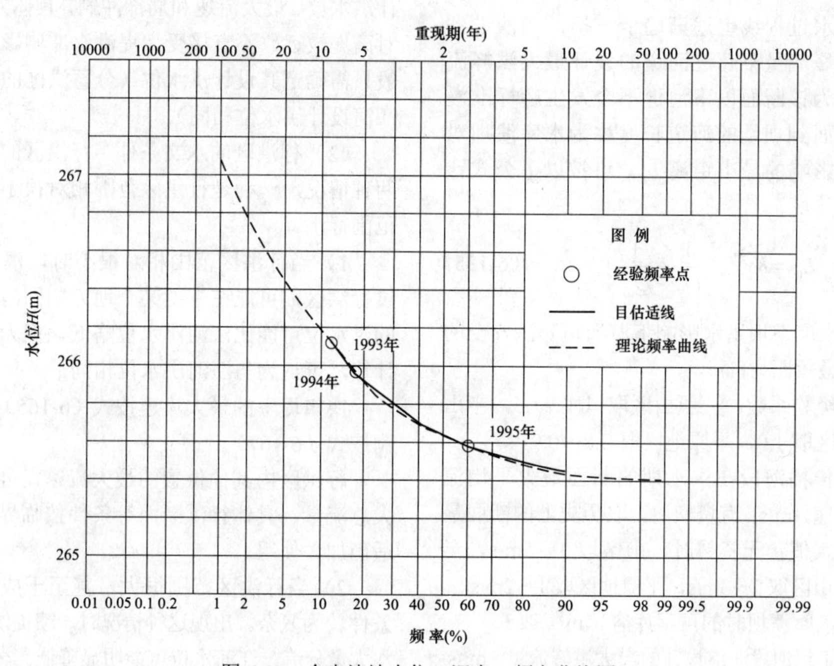


图6-28 合屯洼地水位（调查）频率曲线图

## 第六节 平原地区设计洪水及内涝

平原地区地势低洼，河网发达，易发生洪水、内涝灾害。洪水大体上可分为山前平原地区洪水、完全平原地区洪水、平原洼地与圩区洪水、分滞洪区洪水四种类型。下面分别介绍这几种地区的洪水计算方法和内涝计算方法。

### 一、山前平原地区洪水计算

#### （一）山前平原地区及其洪水的特点

山前平原地区地处江河的下游段，多为筑堤防洪，其堤防防洪设计标准除黄河、长江等少数主要河流的部分河段达到较高标准外，一般仅达10～20年一遇，甚至更低；上游山丘区为洪水的主要产流区，下游山前平原河道则为洪水的排泄区。当遇超标准暴雨时，上游山丘区汇集形成洪水源源不断向下游河道宣泄，随着洪峰流量的增加，江河水位上升，可能导致漫堤溃决，洪水泛滥。

若山前平原地区河流超设计标准洪水主要来源于其上游山丘区，可只计算山口以上山丘区流域面积的设计洪水，并将其洪峰流量演进至下游工程断面上来。如果上游流域内有水库，则需计算水库设计下泄洪水与区间洪水组合，再演进至下游工程断面。

（二）山前平原地区河道设计洪水的计算

山前平原地区主要是对河道超设计标准漫溢溃堤洪水进行计算，包括以下两个方面的计算内容：

1. 水库溃坝洪水对下游河道防洪影响的最短距离 $L_P$ 的计算

工程可能需要不受水库溃坝洪水影响的河段，为此，须计算水库溃坝洪水对下游河道影响的最短距离 $L_P$（未考虑区间洪水，故为最短距离）。

在水库溃坝洪水向下游演进过程中，洪峰流量逐渐减小，洪水过程线也逐渐趋于平坦，当演进到某一断面时洪峰流量不超过河道的设计最大洪峰流量，即可以认为该断面以下河道不会发生超标准漫溢洪水，该断面到坝址的河道长度称为水库溃坝对下游河道防洪影响的最小距离 $L_P$。可按以下公式计算，即

$$L_P = KvV_m\left(\frac{1}{Q_P}-\frac{1}{Q_m}\right) \tag{6-135}$$

式中 $L_P$——水库溃坝洪水影响下游河道防洪安全的最短距离，m。

$K$——经验系数，一般山区取 1.1～1.5，半山区取 1.0，平原地区取 0.8～0.9。

$v$——传播河段在洪水期的断面最大平均流速，m/s；有资料时，取历史上的断面最大值；无资料时，山区取 3～5m/s，半山区取 2～3m/s，平原地区取 1～2m/s。

$V_m$——水库溃坝时的可泄库容，$m^3$。

$Q_P$——工程河段河道设计的最大洪峰流量，$m^3/s$。

$Q_m$——水库坝址处的最大溃坝流量（计算方法见本章第七节），$m^3/s$。

［例 6-16］ 水库溃坝洪水对下游河道防洪影响的最短距离 $L_P$ 的计算。

某山丘区水库溃坝库容 $V_m=1000\times10^4m^3$、坝址处最大溃坝流量 $Q_m=10000m^3/s$，下游平原区河道设计流量 $Q_P=3000m^3/s$、经验系数 $K=1.0$、河段洪水期断面最大平均流速 $v=2.5m/s$，代入式（6-135），即可得到河道可能发生漫溢溃堤河段对坝址的距离为

$$L_P = KvV_m\left(\frac{1}{Q_P}-\frac{1}{Q_m}\right)=1.0\times2.5\times10000000\times(1/3000-1/1000)=5833\text{（m）}$$

即在水库坝下 5833m 以外的河段，才属溃坝洪水安全泄洪区。

2. 河道溃堤洪水在堤下平地上的演进

位于山前平原地区的工程，与溃堤洪水有关的水文条件有溃堤水位、决口宽度、溃泄流量、冲刷坑范围及其深度、工程地点的洪水位和最大流速等，其中大部分问题见本章第七节，本小节主要介绍洪水位和最大流速的确定方法。

如本章第七节所述，溃堤洪水的受水区大体上可划分为分蓄洪区和行洪区两类。对拟建工程所在的山前平原地区，可视其地形条件和当地水利、排水区域划分情况确定其类别。

（1）分蓄洪区的水文条件。当工程所在地因溃堤而成为分蓄洪区时，可据工程设计要求来确定分析计算内容。对堤下塔位、厂站址等，一般需分析计算设计洪水位、最大流速和局部冲刷，具体方法见第七节。对离堤较远，不直接受溃堤洪水冲刷影响的工程，一般只需确定其设计洪水位（分蓄洪区的设计洪水位与江河设计洪水位相同）。

（2）行洪区的水文条件。行洪区的水文条件又分两种情况，一种是行洪区范围相对很小，另一种是大范围行洪。

1）当行洪区范围相对很小时，溃堤洪水临时通过行洪区，可能在下游某个地方归回河槽。这种情况的洪水位可能比江河洪水位略低，但为了安全并简化计算，可认为与江河洪水位相同。

决口堤下的最大流速按式（6-165）计算，局部冲刷按式（6-167）计算。

行洪区内其他位置的最大流速，可据溃泄初期最大总流量、具体行洪断面等条件按临界流作估算后，适当加大使用。

2）当行洪区范围很大，甚至于成泛区时，水文条件较为复杂。出现这种情况时，溃堤洪水可将江河洪水大量分流，江河水位可能明显降低。分析时可认为溃泄水流过决口时始终为自由溢流，堤下地带任由行洪。

决口堤下的最大流速仍可按式（6-165）计算，局部冲刷仍可按式（6-167）计算。而堤下设计洪水位则具有某种不定性。根据水力学理论，决口为自由溢流时堤下水深以收缩水深 $h_c$ 为最小，见式(6-164)，最大则容许达到 $0.8H_0$（$H_0$ 为以堤下地面为基准面的决口上游侧总水头，$0.8H_0$ 为平底堰出流淹没与否的界限条件），临界水深为 $h_c$ 与 $0.8H_0$ 间出现的一个数值。

行洪区内其他任何位置的洪水位和流速，更具不定性，但应低于堤下地段的水位和流速。

总之，对于这种情况下的设计洪水位和最大流速，除了进行上述初步估算之外，应多加分析，结合实地调查论证确定。

## 二、完全平原地区洪水计算

### (一) 完全平原地区及其洪水的特点

完全平原地区河流大多地处滨海平原，河流全部位于平原区。其特点是整个流域纵、横比降平缓，多数河流属于排涝、防洪河道，排涝标准、防洪标准较低。河道径流来自两侧地面坡水，在排涝标准以内，以河槽排水为主，当暴雨洪水超过排涝标准后，即上升为河滩地行洪。当河道洪水位高于两侧地面积水位时，便出现顶托，甚至倒灌（支流有闸门控制的河道则不存在河水倒灌），地面坡水不能及时入河，导致河外地面行洪或滞蓄缓排，造成内涝。因此，完全平原地区河道在遇超设计标准暴雨洪水时，流域汇流不可能全部及时进入河道，将有一部分水量在河外滞蓄缓排，待河水退落后，再排入河道。因为实际进入河道的洪峰流量要比利用一般雨洪公式（公式建立在洪水畅排的条件下）所计算的数值小（特别是用排涝公式推求稀遇洪水，往往偏大很多），所以要对计算的洪峰流量乘以小于 1.0 的系数。例如，淮委和安徽省制定的淮北坡水区排涝流量公式，据淮委分析，100 年一遇流量的折减系数为 0.6～0.7，甚至更小。为此，应用当地排涝公式时，应对成果进行合理性分析，参照有关成果资料确定折减系数。山东省水利勘测设计部门曾以系数0.7进行折减，表示超标准暴雨洪水按70%的流量汇入河道、30%的流量在河道外滞蓄缓排来分配。以往电力工程实践也证明，对完全平原地区河道超标准洪水进行水量折减是合理的，各省、区可根据各自的情况分析、处理。

完全平原地区河道洪水计算的影响因素比较复杂，特别是水利化地区水道相互连通干扰，流域分界线难以确定，并受铁路、公路路基的阻挡、分割，以及河道治理与农田排水规划变化影响较大，每次河道的治理，都会引起降雨–径流关系的改变，使径流系列资料没有一致性和连续性。

为此，在水文勘测、分析计算中，应对堤防和植被情况等水文计算条件进行调查，并到水利规划设计、工程管理以及水利主管部门搜资，查阅有关资料（如水利志、农业区划、水文图集、水利工程三查三定资料、历史洪水调查和工程规划设计资料等），通过多种途径分析确定。

### (二) 完全平原地区河道洪水计算方法

1. 地区公式

在电力工程水文勘测中，一般采用各省、区水文、水利勘测设计部门根据该省、区的水文气象和水文地理条件分析编制的计算方法（即地区公式）。

2. 排水模数法

平原地区河道设计洪水计算方法中的排水模数法，多为我国在 20 世纪 60 年代初期依据 20 世纪 50 年代实测资料分析制定。据从有关部门了解，由于其资料久远、系列短，且河道和流域几经治理，其降雨–径流关系也几经变化，原有资料已失去了代表性，目前多不采用，应据各自情况分析处理。此外，应关注到水利部门鉴于 1998 年大洪水而重新修订的设计洪水计算参数。对于排水模数法，其计算步骤如下：

（1）推求设计暴雨和设计净雨。流域面积较大者（如 500km² 以上）设计历时一般较长，达 3、5、7d 以上，时程分配到日；流域面积较小者（500km² 以下），设计历时略短些，可以用点雨量代替面雨量。

可以用降雨径流关系等方法求净雨，从省或地区水文手册可查相关参数。

（2）分别计算各场雨的洪峰流量和洪水过程线。用下列排水模数公式计算洪峰流量，即

$$M = KR^m F^n \tag{6-136}$$

$$Q_m = MF \tag{6-137}$$

式中 $M$——排水模数，即流量模数，m³/（s・km²）；
$K$——经验系数，根据实测资料分析，或查地区水文手册；
$R$——一场雨的径流深，mm；
$F$——流域面积，km²；
$m$、$n$——经验指数，根据实测资料分析，或查地区水文手册；
$Q_m$——洪峰流量，m³/s。

对于洪水过程线，以查地区水文手册编制的标准过程线或概化过程线较为便捷。

（3）将各场雨形成的洪水过程线叠加，得总的洪水过程线和设计洪峰流量。

## 三、平原洼地与圩区内涝计算

平原地区地势低洼，地面坡度平坦，排水不畅，当外河（湖）高水位时，流经低洼区暴雨径流，不能自流外排，产生涝渍灾害，这种地区称为内涝区。沿江、滨湖低洼地区常筑堤圈圩，保护农田、村镇等，形成圩区。圩区是内涝区的一种特殊形式。对于电力工程而言，内涝计算的重点就是内涝水位的计算。

### (一) 平原洼地内涝水位计算

1. 内涝水位简易计算方法

对于面积不大、条件简单的平原洼地内涝计算可

采用此法进行计算。

（1）计算洼地的汇水面积 $F$。

通过现场查勘、调查和搜资，确定内涝积水的来水范围（注意：由于人类活动影响，洼地积水多受河堤、路堤等阻隔和包围），并在地形图上量算出洼地汇水面积 $F$。

（2）计算洼地的水位–容积（$H$–$V$）曲线。收集或计算内涝区域有关的大比例尺地形图（例如 1:10000 地形图），根据地形等高线量算并绘制洼地水位–容积（$H$–$V$）关系曲线，等高距以 0.5、1.0m 为宜。

（3）计算汇入洼地的净雨量 $R$。以流域内发生最大暴雨洪水的持续时间为参考，选取暴雨历时，如 1、3、7、15d，计算设计暴雨量。在流域设计频率的暴雨量 $P_m$ 中，扣除设计排涝标准下的雨量 $P_P$（即认为排涝标准以下的雨量可以畅排）、土壤前期入渗量 $P_a$ 及雨期（雨期可根据调查典型年确定）水面蒸量 $P_z$（$P_z$ 可由典型年雨期实测逐日蒸发量统计得到），则得到该洼地积水的净雨量 $R$，即

$$R = P_m - (P_P + P_a + P_z) \qquad (6\text{-}138)$$

（4）计算汇入洼地的总水量 $W$。其计算式为

$$W = 1000RF \qquad (6\text{-}139)$$

（5）计算洼地洪（积）水位 $H$。由洼地的总积水量 $W$ 值，在 $H$–$V$ 关系曲线上查取相应 $H$ 值。如果河堤完整并有水闸控制，可不考虑河道洪水顶托外排影响。

2. 内涝计算的基本方法

（1）基本资料的收集。

1）收集不同比例尺地图，了解内涝区流域概况，河流分布情况，绘制汇水面积图。

2）向当地水利部门调查了解江河堤防设计标准，内涝区农田概况，小河沟、湖塘数量，地形地质情况，滞洪、蓄洪条件，排、灌能力等。

3）收集内涝区范围内足够比例尺的地形图，其等高线间距最好为 0.5～1m，建立各种水位下的水位–面积、水位–容积曲线。

4）调查，收集内涝区历史最高水位和相应年份内涝区的降雨量，收集内涝区蒸发量、设计频率降雨计算资料，采用降雨天数标准应视地区降雨特性和地形条件等因素确定。

（2）内涝水位的计算。内涝水位的计算主要有水量平衡法、径流系数法、典型年法、内涝水位频率分析法和内涝水位–降雨量相关法。下面就这五种方法进行逐一介绍。

1）水量平衡法。除收集基本资料外，还需补充收集计算下列各项（对应设计频率）。

a. 设计降雨过程线。

b. 流入内涝区各河流的入流过程线，地下径流过程线，可按本手册介绍方法或地方法计算。

c. 外河（湖）渗透流量。

d. 排涝过程线，用水情况。

在确定了起算水位后，通过水量平衡方程和各水位下水位–容积曲线，逐时段进行水量平衡计算，可求得内涝水位过程线，其最大值即为所求的设计内涝水位，其计算公式为

$$\begin{bmatrix} \frac{1}{2}(X_{i-1}+X_i)\times F + \\ \frac{1}{2}(Q_{\text{in}i-1}+Q_{\text{in}i}) + \\ \frac{1}{2}(W_{i-1}+W_i) - \\ \frac{1}{2}(Q_{\text{out}i-1}+Q_{\text{out}i}) - Z\times F - q \end{bmatrix} \times \Delta t_i + V_{i-1} = V_i \qquad (6\text{-}140)$$

式中 $X_{i-1}$、$X_i$——$i$ 时段起始和终了降雨量；

$F$——内涝区面积；

$Q_{\text{in}i-1}$、$Q_{\text{in}i}$——$i$ 时段起始和终了地面入流流量；

$W_{i-1}$、$W_i$——$i$ 时段起始和终了地下径流量，包括各河流地下径流、围堤渗透等；

$Q_{\text{out}i-1}$、$Q_{\text{out}i}$——$i$ 时段起始和终了出流流量，包括抽排；

$Z$——内涝区蒸发量，可采用水面蒸发量；

$q$——内涝区用水量；

$\Delta t_i$——$i$ 时段的时间长度；

$V_{i-1}$、$V_i$——$i$ 时段起始和终了内涝区蓄水体积。

应用本法计算需要较多参数资料，各资料精度越高，求得的内涝水位过程线越准确可靠。否则，可能出现较大误差。为检查计算的可靠性，可根据已发生内涝年份的有关资料进行校核验算。

在实际应用中，对式（6-140）中的某些项目，根据内涝区的实际情况和边界条件，作适当分析处理，以简化计算。

2）径流系数法。径流系数是指某时段内径流深度与同一时段降水量之比。此值一般可向当地有关部门搜集，有条件时，可自己计算推求。

用径流系数法推求内涝区水位可按下述步骤进行。

a. 进入内涝区的洪水总量。

b. 内涝区洪水损失量包括蒸发、排涝、用水等。

c. 内涝洪水净增量等于洪水总量减洪水损失量。由确定的起始水位和洪水增量，在各种水位下的水

位–容积曲线上查出水位增量，加上起始水位即为所求的内涝水位。

其计算公式为

$$\Delta V = \alpha XF_2 + XF_1 - ZF_1 - W \tag{6-141}$$

式中 $\Delta V$——内涝区洪水净增量；

$\alpha$——径流系数；

$X$——全流域设计降雨量；

$F_2$——内涝区以外面积；

$Z$——内涝区蒸发量，可用水面蒸发量；

$F_1$——内涝区面积；

$W$——内涝区抽排、用水量。

式（6-141）中假定外河（湖）向内涝区渗透量较小，可忽略不计，当渗透量较大，不可忽略时，式（6-141）右边应加上此项。

本方法由于用径流系数直接计算入流量，极大地简化了计算，是内涝水位计算常用方法之一。

径流系数对计算结果影响很大，有关资料分析表明，在流域土壤、植被等条件一定，前期条件相当时，径流系数随降雨量增大而增大，并逐渐趋于稳定。因此，在向当地有关部门收集径流系数时，须对资料作必要的核查，弄清资料来源及其适用条件和适用范围，以便对采用的径流系数作必要的修正，保证计算结果的准确性。

3）典型年法。典型年法是以实际发生的较大内涝年份（即典型年）的内涝水位为基础，再加上相应时间内设计频率降雨量与典型年降雨量之差，在受涝区面积上所产生的积水深$\Delta h$，即为所求的内涝水位。

典型年法的基本假定：

a. 设计年与典型年除降雨量不同外，其余各种因素均相同。

b. 设计年比典型年增加的水体等于内涝区蓄水增加的水体。

典型年法所需资料较少，并易于获得，方法简单，且典型年内涝水位是指考虑了排水、蓄水、前期雨量影响及各种损失后所产生的实际内涝水位。在此基础上计算的设计内涝水位具有较好的可靠性，是常采用的方法，普遍应用于有资料和无资料地区。

4）内涝水位频率分析法。有些内涝区设有常年或汛期水位观测站，有较好的内房水位观测资料，结合调查历史内涝水位，可得到年最高内涝水位样本系列，对系列的可靠性、代表性和一致性审查合格后，采用频率分析法推求设计内涝水位。

内涝水位频率分析法对样本的容量及质量有一定要求，使用时一定要对样本的“三性”进行审查。当样本的代表性较好时，可望得到满意的结果，当样本容量较小或者代表性较差时，慎用本法。

5）内涝水位–降雨量相关法。内涝水位主要由内涝期间降雨产生的，根据历年内涝水位和相应内涝期间降雨量，建立相关曲线，由设计频率降雨量在此曲线上查得的水位值，即为设计内涝水位。

内涝水位、降雨量相关程度越高，求得的设计内涝水位越准确。当设计降雨量超过实际降雨量，而内涝水位–降雨量相关曲线又稳定，趋势明显时，可顺势外延，但外延幅度不宜超过实测水位变幅的20%。

［例6-17］ 内涝水位计算。

某输电工程处于八一大堤西部内涝区内，八一大堤西部内涝区属华阳河流域龙感湖区，位于湖北省黄梅县境内。1978年开始修建南北走向的八一大堤，将龙感湖区分为东部区和西部区。东部区为长江分蓄洪区，西部区在八一大堤和黄广大堤保护范围内，成为内涝区，其流域面积为1879.4km$^2$，内涝区面积为184km$^2$。该输电工程有31km长线路位于西部内涝区。因此，内涝水位计算直接影响运营安全及线路投资。当年勘测时，采用多种方法计算内涝水位，以便相互验证，求得合理的设计水位。

八一大堤西部内涝区内涝水位计算见表6-38。

**表6-38 八一大堤西部内涝区内涝水位计算** （m）

| 序号 | 采用方法 | 计算简介 | 内涝水位（吴淞） |
|---|---|---|---|
| 1 | 径流系数法 | 根据资料推求不同降雨的径流系数，建立降雨–径流关系曲线，查得设计降雨的径流系数$\alpha$=0.8 | 16.90 |
| 2 | 典型年法 | 内涝区1969、1970、1975、1983年内涝水位较高，作为典型年，分别计算内涝水位 | 1969年16.56 |
| | | | 1970年16.95 |
| | | | 1975年16.80 |
| | | | 1983年17.00 |
| 3 | 内涝水位频率分析法 | 内涝区内有白湖渡水文站有1957～1987年连续31年的水位观测资料，样本系列“三性”审查合格 | 17.17 |
| 4 | 水位、雨量相关法 | 采用白湖渡水位站年最高内涝水位与相应时间降雨量建立水位–降雨量关系曲线，由设计降雨量查得内涝水位 | 17.06 |

（二）圩区（或平原封闭区）洪水计算

圩区是平原区临江（河）或滨湖地区封闭式的独立防洪工程体，圩内积水受江河、湖泊洪水顶托的直接影响。其内涝积水位的计算方法有：

（1）按上述平原洼地计算水位的方法计算。其设计暴雨历时应相应于江河或湖泊洪水顶托历时。其积水量中应扣除圩区内人工提排水量。

（2）由于圩区防洪体类似一个雨量容器，一般不存在周边坡水汇入，故可采用历史典型年洪水暴雨加成法计算。

1）搜资、调查、测量圩区内历史典型年最高内涝水位及该年份圩区外洪水顶托历时以及该历时内的暴雨量 $P_L$ 和暴雨历时 $t$；

2）收集或计算内涝区域有关的地形图，等高距以 0.5、1.0m 为宜，绘制内涝区域的水位–面积、水位–容积曲线；

3）调查历史最高内涝水位及相应的年降雨量；

4）按典型年暴雨历时 $t$ 查取历年最大暴雨量，进行数理统计，例如计算设计频率 1%的暴雨量 $P_{1\%}$；

5）求得不同时段（如 1、3、7、15d）设计频率暴雨与相应时段历史最大暴雨的差值；

6）从设计暴雨量 $P_{1\%}$ 扣除与历史典型年最大洪水相应的暴雨量 $P_L$，以其差值 $\Delta P$ 计算设计洪水位的增量 $\Delta H$，即

$$\Delta H = \frac{F \times \Delta P}{A} \quad (6\text{-}142)$$

式中 $\Delta H$——设计洪（积）水位与历史洪（积）水位的差值，m；

$F$——洼地或圩区流域汇水面积，$km^2$；

$\Delta P$——设计暴雨量与历史最高典型年暴雨量的差值，m；

$A$——历史最高洪（积）水蓄（积）水面积，$km^2$。

历史最高典型年洪（积）水位 $H_L$ 与 $\Delta H$ 相加，即为圩区内设计洪（积）水位 $H_{1\%}$（m），即

$$H_{1\%} = H_L + \Delta H \quad (6\text{-}143)$$

［例 6-18］圩区（或平原封闭区）洪水计算。

某电厂位于东湖边，1983 年发生历史最高内涝洪水位为 19.5m，查东湖 $H$–$F$ 曲线得相应的面积为 $26.4km^2$，1983 年不同降雨时段暴雨量及相应的 100 年一遇的降雨量见表 6-39。

表 6-39　东湖 1983 年不同时段的降雨量表　（mm）

| 1d 最大降雨量 | | | 3d 最大降雨量 | | | 7d 最大降雨量 | | | 15d 最大降雨量 | | |
|---|---|---|---|---|---|---|---|---|---|---|---|
| 1983 年 | 100 年 | 差值 | 1983 年 | 100 年 | 差值 | 1983 年 | 100 年 | 差值 | 1983 年 | 100 年 | 差值 |
| 222.7 | 281.7 | 59.0 | 371.1 | 534.1 | 163.0 | 579.6 | 839.0 | 259.4 | 644.5 | 888.6 | 244.1 |

东湖流域面积 $127.5km^2$，根据以上时段分析，不同时段暴雨量与 100 年一遇最大暴雨的最大差值为 259.4mm。

$H_{1\%} = H_L + \Delta H = 19.5 + 127.5 \times 0.259 / 26.4 = 20.75$（m）

某电厂 100 年一遇设计内涝水位 20.75m。

## 四、分滞洪区洪水计算

由于江河在平原区行洪能力偏小，防洪标准偏低，为了保证防洪安全，往往在两岸或一岸修建分洪、滞洪区，以便分泄河道超标准洪水（例如长江的荆江分洪区和黄河东平湖分洪区等）。分洪区的分洪水位、分洪流量、历时、口门位置、口门宽度等，均可由分洪区工程规划设计资料中查出。

如果分（滞）洪区边分洪、边泄洪时，可根据分、泄洪水流量进行滞洪区调蓄演算，确定其最高分、滞洪水位。

［例 6-19］　分滞洪区洪水计算。

某电厂位于山东济宁市北部平原区，在梁济运河东岸，与其支流南跃进沟和天宝寺沟交汇处的三角地带，地势平坦低洼，厂址地面高程 37.0m，历史上为内涝积水区，1957 年大水受淹。梁济运河为黄河南岸与南四湖之间平原区的大型骨干防洪排涝河道，工程断面以上流域面积为 $3027km^2$，河长约 70km，河道现状为 3 年一遇排涝标准，10 年一遇防洪设计标准，20 年一遇防洪校核标准。

（1）梁济运河按 $P = 1\%$设计洪水计算。采用山东省平原地区瞬时单位线设计洪水计算方法计算得 $P = 1\%$洪峰流量为 $2807m^3/s$，相应流量折减系数采用 0.7，即按其 70%洪水流量 $1965m^3/s$ 入河，其余 30%洪水流量作为流域缓排，推算得厂址河道断面 $P = 1\%$洪水位为 39.61m，高于河外地面约 3m。因河堤高大坚固，不考虑溃堤。

（2）内涝积水计算。洪水期河外厂址区暴雨坡水将受河道洪水封堵而被拦截在洼地，形成内涝积水。经现场踏勘并由地形图量得厂址区域汇水面积为 $23.86km^2$。历史上以 1957 年暴雨洪水最大，连续 14d 降雨量 572mm，当时老运河（现已废除）洪水封堵历时 19d。综合分析认为，厂区设计内涝暴雨历时可按 15d 计。

以历年 15d 最大暴雨进行数理统计分析，$P = 1\%$暴雨量 556.4mm。扣除前期入渗量（$P_a = 50mm$），扣除河槽设计 3 年一遇畅排水量合计 109.1mm 和 15d 雨期蒸发量 30mm，则 $P = 1\%$内涝净雨深为 367.3mm，汇水区内净积水量为 $876.4 \times 10^4 m^3$。

查该洼地水位–容积曲线，得厂区 $P = 1\%$内涝积水位为 37.72m，厂区平均水深约 0.70m。

## 第七节 溃坝与溃堤洪水

水库、河堤对于防洪、灌溉、发电、航运、养殖等都起着很大的作用。在一般情况下，大坝、堤防能够保证安全。但是，由于某些偶然因素或特种原因，例如军事和人为的破坏；地震的毁坏；超过设计标准的暴雨洪水的漫顶冲蚀；渗流变形破坏；坍塌、滑坡事故；坝体、堤防位置选择不当，基础处理不好；施工质量差；运用、管理、维修不善等，都可以导致大坝、堤防遭到破坏，从而发生溃坝、溃堤事故。当电力工程位于坝址下游、堤防附近时，电力工程本身的防洪标准较高，可能需要考虑溃坝、溃堤对电力工程产生的影响。

### 一、溃坝洪水分析计算

（一）溃坝洪水分析

1. 溃坝可能性分析

结合发生的实际工程事故，总结溃坝原因主要分为以下五种：

（1）特大洪水。遭遇超标准特大洪水。

（2）设计与施工质量及运行管理不当。地质资料不准，设计洪水偏小，没有达到防洪标准，泄洪能力不足等；基础处理草率，材料不合格，致使坝体、基础、溢洪道、泄水洞存在质量隐患；水库超蓄，维护运行不良，电源通信故障，上游水库溃坝影响等。

（3）地质条件。坝址处发生严重地质灾害等。

（4）强烈地震。

（5）战争破坏。

进行溃坝洪水计算分析前，应先分析判断溃坝的可能性或计算的必要性。

对于发变电工程，当上游水库防洪设计标准低于发变电工程防洪标准时，应进行溃坝计算。

对于输电线路工程，当水库防洪设计标准不低于线路工程防洪标准，且水库建设实际达到其设计防洪标准时，可不考虑溃坝洪水影响；当水库防洪设计标准低于线路工程防洪标准，而校核标准不低于线路工程防洪标准时，应根据水库大坝质量和运行方式等实际情况，分析确定是否需要考虑溃坝洪水影响；当水库防洪校核标准低于线路工程防洪标准时，应考虑溃坝洪水影响。

2. 溃决方式

溃坝流量计算方法及公式的选择，主要取决于水库大坝的溃决方式。

水库大坝的溃决方式分瞬时全溃、瞬时局部溃决和逐渐溃决三种，采用哪种溃决方式计算溃坝流量，主要取决于坝型、坝体材料、基础条件、溃坝原因等，应在充分调查分析的基础上分析确定。

（1）混凝土坝中的重力坝、连拱坝、平板坝、大头坝溃决时间短暂，一般为瞬时全溃、局部溃决，或假定不同的溃坝历时分别计算以便比较，其溃决形态多属一跨或数跨溃决到基础。拱坝常为全溃或某一高程以上全溃，个别情况也可以考虑局部溃决。

（2）土坝及堆石坝溃决主要原因是洪水漫顶和管涌，溃口逐渐形成，一般可为逐渐溃决，但视基础情况也可按瞬时全溃、局部溃决，并考虑全部或部分溃决进行计算。

3. 溃坝洪水计算主要参数的确定

（1）溃坝水位。一般采用电力工程防洪标准相同的入库设计洪水，经调洪演算后确定的水库坝前水位（溃坝水位）、坝下游的初始水位可按调洪结果的最大泄量相应水位。

（2）溃坝宽度。溃坝宽度应根据溃决口门形状确定，而溃决口门的形状，一方面可参照同类型已溃水库的口门形状，另一方面也可根据工程情况假定溃口为矩形、梯形或倒三角形等。最后以溃口的平均宽度作为溃坝宽度。

（3）可泄库容。可泄库容包括溃坝水位以下的水体和沙体两部分，若水库全溃时，50%～80%的水库泥沙淤积量应归入到可泄库容中，在山区流域坡度很陡的情况下，可把泥沙淤积量全部计算在内。

（二）水库溃坝最大洪水的简易计算方法

溃坝流量计算方法的选择，主要取决于水库大坝的溃决方式，因此在进行水库溃坝洪水计算之前，应在充分调查研究的基础上合理确定溃决方式（瞬时全溃、局部溃、逐渐溃），采用哪种溃决方式计算，涉及坝体质量、结构性能、基础条件等因素，应会同有关专业人员拟定。

目前，溃坝流量计算方法很多，常用的主要计算方法如下：

1. 坝址断面溃坝最大流量计算

（1）理论公式。适用于坝体全溃或横向局部溃决（$b_g<B_g$），计算公式为

$$Q_g = K_0\sqrt{g}b_g \times h_s^{\frac{3}{2}} \tag{6-144}$$

式中 $Q_g$——坝址断面溃坝最大流量，$m^3/s$。

$K_0$——系数，见表 6-40。

$g$——重力加速度，$m/s^2$。

$b_g$——坝体溃决口门平均宽度，对一般土坝和堆石坝，当水库库容大于 $10^6m^3$ 时按 $b_g = K_1K_2(V^{\frac{1}{4}}B_g^{\frac{1}{7}}H_g^{\frac{1}{2}})$ 计算，当水库库容

小于 $10^6\text{m}^3$ 时按 $b_g=K_1K_3(VH_g)^{\frac{1}{4}}$ 算，如计算得 $b_g$ 值大于坝长 $B_g$ 时则按 $b_g=B_g$ 计算，混凝土重力坝溃坝口门宽等于坝长，据辽宁省水文局分析知：小型水库取 $b_g=B_g$，中型水库取 $b_g=(0.6\sim0.7)B_g$，大型水库取 $b_g$ 为下游附近河道洪水主河槽宽度的1.5倍；水电十一局认为：当坝址横断面较窄时，用断面平均宽度；据国内大小水库失事资料综合分析，断面较宽及库容较大时 $b_g=3.7(H_g^2V_m)^{0.26}$，m。

$K_1$——安全系数，取1.1～1.3，按工程等级及坝体质量选定。

$K_2$——坝体建材系数，对黏土类、黏土心墙或斜墙和土、石、混凝土取1.2，对均质壤土取2.0。

$K_3$——材质系数，质量好的用6.6；质量差的用9.1。

$V$——水库库容，$\text{m}^3$。

$B_g$——坝长或坝址断面附近库区宽度，m。

$H_g$——坝高，m。

$h_s$——溃坝时坝体上游水深，对未溃水库验算时，可采用坝高值，m。

$V_m$——最大库容，$\text{m}^3$。

表6-40 $K_0$ 值

| $\frac{B_g}{b_g}$ | $\frac{b_g}{B_g}$ | $K_0$ | $\frac{B_g}{b_g}$ | $\frac{b_g}{B_g}$ | $K_0$ | $\frac{B_g}{b_g}$ | $\frac{b_g}{B_g}$ | $K_0$ |
|---|---|---|---|---|---|---|---|---|
| 1 | 1.000 | 0.2963 | 10 | 0.100 | 0.5206 | 19 | 0.053 | 0.5660 |
| 2 | 0.500 | 0.3687 | 11 | 0.091 | 0.5266 | 20 | 0.050 | 0.5692 |
| 3 | 0.333 | 0.4101 | 12 | 0.082 | 0.5331 | 21 | 0.048 | 0.5726 |
| 4 | 0.250 | 0.4382 | 13 | 0.077 | 0.5410 | 22 | 0.045 | 0.5750 |
| 5 | 0.200 | 0.4603 | 14 | 0.071 | 0.5445 | 24 | 0.042 | 0.5810 |
| 6 | 0.167 | 0.4759 | 15 | 0.067 | 0.5498 | 26 | 0.038 | 0.5874 |
| 7 | 0.143 | 0.4895 | 16 | 0.063 | 0.5541 | 28 | 0.036 | 0.5924 |
| 8 | 0.125 | 0.5008 | 17 | 0.059 | 0.5584 | 30 | 0.033 | 0.5960 |
| 9 | 0.111 | 0.5101 | 18 | 0.056 | 0.5625 | | | |

（2）经验公式。

1）铁道科学研究院经验公式。适用于坝体全溃（$b_g=B_g$，$h_b'=0$）、横向局部溃决（$b_g<B_g$，$h_b'=0$）、竖向局部溃决（$b_g=B_g$，$h_b'>0$）；横、竖向都局部溃决（$b_g<B_g$，$h_b'>0$）等各种情况，计算公式为

$$Q_g=0.27\sqrt{g}\left(\frac{L_k}{B_g}\right)^{\frac{1}{10}}\left(\frac{B_g}{b_g}\right)^{\frac{1}{3}}b_g(h_s-K_0'h_b')^{\frac{3}{2}} \tag{6-145}$$

式中 $L_k$——水库库区长，可采用坝址断面至库区上游端部淹没宽度突然缩小处的距离，或近似地按 $L_k=\frac{V}{h_sB_g}$ 计算，当 $\frac{L_k}{B_g}>5$ 时，则按 $\frac{L_k}{B_g}=5$ 计算，m；

$K_0'$——修正系数，可按 $K_0'=1.4\left(\frac{b_gh_b'}{B_gh_g}\right)^{\frac{1}{3}}$ 计算，当 $\left(\frac{b_gh_b'}{B_gh_g}\right)>0.3$ 时则按 $K_0'=0.92$ 计算；

$h_b'$——溃坝后坝体残留高度，由于坝体系分层建筑，当某一高程以下坝体质量良好，该高程以上质量较差并有可能沿该高程溃决时则取质量良好部分的高度为 $h_b'$，当无法确切估算时可假定 $h_b'=0$，以保证安全，m。

2）辽宁省水文局推荐的堰流与波流相交法简化公式。

瞬间全溃为

$$Q_g=0.91B_gh_s^{\frac{3}{2}} \tag{6-146}$$

瞬间局部溃为

$$Q_g=0.91\left(\frac{B_g}{b_g}\right)^{1/4}b_gh_s^{\frac{3}{2}} \tag{6-147}$$

3）水电部十一局公式。1977年，水电部第十一工程局勘测设计院根据国内大小水库失事资料及南京水利科学研究所有关研究资料，研究并提出用于计算砂质河床的土坝溃坝流量的公式，该公式属堰流公式形式，公式的特点是计及坝下的冲刷坑深，其方程为

$$Q_g = \mu b_g \sqrt{g} h_m^{\frac{3}{2}} \tag{6-148}$$

式中 $\mu$——流量系数，据板桥水库资料分析，$\mu$=0.25（据圣维南公式，当溃口断面为矩形时，$\mu$=0.296，二次抛物线时为0.23，三角形时为0.18，对于土坝，溃口断面不可能是三角形和矩形）；

$h_m$——计及坝下冲刷坑深度的坝前水深，$h_m = 182 h_s^{\frac{2}{3}} D^{\frac{2}{3}}$，m；

$D$——库沙中值粒径，即 $d_{50}$，m。

4）铁道部第三勘测设计院推荐的宽顶堰估算公式。适用于小型土坝的经验公式为

$$Q_g = K_n B_n h_n^{\frac{3}{2}} \tag{6-149}$$

式中 $K_n$——考虑溃口长度与坝长 $B_n$ 之比及侧面收缩的系数，对于新建的Ⅴ级土坝，在良好使用条件下取0.50，对于无等级的旧土坝及Ⅴ级土坝在不良的使用条件下取0.75；对于无设计的小土坝、磨坊用坝等取0.90，如能实地估计溃口长度 $b_g$，则取 $K_n$=1.35 $b_g / B_n$。

$B_n$——当水库极限蓄水时，沿上游水边线的坝长，m。

$h_n$——溃坝前上下游水位差，m。

5）肖克利契公式。当瞬间局部溃坝未到河床底部时（见图6-29），采用下式计算，即

$$Q_g = 0.9\left(\frac{h_s - h_b'}{h_s - 0.827}\right) B_g \sqrt{h_s}(h_s - h_b') \tag{6-150}$$

当瞬间局部溃坝且一部分到河床底部时，采用下式计算，即

$$Q_g = \frac{8}{27} b_s \sqrt{g} \left(\frac{B_g}{b_g}\right)^{1/4} h_s^{\frac{3}{2}} \tag{6-151}$$

6）圣维南公式。当下游水深较小且坝体瞬间溃决时，采用下式计算，即

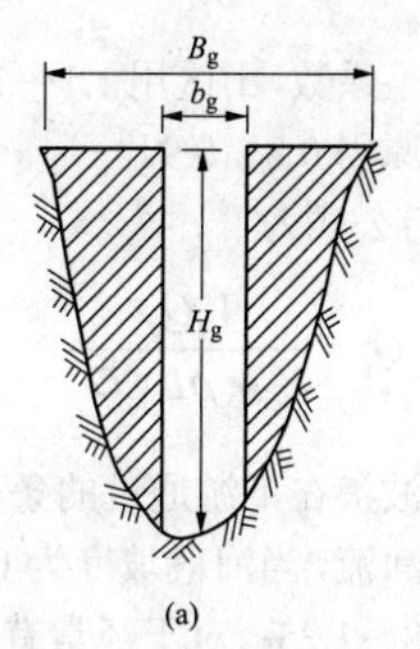


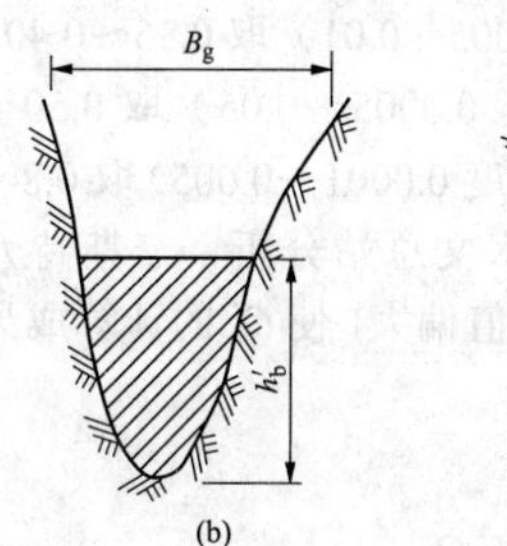


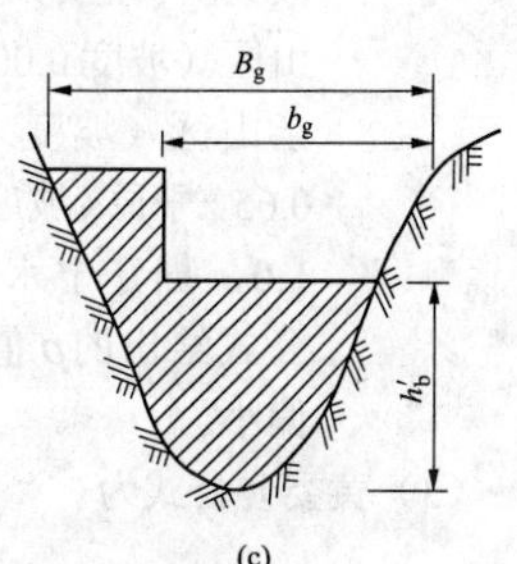


图6-29 大坝局部溃决形式示意图

（a）形式一；（b）形式二；（c）形式三

$$Q_g = m B_g \sqrt{g} h_s^{\frac{3}{2}} \tag{6-152}$$

式中 $m$——系数，溃口为矩形断面取0.926，三角形断面取0.115，二次抛物线断面取0.172，四次抛物线断面取0.22。

7）黄委会推荐公式。黄委会根据国内外的溃坝资料整理分析，提出溃坝流量计算公式为

$$Q_g = 1.5 b_g h_n^{\frac{3}{2}} \tag{6-153}$$

2. 溃坝最大流量向下游演进的经验公式

水库溃坝后洪水的演进我国多采用辽宁水利局改进公式计算，各地根据自身特征也采用地区经验公式计算。介绍如下：

（1）辽宁水利局改进公式为

$$Q_g' = \frac{V_c}{\dfrac{V_c}{Q_g} + \dfrac{L_{0M}}{\bar{u} K_0''}} \tag{6-154}$$

式中 $Q_g'$——工程地点断面溃坝最大流量，m³/s；

$V_c$——水库溃坝后下泄的水量体积，如无资料时可按 $V_c = \dfrac{B_g (h_s - h_b') L_k}{4}$ 式估算，m³；

$L_{0M}$——坝址至工程地点间距离，m；

$\bar{u}$——河道洪水期最大断面平均流速，在有资料地区，可采用实测最大值，无资料地区，山区用3.0～5.0m/s、山前用2.0～3.0m/s，平原用1.0～2.0m/s，m/s；

$K_0''$——调整系数，山区用1.1～1.5，山前用1.0，平原用0.8～0.9。

（2）李斯特万公式为

$$Q_g' = \frac{V_c Q_g}{V_c + \rho L_{0M} Q_g} \tag{6-155}$$

式中 $\rho$——溃口波浪在下游通过的条件系数，对于季节性河流，当河段坡度为0.05～0.0005时取0.8～1.25；对于经常有水的中小河流，山区（坡度0.005～0.01）取0.35～0.40，半山区（坡度 0.0005～0.05）取0.50～0.65，平原（坡度0.0001～0.005）取0.8～1.0，据辽宁水文总站分析，李斯特万公式给出的$\rho$值偏大，使$Q_g'$的计算成果偏小。

（3）黄委会公式为

$$Q_g' = \frac{V_c Q_g}{V_c + Q_g L_{0M} Z} \tag{6-156}$$

式中 $Z$——系数，山区为0.14，半山区为0.21，平原河道为0.32。

（4）两座水库串联溃坝公式为

$$Q_g' = \frac{(V_{1c}+V_{2c})(Q_{1g}'+Q_{2g})}{(V_{1c}+V_{2c})+\alpha L_{0M}(Q_{1g}'+Q_{2g})} \tag{6-157}$$

式中 $V_{1c}$——上游水库溃坝可泄库容，$m^3$；

$V_{2c}$——下游水库溃坝可泄库容，$m^3$；

$Q_{1g}'$——上游水库溃坝坝址流量演进到下游水库流量，$m^3/s$；

$Q_{2g}$——下游水库单独溃坝坝址流量，$m^3/s$；

$\alpha$——系数，一般取1.0。

［例6-20］ 水库溃坝洪水对电厂影响分析计算。

某厂址上游 3km 有一水库，总库容为$305.7\times10^4 m^3$，浆砌石拱坝，坝高 47.4m，坝长95.5m，坝前水深47m。水库设计标准低于电厂，需考虑溃坝对电厂的威胁并计算溃坝最大流量。该地区属黄土高原。

溃口长度按坝长60%～70%考虑，假定为60m。采用式（6-147）计算坝址处的溃坝最大流量为

$$Q_g = 0.91\left(\frac{B_g}{b_g}\right)^{1/4} b_g h_s^{\frac{3}{2}}$$

$$= 0.91\times\left(\frac{95.5}{60}\right)^{1/4} \times 60\times 47^{3/2}$$

$$= 19761(m^3/s)$$

采用式（6-154）计算溃坝后厂址处的溃坝最大流量（$K_0''=0.9$，$\bar{v}=2m/s$）为

$$Q_g' = \frac{V_c}{\dfrac{V_c}{Q_g}+\dfrac{L_{0M}}{\bar{v}K_0''}} = \frac{3057000}{\dfrac{3057000}{19761}+\dfrac{3000}{0.9\times 2}} = 1678(m^3/s)$$

用式（6-155）计算$Q_g'$（取$\rho=0.5$）为

$$Q_g' = \frac{V_c Q_g}{V_c+\rho L_{0M} Q_g}$$

$$= \frac{3057000\times 19761}{3057000+0.5\times 3000\times 19761}$$

$$= 1847(m^3/s)$$

（三）水库溃坝最大洪水的数值模拟方法

1. 溃坝模型分类

溃坝的发生、发展和溃决程度等受诸多因素（如溃坝原因、坝体材料和库容等）影响，简易计算难以准确，因而需要采用数学模型进行分析计算。

溃坝模型通常可以分为两大类。

（1）基于参数的模型。主要用一些关键参数（如溃口最终宽度、溃口历时等），通过简单的时变过程（如溃口尺寸的线性发展理论）模拟溃口的发展；还有一些模型通过建立库容和坝高等关键参数与溃口发展速度、最大溃坝洪水流量之间的回归方程来模拟溃坝。总的来说，这类模型较简单，对数据输入要求较少，使用较方便，但由于未涉及实际溃坝机理，准确度不够，计算结果也不太稳定，可用于初步计算。

（2）基于物理过程的模型。通过综合水力学、泥沙、土力学等学科知识构建一个时变过程以模拟实际过程和溃坝洪水过程线。

大坝安全问题的关注推动了对溃坝水力学的研究，开发了许多数学模型。溃口模拟的主要模型有 DAMBRK 模型、BEED 模型和 BREACH 模型等。

2. 常见溃坝模型

（1）DAMBRK 模型。DAMBRK 模型是美国国家气象局 NWS 的溃坝洪水预报模型，由弗雷德（Fread）于 1988 年开发研制。模型以溃坝历时和溃口最终形状及尺寸为输入数据，假定溃口底部从一个点开始，其宽度以线性速率在整个历时内增长，一直到溃口最终宽度，同时溃口的底部高程也不断发展，直到最终位置。漫溃的溃坝洪水由宽顶堰流公式计算，考虑行进流速及下游水位对堰流可能产生的淹没影响。对于管涌引起的溃口，溃坝洪水由孔流公式计算。

模型开发后应用于 5 个溃坝实例进行检验。在模拟美国提堂坝溃坝时，洪水过程线的计算值与实际记录值的拟合结果令人满意。

（2）BEED模型。由辛（Singh）和斯卡拉托斯（Scarlatos）共同开发。模型中溃口被划分为2段：坝顶的水平溃口段和坝下游坡面上倾斜的溃口槽。断面都假定为梯形，其中水平溃口段起宽顶堰的作用。

水流对坝体的冲刷速度采用爱因斯坦-布朗公式计算。当溃口处的冲刷发展到一定程度时，溃口边坡失去稳定，形成楔形的滑体滑落，由水流逐渐带走。

模型开发后曾应用于4起历史溃坝，它们分别是1889年美国的南佛克坝（South Fork Dam）、1972年的布法罗克里克坝（Buffalo Creek Dam）和1976年的提堂坝失事，以及1976年秘鲁的华克托天然坝（Huaccoto Natural Dam）失事。在对所有溃坝实例的模拟中，最大溃坝洪水流量及溃口形成时间等的计算值都与观察值拟合良好，但溃口顶部宽度的计算值与观察值偏差较大。

（3）BREACH模型。这是当前世界上应用较广的土坝溃决模型，同样由弗雷德在1984年开发研制，1988年模型又进行了修改。

模型可模拟由漫顶和管涌引起的溃坝；坝体可以均质，也可包含2种不同材料，分别构成心墙和外部区域。初始溃口设为矩形，在溃口处边坡坍塌后，断面变为梯形。边坡的坍塌发生在溃口深度不断发展并达某一临界值时。这个临界深度是坝体材料性质（如内摩擦角、黏结力和松密度等）的函数。

除了溃口处边坡发生坍塌时以外，模型假定水流对溃口底部和边坡的冲刷速度相同。同时，溃口上游部分的坍塌也会引起溃口的突然扩大。这种坍塌是由于作用在溃口上游面的水压力超过了土体因为剪摩和黏结力而具有的抵抗力。

坍塌发生时溃口的发展暂时停止，直到坍塌土体被水流以输沙能力的速度逐渐带走为止。

模型用3起溃坝实例进行了检验。观察值和计算值在溃坝洪水过程线上取得了一致，但在最大洪水流量上有一定的偏差，这被认为是所采用参数的不确定性造成的。

（四）溃坝流量过程线及其与区间洪水的组合

1. 溃坝流量过程线的计算

溃坝坝址概化典型流量过程线的线型近似于四次抛物线，即溃坝初瞬，流量急剧增到 $Q_g$，紧接着流量迅速下降，形成下凹曲线，最后趋近于入库流量 $Q_0$（见图6-30）。根据一些模型试验资料整理分析，得出典型流量过程线，见表6-41。

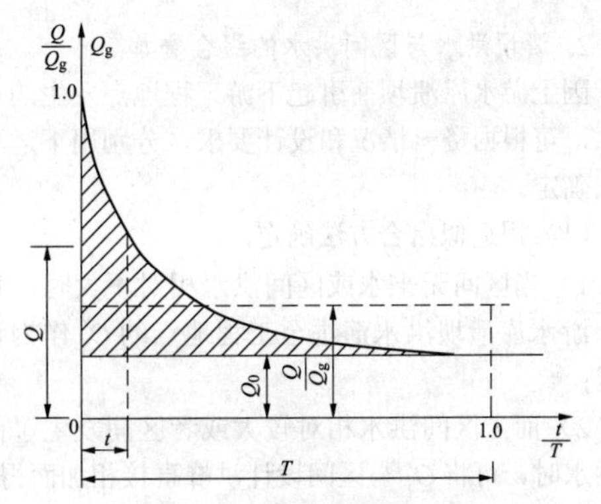


图6-30 概化典型流量过程线

表6-41 溃坝坝址概化过程线表

| $t/T$ | 0 | 0.05 | 0.1 | 0.2 | 0.3 | 0.4 |
|---|---|---|---|---|---|---|
| $Q/Q_g$ | 1.0 | 0.62 | 0.48 | 0.34 | 0.26 | 0.207 |
| $t/T$ | 0.5 | 0.6 | 0.7 | 0.8 | 0.9 | 1.0 |
| $Q/Q_g$ | 0.168 | 0.130 | 0.094 | 0.061 | 0.030 | $Q_0/Q_g$ |

注 $T$——溃坝库容泄空时间；$t$——溃坝过程中某一时间（见图6-30）。

当 $Q_g$、$Q_0$ 及溃坝库容 $V$ 已知时，就可用试算办法确定流量过程线，其步骤如下：

（1）根据 $Q_g$ 及溃坝库容 $V$ 初步确定泄空时间 $T$。按下式计算，即

$$T=K\frac{V}{Q_g} \tag{6-158}$$

式中 $K$——系数，一般为4～5。

（2）根据 $T$、$Q_g$、$Q_0$ 由表6-41初步确定流量过程线。

（3）验算过程线与 $Q=Q_0$ 直线间的水量（即图6-30阴影部分）是否等于溃坝库容（如局部溃决未至库底，溃坝库容为溃坝高程以上库容；若全部溃至库底，则为坝前水位以下的库容减去通过 $Q_0$ 时天然河槽库容），如不相等时，则需调整初步确定的 $T$ 值，直至两者相等为止。

此法把溃坝流量的全部过程简化为一个单一曲线形式处理，因此不能考虑各水库的库容特性及坝址泄水能力等因素，很难得出较为理想的结果。

（4）入库流量与溃坝流量过程线叠加：如上游无来水，即入库流量为0，所得过程线为上游无来水的溃坝流量过程线。上游有来水时，将入库流量过程线与上述概化过程线叠加，得上游有来水时的溃坝流量过程线。此时，要先定出溃坝开始时刻，并认为该时刻的流量只是 $Q_g$ 值；其后时间至 $t/T=1$ 以前的流量则为两者之和；从 $t/T=1$ 以后，过程线只有入库流量部分。

2. 溃坝洪水与区间洪水的组合叠加

因上游水库溃坝而引起下游工程地点发生的最大洪水，可根据资料情况和设计要求，分别用下述不同方法确定。

（1）用近似组合方法确定：

1）当区间无来水或区间洪水相对不大时，直接用上游水库溃坝洪水演进至工程地点的 $Q'_g$ 作为设计依据；

2）而当区间洪水相对较大或者区间发生了同频率洪水时，可将 $Q'_g$ 与区间设计洪峰直接相加而得。

（2）将溃坝洪水过程演算到工程地点后，与区间洪水过程错开传播时间叠加，取其峰值作为设计依据。

在确定下游工程地点的最大流量以后，然后再推求其最高洪水位。

（五）溃坝洪水分析计算应注意的问题

（1）溃坝最大流量计算的可靠性，主要取决于溃坝计算参数（$b$、$H$、$V$）选择是否符合实际，因此在选择确定溃坝计算参数时，应通过调查和充分的论证。

（2）溃坝洪水向下游设计断面的演进，在可行性研究阶段尤其对发电厂等大型工程应通过实测河道的纵横断面，逐个断面向下游演算，不宜采用经验公式估算。

（3）进行并联群库（两座以上的水库）溃坝洪水分析计算时，应分析“同时溃坝”“时序溃坝”的不同组合方案，经分析论证推荐出现可能性较大的组合计算方案。

（4）电厂位于溃坝水库下游较近，且溃坝洪水对电厂防洪影响较大时，应编写溃坝洪水专题分析报告。

## 二、溃堤洪水分析计算

（一）溃堤洪水分析

1. 溃堤可能性分析

当工程位于堤防背水面时，应分析工程附近堤段是否有溃堤的可能。根据实践经验，可从以下两方面考虑。

（1）堤防的标准和质量，即堤防的等级。防洪标准不高、土质较差、堤身单薄、堤基不良的堤段有溃堤的可能。

（2）堤防迎水面有无台地、台地高程和宽度。若台地高程较高，且有一定的宽度，土质抗冲性能良好，可不考虑溃堤的可能；若堤防迎水面无台地，河泓逼近堤脚，迎流顶冲，或堤防迎水面台地较窄、土质差，难以抗拒河床的横向冲刷时，则应考虑溃堤的可能。

2. 溃堤分析

当工程位置河流断面设计洪水超过河道防洪标准，需按河堤漫溢溃决考虑时，其溃决水位可按设计洪水位（或按堤顶高程）计算。决口位置可确定在堤防明显薄弱处，或当决口位置难以确定时，为安全计，假定在拟建工程附近，至于河堤溃决口门宽度，一般难于预计和确定，可采用口门单宽下泄流量进行计算。

堤防溃决时，可能是在短时间内逐渐溃决，或者瞬时溃决。其决口或者一溃到底，或者一溃至某一高程便停止。一般，可按瞬时一溃到底处理。堤防溃决后，溃口堤下一般都要产生冲刷坑，除非堤下地段土壤非常抗冲。

江河堤防主要用作防护城镇或农村圩垸（围）防洪安全，而供水渠系的渠堤则用作约束渠内水量输送。堤防溃决后，溃泄洪水的受水区，江河堤防一般为封闭区域，最终成为“分”蓄洪区，供水渠系的渠堤一般可以完全行洪或一定程度行洪的行洪区。

3. 溃泄水流状态分析

河道洪水位一般高于堤外（背水面）地面，具有较大的落差，水体蓄存着巨大的势能，溃泄水流到达地面时，表现为巨大的流速。溃泄洪水在溃泄期间的水流流态及其变化是比较复杂的，受到诸多因素的制约，诸如溃决方式、江河（渠道）水位变化。堤下土壤岩性、受水区性质（蓄水或行洪）以及溃泄流量的变化等。

一般设定，溃堤前堤下无积水，也无水流。溃堤伊始，水流在口门处为过堰溢流，转而呈急流状态甚至呈涌波状态向堤下地带宣泄，为非淹没流。随后，溃泄流量将迅速增大。随着受水区内蓄洪水深逐渐增加，溃泄水流将逐渐从急流、临界流演变为缓流，后期成为淹没流，流量复而逐渐变小。最后，及至决口上下水位相同，溃泄停止，受水区与江河连成一片，成为死水淹没区。在溃泄期间，起初水流呈急流或临界流，溃泄水流不产生水跃；随后，只要决口堤下地段水深超过溃泄流量相应的临界水深，或水深增大但水位仍明显低于江河水位，则产生水跃。

当决口堤下地带可以行洪时，溃泄洪水的水流流态、初期演变过程仍如上述，水流流过决口后，呈急流乃至涌波，并逐渐演变为临界流，出现完全水跃的缓流状态，最后可能演变为具有下潜水舌的淹没水跃缓流状态，乃至为不产生水跃的完全淹没缓流状态；此时，溃口上下仍有一定落差，仍有溃泄受水区，仍行洪。在特殊情况下溃泄水流在堤下地段、仅呈急流或仅演变为临界流而不出现缓流。

（二）河道溃堤口门最大单宽流量计算

河堤溃决后，其泄流情况与水库溃坝下泄洪水性质相类似，其主要区别在于溃口上侧水位变化不同。河堤溃决后其洪水位一般降低不多，甚至维持不变，

且负波不明显。为简化计算，仍用溃坝最大流量简化式（6-145）的形式，近似地估算溃堤最大单宽流量（$B_g=1$），即

$$q=0.91H^{3/2} \tag{6-159}$$

式中 $q$——溃堤口门最大单宽流量，$m^3/s$；

$H$——溃堤水位下的水头，假定堤防瞬时溃决至地面，超设计标准洪水位下的水头 $H$ 值也可用堤身高度代入，m。

堤防决口的部位不同，对下泄流量的影响也有所不同，可用侧堰系数 $K_c$ 值来订正，即

$$q=0.91K_cH^{3/2} \tag{6-160}$$

当决口横断面与河水流向平行时，$K_c=0.8\sim0.9$（一般可取 0.85）；当决口横断面与河水流向垂直时，$K_c=1.0$。当决口横断面与河水流向交角$\beta$在 0°～90° 之间时，可按其角度的正弦值即按 $\sin\beta$ 值内插。因此，当河堤决口横断面与河水流向平行时，则

$$q=0.91\times0.85H^{3/2}=0.77H^{3/2} \tag{6-161}$$

（三）河道溃堤洪水水力计算

如上所述，在溃泄初期，无论受水区为分蓄洪区或可行洪区，溃泄水流一般呈急流、缓流、淹没流。在整个溃泄期间，一般可认为江河水位基本不变，而溃泄水头则因坝下水深逐渐增加而减小，流量和流速也逐渐减小。

1. 溃堤口门堤下的临界水深

由于现场实际情况各异，建议按闸下临界水深公式计算，即

$$h_k=\left(\frac{aq^2}{g}\right)^{1/3} \tag{6-162}$$

式中 $h_k$——临界水深，m；

$a$——流速不均匀系数，取 1.1。

若将式（6-160）代入式（6-161），则当决口横断面与河水流向平行时，$h_k=0.4H$；当决口断面与河水流向垂直时，$h_k=0.45H$；其他情况，交角$\beta$在 0°～90° 之间时，可按其角度的正弦值即按 $\sin\beta$ 值内插，即

$$h_k=[(0.45-0.40)\sin\beta+0.4]H \tag{6-163}$$

2. 堤下收缩水深及最大流速计算

在溃泄水流呈淹没出流之前，决口堤下明显地存在一个收缩断面，其水深为收缩水深，其流速为最大流速。收缩水深的基本计算式及最大流速计算式分别为

$$h_c=H_0-\frac{q^2}{2g\varphi^2h_c^2} \tag{6-164}$$

$$v_c=q/h_c \tag{6-165}$$

式中 $h_c$——收缩水深，m；

$H_0$——以堤下地面或冲刷坑底部为基准面的，包括行近流速水头的决口上游侧总水头，m；

$q$——收缩断面的单宽流量，可采用决口最大单宽流量，$m^3/s$；

$g$——重力加速度，一般取 $9.8m/s^2$；

$\varphi$——流速系数，考虑到决口一般比较粗略，取$\varphi\leqslant0.8$；

$v_c$——水流为自由出流时的收缩断面流速，即最大流速，m/s。

3. 溃堤堤下的局部冲刷

（1）冲刷坑形状估计。如上所述，溃堤下泄水流一般具有巨大的流速，在堤下造成局部冲刷坑（见图 6-31）。冲刷坑的形式和范围与地质条件好坏有关，一般上游侧的坡度为 1:3～1:6，即坑底至堤脚的距离是冲刷坑深度的 3～6 倍，下游侧坡度为 1:10 或更小，冲刷影响范围可由下式计算，即

$$L=Xh \tag{6-166}$$

式中 $L$——冲刷影响范围，m；

$X$——冲刷坑上下坡深、长综合比系数；

$h$——冲刷坑最大深度，m。

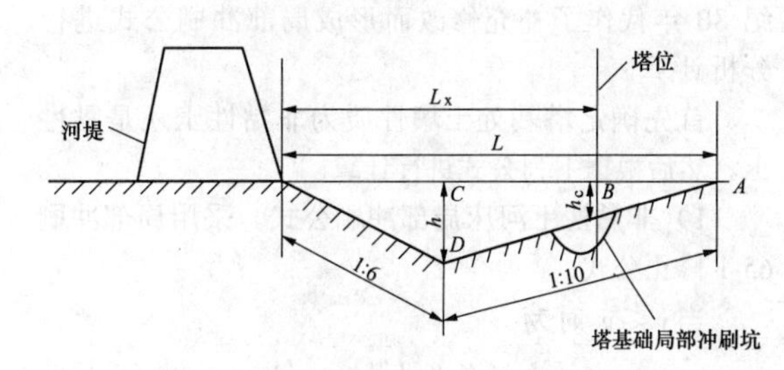


图 6-31 冲刷坑的纵断面图

（2）堤下冲刷坑最大深度估算。毛昶熙根据紊流力学理论，分析局部冲刷机理，并运用水流剪切应力观点，结合模型试验，推导出估算冲刷坑最大深度的计算公式，经过修正后的公式为

$$h=\frac{0.78q\sqrt{2a}}{\sqrt{\left(\frac{G_1}{G}-1\right)g\bar{d}}\left(\frac{h_x}{\bar{d}}\right)^{1/6}}-h_x \tag{6-167}$$

式中 $h$——冲刷坑最大深度，m；

$G_1$——冲刷坑范围内泥沙的比重，取 $G_1=2.7$；

$G$——溃泄水体的比重，若含沙量不大时，取 1.0；

$\bar{d}$——被冲刷地区土壤的平均粒径，若为黏性土，可采用其换算当量直径，见表 6-42，m；

$h_x$——堤下地面的水流深度，在作冲刷坑深度估算时，往往未知 $h_x$，建议试用 $h_k$ 值代替，求出 $h$ 值后，结合水流分析进一步确定 $h_x$ 的采用值，m。

表 6-42　　黏性土壤抗冲刷能力换算当量直径

| 土 壤 特 性 | 黏性土壤的当量直径（m） | | |
|---|---|---|---|
| | 黏土及重黏壤土 | 轻黏壤土 | 黄土及森林土 |
| 密实度小的土壤（换算的孔隙度为 0.9～1.2），土壤骨架的密度在 $1.2t/m^3$ 以下 | 0.01 | 0.005 | 0.005 |
| 中等密实土壤（换算的孔隙度为 0.6～0.9），土壤骨架的密度为 $1.2～1.6t/m^3$ | 0.04 | 0.02 | 0.02 |
| 密实土壤（换算的孔隙度为 0.3～0.6），土壤骨架的密度为 $1.6～2.0t/m^3$ | 0.08 | 0.08 | 0.03 |
| 极密实的土壤（换算的孔隙度为 0.2～0.3），土壤骨架的密度为 $2.0～2.15t/m^3$ | 0.10 | 0.10 | 0.06 |

溃堤洪水引起的局部冲刷坑对工程基础的安全威胁很大，因此在工程设计中需慎重对待。对计算成果要结合工程实际情况，通过现场实地调查及搜资进行验证。

（3）塔基处局部冲刷坑深计算。采用根据公路部门以自己进行的大量室内试验资料和洪水期实桥观测资料为依据在 20 世纪 60 年代建立、20 世纪 80 年代作了补充修改而形成局部冲刷公式进行分析计算。

首先确定塔基处土壤性质为非黏性土还是黏性土。然后根据下列公式进行计算。

1）非黏性土河床局部冲刷公式。采用局部冲刷 65-1 修正公式：

当 $v \leqslant v_0$ 时为

$$h_b = K_\xi K_{\eta_1} b_1^{0.6}(v - v_0') \tag{6-168}$$

当 $v > v_0$ 时为

$$h_b = K_\xi K_{\eta_1} b_1^{0.6}(v_0 - v_0')\left(\frac{v - v_0'}{v_0 - v_0'}\right)^{n_1} \tag{6-169}$$

$$K_{\eta_1} = 0.8\left(\frac{1}{\bar{d}^{0.45}} + \frac{1}{\bar{d}^{0.15}}\right) \tag{6-170}$$

$$v_0 = 0.0246\left(\frac{h_{pm}}{\bar{d}}\right)^{0.14}\sqrt{332\bar{d} + \frac{10 + h_{pm}}{\bar{d}^{0.72}}} \tag{6-171}$$

$$v_0' = 0.462\left(\frac{\bar{d}}{b_1}\right)^{0.06} v_0 \tag{6-172}$$

$$n_1 = \left(\frac{v_0}{v}\right)^{0.25\bar{d}^{0.19}} \tag{6-173}$$

$$v = \frac{L - L_x}{L}(v_k - v_0) + v_0 \tag{6-174}$$

$$v_k = \sqrt{g h_k} \tag{6-175}$$

式中　$h_b$——局部冲刷深度，m；

$K_\xi$——墩形系数，见表 8-21；

$K_{\eta_1}$——河床土壤粒径影响系数；

$b_1$——塔基计算宽度，m；

$v$——一般冲刷后的垂线平均流速，m/s；

$v_0'$——墩前始冲流速，m/s；

$\bar{d}$——被冲刷地区土壤的平均粒径，mm，使用范围为 0.1～500mm，一定注意此处 $\bar{d}$ 与式（6-167）中的 $\bar{d}$ 单位不同，在式（6-167）中的 $\bar{d}$ 单位为 m，式（6-168）～式（6-175）处为mm；

$h_{pm}$——塔基处一般冲刷后的最大水深，使用范围为 0.2～30m；

$v_0$——河床泥沙起动流速，m/s；

$n_1$——指数；

$v_k$——溃堤下泄水流临界水深 $h_k$ 时的临界流速，m/s；

$L$——局部消能冲刷坑的总长度，m；

$L_x$——自然堤脚至计算点（杆塔处）的距离，m。

2）黏性土河床局部冲刷公式。

当 $h_{pm}/b_1 \geqslant 2.5$ 时为

$$h_b = 0.83 K_\xi b_1^{0.6} I_L^{1.25} v \tag{6-176}$$

当 $h_{pm}/b_1 < 2.5$ 时为

$$h_b = 0.55 K_\xi b_1^{0.6} h_p^{0.1} I_L^{1.0} v \tag{6-177}$$

式中　$I_L$——冲刷范围内黏性土壤的液性指数，本公式中 $I_L$ 的范围为 0.16～1.48。

**［例 6-21］** 溃堤洪水对临河线路杆塔处最大冲刷深度计算。

某 500kV 输电线路跨越一条河流，河道两岸堤防为 20 年一遇设计防洪标准，右堤高 4.6m；堤外土壤分层指标：0～3.4m 间的孔隙比为 0.617，干密度为 $1.67g/cm^3$；3.4～8.4m 间的孔隙比为 0.732，干密度为

$1.56\text{g/cm}^3$；河水流向与河堤平行。根据堤外土壤分层指标换算的土壤当量粒径 $\overline{d}=0.02\text{m}$。临河杆塔位于堤防保护范围内，距离堤脚 65.8m，见图 6-31，当河道发生 100 年一遇超标准洪水时，求临河杆塔处最大冲刷深度。

1）溃口处下泄水流最大单宽流量 $q$ 采用式（6-160）计算，$K_c$ 取值 0.85，即

$$q=0.91K_cH^{3/2}=0.91\times0.85\times4.60^{3/2}=7.63(\text{m}^3/\text{s})$$

2）根据当决口横断面与河水流向平行时，$h_k=0.4H$；$H$ 取右堤高 4.6m，则冲刷坑地面以上临界水深 $h_k$ 为

$$h_k=0.4H=0.4\times4.60=1.84\ (\text{m})$$

3）用 $h_k$ 值代替 $h_x$，取 $G_1=2.7$、$G=1.0$；消能冲刷坑最大深度 $h$ 采用式（6-167）计算，即

$$h=\frac{0.78q\sqrt{2a}}{\sqrt{\left(\frac{G_1}{G}-1\right)g\overline{d}}\left(\frac{h_x}{\overline{d}}\right)^{1/6}}-h_x$$

$$=\frac{0.78\times7.63\times\sqrt{2\times1.1}}{\sqrt{\left(\frac{2.7}{1.0}-1\right)\times9.8\times0.02}\times\left(\frac{1.84}{0.02}\right)^{1/6}}-1.84$$

$$=5.36(\text{m})$$

4）右堤外临河杆塔的安全距离 $L$。根据经验，冲刷坑上坡按 1:6，下坡按 1:10 计算，则

$$L=6h+10h=6\times5.36+10\times5.36=85.76\ (\text{m})$$

5）塔位处消能冲刷坑深 $h_c$。如图 6-31 所示，根据相似三角形性质计算出塔位处消能冲刷坑深 $h_c$，即

$$h_c=\frac{L_{AB}}{L_{AC}}\times L_{DC}=\frac{L-L_x}{L-6\times h}\times h$$

$$=\frac{85.76-65.8}{85.76-6\times5.36}\times5.36\approx2.0(\text{m})$$

6）塔基础局部冲刷坑深计算。

a. 若塔位处为非黏性土。假定塔基础为表 8-21 中的第 3 型，基础形状系数 $K_\xi=0.85$；基础迎水面计算宽度 $b_1=1.2\text{m}$；杆塔处水深 $h=h_c+h_k=2.0+1.84=3.84$（m）。

采用式（6-171）计算起动流速 $v_0$，其中 $h_{pm}$ 采用杆塔处水深 $h=3.84$ 来计算，则

$$v_0=0.0246\left(\frac{h}{\overline{d}}\right)^{0.14}\sqrt{332\overline{d}+\frac{10+h}{\overline{d}^{0.72}}}$$

$$=0.0246\times\left(\frac{3.84}{20}\right)^{0.14}\times\sqrt{332\times20+\frac{10+3.84}{20^{0.72}}}$$

$$=1.59(\text{m/s})$$

采用式（6-172）计算基础旁起冲流速 $v_0'$，则

$$v_0'=0.462\left(\frac{\overline{d}}{b_1}\right)^{0.06}v_0$$

$$=0.462\times\left(\frac{20}{1.2}\right)^{0.06}\times1.59=0.87(\text{m/s})$$

采用式（6-174）、式（6-175）计算消能冲刷坑停止冲刷后塔位处水流平均流速 $v$，则

$$v=\frac{85.76-65.8}{85.76}\times(\sqrt{9.8\times1.84}-1.59)+1.59=2.21(\text{m/s})$$

可见，$v>v_0$，则采用式（6-169）计算局部冲刷深度。

首先，采用式（6-173）计算 $n_1$，采用式（6-170）计算 $K_{\eta_1}$，则

$$n_1=\left(\frac{v_0}{v}\right)^{0.25\overline{d}^{0.19}}=\left(\frac{1.59}{2.21}\right)^{0.25\times20^{0.19}}=0.86$$

$$K_{\eta_1}=0.8\left(\frac{1}{\overline{d}^{0.45}}+\frac{1}{\overline{d}^{0.15}}\right)=0.8\times\left(\frac{1}{20^{0.45}}+\frac{1}{20^{0.15}}\right)=0.72$$

把上述各参数代入式（6-169）得塔基础处局部冲刷坑深 $h_b$ 为

$$h_b=K_\xi K_{\eta_1}b_1^{0.6}(v_0-v_0')\left(\frac{v-v_0'}{v_0-v_0'}\right)^{n_1}$$

$$=0.85\times0.72\times1.2^{0.6}\times(1.59-0.87)\times\left(\frac{2.21-0.87}{1.59-0.87}\right)^{0.86}$$

$$=0.84(\text{m})$$

故塔位处消能坑和局部冲刷坑总深度为

$$H=h_c+h_b=2.0+0.84=2.84\ (\text{m})$$

如果塔基为其他形状时，可查阅表 8-21 中不同的基础形状系数，局部冲刷深度计算方法同上。

b. 若塔位处为黏性土。根据式（6-176）或式（6-177）进行计算。

可知，$h_{pm}/b_1=3.84/1.2=3.2\geqslant2.5$ 时，假定 $I_L$ 取 0.3，则采用式（6-176）计算塔基础处局部冲刷坑深 $h_b$，即

$$h_b=0.83K_\xi b_1^{0.6}I_L^{1.25}v$$

$$=0.83\times0.85\times1.2^{0.6}\times0.3^{1.25}\times2.21$$

$$=0.39(\text{m})$$

故塔位处消能坑和局部冲刷坑总深度为

$$H=h_c+h_b=2.0+0.39=2.39\ (\text{m})$$

## 第八节　设计洪水地区组成

防洪设计中，设计断面上游调蓄作用较大的水库或分洪、滞洪工程，对洪水具有调节作用，改变了天然洪水的状况，直接影响了下游设计断面的设计洪水。上游工程调节作用的大小，一般与工程所在断面洪水

的大小有关，它对下游设计断面洪水的影响与工程所在断面及无工程控制的区间洪水的组成情况有关。因此，为推求合理的设计断面的设计洪水，就应该研究设计断面以上各部分洪水的地区组成。

推求设计断面受上游水库调蓄、区间洪水的影响下的设计洪水的方法主要都是通过一定概化条件而推得的近似计算方法。主要分为地区组成法、频率组合法和随机模拟法。

（1）地区组成法。该法不研究水库的调洪作用如何改变下游设计断面洪水的概率分布，只研究当设计断面发生设计标准的天然洪水时，上游水库及其区间的洪水地区组成。拟定几种洪水地区组成方案进行计算，有同倍比法、同频率法、相关法等途径，由此推求的设计断面的洪水就作为该段面同一设计标准的设计洪水。

（2）频率组合法。该法是以水库断面及区间天然洪水频率曲线为基础，研究各分区洪水的所有可能的组合情况，计算各种组合情况下水库的调洪对设计断面洪水的影响，从而推求出设计断面受水库调洪影响后的洪水频率曲线及设计值。

（3）随机模拟法。该法是利用随机模拟技术，建立设计断面及各分区洪水过程线的模拟模型，用人工方法随机生成任意长的、能满足设计需要的洪水资料系列，通过对长系列资料的调洪计算，求得设计断面受水库调洪影响后的洪水系列，据此直接求出设计断面洪水的频率曲线及设计值。

在电力工程中，研究设计洪水地区组成一般采用地区组成法，本手册主要介绍地区组成法中的同频率法、同倍比法、相关法和随机模拟法。

有条件时，可采用频率组合法或随机模拟法推求上游工程调蓄影响的设计洪水。但采用频率组合法时，可以各分区对工程调节起主要作用的时段洪量作为组合变量，分区不易太多。采用随机模拟法时，应合理选择模型，并对模拟成果进行统计特征及合理性检验。

## 一、同频率法

同频率法也称同频率洪水组成法，是根据工程的防洪要求，指定某一分区发生与下游工程地点设计断面同频率的设计洪水（主要指洪量），其余各分区的相应设计洪水（洪量），则按水量平衡原则，选择某一典型洪水的组成比例（或几个典型的平均比例）加以分配。各分区的设计洪水过程线应以同一次洪水过程线为典型，以分配到各分区的洪量控制放大。

由于河网调蓄作用等因素的影响，一般不能用同频率地区组成法拟定设计洪峰流量的地区组成。

对于指定分区来水情况比较严重的稀遇频率洪水计算，同频率法比较可行。具体方法分两种：

### （一）上游水库与下游工程地点同频率，区间相应

区间相应的洪量为

$$W_{12}=W_{P2}-W_{P1} \tag{6-178}$$

式中 $W_{12}$——区间相应洪量；

$W_{P2}$——工程地点设计洪量；

$W_{P1}$——水库设计洪量。

区间相应洪峰一般可在分析区间洪水峰量关系的基础上据区间相应洪量确定；在分析并确定了河网调蓄作用轻微以及其他影响因素均可忽略的情况下，区间相应洪峰流量也可以用洪水地区组成法计算，即

$$Q_{12}=Q_{P2}-Q_{P1} \tag{6-179}$$

式中 $Q_{12}$——区间相应洪峰流量；

$Q_{P2}$——工程地点设计洪峰流量；

$Q_{P1}$——水库设计洪峰流量。

本法的计算步骤如下：

（1）根据资料条件先按本章第一节、第二节方法计算出天然情况上、下游断面设计洪水，选定典型洪水过程。

（2）根据资料条件按本章第三节方法计算区间洪水，选择与上述相同的洪水典型。

（3）按式（6-178）计算区间相应洪量；分析河网调蓄作用大小，确定是否直接用地区组成法的式（6-179）计算区间相应洪峰流量，或通过区间洪水峰量关系确定区间相应洪峰流量；以区间相应洪量、洪峰控制，放大区间洪水过程线。

（4）将经水库调节下泄并演进至工程地点设计断面的洪水与区间洪水过程组合叠加，便得到工程地点受上游水库调蓄影响的设计洪水。

若上、下游断面距离较近或其间河槽调蓄作用不大，也可以将水库下泄洪水过程错开一个传播时间作为演进到下游工程地点的洪水过程，将其与区间洪水过程组合叠加，即得到工程地点受上游水库调蓄影响的设计洪水。

本法一般适用于区间面积不大且洪水主要来源于上游的情况。

### （二）区间与下游工程地点同频率，上游库址断面相应

本法与上法类似。上游水库的相应洪量为

$$W_1=W_{P2}-W_{P12} \tag{6-180}$$

式中 $W_1$——库址断面相应洪量；

$W_{P2}$——工程地点设计洪量；

$W_{P12}$——区间设计洪量。

上游库址相应洪峰流量一般可在分析水库洪水峰量关系的基础上，据库址断面相应洪量确定。在分析并确定了河网调蓄作用轻微以及其他影响因素均可忽

略的情况下，库址断面相应洪峰流量也可以用地区洪水组成法计算，即

$$Q_1 = Q_{P2} - Q_{P12} \tag{6-181}$$

式中 $Q_1$——库址断面相应洪峰流量；

$Q_{P2}$——工程地点设计洪峰流量；

$Q_{P12}$——区间设计洪峰流量。

本法的计算步骤如下：

（1）根据资料条件按照本章第一节、第二节、第三节方法分别计算出天然情况下的工程地点设计断面设计洪水以及区间设计洪水，选定典型洪水过程。

（2）按式（6-180）计算库址断面相应洪量；分析河网调蓄作用大小，确定是否直接用式（6-181）计算库址断面相应洪峰流量，或通过库址洪水峰量关系确定库址断面相应洪峰流量；以库址相应洪量、洪峰控制，放大库址洪水过程线。

（3）将经水库调节下泄并演进至工程地点设计断面的库址洪水与区间设计洪水过程组合叠加，便得到工程地点的设计洪水。

本法一般用于区间面积较大或区间洪水组成比重较大的情况，或者区间情况特殊而需特别考虑的情况。

## 二、同倍比法

同倍比法又称典型洪水组成法。从实测资料中选择几次有代表性的（能代表各分区不同来水类型，在设计条件下可能发生，对工程地点防洪不利）大洪水作为典型，以工程地点某一时段的设计洪量作为控制，按典型洪水的各分区洪量组成的比例，计算各分区相应的设计洪量。同时，按同一倍比 $K = W_P/W_0$（$W_P$ 为某一时段的设计洪水总量，$W_0$ 为典型洪水总量）放大各分区的同一时段典型洪水，得到各分区的设计洪水过程线。

同倍比法简单、直观，是工程设计中常用的一种方法，尤其适用于分区较多、组成较为复杂的情况，但此法因为全流域各分区的洪水均采用同一个倍比放大，所以可能会使某个局部地区的洪水在放大后其频率小于设计频率。对于没有或很少削峰作用的水利工程，也可按洪峰倍比放大，但要注意各断面间及区间峰量关系所带来的问题（如上下游水量平衡等）。一般来说，对较大流域的稀遇设计洪水，这个情况是有可能发生的，采用时，应检查所选的典型洪水是否确实反映了本流域特大洪水的地区组成规律，如放大后局部地区出现显著超标准的情况，应对其进行和理性分析、论证，并对放大成果作局部调整。如果发现这种情况的可能性较小，就不宜采用该典型洪水的组成，可另选其他典型洪水来进行同倍比放大。

## 三、相关法

统计下游控制断面各次较大洪水（或年最大选样）过程中，某种历时的最大洪量及相应时间内（考虑洪水传播演进时间）上游控制断面与区间的洪量，点绘相关图，若相关关系较好，可通过点群中心绘制相关线（也可在相关图上另定一外包线，以推求对防洪不利的组成情况），然后根据下游断面设计洪量，由相关图上查得上游控制断面或区间的设计洪量，并将剩余的洪量分配到其他地区，作为设计洪水的地区组成洪量。

如果只需要推求上游（或下游）某一断面的或区间的洪峰流量，而不需要洪水过程线，就利用其断面和区间的峰量相关线，由设计洪量查得洪峰流量，也可选择典型年按洪量比直接放大洪峰。

相关法一般用于设计断面以上各地区洪水组成比例较稳定的情况。

## 四、随机模拟法

运用随机模拟法，对所研究的设计断面及其上游各水库断面与各区间的洪水过程进行模拟，建立多站同步的年最大洪水过程线的模拟模型，利用随机生成技术生成足够长的资料系列，然后对水库所在断面的洪水过程线进行调洪计算，求得水库的下泄流量过程线，再与区间洪水过程线进行组合，演算至设计断面，求得设计断面受水库调洪影响后的洪水过程线。由于资料系列足够长，所以可以从中直接统计出年最大流量或时段洪量的频率曲线。

对多站洪水过程线的随机模拟，关键是模型的选择、模型参数的确定、模拟成果是否合理的分析检验等，具体参阅相关洪水随机模拟教材。在使用随机生成资料计算设计断面受上游水库调洪影响后的设计洪水时应注意下列问题。

### （一）生成资料系列的长度

随机生成资料系列的长度取决于所有推求的设计洪水的标准以及上游水库的个数、调洪作用大小和调洪规则的复杂程度。所使用的生成资料系列至少应大于所有推求的设计洪水重现期的 3～5 倍。例如，推求 100 年一遇的洪水，所使用的资料一般应大于 500～1000 年，而推求 10000 年一遇的洪水，资料长度至少应有 30000～50000 年。如果上游水库的个数较多，调洪影响较大，调洪规则又比较复杂，为获得较为稳定合理的成果，所使用的资料系列还应更长。

### （二）注意中间成果的检验分析

使用生成的资料系列，目的在于计算受水库调洪影响后的设计洪水。由于目前根据流量资料建立的多

站洪水过程线的模拟模型，一般能使洪峰及时段洪量的统计参数保持较好，而对于洪水过程线的形状及地区分布，还难以做到较满意地复核洪水的涨落规律和地区分布规律。因此，在使用生成资料时，应注意对某些中间计算成果进行分析和检验，以免影响最终成果的合理性和可靠性。例如，当上游有几个水库时，可对上水库调洪影响后下水裤的洪水频率曲线进行分析，对照下水库天然洪水频率曲线，分析两者的差别是否与上水库的调洪能力和特性相适应；也对上水库下泄洪水与上、下水库之间的区间洪水的遭遇情况进行分析，看看是否与实测资料反映的情况相符合。如果发现有明显不合理的地方，则应检查模拟模型在建模中每一步骤的处理和参数的确定是否合理，作必要的调整。

因此，使用随机生成资料推求设计断面的设计洪水时，在编制计算程序中应预先考虑好中间成果检验分析的要求，输出必要的中间成果供分析判断。

[**例 6-22**] 某厂址处受上游水库控制后的设计洪峰流量推求。

某电厂厂址选择在一座已建成多年的大水库下游 20km，位置如图 6-32 所示。区间有一支流在厂址以上 4km 处汇入。附近有三个水文站，其中水库站 A 和厂址站 B（在厂址附近）实测流量资料较长，区间支流站 C 的流量资料不足 10 年。流域内外的雨量站及资料都较多。各部分的控制面积分别为：B 站 44000km²，A 站 42500km²，C 站 900km²，支流全流域 1300km²，A、B 站干流区间 1500km²。

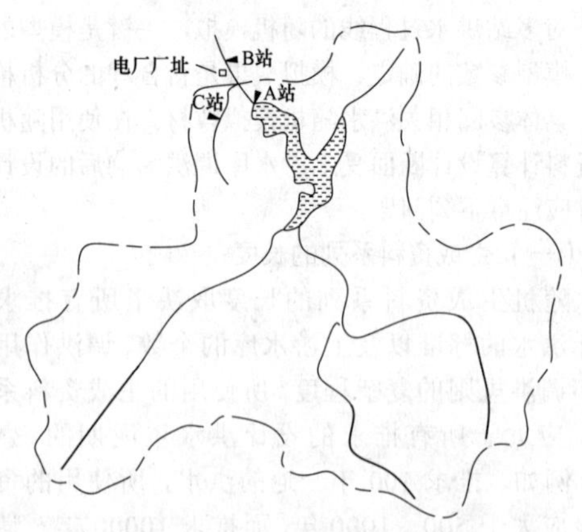


图 6-32 某电厂位置及水系示意图

流域内主要是山地，下游兼有丘陵，地势由东南向西北倾斜。求厂址处受上游水库控制后的设计洪峰流量。

按下述步骤求解：

（1）分析暴雨和洪水特性，确定洪水组成计算方法。流域暴雨洪水多在 7、8 月，夏季多东南季风，7～9 月是台风雨季。暴雨行径大体上由南向北，例如 1956 年 7 月 25～27 日暴雨洪水，暴雨中心 25 日在中上游，26 日在中游，27 日在下游（包括区间）；该次洪水因受上游水库控制，厂址处的峰现时间主要由无控制的区间来水所决定，见图 6-33。

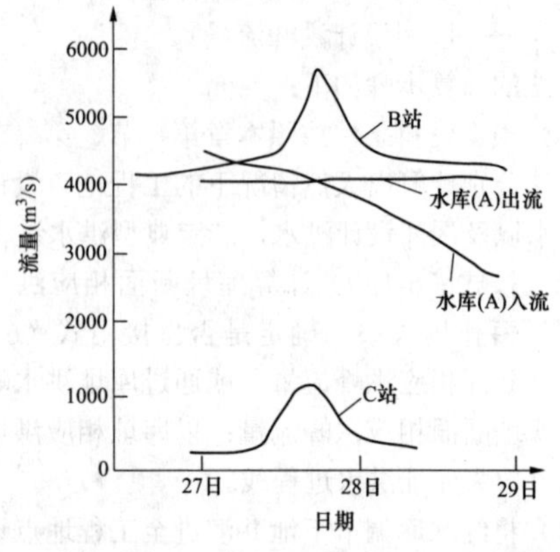


图 6-33 某电厂流域 1956 年 7 月洪水过程

本例区间面积比重很小，上下游站距离较近，一般都在一次暴雨笼罩之内。一方面，由于水库的存在，使上游洪水传播时间缩短，从而增加了上游洪水与区间洪水相遇的机会；另一方面，这个大水库预报条件好，运行调度上当权衡下游的防洪安全，使上下游稀遇洪水在组合上同频率的可能性减小。据此，本例按同频率法中“区间与下游工厂地点同频率，上游库址断面相应”的组合情况计算。

（2）计算各组成地区的设计洪水。

1）天然情况下厂址的设计洪水。具体方法及成果见表 6-43（计算过程略）。

**表 6-43　某厂址设计洪峰流量的计算成果表**　（m³/s）

| (1) | 项目 | 计算方法 | $Q_p$ | | |
|---|---|---|---|---|---|
| | | | 0.1% | 1% | 2% |
| (2) | 厂址天然情况设计洪峰 | 按水库天然情况计算后放大 | 23600 | 16530 | 14400 |
| (3) | 区间设计洪峰 | 调查加实测系列频率计算 | 4100 | 2610 | 2260 |
| (4) | 水库相应设计洪峰 | (2) − (3) | 19500 | 13920 | 12140 |
| (5) | 水库相应出库洪峰 | 查与 (4) 相应调度图 | 6200 | 5150 | 4900 |
| (6) | 厂址设计洪峰 | (3) + (5) | 10300 | 7760 | 7160 |

2）区间设计洪水。用以下三种方法计算：

a. C 站的实测洪峰系列加入调查洪水作频率计算，得 C 站的设计洪峰，按面积比的 2/3 次方放大到整个区间，成果见表6-43。

b. 用区间设计暴雨及暴雨–径流关系推求设计洪水（成果略）。

c. 用地区综合单位线推求（成果略）。

该三种方法的成果接近。经分析比较，认为b法暴雨–径流关系外延较多，而c法的单位线精度不高，故采用a法的频率计算成果。

3）计算水库相应洪水。根据确定的组合方法，先按式（6-181）计算水库相应设计洪水 $Q_{in}$；然后以 $Q_{in}$ 查水库洪水调度图得相应出库洪峰 $q_m$，成果均见表6-181。无现成调度图可查者，可按本章第二节方法作调洪演算，求得水库下泄过程及其洪峰。

（3）计算并确定厂址设计洪水。因上下游断面距离不远，区间面积比重很小，故在计算和确定厂址设计洪水（峰）时，对 $q_m$ 既不作洪水演进计算，在叠加时也忽略 $q_m$ 和 $Q_{P12}$ 区的传播时间差别，而将两者直接相加，即

$$Q_{P0}=q_m+Q_{P12}$$

式中 $Q_{P0}$——厂址处设计洪峰流量；

$q_m$——出库洪峰流量；

$Q_{P12}$——区间洪峰流量。

## 第九节 分期设计洪水

为了满足工程设计、施工和运行的要求，需要结合洪水特性在年内分成若干分期，计算各分期的设计洪水。通常的做法是，首先，在分析流域洪水季节性规律的基础上，考虑设计、施工和运行的要求，把整个汛期划分为若干个分期（或季）。然后，在各分期内按最大值选择，进行频率分析。

### 一、设计洪水分期

（1）为了合理地划定分期，应对设计流域洪水季节性变化规律进行深入的分析。

分析内容一般包括洪水成因（形成洪水的天气条件、降雨类型和降雨过程特点，以及流域产汇流条件等）在季节上的差异，年内不同时期洪峰、洪量值及统计特性（如均值、$C_V$ 等）的差异，年最大洪水（包括历史大洪水）在各季出现频次，以及不同季节洪水过程线形状无明显差别等。

为了便于分析，可根据本流域的资料，将历年各次洪水以洪峰发生日期或某一定历时最大洪量的中间日期为横坐标，以相应洪水的峰值数值为纵坐标，点绘洪水年内分布图，并描绘平顺的外包线。

由于目前水文资料的年限一般不长，而天气的季节性变化在时间上又不很稳定，在有条件的地区还应结合历史洪水的调查考证，查清在各个不同季节是否曾出现过比实测更大的洪水，将其成果也点绘在洪水年内分布图上。

（2）根据以上对实测资料的统计分析，并考虑工程设计、施工和运行中不同季节对防洪安全的要求，来划定分期洪水的时段。

对于施工设计洪水，具体时段的划分主要决定于工程设计的要求，为选择合理的施工时段、安排施工进度等，常需要分出枯水期、平水期、洪水期的设计洪水或分月的设计洪水，有时甚至还要求把时段划分得更短。但应注意分期越短，相邻期的洪水在成因上没有显著差异，而同一期的洪水由于年际变差加大，频率计算的抽样误差也将更大。因此，分期应考虑工程的设计、施工要求，又应使起讫日期基本符合洪水的季节性变化规律和成因特点，不宜太短，以不短于一个月为宜。特别是当资料系列较短，洪水年际变化较大，相邻期洪水的季节性差异不很明显时，为了保证成果精度，分期时段更不宜过短。

### 二、分期洪水选样

分期洪水按年最大值选样。由于洪水出现的偶然性，各年分期洪水的最大值不一定恰好在所定的分期内，可能往前或错后几天。因此，在用分期年最大值选样时，有不跨期选样和跨期选样两种。

（1）不跨期选样。在该分期的固定时段内取样，例如5月份施工设计洪水，即在每年5月份内选择最大洪峰或洪量作为该期样本进行计算。不能在分期时段内重复选样。

按照不跨期原则进行选样时，若一次洪水过程位于两个分期时，视其洪峰流量或时段洪量的主要部分位于何期，就作为该期的样本，而不重复选样。

（2）跨期选样。即在分期时段以外提前或错后几天选样，具体视气候变化和水文特性而定。为了反映每个分期的洪水特征，跨期选样的日期不宜超过5～10d，跨期选样计算的施工分期设计洪水不应跨期使用。

历史洪水应按其发生的日期，加入其相应分期洪水系列进行计算。

### 三、分期洪水计算

（1）分期划定后，分期洪水一般在规定时段内，按年最大值法选择。

（2）特大洪水的经验频率应根据调查考证资料，结合实测系列，合理调整。对同一场特大洪水，作为分期洪水的样本时，其经验频率可能与作为全年最大洪水时所采用的经验频率有所不同。

实测系列中1、2位分期洪水的数值可能很大，其

经验频率点据在全部系列中有明显的脱节现象。此时，可参考洪水年内分布图上点据的分布趋势及相邻分期的样本系列，对其经验频率值进行分析，做必要的调整。

（3）分期洪水的统计参数计算和适线原则与全年最大洪水的统计方法相同。对施工洪水，由于其设计标准较低，当具有较长资料系列时，一般可由经验频率曲线查取设计值。

（4）分期洪水的年际变差较大，而且分期的历史洪水调查考证又比较困难。因此，其频率计算结果（特别是当分期较短时）的误差可能比较大。为此，应进行下列合理性分析。

1）将各分期洪水的均值及各种频率的设计值点绘在洪水年内分布图上，分析其季节性变化规律。如发现有不合理之处，应检查其原因，并按其变化趋势勾绘成平滑曲线，加以调整。

2）将各分期洪水的峰量频率曲线与全年最大洪水的峰量频率曲线画在同一张几率格纸上，检查其相互关系是否合理。

有时，它们在设计频率范围内发生交叉现象，即稀遇频率的分期洪水大于同频率的全年最大洪水。产生这种现象的主要原因，除抽样的偶然性、参数确定不当以外，还可能由于分期洪水与全年最大洪水都采用了同一线型。这时，应根据资料情况和洪水的季节性变化规律进行调整。一般来说，由于全年最大洪水在资料系列的代表性、历史洪水的调查考证等方面，均较分期洪水研究更充分一些，其成果相对较可靠。因此，调整的原则，应以分期历时较长的洪水频率曲线为准，如以年控制季，季控制所属月为宜。但也有一些地区，其分期洪水系列在洪水成因的一致性及经验频率点据的统计规律性等方面，均优于全年最大洪水，也可酌情以分期洪水的频率曲线作为主要依据进行分析，并对该地区全年最大洪水进行复核检验。当各分期洪水相互独立时，其频率曲线和全年最大洪水的频率曲线之间存在一定的频率组合关系，可作为合理性检查的参考。

（5）分期设计洪水频率曲线可按照第四章所述方法来拟定。

［例 6-23］ 某工程施工期设计洪水计算。

某工程直接用下游数千米的水文站资料作施工洪水计算。该站有 1980～2009 年共 30 年实测资料，资料精度较好；流域上还有 1871、1917、1945 年共三年历史洪水（具体资料略）。根据施工部门要求，需计算 2%、5%、10%频率的全年期的 10 月～次年 4 月施工时段的施工时段中逐月的设计洪峰流量。

据本流域洪水特性，最大洪水出现在 6～8 月，全年期的设计洪峰流量可在这段时间内取样并加入流域历史洪水进行频率计算得出。施工时段（10 月～次年 4 月）及其分月施工洪水，按不跨期取样法取样统计。计算成果见表 6-44 及图 6-34。

表 6-44　某工程施工设计洪水计算成果表　（$m^3/s$）

| 月份 | 均值 | | $C_V$ | | $C_S/C_V$ | 频率（%） | | |
|---|---|---|---|---|---|---|---|---|
| | 计算 | 采用 | 计算 | 采用 | | 2 | 5 | 10 |
| 1 | 149 | 149 | 0.16 | 0.20 | 2 | 210 | 202 | 188 |
| 2 | 123 | 123 | 0.14 | 0.20 | 2 | 178 | 166 | 155 |
| 3 | 225 | 225 | 0.30 | 0.34 | 2 | 407 | 364 | 327 |
| 4 | 455 | 500 | 0.70 | 0.90 | 3 | 1890 | 1410 | 1050 |
| 10 | 985 | 1000 | 0.78 | 0.90 | 2.5 | 3690 | 2810 | 2150 |
| 11 | 488 | 488 | 0.79 | 0.94 | 2.5 | 1930 | 1420 | 1040 |
| 12 | 210 | 210 | 0.23 | 0.25 | 2 | 332 | 304 | 280 |
| 全年 | 4250 | 4500 | 0.43 | 0.47 | 4 | 10600 | 8680 | 7240 |

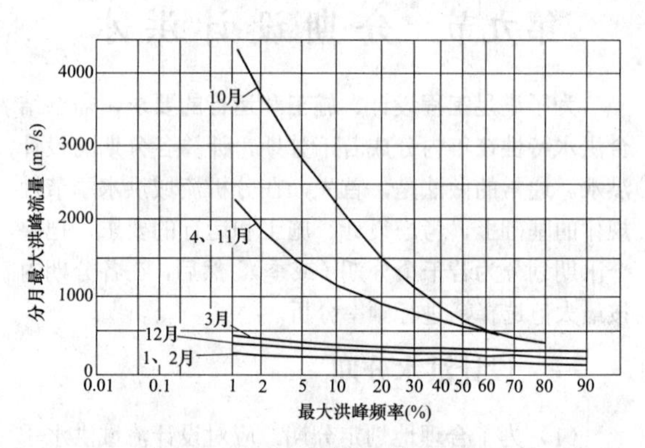


图 6-34　某站分月最大洪峰频率曲线

表中的统计参数均值及 $C_V$ 在合理性检查中考虑与经验点据适线及安全等原因而作了一些调整，从图 6-34 可以看出，所定各期洪水频率曲线分布较合理。

根据成果合理性分析，施工时段（10 月～次年 4 月）的分月的施工洪水可采用分月设计洪水成果。若需要求频率为 2%以 10 月～次年 4 月为施工时段的施工洪水，则应采用该分期内最大值，即 10 月的 3690$m^3/s$。

# 第七章

# 小流域设计暴雨洪水

在厂址、变电站和贮灰场防排洪设计以及送电工程跨越小型河流或山洪沟设计时，常遇到小流域暴雨洪水问题，需要推算洪峰流量、洪水总量和洪水过程线。但小流域一般是无资料地区，与第六章设计洪水计算方法不尽相同，推求小流域设计暴雨洪水的基本方法可分成两类：

（1）半成因半经验的方法。是以洪水形成原理为基础，经过若干概化及对某些参数的经验处理，推导出洪水要素与有关因素之间的关系公式。常见的有推理公式法、等流时线法及单位线法等。本章重点介绍推理公式法、林平一法、西北地区公式法、西南地区公式法等。

（2）区域性经验公式法。各省（区）用了大量实测资料（包括洪水调查资料）分析综合，并以相关法建立洪水要素及其影响要素之间的经验关系，一般在地区水文手册中有所介绍，可与其他方法计算的成果进行比较使用。

采用小流域暴雨洪水公式计算的结果，应结合现场洪水调查进行成果合理性检查。可通过现场调查的一场洪水的水位反算洪峰流量，与产生本场洪水的降水量采用同一公式，对相同参数计算的洪峰流量进行比较，两者相差不大时，可认为成果合理。

## 第一节　小流域设计暴雨参数计算

进行小流域的计算，通常须计算设计暴雨参数，现对几个暴雨参数的计算方法做简要介绍。

### 一、设计降雨量的计算

暴雨衰减指数 $n$ 反映了累积暴雨量随时间递增而增加的幅度。根据多数测站资料分析，雨量、历时的对数关系曲线实际为一递增的抛物线形，但在某一个历时范围内曲率较小，接近直线。根据暴雨资料，在0～24h的时段内，用一个统一的 $n$ 值往往不能与实际点据很好结合，但如果采用完全随历时变化的 $n$ 值，则计算应用又将非常复杂。以往一般将其概化为以1h为分界点的两段折线形，即当 $t \leqslant 1h$ 时，令 $n=n_1$；当 $t>1h$ 时，令 $n=n_2$。随着实测资料的增多，现很多省已经将其概化为以1h、6h为分界点的三段折线形（如图7-1所示）。根据暴雨衰减指数的定义，可将其理解为 $t \leqslant 1h$、$1h<t \leqslant 6h$ 和 $6h<t<24h$ 时间段内三段曲线的斜率分别为 $1-n_1$、$1-n_2$ 和 $1-n_3$。暴雨衰减指数 $n$ 的计算参见式（6-28）～式（6-32）。

设计雨力 $S_P$ 的几何意义即为各线段在（或延长至）历时为1h处的降雨量。$S_P$ 的计算方法参见式（6-22）～式（6-27）。林平一流量公式（7-39）中 $S_P$ 的历时要求以分钟为单位，故当用林平一公式计算流量时，$S_P$ 计算公式就要采用式（6-22）～式（6-24）。用推理公式及西北地区公式法、西南地区公式法计算洪峰流量时，$S_P$ 的历时要求以小时为单位，$S_P$ 计算公式就要采用式（6-25）～式（6-27）。

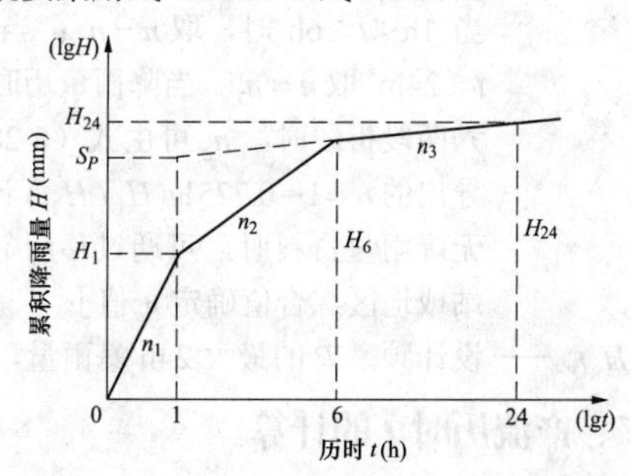


图7-1　累积降雨量与降雨历时关系示意图

一般地，设计历时 $t$ 正好为标准历时（10min、1h、6h、24h、3d）的设计雨量，可直接由该历时的均值和变差系数等值线图查读计算。而介于中间的历时 $t$ 的设计雨量 $H_t$，则可由相邻的2个标准历时（较短的历时记为 $t_a$，较长的记为 $t_b$）设计雨量 $H_{aP}$ 和 $H_{bP}$，根据式（6-34）即 $H_t=a_{tP}t=S_Pt^{1-n}$ 推导出如下计算任意时段降雨量的公式：

$$H_t = H_{aP}(t/t_a)^{1-n_{ab}} = H_{bP}(t/t_b)^{1-n_{ab}} \qquad (7-1)$$

当降雨量历时曲线为两段折线时：

1h<$t$<24h 时

$$H_t = \left(\frac{t}{24}\right)^{1-n_2} H_{24P} \tag{7-2}$$

0.17h（10min）<$t$≤1h 时

$$H_t = t^{1-n_1} \frac{H_{24P}}{24^{1-n_2}} \tag{7-3}$$

当降雨量历时曲线为三段折线时：

$t$≤1h 时

$$H_t = \frac{H_{24P}}{4^{1-n_3} 6^{1-n_2}} t^{1-n_1} \tag{7-4}$$

1h<$t$≤6h 时

$$H_t = \frac{H_{24P}}{4^{1-n_3}} \times \left(\frac{t}{6}\right)^{1-n_2} \tag{7-5}$$

6h<$t$<24h 时

$$H_t = \left(\frac{t}{24}\right)^{1-n_3} H_{24P} \tag{7-6}$$

式中　$H_t$——24h 内任意时段 $t$ 内的设计暴雨量，mm；

$H_{aP}$、$H_{bP}$——时段 a 及时段 b 的设计暴雨量，mm；

$t$——a 与 b 之间的任意暴雨历时，当计算小流域洪峰流量时，选择汇流历时 $\tau$ 为设计暴雨历时，h 或 min；

$t_a$、$t_b$——相邻的 2 个标准历时（较短的历时记为 $t_a$，较长的记为 $t_b$），h 或 min；

$n$——暴雨衰减指数，$n_{ab}$ 表示时段 ab 间的暴雨衰减指数[当 $t$≤1h 时，取 $n=n_1$；当 1h<$t$≤6h 时，取 $n=n_2$；当 6h<$t$≤24h，取 $n=n_3$。当降雨量历时曲线为两段折线时，$n_2$ 可由式（6-28）推导出的 $n=1+0.725\lg(H_1/H_{24})$ 计算，无降雨量资料时，可通过移用邻近测站或地区综合值确定 $n$ 值]；

$H_{24P}$——设计频率 $P$ 的最大 24h 暴雨量，mm。

## 二、产流历时 $t_c$ 的计算

当降雨强度 $i$ 大于下渗率 $\mu$ 时就会持续地产流，反之则不产流，所以 $t_c$ 即为降雨强度 $i$ 与下渗率 $\mu$ 两次相等时刻之间的历时，$i=\mu$ 之后即停止产流，所以可由 $i=\mu$ 计算出 $t_c$。由此可推导得到：

$t$≤1h 时

$$t_c = \left[(1-n_1)\frac{H_1}{\mu}\right]^{\frac{1}{n_1}} \tag{7-7}$$

1h<$t$≤6h 时

$$t_c = \left[(1-n_2)\frac{H_1}{\mu}\right]^{\frac{1}{n_2}} \tag{7-8}$$

6h<$t$<24h 时

$$t_c = \left[(1-n_3)6^{n_3-n_2}\frac{H_1}{\mu}\right]^{\frac{1}{n_3}} \tag{7-9}$$

式中　$t_c$——产流历时，h；

$n_1, n_2, n_3$——暴雨衰减指数；

$H_1$——1h 的设计暴雨量，mm；

$\mu$——下渗率，mm/h。

由每一时间分段计算出 $t_c$，比较判断是否符合该分段，以此作为确定 $t_c$ 的依据。

## 三、设计净雨深 $h_P$ 的计算

各时段的设计净雨深 $h_P$ 可通过下列公式计算：

$t_c$≤1h 时

$$h_P = H_1 t_c^{1-n_1} - \mu t_c \tag{7-10}$$

1h≤$t_c$≤6h 时

$$h_P = H_1 t_c^{1-n_2} - \mu t_c \tag{7-11}$$

6h≤$t_c$≤24h 时

$$h_P = H_1 t_c^{1-n_3} 6^{n_3-n_2} - \mu t_c \tag{7-12}$$

式中　$h_P$——设计净雨深，mm；

其余符号意义同式（7-7）～式（7-9）。

## 四、下渗率 $\mu$ 的计算

以上公式中讨论的都是假定下渗率为已知条件下洪水参数的计算公式推导。在下渗率为未知，而径流系数为已知的条件下，可以通过径流系数计算径流深，求出下渗率 $\mu$，而后再应用上述公式计算洪水要素。

径流深计算公式如下：

$$h_R = \alpha H_{24} \tag{7-13}$$

式中　$h_R$——径流深，mm；

$\alpha$——径流系数，通过降雨及径流实测资料推求或查地区水文手册。

各时段内 $\mu$ 值计算公式如下：

当 $t_c$≤1h 时，将式（7-7）代入式（7-10），推导求解后可得：

$$\mu = (1-n_1)n_1^{\frac{n_1}{1-n_1}}\left(\frac{H_1}{h_P^{n_1}}\right)^{\frac{1}{1-n_1}} \tag{7-14}$$

当 1h≤$t_c$≤6h 时，将式（7-8）代入式（7-11），推导求解后可得：

$$\mu=(1-n_2)n_2^{\frac{n_2}{1-n_2}}\left(\frac{H_1}{h_P^{n_2}}\right)^{\frac{1}{1-n_2}} \tag{7-15}$$

当 $6\text{h}\leqslant t_c\leqslant 24\text{h}$ 时，将式（7-9）代入式（7-12），推导求解后可得：

$$\mu=(1-n_3)n_3^{\frac{n_3}{1-n_3}}\left(\frac{H_1}{h_P^{n_3}}\right)^{\frac{1}{1-n_3}}6^{\frac{n_3-n_2}{1-n_3}} \tag{7-16}$$

下渗率 $\mu$ 为产流历时内流域平均下渗率（mm/h），对于较小流域（$F$＜20km²），可以考虑用单点入渗试验（如同心环或人工降雨等）资料近似地代表流域入渗；有地区综合分析资料时，可查地区水文手册；无地区综合资料时，可根据工程所在地的地形、土壤及设计降雨量 $H_{24}$，由表 7-1 查得 $\alpha$，采用式（7-13）计算 24h 降雨量产生的径流深，此处，可近似处理为径流深 $h_R$ 等于净雨深 $h_p$，然后采用式(7-14)～式(7-16)分别推算在不同时段的下渗率 $\mu$，再利用计算出的各 $\mu$ 值采用式（7-7）～式（7-9）试算 $t_c$，据此判断 $t_c$ 所在的时段，以最终确定采用哪一个 $\mu$ 值计算公式的计算成果。

**表 7-1　降雨历时等于 24h 的径流系数 $\alpha$ 值**

| 地　区 | $H_{24}$（mm） | 土　壤　类　型 | | |
|---|---|---|---|---|
| | | 黏　土 | 壤　土 | 沙　壤　土 |
| 山区 | 100～200 | 0.65～0.80 | 0.55～0.70 | 0.40～0.60 |
| | 200～300 | 0.80～0.85 | 0.70～0.75 | 0.60～0.70 |
| | 300～400 | 0.85～0.90 | 0.75～0.80 | 0.70～0.75 |
| | 400～500 | 0.90～0.95 | 0.80～0.85 | 0.75～0.80 |
| | 500 以上 | 0.95 以上 | 0.85 以上 | 0.80 以上 |
| 丘陵区 | 100～200 | 0.60～0.75 | 0.30～0.55 | 0.15～0.35 |
| | 200～300 | 0.75～0.80 | 0.55～0.65 | 0.35～0.50 |
| | 300～400 | 0.80～0.85 | 0.65～0.70 | 0.50～0.60 |
| | 400～500 | 0.85～0.90 | 0.70～0.75 | 0.60～0.70 |
| | 500 以上 | 0.90 以上 | 0.75 以上 | 0.70 以上 |

# 第二节　推理公式法

## 一、流域几何参数

流域几何参数主要包括流域面积、主沟沟长、主沟比降等参数。

流域面积可以根据地形图采用求积仪量算，也可以采用将电子版地形图按一定比例插入 AutoCAD 中，先绘制出流域边界多边形，然后查询多边形面积的方法进行量算。采用 AutoCAD 进行量算时，要注意图上距离和实际距离的长度比例和面积比例。

主沟沟长的量算宜从流域最高点，用简化的多段线沿汇水沟垂直等高线量算到流域出口计算断面。

主沟比降应采用加权平均纵比降，计算的具体方法见式（7-17）。

$$J=\frac{(Z_0+Z_1)L_1+(Z_1+Z_2)L_2+\cdots+(Z_{n-1}+Z_n)L_n-2Z_0L}{L^2} \tag{7-17}$$

式中　$J$——流域纵比降；

$Z_0,Z_1,\cdots,Z_n$——自出口断面起沿河长各特征地面点高程，m；

$L_1,L_2,\cdots,L_n$——各特征点间的距离（如图 7-2 所示），m；

$L$——自分水岭沿主河道至出口断面的河长，km。

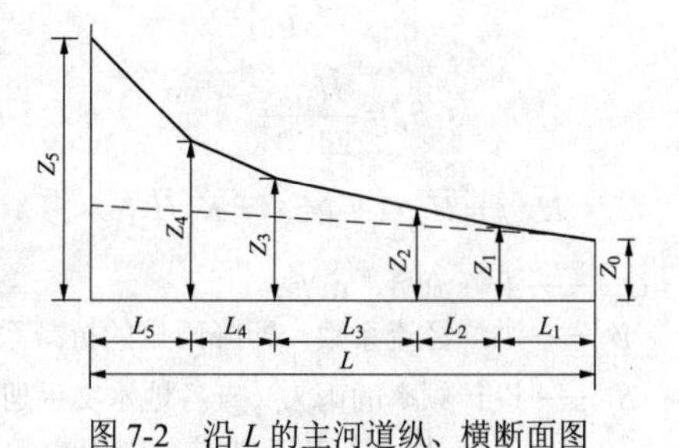


图 7-2　沿 $L$ 的主河道纵、横断面图

## 二、适用范围和计算方法

推理公式是基于暴雨形成洪水的基本原理推求设计洪水的一种方法，是在对流域上产汇流条件均化（全面产流、净雨强度不变、流域概化为矩形）的基础上，按线性的径流成因理论，直接推算出口断面处最大洪峰流量的一种计算方法。公式中主要参数是应用实测的雨洪资料反求综合所得，有结构简单、参数少、对资料的要求不高、计算程序简便等优点。其公式的基

本形式为 $Q_m = 0.278 i_0 F$，由于研究者对平均净雨强度 $i_0$ 的推算和简化方法不同，推理公式也出现了一些不同形式。

（一）形式一

1958年我国水利科学研究院水文研究所制定了推理公式［见式（7-18）］，平均净雨强度 $i_0$ 用降雨量乘以折减系数后求得。该公式已在我国水利工程中广泛应用，各地区水文手册均有该公式当地的有关参数等数据资料。应用范围：对于多雨湿润地区，流域面积一般为 300～500km²；干旱地区为 100～200km²。

$$Q_m = 0.278 \frac{\psi S_P}{\tau^n} F \tag{7-18}$$

当 $t_c \geqslant \tau$ 时

$$\psi = 1 - \frac{\mu}{S_P} \tau^n \tag{7-19}$$

当 $t_c < \tau$ 时

$$\psi = n \left( \frac{t_c}{\tau} \right)^{1-n} \tag{7-20}$$

又

$$\tau = \tau_0 \psi^{-\frac{1}{4-n}} \tag{7-21}$$

$$\tau_0 = \frac{0.278^{\frac{3}{4-n}}}{\left( \frac{mJ^{1/3}}{L} \right)^{\frac{4}{4-n}} (S_P F)^{\frac{1}{4-n}}} \tag{7-22}$$

$$t_c = \left[ (1-n) \frac{S_P}{\mu} \right]^{1/n} \tag{7-23}$$

$$S_P = \frac{H_{24P}}{24^{1-n_2}} \tag{7-24}$$

$$H_{24P} = \bar{H}_{24}(1 + \Phi C_V) = K_P \bar{H}_{24}$$

式中 $Q_m$——洪峰流量，m³/s；

$\psi$——洪峰径流系数，即降雨量的折减系数；

$S_P$——设计频率的雨力（查各地水文手册雨力等值线、图表资料或全国雨力等值线图），mm/h[1]；

$\tau$——汇流时间，即从流域最远点流到出口断面的时间，h；

$n$——暴雨衰减指数［查各省（自治区）$n$ 值[1]分区和附录X，得 $n_1$、$n_2$ 和 $n_3$，当 $\tau \leqslant 1$h 时，取 $n = n_1$；当 1h $< \tau \leqslant$ 6h 时，取 $n = n_2$；当 6h $< \tau \leqslant$ 24h 时，取 $n = n_3$］；

$F$——流域面积，km²；

$\mu$——平均下渗率（可采用本章第一节第四条或本章第二节第五条所述方法确定），mm/h；

$t_c$——产流历时，h；

$\tau_0$——$\psi = 1$ 时的汇流时间，h；

$m$——汇流参数，可利用地区水文手册等综合资料确定［在无地区综合资料条件下，可参考表 7-2 选用或从相应的图 7-3 查出，也可从附录Y查出。表 7-2 内 $m$ 值代表一般地区的平均情况，对于特殊条件的流域（如喀斯特地区、黄土沟壑干旱地区等）不适用；径流较小的干旱地区，$m$ 值还将略有增加。对重要的工程，应用本地区实测暴雨洪水资料直接分析 $m$ 值（参考本节第四条所述）］；

$H_{24P}$——设计频率 $P$ 的最大 24h 雨量，mm；

$\bar{H}_{24}$——年最大 24h 雨量的均值，mm；

$\Phi$——离均系数，可由 P-Ⅲ型曲线 $\Phi$ 值表查出；

$K_P$——模比系数，可由 P-Ⅲ型曲线 $K_P$ 值表查出。

（二）形式二

20 世纪 80 年代初，原交通部公路科研所和各省交通设计院共同制定小流域暴雨径流的推理公式［见式（7-25）］，平均净雨强度 $i_0$ 考虑在降雨量中减去损失雨量（$\mu$）后求得，交通部门制定的参数取值方法适用于流域面积为 100km² 以下的小河沟。

$$Q_m = 0.278 \frac{h}{\tau} F \tag{7-25}$$

式中 $h$——在全面汇流时代表相应于 $\tau$ 时段的最大净雨量，在部分汇流时代表单一洪峰的净雨量，mm。

当 $t_c \geqslant \tau$ 时，为全面汇流，式（7-25）又可写成：

$$Q_m = 0.278 \left( \frac{S_P}{\tau^n} - \mu \right) F \tag{7-26}$$

当 $t_c < \tau$ 时，为部分汇流，式（7-25）又可写成：

$$Q_m = 0.278 \left( \frac{S_P t_c^{1-n} - \mu t_c}{\tau} \right) F \tag{7-27}$$

$t_c$ 由式（7-23）求得，$\tau$ 采用本节第五条所述方法求得或由式（7-28）求得

$$\tau = 0.278 \frac{L}{m J^{1/3} Q_m^{1/4}} \tag{7-28}$$

[1] 参考高冬光、王亚玲编的《桥涵水文（第四版）》。

表 7-2　　**汇流参数 *m* 值查用表**

| 类别 | 雨洪特性、河道特性、土壤植被条件简述 | 汇流参数 $m$ | | | |
|---|---|---|---|---|---|
| | | $\theta=1\sim10$ | $\theta=10\sim30$ | $\theta=30\sim90$ | $\theta=90\sim400$ |
| Ⅰ | 雨量丰沛的湿润山区，植被条件优良，森林覆盖度可高达70%以上，多为深山原始森林区，枯枝落叶层厚，壤中流较丰富，河床呈山区型大卵石、大砾石河槽，有跌水，洪水多呈缓落型 | 0.20～0.30 | 0.30～0.35 | 0.35～0.40 | 0.40～0.80 |
| Ⅱ | 南方、东北湿润山丘，植被条件良好，以灌木林、竹林为主的石山区或森林覆盖度达 40%～50%或流域内以水稻田或优良的草皮为主，河床多砾石、卵石，两岸滩地杂草丛生，大洪水多为尖瘦型，中、小洪水多为矮胖型 | 0.30～0.40 | 0.40～0.50 | 0.50～0.60 | 0.60～0.90 |
| Ⅲ | 南、北方地理景观过渡区，植被条件一般，以稀疏林、针叶林、幼林为主的土石山丘区或流域内耕地较多 | 0.60～0.70 | 0.70～0.80 | 0.80～0.90 | 0.90～1.30 |
| Ⅳ | 北方半干旱地区，植被条件较差，以荒草坡、梯田或少量的稀疏林为主的土石山丘区，旱作物较多，河道呈宽浅型，间歇性水流，洪水陡涨陡落 | 1.00～1.30 | 1.30～1.60 | 1.60～1.80 | 1.80～2.20 |

注　$\theta$为流域特征参数，$\theta=L/J^{1/3}$。

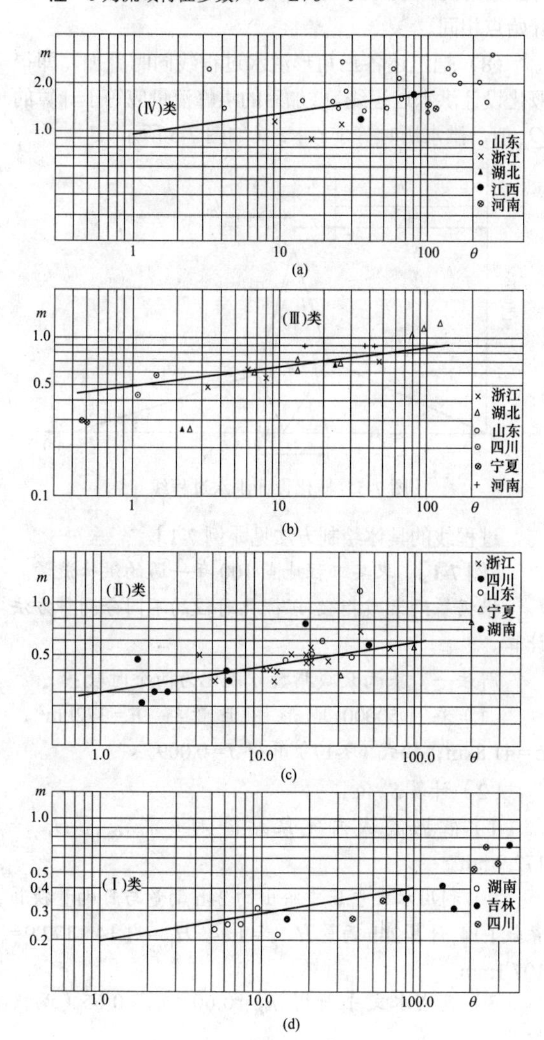


图 7-3　小流域各类 $m$–$\theta$综合成果图

（a）Ⅳ类；（b）Ⅲ类；（c）Ⅱ类；（d）Ⅰ类

联解式（7-26）～式（7-28）便可求得设计洪峰流量及相应的流域汇流时间$\tau$。计算中涉及 3 类共 7 个参数，流域特征参数 $F$、$L$、$J$，暴雨特征参数 $S_p$、$n$，产汇流参数 $\mu$、$m$。为了推求设计洪峰值，首先需要根据资料情况分别确定有关参数。对于没有任何观测资料的流域，需查有关图集。从公式可知，洪峰流量 $Q_m$ 和汇流时间 $\tau$ 互为隐函数，分全面汇流和部分汇流公式，因而需用图解法或试算法求解。

1. 图解法

（1）最大时段雨量与历时的关系采用 $H_t=St^{1-n}$ 的形式，流域损失和下渗量在净雨历时内采用平均分配，用 $\mu$ 值表达，净雨量为 $h_t=H_t-\mu t$（暴雨公式和扣损方法也可用其他的公式和方法），算出净雨量的累积暴雨过程，求出各相应时段的雨强 $h_t/t$，代入公式 $Q_t=0.278h_tF/t$，可得各不同时段 $t$ 相应的流量 $Q_t$，点绘 $Q_t-t$ 曲线。

（2）由式（7-28），根据流域下垫面条件，确定选用洪水参数 $m$，假设不同的 $Q_t$ 值，可计算得相应 $\tau$ 值，点绘 $Q_\tau-\tau$ 曲线。

（3）在同一坐标纸上，两曲线交点即为设计洪峰流量和相应的汇流历时 $\tau$ 值，如图 7-4 所示。

2. 试算法

（1）根据净雨量暴雨累积曲线 $h_t/t$，先假定 $t_1$，在累积曲线上查得相应 $h_t/t$，代入式（7-25），算出 $Q_m$。

（2）利用已知流域特征值（$L$，$J$）和洪水参数 $m$，由以上计算的 $Q_m$ 代入式（7-28）求出 $\tau_1$。

（3）比较 $t_1$ 和 $\tau_1$ 是否相等，若不等，重复以上步骤再试算，直至假设的 $\tau_i$ 等于求出的 $\tau_i$，则计算的 $Q_m$ 即为设计洪峰流量。

为了加速逐步逼近，可用第一次试算求得的 $\tau$ 值作

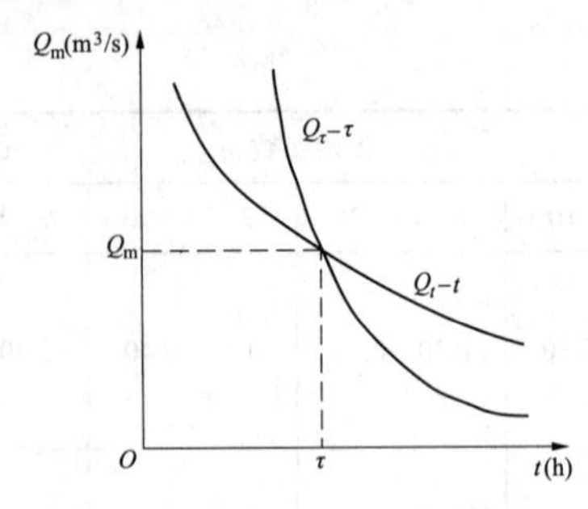


图 7-4 $Q_t-t$ 和 $Q_\tau-\tau$ 关系曲线

为第二次试算的 $t$ 值。

（1）将 $F$、$L$、$J$、$\mu$、m 代入式（7-26）或式（7-27）、式（7-28）和式（7-23），最后剩下的两个方程式中仅剩下 $Q_m$ 和 $\tau$ 两个未知数，可求解。

（2）先设一个 $Q_m$，代入式（7-28）得到一个相应的 $\tau$，将它与 $t_c$ 比较，判断属于何种汇流情况，再将该 $\tau$ 值代入式（7-26）或式（7-27），又求得一个 $Q_m$，若与假设的一致（误差不超过 1%），则该 $Q_m$ 及 $\tau$ 即为所求，否则另设 $Q_m$ 仿以上步骤试算，直到两式都能共同满足为止。

## 三、设计洪水过程线和洪水总量

1. 设计洪水过程线

应用推理公式计算最大流量时，多配以概化的设计洪水过程线，而概化洪水过程线的方法有多种，以采用简单的等腰三角形概化过程线的方法比较简便实用。

概化三角形洪水过程线是根据当地的设计暴雨时程分配雨型，并假定一个时段均匀降雨（产流历时等于降雨历时）产生一个三角形洪水过程线，且洪水总历时为降雨历时与流域汇流时间之和，做法是把设计雨型概化为若干时段，把各时段降雨所形成的各单元三角形洪水过程线按时序叠加起来，即成为设计洪水过程线，过程线所包围的面积即是洪水总量。

对于小流域设计洪水过程线，主雨峰洪水可拟定为五点概化过程线，一般可用最大 24h 设计雨量的概化雨型，由其分为三个时段的均匀降雨量所形成的三个三角形洪水过程线叠加而得。

设计洪水过程线绘制方法和步骤：

（1）确定设计暴雨的时程分配雨型，把设计 24h 净雨量 $h_{24}$ 和相应净雨历时 $t_c$ 分成时段净雨量 $h_\tau$ 、$h_1$ 和 $h_2$ 与相应时段历时 $\tau$ 、$t_{c_1}$ 和 $t_{c_2}$ 。

（2）最大时段净雨量 $h_\tau$ ，可以直接采用计算最大洪峰流量的式（7-25）经换算后得到：

$$h_\tau=\frac{Q_m\tau}{0.278F} \tag{7-29}$$

（3）$h_1$ 和 $h_2$，由 $h_{24}-h_\tau$ 的剩余雨量参考工程所在地区的最大 24h 暴雨时程分配过程来概化。

（4）$h_\tau$ 、$h_1$ 和 $h_2$ 的排列，根据当地具体雨型来确定，一般将 $h_\tau$ 置于净雨过程的中间偏后的位置或者参考降雨时程分配主雨峰的位置来确定，把 $h_1$ 和 $h_2$ 置于 $h_\tau$ 的前后。

（5）$h_\tau$ 形成的洪水过程为等腰三角形，其高为设计洪峰流量 $Q_m$ ，$Q_m$ 出现在 $\tau$ 时段末端时刻，三角形底宽等于 $2\tau$ 。

（6）$h_1$ 和 $h_2$ 所形成的三角形洪水过程，底宽分别为 $T_1=t_{c_1}+\tau$ 和 $T_2=t_{c_2}+\tau$ ，若 $T_1$ 、$T_2$ 小于 $2\tau$ ，则底宽以 $2\tau$ 计，三角形的高按下式计算：

$$Q_m=2\times(0.278h_iF)/(t_{c_i}+\tau)=0.556h_iF/(t_{c_i}+\tau) \tag{7-30}$$

（7）考虑到调洪最不利情况，$t_{c_1}$ 时段的洪峰流量放在主峰三角形的起涨点，$t_{c_2}$ 时段的洪峰流量放在主峰三角形的退水终点，各三角形的起涨点都与时段净雨开始点相同。

（8）把上述各三角形洪水过程线同时叠加，即得概化设计洪水过程线，叠加后的洪峰流量应等于计算的 $Q_m$ 值，洪水历时等于 $t_c+\tau$（如图 7-5 所示）。

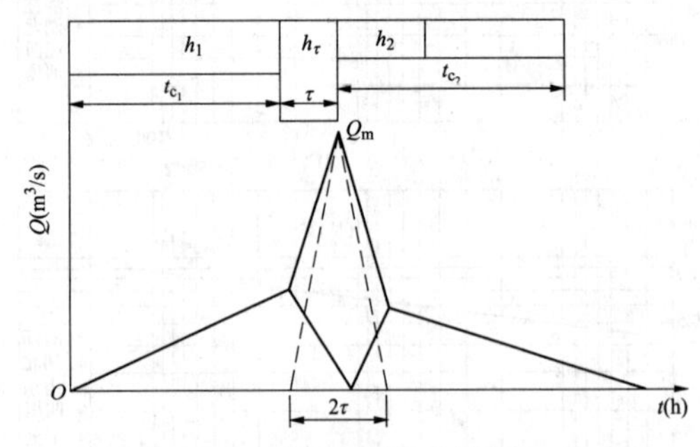


图 7-5 概化设计洪水过程线

过程线的具体绘制方法见［例 7-1］。

**［例 7-1］** 求某工程地点 100 年一遇的洪峰流量。

根据暴雨衰减指数 $n$ 概化时段的不同分两种方法计算。

解法一，暴雨衰减指数 $n$ 概化为两个时段：

（1）在 1:50000 地形图上量得 $F$=372km²、$L$=41.8km；按式（7-17）算得 $J$=0.009。

（2）计算 $S_P$ 值。

1）根据流域内气象站降雨资料求得 $H_{1\%}$ = 172.9mm。

2）利用水文手册中给出的 24h 雨量与日雨量换算系数 1.14，计算 24h 雨量 $H_{24P}=1.14\ \ H_{1\%}=1.14\times172.9=$ 197.1mm。

3）查省水文手册得 $n_1$=0.60、$n_2$=0.65（两段概化）。

4）按式（7-24）计算 $S_P$ 得：

$$S_P=H_1=\frac{H_{24P}}{24^{1-n_2}}=\frac{197.1}{24^{1-0.65}}=64.8\text{（mm/h）}$$

（3）计算$h_R$值。

该工程位于山区，土壤为沙壤土类，从表7-1查得$\alpha=0.45$，按式（7-13）求得：

$$h_R=\alpha H_{24}=0.45\times197.1=88.7\text{（mm）}$$

（4）求$\mu$值。

根据$H_1=64.8\text{mm/h}$，假定$n=n_2=0.65$，按式（7-15）求得：

$$\mu=(1-n_2)n_2^{\frac{n_2}{1-n_2}}\left(\frac{H_1}{h_R^{n_2}}\right)^{\frac{1}{1-n_2}}$$

$$=(1-0.65)\times0.65^{\frac{0.65}{1-0.65}}\times\left(\frac{64.8}{88.7^{0.65}}\right)^{\frac{1}{1-0.65}}=5.69$$

（5）求$m$值。

根据$\theta=L/J^{1/3}=41.8/0.009^{1/3}=201$、流域情况及河道情况，查表7-2得$m=1.1$。

（6）假定$t_c\geqslant\tau$，采用全面汇流式（7-26），将有关参数代入式（7-26）和式（7-28），得$Q_m$及$\tau$的计算式如下：

$$Q_m=0.278\times\left(\frac{64.8}{\tau^{0.65}}-5.69\right)\times372$$

$$\tau=\frac{0.278\times41.8}{1.1\times0.009^{1/3}\times Q_m^{1/4}}$$

假定$Q_m$初值为1000m³/s，代入上面$\tau$值计算式算出$\tau$，再代入$Q_m$值计算式算出$Q_m=1014.5\text{m}^3/\text{s}$；再将1014.5m³/s作为第2次初值，如此重复，最终得$Q_m$为1020m³/s，$\tau=9\text{h}$。

检验是否满足$t_c\geqslant\tau$

$$t_c=\left[\frac{(1-n_2)S_P}{\mu}\right]^{\frac{1}{n_2}}=\left[\frac{(1-0.65)\times64.8}{5.69}\right]^{\frac{1}{0.65}}=8.39\text{（h）}$$

本例$\tau=9\text{h}$，故$t_c\leqslant\tau$。可见，假定$t_c\geqslant\tau$及$n=n_2$，采用式（7-26）全面汇流公式计算是不正确的，应采用式（7-27）部分汇流公式，即

$$Q_m=0.278\times\left(\frac{64.8\times8.39^{1-0.65}-5.69\times8.39}{\tau}\right)\times372$$

$$\tau=\frac{0.278\times41.8}{1.1\times0.009^{\frac{1}{3}}\times Q_m^{\frac{1}{4}}}$$

假定$Q_m$初值为1000m³/s，代入上面$\tau$值计算式算出$\tau$，再代入$Q_m$值计算式算出$Q_m=1050\text{m}^3/\text{s}$；再将1050m³/s作为第2次初值，如此重复，最终得$Q_m=1067\text{m}^3/\text{s}$，$\tau=8.88\text{h}$。

所求100年一遇的洪峰流量为1067m³/s。

解法二，暴雨衰减指数$n$概化为三个时段：

（1）$H_{24P}=197.1\text{mm}$值的计算方法同上。

（2）计算$S_P$值

1）查最新省水文手册得$n_1=0.60$，$n_2=0.65$，$n_3=0.70$（三段概化）。

2）按式（6-27）计算$S_P$得：

假定产流历时$t_c>6$时

$$S_P=\frac{H_{24P}}{24^{1-n_3}}=\frac{197.1}{24^{1-0.7}}=76.0\text{（mm/h）}$$

（3）计算$h_R$值。

该工程位于山区，土壤为沙壤土类，从表7-1查得$\alpha=0.45$，按式（7-13）求得：

$$h_R=\alpha H_{24P}=0.45\times197.1=88.7\text{（mm）}$$

（4）求$\mu$值。

根据式（7-4）求得1h的降雨量：

$$H_1=\frac{H_{24P}}{4^{1-n_3}6^{1-n_2}}=\frac{197.1}{4^{0.3}\times6^{0.35}}=69.5\text{（mm/h）}$$

根据$H_1=69.5\text{mm/h}$，$n_2=0.65$，$n_3=0.70$，按式（7-16）求得：

$$\mu=(1-n_3)n_3^{\frac{n_3}{1-n_3}}\left(\frac{H_1}{h_R^{n_3}}\right)^{\frac{1}{1-n_3}}6^{\frac{n_3-n_2}{1-n_3}}$$

$$=(1-0.70)\times0.70^{\frac{0.70}{1-0.70}}\times\left(\frac{69.5}{88.7^{0.70}}\right)^{\frac{1}{1-0.70}}\times6^{\frac{0.70-0.65}{1-0.70}}$$

$$=6.92$$

（5）求$m$值。

根据$\theta=L/J^{1/3}=41.8/0.009^{1/3}=201$、流域情况及河道情况，查表7-2得$m=1.1$。

（6）假定$t_c\geqslant\tau$，$n=n_3=0.70$，采用全面汇流公式（7-26），将有关参数代入式（7-26）和式（7-28），得$Q_m$及$\tau$的计算式如下：

$$Q_m=0.278\times\left(\frac{76.0}{\tau^{0.70}}-6.92\right)\times372$$

$$\tau=\frac{0.278\times41.8}{1.1\times0.0009^{1/3}\times Q_m^{1/4}}$$

假定$Q_m$初值为1000m³/s，代入上面$\tau$值计算式算出$\tau$为9.08h，将$\tau$值代入$Q_m$计算式算出$Q_m=968.5\text{m}^3/\text{s}$；再将968.5m³/s作为第2次初值，如此重复，最终计算得$Q_m=955.0\text{m}^3/\text{s}$，$\tau=9.14\text{h}$。

检验是否满足$t_c\geqslant\tau$

$$t_c=\left[(1-n_3)6^{n_3-n_2}\frac{H_1}{\mu}\right]^{1/n_3}$$

$$=\left[(1-0.70)\times6^{0.70-0.65}\frac{69.5}{2.3}\right]^{1/0.70}=5.49\text{（h）}$$

本例$\tau=9.14\text{h}$，故$t_c\leqslant\tau$。另外$\tau>6\text{h}$，可见，假定$t_c\geqslant6\text{h}$，$t_c\geqslant\tau$时采用式（7-26）全面汇流公式计算是不正确的，改用式（7-27）部分汇流公式重新进行计算，即

$$Q_m = 0.278 \times \left( \frac{76.0 \times 5.49^{1-0.65} - 6.92 \times 5.49}{\tau} \right) \times 372$$

$$\tau = \frac{0.278 \times 41.8}{1.1 \times 0.0009^{1/3} \times Q_m^{1/4}}$$

假定 $Q_m$ 初值为 1000m³/s，代入上面$\tau$值计算式算出 $\tau$ 为 9.03h，将 $\tau$ 值代入 $Q_m$ 计算式算出 $Q_m = 1144\text{m}^3/\text{s}$；再将 1144m³/s 作为第 2 次初值，如此重复，最终计算得 $Q_m$ 为 1197m³/s，$\tau$ = 8.63h。

所求 100 年一遇的洪峰流量为 1197m³/s。

2. 设计洪水总量的推求

根据设计洪水过程线的时段净雨深 $h_1$、$h_\tau$、$h_2$，计算各时段洪水总量：

$$W_i = 0.1 h_i F \tag{7-31}$$

$$W_\tau = 0.1 h_\tau F \tag{7-32}$$

式中 $W_i$——$i$ 时段的洪水总量，$\times 10^4 \text{m}^3$；

0.1——单位换算系数；

$h_i$——各时段净雨深，mm；

$F$——汇水面积，km²；

$W_\tau$——$\tau$时段的洪水总量，$\times 10^4 \text{m}^3$；

$h_\tau$——$\tau$时段净雨深，mm。

设计洪水过程线的洪水总量为各时段洪水总量之和。

## 四、华东地区特小流域洪水汇流参数 *m*

特小流域的雨洪特性及参数变化规律与中小流域不同，特别反映为汇流条件的变化，特小流域流域面积很小，坡面汇流在流域汇流中占有不可忽视的地位。由于坡面的下垫面条件变化很大，反映流域汇流的汇流参数随流域下垫面条件变化，变化范围更宽，其影响远比流域特征参数 $\theta(L/J^{1/3})$ 的影响大，这导致特小流域洪水计算随下垫面条件的差异变化很大。

华东电力设计院有限公司等单位针对特小流域的特点，总结了华东地区特小流域的汇流规律，制定了水利科学研究院推理公式汇流参数 *m* 的计算公式，适用于 50km² 以下的流域，特别是小于 30km² 的流域。

华东电力设计院有限公司等单位分析了华东六省小于 50km² 的 95 个测站 845 场次洪水，其中小于 10km² 流域的站占 50%，参考应用了湖南、湖北、四川、辽宁和吉林等省的 43 个测站 200 余场次的洪水资料。通过对实测资料各场次暴雨洪水参数 *m* 的分析，经过归纳、综合，以及对典型流域实地查勘和参数综合成果的检验等，最后形成了华东地区特小流域洪水参数 *m* 分类综合表（见表 7-3）和华东地区特小流域洪水参数 *m* 分类综合 $m-\theta$ 关系（如图 7-6 所示）。该成果可供华东地区电力工程使用，该方法也可供其他地区电力工程和有关部门在研究特小流域洪水计算时参考。

表 7-3　华东地区特小流域洪水参数 *m* 分类综合表 $[\theta(L/J^{1/3})]$

| 类别 | | 下垫面植被条件，雨洪特性，河道特性描述 | 洪水参数公式 | $\theta$=1～90 *m* 值范围 |
|---|---|---|---|---|
| Ⅰ类（森林类） | | 原始森林或树径达 15cm 以上，以阔叶林为主的林区。覆盖率在 70%以上，远眺呈蘑菇状。树下有灌树漫生，潮湿阴暗，腐殖质枯枝落叶层较厚，一般在 5cm 以上。坡面河长，拦蓄能力强，壤中流丰富。河系不很发育，河道两岸灌木丛生。人类活动较少。洪水缓涨缓落，枯季径流长年不断 | $m=0.175\theta^{0.128}$ | 0.18～0.31 |
| Ⅱ类（多种植被组成的混合类） | Ⅱ-1 | 以针叶林和稠密的高灌木为主，林下腐殖质覆盖不厚；或稠密的阔叶林占 60%左右。河道长年有水，河道两岸有灌木杂草，沿程河床基岩裸露，河床坡度较陡有跌水。大洪水陡涨缓落，小洪水缓涨缓落 | $m=0.305\theta^{0.118}$ | 0.31～0.50 |
| | Ⅱ-2 | 以灌木林和密集高草坡为主；或针叶林、灌木林、草坡混合组成；或以稠密的竹林和混交林为主。岩石裸露和有少量耕地。河道两岸杂草丛生，有砾石、卵石，洪水陡涨缓落 | $m=0.395\theta^{0.104}$ | 0.40～0.63 |
| | Ⅱ-3 | 以不稠密的灌木林和不很密集的草坡为主；或以竹林、松杉林占 60%左右兼有 10%～20%的水田为主；或以水田塘坝为主。有裸露岩石，土层不厚。河道两岸有杂草 | $m=0.510\theta^{0.092}$ | 0.51～0.77 |
| Ⅲ类（荒坡类） | | 以旱地、荒草坡为主兼有稀疏灌木林（夹有杂草）、幼林、经济林。土层较薄，岩石裸露明显。河道两岸草木稀少，有少量塘坝、鱼鳞坑等，间歇性水流 | $m=0.675\theta^{0.079}$ | 0.68～0.96 |
| Ⅳ类（南方水土流失类） | | 以荒山为主，植被稀疏、树木矮小的南方水土流失区。土壤贫瘠，坡面冲沟发育，滞水能力小。有明显的河槽与滩地，河道宽浅，河床淤积严重。间歇性水流，洪水陡涨陡落，多为锯齿型 | $m=0.840\theta^{0.058}$ | 0.84～1.09 |
| Ⅴ类（北方土、石或土石地区类） | | 半干旱地区的土、石或土石地区，植被差；或有少量树木，大部分为荒草，岩石裸露，风化严重；或以旱地为主，有梯田、谷坑、鱼鳞坑等人类活动。宽浅型河道，间歇性水流，洪水陡涨陡落 | $m=1.50\theta^{0.036}$ | 1.50～1.77 |

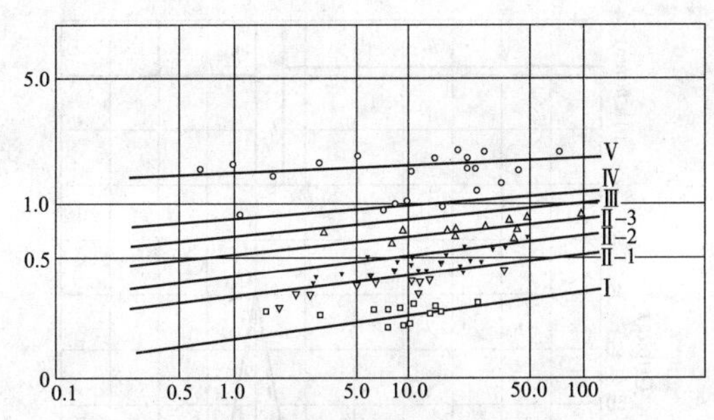


图7-6　华东地区特小流域洪水参数 $m$ 分类综合 $m-\theta$ 关系图

［例7-2］ 特小流域设计洪峰流量和设计洪水过程线计算。

1. 用图解法计算某电厂灰场100年一遇设计洪峰流量

（1）流域特征值量算。

在 1:10000 地形图上量得灰坝以上流域面积 $F=1.56km^2$，从流域分水岭至出口断面（坝址）的河道长度 $L=1.52km$，相应于该河道长度的平均比降采用加权平均法计算得 $J=0.0107$。

（2）流域暴雨量查算。

由短历时暴雨等值线图上查得工程地址点雨量平均值和 $C_V$。由于流域面积比较小，因此以点雨量代表流域面平均雨量，见表7-4。

**表7-4　　某电厂灰场区域暴雨特征值**

| $H_{24}$（mm） | $C_{V24}$ | $H_6$（mm） | $C_{V6}$ | $H_1$（mm） | $C_{V1}$ | $C_S$ |
|---|---|---|---|---|---|---|
| 115 | 0.56 | 73 | 0.52 | 44 | 0.43 | $3.5C_V$ |

（3）设计短历时暴雨量计算。

根据与某一历时设计雨量相应的 $C_V$ 值和 $C_S=3.5C_V$ 值，查P-Ⅲ型曲线 $K_P$ 值表得设计频率模比系数 $K_P$，以之乘表7-4雨量均值，即得设计短历时暴雨量，成果见表7-5。

**表7-5　　某电厂灰场区域100年一遇设计暴雨计算表**

| $P$ | $K_{24P}$ | $H_{24P}$（mm） | $K_{6P}$ | $H_{6P}$（mm） | $K_{1P}$ | $H_{1P}$（mm） | 备　注 |
|---|---|---|---|---|---|---|---|
| 1% | 3.01 | 346.2 | 2.83 | 206.6 | 2.43 | 106.9 | $H_P=K_PH$ |

（4）暴雨衰减指数 $n_P$ 计算。

$1h<t<6h$ 时，$n_P=n_2$，据式（6-31）计算 $n_2$：

$$n_2=1+1.285\lg(H_{1P}/H_{6P})$$
$$=1+1.285\lg(106.9/206.6)=0.63$$

（5）洪水汇流参数 $m$ 的确定。

据现场查勘，灰场流域地势由西南向东北倾斜，为一丘陵地区。上游无明显的河道，中下游有一条比较规则的河道，河宽约5m，沿程断面成V字形，河道下切不深，是流域排洪干道。流域下垫面主要为稀疏的杉树、松树，树径5.1cm，树高1.5～2.0m，约覆盖流域面积的30%，个别山头有岩石裸露。土壤以棕黄色亚黏土为主，透水性能较差。流域内有两个居民村，耕地大部分为水田，山坡地种植蔬菜和旱季作物，流域洪水一般发生在6～8月汛期，主要因台风暴雨而形成，据调查洪水历时一般为十几个小时。根据上述流域下垫面条件，在表7-3中选Ⅱ-3的公式计算 $m$，即 $m=0.510\times\theta^{0.092}$，$\theta=L/J^{1/3}=1.52/0.0107^{1/3}=6.9$，$m=0.510\times6.9^{0.092}=0.61$。

（6）损失参数 $\mu$。

$\mu$ 值代表产流历时内的平均损失，水利部门取流域前期影响雨量 $P_a$ 接近流域最大含水量 $I_{max}$ 时的 $\mu$ 值，综合分析得到 $\mu$ 值为1.0～1.5mm/h，本例计算按1mm/h考虑。

（7）设计洪峰流量计算。

1）最大时段雨量采用式（6-34）即 $H_t=S_Pt^{1-n_P}$ 计算，时段净雨量计算式为 $h_t=H_t-\mu t$。

2）点绘 $Q_t-t$ 曲线和 $Q_\tau-\tau$ 曲线（见图7-7），两曲线交点的纵坐标为 $P=1\%$ 时的设计洪峰流量 $Q_m$，横坐标为相应汇流历时 $\tau$，由图查得 $Q_m=40.0m^3/s$，$\tau=1.2h$。

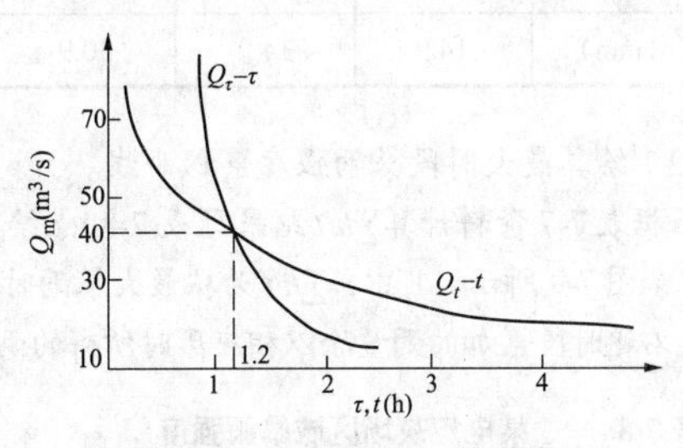


图7-7　$Q_t-t$ 和 $Q_\tau-\tau$ 关系线

（8）设计洪水过程线绘制。

设计洪水过程的暴雨，采用24h暴雨量，24h设计暴雨的净雨历时 $t_c=18h$，因此相应净雨量 $h_{24}=346.2mm-18h\times1mm/h=328.2mm$。

1）把 $h_{24}$ 概化为 $h_\tau$、$h_1$、$h_2$ 三个时段，据式（7-29）得：

$$h_\tau=\frac{Q_m\tau}{0.278F}=\frac{40\times1.2}{0.278\times1.56}=110.7\text{（mm）}$$

$$h_1=0.75\times(h_{24}-h_\tau)=0.75\times(328.2-110.7)$$
$$=163.1\text{（mm）}$$

$$h_2 = 0.25\times(h_{24} - h_\tau)$$
$$= 0.25\times(328.2 - 110.7) = 54.4\,(\text{mm})$$

2）由净雨过程已知 $t_c = 18\text{h}$、$t_{c_2} = 4\text{h}$，则

$$t_{c_1} = t_c - \tau - t_{c_2} = 18 - 1.2 - 4 = 12.8\,(\text{h})$$

3）分段计算各时段的洪峰流量、洪水总量及三角形底宽，据式（7-30）即 $Q_{m_i} = 0.556 h_i F / (t_{c_i} + \tau)$ 计算 $Q_m$。成果见表 7-6。

表 7-6　某电厂灰场区域各时段的洪峰流量、洪水总量及三角形底宽计算表

| 时段 | $t_{c_i}$（h） | $h$（mm） | $Q_m$（m³/s） | $W_i$（10⁴m³） | $t$（h） |
|---|---|---|---|---|---|
| 第一时段 | 12.8 | 163.1 | 10.1 | 25.4 | 14.0 |
| 第二时段 | 1.2 | 110.7 | 40.0 | 17.3 | 2.4 |
| 第三时段 | 4.0 | 54.4 | 9.1 | 8.5 | 5.2 |

4）根据表列 $Q_m$、$t$、$\tau$ 分别绘制 $h_1$、$h_\tau$、$h_2$ 三角形洪水过程线，各洪水流量过程叠加，可得设计洪水流量过程线，如图 7-8 所示。

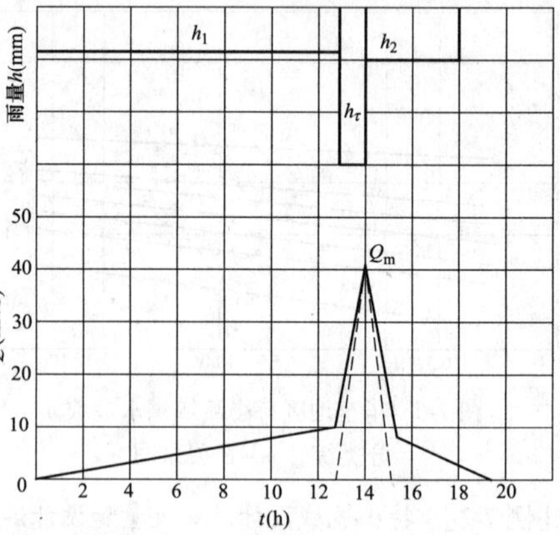

图 7-8　设计洪水过程线

5）洪水总量。计算成果见表 7-6，其中时段总量计算式为 $W_i = 0.1 h_i F$，$\tau$ 时段的总量计算式为 $W_\tau = 0.1 h_\tau F$，$W_{sum} = \sum W_i = 25.4 + 17.3 + 8.5 = 51.2\times10^4$（m³）。

2. 用试算法计算设计洪峰流量

用试算法计算设计洪峰流量的步骤如下。

（1）由 $H_{24P}$ 根据暴雨时程分配过程分配，每个时段扣除 1mm 得净雨过程，见表 7-7。

表 7-7　某电厂灰场区域净雨过程计算表

| Δt（h） | 1 | 2 | 3 | 4 | 5 | 6 | 7 | 8 | 9 | 10 |
|---|---|---|---|---|---|---|---|---|---|---|
| 毛雨（mm） | 9.8 | 9.8 | 11.2 | 11.2 | 11.2 | 11.2 | 12.5 | 12.5 | 12.6 | 15.9 |
| 净雨（mm） | 8.8 | 8.8 | 10.2 | 10.2 | 10.2 | 10.2 | 11.5 | 11.5 | 11.6 | 14.9 |

| Δt（h） | 11 | 12 | 13 | 14 | 15 | 16 | 17 | 18 | 合计 |
|---|---|---|---|---|---|---|---|---|---|
| 毛雨（mm） | 15.9 | 15.9 | 31.9 | 106.9 | 19.9 | 12.6 | 12.6 | 12.6 | 346.2 |
| 净雨（mm） | 14.9 | 14.9 | 30.9 | 105.9 | 18.9 | 11.6 | 11.6 | 11.6 | 328.2 |

（2）绘算最大时段暴雨强度累积曲线。

根据表 7-7 资料计算 $\sum h/t$ 结果见表 7-8，点绘 $\sum h/t - t$ 曲线，如图 7-9 所示。其中，$\sum h/t$ 为从最大暴雨时段开始向左或右逐时段累加的雨量除以相应历时所得的雨强。

表 7-8　某电厂灰场区域暴雨强度累积曲线计算表

| Δt（h） | 1 | 2 | 3 | 4 | 5 |
|---|---|---|---|---|---|
| $h$（mm） | 105.9 | 30.9 | 18.9 | 14.9 | 14.9 |
| $\sum h$（mm） | 105.9 | 136.8 | 155.7 | 170.6 | 185.5 |
| $\sum h/t$（mm/h） | 105.9 | 68.4 | 51.9 | 42.6 | 37.1 |

（3）令 $t_1 = 1.5\text{h}$，查图 7-9 得 $h_t/t = 82.5\text{mm/h}$。

$$Q_m = 0.278\frac{h_t}{\tau}F = 0.278\times82.5\times1.56 = 35.8\,(\text{m}^3/\text{s})$$

（4）把流域特征值 $L$、$J$ 和洪水参数等代入式（7-28）计算汇流时间：

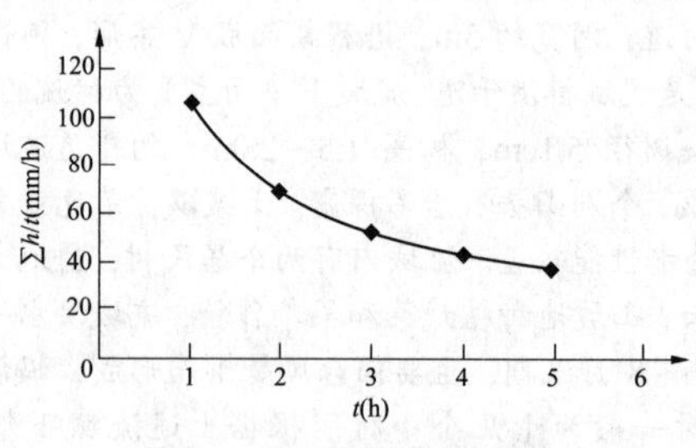


图 7-9　暴雨强度累积曲线

$$\tau_1 = 0.278\frac{L}{mJ^{1/3}Q_m^{1/4}}$$
$$= \frac{0.278\times1.52}{0.61\times0.0107^{1/3}\times35.8^{1/4}} = 1.29\,(\text{h})$$

（5）令 $t_2 = \tau_1$，以 $t_2 = 1.2\text{h}$ 查暴雨累积曲线得 $\dfrac{h_t}{t} = 94.0\text{mm/h}$，进而可计算得 $Q_m = 40.8\text{m}^3/\text{s}$，$\tau_2 = 1.22\text{h}$，至此，可认为 $t_2 = \tau_2$。

所以设计洪峰流量 $Q_m = 40.8\text{m}^3/\text{s}$，相应汇流历时

$\tau=1.2h$。

## 五、交通部门在较小流域洪水计算中的参数取值方法

交通部门在应用推理公式（7-26）时，根据大量的实测资料总结出了平均下渗率 $\mu$ 、汇流时间 $\tau$ 的实用计算方法，应用在汇流面积在 $100km^2$ 以下的流域。

1. 平均下渗率 $\mu$

北方地区

$$\mu=K_1S_P^{\beta_1} \tag{7-33}$$

南方地区

$$\mu=K_2S_P^{\beta_2}F^{-\lambda} \tag{7-34}$$

式中 $\mu$——平均下渗率，mm/h;

$K_1$、$K_2$——系数，查附录Z，表中土壤植被分类见表7-9;

$S_P$——设计频率的雨力（查各地水文手册雨力等值线、图表资料或全国雨力等值线图❶），mm/h;

$\beta_1$、$\beta_2$、$\lambda$——指数，查附录Z;

$F$——流域面积，$km^2$。

**表7-9　土壤植被分类表**

| 类别 | 特征 |
|---|---|
| Ⅱ | 黏土、盐碱土地面；土壤瘠薄的岩石地区；植被差、轻微风化的岩石地区 |
| Ⅲ | 植被差的沙质黏土地面；土层较薄的土面山区；植被中等、风化中等的山区 |
| Ⅳ | 植被差的黏、砂土地面；风化严重土层厚的山区；草灌较厚的山丘区或草地；人工幼林区；水土流失中等的黄土地面区 |
| Ⅴ | 植被差的一般砂土地面；土层较厚、森林较密的地区；有大面积水土保持措施治理较好的土质 |
| Ⅵ | 无植被松散的砂土地面；茂密并有枯枝落叶层的原始森林 |

2. 汇流时间 $\tau$

北方地区多采用：

$$\tau=K_3\left(\frac{L}{\sqrt{I}}\right)^{\alpha_1} \tag{7-35}$$

南方地区多采用：

$$\tau=K_4\left(\frac{L}{\sqrt{I}}\right)^{\alpha_2}S_P^{-\beta_3} \tag{7-36}$$

式中 $\tau$——汇流时间，即从流域最远点流到出口断面的时间，h;

$K_3$、$K_4$——系数，查附录AA;

$L$——主河沟长度，km;

$I$——主河沟平均比降，‰;

$\alpha_1$、$\alpha_2$、$\beta_3$——指数，查附录AA。

## 六、交通部门经验公式

20世纪80年代初，原交通部在制定推理公式的基础上，又制定了简单的小流域暴雨径流的经验公式。

公式1:

$$Q_m=A(S_P-\mu)^mF^{\lambda_2} \tag{7-37}$$

式中 $Q_m$——洪峰流量，$m^3/s$;

$A$——地貌系数，查附录AB;

$S_P$——设计频率的雨力（查各地水文手册雨力等值线、图表资料或全国雨力等值线图），mm/h;

$\mu$——平均下渗率，mm/h;

$m$、$\lambda_2$——指数，查附录AB;

$F$——流域面积，$km^2$。

公式2:

$$Q_m=CS_P^{\beta}F^{\lambda_3} \tag{7-38}$$

式中 $C$、$\beta$、$\lambda_3$——系数、指数，查附录AC;

$S_P$、$F$意义同式（7-37）。

# 第三节 林平一法

## 一、适用范围和计算方法

（一）适用范围

林平一在进行流域汇流的研究中，把流域的组成假定为具有一条坡度均匀的理想单干型的水道，其两侧为整齐而对称的坡面，即设想为矩形的模型。用此种成因法理论来推算流域汇流过程的关键，仍然是几个汇流参数的确定。本法可用于汇流面积在 $150km^2$ 以下的小流域。

（二）计算方法

1. 全面汇流的洪峰流量公式

$$Q_m=16.67C\frac{S_P}{\tau^n}F \tag{7-39}$$

$$\tau=\left[\frac{K}{(CS_P)^{\frac{1}{4}}}\right]^{\frac{4}{4-n}} \tag{7-40}$$

$$K=645N_c^{0.75}\frac{L^{0.4}}{J_c^{0.2}} \tag{7-41}$$

$$(1-C)C^{\frac{n}{4-n}}=\mu\left(\frac{K^n}{S_P}\right)^{\frac{4}{4-n}}=y \tag{7-42}$$

❶ 参考高冬光、王亚玲编的《桥涵水文（第四版）》。

$$t_c = \left[(1-n)\frac{S_P}{\mu}\right]^{\frac{1}{n}} \tag{7-43}$$

式中 $Q_m$ ——洪峰流量，$m^3/s$；

$C$ ——径流系数，查表 7-12 或试算；

$S_P$ ——雨力，mm/min，计算公式见式（6-22）～式（6-24）；

$\tau$ ——全面汇流时间，min；

$n$ ——暴雨衰减指数；

$F$ ——流域面积，$km^2$；

$K$ ——全面汇流时间参数，min；

$N_c$ ——河道汇流糙率，无资料时，表 7-10 可供粗估之用；

$L$ ——河长，km；

$J_c$ ——主河道 $L$ 的坡度，‰；

$\mu$ ——稳定下渗率，mm/min，可查表 7-11；

$t_c$ ——产流历时，min。

**表 7-10　小流域河道汇流糙率表**

| 区别 | 气候条件及水道特性 | 糙率 $N_c$ |
|---|---|---|
| 1 | 东南、西南各地区，气候温热湿润，山谷水道水流湍急，河槽中水草蔓生，两侧及坡面上植被更为茂密 | 0.100 |
| 2 | 华中各地区，水道情形同上，气候温和湿润，植被生长比较少 | 0.080 |
| 3 | 华北地区，属于半干旱寒冷气候，河槽水流湍急，唯不长水草，两侧植被更少 | 0.060 |
| 4 | 东北地区，属于干旱严寒气候，水草不长，植被也更稀疏 | 0.040 |
| 5 | 西北地区，属于干旱寒冷气候，水流湍急，无水草，植被极为稀疏 | 0.030 |

**表 7-11　稳定下渗率 $\mu$ 值表**

| 类型 | 土壤名称 | 土壤含沙率（%） | $\mu$（mm/min） | $\mu$（mm/h） |
|---|---|---|---|---|
| Ⅰ | 地沥青，混凝土，无裂缝岩石，藓台土地，冰沼土，沼泽土，沼泽性灰化土 | 0～2 | 0 | 0 |
| Ⅱ | 黏土，龟裂土，盐土和碱土，龟裂盐土，肥黏土质土壤，山地草甸土，海滨盆地土，岩基上薄层土地，草原土壤 | 2～12 | 0.12 | 7.2 |
| Ⅲ | 灰化土，壤土质土壤及黏土质土壤，灰色森林土，淋溶并变质的黑钙土，河谷阶地上的黑钙土，深厚肥沃的黑钙土，灰化砂土，沙壤质黑钙土，黏土质黑土，轻亚黏土 | 12～33 | 0.2 | 12.0 |
| Ⅳ | 普通黑钙土，淡裂钙土，棕色壤土，灰钙土，灰化壤土，沙壤质黑钙土，沙质黑钙土，砂壤质及沙质黑钙土，生草的沙 | 33～63 | 0.25 | 15.0 |
| Ⅴ | 亚砂土，棕色土壤，轻灰化土 | 63～83 | 0.35 | 21.0 |
| Ⅵ | 砂 | 83 以上 | 0.5 | 30.0 |

**表 7-12　径流系数 $C$ 值查算表**

| $C$ | $n$ | | | | | | |
|---|---|---|---|---|---|---|---|
| | 0.5 | 0.55 | 0.6 | 0.65 | 0.7 | 0.75 | 0.8 |
| | $y=(1-C)C^{\frac{n}{4-n}}$ | | | | | | |
| 0.6 | 0.372 | 0.369 | 0.366 | 0.362 | 0.359 | 0.356 | 0.352 |
| 0.61 | 0.363 | 0.361 | 0.358 | 0.354 | 0.351 | 0.348 | 0.344 |
| 0.62 | 0.355 | 0.352 | 0.349 | 0.348 | 0.344 | 0.34 | 0.337 |
| 0.63 | 0.346 | 0.344 | 0.341 | 0.339 | 0.336 | 0.333 | 0.329 |
| 0.64 | 0.338 | 0.335 | 0.332 | 0.33 | 0.328 | 0.325 | 0.322 |
| 0.65 | 0.329 | 0.327 | 0.324 | 0.322 | 0.319 | 0.317 | 0.314 |
| 0.66 | 0.32 | 0.318 | 0.316 | 0.314 | 0.311 | 0.309 | 0.306 |

续表

| C | n |  |  |  |  |  |  |
|---|---|---|---|---|---|---|---|
|  | 0.5 | 0.55 | 0.6 | 0.65 | 0.7 | 0.75 | 0.8 |
|  | $y=(1-C)C^{\frac{n}{4-n}}$ |  |  |  |  |  |  |
| 0.67 | 0.312 | 0.31 | 0.307 | 0.305 | 0.303 | 0.301 | 0.298 |
| 0.68 | 0.303 | 0.301 | 0.299 | 0.297 | 0.295 | 0.292 | 0.29 |
| 0.69 | 0.294 | 0.293 | 0.29 | 0.288 | 0.286 | 0.284 | 0.282 |
| 0.7 | 0.285 | 0.284 | 0.282 | 0.28 | 0.278 | 0.276 | 0.274 |
| 0.71 | 0.276 | 0.275 | 0.273 | 0.271 | 0.27 | 0.268 | 0.266 |
| 0.72 | 0.267 | 0.266 | 0.264 | 0.262 | 0.261 | 0.259 | 0.258 |
| 0.73 | 0.258 | 0.257 | 0.256 | 0.254 | 0.252 | 0.251 | 0.249 |
| 0.74 | 0.249 | 0.248 | 0.247 | 0.245 | 0.244 | 0.242 | 0.241 |
| 0.75 | 0.241 | 0.24 | 0.238 | 0.236 | 0.235 | 0.234 | 0.233 |
| 0.76 | 0.231 | 0.23 | 0.229 | 0.227 | 0.226 | 0.225 | 0.224 |
| 0.77 | 0.221 | 0.221 | 0.22 | 0.219 | 0.218 | 0.216 | 0.215 |
| 0.78 | 0.212 | 0.212 | 0.211 | 0.21 | 0.209 | 0.208 | 0.207 |
| 0.79 | 0.203 | 0.202 | 0.202 | 0.201 | 0.2 | 0.199 | 0.198 |
| 0.8 | 0.194 | 0.193 | 0.193 | 0.192 | 0.191 | 0.19 | 0.189 |
| 0.81 | 0.184 | 0.184 | 0.184 | 0.183 | 0.182 | 0.181 | 0.18 |
| 0.82 | 0.175 | 0.174 | 0.174 | 0.173 | 0.173 | 0.172 | 0.171 |
| 0.83 | 0.166 | 0.165 | 0.165 | 0.164 | 0.163 | 0.162 | 0.162 |
| 0.84 | 0.156 | 0.155 | 0.155 | 0.154 | 0.154 | 0.153 | 0.153 |
| 0.85 | 0.147 | 0.146 | 0.146 | 0.145 | 0.145 | 0.144 | 0.144 |
| 0.86 | 0.137 | 0.136 | 0.136 | 0.136 | 0.136 | 0.135 | 0.135 |
| 0.87 | 0.127 | 0.126 | 0.126 | 0.126 | 0.126 | 0.125 | 0.125 |
| 0.88 | 0.118 | 0.117 | 0.117 | 0.117 | 0.117 | 0.116 | 0.116 |
| 0.89 | 0.108 | 0.108 | 0.108 | 0.108 | 0.107 | 0.107 | 0.107 |
| 0.9 | 0.0985 | 0.0983 | 0.0982 | 0.098 | 0.0978 | 0.0976 | 0.0974 |
| 0.91 | 0.0888 | 0.0886 | 0.0885 | 0.0884 | 0.0882 | 0.088 | 0.0879 |
| 0.92 | 0.079 | 0.0789 | 0.0788 | 0.0787 | 0.0786 | 0.0785 | 0.0784 |
| 0.93 | 0.0693 | 0.0692 | 0.0691 | 0.069 | 0.069 | 0.0688 | 0.0687 |
| 0.94 | 0.0595 | 0.0594 | 0.0593 | 0.0592 | 0.0592 | 0.0591 | 0.059 |
| 0.95 | 0.0495 | 0.0495 | 0.0495 | 0.0495 | 0.0494 | 0.0494 | 0.0494 |
| 0.96 | 0.0398 | 0.0397 | 0.0397 | 0.0397 | 0.0396 | 0.0396 | 0.0396 |
| 0.97 | 0.0299 | 0.0298 | 0.0298 | 0.0298 | 0.0298 | 0.0298 | 0.0298 |
| 0.98 | 0.02 | 0.0199 | 0.0199 | 0.0198 | 0.0198 | 0.0198 | 0.0198 |

2. 部分汇流的洪峰流量公式

按全面汇流公式计算出洪峰流量和汇流时间后，若 $\tau > t_c$，则属部分汇流情况，应按下式改正流量和汇流时间，即

$$Q'_m = \beta^{\frac{2}{3}} Q_m \tag{7-44}$$

$$\tau' = \tau \beta^{\frac{1}{3}} \tag{7-45}$$

$$\beta = \frac{t_c}{\tau} \quad (7\text{-}46)$$

式中 $Q'_m$ ——部分汇流情况下的洪峰流量，$m^3/s$；

$\beta$ ——系数；

$Q_m$ ——全面汇流情况下的洪峰流量，$m^3/s$；

$\tau'$ ——部分汇流情况下的汇流时间，min；

$\tau$ ——全面汇流时间，min；

$t_c$ ——产流历时，min。

（三）设计洪水过程线和洪水总量

林平一建议的标准过程线是用五点法分配比例作成折腰三角形，如图 7-10 所示，其标准洪量为

$$W_R = 0.33 \quad (7\text{-}47)$$

$$W_F = 0.67 \quad (7\text{-}48)$$

$$W = W_R + W_F = 1 \quad (7\text{-}49)$$

式中 $W_R$ ——涨水标准洪量，$m^3$；

$W_F$ ——退水标准洪量，$m^3$；

$W$ ——标准洪水总量，$m^3$。

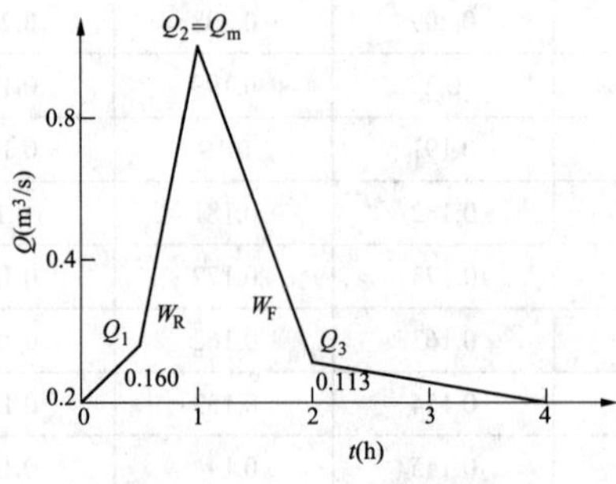


图 7-10 林平一建议的标准过程线

［例 7-3］某塔位对应山洪沟断面处的设计洪峰流量及设计洪水过程线计算。

流域面积 $F = 33.4\text{km}^2$，干流河道长度 $L = 8.9\text{km}$，流域平均宽度 $B = 3.75\text{km}$，山洪沟河道坡度 $J_c = 64.4‰$，根据河道情况查表 7-10 得干流河槽汇流糙率 $N_c = 0.04$，根据流域及土壤情况查表 7-11 得稳定下渗率 $\mu = 0.20\text{mm/min}$。

根据当地气象站最大一日降水量系列，采用 P-Ⅲ型频率计算 100 年一遇 24h 设计雨量 $H_{24P} = 151.3\text{mm}$，根据地区水文手册查得暴雨指数 $n_1 = 0.55$，$n_2 = n_3 = 0.70$，则可由式（6-23）或式（6-24）计算出雨力 $S_P$［当 $n_2 = n_3$ 时，式（6-23）与式（6-24）相同］：

$$S_P = \frac{H_{24P}}{1440^{1-n_2}} = \frac{151.3}{1440^{1-0.7}} = 17.1(\text{mm/min})$$

（1）计算洪峰流量的方法步骤。

1）全面汇流时间参数

$$K = 645 N_c^{0.75} \frac{L^{0.4}}{J_c^{0.2}}$$

$$= 645 \times 0.04^{0.75} \times \frac{8.9^{0.4}}{64.4^{0.2}} = 60.1(\text{min})$$

2）计算径流系数

$$y = \mu\left(\frac{K^n}{S_P}\right)^{\frac{4}{4-n}} = 0.2\left(\frac{60.1^{0.7}}{17.1}\right)^{\frac{4}{4-0.7}} = 0.207$$

查表 7-12，得 $C$=0.78。

3）计算全面汇流时间

$$\tau = \left[\frac{K}{(CS_P)^{\frac{1}{4}}}\right]^{\frac{4}{4-n}} = \left[\frac{60.1}{(0.78\times17.1)^{\frac{1}{4}}}\right]^{\frac{4}{4-0.7}} = 65.4(\text{min})$$

4）计算全面汇流洪峰流量

$$Q_m = 16.67C\frac{S_P}{\tau^n}F$$

$$= 16.67\times0.78\times\frac{17.1}{65.4^{0.70}}\times33.4 = 398(\text{m}^3/\text{s})$$

5）计算产流历时，检验汇流情况

$$t_c = \left[(1-n)\frac{S_P}{\mu}\right]^{\frac{1}{n}} = \left[(1-0.7)\times\frac{17.1}{0.2}\right]^{\frac{1}{0.7}} = 103(\text{min})$$

$t_c > \tau$，故为全面汇流，最大洪峰流量为 $398\text{m}^3/\text{s}$。反之若 $t_c < \tau$，则为部分汇流。

（2）计算设计洪水过程的方法步骤。

1）径流深。

径流深的计算公式为

$$h = \left(\frac{S_P}{\tau^n} - \mu\right)\tau \quad (7\text{-}50)$$

则 $h = \left(\frac{17.1}{65.4^{0.7}} - 0.2\right)\times65.4 = 46.9(\text{mm})$

2）径流总量

$W = 1000hF = 1000\times46.9\times33.4 = 1566460(\text{m}^3)$

3）涨水段洪水总量

$W'_R = 0.33W = 0.33\times1566460 = 516932(\text{m}^3)$

4）退水段洪水总量

$W'_F = 0.67W = 0.67\times1566460 = 1049528(\text{m}^3)$

5）洪水过程各点流量与相应时间

$$Q_1 = 0.16Q_m = 0.16\times398 = 63.7(\text{m}^3/\text{s})$$

$$t_1 = 0.5\tau = 0.5\times65.4 = 32.7(\text{min}) = 0.55(\text{h})$$

$$Q_2 = Q_m = 398(\text{m}^3/\text{s})$$

$$t_2 = \tau = 65.4(\text{min}) = 1.1(\text{h})$$

$$Q_3 = 0.113Q_m = 0.113\times398 = 45(\text{m}^3/\text{s})$$

$$t_3 = 2\tau = 2\times65.4 = 130.8(\text{min}) = 2.2(\text{h})$$

$Q_4 = 0$ （洪水终止）

$$t_4 = 4\tau = 4\times65.4 = 261.6(\text{min}) = 4.4(\text{h})$$

设计洪水过程线图如图 7-11 所示。

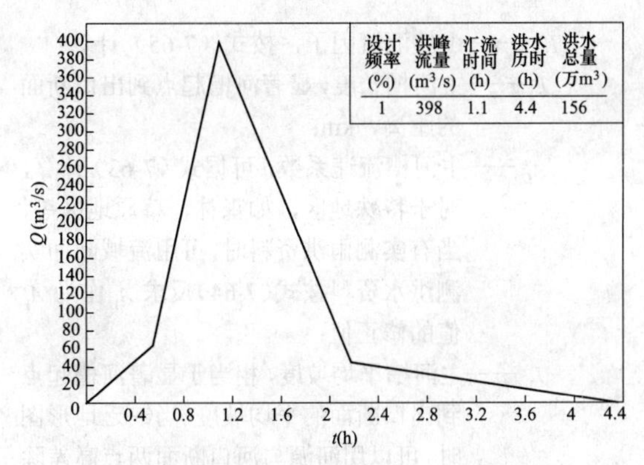


图 7-11　塔位对应山洪沟断面设计洪水过程线

## 二、坡地设计洪水

坡地指的是山坡或山麓坡度较陡而没有明显集水沟的倾斜地面。坡地汇流的范围，考虑以其长度不超过 1.50km 为限。

坡地全面汇流的洪峰流量公式计算方法同式(7-39)，即

$$Q = 16.67C\frac{S_P}{\tau_0^n}F$$

而

$$\tau_0 = \left[\frac{K_0}{(CS_P)^{0.4}}\right]^{\frac{1}{1-0.4n}} \tag{7-51}$$

$$K_0 = 680\frac{(N_0L_0)^{0.6}}{J_0^{0.30}} \tag{7-52}$$

$$(1-C)C^{\frac{0.4n}{1-0.4n}} = \mu\left(\frac{K_0^n}{S_P}\right)^{\frac{1}{1-0.4n}} \tag{7-53}$$

式中　$Q$ ——坡地洪峰流量，$m^3/s$；

$C$ ——径流系数；

$S_P$ ——雨力，mm/min；

$\tau_0$ ——坡地全面汇流时间，min；

$n$ ——暴雨衰减指数；

$F$ ——流域面积，$km^2$；

$K_0$ ——坡地全面汇流时间参数，min；

$N_0$ ——坡面汇流糙率，无资料时参照表 7-10 相应河道汇流糙率酌情加大取值；

$L_0$ ——坡面长度，km；

$J_0$ ——坡面坡度，‰；

$\mu$ ——稳定下渗率，mm/min。

[例 7-4]　黑龙江某电厂位于小兴安岭山地，需要设置电厂贮灰场，试计算坡地设计暴雨洪水。

（1）首先确定坡地地形特征值和暴雨参数。坡地汇水面积 $F = 0.75km^2$，坡地长度 $L_0 = 0.96km$，坡地坡度 $J_0 = 50.9‰$，坡地汇流糙率 $N_0 = 0.06$。

（2）根据当地气象站最大一日降水量系列，采用 P-Ⅲ型频率计算 100 年一遇 24h 设计雨量 $H_{24P} = 168.4mm$，根据地区水文手册查得暴雨指数 $n_1 = 0.63$，$n_2 = n_3 = 0.73$。由于坡地流程较短，全面汇流时间应在 1.0h 以内，因此须用式（6-22）计算在 1.0h 以内的雨力。

$$S_P = \frac{H_{24P}}{60^{1-n_1}6^{1-n_2}4^{1-n_3}}$$

$$= \frac{168.4}{60^{1-0.63}\times 6^{1-0.73}\times 4^{1-0.73}} = 15.7\,(mm/min)$$

坡地表面为林区沙壤质黑钙土，有关径流的地表稳定下渗率采用 $\mu = 0.25mm/min$。

（3）坡地洪峰流量按下述步骤计算。

1）坡地全面汇流时间参数

$$K_0 = 680\frac{(N_0L_0)^{0.6}}{J_0^{0.30}}$$

$$= 680\times\frac{(0.06\times 0.96)^{0.6}}{50.9^{0.3}} = 37.7\,(min)$$

$$K_0^{n_1} = 37.7^{0.63} = 9.84$$

2）计算坡地汇流径流系数 $C$

$(1-C)C^{\frac{0.4n_1}{1-0.4n_1}} = \mu\left(\frac{K_0^{n_1}}{S_P}\right)^{\frac{1}{1-0.4n_1}}$，代入已知数，用试算法计算得 $C$=0.859。

3）坡地全面汇流时间

$$\tau_0 = \left[\frac{K_0}{(CS_P)^{0.4}}\right]^{\frac{1}{1-0.4n_1}}$$

$$= \left[\frac{37.7}{(0.859\times 15.7)^{0.4}}\right]^{\frac{1}{1-0.4\times 0.63}} = 31.9\,(min)$$

4）坡地洪峰流量

$$Q = 16.67C\frac{S_P}{\tau_0^n}F$$

$$= 16.67\times 0.859\times\frac{15.7}{31.9^{0.63}}\times 0.75 = 19.0\,(m^3/s)$$

# 第四节　西北地区公式法

## 一、适用范围和计算方法

### （一）适用范围

西北地区公式法是铁道部第一勘测设计院根据西北地区特点制定的，适用于西北地区且集水面积 $F \leqslant 100km^2$ 的流域。

### （二）计算方法

设计洪峰流量计算公式为

$$Q_P = \left[\frac{k_1(1-k_2)k_3}{x^{n'}}\right]^{\frac{1}{1-n'y}} \tag{7-54}$$

而 $$k_1 = 0.278\eta S_P F \tag{7-55}$$

一般地区 $$\eta = \frac{1}{1+0.016F^{0.6}} \tag{7-56}$$

干旱地区 $$\eta = \frac{1}{1+0.026F^{0.6}} \tag{7-57}$$

$$k_2 = R(\eta S_P)^{r_1-1} \tag{7-58}$$

$$k_3 = \frac{(1-n')^{1-n'}}{(1-0.5n')^{2-n'}} \tag{7-59}$$

$$n' = C_n n = \frac{1-r_1 k_2}{1-k_2} n \tag{7-60}$$

$$x = K_1 + K_2 \tag{7-61}$$

$$K_1 = \frac{0.278L_1}{A_1 J_1^{0.35}} \tag{7-62}$$

$$A_1 = 0.0368 m_1^{0.705} \frac{\alpha_0^{0.175}}{(\alpha_0+0.5)^{0.47}} \tag{7-63}$$

$$A_1 = \frac{0.79v}{J^{0.35} Q^{0.30}} \tag{7-64}$$

$$K_2 = \frac{0.278 L_2^{0.5} F^{0.5}}{A_2 J_2^{\frac{1}{3}}} \tag{7-65}$$

$$L_2 = \frac{F}{1.8\left(L_1 + \sum l_i\right)} \tag{7-66}$$

$$y = 0.5 - 0.5\lg \frac{3.12\dfrac{K_1}{K_2}+1}{1.246\dfrac{K_1}{K_2}+1} \tag{7-67}$$

式中 $Q_P$——设计流量，$m^3/s$；

$k_1$——产流因子，按式（7-55）计算；

$k_2$——损失因子，按式（7-58）计算；

$k_3$——造峰因子，按式（7-59）计算；

$x$——河槽和山坡综合汇流因子，由河槽汇流因子 $K_1$ 和山坡汇流因子 $K_2$ 相加而得；

$n'$——随暴雨衰减指数 $n$ 而变的指数，按式（7-60）计算；

$y$——反映流域汇流特征的指数，可按式（7-67）计算；

$\eta$——暴雨点面折算系数，流域面积超过 $10km^2$ 均应予以折减，一般地区折减系数 $\eta$ 值可按式（7-56）计算，干旱地区（年平均降雨量小于 250mm）可参考使用式（7-57）；

$S_P$——设计频率为 $P$ 的点雨力［可用式（6-25）～式（6-27）计算得到］，mm/h；

$F$——汇水面积，$km^2$；

$R$——损失系数，从表 7-13 中查取；

$r_1$——损失指数，从表 7-13 中查取；

$K_1$——河槽汇流因子，按式（7-62）计算；

$K_2$——山坡汇流因子，按式（7-65）计算；

$L_1$——主河槽长度，显著河槽起点到出口断面的距离，km；

$A_1$——主河槽流速系数，可据式（7-63）计算，对于特殊地区，如森林、草原地区等，当有实测雨洪资料时，可用流域断面实测洪水资料按式(7-64)反求 $A_1$ 作为 $A_1$ 值的修正值；

$J_1$——主河槽平均坡度，相当于显著河槽起点到出口断面的平均坡度(当缺乏地形图时，可以用河源与河口断面两点高差除以主河槽长度来近似计算，对于面积稍大一些的河流，河槽纵剖面一般是一条下凹的曲线，估计的 $J_1$ 值偏大一些，应乘以 0.5～0.7 的折减系数)，‰；

$m_1$——主河槽沿程平均糙率系数，$m_1 = \dfrac{1}{n}$，选取时应考虑出口断面以上全河长的平均情况(在缺乏全河长勘测资料时，$m_1$ 值可近似地按计算断面附近选取的 $m_1$ 值再乘以 0.6～0.8 折减系数，$m_1$ 可从表 7-14 选取)；

$\alpha_0$——河槽沿程平均断面扩散系数，为断面 1m 水深相应河宽的一半[实际计算时，可在出口断面附近选取有代表性的断面，以该断面为依据，将断面概化为抛物线型，然后再求 $\alpha_0$ 值。对于复式断面的 $\alpha_0$ 要考虑设计洪水时的大致水深 $H$（m）及水面宽 $D$（m），此时可按 $\alpha_0 = \dfrac{D}{2H^{0.5}}$ 计算]；

$v$——河槽断面平均流速，m/s；

$J$——河槽断面附近河段平均比降或水面比降，‰；

$Q$——与 $v$ 相应的洪峰流量，$m^3/s$；

$L_2$——流域坡面平均长度，按式（7-66）计算，km；

$A_2$——坡面流速系数，由表 7-15 查得；

$J_2$——山坡平均坡度，可在流域内选取若干有代表性的坡面量取其平均值，‰；

$\sum l_i$——流域中支汊河沟的总长(其中每条支沟的长度要大于流域平均宽度的 0.75 倍，流域平均宽度 $B_0$ 的算式为 $B_0 = \dfrac{F}{2L_0}$，$L_0$ 为流域分水岭最远一点到设计断面的距离，km。在有地形图的情况下，可直接由图上量取若干从分水岭至主河槽的垂直距离，取其平均值作为山坡长度 $L_2$；在缺乏地形图的情况下，可以按地形特征选定区域性的概化特征值，如高山区与切割严重的丘陵区用 $L_2=0.15$～$0.35\text{km}$，一般低山丘陵区用 $L_2=0.25$～$0.5\text{km}$，平缓丘陵区用 $L_2=0.4$～$0.7\text{km}$，平原区用 $L_2=(0.6$～$1.2\text{km})$，km。

采用式（7-54）计算流量时，暴雨强度 $a_P$ 可采用公式 $a_P=\dfrac{S_P}{t_Q^n}$ 计算。当用式（7-60）计算 $n'$ 时，应与 $n_1$ 或 $n_2$ 计算出来的造峰历时 $t_Q$ 相适应，适应与否可用下式来检验，即

$$t_Q=P_1xQ_m^{-y} \tag{7-68}$$

$$P_1=\frac{1-n'}{1-0.5n'}$$

式中　$t_Q$——造峰历时，h；

$P_1$——形成洪峰流量的同时，汇水的时间系数；

$x$——河槽和山坡综合汇流因子，由河槽汇流因子 $K_1$ 和山坡汇流因子 $K_2$ 相加而得；

$Q_m$——设计洪峰流量，$\text{m}^3/\text{s}$；

$y$——反映流域汇流特征的指数，可按式（7-67）计算。

**表 7-13　各类土壤损失参数和指数值表**

| 损失等级 | Ⅱ | Ⅲ | Ⅳ | Ⅴ | Ⅵ |
|---|---|---|---|---|---|
| 特征 | 黏土；地下水位较高的（0.3～0.5m）盐碱土地面；土层较薄的岩石地区；植被差、风化轻微的岩石地区 | 植被差的砂黏土；戈壁滩；土层较厚的岩石山区；植被中等、风化中等岩石山区；北方地区坡度不大的山间草地；黄土（$Q_2$）区 | 植被差的砂黏土；风化严重、土层厚的土石山区；杂草灌木较密的山丘区或草地；人工幼林或土层较薄中等密度的林区；黄土（$Q_3$、$Q_4$）地区 | 植被差的一般砂土地面；土层较厚森林较密的地区；有大面积水土保持措施、治理较好的土层山区 | 无植被的松散的砂土地面；茂密的并有枯枝落叶层的原始森林区 |
| 地区举例 | 燕山；太行山区；秦岭北坡山区 | 陕北黄土高原丘陵山区；峨眉径流站丘陵区；山东崂山径流站 | 峨眉径流站高山区；湖南龙潭及短陂桥径流站；广州径流站 | 广东北江部分地区；陕北土层较厚，郁闭度70%以上的森林地区 | 东北原始森林区；西北沙漠边缘区 |
| $R$ | 0.93 | 1.02 | 1.10 | 1.18 | 1.25 |
| $r_1$ | 0.63 | 0.69 | 0.76 | 0.83 | 0.90 |

**表 7-14　主河槽沿程平均糙率系数 $m_1$ 取值表**

| 主要河槽形态特征 | 丛林郁闭度占75%以上的河沟；有大量漂石堵塞的山区型弯曲大的河床；杂草灌木密生的河滩 | 丛林郁闭度占 60%以上的河沟；有较多漂石堵塞的山区弯曲河床；有杂草、死水的沼泽型河沟；平坦地区的梯田、漫滩地 | 植物覆盖度50%以上，有漂石堵塞的河床；河床弯曲有漂石及跌水的山区型河槽；山丘区的冲田、滩地 | 植物覆盖度占 50%以下有少量堵塞物的河床 | 弯曲或生长杂草的河床 | 杂草稀疏，较为平坦、顺直的河床 | 平坦、通畅、顺直的河床 |
|---|---|---|---|---|---|---|---|
| $m_1$ | 5 | 7 | 10 | 15 | 20 | 25 | 30 |

**表 7-15　坡面流速系数 $A_2$ 值表**

| 类别 | 地表特征 | 举例 | 变化范围 | 一般情况 |
|---|---|---|---|---|
| 森林地区 | 郁闭度大于 70%的森林，林下有密草或落叶层 | 原始森林地区 | 0.002～0.003 | 0.0025 |
| 密草地、一般林区、平坦水田、治理过的坡地 | 覆盖度大于 50%的茂密草地；郁闭度大于 30%的林区；地形平坦的水田区；水土保持措施较好的坡地区（密草中杂生有树木与灌木丛、带田埂及管理得较好的水田区等取较小值） | 宝天（宝鸡—天水）线宝鸡至拓石段；森林区、宝略（宝鸡—略阳）段灌木密草山坡、陕北黄龙林区；峨眉径流站伏虎山区和十豆山平坦区等植被良好的地区 | 0.003～0.0075 | 0.005 |
| 中密草地、疏林地、水平梯田 | 覆盖度小于 50%的中等密度的草地；人工幼林；带田埂的梯田（草地中杂生有灌木丛、人工幼林较密或梯田的坡度平缓者取较小值） | 宝天线拓石至天水线；宝安阳涉等线植被一般的地区；峨眉径流站保宁丘陵区 | 0.0075～0.015 | 0.01 |
| 疏草地、戈壁滩、旱地 | 覆盖稀疏的草地，戈壁滩；种有旱作物的坡地 | 兰新、兰青、天兰等线植被较差的地区；新疆、青海的戈壁滩地区；太原径流站 | 0.015～0.025 | 0.02 |

续表

| 类别 | 地 表 特 征 | 举 例 | 变化范围 | 一般情况 |
|---|---|---|---|---|
| 土石山坡 | 无草的或有很稀疏小草的坡地 | 南疆线巴仑台地区；黄土高原水土流失区 | 0.025～0.035 | 0.03 |
| 路面 | 平整密实的路面 | 沥青或混凝土路面 | 0.035～0.055 | 0.045 |

使用西北地区公式法计算洪峰流量时，可先采用短时段的 $n_1$ 算出 $Q_m$，再将此 $Q_m$ 代入式（7-68）计算 $t_Q$，看它是否在该时段内，即 $t_Q$ 是否小于 1h；如果计算出来的 $t_Q$ 与原假定不符，即应改用 $n_2$ 重新计算流量，以使所选暴雨衰减指数 $n$ 与计算出的造峰历时 $t_Q$ 相适应。

在 $t_Q=1h$ 附近的流量与时间可能出现不定的情况，此时可取 $n_1$ 与 $n_2$ 算出的流量中较小值作为采用值。

当 24h 内暴雨强度历时变化关系线有两个明显分界点且分别在 1h 和 6h 处时，则暴雨衰减指数有 $n_1$、$n_2$ 和 $n_3$ 之分。此时检验采用的 $n$ 值与 $t_Q$ 是否相适应的方法仍与上述类同。

当流域内有森林、水稻田、带田埂的梯田等面积 $F'$ 为平方千米时，所求得的流量应折减，在无资料地区，可从表 7-16 中查折减系数。

**表 7-16　　折 减 系 数 表**

| $F'/F$(%) | 5 | 10 | 15 | 20 | 25 | 30 | 35 | 40 | 45 | 50 | 60 | 70 | 80 | 90 | 100 |
|---|---|---|---|---|---|---|---|---|---|---|---|---|---|---|---|
| 稀疏的森林或带田埂的梯田 | 0.99 | 0.97 | 0.96 | 0.94 | 0.93 | 0.91 | 0.90 | 0.88 | 0.87 | 0.85 | 0.82 | 0.79 | 0.76 | 0.73 | 0.70 |
| 稠密的森林或水稻田 | 0.98 | 0.95 | 0.93 | 0.90 | 0.88 | 0.85 | 0.83 | 0.80 | 0.78 | 0.75 | 0.70 | 0.65 | 0.60 | 0.55 | 0.50 |

计算设计流量时，若以 100 年一遇为标准，而要求计算其他频率的设计流量时，可从表 7-17 查得换算系数进行换算。

**表 7-17　　不同频率换算系数表**

| 频率（%） | 0.33 | 1 | 2 | 4 | 5 | 10 |
|---|---|---|---|---|---|---|
| 换算系数 | 1.35 | 1.00 | 0.80 | 0.60 | 0.50 | 0.42 |

## 二、设计洪水过程线和洪水总量

设计洪水过程线的基本公式为

$$Q_t=Q_P\left(\frac{t}{t_R}\right)^m\times e^{m\left(1-\frac{t}{t_R}\right)} \tag{7-69}$$

而

$$t_R=[1-A(1-P_1)]\frac{t_Q}{P_1} \tag{7-70}$$

$$m=81.3\left(\frac{Q_Pt_R}{W}\right)^2 \tag{7-71}$$

洪水总量的基本公式为

$$W=\frac{n_2(1-r_1)}{1-n_2r_1}\eta S_P\left[\frac{1-n_2}{(1-n_2r_1)k_2}\right]^{\frac{1-n_2}{n_2(1-r_1)}}F \tag{7-72}$$

式中 $Q_t$——相应于历时 $t$（h）的流量，$m^3/s$；

$Q_P$——设计洪峰流量，$m^3/s$；

$t_R$——洪峰上涨历时，h；

$m$——洪水总量的指数；

e——自然对数的底；

$A$——参变数，以长江流域分界，对于北方地区 $A=0.90$，南方地区 $A=0.70$；

$W$——产流期的洪水总量（因产流历时一般均大于 1h，故可采用 $n_2$ 来计算）$\times10^3m^3$。

［例 7-5］ 我国西北地区某小流域设计洪水计算。

我国西北地区某小流域，面积 $F=6.24km^2$，主河槽长度 $L_1=3.75km$，山坡平均长度 $L_2=0.39km$，主河槽平均坡度 $J_1=14.6‰$，山坡平均坡度 $J_2=64‰$，河槽流速系数 $A_1=0.136$，山坡流速系数 $A_2=0.03$，损失等级为Ⅲ类，$r_1=0.69$，$S_{1\%}=22mm/h$，$n_1=0.73$，$n_2=0.76$，转折点 $t_0=1h$。试求设计洪水。

（1）计算设计洪峰流量 $Q_{1\%}$。

根据已知条件，按式（7-56）计算得流域暴雨点面折减系数 $\eta=0.95$。

首先假设 $t_Q<t_0$，应用 $S_{1\%}$、$n_1$ 值计算洪峰流量。

产流因子

$$k_1=0.278\eta S_PF=0.278\times0.95\times22\times6.24=36.26$$

由表 7-13 查得 $R=1.02$，$r_1=0.69$，则按式（7-58）得损失因子

$$k_2=R(\eta S_P)^{r_1-1}=1.02\times(0.95\times22)^{(0.69-1)}=0.40$$

按式（7-60），计算

$$n'=C_nn=\frac{1-r_1k_2}{1-k_2}n=\frac{1-0.69\times0.4}{1-0.4}\times0.73=0.88$$

河槽汇流因子

$$K_1=\frac{0.278L_1}{A_1J_1^{0.35}}=\frac{0.278\times3.75}{0.136\times14.6^{0.35}}=3.0$$

山坡汇流因子

$$K_2 = \frac{0.278L_2^{0.5}F^{0.5}}{A_2 J_2^{\frac{1}{3}}} = \frac{0.278\times0.39^{0.5}\times6.24^{0.5}}{0.03\times64^{0.333}} = 3.62$$

由式（7-61）计算

$$x = K_1 + K_2 = 3.0 + 3.62 = 6.62$$

流域汇流特征指数按式（7-61）计算：

$$y = 0.5 - 0.5\lg\frac{3.12\dfrac{K_1}{K_2}+1}{1.246\dfrac{K_1}{K_2}+1}$$

$$= 0.5 - 0.5\lg\frac{3.12\times\dfrac{3.0}{3.62}+1}{1.246\times\dfrac{3.0}{3.62}+1} = 0.377$$

造峰因子

$$k_3 = \frac{(1-n')^{1-n'}}{(1-0.5n')^{2-n'}} = \frac{(1-0.88)^{(1-0.88)}}{(1-0.5\times0.88)^{(2-0.88)}} = 1.484$$

设计洪峰流量

$$Q_{1\%} = \left[\frac{k_1(1-k_2)k_3}{x^{n'}}\right]^{\frac{1}{1-n'y}}$$

$$= \left[\frac{36.26\times(1-0.4)\times1.484}{6.62^{0.88}}\right]^{\frac{1}{1-0.88\times0.377}}$$

$$= 15.0(\mathrm{m^3/s})$$

$$P_1 = \frac{1-n'}{1-0.5n'} = \frac{1-0.88}{1-0.5\times0.88} = 0.214$$

将 $Q_{1\%}$、$P_1$ 代入式（7-68），则造峰历时：

$$t_Q = P_1 x Q_m^{-y} = 0.214\times6.62\times15^{-0.377} = 0.51(\mathrm{h}) < 1(\mathrm{h})$$

可见与假设 $t_Q < t_0$ 相符，因此无需重算。

（2）设计洪水过程线。

北方地区参变数 $A=0.9$，按式（7-70）计算涨洪历时 $t_R$

$$t_R = [1-A(1-P_1)]\frac{t_Q}{P_1}$$

$$= [1-0.9\times(1-0.214)]\times\frac{0.51}{0.214} = 0.697(\mathrm{h})$$

$n$ 取 $n_2$，由式（7-72）得：

$$W = \frac{n_2(1-r_1)}{1-n_2 r_1}\eta S_P\left[\frac{1-n_2}{(1-n_2 r_1)k_2}\right]^{\frac{1-n_2}{n_2(1-r_1)}}F$$

$$= \frac{0.76\times(1-0.69)}{1-0.76\times0.69}\times0.95\times22\times$$

$$\left[\frac{1-0.76}{(1-0.76\times0.69)\times0.4}\right]^{\frac{1-0.76}{0.76\times(1-0.69)}}\times6.24$$

$$= 81.86\times10^3\ (\mathrm{m^3})$$

由式（7-71）得

$$m = 81.3\left(\frac{Q_P t_R}{W}\right)^2 = 81.3\times\left(\frac{15\times0.697}{81.86}\right)^2 = 1.33$$

将 $t_R$、$m$ 代入式（7-69）可得到 $Q_t-t$ 关系式，选择不同降雨历时 $t$ 计算出对应的 $Q_t$，见表 7-18，从而可绘制洪水过程线，如图 7-12 所示。

**表 7-18　　暴雨洪水过程线 $Q_t-t$ 关系表**

| $t$（h） | 0 | 0.1 | 0.2 | 0.3 | 0.44 | 0.5 | 0.7 | 0.8 | 1.3 | 1.8 | 2 | 2.5 | 3 | 3.5 |
|---|---|---|---|---|---|---|---|---|---|---|---|---|---|---|
| $Q_t$（m³/s） | 0 | 3.54 | 7.36 | 10.4 | 13.3 | 14.0 | 15.0 | 14.8 | 10.9 | 6.46 | 5.07 | 2.63 | 1.29 | 0.610 |

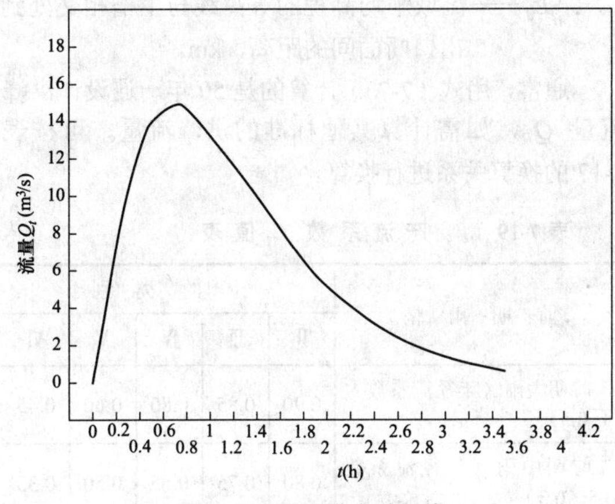


图 7-12　设计洪水过程线

# 第五节　西南地区公式法

## 一、适用范围和计算方法

西南地区公式法是铁道部第二勘测设计院根据西南地区特点制定的，适用于西南地区且集水面积 $F\leqslant50\mathrm{km}^2$ 的小流域。

设计洪峰流量：

$$Q_P = 0.278FC_1 a_P y_m \tag{7-73}$$

## 二、设计洪水过程线和洪水总量

设计洪水过程线：

$$Q_P = 0.278FC_1 a_m y \tag{7-74}$$

$$t = \tau\lambda \tag{7-75}$$

计算设计频率的暴雨径流时，采用：

$$\tau=\frac{L_3^{0.72}}{1.2A_3^{0.6}J_3^{0.21}F^{0.24}a_P^{0.24}} \tag{7-76}$$

$$\gamma=0.36a_P^{0.4}\tau \tag{7-77}$$

$$J_3=\frac{H_A-H_O}{L_0} \tag{7-78}$$

$$H_A=\frac{f_1H_1+f_2H_2+\cdots+f_nH_n}{f_1+f_2+\cdots+f_n}=\frac{\sum_{i=1}^{n}f_iH_i}{F} \tag{7-79}$$

式中 $Q_P$——设计洪峰流量，$m^3/s$；

$F$——流域面积，$km^2$；

$C_1$——径流系数（最大产流强度与最大暴雨强度之比），根据表 7-20 中土的类别从表 7-19 查取；

$a_P$——设计暴雨强度（标准常指 50 年一遇，若无现成资料，当 $F\leqslant10km^2$ 时按 $a_P=6^{n_1}S_P$ 计算；当 $F>10km^2$ 时按 $a_P=1.413F^{-0.15}6^{n_1}S_P$ 计算，其中 $n_1$ 为短历时暴雨衰减指数，$S_P$ 为雨力，mm/h），mm/h；

$y_m$——最大径流函数，根据径流因子 $\gamma$ 值从表 7-21 查取或从图 7-13 查出［图 7-13 中上排横坐标为函数 $y_m(\gamma)$中的 $\gamma$，下排横坐标为函数 $y(\lambda)$中的$\lambda$］；

$a_m$——最大暴雨强度，mm/h；

$y$——径流函数，根据径流因子$\gamma$和时间系数$\lambda$从表 7-21 或图 7-13 查出（图 7-13 中的不同线型编号为$\gamma$），未在图中列出线型的$\gamma$值对应的$y$及$y_m$可按图 7-13 内插；

$t$——时间，即过程线横坐标；

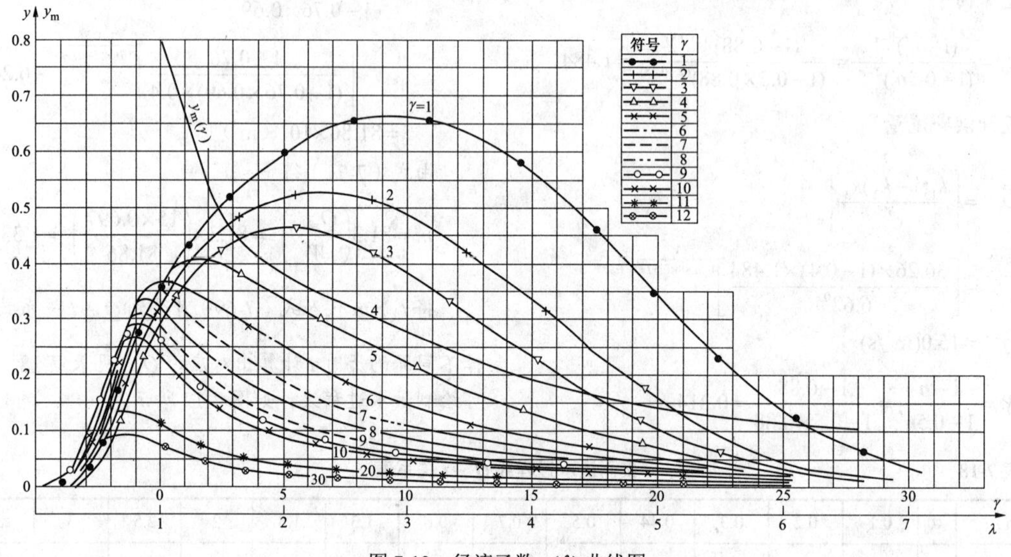


图 7-13 径流函数 $y(\lambda)$ 曲线图

$\tau$——流域最远点到达出口断面的径流运动时间，h；

$\lambda$——时间系数，“相对坐标”的横坐标，$\lambda$值可根据需要从表 7-21 中第 1 排选出；

$L_3$——从流域分水岭沿流程至出口断面距离，km；

$A_3$——阻力系数，可查表 7-22 得到；

$J_3$——流域平均坡度［可从出口断面至最远点分水岭处，沿流程绘制纵断面图（见图 7-14），按面积补偿法计算，也可按式（7-18）计算］；

$\gamma$——径流因子；

$H_A$——流域平均高程［可在地形图上用求积仪量出流域范围内相邻两等高线之间的面积 $f_i$，并根据两等高线的平均高程 $H_i$ 用式（7-79）计算得出］，m；

$H_O$——出口断面处高程，m；

$L_0$——流域平均高程的等高线与主槽相交处到出口断面间的距离，km。

通常，用式（7-73）计算的是 50 年一遇设计洪峰流量 $Q_P$，如需计算其他标准的洪峰流量，可按表 7-17 的换算关系进行换算。

**表 7-19 产流系数 $C_1$ 值表**

| 前期雨情 | 土的类别 | | | | |
|---|---|---|---|---|---|
| | Ⅱ | Ⅲ | Ⅳ | Ⅴ | Ⅵ |
| 前期大雨（年径流系数大于 0.5） | 0.90 | 0.85 | 0.80 | 0.60 | 0.45 |
| 前期中雨（年径流系数 0.5～0.3） | 0.80 | 0.75 | 0.65 | 0.50 | 0.35 |

续表

| 前期雨情 | 土的类别 | | | | |
|---|---|---|---|---|---|
| | Ⅱ | Ⅲ | Ⅳ | Ⅴ | Ⅵ |
| 前期小雨（年径流系数小于 0.3，年径流深 300mm 以下） | 0.60 | 0.55 | 0.50 | 0.40 | 0.25 |

**表 7-20　　土的类别表**

| 土的名称 | 含沙量（%） | 土的类别 |
|---|---|---|
| 黏土、肥沃黏壤土 | 5～15 | Ⅱ |
| 灰化土、森林型黏壤土 | 15～35 | Ⅲ |
| 黑土、栗色土、生草砂壤土 | 35～65 | Ⅳ |

续表

| 土的名称 | 含沙量（%） | 土的类别 |
|---|---|---|
| 砂壤土 | 65～85 | Ⅴ |
| 砂 | 85～100 | Ⅵ |

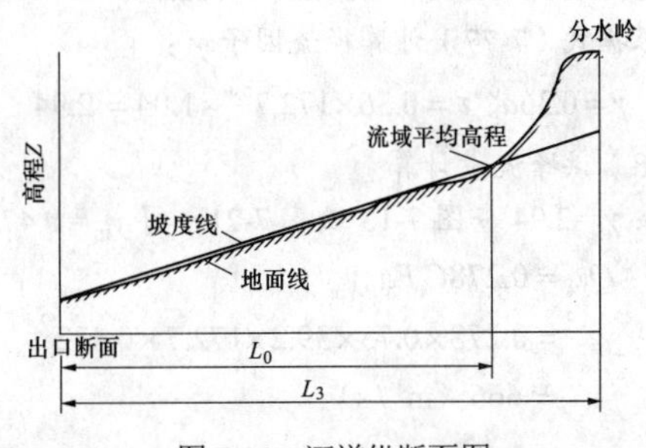


图 7-14　河道纵断面图

**表 7-21　　径流函数 $y(\lambda)$ 表**

| $\gamma$ | $\lambda$ | | | | | | | | | | | | | | | | | | | | | $\lambda_m$ | $y_m$ |
|---|---|---|---|---|---|---|---|---|---|---|---|---|---|---|---|---|---|---|---|---|---|---|---|
| | 0.2 | 0.3 | 0.5 | 0.7 | 1.0 | 1.2 | 1.5 | 1.8 | 2.0 | 2.3 | 2.7 | 3.0 | 3.3 | 3.7 | 4.0 | 4.5 | 5.0 | 5.5 | 6.0 | 6.5 | 7.0 | | |
| 1 | 0.001 | 0.002 | 0.060 | 0.200 | 0.362 | 0.425 | 0.502 | 0.564 | 0.595 | 0.633 | 0.662 | 0.665 | 0.652 | 0.61 | 0.565 | 0.465 | 0.345 | 0.235 | 0.140 | 0.070 | 0.035 | 2.36 | 0.665 |
| 2 | 0.001 | 0.002 | 0.045 | 0.165 | 0.330 | 0.390 | 0.462 | 0.504 | 0.520 | 0.530 | 0.516 | 0.490 | 0.450 | 0.385 | 0.333 | 0.245 | 0.16 | 0.09 | 0.043 | 0.017 | 0.006 | 2.34 | 0.530 |
| 3 | 0.001 | 0.002 | 0.032 | 0.131 | 0.293 | 0.360 | 0.427 | 0.462 | 0.468 | 0.459 | 0.424 | 0.386 | 0.344 | 0.284 | 0.239 | 0.167 | 0.104 | 0.057 | 0.026 | 0.009 | 0.006 | 2.01 | 0.468 |
| 4 | 0.001 | 0.005 | 0.060 | 0.195 | 0.359 | 0.407 | 0.405 | 0.365 | 0.343 | 0.307 | 0.260 | 0.228 | 0.198 | 0.162 | 0.137 | 0.099 | 0.068 | 0.042 | 0.024 | 0.010 | 0.004 | 1.32 | 0.418 |
| 5 | 0.002 | 0.007 | 0.086 | 0.243 | 0.373 | 0.362 | 0.323 | 0.279 | 0.251 | 0.217 | 0.177 | 0.152 | 0.132 | 0.108 | 0.092 | 0.069 | 0.049 | 0.033 | 0.021 | 0.010 | 0.006 | 1.01 | 0.374 |
| 6 | 0.002 | 0.011 | 0.106 | 0.266 | 0.357 | 0.320 | 0.263 | 0.216 | 0.191 | 0.162 | 0.130 | 0.111 | 0.096 | 0.079 | 0.068 | 0.052 | 0.039 | 0.027 | 0.018 | 0.010 | 0.005 | 0.96 | 0.362 |
| 7 | 0.002 | 0.015 | 0.123 | 0.277 | 0.329 | 0.277 | 0.216 | 0.173 | 0.151 | 0.128 | 0.102 | 0.087 | 0.076 | 0.062 | 0.053 | 0.042 | 0.032 | 0.023 | 0.016 | 0.010 | 0.006 | 0.91 | 0.342 |
| 8 | 0.002 | 0.018 | 0.134 | 0.274 | 0.296 | 0.243 | 0.183 | 0.144 | 0.125 | 0.105 | 0.084 | 0.071 | 0.062 | 0.050 | 0.043 | 0.034 | 0.026 | 0.019 | 0.014 | 0.010 | 0.006 | 0.86 | 0.318 |
| 9 | 0.003 | 0.020 | 0.140 | 0.265 | 0.266 | 0.212 | 0.158 | 0.122 | 0.106 | 0.088 | 0.070 | 0.060 | 0.052 | 0.043 | 0.037 | 0.028 | 0.023 | 0.017 | 0.012 | 0.010 | 0.006 | 0.84 | 0.294 |
| 10 | 0.003 | 0.020 | 0.140 | 0.260 | 0.240 | 0.190 | 0.135 | 0.108 | 0.092 | 0.075 | 0.05 | 0.050 | 0.045 | 0.040 | 0.035 | 0.025 | 0.020 | 0.015 | 0.010 | 0.008 | 0.006 | 0.82 | 0.270 |
| 20 | 0.004 | 0.020 | 0.100 | 0.14 | 0.118 | 0.090 | 0.065 | 0.045 | 0.040 | 0.035 | 0.030 | 0.022 | 0.020 | 0.015 | 0.012 | 0.011 | 0.010 | 0.007 | 0.005 | 0.005 | 0.004 | 0.76 | 0.142 |
| 30 | 0.005 | 0.020 | 0.075 | 0.095 | 0.080 | 0.060 | 0.040 | 0.035 | 0.030 | 0.02 | 0.015 | 0.014 | 0.013 | 0.010 | 0.007 | 0.005 | 0.003 | 0.002 | 0.001 | 0.001 | 0.001 | 0.76 | 0.096 |

注　表中 $\lambda_m$ 为与 $y_m$ 相对应的时间系数。

**表 7-22　　阻力系数 $A_3$ 值表**

| 分类 | 流域植被、坡面、地貌、河（沟）槽情况 | $A_3$ |
|---|---|---|
| Ⅰ | 流域内山坡陡峻，植被茂密，沟谷多旱地，河槽乱石交错，沟槽陡峻 | 1.0 |
| Ⅱ | 流域内坡面为中等密度竹林或树木，坡面多旱地，沟谷有稻田，河床为大卵石间有圆砾 | 1.0～1.5 |
| Ⅲ | 坡面有灌木杂草和旱地，沟谷中有少量稻田，河槽中等弯曲，河床为砂质或卵石 | 1.5～2.0 |
| Ⅳ | 坡面平缓，有少量小树，且坡面多为稻田及旱地，河沟较顺直，河槽为砂质夹有卵石 | 2.0～2.5 |
| Ⅴ | 坡面光秃，杂草稀少，多为稻地，有少量旱田，河槽为细砂或明显泥质，河沟顺直 | 2.5～3.0 |

［例 7-6］　某工程地点 50 年一遇设计洪峰流量及设计洪水过程线。

（1）基本资料。

某流域 $F=39.2\text{km}^2$，$L_3=13.6\text{km}$，流域及植被情况为Ⅴ类，选 $A_3=2.8$，$J_3=0.006$，查所在地区 50 年一遇暴雨 $a_P=172.7\text{mm/h}$，流域属Ⅲ类土，前期中雨，查表 7-19 得 $C_1=0.75$。

（2）参数计算。

根据式（7-76）计算汇流历时$\tau$：

$$\tau=\frac{L_3^{0.72}}{1.2A_3^{0.6}J_3^{0.21}F^{0.24}a_P^{0.24}}$$

$$=\frac{13.6^{0.72}}{1.2\times2.8^{0.6}\times0.006^{0.21}\times39.2^{0.24}\times172.7^{0.24}}=1.04\text{（h）}$$

根据式（7-77）计算径流因子$\gamma$：

$$\gamma=0.36a_P^{0.4}\tau=0.36\times172.7^{0.4}\times1.04=2.94$$

（3）洪峰流量计算。

按$\gamma=2.94$查图 7-13 或表 7-21，得$y_m=0.472$

$$Q_{2\%}=0.278C_1Fa_Py_m$$
$$=0.278\times0.75\times39.2\times172.7\times0.472$$
$$=666\text{（m}^3/\text{s）}$$

（4）洪水过程线计算。

径流因子 $\gamma=2.94$，说明径流函数 $y(\lambda)$ 处在图 7-13 中的线型 2 和线型 3 之间，根据不同的时间系数$\lambda$值（图 7-13 中径流函数的横坐标），按图 7-13 或表 7-21 内插得相应的$y$值，然后分别根据式（7-74）、式（7-75）计算各$y$值对应的$Q$值及各$\lambda$对应的$t$值，结果见表 7-23。根据表 7-23 中的$t$、$Q$绘制的 50 年一遇流量过程线如图 7-15 所示。

$$t=\lambda\tau=1.04\lambda$$

$$Q=0.278C_1Fa_Py$$
$$=0.278\times0.75\times39.2\times172.7y=1411.5y$$

**表 7-23　设计洪水过程线计算表**

| $\lambda$ | 0.2 | 0.3 | 0.5 | 0.7 | 1 | 1.5 | 1.8 | 2.03 | 2.3 | 2.7 | 3 | 4 | 5 | 6 | 7 |
|---|---|---|---|---|---|---|---|---|---|---|---|---|---|---|---|
| $y$ | 0.001 | 0.002 | 0.033 | 0.133 | 0.295 | 0.429 | 0.465 | 0.472 | 0.463 | 0.43 | 0.392 | 0.245 | 0.107 | 0.027 | 0.006 |
| $t$（h） | 0.21 | 0.31 | 0.52 | 0.73 | 1.04 | 1.56 | 1.87 | 2.11 | 2.39 | 2.81 | 3.12 | 4.16 | 5.2 | 6.24 | 7.28 |
| $Q$（m³/s） | 1.41 | 2.82 | 46.6 | 188 | 416 | 606 | 656 | 666 | 654 | 607 | 553 | 346 | 151 | 38.1 | 8.47 |

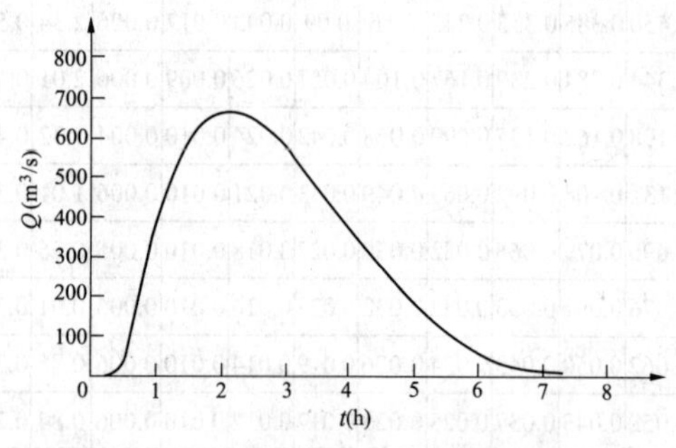


图 7-15　某流域 50 年一遇流量过程线

## 三、特殊条件下流量折减计算

### （一）水田的调蓄作用

考虑水田影响的流量为

$$Q_T=K_TQ \tag{7-80}$$

$$K_T=\phi_T^{1.1} \tag{7-81}$$

$$\phi_T=\frac{1}{(1+60f_T/a_P^{0.7})^{0.7}} \tag{7-82}$$

$$f_T=\frac{F_T}{F} \tag{7-83}$$

式中　$Q_T$——考虑水田影响的计算流量，m³/s；

$K_T$——水田折减系数；

$Q$——不考虑水田影响的计算流量，m³/s；

$\phi_T$——系数；

$f_T$——调查流域内的水田率；

$F_T$——流域内水田面积，km²；

$F$——全流域面积，km²。

### （二）水库的调蓄作用

在调查流域内水库的控制面积$F_K$，搜集设计、施工及运行资料基础上，对有水文资料的水库，按水库设计的资料做调洪计算，确定该水库对流域设计洪水的影响。对一般无设计资料、没有条件做调洪演算的水库，在设计频率内不发生溃坝的情况下，先按无水库影响计算流量，然后乘以按式（7-85）计算的$K_K$即为计算流量。

$$Q_K=K_KQ \tag{7-84}$$

$$K_K=1-\frac{(1-\beta')F_K}{F} \tag{7-85}$$

式中　$Q_K$——考虑水库影响的计算流量，m³/s；

$K_K$——水库折减系数；

$Q$——无水库影响的计算流量，m³/s；

$\beta'$——水库调洪系数，一般为 0.6～0.9，平均取 0.7；

$F_K$——水库控制流域面积，km²；

$F$——流域面积，km²。

对于多泥沙地区的小水库，一般不考虑调蓄作用。当$\beta'=0.7$时，可利用表 7-24 查取$K_K$值。

**表 7-24　$K_K$ 值 表**

| $F_K/F$ | $K_K$ | $F_K/F$ | $K_K$ | $F_K/F$ | $K_K$ | $F_K/F$ | $K_K$ |
|---|---|---|---|---|---|---|---|
| 0.05 | 0.98 | 0.20 | 0.94 | 0.35 | 0.90 | 0.50 | 0.85 |
| 0.10 | 0.97 | 0.25 | 0.92 | 0.40 | 0.88 | 0.55 | 0.81 |
| 0.15 | 0.96 | 0.30 | 0.91 | 0.45 | 0.86 | 0.60 | 0.82 |

续表

| $F_K/F$ | $K_K$ | $F_K/F$ | $K_K$ | $F_K/F$ | $K_K$ | $F_K/F$ | $K_K$ |
|---|---|---|---|---|---|---|---|
| 0.65 | 0.80 | 0.75 | 0.78 | 0.85 | 0.74 | 0.95 | 0.72 |
| 0.70 | 0.79 | 0.80 | 0.76 | 0.90 | 0.73 | 1.00 | 0.70 |

对一般小型塘坝的影响，已在前述 $A_3$ 值中考虑，不再按水库影响折减。

（三）森林的影响

森林对洪峰流量有一定的削减作用，其主要原因是：①树枝、树叶的截流作用；②枯枝、落叶、树干、树根等障碍物增大水流阻力，减慢集流速度，削减径流；③树根缝隙，林区动物孔穴及枯枝、落叶层的蓄水、保水作用。

第①项因素在考虑前期大雨的条件下影响已不显著。第②、③两项因素在选定 $A_1$ 值时已综合考虑。只有在森林茂密且前期少雨或无雨，或森林特茂密且落叶很厚、调蓄作用很大的情况下才考虑森林折减。此时可先按无森林影响计算流量，再乘以按式（7-86）计算的森林折减系数 $K_S$（也可查表 7-25）即得设计流量。

$$K_S = 1 - \frac{A}{1 + BJ_c} \times \frac{F_S}{F} \tag{7-86}$$

式中　$K_S$——森林折减系数；

$A$——系数，取 0.5；

$B$——系数，取 10.0；

$J_c$——山坡坡度；

$F_S$——流域内森林所占面积，$km^2$；

$F$——全流域内面积，$km^2$。

当山坡坡度超过 0.4 时，不论森林面积多大，均不予折减。

**表 7-25**　　**$K_S$ 值表**

| $J_c$ | $F_S/F$ | | | | | | | | | |
|---|---|---|---|---|---|---|---|---|---|---|
| | 0.1 | 0.2 | 0.3 | 0.4 | 0.5 | 0.6 | 0.7 | 0.8 | 0.9 | 1.0 |
| 0.000 | 0.95 | 0.90 | 0.85 | 0.80 | 0.75 | 0.70 | 0.65 | 0.60 | 0.55 | 0.50 |
| 0.001 | 0.95 | 0.90 | 0.85 | 0.80 | 0.75 | 0.70 | 0.65 | 0.60 | 0.55 | 0.50 |
| 0.005 | 0.95 | 0.90 | 0.86 | 0.81 | 0.76 | 0.71 | 0.67 | 0.62 | 0.57 | 0.52 |
| 0.010 | 0.95 | 0.91 | 0.86 | 0.82 | 0.77 | 0.73 | 0.68 | 0.64 | 0.59 | 0.54 |
| 0.050 | 0.97 | 0.93 | 0.90 | 0.87 | 0.83 | 0.80 | 0.77 | 0.73 | 0.70 | 0.67 |
| 0.100 | 0.97 | 0.95 | 0.92 | 0.90 | 0.87 | 0.85 | 0.82 | 0.80 | 0.77 | 0.75 |
| 0.200 | 0.98 | 0.97 | 0.95 | 0.93 | 0.92 | 0.90 | 0.88 | 0.87 | 0.85 | 0.83 |
| 0.400 | 0.99 | 0.98 | 0.97 | 0.96 | 0.95 | 0.94 | 0.93 | 0.92 | 0.91 | 0.90 |

（四）岩溶地区地表流的流量计算

岩溶地区的地表流计算是尚待进一步研究解决的问题，就目前情况，仅提出计算的初步意见，使用时应结合实际工程地点的调查情况研究采用。

1. 裂隙渗流

流域内地表无明显溶洞，但零星分布在流域部分面积上的地表裂隙发育，其溶沟、溶槽甚多，降雨时通过裂隙渗入地下并储存在裂隙中，因此流域内就有部分面积不产生地表径流，这部分面积还要损耗流经它的水量。因此该流域对于地表流的产流面积实为 $F_c$，其计算公式为

$$F_c = EF \tag{7-87}$$

$$Q_P = 0.278 F_c K_1 C_1 a_P y_m \tag{7-88}$$

式中　$F_c$——实际产流面积，$km^2$；

$E$——裂隙面积率；

$F$——流域面积，$km^2$；

$Q_P$——设计洪峰流量，$m^3/s$；

$K_1$——径流损耗系数，采用 0.85（相当于把土的类型提高一级，原因是不产流的部分面积要损耗流经它的水量）；

$C_1$——径流系数（最大产流强度与最大暴雨强度之比）；

$a_P$——设计暴雨强度，mm/h；

$y_m$——最大径流函数。

2. 消水溶洞

（1）在流域内有消水溶洞，其消水能力较大，洪水时能使消水溶洞截流面积 $F_0$ 的来水量全部流入地下，则流域的产流面积与流量为

$$F_c = F - F_0 \tag{7-89}$$

$$Q_P = 0.278 F_c C_1 a_P y_m \tag{7-90}$$

式中　$F_c$——实际产流面积，$km^2$

$F$——流域面积，$km^2$；

$F_0$——消水溶洞截流面积，$km^2$；

$C_1$——径流系数（最大产流强度与最大雨强

之比）；

$a_P$ ——设计暴雨强度，mm/h。

（2）消水溶洞只能把封闭洼地截流面积的部分水量全部流入地下，而部分水量还要从洼地溢出汇入河沟时，可把该流域看作无消水溶洞计算径流过程，再减去消水溶洞消水过程。其中消水过程可通过观测或洪水调查分析计算求得。

3. 出流洞

流域内有出水溶洞，地下径流在本流域出露时，可把本流域的径流过程和出水过程相加，即得实际径流过程。

4. 混合径流

上述几种类型的部分组合或全部组合出现在某一流域内时，可按组合情况进行径流过程的组合叠加，从而求得本流域的径流过程。

## 四、特小流域设计洪峰流量计算

根据工程实践，广西电力设计院有限公司对西南地区的计算方法做了简化，去掉一些复杂的因子，导出了既简化计算又能保证精度的计算方法。此方法适用于流域面积小于 1km² 的特小流域的设计洪水计算。现介绍如下。

广西电力设计院有限公司结合推理公式的原理，根据特小流域洪水的特性，将式（7-73）简化为

$$Q_P = 0.278FC_1h_{\tau P} / \tau \tag{7-91}$$

式中 $Q_P$ ——设计洪峰流量，m³/s；

$F$——流域面积，km²；

$C_1$——径流系数（最大产流强度与最大雨强之比）；

$h_{\tau P}$ ——$\tau$ 时段内频率为 $P$ 的降雨量，mm；

$\tau$——流域最远点到达出口断面的径流运动时间，h。

西南地区简化公式（7-91）考虑了西南地区公式法中结合地形、地貌、植被、土壤等计算参数的特点，但略去了原计算方法的一些计算繁杂的因素。结合流域面积小于 1km² 的特小流域的汇流特点，流域汇流时间远小于 1h，而采用计算汇流时间内的降雨量 $h_P$ 来推求洪峰流量是符合实际的，该方法以反映流域特征的产流系数 $C_1$ 来反映推理公式中的下渗因素。

［例 7-7］ 某电厂灰场坝址处 100 年一遇洪峰流量计算。

某电厂灰场坝址以上流域：$F$=0.36km²，$L$=0.89km，$J$=0.2756，流域及植被情况为Ⅱ类，选 $A_3$=1.2，计算坝址处 100 年一遇洪峰流量。

（1）计算 $a_P$。

由当地水文图集查得暴雨特征值，进行频率计算得：

100 年一遇 10min 降雨量 $H_{10\min}$=41.2mm

100 年一遇 1h 降雨量 $H_1$=102.2mm

100 年一遇 6h 降雨量 $H_6$=215.6mm

100 年一遇 24h 降雨量 $H_{24}$=343.8mm

由式（6-30）计算 $n_1$ 得：

$$n_1 = 1+1.285\lg(H_{10\min}/H_1) = 1+1.285\times\lg(41.2/102.2)=0.49$$

由式（6-31）计算 $n_2$ 得：

$$n_2 = 1+1.285\lg(H_1/H_6) = 1+1.285\times\lg(102.2/215.6)=0.58$$

由式（6-32）计算 $n_3$ 得：

$$n_3 = 1+1.661\lg(H_6/H_{24}) = 1+1.661\times\lg(215.6/343.8)=0.66$$

采用式（6-25）计算 $S_P$，据本节中 $a_P$ 的计算方法得：

$$a_P = 6^{n_1}S_P = 6^{n_1}\frac{H_{24P}}{4^{1-n_3}6^{1-n_2}} = 6^{0.49}\times\frac{347.1}{4^{1-0.66}6^{1-0.58}} = 243\ (\text{mm/h})$$

也可查当地暴雨强度等值线图得到该地区 100 年一遇 $a_P$。

（2）采用式（7-76）计算 $\tau$。

$$\tau = \frac{L_3^{0.72}}{1.2A_3^{0.6}J_3^{0.21}F^{0.24}a_P^{0.24}} = \frac{0.89^{0.72}}{1.2\times1.2^{0.6}\times0.2756^{0.21}\times0.36^{0.24}\times243^{0.24}} = 0.308\ (\text{h})$$

即 $\tau$=18.5min。

（3）据式（7-1）计算 $\tau$ 时段内的 100 年一遇降雨量。

$$h_{\tau P} = H_{10\min}(\tau/10)^{1-n_1} = 41.2\times(18.5/10)^{1-0.49} = 56.4\ (\text{mm})$$

（4）计算洪峰流量。

流域属Ⅲ类土，前期中雨，查表 7-19 得 $C_1$=0.75，则由式（7-91）计算得灰场坝址处 100 年一遇的洪峰流量

$$Q_P = 0.278FC_1h_{\tau P}/\tau = 0.278\times0.36\times0.75\times56.4/0.308 = 13.7\ (\text{m}^3/\text{s})$$

# 第六节 地区经验公式法

水文要素受地理和气候因素影响，具有明显的地区性。根据一个地区内的小流域实测和调查的暴雨洪水资料，直接建立主要影响因素与洪峰流量间的经验相关方程，此即洪峰流量地区经验公式。工程所在的小流域若缺少观测资料，可根据已建立的地区经验公

式计算水文参数和洪峰流量等水文要素。此类地区经验公式水利、交通部门应用很广，可向当地水利部门搜集或从该地区水文手册中查取。

## 一、以流域面积为参数的地区经验公式

$$Q_P = C_P F^N \tag{7-92}$$

式中 $Q_P$——设计洪峰流量，$m^3/s$；

$N$、$C_P$——经验指数和系数，随地区和频率而变化，可在各省区的水文手册中查到；

$F$——流域面积，$km^2$。

## 二、包含降雨因素的多参数地区经验公式

1. 安徽省山丘区中小河流洪峰流量经验公式

$$Q_P = C_P h_{24,P}^{1.21} F^{0.73} \tag{7-93}$$

式中 $Q_P$——设计洪峰流量，$m^3/s$；

$C_P$——经验系数，随地区和频率而变化，可在该省的水文手册中查到；

$h_{24,P}$——设计频率为$P$的24h净雨量，mm；

$F$——流域面积，$km^2$。

该省把山丘区分为四种类型，即深山区、浅山区、高丘区、低丘区，其$C_P$值分别为 0.0541、0.0285、0.0239、0.0194。24h设计降雨量$P_{24,P}$按等值线图查算，并通过点面关系折算而得。深山区设计净雨量$h_{24,P}=P_{24,P}-30$，浅山区、丘陵区设计净雨量$h_{24,P}=P_{24,P}-40$。

2. 西藏公路部门经验公式

$$Q_{cP} = CF^{0.74}H^{1.37} \tag{7-94}$$

式中 $Q_{cP}$——设计流域计算断面多年平均洪峰流量，$m^3/s$；

$C$——经验系数（取0.00015～0.0002）；

$F$——流域面积，$km^2$；

$H$——流域多年平均降雨量，mm。

由式（7-94）计算设计流域计算断面多年平均洪峰流量后，再根据地区水文手册查出当地的变差系数$C_V$和偏态系数$C_S$，由此计算出不同频率的设计洪峰流量。

# 第八章　泥沙与河床演变

在水流与河床交互作用的过程中，许多情况下，泥沙运动起着纽带作用。换句话说，在很多情况下，水流与河床的交互作用要通过泥沙运动体现出来。例如，在一种情况下，通过泥沙的淤积，使河床抬高；而在另一种情况下，通过泥沙的冲刷，使河床降低。事实上，泥沙有时可能是河床的组成部分，有时又是河水（浑水）的组成部分，在运动过程中，从矛盾的一个方面转化到矛盾的另一方面。

电力工程取水构筑物地点选择时，宜选在岸滩基本稳定、泥沙来源少的岸段，避开高含沙量的水流，需要对河流泥沙运动特性、泥沙特征值、冲淤状态及位置等进行收集资料或实测并综合分析，从而为取水口地点的选择提供支持。输电线路跨越河流时，需要对跨越河段未来 30～50 年河段稳定性进行分析，选择相对稳定河段进行跨越，如果输电线路无法一档跨越河流，需要在河滩上或主槽中立塔，应该分析滩地特性、河流深泓摆动范围及塔位处可能出现的横向冲刷幅度和最大纵向冲刷深度，从而保证塔位安全稳定。

综上所述，泥沙与河床演变在电力工程中占据着重要地位，需要深入探讨。本章第一节为泥沙分析，首先对泥沙特性进行分析，然后对悬移质、推移质估算进行了详细介绍。第二节对河段稳定性分析进行了介绍，采用简化公式并结合经验对河段稳定性进行了判别，并分析了人类活动对河段稳定性的影响。第三节为河床变形计算，分别对一维变形计算公式和二维变形计算公式进行了详细介绍，并给出了河床变形极限状态估算和水库淤积估算公式。第四节为河床冲刷计算，对天然冲刷、一般冲刷、局部冲刷进行了分析或介绍了计算公式。

## 第一节　泥　沙　分　析

河流中运动着的泥沙，就其来源可分为两大类：一类是流域侵蚀而来；另一类是河床冲刷而来。在运动过程中，两者有着置换作用。此外，在干旱季节遇到暴风的时候，常常尘土飞扬，被卷起的尘沙在河道上空沉落下来，也能增加河流的泥沙，但由于数量很少，对河流泥沙影响不大。

流域侵蚀是与暴雨、气候、土壤、地貌有关的。暴雨又为侵蚀的主要动力因素。一般暴雨的雨滴从高空降落到地面上，最大速度可达 8m/s 以上，具有很大的冲力，可以使地面上的土粒从原来位置脱离开来。如果暴雨区域的土壤结构松散，植物覆被较差，水土流失就比较严重。地形对流域侵蚀也起着重要的作用，在同样条件下，地形陡峻的区域自然比平坦的要流失更多的土壤。由于流域侵蚀作用，将地表土壤大量带入山涧、沟壑和小溪，最后汇入江河，成为水流夹带泥沙的主要组成部分。此外，人类活动也起着重要作用，例如坡面的盲目开垦会加速水土流失；流域上游大量塘坝、梯田、植树造林等水土保持工程，可以起到蓄水拦沙、减少水土流失的作用。

### 一、泥沙特性

泥沙特性对河流泥沙的冲刷、输移和沉积过程具有直接影响，因此，有必要对泥沙特性有所了解。

（一）泥沙分类

从不同角度出发，泥沙具有不同的分类方法，其中按泥沙粒径进行分类的方式是当前采用的主要分类方式。

泥沙的粒径大小与泥沙的水力学特性和物理化学特性有密切关系，不同粒径级的颗粒所形成的土壤具有不同的力学性质。泥沙在水流中的输移方式和沉降规律等，与泥沙粒径有着密切的关系。不同粒径级的颗粒具有不同的矿物组成与不同的物理化学特性。例如，泥沙的密度、颗粒形态、颗粒表面吸附水膜对泥沙运动的影响等，均与泥沙粒径有直接关系。

通常将泥沙按粒径大小分类。河流泥沙粒径分类见表 8-1。

表 8-1　　河流泥沙粒径分类　　(mm)

| 漂石 | 卵石 | 砾石 | 砂粒 | 粉沙 | 黏粒 |
|---|---|---|---|---|---|
| >250.0 | 16.0～250.0 | 2.0～16.0 | 0.062～2.0 | 0.004～0.062 | <0.004 |

（二）泥沙粒径

泥沙粒径的大小常用颗粒的直径 $d$ 来表示，简称粒径，单位是 mm。由于天然泥沙形状不规则，需要采用不同的分析计算方法来确定泥沙粒径。根据分析计算方法的差异，确定泥沙粒径大小一般有等容粒径、平均粒径、筛分粒径和沉降粒径等。

若泥沙颗粒与球体具有同样的体积，则该球体的直径称为泥沙等容粒径，反推求得等容粒径见式(8-1)。

$$d=\left(\frac{6V}{\pi}\right)^{\frac{1}{3}} \tag{8-1}$$

式中　$d$——泥沙等容粒径，mm；

$V$——泥沙颗粒体积，$mm^3$。

由于等容粒径需要测定泥沙颗粒的质量或体积，因此它只适用于粗颗粒泥沙。除等容粒径外，泥沙的粒径也可用长、中、短三轴（分别用 $a$、$b$、$c$ 表示）的平均值来代表泥沙粒径，称为平均粒径，又分为算术平均粒径和几何平均粒径，分别用式（8-2）和式（8-3）表示。

$$d_0=\frac{1}{3}(a+b+c) \tag{8-2}$$

$$d_0=\sqrt[3]{abc} \tag{8-3}$$

式中　$d_0$——泥沙平均粒径，mm；

$a$——泥沙粒径长轴长度，mm；

$b$——泥沙粒径中轴长度，mm；

$c$——泥沙粒径短轴长度，mm。

根据大量粗颗粒泥沙的统计分析，泥沙的中轴长度与算术平均粒径及等容粒径比较接近，显然，平均粒径也只适用于粗颗粒泥沙。

实际工作中，粒径在 0.062～32.000mm 的泥沙颗粒不易直接量测其体积或其长、中、短三轴长度，一般采用筛分法，筛分法得到的是介于上下两筛之间的平均粒径，例如泥沙颗粒能通过孔径为 $d_1$ 的筛，但不能通过孔径为 $d_2$ 的筛，此时泥沙颗粒的平均粒径是 $(d_1+d_2)/2$ 或 $\sqrt{d_1d_2}$，又称为筛分粒径，筛分粒径与泥沙颗粒的中轴长度或等容粒径比较接近。

对于粒径在 0.062mm 以下的粉沙和黏粒，一般采用沉降法反推求得相当的球体直径。沉降法的原理是因为单个球形泥沙颗粒在静止清水中下沉时，其沉降速度与球体直径及密度之间可以建立沉速公式，根据沉降法得到的泥沙粒径称为沉降粒径。沉降法分为比重计法、粒径计法、吸管法等。

（三）泥沙颗粒级配曲线及其特征值

河流中的泥沙往往是由大小不等的非均匀沙组成。通过颗粒分析，得出沙样中各粒径级的质量和小于不同粒径的总质量。泥沙颗粒级配曲线，由颗粒分析资料绘制而成。其方法是求出各级粒径的质量及其占总质量的百分数 $\Delta P_i$，以各级（小于相应粒径的）累积质量百分数 $\sum\Delta P_i$ 为纵坐标，泥沙平均粒径 $d_i$ 为横坐标（通常都画在半对数坐标纸上），即可绘成泥沙颗粒级配曲线，如图 8-1 所示。

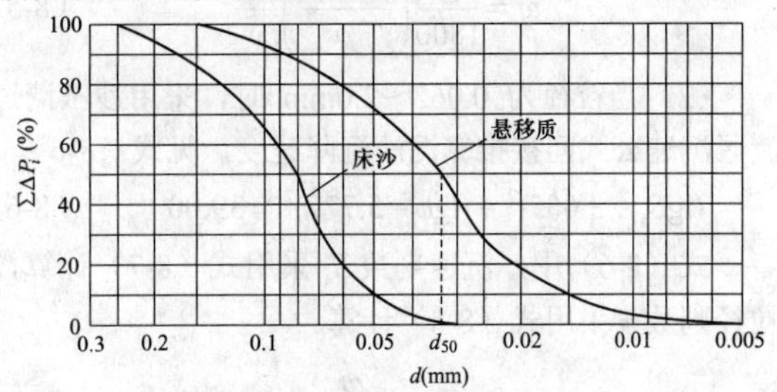


图 8-1　泥沙颗粒级配曲线

从图 8-1 中可以直接查出粒径的大小，还可以根据泥沙颗粒级配曲线确定特征值。常用特征值有中值粒径和平均粒径两种。

（1）中值粒径 $d_{50}$：泥沙颗粒级配曲线上与纵坐标累积质量百分数 50%相应的粒径。

（2）平均粒径 $d_0$：把一个泥沙样按粒径大小分成若干组，定出每组的上下极限粒径 $d_{max}$ 与 $d_{min}$，以及这一组泥沙在整个沙样中所占质量百分比 $P_i$，然后求出各组泥沙的平均粒径 $d_i\left\{d_i=(d_{max}+d_{min})/2\right.$ 或 $\left.d_i=\left[d_{max}+d_{min}+(d_{max}d_{min})^{\frac{1}{2}}\right]/3\right\}$，再用加权平均法求出整个泥沙的平均粒径 $d_0$，如令分组的数目为 $n$，则沙样的平均粒径见式（8-4）。

$$d_0=\left(\sum\nolimits_{i=1}^{n}P_id_i\right)/100 \tag{8-4}$$

式中　$d_0$——泥沙平均粒径，mm；

$n$——分组数；

$P_i$——分组泥沙在整个沙样中所占质量百分比，%；

$d_i$——分组泥沙平均粒径，mm。

（四）泥沙密度

泥沙密度是单位体积内密实的（没有空隙）泥沙的质量，又称单位质量或重率，常用符号 $\gamma_s$ 表示。由于构成泥沙的岩石性质不同，泥沙密度也不相同。石英和长石是组成泥沙的两种最主要母矿，所以组成泥沙的成分虽然复杂，但其密度一般为 2.6～2.7g/cm³，实际使用中一般河流泥沙的密度可采用 2.65g/cm³。

（五）泥沙沉降速度

泥沙在静止的清水中等速下沉的速度叫泥沙沉降速度，简称沉速，由于粒径越粗，沉降速度越大，因此沉降速度又名水力粗度，常用单位为 cm/s。

泥沙沉降速度计算公式较多，选用公式时应分析适用条件、影响的因素，针对工程的泥沙特性多做比较分析。按粒径大小可分别选用式（8-5）、式（8-6）和式（8-9）。

（1）当粒径等于或小于 0.062mm 时，采用司托克斯沉降公式计算泥沙沉降速度，见式（8-5）。

$$\omega=\frac{g}{1800}\left(\frac{\rho_s-\rho}{\rho}\right)\frac{d^2}{v} \tag{8-5}$$

（2）当粒径为 0.062～2.0mm 时，采用沙玉清过渡区沉速公式间接推算泥沙沉降速度，见式（8-6）。

$$(\lg S_a+3.665)^2+(\lg\varphi-5.777)^2=39.00 \tag{8-6}$$

式（8-6）中，沉速判数 $S_a$ 采用式（8-7）计算，粒径判数 $\varphi$ 采用式（8-8）计算。

$$S_a=\frac{\omega}{g^{1/3}v^{1/3}\left(\frac{\rho_s-\rho}{\rho}\right)^{1/3}} \tag{8-7}$$

$$\varphi=\frac{g^{1/3}d\left(\frac{\rho_s-\rho}{\rho}\right)^{1/3}}{10v^{2/3}} \tag{8-8}$$

式中 $\omega$——泥沙沉降速度，cm/s；
$g$——重力加速度，cm/s²；
$\rho_s$——泥沙的密度，g/cm³；
$\rho$——水的密度，g/cm³；
$d$——颗粒粒径，mm；
$v$——液体运动黏滞系数，cm²/s；
$S_a$——沉速判数；
$\varphi$——粒径判数。

（3）当粒径大于 2.0mm 时，采用牛顿紊流区沉降公式计算泥沙沉降速度，见式（8-9）。

$$\omega=0.557\sqrt{\frac{\rho_s-\rho}{\rho}gd} \tag{8-9}$$

式中 $\omega$——泥沙沉降速度，cm/s；
$\rho_s$——泥沙的密度，g/cm³；
$\rho$——水的密度，g/cm³；
$g$——重力加速度，cm/s²；
$d$——颗粒粒径，mm。

在许多情况下，泥沙沉降速度反映着泥沙在与水流交互作用时对机械运动的抗拒能力，组成河床的泥沙沉速越大，则沉淀的倾向越强。泥沙沉降速度是挟沙水流的一个重要水力学特性，对细颗粒泥沙来说，其粒径大小又需通过泥沙沉降速度加以确定，所以泥沙沉降速度的测定具有重要的实际意义。

［例 8-1］ 江苏常熟二发电厂水工建筑物河段泥沙特性分析。

常熟电厂二发电厂水工建筑物河段属长江澄通河段徐六泾节点段，上接狼山沙水道，下接白茆沙水道。长江平均每年向下游输送 $4.72\times10^8$t 泥沙，年平均输沙率为 15.0t/s，年平均含沙量为 0.53kg/m³，输沙量年内分配不均，7～9 月份输沙量占全年的 58%，12 月～次年 3 月仅占 4.2%，7 月份平均输沙率达 39.6t/s，1 月份仅为 1.14t/s。

本河段洪水期含沙量大于枯水期，据 1999 年 9 月实测资料分析，水工建筑物下游 2.7km 处实测最大测点含沙量为 4.14kg/m³。本河段河床质泥沙较细，粒径大小分布不均，主槽河床质较粗，滩面泥沙较细，中值粒径 $d_{50}$ 为 0.12～16mm；悬移质中值粒径 $d_{50}$ 为 0.005～0.01mm。河槽变化主要由底沙推移运动所致。

## 二、悬移质

### （一）含沙量及其特征值

含沙量为单位浑水体积内所含的干沙质量，见式（8-10）。

$$\rho=G/V \tag{8-10}$$

式中 $\rho$——含沙量，kg/m³ 或 g/m³；
$G$——水样体积（$V$）内浮沙的质量，kg 或 g；
$V$——水样体积，m³。

悬移质含沙量的特征值包括断面平均最大含沙量、多年平均含沙量、日平均含沙量累积频率曲线和沙峰过程线等。

1. 断面平均最大含沙量

断面平均最大含沙量的计算可分为有充分实测含沙量资料和实测含沙量资料不足两种情形。

（1）当有充分实测含沙量资料时，可直接从资料中选取断面平均最大含沙量。

（2）当实测含沙量资料不足时，如实测流量资料较多时，可用同期实测洪峰流量与沙峰点绘关系图，以延长沙峰资料；如关系图中点据不够密集时，可采用年、季或月的关系点入图中作参变量，也可采用第一次洪峰与沙峰的关系，定出关系线。

（3）如果电厂取水口附近没有实测含沙量资料，可借用本流域上下游或相邻相似流域的资料，供设计参考。

(4) 当只有几年资料，又无法相关或参考别的资料时，可从资料中挑选出最大值提供设计使用，但必须同时指出其资料的代表性。

2. 多年平均含沙量

多年平均含沙量计算可分为有充分实测资料和无实测资料两种情形。有充分实测资料时，直接计算得多年平均含沙量。如无实测资料，可按以上方法相关或借用相似河流资料等。

3. 日平均含沙量累积频率曲线

日平均含沙量累积频率曲线，可根据多年实测含沙量资料，选取设计需要的典型年（如多沙年、平沙年和少沙年）进行统计，即将日平均含沙量资料分级，按日统计并以总日数除之，算出各级的频率（百分数），点绘成日平均含沙量累积频率曲线。

4. 沙峰过程线

有较长的实测资料时，可采用与推求设计洪水类似的方法，对各时段的输沙量直接做频率计算，然后选定实测的典型沙峰过程线进行缩放，以求得设计沙峰过程线。选择典型年时所采用的原则大体与选择径流典型年的原则相同。

当附近河段实测资料短缺时，可结合上下游或相似河流较长实测资料建立联系，或根据实测资料建立时段洪量与沙量关系，然后由设计洪水过程线转化成设计沙峰过程线。

推算出设计沙峰过程线以后，必须做合理性分析，可结合流域的暴雨成因、地区分布、泥沙来源和河流各河段的输沙情况做分析检查。

（二）悬移质输沙量估算

悬移质输沙量即某时段内通过某过水断面的泥沙总量，见式（8-11）。

$$W_s = g_s T \tag{8-11}$$

式中 $W_s$——悬移质输沙量，kg 或 t；

$g_s$——悬移质输沙率，kg/s 或 t/s；

$T$——时段，s。

一般河流的输沙量多集中在汛期的几个月内，可占全年总沙量的 60%以上。在汛期由于流域表土冲刷，悬移质泥沙颗粒较细，而低水时泥沙来自河床本身，悬移质泥沙颗粒较粗。但不少河流仅汛期有悬沙，而枯水时期河中无悬沙。悬移质输沙量估算分为有长期实测资料、实测资料不足和没有实测资料三种情形。

1. 有长期实测资料时

当设计站具有 10～15 年的实测悬移质资料时，可直接计算出多年平均输沙量（悬移质正常输沙量），见式（8-12）。

$$W_{s0} = \frac{\sum W_s}{n} \tag{8-12}$$

式中 $W_{s0}$——悬移质多年平均输沙量，kg 或 t；

$\sum W_s$——各年悬移质输沙总数，kg 或 t；

$n$——年数。

2. 实测资料不足时

当实测资料不足时，一般可通过本站或参证站的年平均流量与年平均输沙率、汛期平均流量与年平均输沙率或月平均流量与月平均输沙率建立相关，以及相似流域年（月）输沙量相关延长，有时久旱后第一次较大流量与最大输沙率相关关系也较好，选择以上相关关系中较好的关系展延，然后再按式（8-12）计算悬移质正常输沙量。

如仅有 1～2 年实测资料，又无法建立相关，可以考虑用粗略的比值估算法。比值估算法假设年输沙率与年平均流量之比值为常数，采用式（8-13）进行计算。

$$g_{s0} = \frac{Q_0 g_{si}}{Q_i} \tag{8-13}$$

式中 $g_{s0}$——悬移质平均输沙率，kg/s；

$Q_0$——平均径流量，$m^3/s$；

$g_{si}$——实测年份悬移质输沙率，kg/s；

$Q_i$——相应实测年份年平均流量，$m^3/s$。

除利用本站的径流量与输沙率建立联系外，也可考虑选择自然地理条件相似的参证站来建立联系，展延系列。

3. 没有实测资料时

当没有实测资料时，目前可采用地区分布图法、水文比拟法、沙量平衡法来估算多年平均悬移质输沙量，但是更切合实际的公式或方法仍有待今后继续总结。

(1) 地区分布图法。各省区编印的水文手册大都有本地区多年平均的侵蚀模数分区图、多年平均含沙量分区图及悬移质输沙模数等值线图，从分区图或等值线图上查算出设计流域的侵蚀模数（按等值线求平均数，用面积加权）后，用式（8-14）计算输沙量。

$$W_{s0} = M_s F \tag{8-14}$$

式中 $W_{s0}$——悬移质平均输沙量，kg 或 t；

$M_s$——侵蚀模数，$t/(km^2 \cdot a)$；

$F$——流域面积，$km^2$。

计算时首先应按流域面积在等值线图上进行分区，以分区中心处的输沙模数乘以该区面积，得输沙模数相等的分区年平均来沙量，由各分区年平均输沙量相加，即得流域平均输沙量。但由于各地区绘制等值线图时所使用的资料年限长短不一，因此在应用时必须了解其代表性，如资料有偏大或偏小的情况，则应根据其偏离程度做适当修正。此外，还应注意，这些侵蚀模数图大都根据大、中河流现有水文资料绘制而成，应用在小流域时，要考虑下垫面特点，用含沙量与流域面积之间关系做适当修正。

（2）水文比拟法。在选择参证流域时，除考虑两流域在气候、土壤、水文地质、地形、植被等自然地理条件的相似外，还要考虑大规模人类活动对输沙量的影响。

对于选定的相似参证流域，可将其多年平均侵蚀模数直接移用到设计流域，推求多年平均悬移质输沙量，其计算公式同式（8-14）。

（3）沙量平衡法。当设计断面缺乏实测资料，而上游干流及其相邻支流具有实测资料时，应用多年沙量平衡方程来推算该断面的多年平均年输沙量，见式（8-15）。

$$\overline{W_s} = \overline{W_{s1}} + \overline{W_{s2}} + \overline{W_{s3}} + \overline{\Delta s} \tag{8-15}$$

式中 $\overline{W_s}$ ——设计断面的多年平均年输沙量，t；

$\overline{W_{s1}}$ ——上游站断面处的多年平均年输沙量，t；

$\overline{W_{s2}}$ ——上游站与设计断面间区间流域多年平均年输沙量（较大支流除外），t；

$\overline{W_{s3}}$ ——上游站与设计断面间较大支流多年平均输沙量，t；

$\overline{\Delta s}$ ——上游站与设计断面间沿河道的多年年平均冲刷量（如为淤积取负值），t。

其中 $\overline{W_{s2}}$ 和 $\overline{\Delta s}$ 一般可由历年资料估算其大致范围，若根据当地情况，认为数量不大时，也可略去不计。这种方法可用来做成果合理性分析，综合分析全流域各断面沙量计算成果，检查逐年的和多年的沙量平衡情况。

（三）水流挟沙能力计算

水流挟沙力指在一定的水流条件（流量、含沙量、泥沙组成、水面比降、水的密度、水的黏性）及边界条件（水面宽、水深、河床形态、河床组成、河底比降）综合作用下，水流能够携带的下泄沙量。

上游来沙量如果大于本河段的挟沙能力，就发生淤积；如果小于本河段的挟沙能力，就发生冲刷。水流挟沙能力是介于冲刷和淤积之间的相对平衡状态的断面平均含沙量，用式（8-16）表示。

$$S_* = f(\text{水力条件，泥沙条件}) = f\left(\frac{v^2}{gR}, \frac{v}{\omega_s}, \frac{d}{R}, \frac{\rho_s - \rho}{\rho}\right) \tag{8-16}$$

式中 $S_*$ ——水流挟沙能力，kg/m³；

$v$ ——断面平均流速，m/s；

$g$ ——重力加速度，cm/s²；

$R$ ——水力半径或断面平均水深，m；

$\omega_s$ ——泥沙颗粒的静水沉速，m/s；

$d$ ——泥沙平均粒径，m；

$\rho_s$ ——泥沙的密度，kg/m³；

$\rho$ ——水的密度，kg/m³。

水流挟沙能力公式按其处理方法的不同可以分为两大类：一类仅考虑全断面或全垂线的平均水流挟沙能力，将水流挟沙能力作为一维问题处理；另一类是先推求饱和状态点含沙量的沿垂线分布，再据以推求垂线单宽输沙率，进而推广到全断面，将所得垂线单宽输沙率或断面输沙率除以单宽流量或总流量得到平均含沙量，这种方法将水流挟沙力作为二维问题处理。由于一维处理方式的水流挟沙能力公式形式简单、计算方便，能够保证一定精度，目前在生产实践中得到广泛应用，因此这里只介绍一维处理方式的水流挟沙能力公式。

目前，推求一维水流挟沙力公式常用两种方法，一种为半理论法，另一种为经验法。半理论法主要从挟沙水流的能量平衡原理出发，建立能量平衡方程式，导出水流挟沙能力公式的结构形式，再通过分析处于输沙平衡状态下水力泥沙因素的实测资料，定出公式中的有关参数，从而得到水流挟沙能力公式的具体形式。经验法采取的做法是，先考察影响水流挟沙力的主要因素，写出水流挟沙力的函数关系，再挑选几个量为基本变量，最后根据实测资料，采用回归分析法或图解法确定式中的系数及指数，得出经验公式表达式。

1. 半理论法

（1）张瑞瑾公式。

张瑞瑾等凭借对大量实际资料的分析和水槽中阻力损失及水流脉动速度的试验研究成果，提出悬移质具有制紊作用的观点，进行详细的推导，用 $\frac{v^2}{gR}$ 代表紊动强度，$\frac{a\omega_s}{v}$ 代表相对重力作用（$a$ 为待定系数），张瑞瑾公式为

$$S_* = K\left(\frac{v^3}{gR\omega_s}\right)^m \tag{8-17}$$

式中 $S_*$ ——水流挟沙能力，kg/m³；

$K$ ——系数；

$v$ ——断面平均流速，m/s；

$g$ ——重力加速度，cm/s²；

$R$ ——水力半径或断面平均水深，m；

$\omega_s$ ——泥沙颗粒的静水沉速，m/s；

$m$ ——系数。

张瑞瑾公式中 $K$ 和 $m$ 值不是常数，随 $\frac{v^3}{gR\omega_s}$ 改变，一般情况下系数 $K$ 和 $m$ 值应根据实际资料确定。

（2）爱因斯坦公式。

爱因斯坦（H.A. Einstein，1950）根据泥沙运动的统计理论，将悬移质与推移质及床沙结合起来考虑，得到了悬移质中的（第 $i$ 粒径组）床沙质泥沙的单宽输沙率，见式（8-18）。

$$p_{si}q_{si} = p_{bi}q_{bi}(PI_1 + I_2) \tag{8-18}$$

其中

$$P = \frac{1}{0.434}\lg\left(30.2\frac{h}{K_s/\chi}\right) \tag{8-19}$$

$$I_1 = 0.216\frac{A^{z-1}}{(1-A)^z}\int_A^1\left(\frac{1-y}{y}\right)^z \mathrm{d}y \tag{8-20}$$

$$I_2 = 0.216\frac{A^{z-1}}{(1-A)^z}\int_A^1\left(\frac{1-y}{y}\right)\ln y\mathrm{d}y \tag{8-21}$$

$$A = \frac{a}{h} \tag{8-22}$$

$$z = \frac{\omega_i}{\kappa v_*} \tag{8-23}$$

悬沙质单宽总输沙率则为各粒径组输沙率之和，即 $\sum p_{si}q_{si}$ 。

式中 $p_{si}$ ——悬移质中粒径为 $d$ 的第 $i$ 组泥沙所占百分数，%；

$q_{si}$ ——粒径为 $d$ 的悬移质单宽输沙率；

$p_{bi}$ ——推移质中粒径为 $d$ 的第 $i$ 组泥沙所占百分数，%；

$q_{bi}$ ——粒径为 $d$ 的推移质单宽输沙率；

$h$ ——水深，m；

$K_s$ ——糙率尺寸；

$\chi$ ——水力光滑区向粗糙区过渡的参数；

$A$——相对床面层厚度，m；

$z$——悬浮指数；

$a$——床面层厚度（$2d$），m；

$\omega_i$ ——粒径为 $d$ 的泥沙的沉速，m/s；

$\kappa$——卡门常数，一般取 $\kappa = 0.4$；

$v_*$ ——摩阻流速，m/s。

（3）劳尔森公式。

劳尔森（Loursen E.M.，1958）公式为

$$S_* = 10^{-2}\sum_{i=1}^{n}p_{bi}\left(\frac{d_{si}}{h}\right)^{\frac{7}{6}}\left(\frac{\tau_0'}{\tau_c}-1\right)f\left(\frac{v_*}{\omega_i}\right) \tag{8-24}$$

其中

$$\tau_0' = \frac{\rho v^2}{58}\left(\frac{d_{50}}{h}\right)^{1/3} \tag{8-25}$$

$$\tau_c = Y_c(\rho_s - \rho)d_{si} \tag{8-26}$$

式中 $S_*$ ——水流挟沙力，kg/m³；

$n$ ——泥沙分组数；

$p_{bi}$ ——床沙中第 $i$ 组泥沙所占的百分数，%；

$d_{si}$ ——第 $i$ 组泥沙的粒径，m；

$h$ ——水深，m；

$\tau_0'$ ——沙粒的床面剪切力；

$\tau_c$ ——相应于第 $i$ 粒径组泥沙的临界切应力；

$v_*$ ——摩阻流速，m/s；

$\omega_i$ ——粒径为 $d$ 的泥沙的沉速，m/s；

$v$ ——断面平均流速，m/s；

$d_{50}$ ——床沙中值粒径，m；

$Y_c$ ——与沙粒剪切力有关的参数；

$\rho_s$ ——泥沙的密度，kg/m³；

$\rho$ ——水的密度，kg/m³。

2. 经验法

由于影响水流挟沙力的因素十分复杂，运用半理论法公式计算，存在有时达不到精度要求的情况。因此，实践中广泛采取的另一方式是，针对某特定河流特定河段的实测资料分析，采用经验法建立水流挟沙能力公式。

采用经验法建立的水流挟沙力公式很多，其中多数仅以计算悬移质中的床沙质的临界含沙量（以 $S_*$ 代表）为限。但也有一部分公式，既包括床沙质，也包括冲泻质，即公式中的含沙量包括全部悬移质的含沙量（以 $S$ 代表），简称全沙含沙量。

（1）黄河干支流水流挟沙力公式。

黄河干支流水流挟沙力公式以黄河干流及部分支流（无定河、渭河、伊洛河）的实测资料为基础推导而来，见式（8-27）。

$$S = 1.07\frac{v^{2.25}}{R^{0.74}\omega^{0.77}} \tag{8-27}$$

式中 $S$ ——全沙含沙量，kg/m³；

$v$ ——断面平均流速，m/s；

$R$ ——水力半径，m；

$\omega$ ——悬移质沉速，cm/s。

（2）河渠所渠道水流挟沙力公式。

水利水电科学院河渠所曾以若干渠道的实测资料作基础，建立了水流挟沙力公式，见式（8-28）。

$$S_* = 2.34\frac{v^4}{R^2\omega} \tag{8-28}$$

式中 $S_*$——水流挟沙力，kg/m³；

$v$——断面平均流速，m/s；

$R$——水力半径，m；

$\omega$——悬移质沉速，cm/s。

（3）扎马林渠道水流挟沙力公式。

当 $0.002 < \omega < 0.008$ m/s 时

$$S_* = 0.022(v/\omega)^{3/2}(RJ)^{1/2} \tag{8-29}$$

当 $0.0004 < \omega < 0.002$ m/s 时

$$S_* = 11v(vRJ/\omega)^{1/2} \tag{8-30}$$

式中 $S_*$——水流挟沙力，kg/m³；

$v$——断面平均流速，m/s；

$\omega$——悬移质沉速，cm/s；

$R$——水力半径，m；

$J$——比降。

（4）丹江口水库水流挟沙力公式。

$$S = 0.03\frac{v^{2.76}}{h^{0.92}\omega^{0.92}} \tag{8-31}$$

式中 $S$——全沙含沙量，kg/m³；

$v$——断面平均流速，m/s；

$h$——断面平均水深，m；

$\omega$——悬移质沉速，cm/s。

用经验法确定水流挟沙力公式时，应分析公式制订所依据的实测水力泥沙资料的范围，对设计河段实际水流特性的适用性，并应区别其在床沙质、冲泻质及全沙含沙量的应用范围。有条件时，用当地实测水力泥沙资料验证所选用公式。

### （四）全输沙率计算

全输沙率包括临底层未经测量部分的泥沙及连同该层以上的实测悬沙输沙率。全输沙率计算方法有三种，分别为：①间接法，即分别计算悬移质和底部推移的输沙率，再相加起来；②直接法，直接用公式计算床沙质输沙率；③测验资料计算法，根据测验资料计算底层面以下的床沙质输沙率，与观测资料相加起来即为全输沙率。

对包括冲泻质的全输沙率计算，可按资料情况选用如下方法：①利用水文站中水偏丰年份的实测流量与输沙率关系推求年沙量；②根据流域因素利用经验相关公式估算流域产沙量；③根据水库淤积量估算流域产沙量，当库容与上游径流来量相比不是很大时，应对部分泥沙可能通过水库下泄做修正。

## 三、推移质

沿河床床面滚动、滑动或跳跃前进的泥沙称为推移质。推移质通常可划分为沙质推移质和卵石推移质两种，前者多出现在冲积平原由中细沙（也包括少量粗沙）组成的河床上，后者多出现在山区由卵石（也包括少量砾石及粗沙）组成的河床上。

推移质运动的强弱与水流强度关系极大。当流速增大时，推移质中较细部分有可能达到较大的悬浮高度而转化为悬移质；当流速减小时，推移质中较粗部分有可能沉落到河底转化为床沙。这种转化不但发生在时均水流强度发生变化的情况下，而且在时均水流强度保持恒定的情况下也会发生。

在一定的水流及床沙组成条件下，单位时间内通过过水断面的推移质数量，称为推移质输沙率。下面对均匀推移质输沙率进行介绍，均匀推移质输沙率计算公式主要有梅叶-彼德公式、沙莫夫公式、冈恰洛夫公式、窦国仁公式、陈远信公式等。

1. 梅叶–彼德公式

$$g_b = \frac{\left[\left(\frac{n'}{n}\right)^{3/2}\rho hJ - 0.047(\rho_s-\rho)d\right]^{3/2}}{0.125\left(\frac{\rho}{g}\right)^{1/2}\left(\frac{\rho_s-\rho}{\rho_s}\right)} \tag{8-32}$$

式中 $g_b$——推移质单宽输沙率，t/（s·m）；

$n'$——河床糙率系数；

$n$——河床平整情况下的砂粒阻力系数；

$\rho$、$\rho_s$——水和泥沙密度，t/m³；

$h$——水深，m；

$J$——比降；

$d$——粒径，用于非均匀沙时，粒径采用平均粒径；

$g$——重力加速度，cm/s²。

由于梅叶-彼德公式所依据的试验资料范围较广，并且包括了中值粒径达 28.65mm 的卵石试验数据，故在应用于粗沙及卵石河床时，对均匀推移质输沙率计算值的准确性比其他公式更大一些。

2. 沙莫夫公式

沙莫夫公式是目前诸公式中较简单的一种，其基本型式可分为均匀沙和混合沙两种。

（1）均匀沙计算公式为

$$g_b = 0.95\sqrt{d_{pj}}(v - v_c')\left(\frac{v}{v_c'}\right)^3\left(\frac{d_{pj}}{h}\right)^{1/4} \tag{8-33}$$

（2）混合沙计算公式为

$$g_b = ad^{2/3}(v - v_c')\left(\frac{v}{v_c'}\right)^3\left(\frac{d_{pj}}{h}\right)^{1/4} \tag{8-34}$$

$$v_c' = 3.83d^{1/3}h^{1/6}$$

式中 $g_b$ ——推移质单宽输沙率，kg/(s·m)；
$d_{pj}$ ——平均粒径，m；
$v$ ——平均流速，m/s；
$v'_c$ ——泥沙停止运动时的临界流速，m/s；
$h$ ——水深，m；
$a$ ——系数；
$d$ ——泥沙组成中最粗一组的平均粒径，m。

式（8-34）中，若粗粒占总沙样的 40%～70%，则系数 $a=3$；若粗粒占总沙样的 20%～40%或 70%～80%，则系数 $a=2.5$；若粗粒占总沙样的 10%～20%或 80%～90%，则系数 $a=1.5$。对于平均粒径小于 0.2mm 的泥沙，不能运用式（8-34）计算推移质输沙率。

3. 冈恰洛夫公式

冈恰洛夫公式为

$$g_b = 2.08d(v-v_c)\left(\frac{v}{v_c}\right)^3\left(\frac{d}{h}\right)^{\frac{1}{10}} \tag{8-35}$$

式中 $g_b$ ——推移质单宽输沙率，kg/(s·m)；
$d$ ——泥沙组成中最粗一组的平均粒径，m；
$v$ ——平均流速，m/s；
$v_c$ ——起动流速，m/s；
$h$ ——水深，m。

4. 窦国仁公式

$$g_b = \frac{0.1}{C_o^2}\frac{\rho\rho_s}{\rho_s-\rho}(v-v_K)\frac{v^3}{g\omega} \tag{8-36}$$

$$C_o = 2.5\ln\left(11\frac{h}{\varDelta}\right)$$

式中 $g_b$ ——推移质单宽输沙率，kg/(s·m)；
$C_o$ ——无尺度谢才系数；
$\rho$、$\rho_s$ ——水、泥沙的密度，kg/m³；
$v$ ——垂线平均流速，m/s；
$v_K$ ——起动流速，m/s；
$g$ ——重力加速度，cm/s²；
$\omega$ ——沉降速度，m/s；
$h$ ——水深，m；
$\varDelta$ ——河床凸起度（对于平整河床，当 $d \leqslant$ 0.05mm 时，$\varDelta=0.5$mm；当 $d>0.5$mm 时，$\varDelta=d$ 或 $\varDelta=d_{50}$），mm。

5. 陈远信公式

陈远信研究了岷江都江堰河段卵石推移质实际观测资料和模型试验资料，得出都江堰推移质输沙率公式为

$$g_b = 2.48\times10^{-3}v^{5.41}b^{1.94}\left(\frac{D_{cP}}{h}\right)^{0.78} \tag{8-37}$$

式中 $g_b$ ——砂卵石推移质输沙率，kg/（s·m）；
$v$ ——平均流速，m/s；
$b$ ——砂卵石推移质输沙带宽度，m；
$D_{cP}$ ——砂卵石推移质平均粒径，m；
$h$ ——水深，m。

应用公式计算推移质输沙率的步骤如下：①整理计算河段的水文资料得出流量与断面平均水深、水面比降、糙率及水面宽的关系，并将河道可能出现的流量范围分成若干级，分别查出对应的上述数值；②根据河道的平均水深、水面比降、糙率，计算推移质最大粒径，并认为小于此粒径的颗粒均为推移质，得出推移质级配曲线，据此查出相应的平均粒径、床沙可动百分数等值；③根据公式计算出单宽推移质输沙率 $g_b$，再乘以断面的输沙宽度即可得出对应流量下的河道推移质输沙率；④将输沙率乘以时间，得每天的输沙量，将每天的输沙量与流量建立关系供查用。

## 第二节 河段稳定性分析

河段稳定性对电厂取排水口位置和架空输电线路跨越河流位置选择具有重要影响，一般应对河段上下游进行调查分析，选择稳定的河段以利工程安全。本节首先从河段稳定性分析内容和分析方法入手，结合河段稳定性指标和河相关系，以对河段稳定性有定性判别，最后论述人类活动对河段稳定性的影响。

### 一、河段稳定性分析内容

河段稳定性分析内容主要包括河道概况资料收集、河道来水来沙条件、河段历史演变概述、河段近期演变分析和河段演变趋势分析。

（一）河道概况资料收集

河道概况资料主要收集自然地理概况资料、水文站网基本情况资料和河道基本情况资料。

1. 自然地理概况资料

自然地理概况资料包括河段所在流域地质地貌、水文气象、植被条件等自然地理概况，以及河段地理位置、河长、坡降、流域面积、支流入汇、河段内行政区划、主要城镇和社会经济概况等内容。

2. 水文站网基本情况资料

水文站网基本情况资料包括河段内和上下游主要水文站分布、基本设施和测验方式、时间等内容。

3. 河道基本情况资料

河道基本情况资料包括河道上下游两岸水工程（包括桥隧、涵闸、水库、河道或航道整治工程、港口、码头等）、险工险段及裁弯、堵汊等其他工程设施，防洪形势、两岸堤防、分蓄洪区等防洪工程体系以及各

类规划等；河道水下地形图；河段类型、平面形态，河段内江心洲、边滩、深槽、浅滩分布等；河道演变控制节点的类型、稳定性和控制作用等基本特性；河床组成；河道采砂、取土等。

上述资料可以通过水利（务）局、水文站、史（县）志、年鉴等收集得到，此外，已有工程的设计报告也是重要的资料来源渠道。

（二）河道来水来沙条件

河道来水来沙条件包括水位、流量、悬移质和推移质输沙率多年最大、最小和平均值，泥沙颗粒级配、粒径特征值，来水来沙的年际变化和年内分配，水流流速、流向，水面比降和水面线，汊道分流分沙，弯道水力泥沙特性，河流冰情等内容。如河段受上下游水利工程、裁弯或堵汊等影响，按工程建设或实施时间分时段统计。

（三）河段历史演变概述

河段历史演变概述指根据 30 年以前的历史文献、考证资料，概括描述河段的历史变化过程，或根据 30 年以前的历史测图资料或临近河段历史文献和考证资料，分析河段历史变化过程。

（四）河段近期演变分析

河段近期演变分析指根据近 30 年以内的河道实测地形图和河道演变实地调查成果，对河段近期演变进行分析，河段近期演变分析包括河段平面变化分析和河段纵向变化分析两种。

1. 河段平面变化分析

河段平面变化分析包括以下内容：

（1）河段平面形态特点及其变化。

（2）河道主流线（深泓线）沿程走向、摆动情况及其变化特点，包括年内、年际变化，主要分析河道主流线（深泓线）历年摆动的频次、方向、速度、距离、发生原因及规律，以及对洲滩变化、两岸岸线和堤防稳定可能产生的影响。

（3）岸线变化及其特点，包括河道岸线变化的速度、距离，岸线变化的原因，岸线变化给堤防带来的影响，以及岸线维护及治理的工程措施等。

2. 河段纵向变化分析

河段纵向变化分析主要分析河段深泓纵剖面年际、年内变化特点，包括以下内容：

（1）横断面变化主要统计分析河段典型横断面特征变化。

（2）深槽变化主要分析河段内深槽位置、长度、宽度、面积，最低点高程的年际、年内变化特点。

（3）弯道变化主要分析河段内弯道平面形态和水力泥沙特性等年际、年内变化特点。

（4）汊道变化主要分析河段内汊道分汊系数、分汊放宽率等分汊形态，主支汊演变、分流分沙变化特点。

（5）洲滩变化主要分析河段内边滩、江心洲、岛屿或沙洲等的位置、长度、宽度、面积，洲顶高程的年际、年内变化特点。

（6）河床冲淤变化主要根据河段地形或断面观测资料，计算河段不同时期的泥沙冲淤量及其时空分布特征。

（五）河段演变趋势分析

河段演变趋势分析指分析河段演变与水沙条件、河道边界、上下游河势等之间的关系，总结河段演变特点及主要影响因素。河段演变趋势分析需要在河段历史和近期演变分析的基础上，结合河段演变影响因素变化进行分析，必要时需要采用原型观测类比、数学模型或实体模型等方法，对河段演变趋势进行分析。河段演变趋势分析预测年限应为未来 30～50 年，以满足规程规范的要求。

## 二、河段稳定性分析方法

河段稳定性分析方法有水下地形图套绘法、遥感影像解译法、河工物理模型试验和数学模型分析法等。水下地形图套绘法需要实测的水下地形资料，由于分析河床历史演变时间跨度为 30～50 年，因此在实际工作中，经常存在水下地形实测资料不全甚至无水下地形实测资料的情况。近年来，随着遥感手段的发展和研究的深入，采用遥感影像解译结合河流动力地貌特性分析判别河段稳定性成为重要的方法，其应用有逐步扩大的趋势，实际工作需要探讨使用并加以推广，特殊情况下，采用河工物理模型试验分析判别河段稳定性也是可行的。以下将重点对水下地形图套绘法和遥感影像解译法分析判别河段稳定性进行介绍。

（一）水下地形图套绘法

采用水下地形图套绘法分析河段稳定性，首先应通过河道大断面图、河谷地貌图、地质剖面图、钻孔柱状图以及床沙粒径组成等途径掌握设计河段河床边界组成特性，然后对其来水、来沙特性的多年变化和年内变化进行分析，把收集与观测的水文泥沙资料通过各种形式的绘图充分显示水流泥沙在空间上（沿水深、河宽和流程）、时间上的分布和变化特性。

根据多年平均流量与平均输沙率分析典型年的水沙组合特性，对比分析同时段流量和含沙量过程线，绘制年径流量与输沙量离均值和累积离均值逐年变化对照图，绘制水面流态图、流速与含沙量断面分布图、垂线平均流速与含沙量平面分布图、床沙代表粒径平面分布图、含沙量与流量关系线，一次洪水过程洪峰与沙峰的对应关系。

勾绘历年河段水流动力轴线变化图，比降与流速变化过程图，水位与比降、流速图，比降、流速沿流程变化图，流速沿河宽分布图，水位-横比降关系图，环流分布图，泥沙特性（悬沙挟沙能力、含沙量、底沙输沙率、底沙粒径、悬沙粒径等）沿流程和沿断面分布图。通过上述资料可综合分析河床冲淤与水力泥沙因子之间的变化关系，根据水动力条件变化规律，推断设计河段历史和近期稳定性。

［**例 8-2**］　采用水下地形图套绘法分析输电线路跨越某河段的稳定性。

输电线路跨越某顺直型河流。跨越河道两岸建有围堤，位置固定，沿程有江心洲；河流通航，为保证枯水期通航，左右两岸均筑有束水丁坝。跨越断面上游约 39km 建有大型水利枢纽，以防洪为主兼顾发电、航运等任务。

跨越断面下游约 14km 有某水文站，可作为设计河段水文参证站。该水文站实测最大洪水发生在 1982 年，次大洪水发生在 1994 年。搜集跨越河段 1965、1975、1987、1993、1999 年共 5 年历时 34 年的 1:5000 航道图进行跨越断面和跨越河段横向和纵向变化分析，搜集水文站 1982 年和 1994 年一次大洪水前后实测大断面，对比分析大洪水对河段稳定性的影响。

1. 跨越断面多年横、纵向冲淤变化分析

以两岸固定坐标点控制，分别在各年航道图上读取跨越断面数据，得到 1965～1999 年跨越河段横断面对比图，如图 8-2 所示。

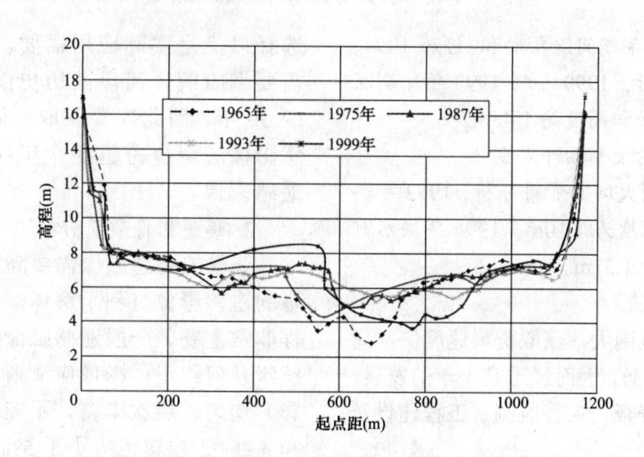


图 8-2　1965～1999 年跨越河段横断面对比图

采用断面切割法计算各年同一特征水位下的过水面积，分析各年间跨越断面总体冲淤变化、主槽、岸滩纵向和横向冲淤变化。

总体而言，1965～1999 年共 34 年里，1999 年跨越断面河床较 1965 年有所淤积，在特征水位以下共淤积了 523m²。

多年纵向冲淤变化：河床主槽最大冲刷深度 2.20m、最大冲刷宽度 290m；左滩由于沿江丁坝对泥沙运动的影响形成较大规模的淤积体，最大淤积高度达 4.88m；靠近左岸坡脚的河床由于上游丁坝局部人为破坏和人工抽砂受到一定的冲刷深度，最大冲刷深度 0.8m；右岸丁坝较短，故淤积范围和规模相对较小，靠近右岸坡的河床略有淤积，最大淤积高度 0.6m。

多年横向摆动：两岸堤顶基本未发生位移，跨越横断面横向摆动在两堤之间，岸坡总体向左偏移，左岸坡向左偏移 29m，右岸坡向左偏移 11m（右岸坡最大左移 23m，发生在 1975～1987 年），右岸河床冲淤拐点距离右岸坡脚为 82m，但河床主槽最低点向右偏移 95m。

经历了丁坝和大洪水等造床因素的影响，跨越断面河床冲淤明显。1993～1999 年主槽最大冲刷深度 2.34m、最大冲刷宽度 340m。由于跨越河流为少沙河流，较长时段未经历大洪水，河床横向沿程分布将逐渐均化，不分滩槽。

2. 跨越河段多年纵断面冲淤变化

在 1999 年航道图的跨越河段沿着主槽选定一纵断面，并在其他年份的图上的相同坐标点位置处读取高程，得到 1965～1999 年跨越河段纵断面对比图，如图 8-3 所示。

从图 8-3 可知，1999 年所选纵断面处较 1965 年同一坐标点冲刷深度深 2.72～3.02m，这是由于跨越河段上游 775m 为干流和一支流的汇合口，直接受到两江洪水的影响所致；跨越断面两岸有防洪堤约束，不受支流洪水的直接冲刷，由于沿江丁坝的作用，左右岸形成一定规模的沙滩，左岸沙滩较

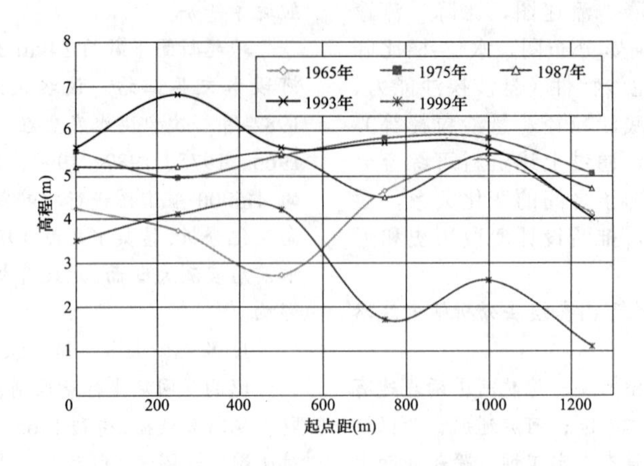


图 8-3　1965～1999 年跨越河段纵断面对比图

右岸沙滩大，1965～1993 年期间逐年淤积，经历 1994、1997 年干流大洪水冲刷后，1999 年较 1993 年冲刷深度深 1.41m，较 1965 年淤积高度高 1.48m。

3. 一次大洪水前后的大断面冲淤变化

参考下游水文站实测大断面资料分析，1982 年洪水前后产生的最大冲刷深度为 1.10m，1994 年洪水前后产生的最大冲刷深度为 1.31m。

（二）遥感影像解译法

遥感影像具有探测范围大，获取资料速度快、周期短、受地面限制少等优势，因而经过几十年的发展，目前已广泛应用于资源普查、灾害监测、工程建设及规划等各个领域。

采用遥感影像结合河流动力地貌特性分析判断河段稳定性，尤其是在缺乏资料的情况下采用此法分析，能在较短时间内提出初步判断意见，因而应用有扩大的趋势，在实际工程中应逐步探索应用，积累经验。

由于目前采用遥感影像结合河流动力地貌特性分析判断河段稳定性在电力工程领域尚处于探索应用阶段，没有系统的成文，根据资料查阅情况，采用遥感影像结合河流动力地貌特性分析判断河段稳定性主要包括遥感影像获取、遥感影像质量分析、遥感影像预处理及遥感解译内容等内容，此外，由于不同地貌解译具有不同的特点，因此对涉及河段稳定性的地貌解译特点也在此一并介绍供参考。

1. 遥感影像获取

遥感影像可以通过公共影像服务平台、存档数据或编程数据（影像）获得，在某些情况下，采用常规航空摄影或低空摄影获取遥感影像也是重要的手段。在获取遥感影像时，需要从空间分辨率、光谱分辨率、波段、成像时间等方面进行选择以满足实际应用需要。由于河段稳定性分析需要调查解译河段的历史演变过程，时间跨度至少 30 年，因此需要获取不同时相的遥感影像，遥感影像应至少跨越 3 个年代，每个年代至少 1 景遥感影像。

2. 遥感影像质量分析

获取的遥感影像需要满足实际应用需要，高质量的遥感影像有利于解译，因而影像质量对解译过程非常重要。一般遥感影像需要完成辐射校正和系统级几何纠正；影像应清晰，反差适中，色调（色彩）均匀、层次丰富，不应存在明显的噪声、斑点和坏线；云层覆盖应小于 5%，且不能覆盖重要地物；分散的云层总和不应大于 15%；相邻影像之间重叠度应不小于 4%，特殊情况下重叠度应不小于 2%。利用各类影像生成后的正射影像图应满足黑白正射影像图的灰阶不低于 8bit，彩色正射影像图灰阶不低于 24bit，灰度直方图应呈正态分布；数字正射影像图应采用非压缩的 TIFF 格式存储，数字正射影像图应带有坐标信息；数字正射影像图的地面分辨率应优于 0.0001M 图（M 图为成图比例尺分母）；整张正射影像图应色调均匀，反差、亮度适中，无明显影像拼接痕迹。

3. 遥感影像预处理

遥感影像预处理有助于辨识地物，从而有利于解译人员更好地分析判断。遥感影像预处理主要包括全色与多光谱影像，应根据地区光谱特征，通过实验选择合适的光谱波段组合进行正射纠正。对于山区，应采用严密物理模型或有理函数模型并通过 DEM 数据进行几何纠正；对于丘陵，可利用低一等级的数字高程模型（DEM）进行正射纠正；对于平地，可直接采用多项式拟合进行纠正。

多源卫星影像需要进行融合处理；采用融合方

法时优选波段组合，并保留多光谱影像的光谱信息和全色影像的纹理细节。空间位置相邻的多幅卫星影像进行镶嵌处理达到无明显错位、模糊和重影现象；保留分辨率高、时相新、云量少、质量好的影像；时相相近的影像在空间和色调上应保持连续性，纹理、色彩应过渡自然；时相相差较大、地物特征差异明显的镶嵌影像，同一地块内光谱特征保持一致。

4. 遥感解译内容

遥感解译主要内容有：标注已有和规划水利工程、取排水口、输电线路跨越河段的位置和分布；勾绘河岸线位置、长度，结合资料收集情况，判定河岸线现状；估测河岸高程与主流位置，辨识河段的河床形态与地质组成特性；判断泥沙来源，分析泥沙特性及泥沙运动特征；提取不同时相河岸线，将不同时相河岸线统一配准到同一坐标系统下，采用影像处理软件测量河岸线的平移距离，判定河段稳定性。

5. 遥感解译地貌特点

熟悉不同地貌在遥感影像上的特点，有助于解译人员更好地判断地物，虽然遥感影像地貌特点不能完全替代现场验证，但是牢记遥感影像地貌特点有助于更好更快地解译地物，从而更加准确地对河段稳定性做出判断。

（1）河流泥沙及河流作用过程的解译。在遥感影像上解译河流中的泥沙运动、河流地质作用过程，如河流的侵蚀堆积过程等是很有效的。在可见光图像上，流动的水呈较浅的色调，而静止的水呈较深的色调。在多光谱成像仪波段5（MSS-5）遥感影像上可以分辨出河流中悬移质泥沙的运动，它们一般都具有一缕较浅的色调影像。通常根据色调特征还可解译河流中泥沙的相对含量，色调越浅表示水中含悬移质泥沙越多，浅色调是泥沙反射波谱强的反映。例如长江在洪水期就有很强的泥沙流注入洞庭湖，这种现象在遥感影像上十分醒目，在MSS-7近红外图像上，河流中的水表现为深色调，河床中推移质表现为浅色调，因此根据色调的深浅变化，也可解译推移质的运行情况。此外，河流两岸的泛区，淤泥质的色调偏暗，砂砾质的色调偏浅。在大比例尺遥感影像上可以见到水下沙波的分布和蚀余堆积状况，如果用同一地区不同时期的遥感影像进行对比分析，还可研究河流上游侵蚀和下游堆积、凹岸侵蚀和凸岸堆积的变化以及河床中心滩或江心洲移动的形迹。

（2）河曲和古河道的解译。河曲在MSS-7图像上呈很深的色调，其演变形迹在图像上清晰可见。曲流凸岸一条条砂坝的组合图形称迂回扇，它表现为一条条明暗相间的弧形条带，砂坝收敛的一方指向河流上游，撒开一方指向河流下游。一些弯曲河段通过裁弯取直，被封闭而成牛轭湖，它的形态明显，即使湖水干涸成曲流痕，其形态也会以湿地草丛特有的色调或牛轭湖被改造成耕地田块展布的特殊形态显示出来。有时遥感影像上反映出一排排牛轭湖有规律地分布在现代河床的一侧，它们不仅反映了古河道的位置及形态，而且显示了河流的演变历史。现代和古代河床两侧的自然堤在图像上多呈现浅色调的线状弯曲的正地形。我国长江下荆江段的古河道、黄河下游古河道、海河古河道、永定河下游古河道、滦河下游古河道和松花江古河道等在遥感影像上都是很清晰的。

（3）河流阶地的解译。沿河成条带状展布的较宽的河流阶地在遥感影像上的显示最为清楚，而较窄的河流阶地只有在大比例尺图像上才能显示出来，不同时期的河流阶地影像特征不同。一般特点是：新阶地位于近河床两侧，色调较深而形态平整；老阶地位于新阶地外侧或谷坡之上，形态破碎，两阶地间的陡坎色调多数较深。实际情况要复杂得多，这是由植被、湿度、物质组成、割切状况的不同引起的。山区河流阶地类型多、变化快，其解译标志是侵蚀阶地的阶面和阶坎色调较暗；基座阶地的阶面色调浅，基座色调暗；堆积阶地的色调均一、广布耕地和居民点。此外，还可以从立体像对上直接测定各种阶地的高程。

（4）山区谷形的解译。山区谷形的解译是指对山区一条河谷的平面特征图形而言，利用MSS-7遥感影像和假彩色合成图像，借助阴影效应有利于山区谷形的解译。山区谷形类型很多，常见的有深切曲流型和串珠型等。在整体抬升的山区谷形常成为深切曲流型，多数呈V形峡谷，由单一而完善的深切河曲、残留的干河谷、离堆山、沿河展布的不对称阶地等组合图形展现出来。在大套岩层软硬相间，或向斜、背斜构造相接，或山地、盆地交替出现的山区，谷形常成为串珠型，多数由河谷宽窄交替、河床陡缓交替、河道直弯交替、急流辫流交替以及阶地展布沿河左右交替等一系列交替变化的组合图形展现出来。我国永定河、白河、滦河在抬升山区的谷形多呈深切曲流型，也有呈串珠型的段落。

（5）平原区河型的解译。平原区河型的解译是指对平原一条河流的平面特征图形而言，不同比例尺图像、MSS-7 遥感影像和假彩色合成图像相互配合使用，有利于平原河型的解译。常见的河型有自由曲流型、游荡型和弯曲型等。自由曲流型河型是河流携带泥沙多，流量变化大，洪水淹槽概率少、河道比降小，构造上是处于沉陷的条件下形成的，多数由自由曲流、曲流环、牛轭湖、曲流痕、自然堤、堤外泛滥平原和迂回扇等组合图形展现出来，以我国长江下荆江段、蓟运河下游段最为典型。游荡型河型是在泥沙含量极大、流量变化幅度极大、河床非常宽浅的条件下形成的，多为流路不定的大河辫状交织水流，大河床内支岔、分岔繁多，地上河、自然堤、古河道、决口扇比较发育，泛滥平原河间地上有时以湖泊遍布等组合图形展现出来，以我国黄河下游段、淮河下游段、永定河出山后的河段最为典型。弯曲型河型是在以上两者之间的条件下形成的，河流直弯道交替出现、河道有支岔而不繁多、岔道刷深淤死或侧方移动不定、岔道间江心洲的轮廓和位置也不固定，其消长形迹清晰可辨，以我国南京以下的长江河段较为典型。追踪型的河型也是平原区常见的一种弯曲型河型，像塔里木盆地上的叶尔羌河，它是河流受追踪断裂构造控制而成的，这种控制型水系清楚地反映了受断裂控制的特征，而这些断裂在多数情况下是被松散沉积物覆盖的，用常规地面调查难以识别它们。

（6）冲积锥和洪积扇的解译。它是干旱区山地河流出山口形成的堆积物。干旱区山麓带冲积锥、洪积扇及其组合广泛发育，在遥感影像上其单个形态多呈扇形，冲积锥坡度较大，规模较小；洪积扇坡度较缓，规模较大。前者与短小的山地河流联系，后者与长大的河流联系。锥和扇上都发育有散开的扇状水系。冲积锥由于组成物质粗大在图像上色调较浅。洪积扇顶部或中上部由于物质粗大且水流下渗，色调明亮较浅，而边缘部分因物质较细且有地下水接近地表甚至溢出地面，所以色调较暗。洪积扇在山前连成一片的组合形态，成为山前倾斜洪积平原，但仍可看到扇间交接的洼地，它们在图像上呈现偏深色调。我国西北地区山麓砾石滩的砾石表面有时因为有沙漠漆皮，因而色调深暗。山麓洪积扇顶端或前缘有成直线状排列或扇面被切割成台地等现象，是山前活断裂存在的反映。山麓洪积扇成叠瓦状或串珠状排列，是山麓带近期抬升的反映。山麓洪积扇呈偏斜展布是山麓构造不均衡升降的反映，在遥感影像上识别洪积扇的新老是比较容易的，一般情况是老的色调相对较浅，而新的色调相对较深。

（7）三角洲的解译。三角洲是入海或入湖的河流末端的堆积体。利用遥感影像解译三角洲有很好的效果，这是因为它能把三角洲水上和水下某一深度的完整图形、形成条件和动态变化等全面地反映出来。利用 MSS-4 和假彩色合成图像可以研究三角洲的水下地形，MSS-5 可以研究三角洲的物质组成，MSS-7 可以研究三角洲上的微地形，这些特征主要是通过沉积物的不同色调和植被生长的差异和土地利用特点不同显示出来的。分析不同时期的遥感影像，并与老地形图对比，可以发现三角洲上河道的变迁和三角洲的增长情况，对研究三角洲的消长、发展趋势和形成次序有较好的效果。还可以利用遥感影像对三角洲进行形态分类。识别三角洲上各汊河向海中输送的泥沙流以及河口外海底堆积的水下沙滩等也是有效的。

**［例 8-3］** 采用遥感影像提取河岸线，分析河段稳定性。

1. 遥感影像资料信息

遥感资料来源：IKONOS 卫星、GoogleEarth 影像、无人机航拍影像。时间跨度：2002、2007、2012 年。遥感影像精度：1m。

2. 河岸线提取

分析河段位于河道出山口以上山区段干流，两侧高山峻岭，河段蜿蜒曲折，坡度约 15‰，河槽分支繁多，河床质由较大鹅卵石和细沙组成。受洪水冲刷、人工开挖改道等影响，河道演变剧烈。采用 Global Mapper 软件绘制河道岸线，用 GoogleEarth 进行对比分析。2002、2007 年和 2012 年河岸线提取结果如图 8-4 所示。

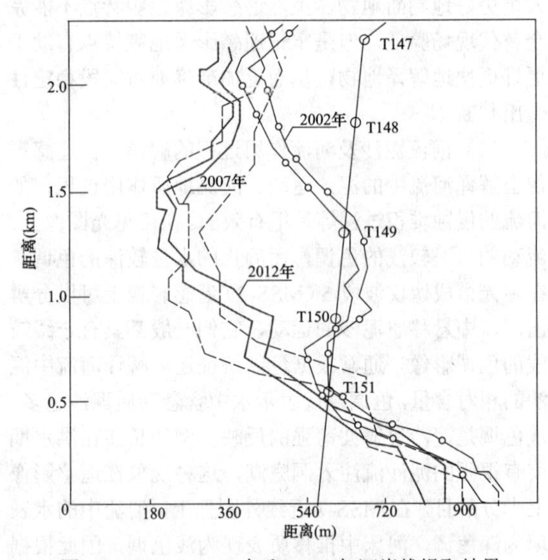


图 8-4　2002、2007 年和 2012 年河岸线提取结果

3. 河道演变分析

由图 8-4 可以看出，河段河道演变剧烈，各分段摆动幅度差异较大，且均无稳定摆动趋势或规律。由于分析河段河槽分支繁多，部分较小河槽分支衍生消退过程快速而明显，因此，主要针对主槽的河道演变进行分析。由图 8-4 提取的 2002、2007 年和 2012 年河岸线结果可以看出，受地形地势影响，工程点 T147 和 T151 所处河段，主槽比较稳定，摆动幅度较小，其中 T147 所处河段主槽基本稳定于河道左（西）岸，T151 所处河段主槽基本稳定于河道右（东）岸；T148 所处河段摆动

幅度较大，摆动区域自左岸向河中；T149 和 T150 所处河段较直，地势开阔，主槽自左岸到右岸大幅度摆动。

## 三、河段稳定性指标

河段稳定性指标是用来表明随着来水来沙条件随时间的变化，河流所表现出来的局部的、暂时的相对变异幅度。对河段稳定性做一般性评价时，可利用河段稳定性指标进行定量分析。目前国内外都有这方面的指标，但都是依据一定河段的实测资料提出的，具有地区经验性，因此应用这些指标时需要利用本河段实测资料做适用性验证。河段稳定性指标包括纵向稳定性指标、横向稳定性指标和综合稳定性指标。

### （一）纵向稳定性指标

河床的纵向稳定性主要取决于泥沙抵抗运动的摩阻力与水流作用于泥沙的拖拽力的比值。这个比值可用希尔兹数的倒数，即爱因斯坦的水流强度函数 $(\rho_s-\rho)d/\rho hJ$（$\rho_s$ 为泥沙密度，kg/m³；$\rho$ 为水密度，kg/m³；$d$ 为床沙平均粒径，mm；$h$ 为平滩水深，m；$J$ 为河段平均比降，‰）等表达，对于天然沙，$(\rho_s-\rho)/\rho$ 为常数，则纵向稳定性指标 $\varphi_h$ 为

$$\varphi_h = d / hJ \tag{8-38}$$

式中 $\varphi_h$ ——纵向稳定性指标。

这个比值愈大，泥沙运动强度愈弱，河床因泥沙运动或流路变化产生的变形愈小，因而愈稳定；反之，这个比值愈小，泥沙运动强度愈强，河床愈不稳定。洛赫京（B.M.Jioxtnh）纵向稳定性指标 $\varphi_h'$ 见式（8-39）。

$$\varphi_h' = d / J \tag{8-39}$$

式中 $\varphi_h'$ ——纵向稳定性指标；

$d$ ——床沙平均粒径，mm；

$J$ ——河段平均比降，‰。

洛赫京纵向稳定性指标略去了影响河底剪力的平滩水深 $h$，从而更加突出了比降在决定河床纵向稳定性中的作用。

我国长江的荆江蜿蜒性河段纵向稳定性指标 $\varphi_h'$ 为 2.9～4.1，黄河高村以上游荡型河段纵向稳定性指标 $\varphi_h'$ 为 0.31～0.47，可以看出，游荡型河段的纵向稳定性指标 $\varphi_h'$ 值远较蜿蜒性河段为小，这表明黄河的河床变形远较长江为剧烈。

### （二）横向稳定性指标

河道的横向稳定性与河岸稳定密切相关，决定河岸稳定的因素主要是河道主流的走向及河岸土壤的抗冲能力。但由于表征河道的河岸土壤结构状态和主流走向还难以确定或很难找到一个一般的参数来表达，因此在实际应用中通常不是直接用决定河岸稳定性的因素来描述其稳定性，而是间接地用河岸的变化来描述。河段横向稳定性指标为

$$\varphi_b = Q^{0.2} / BJ^{0.2} \tag{8-40}$$

式中 $\varphi_b$ ——河段横向稳定性指标；

$Q$ ——平滩流量，m³/s；

$B$ ——平滩河宽，m；

$J$ ——河段平均比降，‰。

河段横向稳定性指标越大，表明实际河宽相对较小，那么河床横向稳定性越大；反之，河段横向稳定性指标越小，表明实际河宽相对较大，河床横向稳定性越小。

### （三）综合稳定性指标

既考虑纵向稳定性指标也考虑横向稳定性指标，称综合稳定性指标，又称游荡指标，反映河流的摆动强度。

1. 钱宁综合稳定性指标

$$\varphi = \left(\frac{hJ}{d_{35}}\right)^{0.6}\left(\frac{B_{max}}{B}\right)^{0.3}\left(\frac{B}{h}\right)^{0.45}\left(\frac{\Delta Q}{0.5TQ}\right)\left(\frac{Q_{max}-Q_{min}}{Q_{max}-Q_{min}}\right)^{0.6} \tag{8-41}$$

式中 $\varphi$ ——综合稳定性指标；

$h$ ——平滩水深，m；

$J$ ——河段平均比降，‰；

$d_{35}$ ——床沙组成中 35%质量较之为细的粒径，m；

$B_{max}$ ——稀有洪水的过水宽度，m；

$B$ ——平滩河宽，m；

$\Delta Q$ ——洪峰过程中流量上涨幅度，m³/s；

$T$ ——洪峰历时，d；

$Q$ ——平滩流量，m³/s；

$Q_{max}$ ——汛期最大日平均流量，m³/s；

$Q_{min}$ ——汛期最小日平均流量，m³/s。

式（8-41）中 $\Delta Q/TQ$ 代表洪峰上涨的相对速度，$(Q_{max}-Q_{min})/(Q_{max}-Q_{min})$ 代表汛期流量的相对变幅，这两个变量与沙洲的发展和主流的摆动有关；$hJ/d_{35}$ 代表河床物质的相对可动性，间接反映河流的来沙量和冲淤幅度；$B_{max}/B$ 代表河漫滩对主槽的相对约束程度，$B_{max}/B$ 越大，河流可以摆动的范围就越大；$B/h$ 代表河槽的宽深比，反映了河岸对主流摆动的约束性。

2. 谢鉴衡综合稳定性指标

$$\varphi = \left(\frac{d}{hJ}\right)\left(\frac{Q}{J^{0.4}B^2}\right) \tag{8-42}$$

式中 $\varphi$ ——综合稳定性指标；

$d$ ——床沙平均粒径，mm；

$h$ ——平滩水深，m；

$J$ ——河段平均比降，‰；

$Q$ ——平滩流量，$m^3/s$；

$B$ ——平滩河宽，m。

3. 张红武综合稳定性指标

$$\varphi=\frac{1}{J}\left[\frac{\rho_s-\rho}{\rho}\frac{d_{50}}{h}\right]^{1/3}\left[\frac{h}{B}\right]^{2/3} \tag{8-43}$$

式中 $\varphi$ ——综合稳定性指标；

$J$ ——河段平均比降，‰；

$\rho_s$ ——泥沙的密度，$g/cm^3$；

$\rho$ ——水的密度，$g/cm^3$；

$d_{50}$ ——床沙组成中 50%质量较之为细的粒径，m；

$h$ ——平滩水深，m；

$B$ ——平滩河宽，m。

4. 横向纵向乘积综合稳定性指标

$$\varphi=\frac{d}{hJ}\left(\frac{Q^{0.5}}{J^{0.2}B}\right)^2 \tag{8-44}$$

式中 $\varphi$ ——综合稳定性指标；

$d$ ——床沙平均粒径，mm；

$h$ ——平滩水深，m；

$J$ ——河段平均比降，‰；

$Q$ ——平滩流量，$m^3/s$；

$B$ ——平滩河宽，m。

［例 8-4］ 淮河干流中游河段稳定性分析。

淮河干流中游为冲积型平原河流，洪河口至小柳巷段全长约 384km，以顺直微弯型和弯曲型河段为主。洪河口至鲁台子长约 150km，两岗夹洼，有众多支流入汇；鲁台子至蚌埠闸，长约 133km，右岸为山丘，左岸为淮北平原，有淮北大堤，茨淮新河、涡河等支流在此段入汇，行洪区平均每 5～6 年使用一次，枯水位受蚌埠闸壅水影响；蚌埠闸至小柳巷，长约 112km，左岸为淮北平原，有淮北大堤，右岸为丘陵。淮河干流中游河道特征值见表 8-2，床沙粒径见表 8-3。分别采用式（8-38）、式（8-40）和式（8-44）计算得到淮河干流中游纵向稳定性指标、横向稳定性指标和综合稳定性指标，见表 8-4、表 8-5 和表 8-6。

表 8-2 淮河干流中游河道特征值

| 河 段 | 河道特征值 | | | |
|---|---|---|---|---|
| | 造床流量（$m^3/s$） | 平滩河宽（m） | 平滩水深（m） | 比降（‰） |
| 洪河口—润河集 | 1200 | 241.7 | 5.44 | 0.031 |
| 润河集—鲁台子 | 1700 | 292.5 | 6.48 | 0.039 |
| 鲁台子—蚌埠闸 | 3000 | 401.5 | 7.35 | 0.032 |
| 蚌埠闸—小柳巷 | 3300 | 519.7 | 7.96 | 0.026 |

表 8-3 淮河干流中游床沙粒径 （mm）

| 年份 | 河 段 名 称 | | | |
|---|---|---|---|---|
| | 洪河口—润河集 | 润河集—鲁台子 | 鲁台子—蚌埠闸 | 蚌埠闸—小柳巷 |
| 1993 | 0.32 | 0.35 | 0.32 | 0.30 |
| 1994 | 0.30 | 0.41 | 0.26 | 0.32 |
| 2008 | 0.21 | 0.10 | 0.10 | 0.13 |

表 8-4 淮河干流中游纵向稳定性指标

| 年份 | 河 段 名 称 | | | |
|---|---|---|---|---|
| | 洪河口—润河集 | 润河集—鲁台子 | 鲁台子—蚌埠闸 | 蚌埠闸—小柳巷 |
| 1993 | 1.88 | 1.41 | 1.35 | 1.47 |
| 1994 | 1.80 | 1.63 | 1.07 | 1.56 |
| 2008 | 1.25 | 0.40 | 0.42 | 0.63 |
| 平均值 | 1.64 | 1.15 | 0.95 | 1.22 |

表 8-5 淮河干流中游横向稳定性指标

| 河段 | 洪河口—润河集 | 润河集—鲁台子 | 鲁台子—蚌埠闸 | 蚌埠闸—小柳巷 |
|---|---|---|---|---|
| $\varphi_b$ | 0.29 | 0.27 | 0.27 | 0.22 |

表 8-6 淮河干流中游综合稳定性指标

| 年份 | 河 段 名 称 | | | |
|---|---|---|---|---|
| | 洪河口—润河集 | 润河集—鲁台子 | 鲁台子—蚌埠闸 | 蚌埠闸—小柳巷 |
| 1993 | 0.16 | 0.10 | 0.10 | 0.08 |
| 1994 | 0.15 | 0.12 | 0.08 | 0.08 |
| 2008 | 0.10 | 0.03 | 0.03 | 0.03 |
| 平均值 | 0.14 | 0.08 | 0.07 | 0.06 |

## 四、河相关系

能够自由发展的冲积河流，在水流长期作用下，有可能形成与所在河段具体条件相适应的某种均衡的水力几何形态，在这种均衡状态的有关几何因素（水深、河宽、比降等）与表达来水来沙条件（流量、含沙量、粒径等）及河床地质条件的特征物理量之间，常存在着某种函数关系，这种函数关系就叫做河相关系。河相关系包括横断面河相关系和河弯的平面河相关系。

### （一）横断面河相关系

1. 河宽与水深的关系

苏联国立水文研究所从大量苏联河流（主要是平原河流）的实测资料中，得到河宽与水深的经验关系，即

$$\frac{\sqrt{B}}{h}=\alpha \tag{8-45}$$

式中 $B$ ——河段平均河宽，m；

$h$ ——河段平均水深，m；

$\alpha$ ——宽深比系数。

宽深比系数$\alpha$与河型有关，长江的荆江蜿蜒性河段$\alpha$为 2.23～4.45，黄河高村以上游荡型河段$\alpha$为 19.0～32.0，这说明蜿蜒性河段$\alpha$值较小，游荡型河段$\alpha$值较大。

阿尔图宁整理中亚细亚河流资料，认为河段平均河宽$B$的指数应为变数，见式（8-46）。

$$\frac{B^m}{h}=\alpha \tag{8-46}$$

式中 $B$ ——河段平均河宽，m；

$m$ ——参数；

$h$ ——河段平均水深，m；

$\alpha$ ——宽深比系数。

当$m=0.5$时，式（8-46）即为式（8-45），参数$m$和$\alpha$取值见表 8-7。

**表 8-7 参数 $m$ 和 $\alpha$ 取值**

| 河段 | | $m$ | 河流 | $\alpha$ |
|---|---|---|---|---|
| 山区河段 | | 10.0～16.0 | 山区河流 | 0.8～1.0 |
| 山麓河段 | | 9.0～10.0 | | |
| 中游河段 | | 5.0～9.0 | 平原河流 | 0.5～0.8 |
| 下游河段 | 壤土河岸 | 3.0～4.0 | | |
| | 砂土河岸 | 8.0～10.0 | | |

柴挺生在整理长江下游河相关系资料时，认为式（8-45）中的系数$\alpha$取决于河底及河岸的相对可动性，并提出式（8-47）。

$$\frac{\sqrt{B}}{h}=4\left(\frac{v_{0\mathrm{b}}}{v_{0\mathrm{w}}}\right)^{2.7} \tag{8-47}$$

式中 $B$ ——河段平均河宽，m；

$h$ ——河段平均水深，m；

$v_{0\mathrm{b}}$ ——水深 1m 时的床沙起动流速，m/s；

$v_{0\mathrm{w}}$ ——水深 1m 时的河岸土壤起动流速，m/s。

2. 河宽、水深与水力、泥沙因素的关系

维利坎诺夫根据洛赫金的假说，得到河宽、水深与水力、泥沙因素的一般关系式如下：

$$B=A_1 d\left[\frac{Q}{d^2\sqrt{gdJ}}\right]^{x_1} \tag{8-48}$$

$$h=A_2 d\left[\frac{Q}{d^2\sqrt{gdJ}}\right]^{x_2} \tag{8-49}$$

式中 $B$ ——河段平均河宽，m；

$A_1$、$A_2$ ——经验系数；

$d$ ——床沙平均粒径，mm；

$Q$ ——平滩流量，m³/s；

$g$ ——重力加速度，cm/s²；

$J$ ——河段平均比降，‰；

$x_1$、$x_2$ ——经验指数；

$h$ ——河段平均水深，m。

根据我国河流的资料，得到经验系数$A_1$、$A_2$和经验指数$x_1$、$x_2$取值见表 8-8。

**表 8-8 经验系数 $A_1$、$A_2$ 和经验指数 $x_1$、$x_2$ 取值**

| 河流 | $A_1$ | $A_2$ | $x_1$ | $x_2$ |
|---|---|---|---|---|
| 长江荆江弯曲型河段 | 1.16 | 1.63 | 0.386 | 0.311 |
| 黄河游荡型河段 | 15.6 | 0.272 | 0.385 | 0.325 |

3. 河宽、水深、流速与流量的关系

里奥普认为河床形态主要决定于流量。根据美国西部河流资料得到如下经验关系：

$$B=\alpha_1 Q^{\beta_1} \tag{8-50}$$

$$h=\alpha_2 Q^{\beta_2} \tag{8-51}$$

$$v=\alpha_3 Q^{\beta_3} \tag{8-52}$$

式中 $\alpha_1$、$\alpha_2$、$\alpha_3$ ——系数；

$Q$ ——流量，m³/s；

$\beta_1$、$\beta_2$、$\beta_3$ ——指数；

$v$ ——流速，m/s。

式（8-50）～式（8-52）中，系数和指数应满足$\alpha_1\alpha_2\alpha_3=1$及$\beta_1+\beta_2+\beta_3=1$的关系。

（二）河弯的平面河相关系

冲积河流在流域来水来沙及河床边界条件制约下，塑造出不同的河弯，不同类型河流的河弯平面形态差别很大，同一类河流的不同河段差别也较大。研究河弯平面形态主要是研究比较稳定的弯道的形态关系，河弯平面形态主要由弯曲半径$R$、中心角$\theta$、河弯弯距$L_m$和摆幅$T_m$等基本特征来表示，如图 8-5 所示。

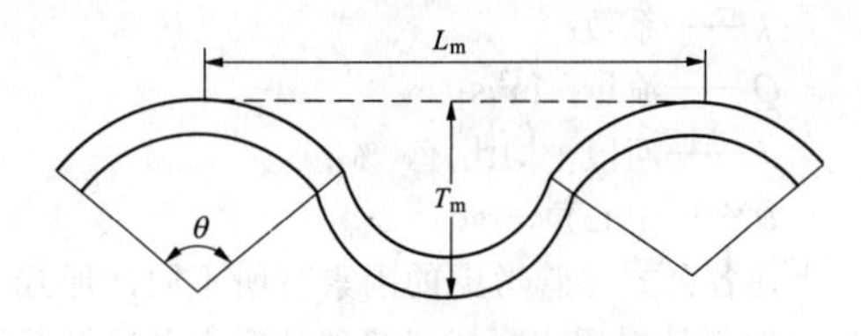


图 8-5 河弯平面形态特征

根据范围广泛的天然河流资料及模型试验资料求得。

$$R = 3B \tag{8-53}$$

$$L_m = 12B \tag{8-54}$$

$$T_m = 4.3B \tag{8-55}$$

式中 $R$——弯曲半径，m；

$B$——河段平均河宽，m；

$L_m$——河弯弯距，m；

$T_m$——摆幅，m。

另一些研究者建立了河弯平面形态特征与流量的关系，一般形式为

$$R = k_R Q^m \tag{8-56}$$

$$L_m = k_L Q^n \tag{8-57}$$

$$T_m = k_T Q^P \tag{8-58}$$

式中 $R$——弯曲半径，m；

$k_R$——系数；

$Q$——流量，$m^3/s$；

$m$——指数；

$L_m$——河弯弯距，m；

$k_L$——系数；

$n$——指数；

$T_m$——摆幅，m；

$k_T$——系数；

$P$——指数。

由于河弯曲率半径越大中心角越小，有一些公式把弯曲半径、中心角及流量（或河宽）联系在一起，如长江中下游干支流公式：

$$R = \frac{330Q^{0.73}}{\theta^{1.5}} \tag{8-59}$$

式中 $R$——弯曲半径，m；

$Q$——流量，$m^3/s$；

$\theta$——中心角，rad。

还有一些公式考虑了比降的影响，如

$$R = k\frac{Q^{0.5}}{J^{0.25}\theta^{1.3}} \tag{8-60}$$

式中 $R$——弯曲半径，m；

$k$——系数；

$Q$——流量，$m^3/s$；

$J$——河段平均比降，‰；

$\theta$——中心角，rad。

上述各公式尽管考虑的因素有所不同，形式也很多，但都是根据实际资料整理分析得到的经验公式，局限性较大。因此，在对天然河流进行整治时，应在本河流或条件相似的河流上，选择一些优良河湾，寻找出适合该河段的系数，然后确定适宜的曲率半径。

［**例 8-5**］ 淮河干流中游河段河相关系分析。

淮河干流中游的王家坝、润河集、鲁台子、吴家渡水文站，观测系列较长，它们均设在单一河道的过渡段或顺直段，具有较好的代表性。各站有关特性见表 8-9。

**表 8-9　水文站测流断面特征**

| 水文站 | 测流断面特征 | | | | |
|---|---|---|---|---|---|
| | 集水面积（$km^2$） | 平槽水位（m） | 平槽河宽（m） | 平槽面积（$m^2$） | 造床流量（$m^3/s$） |
| 王家坝 | 30630 | 27.0 | 329 | 1445 | 1300 |
| 润河集 | 40360 | 23.0 | 330 | 1930 | 1500 |
| 鲁台子 | 91620 | 22.5 | 478 | 3650 | 3000 |
| 吴家渡 | 123950 | 15.6 | 494 | 3250 | 3000 |

几何形态分别采用王家坝 1980 年、润河集 1982 年、鲁台子 1970 年和吴家渡 1985 年的断面资料，这些断面基本代表平均情况。用上述资料分别点绘王家坝（为低水测流断面，下同）、润河集、鲁台子、吴家渡水文站的河宽、水深、流速与流量的关系，采用式（8-50）～式（8-52）计算指数和系数，结果见表 8-10。

**表 8-10　淮河干流中游断面河相关系**

| 断面 | $B=\alpha_1 Q^{\beta_1}$ | | $h=\alpha_2 Q^{\beta_2}$ | | $v=\alpha_3 Q^{\beta_3}$ | |
|---|---|---|---|---|---|---|
| | $\alpha_1$ | $\beta_1$ | $\alpha_2$ | $\beta_2$ | $\alpha_3$ | $\beta_3$ |
| 王家坝 1980 年 | 80.64 | 0.111 | 0.58 | 0.333 | 0.0217 | 0.552 |
| 润河集 1982 年 | 131.6 | 0.125 | 0.28 | 0.402 | 0.0268 | 0.472 |
| 鲁台子 1970 年 | 128.6 | 0.143 | 1.23 | 0.212 | 0.0063 | 0.645 |
| 吴家渡 1985 年 | 129.7 | 0.157 | 1.75 | 0.170 | 0.0044 | 0.673 |

选取 1992 年实测资料进行分析。从王家坝至洪山头，长约 420km，为反映不同的平滩流量（水位）、支流以及洪泽湖的影响等，选取典型河段：①南照集—陈呈队；②焦岗闸—河凤台；③黄盯窑—茨淮新河口；④蚌埠河段；⑤五河—浮山；⑥泊岗引河。采用式（8-45）计算宽深比系数$\alpha$，结果见表 8-11。

表 8-11　　淮河干流中游宽深比系数$\alpha$

| 河段 | 断面 | 平滩高程（m） | 面积（$m^2$） | 河宽（m） | 宽深比系数$\alpha$ |
|---|---|---|---|---|---|
| ① | B15-53 | 22.6～23.4 | 1219～2402 | 243～493 | 2.42～4.53 |
|  | 平均值 |  | 1840 | 339 | 3.93 |
| ② | B214-234 | 20.5 | 2498～2950 | 302～480 | 2.10～3.64 |
|  | 平均值 |  | 2750 | 405 | 3.03 |
| ③ | C116-137 | 18.9 | 2374～3418 | 279～430 | 1.52～3.07 |
|  | 平均值 |  | 2937 | 342 | 2.18 |
| ④ | C192-202 | 16.8 | 2628～3554 | 364～540 | 2.09～3.73 |
|  | 平均值 |  | 3167 | 435 | 2.90 |
| ⑤ | C346-378 | 16.1～16.2 | 3373～4892 | 371～589 | 1.66～3.75 |
|  | 平均值 |  | 3940 | 465 | 2.54 |
| ⑥ | C400-409 | 15.4 | 3567～4375 | 400～518 | 1.83～3.01 |
|  | 平均值 |  | 3932 | 479 | 2.70 |

## 五、河段稳定性判别

在进行电厂取排水口位置和架空输电线路跨越河流位置选取时，可按表 8-12 进行河段稳定性判别。

表 8-12　　河段稳定性判别

| 河段名称 |  | 平原稳定性河段 | 平原次稳定性河段 | 平原游荡型河段 | 山区稳定性河段 | 半山区、山前区变迁性河段 |
|---|---|---|---|---|---|---|
| 特征 | 河槽平面外形 | （1）河段基本顺直；<br>（2）单股无汊或有稳定江心洲；<br>（3）河滩河槽分明，有不甚发达边滩 | （1）河段微弯或蜿蜒弯曲；<br>（2）有少数汊道沙洲；<br>（3）河滩河槽分明，边滩发达 | （1）河段大体顺直或微弯；<br>（2）汊道交织，沙洲众多；<br>（3）无明显滩槽之分 | （1）在峡谷内多急弯卡口，在开阔河谷多为微弯；<br>（2）单股无汊，在开阔河谷内有少数稳定汊道；<br>（3）在开阔河谷内河滩河槽分明、有不甚发达边滩 | （1）河段微弯或呈扇形状扩散；<br>（2）汊道交织，沙洲众多；<br>（3）通常可分出河滩河槽，但在冲积扇地区则分不出滩、槽 |
| 特征 | 断面及地质特征 | （1）断面多呈U形；<br>（2）河岸多为黏土，砂黏土；<br>（3）河床多为中砂、细砂或淤泥，下层有时有黏性土壤；<br>（4）河床质 $d_0$=0.05～2.0mm | （1）河槽较宽浅，河滩辽阔，断面多呈不规则的抛物线，为复式断面；<br>（2）河岸多为砂黏土或黏砂土，有时下层为砂或砂夹卵、砾石；<br>（3）河床多为卵、砾石或砂；<br>（4）$d_0$=0.1～30mm | （1）河床平坦开阔，河槽宽浅，有时呈地上河；<br>（2）河岸与河床泥沙组成接近，甚至相同，多为中细砂；<br>（3）$d_0$=0.05～30mm | （1）峡谷内河谷窄深，河槽呈V或U形；开阔河谷河滩较大，河槽多呈U形；<br>（2）河岸为岩石或砂夹卵石；<br>（3）河床为卵、砾石，粒径很大，坚实地层很浅或裸露；<br>（4）$d_0$=3～300mm或更大 | （1）出山口后河谷开阔，河槽呈不规则的坦槽形，在冲积扇上呈鸡爪形；<br>（2）河岸与河床泥沙组成相差不大，多为砂夹卵石，也有砂土或砂黏土的河岸，在冲积扇上多为卵石、大卵石；<br>（3）$d_0$=1～200mm |
| 特征 | 水文特点 | （1）漫滩流量不大，流向稳定；<br>（2）主槽平均流速 $v$ 可达 2～3m/s；<br>（3）洪水比降 $J$=0.1‰～1‰ | （1）漫滩流量较大，流向不稳定，有时高低水差别很大；<br>（2）$v$ 可达 3～4m/s；<br>（3）$J$=0.2‰～2‰ | （1）洪水时淹没沙洲，流向不稳多变；<br>（2）$v$ 可达 3～5m/s；<br>（3）$J$=1‰～3‰ | （1）峡谷水位变幅大，高水流向稳定，开阔段漫滩流量达 20%～30%，流向稳定；<br>（2）$v$ 可达 4～6m/s；<br>（3）峡谷 $J$>1‰，开阔段 $J$≈1‰，小河 $J$>2‰ | （1）漫滩流量可达 30%～50%，流向不稳多变；<br>（2）$v$ 可达 3～5m/s；<br>（3）$J$=1‰～3‰，在冲积扇上 $J$>3‰ |

续表

| 河段名称 | | 平原稳定性河段 | 平原次稳定性河段 | 平原游荡型河段 | 山区稳定性河段 | 半山区、山前区变迁性河段 |
|---|---|---|---|---|---|---|
| 特征 | 稳定性及变形特点 | （1）岸线稳定，历年少变化；<br>（2）边滩稳定，下移缓慢；<br>（3）河槽形态、位置均较稳定；<br>（4）天然冲淤不大；<br>（5）宽深比系数$\alpha$=2～5 | （1）岸线不太稳定，洪水期有塌岸现象；<br>（2）边滩和沙滩不稳定，变形下移；<br>（3）河槽变形明显，有明显的曲率增大和弯顶下移，最大深泓在河槽内摆动，有集中冲刷；<br>（4）天然冲淤显著；<br>（5）$\alpha$=5～20 | （1）岸线不稳，历年变化无常，洪水时有塌岸现象；<br>（2）沙滩移动很快，变形较大；<br>（3）主槽变化无常，最大深泓游荡不定，集中冲刷严重；<br>（4）天然冲淤严重，多年平均微有淤积之势；<br>（5）$\alpha$= 15～40 | （1）在峡谷内，岸壁稳定；在开阔河谷岸线稳定，但就多年情况看，可能有缓慢移动；<br>（2）开阔河谷的边滩稳定，下移缓慢；<br>（3）河槽稳定，但在开阔河谷地区，因股流集中，有集中冲刷；<br>（4）天然冲淤不大，河床有下切可能；<br>（5）$\alpha$＜5 | （1）岸线不稳多变，洪水时有塌岸；<br>（2）沙滩移动、变化很快；<br>（3）主槽形态、位置不稳定，洪水时淤此冲彼，最大深泓变化迅速，河槽有扩宽甚至改道可能，集中冲刷显著；<br>（4）天然冲淤变化大，且有淤高之势，在冲积扇上淤积特别严重；<br>（5）$\alpha$ = 5～30 |
| | 附注 | 所谓稳定是相对的 | | 华北地区有些河段，上下游皆为宽浅游荡型河段，如取水口选在窄深段，自然冲淤严重，计算冲刷时应按游荡型河段处理 | 西南地区山间平坝上比较稳定的河段属此类；其中不稳定河段则属半山区或山前区变迁性河段 | 西北地区山前宽河漫流河段在冲刷计算上，可按此类河段处理 |

## 六、人类活动对河段稳定性的影响

随着经济建设的发展，人类对河流的开发利用不断增多。只要人类活动影响了天然情况下的水沙条件、比降、河床边界、河床形态等，必然对河道的演变产生影响。人类活动影响河段稳定性主要通过修建河工构筑物，如水库工程改变河道水沙条件得以实现，此外，城市建设也能在一定程度上影响河段稳定性。

1. 修建河工构筑物

修建水库工程改变河道水沙条件，调整了水流挟沙能力。水库清水下泄后，下游河道将会发生冲刷。冲刷距离取决于下泄流量，下泄流量越大，冲刷能力越强，冲刷距离相对越大。同时，由于河床细颗粒泥沙被冲走，导致河床粗化。河道水文特性、边界条件、水库运用方式及具体河段位置的水力特性决定河槽断面形态的发展。

裁弯工程导致河道比降增大，水流挟沙能力加大，使河床普遍发生冲刷，减少河道淤积，同流量下水位降低，同水位下流量增大，有利于防洪效益的发挥。

护岸工程增强河流的横向稳定性，河道纵向冲刷显著加剧。

导流工程改善局部河段水流，使主流得到控制。

束窄工程导致河床冲刷深度增加，增加水深。

渠化工程把天然河流改造成渠道，导致河槽变窄，流速加快，加大排洪能力，增大冲刷。

引水工程一般导致引水口下游河道淤积，对断面形态和河型产生影响，河宽缩小，河流分汊不如以前散乱，原有河型会有一定转化。

桥渡工程河段，桥前水流滞缓，产生回淤段；桥后增大冲刷。

丁坝工程河段，丁坝同岸的下游回流范围，不宜设置取水口；丁坝坝前存在一定范围浅滩；丁坝对岸增大冲刷可能。

拦河坝上游存在水流滞缓、泥沙落淤区，在坝下游存在冲刷或冲沙影响区。

2. 城市建设

城市建设的各个阶段、沿河施工、沿河滩地利用等活动都能影响局部水流泥沙运动。大量植被遭破坏，增加流域沙量；沿河施工，大量弃土泥沙进入河槽形成淤积体，导致局部河床冲淤变化；沿河滩地利用人为增加阻力抬高水位，易引起河床变化；基础设施建设，大量河道采砂，直接改变了河床在自然情况下的组成情况，使床沙的数量、级配、堆积、抗冲层发生变化。这些变化必然引起河道水流与河床的重新调整，使河道产生新的变化。河道采沙影响河床冲刷的粗化过程和床面的形态，使抗冲层受到破坏，对河床糙率、河床冲淤、极限冲刷深度等都有影响。在河段稳定性分析时须考虑这些活动的影响。

**［例 8-6］** 人类活动影响下飞云江河段稳定性分析。

以 2000 年为界，收集了飞云江此前跨度达 22 年的 13 个测次、其后跨度为 12 年的 17 个测次的水下地形资料，分析各种人类活动影响下飞云江河段稳定性。飞云江自上而下划分为上、中、下 3 段。上段为赵山渡至七甲，长约 19km；中段为七甲至宝香河段，长约

25km；下段为宝香至口门上望河段，长约15km。

受多种人类活动的影响，2000年以来，赵山渡至七甲段（上段）受径流作用，处于沙砾推移质的堆积环境，发育成具有典型砾质洲滩的分汊型河道，各股汊道虽有一定消长变化，但较稳定。该河段挖沙活动频繁，直接改变了河道地形，特别是滩地变化较大，挖沙坑和弃石堆纵横交错，河道宽浅、散乱。不过该河段平面格局受构造或山体基岩的天然约束，河势总体变化不大。七甲至宝香河段（中段），历史上河道蜿蜒曲折、深泓线摆动不定，但总体上贴近凹岸；在近期相关人类活动的共同作用下，各弯道处深泓线远离凹岸，深槽呈现走中趋势并趋于稳定。主流线这种相对稳定的状态可能与珊溪枢纽工程启用后下游河道遭遇大洪水的概率大大降低有关，这对控制河势的护岸工程十分有利。宝香至河口（下段）为顺直喇叭形河口段，由于潮流造床作用较强，历史上涨潮流靠北、落潮流靠南，涨、落潮流路分歧，河道形成北、南两道冲刷槽，中间则存在心滩。根据实测河道地形分析，受各种人类活动共同作用，至2006年时心滩已经有较大幅度的萎缩，至2010年时心滩已经不复存在。

## 第三节 河床变形计算

由于三维变形计算问题的复杂性，除了在特殊情况下（如水流有垂直分层），通常很少使用。因此本节内容包括河床一维变形计算和二维变形计算及河床变形极限状态估算，最后对水库淤积形态和水库淤积估算进行了介绍。

### 一、一维变形计算

在大多数情况下，河床变形计算问题可简化为一维问题来处理，即只考虑由于沿水流方向的输沙不平衡所引起的床面高程的变化，不考虑冲淤变化在平面上的分布，更不涉及由横向输沙不平衡引起的河道内部泥沙堆积物（边滩、心滩等）的移动和河岸变形。这样处理使问题得到简化，同时在许多情况下也能解决实际问题。

#### （一）基本方程

天然河流和人工渠道中的水流运动都是随时间而变化的，因而与之有关的泥沙输移也是随时间改变的。即使水流是恒定的或是接近于恒定状态的，泥沙输移也是非恒定的。在解决挟沙水流非恒定运动问题时，常常使用由泥沙连续方程、水流连续方程和水流运动方程所构成的一维偏微分方程组。

为使问题简化，做出如下假定：

（1）河槽顺直、均匀；

（2）断面中流速分布均匀；

（3）断面中任意点均服从静水压力规律；

（4）水面比降较小；

（5）断面中挟沙水流密度不变；

（6）阻力系数与恒定流条件下相同。

在上述假定条件下，天然河流中一维、非恒定、渐变的挟沙水流的泥沙连续方程、水流连续方程、水流动量方程微分方程组分别见式（8-61）～式（8-63）。

$$\frac{\partial Q_s}{\partial x}+p\frac{\partial A_d}{\partial t}+\frac{\partial AC_s}{\partial t}=q_s \tag{8-61}$$

$$\frac{\partial Q}{\partial x}+p\frac{\partial A}{\partial t}+\frac{\partial A_d}{\partial t}=q_l \tag{8-62}$$

$$\frac{\partial \rho Q}{\partial x}+\frac{\partial \beta\rho Q|v|}{\partial x}+gA\frac{\partial \rho h}{\partial x}=\rho gA(S_0-S_f+D_l) \tag{8-63}$$

式中 $Q_s$——输沙率；

$x$——沿河槽的水平距离，m；

$p$——床面层泥沙孔隙比；

$A_d$——单位河长河槽冲淤泥沙面积（正号为淤积，负号为冲刷），$m^2$；

$t$——时间，s；

$A$——过水断面面积，$m^2$；

$C_s$——平均含沙浓度，$kg/m^3$；

$q_s$——单位河长区间输沙率（正号为输入，负号为输出）；

$Q$——流量，$m^3/s$；

$q_l$——单位河长区间浑水流量（正号为流入，负号为流出），$m^3/s$；

$\rho$——浑水密度，$kg/m^3$；

$\beta$——动量系数；

$v$——平均流速，m/s；

$g$——重力加速度；

$h$——水深，m；

$S_0$——河床比降，‰；

$S_f$——水力坡降，‰；

$D_l$——区间入出流的动力效应。

在大多数实际问题中，式（8-61）中的$\frac{\partial AC_s}{\partial t}$和式（8-62）中的$\frac{\partial A_d}{\partial t}$相对于其他项来说数值较小，常可忽略不计，式（8-63）中的$\rho$也可视为常数。

#### （二）数值解法

式（8-61）～式（8-63）方程组一般多采用数值方法求其近似解。数值计算方法一般有差分法、有限元法和有限体积法三种，由于差分法简单实用，并具有足够的精度，本节只介绍差分法。

采用差分法求解式（8-61）～式（8-63）方程组，可以沿着两个方向进行，或直接对原始的偏微分方程进行差分运算；或先用特征线法将原偏微分方程转换成相应的常微分方程，然后再进行差分运算。差分法有多种格式，隐式差分是无条件稳定的，并且具有较好的精度。其中以 Preissmann 隐式差分格式应用得最为广泛。函数 $f(x,t)$ 及其偏微分 $\partial f/\partial x$ 和 $\partial f/\partial t$ 可表示为式（8-64）～式（8-66）。

$$f(x,t)\approx\varepsilon\frac{f_i^{j+1}+f_{i+1}^{j+1}}{2}+(1-\varepsilon)\frac{f_i^j+f_{i+1}^j}{2} \tag{8-64}$$

$$\frac{\partial f}{\partial x}\approx\varepsilon\frac{f_{i+1}^{j+1}-f_i^{j+1}}{\Delta x}+(1-\varepsilon)\frac{f_{i+1}^j-f_i^j}{\Delta x} \tag{8-65}$$

$$\frac{\partial f}{\partial t}\approx\frac{f_i^{j+1}-f_i^j}{2\Delta t}+\frac{f_{i+1}^{j+1}-f_{i+1}^j}{2\Delta t} \tag{8-66}$$

$$\varepsilon=\delta t/\Delta t$$

式中 $f$ ——函数，$f_i^j=f(x_i,\ t^j)$，$f_{i+1}^j=f(x_{i+1},t^j)$，代表变量 $Q$、$A$、$t$ 等；

$x$ ——空间变量；

$t$ ——时间变量；

$\varepsilon$ ——权重因子；

$i$ ——空间方向步数；

$j$ ——时间方向步数；

$\Delta x$ ——空间步长，$\Delta x=x_{i+1}-x_i$；

$\Delta t$ ——时间步长，$\Delta t=t_{i+1}-t_i$。

式（8-64）也称为四点隐式差分，当权重因子 $\varepsilon=1/2$ 时，为中心隐式差分；当权重因子 $\varepsilon=1$ 时，为完全隐式差分；当权重因子 $\varepsilon=0$ 时，为完全显式差分。根据研究，当 $0.5\leqslant\varepsilon\leqslant1$ 时，差分格式是无条件稳定的；当 $\varepsilon<0.5$ 时，差分格式常常是不稳定的。

求解式（8-61）～式（8-63）时，可采用完全解、非耦合非恒定解、已知流量解、非耦合恒定解四种方法。后面三种解法是第一种解法的简化。

1. 完全解

将差分近似表达式（8-64）～式（8-66）代入基本方程式（8-61）～式（8-63），假定 $\dfrac{\partial A_\mathrm{d}}{\partial z}=\dfrac{\partial A}{\partial y}=T$，

$$Q_\mathrm{s}^{j+1}=Q_\mathrm{s}^j+\left(\frac{\partial Q_\mathrm{s}}{\partial Q}\right)^j(Q^{j+1}-Q^j)+\left(\frac{\partial Q_\mathrm{s}}{\partial y}\right)^j(y^{j+1}-y^j)+$$

$\left(\dfrac{\partial Q_\mathrm{s}}{\partial z}\right)^j(z^{j+1}-z^j)$，假定浑水密度$\rho$为常数，得到三个线性方程式。三个线性方程式中共有 6 个未知量（变量在时刻 $t^{j+1}$ 的值），因而该方程组是不确定的。但是，对于任意两个相邻的河段来说，中间断面的三个未知量是共同的。这样，如果计算断面数为 $N$，则河段数为 $N-1$，未知量共有 $3N$ 个，方程数为 $3(N-1)$ 个，加 3 个边界条件后也是 $3N$ 个，方程组闭合，可以用任何求解线性代数方程组的方法进行求解，得到时刻 $t^{j+1}$ 的每一个断面的水流和泥沙运动的特性。逐时段进行计算，就能求得在全部计算时期内任意时刻的水位和床面冲淤变化的详尽过程及有关的水力要素。

2. 非耦合非恒定解

假定冲淤面积 $A_\mathrm{d}$ 的改变远小于断面面积 $A$，则可以不同时联解基本方程式（8-61）～式（8-63），近似地先解水流连续方程式（8-62）和水流运动方程式（8-63），求得各计算断面的水力要素。然后，选用合适的输沙率公式计算相应的输沙率，代入泥沙连续方程式（8-61）即可求得床面高程的冲淤变化。

将差分近似表达式（8-64）～式（8-66）代入基本方程式（8-62）和式（8-63），同完全解假定浑水密度$\rho$为常数，可以得到两个线性方程式。如果计算断面数为 $N$，则未知量共有 $2N$ 个，方程数为 $2(N-1)$ 个，加 2 个边界条件后也是 $2N$ 个，方程组闭合，可以用任何求解线性代数方程组的方法求解，得到在时刻 $t^{j+1}$ 的每一个断面的水流条件后，可由选定的输沙率公式算出时刻 $t^{j+1}$ 的每个断面的输沙率 $Q_\mathrm{s}^{j+1}$，再利用泥沙连续方程式（8-61）来估算床面冲淤变化。

3. 已知流量解

大多数实际问题中，水面扰动速度远大于床面扰动速度。因此，对于冲淤计算来说，可以假定水流是恒定的，河段的流量是已知的。这样，基本方程式中的未知量减少为两个，即 $A_\mathrm{d}$ 和 $h$，这些未知量可由联解泥沙连续方程式（8-61）和水流动量方程式（8-63）得到。将差分近似表达式（8-64）～式（8-66）代入基本方程式（8-61）和式（8-63），得到两个线性方程式。如果计算断面数为 $N$，则未知量共有 $2N$ 个，方程数为 $2(N-1)$ 个，加 2 个边界条件后也是 $2N$ 个，方程组可解。

4. 非耦合恒定解

如果在一个时段内 $A_\mathrm{d}$ 和 $S_0$ 的改变对水流条件的影响可以忽略，同时对于冲淤计算而言，水流可看成是恒定的，河段流量为已知，则对基本方程式（8-61）～式（8-63）的联解可近似简化为先由已知流量解恒定流的动量方程，求得恒定流情况下的水面曲线及各计算断面的水力要素值，然后取合适的输沙率公式算出各断面的输沙率，最后求解泥沙连续方程，求得各断面的冲淤面积和床面高程。

### （三）数值解中的几个问题

数值解中的几个问题分别是：①边界条件；②泥沙分布函数；③河床质组成变化；④稳定性和精度。

1. 边界条件

在河床变形数学模型中，有两种类型的边界条件：①外部边界条件，在模型的两端；②内部边界条件，在模型的内部。

（1）外部边界条件。外部边界条件通常有五种形式：①水位过程线；②流量过程线；③输沙率过程线；

④水位-流量关系线；⑤控制边界断面已知床面高程。其中①、②、④用于水流计算，③、⑤用于泥沙计算。一般情况下，水流计算要求两个边界条件，泥沙计算要求一个边界条件。

（2）内部边界条件。内部边界条件通常是采用流量连续条件和水位或能量平衡条件，而对泥沙计算来说，内部边界条件则常采用泥沙连续条件。

2. 泥沙分布函数

河槽断面冲淤是一个二维问题。一维数学模型只能计算断面积的变化而不能确定断面形状的变化，为了得到床面高程的变化，还必须计算面积的变化，并恰当地进行分配。目前采用的方法有下列几种：①均匀分配；②按有效切应力$(\tau-\tau_c)$的大小进行分配，这里$\tau$为床面切应力，$\tau_c$为床面颗粒起动切应力；③按流量模数$k$的大小进行分配。

3. 河床质组成变化

沙质河床河流中，泥沙运动采用床沙的代表粒径进行计算。挟沙的卵石河流中，需要将河床质粒径组分成若干部分，对各种粒径计算输沙率，并代入泥沙连续方程求得床面高程变化，总的变化等于各种粒径变化之和。

4. 稳定性和精度

根据研究，隐式差分方法是无条件稳定的，最大时步长的值只受制于精度要求。显式差分方法应符合Courant条件，见式（8-67）。

$$\Delta t \leqslant \frac{\Delta x}{c} \tag{8-67}$$

式中　$\Delta t$——时间间隔；

$\Delta x$——空间间隔；

$c$——小重力波的速度。

由于基本方程式不能求解理论解，数值模型的收敛程度的最好测定方法是使用具有分析解的简化了的问题进行检查。Preissmann 的隐式差分最好的精度是在时步长等于空间步长除以运动波速时，即

$$\Delta t = \frac{\Delta x}{c_k} \tag{8-68}$$

式中　$\Delta t$——时间间隔；

$\Delta x$——空间间隔；

$c_k$——运行波速度。

求解泥沙连续方程的稳定性需满足

$$\Delta x / \Delta t \leqslant c_b \tag{8-69}$$

式中　$\Delta t$——时间间隔；

$\Delta x$——空间间隔；

$c_b$——床面波速度。

［例 8-7］　黄河下游高含沙洪水过程一维河床变形计算。

黄河下游汛期经常发生含沙量超过 200～300kg/m³ 的高含沙洪水，这些高含沙洪水过程是造成下游河道严重淤积的重要原因之一。表 8-13 给出了黄河下游水文年鉴记录的花园口站两次高含沙洪水的实测水力要素变化过程。

表 8-13　高含沙洪水中花园口水文站实测水力要素变化过程

| 河床冲淤情况 | 时间 | $Z$（m） | $Q$（m³/s） | $A$（m²） | $B$（m） | $h$（m） | $Z_b$（m） |
|---|---|---|---|---|---|---|---|
| 过程Ⅰ | 1977-7-11 | 91.53 | 3760 | 1670 | 651 | 2.57 | 88.96 |
| 河床淤积 | 1977-7-12 | 91.46 | 3230 | 1330 | 651 | 2.04 | 89.42 |
| 过程Ⅱ | 2004-8-26 | 92.25 | 2140 | 1270 | 435 | 2.57 | 89.33 |
| 河床冲刷 | 2004-8-27 | 92.39 | 2280 | 1590 | 445 | 2.04 | 88.82 |

一维非恒定水流演进过程的模拟中，采用Preissmann 隐格式离散浑水控制方程，并用追赶法求解各水流变量，进而推求各断面内的其他水力要素。

黄河下游铁谢至高村河段长约 284km，属于典型的游荡型河段。该河段内布设有花园口（HYK）、夹河滩（JHT）、高村（GC）3 个水文站及若干个淤积观测断面。1977 年黄河下游连续两次出现高含沙洪水过程，采用这两场洪水资料来率定一维水沙耦合数学模型。

模型率定计算中选取下游铁谢至高村河段为研究对象，以该河段 1977 年汛前 6 月份实测的 28 个淤积断面形态作为初始地形，并对各断面划分滩槽。各断面的初始床沙级配，由该河段水文断面的汛前床沙级配插值求得。因小浪底至铁谢河段为山区性河道，河道冲淤变化很小，故借用小浪底（XLD）站实测流量、含沙量过程及悬沙组成作为模型进口的水沙条件；同时考虑伊洛河、沁河的入流条件，模型出口采用高村站实测水位过程控制。实测资料表明，该河段悬沙及床沙级配变化范围为 0.002～1.000mm，故计算中将非均匀泥沙划分为 9 组。因初始地形条件采用汛前 6 月份的实测断面，故计算时段共计 2232h。

计算与实测的流量过程相当符合。在花园口断面，计算的 7 月份洪水过程中最大流量为 7544m³/s，而实测值为 8100m³/s，两者误差不到 6.8%；8 月份洪水中计算最大流量 8490m³/s，小于实测最大流量 10800m³/s。在

高村断面，这两场高含沙洪水过程中计算与实测最大流量相差不多，尤其是8月份洪水过程。7月份洪水中小浪底至高村河段的实际洪峰传播时间为23h，计算的传播时间约为26h，两者误差仅3h。

计算的含沙量过程与实测值总体符合较好。在花园口断面，7月份洪水中计算的最大含沙量为458kg/m³，比实测最大值546kg/m³偏小16%；8月份洪水中计算的最大含沙量为510kg/m³，大于实测最大值437kg/m³。

## 二、二维变形计算

在许多情况下，如河口水流和泥沙运动、极不规则河槽中的水流和泥沙运动、河漫滩上的水流和泥沙运动等，水流和泥沙运动都是二维的，即其流速和泥沙在横向和纵向上是可以比拟的。

### （一）基本方程

在明渠水流中，对三维水流问题的一种近似解决办法是将垂直方向的水流特性加以平均，这样三维问题就简化成沿着两个相互垂直的水平方向的二维问题了。假定压力沿垂向分布服从静水压力规律，只考虑时均的紊流运动，略去含沙量的变化，在两个水平空间坐标上的泥沙连续方程为

$$\frac{\partial g_x}{\partial x}+\frac{\partial g_y}{\partial y}+\rho_s\frac{\partial z}{\partial t}=0 \tag{8-70}$$

两个水平空间坐标的水流连续方程为

$$\frac{\partial q_x}{\partial x}+\frac{\partial q_y}{\partial y}+\frac{\partial h}{\partial t}=0 \tag{8-71}$$

二维水流的动量方程为

$x$方向：

$$\frac{\partial}{\partial t}(q_x)+\frac{\partial}{\partial x}\left(\frac{q_x|q_x|}{h}\right)+\frac{\partial}{\partial y}\left(\frac{q_x|q_y|}{h}\right)- f_g q_y+gd\frac{\partial}{\partial x}(h+z)-\frac{1}{\rho}(\tau_{wx}-\tau_{bx})- \frac{1}{\rho}\frac{\partial}{\partial x}(h\tau_{xx})-\frac{1}{\rho}\frac{\partial}{\partial y}(h\tau_{xy})=0 \tag{8-72}$$

$y$方向：

$$\frac{\partial}{\partial t}(q_y)+\frac{\partial}{\partial x}\left(\frac{q_y|q_x|}{h}\right)+\frac{\partial}{\partial y}\left(\frac{q_y|q_y|}{h}\right)+ f_g q_y+gd\frac{\partial}{\partial y}(h+z)-\frac{1}{\rho}(\tau_{wy}-\tau_{by})- \frac{1}{\rho}\frac{\partial}{\partial x}(h\tau_{xy})-\frac{1}{\rho}\frac{\partial}{\partial y}(h\tau_{yy})=0 \tag{8-73}$$

式中 $g_x$ —— $x$方向的单宽床沙输沙率；
$x$ ——水平方向空间变量；
$g_y$ —— $y$方向的单宽床沙输沙率；
$y$ ——垂直方向空间变量；
$\rho_s$ ——床面淤积物干密度，kg/m³；
$z$ ——床面高程，m；
$t$ ——时间变量；
$q_x$ —— $x$方向单宽流量，m³/s；
$q_y$ —— $y$方向单宽流量，m³/s；
$h$ ——水深，m；
$f_g$ ——地转参数；
$g$ ——重力加速度；
$\rho$ ——水的密度，kg/m³；
$\tau_{wx}$ ——因风产生的水面水平切应力分量；
$\tau_{bx}$ ——河床的水平切应力分量；
$\tau_{xx}$ ——垂直平面上的$x$方向有效切应力分量；
$\tau_{xy}$ ——垂直平面上的$xy$方向有效切应力分量；
$\tau_{wy}$ ——因风产生的水面垂直切应力分量；
$\tau_{by}$ ——河床的垂直切应力分量；
$\tau_{yy}$ ——垂直平面上的$y$方向有效切应力分量。

式（8-70）～式（8-73）是制约二维水沙运动问题的基本方程式。在河流运动中，地转项影响通常很小，可令$f_g=0$。水面切应力与河底切应力相比也很小，通常略而不计。

在式（8-70）～式（8-73）基本方程式中，包含了四个基本未知量$q_x$、$q_y$、$h$和$z$。为了求解，方程式中的其余变量必须表示为这四个基本变量的函数。

### （二）数值解法

二维变形计算采用交替方向隐式差分（ADI）法进行计算，ADI法特点是将一个二维问题分解为两个先后解的一维问题，这样可以逐行求解少量的方程组。将相应变量值（$q_x$、$q_y$、$h$和$z$）向前推进一个时步长$\Delta t$时所需要的计算步骤如下：①求水流连续方程和$x$方向的水流动量方程的隐式差分解。将变量$q_x$和$h$值推进到时刻$(n+1/2)$处，此时变量$q_y$和$z$值取时刻$n$处的已知值。该运算每次计算一行，直到边界所要求的行数为止。②求水流连续方程和$y$方向的水流动量方程的隐式差分解。将变量$q_y$和$d$值推进到时刻$(n+1)$处，此时变量$q_x$和$z$值取时刻$(n+1/2)$和$n$处的已知值。该运算每次计算一行，直到边界所要求的行数为止。③求泥沙连续方程的显式差分解。将变量$z$值推进到时刻$(n+1)$。这一运算每次进行一个网格点，直至边界内每一网格点算完为止。

**[例8-8]** 葛洲坝下游宜昌至杨家脑河段二维河床变形数学模型。

葛洲坝下游宜昌至杨家脑河段上起宜昌市镇川门下至枝江市百里洲尾的杨家脑，全长约113km，由宜昌河段（长约20km）、宜都河段（长约37km）和枝江河段（长约56km）等3个河段组成。

模型进口边界条件采用宜昌站实测流量、含沙量

和悬沙级配等资料，模型出口边界采用水位。由于缺乏杨家脑实测水位资料，该处水位由其上游的枝江（马家店）水位站和下游陈家湾水位站实测水位过程插值得到。区间主要分、汇流即清江入汇和松滋口分流，根据实测水、沙过程采用点源方式处理。表 8-14 列出断面计算水位结果与实测水位值。

**表 8-14　河段水位计算结果与实测值比较**　（m）

| 断面 | 实测值 | 计算值 | 差值 |
|---|---|---|---|
| 1 | 37.440 | 37.425 | 0.015 |
| 2 | 36.930 | 36.970 | –0.040 |
| 3 | 36.395 | 36.424 | –0.029 |
| 4 | 36.190 | 36.214 | –0.024 |
| 5 | 35.960 | 35.925 | 0.035 |
| 6 | 32.821 | 32.805 | 0.016 |

由表 8-14 可知，计算水位结果与实测水位值吻合较好。根据计算河段若干组测流资料对数学模型断面垂线平均流速分布结果进行了验证。各断面垂线平均流速分布与实测值均吻合较好，流速计算误差一般在 ±0.15m/s 以内，且其横向分布趋势和实测资料也较一致，表明了数学模型的可靠性。

根据计算河段 2002 年 9 月和 2004 年 10 月两次地形测图结果对比，计算河段实测冲刷总量为 6988.3 万 $m^3$。模型计算结果表明全河段冲刷总量为 6211.0 万 $m^3$，相对误差为 11.1%，满足计算精度要求。

## 三、河床变形极限状态估算

河床的水力和泥沙要素或河床边界条件变化后，河床经过调整达到新的平衡状态的河床形态，称为河床变形的极限状态。根据河床变形的趋势和控制条件，河床变形极限状态又可分为淤积平衡状态和冲刷平衡状态两类状态。

无论淤积极限状态还是冲刷极限状态，都是相对的。因为河流的水文、泥沙和边界条件十分复杂，各种因素变动频繁，河床内的泥沙运动和冲淤变化是始终存在的。一种变形尚未结束，新的变形又已经开始，所谓河床变形极限状态只是指在某一特定时段内河床单向冲刷或者淤积变形停止时，河床就平均状况而言处于不冲不淤的动态平衡状态。

河床变形极限状态的估算，一般并不能求出河床自动调整后所产生的具体形态，只能求得这种状态下河流的水面比降、河床宽度、平均水深和断面平均流速四个基本要素，可以利用水力学的基本方程和河流动力学的基本理论来大致估算河床变形极限状态的基本要素。

1. 淤积平衡状态

当在河道上兴建拦河坝或水利枢纽时，由于水流被建筑物拦断，致使上游水位壅高，过水断面加大，水深增加，流速降低，水流挟沙力大大下降，在坝的上游一定长度的河道内就出现单向淤积。淤积的过程使水深减小，过水断面缩小，流速加大，水流挟沙力逐步回升，其结果是河床逐步恢复到天然河道的形态，使上游来沙量与本河段水流挟沙力恢复平衡，淤积逐渐终止，这是典型的淤积平衡状态。

通过建立水流连续性方程、水流运动方程、水流输沙能力公式等基本方程式，以求得比降、水深、河宽和断面平均流速，从而计算淤积平衡状态。如淤积主要由推移质运动造成，应引用推移质输沙率公式；如淤积主要由悬移质运动造成，应引用水流挟沙力公式；如两者都不可忽略，则取推移质输沙率和悬移质输沙率之和进行计算。由此，在淤积平衡状态下的比降、水深和河宽的计算式见式（8-74）～式（8-76）。

$$J = n^2\varphi^{0.4}S^{0.73/m}\omega^{0.73}g^{0.73} / (K^{0.73/m}Q^{0.2}) \tag{8-74}$$

$$H = K^{0.1m}Q^{0.3} / (\varphi^{0.6}S^{0.1m}\omega^{0.1}g^{0.1}) \tag{8-75}$$

$$B = K^{0.2m}\varphi^{0.8}Q^{0.6} / (S^{0.2m}\omega^{0.2}g^{0.2}) \tag{8-76}$$

式中　$J$ ——水面比降，‰；
$n$ ——糙率；
$\varphi$ ——系数；
$S$ ——来水含沙量，kg/$m^3$；
$m$ ——指数；
$\omega$ ——泥沙沉降速度，cm/s；
$g$ ——重力加速度，m/$s^2$；
$K$ ——系数；
$Q$ ——造床流量，$m^3$/s；
$H$ ——平均水深，m；
$B$ ——水面宽，m。

所求得的 $J$、$H$、$B$ 即是在给定的条件下，水流有能力将上游来沙全部输往下游时，河床应具有的比降、水深和河宽。计算时应该注意的是，沉降速度 $\omega$ 和含沙量 $S$ 取相应于造床流量时上游来沙中床沙质的相应数据。

如果计算河床的河岸是不可冲淤的或者冲淤微弱的，可视河宽 $B$ 为定值，此时淤积平衡状态下的 $J$、$H$ 计算式见式（8-77）和式（8-78）。

$$J = n^2B^{0.5}S^{0.83/m}\omega^{0.83}g^{0.83} / (K^{0.83/m}Q^{0.5}) \tag{8-77}$$

$$H = K^{0.25/m}Q^{0.75} / (B^{0.75}S^{0.25/m}\omega^{0.25}g^{0.25}) \tag{8-78}$$

计算中应注意的问题：①要有分析地应用上述特定条件下的公式，要慎重、正确地选定各计算要素的值。②糙率 $n$ 一般不应直接采用河床淤积前的现有糙率值。应对河床和附近已经淤积的类似河床的糙率进行分析研究后，选取一个恰当的糙率值作为计算值。③系数 $\varphi$ 的数值，应由河床和附近类似河床的实测资料分析确定。④系数 $K$ 、指数 $m$ 应参考类似的淤积后河床的实测资料选定。⑤来水含沙量 $S$ 应只考虑床沙质。由于淤积过程中河床会逐步细化，不能用河床现在的床沙粒配曲线确定床沙质的分界粒径。作为近似方法，可取附近类似处于平衡状态的河床床沙粒配曲线中的 $d_5$ 作为床沙质的分界粒径。⑥沉降速度 $\omega$ 应为相应床沙质的平均沉降速度。

2. 冲刷平衡状态

在河道上修建水利枢纽或通航建筑后，下泄水流的含沙量大大减少。在有的情况下（如大型水库），下泄水流含沙量极少甚至近于清水。在此条件下，如水流速度大于下游河床泥沙的起动流速，河床就会发生单向冲刷变形。冲刷的过程会使河道展宽，水深增加，过水断面扩大，水流流速下降；同时还会使床沙逐步粗化，其起动流速增大。这样逐步变化，当下泄水流的速度逐渐与床沙起动流速相等时，冲刷就会停止，河床也不再变形，达到新的平衡状态，这是典型的冲刷平衡状态。

计算冲刷平衡状态时，由于导致河床变形停止的控制因素是床沙的起动流速，故在基本方程组中应删去水流挟沙力公式，而采用泥沙起动流速公式。不同的床沙构成，应使用不同的泥沙起动流速公式。对于一般冲积性河流，冲刷停止时床面上的泥沙多为中粗沙甚至更大的颗粒，故可采用沙漠夫公式。由此，在冲刷平衡状态下的水面比降、断面平均水深和河宽的计算式见式（8-79）～式（8-81）。

$$J = 50n^2\varphi^{0.6}d^{0.84} / Q^{0.33} \tag{8-79}$$

$$H = 0.58Q^{0.32} / (d^{0.11}\varphi^{0.64}) \tag{8-80}$$

$$B = 0.34Q^{0.64}\varphi^{0.72} / d^{0.23} \tag{8-81}$$

如果河岸耐冲刷，其变形可忽略不计，河宽 $B$ 可视为定值。在此情况下 $J$ 、$H$ 的计算式如下。

$$J = 138n^2B^{0.92}d^{1.05} / Q^{0.92} \tag{8-82}$$

$$H = 0.23Q^{0.88} / (B^{0.88}\varphi^{0.32}) \tag{8-83}$$

式中 $J$ ——水面比降，‰；

$n$ ——糙率；

$\varphi$ ——系数；

$d$ ——床沙粒径，mm；

$Q$ ——造床流量，m³/s；

$H$ ——平均水深，m；

$B$ ——水面宽，m。

应用式（8-79）～式（8-81）时，使用的床沙计算粒径一般不用中值粒径 $d_{50}$，而应在 $d_{80} \sim d_{85}$ 的范围内选用。

计算中应注意的问题：①要根据河床的实际情况，选择适当的起动流速公式和系数，公式选定后，还应确定或者校正其系数和指数的数值；②糙率的确定须充分考虑冲刷过程中床沙构成的河床形态变化的影响；③利用公式求出的 $J$ 、$H$ 、$B$，是整个冲刷河段上游端起始断面的数值，随着水流向下游的流动，河床的冲刷变形会越来越小，最终消失。

## 四、水库淤积

河流流入水库回水区后，由于断面增大，流速减小，水流挟沙能力降低，所挟带的泥沙将在库区淤积。泥沙在库区的淤积数量、过程和分布受水库库容大小、平面形态、底部地形、壅水高度、运行方式和来水来沙量、过程及泥沙组成等多种因素的影响。湖泊型水库，当水位比较稳定，河流来沙量较大且粒径较粗时，由于河流进入库区后水深和断面急剧增大，水流流速和水流挟沙能力迅速减小，粗颗粒泥沙集中淤积在库尾区域，形成三角洲。随着淤积的发展，三角洲扩大延伸并向坝前推进。细颗粒泥沙在一定条件下形成浑水异重流，沿河槽向坝前运动，如能到达坝前并及时打开泄流孔，则可排向下游；若不具备异重流形成条件，则将扩散到全库区并缓慢沉积到库底。对于河道型水库，当水位变幅较大，河流来沙量不大且粒径较细时，库区泥沙淤积无明显三角洲外形，而是比较均匀的，由粗而细的沿程淤积。多沙河流上的小型水库，由于汛期含沙量较高的洪水可直达坝前，淤积物呈顶面平缓的锥体状，其厚度自坝前向上游递减。电厂以水库为供水水源时，要考虑水库的淤积对取水的影响。其影响主要表现为：①水库淤积侵占调节库容，降低水库的调节能力，造成库容损失；②淤积泥沙阻塞取水口，造成取水不畅；③淤积泥沙形成拦门沙坎，造成取水口区域来水不畅。

根据需要，水库淤积计算需要收集以下基本资料：①库区和枢纽下游影响河段的地形图和纵、横断面资料；②库区城镇、工矿区和重要设施的位置和高程，枢纽下游影响河段内水电水利工程和重要设施的位置和高程；③库区和枢纽下游影响河段的天然水面线、床沙颗粒级配和河道演变资料；④库区和枢纽下游影响河段的大、中型滑坡，塌岸，泥石流沟的分布和活动性等资料。

### （一）水库淤积形态

水库淤积形态分为纵剖面形态和横断面形态。纵剖面形态包括三角洲、锥体和带状淤积三种形态。在库水位变化幅度不大，淤积处于自由发展情况下，水库淤积一般呈三角洲形态；在回水曲线较短，入库水流在通过库段时紊动强度较大，或含沙量较高，含沙水流在到达拦河建筑物前泥沙来不及完全沉积情况下，水库淤积将形成锥体形态；水库水位在淤积发展过程中大幅度变动，水流挟沙量较小，则在水库回水末端变动范围内将产生一系列微型三角洲，叠加形成带状淤积。

横断面形态在多沙河流与少沙河流的水库中有所不同。多沙河流上的水库普遍有“淤积一大片，冲刷一条带”的特点。“淤积一大片”指泥沙在横断面上基本呈均匀分布，库区横断面上不存在明显的滩槽。“冲刷一条带”指水库在有足够大的泄流能力，并采取经常泄空的运用方式时，库底被冲出一条深槽，形成有滩有槽的复式横断面。

水库淤积是一个长期过程。一方面，卵石、粗沙淤积逐渐向下游伸展，缩小顶坡段，并使顶坡段表层泥沙组成逐渐粗化；另一方面，淤积过程使水库回水曲线继续抬高，回水末端也继续向上游移动，淤积末端逐渐向上游伸延，也就是通常所说的“翘尾巴”现象，但整个发展过程随时间和距离逐渐减缓；最终，在回水末端以下，直到拦河建筑物前的整个河段内，河床将建立起新的平衡剖面，水库淤积发展达到终极。

（二）水库淤积估算

水库淤积估算包括水库淤积年限估算和水库库容淤损率估算。

1. 水库淤积年限估算

水库淤积年限估算可根据水库淤积量估算水库淤积年限、根据坝前淤积高度估算水库淤积年限和根据沙漠夫经验公式估算水库淤积年限三种方法，介绍如下。

（1）根据水库淤积量估算水库淤积年限。假定河流入库所挟带的泥沙，全部淤积在死库容之内。

当水库所在的河流无实测泥沙资料时，可采用植被、水土保持和地形等相似的邻近有泥沙淤积实测资料的水库，按比拟法粗略估算，公式如下。

$$W = GF_{sl} \tag{8-84}$$

式中 $W$——设计水库多年平均的年淤积量，$\times 10^4 m^3$/年；

$G$——比拟水库水土流失单位面积上多年平均的年淤积量，$\times 10^4 m^3$/（年·$km^2$）；

$F_{sl}$——设计水库的流域水土流失面积，$km^2$。

泥沙淤满死库容的年限为

$$T = V_d / W \tag{8-85}$$

式中 $T$——淤积年限，年；

$V_d$——死库容，$\times 10^4 m^3$；

$W$——设计水库多年平均的年淤积量，$\times 10^4 m^3$/年。

（2）根据坝前淤积高度估算水库淤积年限。水库泥沙实际淤积情况，并不是首先在死库容中淤积，然后在有效库容中淤积。由于入库水流流速逐渐减小，水流挟带的大粒径泥沙（如卵石、砾石等），首先在库尾淤积，接着是粗砂、细砂淤积，到坝前粒径很细的泥沙也沉积下来，形成了从库尾到坝前的“淤积带”，因此，可把坝前泥沙淤积高程达到取水口高程所需要的年数，作为水库淤积年限。

$$h_1 = h_2 \left(\frac{F_1}{F_2}\right)^m \left(\frac{V_2}{V_1}\right)^n \tag{8-86}$$

式中 $h_1$——设计水库坝前年平均淤高，m/年；

$h_2$——参证水库坝前年平均淤高，m/年；

$F_1$——设计水库控制面积，$km^2$；

$F_2$——参证水库控制面积，$km^2$；

$m$——指数；

$V_2$——参证水库库容；

$V_1$——设计水库库容；

$n$——指数。

据安徽毛尖山、佛子岭水库，湖北丹江口、白莲河水库和湖南柘溪水库的坝前淤高资料分析，指数 $m$ 和指数 $n$ 的平均值分别为 $m = 1.38$、$n = 1.29$。根据坝前淤积高度估算水库淤积年限的公式为

$$T = h / h_1 \tag{8-87}$$

式中 $T$——淤积年限，年；

$h$——坝前取水口以下水深，m；

$h_1$——设计水库坝前年平均淤高，m/年。

（3）根据沙漠夫经验公式估算水库淤积年限。沙莫夫根据已建水库淤积资料分析，提出的公式为

$$V_t = V_0 a^t \tag{8-88}$$

$$a = 1 - R_0 / V_0$$

式中 $V_t$——$t$ 年后水库剩余库容，$m^3$；

$V_0$——水库的极限淤积库容，$m^3$；

$a$——参数；

$t$——淤积时间，年；

$R_0$——第一年的淤积体积，$m^3$。

第一年的淤积体积 $R_0$ 和水库的极限淤积库容 $V_0$ 可采用式（8-89）、式（8-90）进行近似计算。

$$R_0 = R[1 - (A / A_b)^m] \tag{8-89}$$

$$V_0 = V[1 - (A / A_b)^n] \tag{8-90}$$

式中 $R_0$——第一年的淤积体积，$m^3$；

$R$——设计年平均入库沙量，$m^3$；

$A$——当流量为最大设计流量的3/4时，靠近坝身过水断面在自然状况下的过水断面面积，$m^2$；

$A_b$——靠近坝身过水断面在壅水状况（正常蓄水位或汛期限制水位）下的过水断面面积，$m^2$；

$m$——指数，一般可取1.7；

$V_0$——水库的极限淤积库容，$m^3$；

$V$——水库总容量，$m^3$；

$n$ ——指数。

指数 $n$ 取值与自然河流比降及水库长度有关，当比降小于 0.0001 时，$n=1.0\sim0.8$；当比降为 0.0001～0.001 时，$n=0.8\sim0.5$；当比降为 0.001～0.01 时，$n=0.50\sim0.33$。

求得 $R_0$ 和 $V_0$，即可按式（8-88）求得不同年份 $t$ 时的剩余库容 $V_t$ 或淤积库容 $V_0-V_t$。为了求得水库不同淤满度 ζ 的淤积年限 $t_\zeta$，采用式（8-91）计算。

$$t_\zeta=\frac{1-(1-\zeta)^{1-n'}}{(1-n')\alpha_{v_0}} \tag{8-91}$$

式中 $t_\zeta$ ——淤满度 ζ 对应的淤积年限，年；

$\zeta$ ——水库可淤库容的淤满度，%；

$n'$ ——水库的拦沙率衰减指数；

$\alpha_{v_0}$ ——水库的初始淤损率，%。

水库的拦沙率衰减指数 $n'$ 取值经已建水库实测资料统计，没有排沙条件或很少排沙的，$n'=0\sim0.45$；水库排沙较多的，$n'=0.90\sim0.95$；大多数水库，$n'=0.60\sim0.75$。

2. 水库库容淤损率估算

水库库容淤损率估算可采用清华大学水利系和西北水利科学研究所方法或姜乃森方法。

（1）清华大学水利系和西北水利科学研究所方法。计算公式为

$$\alpha_v=K\left(\frac{R}{V}\right)^m \tag{8-92}$$

式中 $\alpha_v$ ——库容淤损率，%；

$K$ ——系数；

$R$ ——入库沙量，m³；

$V$ ——库容，m³；

$m$ ——指数。

指数 $K$ 和指数 $m$ 的取值按下列条件选取：①当 $\dfrac{库容V}{入库径流量W_{in}}>0.5$ 或无底孔情况时，$K=m=1$；②当 $0.08<\dfrac{库容V}{入库径流量W_{in}}<0.5$ 时，$K=0.6\sim1.0$ 及 $m=0.95\sim1.0$；③当 $\dfrac{库容V}{入库径流量W_{in}}=0.08$ 时，$K=0.6$ 及 $m=0.95$；④当 $0.03<\dfrac{库容V}{入库径流量W_{in}}<0.08$ 时，$K=0.4\sim0.6$ 及 $m=0.90\sim0.95$；⑤当 $\dfrac{库容V}{入库径流量W_{in}}<0.03$ 时，$K=0.4$ 及 $m=0.9$。

蓄水 $T$ 年后的总淤积量 $W_{Ssed}$ 为

$$W_{Ssed}=\sum_{i=0}^{T}\Delta W_S=\alpha_v VT \tag{8-93}$$

式中 $W_{Ssed}$ ——总淤积量，m³；

$\Delta W_S$ ——年平均淤积量，m³；

$\alpha_v$ ——库容淤损率，%；

$V$ ——库容，m³；

$T$ ——蓄水时间，年。

（2）姜乃森方法。计算公式为

$$\alpha_S=0.0002G^{0.95}\left(\frac{V}{F}\right)^{-0.8} \tag{8-94}$$

式中 $\alpha_S$ ——年库容淤损率，%；

$G$ ——流域平均侵蚀模数，t/（km²·年）；

$V$ ——库容，m³；

$F$ ——流域面积，m²。

## 第四节　河床冲刷计算

在河道上修建取水泵房或输电线路河中立塔时，由于修建构筑物，将引起河流中水流条件的变化，为了确保构筑物的安全，必须考虑河流的天然冲淤情况及因构筑物对水流影响而导致的冲淤情况。本节着重介绍受构筑物影响下河床的冲刷计算，此外，由于目前冲刷计算公式都是由公路或铁道部门结合调查提出，电力工程由于具有一定的特殊性，没有提出单独河床冲刷计算公式，因此，对于某些重要电力工程，必要时采用冲刷计算公式结合物理模型试验方法确定冲刷深度也是值得探讨的。

冲刷分天然冲刷、一般冲刷及局部冲刷三种，我国公路及铁道部门根据我国情况制定过几个冲刷计算公式，国外也有一些公式，但都用于公路或铁道桥梁建筑方面，因此，引用这些公式计算时，必须进行现场调查，结合具体情况，经过计算，再确定冲刷数据，必要时，需要结合物理模型试验结果综合确定冲刷深度。

此外，各种冲刷计算方法，都是针对土质河床提出的，对大漂石和岩石河床的冲刷，目前还不能采用公式计算，只能凭调查研究确定。

### 一、天然冲刷分析

在天然条件下因河床自然演变而引起的冲刷，谓之天然冲刷。一般可分为以下四种情况。

（1）在河流发育成长过程中，河床纵断面的变形。如河源的河槽标高逐渐降低和河口的河槽标高可能逐渐增高等。这类变形一般时间较长，变形缓慢。对于这种变形，可通过较长时期的观测或调查资料，绘制河道地形套汇图，推算在工程使用期限内（电力工程一般为 30～50 年）河床可能升降的幅度。

（2）由河段特征决定的较有规律的变形。一般表

现为河槽的横向移动，如边滩、沙洲的下移、河弯的发展、移动和天然裁弯取直等所引起的河槽变形。这种变形较快，变形的幅度也较大。

这种变形可使河床横向形状出现有规律的循环变化，根据这个性质，目前存在于工程附近的被冲刷最严重的断面，随着河床的演变，经过若干时期，有可能转移到工程地点来。因此，可在工程地点附近寻找冲刷最严重的断面并据以计算工程地点的天然冲刷深度。

（3）河段最大深泓线不规则摆动而形成的冲刷变形，通常称为集中冲刷。河床愈不稳定，这种变形愈明显而严重。

（4）在一个水文周期内，河槽随水位、流量变化而发生的周期性冲淤变形，通常称为河槽的天然冲刷。

另外尚有工农业建设及河道整治对河道引起的变形，如水库下游的清水冲刷、流域内的水土保持引起的河槽下切等。

目前，由于缺少天然冲刷的资料，因此，天然冲刷深度计算尚没有成熟的公式可供参考，天然冲刷深度一般只能依据工程实践确定。如考虑河流的地形地貌条件并结合新疆地区的工程实践而得出的一些经验数据，总结了新疆地区天然冲刷深度估算（见表 8-15），但是由于自然界情况十分复杂，具体确定天然冲刷深度时还需要根据工程的具体条件确定。

**表 8-15　新疆地区天然冲刷深度估算**　（m）

| 河流状况 | | | 50 年周期 | 30 年周期 |
|---|---|---|---|---|
| 平原河流，河流坡度一般小于 1% | 坡度 | 0.5%以内 | 0.4～0.6 | 0.2～0.4 |
| | | 0.5%～1% | 0.7～0.9 | 0.5～0.7 |
| 山前区河流，河流坡度一般为 1%～3% | 坡度 | 1%～2% | 1.0～1.2 | 0.7～0.9 |
| | | 2%～3% | 1.3～1.5 | 1.0～1.2 |
| 山区河流，河流坡度一般在 3%以上 | | | 需要综合考虑 | |

## 二、一般冲刷计算

一般冲刷是指水流受到压缩后，有效过水断面减小和流速增大而引起的在河槽过水断面上发生的冲刷，这种冲刷不同程度地分布在整个断面上。随着冲刷的发展，工程所在处河床加深，过水面积加大，流速逐渐下降，待达到新的输沙平衡状态，或流速降低到土的允许不冲刷流速时，冲刷即停止。一般冲刷分为非黏性土河床一般冲刷和黏性土河床一般冲刷。此外，国外美国陆军工程兵团水文工程中心开发的河流分析系统（HEC-RAS）包含的冲刷计算模块在此也一并加以介绍。

### （一）非黏性土河床一般冲刷计算

非黏性土河床一般冲刷的计算公式主要有《桥渡规范》计算公式[❶]、64-2 计算公式、包尔达可夫计算公式等几种，分别介绍如下。

1.《桥渡规范》计算公式

《桥渡规范》计算公式是建立在 64-1 计算公式基础上的，64-1 计算公式是利用各地桥梁实测资料建立的。实测资料中，既有较稳定的河段，也有不稳定的河段，因此该公式的计算结果，既包括压缩河流引起的冲刷，也包括河床在天然演变中深泓线摆形成的集中冲刷和随水位、流量周期变化产生的天然冲刷。

由于 64-1 计算公式所根据的实测资料及模型试验的河床土质均为非黏性土，故只适用于非黏性土且有底沙运动的河槽。对于无底沙运动的河滩则不能直接利用，必须在原式的基础上进行调整。

（1）河槽（有底沙运动）冲刷计算公式。绝大多数天然河流的河槽是有底沙运动的，64-1 计算公式就是根据设在这些河槽上的桥梁实测资料建立的。公式的出发点为冲刷停止时垂线上水流符合连续性方程式，即

$$h_{Pm}=\frac{q_{Pm}}{v_s} \tag{8-95}$$

式中　$h_{Pm}$——断面上一般冲刷后最大水深，m；

$q_{Pm}$——冲刷停止时断面上最大单宽流量，$m^3/s$；

$v_s$——冲刷停止时垂线平均流速，即冲止流速，m/s。

除极其稳定的河段外，通常一般冲刷的发展是不均匀的，断面上的冲刷深度并非与水深成比例增加的。随着断面上水深的变化，各垂线的单宽流量重新分配，并且有集中的趋势，越不稳定的河段，集中的趋势越为强烈，设计断面对应的最大单宽流量采用式（8-96）计算。

$$q_{Pm}=\frac{1}{L}AQ_P\left(\frac{h_m}{\bar{h}}\right)^{5/3} \tag{8-96}$$

式中　$q_{Pm}$——冲刷停止时断面上最大单宽流量，$m^3/s$；

$L$——桥孔净宽，m；

$A$——单宽流量集中系数；

$Q_P$——设计流量，$m^3/s$；

$h_m$——设计断面上河槽部分的最大水深，m；

$\bar{h}$——造床流量时的平均水深，可按满槽（平滩）水位计算，m。

式（8-96）中 $\frac{h_m}{\bar{h}}$ 的选择确定，影响到冲刷计算结果的可靠性，根据制定公式所依据的资料特点，可采用桥位附近实测的枯水或中小水时的断面作为原始断

❶ 公式名字来源于 TBJ 17—1986《铁路桥渡勘测设计规范》（现已被 TB 10017—1999《铁路工程水文勘测设计规范》替代）。

面，并选择其中 $\frac{h_m}{h}$ 值较大的一个作为计算冲刷深度的依据。但有时会遇到枯水时断面上有一深沟，因而求出的 $\frac{h_m}{h}$ 特大。这里应分析深沟的形成原因，是否是在河流冲淤变化过程中自然形成的，如是自然形成的，可作为计算依据，否则不应作为计算依据。

冲止流速是决定冲刷深度的重要因素。在河滩上或大颗粒的河槽中，冲止时上游无来沙补给，冲止流速即为泥沙的不冲刷流速。在有底沙运动的河槽中，冲刷停止时断面上输沙达到平衡，这时床面上仍有泥沙在移动和交换，但床面却停止下降，这时冲止流速是泥沙输送和交换达到平衡时的天然流速。冲止流速可用 $v_s = E\bar{d}^y h_{Pm}^x$ 的形式来表示，式中系数 $E$ 为汛期含沙量有关的参数，取值见表 8-16；$\bar{d}$ 为河床上的平均粒径（mm），$\bar{d}$ 应根据筛分资料计算确定；指数 $x$ 因泥沙粒径的大小和床面形态（是否出现沙纹，沙垄或逆沙垄等形式）有关，当 $\bar{d} > 1.0$mm 时，$x = 2/3$；当 $\bar{d} < 1.0$mm 时，$x$ 变动在 0.35～0.70 之间，但目前尚无足够的资料确定此值，根据目前资料，采用 $x = 2/3$。因此冲止流速采用式（8-97）进行计算。

$$v_s = E\bar{d}^{1/6} h_{Pm}^{2/3} \tag{8-97}$$

式中 $v_s$ ——冲止流速，m/s；
$E$ ——汛期含沙量参数；
$\bar{d}$ ——河槽土壤平均粒径，mm；
$h_{Pm}$ ——断面上一般冲刷后最大水深，m。

**表 8-16　与汛期含沙量有关的参数 $E$ 取值**

| 含沙量 $S$ (kg/m³) | <1.0 | 1～10 | >10.0 | 有水文站时，查算多年汛期三个月的最大含沙量平均值，从而决定 $E$ 值；无资料时，进行汛期实测或调查选择 $E$ 值 |
|---|---|---|---|---|
| $E$ | 0.46 | 0.66 | 0.86 | |

将式（8-97）和式（8-96）代入式（8-95）得一般冲刷计算公式为

$$h_{Pm} = \left[\frac{A\dfrac{Q_P}{L}(h_m/\bar{h}_c)^{5/3}}{E\bar{d}^{1/6}}\right]^{3/5} \tag{8-98}$$

$$A = \left(\sqrt{\bar{B}_d}/\bar{h}\right)^{0.15}$$

式中 $h_{Pm}$ ——断面上一般冲刷后最大水深，m；
$A$ ——单宽流量集中系数；
$Q_P$ ——设计流量，m³/s；
$L$ ——桥孔净宽，m；
$h_m$ ——最大水深，m；
$\bar{h}_c$ ——桥下河槽平均水深，m；
$E$ ——与汛期含沙量有关的参数，可从表 8-16 查用；
$\bar{d}$ ——河槽土壤平均粒径，mm；
$\bar{B}_d$ ——造床流量时的河宽；
$\bar{h}$ ——造床流量时的平均水深，可按满槽（平滩）水位计算；
$\sqrt{\bar{B}_d}/\bar{h}$ ——河段的稳定性指标，其数值越大，表示河床越不稳定。

（2）河滩（无底沙运动）冲刷计算公式。建在河滩上（包括人工渠道上）的输电线路的冲刷计算，要注意调查河滩能否变成河槽或河槽是否可能扩宽和摆动。对于可能变成河槽的河滩，其河滩跨度内应按河槽冲刷计算；如确无改变为河槽的可能时，应按河滩冲刷公式计算。

河滩构筑物冲刷的特点是桥下冲刷没有水流的挟沙补给，没有单宽流量再分配现象，或这种现象很微无须计及和冲止流速 $v_s$ 应等于的允许（不冲刷）流速等。对于土的允许（不冲刷）流速，可参见附录 W。当水深 1m 时，允许（不冲刷）流速为

$$v_{H1} = \frac{3}{4}\left[\frac{0.00891}{\bar{d}} + 0.43\bar{d}^{3/4}\right]^{1/2} \tag{8-99}$$

式中 $v_{H1}$ ——水深 1m 时非黏性土不冲刷流速，m/s；
$\bar{d}$ ——河槽土壤平均粒径，mm。

河滩一般冲刷公式为

$$h_{Pm} = \left[\frac{\dfrac{Q_t}{L_t}(h_m/\bar{h})^{5/3}}{v_{H1}}\right]^{5/6} \tag{8-100}$$

$$Q_t = Q_P\omega_t C_t\sqrt{\bar{h}_t}/(\omega_t C_t\sqrt{\bar{h}_t} + \sum\omega_i C_i\sqrt{\bar{h}_i}) \tag{8-101}$$

式中 $h_{Pm}$ ——断面上一般冲刷后最大水深，m；
$Q_t$ ——桥下河滩部分通过的设计流量，m³/s；
$L_t$ ——河滩计算部分净长，m；
$h_m$ ——最大水深，m；
$\bar{h}$ ——造床流量时的平均水深，可按满槽（平滩）水位计算；
$v_{H1}$ ——水深 1m 时非黏性土不冲刷流速，m/s；
$Q_P$ ——设计流量，m³/s；
$\omega_t$ ——冲刷前该计算部分水流断面面积，m²；
$C_t$ ——冲刷前该计算部分流速系数；
$\bar{h}_t$ ——冲刷前该计算部分平均水深，m。

（3）多层土壤的冲刷计算。当桥下河槽由多层不同成分的土壤组成时，可按冲刷停止层的土壤成分计算冲止流速、采用逐层计算法计算冲刷深度，或计算出各层的冲止流速、采用图解法确定冲刷深度。

1）逐层计算法。首先对第一层土按照式（8-98）或式（8-100）计算冲刷深度确定冲刷位置。如冲刷线

位于本层内且其下层（即第二层）土的粒径大于本层时，此冲刷深度即为所求。当下层土的粒径小于本层时，则冲刷线到本层底面要留有一定的安全储备量 $\Delta h$，以策安全。对挟沙的河槽水流 $\Delta h \geqslant 0.17h_{Pm}$，对不挟沙的河滩水流 $\Delta h \geqslant 0.14h_{Pm}$，如冲刷线到本层底面的安全储备量小于上述规定值，或冲刷线已位于第二层内，则应改按第二层土的粒径重新计算。

按第二层土的粒径确定的冲刷线，如位于第二层内，且第三层土粒径大于第二层时，其相应冲刷深度即为所求；如冲刷线反位于第一层内，说明计算结果与实际不符，此时冲刷线应位于第一、二层土分界线上。

2）图解法。按式（8-97）计算各层土壤 $h_i$ 深度处的冲止流速，绘出冲止流速阶梯曲线，如图 8-6 所示，再按 $v=\dfrac{q_{Pm}}{h_i}$ 计算各层土壤深度的垂线平均流速，绘出垂线平均流速曲线。两曲线交点 $a$ 处的深度 $h_a$ 即为所求冲刷深度，在交点 $a$ 处的垂线平均流速等于该处土的冲止流速，冲刷停止。

2. 64-2 计算公式

64-2 计算公式是根据河槽输沙平均原理并参照了国内外的同类公式制定的，公式的基本形式为

$$h_{Pm}=K\left(A\frac{Q_2}{Q_1}\right)^{4m_1}\left[\frac{B_1}{\mu(1-\lambda)\ B_2}\right]^{3m_1}h_m \qquad (8\text{-}102)$$

$$K=1+0.02\lg\frac{H_{max}}{\sqrt{Hd}}$$

式中 $h_{Pm}$ ——断面上一般冲刷后最大水深，m；

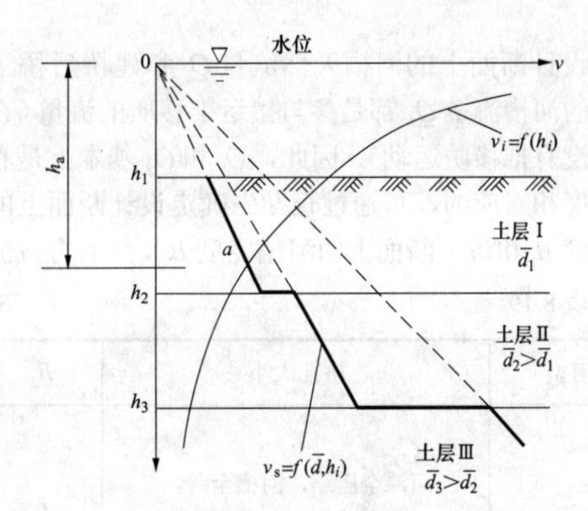


图 8-6 冲止流速阶梯曲线

$K$ ——综合系数；

$A$ ——单宽流量集中系数；

$Q_2$ ——建桥后桥下断面上的河槽流量，$m^3/s$；

$Q_1$ ——设计断面上的河槽天然流量，$m^3/s$；

$m_1$ ——随相对糙率 $h_m/d_{95}$ 而变的指数（$d_{95}$ 为按质量计 95%的粒径，mm），查表 8-17；

$B_1$ ——设计断面上的河槽宽度，m；

$\mu$ ——水流压缩系数取值，见表 8-18，当桥梁孔跨较大时可略去；

$\lambda$ ——墩台所占的宽度和桥梁净孔径的比值；

$B_2$ ——桥下断面上的河槽宽度，m；

$h_m$ ——最大水深，m；

$H_{max}$ ——造床流量时的最大水深，m；

$H$ ——造床流量时的平均水深，m；

$\bar{d}$ ——河床土壤平均粒径，m。

表 8-17 指数 $m_1$ 取值

| $h_m/d_{95}$ | 0 | 50 | 100 | 150 | 200 | 400 | 600 | 800 | 1000 | 5000 | 10000 |
|---|---|---|---|---|---|---|---|---|---|---|---|
| $m_1$ | 0.216 | 0.227 | 0.232 | 0.234 | 0.235 | 0.236 | 0.237 | 0.238 | 0.240 | 0.242 | 0.243 |

表 8-18 水流压缩系数 $\mu$ 取值

| 设计流速（m/s） | 桥梁孔跨 | | | | | | | | | | |
|---|---|---|---|---|---|---|---|---|---|---|---|
| | ≤10 | 12 | 16 | 20 | 40 | 58 | 64 | 80 | 96 | 128 | 160 |
| <1 | 1 | 1 | 1 | 1 | 1 | 1 | 1 | 1 | 1 | 1 | 1 |
| 1 | 0.96 | 0.97 | 0.98 | 0.99 | 1 | 1 | 1 | 1 | 1 | 1 | 1 |
| 1.5 | 0.94 | 0.96 | 0.97 | 0.97 | 0.99 | 0.99 | 0.99 | 0.99 | 1 | 1 | 1 |
| 2.0 | 0.93 | 0.94 | 0.95 | 0.97 | 0.98 | 0.99 | 0.99 | 0.99 | 0.99 | 0.99 | 1 |
| 2.5 | 0.90 | 0.93 | 0.94 | 0.96 | 0.98 | 0.98 | 0.99 | 0.99 | 0.99 | 0.99 | 1 |
| 3.0 | 0.89 | 0.91 | 0.93 | 0.95 | 0.97 | 0.98 | 0.98 | 0.99 | 0.99 | 0.99 | 0.99 |
| 3.5 | 0.87 | 0.90 | 0.92 | 0.94 | 0.97 | 0.98 | 0.98 | 0.98 | 0.99 | 0.99 | 0.99 |
| ≥4.0 | 0.85 | 0.88 | 0.91 | 0.93 | 0.96 | 0.97 | 0.98 | 0.98 | 0.98 | 0.99 | 0.99 |

设计断面上的河槽天然流量 $Q_1$ 和建桥后桥下断面上的河槽流量 $Q_2$ 都是参与搬运推移质的流量（在河滩上没有推移质运动），因此，$Q_1$ 和 $Q_2$ 基本上是和河槽宽度相对应的，可通过查勘先确定设计断面上的河槽宽度 $B_1$ 和桥下断面上的河槽宽度 $B_2$，然后再按流量分配方法求 $Q_1$ 和 $Q_2$。如按河流类型和桥梁压缩水流的情况考虑，则可按表 8-19 的规定采用。

采用 64-2 计算公式的最大冲刷深度包括了桥梁压缩水流所产生的最大一般冲刷及一部分洪水时河槽的天然冲刷和集中冲刷。

**表 8-19　$B_2$ 和 $Q_2$ 取值**

| 河型 | 桥孔大小 | $B_2$ | $Q_2$ | 简图 |
|---|---|---|---|---|
| 平原区 | 河滩全压缩，河槽全跨，$B_2=B_1=L$ | $L$ | $Q_P$ | L |
| | 仅跨河槽的一部分 $B_2=L<B_1$ | $L$ | $Q_P$ | L；$B_1$ |
| | 仅河滩压缩一部分，但河槽不扩宽 $B_2=B_1<L$ | $B_1$ | $Q_1+\dfrac{Q_4Q_1}{Q_1+Q_3}$ | L；$Q_4$；$Q_3$；$Q_1$；$B_1$ |
| | 仅河滩压缩一部分，但槽扩宽至全桥 $B_2=L>B_1$ | $L$ | $Q_P$ | L；$B_1$ |
| 山前区 | 跨河槽的一部分，此时 $B_1$ 应采用河槽有效宽 $B_0$ | $L$ | $Q_P$ | L；$B_1=B_0$ |
| | 无河滩且不压缩河槽 $B_1=L$ | $L$ | $Q_P$ | $L=B_1$；$B_1$ |
| 山区 | 有阶地且阶地压缩一部分 | 同平原区 | | |

3. 包尔达可夫计算公式

包尔达可夫计算公式假定有推移质的天然河流，当桥下的流速恢复到建桥前天然流速时，冲刷即停止，河槽断面上任一垂线上的冲刷深度与其水深成正比。由于包尔达可夫计算公式未考虑水流集中冲刷的因素，也未考虑河槽土质情况，但实际在一些发生集中冲刷的河流上，冲刷深度往往不是和水深成正比的，而是冲刷集中在某一部分特别深，其他部分甚至有淤高现象，因此本公式只适用平原及山区稳定河段，包尔达可夫计算公式为

$$h_{Pm}=kh_m \tag{8-103}$$

式中　$h_{Pm}$——断面上一般冲刷后最大水深，m；
$k$——冲刷系数，取值见表 8-20；
$h_m$——建桥前墩台附近水深，m。

**表 8-20　冲刷系数 $k$ 取值**

| 河流类型 | | 冲刷系数 |
|---|---|---|
| 山区 | 峡谷段（无滩） | 1.0～1.2 |
| | 开阔段（有滩） | 1.1～1.4 |
| 山前区 | 半山区、丘陵区稳定段 | 1.2～1.4 |
| | 变迁性河段 | 1.2～1.8 |
| 平原区 | | 1.1～1.4 |

（二）黏性土河床一般冲刷计算

1. 河槽冲刷计算公式

$$h_{Pm}=\left[\frac{A\dfrac{Q_c}{B_c}\left(\dfrac{h_{mc}}{\bar{h}}\right)^{5/3}}{0.33\left(\dfrac{1}{I_L}\right)}\right]^{5/8} \tag{8-104}$$

式中　$h_{Pm}$——断面上一般冲刷后最大水深，m；

$A$——单宽流量集中系数，$A=1.0\sim1.2$；

$Q_c$——桥下河槽部分通过的设计流量，$m^3/s$；

$B_c$——桥下河槽部分桥孔过水净宽，m，当桥下河槽扩宽至全桥时，其值等于桥孔净宽 $L$；

$h_{mc}$——桥下河槽最大水深，m；

$\bar{h}$——平均水深，m；

$I_L$——冲刷范围内黏性土样的液性指数（本公式 $I_L$ 范围为 0.16～1.19，当钻孔资料采用冲刷部位处土的液性指数 $I_L$ 为负值时，则可选用附近或上层同类土中干密度和塑性指数相接近土层的 $I_L$ 值）。

2. 河滩冲刷计算公式

$$h_{Pm}=\left[\frac{\dfrac{Q_t}{B_t}\left(\dfrac{h_{mt}}{\bar{h}}\right)^{5/3}}{0.33\left(\dfrac{1}{I_L}\right)}\right]^{6/7} \tag{8-105}$$

式中　$h_{Pm}$——断面上一般冲刷后最大水深，m；

$Q_t$——桥下河滩部分通过的设计流量，$m^3/s$；

$B_t$——桥下河滩部分桥孔过水净宽，m；

$h_{mt}$——桥下河滩最大水深，m；

$\bar{h}$——平均水深，m；

$I_L$——冲刷范围内黏性土样的液性指数。

由于上述黏性土冲刷计算公式在研究过程中取得的黏性土资料液性指数尚存在一定的局限性，在目前缺乏其他计算办法的情况下，可按当量换算办法计算，即根据平均水深和黏性土的特征，查出黏性土壤允许不冲刷平均流速，再根据相应的平均水深和允许不冲刷平均流速查出非黏性土壤粒径，再套用 64-1 计算公式和 64-2 计算公式进行计算，此时单宽流量集中系数 $A$ 值取为 1.0。这种按当量换算办法计算的冲刷深度，尚应结合现场调查，根据实际冲刷情况加以修正。

（三）HEC-RAS 一般冲刷计算

HEC-RAS 是由美国陆军工程兵团水文工程中心开发的河流分析系统，包含桥梁冲刷计算模块，下面对 HEC-RAS 冲刷计算模型进行简要介绍。由于目前采用 HEC-RAS 进行冲刷计算主要针对于桥梁和铁路工程，如将之应用于电力工程，需结合现场调查综合判断冲刷深度。HEC-RAS 一般冲刷计算分为清水冲刷和动床冲刷两种，采用临界流速 $v_c$ 进行区分，当临界流速 $v_c$ 大于断面平均流速时，假定为清水冲刷，反之则为动床冲刷。临界流速 $v_c$ 计算公式为

$$v_c=K_u y_1^{1/6} d_{50}^{1/3} \tag{8-106}$$

式中　$v_c$——临界流速，m/s；

$K_u$——系数，取 6.19；

$y_1$——主槽或漫滩平均水深，m；

$d_{50}$——小于重量计的 95%的粒径，m。

动床冲刷采用修正的 Laursen 公式进行计算，即

$$y_2=y_1\left(\frac{Q_2}{Q_1}\right)^{6/7}\left(\frac{W_1}{W_2}\right)^{K_1} \tag{8-107}$$

$$y_s=y_2-y_0 \tag{8-108}$$

式中　$y_2$——主槽或漫滩一般冲刷后平均水深，m；

$y_1$——渐近段主槽或漫滩平均水深，m；

$Q_2$——冲刷段主槽或漫滩输送泥沙流量，$m^3/s$；

$Q_1$——渐近段主槽或漫滩输送泥沙流量，$m^3/s$；

$W_1$——渐近段河槽底宽，m；

$W_2$——冲刷段河槽底宽，m；

$K_1$——指数；

$y_s$——一般冲刷深度，m；

$y_0$——主槽或漫滩一般冲刷前平均水深，m。

## 三、局部冲刷计算

由于修建取水泵房或输电线路塔基等，使水流受到阻挡与干扰，虽然上层水面基本上仍保持平行于原水面，但由于水流受阻影响水面向上弯曲，下层水流流线大都倾斜向下，在床面处形成横轴环状旋涡带；由于水流的变化，引起了河床的局部变形，由于泥沙运动，产生了局部冲刷坑，对局部冲刷坑深度的计算，称为局部冲刷计算。局部冲刷计算，与一般冲刷深度计算类似，也分为非黏性土局部冲刷深度计算与黏性土局部冲刷深度计算。HEC-RAS 局部冲刷计算公式也在此一并介绍。

（一）非黏性土河床局部冲刷计算

非黏性土河床局部冲刷计算公式主要有 65-1 计算公式、65-2 计算公式、包尔达可夫计算公式等几种方法，分别介绍如下。

1. 65-1 计算公式

65-1 计算公式是以我国自主进行的大量室内试验资料和洪水期实际观测资料为依据在 20 世纪 60 年代建立的。由试验和观测资料得知，决定局部冲刷深度

的主要因素有水流行进流速、阻水建筑物宽度、河床质粒径和组成。由于当年制定公式时天然观测资料中最大粒径没有超过150mm的，故该公式不适用于大颗粒河床。公式见式（8-109）和式（8-110）。

当 $v \leqslant v_0$ 时

$$h_{\mathrm{b}} = K_{\xi} K_{\eta 1} b_1^{0.6} (v - v_0') \tag{8-109}$$

当 $v > v_0$ 时

$$h_{\mathrm{b}} = K_{\xi} K_{\eta 1} b_1^{0.6} (v_0 - v_0') \left( \frac{v - v_0'}{v_0 - v_0'} \right)^{n_1} \tag{8-110}$$

$$K_{\eta 1} = 0.8 \left( \frac{1}{\bar{d}^{0.45}} + \frac{1}{\bar{d}^{0.15}} \right)$$

$$v_0 = 0.0246 \left( \frac{h}{\bar{d}} \right)^{0.14} \sqrt{332\bar{d} + \frac{10+h}{\bar{d}^{0.72}}}$$

$$v_0' = 0.462 \left( \frac{\bar{d}}{b_1} \right)^{0.06} v_0$$

$$n_1 = \left( \frac{v_0}{v} \right)^{0.25\bar{d}^{0.19}}$$

式中 $h_{\mathrm{b}}$ ——局部冲刷深度，m；

$K_{\xi}$ ——形状系数，取值见表8-21；

$K_{\eta 1}$ ——河床土壤粒径影响系数；

$b_1$ ——计算宽度，取值见表8-21；

$v$ ——一般冲刷后的垂线平均流速，m/s；

$v_0'$ ——始冲流速，m/s；

$v_0$ ——河床泥沙起动流速，m/s；

$n_1$ ——指数；

$\bar{d}$ ——河床土平均粒径，mm；

$h$ ——水深，m。

**表 8-21　　形状系数 $K_{\xi}$、计算宽度 $b_1$ 取值**

| 桥墩示意图 | 形状系数 $K_{\xi}$ | 计算宽度 $b_1$ | 备　注 |
|---|---|---|---|
| 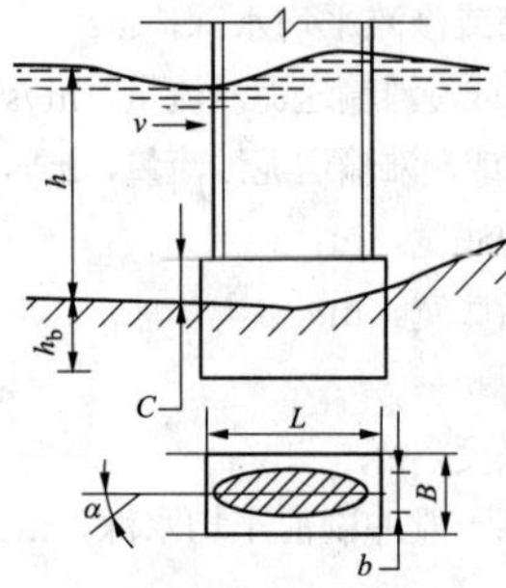 | 视 $C/h$、$\alpha$ 而定（见表8-22） | 与水流垂直时，$b_1 = b + (B-b)C/h$；<br>与水流偏斜冲击时，分两种情况，分别为<br>（1）当 $C/h \leqslant 0.3$ 时<br>$b_1 = (L - b_0)\sin\alpha + b_0$　（8-111）<br>其中 $b_0 = b + (B-b)C/h$<br>（2）当 $C/h > 0.3$ 时<br>$b_1 = L\sin\alpha + b_0\cos\alpha$　（8-112） | 当水流偏斜冲击时，只有当 $h/b_1 \geqslant 1$ 时，表8-22中 $K_{\xi}$ 值才正确。如 $h/b_1 < 1$，则作为估算时，必须减小数值 $b_1$，这时利用关系式 $b_1 = b_0(\sin\alpha - \cos\alpha)$ 来代替式（8-111）和式（8-112） |
| 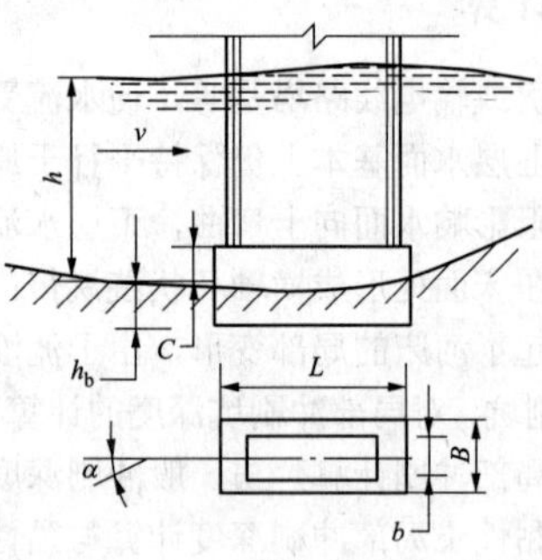 | 1.24 | 与水流垂直时，$b_1 = b + (B-b)C/h$；<br>与水流偏斜冲击时，$b_1 = L\sin\alpha + b_0\cos\alpha$，<br>其中 $b_0 = b + (B-b)C/h$ | 当水流偏斜冲击时，只有当 $h/b_1 \geqslant 1$ 时，$K_{\xi} = 1.24$ 值才正确。如 $h/b_1 < 1$，则作为估算时，必须减小数值 $b_1$，这时利用关系式 $b_1 = b_0(\sin\alpha - \cos\alpha)$ 来代替式（8-111）和式（8-112） |
| 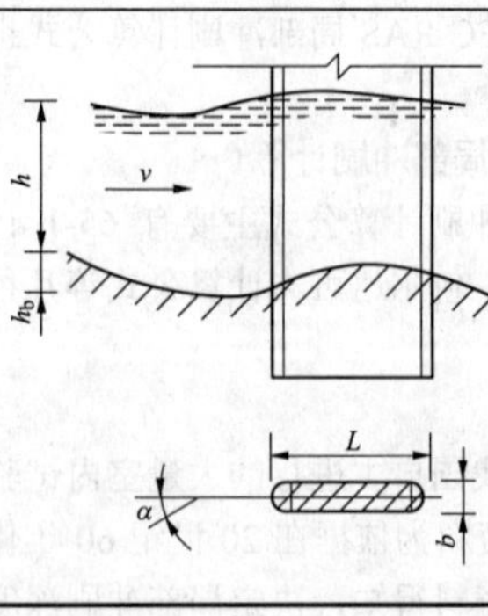 | 视 $\alpha$ 而定（见表8-23） | 与水流垂直时，$b_1 = b$；与水流偏斜冲击时，<br>$b_1 = (L-b)\sin\alpha + b$ | 当水流偏斜冲击时，只有当 $h/b_1 \geqslant 1$ 时，表8-23中 $K_{\xi}$ 值方正确。如 $h/b_1 < 1$，则作为估算时，必须减小数值 $b_1$，这时利用关系式 $b_1 = b_0(\sin\alpha - \cos\alpha)$ 来代替式（8-111）和式（8-112） |

续表

| 桥墩示意图 | 形状系数 $K_\xi$ | 计算宽度 $b_1$ | 备　注 |
|---|---|---|---|
|  | 视桥墩前端夹角 $\beta$ 而定（见表 8-24） | 与水流垂直时，$b_1=b$；与水流偏斜冲击时，$b_1=(L-b)\sin\alpha+b$ | 只有当 $\alpha$ 不大时，所指出的 $K_\xi$ 数值才正确 |
|  | 视 $C/h$、$\alpha$ 而定（见表 8-25） | 与水流垂直时，$b_1=b+(B-b)C/h$；与水流偏斜冲击时，分两种情况，分别见式（8-111）和式（8-112） | 当水流偏斜冲击时，只有当 $h/b_1\geqslant1$ 时，表 8-25 中 $K_\xi$ 值方正确。如 $h/b_1<1$，则作为估算时，必须减小数值 $b_1$，这时利用关系式 $b_1=b_0(\sin\alpha-\cos\alpha)$ 来代替式（8-111）和式（8-112） |
|  | 1.00 | $b$ |  |
| 高桩承台 | 视 $C/b$、$\alpha$ 而定（见表 8-26） | 与水流垂直时，$b_1=b$；与水流偏斜冲击时，$b_1=(L-b)\sin\alpha+b$ | 将每根桩当作圆柱形桥墩，验算每根桩旁的冲刷深度 |

**表 8-22　形状系数 $K_\xi$ 取值一**

| $\alpha$ \ $C/h$ | 0 | 0.2 | 0.4 | 0.6 | 0.8 | 1.0 |
|---|---|---|---|---|---|---|
| 0° | 0.85 | 0.99 | 1.15 | 1.21 | 1.24 | 1.24 |
| 10° | 0.87 | 1.01 | 1.16 | 1.21 | 1.24 | 1.24 |

续表

| $\alpha$ \ $C/h$ | 0 | 0.2 | 0.4 | 0.6 | 0.8 | 1.0 |
|---|---|---|---|---|---|---|
| 20° | 0.97 | 1.03 | 1.17 | 1.22 | 1.24 | 1.24 |
| 30° | 1.03 | 1.13 | 1.21 | 1.24 | 1.24 | 1.24 |
| 40° | 1.13 | 1.20 | 1.24 | 1.24 | 1.24 | 1.24 |

表 8-23 形 状 系 数 $K_\xi$ 取 值 二

| $\alpha$ | 0° | 10° | 20° | 30° | 40° |
|---|---|---|---|---|---|
| $K_\xi$ | 0.85 | 0.87 | 0.90 | 1.03 | 1.13 |

表 8-24 形 状 系 数 $K_\xi$ 取 值 三

| $\beta$ | 120° | 90° | 60° |
|---|---|---|---|
| $K_\xi$ | 1.22 | 1.00 | 0.73 |

表 8-25 形 状 系 数 $K_\xi$ 取 值 四

| $\alpha$ \ $C/h$ | 0 | 0.2 | 0.4 | 0.6 | 0.8 | 1.0 |
|---|---|---|---|---|---|---|
| 0 | 1.00 | 1.09 | 1.19 | 1.22 | 1.24 | 1.24 |
| 10° | 1.02 | 1.11 | 1.21 | 1.24 | 1.24 | 1.24 |
| 20° | 1.06 | 1.06 | 1.14 | 1.24 | 1.24 | 1.24 |
| 30° | 1.21 | 1.21 | 1.24 | 1.24 | 1.24 | 1.24 |
| 40° | 1.24 | 1.24 | 1.24 | 1.24 | 1.24 | 1.24 |

表 8-26 形 状 系 数 $K_\xi$ 取 值 五

| $\alpha$ \ $C/b$ | 0 | 2 | 4 | 8 | 12 |
|---|---|---|---|---|---|
| 0° | 0.85 | 0.75 | 0.676 | 0.598 | 0.55 |
| 10° | 0.87 | 0.77 | 0.68 | 0.61 | 0.55 |
| 20° | 0.90 | 0.78 | 0.71 | 0.61 | 0.56 |
| 30° | 1.03 | 0.86 | 0.75 | 0.63 | 0.57 |
| 40° | 1.12 | 0.92 | 0.79 | 0.67 | 0.59 |

2. 65-2 计算公式

65-2 计算公式是与 65-1 计算公式同时建立的，两式的不同之处在于建立公式过程中采用的水深数据不同，65-2 计算公式采用起动流速 $v_0$ 时的相应水深，65-1 计算公式采用一般冲刷后的水深，经实践检验，两式精度都能达到要求，故一并提出供选用，65-2 计算公式见式（8-113）和式（8-114）。

当 $v \leqslant v_0$ 时

$$h_b = K_\xi K_{\eta 2} b_1^{0.6} h_{Pm}^{0.15}\left(\frac{v-v_0'}{v_0}\right) \quad (8\text{-}113)$$

当 $v > v_0$ 时

$$h_b = K_\xi K_{\eta 2} b_1^{0.6} h_{Pm}^{0.15}\left(\frac{v-v_0'}{v_0-v_0'}\right)^{n_2} \quad (8\text{-}114)$$

$$K_{\eta 2} = \frac{0.023}{\bar{d}^{2.2}} + 0.375\bar{d}^{0.24}$$

$$v_0 = 0.28(\bar{d}+0.7)^{0.5}$$

$$v_0' = 0.12(\bar{d}+0.5)^{0.55}$$

$$n_2 = \frac{1}{\left(\dfrac{v_0}{v}\right)^{0.22+0.19\lg\bar{d}}}$$

式中 $h_b$ ——局部冲刷深度，m；
$K_\xi$ ——形状系数，取值见表 8-21；
$K_{\eta 2}$ ——系数；
$b_1$ ——计算宽度，取值见表 8-21；
$h_{Pm}$ ——断面上一般冲刷后最大水深，m；
$v$ ——一般冲刷后的垂线平均流速，m/s；
$v_0'$ ——始冲流速，m/s；
$v_0$ ——起动流速，m/s；
$n_2$ ——指数；
$\bar{d}$ ——河床土平均粒径，mm。

3. 包尔达可夫计算公式

包尔达可夫计算公式为

$$h_M = h_P\left(\frac{v_P}{v_{ns}}\right)^n \quad (8\text{-}115)$$

包尔达可夫局部冲刷计算公式为

$$h_b = h_M - h_P = h_P[(v_P/v_{ns})^n - 1] \quad (8\text{-}116)$$

式中 $h_M$ ——一般冲刷及局部冲刷之和，m；
$h_P$ ——一般冲刷深度，m；
$v_P$ ——设计流速，m/s；
$v_{ns}$ ——不冲刷流速，m/s；
$n$ ——形状指数；
$h_b$ ——局部冲刷深度，m。

（二）黏性土河床局部冲刷计算

黏性土河床局部冲刷深度一般关系式可写成

$$h_b = K_\xi b_1^x h^y v^z f(I) \quad (8\text{-}117)$$

式中 $h_b$ ——局部冲刷深度，m；
$K_\xi$ ——形状系数，见表 8-21；
$b_1$ ——计算宽度，m；
$x$、$y$、$z$ ——指数；
$h$ ——水深，m；
$v$ ——一般冲刷后的垂线平均流速，m/s；
$f$ ——函数；
$I$ ——代表黏性土抗冲能力的某一个或某几个物理力学参量，如干密度、孔隙比、塑性指数或液性指数等。

考虑到黏性土局部冲刷不同于非黏性土局部冲刷的原因在于受冲土质和上游补给的泥沙不同，塔基自身因素的水流的作用力并无不同之处。因此，参照非黏性土局部冲刷的研究成果，采用 $y=0$、$x=0.6$，式（8-117）可写成

$$\frac{h_b}{K_\xi b_1^{0.6}} = f(v, I) \quad (8\text{-}118)$$

式中 $h_b$ ——局部冲刷深度，m；

$K_\xi$ ——形状系数，见表 8-21；

$b_1$ ——计算宽度，m；

$f$ ——函数；

$v$ ——一般冲刷后的垂线平均流速，m/s；

$I$ ——代表黏性土抗冲能力的某一个或某几个物理力学参量，如干密度、孔隙比、塑性指数或液性指数等。

利用天然调查资料结果，表明黏性土一般冲刷采用液性指数 $I_L$ 较好，采用 $z=1.0$，式（8-118）可写成

$$\frac{h_b}{K_\xi v b_1^{0.6}} = f(I_L) \quad (8\text{-}119)$$

式中 $h_b$ ——局部冲刷深度，m；

$K_\xi$ ——形状系数，见表 8-21；

$v$ ——一般冲刷后的垂线平均流速，m/s；

$b_1$ ——计算宽度，m；

$f$ ——函数；

$I_L$ ——液性指数。

利用调查资料，得到黏性土局部冲刷计算公式：

当 $\frac{h_{Pm}}{b_1} \geqslant 2.5$ 时

$$h_b = 0.83 K_\xi b_1^{0.6} I_L^{1.25} v \quad (8\text{-}120)$$

当 $\frac{h_{Pm}}{b_1} < 2.5$ 时

$$h_b = 0.55 K_\xi b_1^{0.6} h_{Pm}^{0.1} I_L^{1.2} v \quad (8\text{-}121)$$

式中 $h_b$ ——局部冲刷深度，m；

$K_\xi$ ——形状系数，见表 8-21；

$b_1$ ——计算宽度，m；

$I_L$ ——冲刷范围内黏性土样的液性指数，范围为 0.16～1.48；

$v$ ——一般冲刷后的垂线平均流速，m/s；

$h_{Pm}$ ——断面上一般冲刷后最大水深，m。

（三）HEC-RAS 局部冲刷计算

HEC-RAS 局部冲刷计算公式为

$$y_s = 2.0 K_1 K_2 K_3 K_4 a^{0.65} y_1^{0.35} Fr_1^{0.43} \quad (8\text{-}122)$$

式中 $y_s$ ——局部冲刷深度，m；

$K_1$ ——形状系数；

$K_2$ ——水流角度系数；

$K_3$ ——床沙条件系数；

$K_4$ ——床沙粗细系数；

$a$ ——计算宽度，m；

$y_1$ ——上游断面水深，m；

$Fr_1$ ——上游断面弗劳德系数。

对于圆头形，当 $y_s \leqslant 2.4a$ 时，$Fr_1 \leqslant 0.8$；当 $y_s \leqslant 3.0a$ 时，$Fr_1 > 0.8$。形状系数 $K_1$ 取值见表 8-27。

**表 8-27　形状系数 $K_1$ 取值**

| 形状 | $K_1$ | 形状 | $K_1$ |
|---|---|---|---|
| 方形 | 1.1 | 圆形群桩 | 1.0 |
| 圆头形 | 1.0 | 三角形 | 0.9 |
| 圆形 | 1.0 | | |

水流角度系数 $K_2$ 计算公式为

$$K_2 = \left(\cos\theta + \frac{L}{a}\sin\theta\right)^{0.65} \quad (8\text{-}123)$$

式中 $K_2$ ——水流角度系数；

$\theta$ ——水流入射角度；

$L$ ——沿水流方向计算长度，m；

$a$ ——计算宽度，m。

如果 $\frac{L}{a} > 12$，取 $\frac{L}{a} = 12$；如果水流入射角度大于 $5°$ 时 $K_2$ 将占主导作用，这时 $K_2 = 1$。床沙条件系数 $K_3$ 取值见表 8-28。

**表 8-28　床沙条件系数 $K_3$ 取值**

| 床沙条件 | $K_3$ | 床沙条件 | $K_3$ |
|---|---|---|---|
| 清水冲刷 | 1.1 | 中等沙丘（$10\text{m} \leqslant h^* < 30\text{m}$） | 1.1～1.2 |
| 平床 | 1.1 | 大沙丘（$h^* > 30\text{m}$） | 1.3 |
| 小沙丘（$2\text{m} \leqslant h^* < 10\text{m}$） | 1.1 | | |

注　$h^*$ 为沙丘高度，单位为 m。

床沙粗细系数 $K_4$ 的计算公式为

$$K_4 = 0.4 (V_R)^{0.15} \quad (8\text{-}124)$$

$$V_R = \frac{v_1 - v_{i50}}{v_{c50} - v_{i95}}$$

$$v_{i50} = 0.645\left(\frac{d_{50}}{a}\right)^{0.053} v_{c50}$$

$$v_{i95} = 0.645\left(\frac{d_{95}}{a}\right)^{0.053} v_{c95}$$

式中 $K_4$ ——床沙粗细系数；

$V_R$ ——比值系数；

$v_1$ ——上游断面平均流速，m/s；

$v_{i50}$ ——上游断面 $d_{50}$ 粒径冲刷始冲流速，m/s；

$v_{c50}$ ——上游断面 $d_{50}$ 粒径临界流速，m/s；

$v_{i95}$ ——上游断面 $d_{95}$ 粒径冲刷始冲流速，m/s；

$v_{c95}$ ——上游断面 $d_{95}$ 粒径临界流速，m/s。

**[例 8-9]** 桥墩一般冲刷深度计算。

已知桥址断面如图 8-2 所示，设计流量 $Q_P=6000\,\text{m}^3/\text{s}$，主槽设计流速 $v=2.92\,\text{m/s}$，桥梁与河道正交，采用 24 孔 32m 预应力混凝土梁，与水流汛期含沙量有关的参数 $E=0.66$，并假定建桥后河滩不会改变为河槽。地质资料表明表层（标高 87.5m 以上）为砂黏土，第二层（87.5～83.0m）为中砂，$\bar{d}=0.32$ mm，第三层（83.0m 以下）为砂夹圆砾，$\bar{d}=6.49$ mm。建桥后各部分计算数据见表 8-29，建桥前河槽各部分通过流量见表 8-30。

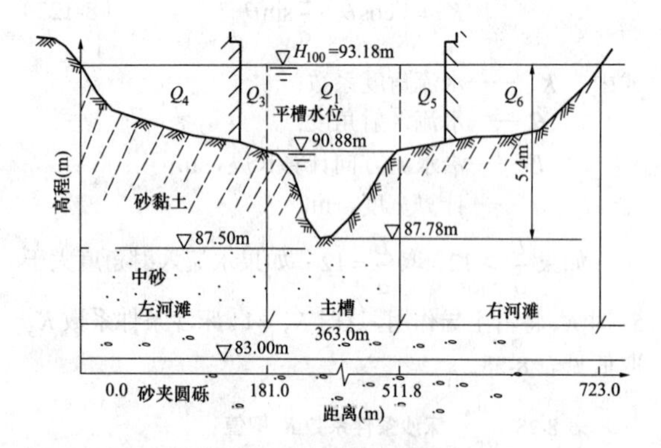


图 8-7 桥址断面示意图

**表 8-29 建桥后各部分计算数据**

| 项　目 | 左河滩 | 主槽 | 右河滩 | 合计 |
|---|---|---|---|---|
| 桥下平均水深 $\bar{h}_c$（m） | 2.0 | 3.82 | 1.73 | |
| 桥下最大水深 $h_{mc}$（m） | 2.3 | 5.4 | 2.0 | |
| 净孔宽 $L$（m） | 181.0 | 330.8 | 211.2 | 723 |
| 桥下供给过水面积 $\omega_A$（$\text{m}^2$） | 361.8 | 1260.0 | 365.2 | 1987 |
| 流速系数 $c$ | 30.0 及 35.0 | 50.0 | 20.0 及 15.0 | |

**表 8-30 建桥前河槽各部分通过流量** （$\text{m}^3/\text{s}$）

| $Q_4$ | $Q_3$ | $Q_1$ | $Q_5$ | $Q_6$ |
|---|---|---|---|---|
| 275 | 660 | 4510 | 350 | 207 |

建桥后 $Q_4$、$Q_6$ 部分封死，原通过的流量就要分摊到河滩 $Q_3$、$Q_5$ 及主槽 $Q_1$，桥下河滩及河槽各部分通过流量按式（8-125）计算。

$$Q=Q_P\frac{\omega_A c_A\sqrt{\bar{H}_A}}{\sum_{i=1}^{n}(\omega_i c_i\sqrt{\bar{H}_i})} \qquad (8\text{-}125)$$

式中 $\omega_A$ ——冲刷前该计算部分的水流断面面积，$\text{m}^2$；

$c_A$ ——冲刷前该计算部分的流速系数；

$\bar{H}_A$ ——冲刷前该计算部分的平均水深，m；

$\sum\omega c_i\sqrt{\bar{H}_i}$ ——桥下各部分计算数据值的总和。

左滩设计流量为

$$Q_L=6000\times\frac{361.8\times35\sqrt{2}}{361.8\times35\sqrt{2}+1260\times50\sqrt{3.82}+365.2\times20\sqrt{1.73}}=714\ (\text{m}^3/\text{s})$$

右滩设计流量为

$$Q_R=6000\times\frac{9620}{150720}=383\ (\text{m}^3/\text{s})$$

主槽设计流量为

$$Q_M=6000\times\frac{123200}{150720}=4905\ (\text{m}^3/\text{s})$$

满槽水位时的河槽宽度 $B=363$ m，满槽水位时的河槽平均水深 $\bar{H}=3.82-(93.18-90.88)=1.52$（m），计算单宽流量集中系数 $A$

$$A=\left(\frac{\sqrt{B}}{\bar{H}}\right)^{0.15}=\left(\frac{\sqrt{363}}{1.52}\right)^{0.15}=1.46$$

先按第二层土（中砂 $\bar{d}=0.32$ mm）计算冲刷深度。

$$h_{Pm}=\left[\frac{AQ_c(h_{mc}/\bar{h}_c)^{5/3}}{B_c E\bar{d}^{1/6}}\right]^{3/5}=\left[\frac{1.46\times4905\times(5.4/3.82)^{5/3}}{330.8\times0.66\times0.32^{1/6}}\right]^{3/5}=12.9\ (\text{m})$$

因为是计算河槽部分的冲刷深度，故上式中的 $B_c$ 应为建桥后主槽部分净孔宽 $L$，因主槽内还建有其他桥墩（图 8-7 中未标出），故主槽净孔宽 $L$ 值为 330.8m，小于主槽宽度 363m；$Q_P$ 应为主槽部分 $Q_M$。

冲刷线标高 $=93.18-12.9=80.28$（m），冲刷已深入第三层内。

改按第三层土（砂夹圆砾，$\bar{d}=6.49$ mm）计算冲刷深度，即

$$h_{Pm}=\left[\frac{AQ_c(h_{mc}/\bar{h}_c)^{5/3}}{B_c E\bar{d}^{1/6}}\right]^{3/5}=\left[\frac{1.46\times4905\times(5.4/3.82)^{5/3}}{330.8\times0.66\times6.49^{1/6}}\right]^{3/5}=9.52\ (\text{m})$$

冲刷线标高 $=93.18-9.52=83.66$（m），冲刷线反位于第二层内。由以上两种计算可知，冲刷线应位于第二层土与第三层土的交接线上，故最大冲刷深度

如下：

$$h_{Pm} = 93.18 - 83.0 = 10.18\text{（m）}$$

［例 8-10］ 输电线路河中立塔局部冲刷深度计算。

输电线路跨越某河，跨越点河道顺直，跨越断面主槽居右岸，宽 80m，左岸滩地宽 450m，由中砂及细砂组成，以细砂为主，滩上无植物覆盖，枯水期无水流。

汛期滩上行洪，$P=1\%$ 洪水时滩地水深 0.5m，主槽最大水深 2.5m，断面平均流速为 1.80m/s，洪水期流向与线路杆塔基础交角为 10°，河中杆塔基础为半圆形，其宽度 $b=1.5$ m，长度 $L=2.0$ m，河床土平均粒径 $\overline{d}=0.15$ mm。采用 65-1 计算公式计算局部冲刷深度。

（1）确定墩形系数 $K_{\xi}$ 和杆塔基础计算宽度 $b_1$。由表 8-21 中的第 3 型知，当 $\alpha = 10°$ 时，$K_{\xi} = 0.87$；由于洪水期流向有 10°偏角，故杆塔基础计算宽度 $b_1 = (L-b)\sin\alpha + b = (2.0-1.5)\times\sin 10° + 1.5 = 1.59$（m）。

（2）计算河床土壤粒径影响系数 $K_{\eta 1}$ 和起动流速 $v_0$。当 $\overline{d}=0.15$ mm 时，$K_{\eta 1} = 0.8\left(\dfrac{1}{\overline{d}^{0.45}} + \dfrac{1}{\overline{d}^{0.15}}\right) = 2.942$；当 $h=2.5$ m 时，$v_0 = 0.0246\left(\dfrac{h}{\overline{d}}\right)^{0.14}\sqrt{332\overline{d} + \dfrac{10+h}{\overline{d}^{0.72}}} = 0.36$（m/s）。

（3）计算杆塔基础周围泥沙始冲流速 $v_0'$。当 $\overline{d}=0.15$ mm、$b_1=1.59$ m、$v_0=0.36$ m/s 时，$v_0' = 0.462\left(\dfrac{\overline{d}}{b_1}\right)^{0.06} v_0 = 0.15$（m/s）。

（4）例中 $v=1.80$ m/s、$v_0=0.36$ m/s，按 $v > v_0$ 计算局部冲刷深度。$n_1 = \left(\dfrac{v_0}{v}\right)^{0.25\overline{d}^{0.19}} = 0.775$。将上述各项数据代入式（8-110），计算得到局部冲刷深度数据如下：

$$\begin{aligned} h_b &= K_{\xi} K_{\eta 1} b_1^{0.6}(v_0 - v_0')\left(\frac{v - v_0'}{v_0 - v_0'}\right)^{n_1} \\ &= 0.87\times 2.942\times 1.59^{0.6}\times(0.36-0.15)\times\left(\frac{1.80-0.15}{0.36-0.15}\right)^{0.775} \\ &= 3.51\text{（m）} \end{aligned}$$

# 第九章

# 海　洋　水　文

电力工程海洋水文分析计算包括潮汐、潮流、波浪、水温及盐度等海洋水文要素的分析计算，应根据工程海域海洋水文特性和工程设计要求确定其特征值和设计值。对于感潮河口，应考虑径流的影响。泥沙运动和岸滩演变分析成果是工程位置选择和工程设计的重要依据。对于滨海及潮汐河口电厂，一般考虑采用直流循环供水系统；通过温排放计算，得出温排放扩散范围和取水温升，为取排水工程优化设计和环境影响评价提供依据。

## 第一节　潮　　汐

潮位资料是决定滨海及潮汐河口电厂厂坪标高和涉水工程型式、规模的一项重要水文资料。对滨海电厂工程而言，保证率为97%、99%的设计低潮位是决定取水口标高的一个重要依据；而频率为1%、0.5%和0.1%等的设计高潮位则是决定电厂厂坪、防洪堤顶、取水构筑物入口地坪标高等的依据之一。为了确定水泵的型号、台数和容量以及设有调节池的调节库容，还应选出设计潮位过程线来进行水量平衡计算。此外，滨海输变电工程也需要相应频率的设计潮位来确定厂坪标高、塔基顶面高程等。

滨海电厂往往有配套的电厂码头，其需要的设计潮位包括设计高、低潮位和极端（50年一遇）高、低潮位。对于海岸港和潮汐作用明显的河口港，设计高潮位应采用高潮累积频率10%的潮位或历时累积频率1%的潮位，设计低潮位应采用低潮累积频率90%的潮位或历时累积频率98%的潮位。考虑船舶乘潮进出港时的设计低潮位应根据具体要求确定。极端高潮位采用重现期为50年一遇的高潮位，极端低潮位采用重现期为50年一遇的低潮位。

### 一、潮汐特性与特征潮位统计

*1. 潮汐类型*

拟建厂址海区的潮汐类型，可通过至少一个月的逐时潮位资料，进行调和分析计算出潮汐调和常数，然后按式（9-1）计算潮汐形态系数$K$，根据$K$值大小判断潮汐类型。$K$一般由三个主要分潮振幅$H_{K_1}$、$H_{O_1}$、$H_{M_2}$计算得出，其计算式为

$$K=\frac{H_{K_1}+H_{O_1}}{H_{M_2}} \tag{9-1}$$

式中　$K$——潮汐形态系数；

$H_{K_1}$——太阴太阳赤纬全日分潮振幅，m；

$H_{O_1}$——主太阴全日分潮振幅，m；

$H_{M_2}$——主太阴半日分潮振幅，m。

潮型判断标准：$0.0<K\leqslant0.5$时为规则半日潮；$0.5<K\leqslant2.0$时为不规则半日潮；$2.0<K\leqslant4.0$时为不规则日潮；$4.0<K$时为规则日潮。

我国沿海主要站点分潮振幅和潮汐类型见表9-1。

表9-1　我国沿海主要站点分潮振幅和潮汐类型

| 站名 | 主要分潮振幅（m） | | | 潮汐形态系数$K$ | 潮汐类型 |
|---|---|---|---|---|---|
| | $K_1$ | $O_1$ | $M_2$ | | |
| 营口 | 0.38 | 0.29 | 1.26 | 0.53 | 不规则半日潮 |
| 葫芦岛 | 0.38 | 0.29 | 0.94 | 0.71 | 不规则半日潮 |
| 秦皇岛 | 0.29 | 0.23 | 0.10 | 5.20 | 规则日潮 |
| 塘沽 | 0.36 | 0.27 | 1.17 | 0.54 | 不规则半日潮 |
| 岐口 | 0.28 | 0.20 | 1.06 | 0.45 | 规则半日潮 |
| 龙口 | 0.20 | 0.17 | 0.41 | 0.90 | 不规则半日潮 |

续表

| 站名 | 主要分潮振幅（m） | | | 潮汐形态系数 $K$ | 潮汐类型 |
|---|---|---|---|---|---|
| | $K_1$ | $O_1$ | $M_2$ | | |
| 烟台 | 0.16 | 0.09 | 0.36 | 0.69 | 不规则半日潮 |
| 威海 | 0.22 | 0.13 | 0.59 | 0.59 | 不规则半日潮 |
| 大连 | 0.26 | 0.18 | 0.99 | 0.44 | 规则半日潮 |
| 大长山岛 | 0.33 | 0.25 | 1.32 | 0.44 | 规则半日潮 |
| 海洋岛 | 0.37 | 0.25 | 1.27 | 0.49 | 规则半日潮 |
| 大鹿岛 | 0.38 | 0.24 | 1.87 | 0.33 | 规则半日潮 |
| 薪岛 | 0.41 | 0.27 | 2.12 | 0.32 | 规则半日潮 |
| 青岛 | 0.28 | 0.22 | 1.26 | 0.40 | 规则半日潮 |
| 连云港 | 0.31 | 0.24 | 1.59 | 0.35 | 规则半日潮 |
| 吕四 | 0.21 | 0.10 | 1.71 | 0.18 | 规则半日潮 |
| 绿华山 | 0.28 | 0.16 | 1.19 | 0.37 | 规则半日潮 |
| 吴淞 | 0.24 | 0.14 | 1.04 | 0.37 | 规则半日潮 |
| 南汇嘴 | 0.30 | 0.19 | 1.43 | 0.34 | 规则半日潮 |
| 澉浦 | 0.37 | 0.22 | 2.48 | 0.24 | 规则半日潮 |
| 坎门 | 0.30 | 0.23 | 1.88 | 0.28 | 规则半日潮 |
| 海门 | 0.22 | 0.13 | 1.81 | 0.19 | 规则半日潮 |
| 厦门 | 0.34 | 0.28 | 1.82 | 0.34 | 规则半日潮 |
| 高雄 | 0.16 | 0.15 | 0.15 | 2.07 | 不规则日潮 |
| 台中 | 0.22 | 0.11 | 1.70 | 0.19 | 规则半日潮 |
| 基隆 | 0.19 | 0.15 | 0.19 | 1.79 | 不规则半日潮 |
| 钓鱼岛 | 0.21 | 0.20 | 0.49 | 0.84 | 不规则半日潮 |
| 汕头 | 0.30 | 0.24 | 0.42 | 1.29 | 不规则半日潮 |
| 汕尾 | 0.33 | 0.26 | 0.28 | 2.11 | 不规则日潮 |
| 闸坡 | 0.41 | 0.35 | 0.65 | 1.17 | 不规则半日潮 |
| 榆林 | 0.31 | 0.29 | 0.22 | 2.73 | 不规则日潮 |
| 东方 | 0.56 | 0.65 | 0.19 | 6.37 | 规则日潮 |
| 北海 | 0.89 | 0.96 | 0.45 | 4.11 | 规则日潮 |
| 香港 | 0.36 | 0.29 | 0.39 | 1.67 | 不规则半日潮 |
| 澳门 | 0.37 | 0.31 | 0.47 | 1.45 | 不规则半日潮 |
| 涂山 | 0.72 | 0.70 | 0.04 | 35.50 | 规则日潮 |
| 海防 | 0.64 | 0.73 | 0.04 | 34.25 | 规则日潮 |

**注** 数据来源于《中国近海水文》，苏纪兰主编，海洋出版社，2005年。

2. 特征潮位统计

统计多年逐月平均的特征潮位值，主要包括平均潮位、平均高潮位、平均低潮位、最高高潮位及其出现日期、最低低潮位及其出现日期等。

3. 潮差和涨落潮历时特征值统计

统计多年平均逐月的特征潮差、涨落潮历时等潮汐特征值，主要包括平均涨潮潮差、平均落潮潮差、最大涨潮潮差、最大落潮潮差、平均涨潮历时、平均落潮历时、最大涨潮历时、最大落潮历时等。

4. 基准面换算

应用潮位资料时，应说明观测站或观测点的历史沿革、准确位置和观测资料所采用的基准面，如海图深度基准面、潮高基准面、当地平均海平面、1956年黄海平均海平面、1985国家高程基准、验潮零点等，并绘图表示各种基准面之间及与工程所用基准面的换算关系。

## 二、潮位分析与计算

### （一）具有实测资料情况下重现期潮位的确定

1. 高（低）潮位资料的审查与合理性分析

对实测潮位资料，特别是按年极值法取的年最高（低）潮位系列，可从以下几方面进行可靠性、代表性及一致性审查与合理性分析：

（1）从测站沿革及资料整编说明中了解原始观测资料的精度及对整编成果可靠性的评价，如有因缺测或漏测而插补的数据，可按潮位变化进行检查，并加括号予以区别。如有的测站验潮井可能因引水管安装过高，或因泥沙淤塞影响，难以测到真实的年最低低潮，刊布的数据是由插补推算获得的，精度会受到影响，应加以区别。

（2）检查历年使用的水准基面的一致性以及统一水准基面的改正情况。

（3）检查河口地区挡潮建筑物的建设和运营是否影响历年资料的一致性。

（4）对于特高、特低潮位值，可根据不同地区沿海岸各站资料是否协调来检查合理性。河口区可根据阴阳日历对照、上下游来水、附近雨量及风的观测资料，并考虑风暴潮及地形地貌的影响来检查上下游各站特征潮位变化的合理性。

（5）将系列各年最高（低）潮位的出现日期（阴历阳历）分别列出，结合潮汐表的预报值，判断引起年最高（低）潮位的成因是否一致，区分年最高（低）潮位中的天文潮因素及寒潮、台风、低压所造成的增减水因素及其组合情况，检查系列的一致性。

（6）分析系列中较高（低）潮位出现次数是否偏少或偏多，量级是否偏小或偏大，尤应注意是否包括特高（低）潮位。有条件时，可采用邻近具有长系列验潮资料的参证站与本站做长短系列统计参数对比来评价本系列的代表性。此外，无论实测期长短，均应进行历史高（低）潮位调查研究，并将其加入实测系列，以增强实测系列的代表性。

（7）如果厂址海区风暴潮影响显著，系列代表性分析时可将实测高（低）潮位系列顺位与当地大风暴潮影响强弱年份及重现期顺位对照，并与邻近长系列参证站特高（低）潮位出现年份、成因及重现期对照。

2. 频率计算方法

年最高（低）潮位系列采用年极值法选样，要求有不少于连续20年的潮位资料，并加入调查的历史特高（低）潮位［具体方法见式（9-5）和式（9-6）及其说明］。不同重现期的高（低）潮位频率计算方法可采用Gumbel曲线、P-Ⅲ型曲线和联合概率法。

（1）Gumbel曲线计算。

设有$n$个年最高（低）潮位值$H$，则

$$H_P=\overline{H}\pm\lambda_{nP}S \tag{9-2}$$

$$\overline{H}=\frac{1}{n}\sum_{i=1}^{n}H_i \tag{9-3}$$

$$S=\left(\frac{1}{n}\sum_{i=1}^{n}H_i^2-\overline{H}^2\right)^{1/2} \tag{9-4}$$

式中　$H_P$——与年频率$P$对应的高（低）潮位值（高潮用正号，低潮用负号），m；

$\overline{H}$——平均高（低）潮位，m；

$\lambda_{nP}$——与频率$P$及资料年数$n$有关的系数，计算方法第四章第二节所述；

$S$——均方差；

$H_i$——历年实测高（低）潮位，m。

由式（9-2）求出对应于不同$P$的$H_P$，即可在几率格纸上绘高（低）潮位的频率曲线。同时绘上经验频率点，以检验频率曲线的拟合程度。若配合不佳，可按先$S$后$\overline{H}$的次序适当调整$S$与$\overline{H}$的值，以便得到一条与经验点拟合最佳的“理论频率曲线”。必要时，也可采用其他线型做分析比较。

若在原有$n$年的验潮资料以外，根据调查得出在历史上$N$年中出现过特高（低）潮位值为$H_N$，则设计潮位公式（9-2）中的$\overline{H}$和$S$改用下式进行计算，即

$$\overline{H}=\frac{1}{N}\left(H_N+\frac{N-1}{n}\sum_{i=1}^{n}H_i\right) \tag{9-5}$$

$$S=\sqrt{\frac{1}{N}\left(H_N{}^2+\frac{N-1}{n}\sum_{i=1}^{n}H_i{}^2\right)-\overline{H}^2} \tag{9-6}$$

［例9-1］ 根据实测资料推求电厂码头的各重现期高潮位。

某电厂附近有1956～1975年共20年验潮资料（见表9-2），推求电厂各重现期高潮位。

**表9-2　某电厂附近有1956～1975年共20年验潮资料**　（m）

| 年份 | $H_i$ | 年份 | $H_i$ |
|---|---|---|---|
| 1956 | 3.56 | 1959 | 3.65 |
| 1957 | 3.22 | 1960 | 3.17 |
| 1958 | 3.20 | 1961 | 3.36 |

续表

| 年份 | $H_i$ | 年份 | $H_i$ |
|---|---|---|---|
| 1962 | 3.33 | 1969 | 3.40 |
| 1963 | 3.52 | 1970 | 3.34 |
| 1964 | 3.51 | 1971 | 3.50 |
| 1965 | 3.49 | 1972 | 3.23 |
| 1966 | 3.26 | 1973 | 3.30 |
| 1967 | 3.76 | 1974 | 3.51 |
| 1968 | 3.26 | 1975 | 3.50 |

（1）将各年的年最高潮位按递减顺序排列（见表 9-3），求出 20 年年最高潮位的平均值：

$$\overline{H}=\frac{1}{n}\sum_{i=1}^{n}H_i=3.4035\text{（m）}$$

$$\overline{H}^2=11.587216\text{（m}^2\text{）}$$

（2）计算逐年年最高潮位的平方值 $H_i^2$，并计算其 20 年的平均值：

$$\overline{H_i}^2=\frac{1}{n}\sum_{i=1}^{n}H_i^2=11.608695\text{（m}^2\text{）}$$

（3）计算均方差 $S$：

$$S=\sqrt{11.608695-11.587216}=0.15774\text{（m）}$$

（4）根据资料年数 $n=20$，从附录 Q 中查出或由式（4-117）计算出对应于不同频率 $P$（或重现期 $T$）的 $\lambda_{nP}$ 值，并填入表 9-4 中。

（5）按式（9-2）计算相应于各频率 $P$ 的潮位 $H_P$ 值，见表 9-4。

（6）按经验公式 $P=\dfrac{m}{n+1}$ 计算对应于各 $H_i$ 的经验频率 $P$ 值。

（7）在绘制 Gumbel 频率曲线专用的几率格纸上分别点绘对应于频率 $P$ 的 $H_P$ 值，连成 Gumbel 频率曲线，并点绘对应于各 $H_i$ 值的经验频率点，或直接利用 Gumbel 曲线绘图软件直接绘制，以检验频率曲线与经验频率点的拟合情况，必要时可调整曲线，以更好地拟合经验频率点，如图 9-1 所示。

（8）本例中，Gumbel 频率曲线和经验频率点拟合较好，无需调整，可直接由频率曲线读取各重现期高潮位。

**表 9-3　某站高潮位频率计算表之一**

| 顺序 | 年份 | $H_i$ | $H_i^2$ | 经验频率 $P$（%） |
|---|---|---|---|---|
| 1 | 1967 | 3.76 | 14.1376 | 4.8 |
| 2 | 1959 | 3.65 | 13.3225 | 9.5 |
| 3 | 1956 | 3.56 | 12.6736 | 14.3 |
| 4 | 1963 | 3.52 | 12.3904 | 19.0 |
| 5 | 1964 | 3.51 | 12.3201 | 23.8 |
| 6 | 1974 | 3.51 | 12.3201 | 28.6 |
| 7 | 1971 | 3.50 | 12.2500 | 33.3 |
| 8 | 1975 | 3.50 | 12.2500 | 38.1 |
| 9 | 1965 | 3.49 | 12.1801 | 42.9 |
| 10 | 1969 | 3.40 | 11.5600 | 47.6 |
| 11 | 1961 | 3.36 | 11.2896 | 52.4 |
| 12 | 1970 | 3.34 | 11.1556 | 57.1 |
| 13 | 1962 | 3.33 | 11.0889 | 61.9 |
| 14 | 1973 | 3.30 | 10.8900 | 66.7 |
| 15 | 1966 | 3.26 | 10.6276 | 71.4 |
| 16 | 1968 | 3.26 | 10.6276 | 76.2 |
| 17 | 1972 | 3.23 | 10.4329 | 81.0 |
| 18 | 1957 | 3.22 | 10.3684 | 85.7 |
| 19 | 1958 | 3.20 | 10.2400 | 90.5 |
| 20 | 1960 | 3.17 | 10.0489 | 95.2 |
| 合计 | | 68.07 | 232.1739 | |
| 平均 | | 3.4035 | 11.608695 | |

注　计算保证率为 97%及 99%的年最低潮位时，样本次序要按递增排列，改为计算频率为 3%及 1%的年最低潮位。

**表 9-4　某站高潮位频率计算表之二**

| 频率 $P$（%） | $\lambda_{nP}$ | $S\lambda_{nP}$ | $H_P=\overline{H}+S\lambda_{nP}$ |
|---|---|---|---|
| 0.1 | 6.006 | 0.950 | 4.35 |
| 0.2 | 5.354 | 0.846 | 4.25 |
| 0.5 | 4.490 | 0.710 | 4.11 |
| 1 | 3.836 | 0.606 | 4.00 |
| 2 | 3.179 | 0.503 | 3.90 |
| 4 | 2.517 | 0.398 | 3.80 |
| 5 | 2.302 | 0.364 | 3.77 |
| 10 | 1.625 | 0.257 | 3.66 |
| 25 | 0.680 | 0.108 | 3.51 |
| 50 | –0.148 | –0.023 | 3.38 |
| 75 | –0.800 | –0.126 | 3.28 |
| 90 | –1.277 | –0.202 | 3.20 |
| 95 | –1.525 | –0.241 | 3.16 |
| 97 | –1.673 | –0.265 | 3.13 |
| 99 | –1.930 | –0.305 | 3.10 |
| 99.9 | –2.311 | –0.365 | 3.04 |

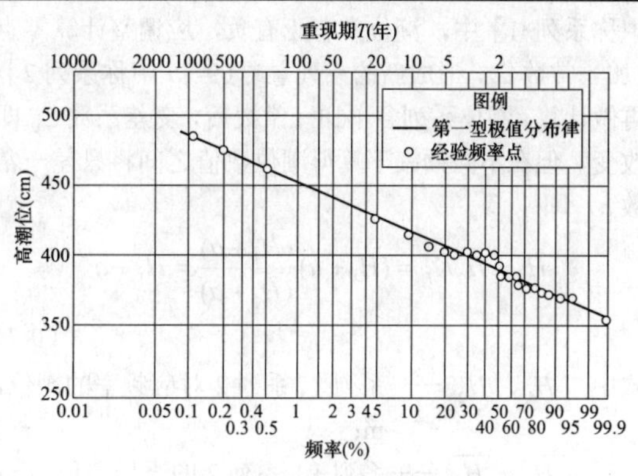


图 9-1　高潮 Gumbel 曲线

［例 9-2］ 加入调查的历史特高（低）潮位时各重现期高潮位的计算。

某电厂附近历年实测最高潮位见表 9-2，另调查到 1940 年曾出现+4.94m 的特高潮位，试计算该电厂各重现期高潮位。

（1）自 1940～1975 年，$N=36$ 年，则

$$\overline{H}=\frac{1}{N}\left(H_N+\frac{N-1}{n}\sum_{i=1}^{n}H_i\right)$$

$$=\frac{4.94+\frac{35}{20}\times 68.08}{36}=3.4467\text{（m）}$$

$$\overline{H}^2=11.87974\text{（m}^2\text{）}$$

（2）$$\overline{H_i^2}=\frac{1}{N}\left(H_N^2+\frac{N-1}{n}\sum_{i=1}^{n}H_i^2\right)$$

$$=\left(4.94^2+\frac{35}{20}\times 232.2444\right)/36$$

$$=11.96411\text{（m）}$$

（3）$$S=\sqrt{\overline{H_i}^2-\overline{H}^2}$$

$$=\sqrt{11.96411-11.87974}=0.2905\text{（m）}$$

（4）$\lambda_{nP}$ 由附录 Q 查出，其中 $n$ 采用 $N=36$。

（5）按 $H_P=+\lambda_{nP}S$ 计算各频率的高潮位。

（6）对应于特大值 $H_N=4.94\text{m}$ 的经验频率点 $P$ 为

$$P=\frac{1}{N+1}\times 100\%=\frac{1}{37}\times 100\%=2.70\%$$

除此之外，其他对应于 $H_i$ 的经验频率仍为

$$P=\frac{m}{n+1}\times 100\%=\frac{m}{21}\times 100\%$$

（7）在专用几率格纸或计算机上绘制 Gumbel 频率曲线，以检验频率曲线与经验频率点的拟合情况，并读取各重现潮位，必要时可调整曲线以更好地拟合经验频率点。

（2）P-Ⅲ型曲线计算。

电力工程中 P-Ⅲ型曲线应用广泛，第四章已有详细介绍，但需要指出的是，在低潮位统计系列［式(9-7)中称系列 1］中，潮位常有正有负，应调整计算零点（加一常数 $a$），形成新的系列［式 (9-7) 中称系列 2］，再做计算。潮位系列各项加一常数后，变差系数 $C_V$ 即改变，但在不同频率下算得潮位数值之间将只差一常数 $a$，即

$$H_2=\overline{H_2}K_P=(\overline{H_1}+a)\frac{(H_1+a)}{(\overline{H_1}+a)}=H_1+a \tag{9-7}$$

式中 $H_1$、$H_2$ ——系列 1、系列 2 对应频率的潮位，m；

$\overline{H_1}$、$\overline{H_2}$ ——系列 1、系列 2 的平均潮位，m；

$K_P$ ——系列 2 的模比系数；

$a$——常数。

因此，潮位统计时，特别是低潮位统计，可以把系列中每一个值都加一常数 $a$，然后适线，查出各重现期潮位，把此潮位减去常数 $a$，即可得到真正的设计潮位。

采用 P-Ⅲ型分布进行低潮位频率计算时，若经验点据呈下凹型分布，可采用 P-Ⅲ型负偏分布进行频率计算。

（3）联合概率法计算。

对风暴潮增减水显著的海域，可进行天文潮与增减水分离、组合计算。例如当实测资料中某年发生一次特大增（减）水，该次增（减）水是有历史资料以来最大的一次，但它的出现没有与天文高（低）潮位相遭遇，实测潮位没有呈现为特大（小）值。所以借助频率计算法推求不同重现期潮位时，不一定能反映特大增（减）水的作用，此时可用联合概率法分析比较。

联合概率法基于年风暴潮增水极值是独立随机变量，天文潮年极值也作为一随机变量的假设下，在确定其各自符合某种分布规律的基础上建立联合分布函数式，从而得出各种不同风暴增水与天文潮相组合的极端潮位值及重现期。该方法不采用年极值潮位选样，而是直接从逐时潮位出发，以免受天文潮和增减水叠加情况的影响。即分别求出天文潮和增（减）水的出现概率，然后将它们作为独立事件结合，求出联合概率，以此为基础推算出重现期潮位值。此法在国外已被广为应用，国内也已被电力、石油部门采用过，效果良好。方法是把潮位视为三部分之和，即

$$H=x+y+z \tag{9-8}$$

式中 $H$——实测潮位，m；

$x$——天文潮位，天文潮的基面为平均海平面，m；

$y$——增（减）水，m；

$z$——平均海面（相对多年平均海平面而言的值），m。

$x$ 和 $y$ 之间并非独立无关，其中最明显的是在 $x$ 中含有海面的季节变化。剧烈的增水主要出现在 7～9 月的台风季节，而这一时期平均海面又是全年最高的。剧烈的减水主要出现在 10 月～次年 3 月，而这一时期的平均海面又是较低的。这表明：包括在天文潮中的海面季节变化部分，实际上与剧烈的增水或减水有关联。直接应用式（9-8）计算 $x$ 和 $y$ 的联合概率会产生较大的误差。由于极端高、低潮位分别主要出现在 7～9 月、10 月～次年 3 月，据此进行重现期潮位计算时，就在一定程度上避免了由于 $x$ 和 $y$ 彼此不独立而带来的误差。

以增水和天文高潮位联合概率计算为例（减水和天文低潮位联合概率计算与此类似），计算步骤和内容如下：

1）分析审查历史潮位资料，确定年极值高潮位出现起讫月份，如北方海滨极端高潮位出现在每年 7～9 月。

2）统计历年 7～9 月逐时潮位资料，并利用潮汐调和分析进行天文潮与增水分离。

3）依据历年 7～9 月逐时天文潮位资料，按从高到低进行排序，计算天文潮累积频率。

4）依据每年 7～9 月逐时增水资料计算增水累积频率。

5）将步骤 3）中的天文潮位值与步骤 4）中的增水值交替相加得组合后的新潮位，并计算相应的频率（相应的天文潮频率和增水频率之积），这样组合成的潮位由大到小排列，相应频率随潮位列出并累加，便得出组合后的潮位及其累积频率。

6）以新组合的潮位为纵坐标，累积频率为横坐标，绘制高潮位联合概率分布曲线。

7）利用联合概率分布曲线，可求得对应某一重现期的高潮位。重现期 $T$ 对应的累积频率 $P$ 为

$$P=\frac{1}{MT} \tag{9-9}$$

式中 $M$——被统计的年平均观测小时数（如 7～9 月高潮位 $M$=2208h），h；

$T$——重现期，年。

8）用式（9-9）计算出所要求重现期的累积频率，在联合概率曲线上查出对应潮位值。

3. 潮位频率计算方法评价

国内潮位频率计算的线型，主要有 Gumbel 曲线和 P-Ⅲ型曲线两种，使用时应注意下列问题：

（1）在 P-Ⅲ型曲线的计算中要用到离差系数 $C_V$ 和偏态系数 $C_S$，$C_V$ 和 $C_S$ 均与各年的最高（低）潮位的平均值有关，而此平均值的大小又取决于验潮零点的选取。随着潮位起算零点的不同，频率计算的结果将有所差异。

（2）根据计算比较，对于海岸工程，P-Ⅲ型曲线对经验频率点的适线一般不如 Gumbel 曲线好。这是因为海岸工程潮位的 $C_V$ 值较小（可低至 0.02），所以即使采用 $C_S=6C_V$，在频率 $P$ 值较小处也还是比经验频率点要低。而对于有江潮变化的河口工程，因其 $C_V$ 变化较大，可采用 P-Ⅲ型曲线。

（3）由于海岸工程 $C_V$ 值较小，在应用频率计算图表时，内插的计算误差较大。在计算低潮重现期时，因年最低潮位数值常有正有负，应调整计算零点，易造成计算结果的任意性。在此情况下，一般推荐使用 Gumbel 曲线计算设计潮位。

（4）在受风暴潮影响较大的海区，离差系数较大。Gumbel 曲线很难顾及大值，拟合并不好。联合概率法以前也叫组合频率法，由于风暴潮增水在潮位高时变小，潮位低时增大，该方法的计算值比 Gumbel 曲线法和 P-Ⅲ型曲线法的计算值都要大，不宜采用。在此情况下，一般建议采用 P-Ⅲ型曲线法计算，因为其计算值偏安全。可同时采用 Gumbel 曲线法计算的结果作为参考。

（二）实测资料短缺情况下的重现期潮位的计算

1. 相关分析法

如果两站距离相近，潮汐现象相似，可利用相关分析从数量上分析和确定两站短期同步潮位间的关系密切程度，建立回归方程以推求设计潮位。相关分析的原理和方法在第四章第一节已详细说明。

相关分析中参证站的选择原则为：

（1）参证站与工程地点之间应符合地理位置靠近、潮汐性质相似、受河流径流（包括汛期）的影响相似等条件。

（2）参证站应有较长的实测资料，以用来展延出代表性较高的系列。

（3）参证站与设计站的实测资料之间有一定的同步资料，以便用来建立相关关系。

为了判断参证站与设计地点潮汐性质的相似性，可进行下列两方面比较：

（1）潮位过程线的比较。分别点绘两个站短期（半个月以上）同步的每小时潮位过程，重叠这两个过程线（使两过程线的平均海面重叠在一起，且使两过程线的高潮和低潮时间尽量一致），以比较两过程线的潮型、潮差、日潮不等等情况。

（2）高（低）潮相关比较。以纵、横两坐标分别代表两站的高（低）潮位，把短期（一个月以上）同步的逐次高（低）潮位点上，连成相关线，以比较两站高（低）潮位的相关情况。

此外，我国沿海潮位相关关系有以下几点特性：

（1）日潮港与半日潮港之间相关关系不好。

（2）潮差相差太大时相关关系不好。

（3）不受河流影响的海岸港口与河口地区港口之间相关关系不好。

（4）同一河系一般相关关系较好。

（5）同是半日潮港的海岸港之间一般相关关系较好。

按上述选择参证站的方法和条件，经过工程地点和参证站短时期同步实测资料的分析论证，建立相关关系，便可移用参证站资料作为设计站的潮位统计资料，并利用前述频率计算方法求得工程地点的各重现期潮位值。

相关关系的建立可采用逐时潮位相关或逐日高（低）潮位相关，采用逐时潮位相关时应注意潮时的统一。

2. 极值同步差比法

对于有不少于连续5年的年最高、最低潮位的站点，可用“极值同步差比法”与附近不少于连续20年资料的参证站进行同步相关分析，以计算相应的重现期潮位。

进行差比计算的两参证站之间，除应符合潮汐性质相似、地理位置邻近、受河流径流（包括汛期）的影响相似三个基本条件以外，还应符合受增减水影响相似的条件。

极值同步差比法的计算公式为

$$H_{Jy}=A_{Ny}+\frac{R_y}{R_x}(H_{Jx}-A_{Nx}) \tag{9-10}$$

式中 $H_J$ ——极端高（低）潮位，m；

$A_N$ ——年平均海平面，m；

$R$——同期各年年最高（低）潮位的平均值与平均海平面的差值，m；

脚标 $x$、$y$ ——有长期观测资料的参证站和有短期潮位资料的观测站。

式（9-10）选自JTS 145—2015《港口与航道水文规范》，原用于计算港口工程50年一遇高、低潮位数值。据分析，式（9-10）也适合于100年一遇或200年一遇潮位的计算，在使用时可进行必要的验算和论证。

**［例 9-3］** 应用极值同步差比法计算100年一遇高潮位。

某电厂有1971～1975年共5年的验潮资料，5年年最高潮位平均值$\overline{H}_y$为3.66m，5年的平均海面$A_{Ny}$为1.05m，邻近潮位站有多年验潮资料，同步5年的最高潮位的平均值$\overline{H}_x$为3.41m，5年的平均海平面$A_{Nx}$为1.18m，并已算得该潮位站的100年一遇高潮位$H_{Jx}$为3.91m，计算电厂100年一遇高潮位。

经调查了解到两地之间的潮汐性质及增减水情况相似，附近都没有河水径流的影响，可应用极值同步差比法计算式（9-10）计算电厂100年一遇高潮位。

（1）已知：电厂$\overline{H}_y=3.66$m，$A_{Ny}=1.05$m，潮位站$\overline{H}_x=3.41$m，$A_{Nx}=1.18$m；则

$$R_y=\overline{H}_y-A_{Ny}=3.66-1.05=2.61\text{（m）}$$

$$R_x=\overline{H}_x-A_{Nx}=3.41-1.18=2.23\text{（m）}$$

（2）潮位站100年一遇高潮位$H_{Jx}=3.91$m，故电厂100年一遇高潮位：

$$H_{Jy}=A_{Ny}+\frac{R_y}{R_x}(H_{Jx}-A_{Nx})$$

$$=1.05+\frac{2.61}{2.23}\times(3.91-1.18)=4.24\text{（m）}$$

### （三）海港和码头工程常用潮位的计算

滨海或潮汐河口电力工程中，往往需要建造港口或码头，海港工程常用潮位包括极端高、低潮位和设计高、低潮位。

1. 极端高、低潮位的计算

极端高、低潮位一般指重现期为50年的年极值高、低潮位，一般可按前文介绍的方法进行计算，对不具备用极值同步差比法进行计算的站点，可根据本站的设计高、低潮位（指高潮累积频率10%的潮位，低潮累积频率90%的潮位），加减一个常数，以近似计算极端高、低潮位数值，即

$$H_J=H_S\pm K \tag{9-11}$$

式中 $H_J$ ——意义同前，但$H_S$、$H_J$需同时采用高潮位或低潮位（对高潮位用正，对低潮位用负）；

$H_S$ ——设计高、低潮位，m；

$K$——常数，m，可采用表9-5中潮汐性质、潮差大小、河流影响以及增减水影响较相似的附近港口相应的数值。

表 9-5 **常数*K*值表** （m）

| 站位 | 极端高潮位 | 极端低潮位 | 站位 | 极端高潮位 | 极端低潮位 |
|---|---|---|---|---|---|
| 海洋岛 | 0.8 | 1.4 | 西泽 | 1.2 | 1.1 |
| 大连 | 1.0 | 1.6 | 海门（浙江） | 1.4 | 0.8 |
| 鲅鱼圈 | 1.0 | 1.3 | 大陈 | 0.9 | 1.0 |
| 营口 | 1.1 | 1.5 | 坎门 | 1.6 | 0.9 |
| 葫芦岛 | 1.0 | 1.5 | 龙湾（福建） | 1.4 | 0.9 |
| 秦皇岛 | 1.0 | 1.6 | 沙埕 | 1.1 | 1.3 |
| 塘沽 | 1.6 | 1.8 | 三沙 | 1.1 | 1.3 |
| 龙口 | 1.6 | 1.5 | 梅花 | 1.0 | 1.1 |
| 烟台 | 1.1 | 1.2 | 马尾 | 1.4 | 1.0 |
| 乳山口 | 0.9 | 1.3 | 平潭 | 1.3 | 1.0 |

续表

| 站 位 | 极端高潮位 | 极端低潮位 | 站 位 | 极端高潮位 | 极端低潮位 |
|---|---|---|---|---|---|
| 威海 | 1.1 | 1.1 | 崇武 | 1.3 | 1.0 |
| 青岛 | 1.2 | 1.3 | 厦门 | 1.5 | 1.0 |
| 石臼所 | 1.2 | 1.2 | 东山 | 1.0 | 0.9 |
| 连云港 | 1.5 | 1.2 | 汕头 | 2.3 | 0.7 |
| 燕尾 | 1.1 | 1.2 | 汕尾 | 1.3 | 0.7 |
| 吴淞 | 1.6 | 1.0 | 赤湾 | 1.1 | 1.0 |
| 高桥 | 1.4 | 1.0 | 泗盛圈 | 1.1 | 0.7 |
| 中浚 | 1.3 | 1.0 | 黄埔 | 1.0 | 0.7 |
| 大戢山 | 1.0 | 1.1 | 横门 | 1.3 | 0.6 |
| 绿华山 | 1.0 | 0.9 | 灯笼山 | 1.2 | 0.6 |
| 金山嘴 | 1.2 | 1.4 | 大万山 | 0.9 | 0.7 |
| 滩浒 | 1.5 | 1.4 | 黄冲 | 1.3 | 1.0 |
| 镇海 | 1.5 | 0.9 | 黄金 | 1.2 | 0.8 |
| 长涂 | 1.1 | 1.0 | 三灶 | 1.1 | 0.8 |
| 沈家门 | 0.8 | 1.0 | 闸坡 | 1.2 | 0.8 |
| 湛江 | 2.4 | 0.9 | 八所 | 0.9 | 0.8 |
| 硇洲 | 1.3 | 0.9 | 湘洲 | 1.0 | 1.1 |
| 秀英 | 1.8 | 0.7 | 石头埠 | 1.1 | 1.4 |
| 清洪 | 1.2 | 0.6 | 北海 | 1.1 | 0.9 |
| 榆林 | 0.9 | 0.6 | 白龙尾 | 1.3 | 1.1 |

［例 9-4］ 计算电厂码头的极端高潮位（不具备用极值同步差比法进行计算的码头）。

某电厂附近仅有 6 年验潮资料，算得设计低潮位为 0.48m，其邻近又无合适潮位站可供差比计算，按式（9-11）近似地求极端低潮位（50 年一遇）。

已知电厂码头设计低潮位 $H_S = 0.48\text{m}$，查表 9-3 得 $K = 1.25\text{m}$，故

$$H_J = H_S \pm K = 0.48 - 1.25 = -0.77\ (\text{m})$$

2. 设计高、低潮位的计算

设计高潮位应采用高潮累积频率 10%的潮位或历时累积频率 1%的潮位，设计低潮位应采用低潮累积频率 90%的潮位或历时累积频率 98%的潮位。

（1）有完整一年或多年的实测资料。

有完整的一年或多年的实测潮位资料时，直接采用累积频率或历时累积频率的统计方法确定设计高、低潮位。

高、低潮累积频率统计方法如下：

1）从潮位资料中摘取每天各次的高（低）潮位值，统计其在不同潮位级内的出现次数。潮位级的划分可采用 10cm 为一级，例如：000～009、010～019、–001～–010、–011～–020cm 等。

2）由高至低逐级进行累积出现次数的统计。

3）进行各潮位级的累积频率计算。累积频率为一年（或多年）的高（低）潮总潮次除以各潮位级相应的累积出现次数（以百分率表示）。

4）以纵坐标表示潮位，以横坐标表示累积频率，把各累积频率值点于相应潮位级的下限处，连绘成高（低）潮累积频率曲线；然后在曲线上选取高潮 10%的潮位值作为设计高潮位，低潮 90%的潮位值作为设计低潮位。

另外，海港工程设计所用的乘潮潮位也是采用累积频率的统计方法得到，其统计方法如下：

1）当考虑船舶进出港时，应首先确定乘潮所需持续时间 $t$。

2）在潮位过程线上，量取各次潮历时等于 $t$ 的潮位值，统计其在不同潮位级的出现次数。

3）其余步骤与上述高（低）潮累积频率统计方法相同。

4）在乘潮潮位累积频率曲线上选取所需的累积频率潮位值。

历时累积频率的统计方法如下：

1）从逐时潮位资料中，统计其在不同潮位级内的出现次数，潮位级的划分采用小于或等于 10cm 为一级。

2）由高至低逐级进行累积出现次数的统计。

3）各潮位级的累积频率为年或多年的总时次除各潮位级相应的累积出现次数。

4）以纵坐标表示潮位，以横坐标表示累积频率，将各累积频率值点于相应潮位级下限处，连绘成历时累积频率曲线，然后在曲线上摘取 1%或 98%的潮位值。

（2）实测资料不足一整年。

在工程初步设计阶段，若潮位实测资料不足一整年，则可采用“短期同步差比法”，与附近有一年以上验潮资料的验潮站（参证站）进行同步相关分析，计算设计高、低潮位，并应对工程地点潮位继续观测，及时对上述数值进行校正。进行差比计算时，两潮位站也应符合潮汐性质相似、地理位置邻近、受河流径流包括汛期径流的影响相似等条件。

“短期同步差比法”的计算公式为

$$h_{sy} = A_{Ny} + \frac{R_y}{R_x}(h_{sx} - A_{Nx}) \tag{9-12}$$

$$A_{Ny} = A_y + \Delta A_y \tag{9-13}$$

式中 $h_{sx}$、$h_{sy}$ ——参证站和拟建工程处的设计高潮位或低潮位，m；

$R_x$、$R_y$ ——参证站和拟建工程处的一个月以上短期同步的平均潮差，m，其比值 $R_y / R_x$ 可取两地每日潮差比值的平均值；

$A_{Nx}$、$A_{Ny}$ ——参证站和拟建工程处的年平均海平面，m；

$A_y$ ——拟建工程处的短期验潮资料的月平均海平面，m；

$\Delta A_y$ ——拟建工程所在地区海平面的月份订正值或近似地用参证站海平面的月份订正值，m。

（3）资料不足且不具备差比计算条件。

无实测资料或实测资料不足一年，又不具备进行差比计算条件时，设计高（低）潮位可按下式估算：

$$h_s = A_N \pm (0.6R + K) \tag{9-14}$$

$$A_N = A + \Delta A \tag{9-15}$$

式中 $h_s$ ——设计高潮位和低潮位（对设计高潮位用正号，设计低潮位用负号），m；

$A_N$ ——年平均海平面，m；

$R$ ——一个月以上短期验潮资料中的平均潮差，m，对北方港口不应用冬季潮差；

$K$ ——常数，可采用 0.4m；

$A$ ——短期验潮资料的月平均海平面，m；

$\Delta A$ ——拟建工程所在地区海平面的月份订正值或近似地用附近站点海平面的月份订正值，m。

当有本港的平均大潮升等资料时，设计高（低）潮位可按下式计算：

$$h_s = A_N \pm \left[0.90(R - A_0) + K\right] \tag{9-16}$$

式中 $A_N$ ——按当地验潮零点起算的年平均海平面，m；

$R$ ——对于半日潮港和不规则半日潮港用平均大潮升，日潮港和不规则日潮港用回归潮平均高高潮，m；

$A_0$ ——与大潮升或回归潮平均高高潮同一潮高起算面起算的平均海平面，m；

$K$ ——常数，对设计高潮位可采用 0.45m，对设计低潮位可采用 0.4m。

（四）设计潮位过程线的拟定

在取水工程的设计中，需要设计潮位过程线（潮型）作为依据，其拟定方法有典型潮型法和频率计算法两种。当有较长潮位系列资料时，可采用频率计算法；如只有短期潮位系列资料，则宜采用典型潮型法。

1. 典型潮型法

在实测资料中，选择一种潮型作为典型，适当缩放，即得设计潮型。选择典型潮型的原则应符合下列要求：

（1）具有一定的代表性。

（2）潮位与设计频率的潮位相近。

（3）对所考虑的设计情况较为不利，就电厂冷却水量而言，夏季水温高、用水量多，应从夏季选出不利的潮位过程线作典型潮型。

（4）所选用的典型潮位过程线类型应适应设计上的一些特殊要求，如为了解泵站的运转方式，需选择特大潮与特小潮情况。

在实际工作中，一般用下述两种方法选择典型潮型：

（1）在确定了设计频率的潮位和潮差后，从实测资料中选取一段具有接近该潮位和潮差的潮位过程线并进行缩放，求得典型潮位过程线。

（2）在确定了设计频率的潮位和潮差后，从实测资料中找出若干段符合该潮差和潮位的潮位过程线，求出其特征值（如高潮位、低潮位、历时等）的平均值，然后以这些平均特征值为依据，在各段潮位过程线中选出最有代表性的一段作为典型潮位过程线。

2. 频率计算法

将潮差及高潮位（或低潮位）等潮型要素分别做

频率计算，由频率曲线查得设计潮差及高潮位。对于正规半日潮，其总历时为12h25min，根据设计的潮差及高潮位就可以绘出设计潮位过程线。

潮位资料短缺时，可将参证站的潮位过程线移用于工程地点，但应进行比测验证和必要的修正。如工程地点属于正规半日潮海域，可根据半日潮型的对称特性，按设计潮位和潮差确定设计潮位过程线。

## 三、平均海平面与海图基准面

### （一）平均海平面与习惯基准面

平均海平面是指某验潮站某一时期（1日、1月、1年或数年）的每小时潮位观测记录的平均值，是大地高程的起算面。一般用1年的平均值具有一定误差，最好取19年，最少也需取9年的记录，短于9年的记录不能保证获得精确的平均海平面。

1949年前我国有一些港口进行过潮位观测并建立了各种基准面，即通常所说的习惯基准面。常见的习惯基准面有：

（1）坎门零点：坎门验潮站测得的平均海平面。

（2）废黄河零点：以当地多年平均海平面起算。

（3）吴淞零点：吴淞实测最低低潮面。

（4）珠江基面：广州市东皋大道伪测量学校门前水准点。

（5）大连基面：大连验潮站测得的平均海平面。

（6）大沽零点：大沽最低潮位。

我国于1956年规定以黄海（青岛）多年平均海平面作为统一基面，叫“1956年黄海高程系统”，为中国第一个国家高程系统，从而结束了过去高程系统繁杂的局面。但由于计算这个基面所依据的青岛验潮站的资料系列（1950～1956年）较短等原因，中国测绘主管部门决定重新计算黄海平均海面，以青岛验潮站1952～1979年的潮汐观测资料为计算依据，叫“1985国家高程基准”，并用精密水准测量位于青岛的中华人民共和国水准原点，得出1985年国家高程基准高程和1956年黄海高程的关系为：1985年国家高程基准高程＝1956年黄海高程−0.029m。1985年国家高程基准已于1987年5月开始启用，1956年黄海高程系同时废止。

### （二）海图深度基准面

海图深度基准面的确定，许多国家都不一样，兹介绍下面几种。

1. 可能的最低低潮面

可能的最低低潮面，其表达式为

$$Z_0 = 1.2(H_{M_2} + H_{S_2} + H_{K_2}) \tag{9-17}$$

式中 $Z_0$——从平均海面向下计算的深度，m；

$H_{M_2}$、$H_{S_2}$、$H_{K_2}$——$M_2$、$S_2$、$K_2$各分潮的调和常数（振幅），下同，m。

2. 大潮平均低低潮面

大潮平均低低潮面是由一年当中月大潮期间最低的低潮进行平均而得。

3. 平均大潮低潮面

平均大潮低潮面的表达式为

$$Z_0 = H_{M_2} + H_{S_2} \tag{9-18}$$

在全日潮很少的情况下，全部大潮低潮面大约有50%以及全部低潮的12%在这个基准面之下，随着全日潮的增加，这个比例很快增大。这种基准面对日潮港和浅海河口区不太适用。

4. 我国海图基准面

我国海图基准面，1956年以前采用过略最低低潮面、平均大潮低潮面、实测最低潮面等，1956年以后采用“理论深度基准面”，它主要是用$M_2$、$S_2$、$N_2$、$K_2$、$K_1$、$O_1$、$P_1$、$Q_1$八个分潮进行组合得到的可能出现的最低潮面。1975年我国有关专业部门提出的基准面计算方法叫B、P、F面（B、P、F表示标准差、偏度和峰度，三个量是中文拼音第一字母），既考虑了潮汐调和常数，又从统计角度考虑了气象和水文因素。

## 四、野外勘测中潮位预报的几种简易方法

下面简单介绍几种潮汐简易推算法，以备选厂或建厂初期勘测施工的需要。

### （一）八分算潮法

八分算潮法是我国沿海渔民很早就流传着的一种计算潮汐方法。我国沿海各港阴历初一第一个月中天时刻，大都接近零时，故初一的高潮时刻就是高潮间隙。半日潮港在每个太阴日（24h50min）内有两次高潮和两次低潮，即两个高低潮的间隙是12h25min。根据月球经过当地子午线每天推迟0.8h的规律，初一的高（低）潮时加上0.8h（48min）就等于初二的高（低）潮时，另一个高潮时或低潮时可用第一个高（低）潮时±12h25min求得。

计算公式为

高（低）潮时＝（阴历日期−1）×0.8＋高（低）潮间隙 (9-19)

式中的阴历日期减1是因阴历初一的月中天时约为零时；月中天每天推迟0.8h指从初二起算的；高潮间隙或低潮间隙可从海图或潮汐表查得。

**［例9-5］** 用八分算潮法计算某港口的高、低潮时。

吴淞站高潮间隙为0039，低潮间隙为0746，据式（9-19）求该港阴历二十的高、低潮时。

**解** 高潮时＝(20−1)×0.8＋0039＝1551

低潮时＝(20−1)×0.8+0746＝2258

即　高潮时＝1551－1224＝0327

低潮时＝2258－1224＝1034

这种方法只适用于半日潮港。

（二）月令法

由于潮汐现象与月球位置有密切关系，因此潮汐具有各种月周期性变化，例如：

（1）相隔半月月令的同一日，其潮汐相类似。

（2）相隔半年月令的同一日，其潮汐上下午交换相类似。如三月的满月，高高潮是上午 6 时，则九月的满月，高高潮是下午 6 时。

（3）相隔一年月令的同一日，其潮汐相类似。

利用上述周期现象推算潮位，方法虽很粗略，但在选厂或建厂初期进行勘测和施工时，若缺少长期观测资料，只要对该地点进行一段时间的潮汐观测，即可用本法进行未来潮汐的推算。

## 五、潮汐表的应用

我国出版的 2017 年的潮汐表共分六册，除了我国沿海各重要港口外，还包括太平洋、印度洋、大西洋及毗邻水域的主要港口。另外，为了满足某些部门的特殊需要，还出版了一些地区的潮汐表单行本，如上海航道局编印的长江口潮汐表。

潮汐表主要刊载各港口高低潮的潮高和潮时，部分重要港口还列出每小时的潮高。我国沿海各港口的潮时采用北京标准时（东八时），越南海岸港口采用河内标准时（东七时），朝鲜西海岸港口采用平壤标准时（东九时），一律用 24h 制（平太阳时制），以午夜 0 时作为时间起算点。潮高基准一般就是该港口的海图深度基准面。如果潮汐表上注明的潮高基准面与海图深度基准面不一致，则使用时应相应地增减一个改正值。潮汐表中的潮高均以厘米（cm）为单位。

潮汐表中还附有“任意潮时、潮高计算图卡”和“潮时尺”“潮高尺”。已知某港口的逐时潮高，只要从潮汐表中查出该港口的高（低）潮潮时及潮高，就可以利用“计算图卡”“潮时尺”“潮高尺”求出任意时间的潮高。

用潮汐表作预报的误差，在正常情况下，潮时在 20～30min 内，潮高在 20～30cm 以内。但在一些情况下误差较大，甚至使预报完全失效。例如当寒潮、台风和其他天气急剧变化时，常常产生严重的增减水现象；又如在入海河口，每当汛期洪水下泄时，水位急涨，实际水位往往超过预报水位，还发生涨潮时缩短、落潮时延长的现象。

在潮汐表上，对许多港口还载有潮汐常数，如每日潮高、潮差、潮时、平均高潮间隙、平均低潮间隙、大潮升（海图深度基准面至平均大潮高潮潮高之间的垂直距离）、小潮升（海图深度基准面至平均小潮高潮潮高之间的垂直距离）及平均海面。

潮汐表上所刊载的只是重要港口（称为主港）的潮时、潮高，对重要港口附近的许多港口（称为副港）的潮时、潮高，可以根据主港与副港有关的潮汐常数来计算，算式如下：

副港高潮时＝主港高潮时＋高潮时差　(9-20)

副港低潮时＝主港低潮时＋低潮时差　(9-21)

副港高潮潮高＝主港高潮位×高潮差比数　(9-22)

副港低潮潮高＝主港低潮位×低潮差比数　(9-23)

其中的高潮时差（低潮时差）和高潮（低潮）差比数可由潮汐表中查到。

## 六、海图的应用

海图的用途主要为了保证航海安全和海（陆）域的资源规划与开发。一般海图的坐标以经纬度表示。根据 GB 12319—1998《中国海图图式》，地面高程一般采用“1985 国家高程基准”作为高程基准，水深的深度起算面一般采用“理论最低潮面”。在近岸的海图上有水深点及等深线，表示理论深度基准面下的水深，同时列有潮信、预测潮汐。

（1）高（低）潮间隙是从格林威治月中天到当地发生高（低）潮的时间间隔，推算当地高（低）潮发生的时间。

当地高（低）潮时＝当地高（低）潮间隙+格林威治月上（下）中天时　(9-24)

（2）估算潮高。

平均大潮升是大潮时期（朔、望附近）的平均高潮高，平均小潮升是小潮时期（上、下弦附近）的平均高潮潮高。大潮和小潮的平均低潮潮高可用下式计算，即

大潮平均低潮潮高＝2×平均海面－大潮升　(9-25)

小潮平均低潮潮高＝2×平均海面－小潮升　(9-26)

（3）回归潮和分点潮。

回归潮：当月球赤纬最大时，在混合潮港和日潮港将出现明显的日潮不等现象，即两相邻高潮或两相邻低潮的高度不等达到最大。

分点潮：当月球位于赤道附近时，日潮变得很小，在日潮或日潮混合潮港，潮汐呈半日潮特征且潮差很小。

（4）$\frac{H_{M4}}{H_{M2}}$：是太阴浅水四分之一日分潮与主要太阴半日分潮振幅之比，由比值的大小可知港湾潮汐的浅水影响程度。

（5）海图水深与实际水深关系（如图 9-2 所示）。

1）潮高基准面与海图深度基准面相同时

某地某时实际水深＝某地某时潮高+当地海图水深　(9-27)

2）海图深度基准面与潮高基准面不一致时

某地某时实际水深=当地海图上的水深+该时潮高+（潮高基准面水深−当地海图深度基准面水深）

（9-28）

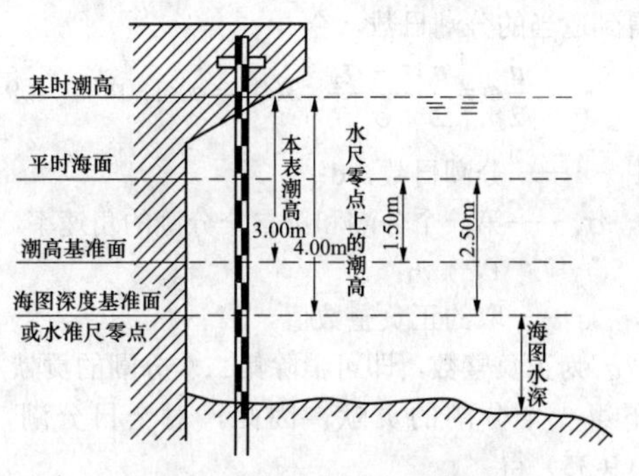


图 9-2　基准面换算关系示意图

## 七、潮汐调和分析

潮汐理论一般只能给出海洋潮汐现象变化的基本规律和特点，欲准确地了解具体海区潮汐的大小及其变化规律仍然必须进行实际观测，根据实测资料进行潮汐分析，求得潮汐调和常数。由潮汐常数可以了解分潮波组成的大小，而且可以来推算潮汐和为潮波数值计算提供依据。潮汐调和分析的目的、原理和常见方法具体如下。

（一）潮汐调和分析的目的和原理

潮汐调和分析的目的是根据潮汐观测资料计算各个分潮的调和常数。

一般任意一个分潮考虑实际情况，分潮潮位为

$$\zeta(t)=fH\cos(\sigma t+V_0+u-g) \tag{9-29}$$

式中　$\zeta(t)$——分潮潮位，cm；

$f,u$——月球轨道18.6年变化引进来的对平均振幅$H$和相角的订正值；

$\sigma$——角速率，(°)/h；

$t$——分潮时，h；

$V_0+u$——分潮的天文相角，(°)；

$g$——迟角，(°)。

式（9-29）中，$H$、$g$便叫分潮的调和常数。一般说来，它们是由海区的深度、底形、沿岸外形等自然条件决定的。如果海区自然条件相对稳定，那么对不同时期观测资料的分析结果，$H$、$g$应该基本相同，在这个意义上称之为“常数”。其实，各个海区自然条件是不断地在变化的，特别是河口地区尤为显著，因此分潮调和常数将随之发生改变。

潮汐观测曲线可以看作是由若干分潮组合而成的，而观测的潮位值总有一个起算面，因此一定期间的潮位为

$$\begin{aligned}\zeta(t)&=a_0+\sum_{j=1}^{m}R_j\cos(\sigma_j t-\theta_j)+\gamma(t)\\&=a_0+\sum_{j=1}^{m}(a_j\cos\sigma_j t+b_j\sin\sigma_j t)+\gamma(t)\end{aligned} \tag{9-30}$$

式中　$\zeta(t)$——观测期间的潮位值，cm；

$a_0$——观测期间的平均海面，cm；

$m$——分潮的总数，为正整数；

$j$——分潮的个数，为正整数，下同；

$R_j$——分潮振幅，cm；

$\sigma_j$——分潮的角速率（见附录AD），(°)/h；

$t$——时间；

$\theta_j$——分潮的初相位，(°)；

$\gamma(t)$——非天文潮位，泛指水文、气象状况引起的潮位变化，且具有随机的特性，与物理学的“噪声”相当。

若不考虑非天文潮，把式（9-30）中所欲求的“$i$”分潮写出来，并把其余的分潮附标$j=1,2,\cdots,m$，改为$j=1,2,\cdots,m-1$，则有

$$\zeta(t)=a_0+a_i\cos\sigma_i t+b_i\sin\sigma_i t+\sum_{j=1}^{m-1}R_j\cos(\sigma_j t-\theta_j) \tag{9-31}$$

于是，问题在于如何消除这些附标为“$j$”的分潮。参照式（9-29），潮位表达式为

$$\zeta(t)=a_0+\sum_{j=1}^{m}f_jH_j\cos[\sigma_j t+(V_0+u)_j-g_j] \tag{9-32}$$

式中　$a_0$——观测期间的平均海面，cm；

$f_j$——$j$分潮的交点因子；

$\sigma_j$——$j$分潮的角速率，(°)/h；

$(V_0+u)_j$——$j$分潮的天文相角，(°)；

$g_j$——$j$分潮的迟角，(°)。

假如不考虑式（9-30）中的噪声$\gamma(t)$，对比式（9-30）和式（9-32），并略去附标$j$，得到：

$$\begin{aligned}&H=R/f\\&g=V_0+u+\theta\end{aligned} \tag{9-33}$$

式中　$H$——平均振幅，cm；

$R$——分潮振幅，cm；

$f$——分潮的交点因子；

$V_0+u$——分潮的天文相角，(°)；

$\theta$——分潮的初相位，(°)。

$$\begin{aligned}&R=\sqrt{a^2+b^2}\\&\theta=\tan^{-1}\frac{|b|}{|a|}\\&a=R\cos\theta,b=R\sin\theta\end{aligned} \tag{9-34}$$

式中　$R$——分潮振幅，cm；

$\theta$——分潮的初相位，(°)。

分析计算的第一步是如何由实测资料求得 $a$、$b$，并由 $a$、$b$ 计算出 $R$、$\theta$。第二步由实测中间日期的时刻计算 $f$、$V_0+u$，最后按式（9-33）和式（9-34），计算出各个分潮的调和常数。

潮汐观测资料中包括由于气象和海洋动力因子等原因所引起的随机波动，在浅海区还有较明显的非线性效应，这些都给计算调和常数的工作带来困难，因此潮汐分析所得的分潮调和常数是否可靠，主要看各个分潮相互影响消除的程度以及噪声影响消除的程度如何而定，如果观测精度高，又采用一年以上每小时的记录做分析，其结果比较可靠。

（二）达尔文分析方法

达尔文分析方法主要的特点是，利用分潮的周期不同对实测资料进行各个分潮系的分离。所谓一个分潮系就是指周期为成整倍数的一些分潮，如 $M_1$，$M_2$，$M_3$，… 和 $S_1$，$S_2$，$S_4$，… 等。实测曲线中包含许许多多分潮系，对 $S$ 分潮系来说，$S_1$ 的周期为 24 平太阳时，$S_2$ 的周期为 12 平太阳时，$S_4$ 周期为 6 平太阳时，如果将每平太阳日的 1 时的潮位、2 时的潮位、…、$n$ 时的潮位，逐个分别相加，其中对 $S$ 分潮系而言，由于固定时刻相位相同，所以越加数值越大，但对于其中的其他分潮系而言，如果分析资料的长度选取适当的天数，就能使其潮位一段时间为正，另一段时间为负，从而消除另一分潮系。设只考虑周期比较接近的任意两个主要分潮结合在一起，按式（9-35）可得到适当的分潮日数，令

$$\frac{n}{2}\varphi=\frac{n}{2}\frac{\sigma_1-\sigma_2}{\sigma_1}\times 360^\circ=q\times 180^\circ \tag{9-35}$$

式中 $n$ ——分潮日数，d；

$\sigma_1$、$\sigma_2$ ——第一个分潮和第二个分潮的角速率，（°）/h；

$q$ ——取的正负整数值。

$q$ 为正负整数，即可消除第二个分潮的贡献，只剩下第一个分潮的贡献，因此，对全日分潮，由式（9-35）得

$$n=\frac{\sigma_1}{\sigma_1-\sigma_2}\times q \tag{9-36}$$

同理，对半日分潮得

$$n=\frac{1}{2}\frac{\sigma_1}{\sigma_1-\sigma_2}\times q \tag{9-37}$$

对一个月以内的资料做分析，所需分潮日数见表 9-6，具体应用时，近似地取整数。

对于近乎一年资料可以取 369 平太阳日数（见表 9-7），因为主要分潮的互相影响几乎被消除掉了。

表 9-6　对一个月以内的资料作分析所需分潮日数　（d）

| 所求的分数 | 消除的分潮 | 适当分潮日数 | 近似的分潮日数 | | 近似的太阳日数 | |
|---|---|---|---|---|---|---|
| | | | 半月 | 一月 | 半月 | 一月 |
| $M_2$ | $S_2$ | 14.26529 | 14.3 | 28.5 | 14.8 | 29.5 |
| $S_2$ | $M_2$ | 14.76529 | 14.8 | 29.5 | 14.8 | 29.5 |
| $N_2$ | $M_2$ | 26.12147 | | 26.1 | | 27.5 |
| $K_2$ | $M_2$ | 13.69819 | 13.7 | 27.4 | 13.7 | 27.3 |
| $K_1$ | $O_1$ | 13.69819 | 13.7 | 27.4 | 13.7 | 27.3 |
| $O_1$ | $K_1$ | 12.69819 | 12.7 | 25.4 | 13.7 | 27.3 |
| $P_1$ | $O_1$ | 14.72487 | 14.7 | 29.5 | 14.7 | 29.6 |
| $Q_1$ | $O_1$ | 24.61294 | | 24.6 | | 27.5 |
| $M_4$ | $S_4$ | 7.13265 | 14.3 | 28.5 | 14.8 | 29.5 |
| $M_6$ | $S_6$ | 4.75510 | 14.3 | 28.5 | 14.8 | 29.5 |
| $MS_4$ | $M_4$ | 14.51629 | 14.5 | 29.0 | 14.7 | 29.5 |

表 9-7　对近乎一年的资料作分析所需分潮日数　（d）

| 欲求分潮 | 消除分潮 | 近似的分潮日数 | 近似的平太阳日数 | 欲求分潮 | 消除分潮 | 近似的分潮日数 | 近似的平太阳日数 |
|---|---|---|---|---|---|---|---|
| $M_2$ | $S_2$ | 357 | 369 | $\lambda_2$ | $M_2$ | 344 | 350 |
| $S_2$ | $M_2$ | 369 | 369 | $R_2$ | $M_2$ | 369 | 369 |
| $K_1$ | $O_1$ | 370 | 369 | $T_2$ | $M_2$ | 369 | 369 |

续表

| 欲求分潮 | 消除分潮 | 近似的分潮日数 | 近似的平太阳日数 | 欲求分潮 | 消除分潮 | 近似的分潮日数 | 近似的平太阳日数 |
|---|---|---|---|---|---|---|---|
| $O_1$ | $K_1$ | 343 | 369 | $J_1$ | $O_1$ | 370 | 356 |
| $P_1$ | $O_1$ | 368 | 369 | $2N_2$ | $M_1$ | 333 | 358 |
| $N_2$ | $M_2$ | 340 | 359 | $2SM_2$ | $M_2$ | 366 | 354 |
| $Q_1$ | $K_1$ | 310 | 347 | $OO_2$ | $K_1$或$O_1$ | 382 | 355 |
| $L_2$ | $M_2$ | 353 | 359 | $2O_1$ | $K_1$或$O_1$ | 306 | 357 |
| $v_2$ | $M_2$ | 333 | 350 | $\rho_1$ | $K_1$ | 326 | 363 |
| $u_2$ | $M_2$ | 344 | 369 | | | | |

最后，对分离后的分潮系求系量$a_p$、$b_p$，附标$p$为一个分潮日的周期数。

对于一个分潮系来说，从基准面算起的潮位高度为

$$\zeta(t)=a_0+\sum_{p=1}^{12}R_p\cos(p\sigma t-\theta_p) \quad (9\text{-}38)$$

式中 $\zeta(t)$——观测期间的潮位值，cm；

$a_0$——观测期间的平均海面，cm；

$p$——一个分潮日的周期数；

$R_p$——分潮振幅，cm；

$\sigma$——分潮的角速率，(°)/h；

$t$——分潮时，h；

$\theta_p$——分潮的初相位，(°)。

一个分潮日划分为24个分潮时，分别为0，1，2，…，23时，便有24个方程式，经过处理后得

$$\begin{aligned}12a_p&=\sum_{t=0}^{23}\zeta(t)\cos p\sigma t\\12b_p&=\sum_{t=0}^{23}\zeta(t)\sin p\sigma t\end{aligned} \quad (9\text{-}39)$$

式中 $\zeta(t)$——观测期间的潮位值，cm；

$p$——一个分潮日的周期数；

$\sigma$——分潮的角速率，(°)/h；

$t$——分潮时，h。

达尔文方法分析表格就是根据式（9-39）设计出来的，有了$a_p$、$b_p$的量值，经订正后，可按式（9-34）计算$R_p$、$\theta_p$，于是可以计算出分潮的调和常数。

### （三）Doodson 分析方法

Doodson 分析方法即英国潮汐研究所的方法，它不采用分潮时的潮高做计算，而直接以平太阳时的潮高作线性组合。首先从实测资料分离分潮族（如半日潮族、全日分潮族等）。然后由各个分潮族进一步求分潮的调和常数。这一方法是最小二乘法的近似应用，也是根据20世纪20年代末的计算技术条件而提出来的。由于电子计算机的广泛采用，虽然已经可以直接引用最小二乘法或其他更方便的方法，但其分析原理对于潮汐分析和推算工作仍有参考价值。

1. 潮高表达式

$$\zeta(t)=a_0+\sum_{j=1}^{m}R_j\cos(\sigma_j t'-\theta_j) \quad (9\text{-}40)$$

式中 $\zeta(t)$——观测期间的潮位值，cm；

$a_0$——观测期间的平均海面，cm；

$R_j$——分潮振幅，cm；

$\sigma_j$——分潮的角速率，(°)/h；

$t'$——从观测日期第一天零时算起的时刻；

$\theta_j$——分潮的初相位，(°)。

为方便起见，将$t'$改为从每天零时算起，这时以$t$表示，于是：

第一天$S=0$，$t=0$时，$t'=0$

第二天$S=1$，$t=0$时，$t'=1\times24$

第三天$S=2$，$t=0$时，$t'=2\times24$

…

第$n$天$S=n-1$，$t=0$时，$t'=(n-1)\times24$

即$\sigma t'=\sigma[t+(n-1)\times24]$

$=\sigma t+(n-1)\times24\sigma=\sigma t+sw$

而$s=(n-1)$表示日期，$24\sigma=\varphi$表示分潮在一个平太阳日内相角的改变量。

于是，式（9-40）可化为

$$\zeta(t)=a_0+\sum_{j=1}^{m}R_j\cos(\sigma_j t+sw_j-\theta_j) \quad (9\text{-}41)$$

式中 $\zeta(t)$——观测期间的潮位值，cm；

$a_0$——观测期间的平均海面，cm；

$R_j$——分潮振幅，cm；

$\sigma_j$——分潮的角速率，(°)/h；

$w_j$——分潮的基本角速率，(°)/h；

$\theta_j$——分潮的初相位，(°)。

2. 分潮族的分离

利用每小时潮高的线性组合可以把各个分潮族分离开来，如把任意相隔两小时的潮位相加，它的合成的表达式为

$$\zeta(t)+\zeta(t+2)=\sum R\cos(\sigma t+sw-\theta)+\sum R\cos[\sigma(t+2)+sw-\theta]$$
$$=\sum 2\cos\sigma R\cos(\sigma t+sw-\theta+\sigma)$$
$$=\sum JR\cos(\sigma t+sw-\theta+\eta)$$
$$J=2\cos\sigma$$
$$\eta=\sigma \tag{9-42}$$

式中 $\zeta(t),\zeta(t+2)$ ——不同观测期间的潮位值，cm；
$R$——分潮振幅，cm；
$\sigma$ ——分潮的角速率，（°）/h；
$\theta$ ——分潮的初相位，（°）。

如果 $\sigma=90°$ ，则 $J=2\cos 90°=0$ ，它表明，任意相隔 2h 的潮位相加不包含 $S_6$ 的贡献。如果画 $S_6$ 的曲线也可看出，在一个平太阳日内，每隔 2h 其潮高总和为零。

通过类似的线性组合，可以消除一些其他分潮。

通过以上基本组合对太阳分潮是完全的被消除了，但对于角速度和它详尽的分潮只是近似地被消除，实际上还可以对基本组合再进行组合。

Doodson 还论述了分析期间的选取以及如何消除各个分潮的相互影响等问题。

### （四）潮汐的最小二乘法分析

利用电子计算机最小二乘法原理对一年左右的潮汐资料做分析，求得各分潮的调和常数是目前经常采用的方法之一。

取计算所得的潮位为

$$\zeta(t)=a_0+\sum_{j=1}^{m}(a_j\cos\sigma_j t+b_j\sin\sigma_j t) \tag{9-43}$$

式中 $\zeta(t)$ ——观测期间的潮位值，cm；
$a_0$ ——观测期间的平均海面，cm；
$a_j$、$b_j$ ——振幅系量，cm；
$\sigma_j$ ——分潮的角速率，（°）/h；
$t$——分潮时，h。

用它来逼近实测的潮位 $\zeta(t)$ ，按最小二乘法原理，必须使

$$D=\int_{-\frac{T}{2}}^{\frac{T}{2}}\left[\zeta(t)-\zeta'(t)\right]^2 \mathrm{d}t \tag{9-44}$$

为最小，以此来确定系量 $a_j$ 、 $b_j$ 。若取 369 天的资料做分析，式中 $T=369\times 24=8856$（h）。

把式（9-44）代入式（9-43）后，求 $D$ 对 $a_0$ 、 $a_i$ 、 $b_i$ 的偏导数，且令其等于 0，这时脚标为“$i$”的项为指定分潮即为所求分潮。

通过相关的推导计算可得到：

$$\sum_{j=0}^{m}a_jF_{ij}=\sum_{k=-N}^{N}{}''\zeta(k)\cos\sigma_i k \quad (i=0,1,2,\cdots,m)$$
$$\sum_{j=0}^{m}b_jG_{ij}=\sum_{k=-N}^{N}{}''\zeta(k)\sin\sigma_i k \quad (i=1,2,\cdots,m) \tag{9-45}$$

式中 $a_j$、$b_j$ ——振幅系量，cm；
$\sigma_i$ ——$i$ 分潮的角速率，（°）/h。

这里：

$$F_{ij}=\sum_{k=-N}^{N}{}''\cos\sigma_i k\cos\sigma_j k \quad (i,j=0,1,2,\cdots,m)$$
$$G_{ij}=\sum_{k=-N}^{N}{}''\sin\sigma_i k\sin\sigma_j k \quad (i,j=1,2,\cdots,m)$$

式中 $\sigma_i$、$\sigma_j$ ——$i$、$j$ 分潮的角速率，（°）/h。

已知潮位资料和分潮的角速率，由式（9-45）可求出 $m+1$ 个 $a$ 值和 $m$ 个 $b$ 值，在计算之前事先把 $F_{ij}$ 、$G_{ij}$ 计算出来。

把 $F_{ij}$ 表达式中的正弦和正切函数展开得到：

$$\underset{(i\neq j)}{F_{ij}}=\frac{1}{2}\left(\frac{\dfrac{p_iq_j-q_ip_j}{R_i-R_j}}{1+R_iR_j}+\frac{\dfrac{p_iq_j+q_ip_j}{R_i+R_j}}{1-R_iR_j}\right) \tag{9-46}$$

$(i,j=0,1,2,\cdots,m)$

$$p_i=\sin(N\sigma_i),p_j=\sin(N\sigma_j),$$
$$q_i=\cos(N\sigma_i),q_j=\cos(N\sigma_j),$$
$$R_i=\tan\frac{\sigma_i}{2},R_j=\tan\frac{\sigma_j}{2}$$

式中 $R_i$、$R_j$ ——$i$ 分潮、$j$ 分潮的振幅，cm；
$\sigma_i$、$\sigma_j$ ——$i$ 分潮、$j$ 分潮的角速率，（°）/h；
$N$——用最小二乘法进行计算时所取的离散化的值，为正整数。

用同样的方法可得

$$F_{ii}=N+\frac{\dfrac{p_iq_i}{2R_i}}{1-R_i^2} \tag{9-47}$$

而

$$G_{ii}=N-\frac{\dfrac{p_iq_i}{2R_i}}{1-R_i^2} \tag{9-48}$$

$$G_{ij}=\frac{1}{2}\left(\frac{\dfrac{p_iq_j-q_ip_j}{R_i-R_j}}{1+R_iR_j}-\frac{\dfrac{p_iq_j+q_ip_j}{R_i+R_j}}{1-R_iR_j}\right) \tag{9-49}$$

$(i,j=0,1,2,\cdots,m)$

式中各符号含义同式（9-46）。

为了节省计算机的计算时间，可把

$$p_r=\sin N\sigma_r,q_r=\cos N\sigma_r,r=0,1,2,3,\cdots,m$$

先计算出来，然后按式（9-46）～式（9-49）计算，最后求解式（9-45），即得 $a_0$ 、 $a_i$ 、 $b_i$ ，从而可以求得各个分潮的调和常数。

### （五）潮汐傅里叶分析

最小二乘法以计算所得的潮位式（9-43）去逼近实测的潮位，一般取分潮的角速度 $\sigma_j$（也就是分潮的周期）为已知，在分析时，输入一个已知的 $\sigma_j$ ，即分

析出一个分潮，但一般说来，进行潮汐分析时，分潮角速率可以是未知的，不过这时确定未知量的方程数目比“（四）潮汐的最小二乘法分析”中列举的方程数目增加一倍，采用本节介绍的傅氏分析方法，只要取定一个适当的期间如355天或369天，那么，基本的角速率就确定了，于是可用一个傅氏三角多项式去逼近实测潮位，首先分析出傅氏分潮，然后经过订正，还原为原来的分潮。

设实测潮位为$\zeta(t)$，现在以一个傅氏多项式［见式（9-50)］去逼近函数$\zeta(t)$。

$$\zeta'(t)=c_0+\sum_{q=i}^{m}(c_q\cos q\omega t+d_q\sin q\omega t) \tag{9-50}$$

式中$c_0$、$c_q$、$d_q$是按最小二乘法的原理确定的。

通过相关推导计算可得到

$$c_0=\frac{2}{2N+1}\sum_{k=-N}^{N}\zeta(k)$$

$$c_1=\frac{2}{2N+1}\sum_{k=-N}^{N}\zeta(k)\cos\omega k$$

$$d_1=\frac{2}{2N+1}\sum_{k=-N}^{N}\zeta(k)\sin\omega k \tag{9-51}$$

$$\cdots$$

$$c_m=\frac{2}{2N+1}\sum_{k=-N}^{N}\zeta(k)\cos m\omega k$$

$$d_m=\frac{2}{2N+1}\sum_{k=-N}^{N}\zeta(k)\sin m\omega k$$

式中 $c_0$、$c_1$、$c_m$——计算定义的参数。

$m$可取到4400，具体计算时，可引用Watt迭代公式。

若取369天做分析，基本角速率为

$$\omega=\frac{2\pi}{2N+1}=\frac{360°}{8857\text{h}}=0.0406458169°/\text{h}$$

于是输入实测资料，按式（9-51）容易计算出$c_0,c_1,\cdots,c_m;d_1,\cdots,d_m$。

经过近似计算，便得出平均海面的方程为

$$a_0=c_0-\sum_{j=1}^{m}a_j\frac{\sin\left(N+\frac{1}{2}\right)\sigma_j}{(2N+1)\sin\frac{1}{2}\sigma_j} \tag{9-52}$$

式中 $a_0$——观测期间的平均海面，cm；

$\sigma_j$——分潮的角速率，（°）/h。

若求得$a_j$以后，根据式（9-52）便可算出平均海平面$a_0$的量值。

为方便计算，将序号$j$与序号$r$一一对应后，可得如下关系式：

$$\sum_{j=1}^{m}a_j\alpha_{rj}=c_r$$

当$r=1$时，$\sum_{j=1}^{m}a_j\alpha_{1j}=c_1$

当$r=2$时，$\sum_{j=1}^{m}a_j\alpha_{2j}=c_2$

…

把它们展开，$j=1,2,\cdots,m$

$$\begin{aligned}&r=1,\ \alpha_{11}a_1+\alpha_{12}a_2+\cdots+\alpha_{1m}a_m=c_1\\&r=2,\ \alpha_{21}a_1+\alpha_{22}a_2+\cdots+\alpha_{2m}a_m=c_2\\&\cdots\\&r=m,\ \alpha_{m1}a_1+\alpha_{m2}a_2+\cdots+\alpha_{mm}a_m=c_m\end{aligned} \tag{9-53}$$

于是，$\sum_{j=1}^{m}b_j\beta_{rj}=d_r$，把它展开，得出

$$\begin{aligned}&r=1,\ \beta_{11}b_1+\beta_{12}b_2+...+\beta_{1m}b_m=d_1\\&r=2,\ \beta_{21}b_1+\beta_{22}b_2+...+\beta_{2m}b_m=d_2\\&\cdots\\&r=m,\ \beta_{m1}b_1+\beta_{m2}b_2+...+\beta_{mm}b_m=d_m\end{aligned} \tag{9-54}$$

其中：

$$\alpha_{rj}=\frac{\sin\left(N+\frac{1}{2}\right)(\sigma_j-w_r)}{(2N+1)\sin\frac{1}{2}(\sigma_j-w_r)}+\frac{\sin\left(N+\frac{1}{2}\right)(\sigma_j+w_r)}{(2N+1)\sin\frac{1}{2}(\sigma_j+w_r)}$$

$$\beta_{rj}=\frac{\sin\left(N+\frac{1}{2}\right)(\sigma_j-w_r)}{(2N+1)\sin\frac{1}{2}(\sigma_j-w_r)}-\frac{\sin\left(N+\frac{1}{2}\right)(\sigma_j+w_r)}{(2N+1)\sin\frac{1}{2}(\sigma_j+w_r)}$$

这时，同样是$\beta_{rj}\neq\beta_{jr}$，分别求解式（9-53）、式（9-54)，即得$a_0,a_j,b_j$。

总体说来，进行傅里叶分析首先应取定一个固定期间，确定出基本的角速率，然后按式（9-51）计算出$c_0,c_1,\cdots,c_m$；$d_1,d_2,\cdots,d_m$，并选取$c_m$、$d_m$值，重新排列成$c_r$、$d_r$，使其和$a_j$、$b_j$一一对应，并按$\alpha_{rj}$、$\beta_{rj}$式计算系数，最后求解式(9-53)、式(9-54)即得$a_j$、$b_j$值。用$a_j$值代入式（9-52）便求出分析期间的平均海面，再由$a_j$、$b_j$值和$f$、$V_0+u$，便可以根据式(9-33)和式（9-34）确定出各个分潮的调和常数，有了各个分潮的调和常数，便可以推算未来任何日期的潮位。

（六）潮汐响应分析（卷积法）

近20年来，提出了许多种潮汐谱分析方法，其中卷积法最引人瞩目，也称为响应法，它是由Munk和Cartwright于1965年提出的。他们把月球、太阳引潮势和太阳辐射能流作为输入函数，二者都以随时间和地点而变化的球面谐波函数表示，其中引潮势用以推算引力潮，而辐射能流用来推算辐射潮。辐射只有面对太阳的一面起作用，但引力对地球上各点都起作用，二者有本质区别。这些函数是直接从Kepler定律和月球、太阳已知的轨道常数逐时引入的，而不作为时间

的调和展开，这一点与达尔文-Doodson 的调和方法不一样。响应法事先设有规定存在何种频率的振动，允许出现各种本底"噪声"，能客观地分析出各种可能的连续振动。

响应法采用的公式为

$$Q=\sum_{j}\sum_{m=-j}^{j}\overset{*}{C_j^m}(t)Y_j^m(\theta,\lambda) \tag{9-55}$$

式中 $Q$ ——太阳辐射势函数；

$C_j^m(t)$ ——时间的函数，是由月球和太阳位置相对于地心的位置所决定的；

$*$ ——代表共轭函数；

$Y_j^m(\theta,\lambda)$ ——球面谐函数；

$\theta$、$\lambda$ ——地点的余纬度和经度。

响应法对于未来时刻 $t$ 的推算潮位可表示为

$$\xi(t)=\sum_{m,j}\sum_{j}\left[u_j^m(s)a_j^m(t-s\Delta\tau)+v_j^m(s)b_j^m(t-s\Delta\tau)\right]+N_s \tag{9-56}$$

$$u_j^m(s)+iv_j^m(s)=w_j^m(s)$$

式中 $N_s$ ——代表非引潮力产生的潮位；

$w_j^m(s)$ ——某点的潮位对单位脉冲的响应或称权函数，它们分别与具有空间分布并且相互正交的球谐波函数相对应。

一般说来，对于任何线性系统或弱的非线性系统，输入函数 $x_m(t)$ 与输出函数 $x_n(t)$，有如下关系：

$$x_n(t)=\int_{-\infty}^{\infty}x_m(t-\tau)w_{mn}(\tau)\mathrm{d}\tau+\gamma(t) \tag{9-57}$$

式中 $w_{mn}(\tau)$ ——系统的脉冲响应；

$\gamma(t)$ ——代表"噪声"。

$\tau\neq 0$ 时，$w_{mn}(\tau)$ 的傅氏变换为

$$Z_{mn}(v)=\int_{-\infty}^{\infty}w_{mn}(\tau)\mathrm{e}^{-2\pi ivt}\mathrm{d}\tau=R_{mn}(v)\mathrm{e}^{i\varphi_{mn}^{(v)}} \tag{9-58}$$

式（9-58）叫做系统对频率为 $v$ 的导纳。

系统的导纳为

$$|Z(v)|=|X^2(v)+Y^2(v)|^{1/2}$$

式中 $\varphi^{(v)}$ ——输出与输入的相位之差，（°）；

$|Z(v)|$ ——输出的振幅对输入振幅之比。

总体来说，所谓响应分析必须有一定长度的潮汐观测时间序列，对这一观测期间计算出引潮势和辐射（潮）势，并把二者合并起来；而后计算响应的权函数值，并由它计算出导纳函数，最后用观测值与推算值计算其方差值，其中关键问题在于如何适当地由输入系列和观测系列确定出式（9-57）和式（9-58）的传递函数 $\omega$ 和 $Z$，这也是这个方法的难点所在。

（七）不同调和分析方法的适用性简介

（1）达尔文对引潮力进行调和展开，得到了主要天文分潮的频率，提出了可以实际应用的调和分析方法。由于计算精度的原因，目前达尔文分析方法应用较少，但其原理对于潮汐的分析和推算工作仍有参考价值。

（2）Doodson 分析法应用了更精确的布朗原理，把引潮力进一步展开成纯调和的展开式，计算精度相比达尔文分析方法有了提高。

Doodson 分析法直接以平太阳时的潮高进行线性组合。首先，从实测资料分离分潮族（如半日潮族、全日分潮族等）。然后由各个分潮族求出各个分潮的调和常数。该方法是最小二乘法的近似应用，是基于 20 世纪 20 年代末的计算技术条件而提出来的。目前，由于电子计算机的技术发展和广泛应用，可以直接采用最小二乘法或其他更方便的方法，Doodson 分析方法也应用较少。

（3）采用最小二乘法原理对一年左右的潮汐资料进行分析，求得各分潮的调和常数是目前经常采用的方法之一。

（4）最小二乘法是通过计算所得的潮位去逼近实测的潮位。在调和分析时，一般将分潮的角速度 $\sigma_j$（也就是分潮的周期）作为已知条件，输入某一分潮的角速度 $\sigma_j$，即得出该分潮的调和常数。通常，进行潮汐分析时，分潮角速度可以是未知的，此时确定未知量的方程数目比前节列举的方程数目增加一倍。采用傅氏分析方法，只要取定一个适当的期间如 355 天或 369 天，即可以确定分潮角速度。在这方面的计算上，傅氏分析方法相比最小二乘法进一步提高了计算效率。

（5）卷积法，也称响应法，它是由 Munk 和 Cartwright 于 1965 年提出的。该方法与达尔文-Doodson 的调和方法不一样，此方法能在一定程度上将不同原因的水位变化分离，使计算精度得到了提高。

## 第二节 海 流

广义而言，海水中的水团从一地向另一地的流动均可称为海流。近岸海水由于外海潮波、大洋水团的迁移、风和气压的影响以及河川径流、波浪破碎、海底地形等诸多因素的影响而形成的流动，称为近岸海流。近岸海流可以分为两大类：①由潮汐作用产生的潮流，其流动具有周期性和往复性；②由于其他各种水文气象因素产生的非潮流，其流动没有周期性。海流又可分为永久性海流和暂时性海流。永久性海流包括大洋环流、地转流等；暂时性海流则是由气象因素变化引起的，如风海流（漂流）、近岸波浪流、气压梯度流等。本节主要介绍与电力工程密切相关的潮流、近岸波浪流和漂流。

近岸海流由于具有相当的流速，可以携带泥沙，引起沿海和近海海底的冲刷、淤积，也可以携带热量和各种污染物，对电厂温排水、余氯和低放射性废水的扩散有着重要影响，还可以对海上建构筑物产生作

用力。因此，电力工程中海流对于电厂和码头的选址、水工建构筑物的布置、海上建构筑物的受力、泥沙的输运、岸线的变化都有很大的影响。

## 一、我国近岸海流特性

### （一）中国近海流系

如图 9-3 所示，中国近海海流主要由两部分组成：①流经巴士海峡、台湾东岸的黑潮分支（如台湾暖流、对马暖流）和流经巴士海峡进入台湾海峡以及南海东北部的黑潮分支，都是具有高温、高盐特性的海流；②来自大陆的大量径流入海，其淡水与海水混合形成了具有低温、低盐特征的沿岸海流，如辽东沿岸流、黄海沿岸流、东海沿岸流（或称浙闽沿岸流）、粤东和粤西沿岸流等。这些海流的强度、消长及其影响范围均有明显的季节变化。

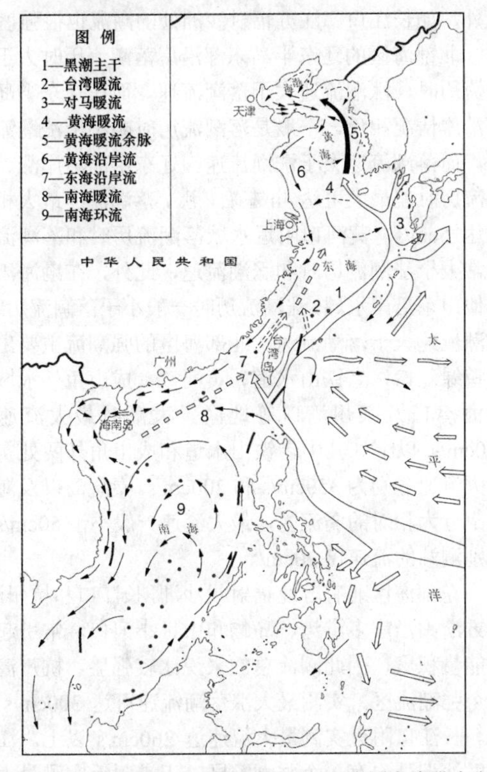


图 9-3 中国近海主要流系示意图（引自《中国海岸带水文》）

黑潮在流经东海途中有四个分支影响中国近海海流。①对马暖流；②黄海暖流，它是对马暖流的一个分支，通过北黄海和老铁山水道进入渤海，成为渤海环流的主要部分；③台湾暖流，在台湾东北沿浙闽外海北上，可达长江口外附近海域；④黑潮的南海分支，黑潮在台湾东南分出两分支，其中之一向北进入台湾海峡，无论冬、夏均沿台湾西岸北上，成为控制台湾海峡海水运动的主要组成之一，另一分支向西南流入南海，特别是在冬季，这一分支延伸更为深远。

我国沿海的流系大体可分为以下三个：

（1）黄海、渤海流系：辽东沿岸流和黄海、渤海沿岸流同进入该海区的黄海暖流及其余脉组成黄海、渤海环流系统。在渤海辽东湾内黄海暖流余脉分支同辽东沿岸流形成一顺时针环流，而在渤海湾和莱州湾内则形成逆时针环流，黄海沿岸流沿山东半岛北岸，绕过成山角向南黄海延伸，与黄海暖流及其余脉形成两个逆时针环流。而在黄海暖流的东侧，西朝鲜沿岸流沿朝鲜西岸南下。

（2）东海流系：浙闽沿岸流在春、秋、冬三季沿长江口以南海岸线流向西南；而在夏季随长江冲淡水流向东北。在沿岸流外侧海域台湾暖流终年流向偏北。在台湾海峡，据最近研究资料表明，黑潮支流冬季从巴士海峡进入台湾海峡南口后，沿台湾西岸北上，浙、闽沿岸流则沿福建沿岸扩展到平潭一带，而下层和中下层及海峡南部仍为南海水所控制，并向北流动。夏季整个海峡区均为东北流，海峡西部及中部均为南海来的海流，而台湾岛西岸仍为北向黑潮支流。

（3）南海流系：在春、秋、冬三季浙闽沿岸流经台湾海峡进入南海，同广东沿岸流汇合一起流向西南，在珠江口和雷州半岛之间形成一逆时针环流。在夏季，广东沿岸流则汇合珠江冲淡水流向东北。此外，在广阔的南海中部区域存在较大的逆时针环流，主要呈 SW–NE 向，西部流速较东部强。此环流内侧有一东北向的“南海暖流”，它与两侧的环流形成相间分布的复杂环流。

### （二）潮流

中国沿海的潮振动主要为协振动，由当地引潮力直接产生的独立潮很小。西北太平洋潮波从东南方向进入日本和菲律宾之间洋面后，分南北两支进入我国沿海。北支从琉球群岛水道进入东海，大部分进入黄海和渤海，另一部分指向浙江和福建沿海，并有小部分由北向南进入台湾海峡；南支从巴士海峡进入南海后，大部分沿广东沿海进入北部湾，小部分沿台湾海峡北上。大洋潮波按前进波形式进入我国沿海，受到地形的影响，在我国沿岸水域普遍具有不同程度的驻波特点，造成近岸潮差大，远岸潮差小，有些海区还出现无潮点和无潮流点。

由于太平洋潮波进入我国浅海海域后的转折、变形和反射，加之我国海岸线长，海岸曲折，岛屿、港湾、河口众多，近岸水域的潮流状况复杂多变。潮流的性质、运动形式、流速大小以及涨落潮历时等均存在明显的地域差异。

1. 潮流性质

总的来说，我国近海水域以半日潮流占优，但不同水域有明显区别，有些水域上下层的潮流性质也不同。

北部海区近岸潮流性质呈相间分布。辽东半岛东部沿岸，大致以庄河—石城岛一线为界，向东至鸭绿江口一带水域为正规半日潮流，并且半日潮流有向东逐渐增强的趋势；向西至渤海海峡为不正规半日潮流。位于渤海内的辽东湾、渤海湾及莱州湾沿岸均为正规半日潮流。而渤海中部和辽东湾中部属于不正规半日潮流区，山东龙口至成山角一带，则主要表现为不正规半日潮流，其中有些地段，如威海附近则属于正规日潮流区。

自山东半岛东端的成山角向南经江苏、上海、浙江到台湾海峡南端长达 3000km 的近岸水域，潮流性质比较单一，除水深较大的少数区域属于不正规半日潮流外，其他水域基本上属于正规半日潮流。

南部海区的潮流性质较复杂。自汕头经珠江口到湛江南侧的雷州湾一线，除粤东的红海湾为不正规日潮流外，其他均为不正规半日潮流。琼州海峡西端和海南岛南部及西南部近岸水域为正规日潮流，而琼州海峡东端海南岛东部、西北部及雷州半岛西部和广西沿岸水域则以不正规日潮流为主，仅局部地区出现不正规半日潮流。

2. 潮流运动形式

潮流运动形式可分为旋转流和往复流。我国近岸潮流以往复流为主，其也是近岸、河口和海湾地区潮流的主要运动形式，旋转流则主要出现在海面开阔的局部区域内。湾口、河口地区的潮流，其主流一般与河口正交，顺直海岸水域的潮流则大多与岸线平行。

北部海区仅在辽东半岛沿岸庄河—石城岛一带出现旋转流，其他近岸水域均为往复流。东部海区的旋转流主要出现在连云港外、苏北沙脊群以东海域以及长江口拦门沙以东水域，苏北沿岸、浙闽沿岸以及长江口内和杭州湾均为往复流。南部广东、广西的近岸水域也表现为往复流。但广东近岸主要分潮流的椭圆率较北部、东部海区大，其平均值略大于 0.2。

旋转流可分为顺时针旋转和逆时针旋转两种。我国海域位于北半球，受科氏力作用一般按顺时针（右旋）旋转，但实际上有些海域表现为逆时针（左旋）旋转。如在辽东半岛沿岸潮流以逆时针旋转为主，但辽东湾内离岸较远的深水区仍按顺时针旋转。渤海湾内潮流旋转方向较复杂，表层以海河口至黄河口连线为界，北侧海域为顺时针旋转，南侧为逆时针旋转，底层主要为逆时针旋转，仅在南堡和大沽海域为顺时针旋转。黄河口附近基本上呈顺时针旋转。在山东半岛沿岸，丁字湾以北，除烟台至威海一带的潮流呈逆时针旋转外，其他海域表现为顺时针旋转，而在丁字湾以南至江苏射阳河口以北则为逆时针旋转。

东部海区江苏、上海、浙江和福建沿岸潮流主要为顺时针向旋转，但江苏射阳河口以北，以及浙江南部至福建平潭岛一带为逆时针旋转区。

南部海区潮流性质变化较大，潮流旋转方向也复杂多变。粤东、珠江口水域以及广西沿岸潮流以顺时针旋转为主，而在粤西、琼州海峡、海南岛周围和雷州半岛西岸潮流旋转方向不一致，有些测站顺时针旋转，有些测站呈逆时针旋转，甚至上下层旋转方向相反。

3. 涨、落潮历时和流速

我国沿海各岸段涨、落潮历时和涨、落潮流速分布比较复杂。涨、落潮历时不等现象十分显著，与此对应的涨、落潮最大流速也有明显差异。一般来说在开阔海域涨、落潮历时比较接近，涨、落潮流速相对较小；在一些河口区域受径流影响一般是落潮历时大于涨潮历时，涨、落潮流速相对较大；海峡、水道往往是强潮流区，如杭州湾、琼州海峡、渤海湾湾口。此外，如长江口、江苏辐射沙洲处的潮流也很强盛。

北部海区的辽东半岛东部沿岸落潮流历时大于涨潮流历时，涨潮流速大于落潮流速，而在辽东半岛西部沿岸情况相反，一般是落潮流历时略小于涨潮流历时，而落潮流速大于涨潮流速。辽东半岛沿岸涨、落潮流历时差最大可达 4h 左右，涨、落潮流速最大相差可达 5cm/s，黄河口附近水域落潮流历时和落潮流速通常大于涨潮流历时和涨潮流速，此外，在渤海湾及其他山东沿岸水域，涨潮流历时一般小于落潮流历时，涨潮流速大于落潮流速。北部海区的强潮流主要出现在鸭绿江口，老铁山水道、黄河口、成山角外水域，渤海湾口及莱州湾口等地区。大潮时最大流速在 120cm/s 以上。其中老铁山水道和成山角外两处实测最大流速分别为 350cm/s 和 200cm/s。秦皇岛以及海河口附近为相对的弱流区，最大流速一般小于 50cm/s，个别测站的流速仅 20cm/s。

东部海区北有苏北辐射状沙洲，长江口和杭州湾，南方浙闽沿岸多港湾、岛屿和中、小河口，常引起潮波能量积聚，因此潮流总的来说比较强盛。杭州湾是一个强潮流区，实测最大涨落潮流速可达 300cm/s 以上。长江口附近实测最大流速达 260cm/s 以上。江苏辐射沙洲处也有一个强潮流区，王港附近实测最大流速达到 400cm/s，且流速有自东向西递增的趋势。东部海区在射阳河口以北海州湾以东水域，涨、落潮流速相对较小，两者也比较接近，最大涨落潮流速为 100cm/s 左右。该水域落潮流历时略大于涨潮流历时，而辐射沙洲涨潮流历时略大于落潮流历时，落潮流速略大于涨潮流速。长江口落潮流历时和流速均大于涨潮流历时和流速。杭州湾与长江口的情况不同，湾内涨潮流速略大于落潮流速；港口和湾外涨、落潮流速比较接近，或落潮流速略大于涨潮流速；杭州湾北岸落潮流历时大于涨潮流历时，南岸涨、落潮流历时各处不一。杭州湾以南沿岸各港湾的涨潮流历时一般大于落潮流历时，而涨潮流速则小于落潮流速。

南部海区的潮流历时及流速分布比较复杂，粤东、琼州海峡、海南岛东部及广西沿岸的潮流主要表现为涨潮流历时大于落潮流历时，涨潮流速小于落潮流速。珠江口、粤西及海南岛西部沿岸的涨潮流历时较短，而涨潮流速一般大于落潮流速。南部海区的强潮流区主要出现在琼州海峡及海南岛西部沿岸，最大潮流流速可达 200～250cm/s，珠江口、雷州半岛东、西两岸的潮流也较强，最大潮流流速均达 150cm/s。本海区的弱潮流区主要位于海南岛东南部沿岸，最大潮流流速仅 25cm/s。

## 二、风海流与波浪流

海岸附近的流可分为海岸流（coastal current）和近岸流系（near shore current system），如图 9-4 所示。海岸流分布在岸滩外侧，如风引起的漂流、海水密度不均匀引起的密度流、引潮力引起的潮流等；近岸流系则主要是在破波带内外由波浪产生的。这里仅介绍由风引起的漂流和波浪产生的近岸流系。

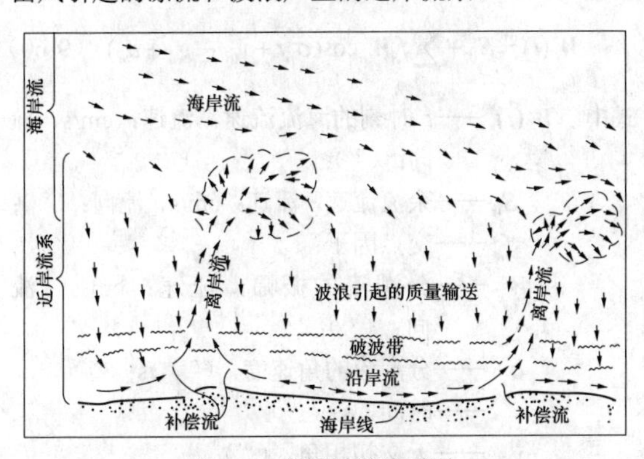


图 9-4 近岸波浪流系图

### （一）风海流

风海流也称漂流或风漂流，是在风的切应力作用下，表层海水随气流运动，又因水体内部的涡动黏性带动下部水体运动而形成的。漂流流速由表层向下呈指数曲线递减，其涉及的深度（摩擦深度）随风力、风向的稳定性和风持续的时间而变，大洋中的风漂流可深达 200m。

由于地球的自转效应，漂流的方向与风向并不相同。根据 Ekman 的漂流理论，深水情况下，表层海流在北半球相对于风向右偏 45°，如图 9-5 所示，南半球则左偏 45°，且该偏角与风速、流速或纬度均无关，但随着水深的增加而增大，在水深达到摩擦深度处的漂流方向与表层相反，即相对于风向的偏角为 225°。在浅海，由于海底的影响，表层漂流偏角一般小于 45°，流向随深度的变化也较缓慢，如图 9-6 所示。在深度很小的海域，整个水层的漂流流向几乎都与风向相同。

在近岸地区，漂流将引起风增水或减水。由于增、减水造成的水面坡降必将产生次生水流——补偿流。因而，近岸地区的风生流是表层漂流及深层次生补偿流的组合。

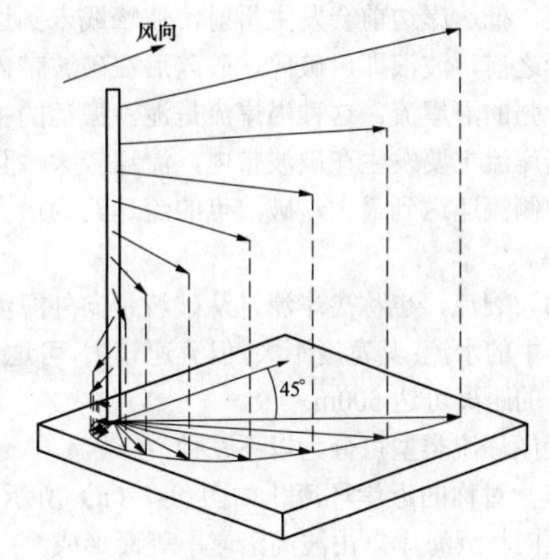


图 9-5 深水风漂流

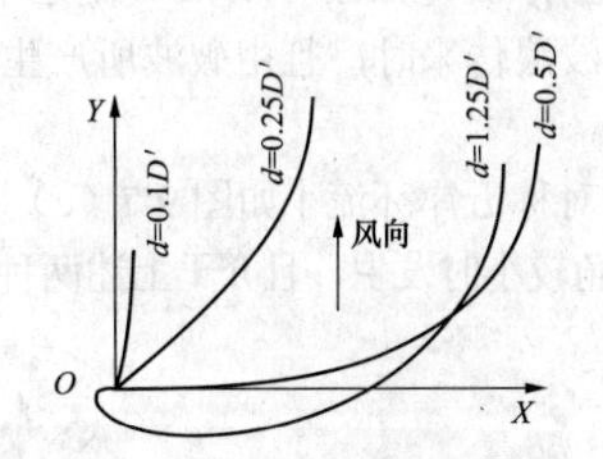


图 9-6 浅水风漂流速矢量螺线

$d$—深度；$D'$—摩擦深度

在潮流比较显著的近岸海域，风海流是余流的主要组成部分。在有长期观测资料的地区，可用统计方法求得余流。在海流实测资料不足的情况下，如果只有风的观测资料，可采用式（9-59）进行估算。

$$v_1 = kv_2 \tag{9-59}$$

式中 $v_1$——风海流流速，m/s；

$v_2$——平均海面上 10m 处 10min 平均风速，m/s；

$k$——风力系数，一般取 0.024～0.030。

流向一般取为与等深线走向一致。

### （二）近岸波浪流

波浪传至近岸地区发生变形、折射与破碎，不仅其尺度改变了，同时还形成一定的水体流动——近岸波浪流。与潮流、海流相比，近岸波浪流比较活跃，复杂多变，时空变化大，对于海岸泥沙运动有十分重要的影响。波浪变形、折射和破碎引起的沿岸流、向岸流、离岸流在沙质海岸岸滩演变中起主导作用。

如图 9-4 所示，近岸波浪流系包括：

（1）向岸的质量输送，由近岸波浪水质点运动的非线性特性，即水质点轨迹不封闭而引起的向岸水流运动。相对水深较小时，上层向海，下层向岸流动；若相对水深较大，则上、下层向岸流动，中间层向海流动。质量输送的流速很小，但是可以造成岸边雍水，为沿岸流提供流量。

（2）沿岸流，由于斜向入射波或沿岸波高不等等原因在破波带内外引起的沿岸方向的水流。斜向入射的波浪，抵达岸边前会发生折射，波峰线未到达与岸线平行之前，波浪即已破碎，破碎后在破波带内引起一股较强的沿岸流，这种沿岸流是泥沙搬运的主要动力。沿岸流主要发生在破波带内，流速较大，且在破波点内侧流速达到最大，破波点的流速约为最大流速的20%。

（3）裂流，也称离岸流，从破波带向外海流动且比较集中的水流；其宽度不大，但流速较大，可达2m/s，流出去的距离可达500m。

近岸环流类型可分为以下三种：

（1）对称的近岸环流［如图 9-7（a）所示］，当波浪正向行近海岸，由波高沿岸不等而形成。

（2）纯沿岸流［如图 9-7（b）所示］，在斜向入射角较大的波浪传来时，且由破波所产生的顺岸推力而形成。

（3）不对称近岸环流［如图 9-7（c）所示］，在波浪斜向入射角较小时发生，且介于上述两种情况之间。

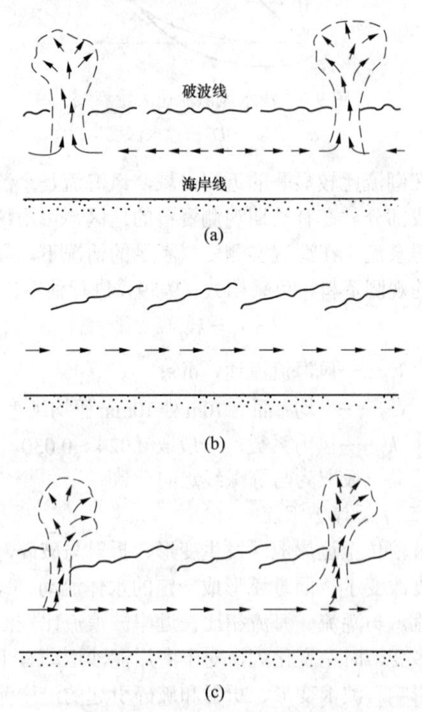


图 9-7　近岸环流类型示意图

（a）对称的近岸环流；（b）纯沿岸流；（c）不对称近岸环流

一般来说，不对称近岸环流出现最多，其次为对称的近岸环流，纯沿岸流出现的机会较少。

近岸流系的生成机理可通过对对称型环流形成的分析予以说明。当波浪正向入射时，受到地形或边缘波等的影响，在沿岸方向形成一系列的波能辐聚和辐散区。辐聚区的波高较大，破波波高也较大，破波点离岸较远、水深较大，岸边的波浪增水也较大；而在辐散区波高较小，破波波高也较小，破波点离岸较近、水深较小，岸边的波浪增水也较小；从而形成了从高破波区到低破波区的水面坡降，该坡降为沿岸流提供驱动力，即沿岸流在高破波区发生，开始流速很小，随着沿岸流动逐渐加大，到低破波区流速达到最大。相邻两个高破波区流来的沿岸流在此汇聚，以裂流方式流向外海，而沿岸流的流量则由向岸的水体质量输送流来提供。质量输送、沿岸流和裂流就形成了对称型的近岸环流。除此之外，来自外海两列不同方向的波浪叠加后，在岸边也能形成一系列高、低交替相间的区域，也能产生沿岸推动力。

## 三、潮流类型判别

实测海流为余流和各分潮流的组合，可用下式表示

$$\boldsymbol{W}(t)=\boldsymbol{S}_0+\sum_{n=1}^{N} f_n \boldsymbol{W}_n \cos(\sigma_n t+v_{0n}-\boldsymbol{g}_n+u_n) \tag{9-60}$$

式中　$\boldsymbol{W}(t)$ ——$t$ 时刻的海流流速，流速：cm/s，流向：（°）；

$\boldsymbol{S}_0$ ——余流流速，流速：cm/s，流向：（°）；

$f_n$ ——交点因子；

$\boldsymbol{W}_n$ ——分潮流的振幅，流速：cm/s，流向：（°）；

$\sigma_n$ ——分潮流的角速度，（°）/s；

$t$ ——时间，s；

$v_{0n}$ ——天文初相角，（°）；

$\boldsymbol{g}_n$ ——分潮流的迟角，（°）；

$u_n$ ——交点订正角，（°）。

式（9-60）中余弦函数部分为分潮流，相当于潮汐调和分析中的分潮，分潮流的振幅和迟角合称为分潮流的调和常数。调和常数反映了某点的海洋环境对引潮力的影响，由于海洋环境变化缓慢，故在短时间内认为调和常数是较为稳定的。$v_{0n}$、$f_n$ 和 $u_n$ 均为随时间变化的天文变量。

事实上，潮流是矢量，流速、流向均在不断发生变化。在进行潮流调和分析时，一般将其沿 $x$ 方向（东方向为正）和 $y$ 方向（北方向为正）进行分解，即潮流东分量和北分量，最终求得的潮流调和常数也分为东分量和北分量。潮流调和分析的方法和潮汐调和分析的方法一样，仅仅是将潮汐调和分析中的潮位替换成潮流的东分量（或北分量）再进行同样的处理。对

于短期（如一个月）潮流资料，也可将其分为东分量和北分量，按照潮汐准调和分析的方法进行分析。针对每一个分潮流可得到两组调和常数，即东分量调和常数和北分量调和常数。

将某分潮流按中心矢量法逐时点绘出一个周期内所有时刻的分潮流矢量，再将各矢量端点相连绘成曲线，可得到一个椭圆，如图 9-8 所示，即分潮流椭圆。分潮流椭圆的长、短半轴及其方向分别代表该分潮流的最大、最小流速和流向。

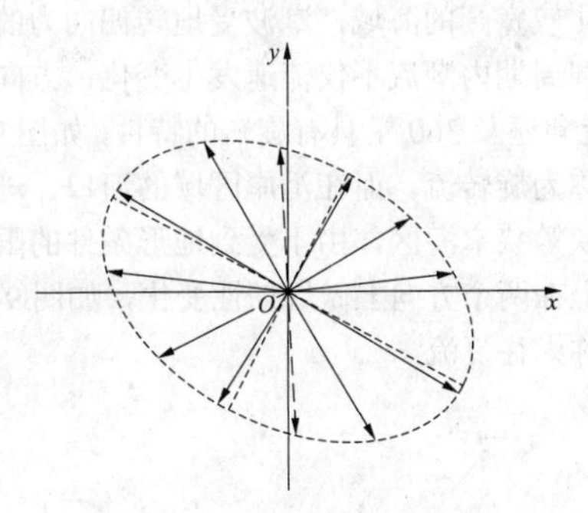


图 9-8 分潮流椭圆示意图

与潮汐分类的方法类似，潮流依据其变化情况可分为规则半日潮流、不规则半日潮流、不规则全日潮流和规则全日潮流四类。一般可根据 $O_1$、$K_1$ 和 $M_2$ 分潮流椭圆长半轴长度之间的相对比值 $K$ 进行判断。

$$K=(W_{O_1}+W_{K_1})/W_{M_2} \tag{9-61}$$

式中 $W_{O_1}$ ——主太阴日分潮流 $O_1$ 的椭圆长半轴长度，cm/s；

$W_{K_1}$ ——太阴太阳赤纬日分潮流 $K_1$ 的椭圆长半轴长度，cm/s；

$W_{M_2}$ ——主太阴半日分潮流 $M_2$ 的椭圆长半轴长度，cm/s。

判断标准如下：

$K \leqslant 0.5$ 时为规则半日潮流；

$0.5 < K \leqslant 2.0$ 时为不规则半日潮流；

$2.0 < K \leqslant 4.0$ 时为不规则全日潮流；

$4.0 < K$ 时为规则全日潮流。

## 四、潮流椭圆和余流

与分潮流椭圆的绘制方法类似，将实测海流按中心矢量法逐时点绘，可得到一个封闭的曲线，称为实测海流的矢端迹线。与分潮流矢端迹线（分潮流椭圆）相比，实测海流的矢端迹线可能是相当复杂的，因为实测海流不仅包含了许多分潮流的共同作用，还包含了非周期性的余流作用。若将定向的余流分离出去，潮流矢端迹线接近于椭圆。

### （一）潮流和余流的分离

潮流和余流的分离可采用以下两种简单的方法：

（1）矢量法。将测得的逐时海流矢量依次首尾相接绘制，如图 9-9 所示，设其矢量的起点为 $O$、终点为 $O'$，那么实测的海流和为 $OO'$。设实测海流的次数为 $n$，将 $OO'$ 除以 $n$，即可得到余流流速，余流方向与 $OO'$ 同向。

（2）表格法。将实测海流分解为东分量和北分量，分别求出东分量和北分量的代数平均，即为余流的东分量和北分量。

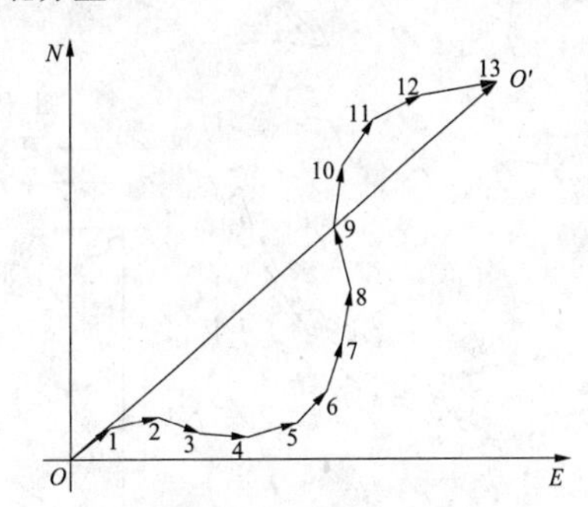


图 9-9 矢量法分离余流

［例 9-6］ 余流分离的表格法。

某实测海流的东、北分量见表 9-8，其中 $v_E$ 代表东分量，$v_N$ 代表北分量。

表 9-8 某海区实测海流 (cm/s)

| | | | | | | | | | | | | | | |
|---|---|---|---|---|---|---|---|---|---|---|---|---|---|---|
| $v_E$ | +15 | +20 | +20 | +17 | +13 | +10 | +7 | +2 | +2 | −4 | −3 | +5 | +10 | +15 |
| | +23 | +23 | +23 | +12 | +9 | +4 | +5 | +8 | +12 | +13 | +17 | +15 | +14 | — |
| | 代数和：+307，平均值：+11.4 | | | | | | | | | | | | | |
| $v_N$ | −5 | −5 | −2 | +3 | +5 | +10 | +11 | +12 | +11 | +10 | +7 | +4 | +2 | 0 |
| | −4 | −4 | −1 | +5 | +10 | +12 | +14 | +14 | +11 | +8 | +5 | +1 | −3 | — |
| | 代数和：+131，平均值：+4.9 | | | | | | | | | | | | | |

经计算，东分量代数和为 307，将其除以观测次数 27，得到余流东分量为+11.4cm/s；同理，得余流北分量为+4.9cm/s。由此，余流流速为

$$v=\sqrt{\overline{v}_E^2+\overline{v}_N^2}=12.4\text{（cm/s）}$$

余流方向

$$\tan\theta = \overline{v}_{E} / \overline{v}_{N} = \frac{11.4}{4.9}，故\ \theta = 66.7°$$

利用上述方法可以将实测海流中的非周期性余流分离出去，即在实测逐时海流矢量中减去余流矢量，再利用中心矢量法绘制潮流矢端迹线，可得到一个近似的椭圆，称为潮流椭圆。

（二）我国海岸带余流的特征

我国岸线绵长，气候、岸线类型复杂多变，入海径流量大，造成了我国海岸复杂多变的余流场。形成我国海岸带余流的主要因子包括风、入海径流、外海流系和潮汐余流，不同海区、不同季节的构成不同，余流的方向和量值也不稳定，但总的趋势是呈现沿岸流动，流速夏季大于冬季，表层大于底层，大河入海口区受径流影响大，我国海岸余流示意如图 9-10 所示。我国主要海区表、底层最大余流流速见表 9-9。

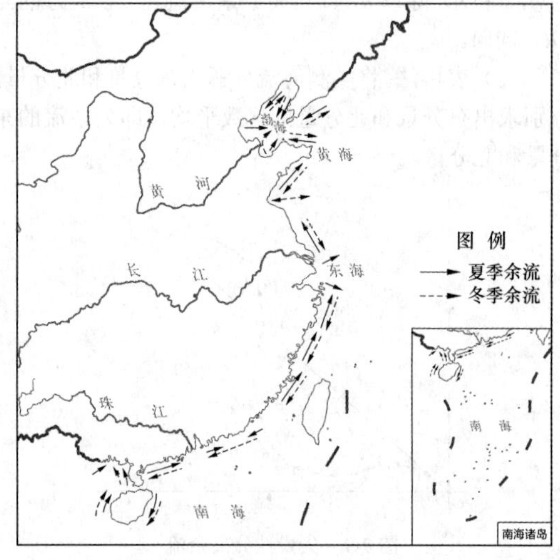


图 9-10　我国海岸余流示意图（引自《中国海岸带水文》）

表 9-9　我国主要海区表、底层最大余流流速　（cm/s）

| 海区 | 表层最大余流流速 | 底层最大余流流速 |
|---|---|---|
| 天津沿岸 | — | <10 |
| 河北沿岸 | 20 | 12 |
| 山东沿岸 | 30 | 12 |
| 黄河口 | 33 | |
| 辽东沿岸 | 33 | <5 |
| 江苏沿岸 | 40 | <10 |
| 长江口外 | 30 | <10 |
| 杭州湾 | 30 | <10 |
| 浙江沿岸 | 40 | <10 |
| 闽江口 | 20～30 | — |
| 福建沿岸 | 41 | <20 |
| 珠江口内 | 30 | 30 |
| 南部海区 | 34 | 18 |

（三）旋转流和往复流

在比较宽阔的海域，潮波受地转偏向力的影响，在一个潮周期内潮流不仅流速发生变化，方向也发生变化，流向遍及 360°，具有旋转的特性，如图 9-11（a）所示，称为旋转流。而在沿岸区域的河口、湾口、水道或海峡等狭窄海区，由于受到地形条件的限制，流向基本上在两个方向上做周期性变化，如图 9-11（b）所示，称为往复流。

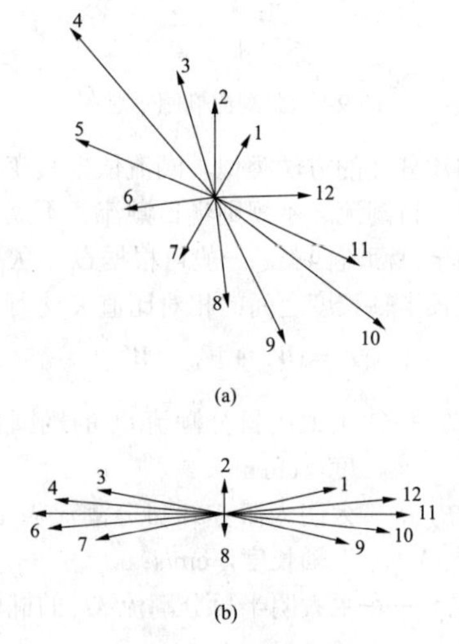


图 9-11　实测海流

（a）旋转流；（b）往复流

理论上往复流在一个潮周期中只有正、反两个方向（两者相差 180°），流速有四个阶段：①涨潮流由零逐渐增至最大；②涨潮流由最大逐渐减小至零；③落潮流由零逐渐增大至最大；④落潮流由最大逐渐减小至零。流速为零时称为“憩流”，流速最大时称为“急流”；涨潮流结束的时刻称为“涨憩”，落潮流结束的时刻称为“落憩”；涨潮流转变为落潮流或者落潮流转变为涨潮流的时刻称为“转流”。实际上，海岸潮流通常不是典型的旋转流也不是典型的往复流。

## 五、潮流平均最大流速计算

大、中、小潮期间的潮流平均最大流速可近似采用对应的实测最大值，也可以采用潮汐–潮流比较分析法和潮流椭圆要素法两种方法计算。但无论采用哪种方法，首先应将实测海流中的余流分离出去，具体方法见前文。

（一）潮汐–潮流比较分析法

若观测日期不正好在大、中、小潮的代表日期，可用公式对流速进行订正，即

$$\boldsymbol{v}_{\mathrm{Ms}}=\frac{R_{\mathrm{Ms}}}{R_{\mathrm{d}}}\boldsymbol{v}_{\mathrm{d}} \quad (9\text{-}62)$$

$$\boldsymbol{v}_{\mathrm{Mm}}=\frac{R_{\mathrm{Mm}}}{R_{\mathrm{d}}}\boldsymbol{v}_{\mathrm{d}} \quad (9\text{-}63)$$

$$\boldsymbol{v}_{\mathrm{Mn}}=\frac{R_{\mathrm{Mn}}}{R_{\mathrm{d}}}\boldsymbol{v}_{\mathrm{d}} \quad (9\text{-}64)$$

式中 $\boldsymbol{v}_{\mathrm{Ms}}$、$\boldsymbol{v}_{\mathrm{Mm}}$、$\boldsymbol{v}_{\mathrm{Mn}}$——大、中、小潮日期的潮流平均最大流速矢量，流速：cm/s，流向：（°）；

$R_{\mathrm{Ms}}$、$R_{\mathrm{Mm}}$、$R_{\mathrm{Mn}}$——大、中、小潮日期的平均潮差，m；

$R_{\mathrm{d}}$——观测日期的潮差，m；

$\boldsymbol{v}_{\mathrm{d}}$——观测日期的潮流平均最大流速矢量，流速：cm/s，流向：（°）。

（二）潮流椭圆要素法

根据潮流调和分析或者准调和分析的计算结果，确定潮流椭圆要素，大、中、小潮期间的潮流平均最大流速矢量可通过主要分潮的潮流椭圆要素按式（9-65）～式（9-70）计算。

（1）对于半日潮流海区

$$\boldsymbol{v}_{\mathrm{Ms}}=\boldsymbol{W}_{M_2}+\boldsymbol{W}_{S_2} \quad (9\text{-}65)$$

$$\boldsymbol{v}_{\mathrm{Mm}}=\boldsymbol{W}_{M_2} \quad (9\text{-}66)$$

$$\boldsymbol{v}_{\mathrm{Mn}}=\boldsymbol{W}_{M_2}-\boldsymbol{W}_{S_2} \quad (9\text{-}67)$$

（2）对于全日潮流海区

$$\boldsymbol{v}_{\mathrm{Ms}}=\boldsymbol{W}_{K_1}+\boldsymbol{W}_{O_1} \quad (9\text{-}68)$$

$$\boldsymbol{v}_{\mathrm{Mm}}=\max\{\boldsymbol{W}_{K_1},\boldsymbol{W}_{O_1}\} \quad (9\text{-}69)$$

$$\boldsymbol{v}_{\mathrm{Mn}}=\boldsymbol{W}_{K_1}-\boldsymbol{W}_{O_1} \quad (9\text{-}70)$$

式中 $\boldsymbol{W}_{M_2}$、$\boldsymbol{W}_{S_2}$、$\boldsymbol{W}_{K_1}$、$\boldsymbol{W}_{O_1}$——$M_2$、$S_2$、$K_1$、$O_1$ 分潮流椭圆的长半轴矢量，流速：cm/s，流向：（°）。

## 六、潮流可能最大流速计算

潮流的可能最大流速 $\boldsymbol{v}_{\max}$［流速：m/s，流向：（°）］一般按式（9-71）、式（9-72）计算：

（1）规则半日潮流海区

$$\boldsymbol{v}_{\max}=1.295\boldsymbol{W}_{M_2}+1.245\boldsymbol{W}_{S_2}+\boldsymbol{W}_{K_1}+\boldsymbol{W}_{O_1}+\boldsymbol{W}_{M_4}+\boldsymbol{W}_{MS_4} \quad (9\text{-}71)$$

（2）规则全日潮流海区

$$\boldsymbol{v}_{\max}=\boldsymbol{W}_{M_2}+\boldsymbol{W}_{S_2}+1.600\boldsymbol{W}_{K_1}+1.450\boldsymbol{W}_{O_1} \quad (9\text{-}72)$$

式中 $\boldsymbol{W}_{M_4}$、$\boldsymbol{W}_{MS_4}$——太阴四分之一日分潮流和太阴–太阳四分之一日分潮流的椭圆长半轴矢量，流速：cm/s，流向：（°）。

对于不规则半日潮和不规则全日潮流海区，采用式（9-71）和式（9-72）中的较大值。在潮流和风海流为主的近岸海区，海流可能最大流速等于潮流可能最大流速与风海流可能最大流速的矢量和。

［例 9-7］ 海流最大可能流速的计算。

2008 年 7 月 5 日 12 时～7 月 6 日 15 时在某海区进行了大潮水文测验，1 号测点的表层潮流的调和分析常数和椭圆要素见表 9-10，该海区最大风速 23m/s，风向 NE，风向大致与等深线垂直。试求 1 号测点海流最大可能流速。

表 9-10 调和常数、椭圆要素表

| 分潮 | 北分量 | | 东分量 | | 最大速度（长半轴，cm/s） | 方向（°） | 最小速度（cm/s） | 旋转率 |
|---|---|---|---|---|---|---|---|---|
| | 迟角（°） | 振幅（cm） | 迟角（°） | 振幅（cm） | | | | |
| $O_1$ | 156.0 | 4.0 | 26.6 | 5.6 | 6.3 | 120.3 | 2.7 | 0.43 |
| $K_1$ | 199.8 | 4.8 | 70.4 | 6.8 | 7.7 | 120.3 | 3.3 | 0.43 |
| $M_2$ | 283.3 | 32.3 | 216.5 | 37.0 | 41.2 | 234.5 | 26.6 | 0.64 |
| $S_2$ | 343.5 | 9.4 | 276.7 | 10.7 | 12.0 | 234.5 | 7.7 | 0.64 |
| $M_4$ | 174.4 | 2.8 | 237.8 | 7.5 | 7.6 | 259.4 | 2.4 | –0.32 |
| $MS_4$ | 227.8 | 1.6 | 291.2 | 4.3 | 4.3 | 259.4 | 1.4 | –0.32 |

（1）1 号测点的潮流类型判别数 $K=\dfrac{W_{O_1}+W_{K_1}}{W_{M_2}}=\dfrac{6.3+7.7}{41.2}=0.34<0.5$，属正规半日潮。

（2）潮流最大可能流速按式（9-71）计算。

$1.295W_{M_2}=1.295\times41.2=53.4(\mathrm{cm/s})$，$\theta_{M_2}=234.5°$；

$1.245W_{S_2}=1.245\times12=14.9(\mathrm{cm/s})$，$\theta_{S_2}=234.5°$；

$W_{K_1}=7.7\text{cm/s}$，$\theta_{K_1}=120.3°$；

$W_{O_1}=6.3\text{cm/s}$，$\theta_{O_1}=120.3°$；

$W_{M_4}=7.6\text{cm/s}$，$\theta_{M_4}=259.4°$；

$W_{MS_4}=4.3\text{cm/s}$，$\theta_{MS_4}=259.4°$。

求矢量和，得潮流最大可能流速 $v_{max}=73.8\text{cm/s}$，方向为228.5°。

（3）风海流最大流速按式（9-59）计算，风力系数 $k$ 取 0.025，得风海流流速 $v=0.025\times2300=57.5(\text{cm/s})$，方向取与岸线垂直（与风向近似相同），即225°。

（4）海流最大可能流速为潮流最大可能流速与风海流可能最大流速的矢量和，即最大可能海流流速为131.2cm/s，方向为227°。

## 七、潮流模型试验

### （一）潮流数学模型试验

浅海潮流场是海洋动力环境最基本、最主要的动力场。潮流数学模型不仅可以预报潮汐河口和近岸海域的潮流场，而且是一个基础性的“平台”，在其基础上可以研究泥沙输运、温排水和污染物的扩散、水质变化、生物化学过程等问题。

潮流数值模拟可分为一维、二维和三维模型。一维模型可用于河口分汊河网的计算、潮汐河口演变分析等，但应用较少。三维模型可用于复杂动力环境和复杂边界条件的模拟，但限于各种参数的概化难度高、计算工作量大，实际工程应用也较少，一般采用 $\sigma$ 坐标沿水深方向分为若干层，常用的模式有 POM、ECOM 和 FVCOM。电力工程一般处于浅水区域，如河口或海湾，其水深远小于工程区域的水平尺度，常用平面二维模型来模拟，流速取沿水深方向的平均值，如MIKE21 HD/FM、SMS等。本手册仅针对平面二维模型进行介绍。

1. 控制方程

连续方程：

$$\frac{\partial\varsigma}{\partial t}+\frac{\partial(DU)}{\partial x}+\frac{\partial(DV)}{\partial y}=0 \tag{9-73}$$

动量方程：

$$\frac{\partial U}{\partial t}+U\frac{\partial U}{\partial x}+V\frac{\partial U}{\partial y}=-g\frac{\partial\varsigma}{\partial x}-g\frac{U\sqrt{U^2+V^2}}{C^2D}+T_x+2\omega V\sin\phi+f_x \tag{9-74}$$

$$\frac{\partial V}{\partial t}+U\frac{\partial V}{\partial x}+V\frac{\partial V}{\partial y}=-g\frac{\partial\varsigma}{\partial y}-g\frac{V\sqrt{U^2+V^2}}{C^2D}+T_y-2\omega U\sin\phi+f_y \tag{9-75}$$

$$D=\varsigma+h$$

$$C=\frac{1}{n}D^{1/6}$$

式中 $\varsigma$——潮位；
$t$——时间，s；
$D$——水深，m；
$U$、$V$——$x$、$y$方向的流速分量，m/s；
$x$、$y$——与静止海面重合的直角坐标系，m；
$C$——谢才系数；
$T_x$、$T_y$——紊动项，按式（9-76）、式（9-77）计算；
$\omega$——地球自转角速度，rad/s；
$\phi$——纬度，rad；
$f_x$、$f_y$——表面风应力；
$h$——平均海面以下的水深，m；
$n$——糙率。

$$T_x=\varepsilon_{xy}\frac{\partial^2U}{\partial y^2}+\varepsilon_{yz}\frac{\partial^2V}{\partial x\partial y}+2\varepsilon_{xx}\frac{\partial^2U}{\partial x^2} \tag{9-76}$$

$$T_y=\varepsilon_{yx}\frac{\partial^2V}{\partial x^2}+\varepsilon_{xy}\frac{\partial^2U}{\partial x\partial y}+2\varepsilon_{yy}\frac{\partial^2V}{\partial y^2} \tag{9-77}$$

$\varepsilon_{xy}$、$\varepsilon_{yx}$、$\varepsilon_{xx}$、$\varepsilon_{yy}$ 为紊动黏性系数。

2. 方程离散和定解条件

国内外专家学者开发了大量的数值模拟程序和系统。按差分网格形状来分，有三角形、正方形、矩形、不等距方形和矩形、多边形、曲线坐标网格以及各种形状的组合等。按计算方法分有显式法、隐式法、显隐式混合法等。按模拟格式分有三角元法、DI法、破开算子法、单元体积法、贴体坐标法、MADI法、准分析法等。例如，MIKE21 HD模式采用隐式交替方向（ADI）技术对模型质量和动量方程进行离散，矩阵方程采用追赶法求解，各微分项和重要系数的离散采用中心差分格式。

定解条件指初始条件和边界条件。初始条件可以给定全区域从静止开始，也可以给定各网格点的流速和水位，还可以利用之前的计算结果作为本次计算的初始条件，称为“热启动”。

$$\begin{cases}\varsigma|_{t=t_0}=\varsigma_0(x,y)\\U|_{t=t_0}=U_0(x,y)\\V|_{t=t_0}=V_0(x,y)\end{cases} \tag{9-78}$$

边界条件可分为动边界、固壁边界和开边界。浅水缓坡海岸，采用动边界条件，如果差分格式采用隐式ADI法，可用“窄缝法”来处理。海岸或岛屿采用固壁边界，流体不可穿透，即法向流速为零。开边界可给定流速、流量或水位。

固壁边界 $\Gamma_1$：

$$\vec{U} \cdot \vec{n}\Big|_{\Gamma_1} = 0 \tag{9-79}$$

开边界 $\Gamma_2$：

$$\varsigma(x,y,t)\big|_{\Gamma_2} = \varsigma^*(x,y,t) \tag{9-80}$$

$$\begin{cases} U(x,y,t)\big|_{\Gamma_2} = U^*(x,y,t) \\ V(x,y,t)\big|_{\Gamma_2} = V^*(x,y,t) \end{cases} \tag{9-81}$$

3. 网格划分

网格划分取决于计算区域的大小、计算精度和计算机条件等因素。当网格的空间尺度 $\Delta x$、$\Delta y$ 确定后，可根据差分格式的稳定性条件来确定时间步长。边界比较简单的可以采用结构化网格（矩形网格），边界比较复杂的可以采用曲线坐标系（贴体坐标系）或者非结构化网格。

潮流模型计算中，开边界应设置在有潮位资料且远离工程结构物的地方，以保证边界不受工程结构物的影响。

**[例 9-8]** 某电厂潮流数学模式试验。

福建某电厂位于漳州市东山湾内。东山湾是福建著名的港湾之一，海岸呈东北–西南走向，漳江由此汇入大海，南北向的古雷半岛和东西向的东山岛相互聚拢形成两道屏障，将东山湾与外海相隔，仅在西南角留有一个宽约 4km 的出口与大海相连，湾内水域面积 240km²。依据厂址海域以往实测资料统计分析结果，东山湾的潮流属规则半日潮流类型，日不等现象比较明显，回归潮期间，东水道和中水道南段超过 30cm/s，南水道和大霜岛附近也在 20cm/s 左右。为了给工程海域取排水工程设计和环境评价提供依据，开展了平面二维潮流数学模型试验。

模型选取顺潮流方向厂址东北向 40km，西南向 40km 和厂址向外海延伸 30km 所组成的区域作为模型计算区域，上游还包括漳江入海河道。由于计算区域不规则，采用基于非结构化网格的有限体积法求解控制方程组，共划分了 19525 个非结构化四边形网格，并在东山湾内部进行了局部加密，单个网格尺寸约 100m × 100m，如图 9-12 所示。陆地边界采用固壁边界，海域开边界采用实测潮位插值给定水位值，漳江入海河流给定流量。通过实测潮位、潮流资料对参数进行率定，涨急、落急模拟结果如图 9-13 所示。

### （二）潮流物理模型试验

1. 理论基础

物理模型试验的理论基础是相似理论。两个力学系统相似，必然能够用相同的数学物理方程进行描述，并同时满足以下三个相似条件：

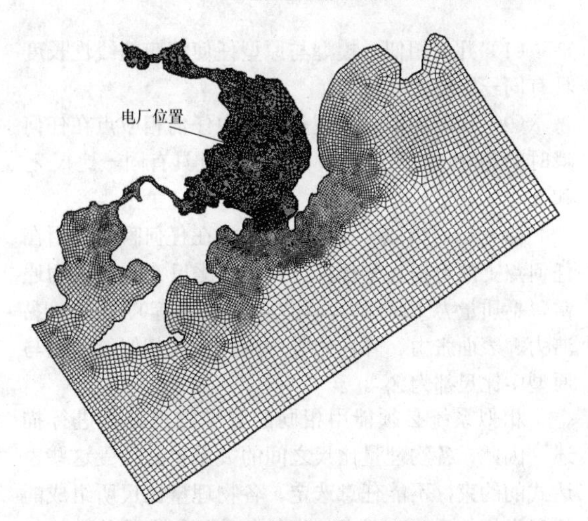


图 9-12 模型网格示意图

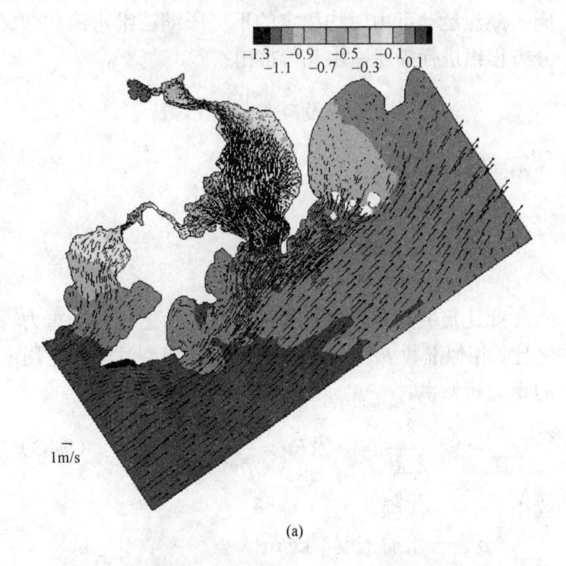


(a)

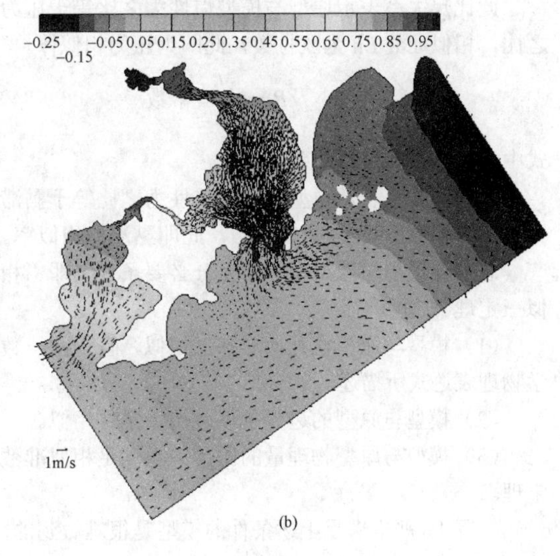


(b)

图 9-13 数值模拟计算结果

（a）涨急；（b）落急

（1）几何相似。模型与原型任何相应的线性长度具有同一比尺 $\lambda_l$。

（2）运动相似。模型与原型中任何相应点在任何瞬时的速度、加速度必须相互平行且具有同一比尺 $\lambda_u$ 和 $\lambda_a$。

（3）动力相似。模型与原型中在任何瞬时作用在任何点上的力相互平行且具有同一比尺 $\lambda_F$，作用力通常包括质量力（惯性力、重力、离心力等）、压力、黏滞力、表面张力、弹性力等，这些力在相似的模型与原型中比尺都为 $\lambda_F$。

相似系统必须能用相同的数学物理方程进行描述，因此，各物理量比尺之间的关系也必须受这些表达式的约束，不能任意选定。各物理量比尺所组成的相似指标等于 1，或者他们的各种相似准数的数值相同。潮流运动可由时均稳定的不可压缩三维水流的微分方程组进行描述，由此可推出：

$$\frac{\lambda_v^2}{\lambda_g \lambda_l}=1，及Fr=\frac{v^2}{gl}=常数 \tag{9-82}$$

式中 $\lambda$——比尺；

$v$——流速，m/s；

$g$——重力加速度，m/s²；

$l$——线性尺度，m。

此比尺关系表示原型与模型惯性力之比等于重力之比，相似准数 $Fr$ 称为弗劳德数，即模型试验中常用的重力相似率。

$$\frac{\lambda_p}{\lambda_\rho \lambda_v^2}=1，及Eu=\frac{p}{\rho v^2}=常数 \tag{9-83}$$

式中 $p$——压强，Pa；

$\rho$——水的密度，kg/m³。

此比尺关系表示原型与模型惯性力之比等于压力之比，相似准数 $Eu$ 为欧拉数，此即为压力相似律。

$$\frac{\lambda_v \lambda_l}{\lambda_\nu}=1，及Re=\frac{vl}{\nu}=常数 \tag{9-84}$$

式中 $\nu$——水的黏滞系数。

此比尺关系表示原型与模型惯性力之比等于黏滞力之比，相似准数 $Re$ 为雷诺数，此即黏滞力相似率。

总之，模型与原型相似的充分必要条件（即“相似三定理”）如下：

（1）模型与原型在几何形态上相似，且为同一数学物理表达式所描述。

（2）模型与原型的边界条件、初始条件相似。

（3）模型与原型物理量的比尺关系满足相似准数定理。

实际上，严格满足上述条件的模型是很难做到的，特别是要各种作用力同时满足相似率是不可能的。好在某些力在一定情况下的影响很小，可以忽略不计。在潮流模型中，表面张力、弹性力可以忽略。对保留下来的作用力的相似要求，一般也很难全部满足，只能满足主要的相似指标。潮流模型中要求重力相似、阻力相似，对于其他次要指标如黏滞力相似，只保证流态相似即可。

2. 潮流模型水流相似条件

近岸浅海海域的潮流属二维不稳定时均流，其运动可以用下列方程组表达

$$\begin{cases}\dfrac{\partial \varsigma}{\partial t}+\dfrac{\partial (DU)}{\partial x}+\dfrac{\partial (DV)}{\partial y}=0\\ \dfrac{\partial U}{\partial t}+U\dfrac{\partial U}{\partial x}+V\dfrac{\partial U}{\partial y}=-g\dfrac{\partial \varsigma}{\partial x}-g\dfrac{U\sqrt{U^2+V^2}}{C^2 D}\\ \dfrac{\partial V}{\partial t}+U\dfrac{\partial V}{\partial x}+V\dfrac{\partial V}{\partial y}=-g\dfrac{\partial \varsigma}{\partial y}-g\dfrac{V\sqrt{U^2+V^2}}{C^2 D}\end{cases} \tag{9-85}$$

$$D=\varsigma+h$$

$$C=\frac{1}{n}D^{1/6}$$

式中 $\varsigma$——潮位；

$t$——时间，s；

$D$——水深，m；

$U$、$V$——$x$、$y$ 方向的流速分量，m/s；

$x$、$y$——与静止海面重合的直角坐标系，m；

$g$——重力加速度，m/s²；

$C$——谢才系数；

$h$——平均海面以下的水深，m；

$n$——糙率。

由上式可推导相似比尺关系：

$$\frac{\lambda_u}{\lambda_t}=\frac{\lambda_u^2}{\lambda_L}=\frac{\lambda_H}{\lambda_L}=\frac{\lambda_u^2}{\lambda_C^2 \lambda_H} \tag{9-86}$$

式中 $\lambda_u$——水平流速比尺；

$\lambda_t$——水流时间比尺；

$\lambda_L$、$\lambda_H$——几何水平比尺和垂直比尺；

$\lambda_C$——谢才系数比尺。

由此得：

重力相似条件为

$$\lambda_u=\lambda_H^{1/2} \tag{9-87}$$

阻力相似条件为

$$\lambda_C=(\lambda_L/\lambda_H)^{1/2}或\lambda_n=\lambda_H^{2/3}/\lambda_L^{1/2} \tag{9-88}$$

式中 $\lambda_n$——糙率比尺。

水流时间比尺为

$$\lambda_t=\lambda_L/\lambda_H^{1/2} \tag{9-89}$$

至于流态相似，只要保证模型中水流的雷诺数 $Re \geqslant 1000$ 即可。

3. 模型设计

模型试验段的范围应根据试验目的、要求和现场

潮流等具体情况确定，应包括工程及其可能影响的区域。当试验段有建筑物时，岸滩范围的宽度和长度宜大于 3 倍建筑物的凸出部分长度。

潮流模型试验一般模拟的范围较大，若比尺太小，模型中水深将很小，不仅测量困难，而且底边界黏滞力影响也将显著增加，水流流态将失去相似；相反，比尺太大又需要很大的场地。为此，将水平比尺和垂直比尺选为不同的数值，且水平比尺小于垂直比尺，此类模型称为变态模型，$\eta=\lambda_H/\lambda_L$ 称为模型的变率，模型变率应控制在 3～10，一般取 5～7。$\lambda_H=\lambda_L$ 的模型称为正态模型。

模型比尺应根据模型范围、试验目的和要求、场地大小和布置确定，模型平面比尺宜在 1000 以内，一般不大于 400。垂直比尺由原型水深及保证模型中水流处于阻力平方区的原则确定，一般不大于 60～80。模型试验的浅滩段最小水深应大于 2.0cm。

模型糙率应通过原型床面糙率和糙率比尺计算确定。模型糙率宜控制在 0.012～0.030。当床面模型材料糙率达不到要求时，宜采用有间距加糙或密排加糙等措施。

模型潮汐控制方式应符合下列规定：

（1）在河口或邻近河口海域整体潮流模型中，下边界应采用潮位控制，上边界宜用扭曲水道模拟潮区界段的长度和容积。

（2）在河口或海域潮流模型中，试验段较长且上、下边界采用潮位控制时应采取减小潮波反射影响的措施。

（3）在河口潮流模型中，试验段较短、局部工程需放大时，下边界宜采用潮位控制，上边界宜采用流量控制。

（4）工程试验区域有旋转流时，下边界宜采用流量控制，上边界宜采用流量或潮位控制。

模型平面布置应符合下列规定：

（1）模型边界条件应与天然潮流情况相吻合，生潮应根据工程要求、现场潮流方向、边界情况和模型试验场地、试验设备等具体情况采用单边、双边或多边的控制方式。

（2）在有径流汇入的河口和海岸，模型下边界宜采用潮位控制，上边界可采用扭曲河段模拟纳潮量，并在扭曲河段末端施放径流，也可采用流量控制方法控制其纳潮量和径流量。

（3）当模型范围仅为河口一段或靠岸一侧，涨、落潮流为往复流时，应采用双边界生潮控制。

（4）当模型试验范围处于海岸或河口的开敞部分且流态复杂时，应扩大模型范围或进行三面边界流量调节模拟控制。

（5）当模型试验范围处于海域当中，且水流状况较复杂时，模型应以涨、落潮主流向方向布置，两端采用流量或水位控制，模型两侧进行边界流量调节模拟控制。

（6）在模型生潮进出口处和河口边界处应满足模型进出口段水流平顺、潮位变化连续的要求。模型生潮方向应与天然涨、落潮潮流方向基本一致，若不一致可采用人工方法进行调整，但需要调整的角度不宜大于 15°。

（7）当模型中有径流下泄或余流较强时，在模型边界外应配置水量平衡调配管路和控制系统，及时将多余水量调出到模型外水库（蓄水池），保证模型试验用水量的正常循环。

## 第三节 波 浪

波浪是最活跃的海洋动力因素，是作用在海岸及海洋工程结构上的最主要的外力之一。波浪能掀动和携带海滩上的泥沙，使海岸和海滩发生侵蚀或堆积。海浪由外海传至近岸，特别是破碎后产生的近岸流，对沉积物的搬动起着重要的作用。

海洋中发生着各种各样的波动，就其时间尺度来看，周期可以从零点几秒到几天、几个月甚至几年、几十年，从水平尺度来看，波长可以从几厘米到几千千米，从恢复力来看，可以是表面张力、重力、科氏力等。本手册仅讨论周期为几秒至几十秒的、由于风传输给海面能量而引起的海面波动。

### 一、波浪要素

处在风区内，在风的直接作用下产生的波浪称为风浪，这是一种强制波，波形不规则，时常伴有浪花和泡沫，波浪传播方向大多与风向一致。当风平息后或风浪传播出风区后，波面在惯性力和重力作用下继续传播，这时的波动为自由波，这种波浪称为涌浪。涌浪有规则的波峰和波谷，波面比较光滑，有定向明显的传播方向，其周期大于原来风浪的周期，且随着传播距离增加而逐渐增大。此外，也经常遇到不同来源的波系的叠加现象，称为混合浪。

海上的波是复杂的，大小、长短、高低不完全相同，有时不同方向来的波还相互叠加。这些海上实际发生的波浪叫做不规则波。为了进一步理解波浪的性质，理论上把波向一定、波高和周期不变的波叫做规则波。严格来说，实际发生在海面上的波浪都是不规则波，在深水区，涌浪的波周期和波高基本上不随时间和空间而变化，可近似认为是规则波。

（一）规则波

规则波各要素的定义可参考图 9-14。

波峰：波面的最高点；

波谷：波面的最低点；

波高（$H$）：相邻的波峰与波谷间的垂直距离，m；

波长（$L$）：相邻两个波峰或两个波谷间的水平距离，m；

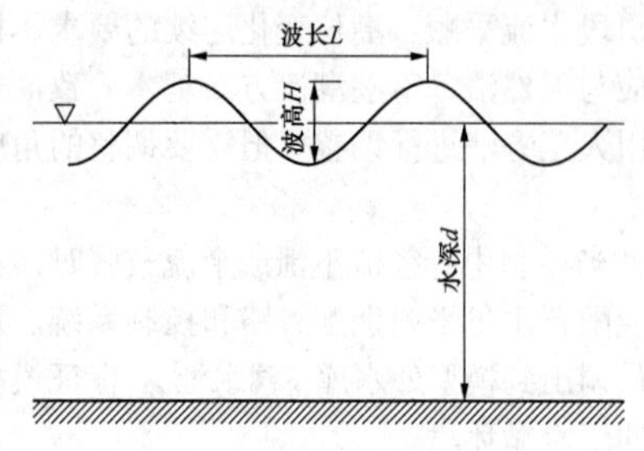


图 9-14　波浪要素的定义示意图

波陡（$\delta$）：波高与波长之比（$H/L$）；

周期（$T$）：相邻波峰与波谷经过空间同一点的时间间隔，s；

波速（$c$）：波形移动的速度，等于波长与周期之比（$L/T$），m/s；

波向线：表示波浪传播方向的线（简称波向）；

波峰线：与波向线正交并通过波峰的线。

规则波的运动理论大致分为小振幅波理论和有限振幅波理论两类，后者又包含余摆线波理论和斯托克斯（Stokes）波理论；浅水区，有椭圆余弦波理论和孤立波理论。小振幅波理论是波浪运动理论的基础，由该理论推导出的基本公式，用于推算波浪要素，讨论波浪运动性质等都极为简便，因而在工程上也被大量应用。

针对有限水深的二维行进波，小振幅波理论有一个重要的关系式：

$$\omega^2 = gk\tanh(kd) \tag{9-90}$$

$$\omega = \frac{2\pi}{T}$$

$$k = \frac{2\pi}{L}$$

式中　$\omega$——波浪的角频率，rad/s；

$g$——重力加速度，m/s²；

$k$——波数，m⁻¹；

$d$——水深，m。

式（9-90）称为弥散方程，表达了波浪运动中角频率、波速和水深的关系，并由此可以得到波长、波周期和波速之间的关系：

$$L = \frac{gT^2}{2\pi}\tanh(kd) \tag{9-91}$$

$$c = \frac{gT}{2\pi}\tanh(kd) \tag{9-92}$$

式中　$L$——波长，m；

$g$——重力加速度，m/s²；

$T$——波周期，s；

$k$——波数，m⁻¹；

$d$——水深，m；

$c$——波速，m/s。

根据双曲正切函数性质，当 $d/L$ 很小时，$\tanh\frac{2\pi d}{L} \to \frac{2\pi d}{L}$，称为浅水波；当 $d/L$ 很大时，$\tanh\frac{2\pi d}{L} \to 1$，称为深水波。工程上一般将 $d/L_0 \geqslant \frac{1}{2}$ 称为深水波，$d/L_0 \leqslant \frac{1}{20}$ 称为浅水波，其中 $L_0$ 为深水波波长。由此，可得简化的表达式如下：

（1）深水波

$$L_0 = \frac{g}{2\pi}T^2 \tag{9-93}$$

$$c_0 = \frac{g}{2\pi}T \tag{9-94}$$

（2）浅水波

$$L_s = T\sqrt{gd} \tag{9-95}$$

$$c_s = \sqrt{gd} \tag{9-96}$$

式中　$L_0$、$L_s$——深水波、浅水波的波长，m；

$c_0$、$c_s$——深水波、浅水波的波速，m/s；

$g$——重力加速度，m/s²；

$T$——波周期，s；

$d$——水深，m。

（二）不规则波

实际的海浪是十分复杂的、不规则的，某测波仪记录的水面随时间的变化如图 9-15 所示，其特点是一系列大小和形状不等的波的随机交替。不规则波波要素的定义通常采用“上跨零点法”。波动的静水位，通常用平均水位表示，称为“零线”，波动曲线由下向上跨过零线的交点，称为“上跨零点”，由上向下跨过零线的交点称为“下跨零点”。相邻上跨零点之间曲线的最高点称为波峰，最低点称为波谷，波峰与波谷之间的垂直距离称为波高。相邻两个上跨零点之间的时间间隔称为波周期。该方法称为上跨零点法，利用该方法可以从一段连续的测波记录上读取各个波的波高和波周期。同时可以看出，与规则波不同，该方法定义出来的各个波的波高、波周期都是不同的，如何描述该波序列便成了问题。一般可采用两种方法来描述，即统计学方法和波浪谱方法。

1. 统计学方法

统计学方法认为波高、波周期都具有一定的偶然性，可以看做是随机事件。因此，可以采用数理统计的方法进行表征。工程上，一般采用 100～150 个连续记录的波浪（观测时间为 6～15min）进行统计分析。就波高而言，出于不同的使用目的，通常定义以下几种波高。

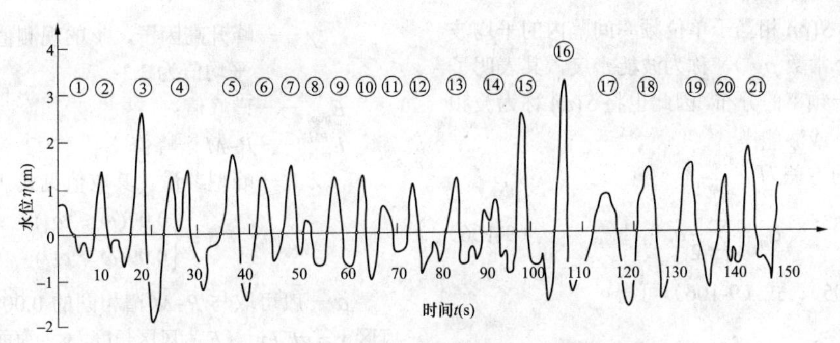


图 9-15 测波仪记录的水面随时间的变化

（1）平均波高。

将连续观测得到的一系列波高累加，再除以波的总个数，这样得到的波高称为平均波高，以 $\bar{H}$ 表示。同理可得平均波周期 $\bar{T}$ 。

$$\bar{H}=\frac{1}{N}\sum_{i=1}^{N}H_i \tag{9-97}$$

$$\bar{T}=\frac{1}{N}\sum_{i=1}^{N}T_i \tag{9-98}$$

式中 $N$——所取波的总个数；

$H_i$、$T_i$ ——第 $i$ 个波的波高和波周期，波高：m，波周期：s。

（2）$1/P$ 大波。

将连续观测得到的波高，由大到小依次排列，从最大的一个开始，将前 $1/P$ 个大波的波高或对应的周期进行平均，这样求得的波高称为 $1/P$ 大波的平均波高 $H_{1/P}$ ，周期称为 $1/P$ 大波的平均周期 $T_{1/P}$ 。

$$H_{1/P}=\frac{P}{N}\sum_{r=1}^{N/P}H_r \tag{9-99}$$

$$T_{1/P}=\frac{P}{N}\sum_{r=1}^{N/P}T_r \tag{9-100}$$

式中 $H_r$、$T_r$ ——波高递减序列中第 $r$ 个波高和对应的周期，波高：m，波周期：s。

工程中应用较多的有 1/3 大波和 1/10 大波，1/3 大波又称为有效波。

（3）均方根波。

将波浪序列中所有波高或周期的平方和，求平均之后再开方，这样得到的波高和周期分别称为均方根波高 $H_{rms}$ 和均方根波周期 $T_{rms}$ 。

$$H_{rms}=\sqrt{\frac{1}{N}\sum_{i}^{N}H_i^2} \tag{9-101}$$

$$T_{rms}=\sqrt{\frac{1}{N}\sum_{i}^{N}T_i^2} \tag{9-102}$$

（4）最大波。

波列中最大波高 $H_{max}$ 及其最对应的波周期 $T_{max}$ 。我国部分海洋站报表中的最大波高实际上相当于 $H_{1\%}$ 。

（5）累积频率波。

设计波高多采用某一累积频率的波高，根据建筑物的等级、重要程度、部位或设计内容选取不同累积频率的波作为设计波。累积频率以 $F\%$ 表示，如 $F$ 等于 1%、4%和 13%等对应的波高分别以 $H_{1\%}$、$H_{4\%}$ 和 $H_{13\%}$ 表示。

2. 谱方法

谱方法将海浪看成是许多振幅不等、频率不同、相位杂乱的简单波动的叠加，这些波动就构成了海浪谱。能够反映能量相对于频率和方向的分布的谱称为方向谱，仅反映能量相对于频率的分布的谱称为频谱或能谱。简单的方向谱 $S(\omega,\theta)$ 可写为频谱 $S(\omega)$ 和方向分布函数 $G(\omega,\theta)$ 的乘积。

$$S(\omega,\theta)=S(\omega)G(\omega,\theta) \tag{9-103}$$

$$\omega=\frac{2\pi}{T}$$

式中 $\omega$ ——圆频率，rad/s；

$\theta$——波浪传播方向与主波向的夹角，rad。

有些文献将频谱表示为 $S(f)$ ， $f=\frac{1}{T}=2\pi\omega$ 。

（1）频谱。

如前文所述，海浪可看作是许多周期、振幅、相位不同的简单波动（一般采用余弦波）的叠加：

$$\eta(t)=\sum_{i=1}^{\infty}a_i\cos(\omega_i t+\varepsilon_i) \tag{9-104}$$

式中 $a_i$ ——第 $i$ 个组成波的振幅，cm；

$\omega_i$ ——第 $i$ 个组成波的圆频率，rad/s；

$\varepsilon_i$ ——第 $i$ 个组成波的初相位，rad。

将圆频率介于 $\omega\sim\omega+\Delta\omega$ 之间的各组成波的振幅平方叠加起来再乘以 1/2，其为 $\omega$ 的函数，可表示为

$$\sum_{\omega}^{\omega+\Delta\omega}\frac{1}{2}a_i^2=S(\omega)\Delta\omega \tag{9-105}$$

由平均波能的定义 $\bar{e}=\frac{1}{2}\rho g a^2$ ，可以很清楚地表

明其物理意义，$S(\omega)$ 相当于单位频率间隔内的平均波能量（相差一个常数 $\rho g$），称为波能密度，其表明了波能密度相对于频率的分布，因此也将 $S(\omega)$ 称为波频谱（简称频谱）或波能谱。

波面 $\eta(t)$ 的方差为

$$\sigma_\eta^2 = \sum_{i=1}^{\infty} \frac{1}{2} a_i^2 \tag{9-106}$$

由式（9-105）、式（9-106）可得

$$\sigma^2 = \int_0^{\infty} S(\omega) \mathrm{d}\omega \tag{9-107}$$

波频谱的形状与波浪的生成机理相关，需通过实测资料来推求适合当地条件的谱的表达式，下面介绍几种常用的谱。

1）Neumann 谱。

Neumann 根据观测到的不同风速下波高与周期的关系做出一些假定，导出了半经验半理论的谱，该谱适用于充分成长的海浪。

$$A^2(\omega) = C\frac{\pi}{2}\omega^{-6}\exp\left(-\frac{2g^2}{v^2\omega^2}\right) \tag{9-108}$$

式中　$A^2(\omega)$ ——波频谱的另一种表示方法，$A^2(\omega) = 2S(\omega)$；

$C$ ——常数，$C = 3.05\mathrm{m}^2 \cdot \mathrm{s}^{-5}$；

$v$ ——海面上 7.5m 高处的风速，m/s。

2）PM 谱

$$S(v) = 8.10\times10^{-3} g^2\omega^{-5}\exp[-0.74(g / v\omega)^4] \tag{9-109}$$

式中　$v$——海面以上 19.5m 高处的风速，m/s。

3）Bretschneider 谱

$$S(f) = 0.430\left(\frac{\bar{H}}{g\bar{T}^2}\right)^2 g^2 f^{-5}\exp[-0.675(\bar{T}f)^{-4}] \tag{9-110}$$

光易在 Bretschneider 谱的基础上，得到以有效波高和有效波周期为参量表示的谱。

$$S(f) = 0.257\left(\frac{H_{1/3}}{T_{1/3}^2}\right)^2 f^{-5}\exp[-1.03(T_{1/3}f)^{-4}] \tag{9-111}$$

4）JONSWAP 谱。

1968～1969 年间，英、荷、美、德等国科学家实施了“北海波浪联合研究计划（the Joint North Sea Wave Project）”，简称 JONSWAP，共得到了 2500 个谱，并获得了如下形式的风浪频谱：

$$S(\omega) = \alpha g^2\omega^{-5}\exp\left[-\frac{5}{4}\left(\frac{\omega_\mathrm{m}}{\omega}\right)^4\right]\gamma^{\exp\left(\frac{\omega-\omega_\mathrm{m}}{2\lambda^2\omega_\mathrm{m}^2}\right)} \tag{9-112}$$

$$\gamma = E_{\max} / E_{\max}^{PM}$$

式中　$\alpha$ ——无因次常数；

$\omega_\mathrm{m}$ ——谱峰频率，即最大能量密度对应的频率；

$\gamma$ ——峰升高因子，$\gamma$ 的观测值介于 1.5～6，平均值为 3.3；

$E_{\max}$ ——谱峰值；

$E_{\max}^{PM}$ ——$P\text{–}M$ 谱峰值；

$\lambda$ ——峰型参量，其取值见式（9-113）。

$$\lambda = \begin{cases} 0.07(\omega \leqslant \omega_\mathrm{m}) \\ 0.09(\omega > \omega_\mathrm{m}) \end{cases} \tag{9-113}$$

$\alpha$ 一般可取与 $P\text{–}M$ 谱相同的 0.0081 或取无因次风区 $x = gF / v^2$（$F$ 为风区长度，$v$ 为海面以上 10m 高处的风速）的函数，当 $x = 0.1$～$10^5$ 时取

$$\alpha = 0.076x^{-0.22} \tag{9-114}$$

除此之外，还有会战谱、文氏谱以及《港口与航道水文规范》谱等。

（2）方向分布函数。

实际的海洋中，某一点的海面波动是有方向性的，除了构成主波方向的组成波外，还有许多其他方向的组成波。波频谱只能反映某一固定点的波面，不能反映波浪内部相对于方向的结构，也不足以描述大面积内的波面。因此需要引入既能反映能量相对于频率的分布，又能反映能量相对于方向的分布的方向谱。如前文所述，最简单的方法是将方向谱写成频谱与方向分布函数的乘积，见式（9-103）。

由于观测和资料整理的困难，波浪方向谱的研究远比频谱少，尚未得到像频谱那样的标准形式。常用的有 $\cos^n\theta$ 型、SWOP 型、光易型等，这里仅介绍最为简单的 $\cos^n\theta$ 型，即

$$S(\omega,\theta) = KS(\omega)\cos^n\theta \tag{9-115}$$

式中　$K$、$n$——常数。

风浪组成波的能量集中在风向附近，取 $\theta = 0$ 代表风向，则式（9-115）的特点是组成波能量相对于方向的分布是对称的，正比于 $\cos\theta$ 的 $n$ 次方。同时，方向谱与频谱满足：

$$S(\omega) = \int_{-\pi}^{\pi} S(\omega,\theta)\mathrm{d}\theta \tag{9-116}$$

由式（9-115）和式（9-116）可确定常数 $K$。当 $n = 2$ 时，$K = \frac{2}{\pi}$；当 $n = 4$ 时，$K = \frac{8}{3\pi}$。对于风浪，$n$ 一般取 2；对于涌浪，$n$ 一般取 4 或 6。

## 二、不同累积频率波高换算

工程设计上常用的波高有平均波高 $\bar{H}$、均方根波高 $H_\mathrm{rms}$、累积频率为 $F$ 的波高 $H_F$ 和 $1/P$ 大波的平均波高 $H_{1/P}$ 等统计特征值。在不同的 $H/d$ 的情况下 $H_{1/100} \approx H_{0.4\%}$，$H_{1/10} \approx H_{4\%}$，$H_{1/3} \approx H_{13\%}$。

欲求不同累积频率波高之间的换算关系，首先需要知道波高的分布。Longuet–Higgins 通过对窄谱波的

分析，得到波列中的波高具有 Rayleigh 分布，并由此推导出不同累积频率波高与平均波高的关系。

（1）深水波

$$\frac{H_F}{\overline{H}}=\left(\frac{4}{\pi}\ln\frac{1}{F}\right)^{1/2} \quad (9\text{-}117)$$

$$H_{1\%}=2.42\overline{H} \quad (9\text{-}118)$$

$$H_{5\%}=1.95\overline{H} \quad (9\text{-}119)$$

$$H_{13\%}=1.61\overline{H} \quad (9\text{-}120)$$

$$H_{1/100}=2.66\overline{H} \quad (9\text{-}121)$$

$$H_{1/10}=2.03\overline{H} \quad (9\text{-}122)$$

$$H_{1/3}=1.60\overline{H} \quad (9\text{-}123)$$

$$H_{\rm rms}=1.13\overline{H} \quad (9\text{-}124)$$

（2）浅水波

$$\frac{H_F}{\overline{H}}=\left[-\frac{4}{\pi}\left(1+\frac{1}{\sqrt{2\pi}}H^*\right)\ln F\right]^{\frac{1-H^*}{2}} \quad (9\text{-}125)$$

$$H^*=\overline{H}/d$$

式中 $H^*$——相对水深；

$d$——水深。

为方便使用，可直接查图 9-16 和图 9-17 确定各种累积频率波高间的换算。已知 $H_{4\%}$ 或 $H_{13\%}$ 和 $d$ 时，可由 $H_{4\%}/d$ 或 $H_{13\%}/d$ 直接在图上查得 $H_F/H_{4\%}$ 或 $H_F/H_{13\%}$；已知 $\overline{H}/d$ 时，可在图上查得相应的 $H_F/H_{4\%}$ 或 $H_F/H_{13\%}$。

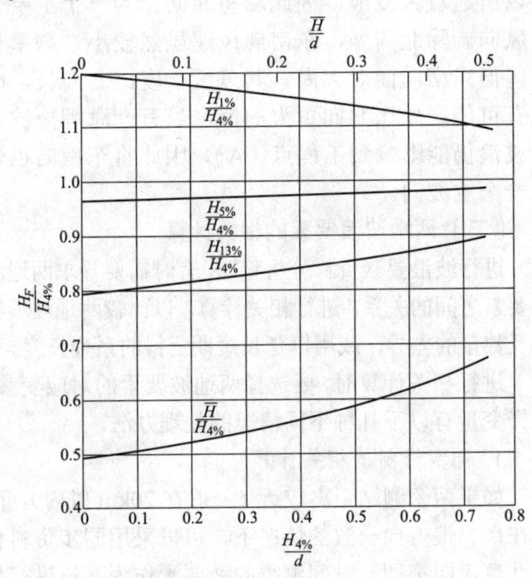


图 9-16 $H_F/H_{4\%}$ 与 $H_{4\%}/d$ 关系图

## 三、设计波浪的计算

### （一）波浪资料的整理分析

波浪资料的整理分析，主要内容包括波浪资料的审查、波型分析、波浪玫瑰图绘制和波向的确定。

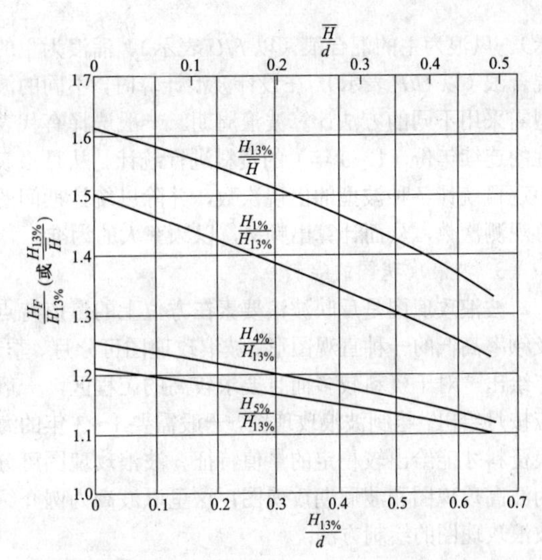


图 9-17 $H_F/H_{13\%}$（或 $H_{13\%}/\overline{H}$）与 $H_{13\%}/d$ 关系图

1. 波浪资料的审查

在进行波浪资料统计和计算工作以前，必须对波浪资料进行审查，核查当地波浪生成的主要原因，是风浪还是涌浪。当利用港口或海洋水文观测台站的波浪资料时，首先应注意台站的地理环境，并与工程点的地理环境相比较，分方向检验资料的适用程度。如图 9-18 所示，工程点在 A 处，B 处设有海洋水文观测站，其测波浮筒位于测波仪前正南方离岸约 0.5km 的海面上。显然，对于东南向来波，工程点所受的海浪与测波浮筒处比较相似，因此可以利用观测站的资料。但对于北向来波，浮筒处的波浪就没有代表性，因为受地形限制，该处只能出现离岸浪。

同时必须注意系列中是否包括历史上较大的风浪资料，如未包括，还应考虑利用历史天气图或风资料对当地历史上的风浪（如台风影响）情况等以及个别年份缺测大浪的情况进行波浪要素的计算，以延长或插补实测波浪系列。

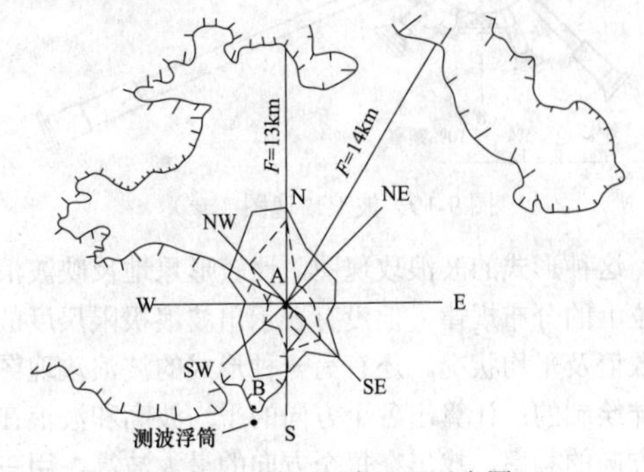


图 9-18 某工程点风况示意图

2. 波型分析

波型分析是指分析当地波浪的波动性质。波浪波型一般划分为风浪型（以 $F$ 表示）、涌浪型（以 $U$ 表示）、风浪为主的混合浪（以 $F/U$ 表示）、涌浪为主的混合浪（以 $U/F$ 表示）。在设计波浪计算时，不同的波型需采用不同的方法计算波浪周期。一般选择有代表性的连续年份（1～3 年）的资料进行统计。从月报表中逐日统计各种波型的出现次数，并除以统计期间的总观测次数，从而计算出频率，以频率大的为准。

3. 波浪玫瑰图的绘制

波浪玫瑰图是反映波浪要素在方位上的量值特点及频率高低的一种直观图形。波浪玫瑰图可分月、季、年绘出。对于资料较多而且要求较高的工程区，一般应按月绘出。绘制波浪玫瑰图，一般需要 1～3 年的海浪资料才能给出较稳定的量值特征。波浪玫瑰图可分为波高玫瑰图和波周期玫瑰图，这里以波高为例介绍波浪玫瑰图的绘制方法：

（1）把搜集到的波浪资料，根据绘图的需要按年、季或月进行分类汇总。

（2）根据波浪要素每天观测的次数，确定每天需要统计的次数。

（3）按照一定的间隔（波高一般 0.5m 为一级，周期一般 1s 为一级），统计各个方向落入每个间隔范围内的波数及无浪的次数；各个方向、每个范围的波数除以统计的总波数，得到各个方向每个范围内的频率。

（4）用棒状线代表波浪的尺度和出现的频率，并标在相应的方位上；棒线的长度表示频率，棒线的宽度代表波高的尺度，无浪的频率用数字标在图的中心（如图 9-19 所示）。

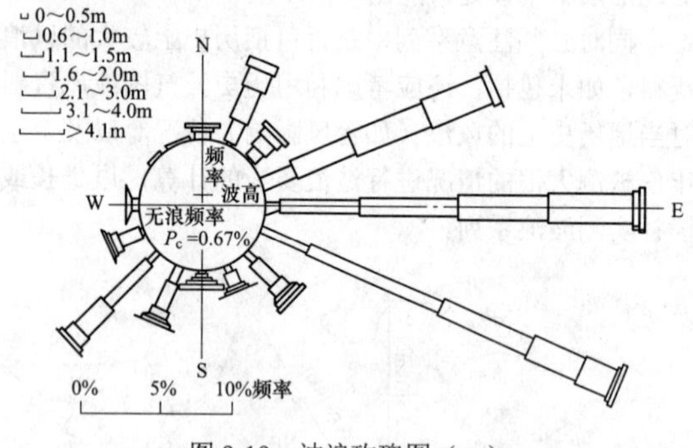


图 9-19　波浪玫瑰图（一）

这种形式的波浪玫瑰图，比较形象地反映波浪在方位上的分布规律，但没有表示出波浪极限尺度的确切数值及平均状况。还有另一种形式的波浪玫瑰图是这样绘制的：计算出各个方向的平均波高和波浪在每个方向的频率，找出在每个方向的最大波高，用三条折线分别表示出平均波高、频率和最大波高的分布状况（用实线、虚线和点线相区别），折线与方向射线交点的长度代表波高和频率的数值，无浪的频率用数字标在圆心上（如图 9-20 所示）。

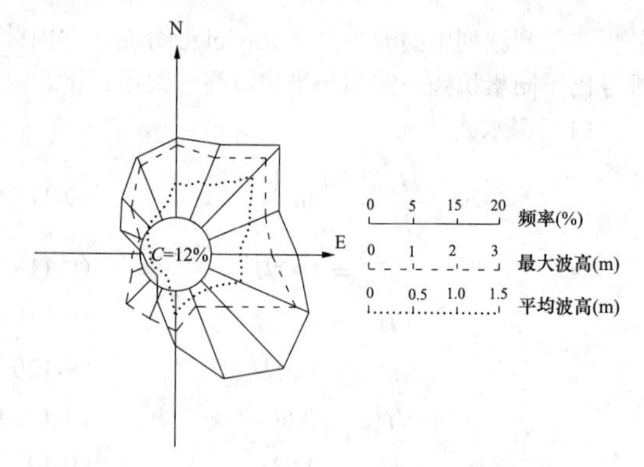


图 9-20　波浪玫瑰图（二）

4. 波向的确定

波向的确定是指通过风速、风向、波高资料和地形条件来确定影响工程点的主要波向。通常要确定强浪向、常浪向，有时需要次强浪向和次常浪向。为解决上述问题，要把风况玫瑰图和波高玫瑰图与工程点的地理位置结合起来进行分析。当工程点风况玫瑰图和波高玫瑰图对应关系较好，且海域主要以风浪为主时，常风向即是常浪向，强风向即是强浪向。海域主要以涌浪为主时以波高玫瑰图来确定，16 个方向大的波高出现的频率最高的为强浪向。

若工程点没有波高玫瑰图，就需通过风况玫瑰图和工程点地理位置进行分析。从图 9-18 可以看出，当地最大风速为北向，频率也最大。由于较大风速可以引起较大波浪，因此应将北向作为一个主要来波风向。除北向外，东南向风速虽然较小，频率也低，但东南向面对大海，其风区长度比北向长，因此有可能产生比北向更大的浪，虽有一海岬掩护，但波浪仍能影响到工程点（A），因此将东南向也作为一个主波向。

**（二）两地波浪要素的相关计算**

进行波浪要素资料分析整理，有时需要寻求两地波浪要素之间的关系，进行相关计算，以比较两地波浪特征及数量的差异，或用以延长短期资料的系列长度。

进行相关计算时，要选择两地波要素的对应变量，选择变量有以下几种不同情况的处理办法。

1. 同步资料的相关计算

如果两个测站距离较近（一般在 20km 以内），而且在风、浪方向一致的情况下，可以采用同步资料相关计算，即把同一时间测得的波要素作为变量进行相关计算，以寻求两地点波要素之间的相关关系。

2. 延时资料的相关计算

如果两个测站距离较远（但不超过 100km），地形变化不大，且在风、浪方向也较一致的情况下，可采取延时相关计算的方法，即以上风向站（一般是离岸远的站）$t$ 时刻的波要素与下风向站 $t+\Delta t$ 时刻的波要素相对应求相关。其中$\Delta t$为以两站间距和平均波速求得的波浪传播时间。

$$\Delta t=\frac{两站的距离}{平均波速} \tag{9-126}$$

3. 日极值相关计算

如果两测站相距更远（在 100km 以上），但风、浪方向较一致，可以采用日极值相关计算的方法，即以两站每天测得最大的波要素相对应求相关。

4. 过程极值相关计算

如果两站的距离很远，且地形变化较大，风、浪方向也很不一致，可以采用过程极值相关计算的方法，把两站测得的每个大风过程的最大波要素相对应进行相关计算。

无论哪种情况的相关计算，在选择波要素时，应尽量选择风向和风速稳定、风浪要素尺度较大的资料进行计算，以减小计算误差及随机因素造成的假象。

（三）重现期波浪的推算

在工程实际中，重现期波浪的推算一般会遇到以下三种情况：①工程所在位置或附近有长期的波浪实测资料；②工程所在位置或附近有短期实测资料；③工程所在位置或附近均无实测资料。

前面两种情况可以使用数理统计的方法进行频率分析，求得不同重现期的设计波高。第三种情况需根据当地历年的风况，依据风和浪的经验公式或数值模拟等方法，求出相应的波浪要素。这里仅介绍前面两种情况的推算方法，第三种情况将在后文详细介绍。

当采用工程附近的台站资料进行推算时，首先需要分析台站资料的代表性，综合考虑地形、水深等的影响，分方向检验资料的适用程度。地形不复杂时，可以对观测点某一重现期的波浪进行浅水折射分析，确定工程所在位置同一重现期的波浪。必要时可选择缓坡方程或 Boussinesq 方程为代表的数学模型，或其他合适、有效的数值方法进行计算。

1. 有长期观测资料

（1）资料年限和选取原则。

根据 JTS 145—2015《港口与航道水文规范》，在进行波高或周期的频率分析时，连续资料的年数不宜少于 20 年。在资料短缺时，应尽量进行插补延长资料，使资料能够代表实际波浪的多年分布情况。

当需确定某一主波向的设计波高时，年最大波高及其对应周期的数据，一般可在该方向左右各 22.5°的范围内选取；若需每隔 45°的方位角都进行统计时，则对每一波向均只归并相邻一个 22.5°内的数据。

频率分析需要在现有的资料中合理的选择若干个数值，组成一个样本序列，每个样本之间具有“一致性”和“独立性”，同时还具有代表性和足够的可靠性。最常用的方法是“年最大值法”，即从每年同一方向（或不分方向）中选取一个最大值作为样本。对波浪而言，年最大值之间的关系非常微弱，可以认为是相互独立的。

针对波浪资料的代表性，需考证形成历史波浪资料的条件有没有变化、测波点有没有变动、测波点附近有没有新的人工设施和影响波浪资料的其他因素存在，还需要验证资料的一致性、观测方法是否变更、统计方法是否一致等。

（2）分布曲线的选择。

重现期波浪的计算一般选配 P-Ⅲ型曲线。有条件时，可按与实测资料拟合最佳的原则，选配极值Ⅰ型分布（耿贝尔分布）、对数正态分布和威布尔分布等其他理论频率曲线。

频率计算的公式和方法参见第四章第二节。

（3）设计波高对应的波周期的确定方法。

某重现期设计波高对应的波浪周期可按下列方法推算：

1）当地大的波浪主要为风浪时，可由当地风浪的波高与周期的相关关系外推与该设计波高相对应的周期，或按表 9-11 查出相应的周期。

表 9-11　风浪的波高与周期的近似关系

| $H_{1/3}$（m） | 2 | 3 | 4 | 5 | 6 | 7 | 8 | 9 | 10 |
|---|---|---|---|---|---|---|---|---|---|
| $T_s$（s） | 6.1 | 7.5 | 8.7 | 9.8 | 10.6 | 11.4 | 12.1 | 12.7 | 13.2 |

2）当地大的波浪主要为涌浪或混合浪时，可采用与波高年最大值相应的周期系列进行频率计算，确定与设计波高为同一重现期的周期值。

2. 有短期观测资料

有完整一年或几年的测波资料时，可用全部观测次数不分方向的波高进行频率分析。可选择以下三种线型：

（1）波高以均匀坐标表示，大于或等于某波高的经验累积频率 $P$ 以对数坐标表示。

（2）波高以对数坐标表示，横坐标采用 $1/P$ 的二次对数。

（3）波高以对数坐标表示，经验累积频率 $P$ 采用正态概率坐标。

上述频率曲线可近似直线外延。如有 $a$ 年观测波高共 $n$ 次，则 $a$ 年最大值的累积频率为 $P_a=1/n$，重现

期为 $b$ 年的波高出现次数的期望为 $\frac{n}{a}b$ 次，其累积频率为

$$P_b=\frac{a}{bn}=\frac{a}{b}P_a \tag{9-127}$$

式中 $P_b$ ——重现期为 $b$ 年的频率；

$P_a$ ——$a$ 年中最大值的频率。

在只有短期实测波浪资料的情况下，应利用风况资料，选择各方向每年最不利的天气过程，计算出波浪要素的年最大值，进行频率分析。把由短期资料经验法和用天气资料推算出来的结果相互比较分析，最后确定设计波浪。

3. 台风多发海区的处理

台风多发海区，由于每年的台风路径、次数都不相同，每年影响某一工程点的台风次数也不相同，在台风影响下的波高也可以作为一个序列进行频率分析。经分析，某地受台风影响的频次与泊松（Poisson）分布符合较好，台风波高的原始分布符合耿贝尔（Gumbel）分布。根据复合极值分布理论，一个离散型分布和一个连续型分布，可以构成复合极值分布。因此，当某一方向上出现一年中有一个以上较大的台风波高时，可按台风波高的最大值取样，采用泊松-耿贝尔复合极值分布律确定不同重现期的设计波高。

当有几个实测或计算得出的台风波高 $H_i$ 系列时，不同重现期的设计波高 $H_P$ 可按下列公式计算

$$H_P=\frac{X_P}{\alpha}+u \tag{9-128}$$

$$X_P=-\ln\left\{-\ln\left[1+\frac{\ln(1-P)}{\lambda}\right]\right\} \tag{9-129}$$

$$\alpha=\frac{\sigma_n}{S} \tag{9-130}$$

$$u=\bar{H}-\frac{y_n}{\alpha} \tag{9-131}$$

$$\bar{H}=\frac{1}{N}\sum_{i=1}^{n}H_i \tag{9-132}$$

$$S=\sqrt{\frac{1}{N}\sum_{i=1}^{n}H_i^2-\bar{H}^2} \tag{9-133}$$

$$\lambda=\frac{n}{N}$$

式中 $\lambda$ ——台风浪年平均频次；

$\sigma_n$、$y_n$ ——泊松-耿贝尔分布复合极值分布的系数，见表 9-12；

$N$ ——台风浪资料总年数；

$n$ ——台风波高的总个数。

**表 9-12　泊松-耿贝尔分布 $y_n$、$\sigma_n$ 表**

| $n$ | $y_n$ | $\sigma_n$ | $n$ | $y_n$ | $\sigma_n$ |
|---|---|---|---|---|---|
| 8 | 0.4843 | 0.9043 | 28 | 0.5343 | 1.1047 |
| 9 | 0.4902 | 0.9288 | 30 | 0.5362 | 1.1124 |
| 10 | 0.4952 | 0.9497 | 35 | 0.5403 | 1.1285 |
| 11 | 0.4996 | 0.9676 | 40 | 0.5436 | 1.1413 |
| 12 | 0.5035 | 0.9833 | 45 | 0.5463 | 1.1519 |
| 13 | 0.5070 | 0.9972 | 50 | 0.5485 | 1.1607 |
| 14 | 0.5100 | 1.0095 | 60 | 0.5521 | 1.1747 |
| 15 | 0.5128 | 1.0206 | 70 | 0.5548 | 1.1854 |
| 16 | 0.5157 | 1.0316 | 80 | 0.5569 | 1.1938 |
| 17 | 0.5181 | 1.0411 | 90 | 0.5586 | 1.2007 |
| 18 | 0.5202 | 1.0493 | 100 | 0.5600 | 1.2065 |
| 19 | 0.5220 | 1.0566 | 200 | 0.5672 | 1.2360 |
| 20 | 0.5236 | 1.0628 | 500 | 0.5724 | 1.2588 |
| 22 | 0.5268 | 1.0754 | 1000 | 0.5745 | 1.2685 |
| 24 | 0.5296 | 1.0864 | ∞ | 0.5772 | 1.2826 |
| 26 | 0.5320 | 1.0961 | | | |

［例 9-9］ 利用实测台风浪资料计算重现期波浪。

某电厂工程附近设有波浪观测站，观测站有 1989～2015 年共 27 年的台风浪观测资料，见表 9-13，试求各重现期波高。

**表 9-13　某测站 1989～2015 年台风波高统计表**　（m）

| 出现次数 $m$ | 最大波高 $H_i$ | $m\times H_i$ | $m\times H_i^2$ | 出现次数 $m$ | 最大波高 $H_i$ | $m\times H_i$ | $m\times H_i^2$ |
|---|---|---|---|---|---|---|---|
| 1 | 10.7 | 10.70 | 114.49 | 2 | 7.9 | 15.80 | 124.82 |
| 1 | 9.7 | 9.70 | 94.09 | 3 | 7.4 | 22.20 | 164.28 |
| 1 | 9.1 | 9.10 | 82.81 | 1 | 7.3 | 7.30 | 53.29 |
| 1 | 8.9 | 8.90 | 79.21 | 1 | 7.0 | 7.00 | 49.00 |
| 1 | 8.4 | 8.40 | 70.56 | 1 | 6.9 | 6.90 | 47.61 |
| 2 | 8.3 | 16.60 | 137.78 | 1 | 6.8 | 6.80 | 46.24 |

续表

| 出现次数 $m$ | 最大波高 $H_i$ | $m\times H_i$ | $m\times H_i^2$ | 出现次数 $m$ | 最大波高 $H_i$ | $m\times H_i$ | $m\times H_i^2$ |
|---|---|---|---|---|---|---|---|
| 1 | 6.7 | 6.70 | 44.89 | 1 | 4.5 | 4.50 | 20.25 |
| 1 | 6.5 | 6.50 | 42.25 | 1 | 4.3 | 4.30 | 18.49 |
| 2 | 6.4 | 12.80 | 81.92 | 2 | 4.2 | 8.40 | 35.28 |
| 3 | 6.3 | 18.90 | 119.07 | 3 | 4.1 | 12.30 | 50.43 |
| 1 | 6.1 | 6.10 | 37.21 | 3 | 4.0 | 12.00 | 48.00 |
| 3 | 6.0 | 18.00 | 108.00 | 1 | 3.9 | 3.90 | 15.21 |
| 1 | 5.9 | 5.90 | 34.81 | 2 | 3.8 | 7.60 | 28.88 |
| 3 | 5.8 | 17.40 | 100.92 | 1 | 3.7 | 3.70 | 13.69 |
| 4 | 5.7 | 22.80 | 129.96 | 1 | 3.4 | 3.40 | 11.56 |
| 3 | 5.6 | 16.80 | 94.08 | 2 | 3.3 | 6.60 | 21.78 |
| 3 | 5.5 | 16.50 | 90.75 | 2 | 3.2 | 6.40 | 20.48 |
| 1 | 5.4 | 5.40 | 29.16 | 2 | 3.1 | 6.20 | 19.22 |
| 3 | 5.3 | 15.90 | 84.27 | 1 | 2.9 | 2.90 | 8.41 |
| 3 | 5.2 | 15.60 | 81.12 | 1 | 2.8 | 2.80 | 7.84 |
| 1 | 5.1 | 5.10 | 26.01 | 1 | 2.7 | 2.70 | 7.29 |
| 3 | 4.9 | 14.70 | 72.03 | 3 | 2.6 | 7.80 | 20.28 |
| 1 | 4.8 | 4.80 | 23.04 | 1 | 2.0 | 2.00 | 4.00 |
| 2 | 4.7 | 9.40 | 44.18 | $\sum$85 | — | 455.4 | 2701.26 |
| 2 | 4.6 | 9.20 | 42.32 | 平均 | — | 5.358 | 31.780 |

（1）根据台风波高总个数 $n=85$，查表 9-12，$y_n=0.5578$，$\sigma_n=1.1973$。

（2）平均波高 $\bar{H}=5.358\text{m}$，$S=\sqrt{31.78-5.358^2}=1.754$。

（3）$\alpha=\dfrac{1.1973}{1.754}=0.6826$，$u=5.358-\dfrac{0.5578}{0.6826}=4.541$。

（4）台风浪年均频次 $\lambda=\dfrac{85}{27}=3.148$，根据式（9-129）可计算不同重现期的 $X_P$，并由式（9-128）得各重现期波高，结果见表 9-14。

表 9-14　各重现期波高计算表

| 重现期 $T$ | 200 年 | 100 年 | 50 年 | 20 年 | 10 年 |
|---|---|---|---|---|---|
| 频率 $P$ | 0.5% | 1% | 2% | 5% | 10% |
| $X_P$ | 6.442 | 5.745 | 5.045 | 4.109 | 3.380 |
| 波高 $H_P$（m） | 13.98 | 12.96 | 11.93 | 10.56 | 9.49 |

## 四、外海波浪要素计算

前文介绍了有实测资料时设计波浪的推算方法，但是在实际工程设计中，工程所在位置和附近往往没有长期的实测资料，甚至完全无实测资料，这就需要利用历史气象资料，通过风场推求波浪要素。

利用气象资料计算波要素分两种情况：①当工程点至对岸距离小于 100km，且有长期的风观测资料时，可利用其对岸距离和某一重现期的风速按相关公式计算或查风浪要素计算图表，确定该重现期的波浪要素。②当工程点至对岸距离大于 100km 或缺乏风资料时，可在历史天气图上选择各方向每年最不利的天气过程，利用地面天气图上等压线的分布计算风速，确定风时和风区，利用风浪要素计算图表查算波浪要素年最大值，进行频率分析计算。

由于各种经验公式或者数值模式计算得到的结果差异较大，利用气象资料计算波要素时，应根据具体情况选择有关计算方法，并与短期波浪资料推算的结果进行比较分析，最终确定工程位置的设计波浪要素。

根据当地风资料确定不同重现期的设计波浪时，先要确定设计风速、风区长度和计算水深，然后根据公式计算。

### （一）风场要素和水域平均深度的确定

决定风浪成长的风场要素是指风区、风速和风时。此外，浅海地区水深对波浪的成长也有很大影响。所以正确确定风场要素及水域平均深度，是计算风浪要素的基础。

1. 风区的确定

在所选取的风场中，风速、风向有显著改变的地方或较小水域的边界，可取为风区的边界。

（1）在推算较小水域如海湾、海峡或湖泊中的波浪时，由于水域较小，风场通常遍布于整个水域，此时可简单采用“对岸风区法”，风区应包含在表 9-15 的范围内。具体做法是，当计算风向两侧较宽广、水域周界比较规则时，风区长度可采用由计算点逆风向量到对岸的距离；当水域周界不规则、水域中有岛屿或者转弯、汊道时，风区长度可采用等效风区长度 $F_e$，如图 9-21 所示，$F_e$ 可采用下列公式确定

$$F_e=\frac{\sum_i r_i\cos^2\alpha_i}{\sum_i\cos\alpha_i} \tag{9-134}$$

$$\alpha_i=i\Delta\alpha \tag{9-135}$$

式中 $r_i$——在风向两侧各 45°范围内，每隔 $\Delta\alpha$ 由计算点引到对岸的射线长度，$\alpha_i$ 为射线 $r_i$ 与主风向上射线 $r_0$ 之间的夹角，可取 $\Delta\alpha$=7.5°（$i=0,\pm1,\pm2,\cdots,\pm6$）。

**表 9-15　极 限 风 区 长 度**　（km）

| 水深 $d$（m） | 风速 $v$（m/s） | | | | | |
|---|---|---|---|---|---|---|
| | 15 | 20 | 25 | 30 | 35 | 40 |
| 5 | 50 | 40 | 30 | 25 | 20 | 20 |
| 10 | 150 | 100 | 90 | 70 | 60 | 50 |
| 15 | 250 | 200 | 160 | 140 | 120 | 100 |
| 20 | 400 | 300 | 250 | 200 | 180 | 150 |
| 25 | 500 | 400 | 350 | 300 | 250 | 200 |

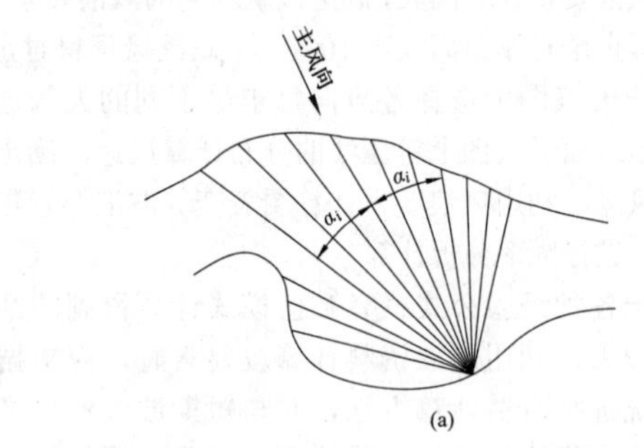


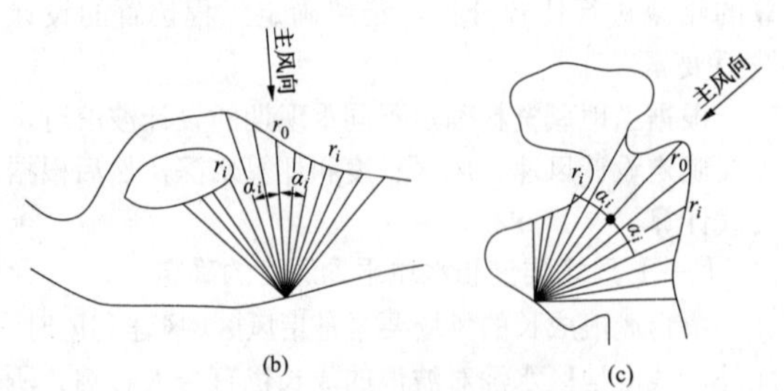


图 9-21　等效风区计算示意图

（a）水域周界不规则；（b）水域中有岛屿；（c）水域中有转弯或汊道

（2）如水域很开阔，则根据所选的风场对应的天气图来确定风区。同一风区内的风速差不宜大于 2～4m/s，风向差不宜大于±30°。地面天气图上，可将等压线走向或密度有显著变化处取为风区的边界。风区长度可取计算点至风区上沿的距离（不大于水域的实际长度）。高空风是气压梯度力和地转偏向力共同作用的结果，风向最终平行于等压线，北半球偏向于气压梯度的右侧，南半球偏向于左侧。因此，只要某点等压线的切线与该点和计算点连线的交角不大于 30°，该点即可划入风区内。

影响计算点的风场范围比较大时，可以划分出一个以上的风区。不同计算点也可以选取不同的风区。在地面天气图上，如两时间间隔内的风向变化不大，需同时考虑两张天气图，从后一张天气图上量取风区长度；相反，如果天气形势变化比较大，应分析并确定风转向的时间，分成两阶段确定风区。

对于开阔的海面，初步计算时，可按表 9-16 选取最大吹程作为风区。

**表 9-16　各种风速下的最大吹程**　（km）

| 风速 $v$（m/s） | | 20 | 25 | 30 | 40 |
|---|---|---|---|---|---|
| 最大吹程 $F$ | 海 | 800 | 600 | 300 | 100 |
| | 大洋 | 1600 | 1200 | 600 | 200 |

2. 风区内水域平均水深的确定

如风区内的水域深度大致均匀，无明显的逐渐变浅或变深的趋势，可取其平均水深来计算风浪要素；当风区内的水深沿风向变化较大时，宜将水域分成几段来计算风浪要素，水深逐渐变浅或变深且风速大于等于 15m/s 时，每一段水域两端的深度差$\Delta d$ 可参照表 9-17 取值。

**表 9-17　确定平均深度使用的深度差$\Delta d$**　（m）

| 深度范围 | >30 | 30～20 | 20～10 | <10 |
|---|---|---|---|---|
| $\Delta d$ | 10 | 5 | 3 | 2 |

按水深分段计算风浪要素的方法，适用于由风区长度 $F$ 决定风浪要素的情况。由远及近开始分段，分段后的平均水深为 $d_1$、$d_2$、…；分段长 $l_1$、$l_2$、…。首先用整个风区的平均风速 $v$、第一段的水深 $d_1$ 和风区长度 $F_1=l_1$，按图 9-23 和图 9-24 计算第一段下沿的波高 $H_1$；其次计算同一风速 $v$ 作用于水深 $d_2$ 时，为产生波高 $H_1$ 所需等效风区长度 $F_{e2}$；然后取风区长度为 $F_2=F_{e2}+l_2$ 计算第二段下沿的风浪要素；以此类推。

在应用上述方法计算风浪要素时，尚应符合条件 $H<(H_2)_{\max}$，$(H_2)_{\max}$ 为风速 $v$ 在水深 $d_2$ 中可能产生的最大波高。

3. 风速的确定

（1）利用实测资料。

陆地附近的水域宜采用船舶及岸上台站的测风资料，并根据观测方法的特点、天气形势以及各观测资料间的协调性等对测风资料进行检验，确定某一时刻风区内的风速和风向。风区内有较可靠的海上测风资料时，可由此资料或其平均值确定风区内的风速和风向；无较可靠的海上测风资料时，可参照岸站测风资料及天气形势图确定风区内的风速和风向。

在使用风速资料计算设计波浪要素时，JTS 145—2015《港口与航道水文规范》要求岸站测风资料，一般选用 2min 平均风速。GB 50286—2013《堤防工程设计规范》要求采用自记 10min 平均最大风速。考虑到目前气象台站风速记录普遍采用自记方式，故本手册中风速取海面上 10m 高度处 10min 平均风速。

岸站风速换算为海面上的风速，国内现在普遍采用一种近似的方法，即假定岸上离地面 10m 高度处的风速乘上一个海上风速增大系数 $K$ 所得出的风速，大致与海面上 10m 高度处的风速相当，即 $v_{海} = Kv_{陆}$。海上风速增大系数 $K$ 见表 9-18。当有实测对比观测资料时，宜尽量采用相关分析法确定海上风速增大系数。

**表 9-18　　海上风速增大系数 $K$**

| 海上测点离岸距离 $D$（km） | 海上风速增大系数 $K$ |
|---|---|
| <2 | <1.1 |
| 2～30 | 1.10～1.14 |
| 30～50 | 1.14～1.23 |
| 50～100 | 1.23～1.30 |
| >100 | 根据实测或调查资料确定 |

当对岸距离小于 100km 时，工程设计中推算某一重现期的风浪要素，一般假定风浪要素的重现期简单地等于风速的重现期，于是可找出某一波向的逐年最大风速，用 P-Ⅲ型分布曲线或耿贝尔分布曲线进行适线，求得该波向的某一重现期的风速值，作为推算风浪的设计风速。

（2）利用地面天气图。

在忽略摩擦力的情况下，地转风的风速为

$$v_g = \frac{1}{2\rho\omega\sin\phi}\frac{\Delta p}{\Delta n} \tag{9-136}$$

式中　$v_g$——地转风风速，m/s；

$\rho$——空气的密度（当气温为 10℃时，气压为 1013.3hPa，$\rho = 1.26\times10^{-3}\text{kg/m}^3$），kg/m³；

$\omega$——地转角速度，（°）/s；

$\phi$——风区平均纬度，（°）；

$\Delta p$——相邻两等压线间的气压差，hPa；

$\Delta n$——相邻两等压线间的间隔，以当地纬距表示，（°）。

由于摩擦力的影响，需要对地转风进行订正，根据实测资料的分析，对于水汽温度差 $\Delta T$，地转风速 $v_g$ 和海面风速 $v$ 之间有如下经验关系

$$v = (0.01\Delta T + 0.70)\,v_g \tag{9-137}$$

为方便起见，将上述两式做成海面风速计算图，如图 9-22 所示，具体使用方法如下：

1）确定风区平均纬度 $\phi$（°）。

2）在风区内有代表性的位置处量取相邻两等压线间的间隔 $\Delta n$，若风区内相邻几条等压线分布的密度很不均匀，则可取几条等压线间的平均值，图 9-22 中，$\Delta n$ 以当地纬距（度）表示（相邻两等压线平均纬度差），可由千米数换算（1°纬距为 111.2km，1°经距等于 111.2 $\cos\varphi$ km）。

3）由表 9-19 或天气图确定风区内海水与空气间的温度差 $\Delta T$（℃），当气温大于水温时，$\Delta T$ 为负值。

4）根据 $\Delta n$、$\phi$ 及 $\Delta T$，由图 9-22 查得海面风速。

应注意，图 9-22 纵坐标 $v_g$ 代表地转风速，查图时并不直接使用它。

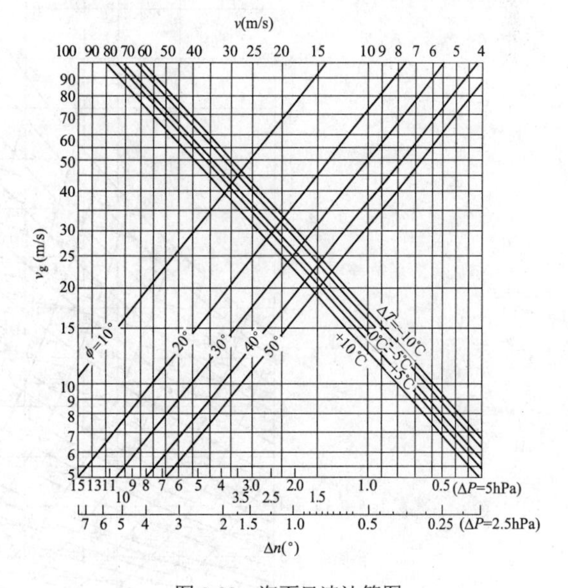


图 9-22　海面风速计算图

我国各海区表层水温见表 9-19。

表 9-19　　我国各海区表层水温　　(℃)

| 海区 | 东经（°） | 北纬（°） | 月份 | | | | | | | | | | | |
|---|---|---|---|---|---|---|---|---|---|---|---|---|---|---|
| | | | 1 | 2 | 3 | 4 | 5 | 6 | 7 | 8 | 9 | 10 | 11 | 12 |
| 渤海、黄海北 | 119～125 | 37～41 | 3 | 2 | 4 | 9 | 13 | 19 | 21 | 24 | 22 | 19 | 12 | 10 |
| 黄海南部 | 119～125 | 31～37 | 8 | 7 | 7 | 12 | 14 | 20 | 24 | 28 | 24 | 20 | 18 | 12 |
| 东海 | 121～125 | 29～31 | 13 | 13 | 13 | 15 | 18 | 22 | 27 | 29 | 27 | 23 | 20 | 16 |
| | 120～125 | 27～29 | 17 | 16 | 17 | 19 | 22 | 22 | 27 | 29 | 27 | 24 | 22 | 19 |
| | 119～125 | 25～27 | 19 | 18 | 19 | 21 | 24 | 26 | 28 | 29 | 27 | 25 | 24 | 20 |
| 台湾海峡 | 116～121 | 23～25 | 17 | 16 | 18 | 21 | 24 | 26 | 27 | 28 | 27 | 26 | 23 | 19 |
| | 121～125 | 23～25 | 23 | 23 | 23 | 24 | 27 | 28 | 29 | 29 | 28 | 26 | 25 | 23 |
| | 116～121 | 21～23 | 20 | 20 | 21 | 24 | 24 | 28 | 28 | 29 | 28 | 26 | 24 | 21 |
| | 121～125 | 21～23 | 24 | 23 | 24 | 26 | 28 | 28 | 28 | 29 | 28 | 27 | 26 | 24 |
| 南海 | 106～125 | 15～21 | 24 | 24 | 25 | 27 | 29 | 29 | 29 | 29 | 29 | 28 | 26 | 25 |

如在一时段间隔（6～12h）内，风速随时间变化不大时，用平均风速为其代表值；如风速持续地处于上升或下降的过程，则采用式（9-138）、式（9-139）确定该时段内的平均风速，供计算风浪之用。

上升时　　$v = 0.3v_1 + 0.7v_2$　　(9-138)

下降时　　$v = 0.2v_1 + 0.8v_2$　　(9-139)

式中　$v_1$、$v_2$——时段始、末两时刻的海面风速，m/s。

4. 风时的确定

对于选定的风区，如时刻 $t_1$ 以前海面平静或风速很小（小于 5m/s），而且 $t_1$～$t_2$ 时刻的风向大致相同，则取 $t_1$、$t_2$ 间的时间间隔 $\tau$ 作为风时来计算 $t_2$ 时刻的风浪。自 $t_2$～$t_3$ 时刻风向变化不大，由于在 $t_2$ 时风区内已存在有波高为 $H_2$ 的风浪，则先计算在 $t_2$～$t_3$ 间的风速作用下，产生波高为 $H_2$ 的风浪所需的等效风时 $t_e$，具体计算可查图 9-23，并取 $t = t_e + \tau$ 为风时来计算 $t_3$ 时刻的风浪（这里 $\tau = t_3 - t_2$）。

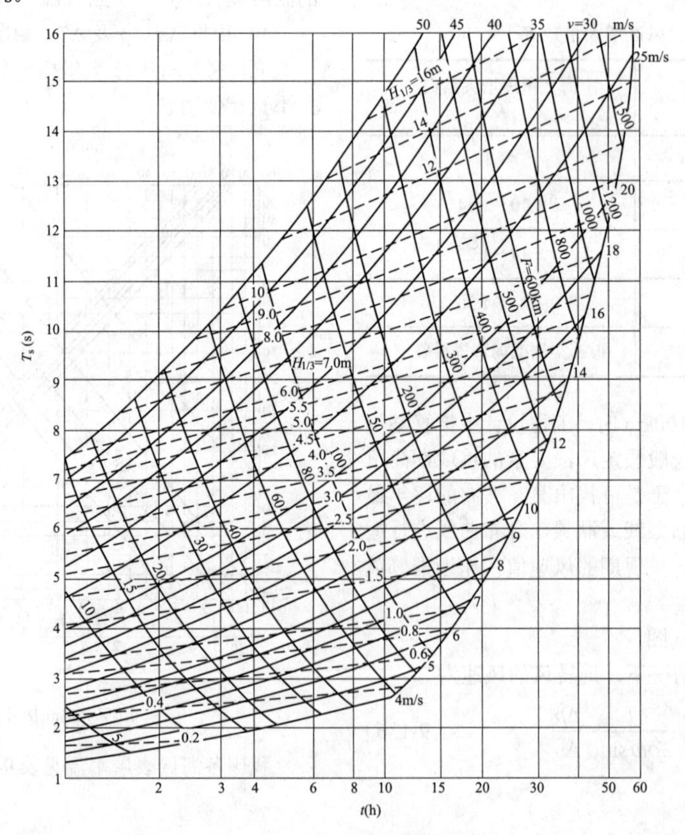


图 9-23　深水风浪要素计算图

（二）风浪和涌浪要素的计算

1.《港口与航道水文规范》（JTS 145—2015）法

（1）深水风浪要素的计算。

深水（$d/v^2>0.2$）的风浪要素可按式（9-140）～式（9-143）计算，也可根据图 9-23 确定。

$$\frac{gH_{1/3}}{v^2}=0.0055\left(\frac{gF}{v^2}\right)^{0.35} \quad (9\text{-}140)$$

$$\frac{gT_s}{v}=0.55\left(\frac{gF}{v^2}\right)^{0.233} \quad (9\text{-}141)$$

$$\frac{gF}{v^2}=0.012\left(\frac{gt}{v}\right)^{1.3} \quad (9\text{-}142)$$

$$\frac{gH_{1/3}}{v^2}=0.0135\left(\frac{gT_s}{v}\right)^{1.5} \quad (9\text{-}143)$$

式中　$g$——重力加速度，m/s²；

$H_{1/3}$——有效波波高，m；

$v$——海面上 10m 高度处的平均风速，m/s；

$F$——风区，m；

$T_s$——有效波周期，s；

$t$——风时，s。

当 $\frac{gF}{v^2}\geqslant 34700$ 时，波浪达到充分成长状态，式（9-140）简化为

$$H_{1/3}=0.0218v^2 \quad (9\text{-}144)$$

具体计算步骤如下：

1）根据给定的风速 $v$ 和风时 $t$ 代入式（9-142）计算 $v$ 和 $t$ 对应的最小风区 $F_{min}$。

2）比较给定的风区 $F$ 和最小风区 $F_{min}$，若 $F>F_{min}$，则将 $F_{min}$ 代入式（9-140）计算波高；若 $F<F_{min}$，则将给定的 $F$ 代入式（9-140）计算波高。

3）根据上一步的比较，将风速 $v$ 和风区 $F$（或 $F_{min}$）代入式(9-141)，计算有效波周期 $T_s$；或者将 $H_{1/3}$ 和风速 $v$ 代入式（9-143）计算有效波周期 $T_s$。

读图的具体步骤如下：

1）在横坐标上自给定的风时 $t$ 向上引垂直线与相应的 $v$ 线相交，读取风区值，此风区值为上述 $v$ 和 $t$ 相对应的最小风区 $F_{min}$。

2）给定的风区 $F>F_{min}$ 时，由上述交点处读取有效波高 $H_{1/3}$，并由此点向左引水平线与左侧纵坐标相交，读取有效波周期 $T_s$。$F<F_{min}$ 时，由给定的 $v$ 和 $F$ 相对应的交点读取有效波高 $H_{1/3}$，自此点向左引水平线与左侧纵坐标相交，读取有效波周期 $T_s$。

（2）浅水波浪要素的计算。

当 $d/v^2\leqslant 0.2$ 时，可采用式（9-145）～式（9-148）直接计算各风浪要素，浅水风浪公式与深水风浪公式的区别在于波高和周期的计算公式中多了一个浅水折减系数 $K_F$ 或 $K_t$；因此，也可按图 9-24 查出由于浅水影响导致风浪要素折减的系数 $K_F$ 或 $K_t$，确定浅水风浪要素。

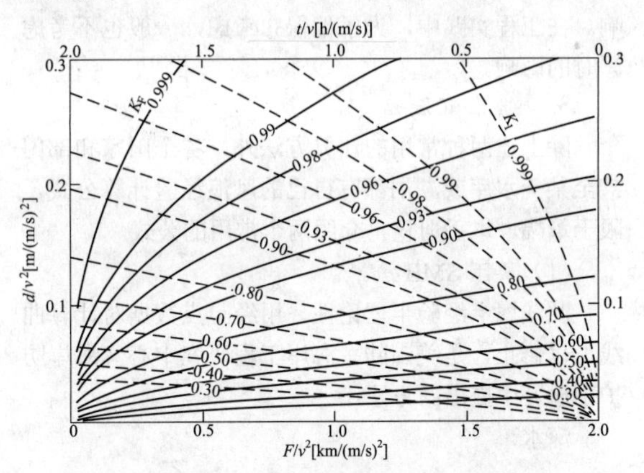


图 9-24　浅水折减系数 $K_F$、$K_t$ 图

$$\frac{gH_{1/3}}{v^2}=0.0055\left(\frac{gF}{v^2}\right)^{0.35}\tanh\left[30\frac{(gd/v^2)^{0.8}}{(gF/v^2)^{0.35}}\right] \quad (9\text{-}145)$$

$$\frac{gT_s}{v}=0.55\left(\frac{gF}{v^2}\right)^{0.233}\tanh^{2/3}\left[30\frac{(gd/v^2)^{0.8}}{(gF/v^2)^{0.35}}\right] \quad (9\text{-}146)$$

$$\frac{gF}{v^2}=0.012\left(\frac{gt}{v}\right)^{1.3}\tanh^{1.3}\left[1.4\frac{2\pi d}{L}\right] \quad (9\text{-}147)$$

$$\frac{gH_{1/3}}{v^2}=0.0135\left(\frac{gT_s}{v}\right)^{1.5} \quad (9\text{-}148)$$

具体的计算步骤与深水风浪计算步骤类似，在此不再赘述。

2.“莆田公式”法

GB 50286—2013《堤防工程设计规范》《浙江省海塘工程技术规定》以及《广东省海堤工程设计导则》采用的公式是由河海大学利用 1965～1975 年莆田海堤试验站的现场观测资料整理分析得到的，因此一般也称为“莆田公式”。

$$\frac{g\bar{H}}{v^2}=0.13\tanh\left[0.7\left(\frac{gd}{v^2}\right)^{0.7}\right]\cdot\tanh\left\{\frac{0.0018\left(\frac{gF}{v^2}\right)^{0.45}}{0.13\tanh\left[0.7\left(\frac{gd}{v^2}\right)^{0.7}\right]}\right\} \quad (9\text{-}149)$$

$$\frac{g\bar{T}}{v}=13.9\left(\frac{g\bar{H}}{v^2}\right)^{0.5} \quad (9\text{-}150)$$

$$\frac{gt_{min}}{v}=168\left(\frac{g\bar{T}}{v}\right)^{3.45} \quad (9\text{-}151)$$

式中　$t_{\min}$ ——风浪达到稳定状态的最小风时，s。

当风区长度 $F\leqslant 100\text{km}$ 时，可不计入风时的影响。在工程实践中，为了偏保守考虑，一般也不考虑风时的影响。

3. 其他公式法

除上述两种常用的计算方法外，各个国家和部门甚至某一水库或湖泊都有自己的风浪经验计算公式，限于篇幅，本手册仅再介绍两个常用的公式。

（1）美国 SMB 法。

此法属半经验半理论性，用经验点数据对计算曲线加以修正，是美国陆军海岸工程研究中心《海岸防护手册》中提出的方法：

深水

$$\frac{gH_{1/3}}{v^2}=0.283\tanh\left[0.0125\left(\frac{gF}{v^2}\right)^{0.42}\right] \tag{9-152}$$

$$\frac{gT_s}{2\pi v}=1.20\tanh\left[0.077\left(\frac{gF}{v^2}\right)^{0.25}\right] \tag{9-153}$$

浅水

$$\frac{gH_{1/3}}{v^2}=0.283\tanh\left[0.530\left(\frac{gd}{v^2}\right)^{0.75}\right]\cdot\tanh\left\{\frac{0.0125\left(\frac{gF}{v^2}\right)^{0.42}}{\tanh\left[0.530\left(\frac{gd}{v^2}\right)^{0.75}\right]}\right\} \tag{9-154}$$

$$\frac{gT_s}{2\pi v}=1.20\tanh\left[0.833\left(\frac{gd}{v^2}\right)^{0.375}\right]\cdot\tanh\left\{\frac{0.077\left(\frac{gF}{v^2}\right)^{0.25}}{\tanh\left[0.833\left(\frac{gd}{v^2}\right)^{0.375}\right]}\right\} \tag{9-155}$$

（2）苏联斯特卡洛夫法。

此法是苏联斯特卡洛夫等人通过对大量资料的分析，根据量纲理论、统计数学抽样方法和大数定理推导而提出，公式为

深水

$$\frac{g\bar{H}}{v^2}=0.16\left\{1-\left[1+0.006\left(\frac{gF}{v^2}\right)^{0.5}\right]^{-2}\right\} \tag{9-156}$$

浅水

$$\frac{g\bar{H}}{v^2}=0.16\left\{1-\left[1+0.006\left(\frac{gF}{v^2}\right)^{0.5}\right]^{-2}\right\}\cdot\tanh\left\{\frac{0.625\left(\frac{gd}{v^2}\right)^{0.8}}{1-\left[1+0.006\left(\frac{gF}{v^2}\right)^{0.5}\right]^{-2}}\right\} \tag{9-157}$$

$$\frac{g\bar{T}}{2\pi v}=3.1\left(\frac{g\bar{H}}{v^2}\right)^{0.625} \tag{9-158}$$

4. 涌浪的计算

涌浪要素可根据图 9-25 确定。涌浪的传播距离 $D$（km）可取天气图上风区下沿中点至计算点间的距离。

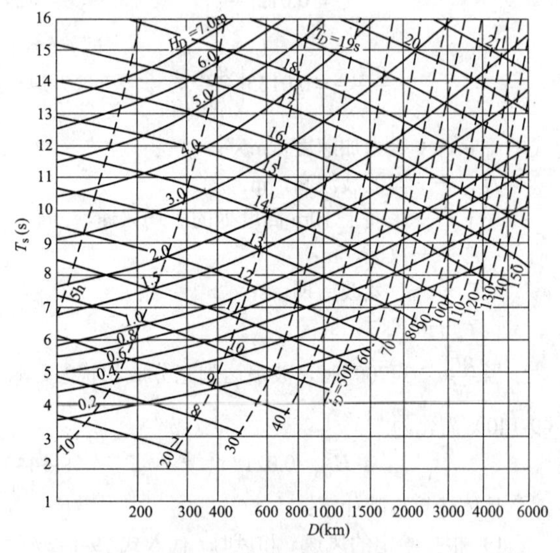


图 9-25　涌浪要素计算图

图 9-25 的查法如下：

于左侧纵轴上自给定的风浪有效波周期 $T$ 向右引水平线，与于横轴上自给定的传播距离 $D$ 向上引的垂直线相交，由通过交点的 $H_D$ 线、$T_D$ 线及 $t_D$ 线或其内插值读取涌浪的有效波高 $H_D$（m）、有效波周期 $T_D$（s）及传播时间 $t_D$（h）。

风浪与涌浪或者涌浪与涌浪两系列波浪相遇形成混合浪时，其波高 $H$ 可近似按下式计算：

$$H=\sqrt{H_1^2+H_2^2} \tag{9-159}$$

式中　$H$ ——混合浪波高，m；

$H_1$、$H_2$ ——两系列波浪的波高，m。

## 五、近岸波浪要素计算

波浪由深水向浅水传播的过程中，受到水深变化、海岸及海底地形、海底摩擦及渗透、水流和建筑物等的影响，其性质将发生一系列的变化。一方面，因沿程水深变化、波浪折射及波浪绕射等影响，波能势将重新分配；另一方面，因受到海底摩擦、土壤渗流及水质点紊动等的影响，能量不断损耗。当水深减小到

一定程度时，波系中大波波峰处的水质点不能维持平衡，开始破碎，波系中的波高分布逐渐趋向均匀化；水深继续减小，中小波浪也将相继破碎。

（一）波高随水深的变化

波高随水深的变化仍采用小振幅波理论加以阐述。假定水深缓慢变化，等深线相互平行，波浪正向入射，在传播的过程中不考虑海底摩擦等因素引起的能量损耗，且周期不变，则

$$T = L_0/C_0 = L/C \tag{9-160}$$

$$E_0 C_0 n_0 = ECn \tag{9-161}$$

$$E = \frac{1}{8}\rho g H^2$$

$$n = \frac{1}{2}\left[1 + \frac{2kd}{\sinh 2kd}\right]$$

$$k = 2\pi/L$$

式中 $T$——周期；

$L$——波长；

$C$——波速；

$n_0$——系数，取 1/2；

$E$——平均波能；

$n$——系数；

$H$——波高；

$k$——波数；

下标 0——深水要素。

由式（9-160）、式（9-161）可得

$$\frac{H}{H_0} = \sqrt{\frac{C_0}{2nC}} = \sqrt{\frac{1}{\tanh kd\left(1 + \frac{2kd}{\sinh 2kd}\right)}} = K_s \tag{9-162}$$

式中，$K_s$ 称为浅水系数，也可在附录 AE 中查得（见 $H/H_0'$）。在波浪由深水传入浅水时，$K_s$ 随水深变浅先减小，当 $h/L \approx 0.19$ 时达到最小，然后逐渐增加，当 $h/L \approx 0.1$ 时 $K_s = 1$，此后 $K_s$ 随水深快速增大。

将不规则波看作是由许多周期、波高、初相位不同的简单波动组成的，那么对于每个组成波而言，上述关系式仍然成立，只是每个组成波的浅水变形系数不同。就平均值而言，不规则波的浅水变形系数与规则波相差 2%～3%，对工程设计而言可以忽略。

（二）波浪折射

实际的海岸，等深线平直、波浪正向入射的情况是极理想和少见的。当波浪斜向入射时，在同一波峰线上的波浪，深水处的波速较大，浅水处的波速较小，使得波峰线将渐渐向平行于岸线的方向转折，此即波浪的折射现象。与光的折射一样，波浪折射也是由传播速度差引起的。

1. 基本原理

如图 9-26 所示，波浪由水深 $d_1$ 传播到水深 $d_2$ 处，参照光的折射原理，波向与波速的关系应遵循 Snell 定律，即

$$\frac{\sin\alpha_2}{\sin\alpha_1} = \frac{C_2}{C_1} \tag{9-163}$$

波浪发生折射时的波高变化，可根据相邻两波向线之间的波能流保持守恒的原则计算。

$$E_2 C_2 n_2 b_2 = E_1 C_1 n_1 b_1 = E_0 C_0 n_0 b_0 \tag{9-164}$$

式中 $b$——两波向线之间的宽度；

下标 0——深水要素；

下标 1、2——水深 $d_1$ 和水深 $d_2$ 处的要素。

由此可得考虑水深变化和折射影响的浅水波高与深水波高的关系式为

$$H = K_s K_r H_0 \tag{9-165}$$

$$K_r = \sqrt{\frac{b_0}{b}} \tag{9-166}$$

式中 $K_r$——折射系数。

对于平直海岸，折射系数的计算十分简便，计算公式为

$$K_r = \sqrt{\frac{b_0}{b}} = \sqrt{\frac{\cos\alpha_0}{\cos\alpha}} = \left\{1 + \left[1 - \left(\frac{C}{C_0}\right)^2\right]\tan^2\alpha_0\right\}^{-1/4} \tag{9-167}$$

实际海底地形十分复杂，直接计算比较困难，以往常用折射图法进行计算，但由于工作量大，此法已逐步被淘汰，现在常用数值算法进行求解。

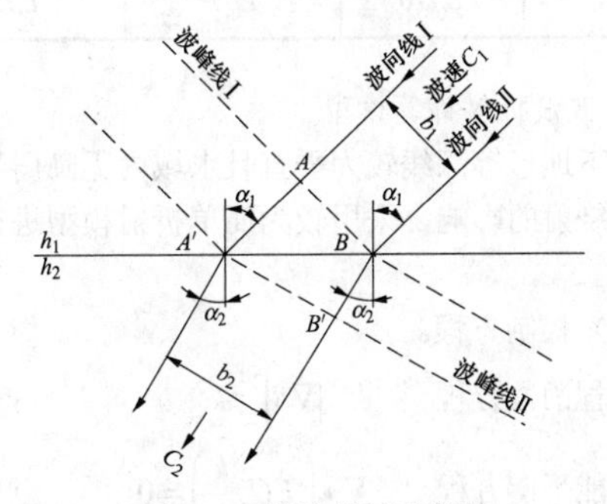


图 9-26 波浪折射示意图

2. 折射计算的准备工作和注意事项

（1）波浪折射计算前，要先准备该海区的等深线图。若计算的水域范围较大时，可对水域不同部分采用不同比例尺的等深线图，即对离岸较远的水域用小比例尺图，对离岸较近的水域用大比例尺图；不同比例尺的折射图应能互相衔接起来。

（2）小比例尺图通常可利用海图，而对工程点附近的水域要尽量采用新测的等深线图；在使用海图时

需注意，图上的水深数值是理论深度基准面至水底的深度，使用前需要进行基面换算，再根据水位确定实际水深。

（3）水下地形等深线较为平直且水域内无障碍物时，可以使用本节介绍的简单模型进行计算。若波浪折射计算水域有岛屿或海岬，或港口口门外有较长而深的航道时，应考虑折射和绕射的共同作用，此时可采用基于缓坡方程或Bossinesq方程的模型进行计算。

（4）确定设计水位、入射波波向和波周期。水位可根据设计需要选取不同重现期的水位，入射波波向则应根据统计资料选择一个或几个主要波向，波浪周期一般可采用平均周期。

（5）确定折射计算的起始位置。若工程附近有波浪实测资料或者根据前文方法得出的统计资料时，可用这些资料相应的水深作为折射计算的起始水深。若是风推浪等其他方法计算得到的波浪要素，则可按下列规定选取起始水深：

涌浪折射计算的起始水深 $d$ 可取 $L_0/2$，对于平均周期为6～10s的涌浪，折射计算起始处等深线的平均走向与波峰线间的夹角 $\alpha \leqslant 30°$ 时，$d$ 可取 $L_0/6$；$30° < \alpha \leqslant 45°$ 时，$d$ 可取近似 $L_0/4$。

平均波周期为6～10s的风浪，其折射计算的起始水深可按表9-20确定。此外，应用上述规定时，还需满足折射水域远小于风区的要求，以便在折射区内不考虑风的影响。

**表9-20　起始水深取值表**

| $\alpha$ | ≤30° | 31°～45° | 45°～60° |
|---|---|---|---|
| $d$ | $L_0/10$ | $L_0/7$ | $L_0/5$ |

3. 波浪折射计算模型

水下地形等深线较为平直且水域内无障碍物时，可忽略绕射的影响，采用较为简单折射模型进行数值计算。

（1）控制方程。

光程函数方程　$$|\nabla S|^2 = k^2 \tag{9-168}$$

波能平衡方程　$$\nabla \cdot \left( EC_g \frac{\boldsymbol{k}}{k} \right) = 0 \tag{9-169}$$

$$E = \frac{1}{8}\rho g H^2 \tag{9-170}$$

$$\boldsymbol{k} = \nabla S \tag{9-171}$$

式中　$\nabla$ ——梯度算子；

$S$ ——波浪相位，rad；

$k$ ——波数，rad/m；

$E$ ——波动能量，J/m²；

$C_g$ ——波浪群速，m/s；

$\boldsymbol{k}$ ——波数矢量，rad/m；

$H$ ——波高，m。

（2）求解方法。

上述控制方程可用波向线法进行求解，采用波向线法求解时，控制方程转化为一阶常微分方程组：

$$\frac{dx}{d\xi} = \frac{p}{k} \tag{9-172}$$

$$\frac{dy}{d\xi} = \frac{q}{k} \tag{9-173}$$

$$\frac{dp}{d\xi} = \frac{\partial k}{\partial x} \tag{9-174}$$

$$\frac{dq}{d\xi} = \frac{\partial k}{\partial y} \tag{9-175}$$

$$\frac{dS}{d\xi} = k \tag{9-176}$$

$$\frac{d\beta}{d\xi} = \gamma \tag{9-177}$$

$$\frac{d\gamma}{d\xi} = -P\gamma - Q\beta \tag{9-178}$$

$$P = \frac{1}{k^2}\left( p\frac{\partial k}{\partial x} + q\frac{\partial k}{\partial y} \right) \tag{9-179}$$

$$Q = \frac{2}{k^4}\left( q\frac{\partial k}{\partial x} - p\frac{\partial k}{\partial y} \right)^2 - \frac{1}{k^3}\left( q^2\frac{\partial^2 k}{\partial x^2} - 2pq\frac{\partial^2 k}{\partial x \partial y} + p^2\frac{\partial^2 k}{\partial y^2} \right) \tag{9-180}$$

$$\beta = \frac{4k}{nH^2} \tag{9-181}$$

$$n = \frac{1}{2}\left[ 1 + \frac{2kh}{\sinh(2kh)} \right] \tag{9-182}$$

式中　$x$、$y$ ——波向线位置，m；

$\xi$ ——沿波向线的距离，m；

$p$、$q$ ——波数的 $x$、$y$ 分量，rad/m；

$k$ ——波数，rad/m；

$S$ ——波浪相位，rad；

$H$ ——波高，m；

$h$ ——水深，m。

考虑底摩阻引起的波能损耗时，波高衰减系数 $k_f$ 可按式（9-183）、式（9-184）计算：

$$\frac{dk_f}{d\xi} = -F^* k_f^2 \tag{9-183}$$

$$F^* = \frac{64}{3}\frac{\pi^3 f}{g^2 T^4}\frac{\cosh(kh)}{\sinh^4 kh\left[ 1 + \frac{2kh}{\sinh(2kh)} \right]}H \tag{9-184}$$

式中　$k_f$ ——波高衰减系数；

$f$ ——底摩阻系数；

$T$ ——波周期。

在各位置水深已知的情况下，给定波向线初始位置 $x_0$、$y_0$ 处给定初始波高 $H_0$、波周期 $T_0$、波向、相位等波浪要素，波浪折射问题就转化成一阶线性常微分方程组的初值问题，可采用四阶龙格–库塔法沿波向线求解。在给定的步长 $\Delta\xi$ 下，可逐步计算波向线的位置、波浪强度参量 $\beta$ 和波高衰减系数 $k_f$，最终求得波高。不计底摩阻损耗的波高和计入底摩阻损耗的波高可分别按式（9-185）、式（9-186）计算：

$$H=2\sqrt{\frac{k}{n\beta}} \tag{9-185}$$

$$H_f=k_f H \tag{9-186}$$

式中 $H$ ——不计底摩阻损耗的波高，m；

$H_f$ ——计入底摩阻损耗的波高，m。

另外，上述常微分方程组中涉及波速的偏导数 $\frac{\partial k}{\partial x}$ 和 $\frac{\partial k}{\partial y}$，一般的处理方法是将所需计算的海域划分为矩形网格，$x$ 和 $y$ 方向的网格步长分别为 $\Delta x$ 和 $\Delta y$，根据网格地形和波周期计算各网格节点上的波数 $k$，网格点上的偏导数可用中心差分确定，网格中任意点的偏导数可用内插法求得。

当下列条件中有一个被满足时，沿一条波向线的计算就停止：到达分析的区域的边界，波向线收敛太剧烈，波浪破碎，底部坡度太大或者水深太小。

### （三）波浪破碎

规则波在浅水中发生破碎时，破碎波高 $H_b$ 与破碎水深 $d_b$ 的比值可按图 9-27 确定，在图上求得不同水深 $d$ 处的破碎波高 $H_b$，即为该水深的极限波高。

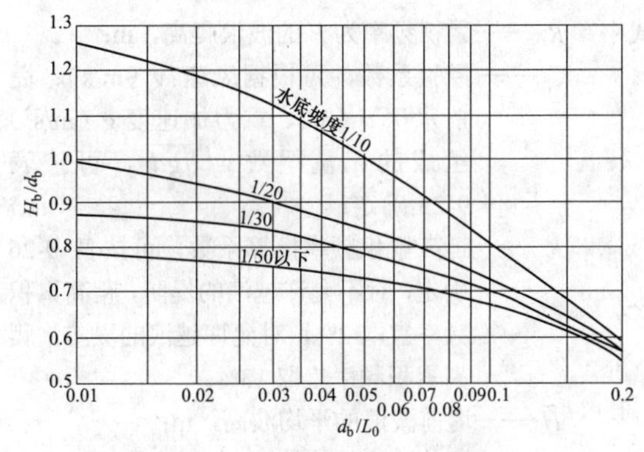


图 9-27 破碎波高与破碎水深比值

不规则波列中大于或等于有效波的波浪，其破碎波高与破碎水深的比值可按图 9-27 所得的破碎波高与破碎水深之比乘以 0.88 的系数。

当海底坡度 $i \leqslant 1/200$ 时，波浪的破碎波高与破碎水深比值的最大值可按表 9-21 确定。

表 9-21 缓坡上破碎波高与破碎水深最大比值

| 海底坡度 $i$ | $\leqslant 1/500$ | 1/400 | 1/300 | 1/200 |
|---|---|---|---|---|
| $(H_b/d_b)_{max}$ | 0.60 | 0.61 | 0.63 | 0.69 |

## 六、波浪爬高和越浪量计算

波浪在堤坡上破碎时冲击坡面，形成波动水流，在斜坡上往复上溯并回落，称为波浪爬高（run-up），当爬高超过堤顶时将发生越浪。波浪爬高高度或越浪量的主要影响因素有坡面坡度、堤前水深、坡面糙率和透水性、波浪陡度、风速以及入射角等。

### （一）波浪爬高

1. 堤前波浪要素的选取

根据 GB/T 51015—2014《海堤工程设计规范》，海堤工程的波浪爬高计算应采用不规则波要素作为计算条件，计算应取堤脚前约 1/2 波长处的波浪要素，当堤脚前滩涂坡度较陡时，1/2 波长处的波浪特性不能代表堤脚前的波浪特性，其在传播过程中还会产生较大变形，应取靠近海堤堤脚处的波浪要素。

GB 50660—2011《大中型火力发电厂设计规范》规定，滨海火力发电厂防洪堤（或防浪墙）的顶标高应按设计高水（潮）位加 50 年一遇波列、累积频率 1%的浪爬高和 0.5m 的安全超高确定。因此，波浪要素应选择 50 年一遇波列、累积频率 1%的波浪要素。

另外，对于已建堤防，其前沿实测波浪是前进波和反射波的叠加，波浪爬高公式中使用的波浪要素是前进波波浪要素，需要注意区分。

2. 单一斜坡堤上的波浪爬高计算

（1）《港口与航道水文规范》公式。

1）适用范围。

使用本计算公式时，宜符合下列要求：①波浪正向作用；②斜坡坡度1:$m$，$m$ 为 1～5；③建筑物前水深 $d$ 为 $1.5H \sim 5.0H$；④建筑物前底坡 $i \leqslant 50$。

2）规则波爬高计算公式。

如图 9-28 所示正向规则波在斜坡式建筑物上的波浪爬高，可按式（9-187）～式（9-191）计算。

$$R=K_{\Delta}R_1 H \tag{9-187}$$

$$R_1=1.24\tanh(0.432M)+\left[(R_1)_m-1.029\right]R(M) \tag{9-188}$$

$$M=\frac{1}{m}\left(\frac{L}{H}\right)^{1/2}\left(\tanh\frac{2\pi d}{L}\right)^{-1/2} \tag{9-189}$$

$$(R_1)_m = 2.49\tanh\frac{2\pi d}{L}\left(1+\frac{\frac{4\pi d}{L}}{\sinh\frac{4\pi d}{L}}\right) \quad (9\text{-}190)$$

$$R(M) = 1.09M^{3.32}\exp(-1.25M) \quad (9\text{-}191)$$

式中 $R$ ——波浪爬高（从静水面起算，向上为正），m；

$K_\Delta$ ——与斜坡护面结构型式有关的糙渗系数，按表 9-22 采用；

$R_1$ —— $K_\Delta = 1$、$H = 1\text{m}$ 时的波浪爬高，m；

$H$ ——建筑物所在处行进波的波高，m；

$M$ ——与斜坡的 $m$ 值相关的函数，m；

$(R_1)_m$ ——相应于某一 $d/L$ 时的爬高最大值，m；

$R(M)$ ——爬高函数；

$m$ ——斜坡坡度系数，斜坡坡度 $1:m$；

$L$ ——波长，m；

$d$ ——建筑物前水深。

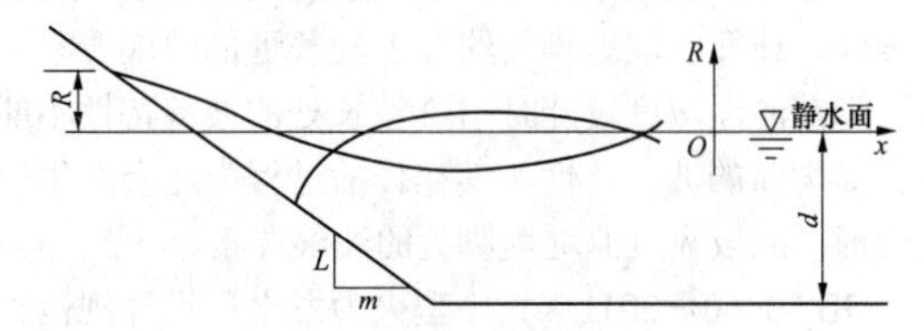


图 9-28　单一斜坡堤上的波浪爬高示意图

表 9-22　　糙渗系数 $K_\Delta$

| 护面类型 | $K_\Delta$ |
|---|---|
| 整片光滑不透水护面（沥青混凝土） | 1.00 |
| 混凝土及混凝土护面 | 0.90 |
| 草皮护面 | 0.85～0.90 |
| 砌石护面 | 0.75～0.80 |
| 安放一层块石 | 0.60～0.65 |
| 抛填两层块石（不透水基础） | 0.60～0.65 |
| 抛填两层块石（透水基础） | 0.50～0.55 |
| 抛填两层混凝土方块 | 0.50 |
| 四脚空心方块（安放一层） | 0.55 |
| 栅栏板 | 0.49 |
| 扭工字块体（安放两层） | 0.38 |
| 四脚锥体（安放两层） | 0.40 |
| 扭王字块体 | 0.47 |

3）风直接作用下不规则波爬高计算公式。

风直接作用下，不规则波的爬高的计算公式为

$$R_{1\%} = K_\Delta K_v R_1 H_{1\%} \quad (9\text{-}192)$$

$$R_{F\%} = K_F R_{1\%} \quad (9\text{-}193)$$

式中 $R_{1\%}$ ——累积频率为 1%的波浪爬高，m；

$K_v$ ——与风速 $v$ 有关的系数，可按表 9-23 确定；

$R_1$ —— $K_\Delta = 1$、$H = 1\text{m}$ 时的波浪爬高，m，按式（9-188）～式（9-191）计算，计算时波坦取为 $L/H_{1\%}$；

$R_{F\%}$ ——累积频率为 $F$%的波浪爬高，m；

$K_F$ ——换算关系，按表 9-24 确定。

表 9-23　　系　数　$K_v$

| 风速/波速 $v/C$ | ≤1 | 2 | 3 | 4 | ≥5 |
|---|---|---|---|---|---|
| $K_v$ | 1.00 | 1.10 | 1.18 | 1.24 | 1.28 |

表 9-24　　系　数　$K_F$

| $F$ | 0.1 | 1 | 2 | 4 | 5 | 10 | 13.7 | 20 | 30 | 50 |
|---|---|---|---|---|---|---|---|---|---|---|
| $K_F$ | 1.17 | 1.00 | 0.93 | 0.87 | 0.84 | 0.75 | 0.71 | 0.65 | 0.58 | 0.47 |

$F$=4%和 $F$=13.7%的爬高分别相当于将不规则的爬高值按大小排列时，其中最大 1/10 和 1/3 部分的平均值。

（2）《堤防工程规范》[1]公式。

在风的直接作用下，正向来波在单一斜坡上的波浪爬高可按下列要求确定。

1）当斜坡坡度系数 $m = 1.5 \sim 5.0$、$\bar{H}/\bar{L} \geqslant 0.025$ 时，计算公式为

$$R_P = \frac{K_\Delta K_{vd} K_P}{\sqrt{1+m^2}}\sqrt{\bar{H}\bar{L}} \quad (9\text{-}194)$$

式中 $R_P$ ——累积频率为 $P$ 的波浪爬高，m；

$K_{vd}$ ——经验系数，可根据风速 $v$（m/s）、堤前水深 $d$（m）、重力加速度 $g$（m/s²）组成的无量纲数 $v/\sqrt{gd}$，可按表 9-25 确定；

$K_P$ ——爬高累积频率换算系数，可按表 9-26 确定，对不允许越浪的堤防，爬高累积频率宜取 2%，对允许越浪的堤防，爬高累积频率宜取 13%；

$\bar{H}$ ——堤前波浪的平均波高，m；

$\bar{L}$ ——堤前波浪的波长，m。

表 9-25　　经验系数 $K_{vd}$

| $v/\sqrt{gd}$ | ≤1 | 1.5 | 2 | 2.5 | 3 | 3.5 | 4 | ≥5 |
|---|---|---|---|---|---|---|---|---|
| $K_{vd}$ | 1.00 | 1.02 | 1.08 | 1.16 | 1.22 | 1.25 | 1.28 | 1.30 |

[1] 指 GB 50286—2013《堤防工程设计规范》。

表 9-26　　爬高累积频率换算系数 $K_P$

| $\bar{H}/d$ | F% | | | | | | | | | |
|---|---|---|---|---|---|---|---|---|---|---|
| | 0.1 | 1 | 2 | 3 | 4 | 5 | 10 | 13 | 20 | 50 |
| <0.1 | 2.66 | 2.23 | 2.07 | 1.97 | 1.90 | 1.84 | 1.64 | 1.54 | 1.39 | 0.96 |
| 0.1～0.3 | 2.44 | 2.08 | 1.94 | 1.86 | 1.80 | 1.75 | 1.57 | 1.48 | 1.36 | 0.97 |
| >0.3 | 2.13 | 1.86 | 1.76 | 1.70 | 1.65 | 1.61 | 1.48 | 1.40 | 1.31 | 0.99 |

2）当 $m \leqslant 1.0$、$\bar{H}/\bar{L} \geqslant 0.025$ 时，可按下式计算：

$$R_{F\%} = K_{\Delta} K_{vd} K_P R_0 \bar{H} \tag{9-195}$$

式中　$R_0$ ——无风情况下，光滑不透水护面（$K_{\Delta}$=1）、$\bar{H}$=1m 时的爬高值，可按表 9-27 确定。

表 9-27　　$R_0$　值

| $m$ | 0 | 0.5 | 1.0 | 1.25 |
|---|---|---|---|---|
| $R_0$ | 1.24 | 1.45 | 2.20 | 2.50 |

3）当 $1.0 < m < 1.5$ 时，可由 $m=1.5$ 和 $m=1.0$ 的计算值按内插法确定。

3. 复式斜坡堤上的波浪爬高计算

GB 50286—2013《堤防工程设计规范》和 GB/T 51015—2014《海堤工程设计规范》规定，当堤防为带有平台的复合斜坡堤时，如图 9-29 所示，可先确定该断面的折算坡度系数 $m_e$，再按坡度系数为 $m_e$ 的单坡断面确定其爬高，折算坡度系数 $m_e$ 可按式（9-196）～式（9-197）确定。折算坡度法适用于 $m_u=1.0$～4.0，$m_d=1.5$～3.0，$d_w/L=-0.025$～+0.025，$0.05 < B/L \leqslant 0.25$ 的条件。

（1）当 $\Delta m = m_d - m_u = 0$，即上、下坡度一致时：

$$m_e = m_u \left(1 - 4.0\frac{|d_w|}{L}\right) K_b \tag{9-196}$$

$$K_b = 1 + 3\frac{B}{L} \tag{9-197}$$

（2）当 $\Delta m > 0$，即下坡缓于上坡时：

$$m_e = (m_u + 0.3\Delta m - 0.1\Delta m^2)\left(1 - 4.5\frac{d_w}{L}\right) K_b \tag{9-198}$$

（3）当 $\Delta m < 0$，即下坡陡于上坡时：

$$m_e = (m_u + 0.5\Delta m + 0.08\Delta m^2)\left(1 + 3.0\frac{d_w}{L}\right) K_b \tag{9-199}$$

式中　$m_u$、$m_d$ ——平台以上、以下的斜坡坡率；

$d_w$ ——平台以上的水深（当平台在静水位以下时取正值，平台在静水位以上时取负值，$|d_w|$ 表示取绝对值），m；

$B$ ——平台宽度，m；

$L$ ——波长，m。

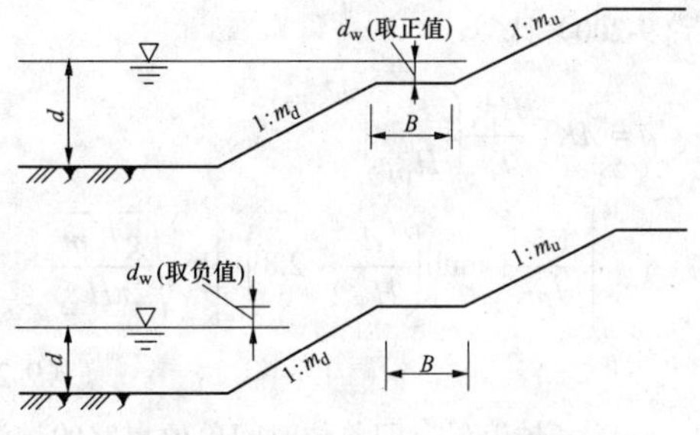


图 9-29　带平台的复式斜坡堤断面

当来波波向线与堤轴线的法线成 $\beta$ 角时，上述计算得到的波浪爬高应乘以系数 $K_\beta$ 加以修正。当海堤坡率 $m \geqslant 1$ 时，修正系数 $K_\beta$ 值可按表 9-28 确定。

表 9-28　　爬高累积频率换算系数 $K_\beta$

| $\bar{H}/d$ | $P$（%） | 0.1 | 1 | 2 | 3 | 4 | 5 | 10 | 13 | 20 | 50 |
|---|---|---|---|---|---|---|---|---|---|---|---|
| <0.1 | $\frac{R_P}{R}$ | 2.66 | 2.23 | 2.07 | 1.97 | 1.90 | 1.84 | 1.64 | 1.54 | 1.39 | 0.96 |
| 0.1～0.3 | | 2.44 | 2.08 | 1.94 | 1.86 | 1.80 | 1.75 | 1.57 | 1.48 | 1.36 | 0.97 |
| >0.3 | | 2.13 | 1.86 | 1.76 | 1.70 | 1.65 | 1.61 | 1.48 | 1.40 | 1.31 | 0.99 |

由于计算浪爬高涉及的参数众多，不同规范中推荐的经验方法计算出的结果也不尽相同，对 1～2 级或断面几何外形复杂的重要海堤，波浪爬高值宜结合模型试验确定。

（二）越浪量计算

GB/T 51015—2014《海堤工程设计规范》规定，海堤的允许越浪量应该根据海堤表面防护情况按表 9-29 取值。

表 9-29　　海堤允许越浪量

| 海堤表面防护 | 允许越浪量［m³/(s·m)］ |
|---|---|
| 堤顶及背海侧为 30cm 厚干砌块石 | ≤0.01 |
| 堤顶为混凝土护面，背海侧为生长良好的草地 | ≤0.01 |

续表

| 海堤表面防护 | 允许越浪量 [$m^3/(s \cdot m)$] |
|---|---|
| 堤顶为混凝土护面，背海侧为30cm厚干砌块石 | ≤0.02 |
| 海堤三面（堤顶、临海侧和背海侧）均有保护，堤顶及背海侧均为混凝土保护 | ≤0.05 |

1. 适用范围

斜坡堤堤顶越浪量计算公式的适用范围如下：

（1） $2.2 \leqslant d / H_{1/3} \leqslant 4.7$；

（2） $0.02 \leqslant H_{1/3} / L_{P0} \leqslant 0.10$（$L_{P0}$ 为谱峰周期 $T_P$ 计算的深水波长，m）；

（3） $1.5 \leqslant m \leqslant 3.0$；

（4） $0.6 \leqslant b_1 / H_{1/3} \leqslant 1.4$（$b_1$ 为坡肩宽度，m）；

（5） $1.0 \leqslant H'_c / H_{1/3} \leqslant 1.6$（$H'_c$ 为防浪墙墙顶在静水面以上的高度，m）；

（6）底坡 $i \leqslant 1/25$。

2. 堤顶无防浪墙斜坡堤越浪量

当斜坡式海堤堤顶无防浪墙时，堤顶单宽越浪量按式（9-200）计算：

$$q = AK_A \frac{H_{1/3}^2}{T_P}\left(\frac{H_c}{H_{1/3}}\right)^{-1.7}\left[\frac{1.5}{\sqrt{m}} + \tanh\left(\frac{d}{H_{1/3}} - 2.8\right)^2\right]\ln\sqrt{\frac{gT_P^2 m}{2\pi H_{1/3}}} \tag{9-200}$$

式中 $q$ ——越浪量，即单位时间单位堤宽的越浪水体体积，$m^3/(s \cdot m)$；

$A$ ——经验系数，可按表 9-30 确定；

$K_A$ ——护面结构影响系数，可按表 9-31 确定；

$T_P$ ——谱峰周期，$T_P = 1.33\overline{T}$；

$H_c$ ——堤顶在静水面以上的高度，m。

表 9-30　　经 验 系 数 $A$、$B$

| $m$ | 1.5 | 2.0 | 3.0 |
|---|---|---|---|
| $A$ | 0.035 | 0.060 | 0.056 |
| $B$ | 0.60 | 0.45 | 0.38 |

表 9-31　　护面结构影响系数 $K_A$

| 护面结构 | 混凝土板 | 抛石 | 扭工字块体 | 四脚空心方块 |
|---|---|---|---|---|
| $K_A$ | 1.00 | 0.49 | 0.40 | 0.50 |

3. 堤顶有防浪墙斜坡堤越浪量

斜坡堤堤顶有防浪墙时（如图 9-30 所示），堤顶的越浪量可按式（9-201）计算。

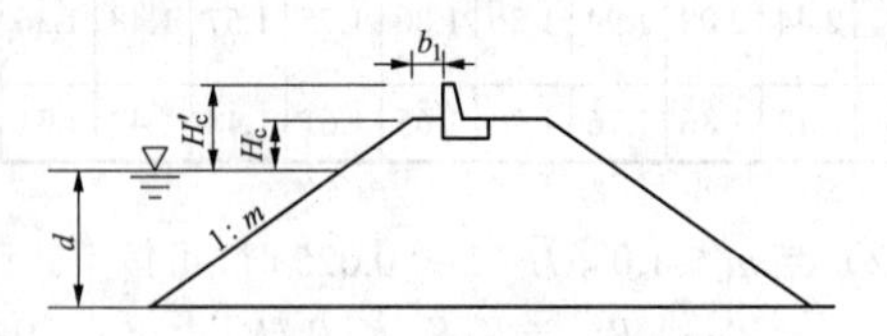


图 9-30　斜坡堤越浪量计算示意图

$$q = 0.07^{H'_c/H_{1/3}} \exp\left(0.5 - \frac{b_1}{2H_{1/3}}\right) BK_A \cdot \frac{H_{1/3}^2}{T_P}\left[\frac{0.3}{\sqrt{m}} + \left(\tanh\frac{d}{H_{1/3}} - 2.8\right)^2\right]\ln\sqrt{\frac{gT_P^2 m}{2\pi H_{1/3}}} \tag{9-201}$$

式中 $H'_c$ ——防浪墙顶在静水面以上高度，m；

$b_1$ ——堤顶边缘至胸墙距离，m；

$B$ ——经验系数，可按表 9-30 确定。

由于海堤堤身断面及护面块体的型式多样性，不同胸墙的消浪能力差别较大，上述经验公式有其应用的局限性，对于 1～3 级或有重要防护对象的允许越浪海堤，应通过模型试验验证允许越浪量及越浪水量，以及堤顶和背水坡护面的防冲稳定性。

## 七、波浪模型试验

### （一）波浪数值模型试验

波浪数值模拟的应用范围广、数量繁多。从研究对象来分，电力工程中主要有风浪的数值模拟、近岸或港内传播的数值模拟、波浪力的数值模拟等。波浪力的数值模拟主要应用三维数值水槽或水池模拟作用在结构物表面的波浪力，如作用在海上风电或铁塔桩基上的作用力，鉴于目前相关工程实践和经验较少，本手册不做详细介绍。

针对波浪的生成和传播，目前使用比较广泛的数值模型基本上可以分为三类：①能量平衡方程模型，它是基于能量守恒原理的波谱模型，主要用于深海、陆架海及近岸较大范围的波浪计算；②缓坡方程模型，它是计算海浪宏观上的整体特征，并不涉及具体某一水质点运动过程；③Boussinesq 方程模型，它直接描述海浪运动过程水质点的运动。后两类模型主要用于浅水（近岸、港池内等）波浪的传播与变形。

1. 风浪的数值模拟

风浪数值模拟一般采用波浪能量平衡方程或波作用守恒方程作为基本方程，目前已从第一代发展到第三代。目前常用的第三代海浪模型有 WAM、

WAVEWATCH-Ⅲ、SWAN、MIKE21 SW 以及国内改进开发的 LAGFD-WAM 模式等。这些模型的基本原理和方程相同，只是在网格、离散方法、源项处理、适用范围等方面具有各自的特点。例如，WAVEWATCH-Ⅲ在全球波浪模拟及海浪预报方面应用较广；MIKE21 SW 采用非结构化网格，能够较好地模拟近岸海区的风浪成长和传播；SWAN 模式能够合理模拟潮流、特殊气象条件下的波浪场，物理过程考虑全面，在近岸海区应用广泛。第三代海浪模式虽然能够考虑波浪的浅化、折射、绕射等物理过程，但是对于绕射、反射效应显著的近岸区域仍然不能适用。本手册以 SWAN 模式为例进行简单介绍。

（1）控制方程。

SWAN 是由荷兰 Delft 大学开发的第三代近岸海浪数值计算模型，适用于浅海及近岸海区风浪、涌浪和混合浪的计算。SWAN 模型采用二维动谱密度 $N(\sigma,\theta)$ 来表示随机波浪场，自变量 $\sigma$ 为相对角频率，$\theta$ 为波向。在笛卡尔坐标系下，控制方程可以表示为

$$\frac{\partial}{\partial t}N+\frac{\partial}{\partial x}c_xN+\frac{\partial}{\partial y}c_yN+\frac{\partial}{\partial \sigma}c_\sigma N+\frac{\partial}{\partial \theta}c_\theta N=\frac{S_{\text{total}}}{\sigma} \tag{9-202}$$

式中　$c_x$、$c_y$、$c_\sigma$ 和 $c_\theta$——在 $x$、$y$、$\sigma$、$\theta$ 空间的波浪传播速度；

$S_{\text{total}}$——以谱密度表示的源汇项，包含风能输入项 $S_{\text{in}}$，波波非线性相互作用项 $S_{\text{nl3}}$、$S_{\text{nl4}}$，白浪耗散项 $S_{\text{ds,w}}$，底摩擦项 $S_{\text{ds,b}}$ 和近岸波浪破碎项 $S_{\text{ds,br}}$。

$$S_{\text{total}}=S_{\text{in}}+S_{\text{nl3}}+S_{\text{nl4}}+S_{\text{ds,w}}+S_{\text{ds,b}}+S_{\text{ds,br}} \tag{9-203}$$

（2）数值模拟。

SWAN 模型可采用等间距结构化网格和三角形非结构化网格。针对结构化网格，采用全隐式有限差分格式求解控制方程，计算无条件稳定。地理空间 $x$、$y$ 方向上的步长分别为 $\Delta x$ 和 $\Delta y$，对于近岸海域一般取为 50～1000m。谱空间在 $\theta_{\min}\sim\theta_{\max}$ 采用等角度离散，模型建议风浪情况下 $\Delta\theta$ 取 5°～10°，涌浪情况下要小一些，取 2°～5°为宜。频率的离散采用对数分布，并设置最大截断频率 $f_{\max}$ 和最小截断频率 $f_{\min}$，频率小于最小截断频率的波谱密度设为零，大于 $f_{\max}$ 的波谱能量密度采用频率的某一指数 $f^m$（$m$ 介于 4～5 之间）代替。

为了适应不同情况，SWAN 提供了三种离散格式。

1）一阶的时间向后、空间向后格式（简称 BSBT 格式），实际上是典型的一阶迎风格式，应用于稳态和非微态的小范围计算。

2）带二阶离散的二阶迎风格式（简称 SORDUP 格式），为稳态的大范围计算默认格式。

3）带三阶离散的二阶迎风格式（简称 S&L 格式），为非稳态的大范围计算的默认格式。

（3）边界条件的处理。

模型的边界分为陆域边界和水域边界，陆域边界不产生波浪，一般认为能将入射波全部吸收而不反射，对于一些伸入海域的防波堤、码头等可通过设置次网格的障碍物（Obstacle）来设置反射系数；对于水域边界，迎浪的水域边界可给定入射波浪，一般可根据实测资料或其他模型计算结果获得，非迎浪的水域横边界无入射波进入计算域，但波浪可以自由离开。因此，计算边界的选择至关重要，横向边界要距离工程区域足够远，才能保证计算的精度，必要时可以通过改变边界位置来确定边界条件对计算的结果的影响。

［**例 9-10**］使用 SWAN 模型模拟伊斯肯德伦湾某电厂的波浪。

某拟建 2×660MW 燃煤机组工程，位于土耳其阿达纳省尤穆尔塔勒克市，面朝伊斯肯德伦湾（Iskenderun Bay）。电厂采用直流循环供水系统，电厂循环冷却水采用海水，暗管取水，在厂址前沿围海造地设置岸边泵房。伊斯肯德伦湾内无海洋观测站，只有零星的测验资料和短期波浪观测资料，无法满足工程设计的需要，因此采用 SWAN 模型推求风浪。

（1）计算范围和网格划分。伊斯肯德伦湾是位于地中海东北角的一个深水湾，宽约 36km，长约 60km，面积约 1250km$^2$，平均水深 70～80m。综合考虑，计算范围取为整个伊斯肯德伦湾，采用非结构化网格计算，网格划分综合考虑地形、波浪传播方向以及与工程点的距离等因素综合确定，采用边长和最大面积作为控制因素生成网格。最内层网格的最大允许面积为 5000m$^2$，最外层网格最大允许面积为 1.0km$^2$。网格划分结果如图 9-31 所示。

（2）海底地形处理。本阶段收集到伊斯肯德伦湾的纸质版海图和厂址前沿实测水下地形图。纸质版海图扫描后进行数字化，并经转换坐标后与实测水下地形合并。

（3）边界条件的处理。伊斯肯德伦湾湾口为水域边界，需设置入射波波浪要素，波浪要素利用实测风速通过经验公式推求，其余边界为陆域边界。工程点附近有 3 个气象站，分别为 Yumrtalik、Karatas、Iskenderun，经比较选择湾口的 Karatas 气象站作为参证站，利用经验公式，求得湾口 50 年一遇有效波高取 7.1m，有效波周期取 11s，根据海湾走向和主导风向，取入射波方向为 SW 和 SSW 向。

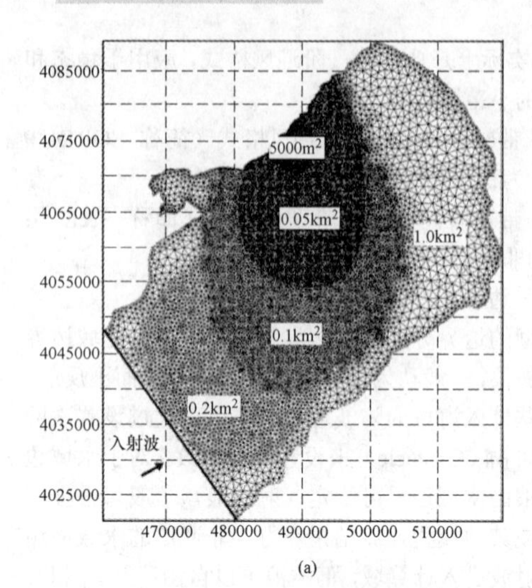


(a)

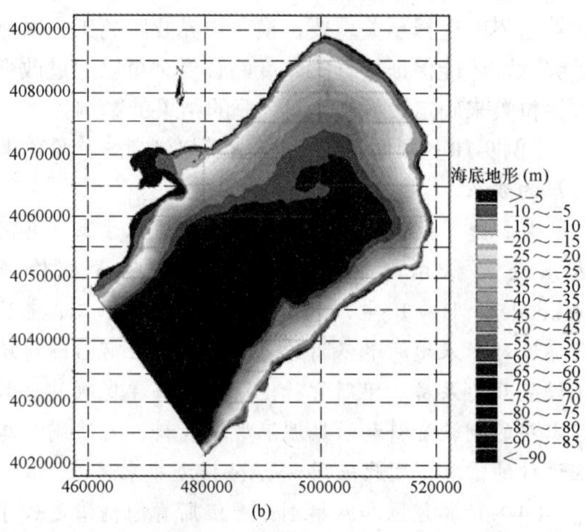


(b)

图 9-31　地形和网格化划分

（a）网格划分示意图；（b）伊斯肯德伦湾水下地形

（4）其他设置。实测结果表明，伊斯肯德伦湾潮差较小，平均潮差 0.4m，因此进行数值模拟时不考虑水位变动。计算时考虑海面风速的影响，底摩阻系数、破碎参数等均采用推荐值。

（5）模型验证。采用短期实测资料对模型进行了验证，验证结果良好。

2．近岸或港内波浪的传播

波浪从深水进入浅水区后，在水下地形和建构筑物的影响下发生浅化、折射、绕射和反射等变形。对于强绕射、反射区域风浪模式不再适用，一般采用缓坡方程（包括椭圆型方程、抛物型方程和双曲线方程三类）或 Boussinesq 型方程数学模型进行计算，前者如 MIKE21 PMS 模型、MIKE21 EMS 模型和 SMS 波浪模块等，后者如 MIKE21 BW 模型。

（1）椭圆型缓坡方程。

自从 1972 年 Berkhoff 年依据势波理论利用小参数展开法推导得到经典的缓坡方程后，许多学者用不同的方法推导出缓坡方程的不同形式，包含的内容也日渐丰富。选取 $Z$ 轴垂直向上的笛卡尔直角坐标系，以静止水面作为 $Oxy$ 坐标平面，假设流体无旋无黏不可压，则流体势函数可以表示为

$$\Phi(x,y,z,t) = Z(z)\,\phi(x,y)\,\mathrm{e}^{\mathrm{i}\omega t} \tag{9-204}$$

$$Z(z) = \frac{\mathrm{i}gH\cosh k(z+d)}{2\omega\cosh kd}$$

式中　$\phi(x,y)$——二维势函数；

$\omega$——圆频率；

$H$——波高；

$k$——波数；

$d$——水深。

经推导可得椭圆型缓坡方程的基本形式为

$$\nabla(CC_\mathrm{g}\nabla\phi) + k^2 CC_\mathrm{g}\nabla\phi = 0 \tag{9-205}$$

式中　$C$、$C_\mathrm{g}$——波速和波群速。

求解该方程的传统方法是杂交元法，通常的方法是将围绕建筑物的水体周围用圆周划分为内外两个部分，内域根据缓坡方程用有限元方法计算，外域可视为等水深按绕射问题用边界元法求解。椭圆型缓坡方程适用于面积较小的海域，且只适用于线性波。

（2）抛物型缓坡方程。

有些河口或海岸地区地形比较复杂，需要计算的面积很大，比如方圆十几千米到几十千米，用椭圆型缓坡方程计算工作量较大，此时可采用抛物型缓坡方程来模拟大面积的波浪场。但由于在抛物化过程中略去了反射波，因此，用于求解建筑物附近的波浪场时不适用。

$$\begin{aligned}&(CC_\mathrm{g}A_y)_y + 2\mathrm{i}kCC_\mathrm{g}\left(1+\frac{\mathrm{i}F}{2n\omega}\right)A_x + \\ &\mathrm{i}\left[kCC_\mathrm{g}\left(1+\frac{\mathrm{i}F}{2n\omega}\right)\right]_x A + 2kCC_\mathrm{g}(k-k_0)A + \\ &2\mathrm{i}F\frac{\omega}{k}\left(k-\frac{k_0}{2}\right)A - kCC_\mathrm{g}\tilde{K}|A|^2A = 0\end{aligned} \tag{9-206}$$

$$F = \alpha_\mathrm{f} C_\mathrm{g}\frac{a_0}{1+\alpha_\mathrm{f}\dfrac{a_0 x}{2}}$$

$$\alpha_\mathrm{f} = \frac{8}{3}\frac{f\pi^2}{gC_\mathrm{g}}\frac{1}{(T\sinh kd)^3}$$

$$\tilde{K} = k^3\left(\frac{C}{C_\mathrm{g}}\right)D$$

$$D = \frac{\cosh kd + 8 - 2\tanh^2 kd}{8\sinh^2 kd}$$

式中　$n$——波群速与波速之比（$n = C_\mathrm{g}/C$）；

$A$——振幅；

$k_0$ ——入射波初始波速；

$x$ ——波传播的距离；

$f$ ——摩擦系数；

$T$ ——波周期。

上述方程的求解方法是，将计算区域划分成网格后用 Crenk-Nicolson 差分格式建立差分方程，直接求解折射、绕射后的波浪振幅 $A$。

（3）浅水非线性 Boussinesq 方程。

目前，模拟浅水区海岸工程结构物，如防波堤、码头、人工岛以及复杂地形引起的波浪折射、绕射、反射和变形，常用的模型是建立在 Boussinesq 方程基础上的数值模型。

Boussinesq 假定水平速度上下均匀，垂直速度在底面为零以线性增加到自由表面处的最大值，得到了经典的一维非线性控制方程，被称为经典 Boussinesq 方程。之后，国内外大量学者针对其色散性和非线性作用做了大量改进，并加入了底摩擦、复杂地形、水流作用和波浪破碎等因素的影响，得到了大量的 Boussinesq 类方程。目前应用较广泛的是 MIKE21 BW 模型，因此本手册针对该模型进行简单介绍。

MIKE21 BW 以 Madsen 等人改进的 Boussinesq 方程作为控制方程，可以考虑波浪的浅水变形、折射、绕射、部分反射和透射、海底摩擦以及波浪之间的非线性相互作用等。二维模式主要应用在港口内外近海地区的波浪分布情况计算，一维模式主要应用在波浪从近海区域向浅水岸滩传播过程的计算，可以用于具体海滩剖面上波浪情况的研究。

1）控制方程。有两组方程可供选择，即经典的 Boussinesq 方程和改进的 Boussinesq 方程。后者包含了 Boussinesq 校正项（或者叫深水项），当最大水深与深水波长比 $h_{max}/L_0 \leqslant 0.22$ 时，应该选择前者，当 $h_{max}/L_0 \leqslant 0.5$ 时选择后者，后者可以模拟较深水域或较小波周期的波浪传播，但要求的空间、时间不长更小，因此需要更多的 CPU 时间。

2）离散方法。差分方程采用矩形交替网格进行空间离散，空间导数的有限差分近似值采用中心格式（对流项除外），时间上的积分用中心隐式格式；使用的算法是非迭代的交替方向的隐式（ADI）算法进行分步计数的。

3）边界条件的处理。陆域边界可设置为吸收边界，也可以设置空隙层来模拟不同构筑物对波浪的反射，如直墙、斜坡堤、防浪堤等。水域边界，与风浪模式直接给的入射波浪不同，BW 模型的入射波是在内部生成，通常设置一条生波线，或设置两条生波线来生成具有角度的波浪，生波线两侧的波浪是对称的。因此，还需要在水域边界（一般是生波线的后方）设置消波层，以吸收多余的波能量，防止边界产生多次反射影响计算。

（二）波浪物理模型试验

波浪模型试验可分为断面模型试验和整体物理模型试验。电力工程中，整体物理模型试验主要用于研究波浪的传播与变形、港池内波浪的分布、斜向波或多向波与结构物的相互作用；断面模型试验主要研究波浪正向作用时，斜坡式或直墙式结构物的稳定性、波压力、波浪爬高和越浪量。

由于海浪属于重力波，因此波浪物理模型试验应遵循重力相似或者弗劳德相似准则，即要求模型与原型波浪的弗劳德数准数相同。在波浪试验中应保持波浪尺度和外形（波陡）的相似、破碎点的相似以及反射的相似等，因此波浪物理模型试验原则上应按正态模型设计。但遇有波周期很长或波长很大时，则模型必然很大。若原型水深较小时，则模型水深又必然过小，以致底摩擦影响太大。上述两种情况，往往需采用变态模型。这时需注意比尺效应对研究问题的影响。变率应不大于 5，一般取 1.5～2.0。实践表明，反射波较强时，变态模型误差也较大，且变率越大误差越大。

在小比例尺模型中，还需要考虑消除黏滞力和表面张力的影响，为此 JTJ/T 234—2001《波浪模型试验规程》规定：模型的原始入射波、规则波波高不应小于 2cm，波周期不应小于 0.5s；不规则波有效波高不应小于 2cm，谱峰值周期不应小于 0.8s。

1. 整体物理模型试验

（1）模型设计。

整体物理模型试验宜在室内进行。在室外进行时，应避免因风引起的涟波或小波的影响。模型试验的范围，应包括试验要求研究的区域和对研究区域波浪要素有影响的水域。模型比尺的选择应综合考虑试验场地、水深、波高、生波设备、测试仪器的精度等，一般应控制在 50～150，并充分利用试验条件，尽量采用较小的比尺。

试验水池中造波机与建筑物模型的间距应大于 6 倍平均波长。模型中设有防波堤堤头时，堤头与水池边界的间距应大于 3 倍平均波长，单突堤堤头与水池边界的距离应大于 5 倍平均波长，并应在水池边界设消浪装置，减小反射影响。进行多向不规则波试验时，研究区域应位于多向波的有效范围内。

（2）造波设备及测试仪器。

造波设备按造波方式有以下五种：

1）冲击式造波机。将重锤冲头起落撞击水面生波，一般用于造深水波，所造波浪在池底水质点不运动。

2）活塞式造波机。造波板垂直于池底且上下缘以相同振幅往复运动推动水体而生波，一般用于造长波，水质点在表面和底面运动速度相同。

3）推板式造波机。造波板绕铰接机构做旋转往复运动推水造波，随铰点的高低（可在水底、水中或水面上）可造深水波或浅水波。这种型式结构简单，制作方便，工作平稳，可造很光滑的波，是采用较多的一种型式。

4）摆式造波机。造波机悬挂在相互铰接的柱子中间，其上、下振幅可以调节，当上、下振幅相同时，即为活塞式，当下振幅为零时，即为推板式，因此它可以造浅水波、深水波、长波和短波。但结构复杂，加工困难，功率消耗大。

5）气压式生波机。其原理与结构和生潮设备中的潮水箱类似，适于长周期波（如潮波、海啸等）。

常用的测试仪器：

1）波高测试，一般用电测，其中用得较多的是电阻式浪高仪和电容式浪高仪。电阻式中又以双金属杆式为最普遍。电容式浪高仪与电阻式相比，最大的优点是几乎不受水温和水中电介质浓度的影响，也不受传感器到二次仪表接线长度的影响。电容式浪高仪中，最普遍的是单丝式。

2）流速测试，常用小旋桨式、热膜式、热线式、电磁式、多普勒式等。

（3）模型试验过程。

模型设计后，一般按下述程序进行工作：

1）模型制造。

2）模型检验。包括地形、建筑物布置、边界条件、仪器调试以及率定等，其中模型中的起始最好与波浪数模结合，对绕射、折射、爬高等进行计算并互验。

3）方案试验。

2. 断面模型试验

电力工程断面试验主要针对斜坡堤和直墙式结构开展。斜坡堤波浪断面模型试验的主要研究内容，包括：堤身护面层、堤顶护面、堤内坡、堤心体、堤脚棱体及护坦的稳定性，波浪爬高及越浪量，堤顶挡浪墙的稳定性及波压力，护面层的波压力分布等。直墙式结构断面模型试验主要研究：堤身、基床及护坦的稳定性，堤身波压力及其分布，越浪量等。

断面模型试验除了在满足几何相似、运动相似和重力相似的前提及采用正态模型的条件下，还需要满足结构物的质量和重心位置相似、摩擦系数相似、表面糙度相似、孔隙率相似等条件。模型比尺一般不大于40。

建筑物模型与造波机间的距离应大于6倍平均波长，以保证试验不受或尽量少受堤身发射在水槽内可能形成的多重反射对入射波的影响。要求测量建筑物后的波要素时，建筑物模型与试验水槽尾部消波器间的距离应大于2倍平均波长。

断面模型试验可采用规则波或不规则波进行试验，稳定性、波浪爬高及越浪量试验宜采用不规则波，重要的工程也应采用不规则波进行验证。当采用不规则波时，宜采用当地的实测波谱，无实测波谱时，可采用《港口与航道水文规范》中规定的波谱或其他合适的波谱。当采用规则波试验时，应按相关规范选择特征波高和周期进行试验，一般周期取平均周期，堤身稳定及受力取 $H_{1\%}$ 波高，基床及护坦块石稳定取 $H_{5\%}$ 波高，电厂工程波浪爬高和越浪量取 $H_{1\%}$ 波高。

为了使护面块体或块石的稳定试验状况比较接近于天然条件，在进行此类试验时，应先用小波连续作用一段时间，待抛放的块体自然稳定后，再以设计波进行试验。模型中规则波的累积作用时间或不规则波的持续作用时间，应根据海区风暴或台风浪的过程，按时间比尺换算求得；同时还应考虑试验中块体达到稳定状态所需的时间（对于块石，此时间为400～500个波周期的累计时间）。

［例9-11］ 广西某电厂波浪整体模型试验和断面模型试验。

（1）项目概况。

拟建电厂位于围海造陆形成的半岛上，三面临海，吹填区设置有围堤，但由于标准较低，台风季节常有上浪、护面失稳破坏的现象发生，因此需要验证现有围堤的防护标准并对其进行加固处理以满足电厂的防洪要求。另外，电厂采用明渠取水，明渠位于码头后方，明渠内波浪难以确定。

（2）整体模型试验。

1）试验目的。

开展局部整体波浪物理模型试验，测量取水口、取水明渠内、外设计波浪要素，验证取水明渠导堤结构的稳定性，测量明渠导堤的越浪，并观测越浪水体对取水明渠内结构的影响。

2）模型设计。

试验在交通运输部天津水运工程科学研究院波浪港池中进行，模型按几何相似和重力相似准则设计，采用正态模型，根据试验要求，结合试验场地及设备能力综合考虑，选取模型几何比尺为45，即波高比尺为45，周期比尺为6.71，单宽流量比尺301.87，力比尺91125。模型实际占地规模40m（长）×32m（宽）。模型平面和波浪测点布置如图9-32所示。试验采用单向不规则波，波谱采用JONSWAP谱。

3）试验方法。

首先率定原始波要素，通过调整造波参数，使模拟的波谱谱密度、峰频、谱能量、有效波高等满足试验规程要求。原始入射波浪率定以后，在无取水明渠的情况下测定取水明渠北导堤外侧的设计波浪要素；然后进行取水明渠南护案和北导堤的建设，测定取水口和取水明渠内的设计波浪要素，并针对3

号泊位未建和建设两种情况，测定取水明渠南护岸和北导堤波浪爬高和越浪量，明渠内的波动以及明渠南护岸和北导堤内外护面、护底、防浪墙的稳定性。最后根据试验情况，选取控制浪向对防浪墙顶高程进行优化试验。

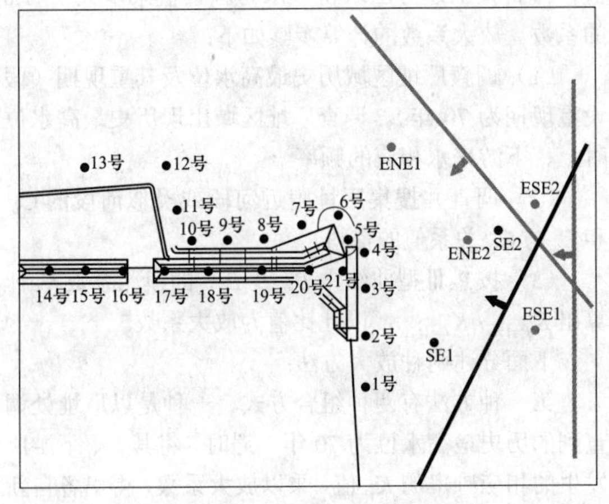


图 9-32 模型平面布置图

进行稳定性试验时，每个水位条件下模拟原体波浪作用时间取 3h（原体值，下同），以便观察结构断面在波浪累积作用下的变化情况。护面块体、防浪墙的稳定性试验，每组至少重复 3 次。当 3 次试验的失稳率差别较大时，增加重复次数。每次试验护面块体均重新摆放。在正式试验前，采用小波连续作用模型一段时间。

（3）断面模型试验。

1）试验目的。

根据堤前设计波浪要素开展断面模型试验，验证临时围堰的防护标准，测量东（北）防洪堤、取水明渠的越浪情况，验证结构稳定性，为设计提供依据。

2）模型设计。

试验在交通运输部天津水运工程科学研究院风浪流水槽中进行，该水槽长 68m、宽 1m、高 1.5m，造波机为电机伺服驱动推板吸收式造波机。采用正态模型、不规则进行试验。几何比尺 20，周期比尺为 4.47，力比尺 8000。模型中的栅栏板、防浪墙采用原子灰加铁粉配制，护面块石按重力比尺挑选。对于浆砌块石的模拟，将块石拌水泥浆铺筑，按照要求设置了排水孔和分缝。堤芯采用编织袋装填砂模拟。由于模型试验采用的是淡水，而实际工程中为海水，受淡水与海水的密度差影响，模型中块体、块石的选取中考虑了这种影响。

3）试验方法。

为了提高模拟精度和造波工作效率，在模型摆放之前，首先率定入射波要素，以达到试验波要素满足目标值的要求。在正式试验前，采用小波连续作用模型一段时间。

进行稳定性试验时，每个水位条件下模拟原体波浪作用时间取 3h，以便观察结构断面在波浪累积作用下的变化情况。护面块体、防浪墙的稳定性试验，每组至少重复 3 次，当 3 次试验的失稳率差别较大时，增加重复次数。每次试验护面块体均重新摆放。

越浪量统计：在防浪墙顶设置接水装置接取越浪水体，通过测量质量或体积得到模型的越浪量。不规则波接取一个完整波列的总越浪水体作为相应历时的总越浪量，然后计算单宽平均越浪量。按相似准则，将模型越浪量换算成原体越浪量。

## 第四节 感潮河口的水文计算

### 一、感潮河段划分

感潮河段可分为洪流区（潮区界及以上）、洪潮区（潮区界至潮流界）、潮洪区（潮流界至纯潮界）及潮流区（纯潮界及以下）四段，可根据潮水位过程线、水位标高的水文特性及现场调查其水文特性等方法来确定划分，见表 9-32。

在潮区界以上的河段，主要受陆地径流作用，潮汐影响极微，上游来的径流大小是主要因素，其水文特性与一般河流相同。可以按照对一般河流的方法进行分析计算，不必考虑潮汐影响。

表 9-32 感潮河段划分表

| 划分方法 | 洪流区（潮区界及以上） | 洪潮区界（潮区界至潮流界） | 潮洪区界（潮流界至纯潮界） | 潮流区（纯潮界及以下） |
|---|---|---|---|---|
| 潮水位过程线 | 洪峰过程明显，但前后及常水期无潮汐特性，仅枯水期潮差时消时现 | 洪峰过程明显，但前后及常水期有潮汐特性，枯水期潮差明显 | 洪峰过程消失，但对潮水位影响明显，各时段潮汐特性显著 | 洪峰影响消失，全年潮汐特性明显 |
| 水位标高 | 本河枯水水位等于或高于河口高潮水位标高 | 本河枯、常水位等于或低于河口高潮水位标高 | 本河常、高水位等于或高于河口高潮水位标高 | 本河高水位等于或低于河口高潮水位标高 |
| 现场调查 | 无潮水痕迹 | 仅枯水期可见潮汐痕迹，周期性变化水流不易见 | 本河常水位期间可见潮汐痕迹，周期性变化水流可常见 | 全年可见强烈的周期性变化潮流 |

在潮区界与潮流界之间的河段，水位和水流受潮汐的影响。在涨潮过程中，水位壅高，水面比降减少而流速减缓；在落潮过程中，水位迅速下降，水面比降加大而流速增加。但水流的流向在任何时间都是流向大海，属于单向水流，水流情势与一般河流性质相同。洪水期不产生负流速，仅水位受潮汐的顶托影响而有所变化，故在这种河段中，流量主要为河流洪水径流，潮汐的影响可以忽略不计，工程所在地的水位可以根据水面曲线法来推求。

在潮流界与纯潮界之间的河段，是两向水流即径流和潮流两种力量强弱交替变化的区段，随着不同的水文年度或年内洪、中、枯水季节及大、小潮汛的变化，某一段时间以潮水作用为主，另一段时间则以径流作用为主。工程所在地设计水位应按河流洪水和潮水相遇最不利组合，组合成设计频率的计算条件，计算出工程所在地的各项设计水文特征值。

在纯潮界以下的河段，潮流的强弱为决定水力条件的主要因素，应直接按潮型计算涨落潮流时控制的流量和水位，不必考虑河流的径流。

因此通常所指的感潮河段水文计算一般是指潮流界与纯潮界之间的河段（潮洪区）的水文计算。

## 二、两向来水组合计算

感潮河段上的厂址，当受到洪水与潮水两向来水影响时，其组合既非物理成因相同的关系，又非纯粹的随机，但它们之间存在着一定的相关关系，径流和潮水的重现期组合有多种可能；为简化计算，可按厂址河段主要来水（洪水或潮水）侧采用设计频率，另一侧采用可能与其遭遇的水流频率，两者组合后形成厂址处相当于一般无潮汐影响河段要求的设计频率。

主要来水侧和另一侧如何选择频率以组合成厂址处设计频率，目前还未完全解决，兹介绍铁道部第三勘测设计院编制的《桥渡水文》中推荐的处理方法。

假如厂址处调查到相当于 100 年一遇的历史水位，同时还调查到在该历史水位时厂址上游洪水频率为 $P_Y$，下游来的潮水频率为 $P_Z$。计算时可采用两组频率组合条件进行，然后选择两组结果中的控制值作为设计值。一组频率的组合是以原来调查到的上、下游来水频率（即上游为 $P_Y$，下游为 $P_Z$）的水流过程线，采用非恒定流方法计算厂址处各水文要素设计值，另一种组合，在主要来水侧采用 $P=1\%$ 水流过程线，另一侧采用频率为 $P_X$ 的水流过程线进行两向来水组合计算，$P_X$ 可按下式计算，即

$$P_X = P_Y \frac{P_Z}{P_{1\%}} \tag{9-207}$$

式中 $P_Y$ ——实测或调查到的厂址上游洪水频率；

$P_Z$ ——相应下游潮水的频率。

若厂址处调查到历史最高水位不是 100 年一遇的重现期，而是 70 年一遇，则按上述方法求出的厂址各要素只相当于 $P_{1/70}$，因此需换算为厂址处 $P_{1\%}$ 的设计值，可将按上述方法求得各水力因素值乘以大于 1.0 的系数。放大系数的计算步骤如下：

（1）调查厂址区域历史最高水位及其重现期（假设重现期为 70 年）。调查厂址区域出现历史最高水位时上、下游来水相应的频率。

（2）调查并搜集厂址附近河段或类似河段的 $C_V$ 和 $C_S$ 与 $C_V$ 关系值的资料。

（3）按 P-Ⅲ型曲线中 $P_{1\%}$ 及 $P_{1/70}$ 的模比系数 $K_P$ 计算出 $K_{P=1\%} / K_{P=1/70}$，以此比值为放大系数。

下面分述两种放大方法：

第一种方法有两种组合方式。一种是以厂址处调查到的历史最高水位为 70 年一遇时，将其上、下游所发生的相应频率的 $K_P$ 值，乘以放大系数，得出各自新的 $K_P$ 值；然后再求出上下游可组成厂址处 $P_{1\%}$ 新的频率。以厂址上下游计算放大后的新频率水流过程线，推求厂址处 $P_{1\%}$ 的各水力要素设计值。另一种组合方式，则以前一种放大后的厂址上下游新的频率，在主要来水侧采用水流频率为 $P_{1\%}$，按照式（9-207）计算另一侧频率，再以两种频率组合计算厂址处 $P=1\%$的各设计值。

第二种方法也有两种组合方式。此方法与第一种方法不同之处在于：放大系数不是放大频率级别，而是放大在调查到的历史最高水位为 70 年一遇相应时厂址处的各水力要素值。具体做法是：一种以厂址处调查到历史最高水位为 70 年一遇相应时的厂址上下边界站的频率，直接组合计算厂址处的各水力因素值，然后将这些数值乘以放大系数，求得厂址处 $P_{1\%}$ 的各设计值；另一种组合方式，则在主要来水侧采用 $P=1\%$ 的来水过程线，另一侧根据调查到厂址处 70 年一遇相应的厂址上下游实际发生的频率，按照式（9-207）计算其应采用的频率 $P_X$，并制定其过程线，然后求出厂址处各水力因素值。在此基础上，乘以放大系数，即得厂址处各水力因素设计值。

上述的处理方式反映了洪水与潮水的遭遇条件，既非两者频率相乘后等于 1%，又非两者均为 1%，而是两者频率相乘后为 1%～0.01%之间的某一数值，该值恰是厂址处 $P=1\%$ 的频率。

**［例 9-12］** 两向来水组合计算算例一。

某厂址河段调查到历史最高水位的重现期为 100 年，该年同期相应上游洪峰流量的频率为 $P$=2%，下游与之遭遇的潮水位频率为 $P$=3.33%，采用第一种计

算方式时，直接采用上游 $P=2\%$ 及下游 $P=3.33\%$ 的水流过程线，组合推求厂址处各水力因素设计值。第二种方式的主要来水侧（上游侧）采用 $P=1\%$ 流量过程线，则下游潮水位过程应采用的频率为 $P_Z=2\%\times3.33\%\div1\%=6.66\%$。然后将 $P=1\%$ 和 $P=6.66\%$ 的上下游来水过程线组合计算，求得厂址处各设计值。

［例 9-13］ 两向来水组合计算算例二。

某厂址河段调查到历史最高水位的重现期为 70 年，该年同期相应上游洪峰流量的频率为 $P=2\%$，下游与之遭遇的潮水位频率为 $P=3.33\%$；还调查到厂址河段或相似河段的 $C_V=0.10$，$C_S=2C_V$，由附录 M 查得 $\Phi_P$，由 $K_P=1+\Phi_P C_V$ 计算可得 $K_P$：$P=1\%$ 时，$K_P=1.247$；$P=1/70$ 时，$K_P=1.229$，放大系数 $K=1.247/1.229=1.0141$；$P=2\%$ 时，$K_P=1.216$；$P=3.33\%$ 时，$K_P=1.191$。

采用第一种计算方法的第一种放大方式，将厂址上下频率 $P=2\%$ 及 $P=3.33\%$ 的级别放大，即 $P=2\%$ 放大为 $K_P=1.216\times1.014=1.233$，求得新频率 $P=1.548\%$；$P=3.33\%$ 放大为 $K_P=1.191\times1.014=1.208$；相应新频率 $P=2.443\%$，以此新频率求得的上下游的新频率过程线。组合计算厂址处的各水力因素设计值：第一种方法的第二种方式，即主要来水侧（上游侧）采用 $P_{1\%}$ 水流过程线，另一侧采用 $P_X=1.548\%\times2.443\%\div1\%=3.781\%$ 频率的水流过程线，组合求得厂址处 $P=1\%$ 的各设计值。

第二种方法的第一种放大方式，直接采用上下游调查的 $P_{1\%}$ 值过程线，先推求出 70 年一遇的水力因素值，再将求得的值乘以放大系数 $K=1.014$，得到厂址处各设计值。假定 70 年一遇时求出的厂址水位为：高潮位 $H=3.50$m，换算到厂址处 $P=1\%$ 时，$H=3.50\times1.014=3.55$(m)，该值即为厂址设计频率的水位。流量的换算也同样处理。

第二种方法的第二种方式的主要来水采用 $P=1\%$ 的水流过程线，另一侧采用 $P_X=2\%\times3.33\%\div1\%=6.66\%$ 频率的水流过程线，组合求得相当于 70 年一遇的各水力因素值，然后在此数值上乘以放大系数 $K=1.014$，即得厂址处各设计值。

## 三、不稳定流计算

感潮河段的不稳定流计算，可按一维不稳定流计算，也可采用二维不稳定流计算；从计算的实际问题看有单一河道的计算、分汊河道的计算和河网化地区不稳定流计算等。求解方程组常用的方法是有限差分方法，也有采用有限单元方法；从差分格式方面来看有等距的和不等距的。

兹介绍单一河道差分计算方法。

### （一）基本方程式（圣维南方程组）

$$\frac{\partial(Av)}{\partial x}+\frac{\partial A}{\partial t}=0 \tag{9-208}$$

$$\frac{\partial H}{\partial x}+\frac{1}{g}\frac{\partial v}{\partial t}+\frac{v}{g}\frac{\partial v}{\partial x}+\frac{|v|v}{C^2R}=0 \tag{9-209}$$

或

$$\frac{\partial Q}{\partial x}+B\frac{\partial H}{\partial t}=0 \tag{9-210}$$

$$\frac{\partial H}{\partial x}+\frac{1}{gA}\frac{\partial Q}{\partial t}+\frac{Q}{gA^2}\frac{\partial Q}{\partial x}-\frac{Q^2}{gA^2}-\frac{\partial A}{\partial x}+\frac{|Q|Q}{C^2A^2R}=0 \tag{9-211}$$

式中　$A$——过水断面面积，m²；
$v$——断面平均流速，m/s。
$x$——水流坐标轴，令指向河道下游为正；
$H$——水位，m；
$C$——谢才系数；
$R$——水力半径，m；
$Q$——断面平均流量，m³/s；
$B$——断面宽度，m。

断面平均流量的方向，如水流方向同 $x$ 正向相同，则其值为正；如水流方向同 $x$ 正向相反，则其值为负。

如果河道面积沿程变化不大，则式（9-212）可简化为

$$\frac{\partial H}{\partial x}+\frac{1}{gA}\frac{\partial Q}{\partial t}+\frac{Q}{gA^2}\frac{\partial Q}{\partial x}+\frac{|Q|Q}{C^2A^2R}=0 \tag{9-212}$$

上述方程组是双曲线型拟线性偏微分方程组，常用特征线法或直接积分法（差分式代替偏微商）直接求解，兹简单介绍差分方法。

### （二）单一河道差分计算

工程中常遇到的问题是已知河道两端的潮位过程线或者两端的流量过程线，或者一端潮位过程线而另一端为流量过程线，需要推求河道其他各站的水位和流量过程线。对此，可将整个河道自河口至潮区界划分许多河段，如两端边界条件相同，可分成偶数段，如为混合边界条件则分成奇数段；把时间分成相当短的等时段 $\Delta t$，则在 $x$–$t$ 平面上形成一个网格，如图 9-33 所示。

设 $n$ 为潮区界，并已知其流量过程线，$n+5$ 为河口并已知其潮位过程线，且 $n+1$、$n+3$ 恰好为水位站，$n+2$、$n+4$ 为流量站。

沿程各站水位和流量是未知的，可先假定。在准确的边界条件控制下，由于阻力的作用初始条件所产生的误差的影响将逐渐消失。

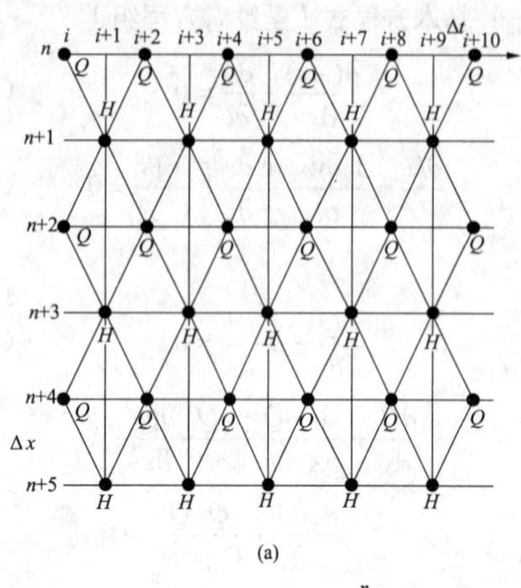

(a)

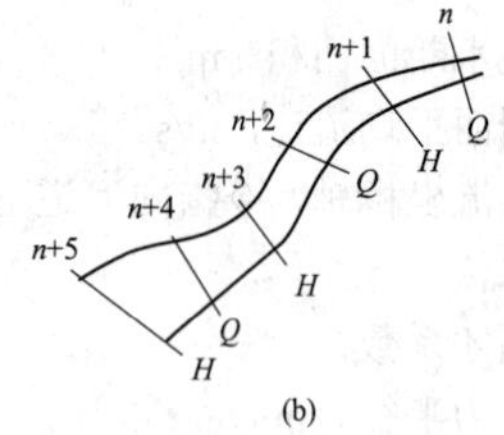

(b)

图 9-33　计算网格

（a）差分计算网络；（b）计算河段

根据图 9-33 差分格式，可以写出 $H$ 、$Q$ 对 $x$ 、$t$ 的差分式，如忽略高阶近似值，对菱形网格则有：

$$\frac{\partial H}{\partial x}=\frac{H_{n+3}^{i+1}-H_{n+1}^{i+1}}{2\Delta x} \tag{9-213}$$

$$\frac{\partial Q}{\partial t}=\frac{Q_{n+2}^{i+2}-Q_{n+2}^{i}}{2\Delta t} \tag{9-214}$$

运动方程式的变位项 $Q\frac{\partial Q}{\partial x}$ 在数值上远小于其他两项，故可近似采用 $i$ 时刻的差分值，则有

$$Q\frac{\partial Q}{\partial x}=Q_{n+2}^{i}\left(\frac{Q_{n+3}^{i}-Q_{n+1}^{i}}{2\Delta x}\right) \tag{9-215}$$

阻力项可写成如下形式：$|Q|Q=|Q_{n+2}^{i}|Q_{n+2}^{i+2}$

将上述 $\frac{\partial H}{\partial x}$、$\frac{\partial Q}{\partial t}$、$\frac{\partial Q}{\partial x}$ 分别代入式（9-211），整理后可得 $i+2$ 时刻网格点 $(n+2,i+2)$ 的流量值 $Q_{n+2}^{i+2}$，即

$$Q_{n+2}^{i+2}=\frac{-\left[(H_{n+3}^{i+1}-H_{n+1}^{i+1})+\frac{Q_{n+2}^{i}}{gA}(Q_{n+3}^{i}-Q_{n+1}^{i})-\frac{L}{2g\Delta t}\left(\frac{Q_{n+2}^{i}}{A}\right)\right]}{\frac{L}{2gA\Delta t}+\frac{L|Q_{n+2}^{i}|}{C^{2}A^{2}R}} \tag{9-216}$$

$$L=2Dx \tag{9-217}$$

$$A=\frac{1}{2}(A_{n+1}^{i+1}+A_{n+3}^{i+1}) \tag{9-218}$$

$$R=\frac{1}{2}(R_{n+1}^{i+1}+R_{n+3}^{i+1}) \tag{9-219}$$

或者

$$A=\frac{1}{3}(A_{n+1}^{i+1}+A_{n+2}^{i+1}+A_{n+3}^{i+1}) \tag{9-220}$$

$$R=\frac{1}{3}(R_{n+1}^{i+1}+R_{n+2}^{i+1}+R_{n+3}^{i+1}) \tag{9-221}$$

式中　$A$——河段平均断面面积，$m^2$；

$R$——河段平均水力半径，m。

同理可以求出 $Q_{n+4}^{i+2}$。

应用水流连续方程式（9-208）可推求网格点 $(n+1,i+3)$ 和 $(n+3,i+3)$ 的水位值，即

$$H_{n+3}^{i+3}=H_{n+3}^{i+1}-\frac{Q_{n+4}^{i+2}-Q_{n+2}^{i+2}}{\left(\frac{BL}{2\Delta t}\right)} \tag{9-222}$$

$$B=\frac{1}{2}(B_{n+4}^{i+1}+B_{n+2}^{i+1}) \tag{9-223}$$

或

$$B=\frac{1}{3}(B_{n+4}^{i+1}+B_{n+3}^{i+1}+B_{n+2}^{i+1}) \tag{9-224}$$

式中　$B$——河段平均水面宽度，m。

同理也可求 $H_{n+1}^{i+3}$。

如此顺序计算，可获得沿程各站水位和流量的变化过程线。计算中，谢才系数值的正确选择，对计算成果影响颇大，实际工作中常利用实测水位流速资料按式（9-208）和式（9-209）直接推算。另外，对于河段和时段的选择，应注意以下原则：

（1）河段的划分，以平面外形相似、平均水深和河床宽度变化不大为原则。

（2）河段长度选定后，为使差分方程收敛，时段的选择需要满足下式条件：

$$(\Delta t/\Delta x)\leqslant\left[1\Big/\left(v+\sqrt{g\frac{A}{B}}\right)\right]_{\max}$$

$$\text{或 }\Delta t\leqslant\Delta x\Big/\left(v+\sqrt{g\frac{A}{B}}\right)_{\max} \tag{9-225}$$

## 第五节　泥沙运动与岸滩演变

电力工程厂址取排水建（构）筑物、煤码头、大件码头、岸滩围堤设计时，需对工程所处的海滨岸段或潮汐河口的岸滩稳定性进行分析和判断，以保证工程设施的安全运行。岸滩稳定性分析包括泥沙运动分析与岸滩演变分析。

## 一、泥沙运动分析

1. 泥沙运动特性

滨海和潮汐河口的泥沙运动特性主要包括泥沙运移型态，泥沙粒径级配，泥沙矿物组成，泥沙输移方向、方式以及数量，水体含沙量，漂沙带范围，含沙量的垂线分布，输沙动力因素等。泥沙运动特性可根据第三章第二节海洋水文观测获取的资料进行分析。

2. 淤泥质海岸的潮滩与泥沙运动特点

淤泥质海岸通常是由砂、粉砂、黏土、贝壳碎屑以及植物腐殖质等多种泥沙粒级和有机物混合组成的。这类海岸主要分布在平原河流的入海河口附近、海湾和堡岛与岸之间的环境中。这些海岸环境的水域比较隐蔽，基本摆脱了外海波浪的直接作用，且泥沙来源丰富、潮汐作用较强。淤泥质海岸泥沙颗粒的中值粒径大多为0.05～0.001mm，一般小于0.03mm；颗粒间有黏结力，在海水中呈絮凝状态。淤泥质海岸的潮滩形成广阔平缓的低海岸平原，坡度平缓，一般为1/2500～1/500。波浪通过浅滩后能量已经较弱，潮汐作用明显。按潮汐、波浪作用差异以及地貌特征，其潮滩可分如下几个部分：

潮上带（或超潮滩）：位于平均大潮高潮位以上、特大潮汐或风暴潮时海水可达范围的低海滨平原。此带泥沙淤积作用非常微小，通常成为盐碱沼泽地，长有稀疏的耐盐碱植物或芦苇，有的被围垦。

潮间带（或潮滩）：位于平均大潮高潮位与平均大潮低潮位之间的海水活动地带，其按潮位变化又可分为高潮滩、中潮滩及低潮滩。此带泥沙活动频繁，冲淤变化复杂。

潮下带（或潮下浅滩）：位于平均大潮低潮位以下的近岸浅滩。其组成物质较细，水下岸坡平缓，等深线延伸方向与岸线接近平行。潮下带向海外界一般以波浪开始破碎处的海底深度为界，位置与波浪大小、海底坡度有关，在平均海面以下12～15m深度处。

对电力工程的水工构筑物及港工构筑物而言，潮间带的中低潮滩至潮下带外界这一范围内的泥沙运动影响最大，波浪破碎区就在潮下带外界区域，需重点分析此范围内的水动力特性与泥沙输移方式、方向与数量。

淤泥质海岸的泥沙运动形态以悬移为主，对较细颗粒的海岸，底部可有浮泥运动，对较粗颗粒的海岸，可有推移质运动。

当细粒泥沙絮凝成糊状体，其密度为1.05～1.20g/cm$^3$时，具有流动性，即为浮泥；当糊状体的密度大于1.20g/cm$^3$时，流动的可能性不大，称为淤泥。

在淤泥质海岸，波浪主要起掀沙作用，掀起的泥沙被潮流输送。当涨潮流速大于落潮流速时，涨潮流方向往往就是输沙的方向；反之，落潮流方向就是输沙的方向。对于波浪较弱的海岸区，潮流可能是决定泥沙起动、输送和沉积的主要因素。

3. 沙质海岸的滨岸带与泥沙运动特点

沙质海岸一般位于山区河流及小河入海口附近，由不同粒级的松散泥沙或砾石组成，其泥沙颗粒的中值粒径大于0.1mm，颗粒间无黏结力。此类海岸一般分布有海滩、沙堤、沙嘴、水下沙坝和风成沙丘等堆积地貌，往往伴有泻湖发育。

沙质海岸的剖面形态因波浪特征和波向变化而常有变化。在高潮线附近，泥沙颗粒较粗，海岸剖面较陡；从高潮线到低潮线泥沙颗粒逐渐变细，坡面变缓。

根据破波线内外海水动力性质的不同，把自低潮（平均或较低低潮）破波线向岸的区域称滨岸带，是海岸泥沙的主要活动区。滨岸带由前滩、后滩、外滩三部分组成。

（1）前滩：高潮水边线和低潮水边线之间的海滩，包括高潮位以上海浪的上爬区域，为潮水及风浪最易影响的范围。

（2）后滩：前滩高潮水边线向岸至沙丘带或海岸悬崖的海滩。发生特大高潮或风暴潮时，大浪可到达这一范围。

（3）外滩：前滩低潮水边线向海延伸到波浪破碎带外缘处为止。这个地带一般水深在10m以内，是破波活动频繁的地带，波浪强烈扰动泥沙，相当多的底沙处于悬浮状态而运动着。波浪斜向传播时，形成沿岸流促使沿岸沙洲出现。

自低潮破波线向海的区域称近海，水深较大，一般超过10m，波浪经过这里并不破碎，泥沙的输沙量远比外滩为小。

需要注意，海岸线与海滨线是不同的。海岸线是指海岸与海滨之间的分界线，即海岸陡崖基部的纵向连线；而海滨线是指海面与出露海滩之间的分界线。在有潮汐的海滨，高潮位和低潮位与海滩形成交切面，分别称高海滨线和低海滨线。实际上，海岸线的长度和领海范围都是以低海滨线确定的。分析岸滩的冲淤演变，通常以低海滨线的演变为主。

波浪是造成沙质海岸泥沙运动的主要动力。沙质海岸在波浪作用下的泥沙运动方式有两种：①与海岸线垂直的泥沙横向运动；②与海岸线平行的泥沙纵向运动。这两种方式通常是相互结合进行的，表现为短周期的海滩剖面变化以及沿岸流对滨海工程的影响。

风浪与涌浪作用导致沙质海岸岸滩发生季节性冲淤变化，其中海滩、水下沙坝和脊槽型海滩等堆积地貌主要由泥沙横向运移所形成，其海滩处于沿岸波浪活动频繁的地带，它的演变与沿岸波浪特征、泥沙补给和水体渗透性质等因素密切相关。

大部分泥沙运动发生在波浪破碎带以内。波浪在破碎带会造成相当大的紊动水流，掀起泥沙，泥沙运动在此带最活跃、强烈。在近岸地区，一般潮汐水流相对较弱，泥沙运动主要受波浪引起的水流控制，波浪破碎后引起的近岸水流与海岸泥沙运动和海岸演变密切相关，因此，海岸工程设计应考虑其带来的影响。

如果波浪是斜向向岸传播，在破碎带与岸线之间形成沿岸流，挟带泥沙沿岸纵向运动，将形成沿岸漂沙。漂沙带范围止于波浪作用水深，随水位和波浪强度变化而变化。设计水位与波浪条件下波浪作用水深以上范围即为漂沙带范围（实际中波浪作用水深多采用波浪破碎水深）。在有泥沙输移的海岸上修建水工建筑物后或遇到天然石礁形成沿岸输沙障碍，由于波能削弱，使泥沙运移发生绕行变化，部分泥沙将沉积下来，部分泥沙将被潮流带走，引起岸线局部冲淤演变，有时不会马上反映出来，要滞后几年，故此要深入分析。沿岸输沙障碍，天然障碍如平行岸线的岛屿，深入海中的岬、天然海（港）汊等，人工障碍有离岸堤、突岸堤、人工挖槽等。

对于狭长海湾和海峡等特定地形条件下的沙质海岸，海流（特别是潮流）流速较大，对泥沙运动起着主要作用，而波浪属于次要地位。

4. *粉沙质海岸的潮滩与泥沙运动特点*

粉沙质海岸沉积物中泥沙粒径 $D_{50}$ 介于淤泥质海岸和沙质海岸之间，$0.03\text{mm} \leqslant D_{50} \leqslant 0.1\text{mm}$，沉积物中的黏土含量小于 25%，在水中颗粒间有一定的黏着力，干燥后黏着力消失，呈分散状态。粉沙质海岸泥沙易起动、易沉降。

在强波浪动力作用下，泥沙以悬移质、底部高浓度含沙层和推移质形式运动。由于粉沙起动流速小，而沉降速度较大，大风天大量悬浮泥沙沉聚在水体下部，在潮流动力的支持和运移下形成浓度高、对淤积有很大影响的特殊悬移质泥沙层，所以在这类岸滩取水，尤其要分析风浪掀沙造成短期内骤淤的可能性。

粉沙质海岸海底坡度较平缓，通常小于 1/400，水下地形无明显起伏现象。

5. *砂卵石海岸的潮滩与泥沙运动特点*

砂卵石海岸的泥沙粒径大于或等于 2.0mm，在一般的海岸动力条件下，泥沙运动轻微，只有在大风浪情况下，才有以推移质形式出现的泥沙运动。其泥沙多来源于当地山岩风化破碎、输移。

6. *潮汐河口泥沙运动特点*

由河口及潮汐口门（如泻湖通道）的岸滩形态，如有无沙嘴和拦门沙以及口门处深槽的演变情况，可以判断沿岸输沙方向。沿岸沙嘴的指向常表明泥沙运移方向，河口偏向也常常是泥沙运动方向的标志。

在河口区的动力因素中，落潮流常是主导因素，对河床演变起控制作用。在河口区常有涨、落潮流的流路不一致情形，在此两动力轴线之间的缓流区，泥沙易于淤积，导致河口心滩的堆积，呈复式河槽。河口河槽的动力条件经常变化，如径流有洪水、枯水变化，潮汐有大潮、小潮之分，加之不同区段其影响又不同，故水流变化复杂。

河口泥沙来源主要有：由河川径流自流域带入和因河岸崩坍而被带到河口的陆相来沙；由海水挟带随潮流上溯进入河口的海相泥沙，包括海岸带受风浪侵蚀而形成的沿岸漂沙和本河口及相邻河口的入海泥沙，再次随潮进入；河口区内由于滩槽变化和河床冲淤而局部搬移的泥沙。

由于各个河口水文地理、地质条件不同，河流所能带到河口的泥沙性质也就不同。河口泥沙可分为无黏性泥沙及黏性泥沙两大类。无黏性泥沙颗粒较粗，由粉砂、细砂、粗砂等组成。我国多细砂河流，其特点是起动流速低，而且悬移流速低于起动流速，故极易起动，一经起动后，便可随潮流悬移，在缓流区沉积。我国河口区大部分泥沙粒径都在 0.0625mm 以下，属于河道中非造床质的冲泻质，在河口淤积体中都存在着大量的淤泥和黏粒物质。

在径流下泄同时，只有其中极细的悬移颗粒才有可能被水流带出口外海滨，而大部分泥沙在河口处由于海水顶托，比降减少，流速突然降低，最终总是停留在河口附近，形成各种各样的河床形态，如边滩、心滩、水下沙洲以及口外扇形拦门沙。

河口泥沙运动有如下几个基本特点：

（1）在周期性往复水流的涨落过程中，泥沙随之频繁悬移和落淤。

（2）在咸淡水混合过程中，黏性细粒泥沙存在絮凝现象，加速沉降，黏性细粒黏结力强，沉积后难以掀起。

（3）在咸淡水密度梯度的作用下，在河底滞流点附近（河床净流速接近于零处）悬沙汇聚，形成高含沙量区，即最大浑浊带。底沙的迂回停滞使河床淤浅，形成特有拦门沙浅滩。

（4）有浮泥运动。浮泥是浓度较大的悬浮体，在水流或自重的作用下可以流动。

在咸淡水混合区，由于密度的差异，水流有明显的分层。密度较小的淡水径流位于上层，向下泄；而密度较大的海水在下层，随涨潮流沿底上溯，其交界面向上游倾斜呈楔状潜入，称盐水楔异重流。

潮汐河口水流在潮流界以下是周期性往复水流，因此通过一个断面的输沙量应分别计算，涨潮输入和落潮输出的沙量两者相抵为一个全潮的输沙量。

河口水流挟沙力主要取决于水流动力条件，潮汐河口动力条件复杂，含沙量又受风浪和絮凝沉降等影响，准确计算尚无较理想的方法，实际工作中常采用无潮河流挟沙能力来处理河口水流挟沙能力，即建立涨（落）潮平均含沙量与涨（落）潮平均流速经验关系。

## 二、岸滩演变分析

1. 选址与岸滩演变的一般关系

在海岸及河口建港或取水，应在全面分析海岸及河口地区的潮流、泥沙、波浪特性基础上，分析局部岸段沿岸输沙的特性和岸滩演变的趋势、淤积强度的分布，估算淤积量。同时应注意工程建设可能破坏输沙平衡，导致岸滩冲淤。

对沙质海岸，斜向波可以产生沿岸漂沙，同向的潮流或海流使沿岸漂沙加强。

在泻湖内建港或取水，因泻湖口门附近波浪动力减弱，沿岸漂沙发生沉积而形成拦门沙，而泻湖的纳潮量对拦门沙的水深有显著影响，若纳潮量减少，则拦门沙水深变浅，不利建港和取水。

在多沙海域岛屿间的海峡内建港及取水，由于峡口的特殊水流条件，也会形成拦门沙。拦门沙和海峡两侧的障碍物会增加过峡水流的阻力，迫使部分水流绕岛他流，以致海峡内流速减缓，加速淤浅，不利建港和取水。

在沿岸泥沙运动比较活跃的沙质海岸建设煤码头及取水口，应注意淤积问题。即使对口门位于破波线和泥沙起动水深以外的大港，如每年在周围海域存在泥沙淤积，港口和取水口海床也会有淤积的危险。沙质海岸港口淤积有各种原因，主要是波浪和水流把沿岸泥沙带进口门和港池。波浪沿岸流是沿岸泥沙向口门输送的主要因素，潮流对口门附近的泥沙输送也有重要作用。沿岸向口门输沙的大小和方向，是估算港口淤积问题的关键。在波向随季节变化的港口，上一季节在口门附近堆积的沙嘴，可能被下一季节入射口门的波浪流推入港池。

2. 漂沙运动规律

兹介绍一些对于回淤及侵蚀有较大影响的漂沙运动的经验性规律。

有关漂沙量的规律：波浪的能量越大，漂沙现象越活跃；波浪对岸线成近 45°角，产生破碎波时，沿岸漂沙量最大。

有关漂沙量分布的规律：在波陡较缓的波浪作用下，漂沙大半在破碎带内移动，而且在靠近岸线的位置漂沙增多；反之，波陡较陡时，破碎带内的漂沙分布较为均匀，破碎带外的漂沙所占的比例增高。地表越粗糙，靠近岸线区域的漂沙比率越高；反之，地表越细，则分布越均匀。

有关漂沙移动方向的一些规律：沿岸漂沙是沿波浪能量在顺岸方向分量的方向流动（故 45°角时，波能分量最大，破碎时沿岸漂沙量达最大）；对于外海的漂沙，当波浪较小时向潮流方向移动；波浪较大时，向波的前进方向移动；漂沙由波浪汹涌的区域向平静的区域流动；在面海呈凹形的海滨，漂沙多向中央移动（因波能在海湾处发生辐散）。

有关海底断面变化的一些规律：波陡较大的波浪，常使岸线表现为冲刷，并易形成沿岸沙洲，使前滩坡度变缓；相反，波陡较小时，海岸线成堆积性，形成阶地，使前滩坡度变陡；底质颗粒越粗，则前滩坡度越陡；在有显著堆积倾向的地点，沿岸沙洲和阶地的面海方向坡度变陡；在外海，某一深度以下，水深急剧变化，底质的补充比流失多的地点，呈现堆积，反之，则呈现冲刷。

3. 港口和取水口回淤分析

建于淤泥质浅滩上的港口，悬沙落淤是泥沙的主要运移形态。港口回淤，其回淤强度与下述因素有关：

（1）回淤强度与进港水体含沙量有关。进港水体含沙量多少取决于附近浅滩上的含沙量，而浅滩含沙量与水深成反比关系，故为了减轻港口的淤积，应将口门设置在水深较大的地方。

（2）回淤强度与港池开挖水深有关。港池开挖越深，回淤强度随之越大，当挖至一定深度后，回淤强度即趋向某一极限值。

（3）回淤强度与港口布置形式有关。港口布置形式影响进港水流的形态，如形成口门处港内回流，则其回淤强度严重。

（4）港内尚未被利用的浅滩水域面积，有增大港池回淤强度的作用；反之，减少港内浅滩水域面积，有利于降低港池回淤强度。

（5）泥沙特征是港口回淤的又一重要因素。对于以悬沙落淤为主的回淤，主要以其细颗粒泥沙的絮凝沉降速度来代表。

应该指出，由于实际问题非常复杂，至今还没有一个能普遍适用的回淤计算方法，国外对此类问题的考虑也多偏重于经验。

在滨海地区或潮汐河口通过水下挖槽（明渠或前池等）、港池或水下明渠建堤等方式取水时，应分析估算设计取水条件下的回淤量与回淤强度；分析设计风暴条件下不利输沙的可能组合，导致水下渠槽一次骤淤而影响取水的可能性；根据涨落潮流速及流向，碎波带范围与碎波波向、泥沙运移特点，垂线平均含沙量分布等，分析引水明渠的轴线走向、口门位置以及减少回淤的措施合理性。对结合港池设置取水口的方案，防淤分析中还应深入考虑码头布置对取水口位置的影响。

电力工程取水口附近海床的回淤强度，根据工程特点及资料情况，可通过下列途径进行估算：

（1）根据输沙动力条件类似的邻近工程的回淤强度调查或测量资料，从两地的水力条件、泥沙条件、地形条件（滩槽水深比）及挖槽深度等方面进行对比分析，做出本工程回淤强度的近似估算。

（2）直接进行水下挖槽试验，同时结合海洋水文观测，推测设计条件下取水工程的回淤强度。

现场观测与试验，主要是观测近海水流泥沙在近岸带运动的基本特征，在潮间带进行挖坑、埋桩的滩地冲淤试验等，以掌握各项动力因素对岸滩变化的相互作用关系。根据工程要求，内容上可单项或综合，时间上可临时或长期，测点布置可单点或多点、定点或动点等。

（3）参照港工航道与港池开挖的回淤强度公式计算。选用公式时应结合本工程布置特点，注意其在水力条件、泥沙特性、挖槽前后水深比值和含盐度等方面的适用范围。

（4）有条件时，可采用河口、港湾工程水流泥沙数学模型进行模拟计算。

数学模型是按流体力学理论及海岸泥沙运动基本特性，运用数学手段模拟海岸动力因素作用下岸滩的演变趋势。目前由于泥沙运动的数学物理方程还未尽如人意，有时尚需与物模相结合进行分析。此外，可利用一些经验公式做某些泥沙特征的近似估算。但不论数模或经验公式，都应深入分析其适用条件，有条件时尽可能用实测资料验证其适用性，数模还要有实测资料验证其相似性。

对计算成果，应结合调查采用多种方式进行合理性分析。

（5）有条件时，可进行物理模型试验。

海岸及河口动床模型试验，为对波浪作用下岸滩冲淤变化趋势、沿岸输沙方向、输沙强度以及整治工程措施影响等的预测。

具体工程回淤问题的分析估算，应在调查的基础上通过多种途径分析比较确定。

4. *海岸动力地貌的调查分析*

与泥沙运动有关的海岸动力地貌类型调查（如海滩、河口沙嘴、水下沙埂、沿岸沙埂、海蚀崖等），应实测（调查）其形成、组成物质和结构，按其平面形态绘于 1:10000～1:50000 地形图中，并结合沿岸沉积物特性和水动力各要素，标明各岸段处于冲刷、堆积或平衡状态的分布。表 9-33 列出了一级至四级地貌单元的分类系统。

**表 9-33　　地貌分类系统表**

<table>
<tr><th>一级地貌</th><th>二级地貌</th><th colspan="2">三级地貌</th><th>四级地貌</th></tr>
<tr><td rowspan="5">大陆地貌</td><td rowspan="5">海岸地貌</td><td>堆积型地貌<br>（平原海岸）</td><td>海积阶地<br>堆积平原<br>海滩<br>水下堆积阶地<br>水下堆积岸坡</td><td rowspan="2">现代河道<br>古河道<br>沼泽<br>沙嘴<br>沙垄<br>沙堤<br>沙坝<br>潮沟</td></tr>
<tr><td>侵蚀-堆积型地貌</td><td>潮流沙脊群<br>水下侵蚀-堆积岸坡</td></tr>
<tr><td>侵蚀型地貌<br>（基岩海岸）</td><td>海蚀台地或海蚀阶地<br>水下侵蚀岸坡</td><td>海蚀崖<br>海蚀洞<br>海蚀柱<br>海蚀平台</td></tr>
<tr><td>生物地貌<br>（生物海岸）</td><td>红树林滩<br>珊瑚礁滩<br>贝壳堤或贝壳滩</td><td>岸礁（裙礁）<br>堡礁（堤礁）<br>环礁</td></tr>
<tr><td>人工地貌</td><td></td><td>海堤盐田水库<br>港池航道码头</td></tr>
<tr><td>大陆边缘地貌</td><td>陆架和岛架地貌</td><td>堆积型地貌</td><td>现代堆积平原<br>残留堆积平原<br>水下三角洲<br>大型水下浅滩<br>堆积台地</td><td>陆架谷<br>断裂谷<br>海底扇<br>沼泽<br>埋藏古河道</td></tr>
</table>

续表

| 一级地貌 | 二级地貌 | 三级地貌 | | 四级地貌 |
|---|---|---|---|---|
| 大陆边缘地貌 | 陆架和岛架地貌 | 侵蚀-堆积型地貌 | 侵蚀-堆积平原<br>潮流沙脊群<br>潮流沙席<br>水下阶地<br>陆架或岛架斜坡 | 埋藏古湖沼洼地<br>水下沙丘<br>水下沙波<br>水下沙垄<br>小型水下浅滩<br>现代潮流沙脊<br>古潮流沙脊<br>潮流冲刷槽<br>珊瑚礁<br>岩礁<br>沙岛（沙洲）<br>陆架外缘堤<br>海釜 |
| | | 侵蚀型地貌 | 侵蚀平原<br>大型侵蚀浅洼地 | |
| | | 构造型地貌 | 构造台地<br>构造洼地 | |
| | 陆坡和岛坡地貌 | 堆积型地貌 | 堆积型陆坡<br>岛坡斜坡<br>大型海底扇 | 崩塌谷<br>断裂谷<br>海底滑坡<br>浊积扇<br>地垒型平台<br>（或地垒山）<br>地堑式洼地<br>（或地堑谷）<br>陡坎<br>陡崖<br>海山<br>珊瑚礁 |
| | | 构造-堆积型地貌 | 深水阶地<br>陆坡盆地 | |
| | | 构造-侵蚀型地貌 | 海底大峡谷 | |
| | | 构造型地貌 | 断褶型陆坡<br>岛坡陡坡<br>陆坡或岛坡海台<br>陆坡或岛坡海山群<br>陆坡或岛坡海丘群<br>陆坡或岛坡海槽 | |
| 大洋地貌 | 深海盆地貌 | 堆积型地貌 | 深海平原<br>深海扇 | 珊瑚礁<br>水下浅滩<br>浊积扇<br>海渊<br>小型隆脊<br>平顶山<br>断裂槽谷<br>山间谷地<br>山间洼地<br>断裂槽谷<br>陡崖<br>海山<br>海丘<br>海台<br>深海滩<br>小型洼地 |
| | | 构造型地貌 | 海沟<br>中央裂谷<br>深海洼地 | |
| | | 构造-火山型地貌 | 洋中脊<br>深海海岭<br>深海海山群<br>深海海丘群<br>断裂槽谷山脊带 | |

海岸地貌是水动力因素对海岸的作用结果，从其地貌形态特性可以推论过去变化和今后的演变趋势，从而预估工程建设后可能产生的冲淤变化，采取必要的防护措施。

调查海蚀地貌时，要注意观测海蚀崖、海蚀平台和海蚀阶地的分布、形态特征、高程、组成物质和发育阶段，对侵蚀物质的去向进行分析判断。

调查海积地貌时，要注意海滩、沙嘴、滨海沙埂和水下沙埂的分布、形态特征、组成物质及变化发育阶段，分析目前地貌动态与水动力因素之间的关系。同时要观察海蚀地貌和海积地貌间的物质联系，进行沿岸取样颗粒分析和矿物分析。泥沙重矿物和黏土矿物含量组成分析，可按GB/T 12763.8—2007《海洋调查规范　第8部分：海洋地质地球物理调查》执行。

根据矿物组成特征分析与供给沙源地对比，可判明泥沙来源与运移路线。对拦门沙、水下沙滩等可采集柱状样品，分析其层理结构和沉积相，以判明其组成物质来源、沉积条件和形成过程。

通过采集海滩沙样，对沙样进行矿物及粒径分析，从泥沙粒径的沿程分选和重矿物沿岸分布特征、砾石的岩性和滚圆程度的变化等，可以判断泥沙来源和运移方向。

采用航卫片遥感解译可研究岸滩的变化、含沙量的分布等，此工作可与地面常规调查资料相互验证、相互补充。

5. 潮汐河口河床演变分析的特点

潮汐河口的河床演变分析，不仅应考虑上游来水来沙或海域来水来沙各自的变化规律，还应分析它们之间相互消长的关系，并应考虑咸淡水混合的影响以及波浪作用。因此，潮汐河口的河床演变分析远较无潮河口复杂，但是从水流与河床相互作用这一共同特征而言，有关内陆河流河床演变的基本规律仍可应用。

分析盐淡水混合对河口河床演变的影响时，可利用滞流点位置来预估由于径流量或河槽水深的变动而引起的淤积部位的变动。许多现场资料表明，严重淤积处一般都发生在滞流点附近。

在盐水楔异重流的作用下，河口下段受盐水密度影响之后，径流主要从表层排泄，底层在密度影响下，产生净向上游的净上溯流（指该测流点的流速过程线所包之面积，涨潮面积大于落潮面积；反之，称净下泄流）。河口下段在发生盐水楔异重流的情况下，不论洪季和大潮、小潮，底层都有净上溯流存在，只是其范围有所不同。滞流点为底部从净上溯流转为净下泄流的地点，该处在一涨一落之间进出的净水量为零，即涨落潮流面积差为零。滞流点就是平均情况下底部净上溯流的上边界，随潮差和径流的大小而变动，洪季小潮下移，枯季大潮上溯。但要注意，河口滞流点的存在是根据实际资料分析的结果，不是直接实测所得，与涨落潮流的憩流点截然不同。

河口段的一些整治工程及水利工程措施，例如上游修水库、挡潮闸、疏浚工程、河道束窄等，都会影响河口段的河床演变。

6. 泥沙淤积体与岸滩演变关系

海岸主要的泥沙淤积体如浅滩、沙嘴、陆连岛、沿岸沙坝及其围隔的泻湖等，都是由于波浪和水流所挟带的大量泥沙，遇到地形发生变化或输沙障碍，或出现水流扩散、波浪折射，导致输沙能力降低，泥沙沉积而形成。在港湾海岸，由于岸形曲折，波浪的能量在岬角处形成辐聚集中，冲蚀海岸；在海湾处，波能发生辐散展开，形成泥沙沉积。

根据淤积形态，可推测沿岸泥沙的动态，分析岸滩地貌特征，确定海岸工程岸段特性，为修建工程后岸滩稳定性预测、冲淤变化趋势分析等提供依据。

沿岸漂沙流经岬角岸段进入湾口时，水流的挟沙能力减弱，一部分漂移的砂砾堆积在岬角岸段，一端连接海岸，另一端以狭长堆积地貌沙嘴形态向海湾的湾口水域伸延。沙嘴向海伸长的速度随水深增大而变慢，其末梢因受来自外海的波浪作用向陆弯曲。海岸沙嘴的大小和指向表明了该岸段泥沙流的强度与方向。

连接岸外岛屿与陆地或连接两个相邻近岛屿的泥沙堆积体称为连岛沙洲。岛屿越近陆地，越容易形成连岛沙洲，这与岩性及碎屑泥沙来源有关。沙嘴、连岛沙洲等主要由泥沙纵向运移所形成。

浅滩是输沙不平衡所形成的局部淤积体。河口涨落潮沟分离的地方形成浅滩（涨潮沟一般不太稳定）；盐水楔末端淤积，发生在盐水底流上溯所及范围的末端，即滞流点附近，在河流径流变幅较小的弱潮河口，盐水楔所造成的淤积位置较稳定；在河床纵剖面上出现更大规模的隆起地貌，为拦门沙，其发生部位与河水造床流量和潮水造床流量（采用涨潮平均流量）的比值有关。

应注意，同样的输沙障碍在不同性质海岸引起的冲淤变化是不同的，譬如，在沙质海岸和淤泥质海岸上建丁坝或离岸堤，形成的冲淤变化就不相同。

输沙障碍导致的下游侵蚀，不是当即发生，有时需几年以后才能观察到。沿岸泥沙流遇到障碍物后绕行，随着上游淤积体的发展和岸线形态的调整，绕过障碍物向下游运行的沙量也会逐渐回升，达到稳定后，上游岸线的淤长和下游岸线的侵蚀便趋向停止。

**［例 9-14］** 海岸动力地貌调查分析示例。

图 9-34 为某核电厂厂址附近海岸动力地貌调查分析成果图。在核电厂选址水文勘测工作中，应用了遥感技术如利用航卫片分析泥沙运动方向、动力地貌特征及含沙量时空变化特性等。

图 9-35 为某核电厂厂址附近遥感浑水解译图。根据 1991 年 4 月 2 日 09 时 51 分 37 秒成像的卫星 TM 磁带计算机图像处理的影像，对厂址附近地区表层浑水的分布和相对强度进行了解译。根据潮汐表，邻近站 1991 年 4 月 2 日第一次低潮时间为 11 时 13 分，潮位 0.92m，也就是此影像是在低潮前 1.5h 成像；而低潮前的流场分布和落潮流速，根据 1994 年 6 月在厂址海域进行的大小潮海流观测的资料和流场数值模拟，此时的表层流速完全可以搬运悬浮泥沙，故浑水分布的格局与本区落潮流流场的分布是相吻合的。另根据邻近台站 1991 年 4 月 1 日 08:00 至 4 月 2 日 08:00 的风向风速记录、西部海湾产生的波浪，分析了浪向和落潮流向近乎叠加，造成高和中浑水带分布范围较大，而东部海湾由于落潮流向和风（浪）向的不一致，造成高和中浑水带分布范围较窄。

某核电厂厂址的卫星资料，来自中国遥感卫星地面站接收的美国于 1984 年 3 月发射的 Landsat-5TM

（陆地卫星-5 专题制图仪）记录的 CCT（6250bpi），即与计算机兼容的数字成像磁带。其图像质量达 9 分（10 分为满分），即图像无云雪、景物较好。图 9-36 为该厂址附近 1:50000 卫星遥感地貌解译图。

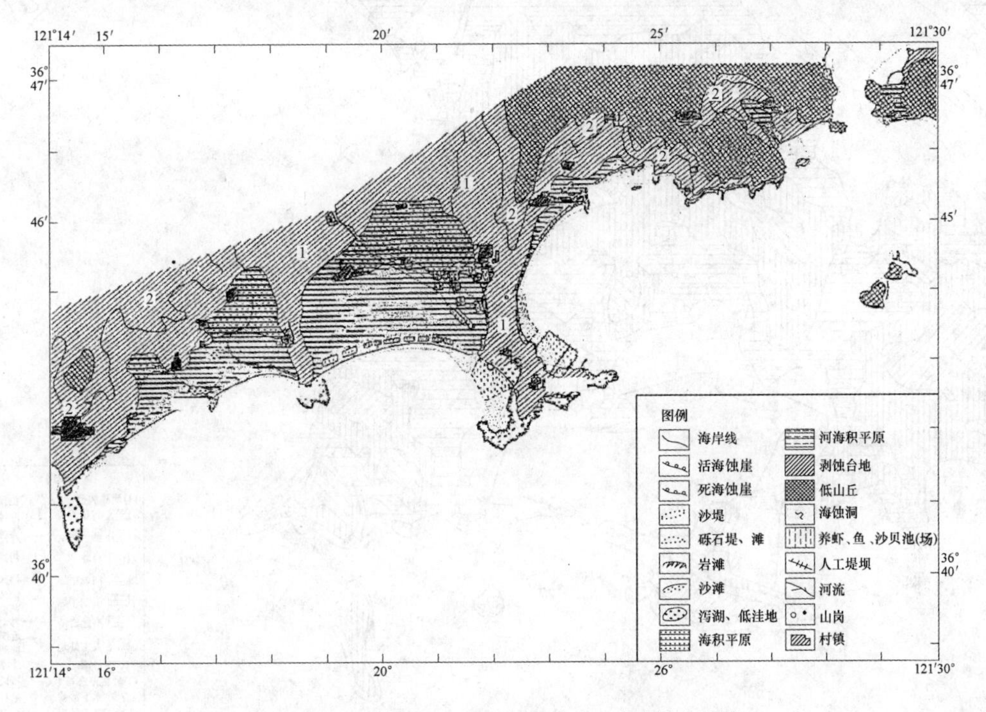


图 9-34　某厂址附近海岸动力地貌调查分析成果图

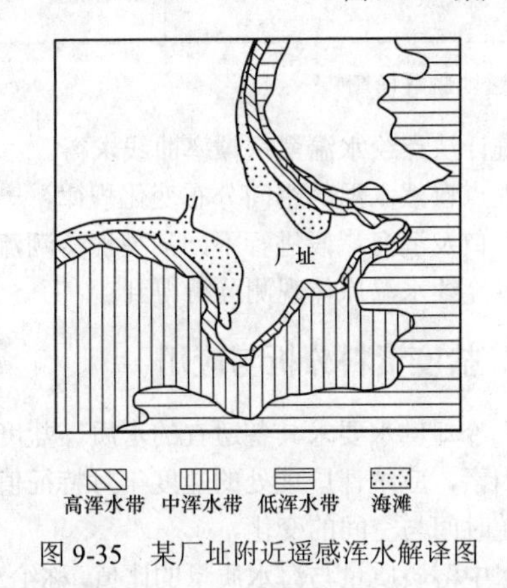


图 9-35　某厂址附近遥感浑水解译图

# 第六节　水温及盐度

## 一、水温资料分析与应用

水温在火电厂供水设计与发电运行中影响到煤耗与发电效率，在温排水冷却散热计算中是一个重要的基本参数。滨海火电厂一般采用直流供水系统，需提供累年逐月水温特征值及最近 5 年水温最高 3 个月频率为 10%的日平均水温。水工温排水散热冷却还需考虑工程点自然水温的空间分布变化特性，要分析自然水温在取水口附近及排水影响范围内的水域的断面横向、垂向及纵向分布的变化规律。

当工程点有观测站且水温观测系列在 5 年以上时，可直接统计计算有关特征值。工程点水温观测系列不足 5 年时，可与邻近站的水温系列建立相关关系，还可按滨海、河口涨落潮流特征建立观测站水温与气温等影响因素间的相关关系，从而对观测站气温系列进行插补延长。最高水温滞后于最高气温的特征在海域中最显著，可按其具体情况分别建立年值或月值相关，资料较少时可建立年月值混合相关。

当工程点无水温资料时，应设站进行一年或三个热季以上的水温观测，并同时观测有关的辅助气象参数。火电厂设计水温的统计样本为日平均水温，我国海洋台站表层海水温度的观测一般每天 3 次，分别为 08、14、20 时，对于配备自动观测设备的测站，表层水温为连续观测，每个整点记录一次。仅测三个时刻的表层海水温度，容易漏掉当天最低或最高水温，用这三个时刻的水温平均值代表日平均值对水温资料的代表性有一定影响。三次观测站日平均水温的计算一般可采用下列两种方法计算：

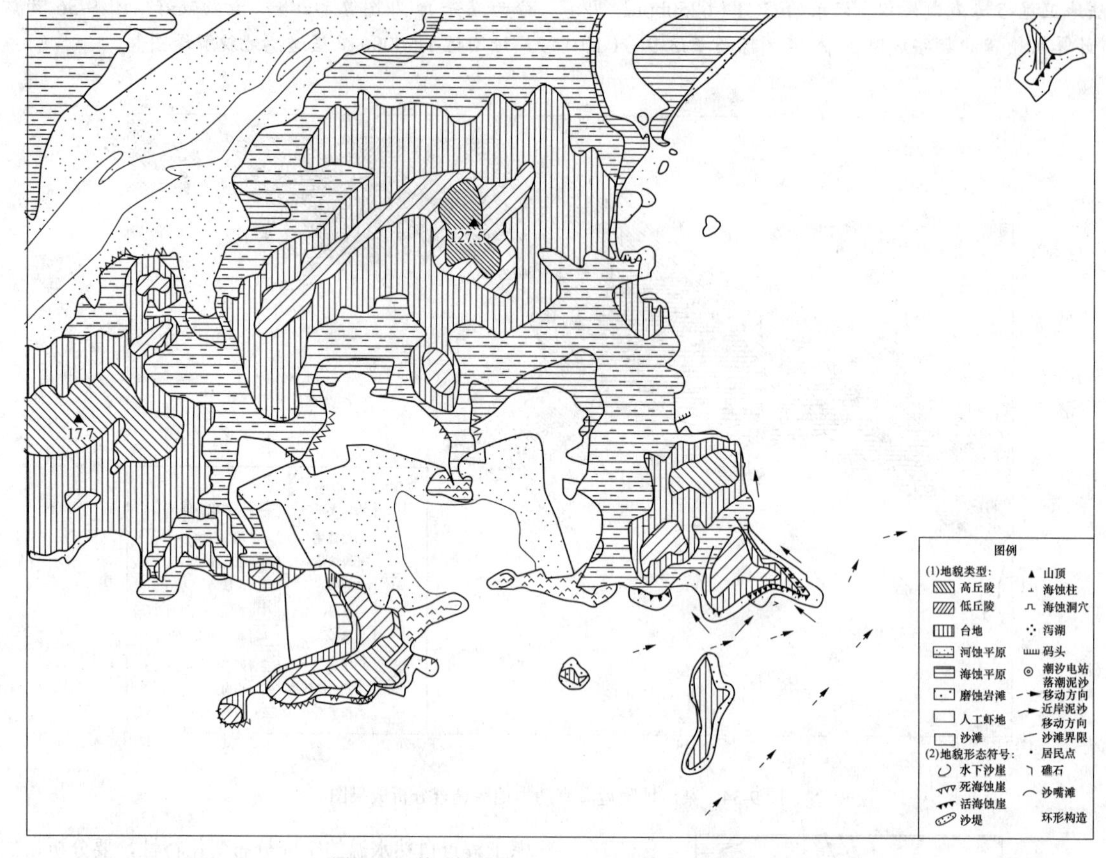


图 9-36　某厂址附近 1:50000 卫星遥感地貌解译图

$$\overline{T}=(T_{08}\times 2+T_{14}+T_{20})\div 4 \tag{9-226}$$

$$\overline{T}=\left[\frac{1}{2}(T_{20}'+T_{08})+T_{14}+T_{20}\right]\div 4 \tag{9-227}$$

式中　$\overline{T}$ ——日平均水温；

$T_{08}$、$T_{14}$、$T_{20}$ ——当日 08、14、20 时水温；

$T_{20}'$——前一日 20 时水温。

从统计学角度分析，式（9-227）优于式（9-226）。在水温变化较大的区域，如潮汐河口，应设站进行短期逐时观测，建立三次平均水温与日平均水温之间的相关关系，对水温观测值进行修正。当水温测站离取水口断面较远，或利用其他水域的水温资料时，应在取水口设站作短期同步对比观测，求出取水口水温与参证站水温的相关关系。

做近似估算时，可利用邻近相似测站或有水温记录的测点资料，结合现场短期逐时观测修正推算；或通过建立区域性水温与气温或水温与纬度等特征关系，间接推算多年及月水温特征值。

循环供水设计中频率为 10%的日平均水温，可根据最近 5 年最炎热时期（3 个月）的日平均水温资料用逐点统计法点绘水温累积频率曲线求得。

工程点自然水温的空间分布变化规律，一般通过对潮汐河口及滨海岸段进行不同潮型涨落潮流的多点全潮逐时连续水温原体观测分析得到。

## 二、盐度资料分析与应用

电厂冷却供水要求具备适宜的水质，盐度是一个重要的因素，应统计厂址处的盐度年月特征值并分析含盐度随时间与空间的变化。

海水中溶质质量与海水质量的比值，称绝对盐度。绝对盐度不能直接测量，故定义了实用盐度。海水的实用盐度根据电导率比值 $K_{15}$ 来确定，$K_{15}$ 是海水样品在温度为 15℃、压力为一个标准大气压下的电导率与质量比为 $32.4356\times10^{-3}$ 的氯化钾溶液在相同温度压力下的电导率的比值。当 $K_{15}$ 值正好等于 1 时，盐度恰好等于 35。

厂址处具有三年以上盐度观测资料时，可据此直接统计厂址处多年平均年、月盐度值和最大盐度值与最小盐度值。无盐度观测资料时，应在厂址处进行不少于一年的盐度观测。具有短期盐度资料时，可与邻近海洋水文站的盐度资料建立相关关系，插补延长工程地点的盐度资料。

根据厂址处及附近海洋水文站的盐度资料和盐度大断面连续观测资料，可分析盐度在工程海域的平面分布、垂向变化及季节变化。

## 三、河口盐水入侵的分析与计算

### （一）盐淡水混合的几种类型

河口盐水入侵大体有两种形式：一种是在无潮海河口，盐水成为一稳定的楔状盐水舌侵入河口，称为盐水楔，盐水楔的楔面有明显的盐淡水交界面，其位置视径流量的大小而上下移动；另一种是在有潮海河口，盐淡水之间成不同程度的混合，盐水沿河口入侵范围随潮流强弱、径流量大小和河口边界条件不同而变化。盐淡水混合类型视盐淡水混合的程度不同大体可分为三种：

（1）弱混合型（或称高度分层型）：一般发生在潮差较小、潮流较弱而径流相对较大的河口，盐淡水之间有明显的分层现象，密度较小的淡水径流从上层下泄，而密度较大的海水沿底层上溯，交界面由海向陆呈楔状潜入，其位置随潮汐的涨落做周期性往复移动。海水和淡水的交界面清晰可辨，在交界面形成很薄的混合层。这种情况类似上述无潮入海河口稳定的盐水楔，称为盐水楔异重流。我国珠江口磨刀门、美国密西西比河口西南水道都有此现象。

（2）缓混合型（或称部分掺混型）：在潮流和径流作用都较明显的河口，盐淡水混合程度中等，在盐淡水之间无明显的交界面，为一个盐度适当变化的带所替代，有一定盐度的海水上升伴同淡水入海，因此底层含盐度比面层大，纵向含盐度等值线由海向陆倾斜，呈楔状，在水平和垂直两个方向都存在密度梯度。我国长江、辽河等河口的水流均属此类型。

（3）强混合型（或称充分掺混型）：河口的潮差较大，潮流作用较强而径流的作用相对较弱，盐淡水之间存在着强烈的混合，因此在水平方向仍有密度梯度，而在垂直方向的密度梯度甚小。我国钱塘江、椒江等河口的水流即属此类型。

盐淡水混合类型划分，较为简便的方法是采用混合指数 $M$ 作为划分标准。混合指数 $M$ 为河口多年平均径流量和多年平均涨潮量之比，反映径流与潮流的强弱。奥菲塞（C.B. Officer）在西蒙斯（H.B Simmons）经验的基础上指出：当 $M \geqslant 10^0$ 时为弱混合；当 $M$ 在 $10^{-1}$ 附近时盐淡水部分混合，河口属缓混合型；当 $M<10^{-2}$ 时，河口属强混合型。

盐淡水混合类型的划分标准还可以用分层系数 $N$。汉森（Hansen）和拉特雷（Rattray）根据河口实际资料，以底层与表层之间的盐度差与垂线平均盐度之比值定义为分层系数 $N$。当 $N \geqslant 10^0$ 时河口为高度分层型，可能出现盐水楔异重流；当 $N$ 为 $10^0 \sim 10^{-2}$ 时河口为缓混合型；当 $N<10^{-2}$ 时河口为强混合型。

河口盐淡水混合类型的这两种划分标准虽有所不同，但都以河口实际资料为依据，划分效果是近似的，分层系数对缓混合型的划分标准比混合指数更为明确。

### （二）盐水楔异重流参数的确定

河口是盐淡水交汇地区，水流情况比较复杂。海水因含有盐分，密度比淡水大，虽然最大的密度差仅约 2%，但从异重流特性的研究中可知，流体存在轻度的密度差，就可产生密度流速 $v=\sqrt{\Delta\rho/(\rho hg)}$。无潮入海河口可形成稳定的盐水楔，就是由于盐水和淡水密度不同，因重力不平衡而引起异重流运动。但在有潮入海河口，这种由重力不平衡而引起的异重流与潮流剪切力所产生的紊动扩散常相伴而生，情况较为复杂。产生异重流的作用力是密度重力加速度所引起的有效重力，是下层较重流体在上层较轻流体中的重量，即所谓“潜重”。密度重力加速度以 $g'$ 表示，即

$$g'=\varepsilon g \tag{9-228}$$

式中 $g'$——密度重力加速度，m/s²；

$\varepsilon$——密度差与密度的比值；

$g$——重力加速度，m/s²。

对海水而言，$\varepsilon=\Delta\rho/\rho=0.02\sim0.03$，其值很小。在有异重流的情况下，弗劳德数 $Fr'$ 中 $g$ 应代之以异重流密度重力加速度 $g'$，即

$$Fr'=\frac{v}{\sqrt{g'h}}=\frac{v}{\sqrt{\dfrac{\Delta\rho}{\rho}gh}} \tag{9-229}$$

式中 $v$——异重流流速，m/s；

$h$——异重流水深，m；

$\Delta\rho$——密度差，kg/m³；

$\rho$——异重流密度，kg/m³。

盐水楔的推进距离与河水径流量、水深及海水含盐量有关。当这些因素维持不变时，盐水楔仅随潮流的作用而做周期性进退。在无潮入海河口，盐水楔处于相对稳定状态，即 $v\approx0$；在弱混合型河口，当淡水径流量较大时，海水呈楔状沿底向上延伸，可以作为准恒定情况进行研究；在潮汐较强的缓混合型河口，在洪季小潮汛期间也能发生类似的情况。可用下式求解一维准恒定情况时的盐水楔形状特征，即

$$-1+(Fr_1')^2+(Fr_2')^2=\frac{J_{e1}-J_{e2}}{\dfrac{\Delta\rho}{\rho}\dfrac{\partial h_1}{\partial x}} \tag{9-230}$$

式中 $Fr_1'$、$Fr_2'$——上层清水、下层异重流密度弗劳德数；

$J_{e1}$、$J_{e2}$ ——上层清水、下层异重流阻力项；

$h_1$ ——上层清水水深，m。

当盐水楔处于准恒定情况时，盐水楔在河口口门断面处，淡水水深达到临界水深，可以推导出河口口门处淡水层的临界水深 $h_{1_c}$ 为

$$h_{1_c} = h_0 (Fr_0')^{2/3} = h_0 \frac{{v_0}^{2/3}}{\left(\frac{\Delta\rho}{\rho} gh\right)^{1/3}} \quad (9\text{-}231)$$

相应的河口口门处盐水楔高度 $h_{S_0}$ 为

$$h_{S_0} = h_0 - h_{1_c} = h_0 - \frac{h_0 v_0^{2/3}}{\left(\frac{\Delta\rho}{\rho} gh\right)^{1/3}} \quad (9\text{-}232)$$

式中 $h_0$ ——盐水楔端点处淡水水深，m；

$Fr_0'$ ——盐水楔端点处淡水弗劳德数；

$v_0$ ——盐水楔端点处淡水流速，m/s。

在19世纪50年代有不少学者对盐水楔的入侵长度进行了大量的研究工作，其中有代表性的是希夫·舍恩弗尔德总结的盐水楔入侵长度计算公式：

$$L = \frac{2h_0}{f_i}\left[\frac{1}{5(Fr_0')^2} - 2 + 3(Fr_0')^{2/3} - \frac{6}{5}(Fr_0')^{4/3}\right] \quad (9\text{-}233)$$

式中 $L$ ——盐水楔入侵长度，m；

$f_i$ ——盐水楔交界面的平均阻力系数。

其余符号意义同前。

盐水楔入侵长度 $L$ 与上游淡水水深 $h_0$、上游淡水流速 $v_0$ 及密度差比 $\varepsilon$ 有关，$L$ 随 $Fr_0'$ 的增大而减小。当淡水径流量减小，或因疏浚等原因使河口水深 $h_0$ 增加时，都可增加盐水楔的入侵长度。此外，盐、淡水交界面的阻力系数不同，盐水楔入侵长度亦有相当大的变化。从实验中得出，交界面的阻力系数 $f_i$ 与雷诺数和密度弗劳德数成反比，如果上下层流速相对差进一步增大，则从盐水楔变为轻度混合型盐水楔异重流，在交界面产生内波，这种状态的交界面阻力系数还得考虑内波的波陡 $a/l$，即

$$f_i = 8\pi^2 \frac{1}{Re_1 (Fr_1')^2}\left(\frac{H}{l}\right)^2 \quad (9\text{-}234)$$

或改为

$$f_i = c\left[Re_1 (Fr_1')^2\right]^{-n} = c\psi^{-n} \quad (9\text{-}235)$$

$$Re_1 = \frac{u_1 h_1}{v_1} \quad (9\text{-}236)$$

式中 $Re_1$ ——淡水层雷诺数；

$H$ ——内波的振幅，m；

$l$ ——内波的波长，m；

$c$、$n$ ——常数。

通过现场观测资料及实验数据可以整理得出 $f_i$ 和 $\psi$ 的关系。

## 四、盐淡水混合过程中的盐度扩散分析

我国沿海的入海河口，都是有潮河口（多数是缓混合型，也有强混合型和弱混合型），虽潮汐有强弱之分，但不存在稳定的盐水楔，即使弱混合型河口，在盐、淡水之间仍有一定的混合。河口盐度分布是不恒定的三维问题，即 $C = f(x,y,z,t)$，原则上可以用电子计算机用数值计算方法进行计算求解，但从现场实测资料不足、河口盐度的横向变化相对小（可不予考虑）等实际条件出发，可将盐度分布简化为一维问题，用解析方法求解。盐度一维扩散方程式为

$$\frac{\partial \overline{C}}{\partial t} + \overline{v}\frac{\partial \overline{C}}{\partial t} = \frac{1}{A}\frac{\partial}{\partial x}\left(AE_x \frac{\partial \overline{C}}{\partial x}\right) \quad (9\text{-}237)$$

式中 $\overline{C}$ ——断面平均瞬时盐度；

$\overline{v}$ ——断面平均瞬时流速，m/s；

$A$ ——断面面积，$m^2$；

$E_x$ ——纵向盐分分散系数，包括由密度差引起的环流的混合作用。

流速 $\overline{v}$ 包含两个部分，一部分是潮流流速 $\overline{v}_T$，另一部分是淡水流速 $v_f$，都是纵向距离 $x$ 和时间 $t$ 的函数。虽然两种流速的时间尺度很不相同，潮流是以12h25min或者24h50min为周期变化，而淡水流速随河道季节水文曲线缓慢地变化，但仍然是：

$$\overline{v} = \overline{v}_T - v_f \quad (9\text{-}238)$$

式中 $\overline{v}$ ——断面平均瞬时流速，m/s；

$\overline{v}_T$ ——潮流流速，m/s；

$v_f$ ——淡水流速，m/s。

$v_f$ 取负值，因为 $x$ 轴取河口的口门断面为原点，陆向为正，海向为负。如果在几天或几星期中淡水流量相对不变，为一常数值，河口将出现准恒定的盐度分布，即在时间差达一个全潮时，盐度的分布相同。可见，盐度分布的形状主要由纵向扩散与淡水对流之间取平均所确定。在 $\overline{v}_T = 0$ 时盐度分布具有最小和最大的侵入，其相应的盐度分布称为低潮憩流分布和高潮憩流分布。假定河口断面面积为常数，河口没有支流汇入，$v_f$ 也可视为常数，可推导得低潮憩流时断面平均盐度沿程变化的表达式为

$$\frac{\overline{C_1}}{C_0} = e^{\frac{v_f}{2E_0 B}(x+B)^2} \quad (9\text{-}239)$$

式中 $\overline{C_1}$ ——低潮憩流时含盐度；

$C_0$ ——海洋含盐度；

$E_0$ ——海洋盐分分散系数；

$B$ ——河口向海洋伸展至含盐度为 $C_0$ 时的距离，m。

如果有两处（至少有两处）低潮憩流时含盐度是已知的，即可从式（9-239）确定参数 $B$ 和 $E_0$ 值。

由低潮憩流时断面平均盐度沿程变化的表达式，可推导出任一潮时准恒定盐度分布。将低潮憩流时盐度分布曲线沿纵向平移一个相当于全潮流程的距离，即为高潮憩流盐度分布曲线。任一潮时准恒定盐度分布公式：

$$\frac{C(x,t)}{C_0}=\exp\left\{-\frac{v_f}{2E_0B}\left[N-(N-x)\exp\left(\frac{H_0}{h}-\frac{H_0}{h}\cos\omega t\right)+B\right]^2\right\} \tag{9-240}$$

$$N=\frac{hv_0}{a_0\omega} \tag{9-241}$$

式中 $C$ —— $t$ 时刻 $x$ 断面处的盐度；

$x$ ——断面位置；

$t$ ——时刻，s；

$C_0$ ——河口外海洋含盐度；

$B$ ——河口向海洋伸展至含盐度为 $C_0$ 时的距离，m；

$H_0$ —— $x=0$ 处最大潮波振幅，m；

$h$ ——异重流水深，m；

$v_0$ ——潮流速度，m/s。

# 第十章

# 气　　象

气象条件是电力工程重要的设计条件，主要包含气温、风、气压、相对湿度、降雨、蒸发、太阳辐射、覆冰、冻土积雪、水温等气象要素。针对不同的设计需求，主要包括冷却塔气象条件、短历时暴雨强度、空冷气象条件、风力发电气象条件、太阳能发电气象条件、架空输电线路气象条件专用项目。本章就重要的气象要素和专用气象条件分别介绍分析计算方法。

## 第一节　气　　温

电力工程设计关于气温的要求除了常规的平均、最高、最低气温，还有一些特殊要求。这些特殊气温要素通常在气象部门没有整编成果，需要说明其含义和统计方法，根据项目需求向气象部门专门收集。

### 一、季节划分

#### (一) 四季

气候学常用候平均气温划分四季，即候平均气温小于或等于 10℃为冬季，候平均气温大于或等于 22℃为夏季，候平均气温在 10～22℃间为春、秋季节。中国季节月份的划分（公历）如下：

春季：3 月、4 月、5 月；夏季：6 月、7 月、8 月；秋季：9 月、10 月、11 月；冬季：12 月、1 月、2 月。

#### (二) 热季

电力工程中所指的热季，为一年中连续的最热 3 个月。热季的多年平均气温应高于年内其余各季的多年平均气温。我国各地气候差异较大，一年中热季在各地不尽一致，通常为6～8 月，也有些为 5～7 月。

### 二、气温统计

1. 项目和方法

电力工程设计常规所需的气象条件涉及以下项目：

（1）多年逐月平均气温、极端最高（低）气温和出现时间。

（2）最大日温差。统计最近 10 年同日极端最高气温与极端最低气温的变幅，取最大值。

（3）30 年一遇极端最低气温。根据逐年年极端最低气温系列资料采用 P-Ⅲ型分布或极值Ⅰ型分布进行频率分析计算求得。频率计算资料年数要求 30 年以上。对于短期系列资料，难以进行频率计算时，可用相关法或比值法将资料系列展延后进行统计计算。

（4）最近 10 年最多冻融交替循环次数。每年 7 月至次年 6 月为一个气象统计年度，按气象年度统计。应按最近 10 年每气象年度寒冷季节逐时气温过程从+3.0℃以上降至–3.0℃以下，然后再回升到+3.0℃以上算 1 次冻融交替循环，累计每气象年度冻融交替循环次数，挑取其中年最大值作为最近 10 年最多冻融交替循环次数。

（5）年最高（低）气温（电气专业要求）。统计逐年极端最高（低）气温的多年平均值。气象部门整编无该项目，收资时需要专门说明要求。

（6）最热月平均最高气温（电气专业要求）。选择多年平均气温最高的月份作为最热月，统计逐年最热月每日最高气温的月平均值，取多年平均值。气象部门整编无该项目，收资时需要专门说明要求。

（7）设计风速对应的最低气温。在逐年最大 10min 平均风速系列中挑选出与设计风速相等或相近值，以该值出现日期当日最低气温作为设计风速对应的最低气温。

（8）覆冰同时气温。挑选多年最大一次覆冰过程中出现的极端最低气温。有实测资料时，应挑选多年最大一次覆冰过程中的最低气温；无实测资料时，可挑选调查历史最大一次覆冰过程中的最低气温；若历史最大覆冰期无实测气温资料，可挑选有实测气温资料以来最大一次覆冰过程中的最低气温。

（9）近 5 年热季累积频率为 10%的日平均湿球温度及相应气象要素。统计方法见本章第四节。

2. 代表性分析

收集的气象参证站资料对工程点气象条件应具有代表性，从两地海拔、地形地貌、气候特点等方面进行比较分析其代表性。若代表性较好，可直接使用所收资料；若存在较大差异，应对所收资料进行修正后使用。可使用工程点和气象参证站同期实测气温关系修正气象参证站多年气温统计值；无同期实测气温数据时，可参考中纬度地区自由大气年平均气温直减率0.6℃/100m 结合工程地点特征修正。

## 第二节　风

电力工程结构设计需要水文气象专业提供设计基准期内的设计风速，用于计算作用在构筑物表面上的风荷载标准值；设计专业一般还需要风向频率或风玫瑰图，作为工程总平布置或不同方向风荷载作用程度确定的参考依据。

### 一、风压

（一）基本定义

风压是指垂直于气流方向的平面上所受到的风的压力。基本风压是指用当地空旷平坦地面上 10m 高度处 10min 平均历年最大风速观测资料，经频率计算得出 50 年一遇最大风速，再考虑相应的空气密度折算，按贝努利公式确定的风压，是风荷载计算的基准压力。

（二）风荷载计算

风荷载也称风的动压力，是空气流动对工程结构所产生的压力。按 GB 50009—2012《建筑结构荷载规范》的规定，当计算主要承重结构时，垂直于建筑物表面上的风荷载标准值，应按式（10-1）计算：

$$W_k = \beta_z \mu_s \mu_z W_0 \tag{10-1}$$

式中　$W_k$——风荷载标准值，$kN/m^2$；

$\beta_z$——高度 $z$ 处的风振系数；

$\mu_s$——风荷载体型系数；

$\mu_z$——风压高度变化系数，如工程地点地形条件与参考气象站有明显差异，还应考虑风压高度变化系数的地形修正系数$\eta$；

$W_0$——基本风压，$kN/m^2$。

$\beta_z$、$\mu_s$ 是结构专业需要考虑的参数，气象专业可对基本风压 $W_0$、风压高度变化系数$\mu_z$及地形修正系数$\eta$进行研究。

（三）风压计算

1. 计算方法

风压值可根据当地年最大风速资料，参照基本风压定义，通过统计分析确定；当地没有风速资料时，可根据附近地区规定的基本风压或长期资料，通过气象和地形条件的对比分析确定，也可通过全国各城市雪压和风压表（见 GB 50009—2012《建筑结构荷载规范》中表 E.5）查出；还可按全国基本风压分布图（见 GB 50009—2012《建筑结构荷载规范》中图 E.6.3）近似确定。通过统计分析确定时，可先计算出当地空气密度及基准风速，再由式（10-2）计算出风压值。

$$W = K_V v^2 \tag{10-2}$$

$$K_V = \frac{1}{2}\rho \tag{10-3}$$

$$\rho = \frac{0.001276}{1+0.00366t}\left(\frac{p-0.378e}{1000}\right) \tag{10-4}$$

$$\rho = 0.00125e^{-0.0001z} \tag{10-5}$$

式中　$W$——风压，$kN/m^2$；

$K_V$——风压系数，在标准状态下，纬度 45°的海平面处、水银柱高为 760mm 标准大气压、气温为 15℃时的干空气应采用 1/1600；

$v$——某一设计重现期离地 10m 高、自记 10min 平均最大风速，m/s；

$\rho$——空气密度，$t/m^3$；

$t$——气温，℃；

$p$——气压，hPa；

$e$——水汽压，hPa；

$z$——工程所在地海拔；

$p$、$t$、$e$ 应取当地多年平均值计算。

在 1969 年以前，国内风速记录大多数是风压板的观测结果。风压板刻度所反映的风速，实际上是统一根据标准的空气密度 $\rho=0.00125\ t/m^3$ 按式（10-2）反算而得，因此在计算风压时，风压系数 $K_V$ 应统一取 1/1600。当使用风杯式自记测风仪时，必须考虑空气密度受温度、气压影响的修正，由于各地纬度和海拔不同，空气密度与重力加速度也随之而变化，所以风压系数也是一个变数，我国部分城市风压系数可参考表 10-1。

2. 风压高度变化系数及其地形修正系数

当工程地点与参考气象站海拔及地形条件差异较大时，必须根据地形条件进行修正，当无对比观测资料时，可采用风压高度变化系数及其地形修正系数来推算工程地点某一高度处的基准风压。

（1）风压高度变化系数。

在大气边界层内，风速随离地面高度增加而增大，当气压场随高度不变时，风速随高度增大的规律，主要取决于地面粗糙度和温度垂直梯度，通常认为在离地面高度为 300～550m 时，风速不再受地面粗糙度的影响，该高度称为梯度风高度 $H_G$。

对于平坦或稍有起伏的地形，无对比观测资料时，风压高度变化系数应根据地面粗糙度类别按表 10-2 确定。地面粗糙度分为 A、B、C、D 四类：A 类指近海海面和海岛、海岸、湖岸及沙漠地区；B 类指田野、乡村、丛林、丘陵以及房屋比较稀疏的中小城镇和大城市郊区；C 类指有密集建筑群的城市市区；D 类指有密集建筑群且房屋较高的大城市市区。表 10-2 中风压高度变化系数 $\mu_z$ 是在离地 10m 高处基本风压的基础上乘的系数，可按照以下方法确定。

表 10-1　　我国部分城市风压系数 $K_V$ 参考值

| 地区 | 地点 | 海拔（m） | $K_V$ | 地区 | 地点 | 海拔（m） | $K_V$ |
|---|---|---|---|---|---|---|---|
| 东南沿海 | 青岛 | 77.0 | 1/1710 | 内陆 | 承德 | 375.2 | 1/1650 |
| | 南京 | 61.5 | 1/1690 | | 西安 | 416.0 | 1/1680 |
| | 上海 | 5.0 | 1/1740 | | 成都 | 505.9 | 1/1670 |
| | 杭州 | 7.2 | 1/1740 | | 伊宁 | 664.0 | 1/1750 |
| | 温州 | 6.0 | 1/1750 | | 张家口 | 712.3 | 1/1770 |
| | 福州 | 88.4 | 1/1770 | | 遵义 | 843.9 | 1/1820 |
| | 永安 | 208.3 | 1/1780 | | 乌鲁木齐 | 850.5 | 1/1800 |
| | 广州 | 6.3 | 1/1740 | | 贵阳 | 1017.2 | 1/1900 |
| | 韶关 | 68.7 | 1/1760 | | 安顺 | 1392.9 | 1/1930 |
| | 海口 | 17.6 | 1/1740 | | 酒泉 | 1478.2 | 1/1890 |
| 内陆 | 柳州 | 97.6 | 1/1750 | | 毕定 | 1510.6 | 1/1950 |
| | 南宁 | 123.2 | 1/1750 | | 昆明 | 1891.3 | 1/2040 |
| | 天津 | 16.0 | 1/1670 | | 大理 | 1990.5 | 1/2070 |
| | 汉口 | 22.8 | 1/1610 | | 华山 | 2064.9 | 1/2070 |
| | 徐州 | 34.3 | 1/1660 | | 五台山 | 2895.8 | 1/2140 |
| | 沈阳 | 41.6 | 1/1640 | | 茶卡 | 3087.6 | 1/2250 |
| | 北京 | 52.3 | 1/1620 | | 昌都 | 3176.4* | 1/2550 |
| | 济南 | 55.1 | 1/1610 | | 拉萨 | 3658.0 | 1/2600 |
| | 哈尔滨 | 145.1 | 1/1630 | | 日喀则 | 3800.0* | 1/2650 |
| | 萍乡 | 167.1 | 1/1630 | | 五道梁 | 4612.2* | 1/2620 |
| | 长春 | 215.7 | 1/1630 | | | | |

注　标*者为非实测高程。

1）A 类：当 $z \leqslant 5$m 时取 $\mu_z=1.09$；B 类：当 $z \leqslant 10$m 时取 $\mu_z=1$；C 类：当 $z \leqslant 15$m 时取 $\mu_z=0.65$；D 类：当 $z \leqslant 30$m 时取 $\mu_z=0.51$。

2）除 1）中所述情况外，梯度风高度 $H_G$ 以下风压高度变化系数 $\mu_z$ 可用式（10-6）计算。

$$\mu_z = K_\alpha \left(\frac{z}{10}\right)^{2\alpha} \tag{10-6}$$

式中　$K_\alpha$——地面粗糙度影响系数，对应 A、B、C、D 类分别取 1.284、1.000、0.544、0.262；

$z$——离地面或海平面高度，m；

$\alpha$——地面粗糙度系数。

表 10-2　　风压高度变化系数 $\mu_z$

| 离地面或海平面高度（m） | 地面粗糙度类别 | | | |
|---|---|---|---|---|
| | A | B | C | D |
| 5 | 1.09 | 1.00 | 0.65 | 0.51 |
| 10 | 1.28 | 1.00 | 0.65 | 0.51 |

续表

| 离地面或海平面高度（m） | 地面粗糙度类别 | | | |
|---|---|---|---|---|
| | A | B | C | D |
| 15 | 1.42 | 1.13 | 0.65 | 0.51 |
| 20 | 1.52 | 1.23 | 0.74 | 0.51 |
| 30 | 1.67 | 1.39 | 0.88 | 0.51 |
| 40 | 1.79 | 1.52 | 1.00 | 0.60 |
| 50 | 1.89 | 1.62 | 1.10 | 0.69 |
| 60 | 1.97 | 1.71 | 1.20 | 0.77 |
| 70 | 2.05 | 1.79 | 1.28 | 0.84 |
| 80 | 2.12 | 1.87 | 1.36 | 0.91 |
| 90 | 2.18 | 1.93 | 1.43 | 0.98 |
| 100 | 2.23 | 2.00 | 1.50 | 1.04 |
| 150 | 2.46 | 2.25 | 1.79 | 1.33 |
| 200 | 2.64 | 2.46 | 2.03 | 1.58 |

续表

| 离地面或海平面高度（m） | 地面粗糙度类别 | | | |
|---|---|---|---|---|
| | A | B | C | D |
| 250 | 2.78 | 2.63 | 2.24 | 1.81 |
| 300 | 2.91 | 2.77 | 2.43 | 2.02 |
| 350 | 2.91 | 2.91 | 2.60 | 2.22 |
| 400 | 2.91 | 2.91 | 2.76 | 2.40 |
| 450 | 2.91 | 2.91 | 2.91 | 2.58 |
| 500 | 2.91 | 2.91 | 2.91 | 2.74 |
| ≥550 | 2.91 | 2.91 | 2.91 | 2.91 |

（2）风压的地形修正系数。

1）对于山区建筑物，无对比观测资料时，风压高度变化系数除可按平坦地面的粗糙度类别由表 10-2 确定外，还应考虑地形条件的修正，修正系数$\lambda$可按以下方法确定。

a. 对于山峰和山坡（如图 10-1 所示），山峰及山坡顶部 B 处风压的地形修正系数可按式（10-7）计算：

$$\lambda_{pm}=\left[1+k\tan\alpha\left(1-\frac{z}{2.5H}\right)\right]^2 \tag{10-7}$$

式中 $\lambda_{pm}$——山峰及山坡顶部B处风压地形修正系数；

$k$——系数，对山峰取 2.2，对山坡取 1.4；

$\tan\alpha$——山峰或山坡在迎风面一侧的坡度，当$\tan\alpha>0.3$时，取 0.3；

$z$——建筑物计算位置离建筑物地面的高度（当$z>2.5H$时，取$z=2.5H$），m；

$H$——山顶或山坡全高，m。

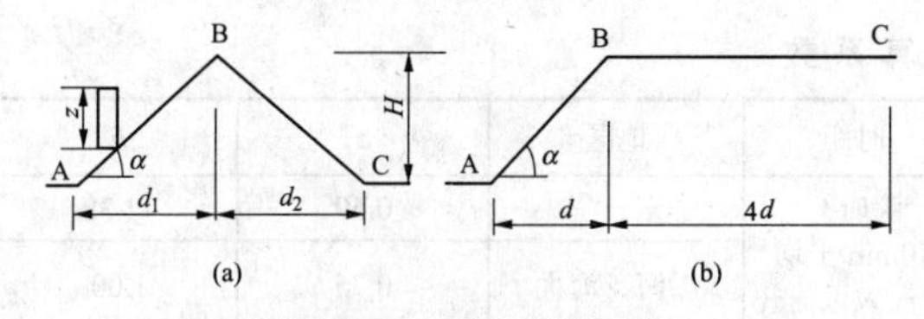


图 10-1 山峰和山坡示意

（a）山峰；（b）山坡

b. 山地其他部位的修正系数，可按图 10-1 所示，取 A、C 处的地形修正系数为 1，AB 间和 BC 间的修正系数按$\lambda$的线性插值确定。对于群山，只是群山边缘山坡顶部风速增大较多，对于大部分群山腹地，风速增大较小，但应注意群山的局部地形与图 10-1 中 BC 所代表平地的区别。

c. 对于山间盆地、谷地等闭塞地形，$\lambda$可在 0.75～0.85 选取。

d. 对于与风向一致的谷口、山口，$\lambda$可在 1.20～1.50 选取。

2）对于远海海面和海岛的建筑物，风压随离岸距离增大而增加，缺乏实测资料时，风压高度变化系数除按 A 类粗糙度类别由表 10-2 确定外，还应考虑工程点距海岸距离，远海地形修正系数$\lambda_s$可按表 10-3 选取。

**表 10-3 远海海面和海岛的地形修正系数$\lambda_s$**

| 离海岸距离（km） | ＜40 | 40～60 | 60～100 |
|---|---|---|---|
| 修正系数$\lambda_s$ | 1.0 | 1.0～1.1 | 1.1～1.2 |

3. 不同重现期风压换算

全国各城市重现期为 10、50、100 年的风压值可按 GB 50009—2012《建筑结构荷载规范》中表 E.5 采用，其他重现期的风压值可根据 10 年一遇、100 年一遇风压值按下式计算。

$$W_R=W_{10}+\left(\frac{\ln T}{\ln 10}-1\right)(W_{100}-W_{10}) \tag{10-8}$$

式中 $W_R$——重现期为 $R$ 的风荷载标准值，kN/m²；

$W_{10}$——重现期为 10 年的风荷载标准值，kN/m²；

$T$——重现期，年；

$W_{100}$——重现期为 100 年的风荷载标准值，kN/m²。

## 二、风速

### （一）基本定义

风速是指单位时间内空气移动的水平距离。风速以 m/s 为单位，取一位小数。平均风速是指在给定时段内风速的平均值。瞬时风速是指空气微团的瞬时水平移动速度，一般认为是指 3s 的平均风速。最大风速是指在给定的时间段，10min 平均风速中的最大值。极大风速是指在给定的时间段，瞬时风速的最大值。

### （二）气象站设计风速

气象站设计风速的计算应经过原始资料的搜集与审查、风速高度订正、风速观测次数和时距换算、频率计算几个步骤。

1. 原始资料的搜集与审查

（1）原始资料的搜集。

1）搜集气象站逐年年最大风速及其风向，即每年挑一个年最大风速值及其相应的风向。

2）查明各年年最大风速的观测时距（10min 平均风速、2min 平均风速或瞬时风速等）、每日观测次数（3、4、8、21、24 次）、自动测风仪的采样频率、测风仪器的型号、使用年限等。

3）搜集气象站气温、水汽压、气压资料。

4）风速仪离地面的高度。若安装在楼顶上，必须说明楼的高度和风速仪离楼顶的高度。

5）搜集气象站观测场海拔、经纬度资料，站址是否曾迁移，迁站前后风的要素是否连续，其差异情况。

6）查明气象站所在的地理位置、地形状况及台站四周的情况。观测场对工程的代表性，观测场是否受人类活动的影响，并对影响程度做出评价。

（2）原始资料的审查。对气象站风速原始资料要进行可靠性、代表性和一致性审查，对特大风速值可通过天气系统分析、重现期分析、地区比审、气象要素相关（如极端最大风速的变化与气压突降的关系）、查阅史籍记载等方法进行审查。

2. 风速高度订正

风速随距地高度的变化，采用如下指数公式：

$$v_2 = v_1 \left( \frac{z_2}{z_1} \right)^{\alpha} \tag{10-9}$$

式中 $v_2$——高度 $z_2$ 处的风速，m/s；

$v_1$——高度 $z_1$ 处的风速，m/s；

$\alpha$——地面粗糙度系数。

根据式（10-9）可将风速仪高度 $z$ 处的风速订正到标准高度（10m）处。

地面粗糙度系数 $\alpha$ 首先应根据实测资料，可按下式计算：

$$\alpha = \frac{\lg(v_2 / v_1)}{\lg(z_2 / z_1)} \tag{10-10}$$

目前国内大部分气象站设在中小城镇和大城市郊区的开阔平坦地区，地面粗糙度可按B类考虑，一般 $\alpha$ 取0.15，如气象站处在其他类型地区，则 $\alpha$ 的取值可按照式（10-10）计算或按表10-4选用。

表10-4　　地 面 粗 糙 度 系 数

| 地面粗糙度类别 | $\alpha$ | 地 面 特 征 |
|---|---|---|
| A | 0.12 | 近海海面、海岛、海岸、湖岸及沙漠地区 |
| B | 0.15 | 田野、乡村、丛林、丘陵及房屋比较稀疏的中小城镇和大城市郊区 |
| C | 0.22 | 有密集建筑群的城市市区（2km 范围内的建筑物平均高度为9～18m） |
| D | 0.30 | 有密集建筑群且房屋较高的大城市市区（2km 范围内的建筑物平均高度大于18m） |

3. 风速观测次数和时距换算

应尽量全部采用自记式风速仪的记录资料，对于以往非自记的定时观测资料，均应通过适当修正后加以采用。气象站风速资料为定时观测2min平均或瞬时极大值时，应进行观测次数和风速时距的换算，统一订正至 GB 50009—2012《建筑结构荷载规范》所要求的10min平均风速，计算中，当需要对风速资料同时进行高度订正以及次数和时距换算时，一般先进行高度订正，后进行次数和时距换算，可按下式进行次数和时距换算：

$$v_{10\min} = a v_{\mathrm{T}\min} + b \tag{10-11}$$

式中 $v_{10\min}$——自记10min平均最大风速，m/s；

$v_{\mathrm{T}\min}$——定时2min平均或瞬时最大风速，m/s；

$a$、$b$——系数，可通过搜集当地分析成果或应用实测资料计算确定，当资料条件不具备时可参照表10-5采用。

表10-5　　风 速 次 时 换 算 系 数

| 时距 | 地区 | $a$ | $b$ |
|---|---|---|---|
| 瞬时与10min平均最大风速 | 华北、西北、东北 | 0.65 | 0.50 |
| | 西南 | 0.66 | 0.80 |
| | 云南、贵州 | 0.70 | –1.60 |
| | 华南 | 0.73 | –2.80 |

| 时距 | 地区 | $a$ | $b$ |
|---|---|---|---|
| 瞬时与10min平均最大风速 | 华东、华中 | 0.69 | –1.38 |
| | 渤海、海面 | 0.75 | 1.00 |
| 4次定时2min与10min平均最大风速 | 东北 | 0.970 | 3.960 |
| | 华北 | 0.880 | 7.820 |
| | 西北 | 0.850 | 5.210 |
| | 西藏 | 1.004 | 1.570 |
| | 西南 | 0.750 | 6.170 |
| | 云南 | 0.625 | 8.040 |
| | 四川 | 1.250 | 0 |
| | 山东 | 0.855<br>0.679（3次） | 5.440<br>8.510（3次） |
| | 山西南、北部 | 0.834 | 7.400 |
| | 山西中部 | 0.749 | 8.560 |

续表

| 时距 | 地区 | a | b |
|---|---|---|---|
| 4 次定时 2min 与 10min 平均最大风速 | 华东及安徽长江以南 | 0.780 | 8.410 |
| | 安徽长江以北 | 1.030 | 3.760 |
| | 江苏 | 0.780<br>1.184（3 次） | 8.410<br>1.49（3 次） |
| | 华中 | 0.730 | 7.000 |
| | 广东 | 1.000<br>0.991（3 次） | 3.110<br>3.650（3 次） |
| | 福建 | 0.910<br>0.926（3 次） | 4.960<br>4.930（3 次） |
| | 广西 | 0.793<br>0.821（3 次） | 4.710<br>4.85（3 次） |
| | 河北、北京 | 0.810 | 4.720 |
| | 天津 | 0.864 | 4.640 |
| | 北海 | 0.904 | 2.790 |

4. 频率计算

气象站设计风速应采用极值Ⅰ型频率分布或P-Ⅲ型概率分布（参见第四章第二节）进行计算求得。当气象站有连续25年以上的年最大风速资料时，可直接进行频率计算推求气象站设计风速；当气象站资料短缺时，可选择邻近地区地形、气候条件相似，有长期实测风速资料的气象站进行相关分析，展延资料系列后计算设计风速。

［例 10-1］ 山东某气象站设计风速计算。

山东某气象站有1961～1993年共计33年年最大风速资料，见表10-6。其中1961～1971年的资料为4或3次定时2min的最大风速，风仪高度11.7m和11.5m，须进行高度订正、观测时距和观测次数的换算；1972～1993年为自记10min平均最大风速，风仪高度11.2、11.3m和11.5m，需进行高度订正。试计算该气象站离地10m高50年一遇10min平均最大风速。

（1）对高度次数和时距进行换算。采用指数公式(10-9)进行风速高度订正，其中地面粗糙度按B类考虑，取$\alpha$=0.15；采用式（10-11）进行次时换算，据表10-5查得山东的系数a、b值，即采用$v_{10\min}=0.679v_{T\min}+8.51$（3次观测）和$v_{10\min}=0.855v_{T\min}+5.44$（4次观测）换算。计算结果见表10-6。

（2）做频率计算。采用相关频率计算软件得出该气象站离地10m高50年一遇10min平均最大风速为24.7m/s。

表 10-6 山东某气象站实测风速资料换算

| 年份 | 最大风速（m/s） | 观测次数 | 观测时距（min） | 风仪高度（m） | 换算到10m高自记10min平均最大风速（m/s） |
|---|---|---|---|---|---|
| 1961 | 16 | 4 | 2 | 11.7 | 18.9 |
| 1962 | 20 | 3 | 2 | 11.7 | 21.8 |
| 1963 | 12 | 3 | 2 | 11.7 | 16.5 |
| 1964 | 12 | 4 | 2 | 11.7 | 15.5 |
| 1965 | 16 | 4 | 2 | 11.7 | 18.9 |
| 1966 | 14 | 4 | 2 | 11.7 | 17.2 |
| 1967 | 12 | 3 | 2 | 11.7 | 16.5 |
| 1968 | 12 | 3 | 2 | 11.7 | 16.5 |
| 1969 | 16 | 3 | 2 | 11.5 | 19.2 |
| 1970 | 14 | 3 | 2 | 11.5 | 17.8 |
| 1971 | 15 | 4 | 2 | 11.5 | 18.0 |
| 1972 | 17.0 | 自记 | 10 | 11.2 | 16.7 |
| 1973 | 14.7 | 自记 | 10 | 11.3 | 14.4 |
| 1974 | 19.0 | 自记 | 10 | 11.3 | 18.6 |
| 1975 | 17.3 | 自记 | 10 | 11.3 | 17.0 |
| 1976 | 20.0 | 自记 | 10 | 11.3 | 19.6 |
| 1977 | 21.0 | 自记 | 10 | 11.3 | 20.6 |
| 1978 | 27.3 | 自记 | 10 | 11.3 | 26.8 |
| 1979 | 17.0 | 自记 | 10 | 11.3 | 16.7 |
| 1980 | 18.0 | 自记 | 10 | 11.3 | 17.6 |
| 1981 | 17.7 | 自记 | 10 | 11.3 | 17.4 |
| 1982 | 15.7 | 自记 | 10 | 11.3 | 15.4 |
| 1983 | 22.0 | 自记 | 10 | 11.3 | 21.6 |
| 1984 | 17.0 | 自记 | 10 | 11.3 | 16.7 |
| 1985 | 18.7 | 自记 | 10 | 11.3 | 18.3 |
| 1986 | 14.7 | 自记 | 10 | 11.3 | 14.4 |

续表

| 年份 | 最大风速（m/s） | 观测次数 | 观测时距（min） | 风仪高度（m） | 换算到 10m 高自记 10min 平均最大风速（m/s） |
|---|---|---|---|---|---|
| 1987 | 15.7 | 自记 | 10 | 11.5 | 15.4 |
| 1988 | 21.0 | 自记 | 10 | 11.5 | 20.6 |
| 1989 | 11.0 | 自记 | 10 | 11.5 | 10.8 |
| 1990 | 12.7 | 自记 | 10 | 11.5 | 12.5 |
| 1991 | 12.0 | 自记 | 10 | 11.5 | 11.8 |
| 1992 | 10.3 | 自记 | 10 | 11.5 | 10.1 |
| 1993 | 12.3 | 自记 | 10 | 11.5 | 12.1 |

（三）风速的地形修正

当工程地点与参证气象站海拔及地形条件差异较大时，应根据工程实际情况进行大风调查和对比观测，分析订正参照气象站设计风速至工程地点。

1. 地形修正系数的确定

（1）海滨和海岛。当缺乏实测资料时，沿海海面和海岛的设计风速，可由陆地上的气象参证站设计风速相应风压值乘以相应修正系数，再反算得出设计风速。对于沿海海面和海岛的风速，随离岸距离增大而增加，修正系数可按表 10-3 选取。

（2）山间盆地、谷地及谷口、山口。当无实测资料时，对于山间盆地、谷地等闭塞地形及与大风方向一致的谷口、山口，可由参证气象站设计风速相应的风压值乘以相应修正系数，再反算得出设计风速。对于山间盆地、谷地等闭塞地形，修正系数可在 0.75～0.85 选取；对于与风向一致的谷口、山口，修正系数可在 1.20～1.50 选取。

（3）山峰和山坡。山区电力工程建（构）筑物的设计风速，因山上气象站较少，一般是由邻近山下气象站的风速资料采用山峰、山坡地形修正系数换算到山上，对于修正系数的数值计算目前主要有两种途径：

1）理论模型。理论模型系以山下气象站设计风速为基础，考虑山上设计点与山下气象站间的距离、高度差、地表粗糙度的差异与变化情况，以及山体和复杂地面所引起的风速变化而建立的二维或三维模式。如加拿大 Taylor 和 Lee 的 GUIDE 模型和丹麦的 WAsP 风谱分析模型等。1996 年华北电力设计院与中国气象科学研究院合作，采用 Taylor-Lee 的 GUIDE 模型，结合华北及其周边地区平地及山峰实测资料进行模型参数率定和成果验证，对山顶与山下气象站的风速关系进行研究（见刘如琛的《平地与高山风速转换的数值研究》）华北地区较为理想的计算方法，其他地区的计算可参照这种思路建模。

2）经验公式。经验公式一般都是在大量实测资料基础上，考虑山上计算点与山下测点间高差、地形、地势等因素经统计分析而建立的简化计算公式。如我国现荷载规范结合国内外的研究成果给出了地形修正系数的计算公式、朱瑞兆 1976 年提出的山顶与平地风压关系、中南电力设计院与国家气象中心气候应用室 1992 年合作提出的高山与平地设计风速的转换模式等。

应该注意的是，无论采用哪种计算方法，都要结合现场调查情况及附近工程的设计运行情况对计算结果进行合理性分析，综合确定工程地点的设计风速。

2. 风速地形修正计算方法

（1）理论模型法。

1）GUIDE 模型。

a. 模型的数学描述。GUIDE 模型采用的站点情况如图 10-2 所示：参证点位置（R）位于山下气象站；上风向位置（U）平坦且具有均一粗糙度（$Z_{ou}$）；预报点位置（P）正好是上风向位置的下风向。图 10-2 所示为一种理想情况。

该原理的目的是利用山下气象站离地面 $\Delta Z_p$（一般取 $\Delta Z_p=10\text{m}$）处风速 $v_{0,\Delta Z_p}$，考虑海拔、地面粗糙度的变化，推算山顶离地面 $\Delta Z_p$ 处风速 $v_{\Delta Z_p}$。推算的山顶风速是由以下三部分组成：

a）上风向离地面 $\Delta Z_p$ 处风速 $v_0$。GUIDE 模型应用的理想情况是参证点位置 R 恰好在预报点 P 的上风向，这时上风向风速 $v_0$ 就是参证点的风速。然而情况不总是这样，参证点位置 R 可能离预报点位置 P 有一定的距离，且可能参证点位置的表面粗糙度 $Z_{or}$ 不等于上风向位置 U 处的粗糙度 $Z_{ou}$，在这种条件下，可用中性层结下行星边界层阻尼定律，并假定了表面摩擦速度 $v^*$ 和各位置处地转风速 $v_g$ 之间的平衡关系。

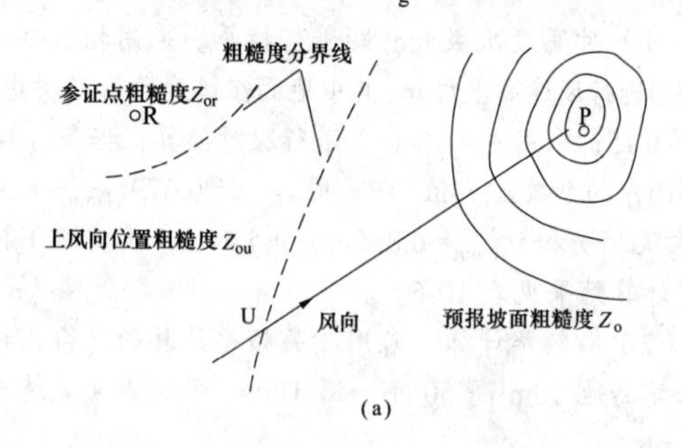


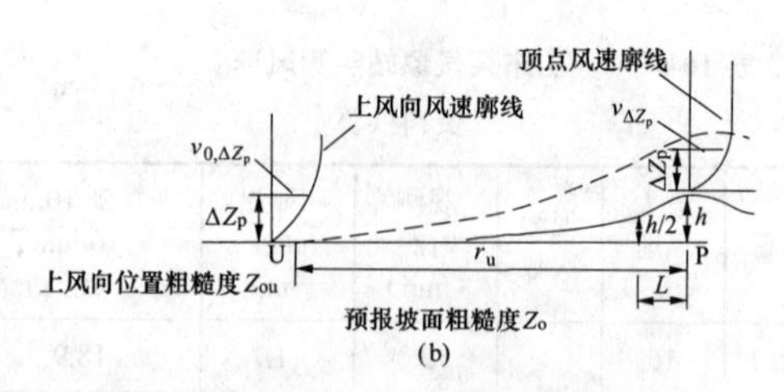


图 10-2　GUIDE 模型采用站点示意图

（a）各点位置示意图；（b）地形剖面示意图

阻尼定律公式如下：

$$\frac{u_g}{u^*}=\frac{\sqrt{\{\ln[v^*/(fZ_o)]-b\}^2+a^2}}{K} \qquad (10\text{-}12)$$

式中 $f$——科氏常数；

$K$——卡曼常数，通常取 0.4；

$a$、$b$——常数，通常 $a$ 取 4，$b$ 取 2；

$Z_o$——地面粗糙度，m。

计算中已假定在各位置处风速的垂直变化满足中性条件下风速廓线，即

$$v_{\Delta Z}=\frac{v^*}{K}\ln\left(\frac{\Delta Z}{Z_o}\right) \qquad (10\text{-}13)$$

式中 $v_{\Delta Z}$——离地 $\Delta Z$ 高度的风速，m/s；

$\Delta Z$——离地高度，m。

通过计算得到上风向风速 $v_{0,\Delta Z_p}$。

b）由于地形引起的风速变化值 $\Delta v_T$。$\Delta v_T$ 与地形相对高度 $h$ 及地形水平距离 $L$ 有关。$h$ 为山顶与上风向位置的高差，$L$ 是从山顶到地形相对高度为 $h/2$ 处的水平距离。由地形引起的风速变化关键方程为

$$\Delta v_T=\Delta S v_{0,\Delta Z_p} \qquad (10\text{-}14)$$

$$\Delta S=\Delta S_{max}e^{(-A\times\Delta Z_p/L)} \qquad (10\text{-}15)$$

$$\Delta S_{max}=Bh/L \qquad (10\text{-}16)$$

式中 $\Delta S$——风速递增律；

$A$、$B$——地形参数，推荐取值见表 10-8。

c）由于粗糙度变化引起的风速变化值$\Delta v_R$。$\Delta v_R$是由于上风向位置U和预报点P之间的粗糙度变化所引起的，当$\Delta Z_p<\delta_i$时，关键方程为

$$\Delta v_R=\left[\frac{\ln(\Delta Z_p/Z_o)}{\ln(\delta_i/Z_o)}\times\frac{\ln(\delta_i/Z_{ou})}{\ln(\Delta Z_p/Z_{ou})}-1\right]\times v_{0,\Delta Z_p} \qquad (10\text{-}17)$$

$$\frac{\delta_i}{Z_o}=0.75\times\left(\frac{r_u}{Z_o}\right)^{0.8} \qquad (10\text{-}18)$$

式中 $Z_o$——预报坡面粗糙度；

$Z_{ou}$——上风向位置的粗糙度；

$\delta_i$——内边界层高度；

$r_u$——风距，即上风向粗糙度发生变化后到设计点的水平距离。

利用 GUIDE 模型估算风速原理来计算各因素影响的风速订正值，然后按线性叠加得出设计点处的风速：

$$v_{\Delta Z_p}=v_{0,\Delta Z_p}+\Delta v_T+\Delta v_R \qquad (10\text{-}19)$$

b. 计算步骤。计算步骤如图 10-3 所示。

c. 参证站的选择。根据工程点（山顶）的位置，首先分析附近气象站历年较大的 10min 平均最大风速

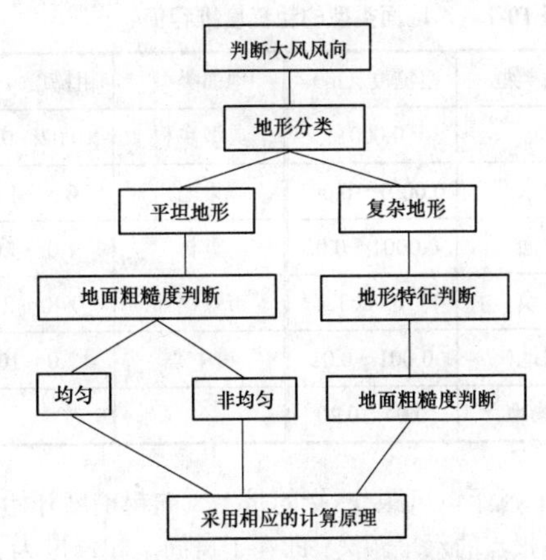


图 10-3 根据地形特征计算步骤

的风向，以此风向确定山的上风向位置（风的来向 45°范围内都属于上风向），然后找有观测资料的气象站，如果在此方向有气象站，就可直接利用气象站资料进行计算，这是理想的情况。如果在山的上风向没有气象站，可选用迎风侧附近的气象站作为参证点位置，利用阻尼定律转换为上风向位置的资料后再进行计算。上风向位置和参证点位置一般应选在离工程所在的山顶较近（一般以直线距离在 40km 之内为最好）且具有均一粗糙度的平坦地形处，上风向位置与工程所在山顶之间应没有比工程所在山顶更高的山体阻隔，山下参证点与山上预报点的大风成因相同，并在同一风场内。

d. 参数选取。

a）相对高度。相对高度 $h$ 由预报点位置处海拔（$H_2$）与上风向位置处海拔（$H_0$）相减而得，即 $h=H_2-H_0$。

b）水平距离。水平距离 $L$ 定义为相对高度一半处到预报点间的水平距离。实际运用时，一般属二维、三维山时可在地形图上量取 $L$；如果是起伏地形，$L$ 就定义为山的相对高度的一半，即 $L=h/2$。

c）地面粗糙度。地面粗糙度分参证点位置粗糙度 $Z_{or}$、上风向位置粗糙度 $Z_{ou}$ 和预报坡面粗糙度 $Z_o$。当山下气象站在中小城市郊区，且周围几千米内是低矮房屋或树林时，粗糙度（$Z_{or}$、$Z_{ou}$）取 0.4～0.5m；若为牧场，粗糙度值稍小一点，可取 0.35m；若周围房屋建筑高大，周围屏障较多，气象站所在处地形稍有起伏，且有建筑、有稀疏树林，可以在一个地域区内取其平均值，其粗糙度取值范围在 0.5～1.0m；坡面粗糙度（$Z_o$）是指上风向位置粗糙度开始发生变化处至山顶整个坡面的粗糙度平均值。华北地区坡面粗糙度选取范围在 1.0～1.7m。表 10-7 列出典型地面类型的粗糙度推荐值。

表 10-7 地面类型的粗糙度推荐值

| 地面类型 | 粗糙度（m） | 地面类型 | 粗糙度（m） |
|---|---|---|---|
| 冰面 | 0.0001 | 典型乡村 | 0.02～0.10 |
| 平静水面 | 0.0001～0.001 | 果园 | 0.5～1.00 |
| 雪面 | 0.0001～0.02 | 森林 | 1.0～4.00 |
| 沙漠 | 0.0003 | 市郊镇郊 | 0.40～2.00 |
| 裸地 | 0.001～0.01 | 市中心 | 2.0～10.0 |
| 作物地 | 0.04～0.20 | | |

d）风距。风距 $r_u$ 指的是上风向粗糙度开始变化处到预报点的水平距离，即在上风向上粗糙度为 $Z_0$ 的距离。

e）地形分类与地形参数。一般将地形分为平坦地形和复杂地形两大类。世界气象组织（WMO）规定平坦地形为在所选站周围 4～6km 半径范围内，其地形高差小于 50m，同时最大坡度小于 9%。凡不符合平坦地形条件的地形都可称为复杂地形。复杂地形影响气流的主要因素是地形，其次才是障碍物及地表粗糙度。

表 10-8 为几种典型山地的地形参数 $A$、$B$ 值，二维山或山脊是相对孤立山体的一个坡面或山脊；三维山指轴对称的孤立山体；二维陡坡即较陡的斜面；二维起伏地形指地面起伏且走向较为单一的坡面；三维起伏地形指沟壑纵横，走向较为复杂的地形；介于某两者地形之间的地形参数取法则按地形复杂程度确定。

表 10-8 地形参数 $A$、$B$ 推荐值

| 地形 | $A$ 值 | $B$ 值 |
|---|---|---|
| 二维山脊 | 3.0 | 2.0 |
| 三维山 | 4.0 | 1.6 |
| 二维陡坡 | 2.5 | 0.8 |
| 二维起伏地形 | 3.5 | 1.55 |
| 三维起伏地形 | 4.4 | 1.1 |
| 平坦地形 | 0.0 | 0.0 |

e. 山上设计风速的推算。首先，在分析附近气象台（站）大风记录资料并判定大风风向的基础上，选定参证站，计算参证站设计标准的离地面 10m 高 10min 平均最大风速，再根据地形图与现场踏勘资料选取各项参数，便可进行计算。

2）WAsP 模型。

a. WAsP 模型简介。丹麦 WAsP 风谱分析模型是对风资源进行三维分析的模型，其特点是当进行风资源分析时，除考虑该地不同的地形、表面粗糙度及附近建筑或障碍物所引起的屏蔽影响外，同时还考虑山体和复杂地面所引起的风速变化，从而估算出该地区的风资源。另外它还可以根据某一地区的风资源情况，推算出另一地点的风资源。

b.WAsP 模型的应用。在利用 WAsP 模型进行风速计算时，首先应搜集包括山上计算点与山下参证站一定范围的地形图，用数字化仪或其他方法输入地形等高线图和粗糙度变化范围图。粗糙度的选取和山下站设计风速的计算与应用 GUIDE 模型时一致。气象站周围的地形和粗糙度等因素对测站风速的影响，WAsP 模型都可自动处理。

做好以上准备工作后，在输入的地形图和粗糙度图上标出山下气象站的位置，输入该站风速，通过 WAsP 模型计算，得到该站的风资源值，此值再经过处理后，在输入的地形图和粗糙度图上标出山上计算点位置，即可计算出计算点设计风速。

（2）经验公式法。

1）我国现行荷载规范法（GB 50009—2012）。当无对比观测资料时，对于位于山峰或山坡顶部设计点，可用式（10-7）计算风压地形修正系数，对于山峰和山坡的其他部位，风压地形修正系数可通过线性插值确定。再由山下平地相应风压值乘以相应调整系数，再反算得出设计风速。

2）1976 年朱瑞兆在《风压计算的研究》一书中，根据剑阁、绿葱坡、泰山、华家岭、金佛山、华山、峨眉山等高山站与其相应山麓测站实测最大风速资料，统一推算到离地面 10m 高 30 年一遇 10min 平均最大风速，并换算为风压，然后求其山顶与山麓风压比值，按两站的高度差（$\Delta h$）点图，还参考英国的洛思厄山和德罗姆山等与相应平地站实测资料，拟出方程式：

$$\eta_{pm} = (2 - e^{-\alpha\sqrt{\Delta h}})^2 \quad (10\text{-}20)$$

式中 $\eta_{pm}$ ——山顶与山麓风压的比值，即风压修正系数，考虑山的坡度对 $\eta_{pm}$ 的影响，当山的坡度为 20°～30°时乘以 0.9，若小于 20°则乘以 0.8 的调整系数；

$\alpha$ ——系数，采用 0.07；

$\Delta h$ ——山顶与山麓的相对高差，m。

只要对 $\eta_{pm}$ 开平方根即可求得风速修正系数 $\eta_{wm}$，即

$$\eta_{wm} = 2 - e^{-\alpha\sqrt{\Delta h}} \quad (10\text{-}21)$$

3）中南电力设计院和国家气象中心气候应用室 1992 年合作进行了高山与平地间设计风速关系的研究，通过对中南及其周边地区的 19 个山上站与相应 34 个山下站计 700 余站年资料分析，求出各站 30 年

一遇 10min 平均最大风速，以山上和山下站设计风速的比值 $K$ 与其间高度差（$\Delta h$）点绘成图，分别按孤山与丛山定出外包线，拟合出换算公式为

$$\eta_{\mathrm{wm}}=2-b\mathrm{e}^{-0.033C\sqrt{\Delta h}} \tag{10-22}$$

式中　$\eta_{\mathrm{wm}}$——山顶站与山麓站设计风速的比值，即风速修正系数；

$b$——山麓站的地形调整系数（山下站处于弯曲的河谷、盆地等地形比较封闭的地方时，$b$=0.8～0.9；处于迎风口或有狭管效应时，$b$=1.1～1.2；一般情况 $b$=1）；

$C$——山顶站的山势调整系数（孤立陡峻的山体 $C$=1，相互间遮挡影响较大或山顶地势较平缓的丛山岗丘 $C$=0.5）；

$\Delta h$——山顶站与山麓站之间的高差，m。

经实测资料验证，用式（10-22）计算的设计风速比用实测资料计算的设计风速一般偏大 10%以内，可见该关系式是基本符合我国中南地区山顶与山麓间的风速关系的，可在中南地区内应用。

采用上述方法计算工程点设计风速时，都存在一定误差。实际应用时宜结合现场调查情况、实际地形条件采用多种计算方法综合确定工程地点设计风速。

（四）工程地点设计风速的确定

计算工程地点设计风速，先综合确定工程所在区域的基本风速，再通过风速高度变化系数及地形修正系数换算得到工程地点某一高度处的设计风速。

确定基本风速时，一般是先收集工程地点附近气象站逐年实测年最大风速资料（一般要求收集最近 25 年以上的资料），采用极值Ⅰ型概率分布或 P-Ⅲ型概率分布计算出气象站离地 10m 高 10min 平均最大风速（现一般将 50 年一遇设计风速作为基本风速），再通过地区大风调查、已建工程设计风速及运行情况、全国及地区风压分布图等因素综合分析确定工程所在区域的基本风速。

进行风速高度变化系数及地形修正系数换算时，最可靠的方法是直接在建设场地进行与邻近气象站的风速对比观测，确定较为准确的换算系数，当对比观测因条件制约而无法实现时，可采用本节介绍的计算方法求得，但要结合现场调查情况及附近工程的设计运行情况对计算结果进行合理性分析，综合确定工程地点的设计风速。当参考气象站与工程地点地面粗糙度及海拔等地形条件基本一致时，工程地点离地 10m 高度处的设计风速及风压可直接采用参考气象站离地 10m 高度处的设计风速及相应风压，不必另做订正。

（五）同时风速

同时风速值等于大风承载选定的风速乘以符合当地气象条件所选用的某个系数，即多种气象条件的组合值。同时风速可由式（10-23）计算，即

$$v_t=K_t v_P \tag{10-23}$$

式中　$v_t$——同时风速，m/s；

$K_t$——系数，对当地情况缺乏了解时，$K_t$ 可采用 0.6；

$v_P$——频率为 $P$ 的风速，m/s。

**[例 10-2]**　气象站同时风速计算。

攀枝花气象站离地 10m 高 30 年一遇 10min 平均最大风速为 29.8m/s，求同时风速。

已知 $v_P$=29.8m/s，$K_t$=0.6，则 $v_t=K_t v_P=0.6\times29.8=17.9$m/s，即攀枝花气象站同时风速为 17.9m/s。

## 三、风向

（一）基本定义

风向是指风的来向，最多风向是指在给定时间段内出现频数最多的风向。人工观测，风向用十六方位法；自动观测，风向以度（°）为单位。

（二）风向频率

采用各风向出现次数占总观测次数的百分数表示各方向的频率，风向频率取整数，小数四舍五入，计算公式为

$$f=\frac{m}{n} \tag{10-24}$$

式中　$f$——某时段（一般以年、季或月作为统计时段）某风向频率，%；

$m$——某时段某风向出现次数；

$n$——该时段中各风向（包括静风）观测记录的总次数。

当观测年限较长并已有各年全年各风向频率时，用式（10-25）计算风向频率 $f$。

$$f=\frac{\sum f_i}{N} \tag{10-25}$$

式中　$f_i$——第 $i$ 年某时段某风向频率；

$N$——统计的年数。

不同情况下最多风向及其频率的挑选方法可以归纳为以下几点：

（1）频率最大者就是最多风向，该频率就是最多风向频率。

（2）当各方向频率接近时，应统计其累年平均合成风向表示，合成风可由向量相加的平行四边形法则求解获得，通常是将风向量分解成南北和东西两个分量，宜先根据 16 个方向的风速资料计算北风和东风的分量和，再计算合成风的方位角，即可获得合成风向；当有两个最多风向时，风向并记；当有三个或以上最多风向时，挑其出现回数或频率合计值最大的一个；

若回数或频率合计值又相同时，挑取平均风速最大的一个；若平均风速又相同时，挑取其中与邻近的两个风向频率之和的最大者。例如某月各个风向频率中，NE、E、SW 3 个风向频率均为 16，均为最大，并且出现回数和平均风速又相同，则最多风向应取其中与邻近的两个风向频率之和的最大者。查 NE 的两个邻近风向 NNE 和 ENE 为 4 和 11，16＋4＋11＝31；E 的两个邻近风向 ENE 和 ESE 是 11 和 9，16＋11＋9＝36；SW 的两个邻近风向 SSW 和 WSW 是 7 和 0，16＋7＋0＝23。其中 E 与邻近两个风向频率和为最大，所以应挑 E 为最多风向。

（3）风向频率与静风 C 的频率相同时，则不考虑 C；若静风 C 的频率最大，则应挑次多风向作为最多风向，次多风向有两个相同时，风向并记，有三个或以上相同时，按第（2）点规定挑取。

（4）工程地点的地形与附近气象站相差较大或工程点距气象站较远时，可通过调查或观测确定工程地点的主导风向。

### （三）风玫瑰图的绘制

只有风向频率的玫瑰图称为风向玫瑰图，同时反映各方向平均风速的玫瑰图称为风玫瑰图。根据气象台（站）最近 10 年以上的风向、风速资料，统计全年、夏季、冬季或其他统计时段的各风向频率及各风向的平均风速、最大风速和按设计要求而定的各级风速。风向一般统计 16 个方位及静风的频率（如图 10-4 所示），现行气象观测规范规定，风速小于或等于 0.2m/s 计为静风，注意调查气象站不同测风仪静风的统计方法、精度，测风仪器更换的时间等，如不同时期静风的统计方法不同，则应进行订正。

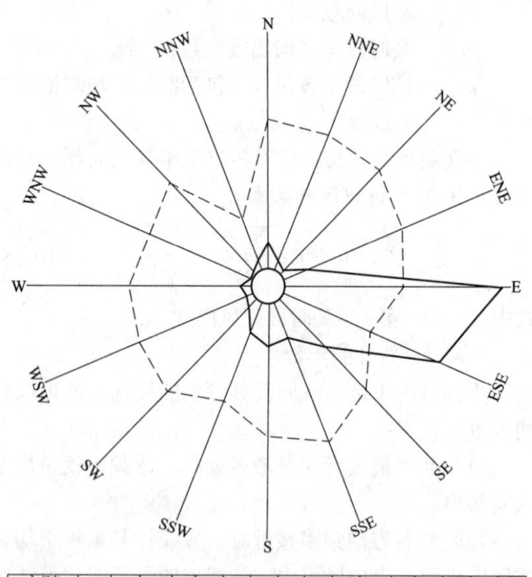


| 风向<br>频率值(%)<br>时段 | N | NNE | NE | ENE | E | ESE | SE | SSE | S | SSW | SW | WSW | W | WNW | NW | NNW | C |
|---|---|---|---|---|---|---|---|---|---|---|---|---|---|---|---|---|---|
| 全年 | 4 | 1 | 1 | 4 | 33 | 25 | 10 | 5 | 6 | 5 | 2 | 1 | 2 | 0 | 0 | 1 | 2 |
| 风速(m/s) | 4.1 | 4.0 | 4.0 | 3.7 | 3.4 | 2.7 | 3.5 | 4.1 | 3.6 | 2.9 | 3.6 | 3.5 | 3.5 | 3.2 | 3.5 | 1.5 | |

风频比例 2.6%　风速比例 1　——— 全年风频　－－－ 风速(m/s)

图 10-4　某气象站全年风玫瑰图

风玫瑰图的绘制步骤如下：

（1）作 16 个方位的方向线，按上北、下南、左西、右东等注明方向。

（2）将上述求得的各风向出现频率按一定比例长度点在相应的方向线上。

（3）将各方向线上的频率值端点连成一个封闭的折线图，中心小圈内注明静风频率。

（4）取一定比例长度将各风向的平均风速点绘在各风向线上，将风速值端点连成一封闭的折线图。

## 四、国内外标准的异同

GB 50009—2012《建筑结构荷载规范》关于风的规定与国际上使用较多的规范趋于一致，如将基本风压的重现期由 30 年统一改为 50 年；关于山区风速的处理问题，参考了加拿大、澳大利亚和英国的相关规范，以及欧洲钢结构协会的规定，采用对高度变化系数的修正系数。

### （一）基本风速

不同国家建筑结构荷载标准对基本风速的定义有所差异。

GB 50009—2012《建筑结构荷载规范》定义的基本风速：当地空旷平坦地面上 10m 高度处 50 年一遇 10min 平均最大风速。

美国标准《统一建筑法规》（《Uniform Building Code》，1997）之前的版本及 ANSI/ASCE7：1993《建筑物和其他结构最小设计荷载》（《Minimum Design Loads for Buildings and Other Structures》）定义的基本风速：以 C 类地貌（相当于我国规范中的 B 类地貌）地面上离地 9m 高，年出现概率为 0.02（相当于 50 年一遇）统计所得的最大英里风速，基本风速以最大英里风速形式给出，是从美国国家海洋局的风速图上获得的，记录时距是水平长度 1.609km（1mile）的某一体积空气通过风速仪所需要的时间，所以最大英里风速对应时距需计算得到；到 ASCE7-97 版本时，已改为地面 10m 高、平均风速时距统一为 3s；现行美国主流建筑规范基本均采用 3s 阵风风速概念，如 ASCE/SEI 7：2010《建筑物和其他结构的最小设计荷载》（《Minimum Design Loads for Buildings and Other Structures》）定义的基本风速：以 C 类地貌（相当于我国规范中的 B 类地貌）地面上离地 10 m 高处 50 年一遇 3s 平均最大风速。

BS EN1991-1-4:2005《欧洲法规 1.对建筑物的作用.一般作用.风作用》（《Eurocode 1. Actions on structures-

Part 1-4: General actions. Wind actions》）定义的基本风速：根据 EN 1990 4.1.2 中规定基本值的超越概率为 0.02，即相当于 50 年一遇。基本风速是在平坦开阔的区域，距地 10m 高，10min 平均最大风速。

TCVN2737：1995《荷载与作用一设计法规》(《Loads and Actions-Design Code》）定义的基本风速：当地比较空旷平坦地面上 10m 高度处 20 年一遇 3s 平均风速。

在进行国外工程设计时，应先搜集了解当地正在执行的建筑结构荷载标准（一般附有基本风压或风速分布图表），查出工程所在地点的基本风压（速），计算出相应的基本风速；搜集工程地点附近气象站逐年最大风速，统计计算出气象站的设计基本风速，根据现场调查情况，综合确定工程地点的设计风速，一般在计算得到的两个风速中取高者。

（二）不同时距风速的换算

从中美基本风速定义的差异可以看出，中美基本风速的换算实际上就是不同时距风速的换算，根据美国关于不同时距风速平均比值的研究成果，$t$ 秒时的平均最大风速 $v_t$ 与 1h 平均风速 $v_{3600}$ 之比的曲线（如图 10-5 所示），根据此曲线可以对不同时距的风速进行换算，表 10-9 及表 10-10 列出了几种常用换算系数可供参考使用。

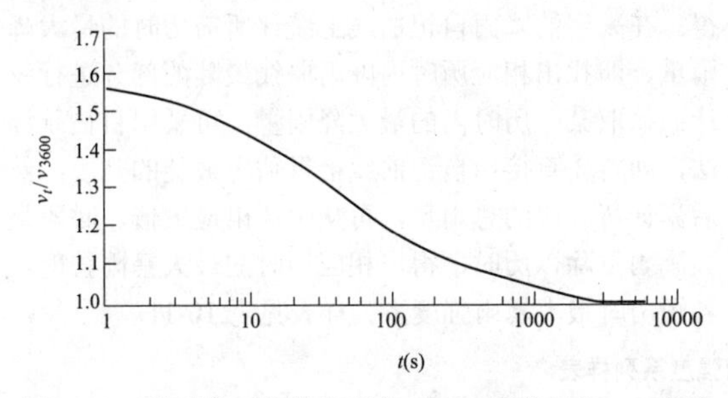


图 10-5 $t$ 秒时的平均最大风速 $v_t$ 与 1h 平均风速 $v_{3600}$ 之比

**表 10-9 各种不同时距风速与 1h 时距风速的平均比值**

| 时距（s） | 3600 | 600 | 300 | 120 | 30 | 20 | 10 | 5 | 3 |
|---|---|---|---|---|---|---|---|---|---|
| 比值 | 1 | 1.06 | 1.14 | 1.23 | 1.34 | 1.36 | 1.43 | 1.47 | 1.53 |

**表 10-10 各种不同时距风速与 10min 时距风速的平均比值**

| 时距（s） | 3600 | 600 | 300 | 120 | 30 | 20 | 10 | 5 | 3 |
|---|---|---|---|---|---|---|---|---|---|
| 比值 | 0.94 | 1 | 1.07 | 1.16 | 1.26 | 1.28 | 1.35 | 1.39 | 1.44 |

需要注意的是，不同时距风速的比值实际上受很多因素影响，表 10-9 及表 10-10 中的数据是不同条件下统计出来的平均值，不具有普适性，但当缺乏工程区域较具体的实测换算关系资料时，表 10-9 及表 10-10 中的数据可参照使用。

（三）风压计算

ASCE/SEI 7-10 中规定高度 $z$ 处的风压应按照下式计算：

$$q_z = 0.613 K_z K_{zt} K_d v^2 \tag{10-26}$$

式中 $q_z$——高度 $z$ 处的风压，$kN/m^2$；

$K_z$——高度 $z$ 处的调整因子；

$K_{zt}$——地形调整因子；

$K_d$——风向调整因子；

$v$——风速，m/s。

ASCE/SEI 7：2010 中规定不同种类建筑物或其他结构的基本风速重现期不同，可以从其国家风速分布图中读取，从而可以获得各种类别建筑物或其他结构的基本风速。代入上式，根据工程点的位置及特性选取相应的调整因子，从而可以计算出不同种类建筑物或其他结构的基本风压。

BS EN1991-1-4:2005 中规定基本风压应按照下式计算：

$$q_b = 0.5 \rho v_b^2 \tag{10-27}$$

式中 $q_b$——基本风压，$kN/m^2$；

$\rho$——空气密度，可以从国家图集中获取，推荐取值 $1.25kg/m^3$；

$v_b$——基本风速，m/s。

## 第三节 短历时暴雨强度

电厂区、变电站区排水设计需要计算雨水流量，其中需要用到设计暴雨强度。通常，给排水专业要求水文气象专业提供工程当地暴雨强度公式。

火力发电厂的雨水管渠设计重现期宜选用的范围为 2～5 年；雨水管渠的设计降雨历时取决于地面集水时间和管渠内雨水汇流时间，地面集水时间视距离长短、地形坡度和地面铺盖程度而定，一般采用 5～15min。变电站集中排放的雨水量设计重现期可根据当地气候条件确定，一般可选用 1～3 年，部分地区采用 5 年。

因此，电力工程排水设计关注短历时暴雨强度（5～15min），设计重现期标准较低（1～5 年）。

### 一、计算方法

（一）数学模型

GB 50014—2006《室外排水设计规范》（2014 年版）推荐我国目前普遍采用的设计暴雨强度计算模型为

$$q=\frac{167A_1(1+C\lg P)}{(t+b)^n} \tag{10-28}$$

式中　　$q$——暴雨强度，L/（s·ha）；

$A_1$、$C$、$n$、$b$——参数，根据统计方法进行计算确定；

$P$——重现期，年；

$t$——降雨历时，min。

式（10-28）也可以式（10-29）表达。

$$i=\frac{A_1(1+C\lg P)}{(t+b)^n} \tag{10-29}$$

式中　$i$——暴雨强度，mm/min。

经单位换算，$q$=167$i$。

（二）数理统计方法

目前我国各地已积累了完整的自动雨量记录资料，可采用数理统计法计算确定暴雨强度公式。水文统计学的取样方法有年最大值法和非年最大值法两类，国际上的发展趋势是采用年最大值法。日本在具有20年以上雨量记录的地区采用年最大值法，在不足20年雨量记录的地区采用非年最大值法，年多个样法是非年最大值法中的一种。由于以前国内自记雨量资料不多，因此多采用年多个样法。现在我国许多地区已具有40年以上的自记雨量资料，具备采用年最大值法的条件。所以，GB 50014—2006《室外排水设计规范》（2014年版）规定具有20年以上自动雨量记录的地区，排水系统设计暴雨强度公式应采用年最大值法。因此，本节推荐年最大值法。年多个样法可查阅《给水排水设计手册　第5册　城镇排水》中附录1和附录2的相关内容，本节不再赘述。

对于年最大值法，同济大学用10多个城市分别采用极值Ⅰ型分布和P-Ⅲ型分布对比，极值Ⅰ型分布全部优于P-Ⅲ型分布。对于年多个样法，同济大学于1982年分别采用指数分布和P-Ⅲ型分布研究我国65个大中型城市的暴雨频率分布，其中48个指数分布最佳，占74%，17个P-Ⅲ型分布最佳，占26%。福建省规划设计院于1992年分别采用指数分布和P-Ⅲ型分布研究我国14个城市的暴雨频率分布，其中13个指数分布最佳，占93%，1个P-Ⅲ型分布最佳，占7%。

## 二、数据选取

（一）样本

拟合电力工程短历时暴雨强度公式的基础资料为代表性气象参证站的短历时降雨系列资料。采用年最大值法，根据自记雨量记录或自动雨量观测记录选取逐年各种短历时降雨量的年最大值组成短历时降雨系列，资料年数要求30年以上。降雨历时统一用5、10、15、20、30、45、60、90、120min这9个时段，个别特殊需要，可增加150、180、240min 3个时段。

目前，我国气象站普遍采用自动雨量站测量并记录分钟雨量数据。用于推求短历时暴雨强度的各时段最大降雨量可直接从自动雨量站采集的雨量数据获得。在采用的降雨自记曲线上统计所需历时的最大降雨量，即找出相应历时内降雨曲线最陡的部分进行统计；摘取某一历时内的最大降雨量，可采用目估统计法，即首先直接由自记曲线上目估出最陡的几段，然后累计每一段的总雨量，再从中选出最大值。时段最大降雨量除以历时，得出相应历时的最大暴雨强度。各短历时最大暴雨强度系列样表见表10-11。

表10-11　各短历时最大暴雨强度系列样表

| 序号 | 年份 | 各短历时最大暴雨强度（mm/min） | | | | | | | | |
|---|---|---|---|---|---|---|---|---|---|---|
| | | 5min | 10min | 15min | 20min | 30min | 45min | 60min | 90min | 120min |
| 1 | 1980 | | | | | | | | | |
| 2 | 1981 | | | | | | | | | |
| 3 | 1982 | | | | | | | | | |
| … | … | | | | | | | | | |

（二）资料审查

按以下原则检查雨量数据质量：

（1）当一次降雨包含前后两段达到选取标准的高强度部分时，若其中间低于0.1mm/min的降雨（包括停止降雨）持续时间超过120min时，应分为两场雨进行统计。

（2）若各时段降雨量需从自记曲线上读取，则要求记录的降雨自记曲线完整，没有曲线中断、虹吸发生大的误差、笔尖洇水使线位不准等缺陷。如缺陷较多较大，又无法调整时，则不能使用。

（3）同一场雨量资料历时越长、雨量越大。

（4）同一场雨强资料历时越长、强度越小。

## 三、短历时暴雨强度计算

电力工程采用暴雨强度公式计算设计短历时暴雨强度，通常查用电力工程所在区域已有暴雨强度公式。

若当地无暴雨强度公式则可收集代表性气象参证站的短历时暴雨强度系列资料拟合暴雨强度公式。

（一）已有成果

于 2014 年出版的《中国城市新一代暴雨强度公式》一书中提出了我国 31 个省、市、自治区 606 座城市的暴雨强度公式，均以式（10-29）的形式呈现。该书填补了很多地区无暴雨强度公式的空白，暴雨资料系列应用到 2000 年及以后，系列长度为 19～51 年不等，较以往地区暴雨强度公式所用暴雨资料系列大大延长，统一采用年最大值法进行数理统计，暴雨概率分布模型均采用极值Ⅰ型（耿贝尔分布）。

于 2004 年出版的《给水排水设计手册 第 5 册 城镇排水》（第二版）一书中提出了我国若干城市暴雨强度公式，收录的大多数都是 1983 年由全国各地各单位提供的新编公式，少数省区主要城市仍为 1973 年版《给水排水设计手册》中的公式［见式（10-28）或式（10-29）］。暴雨资料系列长度为 5～43 年不等，最新资料福建省用到 1998 年、浙江省用到 1997 年、山东省用到 1993 年，其余省、直辖市用到的暴雨资料年代较旧。采用年最大值法或年多个样法进行数理统计，暴雨分布模型不一。

（二）无成果地区短历时暴雨强度公式的拟合方法

1. 各短历时最大暴雨强度系列的频率计算

可选用极值Ⅰ型、P-Ⅲ型频率分布模型计算各短历时最大暴雨强度（见表 10-11）的重现期。频率计算方法详见本手册第四章第二节。

2. 获取重现期–暴雨强度–历时关系

根据各短历时最大暴雨强度系列的频率计算，获得各系列的重现期-暴雨强度-历时关系，样本见表 10-12。

3. 解析法推求暴雨强度公式

（1）单一重现期的暴雨强度公式。

单一重现期的暴雨强度公式形式为

表 10-12 重现期–暴雨强度–历时样本

| 重现期 $P$（a） | 各短历时暴雨强度（mm/min） | | | | | | | | |
|---|---|---|---|---|---|---|---|---|---|
| | 5min | 10min | 15min | 20min | 30min | 45min | 60min | 90min | 120min |
| 0.5 | 1.47 | 1.18 | 0.97 | 0.84 | 0.68 | 0.52 | 0.44 | 0.33 | 0.27 |
| 1 | 1.91 | 1.52 | 1.25 | 1.10 | 0.90 | 0.70 | 0.59 | 0.44 | 0.36 |
| 2 | 2.35 | 1.85 | 1.54 | 1.36 | 1.12 | 0.90 | 0.75 | 0.57 | 0.46 |
| 3 | 2.60 | 2.07 | 1.72 | 1.53 | 1.25 | 1.00 | 0.85 | 0.64 | 0.53 |
| 5 | 2.93 | 2.33 | 1.96 | 1.74 | 1.44 | 1.14 | 0.98 | 0.75 | 0.62 |
| 10 | 3.42 | 2.69 | 2.30 | 2.02 | 1.69 | 1.35 | 1.15 | 0.88 | 0.73 |

$$i=\frac{A}{(t+b)^n} \tag{10-30}$$

式中 $i$——暴雨强度，mm/min；

$t$——降雨历时，min；

$A$、$n$、$b$——参数，根据统计方法进行计算确定。

对式（10-30）取对数，则有：

$$\ln i=\ln A-n\ln(t+b) \tag{10-31}$$

令 $Y=\ln i$，$A_s=\ln A$，$M=-n$，$X=\ln(t+b)$，则有直线方程：

$$Y=A_s+MX \tag{10-32}$$

对同一重现期 $P$，在 0～50 范围内给定 $b$，用 0.618 法优选 $b$ 值，根据最小二乘法原理，使得 $\sum(Y_j-Y)^2=\sum(Y_j-A_s-MX_j)^2$ 为最小的 $n$、$b$ 即为所求。我国的 $b$ 值范围多在 0～50，其中出现较多的在 10 左右；$n$ 值范围多在 0.36～1.1，其中出现较多的是 0.6～0.9。

采用最小二乘法对式（10-32）进行回归计算，参数 $M$、$A_s$ 的计算式为

$$M=\frac{\sum X_jY_j-\frac{1}{k}\sum X_j\sum Y_j}{\sum X_j^2-\frac{1}{k}(\sum X_j)^2} \tag{10-33}$$

$$A_s=\frac{1}{k}\sum Y_j-\frac{M}{k}\sum X_j \tag{10-34}$$

式中 $k$——不同降雨时段的数目。

根据上述方法计算可求得参数 $n$、$b$ 和 $A$，即可获得单一重现期的暴雨强度公式。

（2）总暴雨强度公式。

包含重现期变量的总暴雨强度公式形式为

$$i=\frac{A_1(1+C\lg P)}{(t+b)^n} \tag{10-35}$$

为反映 $A$ 与重现期 $P$ 的关系，须对 $A$ 值进行调整。在确定了 $n$、$b$ 后，代入式（10-31），用上述方法再进行一次回归计算，可得调整后的 $A_1$ 值。

可采用下式来表示 $A$ 与 $P$ 的关系：

$$A=A_0+N\lg P \tag{10-36}$$

仍采用最小二乘法对式（10-36）进行回归计算，参数 $N$、$A_0$ 的计算式为

$$N=\frac{k\sum A_j\lg P_j-\sum\lg P_j\sum A_j}{k\sum(\lg P_j)^2-(\sum\lg P_j)^2} \tag{10-37}$$

$$A_0=\frac{1}{k}\sum A_j+\frac{N}{k}\sum\lg P_j \tag{10-38}$$

$$A_0+N\lg P=A_1(1+C\lg P) \tag{10-39}$$

根据上述方法计算可求得参数 $n$、$b$、$A_1$、$C$，即可获得包含重现期的暴雨强度公式。

单一重现期的暴雨强度公式精度高而统计方便，包含重现期变量的总暴雨强度公式精度上较前者有所损失，但能表示暴雨的整体规律而被广泛应用。

（三）误差分析和要求

暴雨强度绝对均方差计算公式为

$$\sigma=\sqrt{\frac{\sum(i_g-i_j)^2}{k}} \tag{10-40}$$

式中 $\sigma$——暴雨强度绝对均方差，mm/min；

$i_g$——计算暴雨强度，mm/min；

$i_j$——实测暴雨强度，mm/min；

$k$——不同降雨时段的数目。

暴雨强度相对均方差计算公式为

$$r=\frac{\sigma}{i_g} \tag{10-41}$$

式中 $r$——暴雨强度相对均方差。

当重现期为 0.25～10 年时，在一般暴雨强度的地方，平均绝对均方差不宜大于 0.05mm/min；在较大暴雨强度的地方，平均相对均方差不宜大于 5%。

［例 10-3］ 年最大值法拟合短历时暴雨强度公式。

（1）样本及暴雨强度频率计算。

收集气象站 1995～2015 年逐年短历时最大暴雨资料，计算逐年各短历时暴雨强度，见表 10-13。

表 10-13 气象站逐年短历时暴雨强度

| 年份 | 暴雨强度（mm/min） | | | | | | |
|---|---|---|---|---|---|---|---|
| | 5min | 10min | 15min | 30min | 45min | 60min | 120min |
| 1995 | 3.96 | 2.71 | 2.05 | 1.45 | 1.22 | 0.94 | 0.75 |
| 1996 | 2.84 | 2.52 | 2.44 | 1.72 | 1.40 | 1.20 | 0.86 |
| 1997 | 3.58 | 2.05 | 1.59 | 1.47 | 1.30 | 1.01 | 0.76 |
| 1998 | 2.66 | 2.47 | 1.99 | 1.91 | 1.84 | 1.49 | 1.20 |
| 1999 | 4.66 | 3.04 | 2.70 | 1.73 | 1.58 | 1.59 | 0.91 |
| … | … | … | … | … | … | … | … |
| 2005 | 3.20 | 3.00 | 2.48 | 1.92 | 1.59 | 1.34 | 1.19 |
| 2006 | 2.32 | 2.90 | 2.11 | 1.62 | 1.38 | 1.08 | 0.61 |
| 2007 | 2.72 | 2.63 | 2.21 | 1.90 | 1.73 | 1.84 | 1.21 |
| 2008 | 2.36 | 2.08 | 2.06 | 1.39 | 1.28 | 0.98 | 0.56 |
| 2009 | 4.70 | 4.70 | 3.61 | 2.19 | 1.62 | 1.40 | 0.85 |
| … | … | … | … | … | … | … | … |
| 2013 | 3.10 | 3.09 | 2.75 | 1.87 | 1.34 | 1.08 | 0.92 |
| 2014 | 4.56 | 3.12 | 2.84 | 2.29 | 1.89 | 1.78 | 0.94 |
| 2015 | 3.22 | 2.47 | 1.93 | 1.43 | 1.08 | 0.97 | 0.62 |

对上述各历时暴雨强度系列进行频率计算，采用 P-Ⅲ分布模型，得到重现期-暴雨强度-历时的多组数据，见表 10-14。

表 10-14 重现期-暴雨强度-历时关系

| 重现期 $P$（年） | 暴雨强度（mm/min） | | | | | | |
|---|---|---|---|---|---|---|---|
| | 5 min | 10 min | 15 min | 30 min | 45 min | 60 min | 120 min |
| 1 | 2.069 | 1.830 | 1.467 | 1.179 | 0.962 | 0.691 | 0.353 |
| 2 | 3.181 | 2.632 | 2.182 | 1.703 | 1.436 | 1.266 | 0.858 |
| 3 | 3.584 | 2.976 | 2.500 | 1.852 | 1.562 | 1.407 | 0.961 |
| 5 | 4.030 | 3.369 | 2.865 | 2.012 | 1.695 | 1.554 | 1.063 |
| 10 | 4.601 | 3.884 | 3.346 | 2.208 | 1.857 | 1.731 | 1.184 |
| 20 | 5.143 | 4.382 | 3.812 | 2.390 | 2.005 | 1.891 | 1.290 |
| 50 | 5.831 | 5.024 | 4.415 | 2.617 | 2.189 | 2.087 | 1.417 |
| 100 | 6.338 | 5.500 | 4.864 | 2.781 | 2.321 | 2.227 | 1.506 |

（2）解析法推求短历时暴雨强度公式。

使用暴雨强度公式拟合软件，由表 10-14 数据拟合得到：

$$A=20.0008$$
$$C=0.7369$$
$$b=11.25$$
$$n=0.7254$$

暴雨强度公式如下：

$$i=\frac{20.0008(1+0.7369\lg P)}{(t+11.25)^{0.7254}} \tag{10-42}$$

式中 $i$——降雨强度，mm/min；

$t$——降雨历时，min；

$P$——重现期，年。

［例 10-4］ 年多个样法拟合短历时暴雨强度公式。

1. 样本及暴雨强度频率计算

以某站连续 16 年自记雨量资料，按 5～120min 各历时每年选 8 个最大降雨，按大小顺序排列，取最大 64 组雨量数据，计算各历时暴雨强度及其经验重现期，并将经验重现期取对数，见表 10-15。

**表 10-15**　　某站各历时暴雨强度系列与重现期

| 序列 $m$ | $T_E=\frac{N+1}{m}$ (a) | $\lg T_E$ | $(\lg T_E)^2$ | $t=5$min | | … | $t=120$min | |
|---|---|---|---|---|---|---|---|---|
| | | | | $i$ (mm/min) | $i\lg T_E$ | | $i$ (mm/min) | $i\lg T_E$ |
| 1 | 17.000 | 1.23045 | 1.51401 | 2.500 | 3.07613 | … | 0.807 | 0.99297 |
| 2 | 8.500 | 0.92942 | 0.86382 | 2.433 | 2.26128 | … | 0.572 | 0.53163 |
| 3 | 5.667 | 0.75335 | 0.56754 | 2.400 | 1.80804 | … | 0.543 | 0.40907 |
| … | … | … | … | … | … | … | … | … |
| 62 | 0.274 | −0.56225 | 0.31612 | 1.100 | −0.61848 | … | 0.187 | −0.10514 |
| 63 | 0.270 | −0.56864 | 0.32335 | 1.100 | −0.62550 | … | 0.185 | −0.10520 |
| 64 | 0.266 | −0.57840 | 0.33454 | 1.100 | −0.63624 | … | 0.183 | −0.10585 |
| Σ | | −10.35516 | 11.41012 | 95.695 | −6.112 | … | 18.893 | −0.263 |
| Σ/64 | | −0.16180 | 0.17828 | 1.495 | −0.095 | … | 0.295 | −0.004 |

注　$T_E$为年多个样法的重现期，$N$为资料年数，$m$为序列数，$t$为历时，$i$为暴雨强度。

暴雨强度与重现期的关系选用指数分布 $i=\alpha\lg T_E+\beta$。由表 10-15 中的相关数据用最小二乘法求得 $i=\alpha\lg T_E+\beta$ 中的参数$\alpha$和$\beta$，见表 10-16。

**表 10-16**　　参　数　$\alpha$　与　$\beta$

| 历时（min） | 5 | 10 | 15 | 20 | 30 | 45 | 60 | 90 | 120 |
|---|---|---|---|---|---|---|---|---|---|
| $\alpha$ | 0.958 | 0.738 | 0.692 | 0.662 | 0.538 | 0.508 | 0.438 | 0.342 | 0.287 |
| $\beta$ | 1.650 | 1.318 | 1.123 | 1.010 | 0.813 | 0.660 | 0.557 | 0.418 | 0.342 |

将表 10-16 中各历时参数代入 $i=\alpha\lg T_E+\beta$，可计算各重现期的暴雨强度，从而获得重现期–暴雨强度–历时关系由指数分布公式算出统计暴雨公式用的频率强度历时见表 10-17。

**表 10-17**　　重现期–暴雨强度–历时关系

| $T_E$ (a) | 暴雨强度（mm/min） | | | | | | | | | |
|---|---|---|---|---|---|---|---|---|---|---|
| | 5min | 10min | 15min | 20min | 30min | 45min | 60min | 90min | 120min | 平均 |
| 100 | 3.57 | 2.78 | 2.51 | 2.33 | 1.89 | 1.68 | 1.43 | 1.10 | 0.92 | 2.02 |
| 50 | 3.28 | 2.58 | 2.30 | 2.13 | 1.73 | 1.52 | 1.30 | 1.00 | 0.83 | 1.85 |
| 20 | 2.90 | 2.28 | 2.03 | 1.87 | 1.51 | 1.32 | 1.13 | 0.86 | 0.72 | 1.62 |
| 10 | 2.61 | 2.06 | 1.82 | 1.68 | 1.35 | 1.17 | 1.00 | 0.76 | 0.63 | 1.45 |
| 5 | 2.32 | 1.83 | 1.61 | 1.46 | 1.19 | 1.02 | 0.86 | 0.66 | 0.54 | 1.28 |
| 2 | 1.94 | 1.54 | 1.33 | 1.21 | 0.98 | 0.81 | 0.69 | 0.52 | 0.43 | 1.05 |
| 1 | 1.65 | 1.32 | 1.12 | 1.01 | 0.81 | 0.66 | 0.56 | 0.42 | 0.34 | 0.87 |
| 0.5 | 1.36 | 1.10 | 0.92 | 0.83 | 0.65 | 0.51 | 0.43 | 0.32 | 0.26 | 0.71 |
| 0.333 | 1.19 | 0.97 | 0.79 | 0.70 | 0.56 | 0.42 | 0.35 | 0.26 | 0.21 | 0.61 |
| 0.25 | 1.07 | 0.87 | 0.71 | 0.61 | 0.49 | 0.35 | 0.29 | 0.21 | 0.17 | 0.53 |
| 平均 | 2.19 | 1.73 | 1.51 | 1.38 | 1.12 | 0.95 | 0.80 | 0.61 | 0.51 | |

2. 解析法推求单一重现期的暴雨强度公式

（1）参数计算。

以表 10-17 中暴雨强度$i$与历时$t$点绘在双对数坐标纸上，呈一上凸曲线；以 $1/i$ 与 $t$ 点绘到方格坐标纸上也呈上凸曲线，可见用 $i=A/t^n$ 与 $i=A/(t+b)$型公式均不理想。经用 $i$ 与$(t+b)$在双对数坐标纸上求得当 $b=10$ 时各重现期的 $i$ 与（$t+10$）都呈直线，采用 $i=\frac{A}{(t+b)^n}$ 为单一重现期暴雨强度公式形式，$b$ 取 10。

采用最小二乘法求解公式参数。根据表 10-17 计算式（10-43）、式（10-44）中包括的各项，见表 10-18。

$$n=\frac{\sum \lg i\sum \lg(t+b)-m_1\sum[\lg i\lg(t+b)]}{m_1\sum[\lg(t+b)]^2-\left[\sum \lg(t+b)\right]^2} \quad (10\text{-}43)$$

$$\lg A=\frac{\sum \lg i+n\sum \lg(t+b)}{m_1} \quad (10\text{-}44)$$

式中　$m_1$——不同降雨时段的数目，本例取 9。

表 10-18　　各重现期历时–暴雨强度对数求和计算

| t (min) | lg(t+10) | $[\lg(t+10)]^2$ | $T_E$ = 100（a） | | | … | $T_E$ = 0.25（a） | | |
|---|---|---|---|---|---|---|---|---|---|
| | | | i | lgi | lgi lg (t+10) | | i | lgi | lgi lg（t+10） |
| 5 | 1.176 | 1.383 | 3.57 | 0.552 | 0.649 | … | 1.07 | 0.029 | 0.03455 |
| 10 | 1.301 | 1.692 | 2.78 | 0.444 | 0.577 | … | 0.87 | −0.060 | −0.07868 |
| 15 | 1.397 | 1.954 | 2.51 | 0.399 | 0.558 | … | 0.71 | −0.148 | −0.20792 |
| 20 | 1.477 | 2.181 | 2.33 | 0.367 | 0.542 | … | 0.61 | −0.214 | −0.31709 |
| 30 | 1.602 | 2.566 | 1.89 | 0.276 | 0.442 | … | 0.49 | −0.309 | −0.49631 |
| 45 | 1.740 | 3.028 | 1.68 | 0.225 | 0.3292 | … | 0.35 | −0.455 | −0.79348 |
| 60 | 1.845 | 3.404 | 1.43 | 0.155 | 0.286 | … | 0.29 | −0.537 | −0.99192 |
| 90 | 2.000 | 4.000 | 1.10 | 0.041 | 0.082 | … | 0.21 | −0.677 | −1.35556 |
| 120 | 2.113 | 4.468 | 0.92 | −0.036 | −0.076 | … | 0.17 | −0.769 | −1.62678 |
| Σ | 14.653 | 24.679 | 18.21 | 2.426 | 3.456 | … | 4.77 | −3.145 | −5.83319 |

将表 10-18 中数据代入式（10-43）和式（10-44）计算单一重现期的暴雨强度公式参数 $A$ 和 $n$，见表 10-19。

表 10-19　　单一重现期的暴雨强度公式参数值

| 重现期（a） | 100 | 50 | 20 | 10 | 5 | 2 | 1 | 0.5 | 0.333 | 0.25 |
|---|---|---|---|---|---|---|---|---|---|---|
| A | 17.7 | 16.8 | 15.3 | 14.4 | 13.4 | 12.3 | 11.7 | 11.0 | 10.9 | 11.6 |
| b | 10 | 10 | 10 | 10 | 10 | 10 | 10 | 10 | 10 | 10 |
| n | 0.601 | 0.611 | 0.623 | 0.636 | 0.653 | 0.684 | 0.724 | 0.767 | 0.810 | 0.868 |

（2）公式推求。

由表 10-19 中参数可以获得各重现期的暴雨强度公式。例如重现期为 100 年的暴雨强度公式为

$$i=\frac{17.7}{(t+10)^{0.601}}$$

（3）误差分析。

单一重现期暴雨强度公式均方差计算见表 10-20，精度较高。

表 10-20　　单一重现期暴雨强度公式均方差与相对均方差

| $T_E$（a） | $i_g$–$i_j$（mm/min） | | | | | | | | | 均方差（mm/min） | 相对均方差（%） |
|---|---|---|---|---|---|---|---|---|---|---|---|
| | 5min | 10min | 15min | 20min | 30min | 45min | 60min | 90min | 120min | | |
| 100 | −0.10 | 0.14 | 0.05 | −0.04 | 0.03 | −0.09 | −0.05 | 0.01 | 0.03 | 0.072 | 3.58 |
| 50 | −0.06 | 0.11 | 0.06 | −0.03 | 0.03 | −0.07 | −0.05 | — | 0.03 | 0.057 | 3.08 |
| 20 | −0.07 | 0.08 | 0.04 | −0.03 | 0.03 | −0.06 | −0.04 | 0.01 | 0.02 | 0.048 | 2.96 |
| 10 | −0.04 | 0.08 | 0.04 | −0.02 | 0.04 | −0.04 | −0.03 | 0.01 | 0.02 | 0.040 | 2.76 |
| 5 | −0.03 | 0.06 | 0.03 | 0.02 | 0.02 | −0.04 | −0.02 | — | 0.02 | 0.031 | 2.42 |
| 2 | −0.01 | 0.04 | 0.04 | −0.02 | — | −0.02 | −0.02 | −0.01 | 0.01 | 0.019 | 1.81 |

续表

| $T_E$（a） | $i_g-i_j$（mm/min） | | | | | | | | | 均方差（mm/min） | 相对均方差（%） |
|---|---|---|---|---|---|---|---|---|---|---|---|
| | 5min | 10min | 15min | 20min | 30min | 45min | 60min | 90min | 120min | | |
| 1 | — | 0.02 | 0.02 | −0.01 | — | 0.03 | −0.02 | — | — | 0.016 | 1.84 |
| 0.5 | 0.02 | — | 0.01 | −0.03 | — | — | −0.01 | — | — | 0.013 | 1.83 |
| 0.333 | 0.03 | — | 0.02 | −0.01 | −0.01 | — | — | — | — | 0.013 | 2.13 |
| 0.25 | 0.03 | −0.01 | — | −0.01 | −0.02 | −0.01 | — | — | — | 0.013 | 2.45 |
| 平均 | | | | | | | | | | 0.032 | 2.49 |

3. 解析法推求含重现期变量的暴雨强度公式

含重现期变量的暴雨强度公式选用 $i=\dfrac{R+S\lg T_E}{(t+b)^n}$ 形式。

（1）求取地区参数 $b$ 与 $n$。由表 10-17 中不同历时的平均暴雨强度 $\bar{i}$，以 $\bar{i}$ 与（$t+b$）点绘在双对数坐标纸上，绘出直线 $b=10$。采用最小二乘法求解参数 $n$。根据表 10-17 计算式（10-43）中包括的各项，见表 10-21。

表 10-21　历时-平均暴雨强度对数求和计算

| $t$（min） | $\lg(t+10)$ | $[\lg(t+10)]^2$ | $\bar{i}$ | $\lg\bar{i}$ | $\lg\bar{i}\,\lg(t+10)$ |
|---|---|---|---|---|---|
| 5 | 1.17609 | 1.38318 | 2.19 | 0.34044 | 0.40039 |
| 10 | 1.30103 | 1.69267 | 1.73 | 0.23804 | 0.30969 |
| 15 | 1.39794 | 1.95423 | 1.51 | 0.17897 | 0.25019 |
| 20 | 1.47712 | 2.18188 | 1.38 | 0.13988 | 0.20662 |
| 30 | 1.60206 | 2.56659 | 1.12 | 0.04922 | 0.07885 |
| 45 | 1.74036 | 3.02885 | 0.95 | −0.02227 | −0.03875 |
| 60 | 1.84510 | 3.40439 | 0.80 | −0.09691 | −0.17881 |
| 90 | 2.00000 | 4.00000 | 0.61 | −0.21467 | −0.42934 |
| 120 | 2.11394 | 4.46874 | 0.51 | −0.29243 | −0.61818 |
| Σ | 14.65364 | 24.67953 | | 0.32027 | −0.01913 |

用式（10-43）由表 10-21 中数据计算 $n$ 为

$$n=\frac{0.32027\times14.65364-9\times(-0.01913)}{9\times24.67953-14.65364^2}=0.659$$

（2）求相应 $b$ 与 $n$ 的各重现期的 $A$。用 $b=10$，$n=0.659$ 代入式（10-44）求得各重现期 $A$ 值，并对式（10-45）、式（10-46）所需各项计算，列表 10-22。

$$R=\frac{\sum(\lg T_E)^2\sum A-\sum\lg T_E\sum(A\lg T_E)}{m_2\sum(\lg T_E)^2-\left(\sum\lg T_E\right)^2}\quad(10\text{-}45)$$

$$S=\frac{\sum A-m_2R}{\sum\lg T_E}\quad(10\text{-}46)$$

表 10-22　重现期对数求和计算

| $T_E$（a） | $\lg T_E$ | $(\lg T_E)^2$ | $A$ | $A\lg T_E$ |
|---|---|---|---|---|
| 100 | 2 | 4 | 22.00 | 44.00000 |
| 50 | 1.69897 | 2.88650 | 20.09 | 34.13230 |
| 20 | 1.30163 | 1.69268 | 17.56 | 22.84608 |
| 10 | 1.00000 | 1.00000 | 16.65 | 15.65000 |
| 5 | 0.69897 | 0.48856 | 13.68 | 9.56191 |
| 2 | 0.30103 | 0.09062 | 11.15 | 3.35648 |
| 1 | 0 | 0 | 9.21 | 0 |
| 0.5 | −0.30103 | 0.09062 | 7.34 | −2.20956 |
| 0.333 | −0.17712 | 0.22764 | 6.17 | −2.94383 |
| 0.25 | −0.60206 | 0.36248 | 5.29 | −3.18490 |
| Σ | 5.61979 | 10.83910 | 128.14 | 121.20848 |

用式（10-45）、式（10-46）由表 10-22 中数据计算参数 $R$ 与 $S$ 为

$$R=\frac{10.83910\times128.14-5.61979\times121.20848}{10\times10.83910-(5.61979)^2}=9.214$$

$$S=\frac{128.14-10\times9.214}{5.61979}=6.406$$

（3）公式推求。根据上述求得的参数，得到包含重现期变量的暴雨强度公式为

$$i=\frac{9.214+6.406\lg T_E}{(t+10)^{0.659}}$$

（4）误差分析。包含重现期变量的暴雨强度公式的均方差计算见表 10-23。此类公式应用范围广，但精度低于单一重现期暴雨强度公式。

表 10-23　　含重现期变量的暴雨强度公式的均方差与相对均方差

| $T_E$（a） | $i_g - i_j$（mm/min） | | | | | | | | | 均方差（mm/min） | 相对均方差（%） |
|---|---|---|---|---|---|---|---|---|---|---|---|
| | 5min | 10min | 15min | 20min | 30min | 45min | 60min | 90min | 120min | | |
| 100 | 0.13 | 0.28 | 0.13 | 0.01 | 0.05 | −0.11 | −0.09 | −0.04 | −0.03 | 0.124 | 6.14 |
| 50 | 0.09 | 0.21 | 0.11 | — | 0.04 | −0.09 | −0.08 | −0.03 | −0.03 | 0.095 | 5.16 |
| 20 | 0.03 | 0.16 | 0.07 | — | 0.03 | −0.07 | −0.06 | −0.02 | −0.01 | 0.068 | 4.18 |
| 10 | 0.01 | 0.11 | 0.05 | −0.02 | 0.02 | −0.06 | −0.05 | −0.01 | — | 0.049 | 3.39 |
| 5 | 0.02 | 0.07 | 0.03 | — | 0.01 | −0.05 | −0.03 | — | 0.01 | 0.033 | 2.58 |
| 2 | 0.07 | 0.01 | — | −0.03 | — | −0.02 | −0.01 | 0.02 | 0.02 | 0.028 | 2.69 |
| 1 | −0.10 | 0.04 | −0.02 | −0.03 | — | — | — | 0.02 | 0.03 | 0.040 | 4.56 |
| 0.5 | −0.14 | 0.09 | −0.05 | −0.06 | −0.01 | −0.01 | 0.01 | 0.03 | 0.03 | 0.063 | 8.89 |
| 0.333 | −0.16 | 0.09 | −0.05 | −0.04 | −0.02 | 0.02 | 0.02 | 0.04 | 0.04 | 0.068 | 11.22 |
| 0.25 | −0.17 | 0.07 | −0.07 | −0.04 | −0.02 | 0.03 | 0.03 | 0.05 | 0.05 | 0.072 | 13.71 |
| 平均 | | | | | | | | | | 0.064 | 6.25 |

## 第四节　冷却塔气象

确定冷却塔循环供水系统冷却水的最高计算温度时，考虑到为夏季调峰的电厂遗留有适当的裕度，宜采用按湿球温度频率统计方法计算的频率为10%的日平均气象条件。气象资料应采用近期连续不少于5年，每年最热时期（可采用3个月）的日平均值。

通常，供水专业需要水文气象专业提供近5年热季累积频率10%的日平均湿球温度及相应的日平均干球温度、相对湿度、风速、气压，简称10%气象条件。该组数据影响冷却塔占地面积，累积频率10%的日平均湿球温度越高，冷却塔占地面积越大。

### 一、数据选取

需收集参证气象站近期连续5年热季的逐日平均湿球温度、干球温度、相对湿度、风速、气压数据，每项共460个数据。各项气象要素为基于实测数据的日平均值，应检查其数据背景对日平均值的代表性。若实测的湿球温度为每日定时8:00、14:00、20:00 3次观测，则3次平均值对日平均值代表性欠佳，需要修正。另外，2004年左右我国陆续投入使用自动气象站，气象站取消了湿球温度的观测，则日平均湿球温度需要通过其他实测气象要素进行推算。

气象资料应选用能代表发电厂厂址所在地气象特征的气象站资料。应注意参证气象站与电力工程两地的海拔、地形地貌差异，评价气象条件的代表性。若参证气象站代表性欠佳，应定性指出其与电力工程气象条件的差异，有条件时应开展对比观测。

（一）实测日平均湿球温度的修正

1. 2:00缺测的修正

湿球温度一日定时3次均值样本比一日定时4次均值样本往往偏高，据此样本统计出的累积频率为10%的日平均湿球温度也随之偏高，从而使冷却水最高校核计算温度相应偏大，导致工程造价和运行费用的增加，故对于缺少2:00观测资料的应予以修正。

根据南从广东、北到黑龙江、东起江苏、西至青海不同气候区共15个气象台连续5年6～8月一日定时4次湿球温度观测资料，分别采用多种方法计算的平均值作样本进行统计。成果如下。

（1）对于南温带及其以南地区，2:00湿球温度基本上可以用8:00湿球温度代替，即其日平均湿球温度$t$为

$$t=(kt_{08}+t_{08}+t_{14}+t_{20})/4 \qquad (10\text{-}47)$$

式中　$t$——日平均湿球温度，℃；

$k$——系数，采用0.986；

$t_{08}$——8:00观测的湿球温度，℃；

$t_{14}$——14:00观测的湿球温度，℃；

$t_{20}$——20:00观测的湿球温度，℃。

（2）对于我国西北地区，可采用前一日20:00与当日8:00湿球温度的平均值代替2:00湿球温度，即其日平均湿球温度$t$为

$$t=[(t'_{20}+t_{08})/2+t_{08}+t_{14}+t_{20}]/4 \qquad (10\text{-}48)$$

式中　$t'_{20}$——前一日20时观测的湿球温度，℃；

其余符号意义同前。

（3）对于东北地区，可先直接用一日3次实测值

的算术平均值作累积频率统计得出 $T_{10\%}^3$，换算为一日4次均值的湿球温度 $T_{10\%}^4$，即

$$T_{10\%}^4 = 1.03\,T_{10\%}^3 - 1.00 \tag{10-49}$$

式中 $T_{10\%}^4$ ——累积频率为 10%的日平均湿球温度（逐日4次湿球温度均值），℃；

$T_{10\%}^3$ ——累积频率为 10%的日平均湿球温度（逐日3次湿球温度均值），℃。

2. 其他时段缺测的修正

当其他时段缺测时，一般用以下两种方法进行补充：

（1）采用《湿度查算表》，根据缺测时段的自记干球温度、相对湿度、水汽压及露点温度查得当时的湿球温度，此法较精确。

（2）采用相邻时段内插法进行补充。

（二）缺少实测湿球温度的计算

当参证气象站缺少实测湿球温度资料时，可用气象学公式法、查表法、气象要素相关法、差值法等多种方法推算湿球温度，推荐按气象学公式计算湿球温度。

湿球温度可按下式计算：

$$t_w = t_d - \frac{E_{t_w} - e}{A p_h} \tag{10-50}$$

式中 $t_w$ ——湿球温度，℃；

$t_d$ ——干球温度，℃；

$E_{t_w}$ ——湿球温度 $t_w$ 所对应的纯水平液面饱和水汽压，hPa；

$e$ ——水汽压，hPa；

$A$——干湿表系数，可按表 10-24 取值，℃$^{-1}$；

$p_h$ ——本站气压，hPa。

其中湿球温度 $t_w$ 所对应的纯水平液面饱和水汽压 $E_{t_w}$ 可按下式计算：

$$\log E_{t_w} = 10.79574(1 - T_1/T) - 5.028\log(T/T_1) + 1.50475\times10^{-4}[1 - 10^{-8.2969(T/T_1-1)}] + 0.42873\times10^{-3}[10^{4.76955(1-T_1/T)} - 1] + 0.78614 \tag{10-51}$$

式中 $T$——绝对温度，为湿球温度 $t_w$ 加上 273.15，K；

$T_1$——水的三相点温度，273.16K。

表 10-24 干湿表系数

| 干湿表类型及通风速度 | 干湿表系数（$10^{-3}$℃$^{-1}$） | |
|---|---|---|
| | 湿球未结冰 | 湿球结冰 |
| 通风干湿表（通风速度 2.5m/s） | 0.662 | 0.584 |
| 球状干湿表（通风速度 0.4m/s） | 0.857 | 0.756 |
| 柱状干湿表（通风速度 0.4m/s） | 0.815 | 0.719 |
| 现用百叶箱球状干湿表（通风速度 0.8m/s） | 0.7947 | 0.7947 |

球状干湿表是较常用的，通风干湿表多用于北方。具体应用时，可结合气象站使用的干湿表类型和以往实测的干湿球温度等要素，率定干湿表系数 $A$ 值。

在低速和自然通风条件下，影响干湿表系数 $A$ 值的主要因素是通风速度，可用经验公式：

$$A = 0.00001(65 + 6.75/v) \tag{10-52}$$

式中 $v$——空气流过湿球四周的速度，m/s。

上述各气象要素应为同一时段或时刻的值，对于冷却塔热力计算气象参数而言应为日平均值。

根据式（10-50）和式（10-51）可编制湿球温度计算程序，可解决无实测湿球温度的问题。计算结果需要进行合理性检查。

## 二、统计方法

将收集的或计算的参证气象站近期连续5年热季的逐日平均湿球温度共460个数据按从高到低顺序排列，查找排位第46位的日平均湿球温度即为累积频率为10%的日平均湿球温度，其相应的日平均干球温度、相对湿度、风速、气压为累积频率为10%的日平均湿球温度出现日的对应值。

样本中相同湿球温度值多次出现的情况比较普遍，则每个值均须占位。若累积频率为10%的日平均湿球温度及其出现日期的日平均干球温度、相对湿度、气压及风速出现多组数据，则罗列出各组数据。

［例 10-5］ 近5年热季10%气象条件。

某气象站2000年起对湿球温度不再进行观测，但进行干球温度、相对湿度、水汽压、气压、风速等项目的观测。收集该站2007～2011年热季逐日平均干球温度、气压、相对湿度、水汽压。

（1）计算逐日平均湿球温度。

利用气象站 2007～2011 年热季逐日平均干球温度、气压、水汽压，由式（10-50）和式（10-51）计算逐日平均湿球温度，选用干湿表系数 $0.7947\times10^{-3}$℃$^{-1}$，见表 10-25。

表 10-25 近5年热季逐日平均气象要素

| 年份 | 月份 | 日期 | 气温（℃） | 气压（hPa） | 水汽压（hPa） | 相对湿度（%） | 湿球温度（℃） |
|---|---|---|---|---|---|---|---|
| 2007 | 6 | 1 | 22.7 | 984.0 | 25.8 | 94 | 22.0 |
| … | … | … | … | … | … | … | … |
| 2009 | 7 | 5 | 26.3 | 982.5 | 27.2 | 80 | 23.7 |
| … | … | … | … | … | … | … | … |
| 2010 | 6 | 9 | 23.5 | 987.4 | 20.9 | 76 | 20.6 |
| … | … | … | … | … | … | … | … |
| 2011 | 8 | 31 | 30.7 | 982.3 | 19.1 | 48 | 22.6 |

（2）排序湿球温度。

将计算得到的460个逐日平均湿球温度按从高到低的顺序排列，选出排位第46位的湿球温度为26.5℃，见表10-26。

表10-26　近5年热季逐日平均湿球温度排序表

| 序号 | 湿球温度（℃） | 序号 | 湿球温度（℃） | 序号 | 湿球温度（℃） | 序号 | 湿球温度（℃） | 序号 | 湿球温度（℃） |
|---|---|---|---|---|---|---|---|---|---|
| 1 | 28.1 | 10 | 27.1 | 20 | 27.0 | 30 | 26.8 | 43 | 26.5 |
| 2 | 27.6 | 11 | 27.1 | 21 | 26.9 | 31 | 26.7 | 44 | 26.5 |
| 3 | 27.4 | 12 | 27.1 | 22 | 26.9 | 32 | 26.7 | 45 | 26.5 |
| 4 | 27.3 | 13 | 27.0 | 23 | 26.9 | 33 | 26.7 | 46 | 26.5 |
| 5 | 27.3 | 14 | 27.0 | 24 | 26.8 | 34 | 26.7 | 47 | 26.5 |
| 6 | 27.3 | 15 | 27.0 | 25 | 26.8 | 35 | 26.7 | 48 | 26.4 |
| … | … | … | … | … | … | … | … | … | … |

（3）确定10%气象条件。

查日平均湿球温度为26.5℃的日期，收集这些日期的日平均气压、气温、相对湿度、风速，罗列见表10-27。

表10-27　气象站10%气象条件

| 出现日期 | 湿球温度（℃） | 气压（hPa） | 气温（℃） | 相对湿度（%） | 风速（m/s） |
|---|---|---|---|---|---|
| 2007-07-10 | 26.5 | 977.0 | 29.5 | 78 | 1.0 |
| 2008-07-20 | | 979.6 | 29.7 | 77 | 1.1 |
| 2009-06-19 | | 976.6 | 31.0 | 69 | 1.0 |
| 2010-06-30 | | 979.6 | 29.7 | 77 | 0.9 |

## 第五节　空　冷　气　象

确定空冷系统基本设计参数时，气象资料应取得近期5～10年的典型年气温-小时统计资料和近期10年的风频、风速资料；设计气温宜根据典型年干球温度统计，可按5℃以上年加权平均法（5℃以下按5℃计算）确定；满发气温可根据典型年干球温度统计表，取100～200h范围内的某一气温值确定。

空冷凝汽器布置区域空冷平台高度包含两个方面，一方面指空冷凝汽器的平面布置位置，另一方面指空冷平台上布置的空冷凝汽器分配管高度。空冷系统分为直接空冷系统和间接空冷系统。在风场流态较稳定的地区，宜采用直接空冷系统；在暴风雨较多、风场流态紊乱、平均风速特别大的地区，宜采用间接空冷系统。由于两种空冷系统在工艺布置上的差别，其对应的空冷气象在对风、温度的统计参数要求上存在差异。直接空冷系统受外界的气象条件影响显著，要求提供准确的风、温度的统计参数作为设计依据，特别是高温大风的风向频率统计结果的准确性，将在很大程度上直接影响到机组运行的经济性和安全性。间接空冷系统则受外界风速、风向变化的影响相对较小，但受当地的低空逆温的直接影响。

### 一、空冷气象参数

火力发电厂空冷系统所需主要气象参数为：

（1）典型年小时气温统计成果。

（2）最近10年全年和热季的各风向频率、平均风速、最大风速统计成果。

（3）最近10年全年和热季10min平均风速大于3m/s的各风向频率、平均风速、最大风速统计成果。

（4）最近10年高温大风组合的各风向频率、平均风速、最大风速、平均气温统计成果。

（5）逆温分布、气流轨迹。

（6）沙尘暴的频发季节、一次沙尘暴的最长持续时间、沙尘暴强度。

空冷气象参数需能够准确代表空冷凝汽器布置区域空冷平台高度的风速、风向和温度变化实际情况。

### 二、数据选取和修正

#### （一）基础数据

火力发电厂空冷气象参数的基础数据主要为参证气象站最近10年逐年、逐月、逐日、逐时气温，10min平均风速，风向和沙尘暴等数据。逐时风速资料为整点前10min的平均值，逐时气温为整点的当时值。不可简化采用定时（3次或4次）观测的数据，对于没有自动记录的气象站，需从纸质自记记录曲线上摘录。但在摘录逐小时气温时应注意记录格纸和记录笔机械误差，还要采用定时观测气温值进行平差订正。

可搜集参证气象站建站以来的逐年年平均风速、年平均气温，近15年以上实测资料统计的逐月各风向频率。根据参证气象站建站以来的逐年年平均风速、年平均温度的历史变化趋势，可以分析判断最近10年在历史序列中所处的相对位置。通过与长系列资料的统计结果比较，可以分析判断最近10年的风向是否存在显著变化。

对参证气象站和空冷气象观测站实测的逐时数据，在使用前均应进行合理性检验。

#### （二）参证站选择原则

按照自然地理条件接近、下垫面条件相似的原则选择气象参证站，不宜以距离远近作为单一选择标准。选择的参证气象站需具有10年以上的历史观测资料，具有最近10年的风速、风向和气温自记记录。

参证气象站的风温条件对工程地点需有代表性，在不能确切判定其代表性时，应在工程地点设立空冷气象观测站与参证气象站进行对比观测，并利用对比关系移用参证气象站长期资料。

（三）空冷气象参数的修正

当参证站风温条件代表性不好或不能确定其代表性且工程点开展了空冷气象观测工作时，需对参证站空冷气象参数进行修正。

1. 参证站和专用站观测资料的横向差异分析

通过相关分析等方法对比分析观测期间参证气象站与工程点空冷气象观测站两地之间气温、风速、风向的横向差异。主要分析内容包括月平均气温差异幅度，日平均气温差异幅度，各时次年平均气温差异幅度，月平均风速差异幅度，日平均风速差异幅度，各时次年平均风速差异幅度，10m高度各月、季、年各风向频率对比，月、季、年风速大于3m/s各风向出现次数及相应频率对比，气温大于或等于26℃且风速大于或等于4m/s各风向出现次数及相应频率对比等。

通过比较分析对比观测期间参证气象站与工程点空冷气象观测站两地各种统计条件的风向频率玫瑰图，综合判断两地主导风向的一致性。

（1）各种统计条件下的两地风向频率玫瑰图形状完全类似，说明两地之间的风向变化相同，风向不受周围环境的影响，两地主导风向相同。

（2）各种统计条件下的两地风向频率玫瑰图主导风向不一致，但偏差较小（小于或等于22.5°）。基于16方位风向频率统计方法的风向是按360°进行记录的，在统计时将16方位的每方位左右各11.25°归为该方位，某一方位是代表一个扇面，而不是一个单纯的方向，所以相邻22.5°的两个方位的风向频率在归位统计时就可能存在方向偏离，如实际测得的11.5°的风在统计中就会归为NNE向，而11.2°的风就会归入N向，其实这两个风向应是同一个风向。表明周围环境对工程地点的风向有一定的影响，但影响较小，可以认为两地的主导风向相同。

（3）各种统计条件下的两地风向频率玫瑰图主导风向不一致，且偏差较大（大于22.5°），而与次主导风向是一致的，且次主导风向与主导风向之间的频率值相差较小（误差值不大于2），可认为两地的主导风向一致。

（4）各种统计条件下的两地风向频率玫瑰图主导风向不一致，偏差较大，且与次主导风向也不一致，或者与次主导风向一致但次主导风向与主导风向之间的频率值相差较大，应认为两地主导风向存在差异，表明两地测站周围的局部环境对两地的风向影响较大，具有局部风向特征。

在工程点局部环境对主导风向起决定性作用时，工程点空冷气象观测站的各种统计条件下的主导风向总是呈现为某单一方向，即无论气象参证站的主导风向如何变化，工程点的主导风向均保持不变。

（5）各种统计条件下的两地风向频率玫瑰图形状完全没有相似性，可认为两地不在同一个风场中，两地主导风向不存在相关性，工程点空冷气象观测站应进行持续观测，以增加观测资料的代表性，避免确定的工程点主导风向出现大的偏差。

2. 专用站观测资料的垂向差异分析

依据工程点空冷气象观测站不同高度的实测气温、风速和风向资料，分析其气温、风速和风向的垂向空间变化。主要分析内容包括月平均气温的高度变化，日平均气温的高度变化，各时次年平均气温的高度变化，月平均风速的高度变化，日平均风速的高度变化，各时次年平均风速的高度变化，各月、季、年各风向随高度的变化，月、季、年风速大于3m/s各风向随高度的变化，气温大于或等于26℃且风速大于或等于4m/s各风向随高度的变化等。各高度各种统计条件下的风向变化通常具有明显的一致性和趋势性。

3. 参证气象站空冷气象参数的修正

根据对比观测期间参证气象站与工程点空冷气象观测站之间气温、风速和风向的差异分析结果和工程点空冷气象观测站气温、风速和风向的垂向变化分析结果，对依据参证气象站最近10年的逐时气温、风速和风向资料分析统计的各项空冷气象参数进行修正，最终获得能够充分代表拟建空冷凝汽器分配管高度位置实际情况的空冷气象参数。

目前，修正工作无成熟的、统一规定的技术手段和方法。相对采用较多的方法是通过对参证气象站最近10年的逐时气温、风速和风向资料进行反演重建，依据反演重建的、能够充分代表拟建空冷凝汽器分配管高度位置实际情况的10年逐时气温、风速和风向资料，重新分析统计各项空冷气象参数。

参证气象站最近10年的逐时气温、风速和风向资料反演重建的方法主要有三种，分别为线性相关分析方法、风矢量的相关分析方法和风速扇区相关分析方法，可根据相关系数的高低确定适用的方法。

采用风矢量的相关分析方法反演重建的风速值在多数情况下偏小，主导风向有时可能出现失真的情况。特别是在提出供设计采用的主导风向结论时，需与工程点空冷气象观测站对比观测期间的主导风向分析统计结果多方面进行比较，在确认其合理性后方可提出。在发现明显不合理时，建议以工程点空冷气象观测站对比观测期间的主导风向分析统计结果为主要依据，但需进一步分析对比观测期间的主导风向分析统计结果在10年中的代表性。

## 三、典型年气温

### （一）典型年选取

典型年指气温的典型代表年。

典型年的选取应先求出最近10年的年平均气温，将最近5年内各年按小时气温统计的算术年平均值与最近10年的年平均气温最相近的一年作为典型年。若有多个年份气温与最近10年的年平均气温相近，应选择高于最近10年的年平均气温的年份作为典型年；若仍然有多个年份时，则应选择其热季平均气温偏高且分布最不均匀的年份作为典型年，可按照累积 200h 的对应气温最高的年份作为典型年。

应注意气象站统计的年平均气温为定时气温计算值，与小时气温统计的算术年平均值存在差异，其差异幅度在地域上也会存在差别。

### （二）典型年气温分析

将典型年逐时的气温值按由高到低顺序排列，制成典型年小时气温统计表，内容包括各级气温对应出现的累积小时数、累积频率。按大于或等于各级气温的累积出现小时数相应的累积频率，绘制典型年的小时气温累积频率曲线。累积频率曲线以累积频率为横坐标、气温为纵坐标。

根据设计需求，可在上述图、表中查出相应的典型年设计气温。5℃以上平均气温为在典型年的小时气温统计表上从5℃开始直到最高值取其加权平均值(5℃以下按5℃计算)。6000h 气温为典型年逐时气温从低到高排列所对应的 6000h 的气温。100h、200h 气温为典型年小时气温统计表中高温段 100h、200h 对应气温。热季 5%～10%气温则以典型年热季逐时气温为样本按从高到低顺序排位，累积频率为5%～10%对应的气温。

## 四、风况

由最近10年逐时风数据按16个风向归类统计全年和热季的各风向出现次数、风向频率、平均风速、最大风速，生成统计成果表，绘制风向频率玫瑰图和各风向风速玫瑰图。

由最近10年逐时风数据筛选出风速大于 3m/s 的数据样本，再按16个风向归类统计全年和热季的风速大于 3m/s 的各风向出现次数、风向频率、平均风速、最大风速，生成统计成果表，绘制风向频率玫瑰图和各风向风速玫瑰图。

统计最近 10 年热季逐日最大风速及相应风向数据样本，再按16个风向归类统计最近10年热季历年逐日最大风速相应风向频率。

## 五、高温大风

### （一）组合

高温大风组合的选择条件一般为以下3种情况：

（1）气温大于或等于 26.0℃且 10min 平均风速大于或等于 3m/s；

（2）气温大于或等于 26.0℃且 10min 平均风速大于或等于 4m/s；

（3）气温大于或等于 26.0℃且 10min 平均风速大于或等于 5m/s。

当上述3种组合条件下的统计结果表明主导风向趋势出现明显变化，或是比较混乱时，还需补充统计以下高温大风组合情况下的各风向出现次数和风频，以利于综合比较后确定高温大风时各风向的频率和风速分布：

（1）气温大于或等于 26.0℃且 10min 平均风速大于或等于 6m/s；

（2）气温大于或等于 24.0℃且 10min 平均风速大于或等于 3m/s；

（3）气温大于或等于 24.0℃且 10min 平均风速大于或等于 4m/s；

（4）气温大于或等于 24.0℃且 10min 平均风速大于或等于 5m/s；

（5）气温大于或等于 25.0℃且 10min 平均风速大于或等于 3m/s；

（6）气温大于或等于 25.0℃且 10min 平均风速大于或等于 4m/s；

（7）气温大于或等于 25.0℃且 10min 平均风速大于或等于 5m/s；

（8）气温大于或等于 27.0℃且 10min 平均风速大于或等于 3m/s；

（9）气温大于或等于 27.0℃且 10min 平均风速大于或等于 4m/s；

（10）气温大于或等于 27.0℃且 10min 平均风速大于或等于 5m/s；

（11）气温大于或等于 28.0℃且 10min 平均风速大于或等于 3m/s；

（12）气温大于或等于 28.0℃且 10min 平均风速大于或等于 4m/s；

（13）气温大于或等于 28.0℃且 10min 平均风速大于或等于 5m/s。

上述13种组合条件视温、风数据特点选择，超出最近10年气温、风数据区间的组合无需统计。或可根据设计专业特殊需求进行组合统计。

### （二）统计成果

以最近 10 年全年和热季逐时气温、风数据，筛选符合高温大风组合条件的数据样本，再按16个风向归类统计各组合情况下的全年和热季各风向出现次数、风向频率、平均风速、最大风速、平均气温，生成统计成果表，绘制风向频率玫瑰图和各风向风速玫瑰图。

## 六、逆温与沙尘暴

### （一）逆温

一般情况下，大气温度随着高度增加而下降，即是说在数千米以下，总是低层大气温度高，高层大气温度低，这种大气层结容易发生上下翻滚，即“对流”运动。可是在某些天气条件下，地面上空的大气结构会出现气温随高度增加而升高的现象，从而导致大气层结稳定，称为逆温，发生逆温现象的大气层称为逆温层。逆温的种类很多，为简单起见，将由地面开始形成的逆温称为接地逆温，把逆温不接触地面的称低层逆温。在统计时按逆温出现的高度将其分为接地逆温、0～100m逆温、100～500m逆温和大于等于500m逆温等几个层次。

电力工程上空逆温现象直接影响空冷机组冷却效率，应掌握其分布规律，指导优化设计。尽量搜集工程地点区域的逆温分布情况，包括逆温的出现季节、出现时间、接地逆温和低空逆温的各自出现频率，接地逆温的厚度和强度，低空逆温的底高、厚度、强度。对于存在逆温现象的电力工程，当工程设计确需逆温分布资料，而又无条件搜集资料时，应进行工程地点高空气象探测，在冬季和夏季分别进行一期风、温度场气象探测，一般每期7天，每天观测8次，获取高空气温的分布和气流轨迹。

### （二）沙尘暴

工程地点位于沙尘暴频发地区时，收集所在地区沙尘暴的频发季节、一次沙尘暴的最长持续时间、沙尘暴强度等资料。

GB/T 20480—2006《沙尘暴天气等级》依据沙尘天气地面水平能见度依次分为浮尘、扬沙、沙尘暴、强沙尘暴和特强沙尘暴5个等级。

（1）浮尘。指当无风或平均风速小于或等于3.0m/s时，沙尘浮游在空中的水平能见度小于10km的天气现象。

（2）扬沙。指风将地面沙尘吹起，空气相当混浊，水平能见度小于1～10km的天气现象。

（3）沙尘暴。指强风将地面尘沙吹起，空气很混浊，水平能见度小于1km的天气现象。

（4）强沙尘暴。指大风将地面沙尘吹起，空气非常混浊，水平能见度小于500m的天气现象。

（5）特强沙尘暴。指狂风将地面沙尘吹起，空气特别混浊，水平能见度小于50m的天气现象。

根据沙尘暴天气强度划分标准，可将沙尘暴划分为特强、强、中、弱4个等级，划分标准见表10-28。

表10-28　中国沙尘暴天气强度划分标准

| 强度 | 瞬时极大风速（m/s） | 能见度（m） |
|---|---|---|
| 特强 | ≥25 | <50 |
| 强 | ≥20 | <200 |
| 中 | ≥17 | 200～500 |
| 弱 | ≥10 | 500～1000 |

［例10-6］　空冷气象统计。

某电厂已搜集2012年厂址处空冷气象观测塔各层气象观测数据及附近气象站2005～2014年各年逐时气温、逐时风速数据，求空冷气象参数。

（1）数据修正。

根据2012年对比观测期间附近气象站与厂址处空冷气象观测塔之间气温、风速和风向的差异分析结果和空冷气象观测塔气温、风速和风向的垂向变化分析结果，将附近气象站2005～2014年的逐时气温、风速和风向资料修正至厂址空冷平台高度。

（2）典型年选取。

先求出空冷平台高度层近10年的年平均气温和热季平均气温，见表10-29。将最近5年内各年按小时气温统计的算术年平均值与最近10年的年平均气温最相近的一年作为典型年。选择2010年作为典型年。

表10-29　气象站近10年全年及热季平均气温统计

| 年份 | 年平均气温（℃） | 热季平均气温（℃） |
|---|---|---|
| 2005 | 9.28 | 23.1 |
| 2006 | 9.95 | 23.3 |
| 2007 | 9.70 | 22.6 |
| 2008 | 8.92 | 22.9 |
| 2009 | 9.94 | 22.7 |
| 2010 | 9.78 | 24.1 |
| 2011 | 9.09 | 24.1 |
| 2012 | 9.05 | 23.7 |
| 2013 | 10.6 | 23.3 |
| 2014 | 10.3 | 22.6 |
| 平均值 | 9.67 | 23.2 |

（3）典型年气温分析。

对空冷平台高度层2010年逐时气温进行分级统计，成果见表10-30。小时气温累积频率曲线略。对于典型年逐时气温，把5℃以下气温以5℃进行代替，再进行逐时气温加权平均计算，5℃法设计气温为13.0℃。

表 10-30　　2010 年小时气温统计

| 干球温度（℃） | 累积小时（h） | 累积频率（%） | 干球温度（℃） | 累积小时（h） | 累积频率（%） | 干球温度（℃） | 累积小时（h） | 累积频率（%） |
|---|---|---|---|---|---|---|---|---|
| 41.2 | 1 | 0.01 | 20.2 | 2122 | 24.22 | −0.8 | 6674 | 76.19 |
| 40.2 | 1 | 0.01 | 19.2 | 2355 | 26.88 | −1.8 | 6927 | 79.08 |
| 39.2 | 5 | 0.06 | 18.2 | 2582 | 29.47 | −2.8 | 7135 | 81.45 |
| 38.2 | 11 | 0.13 | 17.2 | 2813 | 32.11 | −3.8 | 7323 | 83.60 |
| 37.2 | 21 | 0.24 | 16.2 | 3077 | 35.13 | −4.8 | 7482 | 85.41 |
| 36.2 | 34 | 0.39 | 15.2 | 3311 | 37.8 | −5.8 | 7645 | 87.27 |
| 35.2 | 53 | 0.61 | 14.2 | 3547 | 40.49 | −6.8 | 7797 | 89.01 |
| 34.2 | 87 | 0.99 | 13.2 | 3747 | 42.77 | −7.8 | 7957 | 90.83 |
| 33.2 | 132 | 1.51 | 12.2 | 3960 | 45.21 | −8.8 | 8096 | 92.42 |
| 32.2 | 202 | 2.31 | 11.2 | 4166 | 47.56 | −9.8 | 8212 | 93.74 |
| 31.2 | 281 | 3.21 | 10.2 | 4385 | 50.06 | −10.8 | 8320 | 94.98 |
| 30.2 | 367 | 4.19 | 9.2 | 4606 | 52.58 | −11.8 | 8399 | 95.88 |
| 29.2 | 476 | 5.43 | 8.2 | 4815 | 54.97 | −12.8 | 8474 | 96.74 |
| 28.2 | 610 | 6.96 | 7.2 | 4997 | 57.04 | −13.8 | 8549 | 97.59 |
| 27.2 | 741 | 8.46 | 6.2 | 5203 | 59.39 | −14.8 | 8625 | 98.46 |
| 26.2 | 884 | 10.09 | 5.2 | 5397 | 61.61 | −15.8 | 8684 | 99.13 |
| 25.2 | 1086 | 12.4 | 4.2 | 5602 | 63.95 | −16.8 | 8720 | 99.54 |
| 24.2 | 1276 | 14.57 | 3.2 | 5810 | 66.32 | −17.8 | 8739 | 99.76 |
| 23.2 | 1455 | 16.61 | 2.2 | 6025 | 68.78 | −18.8 | 8749 | 99.87 |
| 22.2 | 1664 | 19.0 | 1.2 | 6217 | 70.97 | −19.8 | 8759 | 99.99 |
| 21.2 | 1890 | 21.58 | 0.2 | 6438 | 73.49 | −20.8 | 8760 | 100 |

（4）风况。

统计空冷平台高度层近 10 年全年风向频率及相应风向的平均风速、最大风速，成果见表 10-31。热季风况、大于 3m/s 风况、逐日最大风速风况统计略。

表 10-31　　全年风向频率、平均风速、最大风速

| 风向 | 风向频率（%） | 平均风速（m/s） | 最大风速（m/s） |
|---|---|---|---|
| N | 2.9 | 1.8 | 7.2 |
| NNE | 3.0 | 1.7 | 8.1 |
| NE | 4.7 | 1.7 | 7.3 |
| ENE | 6.4 | 2.1 | 8.2 |
| E | 12.2 | 2.7 | 8.5 |
| ESE | 10.6 | 3.0 | 10.4 |
| SE | 4.7 | 2.5 | 8.5 |
| SSE | 1.9 | 1.8 | 6.5 |
| S | 2.5 | 1.8 | 7.0 |
| SSW | 5.8 | 2.0 | 7.1 |
| SW | 6.4 | 1.9 | 6.5 |
| WSW | 6.8 | 2.0 | 10.1 |
| W | 8.4 | 2.5 | 13.2 |
| WNW | 11.1 | 4.1 | 17.4 |
| NW | 7.8 | 3.8 | 12.8 |
| NNW | 4.3 | 2.6 | 11.9 |
| C | 0.6 | | |

（5）高温大风组合统计。

对空冷平台高度层典型年气温≥25℃且 10min 平均风速≥3m/s 组合的各风向出现次数、风向频率、平均风速、平均气温进行统计，成果见表 10-32。其余组合统计略。图略。

表 10-32　　气温≥25℃且 10min 平均风速≥3m/s 组合统计

| 风向 | 出现次数 | 风向频率（%） | 平均风速（m/s） | 平均气温（℃） |
|---|---|---|---|---|
| N | 14 | 5.2 | 3.6 | 27.9 |
| NNE | 2 | 0.7 | 5.1 | 26.3 |
| NE | 10 | 3.7 | 3.9 | 26.7 |
| ENE | 10 | 3.7 | 4.4 | 27.0 |
| E | 3 | 1.1 | 5.7 | 29.7 |
| ESE | 1 | 0.4 | 3.2 | 31.1 |
| SE | 16 | 5.9 | 4.6 | 28.3 |
| SSE | 14 | 5.2 | 4.5 | 27.4 |
| S | 21 | 7.8 | 5.2 | 28.6 |
| SSW | 9 | 3.3 | 4.3 | 26.5 |
| SW | 43 | 15.9 | 4.1 | 29.1 |
| WSW | 60 | 22.2 | 4.3 | 29.6 |
| W | 25 | 9.3 | 4.1 | 29.1 |
| WNW | 15 | 5.6 | 3.8 | 30.1 |
| NW | 11 | 4.1 | 5.2 | 29.9 |
| NNW | 16 | 5.9 | 4.5 | 29.0 |
| 合计或平均 | 270 | 12.4 | 4.4 | 28.5 |

（6）逆温和沙尘暴。

根据冬、夏两季的高空气象探测资料，对逆温频率、厚度、强度进行统计。夏季各类逆温高度、厚度、强度及频率统计成果见表 10-33；绘制 1000m 高度以下的平均气温廓线，取冬季 4 个时刻为例，如图 10-6 所示。

表 10-33　　夏季各类逆温高度、厚度、强度及频率统计

| 高度（m） | 时间 | 平均底高（m） | 平均顶高（m） | 平均厚度（m） | 平均强度（℃/100m） | 最大厚度（m） | 最大强度（℃/100m） | 频率（%） |
|---|---|---|---|---|---|---|---|---|
| 0～100 | 05:00 | 37.1 | 180.2 | 143.1 | 0.94 | 305.9 | 1.71 | 62.50 |
| | 07:00 | 65.6 | 211.3 | 145.6 | 1.15 | 264.5 | 1.56 | 37.50 |
| | 10:00 | | | | | | | |
| | 12:00 | | | | | | | |
| | 14:00 | | | | | | | |
| | 16:00 | 78.6 | 148.6 | 70.0 | 0.57 | 70.0 | 0.57 | 12.50 |
| | 19:00 | | | | | | | |
| | 22:00 | 25.4 | 152.2 | 126.8 | 1.20 | 195.7 | 2.46 | 62.50 |
| | 平　均 | 42.0 | 174.6 | 132.6 | 1.05 | 305.9 | 2.46 | 21.54 |
| 100～500 | 05:00 | 397.4 | 486.9 | 89.5 | 1.08 | 119.2 | 1.68 | 50.00 |
| | 07:00 | 285.5 | 460.3 | 174.8 | 1.06 | 200.2 | 1.74 | 75.00 |
| | 10:00 | 313.1 | 438.3 | 125.1 | 1.20 | 239.1 | 2.72 | 50.00 |
| | 12:00 | 358.7 | 401.4 | 42.8 | 1.55 | 97.6 | 1.91 | 37.50 |
| | 14:00 | 311.8 | 335.9 | 24.1 | 2.07 | 24.1 | 2.07 | 12.50 |
| | 16:00 | 332.8 | 356.3 | 23.5 | 2.13 | 23.5 | 2.13 | 12.50 |
| | 19:00 | | | | | | | |
| | 22:00 | 294.2 | 320.2 | 26.0 | 0.96 | 28.9 | 1.04 | 25.00 |
| | 平　均 | 326.8 | 428.5 | 101.7 | 1.25 | 305.9 | 2.72 | 32.31 |
| ≥500 | 05:00 | 815.0 | 875.0 | 60.0 | 0.69 | 70.0 | 0.80 | 25.00 |
| | 07:00 | 813.6 | 867.1 | 53.6 | 0.39 | 57.1 | 0.60 | 25.00 |
| | 10:00 | 795.7 | 861.6 | 65.9 | 0.67 | 81.8 | 0.73 | 25.00 |
| | 12:00 | 853.9 | 895.7 | 41.8 | 0.72 | 41.8 | 0.72 | 12.50 |
| | 14:00 | 931.0 | 1031.0 | 100.0 | 0.80 | 100.0 | 0.80 | 12.50 |
| | 16:00 | | | | | | | |
| | 19:00 | 866.4 | 930.9 | 64.6 | 1.09 | 88.7 | 1.73 | 25.00 |
| | 22:00 | 694.6 | 778.2 | 83.7 | 0.50 | 117.3 | 0.60 | 25.00 |
| | 平　均 | 812.9 | 879.4 | 66.4 | 0.68 | 117.3 | 1.73 | 18.46 |

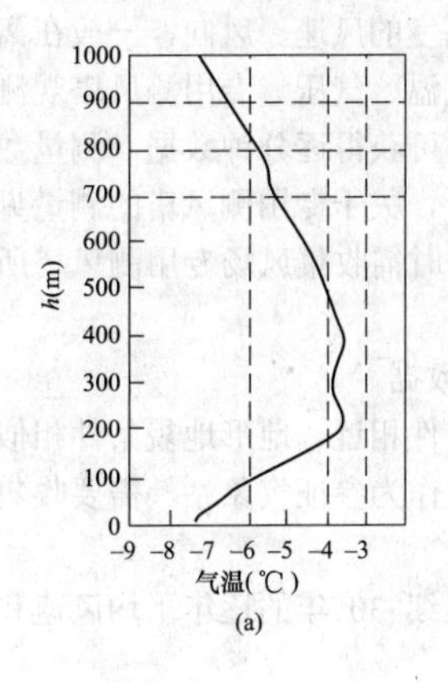


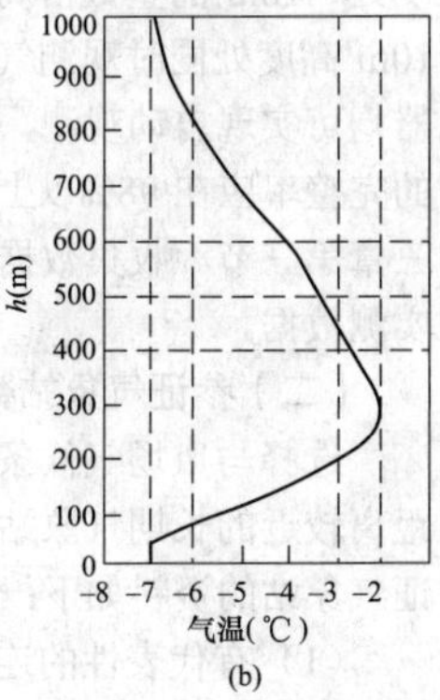


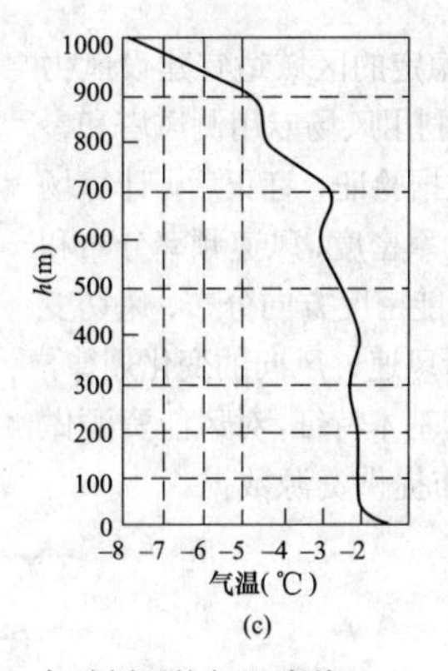


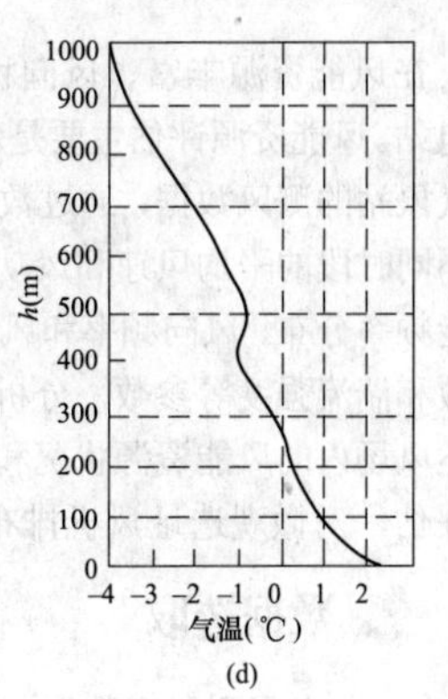


图 10-6　观测期间冬季 4 个时刻平均气温廓线

（a）冬季 6:00；（b）冬季 8:00；（c）冬季 10:00；（d）冬季 12:00

用全部释放的平衡气球观测资料绘制出平衡气球的水平运行轨迹代表气流轨迹，冬季轨迹如图10-7所示，夏季轨迹如图10-8所示。

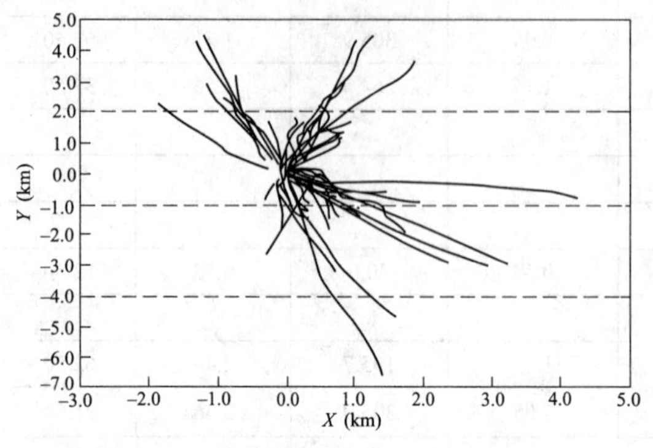


图10-7　冬季观测期间平衡气球运行轨迹图

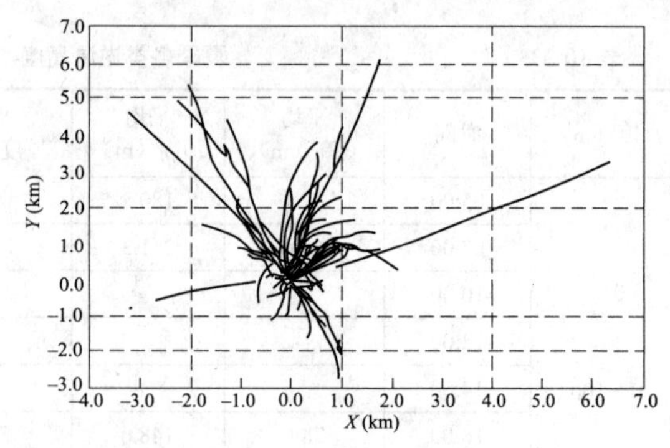


图10-8　夏季观测期间平衡气球运行轨迹图

最近10年沙尘暴每年出现时间、次数见表10-34，可见沙尘暴频发季节为春季。最长一次大风、沙尘暴出现在2010年4月24日，持续时间为6h。

表10-34　　最近10年沙尘暴每年出现时间、次数

| 年份 | 次数 | | | | | | | | | | | |
|---|---|---|---|---|---|---|---|---|---|---|---|---|
| | 1月 | 2月 | 3月 | 4月 | 5月 | 6月 | 7月 | 8月 | 9月 | 10月 | 11月 | 12月 |
| 2005 | | 2 | | 1 | 3 | 1 | 3 | | | | | |
| 2006 | | 2 | 2 | 3 | 2 | 3 | | 2 | | | | |
| 2007 | 1 | | 1 | 3 | 4 | | | | | | | |
| 2008 | | 1 | | 1 | 2 | 1 | 1 | | | | | 1 |
| 2009 | | | 1 | 2 | 3 | | | | | | | 1 |
| 2010 | | | 4 | 2 | | 1 | | | | | | 1 |
| 2011 | | | | 1 | | | | | | | | |
| 2012 | | | | | | | | | | | | |
| 2013 | | | 3 | | | | | | | | | |
| 2014 | | | | 2 | 2 | | | | | | | |

## 第六节　风力发电气象

在风能资源丰富、风向稳定的区域适宜建设风力发电站。风能资源评估主要是利用风场专用测风塔和参证气象站的测风数据，通过数据验证、订正后，计算场内不同时段的平均风速和风功率密度、风速频率分布和风能频率分布、风向频率和风能密度方向分布、风切变指数和湍流强度等参数，分析风速、风向的变化规律，描述风场内的风能资源状况和基本特征，对风能资源做出评估，对微观选址风机排布提供资源数据。

### 一、数据选取

#### （一）专用测风塔数据

根据GB/T 18709—2002《风电场风能资源测量方法》和GB/T 18710—2002《风电场风能资源评估方法》，风场区域内专用测风塔需具有至少一年的连续实测风数据。测风数据包括离地10m高、风电机轮毂高度处、10m的整数倍高度的风速、风向，一般在离地10m高度处同时观测气温、气压。专用测风塔观测仪器均可实现自动观测，可获得逐分钟数据。测量数据的完整率应在98%以上，关于专用测风塔的测量见第三章第三节。收集数据时需收集风场专用测风塔所有实测数据。

#### （二）参证气象站数据

选择与风场气候条件相近、地形地貌条件相似、距离较近的长期气象站作为参证气象站。需要收集参证气象站的资料如下：

（1）有代表性的连续30年的逐年平均风速和各月平均风速。

（2）与风场专用测风塔同期的逐小时风速和风向数据。

（3）历年最大风速、极大风速及其发生时间和风向。

（4）多年平均气温、气压、湿度、降水，多年极端气温，多年最多和平均雷暴日数、积冰日数，最大和平均冻土深度、积雪深度，侵蚀条件（沙尘、盐雾）等。

正点前 10min 测量的风速平均值为逐小时风速，每小时出现频率最大的风向为逐小时风向。年平均风速为全年逐小时风速的平均值。最大风速指 10min 平均风速的最大值。极大风速指瞬时风速的最大值。

（三）海上风电场数据

海上风电场可搜集沿岸长期气象站、海岛气象站、海洋站测风数据，船舶航行测风数据，海上石油平台测风数据，海洋浮标测风数据和海上测风塔数据。根据海岸地形和岸线走向、海岛分布等，搜集、普查整个海岸线位于海上、海岸和内陆的观测站风速风向资料，从中筛选由内陆、海岸向近海延伸的风速剖面观测资料。

目前海上测风数据多是点资料或者沿航线资料，局限在特定海域的特定位置，可以用于近海风能评估的相对较少。有条件时，可利用风速廓线仪、QuikSCAT 等卫星遥感、微波散射计或星载合成孔径雷达（SAR）探测海面风资料。

收集沿岸气象站、海洋站、海岛气象观测站的大风资料及台风年鉴、热带气旋年鉴等资料，整理台风移动路径、强度、影响时段、极大风速。

## 二、数据验证

数据验证是检查风场测风获得的原始数据，对其完整性和合理性进行判断，检验出不合理的数据和缺测的数据，并对缺测及不合理的数据进行处理，整理出至少连续一年完整的风场逐小时测风数据。

数据完整性和合理性检验的方法可查 GB/T 18710—2002《风电场风能资源评估方法》。检验后列出所有不合理的数据和缺测的数据及其发生的时间。对不合理数据再次进行判别，挑出符合实际情况的有效数据，回归原始数据组。将备用的或可供参考的传感器同期记录数据，经过分析处理，替换已确认为无效的数据或填补缺测的数据。

有效数据完整率应达到 90%以上。有效数据完整率按式（10-53）计算：

$$\text{有效数据完整率}=\frac{\text{应测数目}-\text{缺测数目}-\text{无效数据数目}}{\text{应测数目}}\times 100\% \tag{10-53}$$

式中　应测数目——测量期间小时数；

缺测数目——没有记录到的小时平均值数目；

无效数据数目——确认为不合理的小时平均值数目。

## 三、数据订正

（一）目的

根据参证气象站长期观测数据，将验证后的风场测风数据订正为一套反映风场长期平均水平的代表年风况数据，即风场测风高度上代表年的逐小时风速风向数据。根据测风塔不同高度的风速，分析测风点的风切变指数，可将风场测风数据推算到拟建风电机组不同轮毂高度位置。

（二）条件

当地长期测站具备以下条件才可以将风场短期数据订正为反映风场长期平均水平的代表年风况数据：

（1）与风场测站同期测风数据的相关性较好。

（2）具有 30 年以上规范的测风记录。

（3）与风场具有相似的地形条件。

（4）距离风场比较近。

（三）订正方法

GB/T 18710—2002《风电场风能资源评估方法》推荐将风场短期测风数据订正为代表年风况数据的方法如下：

（1）风场测站与对应年份的参证气象站各风向象限的风速相关曲线的绘制。某一风向象限内风速相关曲线的具体绘制方法是：建立一直角坐标系，横坐标为参证气象站风速，纵坐标为风场测站的风速。取风场测站在该象限内的某一风速值（某一风速值在一个风向象限内一般有许多个，分别出现在不同时刻）为纵坐标，找出参证气象站各对应时刻的风速值（这些风速值不一定相同，风向也不一定与风场测站相对应），求其平均值作为横坐标，即可定出相关曲线的一个点。对风场测站在该象限内的其余每一个风速值重复上述过程，就可绘出这一象限内的风速相关曲线。对其余各象限重复上述过程，可获得 16 个风场测站与参证气象站的风速相关曲线。

（2）对每个风速相关曲线，在横坐标轴上标明参证气象站多年的年平均风速，以及与风场测站观测同期的参证气象站的年平均风速，然后在纵坐标轴上找到对应的风场测站的两个风速值，并求出这两个风速值的代数差值（共有 16 个代数差值）。

（3）将风场测站各个风向象限内的每个风速都加上对应的风速代数差值，即可获得订正后的风场测站风速风向资料。

（四）长期气象测站不具备订正条件的情况

山地风场测站通常位于山顶，而附近长期气象测站通常位于平坝或河谷，两者难以满足测风数据相关性较好和地形条件相似的条件。当两者不满足订正条件时，以风场实测数据为准计算风能资源各参数，可以辅以分析长期气象站同期平均风速在多年风况中的水平，借以判断测风年的风况水平，不宜用相关性不好的长期气象站数据订正以免误导风场实际风况。

在风电场前期阶段，可利用卫星数据如3TIER风资源长序列数据库验证和补充风场专用测风塔的实测数据，也可由测风年实测数据与风场3TIER长期数据进行数据订正，方法同本节三（三）。

为准确评价风能资源，尽可能获取风场专用测风塔长时段的实测数据。

## 四、数据处理

数据处理的目的是将订正后的数据处理成评估风场风能资源所需要的各种参数，包括不同时段的平均风速和风功率密度、风速和风能频率分布、风向频率和风能密度方向分布、风切变指数和湍流强度等。

### （一）平均风速和风功率密度

统计参证气象站逐年平均风速，绘制平均风速年际变化（逐年）直方图。

统计参证气象站与测风塔同期的逐月平均风速，绘制平均风速年内变化（逐月）直方图。

统计风电场代表年或实测年各高度的月平均、年平均、各月同一整点时刻平均、年同一整点时刻平均风速和风功率密度，绘制全年的平均风速和风功率密度日变化（逐时）折线图、年变化（逐月）折线图，各月的平均风速和风功率密度日变化折线图。

风功率密度为与风向垂直的单位面积中风所具有的能量。设定时段的平均风功率密度表达式为

$$D_{\mathrm{WP}}=\frac{1}{2n}\sum_{i=1}^{n}\rho v_i^3 \tag{10-54}$$

式中 $D_{\mathrm{WP}}$——平均风功率密度，W/m²；
$n$——在设定时段内的记录数；
$\rho$——空气密度，kg/m³；
$v_i$——第 $i$ 次记录的风速，m/s。

平均风功率密度的计算应是设定时段内逐小时风功率密度的平均值（现部分计算软件用间隔10min的观测值来计算平均风功率密度），不可用年（或月）平均风速计算年（或月）平均风功率密度。

有效风功率密度为风电机组在切入风速（起动风速）与切出风速（停机风速）之间（一般在3～25m/s）单位风轮面积上的风能。全年测风序列中风速在切入风速与切出风速之间的累计小时数为有效小时数。若需计算有效风功率密度，则需在测风数据中选择风速区间样本进行计算。

空气密度取当地年平均空气密度计算值，它取决于温度和压力（海拔）。根据资料情况，空气密度可采用如下几种方法确定。

（1）风场有实测气压和气温时，空气密度计算公式为

$$\rho=\frac{100p}{RT} \tag{10-55}$$

式中 $p$——风场实测气压的年平均值，hPa；
$R$——气体常数，287J/（kg·K）；
$T$——风场实测气温的年平均绝对温度，℃+273，K。

（2）风场无实测气压时，空气密度可由风电场的海拔和气温计算：

$$\rho=(353.05/T)\exp[-0.034(z/T)] \tag{10-56}$$

式中 $z$——风电场的海拔，m。

（3）风场无实测气压和气温时，空气密度可由当地参证气象站多年平均气压、气温及水汽压计算：

$$\rho=\frac{1.276}{1+0.00366t}\times\frac{p-0.378e}{1000} \tag{10-57}$$

式中 $t$——当地多年平均气温，℃；
$e$——当地多年平均水汽压，hPa。

### （二）风速和风能频率分布

风速频率为某级风速出现的次数占风速总测次的百分比。风能频率分布为某风速区间内风能密度占总风能密度的百分比。

以1m/s为一个风速区间，统计代表年或实测年每个风速区间内风速和风能出现的频率，绘制代表年或实测年全年的风速和风能频率分布直方图，分析风速和风能集中的风速区段。每个风速区间的数字代表中间值，如8m/s风速区间为7.6～8.5m/s。

风能密度为在设定时段与风向垂直的单位面积中风所具有的能量，可按下式计算：

$$D_{\mathrm{WE}}=\frac{1}{2}\sum_{j=1}^{m}\rho v_j^3 t_j \tag{10-58}$$

式中 $D_{\mathrm{WE}}$——风能密度，（W·h）/m²；
$m$——风速区间数目；
$v_j$——第 $j$ 个风速区间的风速，m/s；
$t_j$——某扇区或全方位第 $j$ 个风速区间的风速发生的时间，h。

### （三）风向频率和风能密度方向分布

统计代表年或实测年16个方向扇区内风向出现的频率和风能密度方向分布，绘制全年的风向和风能玫瑰图、各月的风向和风能玫瑰图。分析明确主导风向、主导风能方向。

风能密度方向分布为全年各扇区的风能密度与全方位总风能密度的百分比。出现频率最高的风向可能由于风速小，不一定是风能密度最大的方向。

### （四）风切变指数

风切变指风速在垂直于风向平面内的变化。风切变指数是用于描述风速剖面线形状的幂定律指数。

近地层任意高度的风速，可以根据风切变指数和仪器安装高度测得的风速推算出来。利用风电场测风塔不同高度的测风数据拟合风切变指数，以此推算风机轮毂高度处的风况。

风切变指数可按下式计算：

$$\alpha = \frac{\lg(v_2 / v_1)}{\lg(z_2 / z_1)} \tag{10-59}$$

式中　$\alpha$ ——风切变指数；

$v_2$ ——高度 $z_2$ 的实测风速，m/s；

$v_1$ ——高度 $z_1$ 的实测风速，m/s。

风切变幂律公式为

$$v_2 = v_1\left(\frac{z_2}{z_1}\right)^{\alpha} \tag{10-60}$$

如果没有不同高度的实测风速数据，风切变指数取 0.143 作为近似值。

（五）湍流强度

湍流强度为风速的标准偏差与平均风速的比率，按下式计算：

$$I_{\mathrm{t}} = \frac{\sigma}{v} \tag{10-61}$$

式中　$I_{\mathrm{t}}$ ——湍流强度；

$\sigma$ ——10min 平均风速标准偏差，m/s；

$v$ ——10min 平均风速，m/s。

风速标准偏差以 10min 为基准进行计算与记录，如风速采样时间间隔为 1s，其计算公式如下：

$$\sigma = \sqrt{\frac{1}{600}\sum_{i=1}^{600}(v_i - v)^2} \tag{10-62}$$

式中　$v_i$——10min 内每一秒的采样风速，m/s。

需要注意的是，GB/T 18710—2002《风电场风能资源评估方法》中计算湍流强度的风速样本是所有风速段，而 IEC 61400-1—2005《风电机组　第 1 部分：设计要求》(《Wind turbines Part 1:Design requirements》)中计算湍流强度的风速样本为 15m/s±0.5m/s。业内多按 IEC 标准进行湍流强度计算。

（六）设计最大风速

结合区域大风调查，建立参证气象站与风电场风机轮毂高度大风风速相关关系，推算风电场风机轮毂高度 50 年一遇 10min 平均最大风速。具体计算方法见本章第二节。

## 五、风能资源评估

（一）参考判据

（1）风功率密度。风功率密度蕴含风速、风速分布和空气密度的影响，是风场风能资源的综合指标，风功率密度等级见 GB/T 18710—2002《风电场风能资源评估方法》。

（2）风向频率及风能密度方向分布。风电场内机组位置的排列取决于风能密度方向分布和地形的影响。在风能玫瑰图上最好有一个明显的主导风向，或两个方向接近相反的主风向。在山区主风向与山脊走向垂直为最好。

（3）风速（或风功率密度）的日变化和年变化。分析各月的风速（或风功率密度）日变化曲线图、全年的风速（或风功率密度）日变化曲线图、风速（或风功率密度）年变化曲线图，总结风速（或风功率密度）随时间变化规律。与同期的电网负荷曲线对比，两者相一致或接近的部分越多越好。

（4）湍流强度。风场湍流特征对风力发电机组性能有不利影响，主要是减少输出功率，还可能引起极端荷载，最终削弱和破坏风力发电机组。

GB/T 18710—2002《风电场风能资源评估方法》指出湍流强度在 0.10 或以下表示湍流相对较小，0.10～0.25 为中等程度湍流，大于 0.25 表明湍流过大。

IEC 61400-1—2005《风电机组　第 1 部分：设计要求》中湍流强度分为 $A$=0.16、$B$=0.14、$C$=0.12 三级，结合三档设计最大风速选配Ⅰ、Ⅱ、Ⅲ级风机。业内多按 IEC 标准判断并进行风机选型。

（5）其他气象因素。特殊的大气条件对风力发电机组提出特殊的要求，会增加成本和运行的困难，如最大风速超过 40 m/s 或极大风速超过 60 m/s，气温低于零下 20℃，积雪、积冰、雷暴、盐雾或沙尘多发地区等。

（6）海上风能资源评估注意因素。海陆不连续性影响离岸 100～200km 的地方，对粗糙度和热交换有明显的影响，导致流动不均和风速垂向剖面的改变。近海风电场进行风能资源评估时宜考虑海陆不连续性对海上风速增大的影响。

有条件时宜考虑气温、水温对近海风速变化的影响以及潮位变化对风速垂直分布的影响、昼夜海风的变化规律等。

（二）直接利用风速资料计算风能

根据本节四的内容和计算方法计算风能参数。

可利用 QuikSCAT 卫星探测海面风资料，反演海面风场，利用海上测风塔或石油平台资料与卫星遥感建立相关关系，估算风能资源；可利用星载合成孔径雷达（SAR）探测海面风资料，将 ASAR 图像反演海面风场，估算风能资源。

按本节五的风能资源评估的参考判据进行评估。

（三）利用风速概率分布计算风能

1. 风速概率分布

（1）威布尔分布。

风速分布一般为正偏态分布。威布尔双参数分布被普遍认为适于对风速做统计描述。风速的威布尔概

率密度函数为

$$f(v)=\frac{k}{c}\left(\frac{v}{c}\right)^{k-1}\exp\left[-\left(\frac{v}{c}\right)^{k}\right] \quad (10\text{-}63)$$

累积概率函数（分布函数）为

$$F(v)=\int_0^v f(v)\mathrm{d}v=1-\exp\left[-\left(\frac{v}{c}\right)^{k}\right] \quad (10\text{-}64)$$

数学期望、方差分别为

$$E(v)=c\Gamma(1+1/k) \quad (10\text{-}65)$$

$$\sigma_v^2=c^2\{\Gamma(1+2/k)-[\Gamma(1+1/k)]^2\} \quad (10\text{-}66)$$

式中 $v$——风速，m/s；

$k$——控制分布宽度的形状参数；

$c$——控制平均风速的分布的尺度参数，m/s；

$E(v)$——数学期望，均值；

$\sigma_v$——方差；

$\Gamma$——伽马函数，可查附录L求得。

近地层风速的威布尔分布参数随高度的变化有很好的规律，可以对不同高度上的威布尔参数进行估计

$$\frac{c}{c_a}=\left(\frac{z}{z_a}\right)^{n} \quad (10\text{-}67)$$

$$k=k_a[1-0.088\ln(z_a/10)]/[1-0.088\ln(z/10)] \quad (10\text{-}68)$$

$$n=[0.37-0.088\ln c_a]/[1-0.088\ln(z_a/10)] \quad (10\text{-}69)$$

式中 $c$——高度 $z$ 对应的威布尔尺度参数；

$c_a$——高度 $z_a$ 对应的威布尔尺度参数；

$k$——高度 $z$ 对应的威布尔形状参数；

$k_a$——高度 $z_a$ 对应的威布尔形状参数。

根据风速统计资料的不同情况选择不同的方法估计威布尔分布参数，有以下几种。

1）用平均风速 $\bar{v}$ 和标准差 $S_v$ 估计威布尔参数（方差法）。根据式（10-65）和式（10-66），近似关系式为

$$k=\left(\frac{\sigma}{\mu}\right)^{-1.086} \quad (10\text{-}70)$$

$$c=\frac{\mu}{\Gamma(1+1/k)} \quad (10\text{-}71)$$

以样本平均风速 $\bar{v}$ 估计总体风速均值$\mu$，以样本标准差 $S_v$ 估计总体方差$\sigma$，即

$$\mu=\bar{v}=\frac{1}{N}\sum v_i \quad (10\text{-}72)$$

$$\sigma=S_v=\sqrt{\frac{1}{N}\sum(v_i-\bar{v})^2}=\sqrt{\frac{1}{N}\sum v_i^2-\bar{v}^2} \quad (10\text{-}73)$$

式中 $v_i$——计算时段中每次的风速观测值，m/s；

$N$——观测总次数。

2）用平均风速和最大风速估计威布尔参数。资料较少时，可采用多年年平均风速及多年最大风速估算威布尔分布参数 $k$、$c$（保留2位小数）。

$$k=\frac{\ln(\ln T)-0.1407}{\ln\left(\frac{v_{max}}{\bar{v}}\right)-0.1867} \quad (10\text{-}74)$$

$$c=\frac{\bar{v}}{\Gamma(1+1/k)} \quad (10\text{-}75)$$

式中 $T$——时段数，$T=365\times24\times6=52560$；

$\bar{v}$——多年平均风速，m/s；

$v_{max}$——多年最大风速，m/s。

3）用最小二乘法估计威布尔参数。根据风速的威布尔分布，风速小于 $v_g$ 的累积概率为

$$P(v\leqslant v_g)=1-\exp\left[-\left(\frac{v_g}{c}\right)^{k}\right] \quad (10\text{-}76)$$

取对数整理后，有

$$\ln\{-\ln[1-P(v\leqslant v_g)]\}=k\ln v_g-k\ln c \quad (10\text{-}77)$$

令 $y=\ln\{-\ln[1-P(v\leqslant v_g)]\}$，$x=\ln v_g$，$a=-k\ln c$，$b=k$，于是参数 $k$ 和 $c$ 可以由最小二乘法拟合 $y=a+bx$ 得到。

4）由风速中位数和四分位数求威布尔分布参数。如果没有完整的风速概率分布资料可供使用，但是知道风速的中位数 $v_m[P(v\geqslant v_m)=0.50]$ 和风速的四分位数 $v_{0.25}$ $[P(v<v_{0.25})=0.25]$、$v_{0.75}$ $[P(v<v_{0.75})=0.75]$，则 $c$ 和 $k$ 可以通过下列关系式计算：

$$k=\ln[\ln(0.25)/\ln(0.75)]/\ln(v_{0.75}/v_{0.25})=1.573/\ln(v_{0.75}/v_{0.25}) \quad (10\text{-}78)$$

$$c=v_m/(\ln 2)^{1/k} \quad (10\text{-}79)$$

5）根据 $k$ 随 $\bar{v}$ 的变化趋势估计威布尔分布参数。形状参数 $k$ 有随 $\bar{v}$ 改变的普遍趋势。当风速变率 $S_v/\bar{v}$ 取平均的、高的（90%）和低的（10%）等不同数值时，$k$ 与 $\bar{v}$ 的关系可表达成：

$$k=\begin{cases}1.05\bar{v}^{\frac{1}{2}} & (变率取低值)\\ 0.94\bar{v}^{\frac{1}{2}} & (变率取平均值)\\ 0.83\bar{v}^{\frac{1}{2}} & (变率取高值)\end{cases} \quad (10\text{-}80)$$

式中，低的 $S_v/\bar{v}$ 值与高的 $k$ 值相对应，反之亦然。只要对风速变率的大小作出大致的估计，就能从式（10-80）中估计 $k$ 值，并由式（10-75）估计 $c$ 值。

（2）瑞利分布。

对于双参数威布尔分布，当 $k=2$ 时，其概率分布函数 $F$（$v$）和概率密度函数 $f$（$v$）可分别简化为

$$F(v)=1-\exp\left(-\frac{\pi}{4}v^2\right) \tag{10-81}$$

$$f(v)=\frac{\pi}{2}v\exp\left(-\frac{\pi}{4}v^2\right) \tag{10-82}$$

此两式实际上就是瑞利分布。因此，瑞利分布只是威布尔分布的一种特例（$k$=2）。该分布只用一个参数，知道平均风速后，便可求出风能。其数学期望［均值 $E(\xi)$］为

$$E(\xi)=\sqrt{\frac{\pi}{2}}v \tag{10-83}$$

以平均风速 $\bar{v}$ 代替 $E\xi$，则

$$P_R(v)=\frac{\pi}{2}\frac{v}{\bar{v}^2}\mathrm{e}^{-\frac{\pi}{4}\left(\frac{v}{\bar{v}}\right)^2} \tag{10-84}$$

2. 风能计算

在风能计算中用得最广泛、最有效的风速统计分析实用概率模型是两参数威布尔分布。利用风速的威布尔分布参数可以计算风能资源的有关参数。

（1）平均风功率密度。只要确定了风速威布尔分布的两个参数 $c$ 和 $k$，平均风功率密度便可以求得，即

$$D_{\mathrm{WP}}=\frac{1}{2}\rho c^3\Gamma\left(\frac{3}{k}+1\right) \tag{10-85}$$

资料较少时，一般采用多年平均风速和最大风速估计威布尔参数 $c$ 和 $k$。

（2）有效风功率密度。在有效风速（风机起动风速 $v_1$～停机风速 $v_2$）范围内，设风速分布为 $P'(v)$，因此有效风功率密度可通过下式计算：

$$D_{\mathrm{e}}=\frac{(1/2)\rho\left(\frac{k}{c}\right)}{\exp\left[-\left(\frac{v_1}{c}\right)^k\right]-\exp\left[-\left(\frac{v_2}{c}\right)^k\right]}\cdot\int_{v_1}^{v_2}v^3\left(\frac{v}{c}\right)^{k-1}\exp\left[-\left(\frac{v}{c}\right)^k\right]\mathrm{d}v \tag{10-86}$$

（3）风能可利用时间。在风能概率分布确定以后，还可以计算风能的可利用时间。有效风速范围内的风能可利用时间可由下式求得：

$$t=N\left\{\exp\left[-\left(\frac{v_1}{c}\right)^k\right]-\exp\left[-\left(\frac{v_2}{c}\right)^k\right]\right\} \tag{10-87}$$

式中　$N$——统计时段的总时间，当计算年风能可利用小时数时，$N$ 即为全年的总时数，h。

**［例 10-7］** A 风场风能参数计算和资源评估。

A 风场位于 B 县东南方向 3km 处，属山地丘陵地带，区域海拔为 1800～2100m。参证气象站位于 B 县城西南，海拔 1630m，距离 A 风场约 12km，属国家基本站。风场有一号测风塔 2008 年测风数据，风速通道为 10、50m 和 70m，风向通道为 10m 和 70m，测风塔海拔 1930m。

（1）参证气象站风况。

1）风速。

参证气象站 1979～2008 年平均风速为 2.0m/s，年平均风速年际变化如图 10-9 所示；2008 年风速年变化如图 10-10 所示；多年逐月平均风速变化如图 10-11 所示。（与图 10-9～图 10-11 对应的表略）

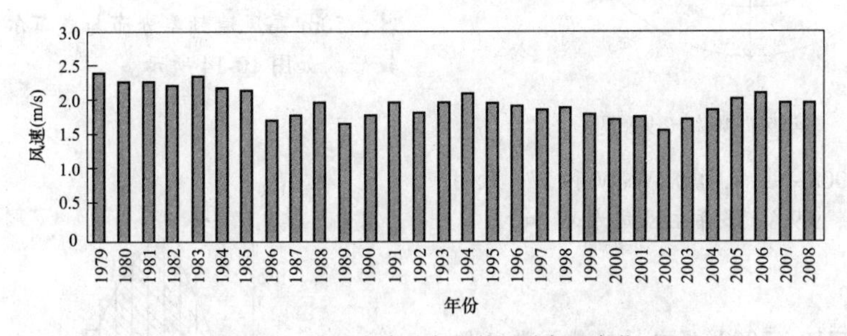


图 10-9　参证气象站年平均风速年际变化

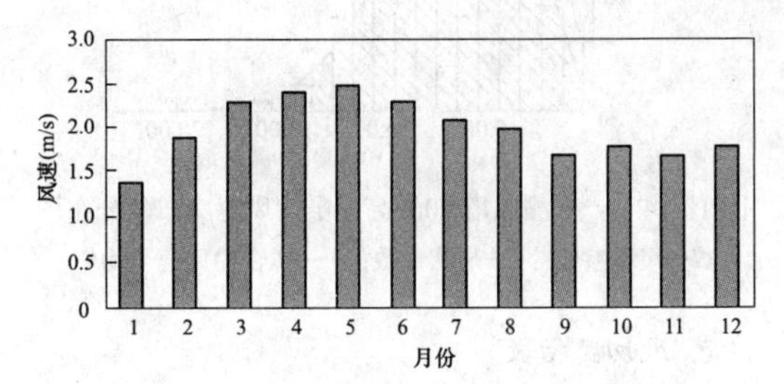


图 10-10　参证气象站 2008 年风速年变化

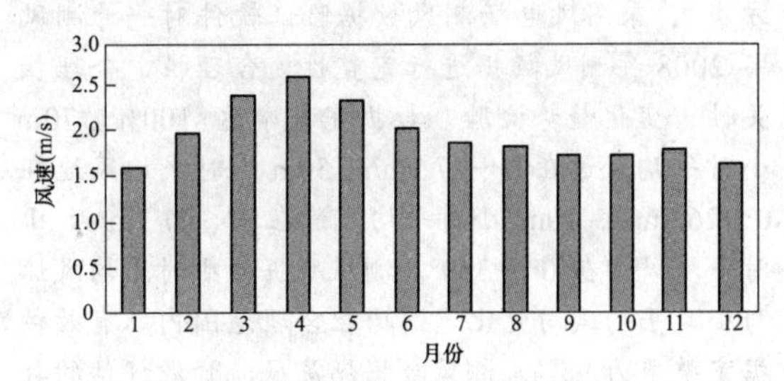


图 10-11　参证气象站多年逐月平均风速变化

该地区2～6月风速较大，9月～翌年1月风速较小。本地区呈现春、夏风速相对较大，秋、冬风速相对较小的变化特点。

2）风向。

参证气象站2008年风向频率如图10-12所示，多年风向频率如图10-13所示。

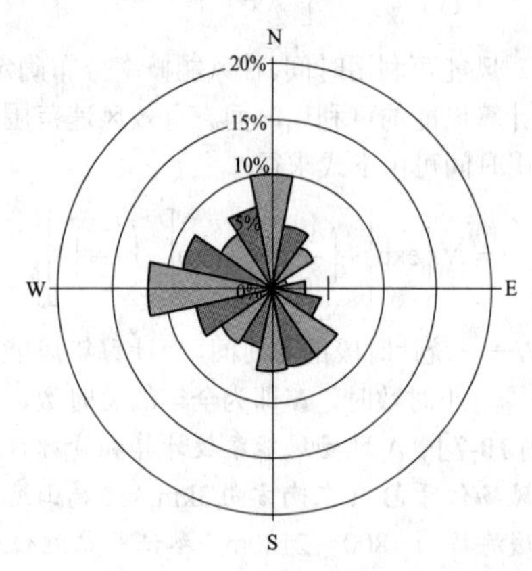


图10-12　2008年风向频率（玫瑰图）

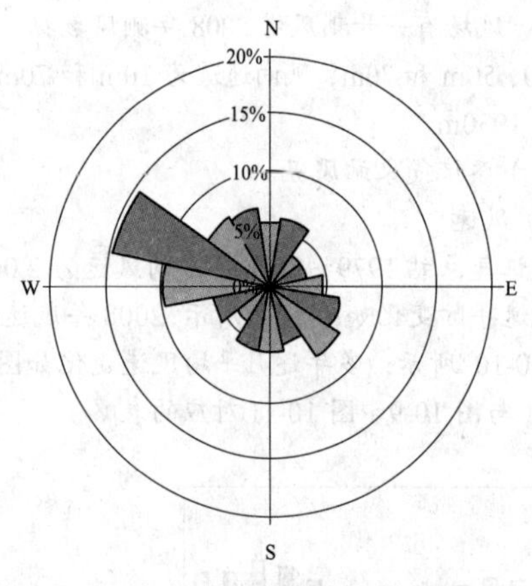


图10-13　多年风向频率（玫瑰图）

参证气象站2008年主风向为WNW和W，风向频率分别为14.5%、9.9%；多年主风向为W和N。

（2）风场风况。

1）数据验证。

按照GB/T 18710—2002《风电场风能资源评估方法》，采用风电场测风数据验证软件对一号测风塔2008年测风数据进行完整性、合理性、合理相关性、变化趋势检验。数据完整率达100%。70m小时平均风速在0～27.1m/s，50m小时平均风速在0～26.0m/s，10m小时平均风速在0～21.7m/s。小时平均风向在0°～360°。测风数据的小时平均风速与小时平均风向变化范围均在合理范围内。有效数据完整率为95%。测风数据满足风能资源评估的数据要求。

测风塔数据检验后列出不合理的数据和缺测的数据及发生的时间，剔除无效数据，替换上有效数据。

2）数据订正。

参证气象站位于县城区，地势平坦，四周有低矮楼房，地表粗糙度大，测风仪离地10.5m高。一号测风塔位于山地，地表裸露，四周无障碍物，地表粗糙度小。两者地形地貌差异大。

将同期测风数据进行16扇区风速相关性分析，相关系数在0.9～1之间的有N向1个扇区，相关系数在0.8～0.9之间的有NNE、WSW向2个扇区，相关系数在0.8以下的有13个扇区。

一号测风塔主导风向为SSE，参证气象站多年主导风向为W和N，差异较大。对比距离较近并已投产发电的D风电场2号测风塔的风向情况：场址位于A风场西北方向4km处，2号测风塔主导风向为S和SSE。

一号测风塔与参证气象站风况相关性较差。

参证气象站1979～2008年平均风速为2.0m/s，与一号测风塔测风同期的参证气象站平均风速为2.0m/s，说明风电场2008年风况水平为平风年。为保持一号测风塔测风数据的真实性，不对一号测风塔数据进行代表年数据订正。

3）数据处理。

a. 空气密度。

根据参证气象站近30年平均气温推算风场区域平均海拔1900m处空气密度为1.0 kg/m$^3$。

b. 风频曲线及威布尔参数。

用WAsP软件对测风数据进行威布尔曲线拟合计算，50m高风速频率分布与威布尔曲线拟合情况相对较好，如图10-14所示。

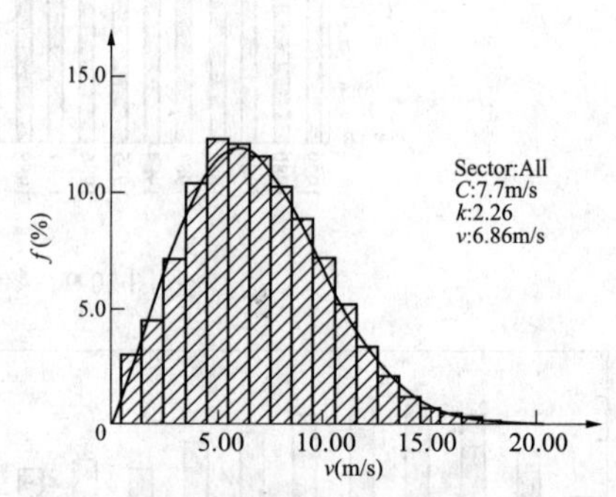


图10-14　一号测风塔50m高度平均风速威布尔分布图

$C$—尺度参数；$k$—形状参数；$v$—拟合的风速平均值

c. 风切变指数。

一号测风塔不同高度测风资料计算的风切变指数见表10-35，不同高度风速拟合曲线如图10-15所示。

表 10-35　一号测风塔不同高度风切变指数

| 高度 | 10m | 50m |
|---|---|---|
| 50m | 0.1323 | — |
| 70m | 0.1099 | 0.0026 |
| 拟合 | 0.1169 | |

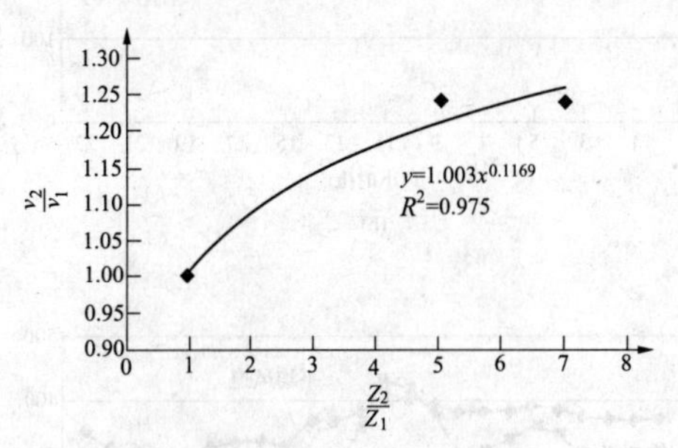


图 10-15　一号测风塔不同高度风速拟合曲线

d. 风速和风功率密度。

将 70m 测风数据用 50m/70m 风切变指数推算至 80m 高度，风向选用 70m 高度风向。用测风数据评估软件计算各高度逐月平均风速和风功率密度，成果见表 10-36，风速 $\overline{v}$ 单位为 m/s，风功率密度 $\overline{D_{wp}}$ 单位为 W/m²。一号测风塔 50m 高度平均风速和风功率密度年变化如图 10-16 所示、日变化如图 10-17 所示、各月日变化如图 10-18 所示。

可见，风场大风时段集中在 2～7 月，小风时段集中在 9 月～翌年 1 月，春、夏季风速相对较大，秋、冬季风速相对较小；一般晚上风速逐渐加大，至上午 5:00～7:00 风速达到最大，然后逐渐减小，午后风速达到最小。

e. 风速频率和风能频率分布。

用测风数据评估软件统计一号测风塔风速频率和风能频率分布，50m 高度风速频率和风能频率分布如图 10-19 所示。（表略）

表 10-36　一号测风塔平均风速和平均风功率密度

| 高度（m） | 项目 | 1月 | 2月 | 3月 | 4月 | 5月 | 6月 | 7月 | 8月 | 9月 | 10月 | 11月 | 12月 | 全年 |
|---|---|---|---|---|---|---|---|---|---|---|---|---|---|---|
| 10 | $\overline{v}$（m/s） | 4.8 | 5.9 | 6.0 | 6.3 | 6.3 | 6.2 | 6.3 | 5.9 | 5.5 | 5.8 | 5.4 | 5.7 | 5.8 |
| | $\overline{D_{wp}}$（W/m²） | 116 | 180 | 183 | 199 | 243 | 192 | 188 | 171 | 148 | 166 | 126 | 158 | 172 |
| 50 | $\overline{v}$（m/s） | 5.9 | 7.0 | 7.0 | 7.3 | 7.3 | 7.1 | 7.1 | 6.7 | 6.2 | 6.9 | 6.3 | 6.8 | 6.8 |
| | $\overline{D_{wp}}$（W/m²） | 204 | 307 | 283 | 303 | 358 | 289 | 285 | 249 | 217 | 274 | 207 | 267 | 270 |
| 70 | $\overline{v}$（m/s） | 5.8 | 6.9 | 6.9 | 7.3 | 7.2 | 7.1 | 7.2 | 6.8 | 6.5 | 7.0 | 6.3 | 6.7 | 6.8 |
| | $\overline{D_{wp}}$（W/m²） | 193 | 297 | 285 | 311 | 362 | 290 | 294 | 262 | 237 | 295 | 218 | 272 | 276 |
| 80 | $\overline{v}$（m/s） | 5.8 | 6.9 | 6.9 | 7.3 | 7.2 | 7.1 | 7.2 | 6.8 | 6.5 | 7.0 | 6.3 | 6.7 | 6.8 |
| | $\overline{D_{wp}}$（W/m²） | 193 | 297 | 285 | 312 | 363 | 290 | 294 | 262 | 237 | 295 | 218 | 273 | 277 |

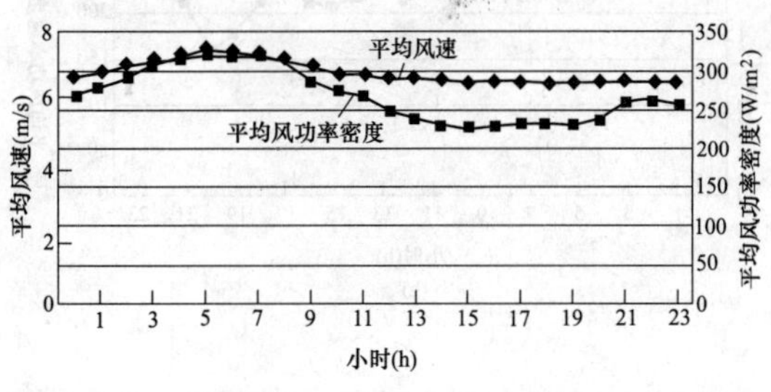


图 10-16　一号测风塔 50m 高度平均风速和风功率年变化

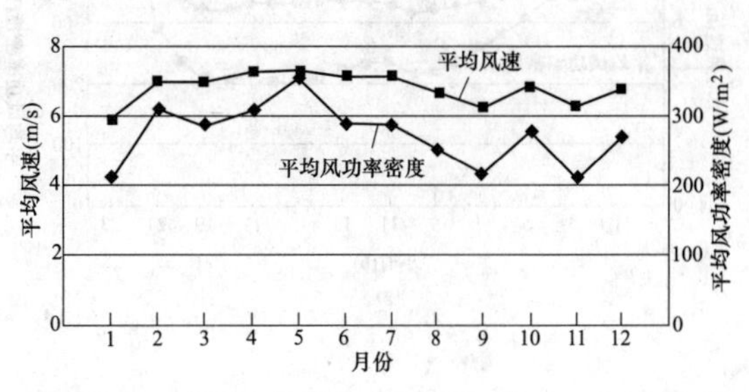


图 10-17　一号测风塔 50m 高度平均风速和风功率日变化

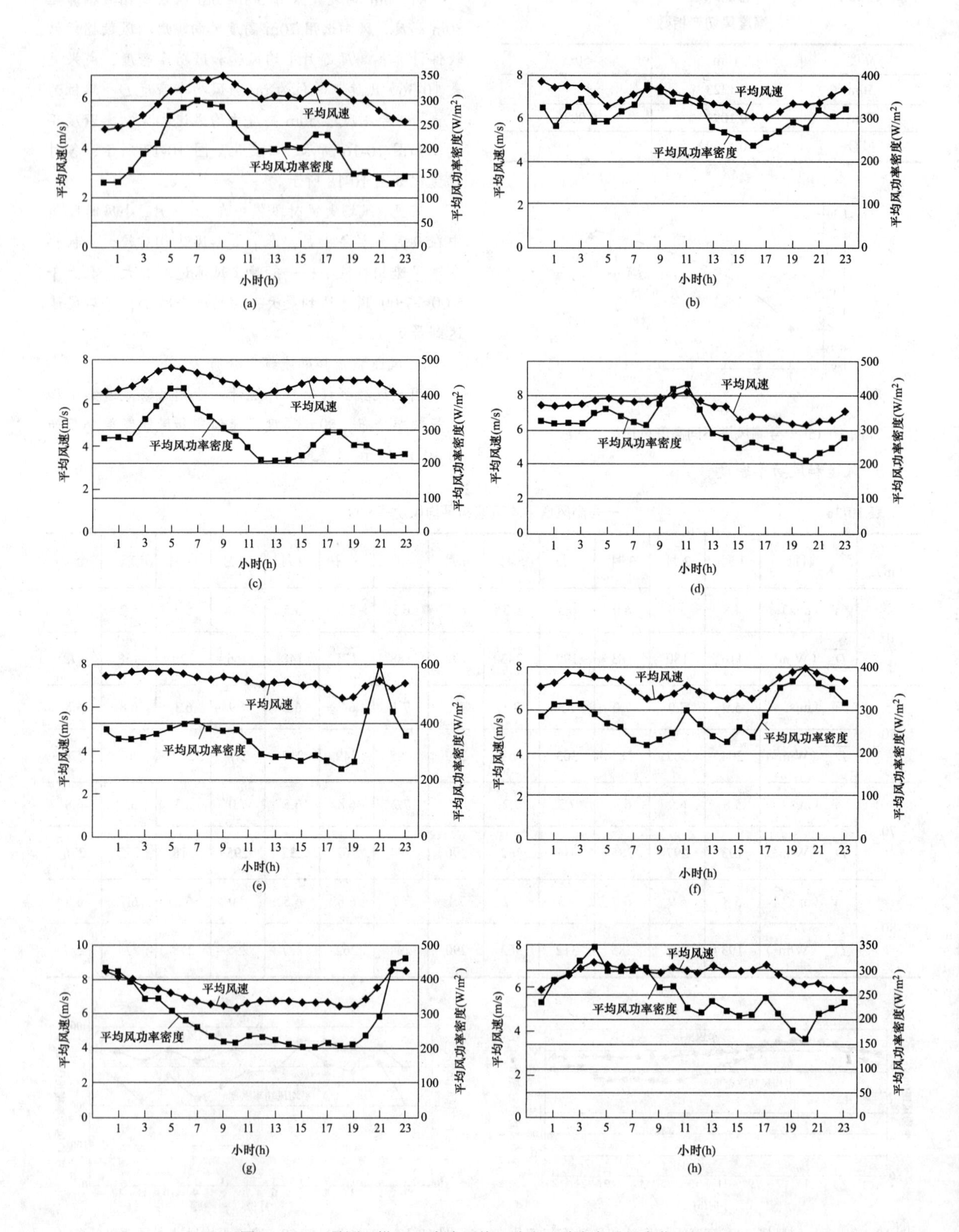


图 10-18　一号测风塔 50m 高度平均风速和风功率各月日变化（一）

（a）1 月；（b）2 月；（c）3 月；（d）4 月；（e）5 月；（f）6 月；（g）7 月；（h）8 月

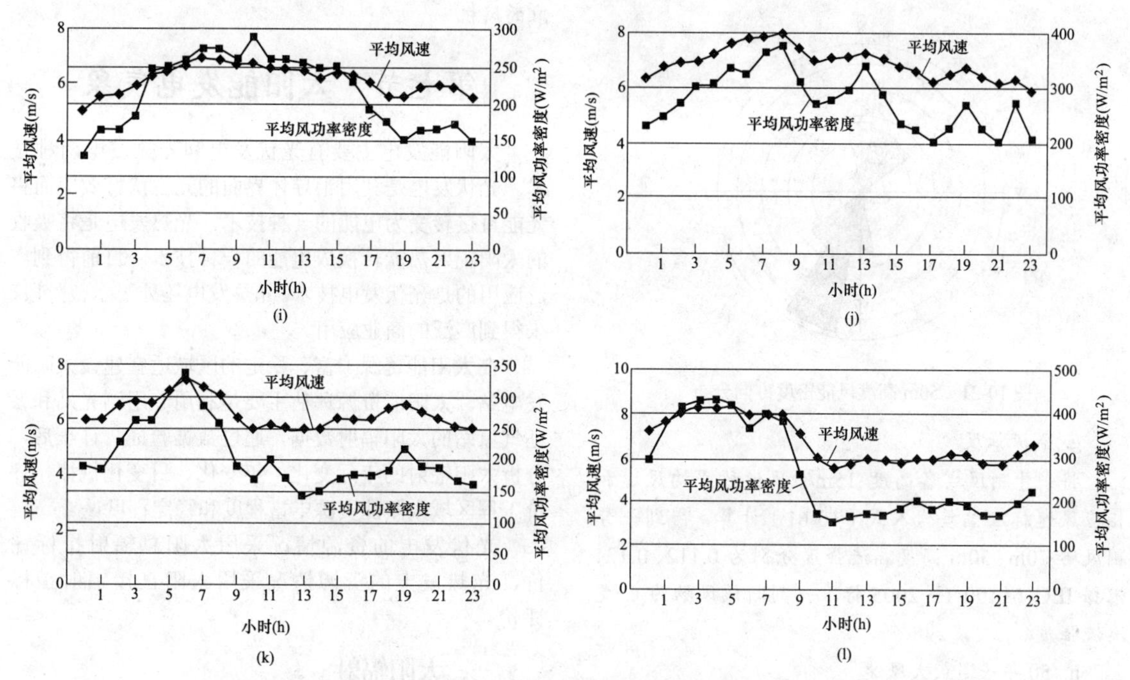


图 10-18　一号测风塔 50m 高度平均风速和风功率各月日变化（二）

（i）9 月；（j）10 月；（k）11 月；（l）12 月

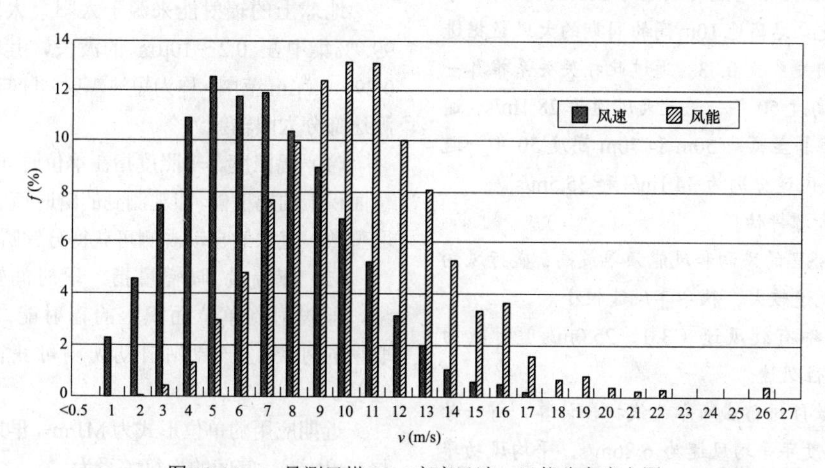


图 10-19　一号测风塔 50m 高度风速、风能分布直方图

风速主要集中在 4.0～8.0m/s，占全年的 57%；而风能只占全年的 26.7%。8.0～12.0m/s 风速段占全年的 34%，但风能占全年的 58%。大于 20.0m/s 的风速约占全年的 0.05%，风能占全年的 1%。

f. 风向频率和风能密度方向分布。

一号测风塔 50m 高度全年风向频率和风能密度方向分布玫瑰图如图 10-20、图 10-21 所示。主导风向 SSE，主风向和主风能方向基本一致；SSE 风向占 19.19%，风能占 27.02%。（各月分布图、表略）

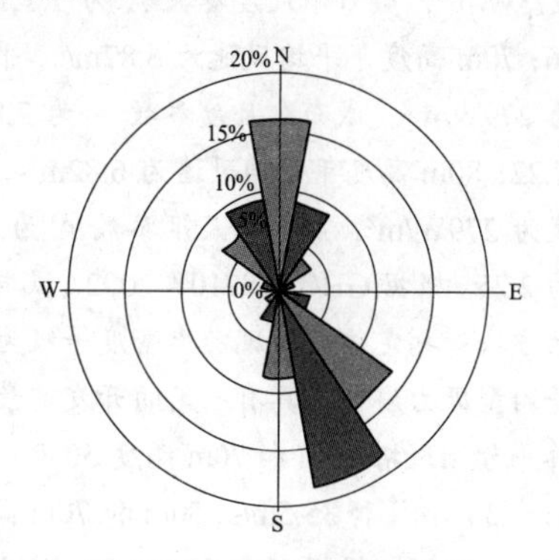


图 10-20　50m 高度风向分布

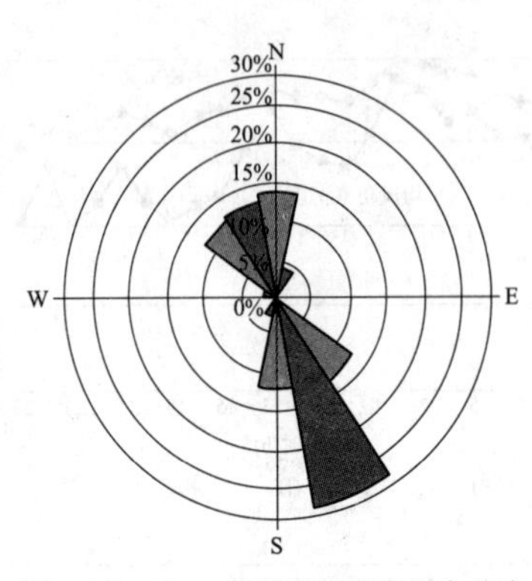


图 10-21　50m 高度风能密度方向分布

g. 湍流强度。

将一号测风塔各高度 15m/s 风速段平均风速和相应风速标准偏差代入式（10-61）计算，得到一号测风塔 70m、50m 高度湍流强度分别为 0.112、0.12，根据 IEC 61400-1—2005 标准，判断该风场为 C 类湍流强度。

h. 50 年一遇最大风速。

根据参证气象站历年最大风速，统计出离地 10m 高 50 年一遇 10min 平均最大风速为 20.8m/s。对一号测风塔与参证气象站离地 10m 高的同期的大风数据进行相关分析，相关系数 0.83。通过此相关关系推算一号测风塔 10m 高度 50 年一遇最大风速为 28.1m/s，通过风切变指数推算至离地 50m 和 70m 高度 50 年一遇 10min 平均最大风速分别为 34.1m/s 和 35.5m/s。

（3）风能资源评估。

A 风场以 SSE 的风向和风能频率最高，盛行风向稳定。春夏季风速较大，秋冬季风速较小。

50m 高度年有效风速（3.0～25.0m/s）时数为 8187h，无破坏性风速。

用 WAsP 软件进行威布尔曲线拟合计算，得一号测风塔 50m 高度年平均风速为 6.86m/s，平均风功率密度为 273W/m$^2$，威布尔尺度参数 A 为 7.7，形状参数为 2.26；70m 高度年平均风速为 6.87m/s，平均风功率密度为 279W/m$^2$，威布尔尺度参数 A 为 7.8，形状参数为 2.22；80m 高度年平均风速为 6.82m/s，平均风功率密度为 279W/m$^2$，威布尔尺度参数 A 为 7.7，形状参数为 2.25。根据 GB/T 18710—2002《风电场风能资源评估方法》判定该风场风功率密度等级为 2 级，可用于并网型风力发电，具有一定的开发前景。

推算一号测风塔 50m 和 70m 高度 50 年一遇最大风速分别为 34.1m/s 和 35.5m/s，50m 和 70m 高度湍流强度 0.12 和 0.112。根据 IEC 61400-1：2005 判定该风场为 C 类湍流强度，可选用 IECⅢ及其以上安全标准的风机。

# 第七节　太阳能发电气象

太阳能发电主要有光伏发电和光热发电两种技术。光伏发电是利用半导体界面的光生伏特效应而将光能直接转变为电能的一种技术。光热发电是将吸收的太阳辐射热能转换成电能的一种技术。目前得到广泛应用的是光伏发电技术。光热发电还处于示范阶段，未得到广泛的商业应用。

在太阳能资源丰富、稳定的区域适宜建设太阳能发电站。太阳能资源评估主要是利用专用测光站和参证气象站的太阳辐射数据，通过数据验证、订正后，分析太阳辐射的年际变化、年变化、日变化规律，评价工程区域太阳能资源丰富程度和稳定程度。

光伏发电的资源情况采用太阳总辐射指标评价，光热发电的资源情况采用太阳直接辐射指标评价。

## 一、太阳辐射

### （一）辐射测量单位

地球上的辐射能来源于太阳，太阳辐射能量的 99.9%集中在 0.2～10μm 的波段，其中太阳光谱在 0.29～3.0μm 范围，称为短波辐射，目前气象站主要观测这部分太阳辐射。

（1）辐照度。辐照度指在单位时间内，投射到单位面积上的辐射能，即观测到的瞬时值。单位为 W/m$^2$，取整数。气象站自动观测可获得分钟瞬时值。

（2）曝辐量。曝辐量指一段时间辐照度的累积量，即投射到单位面积上的辐射能。单位 MJ/m$^2$，取两位小数。气象站自动观测可获得任意时段曝辐量。

近期应用的单位形式为 MJ/m$^2$，早期采用 kWh/m$^2$ 与 kcal/cm$^2$，其间的换算关系为

$$1\text{MJ/m}^2 = 0.023885\text{kcal/cm}^2$$

$$1\text{kWh/m}^2 = 0.085986\text{kcal/cm}^2$$

$$1\text{kWh} = 3.6\text{MJ}$$

$$1\text{kcal/cm}^2 = 11.63\text{kWh/m}^2$$

### （二）基本概念

太阳辐射经过大气时，被大气中水汽、臭氧和二氧化碳吸收了一部分，同时还被空气分子、尘埃、小云滴等散射掉一部分，有一部分直接到达地面。太阳能一般以到达地球表面上的太阳总辐射来表示，太阳总辐射由直接辐射和散射辐射两部分组成。直接辐射是不改变方向的太阳辐射，散射辐射是被大气层或云

层反射和散射后改了方向的太阳辐射。

（1）直接辐射。太阳辐射直接到地面的部分为直接辐射。垂直于太阳入射光的直接辐射 $S$ 包括来自太阳面的直接辐射和太阳周围一个非常狭窄的环形天空辐射（环日辐射）。

水平面直接辐射 $S_L$ 与垂直于太阳入射光的直接辐射 $S$ 的关系为

$$S_L = S\sin H_A \tag{10-88}$$

式中 $H_A$——太阳高度角。

（2）散射辐射。散射辐射是指太阳辐射经过大气散射或云的反射，从天空 2π 立体角以短波形式向下，到达地面的那部分辐射。

（3）总辐射。总辐射是指水平面上，天空 2π 立体角内所接受到的太阳直接辐射和散射辐射之和。

（4）太阳常数。在日地平均距离处，地球大气外界垂直于太阳光束方向上接收到的太阳辐照度，称为太阳常数。1981 年世界气象组织推荐了太阳常数的最佳值是 1367±7W/m²。

（三）气象辐射站

承担气象辐射观测任务的站，按观测项目的多少分为一级站、二级站和三级站。气象辐射观测一级站进行总辐射、散射辐射、直接辐射、反射辐射和净全辐射观测；二级站进行总辐射和净全辐射观测；三级站只进行总辐射观测。我国各省气象部门设置的辐射观测站稀少，例如西藏只有 4 个、四川只有 7 个。工程点的太阳辐射数据一般都需要专门观测和相关计算获得。

（四）太阳辐射的计算

1. 无资料工程点太阳辐射的计算

在太阳能发电项目规划阶段，无资料工程点的太阳辐射参数，可利用相近纬度、相似地形、下垫面和气候条件下的气象辐射站太阳辐射和地面气象资料建立经验关系，移用该经验关系估算太阳辐射，也可通过区域气候学方法估算太阳辐射。

天文辐射计算方便准确，通常选用天文辐射量与日照百分率或者云量的经验关系式，也可采用其他相关要素的经验关系式计算工程点太阳辐射量。下面介绍采用天文辐射及采用理想大气总辐射作为起始数据的两种相关计算方法，推荐采用天文辐射作为起始数据的方法。

（1）以天文辐射作为起始数据的计算方法。

$$TI = TI'(a + bs_1) \tag{10-89}$$

$$DNI = TI'(as_1 + bs_1^2) \tag{10-90}$$

$$DI = TI'(a + bn - cn^2) \tag{10-91}$$

式中 $TI$——总辐射量，MJ/m²；

$DNI$——直接辐射量，MJ/m²；

$DI$——散射辐射量，MJ/m²；

$TI'$——天文辐射量，决定于当地纬度，可由日天文太阳辐射量累加得到，MJ/m²；

$s_1$——日照百分率，取绝对值；

$n$——总云量；

$a$、$b$、$c$——经验系数，由最近气象辐射站（两地高差较小）实测资料计算，根据情况直接使用到工程地点或编制经验系数等值线图内插取值（当测点高度低于 2800m 时，$c$ 取正值，在 2800～3000m 时，$c$ 取 0 值，在 3000m 以上，$c$ 取负值）。

日天文太阳辐射量按下式计算：

$$TI_d = \frac{TI_0}{\pi\rho^2}(\omega_0 \sin\varphi \sin\delta + \cos\varphi\cos\delta\sin\omega_0) \tag{10-92}$$

式中 $TI_d$——日天文太阳辐射量，仅决定于纬度和日期，J/（m²·d）；

$T$——时间周期，一天的时间为 86400，s/d；

$I_0$——太阳常数，取 1367，W/m²；

$\rho$——日地平均距离修正因子，无量纲数；

$\omega_0$——日出、日落时角，rad 或（°）；

$\varphi$——地理纬度，rad 或（°）；

$\delta$——太阳赤纬，一年之内在±23°27′之间变化，rad 或（°）。

日地平均距离修正因子按下式计算：

$$\rho^2 = 1.000423 + 0.032359\sin x + 0.000086\sin 2x - 0.008349\cos x + 0.000115\cos 2x \tag{10-93}$$

$$x = 2\pi \times (N - N_0)/365.2422 \tag{10-94}$$

$$N_0 = 79.6764 + 0.2422(y - 1985) - INT[0.25 \times (y - 1985)] \tag{10-95}$$

式中 $x$——计算参数，无量纲数；

$N$——日序，取值范围从 1 到 365 或 366；

$N_0$——计算参数；

$y$——计算年份，无量纲数。

时角按下式计算：

$$\omega_0 = \arccos(-\tan\varphi\tan\delta) \tag{10-96}$$

太阳赤纬按下式计算：

$$\delta = 0.3723 + 23.2567\sin x + 0.1149\sin 2x - 0.1712\sin 3x - 0.7580\cos x + 0.3656\cos 2x + 0.0201\cos 3x \tag{10-97}$$

北纬 20°～65°大气上界太阳辐射月平均日辐射量（1960～2020 年均值）见表 10-37。

表 10-37　　北纬 20°～65° 大气上界太阳辐射月平均日辐射量　　[MJ/（$m^2$·d)]

| 月份＼纬度 | 20° | 25° | 30° | 35° | 40° | 45° | 50° | 55° | 60° | 65° |
|---|---|---|---|---|---|---|---|---|---|---|
| 1 | 27.02 | 24.26 | 21.37 | 18.37 | 15.32 | 12.24 | 9.19 | 6.25 | 3.52 | 1.23 |
| 2 | 30.76 | 28.49 | 26.03 | 23.39 | 20.61 | 17.70 | 14.71 | 11.67 | 8.63 | 5.67 |
| 3 | 34.95 | 33.53 | 31.86 | 29.95 | 27.82 | 25.47 | 22.94 | 20.24 | 17.39 | 14.42 |
| 4 | 37.99 | 37.60 | 36.94 | 36.01 | 34.82 | 33.39 | 31.73 | 29.86 | 27.82 | 25.65 |
| 5 | 39.32 | 39.80 | 40.03 | 40.00 | 39.72 | 39.22 | 38.51 | 37.64 | 36.68 | 35.77 |
| 6 | 39.56 | 40.47 | 41.13 | 41.56 | 41.76 | 41.75 | 41.57 | 41.28 | 41.00 | 40.99 |
| 7 | 39.27 | 39.99 | 40.46 | 40.68 | 40.66 | 40.43 | 40.02 | 39.46 | 38.87 | 38.43 |
| 8 | 38.24 | 38.23 | 37.95 | 37.41 | 36.61 | 35.58 | 34.32 | 32.87 | 31.27 | 29.59 |
| 9 | 35.87 | 34.88 | 33.63 | 32.12 | 30.38 | 28.40 | 26.21 | 23.83 | 21.28 | 18.58 |
| 10 | 32.08 | 30.15 | 28.00 | 25.64 | 23.11 | 20.42 | 17.59 | 14.66 | 11.66 | 8.64 |
| 11 | 28.01 | 25.41 | 22.66 | 19.79 | 16.83 | 13.81 | 10.77 | 7.79 | 4.94 | 2.38 |
| 12 | 25.82 | 22.94 | 19.96 | 16.90 | 13.81 | 10.73 | 7.72 | 4.88 | 2.33 | 0.39 |

1964 年翁笃鸣等针对我国地理、气候条件对全国（除青藏高原）分四区提出如下经验公式：

$$TI = TI'(0.625s_1 + 0.130)\text{（华南）} \tag{10-98}$$

$$TI = TI'(0.475s_1 + 0.205)\text{（华中）} \tag{10-99}$$

$$TI = TI'(0.708s_1 + 0.105)\text{（华北）} \tag{10-100}$$

$$TI = TI'(0.390s_1 + 0.344)\text{（西北）} \tag{10-101}$$

［例 10-8］ 以天文辐射计算工程点某年太阳总辐射。

西北某光伏发电工程位置为 39.019°N、106.368°E，附近参证气象站无太阳辐射观测，某年各月日照百分率 $s_1$ 见表 10-38。

表 10-38　　参证气象站某年各月平均日照百分率表　　(%)

| 月份 | 1 | 2 | 3 | 4 | 5 | 6 | 7 | 8 | 9 | 10 | 11 | 12 |
|---|---|---|---|---|---|---|---|---|---|---|---|---|
| $s_1$ | 76 | 73 | 68 | 66 | 67 | 68 | 64 | 65 | 68 | 74 | 75 | 77 |

（1）计算工程点大气外界天文辐射量。

根据当地纬度 39.019°N，查表 10-37 插值或由式（10-92）计算出某年逐月日平均天文辐射量 $TI_d$，计算某年逐月天文辐射量 $TI_m$，见表 10-39。

表 10-39　　工程点某年各月天文辐射量　　($MJ/m^2$)

| 月份 | 1 | 2 | 3 | 4 | 5 | 6 | 7 | 8 | 9 | 10 | 11 | 12 |
|---|---|---|---|---|---|---|---|---|---|---|---|---|
| $TI_d$ | 15.92 | 21.15 | 28.24 | 35.05 | 39.78 | 41.72 | 40.67 | 36.77 | 30.72 | 23.61 | 17.41 | 14.42 |
| $TI_m$ | 493.39 | 592.32 | 875.34 | 1051.53 | 1233.06 | 1251.53 | 1260.67 | 1139.79 | 921.56 | 731.83 | 522.23 | 446.93 |

（2）以天文辐射量估算工程点太阳总辐射量。

采用西北地区经验公式（10-101），根据表 10-38、表 10-39 某年各月日照百分率 $s_1$、天文辐射量 $TI_m$，估算出工程点某年各月太总辐射量，见表 10-40。

表 10-40　　气候学方法估算工程点某年太阳总辐射量　　($MJ/m^2$)

| 月份 | 1 | 2 | 3 | 4 | 5 | 6 | 7 | 8 | 9 | 10 | 11 | 12 |
|---|---|---|---|---|---|---|---|---|---|---|---|---|
| $TI$ | 316.0 | 372.4 | 533.3 | 632.4 | 746.4 | 762.4 | 748.3 | 681.0 | 561.4 | 463.0 | 332.4 | 288.0 |

（2）以理想大气总辐射作为起始数据的计算方法。有学者提出以理想大气总辐射作为起始数据并考虑水汽压影响的经验公式。

西北干旱地区（包括新疆、甘肃西部和柴达木盆地）的太阳总辐射量可按下式计算：

$$TI = TI_0(0.29 + 0.557s_1) \tag{10-102}$$

其他地区的太阳总辐射量可按下式计算：

$$TI = TI_0\left[0.18+\left(0.55+\frac{1.11}{e}\right)s_1\right] \quad (10\text{-}103)$$

式中　$TI$——太阳总辐射量，$MJ/m^2$；

$TI_0$——理想大气总辐射量，$MJ/m^2$；

$s_1$——平均日照百分率，取绝对值；

$e$——平均水汽压，hPa。

理想大气总辐射量根据工程点平均气压和纬度由附录AF查得，当气压大于1000hPa时，按1000hPa计。

［例 10-9］ 以理想大气总辐射计算工程点太阳总辐射。

某工程点位置为29°31′N，103°21′E，据邻近气象站多年9月平均气压为702hPa、平均水汽压为7.3hPa、日照百分率为32%；多年年平均气压为698hPa、年平均水汽压为7.1hPa、日照百分率为31%。计算9月与年总辐射量。

（1）9月总辐射量。

由多年9月平均气压702hPa与北纬29°31′查附录AF得工程点理想大气总辐射为$258.4kWh/m^2$，将已知条件代入式（10-103）得：

$TI = 258.4\times[0.18+(0.55+1.11/7.3)\times0.32]$

$=104$［$kWh/(m^2\cdot 月)$］

9月太阳总辐射量为$104kWh/m^2$。

（2）年总辐射量。

由多年年平均气压698hPa与纬度29°31′查附录AF得工程点理想大气总辐射$2952.7kWh/m^2$，将已知条件代入式（10-103）得：

$TI = 2952.7\times[0.18+(0.55+1.11/7.1)\times0.31]$

$=1178$［$kWh/(m^2\cdot a)$］

年太阳总辐射量为$1178kWh/m^2$。

2. 由实测太阳总辐射计算直接辐射

如代表气象站仅观测水平面太阳总辐射，可收集太阳总辐射量资料。可由太阳总辐射量计算直接辐射，方法如下。

水平面上散射辐射月平均日辐射量与太阳总辐射月平均日辐射量的比值，跟水平面上太阳总辐射月平均日辐射量与大气上界太阳辐射月平均日辐射量的比值之间，具有很好的相关性，并符合如下的散射辐射回归方程：

$$K_T = H_T / H_0 \quad (10\text{-}104)$$

$$K_d = H_d / H_T = 1.390 - 4.027K_T + 5.531K_T^2 - 3.108K_T^3 \quad (10\text{-}105)$$

式中　$K_T$——水平面上太阳总辐射与大气上界太阳月平均日辐射量之比；

$H_T$——水平面上太阳总辐射月平均日辐射量，由气象站收集，$MJ/(m^2\cdot d)$；

$H_0$——大气上界太阳辐射月平均日辐射量，可查表10-37，$MJ/(m^2\cdot d)$；

$K_d$——水平面上散射辐射与太阳总辐射月平均日辐射量之比；

$H_d$——水平面上散射辐射月平均日辐射量，$MJ/(m^2\cdot d)$。

由$H_T$和$H_0$得到$K_T$，代入式（10-104）得到$K_d$，然后分别计算水平面上直接辐射和散射辐射月平均日辐射量：

$$H_d = K_d H_T \quad (10\text{-}106)$$

$$H_b = H_T - H_d \quad (10\text{-}107)$$

式中　$H_b$——水平面上直射辐射月平均日辐射量，$MJ/(m^2\cdot d)$。

［例 10-10］ 利用实测太阳总辐射量计算直接辐射量。

青海格尔木塔式光热电站项目工程地点坐标为36°17′33.74″N，94°40′4.28″E，在仅有格尔木气象站1984～2005年太阳总辐射资料的情况下，分离出太阳直接辐射资料，供设计输入使用。

（1）格尔木气象站实测太阳总辐射量。

收集格尔木气象站多年月平均太阳总辐射量（1984～2005年），见表10-41。

表 10-41　　格尔木气象站多年月平均太阳总辐射量　　($MJ/m^2$)

| 月份 | 1 | 2 | 3 | 4 | 5 | 6 | 7 | 8 | 9 | 10 | 11 | 12 |
|---|---|---|---|---|---|---|---|---|---|---|---|---|
| $TI$ | 369.51 | 431.53 | 586.09 | 682.00 | 734.02 | 689.67 | 687.51 | 638.28 | 546.43 | 517.13 | 391.66 | 332.88 |

（2）水平面直接辐射量计算。

由表10-41计算月平均日辐射量$H_T$；大气上界月平均日辐射量$H_0$根据工程点纬度查表10-37或用式（10-92）～式（10-97）计算得到；用式（10-104）～式（10-107）计算多年月平均日直接辐射量$H_d$，见表10-42。

表 10-42　　多年月平均日直接辐射量计算表　　［$MJ/(m^2\cdot d)$］

| 月份 | 1 | 2 | 3 | 4 | 5 | 6 | 7 | 8 | 9 | 10 | 11 | 12 |
|---|---|---|---|---|---|---|---|---|---|---|---|---|
| $H_T$ | 11.92 | 15.29 | 18.91 | 22.73 | 23.68 | 22.99 | 22.18 | 20.59 | 18.21 | 16.68 | 13.06 | 10.74 |
| $H_0$ | 17.59 | 22.70 | 29.43 | 35.73 | 39.95 | 41.63 | 40.69 | 37.22 | 31.68 | 24.99 | 19.02 | 16.10 |

续表

| 月份 | 1 | 2 | 3 | 4 | 5 | 6 | 7 | 8 | 9 | 10 | 11 | 12 |
|---|---|---|---|---|---|---|---|---|---|---|---|---|
| $K_T$ | 0.68 | 0.67 | 0.64 | 0.64 | 0.59 | 0.55 | 0.55 | 0.55 | 0.57 | 0.67 | 0.69 | 0.67 |
| $K_d$ | 0.23 | 0.24 | 0.26 | 0.27 | 0.30 | 0.33 | 0.33 | 0.33 | 0.31 | 0.24 | 0.23 | 0.24 |
| $H_b$ | 9.13 | 11.66 | 13.96 | 16.67 | 16.60 | 15.42 | 14.75 | 13.82 | 12.52 | 12.64 | 10.10 | 8.14 |

## 二、数据选取

### (一) 专用站数据

根据 DL/T 5158—2012《电力工程气象勘测技术规程》和 GB 50797—2012《光伏发电站设计规范》，太阳能发电工程点若无长期太阳辐射实测资料，应设立太阳辐射观测专用站，专用站需具有至少一完整年的连续实测太阳辐射数据。观测数据包括总辐射量、直接辐射量、散射辐射量、辐照度、压温湿风等。专用站观测仪器均可实现自动观测，可获得逐分钟数据。测量数据的完整率应在 90%以上。关于专用站的测量见第三章第三节。需收集专用站所有实测数据。

### (二) 参证气象站数据

太阳辐射受纬度、海拔、大气条件影响，选择与工程区域气候条件相近、地理特征（地形地貌海拔纬度等）相似、距离较近的长期气象站作为参证气象站。需要收集参证气象站的数据如下。

1. 光伏发电项目所需的数据

光伏发电项目以太阳总辐射量为资源评价指标，且以平均年总辐射量为年发电量计算的主要依据。光伏发电项目所需的数据为：

（1）气象站长期观测记录所采用的标准、辐射仪器型号及维护记录、安装高度、高程、周边环境状况。

（2）最近连续 10 年以上的逐年逐月太阳总辐射量、日照时数的观测记录，日照百分率的整编记录。

（3）与专用站同期至少一个完整年的逐小时观测记录。

（4）最近连续 10 年以上的逐年逐月最大辐照度。

（5）近 30 年的多年逐月平均气温、极端最高气温、极端最低气温、昼间最高气温、昼间最低气温。

（6）近 30 年的多年平均风速、多年极大风速及发生时间、主导风向，多年最大冻土深度和积雪厚度，多年年平均降水量和蒸发量。

（7）近 30 年的连续阴雨日数、雷暴日数、冰雹次数、沙尘暴次数、强风次数等灾害性天气情况。

2. 光热发电项目所需的数据

光热发电项目以太阳直接辐射量为资源评价指标，且以平均年直接辐射量为年发电量计算的主要依据。光热发电项目所需的数据为：

（1）气象站长期观测记录所采用的标准、辐射仪器型号及维护记录、安装高度、高程、周边环境状况。

（2）最近连续 10 年以上的逐年逐月直接辐射量（若无直接辐射数据，则需太阳总辐射量）、日照时数的观测记录，日照百分率的整编记录。

（3）与专用站同期至少一个完整年的逐小时观测记录。

（4）其他气象数据，同光伏发电项目所需数据（5）～（7）条内容。

## 三、数据验证

数据验证是检查专用站观测获得的原始数据，对其完整性和合理性进行判断，检验出不合理的数据和缺测的数据，并对缺测及不合理的数据进行处理，整理出至少连续一年完整的逐小时太阳辐射数据。

数据完整性参考判据为：观测数据的实时观测时间顺序应与预期的时间顺序相同。按某时间顺序实时记录的观测数据量应与预期记录的数据量相等。

数据合理性参考判据为：总辐射最大辐照度小于 $2kW/m^2$；时（日）散射辐射曝辐量小于时（日）总辐射曝辐量；日总辐射曝辐量小于可能的日总辐射曝辐量。可能的日总辐射曝辐量见 GB 50797—2012《光伏发电站设计规范》中附录 A。

检验后列出所有不合理的数据和缺测的数据及其发生的时间。对不合理和缺测的数据应进行修正并补充完整。其他可供参考的同期记录数据，经过插补订正、线性回归、相关比值法分析处理后，替换已确认为无效的数据或填补缺测的数据。

实测数据完整率应达到 90%以上。太阳辐射观测数据经完整性和合理性检验后，需要进行有效数据完整率计算，可按式（10-108）计算：

$$有效数据完整率 = \frac{应测数目 - 缺测数目 - 无效数据数目}{应测数目} \times 100\% \tag{10-108}$$

式中 应测数目——测量期间小时数；

缺测数目——没有记录到的小时平均值数目；

无效数据数目——确认为不合理的小时平均值数目。

若数据完整率较小，且又无其他有效数据补缺，该组数据可视为无效。

## 四、数据订正

当参证气象站具备长期太阳辐射观测数据并与工程地点同期观测的太阳辐射数据相关性较好时，首先利用参证气象站和专用站同期太阳辐射观测数据相关关系，将参证气象站长期太阳辐射数据订正为工程点长期太阳辐射数据。然后，根据订正的工程点逐年逐月太阳辐射数据统计逐年年太阳辐射量、多年平均年太阳辐射量、多年逐月平均太阳辐射量，选择年太阳辐射量接近多年平均年太阳辐射量的某年作为辐射代表年，辐射代表年逐月太阳辐射量应尽可能接近多年逐月平均太阳辐射量。工程点辐射代表年的太阳辐射数据为可反映工程点太阳辐射长期平均水平的代表性数据。光伏发电项目选择太阳总辐射指标，光热发电项目选择太阳直接辐射指标，下同。

当参证气象站与工程点同期观测的太阳辐射数据相关性不好时，不宜采用上述订正方法，应以工程地点专用站太阳辐射观测数据为准，可借参证气象站和专用站同期日照观测数据的关系评价专用站观测年度太阳辐射水平。

## 五、数据处理

对所有可用的太阳辐射数据可进行以下数据处理，以供分析太阳辐射各时期变化规律和评估太阳能资源。

（1）统计长时间序列的逐年太阳辐射量和多年平均太阳辐射量，绘制年太阳辐射量的年际变化直方图。

（2）统计长时间序列的各月平均太阳辐射量，绘制多年月均太阳辐射量的月际变化直方图。

（3）统计辐射代表年的月太阳辐射量，绘制月际变化直方图。

（4）统计辐射代表年1～31日各小时太阳辐射量的月均值和年均值，绘制各月每日太阳辐射量小时变化折线图、年每日太阳辐射量小时变化折线图。

（5）统计参证气象站和工程点专用站同期观测的月太阳辐射量、日内小时平均太阳辐射量，绘制月际变化直方图、日内小时变化折线图。

（6）总辐射最大辐照度（光伏发电项目所需）。

## 六、太阳能资源评估

### （一）中国太阳能分布

太阳总辐射一般随海拔升高而增大，随纬度升高而减小。我国太阳总辐射量大致为930～2330kWh/m²，分布趋势是西高东低。青藏高原的总辐射量最大，全年可达2330kWh/m²；最低值在川黔盆地，其年总辐射量仅1050kWh/m²。

西北大部地区、川西高原、滇西大部地区年总辐射量在1500kWh/m²以上，向西逐渐增大，向东逐渐减小。新疆北部相对南部较小，年总辐射量为1400～1500kWh/m²。

南部偏东地区由于多云雨天气，太阳总辐射量并不完全符合随纬度升高而减少的一般规律，呈现了太阳总辐射量受地理气候影响的特征。

中国多年平均年总辐射量、多年平均年直接辐射量分布可在中国气象局风能太阳能资源中心网站查询。

### （二）太阳能资源评估标准

采用太阳能资源丰富程度、稳定程度指标对太阳能资源进行分级评估，所用太阳辐射量数据应代表工程点太阳辐射量的多年平均状况。

1. 丰富程度

（1）光伏发电工程的太阳能资源丰富程度评估标准。

光伏发电工程以太阳总辐射量为指标，进行太阳能资源丰富程度评估。太阳总辐射量资源丰富程度等级可按表10-43标准评定。

**表10-43　太阳总辐射资源丰富程度等级标准**

| 等级 | 年太阳总辐射量［MJ/（m²·a）］ | 丰富程度 | 应用与并网太阳能发电 |
|---|---|---|---|
| 1 | *TI*≥7560 | 很丰富 | 很好 |
| 2 | 6300≤*TI*<7560 | 丰富 | 好 |
| 3 | 5040≤*TI*<6300 | 较丰富 | 较好 |
| 4 | 3780≤*TI*<5040 | 一般 | |
| 5 | *TI*<3780 | 贫乏 | |

（2）光热发电工程的太阳能资源丰富程度评估标准。

光热发电工程以垂直于太阳入射光的直接辐射量为指标，进行太阳能资源丰富程度评估。垂直于太阳入射光的直接辐射资源丰富程度等级可按表10-44标准评定。

**表10-44　垂直于太阳入射光的直接辐射量资源丰富程度等级标准**

| 等级 | 垂直于太阳入射光的年直接辐射量［MJ/（m²·a）］ | 丰富程度 | 应用与并网太阳能发电 |
|---|---|---|---|
| 1 | *DNI*≥8840 | 很丰富 | 很好 |
| 2 | 7580≤*DNI*<8840 | 丰富 | 好 |
| 3 | 6320≤*DNI*<7580 | 较丰富 | 较好 |
| 4 | 5050≤*DNI*<6320 | 一般 | 一般 |
| 5 | *DNI*<5050 | 贫乏 | |

2. 稳定程度

太阳能资源稳定程度可根据不同时段太阳辐射总量的变差系数评估，也可根据代表年或多年平均各月日照时数大于 6h 的天数最大值与最小值的比值 $K$ 评估。太阳能资源稳定程度等级可按表 10-45 标准评估。

**表 10-45　　太阳能资源稳定程度等级标准**

| 太阳能资源稳定程度指标 $K$ | 稳定程度 |
|---|---|
| $K<2$ | 稳定 |
| $2\leqslant K\leqslant 4$ | 较稳定 |
| $K>4$ | 不稳定 |

太阳能发电项目在规划阶段可查阅全国太阳能资源分布图、NASA（美国国家航空航天局）太阳辐射数据估计工程点的太阳辐射量。初可阶段可采用气候学经验公式估算工程地的太阳辐射量。可研阶段则应建立太阳辐射观测专用站，观测年限一般不应少于 3 年，根据工程点实测太阳辐射资料和参证气象站长期数据修正前期估算成果，开展系统的建设项目太阳能资源评估工作。

## 第八节　架空输电线路气象

架空输电线路设计所需的气象资料主要有大风、覆冰、气压、气温、湿度、降水及天气日数。其中大风和覆冰对输电线路的经济建设与安全运行起着十分重要的作用，是输电线路气象工作的重点。不同海拔处线路的气压、气温、湿度、降水及天气日数的分析统计与推算见本章相应部分。

### 一、设计风速

（一）设计标准

（1）110～330kV 输电线路工程的基本风速设计重现期为 30 年，500～750kV、±500kV 输电线路工程为 50 年，1000、±800、±1100kV 输电线路工程为 100 年。

（2）高度为离地面 10m。

（3）时距为 10min 平均最大值。

（二）最大风速计算

最大风速分析计算中大风调查内容见第二章第八节相应部分；原始资料的搜集与审定、高度订正、次时换算、频率计算与地形修正的推算方法见本章第二节。据输电线路工程的特点，本节增补两种特殊地形风的换算。

（1）起伏地形中孤立山顶风速换算。

$$v_2 = v_1\left[A+\frac{B\lg(10+H_2)}{\lg(10+H_1)}\right] \qquad (10\text{-}109)$$

式中　$v_2$、$v_1$——分别为两个山顶的风速，m/s；

$H_2$、$H_1$——分别为两个山顶的海拔，m；

$A$、$B$——经验系数，一般 $A$ 取–1.4，$B$ 取 2.4。

（2）峡谷内外风速换算。

$$v_2 = v_1\left(1.0+\frac{0.3H}{L}-0.26\theta\right) \qquad (10\text{-}110)$$

式中　$v_2$、$v_1$——分别为谷内和谷外风速，m/s；

$H$——狭谷深度，m；

$L$——狭谷宽度，m；

$\theta$——谷外气流与峡谷的夹角，rad。

（三）风区划分

风区划分是指输电线路设计风速的分段概化，即划分设计风速区段。一般风区级差为 1～5m/s，也可根据线路实际需要划分。

（1）风区划分的原则。

1）一个风区段内各点的设计风速相近。

2）一个风区段内属同一气候区，形成大风的天气条件大体一致。

3）一个风区段内地形条件类似，海拔相当。

4）对山口、谷口、山顶、盆地、山谷等特殊地形应酌情做加大或减小风速处理。

（2）风区划分步骤。

1）对工程路径区域进行气候区和地形分类，并确定分界位置。

2）将沿线气象站统计风速、地区风压换算设计风速，邻近已建线路采用风速、沿线各点调查最大风速，经高程、地形及重现期换算至线路地段，依次填表并标在路径图上。

3）结合区域大风成因和特性、微地形大风分析成果，按一个风区段内气候类同、地形相似、海拔相当、设计风速值接近的原则，逐段分析确定设计风速和风区分界点。

### 二、设计冰厚

（一）设计标准

（1）110～330kV 输电线路工程的覆冰设计重现期为 30 年，500～750kV、±500kV 输电线路工程的覆冰设计重现期为 50 年，1000、±800、±1100kV 输电线路工程的覆冰设计重现期为 100 年。

（2）高度均为离地面 10m。

（二）覆冰计算

1. 计算方法

导线覆冰分析计算中覆冰调查内容见第二章第八节相应部分。根据工程区域的资料情况，输电线路设计冰厚分析计算可采用下列方法：

（1）工程地点或与工程地点的地理环境、气候条件类似的区域具有 10 年以上年最大覆冰观测资料时，可采用 P-Ⅲ型、极值Ⅰ型、广义帕累托（GPD）型等分布模型进行频率计算，得到线路要求重现期的标准冰厚，经高度、线径、地形等因素订正后得到设计冰厚。

（2）工程区域仅有 5～10 年覆冰观测资料时，标准冰厚可采用广义帕累托（GPD）型分布模型计算。

（3）工程区域仅有 1～5 年短期覆冰观测资料时，可应用观冰站与邻近气象站覆冰气象要素合成的覆冰气象指数进行频率分析确定统计参数，并估算设计冰厚。

（4）工程区域无覆冰观测资料，可对工程地点及与工程地点的地理环境、气候条件类似的区域进行历史覆冰调查，将调查到的覆冰资料换算为标准冰厚[现多采用式（10-116）进行计算，当调查资料是其他线路的设计冰厚时，不用进行标准冰厚的换算]，估算其重现期（可参考洪枯水重现期的估算方法，也可采用相关气象要素的重现期来间接估算覆冰重现期），再采用式（10-117）或式（10-118）计算线路要求的设计冰厚。该方法是目前应用较多的方法。

2. 密度计算

（1）有实测覆冰资料地区，覆冰密度可根据资料情况按下列公式计算确定。

1）根据实测长、短径可采用如下公式计算密度：

$$\rho=\frac{4G}{\pi L(ab-4r^2)} \tag{10-111}$$

2）根据周长可采用如下公式计算密度：

$$\rho=\frac{4\pi G}{L(I^2-4\pi^2r^2)} \tag{10-112}$$

3）根据横截面积可采用如下公式计算密度：

$$\rho=\frac{G}{L(A-\pi r^2)} \tag{10-113}$$

式中 $\rho$ ——覆冰密度，$g/cm^3$；

$G$——冰重，g；

$\pi$——圆周率；

$L$——覆冰体长度，m；

$a$——覆冰长径（包括覆冰附着物），mm；

$b$——覆冰短径（包括覆冰附着物），mm；

$r$——覆冰附着物（如导线、通信线、树枝等）的半径，mm；

$I$——覆冰周长，mm；

$A$——覆冰横截面积（包括覆冰附着物），$mm^2$。

（2）无实测覆冰资料的地区，可分析借用邻近地区实测覆冰密度资料。借用时应注意：

1）覆冰性质不同，密度存在差异；性质相同，测量阶段（发展期、保持期、崩溃期）不同，密度也有差异。

2）雾凇和雨雾凇混合冻结覆冰的密度，一般随海拔升高而减小。

无实测覆冰资料，借用覆冰密度又有困难的地区，一般情况下，覆冰密度可参照表 10-46 选用，高海拔地区宜选用较低值，低海拔地区宜选用较高值。

**表 10-46　覆冰密度范围**

| 覆冰种类 | 雨凇 | 雾凇 | 雨雾凇混合冻结 | 湿雪 |
|---|---|---|---|---|
| 密度（$g/cm^3$） | 0.7～0.9 | 0.1～0.3 | 0.2～0.6 | 0.2～0.4 |

［例 10-11］ 根据实测长、短径计算覆冰密度。

在某拟建 500kV 送电线路邻近地带的通信线（半径 2mm）上，实测得雨雾凇混合冻结覆冰数据，冰重 2890g、冰体长 0.72m、长直径 175mm、短直径 137mm，计算覆冰密度。

将已知条件代入式（10-111）得：

$\rho$= 4 × 2890/[π × 0.72 × (175 × 137–4 × $2^2$)]

= 0.21（$g/cm^3$）

即覆冰密度为 0.21$g/cm^3$。

3. 标准冰厚计算

密度为 0.9$g/cm^3$ 的均匀裹覆在导线周围的覆冰厚度简称标准冰厚。标准冰厚可根据实测或调查覆冰资料情况进行计算。

（1）根据实测冰重计算标准冰厚为

$$B_0=\left(\frac{G}{0.9\pi L}+r^2\right)^{0.5}-r \tag{10-114}$$

（2）根据实测覆冰长、短径计算标准冰厚为

$$B_0=\left[\frac{\rho}{3.6}(ab-4r^2)+r^2\right]^{0.5}-r \tag{10-115}$$

（3）根据调查或实测覆冰直径计算标准冰厚为

$$B_0=\left[\frac{\rho}{0.9}(K_sR^2-r^2)+r^2\right]^{0.5}-r \tag{10-116}$$

式中 $B_0$ ——标准冰厚，mm；

$K_s$ ——覆冰形状系数，覆冰短径与覆冰长径的比值；

$R$——覆冰半径（包括覆冰附着物），mm。

覆冰形状系数应由当地实测覆冰资料计算分析确定，无实测资料地区可参照表 10-47 选用，小覆冰的形状系数宜选用较低值，大覆冰的形状系数宜选用较高值。

**表 10-47　覆冰形状系数**

| 覆冰性质 | 覆冰附着物名称 | 覆冰形状系数 |
|---|---|---|
| 雨凇、雾凇、雨雾凇混合冻结 | 电力线，通信线 | 0.80～0.90 |
| | 树枝，杆件 | 0.30～0.70 |
| 湿雪 | 电力线，通信线，树枝，杆件 | 0.80～0.95 |

［例 10-12］ 根据调查覆冰直径计算标准冰厚。

在某拟建500kV输电线路邻近地带的一般地形条件下，有一条已建35kV送电线路，应用LGJ-50型导线（半径4.8mm），离地面高度9m，线路走向为西北–东南向。据调查，该点导线上近年来最大覆冰直径70mm，重现期约为10年，覆冰种类为雨雾凇混合冻结，该调查点位于［例 10-11］中通信线测冰点附近。计算该点覆冰的标准冰厚。

已知：覆冰半径 $R=70/2=35$（mm），覆冰物半径 $r=4.8$mm，覆冰密度据［例 10-11］得 $\rho=0.21\text{g/cm}^3$，覆冰形状系数由表10-47选取得 $K_s=0.80$。

将已知条件代入式（10-116）得：

$B_0=[0.21\times(0.80\times35^2-4.8^2)/0.9+4.8^2]^{0.5}-4.8$
$=10.9$（mm）

即调查点上覆冰的标准冰厚为10.9mm。

4. 设计冰厚计算

（1）计算公式。

设计冰厚应根据工程设计要求、覆冰影响因素、区域覆冰特性及资料情况进行计算。

1）单导线设计冰厚计算

$$B=K_hK_TK_\phi K_dK_fK_jB_0 \tag{10-117}$$

式中 $B$——设计冰厚，mm；
$K_h$——高度换算系数；
$K_T$——重现期换算系数；
$K_\phi$——线径换算系数；
$K_d$——地形换算系数；
$K_f$——线路走向换算系数；
$K_j$——档距换算系数；
$B_0$——标准冰厚，mm。

2）单导线设计冰厚简化计算

$$B=K_hK_TK_\phi K_dB_0 \tag{10-118}$$

线路走向、档距与冰厚的关系，有待进一步研究，故目前在设计冰厚计算时一般采用简化公式（10-117）。

（2）系数确定。

设计冰厚计算公式中的换算系数，应按实测覆冰资料分析计算确定。对无实测覆冰资料的地区，可按以下计算方法确定或所给定的经验系数选用。

1）覆冰的高度换算系数可按下式计算：

$$K_h=(Z/Z_0)^\alpha \tag{10-119}$$

式中 $Z$——设计导线离地高度，m；
$Z_0$——实测或调查覆冰附着物的高度，m；
$\alpha$——覆冰高度变化指数，应由实测覆冰资料计算分析确定（无实测覆冰资料地区：当 $Z\leqslant10$m 时，取0.17，当 $10\text{m}<Z\leqslant20$m 时，$\alpha$ 可取0.14）。

2）调查或实测的最大覆冰值估算重现期如与设计重现期不同，应做重现期换算。不同重现期换算系数 $K_T$ 可按表10-48选用。在应用表10-48时，调查覆冰的重现期不宜小于10年。

表 10-48 重现期换算系数 $K_T$

| 设计重现期（a） | 调查重现期（年） | | | | | | | |
|---|---|---|---|---|---|---|---|---|
| | 100 | 50 | 30 | 20 | 15 | 10 | 5 | 2 |
| 100 | 1.00 | 1.10 | 1.16 | 1.28 | 1.32 | 1.43 | 1.75 | 2.42 |
| 50 | 0.91 | 1.00 | 1.10 | 1.16 | 1.23 | 1.30 | 1.60 | 2.20 |
| 30 | 0.86 | 0.94 | 1.00 | 1.10 | 1.15 | 1.25 | 1.50 | 2.10 |

3）大量研究成果表明，覆冰大小与线径有关，覆冰厚度随导线直径增大而减小。在工程应用中，覆冰的线径换算系数应根据实测资料分析确定，无实测资料地区可按下式计算：

$$K_\phi=1-0.14\ln\left(\frac{\phi}{\phi_0}\right) \tag{10-120}$$

式中 $K_\phi$——线径换算系数；
$\phi$——设计线径，mm，$\phi\leqslant40$mm；
$\phi_0$——覆冰线径，mm。

4）覆冰的地形换算应以一般地形的覆冰作为相对基准，地形换算系数设定为1.0，一般地形应具有风速流畅的风特性。不同地形的换算系数 $K_d$ 应根据实测资料分析确定，无实测资料地区可按表10-49的经验系数选用。

表 10-49 地形换算系数

| 地形类别 | 换算系数 | 地形类别 | 换算系数 |
|---|---|---|---|
| 一般地形 | 1.0 | 山岭 | 1.0～2.0 |
| 风口或风道 | 2.0～3.0 | 背风坡 | 0.5～1.0 |
| 迎风坡 | 1.2～2.0 | 山麓 | 0.5～1.0 |
| 山间平坝 | 0.7 | | |

5）设计冰厚的确定应考虑线路不同走向对覆冰的影响，当调查或实测覆冰标准冰厚与线路设计冰厚

的走向不一致时，应将调查或实测的覆冰标准冰厚换算为线路设计走向的标准冰厚。覆冰的线路走向换算系数可按下式计算：

$$K_f = \frac{\sin\theta_2}{\sin\theta_1} \tag{10-121}$$

式中　$\theta_1$——实测或调查覆冰导线走向与覆冰期主导风向的夹角，$0<\theta_1\leqslant 90°$；

$\theta_2$——设计导线走向与覆冰期主导风向的夹角，$0<\theta_2\leqslant 90°$。

［例 10-13］　某拟建线路设计冰厚的计算。

据［例 10-12］资料，计算附近拟建 500kV 输电线路一般地形段与风口段的设计冰厚，拟建 500kV 线路走向与附近被调查的 35kV 线路大致平行，海拔接近，线路采用 LGJ-500/35 型导线，线径 30mm，求沿线 50 年一遇离地 10m 高的设计冰厚。

（1）求高度换算系数 $K_h$。由已知条件 $Z=10$m，$Z_0=9$m，按式（10-119）计算得：

$$K_h=(Z/Z_0)^{\alpha}=(10/9)^{0.17}=1.02$$

（2）求重现期换算系数 $K_T$。据已知条件即调查标准冰厚重现期为 10 年，所求标准冰厚重现期为 50 年，由表 10-48 查得 $K_T=1.3$。

（3）求线径换算系数 $K_\phi$。$\phi=30$mm，$\phi_0=2\times4.8=9.6$（mm），按式（10-120）计算得：

$$K_\phi=1-0.14\ln\left(\frac{\phi}{\phi_0}\right)=1-0.14\times\ln\left(\frac{30}{9.6}\right)=0.84$$

（4）求风口地形换算系数 $K_d$。据该区域有关实测覆冰对比资料分析结果，并参照表 10-49，取 $K_d=2.0$。

将有关条件代入式（10-118）得：

一般地形 500kV 导线的设计冰厚 $B_1$ 为

$$B_1=K_hK_TK_\phi K_dB_0=1.02\times1.3\times0.84\times1.0\times10.9=12.1\text{（mm）}$$

风口地形处 500kV 导线的设计冰厚 $B_2$ 为

$$B_2=K_hK_TK_\phi K_dB_0=1.02\times1.3\times0.84\times2.0\times10.9=24.3\text{（mm）}$$

（三）冰区划分

输电线路工程覆冰勘测应按设计要求将设计冰厚分级归并，提出冰区划分成果。设计冰区应分为轻冰区、中冰区与重冰区。设计冰区的划分不应过于零碎。设计冰区的划分应分级归并取值。设计冰厚小于 20mm，级差应为 5mm；设计冰厚大于 20mm，级差应为 10mm。设计冰区的分级归并应符合表 10-50 的标准。

表 10-50　　设计冰区分级归并标准

| 序号 | 设计冰厚 $B$（mm） | 归并的设计冰区（mm） |
|---|---|---|
| 1 | $0<B\leqslant5$ | 5 |
| 2 | $5<B\leqslant10$ | 10 |
| 3 | $10<B\leqslant15$ | 15 |
| 4 | $15<B\leqslant25$ | 20 |
| 5 | $25<B\leqslant35$ | 30 |
| 6 | $35<B\leqslant45$ | 40 |
| 7 | $45<B\leqslant55$ | 50 |
| 8 | $55<B\leqslant65$ | 60 |
| 9 | $65<B\leqslant75$ | 70 |
| 10 | $75<B\leqslant85$ | 80 |

（1）冰区划分原则。

同一冰区的划分原则应为：

1）属同一气候区，海拔相当。

2）地形类似。

3）线路走向大体一致。

4）覆冰特性参数基本相等。

（2）冰区划分依据。

1）覆冰成因及影响覆冰的气象条件分析结果。

2）沿线各调查点设计冰厚的分析计算结果。

3）区域气象站、观冰站覆冰分析计算结果。

4）沿线地形、海拔及植被分类结果。

5）沿线相邻区域已建输电线路设计冰区及运行资料。

6）邻近地区冰雪灾害记录或报告。

（3）冰区划分步骤。

1）首先将线路路径、地形分类及气候分区标在地形图上，对覆冰观测资料、调查资料、已建输电线路设计及运行资料，均应分析归并至相应的地形单元。

2）各观测与调查点的资料应明确其所处的位置、地形单元归类、海拔及所代表的地域范围，绘制路径断面图，并把各点设计冰厚标在图上。

3）根据高程、地形、气候条件及各点设计冰厚，对全线各点设计冰厚计算成果进行合理性检查和必要的修正，分析全线覆冰的一般规律与特点。

4）根据已有覆冰资料与覆冰分布规律，类推分析或计算无资料地段或特殊地形段（点）的设计冰厚，并标在图上。

5）按冰区划分原则，结合影响覆冰的各项要素与覆冰变化规律（特点）以及微地形微气候覆冰分析成果，逐段分析确定设计冰厚和冰区分界点。

输电线路冰区分析应加强对覆冰具有重要影响的微地形的考察分类，对位于风口、山岭与迎风坡的线路段应适当增大覆冰量级，对位于背风坡、山间盆地（谷地）的线路，应适当减小覆冰量级。

## 第九节　其 他 气 象 要 素

其他气象要素主要包括气压、空气湿度、降水、蒸发、冻土、积雪、太能辐射、日照、盐雾、水温、气象干旱指数及天气日（时）数等要素。本节将介绍其基本概念、计算方法以及在电力工程勘测过程中应注意的事项。

### 一、气压

#### （一）气压概念及单位换算

气压是作用在单位面积上的大气压力，即在数值上等于单位面积上向上延伸到大气上界的垂直空气柱所受到的重力。把温度为0℃、纬度为45°海平面作为标准条件时的气压，称为 1 个标准大气压，其值为760mm 水银柱高，或相当于 1013.25hPa。

1atm（标准大气压）= 1013.25hPa

1atm（标准大气压）= 760mm 水银（汞柱）柱高

1atm（标准大气压）= 101325N/m²

1mm 水银（汞柱）柱高 = 4/3hPa

气压的国际制单位是帕斯卡，简称帕，符号是Pa。我国的气压观测在 1953 年及以前采用的是以毫米水银柱高度记录的，1954 年及以后是以百帕记录的，两种记录合并使用时，须换算为同一种单位。

工程项目所需要的气压参数采用参证气象站资料统计得到，工程地点与参证气象站气压多存在差异，对于差异较大的需要进行订正。若在工程点建立了专用气象站，则采用专用气象站与参证气象站的同期气压资料利用相关方法进行订正，若未建专用气象站，工程地点气压则可采用公式进行订正。

#### （二）气压订正

1. 压高公式法

山区工程地点气压可按式（10-122）进行计算。

$$p_1 = p_2 10^{\frac{Z_2 - Z_1}{18400(1+\alpha\bar{t})}} \qquad (10\text{-}122)$$

$$\bar{t} = \frac{t_1 + t_2}{2} \qquad (10\text{-}123)$$

式中　$p_1$——山区工程地点气压，hPa；

$p_2$——平地气象站气压，hPa；

$Z_1$——山区工程地点海拔，m；

$Z_2$——平地气象站海拔，m；

$\alpha$——常数，取值 1/273；

$\bar{t}$——空气柱平均温度，℃；

$t_1$——山区工程地点气温，℃；

$t_2$——平地气象站气温，℃。

［例 10-14］　某工程地点气压计算。

重庆某气象站观测场海拔高度为 325.3m、气压为 976.2hPa、气温为 18.2℃，工程地点海拔高度 508.5m、气温为 17.0℃。代入式（10-123）得到空气柱平均气温为 17.6℃，代入式（10-122）得到工程地点气压为 955.4hPa。

2. 简化法

（1）工程地点与气象站同在平原地区，其与气象站的高差不超过 50m 时，工程地点气压可采用式（10-124）计算。

$$p_1 = p_2 + (Z_2 - Z_1)/8 \qquad (10\text{-}124)$$

式中　$p_1$——工程地点气压，hPa；

$p_2$——气象站气压，hPa；

$Z_1$——工程地点海拔，m；

$Z_2$——气象站海拔，m。

［例 10-15］　某工程地点气压估算。

某气象站观测场海拔为 7.2m、气压为 989.6hPa，工程地点海拔 50.6m，代入式（10-124）得到工程地点气压为 984.2hPa。

（2）工程地点与气象站的高差符合表 10-51 的规定时，工程地点与气象站的气压高差订正可查表 10-52 得到，工程地点气压可采用式（10-125）计算。

$$p_1 = p_2 + \Delta p \qquad (10\text{-}125)$$

式中　$p_1$——工程地点气压，hPa；

$p_2$——气象站气压，hPa；

$\Delta p$——工程地点与气象站的气压差（当工程地点的海拔低于气象站海拔时，高差订正值为正值；反之则为负值），hPa。

表 10-51　高 差 规 定

| 气象站海拔（m） | 0～200 | 201～400 | 401～600 | 601～800 | 801～1000 | 1001～1200 | 1201～1400 | 1401～1600 |
|---|---|---|---|---|---|---|---|---|
| 高差（m） | <50 | <45 | <40 | <35 | <30 | <25 | <20 | <15 |

表 10-52　气 压 高 差 订 正 值　(hPa)

| 高差（m） | 0 | 1 | 2 | 3 | 4 | 5 | 6 | 7 | 8 | 9 |
|---|---|---|---|---|---|---|---|---|---|---|
| 0.0 | 0.0 | 0.1 | 0.3 | 0.4 | 0.5 | 0.6 | 0.8 | 0.9 | 1.0 | 1.1 |
| 10 | 1.3 | 1.4 | 1.5 | 1.6 | 1.8 | 1.9 | 2.0 | 2.1 | 2.3 | 2.4 |

续表

| 高差（m） | 0 | 1 | 2 | 3 | 4 | 5 | 6 | 7 | 8 | 9 |
|---|---|---|---|---|---|---|---|---|---|---|
| 20 | 2.5 | 2.6 | 2.8 | 2.9 | 3.0 | 3.1 | 3.3 | 3.4 | 3.5 | 3.6 |
| 30 | 3.8 | 3.9 | 4.0 | 4.1 | 4.3 | 4.4 | 4.5 | 4.6 | 4.8 | 4.9 |
| 40 | 5.0 | 5.1 | 5.3 | 5.4 | 5.5 | 5.6 | 5.8 | 5.9 | 6.0 | 6.1 |

查表 10-52 时，高差取整数，小数四舍五入。

［例 10-16］　某工程地点气压估算。

四川某气象站观测场海拔高度为 324.9m、气压为 975.6hPa，工程地点海拔 338.8m。工程点与气象站高差 13.9m，符合表 10-51 规定，高差取整数为 14m，再查表 10-52，$\Delta P$ 为$-$1.8hPa，代入式（10-125）得到工程地点气压为 973.8hPa。

（3）工程地点与气象站高差不符合上述（1）、（2）两项规定，但高差未超过 100m，工程地点气压可采用式（10-126）计算。

$$p_1 = p_2 + \left(\frac{P_2}{1000}\right)1000f \qquad (10\text{-}126)$$

式中　$p_1$——工程地点气压，hPa；

$p_2$——气象站气压，hPa；

$1000f$——参数（$1000f$ 值可根据高差和气温查表 10-53 得到，高差和气温在表列数据之间时，$1000f$ 值内插求得。当工程地点的海拔低于气象站海拔时，$1000f$ 值为正值，反之，$1000f$ 值为负值）。

表 10-53　　**1000*f* 值查算表**

| 高差（m） | 气温（℃） | | | | | | | | | | | | |
|---|---|---|---|---|---|---|---|---|---|---|---|---|---|
| | −30 | −25 | −20 | −15 | −10 | −5 | 0 | 5 | 10 | 15 | 20 | 25 | 30 |
| 0 | 0.0 | 0.0 | 0.0 | 0.0 | 0.0 | 0.0 | 0.0 | 0.0 | 0.0 | 0.0 | 0.0 | 0.0 | 0.0 |
| 10 | 1.4 | 1.4 | 1.3 | 1.3 | 1.3 | 1.3 | 1.3 | 1.2 | 1.2 | 1.2 | 1.2 | 1.1 | 1.1 |
| 20 | 2.8 | 2.8 | 2.7 | 2.6 | 2.6 | 2.5 | 2.5 | 2.5 | 2.4 | 2.4 | 2.3 | 2.3 | 2.3 |
| 30 | 4.2 | 4.1 | 4.1 | 4.0 | 3.9 | 3.8 | 3.8 | 3.7 | 3.6 | 3.6 | 3.5 | 3.4 | 3.4 |
| 40 | 5.6 | 5.5 | 5.4 | 5.3 | 5.2 | 5.1 | 5.0 | 4.9 | 4.8 | 4.7 | 4.7 | 4.6 | 4.5 |
| 50 | 7.0 | 6.9 | 6.8 | 6.6 | 6.5 | 6.4 | 6.3 | 6.1 | 6.0 | 5.9 | 5.8 | 5.7 | 5.6 |
| 60 | 8.4 | 8.3 | 8.1 | 7.9 | 7.8 | 7.6 | 7.5 | 7.4 | 7.2 | 7.1 | 7.0 | 6.9 | 6.8 |
| 70 | 9.8 | 9.7 | 9.5 | 9.3 | 9.1 | 8.9 | 8.7 | 8.6 | 8.4 | 8.3 | 8.2 | 8.0 | 7.9 |
| 80 | 11.3 | 11.1 | 10.9 | 10.7 | 10.5 | 10.3 | 10.1 | 9.9 | 9.7 | 9.6 | 9.4 | 9.2 | 9.0 |
| 90 | 12.7 | 12.5 | 12.2 | 12.0 | 11.8 | 11.6 | 11.4 | 11.2 | 11.0 | 10.8 | 10.6 | 10.4 | 10.2 |
| 100 | 14.1 | 13.8 | 13.5 | 13.2 | 13.0 | 12.8 | 12.6 | 12.4 | 12.2 | 12.0 | 11.8 | 11.6 | 11.4 |

查表 10-53 时，高差、气温值均取整数，小数四舍五入。

［例 10-17］　某工程地点气压估算。

某气象站观测场海拔为 1540m、气压为 854.2hPa、气温为 14.6℃，工程地点海拔为 1455.6m。两地高差为 84.4m，气象站气温 14.6℃，四色五入取整为 15℃；气温为 15℃，高差分别为 80 和 90，查表 10-53，$1000f$ 值分别为 9.6 和 10.8，在内插 84.4 时为 10.1；代入式（10-126）得到工程地点气压为 862.8hPa。

（4）工程地点与气象站的高差不符合（1）～（3）条的规定，工程地点气压可用式（10-127）估算。

$$p_1 = p_2 + p_2\{e^{-0.0314[(Z_1 - Z_2)/T]} - 1\} \qquad (10\text{-}127)$$

式中　$p_1$——工程地点气压，hPa；

$p_2$——气象站气压，hPa；

e——自然对数的底，e ≈ 2.71828；

$T$——开式温标温度，$T = 273(1 + at_2) \approx 273 + t_2$，$a$=1/273℃，K；

$Z_1$——工程地点海拔，m；

$Z_2$——气象站海拔，m；

$t_2$——气象站气温，℃。

［例 10-18］　某工程地点气压估算。

贵州某气象站观测场海拔为 1180.2m、气压为 883.5hPa、气温为 14.5℃，工程地点海拔为 420.0m。两地高差为 760.2m，代入式（10-127）得到工程地点气压为 960.0hPa。

电力工程项目需要的气压资料主要包括多年逐月

平均气压、最高气压及最低气压，多年年平均气压、最高气压及最低气压。

## 二、空气湿度

空气湿度是表示空气中水汽含量多少的量度，地面空气湿度是指地面气象观测规定高度（即1.25～2.00m，国内为1.5m）上的空气湿度，是由安装在百叶箱中的干湿球温度表和湿度计等仪器所测定的。空气湿度的表示方法很多，下面介绍几种主要的表示方法。

（一）水汽压

水汽压即空气中水汽的分压力，与水汽的密度有关。表示水汽压的单位是mmHg或hPa。水汽压计算方法见《地面气象观测规范》。

（二）饱和水汽压

在一定温度下，清洁水面上所可能产生的最大的水汽压，它仅为温度的函数，常用式（10-128）来表示。

$$E = E_0 \times 10^{\frac{at}{t+b}} \tag{10-128}$$

式中 $E_0$——0℃时水面上的饱和水汽压（$E_0$=6.11hPa）；

$a$、$b$——常数，由实验得出，在冰面上$a$=9.5，$b$=265.5，在水面上$a$=7.5，$b$=237.5；

$t$——温度，℃。

（三）相对湿度

空气中实际有的水汽压$e$与同温度下饱和水汽压$E$之比（%），即

$$r = \frac{e}{E} \times \% \tag{10-129}$$

式中 $r$——相对湿度，%；

$e$——水汽压，hPa或mmHg；

$E$——同温度下饱和水汽压，hPa或mmHg。

相对湿度最高月份的平均相对湿度，应为多年逐月日最高相对湿度的月平均值的最高值，相对湿度最高月份为日最高相对湿度的月平均值最高月份。

（四）水汽密度（绝对湿度）

单位体积空气中水汽的质量，即水汽的密度，其计算见式（10-130）。

$$\rho_w = \frac{100e}{R_w T} \tag{10-130}$$

式中 $\rho_w$——水汽的密度，kg/m³；

$e$——水汽压，hPa或mmHg；

$R_w$——1kg水汽的气体常数，$R_w$=461.5 J/（kg·K）。

（五）露点温度

露点温度是指在气压不变的情况下，降低水温，使空气中的水汽压达到饱和状态时所具有的温度。显然，露点温度永远小于或等于气温（$t_d \leqslant t$）。露点温度的高低也可用饱和水汽压与温度的关系求出。通常，露点温度越高，水汽的绝对含量就越大，反之，就越小。

电力工程项目需要的空气湿度资料主要包括相对湿度和水汽压。相对湿度包括多年逐月平均、最高及最低值，多年年平均相对湿度、最高相对湿度及最低相对湿度，相对湿度最高月份的平均相对湿度；水汽压包括多年逐月平均、最高及最低值，多年年平均、最高及最低水汽压。电气专业需要的相对湿度最高月份的平均相对湿度统计方法比较特殊，选多年逐月日最高相对湿度的月平均值最高者。

## 三、降水

降水是指从天空降落到地面上的液态或固态（经融化后）后的水。气象部门降水观测包括降水量和降水强度，降水量是指某一时段内的未经蒸发、渗漏、流失的降水，在水平面上积累的深度，以毫米（mm）为单位，取1位小数；降水强度是指单位时间的降水量，通常测定5min、10min和1h内的最大降水量。降雨是降水的主要形式，降雨等级见表10-54。

**表10-54　　降 雨 等 级**

| 降雨等级 | 现 象 描 述 | 降雨雨量范围（mm） | |
|---|---|---|---|
| | | 一天内总量 | 半天内总量 |
| 小雨 | 雨能使地面潮湿，但不泥泞 | 1～10 | 0.2～5 |
| 中雨 | 雨降到层顶上有淅淅声，凹地积水 | 10～25 | 5.1～15 |
| 大雨 | 降雨如倾盆，落地四溅，平地积水 | 25～50 | 15.1～30 |
| 暴雨 | 降雨比大雨还猛，能造成山洪暴发 | 50～100 | 30.1～70 |
| 大暴雨 | 降雨比暴雨还大，或时间长，造成洪涝灾害 | 100～200 | 70.1～140 |
| 特大暴雨 | 降雨比大暴雨还大，能造成洪涝灾害 | ＞200 | ＞140 |

电力工程项目需要的降水资料主要包括：多年逐月平均、最大及最小降雨量，多年年平均、最大及最小降水量；多年最大10min或20min、最大1h、最大1d降雨量，最大一次降雨量及历时、最长连续降雨历时及降雨量；小流域暴雨洪水计算还需要设计最大24h降雨量，一般根据气象站历年最大一日降雨量进行频率计算，再换算成设计24h降雨量。另外部分工程需要多年最大7d降雨量。

## 四、蒸发

蒸发量是指水面（含结冰时）蒸发量，它是指一定口径的蒸发器中，在一定时间间隔内因蒸发而失去的水层深度，以毫米（mm）为单位。

### （一）蒸发资料一致性处理

水文气象部门主要使用的有 E-601 型蒸发器和小型蒸发器（口径为 20cm）两种。从 20 世纪 50 年代开始我国已有经过质量检验的小型蒸发器资料，该资料连续性好，年代较长，分布较广，是极其珍贵的历史观测资料。但由于它安装在距地面 70cm 的高度上，容器小，器壁裸露于空气中，不能代表该地的实际蒸发量。1980 年以后，我国相继安装 E-601 型蒸发器，它的蒸发量更接近湖泊、水库等中小水体的实际蒸发量。在 1989 年修订后的水文观测规范中，改将 E-601 型蒸发器作为水文测站的标准观测器具，口径为 20cm 的小型蒸发器只作为辅助型器具使用。1995 年，为使气象部门的蒸发观测符合 WMO 的要求，中国气象局决定在全国基准和基本站用 E-601B 型蒸发器替代小型蒸发器的水面蒸发观测，取消 E-601 型蒸发器的观测及小型蒸发器的水面观测，1998 年 6 月，换型工作完成。小型蒸发器与 E-601B 蒸发器的主要性能参数见表 10-55。

表 10-55　　小型蒸发器与 E-601B 型蒸发器的主要性能参数表

| 类型 | 形状 | 器口直径（cm） | 器口面积（$cm^2$） | 深度（cm） | 安装 | 器口离地面高度（cm） | 说　明 |
|---|---|---|---|---|---|---|---|
| 小型蒸发器 | 平底圆筒形 | 20 | 314 | 10 | 地上 | 70 | 置于支架上 |
| E-601B 蒸发器 | 锥底圆柱形 | 61.8 | 3000 | 60.0（边缘）<br>68.5（中心） | 地下 | 30（离周围土圈高度 7.5cm） | 安装在直径 161.8cm、离地平面 22.5cm 高的环形土圈内，四周铺设 10cm 宽的水圈 |

对于早期使用小型蒸发器，近期使用 E-601 型蒸发器，两种蒸发器性能参数不同，蒸发量成果差异较大，因此，两种记录合并使用时，须对不同蒸发器观测的资料进行换算，换算方法见式（10-131）。

$$E_{601} = K \times E_{\phi 20} \tag{10-131}$$

式中　$E_{601}$——E-601 型蒸发器观测蒸发资料，mm；

$K$——蒸发量折算系数；

$E_{\phi 20}$——口径为 20cm 小型蒸发器观测资料，mm。

小型蒸发器与 E-601 型蒸发器蒸发量的折算系数采用测站实测资料进行计算。对无折算资料的地区，水面蒸发量折算系数可参考表 10-56。为做好小型蒸发器的历史资料与 E-601 型蒸发器观测资料的衔接，在撤销小型蒸发器的水面观测前，气象部门对这两种仪器进行了为期 2 年以上的大面积平行对比观测，中国气象科学研究院任芝花等人对全国 618 个基准和基本站直径 20cm 小型蒸发器与 E-601 型蒸发器 3 年平行对比观测结果进行统计，按省（市）给出了两种仪器的月、年平均折算系数值及年折算系数的全国分布图，无资料地区可参考使用。

表 10-56　　水面蒸发折算系数参考表

| 地区 | 标准蒸发器面积（$m^2$） | 各种蒸发器（cm） | 1月 | 2月 | 3月 | 4月 | 5月 | 6月 | 7月 | 8月 | 9月 | 10月 | 11月 | 12月 | 年 |
|---|---|---|---|---|---|---|---|---|---|---|---|---|---|---|---|
| 广东（广州） | 20 | E-601 | 0.89 | 0.90 | 0.82 | 0.91 | 0.97 | 0.99 | 1.03 | 1.03 | 1.06 | 1.06 | 1.02 | 0.96 | 0.91 |
| | | $\phi 80$ | 0.72 | 0.70 | 0.61 | 0.60 | 0.62 | 0.68 | 0.68 | 0.72 | 0.76 | 0.81 | 0.81 | 0.78 | 0.71 |
| | | $\phi 20$ | 0.66 | 0.65 | 0.58 | 0.58 | 0.62 | 0.68 | 0.69 | 0.72 | 0.76 | 0.79 | 0.80 | 0.73 | 0.69 |
| 河南（三门峡） | 20 | E-601 | | | | 0.84 | 0.84 | 0.88 | 0.87 | 0.97 | 1.02 | 0.96 | 1.06 | | |
| | | $\phi 80$ | | | | 0.65 | 0.61 | 0.62 | 0.65 | 0.72 | 0.85 | 0.82 | 0.97 | | |
| 四川（重庆） | 100 | E-601 | 0.77 | 0.71 | 0.73 | 0.76 | 0.89 | 0.90 | 0.87 | 0.91 | 0.94 | 0.94 | 0.90 | 0.88 | 0.85 |
| | | $\phi 80$ | 0.70 | 0.62 | 0.53 | 0.53 | 0.62 | 0.60 | 0.58 | 0.66 | 0.73 | 0.83 | 0.89 | 0.88 | 0.68 |
| | | $\phi 20$ | 0.55 | 0.50 | 0.46 | 0.48 | 0.56 | 0.56 | 0.56 | 0.63 | 0.68 | 0.74 | 0.78 | 0.72 | 0.6 |
| 北京市（官厅） | 100 | E-601 | | | | 0.82 | 0.81 | 0.87 | 0.96 | 1.06 | 1.02 | 0.93 | | | |
| | | $\phi 80$（绝热） | | | | 0.69 | 0.71 | 0.74 | 0.82 | 0.85 | 0.98 | 0.92 | | | |

续表

| 地区 | 标准蒸发器面积（$m^2$） | 各种蒸发器（cm） | 1月 | 2月 | 3月 | 4月 | 5月 | 6月 | 7月 | 8月 | 9月 | 10月 | 11月 | 12月 | 年 |
|---|---|---|---|---|---|---|---|---|---|---|---|---|---|---|---|
| 北京市（官厅） | 100 | $\phi$20 | | | | 0.44 | 0.45 | 0.50 | 0.53 | 0.62 | 0.63 | 0.54 | | | |
| 辽宁（营盘） | 20 | $\phi$20 | | | | | 0.52 | 0.57 | 0.67 | 0.77 | 0.85 | 0.76 | | | 0.69 |
| | | E-601 | | | | | 0.94 | 0.90 | 1.01 | 1.06 | 1.11 | 1.07 | | | 1.02 |
| 湖北（东湖） | 10 | E-601 | 0.98 | 0.96 | 0.89 | 0.88 | 0.89 | 0.93 | 0.95 | 0.97 | 1.03 | 1.03 | 1.06 | 1.02 | 0.97 |
| | | $\phi$80 | 0.92 | 0.78 | 0.66 | 0.62 | 0.65 | 0.67 | 0.67 | 0.73 | 0.88 | 0.87 | 1.01 | 1.04 | 0.79 |
| | | $\phi$20 | 0.64 | 0.57 | 0.57 | 0.46 | 0.53 | 0.59 | 0.59 | 0.66 | 0.75 | 0.74 | 0.89 | 0.80 | 0.65 |
| 福建（古田） | 20 | E-601 | | | | | | | | | | | | | |
| | | $\phi$80 | 1.28 | 1.06 | 0.87 | 0.88 | 0.82 | 0.86 | 0.90 | 0.87 | 1.02 | 1.19 | 1.26 | 1.23 | 1.03 |
| 浙江（双林） | ГГи-3000浮漂 | E-601 | 1.00 | 1.00 | 1.17 | 1.20 | 1.17 | 1.19 | 1.18 | 1.15 | 1.16 | 1.15 | 1.19 | 1.00 | 1.16 |
| | | $\phi$80 | 1.11 | 1.10 | 0.91 | 0.95 | 0.95 | 0.97 | 0.94 | 1.09 | 1.19 | 1.25 | 1.39 | 1.43 | 1.13 |
| | | $\phi$20 | 0.63 | 0.65 | 0.75 | 0.72 | | 0.81 | 0.80 | 0.87 | 0.93 | 0.81 | 0.78 | 0.77 | 0.77 |

### （二）水面蒸发计算

水面蒸发量计算方法的研究，在国外已有200多年的历史，在我国，自20世纪50年代后期开展正规的水面蒸发实验与计算方法研究，先后设置过近100处水面蒸发实验站，取得了众多成果。水面蒸发根据如下资料情况可采用不同的方法确定，介绍如下。

1. $20m^2$以上蒸发池观测资料

实验分析表明，$20m^2$以上大型蒸发池观测的蒸发量可代表天然大水体的水面蒸发量。我国大型蒸发池面积大多为$20m^2$，因此，规定可用$20m^2$蒸发池资料直接计算水库年、月水面蒸发量。水库、湖泊与蒸发池所在地区自然地理条件有较大差异时，应通过有关气象要素的对比分析，对成果加以修正。

2. E-601型蒸发器和口径为20cm、80cm蒸发器观测资料

用水面蒸发观测资料计算水库、湖泊水面蒸发量是国内外普遍采用的途径。我国使用的蒸发器主要有E-601型蒸发器和20cm口径、80cm口径蒸发器。E-601型蒸发器和口径为20cm、80cm蒸发器观测资料，应折算至$20m^2$蒸发池蒸发量后，再用于计算水面蒸发量。E-601型蒸发器水面蒸发折算系数可参考SL 278—2002《水利水电工程水文计算规范》中附录C取值。

3. 漂浮蒸发器观测资料

漂浮蒸发器观测资料也可用于计算水面蒸发量。但应查明浮筏结果、安装方式、观测方法，分析暴雨溅水、风浪等影响。

4. 蒸发资料短缺地区

水面蒸发观测资料短缺时，可采用经主管部门审批的水面蒸发量等值线图或地区水面蒸发经验公式估算水面蒸发量。

水面蒸发观测资料短缺地区，常用已刊布的水面蒸发量等值线图推求水库蒸发量，大多刊布在各省水文手册上。这些等值线均系用E-601型蒸发器的观测资料或折算成E-601型蒸发器的数字后绘制的。鉴于受测站密度及地形条件变化等影响，等值线只能粗略反映E-601型蒸发器的变化趋势。如果水面面积小，则只能在水库区查其通过的等值线即可；如水库面积大，形状又特殊，则应查水库区有代表性的几点，取其平均值。

采用地区经验公式估算水面蒸发量，我国水文气象工作者结合蒸发实验及气象观测资料，建立了地区经验公式，可用于计算不同气候区水库水面蒸发量。各地区经验公式可参考SL 278—2002《水利水电工程水文计算规范》选用，也可选用如下经验公式。

（1）道尔顿经验公式。

$$E=(e_s-e_d)f(v) \tag{10-132}$$

式中 $E$——蒸发量，mm/d；

$e_s$——蒸发器水面的饱和水汽压，hPa；

$e_d$——空气水汽压，hPa；

$f(v)$——风速函数。

道尔顿首次把蒸发量与水汽压差、风速联系起来。这个模式可用于计算水面蒸发量。

（2）湖北省经验公式。

$$E_{10}=0.20(1+0.34v_{150})(e_s-e_{150}) \tag{10-133}$$

$$E_{20}=0.20(1+0.32v_{150})(e_s-e_{150}) \tag{10-134}$$

$$E_{601}=0.23(1+0.36v_{150})(e_s-e_{150}) \quad (10\text{-}135)$$

式中 $E_{10}$——相当于 10m² 蒸发池的蒸发量，mm/d；

$E_{20}$——相当于 20m² 蒸发池的蒸发量，mm/d；

$E_{601}$——相当于E-601型蒸发器的蒸发量,mm/d；

$e_s$——水面温度条件下的水汽压，hPa；

$e_{150}$——150cm 高度处百叶箱温度条件下的水汽压，hPa；

$v_{150}$——150cm 高度处的风速，m/s。

（3）长江水利委员会经验公式。

$$E_{20}=0.20(1+0.32v_{200})(e_s-e_{200}) \quad (10\text{-}136)$$

式中 $E_{20}$——相当于 20m² 蒸发池的蒸发量，mm/d；

$v_{200}$——200cm 高度处的风速，m/s；

$e_s$——水面温度条件下的水汽压，hPa；

$e_{200}$——200cm 高度处百叶箱温度条件下的水汽压，hPa。

通过气温与水温相关分析，得出水温（$t$）与气温（$T$）的相关关系。

$$t=T+2.9 \quad (10\text{-}137)$$

在无水温资料条件下，可采用式（10-137）由气温换算水温，并推求 $e_s$ 值。

（4）甘肃经验公式。

$$E_{601}=5.0(1+1.08v_{150})(e_s-e_{150}) \quad (10\text{-}138)$$

式中 $E_{601}$——相当于 E-601 型蒸发器的月蒸发量，mm/月；

$e_{150}$——150cm 高度处百叶箱温度条件下的月平均水汽压，hPa；

$e_s$——水面温度条件下的月平均水汽压，hPa；

$v_{150}$——150cm 高度处月平均风速，m/s。

上述经验公式一般只适应于该地区。其他地区均可根据下列经验关系，求得本地区的经验公式。

$$E=K(a+bv)(e_s-e_d) \quad (10\text{-}139)$$

式中 $E$——本地区水体的蒸发量，mm/d；

$K$——表示蒸发器性能的影响系数；

$a$、$b$——表示风速对蒸发量影响的系数；

$v$——本地区风速，m/s；

$e_s$——本地区的水面温度条件下的水汽压，hPa；

$e_d$——本地区的百叶箱温度条件下的水汽压，hPa。

首先根据本地区历年观测资料，求出本地区蒸发池或其他蒸发器蒸发量与气象要素之间的关系式。按日平均风速分组统计求出不同风速范围内蒸发量 $E$ 和 $(e_s-e_d)$ 的回归方程，然后，按其斜率 $E/(e_s-e_d)$ 与各组相应的平均风速定出计算蒸发量的经验公式的各项计算参数。为了计算方便，$e_s$、$e_d$ 的单位可以化成 mm。

（三）水面蒸发散热系数

利用冷却池（如水库、湖泊或天然河道）进行二次循环供水的发电厂，在其热力计算中，首要的任务是确定综合散热系数 $K_P$，综合散热系数包括对流散热系数 $a_1$、蒸发散热系数 $a_2$ 和辐射散热系数 $a_3$ 三个，其中主要问题是 $a_2$ 的确定。水面的综合散热系数应根据工程所在地区的热水面实测资料确定，当缺乏实测资料时，可根据各地区经验公式求得，也可以利用全国经验公式进行计算。

1. 由蒸发公式推求蒸发散热系数

蒸发散热系数 $a_2$ 一般可通过建立蒸发公式推求，见式（10-140）。

$$E=a(e_0-e_{150})(1+bv_{150}) \quad (10\text{-}140)$$

式中 $E$——水面蒸发量，mm；

$a$——系数；

$e_0$——相应于水面温度的饱和水汽压，hPa；

$e_{150}$——水面上 150cm 高处空气中实际水汽压力，即绝对湿度，hPa；

$b$——系数；

$v_{150}$——水面上 150cm 高处的风速，m/s。

根据热平衡理论及式（10-132），可得：

$$a_2=rE/(e_0-e_{150}) \quad (10\text{-}141)$$

由式（10-140）、式（10-141）得：

$$a_2=a(1+bv_{150})r \quad (10\text{-}142)$$

式中 $r$——蒸发潜热，近似等于 0.6cal/g。

从式（10-142）可见，$a_2$ 取决于地区性系数 $a$、$b$ 和风速，求 $a_2$ 的主要问题在于确定地区水面蒸发公式。

确定地区水面蒸发公式有两种途径：一种是上述的直接观测分析法；另一种是间接分析计算。

（1）直接观测分析法。在工程地点或附近较大水体上做漂浮水面蒸发及辅助项目如水温、风速和干湿球温度等的观测，反求出 $a$ 和 $b$，建立蒸发公式。

浮漂水面蒸发观测工作详见《水文测验手册》。观测资料的整理与计算可按下述方法步骤进行：

1）根据每次观测的干湿球温度和气压（如无气压观测项目，可参考附近气象台站的气压），查气象常用表得 $e_{150}$，并根据每日观测的各次数据，计算日平均值。

2）根据每次观测的水面温度，查气象常用表得饱和水汽压 $e_0$，并计算日平均值。同时算出风速日平均值 $v_{150}$。

3）统计月蒸发量、月平均饱和水汽压力 $e_0$、月平均 1.5m 高处水汽压 $e_{150}$ 及月平均 1.5m 高处风速。如果观测资料系列较短，可统计旬值。

4）计算 $E/(e_0-e_{150})$ 及其对应的风速 $v_{150}$。

5）点 $E/(e_0-e_{150})$ 与 $v_{150}$ 关系图，一般关系点子

呈直线分布，如图 10-22 所示。

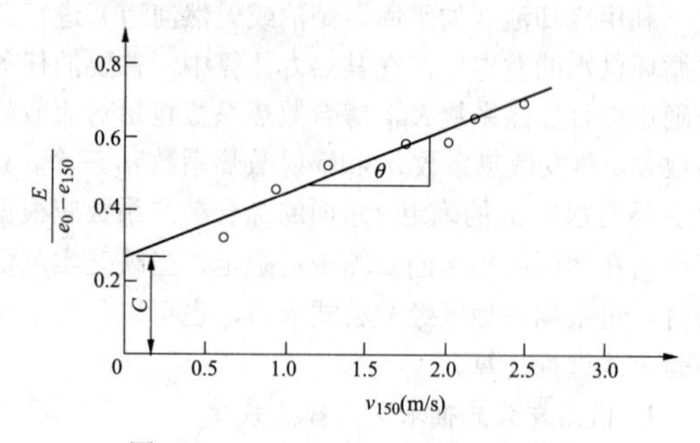


图 10-22　$E/(e_0-e_{150})$ 与 $v_{150}$ 相关图

6）根据图 10-22 求出关系线方程式。

$$E/(e_0-e_{150})=v_{150}\tan\theta+C \qquad (10\text{-}143)$$

式中　$E$——蒸发量，其单位应先换算为 hPa；

$\tan\theta$——关系线的斜率；

$C$——关系线的截距。

将上式中的 $E$ 还原为 mm 单位时，该式可写成：

$$E=0.75C(e_0-e_{150})[1+v_{150}(\tan\theta/C)] \qquad (10\text{-}144)$$

若令 $a=0.75C$，$b=\tan\theta/C$，则蒸发公式便成为式（10-140）的形式：

$$E=a(e_0-e_{150})(1+bv_{150}) \qquad (10\text{-}145)$$

（2）间接计算法。如果没有在工程地点做浮漂水面蒸发观测，可利用附近气象台站蒸发量及其他气象要素资料间接计算。但由于气象台站蒸发资料为陆上水面蒸发，陆面上的气象因素与水体上的气压因素不同，所以应将其换算成水体上空数值后，才能进行计算。其方法如下：

1）统计历年逐月蒸发量 $E$、风速 $v$ 及绝对湿度 $e_{150}$。

2）根据气象台站所用蒸发器类型，按地区分析资料或参考水面蒸发换算系数表选择适当系数换算成大水体水面蒸发量 $E$。

3）根据气象台站风仪高度，利用有关公式将气象台站风仪高度的风速，换算成离地面高度 1.5m 处的风速 $v_{150}$。

4）用附近水文站观测的水温，查气象常用表得饱和水汽压力。

5）将所得陆上 $e_{150}$ 及 $v_{150}$ 换算成水面上空的 $e_{150}$ 和 $v_{150}$，换算系数参考附近地区蒸发试验站水陆关系经验系数选用。

6）将换算后的气象因子，按照直接观测分析法求得工程地区的水面蒸发公式。

将按上述方法求得的蒸发公式及其 $a$、$b$、$v_{150}$ 等值，代入式（10-142），即得出相应的 $a_2$。其中的系数 $a$ 和 $b$，在同一地区一般变化不大，而风速 $v$ 在不同季节变化很大。所以，计算 $a_2$ 最好以月、季或年为计算时段，根据不同要求，求出多年平均的 $a_2$（包括年平均、逐月平均或最炎热 3 个月平均等）。

2. 利用全国经验公式求水面蒸发、散热系数

水面蒸发系数和散热系数是计算水面冷却能力、水体对废热自净的基本参数，直接影响电厂规划装机容量、工程布置和环境评价的确定。以往常采用苏联的经验公式。1977 年水利水电科学研究院提出在全国开展水面蒸发及水面散热系统试验研究后，参加单位同时在干旱、半干旱、本湿润及湿润地区建立了 8 个有代表性的试验观测基地。在此基础上，进一步从面与点两方面深入研究，由南京地理所负责从面上分析综合各个地区观测基地的试验资料，提出了适用于全国范围的水面蒸发系数及散热系数公式，即全国通用公式 A；由水利水电科学研究院和安徽水科所负责从点上在环境参数可控的风洞中进行单因子变化系统疾病试验研究，结合面上观测经验，提出了切实可用并由国内外较多资料验证的水面蒸发和散热系数公式 B。本手册仅介绍其中较便于使用的一种——公式 B，包括蒸发系数和散热系数的计算公式。

（1）蒸发系数 $a$。

$$a=[2.77+1.56v^2+0.25(\Delta T_v)]^{1/2}/10$$

［单位为 mm/（d·hPa）］　(10-146)

或

$$a=[22.0+12.5v^2+2.0(\Delta T_v)]^{1/2}$$

［单位为 W/（m²·hPa）］　(10-147)

$$\Delta T_v=T_{sv}-T_{av} \qquad (10\text{-}148)$$

如用 $\Delta T$ 计算，则

$$a=[2.45+1.56v^2+0.20(\Delta T)]^{1/2}/10$$

［单位为 mm/（d·hPa）］　(10-149)

或

$$a=[19.6+12.5v^2+1.6(\Delta T)]^{1/2}$$

［单位为 W/（m²·hPa）］　(10-150)

$$\Delta T=T_s-T_a$$

（2）散热系数 $K$。

$$K=(b+k)a+4\varepsilon\sigma(T_s+273)^2+(100/a)(b\Delta T+\Delta e)$$

［单位为 mm/（d·hPa）］　(10-151)

或

$$K=(b+k)a+4\varepsilon\sigma(T_s+273)^2+(80/a)(1+mk)(b\Delta T+\Delta e)$$

［单位为 W/（m²·℃）］　(10-152)

$$b=(p/0.632)(C_P/L) \qquad (10\text{-}153)$$

$$\Delta e=e_s-e_a \qquad (10\text{-}154)$$

式中　$a$——蒸发系数，mm/(d·hPa)或 W/(m²·hPa)；

$v$——水面 1.5m 处的风速，m/s；

$\Delta T_v$ ——虚拟温度差，℃；

$T_{sv}$ ——水面气温，℃；

$T_{av}$ ——水面 1.5m 处的虚温，℃；

$\Delta T$——气温差，℃；

$T_s$ ——水面气温，℃；

$T_a$ ——水面 1.5m 处的气温，℃；

$K$ ——散热系数，mm/（d・hPa）或 W/（m²・℃）；

$b$——鲍恩比系数；

$p$——大气压，hPa；

$e$——水汽压，hPa；

$\Delta e$ ——水汽压差，hPa；

$m$ ——可近似取常数，$m$=1.1；

$C_P$ ——定压比热，采用 $C_P = 1.005$，J/（g・℃）；

$L$ ——蒸发潜热，$L = 2500 - 2.39T_s$，J/g；

$k$ ——导数，$k = \mathrm{d}e_s / \mathrm{d}T_s$；

$\varepsilon$ ——水面吸收率，取 $\varepsilon = 0.97$；

$\sigma$ ——波兹曼常数，$\sigma = 5.76 \times 10^{-8}$，W/（m²・℃）；

$e_s$ ——对应于 $T_s$ 的水面饱和水汽压，hPa；

$e_a$ ——水面 1.5m 处的水汽压，hPa。

#### （四）陆面蒸发计算

在进行水库、湖泊水量平衡时，需要计算蒸发损失量，蒸发损失量等于水面蒸发量减陆面蒸发量。

陆面蒸发量可近似地用流域多年平均蒸发深度，由流域多年平均降水量减去多年平均径流深而得。

电力工程项目需要的蒸发资料主要包括：多年逐月平均、最大及最小蒸发量，多年年平均、最大及最小蒸发量；水库径流条件计算时需要水面蒸发量和陆面蒸发量。

## 五、冻土

冻土是指含有水分的土壤因温度下降到 0℃或以下而呈冻结的状态。按每年的 7 月 1 日至次年的 6 月 30 日作为 1 个年度进行统计。

电力工程项目需要的冻土资料为多年最大冻土深度，一般采用参证气象站的资料进行统计，但由于部分参证气象站对工程的代表性较差，需要结合现场调查情况和《中国季节性冻土标准冻深线图》综合分析确定。如西藏某工程，根据拉萨气象站 1961～1990 年最大冻土深度资料统计，多年最大冻土深度为 19cm。围墙内沿围墙敷设的补给水管埋设约 0.5m，2011 年冬季，换流站所在地区出现了寒冷天气，工程供水管出现结冰，说明拉萨气象站的最大冻土深度资料对工程区域代表性不足。

## 六、积雪

#### （一）积雪深度

积雪深度是指从积雪表面到地面的垂直深度。当气象站四周视野地面被雪（包括米雪、霰、冰粒）覆盖超过一半时要观测积雪深度。按每年的 7 月 1 日至次年的 6 月 30 日作为 1 个年度进行统计。

#### （二）雪压

空旷地点单位水平面积上所承受的积雪重力谓之雪压，单位以 kN/m² 计。当气象站无雪压记录时，可用积雪深度按式（10-155）计算：

$$S = h\rho_s g \qquad (10\text{-}155)$$

式中　$S$——雪压，kN/m²；

$h$——积雪深度，指从积雪表面到地面的垂直深度，m；

$\rho_s$ ——积雪密度，t/m³；

$g$——重力加速度，$g$=9.8m/s²。

雪密度随积雪深度、积雪时间和当地的地理气候条件等因素的变化有较大幅度的变异，对无雪压直接记录的台站，可按地区的平均雪密度计算雪压，新降下、疏松雪的密度见表 10-57。东北及新疆北部地区的平均密度取 150kg/m³；华北及西部地区取 130kg/m³；其中青海取 120kg/m³；淮河、秦岭以南地区一般取 150kg/m³，其中江西、浙江取 200kg/m³。

最大积雪深度资料短缺时，可结合历史积雪调查及附近地区较长时期资料进行对比分析，综合取值。

表 10-57　（新降下、疏松）雪的密度

| 降雪时温度（℃） | 平均密度（g/cm³） | 最大密度（g/cm³） | 最小密度（g/cm³） |
|---|---|---|---|
| ＜-10 | 0.07 | 0.23 | 0.01 |
| -10～-5 | 0.09 | 0.3 | 0.01 |
| -5～0 | 0.11 | 0.45 | 0.04 |
| 0～2 | 0.18 | 0.53 | 0.07 |
| ＞2 | 0.20 | 0.59 | 0.16 |

#### （三）基本雪压

基本雪压是以当地一般空旷平坦地面上单位面积 50 年一遇最大积雪质量。当地有 25 年以上年最大雪压资料时，可直接进行频率计算，确定基本雪压；资料不足 25 年时，可通过附近气象站的长期资料对比分析确定；当地无雪压记录时，可间接采用积雪深度和积雪密度计算基本雪压，也可通过对当地地形、气候的分析，参照全国基本雪压分布图和全国各城市的雪压分析确定，全国基本雪压分布图和全国各城市的雪压见 GB 50009—2012《建筑结构荷载规范》。

在确定基本雪压时，观察场地应具有代表性。场地的代表性是指下述内容：

（1）观察场地周围的地形为空旷平坦。

（2）积雪的分布保持均匀。

（3）工程项目地点应在观察场地的地形范围内，

或它们具有相同地形。

对于积雪局部变异特别大的地区，以及高原地形的山区，应予以专门调查和特殊处理。

我国基本雪压在0.4kN/m²以上的有大小兴安岭、长白山、新疆天山以北和长江中下游地区；西北干旱及草原沙漠地区雪压极小或无；南岭、武夷山脉以南基本无雪压。对山区，在无资料的情况下，建议比附近空旷地面的基本雪压增大20%采用。

电力工程项目需要的雪资料主要包括基本雪压、多年最大积雪深度等资料。

## 七、太阳辐射及日照百分率

在一给定时间，日照时数定义为太阳直接辐照度达到或超过120W/m²的那段时间总和，以小时（h）为单位，取1位小数。日照时数也称实照时数。

可照时数（天文可照时数），是指在无任何遮蔽条件下，太阳中心从某地东方地平线到进入西方地平线，其光线照射到地面所经历的时间。

日照百分率=（日照时数/可照时数）×100%，取整数。

到达地面的散射太阳辐射和直接太阳辐射之和称为总辐射。

辐照度指，在单位时间内，投射到单位面积上的辐射能，即观测到的瞬时值，单位为W/m²，取整数。

曝辐量，指一段时间（如1天）辐照度的总量或累计量，单位MJ/m²，取两位小数。

除太阳能电站以外电力工程项目，需要的太阳辐射资料通常包括日照时数、日照百分率、太阳总辐射量、日照强度（辐照度）等项目。

## 八、盐雾

盐雾是指大气中由含盐微小液滴所构成的弥散系统，是人工环境“三防”系列中的一种。空气中含盐量的高低，不仅直接影响金属及其结构物腐蚀速度的快慢，而且对电力输送也会造成重大的影响，为了避免这种潜在的危害，对空气中的含盐量观测分析已普遍引起国内外电力工程设计部门的重视。

由于目前盐雾资料较为缺乏，为掌握拟建厂址处盐雾情况，可根据工程情况进行盐雾数据观测。

测点的布设：观测盐雾测点的布设可考虑离地面高度的不同和离海岸线距离的不同而确定。如广东省某一拟建电厂厂址处设置了3座塔，高为10m，每座塔在离地面1.5、5、10m的高度上分别设立观测平台。三座塔的安装位置离海岸线的距离为0、500、1000m。

观测与分析：盐雾的观测每月选定一定天数，每天以8:00、14:00、20:00观测结果代表日浓度。如广东省某一拟建电厂厂址处观测盐雾每月选定10d时间观测结果代表当月浓度值；每天以8:00、14:00、20:00观测结果代表日浓度；钾离子、钠离子、镁离子、硫酸根离子、硝酸根离子、氯离子的单位浓度的总和视为空气含盐量的总浓度，氯化物的浓度以氯离子的浓度表示。

## 九、水温

### （一）电厂设计对水温的一般要求和计算

取水口一般无水温观测资料，应搜集附近水文站水温资料。

当测站水温观测系列在5年以上时，可直接统计有关特征值；水温系列不足5年时，可按不同水体特征建立测站水温与气温等不同影响因素相关，或与邻近站的水温建立相关进行插补延长。当水温测站离取水断面较远或利用其他水域的水温资料时，应在取水口设站做短期同步对比观测，求出取水口水温与参证站水温的相关关系。当工程点无水温资料时，应设站进行1年以上的水温观测，并同时观测有关的辅助气象项目。

水文站观测水温，一般每日8:00观测一次，并以8h水温代替日平均水温。根据许多比测分析，8:00水温不一定等于日平均水温。如果水文站没有对比资料，宜在取水口断面做逐时水温观测，找出8:00水温与日平均、最高、最低水温的关系。

水温累积频率曲线的绘制，与气温累积频率曲线的绘制方法相同。

### （二）电厂对水温的特殊要求和计算

采用直流循环冷却方式的电厂应进行温排放数学模型和物理模型试验，当水域扩散能力强、取水温升不明显时，可不进行物理模型试验。需要提供取水口附近及水域热污染范围内不同断面水温分布资料。因此，要做相应的水温观测和计算。

如具有水体实测水温资料，推求整个水体的平均水温时，可利用图10-23图解计算，先求出整个水体的储热量，然后用式（10-156）计算整个水体的平均温度。

$$t_0=\frac{S}{VC\rho} \tag{10-156}$$

式中 $t_0$——整个水体的平均温度，℃；

$S$——整个水体的储热量，cal；

$V$——整个水体的体积，cm³；

$C$——水体比热；

$\rho$——水体密度。

当$C$=1，$\rho$=1时，$t_0=S/V$。

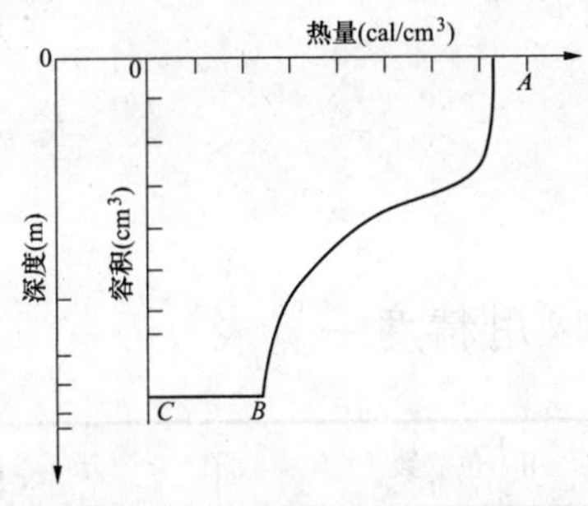


图 10-23 图解法计算水体平均温度

如果缺乏水体水温的直接观测资料而需计算水温，目前可采用下列比较简便的方法。

1. 相似法推求水温

相似法系选择与计算的水体在地理位置、形态特征、光象情况上相似的，并且有长期实测资料的水体作为参证水体，据此来推求计算水体的水温情况。由于影响水温的因素较多，而不同的水体也难以具有变化一致的水温，因此这样推求的成果近似的。

2. 相关法推求水温

由实测资料得知，在大而深的水体中，气温与表层水温的关系曲线常分成两支：在水体增温同期，水温低于气温；而在冷却时期，则水温高于气温。在小而浅的水体中，增温和冷却的过程比大而深的水体快得多，相关曲线的两支合二为一，成一直线，可用式（10-157）表示：

$$t_w = a + bt_{200} \tag{10-157}$$

式中 $t_w$ ——水体的水面温度，℃；

$a$ ——常数；

$b$ ——系数；

$t_{200}$ ——水面以上 200cm 高度处的气温，℃。

蒸发池内，热的动态与小型水体中热的动态相似，式中的常数 $a$ 值，在所有区域中是相对稳定的。在苏联，根据月平均值求出的常数 $a$ 值为 1～2，可采用 1.5，并无大的误差；至于系数 $b$ 则变化范围颇大。

表面水温可用式（10-158）计算：

$$t_e = t_s(1 - e^{a\Delta\tau})(T_0 - t_s + \beta) \tag{10-158}$$

式中 $t_e$ ——计算时段终了时的表面温度，℃；

$t_s$ ——计算时段开始的表面气温，℃；

e ——自然对数的底；

$\Delta\tau$ ——计算时段长；

$T_0$ ——计算时段内平均气温，℃；

$a$、$\beta$ ——参数。

上式适用于从水体融冰时，温度接近 0℃时开始计算。

（三）提交资料成果要求

当电力工程采用不同的供水系统类型时，应统计多年逐月平均、最高与最低水温特征值，并应按下列要求统计设计水温：

当电厂采用直流或混流供水系统时，应提供最近 5 年水温最高 3 个月累积频率为 10%时的日平均水温，多年最高、最低和逐月平均水温。

对于深水型冷却池应提供多年平均的年最热月月平均水温。

对于浅水型冷却池应提供多年平均的年最炎热连续 15d 平均自然水温。

温排放数学模型和物理模型试验潮型应提供成果：取排水口附近的流速场、温度场；典型潮和不利条件下 0.1、0.5、1.0、2.0、3.0、4.0℃等温线及其包络面积；取水口温升值（日均值、最大值）及随潮过程线；提出取排水工程优化意见，包括取排水口位置、形式和几何尺寸、平面及高程布置等。

## 十、气象干旱指数

气象干旱指数是指利用气象要素，根据一定的计算方法所获得的指标，来监测或评价某区域某时间段内由于天气气候异常引起水分亏欠程度。

气象干旱指数分单项气象干旱指数和综合气象干旱指数，单项气象干旱指数包括降水量距平百分率（$P_a$）、相对湿润度指数（M）、标准化降水指数（SPI）、土壤相对湿度干旱指数（R）、帕默尔干旱指数（$X$）。气象干旱指数计算方法见 GB/T 20481—2006《气象干旱等级》。

## 十一、天气日（时）数

电力工程项目需要的天气日（时）数主要包括晴天日数、降雨日数、最长连续降雨日数、日照时数、大风日数、沙尘暴日数、雾日数、雷暴日数、降雪日数、积雪日数、结冰日数、雨凇日数、雾凇日数等项目，主要统计多年平均值和多年最大值。其中降雪日数、积雪日数、结冰日数、雨凇日数、雾凇日数按每年的 7 月 1 日至次年的 6 月 30 日作为 1 个年度进行统计，其他项目按日历年统计。

# 附　　录

## 附录A　水文气象要素的单位及取用精度一览表

| 项　　目 | 单　　位 | 取 用 位 数 | 示　　例 |
| --- | --- | --- | --- |
| 至河口距离 | km | ≥10km，记至1km<br>＜10km，记至0.1km | 1071，12<br>6.3 |
| 集水面积 | $km^2$ | ≥100$km^2$，记至1$km^2$<br>＜100$km^2$，记至0.1$km^2$<br>＜10$km^2$，记至0.01$km^2$ | 2987<br>74.6<br>1.25 |
| 基面高程、水准点高程 | m | 记至0.001m | 168.974 |
| 水位、河底高程、水头、水位差、闸门开启高度、闸底或堰顶高程 | m | 一般记至0.01m，需要时记至0.005m | 67.24 |
| 水深 | m | ≥100m，记至1m<br>＜100m，≥5m，记至0.1m<br>＜5m，记至0.01m | |
| 流量<br>径流模数<br>水面比降<br>相关因素（比值）<br>输沙率<br>泥沙粒径<br>平均沉速 | $m^3/s$<br>$10^{-3}m^3/(s \cdot km^2)$<br>$10^{-4}$<br><br>kg/s、t/s<br>mm<br>cm/s | 取三位有效数字，小数不超过三位 | 1830，7.63，<br>0.84，0.009 |
| 洪水量、径流量、蓄水量 | $10^4m^3$或$10^8m^3$ | 取四位有效数字，小数不超过四位 | 3240，894，0.946 |
| 潮量、净泄（进）量 | $10^4m^3$或$10^8m^3$ | 取四位有效数字，小数不超过两位 | |
| 流速、冰速、底速 | m/s | ≥1m/s，取三位有效数字<br>＜1m/s，取两位有效数字，小数不超过三位 | 4.87<br>0.36，0.032 |
| 断面面积 | $m^2$ | 取三位有效数字，但小数不超过两位 | 2810，0.33 |
| 大断面起点距 | m | 宜记至0.1m；≥100m，可记至1m | 121.2，5.3，333 |
| 断面位置：基上（下）×××m | m | 取整数 | 532 |
| 水面宽、闸门开启总宽、平均堰宽 | m | 取三位有效数字；<br>≥5m，小数不超过一位<br>＜5m，小数不超过两位 | 675，5.9<br>4.17 |
| 径流深度 | mm | 记至0.1mm | 100.2 |
| 糙率 | | 记至0.001 | 0.026 |
| 流量系数 | | 取三位有效数字，小数不超过两位 | 2.84，0.54 |

续表

| 项　目 | 单　位 | 取 用 位 数 | 示　例 |
| --- | --- | --- | --- |
| 电功率 | kW | 取整数 | 100 |
| 含沙量 | $kg/m^3$ | 取三位有效数字，但小数不超过三位 | 674，0.63，0.037 |
|  | $g/m^3$ | 取三位有效数字，但小数不超过一位 | 167，9.7 |
| 输沙模数 | $t/km^2$ | 取三位有效数字，小数不超过三位 | 985，0.256 |
| 输沙量 | t 或 $10^4t$ 或 $10^8t$ | 取三位有效数字，小数不超过三位 | 3420，0.936 |
| 单样推移质输沙率 | g/(s·m) | 取三位有效数字，小数不超过两位 | 10.2，0.43 |
| 沙量百分数（重量或体积） |  | 记至 0.1 | 23.5，1.4 |
| 水温 | ℃ | 记至 0.1℃ | 16.7，0.2 |
| 岸上气温 | ℃ | 记至 0.5℃ | 23.1，0.5 |
| 冰厚、冰花厚、冰上雪深 | m | 记至 0.01m | 0.65，0.07 |
| 疏密度、冰花折算系数 |  | 记至 0.01 | 0.22，0.78 |
| 冰花密度 | $t/m^3$ | 记至 0.01 | 0.43 |
| 敞露水面宽 | m | 记整数 | 101 |
| 冰块长、宽 | m | 取两位有效数字，小数不超过一位 | 27，0.9 |
| 冰流量、总冰流量 | $m^3/s$、$m^3$ | 取两位有效数字，小数不超过两位 | 100，0.89 |
| 器口离地面高度 | m | 记至 0.1 | 5.7 |
| 测雨（蒸发）仪器绝对高程 | m | 记整数 | 100 |
| 降雨量、水面蒸发量 | mm | 记至 0.1mm；翻斗式可选用 0.1mm、0.2mm、0.5mm 或 1mm | 1251.6，27.8，5.0，0.1 |
| 灌溉面积 | $hm^2$ | 记整数 |  |

注　根据 SL 247—2012《水文资料整编规范》编写。

# 附录B 发电类工程报告目录模板

## B-1 内陆发电厂可行性研究、初步设计报告目录

**1 概述**

1.1 工程概况

1.2 任务依据

1.3 规程规范

**2 水文条件**

2.1 区域自然地理及流域概况

2.2 厂址水文条件

2.2.1 设计洪、涝水位

2.2.2 设计山洪

2.2.3 小结

2.3 取水口水文条件

2.3.1 设计洪水

2.3.2 设计枯水

2.3.3 含沙量、水温等

2.3.4 岸滩稳定性分析

2.3.5 其他影响取水的因素

2.4 灰场水文条件

2.5 其他

**3 电厂水源**

3.1 水源方案

3.2 再生水源

3.2.1 污水处理厂概况

3.2.2 供、用水量分析

3.2.3 污水量及收集处理率

3.2.4 再生水可利用量分析

3.3 矿井排水水源

3.3.1 矿井概况

3.3.2 历史排水量分析

3.3.3 矿井排水可利用量分析

3.4 地表水源

3.4.1 流域及工程概况

3.4.2 设计年径流

3.4.3 径流调节计算

3.4.4 供水能力分析

3.5 水源结论

**4 气象条件**

4.1 区域气候特点及代表性气象站

4.2 气象要素特征值

4.3 风向频率玫瑰图

4.4 设计风速

4.5 10%气象条件

4.6 设计低温

4.7 雪压

4.8 暴雨强度公式

4.9 空冷气象条件

4.9.1 空冷气象参证站及厂区观测站

4.9.2 典型年气温累积频率统计

4.9.3 近10年全年、热季各风向频率、平均风速、最大风速统计

4.9.4 近10年全年、热季高温大风组合统计

4.9.5 沙尘暴与逆温

4.9.6 观测资料对比分析

**5 结论与建议**

## B-2 滨海发电厂可行性研究、初步设计报告目录

**1 概述**

1.1 工程概况

1.2 任务依据

1.3 规程规范

**2 陆地水文条件**

2.1 区域自然地理及流域概况

2.2 厂址设计洪水

2.3 灰场设计洪水

**3 海洋水文条件**

3.1 水文测验

3.2 潮汐

3.2.1 潮汐特征

3.2.2 特征潮位

3.2.3 设计潮位

3.3 波浪

3.3.1 波浪特征

3.3.2 设计波浪

3.4 潮流

3.4.1 潮流特征

3.4.2 流速、流向

3.4.3 余流

3.4.4 工程实施后海域流场分析

3.5 水温

3.6 盐度

3.7 含沙量

3.8 岸滩稳定性分析

3.8.1 岸滩地形地貌

# 附录C 输电线路类工程报告目录模板

## C-1 输电线路可行性研究、初步设计报告目录

**1 概述**

1.1 工程概况

1.2 任务依据

1.3 规程规范

**2 沿线地形地貌与气候特点**

2.1 地形地貌

2.2 气候特点

2.3 沿线气象站概况

**3 设计风速与风区划分**

3.1 沿线大风成因

3.2 沿线大风调查

3.3 气象站设计风速

3.4 风压推算设计风速

3.5 邻近线路设计风速与运行情况

3.6 沿线电网风区分布图风速

3.7 本工程风区划分

**4 设计冰厚与冰区划分**

4.1 沿线覆冰成因

4.2 沿线覆冰调查

4.3 冰厚统计与订正

4.4 邻近线路设计冰厚与运行情况

4.5 沿线电网冰区分布图冰厚

4.6 本工程冰区划分

**5 微地形、微气候分析**

**6 常规气象要素特征值**

**7 沿线水文条件**

7.1 流域概况

7.2 跨越河流

7.3 跨越水库

7.4 穿越蓄滞洪区

7.5 水利工程规划及通航

7.6 沿线洪涝

**8 结论及建议**

## C-2 输电线路施工图报告目录

**1 概述**

1.1 工程概况

1.2 任务依据

1.3 规程规范

**2 沿线地形地貌与气候特点**

2.1 地形地貌

2.2 气候特点

2.3 沿线气象站概况

**3 设计风速与风区划分**

3.1 沿线大风成因

3.2 沿线大风调查

3.3 气象站设计风速

3.4 风压推算设计风速

3.5 邻近线路设计风速与运行情况

3.6 沿线电网风区分布图风速

3.7 本工程风区划分

**4 设计冰厚与冰区划分**

4.1 沿线覆冰成因

4.2 沿线覆冰调查

4.3 冰厚统计与订正

4.4 邻近线路设计冰厚与运行情况

4.5 沿线电网冰区分布图冰厚

4.6 本工程冰区划分

**5 微地形、微气候分析**

**6 常规气象要素特征值**

**7 沿线水文条件**

7.1 流域概况

7.2 跨越河流

7.3 跨越水库

7.4 穿越蓄滞洪区

7.5 水利工程规划及通航

7.6 沿线洪涝

7.7 线路塔基水文条件一览表

**8 结论及建议**

# 附录D　变电类工程报告目录模板

## D-1　变电站可行性研究、初步设计报告目录

1　概述

1.1　工程概况

1.2　任务依据

1.3　规程规范

2　水文条件

2.1　区域自然地理及流域概况

2.2　站址水文条件

2.2.1　设计洪涝水位

2.2.2　设计山洪

2.2.3　自然排水方向

2.3　站址水源

3　气象条件

3.1　区域气候特征及代表性气象站

3.2　气象特征值

3.3　风向频率玫瑰图

3.4　设计风速

3.5　暴雨强度公式

3.6　其他

4　结论及建议

## D-2　换流站可行性研究、初步设计报告目录

1　概述

1.1　工程概况

1.2　任务依据

1.3　规程规范

2　水文条件

2.1　区域自然地理及流域概况

2.2　站址水文条件

2.2.1　设计洪涝水位

2.2.2　设计山洪

2.2.3　自然排水方向

2.3　站址水源

3　工程气象

3.1　区域气候特征及代表性气象站

3.2　气象特征值

3.3　风向频率玫瑰图

3.4　设计风速

3.5　暴雨强度公式

3.6　雪压、覆冰

3.7　湿球温度

3.8　空冷气象条件

3.9　其他

4　结论及建议

## D-3　接地极可行性研究、初步设计报告目录

1　概述

1.1　工程概况

1.2　任务依据

1.3　规程规范

2　水文条件

2.1　区域自然地理及流域概况

2.2　极址水文条件

3　气象条件

3.1　区域气候特征及代表性气象站

3.2　气象特征值

4　结论及建议

# 附录E 新能源类工程报告目录模板

## E-1 风能资源评估报告目录

**1 区域风能资源及风电场概况**

**2 参证气象站资料分析**

2.1 参证气象站概况

2.2 风速统计

2.3 风向统计

**3 风电场测风资料整编**

3.1 测风塔概况

3.2 数据检验

3.3 数据订正

**4 风电场实测风能要素统计**

4.1 空气密度

4.2 风切变指数

4.3 湍流强度

4.4 Weibull 分布曲线

4.5 设计风速

4.6 平均风速和风功率密度

4.7 风速和风能频率分布

4.8 风向和风能频率分布

4.9 代表性分析及长年代订正

**5 风电场风能资源评估**

5.1 测风塔观测风能资源等级评估

5.2 风电场区域风能资源分析

5.3 问题和建议

## E-2 太阳能资源评估报告目录

**1 区域太阳能资源及项目概况**

**2 区域气候特征及参证气象站**

2.1 区域气候特征

2.2 参证气象站

**3 工程区域太阳能资源分析**

3.1 太阳能辐射量数据来源及分析方法

3.2 参证气象站数据分析

3.3 NASA 数据分析

3.4 工程区域太阳能辐射量数据修正

**4 太阳能资源评估结论**

# 附录F 天然河道糙率表

## F-1 单式断面（或主槽）较高水部分

| 类型 | | 河段特征 | | | 糙率 $n$ |
|---|---|---|---|---|---|
| | | 河床组成及床面特性 | 平面形态及水流流态 | 岸壁特性 | |
| Ⅰ | | 沙质河床，床面较平整 | 河段顺直，断面规整，水流通畅 | 两侧岸壁为土质或土砂质，形状较整齐 | 0.020～0.024 |
| Ⅱ | | 河床由岩板、砂砾石或卵石组成，床面较平整 | 河段顺直，断面规整，水流通畅 | 两侧岸壁为土砂或石质，形状较整齐 | 0.022～0.026 |
| Ⅲ | 1 | 沙质河床，河底不太平整 | 上游顺直，下游接缓弯，水流不够通畅，有局部回流 | 两侧岸壁为黄土，长有杂草 | 0.025～0.029 |
| | 2 | 河底由砂砾或卵石组成，底坡较均匀，床面尚平整 | 河段顺直段较长，断面较规整，水流较通畅，基本上无死水、斜流或回流 | 两侧岸壁为土砂、岩石，略有杂草、小树，形状较整齐 | 0.025～0.029 |
| Ⅳ | 1 | 细沙，河底中有稀疏水草或水生植物 | 河段不够顺直，上下游附近弯曲，有挑水坝，水流不顺畅 | 土质岸壁，一岸坍塌严重，为锯齿状，长有稀疏杂草及灌木；一岸坍塌，长有稠密杂草或芦苇 | 0.030～0.034 |
| | 2 | 河床由砾石或卵石组成，底坡尚均匀，床面不平整 | 顺直段距上弯道不远，断面尚规整，水流尚通畅，斜流或回流不甚明显 | 一侧岸壁为石质、陡坡，形状尚整齐；另一侧岸壁为砂土，略有杂草、小树，形状较整齐 | 0.030～0.034 |
| Ⅴ | | 河底由卵石、块石组成，间有大漂石，底坡尚均匀，床面不平整 | 顺直段夹于两弯道之间，距离不远，断面尚规整，水流显出斜流、回流或死水现象 | 两侧岸壁均为石质、陡坡，长有杂草、树木，形状尚整齐 | 0.035～0.040 |
| Ⅵ | | 河床由卵石、块石、乱石、或大块石、大乱石及大孤石组成，床面不平整，底坡有凹凸状 | 河段不顺直，上下游有急弯、急滩、深坑等。河段处于S形顺直段，水流不通畅（或岩溶较发育），有斜流、回水、漩涡、死水现象。河段上游为弯道或为两河汇口，落差大、水流急，河中有严重阻塞，或两侧有深入河中的岩石，伴有深潭或有回流等。上游河段不顺直，位于深槽峡谷间，多阻塞，水流湍急，水声较大 | 两侧岸壁均为岩石及砂土，长有杂草、树木，形状尚整齐。两侧岸壁为石质砂夹乱石、风化页岩，崎岖不平整，上面长有杂草、树木 | 0.04～0.10 |

## F-2 滩地部分

| 类型 | 滩地特征 | | | 糙率 $n$ | |
|---|---|---|---|---|---|
| | 平纵横形态 | 床 质 | 植 被 | 变化幅度 | 平均值 |
| Ⅰ | 平面顺直，纵断平顺，横断整齐 | 土、沙、淤泥 | 基本上无植物或为已收割的麦地 | 0.026～0.033 | 0.030 |
| Ⅱ | 平面、纵面、横面尚顺直整齐 | 土、沙 | 稀疏杂草、杂树或矮小农作物 | 0.020～0.050 | 0.040 |
| Ⅲ | 平面、纵面、横面尚顺直整齐 | 砂砾、卵石滩，或为土沙质 | 稀疏杂草、小杂树，或种有高杆作物 | 0.040～0.060 | 0.050 |

续表

| 类型 | 滩地特征 | | | 糙率 $n$ | |
|---|---|---|---|---|---|
| | 平纵横形态 | 床质 | 植被 | 变化幅度 | 平均值 |
| Ⅳ | 上下游有缓弯，纵面、横面尚平坦，但有束水作用，水流不通畅 | 土砂质 | 种有农作物，或有稀疏树林 | 0.050～0.070 | 0.060 |
| Ⅴ | 平面不通畅，纵面、横面起伏不平 | 土沙质 | 有杂草、杂树，或为水稻田 | 0.060～0.090 | 0.075 |
| Ⅵ | 平面尚顺直，纵面、横面起伏不平，有洼地、土埂等 | 土沙质 | 长满中密的杂草及农作物 | 0.080～0.120 | 0.100 |
| Ⅶ | 平面不通畅，纵面、横面起伏不平，有洼地、土埂等 | 土沙质 | 3/4 地带长满茂密的杂草、灌木 | 0.11～0.16 | 0.130 |
| Ⅷ | 平面不通畅，纵面、横面起伏不平，有洼地、土埂阻塞物 | 土沙质 | 全断面有稠密的植被、芦苇或其他植物 | 0.160～0.200 | 0.180 |

## F-3 说明

1）天然河道糙率表内列有三个方面的影响因素，河道糙率是三个方面因素的综合作用结果，如实际情况与表列组合有变化时，糙率值应适当变化。

2）本附录所列糙率表只适用于稳定河道。对于含沙量大的、冲淤变化较严重的沙质河床，由于其糙率值有其特殊性，本附录未能包括其特殊性，所以不宜查用本附录。

3）糙率表中的第Ⅵ类，超出了一般河道的糙率值，这种河段的水流为非均匀流，其糙率值包括局部损失在内，因此糙率值较大，在使用时应进行验证或率定。

4）影响滩地糙率很主要的一个因素为植物，植物对水流的影响和水深与植物高度比有着密切的关系，本附录没有反映此种关系，在应用时应注意此因素。

# 附录G 明代以来年号–公元对照表

| 年号 | 公元 | 干支 | 年号 | 公元 | 干支 |
|---|---|---|---|---|---|
| 明：洪武元年 | 1368 | 戊申 | 天启元年 | 1621 | 辛酉 |
| 洪武三十一年 | 1398 | 戊寅 | 天启七年 | 1627 | 丁卯 |
| 建文元年 | 1399 | 己卯 | 崇祯元年 | 1628 | 戊辰 |
| 建文四年 | 1402 | 壬午 | 崇祯十七年 | 1644 | 甲申 |
| 永乐元年 | 1403 | 癸未 | | | |
| 永乐二十二年 | 1424 | 甲辰 | 清：顺治元年 | 1644 | 甲申 |
| 洪熙元年 | 1425 | 乙巳 | 顺治十八年 | 1661 | 辛丑 |
| 宣德元年 | 1426 | 丙午 | 康熙元年 | 1662 | 壬寅 |
| 宣德十年 | 1435 | 乙卯 | 康熙六十一年 | 1722 | 壬寅 |
| 正统元年 | 1436 | 丙辰 | 雍正元年 | 1723 | 癸卯 |
| 正统十四年 | 1449 | 己巳 | 雍正十三年 | 1735 | 乙卯 |
| 景泰元年 | 1450 | 庚午 | 乾隆元年 | 1736 | 丙辰 |
| 景泰七年 | 1456 | 丙子 | 乾隆六十年 | 1795 | 乙卯 |
| 天顺元年 | 1457 | 丁丑 | 嘉庆元年 | 1796 | 丙辰 |
| 天顺八年 | 1464 | 甲申 | 嘉庆二十五年 | 1820 | 庚辰 |
| 成化元年 | 1465 | 乙酉 | 道光元年 | 1821 | 辛巳 |
| 成化二十三年 | 1487 | 丁未 | 道光三十年 | 1850 | 庚戌 |
| 弘治元年 | 1488 | 戊申 | 咸丰元年 | 1851 | 辛亥 |
| 弘治十八年 | 1505 | 乙丑 | 咸丰十一年 | 1861 | 辛酉 |
| 正德元年 | 1506 | 丙寅 | 同治元年 | 1862 | 壬戌 |
| 正德十六年 | 1521 | 辛巳 | 同治十三年 | 1874 | 甲戌 |
| 嘉靖元年 | 1522 | 壬午 | 光绪元年 | 1875 | 乙亥 |
| 嘉靖四十五年 | 1566 | 丙寅 | 光绪三十四年 | 1908 | 戊申 |
| 隆庆元年 | 1567 | 丁卯 | 宣统元年 | 1909 | 己酉 |
| 隆庆六年 | 1572 | 壬申 | 宣统三年 | 1911 | 辛亥 |
| 万历元年 | 1573 | 癸酉 | | | |
| 万历四十七年 | 1619 | 己未 | 民国元年 | 1912 | 壬子 |
| 泰昌元年 | 1620 | 庚申 | 民国三十八年 | 1949 | 己丑 |

# 附录H 风 力 等 级 表

| 风力等级 | 名称 | | 海面大概波高（m） | | 海面和渔船征象 | 陆上地物征象 | 相当于平地10m高处的瞬时风速（m/s） | |
|---|---|---|---|---|---|---|---|---|
| | 中文 | 英文 | 一般 | 最高 | | | 范围 | 中数 |
| 0 | 静风 | calm | — | — | 海面平静 | 静、烟直上 | 0.0～0.2 | 0.0 |
| 1 | 软风 | light air | 0.1 | 0.1 | 微波如鱼鳞状，没有浪花。一般渔船正好能使舵 | 烟能表示风向，树叶略有摇动 | 0.3～1.5 | 1.0 |
| 2 | 轻风 | light breeze | 0.2 | 0.3 | 小波，波长尚短，但波形显著，波峰光亮但不破裂，渔船张帆时，可随风移行每小时1～2n mile[①] | 人面感觉有风，树叶有微响，旗子开始飘动，高的草开始摇动 | 1.6～3.3 | 2.0 |
| 3 | 微风 | gentle breeze | 0.6 | 1.0 | 小波加大，波峰开始破裂；浪沫光亮，有时可有散见的白浪花，渔船开始簸动，张帆随风移行每小时3～4n mile | 树叶及小枝摇动不息，旗子展开，高的草，摇动不息 | 3.4～5.4 | 4.0 |
| 4 | 和风 | moderate breeze | 1.0 | 1.5 | 小浪，波长变长；白浪成群出现。渔船满帆的，可使船身倾往一侧 | 能吹起地面灰尘和纸张，树枝动摇。高的草，呈波浪起伏 | 5.5～7.9 | 7.0 |
| 5 | 清劲风 | fresh breeze | 2.0 | 2.5 | 中浪，具有较显著的长波形状；许多白浪形成（偶有飞沫）。渔船需缩帆一部分 | 有叶的小树摇摆，内陆的水面有小波。高的草波浪起伏明显 | 8.0～10.7 | 9.0 |
| 6 | 强风 | strong breeze | 3.0 | 4.0 | 轻度大浪开始形成，到处都有更大的白沫峰（有时有些飞沫）。渔船缩帆大部分，并注意风险 | 大树枝摇动，电线呼呼有声，撑伞困难。高的草不时倾伏于地 | 10.8～13.8 | 12.0 |
| 7 | 疾风 | near gale | 4.0 | 5.5 | 轻度大浪，波浪破碎而成白沫，沿风向呈条状。渔船不再出港 | 全树摇动，大树枝弯下来，迎风步行感觉不便 | 13.9～17.1 | 16.0 |
| 8 | 大风 | gale | 5.5 | 7.5 | 有中度大浪，波长较长，波峰边缘开始破碎成飞沫片；白沫沿风向呈明显的条带。所有近海渔船都要靠港，停留不出 | 可折毁小树枝，人迎风前行感觉阻力甚大 | 17.2～20.7 | 19.0 |
| 9 | 烈风 | strong gale | 7.0 | 10.0 | 狂浪，沿风向白沫呈浓密的条带状，波峰开始翻滚，飞沫可影响能见度。机帆船航行困难 | 草房遭受破坏，屋瓦被掀起，大树枝可折断 | 20.8～24.4 | 23.0 |
| 10 | 狂风 | storm | 9.0 | 12.5 | 狂涛，波峰长而翻卷；白沫成片出现，沿风向呈现白色浓密条带；整个海面呈白色；海面颠簸加大有震动感，能见度受影响，机帆船航行颇危险 | 树木可被吹倒，一般建筑物遭破坏 | 24.5～28.4 | 26.0 |
| 11 | 暴风 | violent storm | 11.5 | 16.0 | 异常狂涛（中小船只可一时隐没在浪后）；海面完全被沿风向吹出的白沫片所掩盖；波浪到处破成泡沫；能见度受影响，机帆船遇之极危险 | 大树可被吹倒，一般建筑物遭严重破坏 | 28.5～32.6 | 31.0 |
| 12 | 飓风 | hurricane | 14.0 | — | 空中充满了白色的浪花和飞沫；海面完全变白，能见度严重地受到影响 | 陆上少见，其摧毁力极大 | 32.7～36.9 | 35.0 |
| 13 | | | | | | | 37.0～41.4 | 39.0 |

续表

| 风力等级 | 名称 | | 海面大概波高（m） | | 海面和渔船征象 | 陆上地物征象 | 相当于平地 10m 高处的瞬时风速（m/s） | |
|---|---|---|---|---|---|---|---|---|
| | 中文 | 英文 | 一般 | 最高 | | | 范围 | 中数 |
| 14 | | | | | | | 41.5～46.1 | 44.0 |
| 15 | | | | | | | 46.2～50.9 | 49.0 |
| 16 | | | | | | | 51.0～56.0 | 54.0 |
| 17 | | | | | | | 56.1～61.2 | 59.0 |
| 18 | | | | | | | ≥61.3 | |

① 1n mile=1852m。

注 风力等级（简称风级）是根据风对地面或海面物体影响而引起的各种现象，按风力的强度等级来估计风力的大小，国际上采用的风力等级是英国人蒲福（Francis Beaufort，1774～1859）于 1805 年所拟定的，故又称“蒲福风级”。他是从静风到飓风分为 13 级。自 1946 年以来风力等级又做了一些修订，由 13 级变为 17 级。

# 附录Ⅰ 风力–风速换算表

| 风速（m/s）<br>风力（级） | 0.0 | 0.1 | 0.2 | 0.3 | 0.4 | 0.5 | 0.6 | 0.7 | 0.8 | 0.9 |
|---|---|---|---|---|---|---|---|---|---|---|
| 0 | 0.0 | 0.1 | 0.1 | 0.2 | 0.2 | 0.3 | 0.4 | 0.5 | 0.7 | 0.8 |
| 1 | 0.9 | 1.1 | 1.2 | 1.4 | 1.5 | 1.7 | 1.9 | 2.0 | 2.2 | 2.3 |
| 2 | 2.5 | 2.7 | 2.9 | 3.1 | 3.3 | 3.5 | 3.6 | 3.8 | 4.0 | 4.2 |
| 3 | 4.4 | 4.6 | 4.9 | 5.1 | 5.3 | 5.6 | 5.8 | 6.0 | 6.0 | 6.5 |
| 4 | 6.7 | 7.0 | 7.2 | 7.5 | 7.8 | 8.1 | 8.3 | 8.6 | 8.9 | 9.1 |
| 5 | 9.4 | 9.7 | 10.0 | 10.3 | 10.6 | 10.9 | 11.1 | 11.4 | 11.7 | 12.0 |
| 6 | 12.3 | 12.6 | 12.9 | 13.3 | 13.6 | 13.9 | 14.2 | 14.5 | 14.9 | 15.2 |
| 7 | 15.5 | 15.8 | 16.2 | 16.5 | 16.9 | 17.2 | 17.5 | 17.9 | 18.2 | 18.6 |
| 8 | 18.9 | 19.3 | 19.6 | 20.0 | 20.4 | 20.8 | 21.1 | 21.5 | 21.9 | 22.2 |
| 9 | 22.6 | 23.0 | 23.4 | 23.8 | 24.2 | 24.6 | 24.9 | 25.3 | 25.7 | 26.1 |
| 10 | 26.5 | 26.9 | 27.3 | 27.7 | 28.1 | 28.6 | 29.0 | 29.4 | 29.8 | 30.2 |
| 11 | 30.6 | 31.0 | 31.4 | 31.8 | 32.2 | 32.6 | | | | |
| 12 | 32.7～36.9 | | | | | | | | | |
| 13 | 37.0～41.4 | | | | | | | | | |
| 14 | 41.5～46.1 | | | | | | | | | |
| 15 | 46.2～50.9 | | | | | | | | | |
| 16 | 51.0～56.0 | | | | | | | | | |
| 17 | 56.1～61.2 | | | | | | | | | |

# 附录J 雨凇塔（架）导线覆冰记录簿

## J-1 雨凇塔（架）导线覆冰记录簿封面

雨凇塔（架）导线覆冰记录簿

站（点）名________________________

层　　　数________________________

第______________册

20______年___月___日

## J-2 雨凇塔（架）导线覆冰记录表

<table>
<tr><td colspan="2">观测时间</td><td colspan="5">日 时 分</td><td rowspan="2">备 注</td></tr>
<tr><td colspan="2">种类</td><td colspan="5"></td></tr>
<tr><td colspan="2">导线方向</td><td colspan="3">A</td><td colspan="2">B</td><td rowspan="10"></td></tr>
<tr><td colspan="2">导线离地高度</td><td colspan="3"></td><td colspan="2"></td></tr>
<tr><td colspan="2">导线型号</td><td colspan="3"></td><td colspan="2"></td></tr>
<tr><td colspan="2">长径（mm）</td><td colspan="3"></td><td colspan="2"></td></tr>
<tr><td colspan="2">短径（mm）</td><td colspan="3"></td><td colspan="2"></td></tr>
<tr><td colspan="2">截面积（mm²）</td><td colspan="3"></td><td colspan="2"></td></tr>
<tr><td colspan="2">总质量（g）</td><td colspan="3"></td><td colspan="2"></td></tr>
<tr><td colspan="2">盒质量（g）</td><td colspan="3"></td><td colspan="2"></td></tr>
<tr><td colspan="2">净质量（g）</td><td colspan="3"></td><td colspan="2"></td></tr>
<tr><td colspan="2">每米冰质量（g/m）</td><td colspan="3"></td><td colspan="2"></td></tr>
<tr><td colspan="2" rowspan="2">同时气象要素</td><td>气温（℃）</td><td>风向</td><td>风速（m/s）</td><td>雪深（cm）</td><td>天气现象</td><td rowspan="2"></td></tr>
<tr><td></td><td></td><td></td><td></td><td></td></tr>
<tr><td rowspan="3">覆冰特性</td><td>覆冰种类及占比例</td><td colspan="3"></td><td colspan="2"></td><td rowspan="3"></td></tr>
<tr><td>覆冰内部结构</td><td colspan="3"></td><td colspan="2"></td></tr>
<tr><td>覆冰外部形状</td><td colspan="3"></td><td colspan="2"></td></tr>
<tr><td rowspan="2">覆冰过程</td><td>A 方向</td><td colspan="5"></td><td rowspan="2"></td></tr>
<tr><td>B 方向</td><td colspan="5"></td></tr>
</table>

观测：____________　　记录：____________　　校对：____________

# 附录K 覆冰观测年度报表

## K-1 覆冰观测年度报表封面

覆冰观测年度报表

20______年～20______年

站（点） 名：________________第______层

省（市、自治区）：____________________

地 址：____________________

经度：____________ 纬度：____________

观测场海拔：____________________

抄 录 人____________________

校 对 人____________________

审 核 人____________________

编制单位：____________________

## K-2 覆冰观测年度报表

| 覆冰观测编号 | 种类 | 观测日期 | | | | | 导线方向 | 导线型号 | | | | | | 其他覆冰物 | | | | | | | 同时气象要素 | | | 覆冰特性描述 | 过程记录 | 备注 |
|---|---|---|---|---|---|---|---|---|---|---|---|---|---|---|---|---|---|---|---|---|---|---|---|---|---|---|
| | | 年 | 月 | 日 | 时 | 分 | | 离地高度 | 长径 | 短径 | 覆冰质量 | 覆冰密度 | 标准冰厚 | 直径 | 离地高度 | 长径 | 短径 | 覆冰质量 | 覆冰密度 | 标准冰厚 | 气温 | 风向 | 风速 | | | |
| | | | | | | | | | | | | | | | | | | | | | | | | | | |
| | | | | | | | | | | | | | | | | | | | | | | | | | | |
| | | | | | | | | | | | | | | | | | | | | | | | | | | |
| | | | | | | | | | | | | | | | | | | | | | | | | | | |
| 年度极值 | | | | | | | | | | | | | | | | | | | | | | | | | | |
| | | | | | | | | | | | | | | | | | | | | | | | | | | |
| | | | | | | | | | | | | | | | | | | | | | | | | | | |
| | | | | | | | | | | | | | | | | | | | | | | | | | | |

各月覆冰种类

| 种类 | 月份 | | | | | | | 合计 | 备注 |
|---|---|---|---|---|---|---|---|---|---|
| | 10 | 11 | 12 | 1 | 2 | 3 | 4 | | |
| ~ | | | | | | | | | |
| V | | | | | | | | | |
| ~V | | | | | | | | | |
| $\underline{*}$ | | | | | | | | | |
| 合计 | | | | | | | | | |

各月覆冰次数及观测次数

| 项目 | 月份 | | | | | | | 合计 | 备注 |
|---|---|---|---|---|---|---|---|---|---|
| | 10 | 11 | 12 | 1 | 2 | 3 | 4 | | |
| 覆冰过程次数 | | | | | | | | | |
| 观测次数 | | | | | | | | | |

| 本年度覆冰综述 | |
|---|---|
| 线型、线径 | |
| 单位 | 长径、短径、线径： mm；覆冰质量： g/m；气温： ℃；风速： m/s；离地高度： m；密度： $g/m^3$；冰厚： mm |

仪器设备

| 仪器名称 | 规格型号 | 生产厂家 | 附注 |
|---|---|---|---|
| | | | |
| | | | |

第 页共 页

# 附录L　伽 马 函 数 表

$$\Gamma(x)=\int_0^{+\infty} t^{x-1}\mathrm{e}^{-t}\mathrm{d}t \qquad (x>0)$$

（0.0001）

| $x$ | 0.000 | 0.001 | 0.002 | 0.003 | 0.004 | 0.005 | 0.006 | 0.007 | 0.008 | 0.009 |
|---|---|---|---|---|---|---|---|---|---|---|
| 1.00 | 10000 | 9994 | 9988 | 9983 | 9977 | 9971 | 9966 | 9960 | 9954 | 9949 |
| 1.01 | 9943 | 9938 | 9932 | 9927 | 9921 | 9916 | 9910 | 9905 | 9899 | 9894 |
| 1.02 | 9888 | 9883 | 9878 | 9872 | 9867 | 9862 | 9856 | 9851 | 9846 | 9841 |
| 1.03 | 9835 | 9830 | 9825 | 9820 | 9815 | 9810 | 9805 | 9800 | 9794 | 9789 |
| 1.04 | 9784 | 9779 | 9774 | 9769 | 9764 | 9759 | 9755 | 9750 | 9745 | 9740 |
| 1.05 | 9735 | 9730 | 9725 | 9721 | 9716 | 9711 | 9706 | 9702 | 9697 | 9692 |
| 1.06 | 9687 | 9683 | 9678 | 9673 | 9669 | 9664 | 9660 | 9655 | 9651 | 9646 |
| 1.07 | 9642 | 9637 | 9633 | 9628 | 9624 | 9619 | 9615 | 9610 | 9606 | 9602 |
| 1.08 | 9597 | 9593 | 9589 | 9584 | 9580 | 9576 | 9571 | 9567 | 9563 | 9559 |
| 1.09 | 9555 | 9550 | 9546 | 9542 | 9538 | 9534 | 9530 | 9526 | 9522 | 9518 |
| 1.10 | 9514 | 9509 | 9505 | 9501 | 9498 | 9494 | 9490 | 9486 | 9482 | 9478 |
| 1.11 | 9474 | 9470 | 9466 | 9462 | 9459 | 9455 | 9451 | 9447 | 9443 | 9440 |
| 1.12 | 9436 | 9432 | 9428 | 9425 | 9421 | 9417 | 9414 | 9410 | 9407 | 9403 |
| 1.13 | 9399 | 9396 | 9392 | 9389 | 9385 | 9382 | 9378 | 9375 | 9371 | 9368 |
| 1.14 | 9364 | 9361 | 9357 | 9354 | 9350 | 9347 | 9344 | 9340 | 9337 | 9334 |
| 1.15 | 9330 | 9327 | 9324 | 9321 | 9317 | 9314 | 9311 | 9308 | 9304 | 9301 |
| 1.16 | 9298 | 9295 | 9292 | 9289 | 9285 | 9282 | 9279 | 9276 | 9273 | 9270 |
| 1.17 | 9267 | 9264 | 9261 | 9258 | 9255 | 9252 | 9249 | 9246 | 9243 | 9240 |
| 1.18 | 9237 | 9234 | 9231 | 9229 | 9226 | 9223 | 9220 | 9217 | 9214 | 9212 |
| 1.19 | 9209 | 9206 | 9203 | 9201 | 9198 | 9195 | 9192 | 9190 | 9187 | 9184 |
| 1.20 | 9182 | 9179 | 9176 | 9174 | 9171 | 9169 | 9166 | 9163 | 9161 | 9158 |
| 1.21 | 9156 | 9153 | 9151 | 9148 | 9146 | 9143 | 9141 | 9138 | 9136 | 9133 |
| 1.22 | 9131 | 9129 | 9126 | 9124 | 9122 | 9119 | 9117 | 9114 | 9112 | 9110 |
| 1.23 | 9108 | 9105 | 9103 | 9101 | 9098 | 9096 | 9094 | 9092 | 9090 | 9087 |
| 1.24 | 9085 | 9083 | 9081 | 9079 | 9077 | 9074 | 9072 | 9070 | 9068 | 9066 |
| 1.25 | 9064 | 9062 | 9060 | 9058 | 9056 | 9054 | 9052 | 9050 | 9048 | 9046 |
| 1.26 | 9044 | 9042 | 9040 | 9038 | 9036 | 9034 | 9032 | 9031 | 9029 | 9027 |
| 1.27 | 9028 | 9023 | 9021 | 9020 | 9018 | 9016 | 9014 | 9012 | 9011 | 9009 |
| 1.28 | 9007 | 9005 | 9004 | 9002 | 9000 | 8999 | 8997 | 8995 | 8994 | 8992 |
| 1.29 | 8990 | 8989 | 8987 | 8986 | 8984 | 8982 | 8981 | 8979 | 8978 | 8976 |
| 1.30 | 8975 | 8973 | 8972 | 8970 | 8969 | 8967 | 8966 | 8964 | 8963 | 8961 |
| 1.31 | 8960 | 8959 | 8957 | 8956 | 8954 | 8953 | 8952 | 8950 | 8949 | 8948 |
| 1.32 | 8946 | 8945 | 8944 | 8943 | 8941 | 8940 | 8939 | 8937 | 8936 | 8935 |
| 1.33 | 8934 | 8933 | 8931 | 8930 | 8929 | 8928 | 8927 | 8926 | 8924 | 8923 |
| 1.34 | 8922 | 8921 | 8920 | 8919 | 8918 | 8917 | 8916 | 8915 | 8914 | 8913 |

续表

| x | 0.000 | 0.001 | 0.002 | 0.003 | 0.004 | 0.005 | 0.006 | 0.007 | 0.008 | 0.009 |
|---|---|---|---|---|---|---|---|---|---|---|
| 1.35 | 8912 | 8911 | 8910 | 8909 | 8908 | 8907 | 8906 | 8905 | 8904 | 8903 |
| 1.36 | 8902 | 8901 | 8900 | 8899 | 8898 | 8897 | 8897 | 8896 | 8895 | 8894 |
| 1.37 | 8893 | 8892 | 8892 | 8891 | 8890 | 8889 | 8888 | 8888 | 8887 | 8886 |
| 1.38 | 8885 | 8885 | 8884 | 8883 | 8883 | 8882 | 8881 | 8880 | 8880 | 8879 |
| 1.39 | 8879 | 8878 | 8877 | 8877 | 8876 | 8875 | 8875 | 8874 | 8874 | 8873 |
| 1.40 | 8873 | 8872 | 8872 | 8871 | 8871 | 8870 | 8870 | 8869 | 8869 | 8868 |
| 1.41 | 8868 | 8867 | 8867 | 8866 | 8866 | 8865 | 8865 | 8865 | 8864 | 8864 |
| 1.42 | 8864 | 8863 | 8863 | 8863 | 8862 | 8862 | 8862 | 8861 | 8861 | 8861 |
| 1.43 | 8860 | 8860 | 8860 | 8860 | 8859 | 8859 | 8859 | 8859 | 8858 | 8858 |
| 1.44 | 8858 | 8858 | 8858 | 8858 | 8857 | 8857 | 8857 | 8857 | 8857 | 8857 |
| 1.45 | 8857 | 8857 | 8856 | 8856 | 8856 | 8856 | 8856 | 8856 | 8856 | 8856 |
| 1.46 | 8856 | 8856 | 8856 | 8856 | 8856 | 8856 | 8856 | 8856 | 8856 | 8856 |
| 1.47 | 8856 | 8856 | 8856 | 8857 | 8857 | 8857 | 8857 | 8857 | 8857 | 8857 |
| 1.48 | 8857 | 8858 | 8858 | 8858 | 8858 | 8858 | 8859 | 8859 | 8859 | 8859 |
| 1.49 | 8859 | 8860 | 8860 | 8860 | 8860 | 8861 | 8861 | 8861 | 8862 | 8862 |
| 1.50 | 8862 | 8863 | 8863 | 8863 | 8864 | 8864 | 8864 | 8865 | 8865 | 8866 |
| 1.51 | 8866 | 8866 | 8867 | 8867 | 8868 | 8868 | 8869 | 8869 | 8869 | 8870 |
| 1.52 | 8870 | 8871 | 8871 | 8872 | 8872 | 8873 | 8873 | 8874 | 8875 | 8875 |
| 1.53 | 8876 | 8876 | 8877 | 8877 | 8878 | 8879 | 8879 | 8880 | 8880 | 8881 |
| 1.54 | 8882 | 8882 | 8883 | 8884 | 8884 | 8885 | 8886 | 8887 | 8887 | 8888 |
| 1.55 | 8889 | 8889 | 8890 | 8891 | 8892 | 8892 | 8893 | 8894 | 8895 | 8896 |
| 1.56 | 8896 | 8897 | 8898 | 8899 | 8900 | 8901 | 8901 | 8902 | 8903 | 8904 |
| 1.57 | 8905 | 8906 | 8907 | 8908 | 8909 | 8909 | 8910 | 8911 | 8912 | 8913 |
| 1.58 | 8914 | 8915 | 8916 | 8917 | 8918 | 8919 | 8920 | 8921 | 8922 | 8923 |
| 1.59 | 8924 | 8925 | 8926 | 8927 | 8929 | 8930 | 8931 | 8932 | 8933 | 8934 |
| 1.60 | 8935 | 8936 | 8937 | 8939 | 8940 | 8941 | 8942 | 8943 | 8944 | 8946 |
| 1.61 | 8947 | 8948 | 8949 | 8950 | 8952 | 8953 | 8954 | 8955 | 8957 | 8958 |
| 1.62 | 8959 | 8961 | 8962 | 8963 | 8964 | 8966 | 8967 | 8968 | 8970 | 8971 |
| 1.63 | 8972 | 8974 | 8975 | 8977 | 8978 | 8979 | 8981 | 8982 | 8984 | 8985 |
| 1.64 | 8986 | 8988 | 8989 | 8991 | 8992 | 8994 | 8995 | 8997 | 8998 | 9000 |
| 1.65 | 9001 | 9003 | 9004 | 9006 | 9007 | 9009 | 9010 | 9012 | 9014 | 9015 |
| 1.66 | 9017 | 9018 | 9020 | 9021 | 9023 | 9025 | 9026 | 9028 | 9030 | 9031 |
| 1.67 | 9033 | 9035 | 9036 | 9038 | 9040 | 9041 | 9043 | 9045 | 9047 | 9048 |
| 1.68 | 9050 | 9052 | 9054 | 9055 | 9057 | 9059 | 9061 | 9062 | 9064 | 9066 |
| 1.69 | 9068 | 9070 | 9071 | 9073 | 9075 | 9077 | 9079 | 9081 | 9083 | 9084 |
| 1.70 | 9086 | 9088 | 9090 | 9092 | 9094 | 9096 | 9098 | 9100 | 9102 | 9104 |
| 1.71 | 9106 | 9108 | 9110 | 9112 | 9114 | 9116 | 9118 | 9120 | 9122 | 9424 |
| 1.72 | 9126 | 9128 | 9130 | 9132 | 9134 | 9136 | 9138 | 9140 | 9142 | 9145 |
| 1.73 | 9147 | 9149 | 9151 | 9153 | 9155 | 9157 | 9160 | 9162 | 9164 | 9166 |
| 1.74 | 9168 | 9170 | 9173 | 9175 | 9177 | 9179 | 9182 | 9184 | 9186 | 9188 |
| 1.75 | 9191 | 9193 | 9195 | 9197 | 9200 | 9202 | 9204 | 9207 | 9209 | 9211 |

续表

| $x$ | 0.000 | 0.001 | 0.002 | 0.003 | 0.004 | 0.005 | 0.006 | 0.007 | 0.008 | 0.009 |
|---|---|---|---|---|---|---|---|---|---|---|
| 1.76 | 9214 | 9216 | 9218 | 9221 | 9223 | 9226 | 9228 | 9230 | 9233 | 9235 |
| 1.77 | 9238 | 9240 | 9242 | 9245 | 9247 | 9250 | 9252 | 9255 | 9257 | 9260 |
| 1.78 | 9262 | 9265 | 9267 | 9270 | 9272 | 9275 | 9277 | 9280 | 9283 | 9285 |
| 1.79 | 9288 | 9290 | 9293 | 9295 | 9298 | 9301 | 9303 | 9306 | 9309 | 9311 |
| 1.80 | 9314 | 9316 | 9319 | 9322 | 9325 | 9327 | 9330 | 9333 | 9335 | 9338 |
| 1.81 | 9341 | 9343 | 9346 | 9349 | 9352 | 9355 | 9357 | 9360 | 9363 | 9366 |
| 1.82 | 9368 | 9371 | 9374 | 9377 | 9380 | 9383 | 9385 | 9388 | 9391 | 9394 |
| 1.83 | 9397 | 9400 | 9403 | 9406 | 9408 | 9411 | 9414 | 9417 | 9420 | 9423 |
| 1.84 | 9426 | 9429 | 9232 | 9435 | 9438 | 9441 | 9444 | 9447 | 9450 | 9453 |
| 1.85 | 9456 | 9459 | 9462 | 9465 | 9468 | 9471 | 9474 | 9478 | 9481 | 9484 |
| 1.86 | 9487 | 9490 | 9493 | 9496 | 9499 | 9503 | 9506 | 9509 | 9512 | 9515 |
| 1.87 | 9518 | 9522 | 9525 | 9528 | 9531 | 9534 | 9538 | 9541 | 9544 | 9547 |
| 1.88 | 9551 | 9554 | 9557 | 9561 | 9564 | 9567 | 9570 | 9574 | 9577 | 9580 |
| 1.89 | 9584 | 9587 | 9591 | 9594 | 9597 | 9601 | 9604 | 9607 | 9611 | 9614 |
| 1.90 | 9618 | 9621 | 9625 | 9628 | 9631 | 9635 | 9638 | 9642 | 9645 | 9649 |
| 1.91 | 9652 | 9656 | 9659 | 9663 | 9666 | 9670 | 9673 | 9677 | 9681 | 9684 |
| 1.92 | 9688 | 9691 | 9695 | 9699 | 9702 | 9706 | 9709 | 9713 | 9717 | 9720 |
| 1.93 | 9724 | 9728 | 9731 | 9735 | 9739 | 9742 | 9746 | 9750 | 9754 | 9757 |
| 1.94 | 9761 | 9765 | 9768 | 9772 | 9776 | 9780 | 9784 | 9787 | 9791 | 9795 |
| 1.95 | 9799 | 9803 | 9806 | 9810 | 9814 | 9818 | 9822 | 9826 | 9830 | 9834 |
| 1.96 | 9837 | 9841 | 9845 | 9849 | 9853 | 9857 | 9861 | 9865 | 9869 | 9873 |
| 1.97 | 9877 | 9881 | 9885 | 9889 | 9893 | 9897 | 9901 | 9905 | 9909 | 9913 |
| 1.98 | 9917 | 9921 | 9925 | 9929 | 9933 | 9938 | 9942 | 9946 | 9950 | 9954 |
| 1.99 | 9958 | 9962 | 9966 | 9971 | 9975 | 9979 | 9983 | 9987 | 9992 | 9996 |

**注**　对于 $x<1$ 或 $x>2$ 的伽马函数，可以利用下式算出

$$\Gamma(x)=\frac{\Gamma(x+1)}{x},\ \Gamma(x)=(x-1)\Gamma(x-1)$$

**例**

$$\Gamma(0.8)=\frac{\Gamma(1.8)}{0.8}=\frac{0.9314}{0.8}=1.164$$

$$\Gamma(2.5)=1.5\times\Gamma(1.5)=1.5\times0.8862=1.329$$

# 附录M　P-Ⅲ型曲线$\Phi_P$值

| $C_S$ \ $P$(%) | 0.0001 | 0.001 | 0.002 | 0.005 | 0.01 | 0.02 | 0.05 | 0.1 | 0.2 | 1/3 | 0.5 | 1 | 2 | 3 | 10/3 | 4 | 5 | 10 | 15 |
|---|---|---|---|---|---|---|---|---|---|---|---|---|---|---|---|---|---|---|---|
| 0 | 4.7530 | 4.2650 | 4.1070 | 3.8910 | 3.7190 | 3.5400 | 3.2910 | 3.0900 | 2.8780 | 2.7130 | 2.5760 | 2.3260 | 2.0540 | 1.8810 | 1.8340 | 1.7510 | 1.6450 | 1.2820 | 1.0360 |
| 0.02 | 4.8260 | 4.3220 | 4.1610 | 3.9380 | 3.7620 | 3.5790 | 3.3230 | 3.1190 | 2.9030 | 2.7350 | 2.5950 | 2.3410 | 2.0640 | 1.8890 | 1.8420 | 1.7580 | 1.6510 | 1.2840 | 1.0370 |
| 0.04 | 4.8980 | 4.3800 | 4.2140 | 3.9850 | 3.8050 | 3.6170 | 3.3560 | 3.1470 | 2.9270 | 2.7560 | 2.6130 | 2.3560 | 2.0750 | 1.8980 | 1.8500 | 1.7640 | 1.6560 | 1.2860 | 1.0370 |
| 0.06 | 4.9710 | 4.4380 | 4.2670 | 4.0330 | 3.8480 | 3.6560 | 3.3890 | 3.1760 | 2.9510 | 2.7770 | 2.6320 | 2.3700 | 2.0860 | 1.9060 | 1.8570 | 1.7710 | 1.6620 | 1.2880 | 1.0370 |
| 0.08 | 5.0450 | 4.4960 | 4.3210 | 4.0800 | 3.8910 | 3.6950 | 3.4220 | 3.2050 | 2.9760 | 2.7980 | 2.6510 | 2.3850 | 2.0960 | 1.9140 | 1.8650 | 1.7780 | 1.6670 | 1.2900 | 1.0370 |
| | | | | | | | | | | | | | | | | | | | |
| 0.10 | 5.1180 | 4.5550 | 5.3750 | 4.1280 | 3.9350 | 3.7840 | 3.4550 | 3.2330 | 3.0000 | 2.8190 | 2.6700 | 2.4000 | 2.1070 | 1.9230 | 1.8730 | 1.7850 | 1.6730 | 1.2920 | 1.0370 |
| 0.12 | 5.1920 | 4.6130 | 4.4290 | 4.1760 | 3.9780 | 3.7730 | 3.4880 | 3.2620 | 3.0240 | 2.8400 | 2.6880 | 2.4140 | 2.1180 | 1.9310 | 1.8800 | 1.7910 | 1.6780 | 1.2940 | 1.0370 |
| 0.14 | 5.2670 | 4.6720 | 4.4830 | 4.2240 | 4.0220 | 3.8120 | 3.5210 | 3.2910 | 3.0490 | 2.8620 | 2.7070 | 2.4290 | 2.1280 | 1.9390 | 1.8880 | 1.7980 | 1.6840 | 1.2960 | 1.0370 |
| 0.16 | 5.3410 | 4.7310 | 4.5370 | 4.2730 | 4.0650 | 3.8510 | 3.5550 | 3.3190 | 3.0730 | 2.8830 | 2.7260 | 2.4430 | 2.1390 | 1.9470 | 1.8960 | 1.8050 | 1.6890 | 1.2980 | 1.0370 |
| 0.18 | 5.4170 | 4.7900 | 5.5930 | 4.3210 | 4.1090 | 3.8900 | 3.5880 | 3.3480 | 3.0970 | 2.9040 | 2.7450 | 2.4580 | 2.1490 | 1.9550 | 1.9030 | 1.8110 | 1.6910 | 1.2990 | 1.0370 |
| | | | | | | | | | | | | | | | | | | | |
| 0.20 | 5.4920 | 4.8500 | 4.6470 | 4.3700 | 4.1530 | 3.9290 | 3.6210 | 3.3770 | 3.1220 | 2.9250 | 2.7630 | 2.4720 | 2.1590 | 1.9610 | 1.9110 | 1.8180 | 1.7000 | 1.3010 | 1.0370 |
| 0.22 | 5.5680 | 4.9100 | 4.7020 | 4.4180 | 4.1970 | 3.9690 | 3.6540 | 3.4060 | 3.1460 | 2.9460 | 2.7810 | 2.4870 | 2.1700 | 1.9720 | 1.9180 | 1.8240 | 1.7050 | 1.3030 | 1.0370 |
| 0.24 | 5.6440 | 4.9690 | 4.7570 | 4.4670 | 4.2410 | 4.0080 | 3.6880 | 3.4350 | 3.1700 | 2.9670 | 2.8000 | 2.5010 | 2.1800 | 1.9800 | 1.9260 | 1.8300 | 1.7100 | 1.3050 | 1.0370 |
| 0.26 | 5.7200 | 5.0290 | 4.8120 | 4.5160 | 4.2850 | 4.0480 | 3.7210 | 3.4640 | 3.1950 | 2.9890 | 2.8190 | 2.5160 | 2.1900 | 1.9880 | 1.9330 | 1.8370 | 1.7150 | 1.3060 | 1.0370 |
| 0.28 | 5.7960 | 5.0900 | 4.8670 | 4.5650 | 4.3300 | 4.0870 | 3.7550 | 3.4920 | 3.2190 | 3.0100 | 2.8380 | 2.5300 | 2.2010 | 1.9930 | 1.9400 | 1.8430 | 1.7210 | 1.3080 | 1.0370 |
| | | | | | | | | | | | | | | | | | | | |
| 0.30 | 5.8730 | 5.1500 | 4.9230 | 4.6140 | 4.3740 | 4.1270 | 3.7880 | 3.5210 | 3.2440 | 3.0310 | 2.8560 | 2.5440 | 2.2110 | 2.0030 | 1.9480 | 1.8490 | 1.7260 | 1.3090 | 1.0360 |
| 0.32 | 5.9500 | 5.2110 | 4.9780 | 4.6630 | 4.4180 | 4.1670 | 3.8220 | 3.5500 | 3.2680 | 3.0520 | 2.8750 | 2.5590 | 2.2110 | 2.0110 | 1.9550 | 1.8560 | 1.7310 | 1.3110 | 1.0360 |
| 0.34 | 6.0270 | 5.2710 | 5.0340 | 4.7130 | 4.4630 | 4.2060 | 3.8550 | 3.5790 | 3.2930 | 3.0730 | 2.8940 | 2.5730 | 2.2310 | 2.0190 | 1.9620 | 1.8620 | 1.7360 | 1.3120 | 1.0360 |
| 0.36 | 6.1050 | 5.3320 | 5.0910 | 4.7620 | 4.5070 | 4.2460 | 3.8890 | 3.6080 | 3.3170 | 3.0910 | 2.9120 | 2.5870 | 2.2410 | 2.0270 | 1.9690 | 1.8680 | 1.7410 | 1.3140 | 1.0350 |
| 0.38 | 6.1830 | 5.3930 | 5.1460 | 4.8120 | 4.5520 | 4.2860 | 3.9220 | 3.6370 | 3.3410 | 3.1150 | 2.9310 | 2.6010 | 2.2510 | 2.0350 | 1.9770 | 1.8740 | 1.7460 | 1.3150 | 1.0350 |

续表

| $C_S$ \ $P(\%)$ | 0.0001 | 0.001 | 0.002 | 0.005 | 0.01 | 0.02 | 0.05 | 0.1 | 0.2 | 1/3 | 0.5 | 1 | 2 | 3 | 10/3 | 4 | 5 | 10 | 15 |
|---|---|---|---|---|---|---|---|---|---|---|---|---|---|---|---|---|---|---|---|
| 0.40 | 6.2610 | 5.4540 | 5.2020 | 4.8610 | 4.5970 | 4.3260 | 3.9560 | 3.6660 | 3.3660 | 3.1360 | 2.9490 | 2.6150 | 2.2610 | 2.0420 | 1.9840 | 1.8800 | 1.7500 | 1.3170 | 1.0350 |
| 0.42 | 6.3390 | 5.5150 | 5.2580 | 4.9110 | 4.6420 | 4.3660 | 3.9900 | 3.6950 | 3.3900 | 3.1570 | 2.9670 | 2.6300 | 2.2710 | 2.0500 | 1.9910 | 1.8860 | 1.7550 | 1.3180 | 1.0340 |
| 0.44 | 6.4170 | 5.5770 | 5.3150 | 4.9610 | 4.6870 | 4.4060 | 4.0230 | 3.7240 | 3.4140 | 3.1790 | 2.9860 | 2.6440 | 2.2810 | 2.0580 | 1.9880 | 1.8920 | 1.7600 | 1.3190 | 1.0340 |
| 0.46 | 6.4960 | 5.6380 | 5.3710 | 5.0110 | 4.7310 | 4.4460 | 4.0570 | 3.7530 | 3.4390 | 3.1990 | 3.0010 | 2.6580 | 2.2910 | 2.0650 | 2.0050 | 1.8980 | 1.7650 | 1.3210 | 1.0330 |
| 0.48 | 6.5750 | 5.7000 | 5.4280 | 5.0610 | 4.7760 | 4.4860 | 4.0910 | 3.7820 | 3.4630 | 3.2200 | 3.0230 | 2.6720 | 2.3010 | 2.0730 | 2.0120 | 1.9040 | 1.7700 | 1.3220 | 1.0330 |
| | | | | | | | | | | | | | | | | | | | |
| 0.50 | 6.6540 | 5.7620 | 5.4850 | 5.1110 | 4.8210 | 4.5260 | 4.1240 | 3.8110 | 3.4870 | 3.2410 | 3.0410 | 2.6860 | 2.3110 | 2.0800 | 2.0190 | 1.9100 | 1.7740 | 1.3230 | 1.0320 |
| 0.55 | 6.8520 | 5.9170 | 5.6270 | 5.2360 | 4.9340 | 4.6260 | 4.2090 | 3.8830 | 3.5480 | 3.2940 | 3.0870 | 2.7210 | 2.3350 | 2.0990 | 2.0360 | 1.9250 | 1.7860 | 1.3260 | 1.0300 |
| 0.60 | 7.0520 | 6.0720 | 5.7690 | 5.3620 | 5.0470 | 4.7270 | 4.2930 | 3.9560 | 3.6090 | 3.3460 | 3.1320 | 2.7550 | 2.3590 | 2.1170 | 2.0520 | 1.9390 | 1.7970 | 1.3290 | 1.0290 |
| 0.65 | 7.2520 | 6.2280 | 5.9120 | 5.4880 | 5.1600 | 4.8280 | 4.3770 | 4.0280 | 3.6690 | 3.3980 | 3.1780 | 2.7900 | 2.3830 | 2.1350 | 2.0690 | 1.9530 | 1.8080 | 1.3310 | 1.0270 |
| 0.70 | 7.4530 | 6.3850 | 6.0560 | 5.6140 | 5.2740 | 4.9280 | 4.4620 | 4.1000 | 3.7300 | 3.4500 | 3.2230 | 2.8240 | 2.4070 | 2.1530 | 2.0850 | 1.9670 | 1.8190 | 1.3330 | 1.0240 |
| | | | | | | | | | | | | | | | | | | | |
| 0.75 | 7.6560 | 6.5420 | 6.2000 | 5.7400 | 5.3880 | 5.0290 | 4.5460 | 4.1720 | 3.7900 | 3.5010 | 3.2680 | 2.8570 | 2.4300 | 2.1700 | 2.1010 | 1.9800 | 1.8290 | 1.3350 | 1.0220 |
| 0.80 | 7.8580 | 6.7000 | 6.3440 | 5.8670 | 5.5010 | 5.1300 | 4.6310 | 4.2440 | 3.8500 | 3.5530 | 3.3120 | 2.8910 | 2.4530 | 2.1870 | 2.1170 | 1.9930 | 1.8390 | 1.3360 | 1.0190 |
| 0.85 | 8.0620 | 6.8580 | 6.4880 | 5.9940 | 5.6150 | 5.2310 | 4.7150 | 4.3160 | 3.9100 | 3.6040 | 3.3570 | 2.9240 | 2.4760 | 2.2010 | 2.1320 | 2.0060 | 1.8490 | 1.3380 | 1.0170 |
| 0.90 | 8.2660 | 7.0160 | 6.6330 | 6.1210 | 5.7290 | 5.3320 | 4.7990 | 4.3880 | 3.9690 | 3.6550 | 3.4010 | 2.9570 | 2.4980 | 2.2200 | 2.1470 | 2.0180 | 1.8590 | 1.3390 | 1.0130 |
| 0.95 | 8.4700 | 7.1740 | 6.7780 | 6.2480 | 5.8430 | 5.4330 | 4.8830 | 4.4600 | 4.0290 | 3.7060 | 3.4450 | 2.9900 | 2.5200 | 2.2370 | 2.1620 | 2.0310 | 1.8680 | 1.3400 | 1.0100 |
| | | | | | | | | | | | | | | | | | | | |
| 1.00 | 8.6750 | 7.3330 | 6.9230 | 6.3750 | 5.9570 | 5.5340 | 4.9670 | 4.5310 | 4.0880 | 3.7560 | 3.4890 | 3.0230 | 2.5420 | 2.2530 | 2.1760 | 2.0430 | 1.8770 | 1.3400 | 1.0070 |
| 1.05 | 8.8810 | 7.4920 | 7.0680 | 6.5030 | 6.0710 | 5.6350 | 5.0510 | 4.6020 | 4.1470 | 3.8060 | 3.5320 | 3.0550 | 2.5640 | 2.2680 | 2.1900 | 2.0540 | 1.8860 | 1.3410 | 1.0030 |
| 1.10 | 9.0870 | 7.6510 | 7.2130 | 6.6300 | 6.1850 | 5.7360 | 5.1340 | 4.6740 | 4.2060 | 3.8560 | 3.5750 | 3.0870 | 2.5850 | 2.2840 | 2.2040 | 2.0660 | 1.8910 | 1.3410 | 0.9990 |
| 1.15 | 9.2930 | 7.8100 | 7.3590 | 6.7570 | 6.2990 | 5.8360 | 5.2180 | 4.7440 | 4.2640 | 3.9060 | 3.6180 | 3.1180 | 2.6060 | 2.2990 | 2.2180 | 2.0770 | 1.9020 | 1.3410 | 0.9950 |
| 1.20 | 9.4990 | 7.9700 | 7.5040 | 6.8850 | 6.4120 | 5.9370 | 5.3010 | 4.8150 | 4.3230 | 3.9550 | 3.6610 | 3.1490 | 2.6260 | 2.3130 | 2.2310 | 2.0880 | 1.9100 | 1.3410 | 0.9910 |
| | | | | | | | | | | | | | | | | | | | |
| 1.25 | 9.706 | 8.129 | 7.650 | 7.012 | 6.526 | 6.037 | 5.384 | 4.885 | 4.381 | 4.005 | 3.703 | 3.180 | 2.647 | 2.328 | 2.244 | 2.098 | 1.917 | 1.340 | 0.983 |
| 1.30 | 9.913 | 8.288 | 7.795 | 7.130 | 6.640 | 6.137 | 5.467 | 4.955 | 4.438 | 4.053 | 3.745 | 3.211 | 2.667 | 2.342 | 2.257 | 2.108 | 1.925 | 1.339 | 0.982 |
| 1.35 | 10.120 | 8.448 | 7.940 | 7.266 | 6.753 | 6.237 | 5.550 | 5.025 | 4.496 | 4.102 | 3.787 | 3.241 | 2.686 | 2.356 | 2.269 | 2.118 | 1.932 | 1.338 | 0.977 |
| 1.40 | 10.330 | 8.607 | 8.086 | 7.393 | 6.867 | 6.337 | 5.632 | 5.095 | 4.553 | 4.150 | 3.828 | 3.271 | 2.706 | 2.369 | 2.281 | 2.128 | 1.938 | 1.337 | 0.972 |
| 1.45 | 10.530 | 8.767 | 8.231 | 7.520 | 6.980 | 6.437 | 5.715 | 5.164 | 4.610 | 4.198 | 3.869 | 3.301 | 2.725 | 2.382 | 2.293 | 12.137 | 1.945 | 1.335 | 0.967 |

续表

| $C_s$ \ $P(\%)$ | 0.0001 | 0.001 | 0.002 | 0.005 | 0.01 | 0.02 | 0.05 | 0.1 | 0.2 | 1/3 | 0.5 | 1 | 2 | 3 | 10/3 | 4 | 5 | 10 | 15 |
|---|---|---|---|---|---|---|---|---|---|---|---|---|---|---|---|---|---|---|---|
| 1.50 | 10.740 | 8.926 | 8.376 | 7.647 | 7.093 | 6.536 | 5.797 | 5.234 | 4.666 | 4.246 | 3.910 | 3.330 | 2.743 | 2.395 | 2.304 | 2.146 | 1.950 | 1.333 | 0.961 |
| 1.55 | 10.950 | 9.085 | 8.521 | 7.773 | 7.206 | 6.636 | 5.878 | 5.302 | 4.723 | 4.293 | 3.950 | 3.359 | 2.762 | 2.408 | 2.315 | 2.154 | 1.957 | 1.331 | 0.956 |
| 1.60 | 11.160 | 9.245 | 8.666 | 7.900 | 7.318 | 6.735 | 5.960 | 5.371 | 4.779 | 4.340 | 3.990 | 3.388 | 2.780 | 2.420 | 2.326 | 2.163 | 1.962 | 1.329 | 0.950 |
| 1.65 | 11.360 | 9.404 | 8.811 | 8.026 | 7.430 | 6.833 | 6.041 | 5.439 | 4.834 | 4.387 | 4.030 | 3.416 | 2.797 | 2.432 | 2.337 | 2.171 | 1.967 | 1.326 | 0.944 |
| 1.70 | 11.570 | 9.563 | 8.956 | 8.152 | 7.543 | 6.932 | 6.122 | 5.507 | 4.890 | 4.433 | 4.069 | 3.444 | 2.815 | 2.444 | 2.347 | 2.179 | 1.972 | 1.324 | 0.938 |
| | | | | | | | | | | | | | | | | | | | |
| 1.75 | 11.780 | 9.721 | 9.100 | 8.278 | 7.655 | 7.030 | 6.203 | 5.575 | 4.945 | 4.479 | 4.108 | 3.472 | 2.832 | 2.455 | 2.357 | 2.186 | 1.977 | 1.321 | 0.931 |
| 1.80 | 11.990 | 9.880 | 9.245 | 8.404 | 7.766 | 7.128 | 6.283 | 5.642 | 4.999 | 4.525 | 4.147 | 3.499 | 2.848 | 2.466 | 2.366 | 2.193 | 1.981 | 1.318 | 0.925 |
| 1.85 | 12.190 | 10.040 | 9.389 | 8.529 | 7.878 | 7.226 | 6.363 | 5.709 | 5.054 | 4.570 | 4.185 | 3.526 | 2.865 | 2.477 | 2.375 | 2.200 | 1.985 | 1.314 | 0.918 |
| 1.90 | 12.400 | 10.200 | 9.533 | 8.654 | 7.989 | 7.323 | 6.443 | 5.775 | 5.108 | 4.615 | 4.223 | 3.553 | 2.881 | 2.487 | 2.384 | 2.207 | 1.989 | 1.311 | 0.911 |
| 1.95 | 12.610 | 10.360 | 9.676 | 8.779 | 8.100 | 7.420 | 6.522 | 5.842 | 5.161 | 4.659 | 4.261 | 3.579 | 2.897 | 2.497 | 2.393 | 2.213 | 1.993 | 1.307 | 0.904 |
| | | | | | | | | | | | | | | | | | | | |
| 2.00 | 12.820 | 10.510 | 9.820 | 8.904 | 8.210 | 7.517 | 6.601 | 5.908 | 5.215 | 4.704 | 4.298 | 3.605 | 2.912 | 2.507 | 2.401 | 2.219 | 1.996 | 1.303 | 0.897 |
| 2.10 | 13.230 | 10.830 | 10.110 | 9.152 | 8.431 | 7.710 | 6.758 | 6.039 | 5.320 | 4.791 | 4.372 | 3.656 | 2.942 | 2.525 | 2.417 | 2.230 | 2.001 | 1.294 | 0.882 |
| 2.20 | 13.640 | 11.140 | 10.390 | 9.399 | 8.650 | 7.901 | 6.914 | 6.168 | 5.424 | 4.877 | 4.444 | 3.705 | 2.970 | 2.542 | 2.431 | 2.240 | 2.006 | 1.284 | 0.867 |
| 2.30 | 14.050 | 11.460 | 10.670 | 9.645 | 8.868 | 8.091 | 7.068 | 6.296 | 5.527 | 4.962 | 4.515 | 3.753 | 2.997 | 2.558 | 2.445 | 2.248 | 2.009 | 1.274 | 0.851 |
| 2.40 | 14.460 | 11.770 | 10.960 | 9.890 | 9.084 | 8.280 | 7.221 | 6.423 | 5.628 | 5.045 | 4.584 | 3.800 | 3.023 | 2.573 | 2.457 | 2.256 | 2.011 | 1.262 | 0.834 |
| | | | | | | | | | | | | | | | | | | | |
| 2.50 | 14.870 | 12.080 | 11.240 | 10.130 | 9.299 | 8.468 | 7.373 | 6.548 | 5.728 | 5.127 | 4.652 | 3.845 | 3.048 | 2.587 | 2.467 | 2.262 | 2.012 | 1.250 | 0.817 |
| 2.60 | 15.280 | 12.390 | 11.520 | 10.380 | 9.513 | 8.654 | 7.523 | 6.672 | 5.826 | 5.207 | 4.718 | 3.889 | 3.071 | 2.599 | 2.477 | 2.267 | 2.013 | 1.238 | 0.800 |
| 2.70 | 15.690 | 12.700 | 11.800 | 10.620 | 9.725 | 8.838 | 7.671 | 6.794 | 5.923 | 5.286 | 4.783 | 3.932 | 3.093 | 2.610 | 2.486 | 2.271 | 2.012 | 1.224 | 0.782 |
| 2.80 | 16.100 | 13.000 | 12.080 | 10.860 | 9.936 | 9.021 | 7.818 | 6.915 | 6.019 | 5.363 | 4.847 | 3.973 | 3.114 | 2.620 | 2.493 | 2.275 | 2.010 | 1.210 | 0.763 |
| 2.90 | 16.500 | 13.310 | 12.350 | 11.090 | 10.150 | 9.203 | 7.964 | 7.034 | 6.113 | 5.439 | 4.909 | 4.013 | 3.134 | 2.629 | 2.499 | 2.277 | 2.007 | 1.195 | 0.745 |
| | | | | | | | | | | | | | | | | | | | |
| 3.00 | 16.910 | 13.610 | 12.630 | 11.330 | 10.350 | 9.383 | 8.108 | 7.152 | 6.205 | 5.514 | 4.970 | 4.051 | 3.152 | 2.637 | 2.505 | 2.278 | 2.003 | 1.180 | 0.726 |
| 3.10 | 17.310 | 13.920 | 12.900 | 11.570 | 10.560 | 9.562 | 8.251 | 7.269 | 6.296 | 5.587 | 0.029 | 4.089 | 3.169 | 2.644 | 2.509 | 2.278 | 1.999 | 1.164 | 0.706 |
| 3.20 | 17.710 | 14.220 | 13.170 | 11.800 | 10.770 | 9.739 | 8.393 | 7.384 | 6.386 | 5.658 | 5.087 | 4.125 | 3.185 | 2.649 | 2.512 | 2.277 | 1.993 | 1.148 | 0.687 |

续表

| $C_S$ \ $P$(%) | 0.0001 | 0.001 | 0.002 | 0.005 | 0.01 | 0.02 | 0.05 | 0.1 | 0.2 | 1/3 | 0.5 | 1 | 2 | 3 | 10/3 | 4 | 5 | 10 | 15 |
|---|---|---|---|---|---|---|---|---|---|---|---|---|---|---|---|---|---|---|---|
| 3.40 | 18.520 | 14.820 | 13.710 | 12.260 | 11.170 | 10.090 | 8.671 | 7.609 | 6.561 | 5.798 | 5.199 | 4.193 | 3.241 | 2.658 | 2.516 | 2.272 | 1.980 | 1.113 | 0.647 |
| 3.60 | 19.290 | 15.410 | 14.250 | 12.720 | 11.570 | 10.430 | 8.943 | 7.829 | 6.730 | 5.931 | 5.306 | 4.256 | 3.238 | 2.662 | 2.515 | 2.264 | 1.963 | 1.077 | 0.607 |
| 3.80 | 20.080 | 16.000 | 14.780 | 13.170 | 11.970 | 10.770 | 9.210 | 8.044 | 6.894 | 6.060 | 5.407 | 4.314 | 3.258 | 2.663 | 2.511 | 2.253 | 1.943 | 1.040 | 0.566 |
| 4.00 | 20.880 | 16.580 | 15.300 | 13.620 | 12.360 | 11.110 | 9.471 | 8.253 | 7.053 | 6.183 | 5.504 | 4.368 | 3.274 | 2.659 | 2.504 | 2.238 | 1.920 | 1.001 | 0.525 |
| $C_S$ \ $P$(%) | 20 | 25 | 30 | 100/3 | 40 | 50 | 60 | 70 | 75 | 80 | 85 | 90 | 95 | 97 | 98 | 99 | 99.5 | 99.9 | 99.99 |
| 0 | 0.842 | 0.674 | 0.524 | 0.431 | 0.253 | 0.000 | −0.253 | −0.524 | −0.674 | −0.842 | −1.036 | −1.282 | −1.645 | −1.881 | −2.054 | −2.326 | −2.576 | −3.090 | −3.719 |
| 0.02 | 0.841 | 0.673 | 0.522 | 0.428 | 0.250 | −0.003 | −0.256 | −0.527 | −0.676 | −0.843 | −1.036 | −1.279 | −1.639 | −1.872 | −2.043 | −2.312 | −2.557 | −3.061 | −3.668 |
| 0.04 | 0.840 | 0.371 | 0.520 | 0.425 | 0.247 | −0.007 | −0.260 | −0.529 | −0.678 | −0.843 | −1.036 | −1.277 | −1.633 | −1.864 | −2.032 | −2.297 | −2.538 | −3.033 | −3.638 |
| 0.06 | 0.839 | 0.669 | 0.517 | 0.422 | 0.244 | −0.010 | −0.263 | −0.532 | −0.680 | −0.844 | −1.035 | −1.275 | −1.628 | −1.855 | −2.021 | −2.282 | −2.519 | −3.005 | −3.589 |
| 0.08 | 0.838 | 0.667 | 0.515 | 0.420 | 0.241 | −0.013 | −0.266 | −0.534 | −0.681 | −0.845 | −1.035 | −1.273 | −1.622 | −1.847 | −2.011 | −2.267 | −2.501 | −2.976 | −3.548 |
| 0.10 | 0.836 | 0.665 | 0.512 | 0.417 | 0.238 | −0.017 | −0.269 | −0.536 | −0.683 | −0.846 | −1.035 | −1.270 | −1.616 | −1.838 | −2.000 | −2.253 | −2.482 | −2.948 | −3.506 |
| 0.12 | 0.835 | 0.663 | 0.510 | 0.414 | 0.235 | −0.020 | −0.272 | −0.538 | −0.685 | −0.847 | −1.034 | −1.268 | −1.610 | −1.829 | −1.989 | −2.238 | −2.463 | −2.920 | −3.465 |
| 0.14 | 0.834 | 0.661 | 0.507 | 0.411 | 0.231 | −0.023 | −0.275 | −0.541 | −0.687 | −0.848 | −1.034 | −1.266 | −1.604 | −1.821 | −1.978 | −2.223 | −2.444 | −2.892 | −3.423 |
| 0.16 | 0.833 | 0.659 | 0.504 | 0.409 | 0.228 | −0.027 | −0.278 | −0.543 | −0.688 | −0.848 | −1.033 | −1.263 | −1.598 | −1.812 | −1.967 | −2.208 | −2.425 | −2.864 | −3.382 |
| 0.18 | 0.832 | 0.657 | 0.502 | 0.406 | 0.225 | −0.030 | −0.281 | −0.545 | −0.690 | −0.849 | −1.033 | −1.261 | −1.592 | −1.803 | −1.956 | −2.193 | −2.407 | −2.836 | −3.340 |
| 0.20 | 0.830 | 0.655 | 0.499 | 0.403 | 0.222 | −0.033 | −0.284 | −0.548 | −0.691 | −0.850 | −1.032 | −1.258 | −1.586 | −1.794 | −1.945 | −2.178 | −2.388 | −2.808 | −3.299 |
| 0.22 | 0.829 | 0.653 | 0.497 | 0.400 | 0.219 | −0.037 | −0.287 | −0.550 | −0.693 | −0.851 | −1.032 | −1.256 | −1.580 | −1.786 | −1.934 | −2.164 | −2.369 | −2.780 | −3.258 |
| 0.24 | 0.828 | 0.651 | 0.494 | 0.397 | 0.215 | −0.040 | −0.290 | −0.552 | −0.695 | −0.851 | −1.030 | −1.253 | −1.574 | −1.777 | −1.923 | −2.149 | −2.350 | −2.752 | −3.217 |
| 0.26 | 0.826 | 0.649 | 0.491 | 0.394 | 0.212 | −0.043 | −0.293 | −0.554 | −0.696 | −0.852 | −1.030 | −1.250 | −1.568 | −1.768 | −1.912 | −2.134 | −2.332 | −2.724 | −3.177 |
| 0.28 | 0.825 | 0.647 | 0.489 | 0.391 | 0.209 | −0.046 | −0.296 | −0.556 | −0.697 | −0.852 | −1.030 | −1.248 | −1.561 | −1.759 | −1.901 | −2.119 | −2.313 | −2.697 | −3.136 |
| 0.30 | 0.824 | 0.644 | 0.486 | 0.388 | 0.206 | −0.050 | −0.299 | −0.558 | −0.699 | −0.853 | −1.029 | −1.245 | −1.555 | −1.750 | −1.890 | −2.104 | −2.294 | −2.669 | −3.096 |
| 0.32 | 0.822 | 0.642 | 0.483 | 0.385 | 0.202 | −0.053 | −0.302 | −0.561 | −0.700 | −0.853 | −1.028 | −1.242 | −1.549 | −1.741 | −1.878 | −2.089 | −2.276 | −2.642 | −3.056 |
| 0.34 | 0.821 | 0.640 | 0.481 | 0.382 | 0.199 | −0.056 | −0.305 | −0.563 | −0.702 | −0.854 | −1.027 | −1.240 | −1.543 | −1.732 | −1.867 | −2.074 | −2.257 | −2.614 | −3.017 |

续表

| $C_s$ \ $P$(%) | 20 | 25 | 30 | 100/3 | 40 | 50 | 60 | 70 | 75 | 80 | 85 | 90 | 95 | 97 | 98 | 99 | 99.5 | 99.9 | 99.99 |
|---|---|---|---|---|---|---|---|---|---|---|---|---|---|---|---|---|---|---|---|
| 0.36 | 0.819 | 0.628 | 0.478 | 0.379 | 0.196 | −0.060 | −0.308 | −0.565 | −0.703 | −0.854 | −1.026 | −1.237 | −1.536 | −1.723 | −1.856 | −2.059 | −2.238 | −2.587 | −2.977 |
| 0.38 | 0.818 | 0.636 | 0.475 | 0.376 | 0.192 | −0.063 | −0.311 | −0.567 | −0.705 | −0.855 | −1.026 | −1.234 | −1.530 | −1.714 | −1.845 | −2.044 | −2.220 | −2.560 | −2.938 |
| | | | | | | | | | | | | | | | | | | | |
| 0.40 | 0.816 | 0.633 | 0.472 | 0.373 | 0.189 | −0.066 | −0.314 | −0.569 | −0.706 | −0.855 | −1.025 | −1.231 | −1.524 | −1.705 | −1.834 | −2.029 | −2.201 | −2.533 | −2.899 |
| 0.42 | 0.815 | 0.631 | 0.469 | 0.370 | 0.186 | −0.070 | −0.316 | −0.571 | −0.707 | −0.855 | −1.024 | −1.228 | −1.517 | −1.696 | −1.822 | −2.014 | −2.182 | −2.506 | −2.860 |
| 0.44 | 0.813 | 0.329 | 0.467 | 0.367 | 0.183 | −0.073 | −0.319 | −0.573 | −0.708 | −0.856 | −1.023 | −1.225 | −1.511 | −1.687 | −1.811 | −1.999 | −2.164 | −2.479 | −2.822 |
| 0.46 | 0.811 | 0.626 | 0.464 | 0.364 | 0.179 | −0.076 | −0.322 | −0.575 | −0.709 | −0.856 | −1.022 | −1.222 | −1.501 | −1.677 | −1.800 | −1.985 | −2.145 | −2.452 | −2.784 |
| 0.48 | 0.810 | 0.624 | 0.461 | 0.361 | 0.176 | −0.080 | −0.325 | −0.576 | −0.711 | −0.856 | −1.021 | −1.219 | −1.498 | −1.668 | −1.783 | −1.970 | −2.127 | −2.425 | −2.746 |
| | | | | | | | | | | | | | | | | | | | |
| 0.50 | 0.808 | 0.622 | 0.458 | 0.358 | 0.173 | −0.083 | −0.328 | −0.578 | −0.712 | −0.857 | −1.020 | −1.216 | −1.491 | −1.659 | −1.777 | −1.955 | −2.108 | −2.399 | −2.708 |
| 0.55 | 0.804 | 0.616 | 0.451 | 0.350 | 0.164 | −0.091 | −0.335 | −0.583 | −0.715 | −0.857 | −1.017 | −1.208 | −1.474 | −1.636 | −1.749 | −1.917 | −2.062 | −2.333 | −2.616 |
| 0.60 | 0.799 | 0.609 | 0.444 | 0.342 | 0.156 | −0.099 | −0.342 | −0.588 | −0.718 | −0.857 | −1.013 | −1.200 | −1.458 | −1.613 | −1.720 | −1.880 | −2.016 | −2.268 | −2.525 |
| 0.65 | 0.795 | 0.603 | 0.436 | 0.335 | 0.148 | −0.108 | −0.349 | −0.592 | −0.720 | −0.757 | −1.010 | −1.192 | −1.441 | −1.589 | −1.692 | −1.843 | −1.971 | −2.204 | −2.437 |
| 0.70 | 0.790 | 0.596 | 0.429 | 0.326 | 0.139 | −0.116 | −0.356 | −0.596 | −0.722 | −0.857 | −1.007 | −1.183 | −1.423 | −1.566 | −1.663 | −1.806 | −1.926 | −2.141 | −2.350 |
| | | | | | | | | | | | | | | | | | | | |
| 0.75 | 0.785 | 0.590 | 0.421 | 0.318 | 0.131 | −0.124 | −0.362 | −0.600 | −0.724 | −0.857 | −1.003 | −1.175 | −1.406 | −1.542 | −1.635 | −1.769 | −1.881 | −2.078 | −2.266 |
| 0.80 | 0.780 | 0.583 | 0.413 | 0.310 | 0.122 | −0.132 | −0.369 | −0.604 | −0.726 | −0.856 | −0.999 | −1.166 | −1.389 | −1.518 | −1.606 | −1.733 | −1.837 | −2.017 | −2.184 |
| 0.85 | 0.775 | 0.576 | 0.405 | 0.302 | 0.113 | −0.140 | −0.375 | −0.608 | −0.728 | −0.855 | −0.995 | −1.157 | −1.371 | −1.494 | −1.577 | −1.696 | −1.793 | −1.958 | −2.105 |
| 0.90 | 0.769 | 0.569 | 0.397 | 0.294 | 0.105 | −0.148 | −0.382 | −0.611 | −0.730 | −0.854 | −0.990 | −1.147 | −1.353 | −1.470 | −1.549 | −1.660 | −1.749 | −1.899 | −2.029 |
| 0.95 | 0.763 | 0.562 | 0.389 | 0.285 | 0.096 | −0.156 | −0.383 | −0.615 | −0.731 | −0.853 | −0.985 | −1.137 | −1.335 | −1.446 | −1.520 | −1.624 | −1.706 | −1.842 | −2.955 |
| | | | | | | | | | | | | | | | | | | | |
| 1.00 | 0.758 | 0.555 | 0.381 | 0.277 | 0.088 | −0.164 | −0.394 | −0.618 | −0.732 | −0.852 | −0.980 | −1.128 | −1.317 | −1.422 | −1.492 | −1.588 | −1.664 | −1.786 | −1.884 |
| 1.05 | 0.752 | 0.547 | 0.373 | 0.268 | 0.079 | −0.172 | −0.400 | −0.621 | −0.733 | −0.850 | −0.975 | −1.118 | −1.299 | −1.398 | −1.464 | −1.553 | −1.622 | −1.731 | −1.816 |
| 1.10 | 0.745 | 0.540 | 0.365 | 0.260 | 0.070 | −0.180 | −0.406 | −0.624 | −0.734 | −0.848 | −0.970 | −1.107 | −1.280 | −1.374 | −1.435 | −1.518 | −1.581 | −1.678 | −1.750 |
| 1.15 | 0.739 | 0.532 | 0.356 | 0.251 | 0.062 | −0.187 | −0.412 | −0.627 | −0.735 | −0.846 | −0.964 | −1.097 | −1.262 | −1.350 | −1.407 | −1.484 | −1.541 | −1.627 | −1.688 |

续表

| $C_s$ \ P(%) | 20 | 25 | 30 | 100/3 | 40 | 50 | 60 | 70 | 75 | 80 | 85 | 90 | 95 | 97 | 98 | 99 | 99.5 | 99.9 | 99.99 |
|---|---|---|---|---|---|---|---|---|---|---|---|---|---|---|---|---|---|---|---|
| 1.20 | 0.733 | 0.524 | 0.348 | 0.242 | 0.053 | −0.195 | −0.418 | −0.629 | −0.735 | −0.844 | −0.959 | −1.086 | −1.243 | −1.327 | −1.379 | −1.449 | −1.501 | −1.577 | −1.628 |
| 1.25 | 0.726 | 0.517 | 0.339 | 0.234 | 0.044 | −0.203 | −0.424 | −0.632 | −0.735 | −0.841 | −0.952 | −1.075 | −1.224 | −1.303 | −1.352 | −1.416 | −1.462 | −1.520 | −1.572 |
| 1.30 | 0.719 | 0.508 | 0.331 | 0.225 | 0.036 | −0.210 | −0.429 | −0.634 | −0.735 | −0.838 | −0.946 | −1.064 | −1.206 | −1.279 | −1.324 | −1.383 | −1.424 | −1.482 | −1.517 |
| 1.35 | 0.712 | 0.500 | 0.322 | 0.216 | 0.027 | −0.218 | −0.434 | −0.636 | −0.735 | −0.835 | −0.940 | −1.053 | −1.187 | −1.255 | −1.297 | −1.350 | −1.387 | −1.437 | −1.466 |
| 1.40 | 0.705 | 0.492 | 0.313 | 0.207 | 0.018 | −0.225 | −0.440 | −0.638 | −0.735 | −0.832 | −0.933 | −1.041 | −1.168 | −1.232 | −1.270 | −1.318 | −1.351 | −1.394 | −1.417 |
| 1.45 | 0.698 | 0.484 | 0.304 | 0.198 | 0.010 | −0.233 | −0.445 | −0.639 | −0.734 | −0.829 | −0.926 | −1.030 | −1.150 | −1.208 | −1.243 | −1.287 | −1.316 | −1.353 | −1.371 |
| | | | | | | | | | | | | | | | | | | | |
| 1.50 | 0.691 | 0.475 | 0.295 | 0.189 | 0.001 | −0.240 | −0.449 | −0.641 | −0.733 | −0.825 | −0.919 | −1.018 | −1.131 | −1.185 | −1.217 | −1.256 | −1.282 | −1.313 | −1.328 |
| 1.55 | 0.683 | 0.467 | 0.286 | 0.180 | −0.008 | −0.247 | −0.454 | −0.642 | −0.732 | −0.821 | −0.912 | −1.006 | −1.112 | −1.162 | −1.191 | −1.226 | −1.248 | −1.275 | −1.286 |
| 1.60 | 0.675 | 0.458 | 0.277 | 0.171 | −0.016 | −0.254 | −0.459 | −0.643 | −0.731 | −0.817 | −0.904 | −0.994 | −1.093 | −1.140 | −1.166 | −1.197 | −1.216 | −1.238 | −1.247 |
| 1.65 | 0.667 | 0.450 | 0.268 | 0.162 | −0.025 | −0.261 | −0.463 | −0.644 | −0.729 | −0.813 | −0.896 | −0.982 | −1.075 | −1.117 | −1.141 | −1.168 | −1.185 | −1.203 | −1.210 |
| 1.70 | 0.660 | 0.441 | 0.259 | 0.135 | −0.033 | −0.268 | −0.467 | −0.644 | −0.727 | −0.808 | −0.888 | −0.970 | −1.056 | −1.095 | −1.116 | −1.140 | −1.155 | −1.170 | −1.175 |
| | | | | | | | | | | | | | | | | | | | |
| 1.75 | 0.652 | 0.432 | 0.250 | 0.144 | −0.042 | −0.275 | −0.472 | −0.645 | −0.725 | −0.804 | −0.880 | −0.957 | −1.038 | −1.073 | −1.092 | −1.113 | −1.126 | −1.138 | −1.142 |
| 1.80 | 0.643 | 0.423 | 0.241 | 0.135 | −0.050 | −0.281 | −0.475 | −0.645 | −0.723 | −0.799 | −0.872 | −0.945 | −1.020 | −1.052 | −1.069 | −1.087 | −1.097 | −1.107 | −1.111 |
| 1.85 | 0.635 | 0.414 | 0.232 | 0.126 | −0.059 | −0.288 | −0.479 | −0.645 | 0.721 | −0.794 | −0.864 | −0.932 | −1.002 | −1.031 | −1.046 | −1.062 | −1.070 | −1.078 | −1.081 |
| 1.90 | 0.627 | 0.405 | 0.222 | 0.117 | −0.067 | −0.294 | −0.483 | −0.645 | −0.718 | −0.788 | −0.855 | −0.920 | −0.984 | −1.010 | −1.023 | −1.037 | −1.044 | −1.051 | −1.052 |
| 1.95 | 0.618 | 0.396 | 0.213 | 0.108 | −0.076 | −0.301 | −0.486 | −0.644 | −0.715 | −0.783 | −0.846 | −0.907 | −0.966 | −0.989 | −1.001 | −1.013 | −1.019 | −1.024 | −1.025 |
| | | | | | | | | | | | | | | | | | | | |
| 2.00 | 0.609 | 0.386 | 0.204 | 0.099 | −0.084 | −0.307 | −0.489 | −0.643 | −0.712 | −0.777 | −0.837 | −0.895 | −0.949 | −0.970 | −0.980 | −0.990 | −0.995 | −0.999 | −1.000 |
| 2.10 | 0.592 | 0.368 | 0.185 | 0.081 | −0.100 | −0.319 | −0.495 | −0.641 | −0.706 | −0.765 | −0.819 | −0.869 | −0.915 | −0.931 | −0.939 | −0.946 | −0.949 | −0.952 | −0.952 |
| 2.20 | 0.574 | 0.349 | 0.167 | 0.063 | −0.116 | −0.330 | −0.500 | −0.638 | −0.698 | −0.752 | −0.801 | −0.844 | −0.882 | −0.894 | −0.900 | −0.905 | −0.907 | −0.909 | −0.909 |
| 2.30 | 0.555 | 0.330 | 0.148 | 0.045 | −0.131 | −0.341 | −0.504 | −0.634 | −0.690 | −0.739 | −0.782 | −0.819 | −0.850 | −0.860 | −0.864 | −0.867 | −0.868 | −0.869 | −0.870 |
| 2.40 | 0.537 | 0.311 | 0.130 | 0.027 | −0.147 | −0.351 | −0.507 | −0.630 | −0.681 | −0725 | −0.763 | −0.795 | −0.819 | −0.827 | −0.830 | −0.832 | −0.833 | −0.833 | −0.833 |
| 2.50 | 0.518 | 0.292 | 0.111 | 0.097 | −0.161 | −0.360 | −0.510 | −0.625 | −0.671 | −0.711 | −0.744 | −0.771 | −0.790 | −0.796 | −0.798 | −0.799 | −0.800 | −0.800 | −0.800 |

续表

| $C_S$ \ $P(\%)$ | 20 | 25 | 30 | 100/3 | 40 | 50 | 60 | 70 | 75 | 80 | 85 | 90 | 95 | 97 | 98 | 99 | 99.5 | 99.9 | 99.99 |
|---|---|---|---|---|---|---|---|---|---|---|---|---|---|---|---|---|---|---|---|
| 2.60 | 0.499 | 0.272 | 0.093 | −0.007 | −0.176 | −0.369 | −0.512 | −0.619 | −0.661 | −0.696 | −0.725 | −0.747 | −0.762 | −0.766 | −0.768 | −0.769 | −0.769 | −0.769 | −0.769 |
| 2.70 | 0.479 | 0.253 | 0.075 | −0.024 | −0.189 | −0.376 | −0.513 | −0.612 | −0.650 | −0.681 | −0.706 | −0.724 | −0.736 | −0.730 | −0.740 | −0.740 | −0.741 | −0.741 | −0.741 |
| 2.80 | 0.460 | 0.234 | 0.057 | −0.041 | −0.203 | −0.384 | −0.513 | −0.604 | −0.639 | −0.666 | −0.687 | −0.702 | −0.711 | −0.713 | −0.714 | −0.714 | −0.714 | −0.714 | −0.714 |
| 2.90 | 0.440 | 0.215 | 0.040 | −0.057 | −0.215 | −0.390 | −0.512 | 0.596 | −0.627 | −0.651 | −0.669 | −0.681 | −0.688 | −0.689 | −0.689 | −0.690 | −0.690 | −0.690 | −0.690 |
| | | | | | | | | | | | | | | | | | | | |
| 3.00 | 0.420 | 0.196 | 0.023 | −0.073 | −0.227 | −0.396 | −0.511 | −0.588 | −0.615 | −0.636 | −0.651 | −0.660 | −0.665 | −0.666 | −0.666 | −0.667 | −0.667 | −0.667 | −0.667 |
| 3.10 | 0.401 | 0.177 | 0.006 | −0.088 | −0.239 | −0.400 | −0.509 | −0.579 | −0.603 | −0.621 | −0.633 | −0.641 | −0.644 | −0.645 | −0.645 | −0.645 | −0.645 | −0.645 | −0.645 |
| 3.20 | 0.381 | 0.159 | −0.011 | −0.102 | −0.249 | −0.405 | −0.506 | −0.570 | −0.591 | −0.606 | −0.616 | −0.622 | −0.624 | −0.625 | −0.625 | −0.625 | −0.625 | −0.625 | −0.625 |
| 3.40 | 0.341 | 0.122 | −0.042 | −0.130 | −0.269 | −0.411 | −0.498 | −0.550 | −0.566 | −0.577 | −0.583 | −0.587 | −0.588 | −0.588 | −0.588 | −0.588 | −0.588 | −0.588 | −0.588 |
| 3.60 | 0.302 | 0.087 | −0.072 | −0.156 | −0.286 | −0.414 | −0.489 | −0.530 | −0.541 | −0.549 | −0.553 | −0.555 | −0.555 | −0.556 | −0.556 | −0.556 | −0.556 | −0.556 | −0.556 |
| | | | | | | | | | | | | | | | | | | | |
| 3.80 | 0.264 | 0.053 | −0.100 | −0.179 | −0.300 | −0.414 | −0.478 | −0.509 | −0.518 | −0.522 | −0.525 | −0.526 | −0.526 | −0.526 | −0.526 | −0.526 | −0.526 | −0.526 | −0.526 |
| 4.0 | 0.226 | 0.021 | −0.125 | −0.200 | −0.312 | −0.413 | −0.465 | −0.489 | −0.495 | −0.498 | −0.499 | −0.500 | −0.500 | −0.500 | −0.500 | −0.500 | −0.500 | −0.500 | −0.500 |

# 附录N　P–Ⅲ型曲线$K_P$值

($C_S=2.5C_V$)

| $C_V$ \ $P$(%) | 0.0001 | 0.001 | 0.002 | 0.01 | 0.02 | 0.05 | 0.1 | 0.2 | 1/3 | 0.5 | 1 | 2 | 10/3 | 5 | 10 | 20 | 100/3 | 50 | 70 | 75 | 80 | 90 | 95 | 97 | 99 |
|---|---|---|---|---|---|---|---|---|---|---|---|---|---|---|---|---|---|---|---|---|---|---|---|---|---|
| 0.02 | 1.099 | 1.088 | 1.085 | 1.078 | 1.074 | 1.069 | 1.066 | 1.062 | 1.058 | 1.055 | 1.050 | 1.046 | 1.041 | 1.036 | 1.030 | 1.024 | 1.018 | 1.012 | 1.003 | 0.999 | 0.996 | 0.889 | 0.984 | 0.963 | 0.954 |
| 0.04 | 1.205 | 1.182 | 1.175 | 1.157 | 1.149 | 1.138 | 1.129 | 1.120 | 1.113 | 1.107 | 1.096 | 1.084 | 1.075 | 1.067 | 1.052 | 1.033 | 1.017 | 0.999 | 0.979 | 0.973 | 0.966 | 0.949 | 0.935 | 0.926 | 0.908 |
| 0.06 | 1.318 | 1.282 | 1.271 | 1.243 | 1.230 | 1.212 | 1.198 | 1.184 | 1.172 | 1.163 | 1.146 | 1.128 | 1.114 | 1.101 | 1.078 | 1.050 | 1.025 | 0.999 | 0.968 | 0.958 | 0.949 | 0.924 | 0.904 | 0.891 | 0.868 |
| 0.08 | 1.439 | 1.388 | 1.372 | 1.332 | 1.315 | 1.290 | 1.270 | 1.250 | 1.234 | 1.221 | 1.198 | 1.173 | 1.153 | 1.136 | 1.104 | 1.066 | 1.032 | 0.997 | 0.956 | 0.945 | 0.932 | 0.900 | 0.873 | 0.856 | 0.828 |
| 0.10 | 1.568 | 1.500 | 1.479 | 1.426 | 1.403 | 1.371 | 1.345 | 1.318 | 1.298 | 1.281 | 1.251 | 1.219 | 1.193 | 1.171 | 1.131 | 1.083 | 1.040 | 0.996 | 0.945 | 0.930 | 0.915 | 0.875 | 0.943 | 0.823 | 0.786 |
| 0.12 | 1.705 | 1.618 | 1.591 | 1.525 | 1.495 | 1.455 | 1.423 | 1.389 | 1.364 | 1.343 | 1.305 | 1.265 | 1.234 | 1.207 | 1.157 | 1.099 | 1.046 | 0.994 | 0.933 | 0.916 | 0.898 | 0.850 | 0.813 | 0.790 | 0.746 |
| 0.14 | 1.849 | 1.742 | 1.709 | 1.628 | 1.591 | 1.542 | 1.503 | 1.462 | 1.432 | 1.406 | 1.361 | 1.313 | 1.275 | 1.243 | 1.184 | 1.115 | 1.053 | 0.992 | 0.921 | 0.902 | 0.880 | 0.826 | 0.784 | 0.758 | 0.708 |
| 0.16 | 2.00 | 1.873 | 1.832 | 1.736 | 1.692 | 1.633 | 1.587 | 1.538 | 1.502 | 1.472 | 1.418 | 1.362 | 1.317 | 1.280 | 1.211 | 1.131 | 1.060 | 0.989 | 0.909 | 0.887 | 0.863 | 0.803 | 0.755 | 0.727 | 0.673 |
| 0.18 | 2.16 | 2.01 | 1.961 | 1.848 | 1.796 | 1.727 | 1.674 | 1.616 | 1.574 | 1.539 | 1.477 | 1.412 | 1.360 | 1.317 | 1.238 | 1.146 | 1.066 | 0.986 | 0.897 | 0.873 | 0.846 | 0.780 | 0.728 | 0.697 | 0.644 |
| 0.20 | 2.33 | 2.15 | 2.10 | 1.96 | 1.90 | 1.825 | 1.763 | 1.697 | 1.648 | 1.608 | 1.537 | 1.462 | 1.404 | 1.355 | 1.264 | 1.162 | 1.072 | 0.983 | 0.884 | 0.858 | 0.829 | 0.757 | 0.702 | 0.668 | 0.613 |
| 0.22 | 2.51 | 2.30 | 2.24 | 2.09 | 2.02 | 1.926 | 1.854 | 1.781 | 1.725 | 1.678 | 1.598 | 1.514 | 1.448 | 1.393 | 1.292 | 1.177 | 1.077 | 0.980 | 0.872 | 0.843 | 0.811 | 0.735 | 0.674 | 0.640 | 0.577 |
| 0.24 | 2.69 | 2.46 | 2.39 | 2.21 | 2.13 | 2.03 | 1.948 | 1.867 | 1.803 | 1.751 | 1.661 | 1.566 | 1.493 | 1.431 | 1.319 | 1.192 | 1.082 | 0.976 | 0.859 | 0.827 | 0.794 | 0.713 | 0.649 | 0.613 | 0.544 |
| 0.26 | 2.89 | 2.62 | 2.54 | 2.34 | 2.26 | 2.14 | 2.05 | 1.955 | 1.883 | 1.826 | 1.725 | 1.620 | 1.538 | 1.470 | 1.346 | 1.207 | 1.087 | 0.972 | 0.846 | 0.813 | 0.777 | 0.690 | 0.626 | 0.597 | 0.518 |
| 0.28 | 3.00 | 2.79 | 2.70 | 2.48 | 2.38 | 2.25 | 2.15 | 2.05 | 1.965 | 1.903 | 1.790 | 1.674 | 1.584 | 1.509 | 1.373 | 1.221 | 1.091 | 0.968 | 0.833 | 0.798 | 0.760 | 0.669 | 0.603 | 0.562 | 0.493 |
| 0.30 | 3.30 | 2.96 | 2.86 | 2.62 | 2.51 | 2.36 | 2.25 | 2.14 | 2.05 | 1.981 | 1.857 | 1.729 | 1.630 | 1.549 | 1.400 | 1.236 | 1.096 | 0.963 | 0.820 | 0.782 | 0.743 | 0.648 | 0.579 | 0.537 | 0.470 |
| 0.32 | 3.51 | 3.14 | 3.03 | 2.76 | 2.64 | 2.48 | 2.36 | 2.23 | 2.14 | 2.06 | 1.925 | 1.785 | 1.677 | 1.589 | 1.428 | 1.250 | 1.099 | 0.957 | 0.806 | 0.767 | 0.726 | 0.628 | 0.556 | 0.514 | 0.449 |
| 0.34 | 3.74 | 3.33 | 3.21 | 2.91 | 2.78 | 2.60 | 2.47 | 2.33 | 2.23 | 2.14 | 1.994 | 1.842 | 1.725 | 1.629 | 1.455 | 1.263 | 1.103 | 0.952 | 0.793 | 0.752 | 0.709 | 0.608 | 0.534 | 0.492 | 0.428 |
| 0.36 | 3.98 | 3.53 | 3.39 | 3.06 | 2.92 | 2.72 | 2.58 | 2.43 | 2.31 | 2.22 | 2.06 | 1.899 | 1.773 | 1.669 | 1.482 | 1.277 | 1.105 | 0.947 | 0.780 | 0.737 | 0.692 | 0.588 | 0.513 | 0.471 | 0.406 |
| 0.38 | 4.22 | 3.73 | 3.57 | 3.22 | 3.06 | 2.86 | 2.70 | 2.53 | 2.41 | 2.31 | 2.14 | 1.958 | 1.822 | 1.710 | 1.509 | 1.290 | 1.108 | 0.941 | 0.767 | 0.722 | 0.675 | 0.568 | 0.493 | 0.450 | 0.382 |
| 0.40 | 4.47 | 3.93 | 3.77 | 3.38 | 3.21 | 2.99 | 2.81 | 2.64 | 2.50 | 2.39 | 2.21 | 2.02 | 1.871 | 1.751 | 1.536 | 1.303 | 1.111 | 0.934 | 0.753 | 0.707 | 0.659 | 0.549 | 0.473 | 0.431 | 0.365 |

续表

| $C_V$ \ P(%) | 0.0001 | 0.001 | 0.002 | 0.01 | 0.02 | 0.05 | 0.1 | 0.2 | 1/3 | 0.5 | 1 | 2 | 10/3 | 5 | 10 | 20 | 100/3 | 50 | 70 | 75 | 80 | 90 | 95 | 97 | 99 |
|---|---|---|---|---|---|---|---|---|---|---|---|---|---|---|---|---|---|---|---|---|---|---|---|---|---|
| 0.42 | 4.73 | 4.15 | 3.97 | 3.55 | 3.37 | 3.12 | 2.93 | 2.74 | 2.60 | 2.49 | 2.28 | 2.08 | 1.920 | 1.792 | 1.563 | 1.316 | 1.113 | 0.928 | 0.739 | 0.692 | 0.643 | 0.532 | 0.456 | 0.413 | 0.348 |
| 0.44 | 5.00 | 4.37 | 4.18 | 3.72 | 3.53 | 3.26 | 3.06 | 2.85 | 2.70 | 2.58 | 2.36 | 2.14 | 1.970 | 1.834 | 1.590 | 1.328 | 1.114 | 0.921 | 0.726 | 0.676 | 0.627 | 0.514 | 0.438 | 0.395 | 0.334 |
| 0.46 | 5.27 | 4.59 | 4.39 | 3.90 | 3.69 | 3.40 | 3.18 | 2.96 | 2.80 | 2.67 | 2.43 | 2.20 | 2.02 | 1.875 | 1.616 | 1.340 | 1.116 | 0.914 | 0.712 | 0.662 | 0.611 | 0.496 | 0.421 | 0.379 | 0.319 |
| 0.48 | 5.56 | 4.83 | 4.60 | 4.08 | 3.85 | 3.54 | 3.31 | 3.08 | 2.90 | 2.76 | 2.51 | 2.26 | 2.07 | 1.917 | 1.643 | 1.352 | 1.117 | 0.906 | 0.697 | 0.618 | 0.595 | 0.478 | 0.404 | 0.363 | 0.302 |
| 0.50 | 5.85 | 5.06 | 4.82 | 4.26 | 4.02 | 3.69 | 3.44 | 3.19 | 3.00 | 2.85 | 2.59 | 2.32 | 2.12 | 1.958 | 1.670 | 1.363 | 1.117 | 0.899 | 0.683 | 0.633 | 0.579 | 0.461 | 0.388 | 0.349 | 0.290 |
| 0.52 | 6.15 | 5.31 | 5.05 | 4.45 | 4.19 | 3.84 | 3.58 | 3.30 | 3.11 | 2.95 | 2.67 | 2.39 | 2.17 | 2.00 | 1.696 | 1.373 | 1.117 | 0.891 | 0.671 | 0.617 | 0.565 | 0.446 | 0.373 | 0.335 | 0.282 |
| 0.54 | 6.46 | 5.56 | 5.29 | 4.64 | 4.37 | 4.00 | 3.71 | 3.42 | 3.22 | 3.04 | 2.75 | 2.45 | 2.23 | 2.04 | 1.723 | 1.385 | 1.116 | 0.882 | 0.656 | 1.603 | 0.549 | 0.431 | 0.359 | 0.322 | 0.272 |
| 0.56 | 6.78 | 5.82 | 5.53 | 4.84 | 4.55 | 4.15 | 3.85 | 3.55 | 3.33 | 3.14 | 2.83 | 2.52 | 2.28 | 2.09 | 1.749 | 1.395 | 1.116 | 0.874 | 0.643 | 0.589 | 0.534 | 0.417 | 0.346 | 0.310 | 0.264 |
| 0.58 | 7.11 | 6.08 | 5.77 | 5.04 | 4.73 | 4.31 | 4.00 | 3.67 | 3.44 | 3.24 | 2.91 | 2.58 | 2.33 | 2.13 | 1.775 | 1.405 | 1.115 | 0.865 | 0.629 | 0.574 | 0.520 | 0.402 | 0.333 | 0.299 | 0.254 |
| 0.60 | 7.44 | 6.36 | 6.02 | 5.25 | 4.92 | 4.48 | 4.14 | 3.80 | 3.55 | 3.35 | 3.00 | 2.65 | 2.38 | 2.17 | 1.800 | 1.414 | 1.114 | 0.856 | 0.615 | 0.560 | 0.505 | 0.388 | 0.321 | 0.289 | 0.245 |
| 0.62 | 7.79 | 6.63 | 6.28 | 5.46 | 5.11 | 4.65 | 4.28 | 3.93 | 3.66 | 3.45 | 3.08 | 2.71 | 2.44 | 2.21 | 1.825 | 1.423 | 1.112 | 0.847 | 0.602 | 0.546 | 0.491 | 0.376 | 0.310 | 0.279 | 0.240 |
| 0.64 | 8.14 | 6.92 | 6.54 | 5.68 | 5.31 | 4.82 | 4.43 | 4.06 | 3.78 | 3.55 | 3.17 | 2.78 | 2.49 | 2.26 | 1.850 | 1.432 | 1.110 | 0.837 | 0.589 | 0.533 | 0.477 | 0.364 | 0.300 | 0.271 | 0.234 |
| 0.66 | 8.50 | 7.21 | 6.82 | 5.91 | 5.51 | 4.98 | 4.59 | 4.19 | 3.89 | 3.66 | 3.25 | 2.85 | 2.54 | 2.30 | 1.876 | 1.441 | 1.107 | 0.828 | 0.575 | 0.519 | 0.464 | 0.352 | 0.290 | 0.263 | 0.230 |
| 0.68 | 8.87 | 7.50 | 7.09 | 6.13 | 5.72 | 5.16 | 4.74 | 4.33 | 4.01 | 3.77 | 3.34 | 2.91 | 2.60 | 2.34 | 1.901 | 1.449 | 1.104 | 0.818 | 0.562 | 0.505 | 0.450 | 0.341 | 0.281 | 0.255 | 0.225 |
| 0.70 | 9.25 | 7.80 | 7.37 | 6.36 | 5.92 | 5.34 | 4.90 | 4.46 | 4.13 | 3.88 | 3.43 | 2.98 | 2.65 | 2.38 | 1.925 | 1.456 | 1.100 | 0.808 | 0.549 | 0.492 | 0.437 | 0.330 | 0.273 | 0.249 | |
| 0.72 | 9.63 | 8.11 | 7.66 | 6.59 | 6.13 | 5.52 | 5.06 | 4.60 | 4.26 | 3.99 | 3.52 | 3.05 | 2.70 | 2.43 | 1.949 | 1.463 | 1.097 | 0.798 | 0.536 | 0.479 | 0.424 | 0.319 | 0.265 | 0.243 | 0.216 |
| 0.74 | 10.02 | 8.43 | 7.95 | 6.84 | 6.34 | 5.71 | 5.22 | 4.74 | 4.38 | 4.10 | 3.61 | 3.12 | 2.76 | 2.47 | 1.973 | 1.470 | 1.093 | 0.788 | 0.524 | 0.466 | 0.412 | 0.309 | 0.259 | 0.237 | 0.214 |
| 0.76 | 10.42 | 8.75 | 8.25 | 7.08 | 6.56 | 5.89 | 5.39 | 4.88 | 4.51 | 4.21 | 3.70 | 3.19 | 2.81 | 2.51 | 1.997 | 1.476 | 1.088 | 0.777 | 0.511 | 0.454 | 0.400 | 0.300 | 0.253 | 0.233 | 0.212 |
| 0.78 | 10.83 | 9.08 | 8.55 | 7.32 | 6.79 | 6.09 | 5.56 | 5.03 | 4.63 | 4.32 | 3.79 | 3.26 | 2.87 | 2.55 | 2.02 | 1.482 | 1.083 | 0.766 | 0.498 | 0.442 | 0.389 | 0.292 | 0.247 | 0.228 | 0.209 |
| 0.80 | 11.25 | 9.41 | 8.86 | 7.56 | 7.01 | 6.29 | 5.73 | 5.18 | 4.76 | 4.44 | 3.88 | 3.33 | 2.92 | 2.60 | 2.04 | 1.487 | 1.078 | 0.755 | 0.486 | 0.430 | 0.378 | 0.285 | 0.241 | 0.224 | 0.208 |
| 0.82 | 11.68 | 9.75 | 9.17 | 7.82 | 7.24 | 6.48 | 5.89 | 5.31 | 4.89 | 4.56 | 3.98 | 3.40 | 2.97 | 2.64 | 2.07 | 1.493 | 1.074 | 0.744 | 0.474 | 0.418 | 0.368 | 0.277 | 0.236 | 0.221 | 0.206 |
| 0.84 | 12.12 | 10.10 | 9.49 | 8.08 | 7.47 | 6.67 | 6.07 | 5.46 | 5.02 | 4.68 | 4.07 | 3.47 | 3.03 | 2.68 | 2.09 | 1.497 | 1.068 | 0.732 | 0.462 | 0.407 | 0.358 | 0.270 | 0.232 | 0.218 | 0.205 |

续表

| $C_V$ \ $P(\%)$ | 0.0001 | 0.001 | 0.002 | 0.01 | 0.02 | 0.05 | 0.1 | 0.2 | 1/3 | 0.5 | 1 | 2 | 10/3 | 5 | 10 | 20 | 100/3 | 50 | 70 | 75 | 80 | 90 | 95 | 97 | 99 |
|---|---|---|---|---|---|---|---|---|---|---|---|---|---|---|---|---|---|---|---|---|---|---|---|---|---|
| 0.86 | 12.56 | 10.44 | 9.82 | 8.34 | 7.71 | 6.87 | 6.25 | 5.62 | 5.16 | 4.80 | 4.17 | 3.54 | 3.08 | 2.72 | 2.11 | 1.502 | 1.062 | 0.721 | 0.450 | 0.396 | 0.347 | 0.263 | 0.228 | 0.215 | 0.204 |
| 0.88 | 13.01 | 10.80 | 10.15 | 8.61 | 7.96 | 7.08 | 6.43 | 5.78 | 5.29 | 4.92 | 4.26 | 3.61 | 3.14 | 2.76 | 2.13 | 1.505 | 1.055 | 0.710 | 0.439 | 0.386 | 0.338 | 0.257 | 0.224 | 0.213 | 0.204 |
| 0.90 | 13.47 | 11.16 | 10.48 | 8.88 | 8.20 | 7.29 | 6.61 | 5.93 | 5.43 | 5.03 | 4.36 | 3.68 | 3.19 | 2.81 | 2.15 | 1.508 | 1.049 | 0.698 | 0.428 | 0.376 | 0.329 | 0.251 | 0.221 | 0.211 | 0.203 |
| 0.92 | 13.93 | 11.54 | 10.82 | 9.15 | 8.44 | 7.50 | 6.79 | 6.08 | 5.57 | 5.15 | 4.45 | 3.76 | 3.25 | 2.85 | 2.17 | 1.511 | 1.042 | 0.686 | 0.417 | 0.366 | 0.321 | 0.246 | 0.218 | 0.209 | 0.202 |
| 0.94 | 14.41 | 11.92 | 11.17 | 9.44 | 8.69 | 7.72 | 6.98 | 6.25 | 5.70 | 5.28 | 4.55 | 3.83 | 3.30 | 2.89 | 2.19 | 1.514 | 1.033 | 0.675 | 0.406 | 0.356 | 0.312 | 0.242 | 0.216 | 0.208 | 0.202 |
| 0.96 | 14.89 | 12.30 | 11.52 | 9.72 | 8.95 | 7.94 | 7.17 | 6.41 | 5.84 | 5.40 | 4.65 | 3.90 | 3.36 | 2.93 | 2.21 | 1.516 | 1.026 | 0.663 | 0.395 | 0.346 | 0.304 | 0.237 | 0.213 | 0.206 | 0.201 |
| 0.98 | 15.38 | 12.68 | 11.89 | 10.10 | 9.21 | 8.16 | 7.35 | 6.56 | 5.99 | 5.52 | 4.75 | 3.97 | 3.41 | 2.97 | 2.23 | 1.517 | 1.018 | 0.651 | 0.385 | 0.337 | 0.297 | 0.233 | 0.212 | 0.205 | 0.201 |
| 1.00 | 15.87 | 13.08 | 12.24 | 10.30 | 9.47 | 8.37 | 7.55 | 6.73 | 6.13 | 5.65 | 4.85 | 4.05 | 3.47 | 3.01 | 2.25 | 1.518 | 1.010 | 0.640 | 0.375 | 0.320 | 0.289 | 0.229 | 0.210 | 0.204 | 0.201 |
| 1.05 | 17.15 | 14.10 | 13.17 | 11.04 | 10.14 | 8.93 | 8.03 | 7.15 | 6.48 | 5.97 | 5.10 | 4.23 | 3.60 | 3.11 | 2.30 | 1.518 | 0.989 | 0.611 | 0.352 | 0.309 | 0.273 | 0.222 | 0.207 | 0.203 | 0.200 |
| 1.10 | 18.48 | 15.13 | 14.13 | 11.81 | 10.83 | 9.53 | 8.53 | 7.58 | 6.87 | 6.30 | 5.35 | 4.41 | 3.74 | 3.21 | 2.34 | 1.516 | 0.965 | 0.582 | 0.331 | 0.291 | 0.259 | 0.215 | 0.204 | 0.202 | 0.200 |
| 1.15 | 19.87 | 16.22 | 15.14 | 12.61 | 11.52 | 10.12 | 9.05 | 8.00 | 7.23 | 6.63 | 5.60 | 4.60 | 3.87 | 3.31 | 2.38 | 1.512 | 0.940 | 0.553 | 0.312 | 0.276 | 0.247 | 0.211 | 0.203 | 0.201 | 0.200 |
| 1.20 | 21.29 | 17.33 | 16.16 | 13.42 | 12.26 | 10.73 | 9.58 | 8.45 | 7.62 | 6.96 | 5.86 | 4.78 | 4.04 | 3.40 | 2.42 | 1.504 | 0.914 | 0.525 | 0.295 | 0.262 | 0.237 | 0.208 | 0.202 | 0.201 | 0.200 |
| 1.25 | 22.8 | 18.5 | 17.2 | 14.3 | 13.0 | 11.4 | 10.1 | 8.91 | 8.00 | 7.30 | 6.12 | 4.97 | 4.14 | 3.50 | 2.45 | 1.496 | 0.886 | 0.497 | 0.279 | 0.250 | 0.229 | 0.205 | 0.201 | 0.200 | 0.200 |
| 1.30 | 24.3 | 19.7 | 18.3 | 15.1 | 13.8 | 12.0 | 10.7 | 9.35 | 8.39 | 7.67 | 6.38 | 5.15 | 4.27 | 3.59 | 2.48 | 1.482 | 0.857 | 0.471 | 0.265 | 0.240 | 0.222 | 0.203 | 0.201 | 0.200 | 0.200 |
| 1.35 | 25.9 | 20.9 | 19.4 | 16.0 | 14.6 | 12.6 | 11.2 | 9.84 | 8.80 | 8.02 | 6.65 | 5.33 | 4.40 | 3.67 | 2.51 | 1.468 | 0.828 | 0.447 | 0.254 | 0.232 | 0.217 | 0.202 | 0.200 | 0.200 | 0.200 |
| 1.40 | 27.5 | 22.2 | 20.6 | 16.9 | 15.4 | 13.3 | 11.8 | 10.3 | 9.22 | 8.34 | 6.91 | 5.52 | 4.52 | 3.76 | 2.54 | 1.450 | 0.799 | 0.422 | 0.244 | 0.225 | 0.213 | 0.201 | 0.200 | 0.200 | 0.200 |
| 1.45 | 29.1 | 23.4 | 21.8 | 17.9 | 16.2 | 14.0 | 12.4 | 10.8 | 9.62 | 8.72 | 7.18 | 5.70 | 4.65 | 3.84 | 2.55 | 1.431 | 0.770 | 0.399 | 0.236 | 0.219 | 0.209 | 0.201 | 0.200 | 0.200 | 0.200 |
| 1.50 | 30.8 | 24.8 | 23.0 | 18.8 | 17.0 | 14.7 | 13.0 | 11.3 | 10.1 | 9.08 | 7.45 | 5.88 | 4.77 | 3.92 | 2.57 | 1.410 | 0.739 | 0.378 | 0.238 | 0.215 | 0.207 | 0.201 | 0.200 | 0.200 | 0.200 |
| 1.55 | 32.6 | 26.1 | 24.2 | 19.8 | 17.9 | 15.4 | 13.6 | 11.8 | 10.5 | 9.44 | 7.72 | 6.06 | 4.89 | 4.00 | 2.59 | 1.386 | 0.709 | 0.358 | 0.222 | 0.212 | 0.205 | 0.200 | 0.200 | 0.200 | 0.200 |
| 1.60 | 34.4 | 27.5 | 25.5 | 20.8 | 18.8 | 16.2 | 14.2 | 12.3 | 10.9 | 9.81 | 7.99 | 6.24 | 5.01 | 4.07 | 2.60 | 1.362 | 0.680 | 0.340 | 0.218 | 0.208 | 0.203 | 0.200 | 0.200 | 0.200 | 0.200 |
| 1.65 | 36.3 | 28.9 | 26.8 | 21.8 | 19.7 | 16.9 | 14.8 | 12.8 | 11.3 | 10.2 | 8.26 | 6.41 | 5.12 | 4.14 | 2.61 | 1.334 | 0.650 | 0.323 | 0.214 | 0.206 | 0.202 | 0.200 | 0.200 | 0.200 | 0.200 |
| 1.70 | 38.1 | 30.4 | 28.1 | 22.8 | 20.6 | 17.6 | 15.5 | 13.3 | 11.8 | 10.5 | 8.53 | 6.59 | 5.23 | 4.21 | 2.62 | 1.308 | 0.621 | 0.307 | 0.210 | 0.205 | 0.202 | 0.200 | 0.200 | 0.200 | 0.200 |
| 1.75 | 40.1 | 31.9 | 29.5 | 23.9 | 21.5 | 18.4 | 16.1 | 13.8 | 12.2 | 10.9 | 8.80 | 6.76 | 5.34 | 4.27 | 2.62 | 1.279 | 0.593 | 0.293 | 0.208 | 0.203 | 0.201 | 0.200 | 0.200 | 0.200 | 0.200 |

续表

| $C_V$ \ $P(\%)$ | 0.0001 | 0.001 | 0.002 | 0.01 | 0.02 | 0.05 | 0.1 | 0.2 | 1/3 | 0.5 | 1 | 2 | 10/3 | 5 | 10 | 20 | 100/3 | 50 | 70 | 75 | 80 | 90 | 95 | 97 | 99 |
|---|---|---|---|---|---|---|---|---|---|---|---|---|---|---|---|---|---|---|---|---|---|---|---|---|---|
| 1.80 | 42.0 | 33.4 | 30.9 | 24.9 | 22.5 | 19.2 | 16.8 | 14.4 | 12.7 | 11.3 | 9.07 | 6.94 | 5.45 | 4.34 | 2.62 | 1.247 | 0.564 | 0.280 | 0.206 | 0.202 | 0.201 | 0.200 | 0.200 | 0.200 | 0.200 |
| 1.85 | 44.1 | 35.0 | 32.2 | 26.0 | 23.4 | 19.9 | 17.4 | 14.9 | 13.1 | 11.7 | 9.34 | 7.11 | 5.55 | 4.39 | 2.62 | 1.216 | 0.538 | 0.269 | 0.204 | 0.202 | 0.201 | 0.200 | 0.200 | 0.200 | 0.200 |
| 1.90 | 46.2 | 36.5 | 33.7 | 27.1 | 24.4 | 20.8 | 18.1 | 15.4 | 13.5 | 12.0 | 9.61 | 7.28 | 5.65 | 4.45 | 2.61 | 1.182 | 0.513 | 0.259 | 0.203 | 0.201 | 0.200 | 0.200 | 0.200 | 0.200 | 0.200 |
| 1.95 | 48.3 | 38.2 | 35.2 | 28.3 | 25.4 | 21.6 | 18.8 | 16.0 | 14.0 | 12.4 | 9.88 | 7.44 | 5.75 | 4.50 | 2.60 | 1.149 | 0.487 | 0.250 | 0.202 | 0.201 | 0.200 | 0.200 | 0.200 | 0.200 | 0.200 |
| 2.00 | 50.4 | 39.8 | 36.7 | 29.4 | 26.4 | 22.4 | 19.4 | 16.6 | 14.4 | 12.8 | 10.20 | 7.60 | 5.84 | 4.55 | 2.59 | 1.116 | 0.463 | 0.242 | 0.202 | 0.201 | 0.200 | 0.200 | 0.200 | 0.200 | 0.200 |

$(C_S=3C_V)$

| $C_V$ \ $P(\%)$ | 0.0001 | 0.001 | 0.002 | 0.01 | 0.02 | 0.05 | 0.1 | 0.2 | 1/3 | 0.5 | 1 | 2 | 10/3 | 5 | 10 | 20 | 100/3 | 50 | 70 | 75 | 80 | 90 | 95 | 97 | 99 |
|---|---|---|---|---|---|---|---|---|---|---|---|---|---|---|---|---|---|---|---|---|---|---|---|---|---|
| 0.02 | 1.099 | 1.089 | 1.085 | 1.078 | 1.074 | 1.069 | 1.065 | 1.061 | 1.058 | 1.054 | 1.050 | 1.045 | 1.040 | 1.036 | 1.029 | 1.022 | 1.016 | 1.009 | 1.000 | 0.996 | 0.993 | 0.985 | 0.980 | 0.963 | 0.954 |
| 0.04 | 1.208 | 1.185 | 1.177 | 1.159 | 1.150 | 1.039 | 1.129 | 1.120 | 1.113 | 1.107 | 1.095 | 1.083 | 1.074 | 1.066 | 1.050 | 1.030 | 1.012 | 0.994 | 0.973 | 0.967 | 0.961 | 0.943 | 0.929 | 0.927 | 0.900 |
| 0.06 | 1.325 | 1.288 | 1.276 | 1.248 | 1.234 | 1.215 | 1.201 | 1.186 | 1.174 | 1.165 | 1.147 | 1.129 | 1.114 | 1.102 | 1.078 | 1.050 | 1.024 | 0.998 | 0.967 | 0.959 | 0.949 | 0.925 | 0.904 | 0.892 | 0.870 |
| 0.08 | 1.452 | 1.397 | 1.381 | 1.339 | 1.321 | 1.295 | 1.275 | 1.254 | 1.237 | 1.224 | 1.220 | 1.174 | 1.154 | 1.137 | 1.104 | 1.066 | 1.032 | 0.997 | 0.956 | 0.944 | 0.932 | 0.900 | 0.874 | 0.858 | 0.830 |
| 0.10 | 1.587 | 1.515 | 1.493 | 1.437 | 1.413 | 1.379 | 1.352 | 1.324 | 1.303 | 1.286 | 1.254 | 1.221 | 1.195 | 1.173 | 1.131 | 1.082 | 1.039 | 0.995 | 0.944 | 0.930 | 0.915 | 0.875 | 0.844 | 0.825 | 0.788 |
| 0.12 | 1.733 | 1.640 | 1.611 | 1.541 | 1.509 | 1.467 | 1.433 | 1.398 | 1.371 | 1.349 | 1.310 | 1.269 | 1.236 | 1.209 | 1.158 | 1.098 | 1.045 | 0.993 | 0.932 | 0.916 | 0.897 | 0.851 | 0.815 | 0.793 | 0.751 |
| 0.14 | 1.887 | 1.772 | 1.736 | 1.650 | 1.611 | 1.559 | 1.518 | 1.474 | 1.442 | 1.415 | 1.368 | 1.318 | 1.279 | 1.246 | 1.185 | 1.114 | 1.052 | 0.990 | 0.920 | 0.901 | 0.880 | 0.828 | 0.787 | 0.763 | 0.717 |
| 0.16 | 2.05 | 1.912 | 1.868 | 1.764 | 1.717 | 1.655 | 1.606 | 1.553 | 1.515 | 1.484 | 1.427 | 1.368 | 1.322 | 1.283 | 1.211 | 1.130 | 1.058 | 0.987 | 0.908 | 0.887 | 0.863 | 0.805 | 0.760 | 0.733 | 0.688 |
| 0.18 | 2.23 | 2.06 | 2.01 | 1.884 | 1.829 | 1.754 | 1.697 | 1.636 | 1.591 | 1.554 | 1.488 | 1.420 | 1.366 | 1.321 | 1.238 | 1.145 | 1.063 | 0.984 | 0.895 | 0.872 | 0.846 | 0.782 | 0.733 | 0.705 | 0.656 |
| 0.20 | 2.41 | 2.22 | 2.16 | 2.01 | 1.945 | 1.858 | 1.790 | 1.723 | 1.669 | 1.626 | 1.551 | 1.472 | 1.410 | 1.359 | 1.266 | 1.160 | 1.069 | 0.980 | 0.883 | 0.856 | 0.828 | 0.760 | 0.707 | 0.677 | 0.620 |
| 0.22 | 2.60 | 2.38 | 2.31 | 2.14 | 2.07 | 1.966 | 1.889 | 1.811 | 1.749 | 1.701 | 1.615 | 1.525 | 1.456 | 1.398 | 1.293 | 1.175 | 1.073 | 0.976 | 0.870 | 0.841 | 0.811 | 0.738 | 0.684 | 0.651 | 0.594 |
| 0.24 | 2.81 | 2.55 | 2.47 | 2.28 | 2.19 | 2.08 | 1.991 | 1.902 | 1.832 | 1.778 | 1.681 | 1.580 | 1.502 | 1.437 | 1.320 | 1.189 | 1.078 | 0.972 | 0.857 | 0.826 | 0.794 | 0.717 | 0.661 | 0.627 | 0.570 |
| 0.26 | 3.02 | 2.73 | 2.63 | 2.42 | 2.32 | 2.19 | 2.10 | 1.995 | 1.919 | 1.857 | 1.748 | 1.635 | 1.549 | 1.477 | 1.347 | 1.204 | 1.082 | 0.966 | 0.843 | 0.811 | 0.777 | 0.696 | 0.638 | 0.603 | 0.548 |
| 0.28 | 3.25 | 2.91 | 2.81 | 2.57 | 2.46 | 2.31 | 2.21 | 2.09 | 2.01 | 1.937 | 1.817 | 1.692 | 1.596 | 1.517 | 1.374 | 1.217 | 1.085 | 0.961 | 0.830 | 0.796 | 0.760 | 0.676 | 0.615 | 0.580 | 0.526 |
| 0.30 | 3.48 | 3.11 | 2.99 | 2.72 | 2.60 | 2.44 | 2.32 | 2.19 | 2.10 | 2.02 | 1.887 | 1.749 | 1.644 | 1.558 | 1.402 | 1.230 | 1.088 | 0.956 | 0.817 | 0.781 | 0.743 | 0.657 | 0.594 | 0.559 | 0.505 |

续表

| $C_V$ \ $P$(%) | 0.0001 | 0.001 | 0.002 | 0.01 | 0.02 | 0.05 | 0.1 | 0.2 | 1/3 | 0.5 | 1 | 2 | 10/3 | 5 | 10 | 20 | 100/3 | 50 | 70 | 75 | 80 | 90 | 95 | 97 | 99 |
|---|---|---|---|---|---|---|---|---|---|---|---|---|---|---|---|---|---|---|---|---|---|---|---|---|---|
| 0.32 | 3.72 | 3.30 | 3.18 | 2.88 | 2.74 | 2.57 | 2.43 | 2.29 | 2.19 | 2.10 | 1.959 | 1.808 | 1.693 | 1.598 | 1.429 | 1.244 | 1.091 | 0.950 | 0.803 | 0.766 | 0.726 | 0.637 | 0.575 | 0.539 | 0.481 |
| 0.34 | 3.98 | 3.51 | 3.37 | 3.04 | 2.89 | 2.70 | 2.55 | 2.40 | 2.28 | 2.19 | 2.03 | 1.867 | 1.742 | 1.639 | 1.456 | 1.257 | 1.093 | 0.943 | 0.790 | 0.751 | 0.710 | 0.618 | 0.556 | 0.520 | 0.462 |
| 0.36 | 4.24 | 3.73 | 3.58 | 3.21 | 3.05 | 2.84 | 2.67 | 2.51 | 2.38 | 2.28 | 2.11 | 1.927 | 1.791 | 1.681 | 1.482 | 1.269 | 1.095 | 0.937 | 0.776 | 0.735 | 0.695 | 0.601 | 0.538 | 0.502 | 0.450 |
| 0.38 | 4.52 | 3.95 | 3.79 | 3.39 | 3.21 | 2.98 | 2.80 | 2.62 | 2.48 | 2.37 | 2.18 | 1.988 | 1.842 | 1.722 | 1.509 | 1.281 | 1.096 | 0.930 | 0.762 | 0.721 | 0.679 | 0.583 | 0.520 | 0.485 | 0.435 |
| 0.40 | 4.80 | 4.19 | 4.00 | 3.57 | 3.37 | 3.12 | 2.92 | 2.73 | 2.58 | 2.46 | 2.26 | 2.05 | 1.892 | 1.764 | 1.536 | 1.293 | 1.097 | 0.922 | 0.718 | 0.706 | 0.662 | 0.565 | 0.503 | 0.469 | 0.418 |
| | | | | | | | | | | | | | | | | | | | | | | | | | |
| 0.42 | 5.09 | 4.43 | 4.22 | 3.75 | 3.54 | 3.27 | 3.06 | 2.84 | 2.69 | 2.56 | 2.34 | 2.11 | 1.944 | 1.805 | 1.562 | 1.304 | 1.097 | 0.914 | 0.734 | 0.691 | 0.647 | 0.549 | 0.487 | 0.455 | 0.407 |
| 0.44 | 5.40 | 4.68 | 4.45 | 3.94 | 3.72 | 3.42 | 3.19 | 2.96 | 2.79 | 2.65 | 2.42 | 2.18 | 1.955 | 1.848 | 1.589 | 1.315 | 1.097 | 0.906 | 0.721 | 0.676 | 0.632 | 0.533 | 0.472 | 0.441 | 0.398 |
| 0.46 | 5.71 | 4.93 | 4.69 | 4.13 | 3.90 | 3.57 | 3.33 | 3.08 | 2.90 | 2.75 | 2.50 | 2.24 | 2.05 | 1.891 | 1.615 | 1.326 | 1.097 | 0.898 | 0.707 | 0.662 | 0.617 | 0.519 | 0.459 | 0.429 | 0.389 |
| 0.48 | 6.04 | 5.19 | 4.94 | 4.34 | 4.08 | 3.73 | 3.47 | 3.21 | 3.01 | 2.85 | 2.58 | 2.31 | 2.10 | 1.933 | 1.641 | 1.336 | 1.096 | 0.889 | 0.693 | 0.648 | 0.602 | 0.504 | 0.446 | 0.418 | 0.380 |
| 0.50 | 6.37 | 5.46 | 5.19 | 4.54 | 4.27 | 3.90 | 3.62 | 3.34 | 3.12 | 2.96 | 2.67 | 2.37 | 2.15 | 1.975 | 1.666 | 1.345 | 1.094 | 0.880 | 0.679 | 0.633 | 0.588 | 0.490 | 0.434 | 0.408 | 0.371 |
| | | | | | | | | | | | | | | | | | | | | | | | | | |
| 0.52 | 6.71 | 5.74 | 5.44 | 4.75 | 4.46 | 4.07 | 3.76 | 3.46 | 3.24 | 3.06 | 2.75 | 2.44 | 2.21 | 2.02 | 1.692 | 1.354 | 1.093 | 0.871 | 0.666 | 0.620 | 0.573 | 0.478 | 0.423 | 0.398 | 0.365 |
| 0.54 | 7.07 | 6.03 | 5.71 | 4.97 | 4.66 | 4.24 | 3.91 | 3.59 | 3.35 | 3.16 | 2.84 | 2.50 | 2.26 | 2.06 | 1.717 | 1.363 | 1.091 | 0.861 | 0.653 | 0.606 | 0.560 | 0.466 | 0.414 | 0.390 | 0.360 |
| 0.56 | 7.43 | 6.32 | 5.98 | 5.20 | 4.86 | 4.41 | 4.07 | 3.73 | 3.47 | 3.27 | 2.92 | 2.57 | 2.31 | 2.10 | 1.742 | 1.372 | 1.087 | 0.852 | 0.639 | 0.592 | 0.546 | 0.454 | 0.404 | 0.382 | 0.356 |
| 0.58 | 7.81 | 6.62 | 6.26 | 5.43 | 5.07 | 4.58 | 4.22 | 3.86 | 3.59 | 3.38 | 3.01 | 2.64 | 2.37 | 2.15 | 1.767 | 1.379 | 1.084 | 0.842 | 0.626 | 0.579 | 0.533 | 0.443 | 0.396 | 0.375 | 0.352 |
| 0.60 | 8.19 | 6.93 | 6.55 | 5.66 | 5.27 | 4.77 | 4.38 | 4.00 | 3.71 | 3.49 | 3.10 | 2.71 | 2.42 | 2.19 | 1.790 | 1.385 | 1.081 | 0.832 | 0.614 | 0.565 | 0.520 | 0.433 | 0.388 | 0.369 | 0.347 |
| | | | | | | | | | | | | | | | | | | | | | | | | | |
| 0.62 | 8.58 | 7.24 | 6.84 | 5.90 | 5.49 | 4.95 | 4.54 | 4.14 | 3.84 | 3.60 | 3.19 | 2.78 | 2.47 | 2.23 | 1.814 | 1.393 | 1.077 | 0.821 | 0.601 | 0.553 | 0.508 | 0.423 | 0.382 | 0.364 | 0.344 |
| 0.64 | 8.98 | 7.57 | 7.14 | 6.15 | 5.71 | 5.14 | 4.71 | 4.28 | 3.96 | 3.71 | 3.28 | 2.85 | 2.53 | 2.27 | 1.838 | 1.399 | 1.072 | 0.810 | 0.588 | 0.541 | 0.496 | 0.414 | 0.376 | 0.359 | 0.342 |
| 0.66 | 9.40 | 7.90 | 7.45 | 6.39 | 5.93 | 5.34 | 4.88 | 4.43 | 4.09 | 3.83 | 3.37 | 2.92 | 2.58 | 2.32 | 1.861 | 1.404 | 1.067 | 0.799 | 0.576 | 0.529 | 0.485 | 0.407 | 0.369 | 0.355 | 0.340 |
| 0.68 | 9.83 | 8.24 | 7.76 | 6.64 | 6.16 | 5.54 | 5.05 | 4.58 | 4.22 | 3.94 | 3.47 | 2.99 | 2.64 | 2.36 | 1.884 | 1.410 | 1.062 | 0.788 | 0.564 | 0.517 | 0.474 | 0.399 | 0.364 | 0.351 | 0.339 |
| 0.70 | 10.26 | 8.58 | 8.07 | 6.90 | 6.39 | 5.73 | 5.22 | 4.72 | 4.35 | 4.06 | 3.56 | 3.06 | 2.69 | 2.40 | 1.906 | 1.414 | 1.057 | 0.777 | 0.552 | 0.506 | 0.465 | 0.392 | 0.360 | 0.348 | 0.337 |
| | | | | | | | | | | | | | | | | | | | | | | | | | |
| 0.72 | 10.71 | 8.93 | 8.40 | 7.16 | 6.64 | 5.93 | 5.40 | 4.88 | 4.49 | 4.18 | 3.65 | 3.13 | 2.75 | 2.44 | 1.927 | 1.419 | 1.051 | 0.766 | 0.540 | 0.495 | 0.455 | 0.385 | 0.356 | 0.346 | 0.337 |
| 0.74 | 11.16 | 9.29 | 8.74 | 7.43 | 6.88 | 6.13 | 5.58 | 5.03 | 4.62 | 4.30 | 3.75 | 3.20 | 2.80 | 2.48 | 1.948 | 1.422 | 1.044 | 0.754 | 0.529 | 0.485 | 0.445 | 0.379 | 0.352 | 0.343 | 0.336 |

续表

| $C_V$ \ P(%) | 0.0001 | 0.001 | 0.002 | 0.01 | 0.02 | 0.05 | 0.1 | 0.2 | 1/3 | 0.5 | 1 | 2 | 10/3 | 5 | 10 | 20 | 100/3 | 50 | 70 | 75 | 80 | 90 | 95 | 97 | 99 |
|---|---|---|---|---|---|---|---|---|---|---|---|---|---|---|---|---|---|---|---|---|---|---|---|---|---|
| 0.76 | 11.62 | 9.65 | 9.07 | 7.70 | 7.12 | 6.35 | 5.76 | 5.18 | 4.76 | 4.42 | 3.85 | 3.27 | 2.86 | 2.53 | 1.970 | 1.425 | 1.037 | 0.743 | 0.518 | 0.475 | 0.437 | 0.373 | 0.349 | 0.342 | 0.335 |
| 0.78 | 12.09 | 10.03 | 9.42 | 7.98 | 7.37 | 6.56 | 5.95 | 5.34 | 4.90 | 4.54 | 3.94 | 3.35 | 2.91 | 2.57 | 1.990 | 1.427 | 1.029 | 0.731 | 0.507 | 0.465 | 0.428 | 0.369 | 0.347 | 0.340 | 0.335 |
| 0.80 | 12.57 | 10.42 | 9.77 | 8.27 | 7.63 | 6.79 | 6.14 | 5.51 | 5.03 | 4.67 | 4.04 | 3.42 | 2.97 | 2.61 | 2.01 | 1.430 | 1.021 | 0.719 | 0.496 | 0.455 | 0.420 | 0.365 | 0.345 | 0.339 | 0.334 |
| 0.82 | 13.07 | 10.80 | 10.13 | 8.55 | 7.89 | 7.01 | 6.33 | 5.66 | 5.18 | 4.79 | 4.14 | 3.49 | 3.02 | 2.65 | 2.03 | 1.431 | 1.013 | 0.707 | 0.486 | 0.446 | 0.413 | 0.360 | 0.343 | 0.338 | 0.334 |
| 0.84 | 13.57 | 11.19 | 10.50 | 8.84 | 8.15 | 7.23 | 6.52 | 5.82 | 5.33 | 4.92 | 4.24 | 3.56 | 3.07 | 2.69 | 2.05 | 1.431 | 1.005 | 0.696 | 0.476 | 0.438 | 0.406 | 0.357 | 0.341 | 0.337 | 0.334 |
| 0.86 | 14.07 | 11.60 | 10.86 | 9.14 | 8.41 | 7.44 | 6.71 | 6.00 | 5.46 | 5.04 | 4.34 | 3.64 | 3.13 | 2.73 | 2.07 | 1.432 | 0.997 | 0.684 | 0.467 | 0.429 | 0.399 | 0.354 | 0.340 | 0.336 | 0.334 |
| 0.88 | 14.59 | 12.02 | 11.23 | 9.44 | 8.68 | 7.67 | 6.91 | 6.17 | 5.61 | 5.17 | 4.44 | 3.71 | 3.18 | 2.77 | 2.08 | 1.432 | 0.988 | 0.673 | 0.458 | 0.422 | 0.393 | 0.351 | 0.339 | 0.335 | 0.334 |
| 0.90 | 15.12 | 12.43 | 11.61 | 9.75 | 8.96 | 7.91 | 7.11 | 6.34 | 5.77 | 5.31 | 4.54 | 3.78 | 3.24 | 2.81 | 2.10 | 1.431 | 0.979 | 0.651 | 0.450 | 0.415 | 0.387 | 0.348 | 0.337 | 0.335 | 0.334 |
| 0.92 | 15.66 | 12.85 | 12.01 | 10.07 | 9.24 | 8.14 | 7.31 | 6.51 | 5.92 | 5.44 | 4.64 | 3.86 | 3.29 | 2.85 | 2.12 | 1.430 | 0.969 | 0.649 | 0.441 | 0.408 | 0.382 | 0.346 | 0.337 | 0.335 | 0.333 |
| 0.94 | 16.20 | 13.28 | 12.42 | 10.39 | 9.52 | 8.38 | 7.51 | 6.68 | 6.06 | 5.57 | 4.74 | 3.93 | 3.34 | 2.89 | 2.13 | 1.428 | 0.959 | 0.638 | 0.433 | 0.402 | 0.377 | 0.344 | 0.336 | 0.334 | 0.333 |
| 0.96 | 16.77 | 13.72 | 12.82 | 10.70 | 9.79 | 8.62 | 7.73 | 6.85 | 6.20 | 5.70 | 4.84 | 4.00 | 3.40 | 2.93 | 2.15 | 1.427 | 0.949 | 0.627 | 0.426 | 0.396 | 0.372 | 0.342 | 0.335 | 0.334 | 0.333 |
| 0.98 | 17.34 | 14.17 | 13.22 | 11.02 | 10.08 | 8.87 | 7.95 | 7.02 | 6.35 | 5.84 | 4.95 | 4.05 | 3.45 | 2.97 | 2.17 | 1.424 | 0.939 | 0.615 | 0.419 | 0.390 | 0.368 | 0.341 | 0.335 | 0.334 | 0.333 |
| 1.00 | 17.91 | 14.61 | 13.63 | 11.35 | 10.38 | 9.11 | 8.15 | 7.21 | 6.51 | 5.97 | 5.05 | 4.15 | 3.50 | 3.00 | 2.18 | 1.420 | 0.927 | 0.604 | 0.412 | 0.385 | 0.364 | 0.340 | 0.335 | 0.334 | 0.333 |
| 1.05 | 19.4 | 15.8 | 14.7 | 12.2 | 11.1 | 9.74 | 8.69 | 7.66 | 6.90 | 6.31 | 5.31 | 4.34 | 3.34 | 3.10 | 2.21 | 1.411 | 0.901 | 0.577 | 0.397 | 0.374 | 0.356 | 0.337 | 0.334 | 0.333 | 0.333 |
| 1.10 | 20.9 | 17.0 | 15.8 | 13.1 | 11.9 | 10.4 | 9.25 | 8.12 | 7.30 | 6.66 | 5.58 | 4.52 | 3.77 | 3.19 | 2.24 | 1.397 | 0.872 | 0.551 | 0.384 | 0.364 | 0.350 | 0.336 | 0.334 | 0.333 | 0.333 |
| 1.15 | 22.5 | 18.2 | 16.9 | 14.0 | 12.7 | 11.0 | 9.81 | 8.59 | 7.71 | 7.01 | 5.84 | 4.70 | 3.89 | 3.27 | 2.26 | 1.380 | 0.842 | 0.527 | 0.374 | 0.356 | 0.345 | 0.335 | 0.334 | 0.333 | 0.333 |
| 1.20 | 24.2 | 19.5 | 18.1 | 14.9 | 13.5 | 11.7 | 10.40 | 9.08 | 8.12 | 7.37 | 6.11 | 4.89 | 4.02 | 3.36 | 2.29 | 1.363 | 0.813 | 0.503 | 0.364 | 0.350 | 0.342 | 0.334 | 0.333 | 0.333 | 0.333 |
| 1.25 | 25.6 | 20.8 | 19.3 | 15.8 | 14.4 | 12.4 | 11.0 | 9.58 | 8.55 | 7.72 | 6.37 | 5.07 | 4.14 | 3.44 | 2.31 | 1.342 | 0.782 | 0.482 | 0.357 | 0.346 | 0.339 | 0.334 | 0.333 | 0.333 | 0.333 |
| 1.30 | 27.6 | 22.2 | 20.5 | 16.81 | 15.2 | 13.1 | 11.59 | 10.07 | 8.96 | 8.09 | 6.64 | 5.25 | 4.26 | 3.51 | 2.33 | 1.318 | 0.753 | 0.462 | 0.351 | 0.342 | 0.337 | 0.334 | 0.333 | 0.333 | 0.333 |
| 1.35 | 29.5 | 23.6 | 21.8 | 17.8 | 16.1 | 13.9 | 12.2 | 10.60 | 9.39 | 8.45 | 6.91 | 5.42 | 4.38 | 3.58 | 2.34 | 1.292 | 0.723 | 0.444 | 0.347 | 0.340 | 0.336 | 0.333 | 0.333 | 0.333 | 0.333 |
| 1.40 | 31.3 | 25.0 | 23.2 | 18.8 | 17.0 | 14.6 | 12.8 | 11.1 | 9.84 | 8.83 | 7.18 | 5.60 | 4.49 | 3.65 | 2.34 | 1.266 | 0.694 | 0.428 | 0.343 | 0.338 | 0.335 | 0.333 | 0.333 | 0.333 | 0.333 |
| 1.45 | 33.2 | 26.5 | 24.5 | 19.9 | 17.9 | 15.4 | 13.5 | 11.6 | 10.2 | 9.21 | 7.46 | 5.77 | 4.60 | 3.72 | 2.35 | 1.237 | 0.665 | 0.413 | 0.340 | 0.336 | 0.334 | 0.333 | 0.333 | 0.333 | 0.333 |
| 1.50 | 35.2 | 28.0 | 25.9 | 21.0 | 18.9 | 16.2 | 14.1 | 12.1 | 10.7 | 9.61 | 7.72 | 5.95 | 4.71 | 3.78 | 2.35 | 1.206 | 0.637 | 0.400 | 0.338 | 0.335 | 0.334 | 0.333 | 0.333 | 0.333 | 0.333 |

续表

| $C_V$ \ $P(\%)$ | 0.0001 | 0.001 | 0.002 | 0.01 | 0.02 | 0.05 | 0.1 | 0.2 | 1/3 | 0.5 | 1 | 2 | 10/3 | 5 | 10 | 20 | 100/3 | 50 | 70 | 75 | 80 | 90 | 95 | 97 | 99 |
|---|---|---|---|---|---|---|---|---|---|---|---|---|---|---|---|---|---|---|---|---|---|---|---|---|---|
| 1.55 | 37.2 | 29.6 | 27.3 | 22.0 | 19.8 | 16.9 | 14.8 | 12.7 | 11.1 | 9.95 | 7.99 | 6.16 | 4.81 | 3.84 | 2.35 | 1.174 | 0.611 | 0.389 | 0.337 | 0.335 | 0.334 | 0.333 | 0.333 | 0.333 | 0.333 |
| 1.60 | 39.4 | 31.3 | 28.7 | 23.0 | 20.8 | 17.8 | 15.5 | 13.2 | 11.6 | 10.3 | 8.27 | 6.29 | 4.91 | 3.89 | 2.34 | 1.140 | 0.585 | 0.379 | 0.336 | 0.334 | 0.334 | 0.333 | 0.333 | 0.333 | 0.333 |
| 1.65 | 41.4 | 32.8 | 30.2 | 24.3 | 21.8 | 18.6 | 16.1 | 13.8 | 12.1 | 10.7 | 8.53 | 6.44 | 5.00 | 3.94 | 2.33 | 1.108 | 0.560 | 0.371 | 0.335 | 0.334 | 0.334 | 0.334 | 0.334 | 0.334 | 0.334 |
| 1.70 | 43.6 | 34.4 | 31.7 | 25.5 | 22.8 | 19.4 | 16.8 | 14.3 | 12.5 | 11.1 | 8.80 | 6.60 | 5.10 | 3.98 | 2.32 | 1.073 | 0.537 | 0.364 | 0.334 | 0.334 | 0.334 | 0.333 | 0.333 | 0.333 | 0.333 |
| 1.75 | 45.9 | 36.2 | 33.3 | 26.7 | 23.9 | 20.2 | 17.5 | 14.9 | 13.0 | 11.5 | 9.07 | 6.77 | 5.19 | 4.02 | 2.30 | 1.039 | 0.516 | 0.358 | 0.334 | 0.334 | 0.333 | 0.333 | 0.333 | 0.333 | 0.333 |
| 1.80 | 48.2 | 37.9 | 34.8 | 27.8 | 25.0 | 21.1 | 18.2 | 15.5 | 13.4 | 11.9 | 9.33 | 6.92 | 5.27 | 4.06 | 2.28 | 1.003 | 0.496 | 0.353 | 0.334 | 0.333 | 0.333 | 0.333 | 0.333 | 0.333 | 0.333 |
| 1.85 | 50.5 | 39.7 | 36.5 | 29.1 | 26.0 | 22.0 | 18.9 | 16.0 | 13.9 | 12.3 | 9.59 | 7.07 | 5.35 | 4.09 | 2.26 | 0.969 | 0.478 | 0.349 | 0.334 | 0.333 | 0.333 | 0.333 | 0.333 | 0.333 | 0.333 |
| 1.90 | 52.9 | 41.5 | 38.1 | 30.4 | 27.1 | 22.9 | 19.6 | 16.6 | 14.4 | 12.7 | 9.85 | 7.22 | 5.42 | 4.13 | 2.24 | 0.936 | 0.460 | 0.345 | 0.334 | 0.333 | 0.333 | 0.333 | 0.333 | 0.333 | 0.333 |
| 1.95 | 55.3 | 43.3 | 39.8 | 31.6 | 28.2 | 23.7 | 20.4 | 17.2 | 14.8 | 13.1 | 10.1 | 7.36 | 5.50 | 4.15 | 2.21 | 0.900 | 0.445 | 0.343 | 0.334 | 0.333 | 0.333 | 0.333 | 0.333 | 0.333 | 0.333 |
| 2.00 | 57.9 | 45.2 | 41.5 | 32.9 | 29.3 | 24.6 | 21.1 | 17.8 | 15.3 | 13.5 | 10.4 | 7.50 | 5.57 | 4.17 | 2.18 | 0.866 | 0.430 | 0.341 | 0.333 | 0.333 | 0.333 | 0.333 | 0.333 | 0.333 | 0.333 |

($C_S=3.5C_V$)

| $C_V$ \ $P(\%)$ | 0.0001 | 0.001 | 0.002 | 0.01 | 0.02 | 0.05 | 0.1 | 0.2 | 1/3 | 0.5 | 1 | 2 | 10/3 | 5 | 10 | 20 | 100/3 | 50 | 70 | 75 | 80 | 90 | 95 | 99 |
|---|---|---|---|---|---|---|---|---|---|---|---|---|---|---|---|---|---|---|---|---|---|---|---|---|
| 0.02 | 1.101 | 1.089 | 1.086 | 1.078 | 1.074 | 1.069 | 1.065 | 1.061 | 1.057 | 1.054 | 1.049 | 1.044 | 1.039 | 1.035 | 1.028 | 1.021 | 1.014 | 1.006 | 0.996 | 0.993 | 0.990 | 0.982 | 0.976 | 0.965 |
| 0.04 | 1.211 | 1.187 | 0.179 | 1.161 | 1.152 | 1.141 | 0.321 | 1.122 | 1.114 | 1.108 | 1.097 | 1.085 | 1.076 | 1.067 | 1.052 | 1.033 | 1.012 | 0.991 | 0.978 | 0.973 | 0.966 | 0.949 | 0.936 | 0.911 |
| 0.06 | 1.332 | 1.293 | 1.281 | 1.250 | 1.237 | 1.218 | 1.204 | 1.188 | 1.176 | 1.166 | 1.149 | 1.130 | 1.115 | 1.102 | 1.078 | 1.050 | 1.024 | 0.993 | 0.963 | 0.958 | 0.949 | 0.925 | 0.905 | 0.871 |
| 0.08 | 1.464 | 1.407 | 1.389 | 1.346 | 1.327 | 1.300 | 1.279 | 1.258 | 1.241 | 1.227 | 1.202 | 1.176 | 1.155 | 1.138 | 1.105 | 1.066 | 1.031 | 0.996 | 0.956 | 0.944 | 0.932 | 0.900 | 0.875 | 0.830 |
| 0.10 | 1.607 | 1.530 | 1.506 | 1.449 | 1.422 | 1.387 | 1.360 | 1.330 | 1.308 | 1.290 | 1.258 | 1.224 | 1.197 | 1.174 | 1.131 | 1.082 | 1.038 | 0.994 | 0.944 | 0.930 | 0.914 | 0.876 | 0.846 | 0.791 |
| 0.12 | 1.761 | 1.662 | 1.631 | 1.557 | 1.523 | 1.479 | 1.443 | 1.406 | 1.379 | 1.356 | 1.316 | 1.273 | 1.239 | 1.211 | 1.158 | 1.098 | 1.044 | 0.992 | 0.931 | 0.915 | 0.897 | 0.853 | 0.818 | 0.758 |
| 0.14 | 1.926 | 1.802 | 1.764 | 1.672 | 1.630 | 1.575 | 1.532 | 1.486 | 1.452 | 1.425 | 1.375 | 1.323 | 1.282 | 1.248 | 1.185 | 1.113 | 1.050 | 0.989 | 0.919 | 0.901 | 0.880 | 0.830 | 0.791 | 0.728 |
| 0.16 | 2.10 | 1.952 | 1.905 | 1.793 | 1.743 | 1.676 | 1.623 | 1.570 | 1.529 | 1.495 | 1.436 | 1.374 | 1.326 | 1.286 | 1.212 | 1.129 | 1.056 | 0.985 | 0.907 | 0.885 | 0.863 | 0.807 | 0.764 | 0.698 |
| 0.18 | 2.29 | 2.11 | 2.06 | 1.921 | 1.862 | 1.781 | 1.719 | 1.657 | 1.608 | 1.568 | 1.500 | 1.427 | 1.371 | 1.325 | 1.239 | 1.143 | 1.061 | 0.981 | 0.894 | 0.870 | 0.845 | 0.785 | 0.739 | 0.662 |
| 0.20 | 2.49 | 2.28 | 2.21 | 2.05 | 1.986 | 1.892 | 1.820 | 1.746 | 1.690 | 1.645 | 1.565 | 1.481 | 1.417 | 1.364 | 1.267 | 1.158 | 1.065 | 0.977 | 0.881 | 0.856 | 0.829 | 0.763 | 0.715 | 0.639 |

续表

| $C_V$ \ $P$(%) | 0.0001 | 0.001 | 0.002 | 0.01 | 0.02 | 0.05 | 0.1 | 0.2 | 1/3 | 0.5 | 1 | 2 | 10/3 | 5 | 10 | 20 | 100/3 | 50 | 70 | 75 | 80 | 90 | 95 | 99 |
|---|---|---|---|---|---|---|---|---|---|---|---|---|---|---|---|---|---|---|---|---|---|---|---|---|
| 0.22 | 2.70 | 2.45 | 2.38 | 2.20 | 2.12 | 2.01 | 1.925 | 1.839 | 1.776 | 1.723 | 1.632 | 1.537 | 1.464 | 1.403 | 1.294 | 1.172 | 1.069 | 0.972 | 0.868 | 0.840 | 0.812 | 0.743 | 0.693 | 0.615 |
| 0.24 | 2.92 | 2.64 | 2.55 | 2.34 | 2.25 | 2.13 | 2.03 | 1.935 | 1.863 | 1.803 | 1.700 | 1.593 | 1.511 | 1.443 | 1.321 | 1.186 | 1.073 | 0.967 | 0.854 | 0.825 | 0.795 | 0.723 | 0.670 | 0.594 |
| 0.26 | 3.16 | 2.83 | 2.73 | 2.49 | 2.39 | 2.25 | 2.15 | 2.03 | 1.952 | 1.886 | 1.771 | 1.651 | 1.559 | 1.484 | 1.348 | 1.199 | 1.076 | 0.961 | 0.841 | 0.811 | 0.778 | 0.703 | 0.649 | 0.573 |
| 0.28 | 3.41 | 3.03 | 2.92 | 2.65 | 2.54 | 2.38 | 2.26 | 2.14 | 2.04 | 1.971 | 1.843 | 1.709 | 1.608 | 1.525 | 1.375 | 1.213 | 1.079 | 0.955 | 0.828 | 0.795 | 0.761 | 0.633 | 0.630 | 0.550 |
| 0.30 | 3.66 | 3.25 | 3.12 | 2.82 | 2.69 | 2.52 | 2.38 | 4.24 | 2.14 | 2.06 | 1.916 | 1.769 | 1.657 | 1.566 | 1.402 | 1.226 | 1.080 | 0.948 | 0.814 | 0.780 | 0.745 | 0.665 | 0.610 | 0.534 |
| 0.32 | 3.94 | 3.47 | 3.33 | 2.99 | 2.85 | 2.65 | 2.50 | 2.35 | 2.24 | 2.15 | 1.992 | 1.830 | 1.707 | 1.607 | 1.429 | 1.238 | 1.082 | 0.942 | 0.800 | 0.765 | 0.729 | 0.648 | 0.594 | 0.520 |
| 0.34 | 4.22 | 3.70 | 3.54 | 3.17 | 3.01 | 2.80 | 2.63 | 2.47 | 2.34 | 2.24 | 2.07 | 1.892 | 1.758 | 1.649 | 1.456 | 1.250 | 1.083 | 0.934 | 0.786 | 0.750 | 0.713 | 0.629 | 0.577 | 0.503 |
| 0.36 | 4.51 | 3.94 | 3.76 | 3.36 | 3.18 | 2.94 | 2.76 | 2.58 | 2.45 | 2.34 | 2.15 | 1.954 | 1.809 | 1.691 | 1.482 | 1.261 | 1.083 | 0.927 | 0.772 | 0.735 | 0.698 | 0.613 | 0.561 | 0.492 |
| 0.38 | 4.81 | 4.19 | 3.99 | 3.55 | 3.35 | 3.10 | 2.90 | 2.70 | 2.55 | 2.43 | 2.23 | 2.02 | 1.860 | 1.733 | 1.509 | 1.272 | 1.083 | 0.918 | 0.759 | 0.720 | 0.683 | 0.598 | 0.546 | 0.482 |
| 0.40 | 5.13 | 4.44 | 4.23 | 3.75 | 3.53 | 3.25 | 3.04 | 2.82 | 2.66 | 2.53 | 2.31 | 2.08 | 1.912 | 1.775 | 1.535 | 1.282 | 1.083 | 0.910 | 0.745 | 0.706 | 0.667 | 0.584 | 0.533 | 0.473 |
| 0.42 | 5.46 | 4.71 | 4.48 | 3.95 | 3.72 | 3.41 | 3.18 | 2.95 | 2.77 | 2.63 | 2.39 | 2.15 | 1.965 | 1.817 | 1.560 | 1.292 | 1.082 | 0.901 | 0.731 | 0.692 | 0.653 | 0.569 | 0.520 | 0.464 |
| 0.44 | 5.80 | 4.98 | 4.74 | 4.16 | 3.91 | 3.58 | 3.33 | 3.07 | 2.89 | 2.73 | 2.48 | 2.21 | 2.02 | 1.860 | 1.586 | 1.301 | 1.080 | 0.892 | 0.718 | 0.678 | 0.638 | 0.556 | 0.509 | 0.457 |
| 0.46 | 6.15 | 5.27 | 5.00 | 4.37 | 4.19 | 3.75 | 3.47 | 3.20 | 3.00 | 2.84 | 2.56 | 2.28 | 2.07 | 1.903 | 1.611 | 1.310 | 1.078 | 0.882 | 0.705 | 0.664 | 0.624 | 0.544 | 0.499 | 0.452 |
| 0.48 | 6.52 | 5.56 | 5.27 | 4.60 | 4.31 | 3.92 | 3.63 | 3.34 | 3.12 | 2.95 | 2.65 | 2.35 | 2.12 | 1.946 | 1.636 | 1.319 | 1.075 | 0.873 | 0.691 | 0.650 | 0.611 | 0.532 | 0.489 | 0.448 |
| 0.50 | 6.89 | 5.86 | 5.55 | 4.83 | 4.52 | 4.10 | 3.79 | 3.47 | 3.24 | 3.05 | 2.74 | 2.42 | 2.18 | 1.988 | 1.661 | 1.326 | 1.072 | 0.863 | 0.678 | 0.637 | 0.598 | 0.521 | 0.481 | 0.444 |
| 0.52 | 7.28 | 6.17 | 5.84 | 5.06 | 4.72 | 4.28 | 3.94 | 3.61 | 3.36 | 3.17 | 2.83 | 2.48 | 2.23 | 2.03 | 1.684 | 1.332 | 1.068 | 0.853 | 0.665 | 0.624 | 0.585 | 0.511 | 0.472 | 0.439 |
| 0.54 | 7.67 | 6.49 | 6.14 | 5.31 | 4.94 | 4.47 | 4.11 | 3.75 | 3.49 | 3.28 | 2.92 | 2.55 | 2.29 | 2.07 | 1.709 | 1.339 | 1.064 | 0.842 | 0.652 | 0.612 | 0.573 | 0.501 | 0.467 | 0.437 |
| 0.56 | 8.08 | 6.82 | 6.44 | 5.55 | 5.16 | 4.66 | 4.28 | 3.90 | 3.61 | 3.39 | 3.01 | 2.62 | 2.34 | 2.12 | 1.731 | 1.345 | 1.059 | 0.831 | 0.640 | 0.600 | 0.562 | 0.493 | 0.461 | 0.435 |
| 0.58 | 8.50 | 7.15 | 6.75 | 5.80 | 5.39 | 4.86 | 4.45 | 4.04 | 3.74 | 3.51 | 3.10 | 2.69 | 2.40 | 2.16 | 1.754 | 1.350 | 1.054 | 0.820 | 0.628 | 0.588 | 0.551 | 0.486 | 0.456 | 0.433 |
| 0.60 | 8.94 | 7.50 | 7.07 | 6.06 | 5.63 | 5.05 | 4.62 | 4.19 | 3.87 | 3.62 | 3.19 | 2.77 | 2.45 | 2.20 | 1.776 | 1.355 | 1.049 | 0.809 | 0.615 | 0.576 | 0.541 | 0.479 | 0.451 | 0.432 |
| 0.62 | 9.38 | 7.85 | 7.39 | 6.32 | 5.86 | 5.25 | 4.80 | 4.35 | 4.01 | 3.75 | 3.29 | 2.84 | 2.50 | 2.24 | 1.794 | 1.359 | 1.042 | 0.797 | 0.604 | 0.566 | 0.531 | 0.472 | 0.447 | 0.432 |
| 0.64 | 9.84 | 8.21 | 7.73 | 6.59 | 6.11 | 5.46 | 4.98 | 4.50 | 4.15 | 3.87 | 3.38 | 2.91 | 2.56 | 2.28 | 1.819 | 1.363 | 1.036 | 0.786 | 0.593 | 0.555 | 0.522 | 0.466 | 0.444 | 0.431 |

续表

| $C_V$ \ $P$(%) | 0.0001 | 0.001 | 0.002 | 0.01 | 0.02 | 0.05 | 0.1 | 0.2 | 1/3 | 0.5 | 1 | 2 | 10/3 | 5 | 10 | 20 | 100/3 | 50 | 70 | 75 | 80 | 90 | 95 | 99 |
|---|---|---|---|---|---|---|---|---|---|---|---|---|---|---|---|---|---|---|---|---|---|---|---|---|
| 0.66 | 10.30 | 8.58 | 8.07 | 6.86 | 6.35 | 5.67 | 5.16 | 4.65 | 4.28 | 3.98 | 3.48 | 2.98 | 2.61 | 2.33 | 1.840 | 1.365 | 1.029 | 0.774 | 0.582 | 0.546 | 0.513 | 0.461 | 0.441 | 0.430 |
| 0.68 | 10.78 | 8.96 | 8.42 | 7.15 | 6.61 | 5.90 | 5.35 | 4.82 | 4.41 | 4.11 | 3.58 | 3.05 | 2.67 | 2.37 | 1.860 | 1.368 | 1.020 | 0.762 | 0.571 | 0.536 | 0.505 | 0.456 | 0.439 | 0.430 |
| 0.70 | 11.27 | 9.34 | 8.78 | 7.43 | 6.87 | 6.12 | 5.54 | 4.97 | 4.56 | 4.23 | 3.68 | 3.12 | 2.72 | 2.41 | 1.879 | 1.369 | 1.013 | 0.751 | 0.561 | 0.527 | 0.498 | 0.452 | 0.437 | 0.429 |
| 0.72 | 11.72 | 9.74 | 9.14 | 7.72 | 7.13 | 6.34 | 5.73 | 5.13 | 4.71 | 4.36 | 3.78 | 3.20 | 2.78 | 2.45 | 1.898 | 1.369 | 1.005 | 0.739 | 0.551 | 0.518 | 0.491 | 0.449 | 0.435 | 0.429 |
| 0.74 | 12.28 | 10.15 | 9.50 | 8.02 | 7.39 | 6.55 | 5.92 | 5.31 | 4.84 | 4.48 | 3.88 | 3.27 | 2.83 | 2.49 | 1.916 | 1.370 | 0.996 | 0.728 | 0.541 | 0.510 | 0.484 | 0.446 | 0.434 | 0.429 |
| 0.76 | 12.80 | 10.56 | 9.88 | 8.33 | 7.66 | 6.79 | 6.13 | 5.48 | 5.00 | 4.62 | 3.98 | 3.34 | 2.89 | 2.53 | 1.934 | 1.370 | 0.987 | 0.716 | 0.533 | 0.503 | 0.478 | 0.443 | 0.433 | 0.429 |
| 0.78 | 13.34 | 10.98 | 10.27 | 8.64 | 7.94 | 7.02 | 6.33 | 5.65 | 5.15 | 4.75 | 4.08 | 3.42 | 2.94 | 2.57 | 1.952 | 1.369 | 0.978 | 0.705 | 0.525 | 0.496 | 0.472 | 0.440 | 0.432 | 0.429 |
| 0.80 | 13.88 | 11.40 | 10.66 | 8.95 | 8.22 | 7.25 | 6.53 | 5.82 | 5.29 | 4.88 | 4.18 | 3.49 | 2.99 | 2.61 | 1.968 | 1.368 | 0.967 | 0.694 | 0.517 | 0.489 | 0.467 | 0.438 | 0.431 | 0.429 |
| 0.82 | 14.44 | 11.84 | 11.07 | 9.27 | 8.49 | 7.50 | 6.74 | 5.99 | 5.44 | 5.01 | 4.28 | 3.56 | 3.05 | 2.65 | 1.98 | 1.366 | 0.958 | 0.682 | 0.509 | 0.483 | 0.463 | 0.437 | 0.430 | 0.429 |
| 0.84 | 15.00 | 12.29 | 11.48 | 9.59 | 8.78 | 7.74 | 6.95 | 6.16 | 5.59 | 5.15 | 4.38 | 3.64 | 3.10 | 2.68 | 1.999 | 1.363 | 0.947 | 0.670 | 0.502 | 0.477 | 0.458 | 0.435 | 0.430 | 0.429 |
| 0.86 | 15.57 | 14.74 | 11.89 | 9.91 | 9.08 | 7.99 | 7.16 | 6.34 | 5.75 | 5.28 | 4.49 | 3.71 | 3.15 | 2.72 | 2.01 | 1.360 | 0.937 | 0.659 | 0.495 | 0.472 | 0.455 | 0.434 | 0.430 | 0.429 |
| 0.88 | 16.16 | 13.19 | 12.30 | 10.26 | 9.38 | 8.23 | 7.38 | 6.53 | 5.90 | 5.41 | 4.59 | 3.79 | 3.21 | 2.76 | 2.03 | 1.357 | 0.926 | 0.648 | 0.489 | 0.467 | 0.451 | 0.433 | 0.429 | 0.429 |
| 0.90 | 16.25 | 13.66 | 12.73 | 10.61 | 9.67 | 8.49 | 7.59 | 6.70 | 6.05 | 5.56 | 4.70 | 3.86 | 3.26 | 2.80 | 2.04 | 1.352 | 0.915 | 0.638 | 0.483 | 0.463 | 0.448 | 0.432 | 0.429 | 0.429 |
| 0.92 | 17.86 | 14.14 | 13.17 | 10.95 | 9.98 | 8.75 | 7.81 | 6.88 | 6.21 | 5.70 | 4.80 | 3.93 | 3.31 | 2.83 | 2.05 | 1.347 | 0.903 | 0.627 | 0.478 | 0.459 | 0.446 | 0.431 | 0.429 | 0.429 |
| 0.94 | 17.97 | 14.62 | 13.60 | 11.28 | 10.31 | 9.01 | 8.04 | 7.07 | 6.37 | 5.84 | 4.91 | 4.01 | 3.36 | 2.87 | 2.06 | 1.341 | 0.891 | 0.617 | 0.473 | 0.455 | 0.443 | 0.431 | 0.429 | 0.429 |
| 0.96 | 18.62 | 15.10 | 14.06 | 11.64 | 10.63 | 9.27 | 8.26 | 7.27 | 6.54 | 5.98 | 5.01 | 4.08 | 3.42 | 2.90 | 2.08 | 1.335 | 0.880 | 0.607 | 0.468 | 0.452 | 0.441 | 0.430 | 0.429 | 0.429 |
| 0.98 | 19.27 | 15.60 | 14.52 | 12.00 | 10.95 | 9.53 | 8.48 | 7.46 | 6.70 | 6.12 | 5.12 | 4.15 | 3.47 | 2.94 | 2.09 | 1.329 | 0.868 | 0.597 | 0.464 | 0.449 | 0.439 | 0.430 | 0.429 | 0.429 |
| 1.00 | 19.92 | 16.11 | 14.98 | 12.37 | 11.26 | 9.81 | 8.72 | 7.65 | 6.87 | 6.25 | 5.22 | 4.23 | 3.53 | 2.97 | 2.10 | 1.322 | 0.857 | 0.587 | 0.460 | 0.446 | 0.438 | 0.430 | 0.429 | 0.429 |
| 1.05 | 21.6 | 17.4 | 16.2 | 13.3 | 12.1 | 10.5 | 9.32 | 8.14 | 7.29 | 6.60 | 5.49 | 4.41 | 3.64 | 3.05 | 2.12 | 1.303 | 0.826 | 0.565 | 0.452 | 0.441 | 0.434 | 0.429 | 0.429 | 0.429 |
| 1.10 | 23.3 | 18.7 | 17.4 | 14.3 | 13.0 | 11.2 | 9.89 | 8.63 | 7.71 | 6.98 | 5.76 | 4.59 | 3.76 | 3.13 | 2.13 | 1.280 | 0.797 | 0.544 | 0.445 | 0.437 | 0.432 | 0.429 | 0.429 | 0.429 |
| 1.15 | 25.1 | 20.1 | 18.7 | 15.2 | 13.8 | 11.9 | 10.5 | 9.15 | 8.13 | 7.34 | 6.03 | 4.77 | 3.88 | 3.20 | 2.15 | 1.255 | 0.766 | 0.526 | 0.440 | 0.434 | 0.431 | 0.429 | 0.429 | 0.429 |
| 1.20 | 27.0 | 21.6 | 20.0 | 16.3 | 14.7 | 12.7 | 11.1 | 9.64 | 8.57 | 7.71 | 6.30 | 4.94 | 3.99 | 36.27 | 2.15 | 1.228 | 0.738 | 0.509 | 0.437 | 0.432 | 0.430 | 0.429 | 0.429 | 0.429 |
| 1.25 | 28.9 | 23.1 | 21.3 | 17.3 | 15.6 | 13.4 | 11.8 | 10.1 | 8.99 | 8.09 | 6.57 | 5.12 | 4.10 | 3.34 | 2.16 | 1.199 | 0.709 | 0.494 | 0.434 | 0.431 | 0.429 | 0.429 | 0.429 | 0.429 |

续表

| $C_V$ \ $P(\%)$ | 0.0001 | 0.001 | 0.002 | 0.01 | 0.02 | 0.05 | 0.1 | 0.2 | 1/3 | 0.5 | 1 | 2 | 10/3 | 5 | 10 | 20 | 100/3 | 50 | 70 | 75 | 80 | 90 | 95 | 99 |
|---|---|---|---|---|---|---|---|---|---|---|---|---|---|---|---|---|---|---|---|---|---|---|---|---|
| 1.30 | 30.9 | 24.6 | 22.7 | 18.4 | 16.6 | 14.2 | 12.40 | 10.7 | 9.45 | 8.48 | 6.84 | 5.29 | 4.21 | 3.40 | 2.160 | 1.167 | 0.681 | 0.483 | 0.432 | 0.430 | 0.429 | 0.429 | 0.429 | 0.429 |
| 1.35 | 33.0 | 26.2 | 24.1 | 19.5 | 17.6 | 15.0 | 13.10 | 11.2 | 9.9 | 8.85 | 7.11 | 5.46 | 4.31 | 3.46 | 2.150 | 1.135 | 0.636 | 0.472 | 0.431 | 0.429 | 0.429 | 0.429 | 0.429 | 0.429 |
| 1.40 | 35.1 | 27.8 | 25.6 | 20.7 | 18.6 | 15.8 | 13.8 | 11.8 | 10.3 | 9.23 | 7.38 | 5.62 | 4.41 | 3.51 | 2.140 | 1.102 | 0.630 | 0.463 | 0.430 | 0.429 | 0.429 | 0.429 | 0.429 | 0.429 |
| 1.45 | 37.2 | 29.4 | 27.1 | 21.8 | 19.6 | 16.6 | 14.5 | 12.3 | 10.8 | 9.62 | 7.65 | 5.78 | 4.50 | 3.55 | 2.130 | 1.067 | 0.606 | 0.455 | 0.430 | 0.429 | 0.429 | 0.429 | 0.429 | 0.429 |
| 1.50 | 39.5 | 31.1 | 28.7 | 23.0 | 20.6 | 17.5 | 15.1 | 12.9 | 11.3 | 10.0 | 7.92 | 5.94 | 4.59 | 3.59 | 2.11 | 1.033 | 0.586 | 0.450 | 0.429 | 0.429 | 0.429 | 0.429 | 0.429 | 0.429 |
| | | | | | | | | | | | | | | | | | | | | | | | | |
| 1.55 | 41.8 | 32.9 | 30.2 | 24.2 | 21.7 | 18.3 | 15.8 | 13.5 | 11.7 | 10.4 | 8.18 | 6.10 | 4.67 | 3.63 | 2.10 | 0.998 | 0.565 | 0.445 | 0.429 | 0.429 | 0.429 | 0.429 | 0.429 | 0.429 |
| 1.60 | 44.1 | 34.7 | 31.9 | 25.5 | 22.7 | 19.2 | 16.6 | 14.0 | 12.2 | 10.8 | 8.44 | 6.24 | 4.75 | 3.66 | 2.07 | 0.964 | 0.547 | 0.441 | 0.429 | 0.429 | 0.429 | 0.429 | 0.429 | 0.429 |
| 1.65 | 46.5 | 36.5 | 33.5 | 26.7 | 23.8 | 20.1 | 17.3 | 14.6 | 12.7 | 11.2 | 8.70 | 6.39 | 4.83 | 3.69 | 2.05 | 0.929 | 0.530 | 0.438 | 0.429 | 0.429 | 0.429 | 0.429 | 0.429 | 0.429 |
| 1.70 | 49.0 | 38.3 | 35.2 | 28.0 | 25.0 | 20.9 | 18.0 | 15.2 | 13.1 | 11.6 | 8.96 | 6.53 | 4.89 | 3.71 | 2.02 | 0.896 | 0.516 | 0.435 | 0.429 | 0.429 | 0.429 | 0.429 | 0.429 | 0.429 |
| 1.75 | 51.5 | 40.3 | 37.0 | 29.3 | 26.1 | 21.9 | 18.8 | 15.8 | 13.6 | 11.9 | 9.22 | 6.67 | 4.96 | 3.73 | 1.99 | 0.862 | 0.502 | 0.433 | 0.429 | 0.429 | 0.429 | 0.429 | 0.429 | 0.429 |
| | | | | | | | | | | | | | | | | | | | | | | | | |
| 1.80 | 54.1 | 42.2 | 38.7 | 30.6 | 27.2 | 22.8 | 19.6 | 16.4 | 14.1 | 12.3 | 9.47 | 6.81 | 5.02 | 3.74 | 1.95 | 0.831 | 0.491 | 0.432 | 0.429 | 0.429 | 0.429 | 0.429 | 0.429 | 0.429 |
| 1.85 | 56.8 | 44.2 | 40.5 | 32.0 | 28.4 | 23.7 | 20.3 | 17.0 | 14.6 | 12.8 | 9.72 | 6.93 | 5.07 | 3.75 | 1.92 | 0.798 | 0.481 | 0.431 | 0.429 | 0.429 | 0.429 | 0.429 | 0.429 | 0.429 |
| 1.90 | 59.4 | 45.2 | 42.3 | 33.4 | 29.5 | 24.7 | 21.1 | 17.6 | 15.0 | 13.2 | 9.97 | 7.06 | 5.12 | 3.76 | 1.88 | 0.769 | 0.472 | 0.430 | 0.429 | 0.429 | 0.429 | 0.429 | 0.429 | 0.429 |
| 1.95 | 62.2 | 48.3 | 44.1 | 34.8 | 30.8 | 25.6 | 21.9 | 18.1 | 15.5 | 13.6 | 10.2 | 7.18 | 5.17 | 3.76 | 1.84 | 0.739 | 0.464 | 0.430 | 0.429 | 0.429 | 0.429 | 0.429 | 0.429 | 0.429 |
| 2.00 | 65.0 | 50.4 | 46.0 | 36.2 | 32.0 | 26.6 | 22.6 | 18.8 | 16.0 | 13.9 | 10.5 | 7.29 | 5.21 | 3.75 | 1.80 | 0.711 | 0.458 | 0.429 | 0.429 | 0.429 | 0.429 | 0.429 | 0.429 | 0.429 |

# 附录O 三点法用表——$S$与$C_S$关系表

($P$=5%、50%、95%)

| $S$ | 0 | 1 | 2 | 3 | 4 | 5 | 6 | 7 | 8 | 9 |
|---|---|---|---|---|---|---|---|---|---|---|
| 0.0 | 0.00 | 0.04 | 0.08 | 0.12 | 0.16 | 0.2 | 0.24 | 0.27 | 0.31 | 0.35 |
| 0.1 | 0.38 | 0.41 | 0.45 | 0.48 | 0.52 | 0.55 | 0.59 | 0.63 | 0.66 | 0.7 |
| 0.2 | 0.73 | 0.76 | 0.8 | 0.84 | 0.87 | 0.9 | 0.94 | 0.98 | 1.01 | 1.04 |
| 0.3 | 1.08 | 1.11 | 0.14 | 1.18 | 1.21 | 1.25 | 1.28 | 1.31 | 1.35 | 1.38 |
| 0.4 | 1.42 | 1.46 | 1.49 | 1.52 | 1.56 | 1.59 | 1.63 | 1.66 | 1.7 | 1.74 |
| 0.5 | 1.78 | 1.18 | 1.85 | 1.88 | 1.92 | 1.95 | 1.99 | 2.03 | 2.06 | 2.1 |
| 0.6 | 2.13 | 2.17 | 2.2 | 2.24 | 2.28 | 2.32 | 2.36 | 2.40 | 2.44 | 2.48 |
| 0.7 | 2.53 | 2.57 | 2.62 | 2.66 | 2.70 | 2.76 | 2.81 | 2.86 | 2.91 | 2.97 |
| 0.8 | 3.02 | 3.07 | 3.13 | 3.19 | 3.25 | 3.32 | 3.38 | 3.46 | 3.52 | 3.60 |
| 0.9 | 3.70 | 3.80 | 3.91 | 4.03 | 4.17 | 4.32 | 4.49 | 4.72 | 4.94 | 5.43 |

($P$=10%、50%、90%)

| $S$ | 0 | 1 | 2 | 3 | 4 | 5 | 6 | 7 | 8 | 9 |
|---|---|---|---|---|---|---|---|---|---|---|
| 0.0 | 0.00 | 0.05 | 0.10 | 0.15 | 0.20 | 0.24 | 0.29 | 0.34 | 0.38 | 0.43 |
| 0.1 | 0.47 | 0.52 | 0.56 | 0.60 | 0.65 | 0.69 | 0.74 | 0.78 | 0.83 | 0.87 |
| 0.2 | 0.92 | 0.96 | 1.00 | 1.04 | 1.08 | 1.13 | 1.17 | 1.22 | 1.26 | 1.30 |
| 0.3 | 1.34 | 1.38 | 1.43 | 1.47 | 1.51 | 1.55 | 1.59 | 1.63 | 1.67 | 1.71 |
| 0.4 | 1.75 | 1.79 | 1.83 | 1.87 | 1.91 | 1.95 | 1.99 | 2.02 | 2.06 | 2.10 |
| 0.5 | 2.14 | 2.18 | 2.22 | 2.26 | 2.30 | 2.34 | 2.38 | 2.42 | 2.46 | 2.50 |
| 0.6 | 2.54 | 2.58 | 2.62 | 2.66 | 2.70 | 2.74 | 2.78 | 2.82 | 2.86 | 2.90 |
| 0.7 | 2.95 | 3.00 | 3.04 | 3.08 | 3.13 | 3.18 | 3.24 | 3.28 | 3.33 | 3.38 |
| 0.8 | 3.44 | 3.50 | 3.55 | 3.61 | 3.67 | 3.74 | 3.80 | 3.87 | 3.94 | 4.02 |
| 0.9 | 4.11 | 4.20 | 4.32 | 4.45 | 4.59 | 4.75 | 4.96 | 5.20 | 5.56 | — |

# 附录P 三点法用表——$C_S$与有关$\Phi_P$的关系表

| $C_S$ | $\Phi_{50\%}$ | $\Phi_{5\%}-\Phi_{95\%}$ | $\Phi_{10\%}-\Phi_{90\%}$ | $C_S$ | $\Phi_{50\%}$ | $\Phi_{5\%}-\Phi_{95\%}$ | $\Phi_{10\%}-\Phi_{90\%}$ |
|---|---|---|---|---|---|---|---|
| 0.0 | 0.000 | 3.290 | 2.564 | 2.9 | −0.389 | 2.695 | 1.876 |
| 0.1 | −0.017 | 3.287 | 2.560 | 3.0 | −0.395 | 2.670 | 1.840 |
| 0.2 | −0.033 | 3.284 | 2.557 | 3.1 | −0.399 | 2.645 | 1.806 |
| 0.3 | −0.050 | 3.278 | 2.550 | 3.2 | −0.404 | 2.619 | 1.772 |
| 0.4 | −0.067 | 3.273 | 2.543 | 3.3 | −0.407 | 2.594 | 1.738 |
| 0.5 | −0.084 | 3.266 | 2.532 | 3.4 | −0.410 | 2.568 | 1.705 |
| 0.6 | −0.100 | 3.259 | 2.522 | 3.5 | −0.412 | 2.543 | 1.670 |
| 0.7 | −0.116 | 3.246 | 2.510 | 3.6 | −0.414 | 2.518 | 1.635 |
| 0.8 | −0.132 | 3.233 | 2.498 | 3.7 | −0.415 | 2.494 | 1.600 |
| 0.9 | −0.148 | 3.218 | 2.483 | 3.8 | −0.416 | 2.470 | 1.570 |
| 1.0 | −0.164 | 3.204 | 2.468 | 3.9 | −0.415 | 2.446 | 1.536 |
| 1.1 | −0.179 | 3.185 | 2.448 | 4.0 | −0.414 | 2.422 | 1.502 |
| 1.2 | −0.194 | 3.167 | 2.427 | 4.1 | −0.412 | 2.396 | 1.471 |
| 1.3 | −0.208 | 3.144 | 2.404 | 4.2 | −0.410 | 2.372 | 1.440 |
| 1.4 | −0.223 | 3.120 | 2.380 | 4.3 | −0.407 | 2.348 | 1.408 |
| 1.5 | −0.238 | 3.090 | 2.353 | 4.4 | −0.404 | 2.325 | 1.376 |
| 1.6 | −0.253 | 3.062 | 2.326 | 4.5 | −0.400 | 2.300 | 1.345 |
| 1.7 | −0.267 | 3.032 | 2.296 | 4.6 | −0.396 | 2.276 | 1.315 |
| 1.8 | −0.281 | 3.002 | 2.265 | 4.7 | −0.392 | 2.251 | 1.286 |
| 1.9 | −0.294 | 2.974 | 2.232 | 4.8 | −0.388 | 2.226 | 1.257 |
| 2.0 | −0.307 | 2.945 | 2.198 | 4.9 | −0.384 | 2.200 | 1.229 |
| 2.1 | −0.319 | 2.918 | 2.164 | 5.0 | −0.379 | 2.174 | 1.200 |
| 2.2 | −0.330 | 2.890 | 2.130 | 5.1 | −0.374 | 2.148 | 1.173 |
| 2.3 | −0.340 | 2.862 | 0.095 | 5.2 | −0.370 | 2.123 | 1.145 |
| 2.4 | −0.350 | 2.833 | 0.060 | 5.3 | −0.365 | 2.098 | 1.118 |
| 2.5 | −0.359 | 2.806 | 2.024 | 5.4 | −0.360 | 2.072 | 1.090 |
| 2.6 | −0.367 | 2.778 | 1.987 | 5.5 | −0.356 | 2.047 | 1.063 |
| 2.7 | −0.376 | 2.749 | 1.949 | 5.6 | −0.350 | 2.021 | 1.035 |
| 2.8 | −0.383 | 2.720 | 1.911 | 5.7 | −0.344 | 2.000 | 1.000 |

# 附录Q 耿贝尔极值分布$\lambda_{nP}$数值表

| $n$ \ $P$ \ $T$ | 1000 | 500 | 200 | 100 | 50 | 25 | 20 | 10 | 4 | 2 | 1.33 | 1.11 | 1.05 | | | | $\gamma_N$ | $\sigma_n$ |
|---|---|---|---|---|---|---|---|---|---|---|---|---|---|---|---|---|---|---|
| | 0.999 | 0.998 | 0.995 | 0.99 | 0.98 | 0.96 | 0.95 | 0.9 | 0.75 | 0.5 | 0.25 | 0.1 | 0.05 | 0.03 | 0.01 | 0.001 | | |
| (1) | (2) | (3) | (4) | (5) | (6) | (7) | (8) | (9) | (10) | (11) | (12) | (13) | (14) | (15) | (16) | (17) | (18) | (19) |
| 8 | 7.103 | 6.336 | 5.321 | 4.551 | 3.779 | 3.001 | 2.749 | 1.953 | 0.842 | −0.13 | −0.897 | −1.458 | −1.749 | −1.923 | −2.224 | −2.673 | 0.4843 | 0.9043 |
| 9 | 6.909 | 6.162 | 5.174 | 4.425 | 3.673 | 2.916 | 2.670 | 1.895 | 0.814 | −0.133 | −0.879 | −1.426 | −1.709 | −1.879 | −2.172 | −2.609 | 0.4902 | 0.9288 |
| 10 | 6.752 | 6.021 | 5.055 | 4.322 | 3.587 | 2.847 | 2.606 | 1.848 | 0.790 | −0.136 | −0.865 | −1.400 | −1.677 | −1.843 | −2.129 | −2.556 | 0.4952 | 0.9497 |
| | | | | | | | | | | | | | | | | | | |
| 11 | 6.622 | 5.905 | 4.957 | 4.238 | 3.516 | 2.789 | 2.553 | 1.809 | 0.771 | −0.138 | −0.854 | −1.378 | −1.650 | −1.813 | −2.095 | −2.514 | 0.4996 | 0.9676 |
| 12 | 6.513 | 5.807 | 4.874 | 4.166 | 3.456 | 2.741 | 2.509 | 1.777 | 0.755 | −0.139 | −0.844 | −1.360 | −1.628 | −1.788 | −2.065 | −2.478 | 0.5035 | 0.9833 |
| 13 | 6.418 | 5.723 | 4.802 | 4.105 | 3.404 | 2.699 | 2.47 | 1.748 | 0.741 | −0.141 | −0.836 | −1.345 | −1.609 | −1.767 | −2.040 | −2.446 | 0.5070 | 0.9972 |
| 14 | 6.337 | 5.65 | 4.741 | 4.052 | 3.36 | 2.663 | 2.437 | 1.724 | 0.729 | −0.142 | −0.829 | −1.331 | −1.592 | −1.748 | −2.018 | −2.420 | 0.5100 | 1.0095 |
| 15 | 6.266 | 5.586 | 4.687 | 4.005 | 3.321 | 2.632 | 2.408 | 1.703 | 0.718 | −0.143 | −0.823 | −1.320 | −1.578 | −1.732 | −1.999 | −2.396 | 0.5128 | 1.0206 |
| | | | | | | | | | | | | | | | | | | |
| 16 | 6.196 | 5.523 | 4.634 | 3.959 | 3.283 | 2.601 | 2.379 | 1.682 | 0.708 | −0.145 | −0.817 | −1.308 | −1.563 | −1.716 | −1.980 | −2.373 | 0.5157 | 1.0316 |
| 17 | 6.137 | 5.471 | 4.589 | 3.921 | 3.250 | 2.575 | 2.355 | 1.664 | 0.699 | −0.146 | −0.811 | −1.299 | −1.552 | −1.703 | −1.965 | −2.354 | 0.5181 | 1.0411 |
| 18 | 6.087 | 5.426 | 4.551 | 3.888 | 3.223 | 2.552 | 2.335 | 1.649 | 0.692 | −0.146 | −0.807 | −1.291 | −1.541 | −1.691 | −1.951 | −2.338 | 0.5202 | 1.0493 |
| 19 | 6.043 | 5.387 | 4.518 | 3.860 | 3.199 | 2.533 | 2.317 | 1.636 | 0.685 | −0.147 | −0.803 | −1.283 | −1.532 | −1.681 | −1.939 | −2.323 | 0.5220 | 1.0566 |
| 20 | 6.006 | 5.354 | 4.490 | 3.836 | 3.179 | 2.517 | 2.302 | 1.625 | 0.680 | −0.148 | −0.800 | −1.277 | −1.525 | −1.673 | −1.930 | −2.311 | 0.5236 | 1.0628 |
| | | | | | | | | | | | | | | | | | | |
| 22 | 5.933 | 5.288 | 4.435 | 3.788 | 3.138 | 2.484 | 2.272 | 1.603 | 0.669 | −0.149 | −0.794 | −1.265 | −1.510 | −1.657 | −1.910 | −2.287 | 0.5268 | 1.0754 |
| 24 | 5.870 | 5.232 | 4.387 | 3.747 | 3.104 | 2.457 | 2.246 | 1.584 | 0.659 | −0.150 | −0.788 | −1.255 | −1.497 | −1.642 | −1.893 | −2.266 | 0.5296 | 1.0864 |
| 26 | 5.816 | 5.183 | 4.346 | 3.711 | 3.074 | 2.433 | 2.224 | 1.568 | 0.651 | −0.151 | −0.783 | −1.246 | −1.486 | −1.630 | −1.879 | −2.249 | 0.532 | 1.0961 |
| 28 | 5.769 | 5.141 | 4.310 | 3.681 | 3.048 | 2.412 | 2.205 | 1.553 | 0.644 | −0.521 | −0.779 | −1.239 | −1.477 | −1.619 | −1.866 | −2.233 | 0.5343 | 1.1047 |
| 30 | 5.727 | 5.104 | 4.279 | 3.653 | 3.026 | 2.393 | 2.188 | 1.541 | 0.638 | −0.153 | −0.776 | −1.232 | −1.468 | −1.610 | −1.855 | −2.219 | 0.5362 | 1.1124 |

续表

| $n$ \ $P$ \ $T$ | 1000 | 500 | 200 | 100 | 50 | 25 | 20 | 10 | 4 | 2 | 1.33 | 1.11 | 1.05 | | | | $\gamma_N$ | $\sigma_n$ |
|---|---|---|---|---|---|---|---|---|---|---|---|---|---|---|---|---|---|---|
| | 0.999 | 0.998 | 0.995 | 0.99 | 0.98 | 0.96 | 0.95 | 0.9 | 0.75 | 0.5 | 0.25 | 0.1 | 0.05 | 0.03 | 0.01 | 0.001 | | |
| 35 | 5.642 | 5.027 | 4.214 | 3.598 | 2.979 | 2.356 | 2.153 | 1.515 | 0.625 | −0.154 | −0.768 | −1.218 | −1.451 | −1.591 | −1.832 | −2.191 | 0.5403 | 1.1285 |
| 40 | 5.576 | 4.968 | 4.164 | 3.554 | 2.942 | 2.326 | 2.126 | 1.495 | 0.615 | −0.155 | −0.762 | −1.208 | −1.438 | −1.576 | −1.814 | −2.170 | 0.5436 | 1.1413 |
| 45 | 5.522 | 4.92 | 4.123 | 3.519 | 2.913 | 2.303 | 2.104 | 1.479 | 0.607 | −0.156 | −0.758 | −1.198 | −1.427 | −1.564 | −1.800 | −2.152 | 0.5463 | 1.1519 |
| 50 | 5.479 | 4.881 | 4.09 | 3.491 | 2.889 | 2.283 | 2.086 | 1.466 | 0.601 | −0.157 | −0.754 | −1.191 | −1.418 | −1.553 | −1.788 | −2.138 | 0.5485 | 1.1607 |
| | | | | | | | | | | | | | | | | | | |
| 60 | 5.410 | 4.820 | 4.038 | 3.446 | 2.852 | 2.253 | 2.059 | 1.446 | 0.591 | −0.158 | −0.748 | −1.18 | −1.404 | −1.538 | −1.770 | −2.115 | 0.5521 | 1.1747 |
| 70 | 5.359 | 4.774 | 4.000 | 3.413 | 2.824 | 2.230 | 2.038 | 1.430 | 0.583 | −0.159 | −0.744 | −1.172 | −1.394 | −1.526 | −1.756 | −2.098 | 0.5548 | 1.1854 |
| 80 | 5.319 | 4.738 | 3.970 | 3.387 | 2.802 | 2.213 | 2.022 | 1.419 | 0.577 | −0.159 | −0.740 | −1.165 | −1.386 | −1.517 | −1.746 | −2.085 | 0.5569 | 1.1938 |
| 90 | 5.287 | 4.709 | 3.945 | 3.366 | 2.784 | 2.199 | 2.008 | 1.409 | 0.572 | −0.160 | −0.737 | −1.160 | −1.379 | −1.510 | −1.737 | −2.075 | 0.5586 | 1.2007 |
| | | | | | | | | | | | | | | | | | | |
| 100 | 5.261 | 4.686 | 3.925 | 3.349 | 2.770 | 2.187 | 1.998 | 1.401 | 0.568 | −0.160 | −0.735 | −1.155 | −1.374 | −1.504 | −1.730 | −2.066 | 0.5600 | 1.2065 |
| 200 | 5.130 | 4.568 | 3.826 | 3.263 | 2.698 | 2.129 | 1.944 | 1.362 | 0.549 | −0.162 | −0.723 | −1.134 | −1.347 | −1.474 | −1.694 | −2.023 | 0.5672 | 1.2360 |
| 500 | 5.032 | 4.481 | 3.753 | 3.200 | 2.645 | 2.086 | 1.905 | 1.333 | 0.535 | −0.164 | −0.714 | −1.117 | −1.326 | −1.451 | −1.668 | −1.990 | 0.5724 | 1.2588 |
| 1000 | 4.992 | 4.445 | 3.722 | 3.174 | 2.632 | 2.069 | 1.889 | 1.321 | 0.529 | −0.164 | −0.710 | −1.110 | −1.318 | −1.442 | −1.657 | −1.976 | 0.5745 | 1.2685 |
| ∞ | 4.936 | 4.395 | 3.679 | 3.137 | 2.592 | 2.044 | 1.866 | 1.305 | 0.521 | −0.164 | −0.705 | −1.100 | −1.306 | −1.428 | −1.641 | −1.957 | 0.5772 | 1.2826 |

# 附录R F 分 布 表

$$F_\alpha(v_1,v_2):\int_{F_\alpha}^{\infty}\frac{1}{B\left(\frac{v_1}{2},\frac{v_2}{2}\right)}v_1^{\frac{v_1}{2}}v_2^{\frac{v_2}{2}}F^{\frac{v_1}{2}-1}(v_2+v_1F)^{-\frac{v_1+v_2}{2}}\,\mathrm{d}F=\alpha$$

$\alpha=0.1$

| $v_2$ \ $v_1$ | 1 | 2 | 3 | 4 | 5 | 6 | 7 | 8 | 9 | 10 | 12 | 15 | 20 | 24 | 30 | 40 | 60 | 120 | ∞ |
|---|---|---|---|---|---|---|---|---|---|---|---|---|---|---|---|---|---|---|---|
| 1 | 39.863 | 49.500 | 53.593 | 55.833 | 57.240 | 58.204 | 58.906 | 59.439 | 59.858 | 60.195 | 60.705 | 61.220 | 61.740 | 62.002 | 62.265 | 62.529 | 62.794 | 63.061 | 63.328 |
| 2 | 8.526 | 9.000 | 9.162 | 9.243 | 9.293 | 9.326 | 9.349 | 9.367 | 9.381 | 9.932 | 9.408 | 9.425 | 9.441 | 9.450 | 9.458 | 9.466 | 9.475 | 9.483 | 9.491 |
| 3 | 5.538 | 5.462 | 5.391 | 5.343 | 5.309 | 5.285 | 5.266 | 5.252 | 5.240 | 5.230 | 5.216 | 5.200 | 5.184 | 5.176 | 5.168 | 5.160 | 5.151 | 5.143 | 5.134 |
| 4 | 4.545 | 4.325 | 4.191 | 4.107 | 4.051 | 4.010 | 3.979 | 3.955 | 3.936 | 3.920 | 3.896 | 3.870 | 3.844 | 3.831 | 3.817 | 3.804 | 3.790 | 3.775 | 3.761 |
| 5 | 4.060 | 3.780 | 3.619 | 3.520 | 3.453 | 3.405 | 3.368 | 3.339 | 3.316 | 3.297 | 3.268 | 3.238 | 3.207 | 3.191 | 3.174 | 3.157 | 3.140 | 3.123 | 3.105 |
| 6 | 3.776 | 3.463 | 3.289 | 3.181 | 3.108 | 3.055 | 3.014 | 2.983 | 2.958 | 2.937 | 2.905 | 2.871 | 2.836 | 2.818 | 2.800 | 2.781 | 2.762 | 2.742 | 2.722 |
| 7 | 3.589 | 3.257 | 3.074 | 2.961 | 2.883 | 2.827 | 2.785 | 2.752 | 2.725 | 2.709 | 2.668 | 2.632 | 2.595 | 2.575 | 2.555 | 2.535 | 2.514 | 2.493 | 2.471 |
| 8 | 3.458 | 3.113 | 2.924 | 2.806 | 2.726 | 2.668 | 2.624 | 2.589 | 2.561 | 2.538 | 2.502 | 2.464 | 2.425 | 2.404 | 2.383 | 2.361 | 2.339 | 2.316 | 2.293 |
| 9 | 3.360 | 3.006 | 2.813 | 2.693 | 2.611 | 2.551 | 2.505 | 2.469 | 2.440 | 2.416 | 2.379 | 2.340 | 2.298 | 2.277 | 2.255 | 2.232 | 2.208 | 2.184 | 2.159 |
| 10 | 3.285 | 2.924 | 2.728 | 2.605 | 2.522 | 2.461 | 2.414 | 2.377 | 2.347 | 2.323 | 2.284 | 2.244 | 2.201 | 2.178 | 2.155 | 2.132 | 2.107 | 2.082 | 2.055 |
| 11 | 3.225 | 2.860 | 2.660 | 2.536 | 2.451 | 2.389 | 2.342 | 2.304 | 2.274 | 2.248 | 2.209 | 2.167 | 2.123 | 2.100 | 2.076 | 2.052 | 2.026 | 2.000 | 1.972 |
| 12 | 3.177 | 2.807 | 2.606 | 2.480 | 2.394 | 2.331 | 2.283 | 2.245 | 2.214 | 2.188 | 2.147 | 2.105 | 2.060 | 2.036 | 2.011 | 1.986 | 1.960 | 1.932 | 1.904 |
| 13 | 3.136 | 2.763 | 2.560 | 2.434 | 2.347 | 2.283 | 2.234 | 2.195 | 2.164 | 2.138 | 2.097 | 2.053 | 2.007 | 1.983 | 1.958 | 1.931 | 1.904 | 1.876 | 1.846 |
| 14 | 3.102 | 2.726 | 2.522 | 2.395 | 2.307 | 2.243 | 2.193 | 2.154 | 2.122 | 2.095 | 2.054 | 2.010 | 1.962 | 1.938 | 1.912 | 1.885 | 1.857 | 1.828 | 1.797 |
| 15 | 3.073 | 2.695 | 2.490 | 2.361 | 2.273 | 2.208 | 2.158 | 2.119 | 2.086 | 2.059 | 2.017 | 1.972 | 1.924 | 1.899 | 1.873 | 1.845 | 1.817 | 1.787 | 1.755 |

续表

| $\nu_2$ \ $\nu_1$ | 1 | 2 | 3 | 4 | 5 | 6 | 7 | 8 | 9 | 10 | 12 | 15 | 20 | 24 | 30 | 40 | 60 | 120 | ∞ |
|---|---|---|---|---|---|---|---|---|---|---|---|---|---|---|---|---|---|---|---|
| 16 | 3.048 | 2.668 | 2.462 | 2.333 | 2.244 | 2.178 | 2.128 | 2.088 | 2.055 | 2.028 | 1.985 | 1.940 | 1.891 | 1.866 | 1.839 | 1.811 | 1.782 | 1.751 | 1.718 |
| 17 | 3.026 | 2.645 | 2.437 | 2.308 | 2.218 | 2.152 | 2.102 | 2.061 | 2.028 | 2.001 | 1.958 | 1.912 | 1.862 | 1.836 | 1.809 | 1.781 | 1.751 | 1.719 | 1.685 |
| 18 | 3.007 | 2.624 | 2.416 | 2.286 | 2.196 | 2.130 | 2.079 | 2.038 | 2.005 | 1.977 | 1.933 | 1.887 | 1.837 | 1.810 | 1.783 | 1.754 | 1.723 | 1.691 | 1.657 |
| 19 | 2.990 | 2.606 | 2.397 | 2.266 | 2.176 | 2.109 | 2.058 | 2.017 | 1.984 | 1.956 | 1.912 | 1.865 | 1.814 | 1.787 | 1.759 | 1.730 | 1.699 | 1.666 | 1.631 |
| 20 | 2.975 | 2.589 | 2.380 | 2.249 | 2.158 | 2.091 | 2.040 | 1.999 | 1.965 | 1.937 | 1.892 | 1.845 | 1.794 | 1.767 | 1.738 | 1.708 | 1.677 | 1.643 | 1.607 |
| 21 | 2.961 | 2.575 | 2.365 | 2.233 | 2.142 | 2.075 | 2.023 | 1.982 | 1.948 | 1.920 | 1.875 | 1.827 | 1.776 | 1.748 | 1.719 | 1.689 | 1.657 | 1.623 | 1.586 |
| 22 | 2.949 | 2.561 | 2.351 | 2.219 | 2.128 | 2.060 | 2.008 | 1.967 | 1.933 | 1.904 | 1.859 | 1.811 | 1.759 | 1.731 | 1.702 | 1.671 | 1.639 | 1.604 | 1.567 |
| 23 | 2.937 | 2.549 | 2.339 | 2.207 | 2.115 | 2.047 | 1.995 | 1.953 | 1.919 | 1.890 | 1.845 | 1.796 | 1.744 | 1.716 | 1.686 | 1.655 | 1.622 | 1.587 | 1.549 |
| 24 | 2.927 | 2.538 | 2.327 | 2.195 | 2.103 | 2.035 | 1.983 | 1.941 | 1.906 | 1.877 | 1.832 | 1.783 | 1.730 | 1.702 | 1.672 | 1.641 | 1.607 | 1.571 | 1.533 |
| 25 | 2.918 | 2.528 | 2.317 | 2.184 | 2.092 | 2.024 | 1.971 | 1.929 | 1.895 | 1.866 | 1.820 | 1.771 | 1.718 | 1.689 | 1.659 | 1.627 | 1.593 | 1.557 | 1.518 |
| 26 | 2.909 | 2.519 | 2.307 | 2.174 | 2.082 | 2.014 | 1.961 | 1.919 | 1.884 | 1.855 | 1.809 | 1.760 | 1.706 | 1.677 | 1.647 | 1.615 | 1.581 | 1.544 | 1.504 |
| 27 | 2.901 | 2.511 | 2.299 | 2.165 | 2.073 | 2.005 | 1.952 | 1.909 | 1.874 | 1.845 | 1.799 | 1.749 | 1.695 | 1.666 | 1.636 | 1.603 | 1.569 | 1.531 | 1.491 |
| 28 | 2.894 | 2.503 | 2.291 | 2.157 | 2.064 | 1.996 | 1.943 | 1.900 | 1.865 | 1.836 | 1.790 | 1.740 | 1.685 | 1.656 | 1.625 | 1.592 | 1.558 | 1.520 | 1.478 |
| 29 | 2.887 | 2.495 | 2.283 | 2.149 | 2.057 | 1.988 | 1.935 | 1.892 | 1.857 | 1.827 | 1.781 | 1.731 | 1.676 | 1.647 | 1.616 | 1.583 | 1.547 | 1.509 | 1.467 |
| 30 | 2.881 | 2.489 | 2.276 | 2.142 | 2.049 | 1.980 | 1.927 | 1.884 | 1.849 | 1.819 | 1.773 | 1.722 | 1.667 | 1.638 | 1.606 | 1.573 | 1.538 | 1.499 | 1.456 |
| 31 | 2.875 | 2.482 | 2.270 | 2.136 | 2.042 | 1.973 | 1.920 | 1.877 | 1.842 | 1.812 | 1.765 | 1.714 | 1.659 | 1.630 | 1.598 | 1.565 | 1.520 | 1.489 | 1.446 |
| 32 | 2.869 | 2.477 | 2.263 | 2.129 | 2.036 | 1.967 | 1.913 | 1.870 | 1.835 | 1.805 | 1.758 | 1.707 | 1.652 | 1.622 | 1.590 | 1.556 | 1.520 | 1.481 | 1.437 |
| 33 | 2.864 | 2.471 | 2.258 | 2.123 | 2.030 | 1.961 | 1.907 | 1.864 | 1.828 | 1.799 | 1.751 | 1.700 | 1.645 | 1.615 | 1.583 | 1.549 | 1.512 | 1.472 | 1.428 |
| 34 | 2.859 | 2.466 | 2.252 | 2.118 | 2.024 | 1.955 | 1.901 | 1.858 | 1.822 | 1.793 | 1.745 | 1.694 | 1.638 | 1.608 | 1.576 | 1.541 | 1.505 | 1.464 | 1.419 |
| 35 | 2.855 | 2.461 | 2.247 | 2.113 | 2.019 | 1.950 | 1.896 | 1.852 | 1.817 | 1.787 | 1.739 | 1.688 | 1.632 | 1.601 | 1.569 | 1.535 | 1.497 | 1.457 | 1.411 |

续表

| $v_2$ \ $v_1$ | 1 | 2 | 3 | 4 | 5 | 6 | 7 | 8 | 9 | 10 | 12 | 15 | 20 | 24 | 30 | 40 | 60 | 120 | ∞ |
|---|---|---|---|---|---|---|---|---|---|---|---|---|---|---|---|---|---|---|---|
| 36 | 2.850 | 2.456 | 2.243 | 2.108 | 2.014 | 1.945 | 1.891 | 1.847 | 1.811 | 1.781 | 1.734 | 1.682 | 1.626 | 1.595 | 1.563 | 1.528 | 1.491 | 1.450 | 1.404 |
| 37 | 2.846 | 2.452 | 2.238 | 2.103 | 2.009 | 1.940 | 1.886 | 1.842 | 1.806 | 1.776 | 1.729 | 1.677 | 1.620 | 1.590 | 1.557 | 1.522 | 1.484 | 1.443 | 1.397 |
| 38 | 2.842 | 2.448 | 2.234 | 2.099 | 2.005 | 1.935 | 1.881 | 1.838 | 1.802 | 1.772 | 1.724 | 1.672 | 1.615 | 1.584 | 1.551 | 1.516 | 1.478 | 1.437 | 1.390 |
| 39 | 2.839 | 2.444 | 2.230 | 2.095 | 2.001 | 1.931 | 1.877 | 1.833 | 1.797 | 1.767 | 1.719 | 1.667 | 1.610 | 1.579 | 1.546 | 1.511 | 1.473 | 1.431 | 1.383 |
| 40 | 2.835 | 2.440 | 2.226 | 2.091 | 1.997 | 1.927 | 1.873 | 1.829 | 1.793 | 1.763 | 1.715 | 1.662 | 1.605 | 1.574 | 1.541 | 1.506 | 1.467 | 1.425 | 1.377 |
| 41 | 2.832 | 2.437 | 2.222 | 2.087 | 1.993 | 1.923 | 1.869 | 1.825 | 1.789 | 1.759 | 1.710 | 1.658 | 1.601 | 1.569 | 1.536 | 1.501 | 1.462 | 1.419 | 1.371 |
| 42 | 2.829 | 2.434 | 2.219 | 2.084 | 1.989 | 1.919 | 1.865 | 1.821 | 1.785 | 1.755 | 1.706 | 1.654 | 1.596 | 1.565 | 1.532 | 1.496 | 1.457 | 1.414 | 1.365 |
| 43 | 2.826 | 2.430 | 2.216 | 2.080 | 1.986 | 1.916 | 1.861 | 1.817 | 1.781 | 1.751 | 1.703 | 1.650 | 1.592 | 1.561 | 1.527 | 1.491 | 1.452 | 1.409 | 1.360 |
| 44 | 2.823 | 2.427 | 2.213 | 2.077 | 1.983 | 1.913 | 1.858 | 1.814 | 1.778 | 1.747 | 1.699 | 1.646 | 1.588 | 1.557 | 1.523 | 1.487 | 1.448 | 1.404 | 1.354 |
| 45 | 2.820 | 2.425 | 2.210 | 2.074 | 1.980 | 1.909 | 1.855 | 1.811 | 1.774 | 1.744 | 1.695 | 1.643 | 1.585 | 1.553 | 1.519 | 1.483 | 1.443 | 1.399 | 1.349 |
| 46 | 2.818 | 2.422 | 2.207 | 2.071 | 1.977 | 1.906 | 1.852 | 1.808 | 1.771 | 1.741 | 1.692 | 1.639 | 1.581 | 1.549 | 1.515 | 1.479 | 1.439 | 1.395 | 1.344 |
| 47 | 2.815 | 2.419 | 2.204 | 2.068 | 1.974 | 1.903 | 1.849 | 1.805 | 1.768 | 1.738 | 1.689 | 1.636 | 1.578 | 1.546 | 1.512 | 1.475 | 1.435 | 1.391 | 1.340 |
| 48 | 2.813 | 2.417 | 2.202 | 2.066 | 1.971 | 1.901 | 1.846 | 1.802 | 1.765 | 1.735 | 1.686 | 1.633 | 1.574 | 1.542 | 1.508 | 1.472 | 1.431 | 1.387 | 1.335 |
| 49 | 2.811 | 2.414 | 2.199 | 2.063 | 1.968 | 1.898 | 1.843 | 1.799 | 1.763 | 1.732 | 1.683 | 1.630 | 1.571 | 1.539 | 1.505 | 1.468 | 1.428 | 1.383 | 1.331 |
| 50 | 2.809 | 2.412 | 2.197 | 2.061 | 1.966 | 1.895 | 1.840 | 1.796 | 1.760 | 1.729 | 1.680 | 1.627 | 1.568 | 1.536 | 1.502 | 1.465 | 1.424 | 1.379 | 1.327 |
| 60 | 1.791 | 2.393 | 2.177 | 2.041 | 1.946 | 1.875 | 1.819 | 1.775 | 1.738 | 1.707 | 1.657 | 1.603 | 1.543 | 1.511 | 1.476 | 1.437 | 1.395 | 1.348 | 1.291 |
| 80 | 2.769 | 2.370 | 2.154 | 2.016 | 1.921 | 1.849 | 1.793 | 1.748 | 1.711 | 1.680 | 1.629 | 1.574 | 1.513 | 1.479 | 1.443 | 1.403 | 1.358 | 1.307 | 1.245 |
| 120 | 2.748 | 2.347 | 2.130 | 1.992 | 1.896 | 1.824 | 1.767 | 1.722 | 1.684 | 1.652 | 1.601 | 1.545 | 1.482 | 1.447 | 1.409 | 1.368 | 1.320 | 1.265 | 1.193 |
| 240 | 2.727 | 2.325 | 2.107 | 1.968 | 1.871 | 1.799 | 1.742 | 1.696 | 1.658 | 1.625 | 1.573 | 1.516 | 1.451 | 1.415 | 1.376 | 1.332 | 1.281 | 1.219 | 1.130 |
| ∞ | 2.706 | 2.303 | 2.084 | 1.945 | 1.847 | 1.774 | 1.717 | 1.670 | 1.632 | 1.599 | 1.546 | 1.487 | 1.421 | 1.383 | 1.342 | 1.295 | 1.240 | 1.169 | 1.000 |

$\alpha=0.05$

| $v_2$ \ $v_1$ | 1 | 2 | 3 | 4 | 5 | 6 | 7 | 8 | 9 | 10 | 12 | 15 | 20 | 24 | 30 | 40 | 60 | 120 | ∞ |
|---|---|---|---|---|---|---|---|---|---|---|---|---|---|---|---|---|---|---|---|
| 1 | 161.448 | 199.500 | 215.707 | 224.583 | 230.162 | 233.986 | 236.768 | 238.883 | 240.543 | 241.882 | 243.906 | 245.950 | 248.013 | 249.052 | 250.095 | 251.143 | 252.196 | 253.253 | 254.314 |
| 2 | 18.513 | 19.000 | 19.164 | 19.247 | 19.296 | 19.330 | 19.353 | 19.371 | 19.385 | 19.396 | 19.413 | 19.429 | 19.446 | 19.454 | 19.462 | 19.471 | 19.479 | 19.487 | 19.496 |
| 3 | 10.128 | 9.552 | 9.277 | 9.117 | 9.013 | 8.941 | 8.887 | 8.845 | 8.812 | 8.786 | 8.745 | 8.703 | 8.660 | 8.639 | 8.617 | 8.594 | 8.572 | 8.549 | 8.526 |
| 4 | 7.709 | 6.944 | 6.591 | 6.388 | 6.256 | 6.163 | 6.094 | 6.041 | 5.999 | 5.964 | 5.912 | 5.858 | 5.803 | 5.774 | 5.746 | 5.717 | 5.688 | 5.658 | 5.628 |
| 5 | 6.608 | 5.786 | 5.409 | 5.192 | 5.050 | 4.950 | 4.876 | 4.818 | 4.772 | 4.735 | 4.678 | 4.619 | 4.558 | 4.527 | 4.496 | 4.464 | 4.431 | 4.398 | 4.365 |
| 6 | 5.987 | 5.143 | 4.757 | 4.534 | 4.387 | 4.284 | 4.207 | 4.147 | 4.099 | 4.060 | 4.000 | 3.938 | 3.874 | 3.841 | 3.808 | 3.774 | 3.740 | 3.705 | 3.669 |
| 7 | 5.591 | 4.737 | 4.347 | 4.120 | 3.972 | 3.866 | 3.787 | 3.726 | 3.677 | 3.637 | 3.575 | 3.511 | 3.445 | 3.410 | 3.376 | 3.340 | 3.304 | 3.267 | 3.230 |
| 8 | 5.318 | 4.459 | 4.066 | 3.838 | 3.687 | 3.581 | 3.500 | 3.438 | 3.388 | 3.347 | 3.284 | 3.218 | 3.150 | 3.115 | 3.079 | 3.043 | 3.005 | 2.967 | 2.928 |
| 9 | 5.117 | 4.256 | 3.863 | 3.633 | 3.482 | 3.374 | 3.293 | 3.230 | 3.179 | 3.137 | 3.073 | 3.006 | 2.936 | 2.900 | 2.864 | 2.826 | 2.787 | 2.748 | 2.707 |
| 10 | 4.965 | 4.103 | 3.708 | 3.478 | 3.326 | 3.217 | 3.135 | 3.072 | 3.020 | 2.978 | 2.913 | 2.845 | 2.774 | 2.737 | 2.700 | 2.661 | 2.621 | 2.580 | 2.538 |
| 11 | 4.844 | 3.982 | 3.587 | 3.357 | 3.204 | 3.095 | 3.012 | 2.948 | 2.896 | 2.854 | 2.788 | 2.719 | 2.646 | 2.609 | 2.570 | 2.531 | 2.490 | 2.448 | 2.404 |
| 12 | 4.747 | 3.885 | 3.490 | 3.259 | 3.106 | 2.996 | 2.913 | 2.849 | 2.796 | 2.753 | 2.687 | 2.617 | 2.544 | 2.505 | 2.466 | 2.426 | 2.384 | 2.341 | 2.296 |
| 13 | 4.667 | 3.806 | 3.411 | 3.179 | 3.025 | 2.915 | 2.832 | 2.767 | 2.714 | 2.671 | 2.604 | 2.533 | 2.459 | 2.420 | 2.380 | 2.339 | 2.297 | 2.252 | 2.206 |
| 14 | 4.600 | 3.739 | 3.344 | 3.112 | 2.958 | 2.848 | 2.764 | 2.699 | 2.646 | 2.602 | 2.534 | 2.463 | 2.388 | 2.349 | 2.308 | 2.266 | 2.223 | 2.178 | 2.131 |
| 15 | 4.543 | 3.682 | 3.287 | 3.056 | 2.901 | 2.790 | 2.707 | 2.641 | 2.588 | 2.544 | 2.475 | 2.403 | 2.328 | 2.288 | 2.247 | 2.204 | 2.160 | 2.114 | 2.066 |
| 16 | 4.494 | 3.634 | 3.239 | 3.007 | 2.852 | 2.741 | 2.657 | 2.591 | 2.538 | 2.494 | 2.425 | 2.352 | 2.276 | 2.235 | 2.194 | 2.151 | 2.106 | 2.059 | 2.010 |
| 17 | 4.451 | 3.592 | 3.197 | 2.965 | 2.810 | 2.699 | 2.614 | 2.548 | 2.494 | 2.450 | 2.381 | 2.308 | 2.230 | 2.190 | 2.148 | 2.104 | 2.058 | 2.011 | 1.960 |
| 18 | 4.414 | 3.555 | 3.160 | 2.928 | 2.773 | 2.661 | 2.577 | 2.510 | 2.456 | 2.412 | 2.342 | 2.269 | 2.191 | 2.150 | 2.107 | 2.063 | 2.017 | 1.968 | 1.917 |
| 19 | 4.381 | 3.522 | 3.127 | 2.895 | 2.740 | 2.628 | 2.544 | 2.477 | 2.423 | 2.378 | 2.308 | 2.234 | 2.155 | 2.114 | 2.071 | 2.026 | 1.980 | 1.930 | 1.878 |
| 20 | 4.351 | 3.493 | 3.098 | 2.866 | 2.711 | 2.599 | 2.514 | 2.447 | 2.393 | 2.348 | 2.278 | 2.203 | 2.124 | 2.082 | 2.039 | 1.994 | 1.946 | 1.896 | 1.843 |

续表

| $v_2$ \ $v_1$ | 1 | 2 | 3 | 4 | 5 | 6 | 7 | 8 | 9 | 10 | 12 | 15 | 20 | 24 | 30 | 40 | 60 | 120 | ∞ |
|---|---|---|---|---|---|---|---|---|---|---|---|---|---|---|---|---|---|---|---|
| 21 | 4.325 | 3.467 | 3.072 | 2.840 | 2.685 | 2.573 | 2.488 | 2.420 | 2.366 | 2.321 | 2.250 | 2.176 | 2.096 | 2.054 | 2.010 | 1.965 | 1.916 | 1.866 | 1.812 |
| 22 | 4.301 | 3.443 | 3.049 | 2.817 | 2.661 | 2.549 | 2.464 | 2.397 | 2.342 | 2.297 | 2.226 | 2.151 | 2.071 | 2.028 | 1.984 | 1.938 | 1.889 | 1.838 | 1.783 |
| 23 | 4.279 | 3.422 | 3.028 | 2.796 | 2.640 | 2.528 | 2.442 | 2.375 | 2.320 | 2.275 | 2.204 | 2.128 | 2.048 | 2.005 | 1.961 | 1.914 | 1.865 | 1.813 | 1.757 |
| 24 | 4.260 | 3.403 | 3.009 | 2.776 | 2.621 | 2.508 | 2.423 | 2.355 | 2.300 | 2.255 | 2.183 | 2.108 | 2.027 | 1.984 | 1.939 | 1.892 | 1.842 | 1.790 | 1.733 |
| 25 | 4.242 | 3.385 | 2.991 | 2.759 | 2.603 | 2.490 | 2.405 | 2.337 | 2.282 | 2.236 | 2.165 | 2.089 | 2.007 | 1.964 | 1.919 | 1.872 | 1.822 | 1.768 | 1.711 |
| | | | | | | | | | | | | | | | | | | | |
| 26 | 4.225 | 3.369 | 2.975 | 2.743 | 2.587 | 2.474 | 2.388 | 2.321 | 2.265 | 2.220 | 2.148 | 2.072 | 1.990 | 1.946 | 1.901 | 1.853 | 1.803 | 1.749 | 1.691 |
| 27 | 4.210 | 3.354 | 2.960 | 2.728 | 2.572 | 2.459 | 2.373 | 2.305 | 2.250 | 2.204 | 2.132 | 2.056 | 1.974 | 1.930 | 1.884 | 1.836 | 1.785 | 1.731 | 1.672 |
| 28 | 4.196 | 3.340 | 2.947 | 2.714 | 2.558 | 2.445 | 2.359 | 2.291 | 2.236 | 2.190 | 2.118 | 2.041 | 1.959 | 1.915 | 1.869 | 1.820 | 1.769 | 1.714 | 1.654 |
| 29 | 4.183 | 3.328 | 2.934 | 2.701 | 2.545 | 2.432 | 2.346 | 2.278 | 2.223 | 2.177 | 2.104 | 2.027 | 1.945 | 1.901 | 1.854 | 1.806 | 1.754 | 1.698 | 1.638 |
| 30 | 4.171 | 3.316 | 2.922 | 2.690 | 2.534 | 2.421 | 2.334 | 2.266 | 2.211 | 2.165 | 2.082 | 2.015 | 1.932 | 1.887 | 1.841 | 1.792 | 1.740 | 1.683 | 1.622 |
| | | | | | | | | | | | | | | | | | | | |
| 31 | 4.160 | 3.305 | 2.911 | 2.679 | 2.523 | 2.409 | 2.323 | 2.255 | 2.199 | 2.153 | 2.080 | 2.003 | 1.920 | 1.875 | 1.828 | 1.779 | 1.726 | 1.670 | 1.608 |
| 32 | 4.149 | 3.295 | 2.901 | 2.668 | 2.512 | 2.399 | 2.313 | 2.244 | 2.189 | 2.142 | 2.070 | 1.992 | 1.908 | 1.864 | 1.817 | 1.767 | 1.714 | 1.657 | 1.594 |
| 33 | 4.139 | 3.285 | 2.892 | 2.659 | 2.503 | 2.389 | 2.303 | 2.235 | 2.179 | 2.133 | 2.060 | 1.982 | 1.898 | 1.853 | 1.806 | 1.756 | 1.702 | 1.645 | 1.581 |
| 34 | 4.130 | 3.276 | 2.883 | 2.650 | 2.494 | 2.380 | 2.294 | 2.225 | 2.170 | 2.123 | 2.050 | 1.972 | 1.888 | 1.843 | 1.795 | 1.745 | 1.691 | 1.633 | 1.569 |
| 35 | 4.121 | 3.267 | 2.874 | 2.641 | 2.485 | 2.372 | 2.285 | 2.217 | 2.161 | 2.114 | 2.041 | 1.963 | 1.878 | 1.833 | 1.786 | 1.735 | 1.681 | 1.623 | 1.558 |
| | | | | | | | | | | | | | | | | | | | |
| 36 | 4.113 | 3.259 | 2.866 | 2.634 | 2.477 | 2.364 | 2.277 | 2.209 | 2.153 | 2.106 | 2.033 | 1.954 | 1.870 | 1.824 | 1.776 | 1.726 | 1.671 | 1.612 | 1.547 |
| 37 | 4.105 | 3.252 | 2.859 | 2.626 | 2.470 | 2.356 | 2.270 | 2.201 | 2.145 | 2.098 | 2.025 | 1.946 | 1.861 | 1.816 | 1.768 | 1.717 | 1.662 | 1.603 | 1.537 |
| 38 | 0.498 | 3.245 | 2.852 | 2.619 | 2.463 | 2.349 | 2.260 | 2.194 | 2.138 | 2.091 | 2.017 | 1.939 | 1.853 | 1.808 | 1.760 | 1.708 | 1.653 | 1.594 | 1.527 |
| 39 | 0.491 | 3.238 | 2.845 | 2.612 | 2.456 | 2.342 | 2.255 | 2.187 | 2.131 | 2.084 | 2.010 | 1.931 | 1.846 | 1.800 | 1.752 | 1.700 | 1.645 | 1.585 | 1.518 |
| 40 | 4.085 | 3.232 | 2.839 | 2.606 | 2.449 | 2.336 | 2.249 | 2.180 | 2.124 | 2.077 | 2.003 | 1.924 | 1.839 | 1.793 | 1.744 | 1.693 | 1.637 | 1.577 | 1.509 |

续表

| $v_2$ \ $v_1$ | 1 | 2 | 3 | 4 | 5 | 6 | 7 | 8 | 9 | 10 | 12 | 15 | 20 | 24 | 30 | 40 | 60 | 120 | ∞ |
|---|---|---|---|---|---|---|---|---|---|---|---|---|---|---|---|---|---|---|---|
| 41 | 4.079 | 3.226 | 2.833 | 2.600 | 2.443 | 2.330 | 2.243 | 2.174 | 2.118 | 2.071 | 1.997 | 1.918 | 1.832 | 1.786 | 1.737 | 1.686 | 1.630 | 1.569 | 1.500 |
| 42 | 4.073 | 3.220 | 2.827 | 2.594 | 2.438 | 2.324 | 2.237 | 2.168 | 2.112 | 2.065 | 1.991 | 1.912 | 1.826 | 1.780 | 1.731 | 1.679 | 1.623 | 1.561 | 1.492 |
| 43 | 4.067 | 3.214 | 2.822 | 2.599 | 2.432 | 2.318 | 2.232 | 2.163 | 2.106 | 2.059 | 1.985 | 1.906 | 1.820 | 1.773 | 1.724 | 1.672 | 1.616 | 1.554 | 1.485 |
| 44 | 4.062 | 3.209 | 2.816 | 2.584 | 2.427 | 2.313 | 2.226 | 2.157 | 2.101 | 2.054 | 1.980 | 1.900 | 1.814 | 1.767 | 1.718 | 1.666 | 1.609 | 1.547 | 1.477 |
| 45 | 4.057 | 3.204 | 2.812 | 2.579 | 2.422 | 2.308 | 2.221 | 2.152 | 2.096 | 2.049 | 1.974 | 1.895 | 1.808 | 1.762 | 1.713 | 1.660 | 1.603 | 1.541 | 1.470 |
| 46 | 4.052 | 3.200 | 2.807 | 2.574 | 2.417 | 2.304 | 2.216 | 2.147 | 2.091 | 2.044 | 1.969 | 1.890 | 1.803 | 1.756 | 1.707 | 1.654 | 1.597 | 1.534 | 1.463 |
| 47 | 4.047 | 3.195 | 2.802 | 2.570 | 2.413 | 2.299 | 2.212 | 2.143 | 2.086 | 2.039 | 1.965 | 1.885 | 1.798 | 1.751 | 1.702 | 1.649 | 1.591 | 1.528 | 1.457 |
| 48 | 4.043 | 3.191 | 2.798 | 2.565 | 2.409 | 2.295 | 2.207 | 2.138 | 2.082 | 2.035 | 1.960 | 1.880 | 1.793 | 1.746 | 1.697 | 1.644 | 1.586 | 1.522 | 1.450 |
| 49 | 4.038 | 3.187 | 2.794 | 2.561 | 2.404 | 2.290 | 2.203 | 2.134 | 2.077 | 2.030 | 1.956 | 1.876 | 1.789 | 1.742 | 1.692 | 1.639 | 1.581 | 1.517 | 1.444 |
| 50 | 4.034 | 3.183 | 2.790 | 2.557 | 2.400 | 2.286 | 2.199 | 2.130 | 2.073 | 2.026 | 1.952 | 1.871 | 1.784 | 1.737 | 1.687 | 1.634 | 1.576 | 1.511 | 1.438 |
| 60 | 4.001 | 3.150 | 2.758 | 2.525 | 2.368 | 2.254 | 2.167 | 2.097 | 2.040 | 1.993 | 1.917 | 1.836 | 1.748 | 1.700 | 1.649 | 1.594 | 1.534 | 1.467 | 1.389 |
| 80 | 3.960 | 3.111 | 2.719 | 2.486 | 2.329 | 2.214 | 2.126 | 2.056 | 1.999 | 1.951 | 1.875 | 1.793 | 1.703 | 1.654 | 1.602 | 1.545 | 1.482 | 1.411 | 1.325 |
| 120 | 3.920 | 3.072 | 2.680 | 2.447 | 2.290 | 2.175 | 2.087 | 2.016 | 1.959 | 1.910 | 1.834 | 1.750 | 1.659 | 1.608 | 1.554 | 1.495 | 1.429 | 1.352 | 1.254 |
| 240 | 3.880 | 3.033 | 2.642 | 2.409 | 2.252 | 2.136 | 2.048 | 1.977 | 1.919 | 1.870 | 1.793 | 1.708 | 1.614 | 1.563 | 1.507 | 1.445 | 1.375 | 1.290 | 1.170 |
| ∞ | 3.841 | 2.996 | 2.605 | 2.372 | 2.214 | 2.099 | 2.010 | 1.938 | 1.880 | 1.831 | 1.752 | 1.666 | 1.571 | 1.517 | 1.459 | 1.394 | 1.318 | 1.221 | 1.000 |

$\alpha=0.01$

| $v_2$ \ $v_1$ | 1 | 2 | 3 | 4 | 5 | 6 | 7 | 8 | 9 | 10 | 12 | 15 | 20 | 24 | 30 | 40 | 60 | 120 | ∞ |
|---|---|---|---|---|---|---|---|---|---|---|---|---|---|---|---|---|---|---|---|
| 1 | 4052.181 | 4999.500 | 5403.352 | 5624.583 | 5763.650 | 5858.986 | 5928.356 | 5981.070 | 6022.473 | 6055.847 | 6106.321 | 6157.285 | 6208.730 | 6234.631 | 6260.649 | 6286.782 | 6313.030 | 6339.391 | 6365.864 |
| 2 | 98.503 | 99.000 | 99.166 | 99.249 | 99.299 | 99.333 | 99.356 | 99.374 | 99.388 | 99.399 | 99.416 | 99.433 | 99.449 | 99.458 | 99.466 | 99.474 | 99.482 | 99.491 | 99.499 |
| 3 | 34.116 | 30.817 | 29.457 | 28.710 | 28.237 | 27.911 | 27.672 | 27.489 | 27.345 | 27.229 | 27.052 | 26.875 | 26.690 | 26.598 | 26.505 | 26.411 | 26.316 | 26.221 | 26.125 |
| 4 | 21.198 | 18.000 | 16.694 | 15.977 | 15.522 | 15.207 | 14.976 | 14.799 | 14.659 | 14.546 | 14.374 | 14.198 | 14.020 | 13.929 | 13.838 | 13.745 | 13.652 | 13.558 | 13.463 |
| 5 | 16.258 | 13.274 | 12.060 | 11.392 | 10.967 | 10.672 | 10.456 | 10.289 | 10.158 | 10.051 | 9.888 | 9.722 | 9.553 | 9.466 | 9.379 | 9.291 | 9.202 | 9.112 | 9.020 |

续表

| $\nu_2$ \ $\nu_1$ | 1 | 2 | 3 | 4 | 5 | 6 | 7 | 8 | 9 | 10 | 12 | 15 | 20 | 24 | 30 | 40 | 60 | 120 | ∞ |
|---|---|---|---|---|---|---|---|---|---|---|---|---|---|---|---|---|---|---|---|
| 6 | 13.745 | 10.925 | 9.780 | 9.148 | 8.746 | 8.466 | 8.260 | 8.102 | 7.976 | 7.874 | 7.718 | 7.559 | 7.396 | 7.313 | 7.229 | 7.143 | 7.057 | 6.969 | 6.880 |
| 7 | 12.245 | 9.547 | 8.451 | 7.847 | 7.460 | 7.191 | 6.993 | 6.840 | 6.719 | 6.620 | 6.469 | 6.314 | 6.156 | 6.074 | 5.992 | 5.908 | 5.824 | 5.737 | 5.650 |
| 8 | 11.259 | 8.649 | 7.591 | 7.006 | 6.632 | 6.371 | 6.178 | 6.029 | 5.911 | 5.814 | 5.667 | 5.515 | 5.359 | 5.279 | 5.198 | 5.116 | 5.032 | 4.946 | 4.859 |
| 9 | 10.561 | 8.022 | 6.992 | 9.422 | 6.057 | 5.802 | 5.613 | 5.467 | 5.351 | 5.257 | 5.111 | 4.962 | 4.808 | 4.729 | 4.649 | 4.567 | 4.483 | 4.398 | 4.311 |
| 10 | 10.044 | 7.559 | 6.552 | 5.994 | 5.636 | 5.386 | 5.200 | 5.057 | 4.942 | 4.849 | 4.706 | 4.558 | 4.405 | 4.327 | 4.247 | 4.165 | 4.082 | 3.996 | 3.909 |
| 11 | 9.646 | 7.206 | 6.217 | 5.668 | 5.316 | 5.069 | 4.886 | 4.744 | 4.632 | 4.539 | 4.397 | 4.251 | 4.099 | 4.021 | 3.941 | 3.860 | 3.776 | 3.690 | 3.602 |
| 12 | 9.330 | 6.927 | 5.953 | 5.412 | 5.064 | 4.821 | 4.640 | 4.499 | 4.388 | 4.296 | 4.155 | 4.010 | 3.858 | 3.780 | 3.701 | 3.619 | 3.535 | 3.449 | 3.361 |
| 13 | 9.074 | 6.701 | 5.739 | 5.205 | 4.862 | 4.620 | 4.441 | 4.302 | 4.191 | 4.100 | 3.960 | 3.815 | 3.665 | 3.587 | 3.507 | 3.425 | 3.341 | 3.255 | 3.165 |
| 14 | 8.862 | 6.515 | 5.564 | 5.035 | 4.695 | 4.456 | 4.278 | 44.140 | 4.03 | 3.939 | 3.800 | 3.656 | 3.505 | 3.427 | 3.348 | 3.266 | 3.181 | 3.094 | 3.004 |
| 15 | 8.683 | 6.359 | 5.417 | 4.893 | 4.556 | 4.318 | 4.142 | 4.004 | 3.895 | 3.805 | 3.666 | 3.522 | 3.372 | 3.294 | 3.214 | 3.132 | 3.047 | 2.959 | 2.868 |
| 16 | 8.531 | 6.226 | 5.292 | 4.773 | 4.437 | 4.202 | 4.026 | 3.890 | 3.780 | 3.691 | 3.553 | 3.409 | 3.259 | 3.181 | 3.101 | 3.018 | 2.933 | 2.845 | 2.753 |
| 17 | 8.400 | 6.112 | 5.185 | 4.669 | 4.336 | 4.102 | 3.927 | 3.791 | 3.682 | 3.593 | 3.455 | 3.312 | 3.162 | 3.084 | 3.003 | 2.920 | 2.835 | 2.746 | 2.653 |
| 18 | 8.285 | 6.013 | 5.092 | 4.579 | 4.248 | 4.015 | 3.841 | 3.705 | 3.597 | 3.508 | 3.371 | 3.227 | 3.077 | 2.999 | 2.919 | 2.835 | 2.749 | 2.660 | 2.566 |
| 19 | 8.185 | 5.926 | 5.010 | 4.500 | 4.171 | 3.939 | 3.765 | 3.631 | 3.523 | 3.434 | 3.297 | 3.153 | 3.003 | 2.925 | 2.844 | 2.761 | 2.674 | 2.584 | 2.489 |
| 20 | 8.096 | 5.849 | 4.938 | 4.431 | 4.103 | 3.871 | 3.699 | 3.564 | 3.547 | 3.368 | 3.231 | 3.088 | 2.938 | 2.859 | 2.778 | 2.695 | 2.608 | 2.517 | 2.421 |
| 21 | 8.017 | 5.780 | 4.874 | 4.369 | 4.042 | 3.812 | 3.640 | 3.506 | 3.398 | 3.310 | 3.173 | 3.030 | 2.880 | 2.801 | 2.720 | 2.636 | 2.548 | 2.547 | 2.360 |
| 22 | 7.945 | 5.719 | 4.817 | 4.313 | 3.988 | 3.758 | 3.587 | 3.453 | 3.346 | 3.258 | 3.121 | 2.978 | 2.227 | 2.749 | 2.667 | 2.583 | 2.495 | 2.403 | 2.305 |
| 23 | 7.881 | 5.664 | 4.765 | 4.264 | 3.939 | 3.710 | 3.539 | 3.406 | 3.299 | 3.211 | 3.074 | 2.931 | 2.781 | 2.702 | 2.620 | 2.535 | 2.447 | 2.354 | 2.256 |
| 24 | 7.823 | 5.614 | 4.718 | 4.218 | 3.895 | 3.667 | 3.496 | 3.363 | 3.256 | 3.168 | 3.032 | 2.889 | 2.738 | 2.659 | 2.577 | 2.492 | 2.403 | 2.310 | 2.211 |
| 25 | 7.770 | 5.568 | 4.675 | 4.177 | 3.855 | 3.627 | 3.457 | 3.324 | 3.217 | 3.129 | 2.993 | 2.850 | 2.699 | 2.620 | 2.538 | 2.453 | 2.364 | 2.270 | 2.169 |

续表

| $v_2$ \ $v_1$ | 1 | 2 | 3 | 4 | 5 | 6 | 7 | 8 | 9 | 10 | 12 | 15 | 20 | 24 | 30 | 40 | 60 | 120 | ∞ |
|---|---|---|---|---|---|---|---|---|---|---|---|---|---|---|---|---|---|---|---|
| 26 | 7.721 | 5.526 | 4.637 | 4.140 | 3.818 | 3.591 | 3.421 | 3.288 | 3.182 | 3.094 | 2.958 | 2.815 | 2.664 | 2.585 | 2.503 | 2.417 | 2.327 | 2.233 | 2.131 |
| 27 | 7.677 | 5.488 | 4.601 | 4.106 | 3.785 | 3.558 | 3.388 | 3.256 | 3.149 | 3.062 | 2.926 | 2.783 | 2.632 | 2.552 | 2.470 | 2.384 | 2.294 | 2.198 | 2.097 |
| 28 | 7.636 | 5.453 | 4.568 | 4.074 | 3.754 | 3.528 | 3.358 | 3.226 | 3.120 | 3.032 | 2.896 | 2.753 | 2.602 | 2.522 | 2.440 | 2.354 | 2.263 | 2.167 | 2.064 |
| 29 | 7.598 | 5.420 | 4.538 | 4.045 | 3.725 | 3.499 | 3.330 | 3.198 | 3.092 | 3.005 | 2.868 | 2.726 | 2.574 | 2.495 | 2.412 | 2.325 | 2.234 | 2.138 | 2.034 |
| 30 | 7.562 | 5.390 | 4.510 | 4.018 | 3.699 | 3.473 | 3.304 | 3.173 | 3.067 | 2.979 | 2.843 | 2.700 | 2.549 | 2.469 | 2.386 | 2.299 | 2.208 | 2.111 | 2.006 |
| 31 | 7.530 | 5.362 | 4.484 | 3.993 | 3.675 | 3.449 | 3.281 | 3.149 | 3.043 | 2.955 | 2.820 | 2.677 | 2.525 | 2.445 | 2.362 | 2.275 | 2.183 | 2.086 | 1.980 |
| 32 | 7.499 | 5.336 | 4.459 | 3.969 | 3.652 | 3.427 | 3.258 | 3.127 | 3.021 | 2.934 | 2.798 | 2.655 | 2.503 | 2.423 | 2.340 | 2.252 | 2.160 | 2.062 | 1.956 |
| 33 | 7.471 | 5.312 | 4.437 | 3.948 | 3.630 | 3.406 | 3.238 | 3.106 | 3.000 | 2.913 | 2.777 | 2.634 | 2.482 | 2.402 | 2.319 | 2.231 | 2.139 | 2.040 | 1.933 |
| 34 | 7.444 | 5.289 | 4.416 | 3.927 | 3.611 | 3.386 | 3.218 | 3.087 | 2.981 | 2.894 | 2.758 | 2.615 | 2.463 | 2.383 | 2.299 | 2.211 | 2.118 | 2.019 | 1.911 |
| 35 | 7.419 | 5.268 | 4.396 | 3.908 | 3.592 | 3.368 | 3.200 | 3.069 | 2.963 | 2.876 | 2.740 | 2.597 | 2.445 | 2.364 | 2.281 | 2.193 | 2.099 | 2.000 | 1.891 |
| 36 | 7.396 | 5.248 | 4.377 | 3.890 | 3.574 | 3.351 | 3.183 | 3.052 | 2.946 | 2.859 | 2.723 | 2.580 | 2.428 | 2.347 | 2.263 | 2.175 | 2.082 | 1.981 | 1.872 |
| 37 | 7.373 | 5.229 | 4.360 | 3.873 | 3.558 | 3.334 | 3.167 | 3.036 | 2.930 | 2.843 | 2.707 | 2.564 | 2.412 | 2.331 | 2.247 | 2.159 | 2.065 | 1.964 | 1.854 |
| 38 | 7.353 | 5.211 | 4.343 | 3.858 | 3.542 | 3.319 | 3.152 | 3.021 | 2.915 | 2.828 | 2.692 | 2.549 | 2.397 | 2.316 | 2.232 | 2.143 | 2.049 | 1.947 | 1.837 |
| 39 | 7.333 | 5.194 | 4.327 | 3.843 | 3.528 | 3.305 | 3.137 | 3.006 | 2.901 | 2.814 | 2.678 | 2.535 | 2.382 | 2.302 | 2.217 | 2.128 | 2.034 | 1.932 | 1.820 |
| 40 | 7.314 | 5.179 | 4.313 | 3.828 | 3.514 | 3.291 | 3.124 | 2.993 | 2.888 | 2.801 | 2.665 | 2.522 | 2.369 | 2.288 | 2.203 | 2.114 | 2.019 | 1.917 | 1.805 |
| 41 | 7.296 | 5.163 | 4.299 | 3.815 | 3.501 | 3.278 | 3.111 | 2.980 | 2.875 | 2.788 | 2.652 | 2.509 | 2.356 | 2.275 | 2.190 | 2.101 | 2.006 | 1.903 | 1.790 |
| 42 | 7.280 | 5.149 | 4.285 | 3.802 | 3.488 | 3.266 | 3.099 | 2.968 | 2.863 | 2.776 | 2.640 | 2.497 | 2.344 | 2.263 | 2.178 | 2.088 | 1.993 | 1.890 | 1.776 |
| 43 | 7.264 | 5.136 | 4.273 | 3.790 | 3.476 | 3.254 | 3.087 | 2.957 | 2.851 | 2.764 | 2.629 | 2.485 | 2.332 | 2.251 | 2.166 | 2.076 | 1.981 | 1.877 | 1.762 |
| 44 | 7.248 | 5.123 | 4.261 | 3.778 | 3.465 | 3.243 | 3.076 | 2.946 | 2.840 | 2.754 | 2.618 | 2.475 | 2.321 | 2.240 | 2.155 | 2.065 | 1.969 | 1.865 | 1.750 |
| 45 | 7.234 | 5.110 | 4.249 | 3.767 | 3.454 | 3.232 | 3.066 | 2.935 | 2.830 | 2.743 | 2.608 | 2.464 | 2.311 | 2.230 | 2.144 | 2.054 | 1.958 | 1.853 | 1.737 |

续表

| $v_2$ \ $v_1$ | 1 | 2 | 3 | 4 | 5 | 6 | 7 | 8 | 9 | 10 | 12 | 15 | 20 | 24 | 30 | 40 | 60 | 120 | ∞ |
|---|---|---|---|---|---|---|---|---|---|---|---|---|---|---|---|---|---|---|---|
| 46 | 7.220 | 5.099 | 4.238 | 3.757 | 3.444 | 3.222 | 3.056 | 2.925 | 2.820 | 2.733 | 2.598 | 2.454 | 2.301 | 2.220 | 2.134 | 2.044 | 1.947 | 1.842 | 1.726 |
| 47 | 7.207 | 5.087 | 4.228 | 3.747 | 3.434 | 3.213 | 3.046 | 2.916 | 2.811 | 2.724 | 2.588 | 2.445 | 2.291 | 2.210 | 2.124 | 2.034 | 1.937 | 1.832 | 1.714 |
| 48 | 7.194 | 5.077 | 4.218 | 3.737 | 3.425 | 3.204 | 3.037 | 2.907 | 2.802 | 2.715 | 2.579 | 2.436 | 2.282 | 2.201 | 2.115 | 2.024 | 1.927 | 1.822 | 1.704 |
| 49 | 7.182 | 5.066 | 4.208 | 3.728 | 3.416 | 3.195 | 3.028 | 2.898 | 2.793 | 2.706 | 2.571 | 2.427 | 2.274 | 2.192 | 2.106 | 2.015 | 1.918 | 1.812 | 1.693 |
| 50 | 7.171 | 5.057 | 4.199 | 3.720 | 3.408 | 3.186 | 3.020 | 2.890 | 2.785 | 2.698 | 2.562 | 2.419 | 2.265 | 2.183 | 2.098 | 2.007 | 1.909 | 1.803 | 1.683 |
| | | | | | | | | | | | | | | | | | | | |
| 60 | 7.077 | 4.977 | 4.126 | 3.649 | 3.339 | 3.119 | 2.953 | 2.823 | 2.718 | 2.632 | 2.496 | 2.352 | 2.198 | 2.115 | 2.028 | 1.936 | 1.836 | 1.726 | 1.601 |
| 80 | 6.963 | 4.881 | 4.036 | 3.563 | 3.255 | 3.036 | 2.871 | 2.742 | 2.637 | 2.551 | 2.415 | 2.271 | 2.115 | 2.032 | 1.944 | 1.849 | 1.746 | 1.630 | 1.494 |
| 120 | 6.851 | 4.787 | 3.949 | 3.480 | 3.174 | 2.956 | 2.792 | 2.663 | 2.559 | 2.472 | 2.336 | 2.192 | 2.035 | 1.950 | 1.860 | 1.763 | 1.656 | 1.533 | 1.381 |
| 240 | 6.742 | 4.695 | 3.864 | 3.398 | 3.094 | 2.878 | 2.714 | 2.586 | 2.482 | 2.395 | 2.260 | 2.114 | 1.956 | 1.870 | 1.778 | 1.677 | 1.565 | 1.432 | 1.250 |
| ∞ | 6.635 | 4.605 | 3.782 | 3.319 | 3.017 | 2.802 | 2.639 | 2.511 | 2.407 | 2.321 | 2.185 | 2.039 | 1.878 | 1.791 | 1.696 | 1.592 | 1.473 | 1.325 | 1.000 |

# 附录S 相关系数检验表

| $N-2$ \ $\alpha$ | 0.05 | 0.01 | $N-2$ \ $\alpha$ | 0.05 | 0.01 |
|---|---|---|---|---|---|
| 1 | 0.997 | 1.000 | 21 | 0.413 | 0.526 |
| 2 | 0.950 | 0.990 | 22 | 0.404 | 0.515 |
| 3 | 0.877 | 0.959 | 23 | 0.396 | 0.505 |
| 4 | 0.811 | 0.917 | 24 | 0.388 | 0.496 |
| 5 | 0.754 | 0.874 | 25 | 0.381 | 0.487 |
| 6 | 0.707 | 0.834 | 26 | 0.374 | 0.478 |
| 7 | 0.666 | 0.798 | 27 | 0.367 | 0.470 |
| 8 | 0.632 | 0.765 | 28 | 0.361 | 0.463 |
| 9 | 0.602 | 0.735 | 29 | 0.355 | 0.456 |
| 10 | 0.576 | 0.708 | 30 | 0.349 | 0.449 |
| 11 | 0.553 | 0.684 | 35 | 0.325 | 0.418 |
| 12 | 0.532 | 0.661 | 40 | 0.304 | 0.393 |
| 13 | 0.514 | 0.641 | 45 | 0.288 | 0.372 |
| 14 | 0.497 | 0.623 | 50 | 0.273 | 0.354 |
| 15 | 0.482 | 0.606 | 60 | 0.250 | 0.325 |
| 16 | 0.468 | 0.590 | 70 | 0.232 | 0.302 |
| 17 | 0.451 | 0.575 | 80 | 0.217 | 0.283 |
| 18 | 0.444 | 0.561 | 90 | 0.205 | 0.267 |
| 19 | 0.433 | 0.549 | 100 | 0.195 | 0.254 |
| 20 | 0.423 | 0.537 | 110 | 0.138 | 0.181 |

# 附录T　t 分 布 表

$$t_{\alpha}(\nu):\int_{t_{\alpha}}^{\infty}\frac{1}{\sqrt{\nu}B\left(\frac{1}{2},\frac{\nu}{2}\right)\left(1+\frac{t^{2}}{\nu}\right)^{\frac{\nu+1}{2}}}\mathrm{d}t=\alpha$$

| $\nu$ \ $\alpha(2\alpha)$ | 0.250<br>(0.500) | 0.200<br>(0.400) | 0.150<br>(0.300) | 0.100<br>(0.200) | 0.050<br>(0.100) | 0.025<br>(0.050) | 0.010<br>(0.020) | 0.005<br>(0.010) | 0.0005<br>(0.0010) |
|---|---|---|---|---|---|---|---|---|---|
| 1 | 1.000 | 1.376 | 1.963 | 3.078 | 6.314 | 12.706 | 31.821 | 63.657 | 636.619 |
| 2 | 0.816 | 1.061 | 1.386 | 1.886 | 2.920 | 4.303 | 6.965 | 9.925 | 31.599 |
| 3 | 0.765 | 0.978 | 1.250 | 1.638 | 2.353 | 3.182 | 4.541 | 5.841 | 12.924 |
| 4 | 0.741 | 0.941 | 1.190 | 1.533 | 2.132 | 2.776 | 3.747 | 4.604 | 8.610 |
| 5 | 0.727 | 0.920 | 1.156 | 1.476 | 2.015 | 2.571 | 3.365 | 4.032 | 6.869 |
| | | | | | | | | | |
| 6 | 0.718 | 0.906 | 1.134 | 1.440 | 1.943 | 2.447 | 3.143 | 3.707 | 5.959 |
| 7 | 0.711 | 0.896 | 1.119 | 1.415 | 1.895 | 2.365 | 2.998 | 3.499 | 5.408 |
| 8 | 0.706 | 0.889 | 1.108 | 1.397 | 1.860 | 2.306 | 2.896 | 3.355 | 5.041 |
| 9 | 0.703 | 0.883 | 1.100 | 1.383 | 1.833 | 2.262 | 2.821 | 3.250 | 4.781 |
| 10 | 0.700 | 0.879 | 1.093 | 1.372 | 1.812 | 2.228 | 2.764 | 3.169 | 4.587 |
| | | | | | | | | | |
| 11 | 0.697 | 0.876 | 1.088 | 1.363 | 1.796 | 2.201 | 2.718 | 3.106 | 4.437 |
| 12 | 0.695 | 0.873 | 1.083 | 1.356 | 1.782 | 2.179 | 2.681 | 3.055 | 4.318 |
| 13 | 0.694 | 0.870 | 1.079 | 1.350 | 1.771 | 2.160 | 2.650 | 3.012 | 4.221 |
| 14 | 0.692 | 0.868 | 1.076 | 1.345 | 1.761 | 2.145 | 2.624 | 2.977 | 4.140 |
| 15 | 0.691 | 0.866 | 1.074 | 1.341 | 1.753 | 2.131 | 2.602 | 2.947 | 4.073 |
| | | | | | | | | | |
| 16 | 0.690 | 0.865 | 1.071 | 1.337 | 1.746 | 2.120 | 2.583 | 2.921 | 4.015 |
| 17 | 0.689 | 0.863 | 1.069 | 1.333 | 1.740 | 2.110 | 2.567 | 2.898 | 3.965 |
| 18 | 0.688 | 0.862 | 1.067 | 1.330 | 1.734 | 2.101 | 2.552 | 2.878 | 3.922 |
| 19 | 0.688 | 0.861 | 1.066 | 1.328 | 1.729 | 2.093 | 2.539 | 2.861 | 3.883 |
| 20 | 0.687 | 0.860 | 1.064 | 1.325 | 1.725 | 2.086 | 2.528 | 2.845 | 3.850 |
| | | | | | | | | | |
| 21 | 0.686 | 0.859 | 1.063 | 1.323 | 1.721 | 2.080 | 2.518 | 2.831 | 3.819 |
| 22 | 0.686 | 0.858 | 1.061 | 1.321 | 1.717 | 2.074 | 2.508 | 2.819 | 3.792 |
| 23 | 0.685 | 0.858 | 1.060 | 1.219 | 1.714 | 2.069 | 2.500 | 2.807 | 3.768 |
| 24 | 0.685 | 0.857 | 1.059 | 1.318 | 1.711 | 2.064 | 2.492 | 2.797 | 3.745 |
| 25 | 0.684 | 0.856 | 1.058 | 1.316 | 1.708 | 2.060 | 2.485 | 2.787 | 3.725 |
| | | | | | | | | | |
| 26 | 0.684 | 0.856 | 1.058 | 1.315 | 1.706 | 2.056 | 2.479 | 2.779 | 3.707 |
| 27 | 0.684 | 0.855 | 1.057 | 1.314 | 1.703 | 2.052 | 2.473 | 2.771 | 3.690 |

续表

| $\alpha(2\alpha)$ / $v$ | 0.250 (0.500) | 0.200 (0.400) | 0.150 (0.300) | 0.100 (0.200) | 0.050 (0.100) | 0.025 (0.050) | 0.010 (0.020) | 0.005 (0.010) | 0.0005 (0.0010) |
|---|---|---|---|---|---|---|---|---|---|
| 28 | 0.683 | 0.855 | 1.056 | 1.313 | 1.701 | 2.048 | 2.467 | 2.763 | 3.674 |
| 29 | 0.683 | 0.854 | 1.055 | 1.311 | 1.699 | 2.045 | 2.462 | 2.756 | 3.659 |
| 30 | 0.683 | 0.854 | 1.055 | 1.310 | 1.697 | 2.042 | 2.457 | 2.750 | 3.646 |
| 31 | 0.682 | 0.853 | 1.054 | 1.309 | 1.696 | 2.040 | 2.453 | 2.744 | 3.633 |
| 32 | 0.682 | 0.853 | 1.054 | 1.309 | 1.694 | 2.037 | 2.449 | 2.738 | 3.622 |
| 33 | 0.682 | 0.853 | 1.053 | 1.308 | 1.692 | 2.035 | 2.445 | 2.733 | 3.611 |
| 34 | 0.682 | 0.852 | 1.052 | 1.307 | 1.691 | 2.032 | 2.441 | 2.728 | 3.601 |
| 35 | 0.682 | 0.852 | 1.052 | 1.306 | 1.690 | 2.030 | 2.438 | 2.724 | 3.591 |
| 36 | 0.681 | 0.852 | 1.052 | 1.306 | 1.688 | 2.028 | 2.434 | 2.719 | 3.582 |
| 37 | 0.681 | 0.851 | 1.051 | 1.305 | 1.687 | 2.026 | 2.431 | 2.715 | 3.574 |
| 38 | 0.681 | 0.851 | 1.051 | 1.304 | 1.686 | 2.024 | 2.429 | 2.712 | 3.566 |
| 39 | 0.681 | 0.851 | 1.050 | 1.304 | 1.685 | 2.023 | 2.426 | 2.708 | 3.558 |
| 40 | 0.681 | 0.851 | 1.050 | 1.303 | 1.684 | 2.021 | 2.423 | 2.704 | 3.551 |
| 41 | 0.681 | 0.850 | 1.050 | 1.303 | 1.683 | 2.020 | 2.421 | 2.701 | 3.544 |
| 42 | 0.680 | 0.850 | 1.049 | 1.302 | 1.682 | 2.018 | 2.418 | 2.698 | 3.538 |
| 43 | 0.680 | 0.850 | 1.049 | 1.302 | 1.681 | 2.017 | 2.416 | 2.695 | 3.532 |
| 44 | 0.680 | 0.850 | 1.049 | 1.301 | 1.680 | 2.015 | 2.414 | 2.692 | 3.526 |
| 45 | 0.680 | 0.850 | 1.049 | 1.301 | 1.679 | 2.014 | 2.412 | 2.690 | 3.520 |
| 46 | 0.680 | 0.850 | 1.048 | 1.300 | 1.679 | 2.013 | 2.410 | 2.687 | 3.515 |
| 47 | 0.680 | 0.849 | 1.048 | 1.300 | 1.678 | 2.012 | 2.408 | 2.685 | 3.510 |
| 48 | 0.680 | 0.849 | 1.048 | 1.299 | 1.677 | 2.011 | 2.407 | 2.682 | 3.505 |
| 49 | 0.680 | 0.849 | 1.048 | 1.299 | 1.677 | 2.010 | 2.405 | 2.680 | 3.500 |
| 50 | 0.679 | 0.849 | 1.047 | 1.299 | 1.676 | 2.009 | 2.403 | 2.678 | 3.496 |
| 60 | 0.679 | 0.848 | 1.045 | 1.296 | 1.671 | 2.000 | 2.390 | 2.660 | 3.460 |
| 80 | 0.678 | 0.846 | 1.043 | 1.292 | 1.664 | 1.990 | 2.374 | 2.639 | 3.416 |
| 120 | 0.677 | 0.845 | 1.041 | 1.289 | 1.658 | 1.980 | 2.358 | 2.617 | 3.373 |
| 240 | 0.676 | 0.843 | 1.039 | 1.285 | 1.651 | 1.970 | 2.342 | 2.596 | 3.332 |
| ∞ | 0.674 | 0.842 | 1.036 | 1.282 | 1.645 | 1.960 | 2.326 | 2.576 | 3.291 |

# 附录U 正态分布概率表

$$Q(u)=1-\phi(u)=\int_{u}^{\infty}\frac{1}{\sqrt{2\pi}}\mathrm{e}^{-\frac{u^2}{2}}\mathrm{d}u$$

| $u$ | 0.00 | 0.01 | 0.02 | 0.03 | 0.04 | 0.05 | 0.06 | 0.07 | 0.08 | 0.09 |
|---|---|---|---|---|---|---|---|---|---|---|
| 0.0 | 0.50000 | 0.49601 | 0.49202 | 0.48803 | 0.48405 | 0.48006 | 0.47608 | 0.47210 | 0.46812 | 0.46414 |
| 0.1 | 0.46017 | 0.45620 | 0.45224 | 0.44828 | 0.44433 | 0.44038 | 0.43644 | 0.43251 | 0.42858 | 0.42465 |
| 0.2 | 0.42074 | 0.41683 | 0.41294 | 0.40905 | 0.40517 | 0.40129 | 0.39743 | 0.39358 | 0.38974 | 0.38591 |
| 0.3 | 0.38209 | 0.37828 | 0.37448 | 0.37070 | 0.36693 | 0.39317 | 0.35942 | 0.35569 | 0.35197 | 0.34827 |
| 0.4 | 0.34458 | 0.34090 | 0.33724 | 0.33360 | 0.32997 | 0.32636 | 0.32276 | 0.31918 | 0.31561 | 0.31207 |
| 0.5 | 0.30854 | 0.30503 | 0.30153 | 0.29806 | 0.29460 | 0.29116 | 0.28774 | 0.28434 | 0.28096 | 0.27760 |
| 0.6 | 0.27425 | 0.27093 | 0.26763 | 0.26435 | 0.26109 | 0.25785 | 0.25463 | 0.25143 | 0.24825 | 0.24510 |
| 0.7 | 0.24196 | 0.23885 | 0.23576 | 0.23270 | 0.22965 | 0.22663 | 0.22363 | 0.22065 | 0.21770 | 0.21476 |
| 0.8 | 0.21186 | 0.20897 | 0.20611 | 0.20327 | 0.20045 | 0.19766 | 0.19489 | 0.19215 | 0.18943 | 0.18673 |
| 0.9 | 0.18406 | 0.18141 | 0.17879 | 0.17619 | 0.17361 | 0.17106 | 0.16853 | 0.16602 | 0.16354 | 0.16109 |
| 1.0 | 0.15866 | 0.15625 | 0.15386 | 0.15151 | 0.14917 | 0.14686 | 0.14457 | 0.14231 | 0.14007 | 0.13786 |
| 1.1 | 0.13567 | 0.13350 | 0.13136 | 0.12924 | 0.12714 | 0.12507 | 0.12302 | 0.12100 | 0.11900 | 0.11702 |
| 1.2 | 0.11507 | 0.11314 | 0.11123 | 0.10935 | 0.10749 | 0.10565 | 0.10383 | 0.10204 | 0.10027 | 0.098525 |
| 1.3 | 0.096800 | 0.095098 | 0.093418 | 0.091759 | 0.090123 | 0.088508 | 0.086915 | 0.085343 | 0.083793 | 0.082264 |
| 1.4 | 0.080757 | 0.079270 | 0.077804 | 0.076359 | 0.074934 | 0.073529 | 0.072145 | 0.070781 | 0.069437 | 0.068112 |
| 1.5 | 0.066807 | 0.065522 | 0.064255 | 0.063008 | 0.061780 | 0.060571 | 0.059380 | 0.058208 | 0.057053 | 0.055917 |
| 1.6 | 0.054799 | 0.053699 | 0.052616 | 0.051551 | 0.050503 | 0.049841 | 0.048457 | 0.047460 | 0.046479 | 0.045514 |
| 1.7 | 0.044565 | 0.043633 | 0.042716 | 0.041815 | 0.040930 | 0.040059 | 0.039204 | 0.038364 | 0.037538 | 0.036727 |
| 1.8 | 0.035930 | 0.035148 | 0.034380 | 0.033625 | 0.032884 | 0.032157 | 0.031443 | 0.030742 | 0.030054 | 0.029379 |
| 1.9 | 0.028717 | 0.028067 | 0.027429 | 0.026803 | 0.026190 | 0.025588 | 0.024998 | 0.024419 | 0.023852 | 0.023295 |
| 2.0 | 0.022750 | 0.022216 | 0.021692 | 0.021178 | 0.020675 | 0.020182 | 0.019699 | 0.019226 | 0.018763 | 0.018309 |
| 2.1 | 0.017864 | 0.017429 | 0.017003 | 0.016586 | 0.016177 | 0.015778 | 0.015386 | 0.015003 | 0.014629 | 0.014262 |
| 2.2 | 0.013903 | 0.013553 | 0.013209 | 0.012874 | 0.012545 | 0.012224 | 0.011911 | 0.011604 | 0.011304 | 0.011011 |
| 2.3 | 0.010724 | 0.010444 | 0.010170 | $0.0^{2}99031$ | $0.0^{2}96419$ | $0.0^{2}93867$ | $0.0^{2}91375$ | 0.0288940 | $0.0^{2}86563$ | $0.0^{2}84242$ |
| 2.4 | $0.0^{2}81975$ | $0.0^{2}79763$ | $0.0^{2}77603$ | $0.0^{2}75494$ | $0.0^{2}73436$ | $0.0^{2}71428$ | $0.0^{2}69469$ | 0.0267557 | $0.0^{2}65691$ | $0.0^{2}63872$ |
| 2.5 | $0.0^{2}62097$ | $0.0^{2}60366$ | $0.0^{2}58677$ | $0.0^{2}57031$ | $0.0^{2}55426$ | $0.0^{2}53861$ | $0.0^{2}52336$ | 0.0250849 | $0.0^{2}49400$ | $0.0^{2}47988$ |

续表

| $u$ | 0.00 | 0.01 | 0.02 | 0.03 | 0.04 | 0.05 | 0.06 | 0.07 | 0.08 | 0.09 |
|---|---|---|---|---|---|---|---|---|---|---|
| 2.6 | $0.0^{2}46612$ | $0.0^{2}45271$ | $0.0^{2}43965$ | $0.0^{2}42692$ | $0.0^{2}41453$ | $0.0^{2}40246$ | $0.0^{2}39070$ | $0.0^{2}37926$ | $0.0^{2}36811$ | $0.0^{2}35726$ |
| 2.7 | $0.0^{2}34670$ | $0.0^{2}33642$ | $0.0^{2}32641$ | $0.0^{2}31667$ | $0.0^{2}30720$ | $0.0^{2}29798$ | $0.0^{2}28901$ | $0.0^{2}28028$ | $0.0^{2}27179$ | $0.0^{2}26354$ |
| 2.8 | $0.0^{2}25551$ | $0.0^{2}24771$ | $0.0^{2}24012$ | $0.0^{2}23274$ | $0.0^{2}22557$ | $0.0^{2}21860$ | $0.0^{2}21182$ | $0.0^{2}20524$ | $0.0^{2}19884$ | $0.0^{2}19262$ |
| 2.9 | $0.0^{2}18658$ | $0.0^{2}18071$ | $0.0^{2}17502$ | $0.0^{2}16948$ | $0.0^{2}16411$ | $0.0^{2}15889$ | $0.0^{2}15382$ | $0.0^{2}14890$ | $0.0^{2}14412$ | $0.0^{2}13949$ |
| 3.0 | $0.0^{2}13499$ | $0.0^{2}13062$ | $0.0^{2}12639$ | $0.0^{2}12228$ | $0.0^{2}11829$ | $0.0^{2}11442$ | $0.0^{2}11067$ | $0.0^{2}10703$ | $0.0^{2}10350$ | $0.0^{2}10008$ |
| 3.1 | $0.0^{3}96760$ | $0.0^{3}93544$ | $0.0^{3}90426$ | 0.0387403 | 0.0384474 | $0.0^{3}81635$ | $0.0^{3}78885$ | $0.0^{3}76219$ | $0.0^{3}73638$ | $0.0^{3}71136$ |
| 3.2 | $0.0^{3}68714$ | $0.0^{3}66367$ | $0.0^{3}64095$ | 0.0361895 | 0.0359765 | $0.0^{3}57703$ | $0.0^{3}55706$ | $0.0^{3}53774$ | $0.0^{3}51904$ | $0.0^{3}50094$ |
| 3.3 | $0.0^{3}48342$ | $0.0^{3}46648$ | $0.0^{3}45009$ | 0.0343423 | 0.0341889 | $0.0^{3}10406$ | $0.0^{3}38971$ | $0.0^{3}37584$ | $0.0^{3}36243$ | $0.0^{3}34946$ |
| 3.4 | $0.0^{3}33693$ | $0.0^{3}32481$ | $0.0^{3}31311$ | 0.0330179 | 0.0329086 | $0.0^{3}28029$ | $0.0^{3}27009$ | $0.0^{3}26023$ | $0.0^{3}25071$ | $0.0^{3}24151$ |
| 3.5 | $0.0^{3}23263$ | $0.0^{3}22405$ | $0.0^{3}21577$ | $0.0^{3}20778$ | $0.0^{3}20006$ | $0.0^{3}19262$ | $0.0^{3}18543$ | $0.0^{3}17849$ | $0.0^{3}17180$ | $0.0^{3}16534$ |
| 3.6 | $0.0^{3}15911$ | $0.0^{3}15310$ | $0.0^{3}14730$ | $0.0^{3}14171$ | $0.0^{3}13632$ | $0.0^{3}13112$ | $0.0^{3}12611$ | $0.0^{3}12128$ | $0.0^{3}11662$ | $0.0^{3}11213$ |
| 3.7 | $0.0^{3}10780$ | $0.0^{3}10363$ | $0.0^{4}99611$ | $0.0^{4}95740$ | $0.0^{4}92010$ | $0.0^{4}88417$ | $0.0^{4}84957$ | $0.0^{4}81624$ | $0.0^{4}78414$ | $0.0^{4}75324$ |
| 3.8 | $0.0^{4}72348$ | $0.0^{4}69483$ | $0.0^{4}66726$ | $0.0^{4}64072$ | $0.0^{4}61517$ | $0.0^{4}59059$ | $0.0^{4}56694$ | $0.0^{4}54418$ | $0.0^{4}52228$ | $0.0^{4}50122$ |
| 3.9 | $0.0^{4}48096$ | $0.0^{4}46148$ | $0.0^{4}44274$ | $0.0^{4}42473$ | $0.0^{4}40741$ | $0.0^{4}39076$ | $0.0^{4}37475$ | $0.0^{4}35936$ | $0.0^{4}34458$ | $0.0^{4}33037$ |
| 4.0 | $0.0^{4}31671$ | $0.0^{4}30359$ | $0.0^{4}29099$ | $0.0^{4}27888$ | $0.0^{4}26726$ | $0.0^{4}25609$ | $0.0^{4}24536$ | $0.0^{4}23507$ | $0.0^{4}22518$ | $0.0^{4}21569$ |
| 4.1 | $0.0^{4}20658$ | $0.0^{4}19783$ | $0.0^{4}18944$ | $0.0^{4}18138$ | $0.0^{4}17365$ | $0.0^{4}16624$ | $0.0^{4}15912$ | $0.0^{4}15230$ | $0.0^{4}14575$ | $0.0^{4}13948$ |
| 4.2 | $0.0^{4}13346$ | $0.0^{4}12769$ | $0.0^{4}12215$ | $0.0^{4}11685$ | $0.0^{4}11176$ | $0.0^{4}10689$ | $0.0^{4}10221$ | $0.0^{5}97736$ | $0.0^{5}93447$ | $0.0^{5}89337$ |
| 4.3 | $0.0^{5}85399$ | $0.0^{5}81627$ | $0.0^{5}78015$ | $0.0^{5}74555$ | 0.0571241 | $0.0^{5}68069$ | $0.0^{5}65031$ | $0.0^{5}62123$ | $0.0^{5}59340$ | $0.0^{5}56675$ |
| 4.4 | $0.0^{5}54125$ | $0.0^{5}51685$ | $0.0^{5}49350$ | $0.0^{5}47117$ | $0.0^{5}44979$ | $0.0^{5}42935$ | $0.0^{5}10980$ | $0.0^{5}39110$ | $0.0^{5}37322$ | $0.0^{5}35612$ |
| 4.5 | $0.0^{5}33977$ | $0.0^{5}32414$ | $0.0^{5}30920$ | $0.0^{5}29492$ | $0.0^{5}28127$ | $0.0^{5}26823$ | $0.0^{5}25577$ | $0.0^{5}24386$ | $0.0^{5}23249$ | $0.0^{5}22162$ |
| 4.6 | $0.0^{5}21125$ | $0.0^{5}20133$ | $0.0^{5}19187$ | $0.0^{5}18283$ | $0.0^{5}17420$ | $0.0^{5}16597$ | $0.0^{5}15810$ | $0.0^{5}15060$ | $0.0^{5}14344$ | $0.0^{5}13660$ |
| 4.7 | $0.0^{5}13008$ | $0.0^{5}12386$ | $0.0^{5}11792$ | $0.0^{5}11226$ | $0.0^{5}10686$ | $0.0^{5}10171$ | $0.0^{6}96796$ | $0.0^{6}92113$ | $0.0^{6}87648$ | $0.0^{6}83391$ |
| 4.8 | $0.0^{6}79333$ | $0.0^{6}75465$ | $0.0^{6}71779$ | $0.0^{6}68267$ | $0.0^{6}64920$ | $0.0^{6}61731$ | $0.0^{6}58693$ | $0.0^{6}55799$ | $0.0^{6}53043$ | $0.0^{6}50418$ |
| 4.9 | $0.0^{6}47918$ | $0.0^{6}45538$ | $0.0^{6}43272$ | $0.0^{6}41115$ | $0.0^{6}39061$ | $0.0^{6}37107$ | $0.0^{6}35247$ | $0.0^{6}33476$ | $0.0^{6}31792$ | $0.0^{6}30190$ |

# 附录V $\chi^2$ 分布表

$$x_\alpha^2(\nu):\int_{x_\alpha^2}^{\infty}\frac{1}{2\Gamma\left(\frac{\nu}{2}\right)}\left(\frac{x^2}{2}\right)^{\frac{\nu}{2}-1}e^{-\frac{x^2}{2}}dx^2=\alpha$$

| $\nu$ \ $\alpha$ | 0.995 | 0.990 | 0.975 | 0.950 | 0.900 | 0.750 | 0.500 | 0.250 | 0.100 | 0.050 | 0.025 | 0.010 | 0.005 |
|---|---|---|---|---|---|---|---|---|---|---|---|---|---|
| 1 | $0.0^4 3927$ | $0.0^3 1571$ | $0.0^3 9821$ | $0.0^2 3932$ | 0.01579 | 0.1015 | 0.4549 | 1.323 | 2.706 | 3.841 | 5.024 | 6.635 | 7.879 |
| 2 | 0.01003 | 0.02010 | 0.05064 | 0.1026 | 0.2107 | 0.5754 | 1.386 | 2.773 | 4.605 | 5.991 | 7.378 | 9.210 | 10.60 |
| 3 | 0.07172 | 0.1148 | 0.2158 | 0.3518 | 0.5844 | 1.213 | 2.366 | 4.108 | 6.251 | 7.815 | 9.348 | 11.34 | 12.84 |
| 4 | 0.2070 | 0.2971 | 0.4844 | 0.7107 | 1.064 | 1.923 | 3.357 | 5.385 | 7.779 | 9.488 | 11.14 | 13.28 | 14.86 |
| 5 | 0.4117 | 0.5543 | 0.8312 | 1.145 | 1.610 | 2.675 | 4.351 | 6.626 | 9.236 | 11.07 | 12.83 | 15.09 | 16.75 |
| 6 | 0.6757 | 0.8721 | 1.237 | 1.635 | 2.204 | 3.455 | 5.348 | 7.841 | 10.64 | 12.59 | 14.45 | 16.81 | 18.55 |
| 7 | 0.9893 | 1.239 | 1.690 | 2.167 | 2.833 | 4.255 | 6.346 | 9.037 | 12.02 | 14.07 | 16.01 | 18.48 | 20.28 |
| 8 | 1.344 | 1.646 | 2.180 | 2.733 | 3.490 | 5.071 | 7.344 | 10.22 | 13.36 | 15.51 | 17.53 | 20.09 | 21.95 |
| 9 | 1.735 | 2.088 | 2.700 | 3.325 | 4.168 | 5.899 | 8.343 | 11.39 | 14.68 | 16.92 | 19.02 | 21.67 | 23.59 |
| 10 | 2.156 | 2.558 | 3.247 | 3.940 | 4.865 | 6.737 | 9.342 | 12.55 | 15.99 | 18.31 | 20.48 | 23.21 | 25.19 |
| 11 | 2.603 | 3.053 | 3.816 | 4.575 | 5.578 | 7.584 | 10.34 | 13.70 | 17.28 | 19.68 | 21.92 | 24.72 | 26.76 |
| 12 | 3.074 | 3.571 | 4.404 | 5.226 | 6.304 | 8.438 | 11.34 | 14.85 | 18.55 | 21.03 | 23.34 | 26.22 | 28.30 |
| 13 | 3.565 | 4.107 | 5.009 | 5.892 | 7.042 | 9.299 | 12.34 | 15.98 | 19.81 | 22.36 | 24.74 | 27.69 | 29.82 |
| 14 | 4.075 | 4.660 | 5.629 | 6.571 | 7.790 | 10.17 | 13.34 | 17.12 | 21.06 | 23.68 | 26.12 | 29.14 | 31.32 |
| 15 | 4.601 | 5.229 | 6.262 | 7.261 | 8.547 | 11.04 | 14.34 | 18.25 | 22.31 | 25.00 | 27.49 | 30.58 | 32.80 |
| 16 | 5.142 | 5.812 | 6.908 | 7.962 | 9.312 | 11.91 | 15.34 | 19.37 | 23.54 | 26.30 | 28.85 | 32.00 | 34.27 |

续表

| $\nu$ \ $\alpha$ | 0.995 | 0.990 | 0.975 | 0.950 | 0.900 | 0.750 | 0.500 | 0.250 | 0.100 | 0.050 | 0.025 | 0.010 | 0.005 |
|---|---|---|---|---|---|---|---|---|---|---|---|---|---|
| 17 | 5.697 | 6.408 | 7.564 | 8.672 | 10.09 | 12.79 | 16.34 | 20.49 | 24.77 | 27.59 | 30.19 | 33.41 | 35.72 |
| 18 | 6.265 | 7.015 | 8.231 | 9.390 | 10.86 | 13.68 | 17.34 | 21.60 | 25.99 | 28.87 | 31.53 | 34.81 | 37.16 |
| 19 | 6.844 | 7.633 | 8.907 | 10.12 | 11.65 | 14.56 | 18.34 | 22.72 | 27.20 | 30.14 | 32.85 | 36.19 | 38.58 |
| 20 | 7.434 | 8.260 | 9.591 | 10.85 | 12.44 | 15.45 | 19.34 | 23.83 | 28.41 | 31.41 | 34.17 | 37.57 | 40.00 |
| 21 | 8.034 | 8.897 | 10.28 | 11.59 | 13.24 | 16.34 | 20.34 | 24.93 | 29.62 | 32.67 | 35.48 | 38.93 | 41.40 |
| 22 | 8.643 | 9.542 | 10.98 | 12.34 | 14.04 | 17.24 | 21.34 | 26.04 | 30.81 | 33.92 | 36.78 | 40.29 | 42.80 |
| 23 | 9.260 | 10.20 | 11.69 | 13.09 | 14.85 | 18.14 | 22.34 | 27.14 | 32.01 | 35.17 | 38.08 | 41.64 | 44.18 |
| 24 | 9.886 | 10.86 | 12.40 | 13.85 | 15.66 | 19.04 | 23.34 | 28.24 | 33.20 | 36.42 | 39.36 | 42.98 | 45.56 |
| 25 | 10.52 | 11.52 | 13.12 | 14.61 | 16.47 | 19.94 | 24.34 | 29.34 | 34.38 | 37.65 | 40.65 | 44.31 | 46.93 |
| 26 | 11.16 | 12.20 | 13.84 | 15.38 | 17.29 | 20.84 | 25.34 | 30.43 | 35.56 | 38.89 | 41.92 | 45.64 | 48.29 |
| 27 | 11.81 | 12.88 | 14.57 | 16.15 | 18.11 | 21.75 | 26.34 | 31.53 | 36.74 | 40.11 | 43.19 | 46.96 | 49.64 |
| 28 | 12.46 | 13.56 | 15.31 | 16.93 | 18.94 | 22.66 | 27.34 | 32.62 | 37.92 | 41.34 | 44.46 | 48.28 | 50.99 |
| 29 | 13.12 | 14.26 | 16.05 | 17.71 | 19.77 | 23.57 | 28.34 | 33.71 | 39.09 | 42.56 | 45.72 | 49.59 | 52.34 |
| 30 | 13.79 | 14.95 | 16.79 | 18.49 | 20.60 | 24.48 | 29.34 | 34.80 | 40.26 | 43.77 | 46.98 | 50.89 | 53.67 |
| 31 | 14.46 | 15.66 | 17.54 | 19.28 | 21.43 | 25.39 | 30.34 | 35.89 | 41.42 | 44.99 | 48.23 | 52.19 | 55.00 |
| 32 | 15.13 | 16.36 | 18.29 | 20.07 | 22.27 | 26.30 | 31.34 | 36.97 | 42.58 | 46.19 | 49.48 | 53.49 | 56.33 |
| 33 | 15.82 | 17.07 | 19.05 | 20.87 | 23.11 | 27.22 | 32.34 | 38.06 | 43.75 | 47.40 | 50.73 | 54.78 | 57.65 |
| 34 | 16.50 | 17.79 | 19.81 | 21.66 | 23.95 | 28.14 | 33.34 | 39.14 | 44.90 | 48.60 | 51.97 | 56.06 | 58.96 |
| 35 | 17.19 | 18.15 | 20.57 | 22.47 | 24.80 | 29.05 | 34.34 | 40.22 | 46.06 | 49.80 | 53.20 | 57.34 | 60.27 |
| 36 | 17.89 | 19.23 | 21.34 | 23.27 | 25.64 | 29.97 | 35.34 | 41.30 | 47.21 | 51.00 | 54.44 | 58.62 | 61.58 |
| 37 | 18.59 | 19.96 | 22.11 | 24.07 | 26.49 | 30.89 | 36.34 | 42.38 | 48.36 | 52.19 | 55.67 | 59.89 | 62.88 |

续表

| $\nu$ \ $\alpha$ | 0.995 | 0.990 | 0.975 | 0.950 | 0.900 | 0.750 | 0.500 | 0.250 | 0.100 | 0.050 | 0.025 | 0.010 | 0.005 |
|---|---|---|---|---|---|---|---|---|---|---|---|---|---|
| 38 | 19.29 | 20.69 | 22.88 | 24.88 | 27.34 | 31.81 | 37.34 | 43.46 | 49.51 | 53.38 | 56.90 | 61.16 | 64.18 |
| 39 | 20.00 | 21.43 | 23.65 | 25.07 | 28.20 | 32.74 | 38.34 | 44.54 | 50.66 | 54.57 | 58.12 | 62.43 | 65.48 |
| 40 | 20.71 | 22.16 | 24.43 | 26.51 | 29.05 | 33.66 | 39.34 | 45.62 | 51.81 | 55.76 | 59.34 | 63.69 | 66.77 |
| | | | | | | | | | | | | | |
| 50 | 27.99 | 29.71 | 32.35 | 34.76 | 37.69 | 42.94 | 49.33 | 56.33 | 63.17 | 67.50 | 71.42 | 76.15 | 79.49 |
| 60 | 35.53 | 37.48 | 40.48 | 43.19 | 46.46 | 52.29 | 59.33 | 66.98 | 74.40 | 79.08 | 83.30 | 88.38 | 91.95 |
| 70 | 43.28 | 45.44 | 48.76 | 51.74 | 55.33 | 61.70 | 69.33 | 77.58 | 85.53 | 90.53 | 95.02 | 100.40 | 104.20 |
| 80 | 51.17 | 53.54 | 57.15 | 60.39 | 64.28 | 71.14 | 79.33 | 88.13 | 96.58 | 101.9 | 106.6 | 112.3 | 116.3 |
| 90 | 59.20 | 61.75 | 65.65 | 69.13 | 73.29 | 80.62 | 89.33 | 98.65 | 107.6 | 113.1 | 118.1 | 124.1 | 128.3 |
| | | | | | | | | | | | | | |
| 100 | 67.33 | 70.06 | 74.22 | 77.93 | 82.36 | 90.13 | 99.33 | 109.1 | 118.5 | 124.3 | 129.6 | 135.8 | 140.2 |
| 110 | 75.55 | 78.46 | 82.87 | 86.79 | 91.47 | 99.67 | 109.3 | 119.6 | 129.4 | 135.5 | 140.9 | 147.4 | 151.9 |
| 120 | 83.85 | 86.92 | 91.57 | 95.70 | 100.60 | 109.20 | 119.3 | 130.1 | 140.2 | 146.6 | 152.2 | 159.0 | 163.6 |
| 130 | 92.22 | 95.45 | 100.3 | 104.7 | 109.6 | 118.8 | 129.3 | 140.5 | 151.0 | 157.6 | 163.5 | 170.4 | 175.3 |
| 140 | 100.7 | 104.0 | 109.1 | 113.7 | 119.0 | 128.4 | 139.3 | 150.9 | 161.8 | 168.6 | 174.6 | 181.8 | 186.8 |
| | | | | | | | | | | | | | |
| 150 | 109.1 | 112.7 | 118.0 | 122.7 | 128.3 | 138.0 | 149.3 | 161.3 | 172.6 | 179.6 | 185.8 | 193.2 | 198.4 |
| 160 | 117.7 | 121.3 | 126.9 | 131.8 | 137.5 | 147.6 | 159.3 | 171.7 | 183.3 | 190.5 | 196.9 | 204.5 | 209.8 |
| 170 | 126.3 | 130.1 | 135.8 | 140.8 | 146.8 | 157.2 | 169.3 | 182.0 | 194.0 | 201.4 | 208.0 | 215.8 | 221.2 |
| 180 | 134.9 | 138.8 | 144.7 | 150.0 | 156.2 | 166.9 | 179.3 | 192.4 | 204.7 | 212.3 | 219.0 | 227.1 | 232.6 |
| 190 | 143.5 | 147.6 | 153.7 | 159.1 | 165.5 | 176.5 | 189.3 | 202.8 | 215.4 | 223.2 | 230.1 | 238.3 | 244.0 |
| 200 | 152.2 | 156.4 | 162.7 | 168.3 | 174.8 | 186.2 | 199.3 | 213.1 | 226.0 | 234.0 | 241.1 | 249.4 | 255.3 |

# 附录W 土的允许（不冲刷）平均流速

## W-1 非黏性土的允许（不冲刷）平均流速

| 土及其特征 | | 土的粒径(mm) | 平均水深(m) | | | | | |
|---|---|---|---|---|---|---|---|---|
| 名称 | 分类 | | 0.4 | 1.0 | 2.0 | 3.0 | 5.0 | 10及以上 |
| 粉土 | 含细砂的粉土和淤泥，种植土 | 0.005～0.05 | 0.15～0.20 | 0.20～0.30 | 0.25～0.40 | 0.30～0.45 | 0.40～0.55 | 0.45～0.65 |
| 砂 | 杂有中砂的细砂 | 0.05～0.25 | 0.20～0.35 | 0.30～0.45 | 0.40～0.55 | 0.45～0.60 | 0.55～0.70 | 0.65～0.80 |
| | 含黏土的中砂，杂有粗砂的中砂 | 0.25～1.00 | 0.35～0.50 | 0.45～0.60 | 0.55～0.70 | 0.60～0.75 | 0.70～0.85 | 0.80～0.95 |
| | 杂有砾石的粗砂，含黏土的粗砂 | 1.00～2.50 | 0.50～0.65 | 0.60～0.75 | 0.70～0.80 | 0.75～0.90 | 0.85～1.00 | 0.95～1.20 |
| 圆砾 | 杂有中圆砾的小圆砾 | 2.50～5.00 | 0.65～0.80 | 0.75～0.85 | 0.80～1.00 | 0.90～1.10 | 1.00～1.20 | 1.20～1.50 |
| | 杂有砂和小圆砾的中圆砾 | 5.00～10.0 | 0.80～0.90 | 0.85～1.05 | 1.00～1.15 | 1.10～1.30 | 1.20～1.45 | 1.50～1.75 |
| | 杂有砂和中小圆砾的大圆砾 | 10.0～15.0 | 0.90～1.10 | 1.05～1.20 | 1.15～1.35 | 1.30～1.50 | 1.45～1.65 | 1.75～2.00 |
| 卵石 | 杂有砂和圆砾的小卵石 | 15.0～25.0 | 1.10～1.25 | 1.20～1.45 | 1.35～1.65 | 1.50～1.85 | 1.65～2.00 | 2.00～2.30 |
| | 杂有砾石和中卵石的小卵石 | 25.0～40.0 | 1.25～1.50 | 1.45～1.85 | 1.65～2.10 | 1.85～2.30 | 2.00～2.45 | 2.30～2.70 |
| | 杂有大卵石的中卵石 | 40.0～75.0 | 1.50～2.00 | 1.85～2.40 | 2.10～2.75 | 2.30～3.10 | 2.45～3.30 | 2.70～3.60 |
| 大卵石 | 杂有卵、圆砾的小号大卵石 | 75.0～100 | 2.00～2.45 | 2.40～2.80 | 2.75～3.20 | 3.10～3.50 | 3.30～3.80 | 3.60～4.20 |
| | 杂有卵、圆砾的中号大卵石 | 100～150 | 2.45～3.00 | 2.80～3.35 | 3.20～3.75 | 3.50～4.10 | 3.80～4.40 | 4.20～4.50 |
| | 杂有卵、圆砾的大号大卵石 | 150～200 | 3.00～3.50 | 3.35～3.80 | 3.75～4.30 | 4.10～4.65 | 4.40～5.00 | 4.50～5.40 |
| 漂石 | 杂有卵石的小漂石 | 200～300 | 3.50～3.85 | 3.80～4.35 | 4.30～4.70 | 4.65～4.90 | 5.00～5.50 | 5.40～5.90 |
| | 杂有中漂石的小漂石 | 300～400 | — | 4.35～4.75 | 4.70～4.95 | 4.90～5.30 | 5.50～5.60 | 5.90～6.00 |
| | 中漂石及大漂石 | ≥400 | — | — | 4.95～5.35 | 5.30～5.50 | 5.60～6.00 | 6.00～6.20 |

注 1. 在本表每一栏中，流速的较低值与土颗粒的较低值相对应；流速的较高值与土颗粒的较高值相对应。

2. 表列流速不可内插，当土颗粒尺寸与水深值在表列数值之间时，流速采用表中颗粒尺寸及水深最接近的。

## W-2 黏性土的允许（不冲刷）平均流速

| 土的名称 | 颗粒成分（%） | | 土的特征 | | | | | | | | | | | | | | | |
|---|---|---|---|---|---|---|---|---|---|---|---|---|---|---|---|---|---|---|
| | | | 不大密实的土（孔隙比为1.2～0.9，土骨架容重为12kN/m³以下） | | | | 中等密实的土（孔隙比为0.9～0.6，土骨架容重为12～16.6kN/m³以下） | | | | 密实的土（孔隙比为0.6～0.3，土骨架容重为16.6～20.4kN/m³以下） | | | | 极密实的土（孔隙比为0.3～0.2，土骨架容重为20.4～21.4kN/m³以下） | | | |
| | <0.005（mm） | 0.005～0.05（mm） | 平均水深（m） | | | | | | | | | | | | | | | |
| | | | 0.4 | 1.0 | 2.0 | 3.0 | 0.4 | 1.0 | 2.0 | 3.0 | 0.4 | 1.0 | 2.0 | 3.0 | 0.4 | 1.0 | 2.0 | 3.0 |
| | | | 允许流速（m/s） | | | | | | | | | | | | | | | |
| （1） | （2） | （3） | （4） | （5） | （6） | （7） | （8） | （9） | （10） | （11） | （12） | （13） | （14） | （15） | （16） | （17） | （18） | （19） |
| 黏土 | 30～50 | 70～50 | 0.35 | 0.40 | 0.45 | 0.50 | 0.70 | 0.85 | 0.95 | 1.10 | 1.00 | 1.20 | 1.40 | 1.50 | 1.40 | 1.70 | 1.90 | 2.10 |
| 重粉质砂黏土 | 20～30 | 80～70 | | | | | | | | | | | | | | | | |
| 中、轻粉质砂黏土 | 10～20 | 90～80 | 0.35 | 0.40 | 0.45 | 0.50 | 0.65 | 0.80 | 0.90 | 1.00 | 0.95 | 1.20 | 1.40 | 1.50 | 1.40 | 1.70 | 1.90 | 2.10 |
| 新沉积的黄土类土 | | | | | | | 0.60 | 0.70 | 0.80 | 0.85 | 0.80 | 1.00 | 1.20 | 1.30 | 1.10 | 1.30 | 1.50 | 1.70 |
| 黏砂土 | 5～10 | 20～40 | 根据土中含砂粒大小按非黏性土的容许（不冲刷）平均流速采用 | | | | | | | | | | | | | | | |

注 1. 表中数值不可内插，如水流的深度在表列水深值的中间，则流速应取与实际水流深度最接近的。

2. 当水流深度大于 3.0m 而同时又缺少专门观测及计算资料时，允许流速采用 3.0m 水深时的数值。

3. 均质黏性土按表中数值采用。对于粗颗粒石块的混杂土，其中黏性土只填充粗颗粒石块之间的空隙时，则允许流速根据粗颗粒石块的平均粒径按非黏性土的允许（不冲刷）平均流速表采用。

4. 若设计标高位于密实或极密实的土已遭受风化时，则允许（不冲刷）平均流速可采用中等密实的土，即（8）～（11）诸栏的数值。

## W-3 石质土的允许（不冲刷）平均流速

| 土的名称 | 平均水深（m） | | | |
|---|---|---|---|---|
| | 0.4 | 1.0 | 2.0 | 3.0 |
| | 允许流速（m/s） | | | |
| 砾岩、泥灰岩、页岩 | 2.0 | 2.5 | 3.0 | 3.5 |
| 多孔的石灰岩、紧密的砾岩、成层的石灰岩、石灰质砂岩、白云质石灰岩 | 3.0 | 3.5 | 4.0 | 4.8 |
| 白云质砂岩、紧密不分层的石灰岩、矽质石灰岩、大理岩 | 4.0 | 5.0 | 6.0 | 6.5 |
| 花岗岩、辉绿岩、玄武岩、安山岩、石英岩、斑岩 | 15 | 18 | 20 | 22 |

注 1. 表中数值不可内插，如水流的深度在表列水深值的中间，则流速应取与实际水流深度最接近的。

2. 当水流深度大于 3.0m 而同时又缺少专门观测及计算资料时，允许流速可采用 3.0m 水深时的数值。

3. 表中流速是按岩层比较完整的情况考虑的。对于有裂隙或已风化的岩层，则允许流速值应根据岩层的完事程度减少 10%～15%。对于严重风化破碎的岩层，则应根据占大多数的碎块尺寸按非黏性土的允许（不冲刷）平均流速表采用。

# 附录X 暴雨衰减指数 $n$ 值分区表

| 省（市、区）名 | 分区 | $n$ 值 | | |
|---|---|---|---|---|
| | | $n_1$ | $n_2$ | $n_3$ |
| 内蒙古 | Ⅰ | 0.62 | 0.79 | 0.86 |
| | Ⅱ | 0.60 | 0.76 | 0.79 |
| | Ⅲ | 0.59 | 0.76 | 0.80 |
| | Ⅳ | 0.65 | 0.73 | 0.75 |
| | Ⅴ | 0.63 | 0.76 | 0.81 |
| | Ⅵ | 0.59 | 0.71 | 0.77 |
| | Ⅶ | 0.62 | 0.74 | 0.82 |
| 陕西 | Ⅰ | 0.59 | 0.71 | 0.78 |
| | Ⅱ | 0.52 | 0.75 | 0.81 |
| | Ⅲ | 0.52 | 0.72 | 0.73 |
| 福建 | Ⅰ | 0.53 | 0.65 | 0.70 |
| | Ⅱ | 0.52 | 0.69 | 0.73 |
| | Ⅲ | 0.47 | 0.65 | 0.70 |
| | Ⅳ | 0.48 | 0.65 | 0.73 |
| | Ⅴ | 0.51 | 0.67 | 0.70 |
| 浙江 | Ⅰ | 0.60 | 0.65 | 0.78 |
| | Ⅱ | 0.49 | 0.62 | 0.65 |
| | Ⅲ | 0.53 | 0.68 | 0.73 |
| 安徽 | Ⅰ | | 0.61 | 0.69 |
| | Ⅱ | 0.38 | 0.69 | 0.69 |
| | Ⅲ | 0.39 | 0.76 | 0.77 |
| 甘肃 | Ⅰ | 0.69 | 0.72 | 0.78 |
| | Ⅱ | 0.61 | 0.76 | 0.82 |
| | Ⅲ | 0.62 | 0.77 | 0.85 |
| | Ⅳ | 0.55 | 0.65 | 0.82 |
| | Ⅴ | 0.58 | 0.74 | 0.85 |
| | Ⅵ | 0.49 | 0.59 | 0.84 |
| | Ⅶ | 0.53 | 0.66 | 0.75 |
| 宁夏 | Ⅰ | 0.52 | 0.62 | 0.81 |
| | Ⅱ | 0.58 | 0.66 | 0.75 |
| 湖南 | Ⅲ | 0.40～0.50 | 0.55～0.60 | 0.70～0.80 |
| | Ⅳ | 0.40～0.50 | 0.65～0.70 | 0.75～0.80 |
| | Ⅴ | 0.40～0.50 | 0.70～0.75 | 0.75～0.80 |

续表

| 省（市、区）名 | 分区 | n值 | | |
|---|---|---|---|---|
| | | $n_1$ | $n_2$ | $n_3$ |
| 辽宁 | Ⅰ | 0.60～0.66 | 0.70～0.74 | |
| | Ⅱ | 0.60～0.55 | 0.70～0.60 | |
| | Ⅲ | 0.55～0.50 | 0.60～0.55 | |
| 四川 | Ⅰ | 0.50 | 0.60～0.65 | |
| | Ⅱ | 0.45 | 0.70～0.75 | |
| | Ⅲ | 0.73 | 0.70～0.75 | |
| 青海 | Ⅰ | 0.49 | 0.75 | 0.87 |
| | Ⅱ | 0.47 | 0.76 | 0.82 |
| | Ⅲ | 0.65 | 0.78 | |
| 吉林 | Ⅰ | 0.56 | 0.70 | 0.76 |
| | Ⅱ | 0.56 | 0.75 | 0.82 |
| | Ⅲ | 0.60 | 0.69 | 0.75 |
| 河南 | Ⅰ | 0.55～0.60 | 0.65～0.70 | 0.75～0.80 |
| | Ⅱ | 0.50～0.55 | 0.70～0.75 | 0.75～0.80 |
| | Ⅲ | 0.45～0.50 | 0.60～0.65 | 0.75 |
| 广西 | Ⅰ | 0.38～0.43 | 0.65～0.70 | 0.70～0.73 |
| | Ⅱ | 0.40～0.45 | 0.70～0.75 | 0.75～0.85 |
| | Ⅲ | 0.40～0.45 | 0.60～0.65 | 0.75～0.85 |
| 新疆 | Ⅰ | 0.63 | 0.70 | 0.84 |
| | Ⅱ | 0.73 | 0.78 | 0.85 |
| | Ⅲ | 0.56 | 0.72 | 0.88 |
| | Ⅳ | 0.45 | 0.64 | 0.80 |
| | Ⅴ | 0.63 | 0.77 | 0.91 |
| | Ⅵ | 0.62 | 0.74 | 0.80 |
| | Ⅶ | 0.60 | 0.72 | 0.86 |
| | Ⅷ | 0.60 | 0.66 | 0.85 |
| 山西 | | 0.60 | 0.70 | |
| 贵州 | | 0.47 | 0.69 | 0.80 |
| 河北 | Ⅰ | 0.40～0.50 | 0.50～0.60 | 0.65 |
| | Ⅱ | 0.50～0.55 | 0.60～0.70 | 0.70 |
| | Ⅲ | 0.55 | 0.6 | 0.60～0.70 |
| | Ⅳ | 0.30～0.40 | 0.70～0.75 | 0.75～0.80 |
| 湖南 | Ⅰ | 0.45 | 0.62～0.63 | 0.70～0.75 |
| | Ⅱ | 0.30～0.40 | 0.65～0.70 | 0.75 |
| 云南 | Ⅰ | 0.50～0.55 | 0.75～0.80 | 0.75～0.80 |
| | Ⅱ | 0.45～0.55 | 0.70～0.80 | 0. 75～0.80 |
| | Ⅲ | 0.55 | 0.60 | 0.65 |
| | Ⅳ | 0.50～0.45 | 0.65～0.75 | 0.70～0.80 |

# 附录Y　全国推理公式参数地区综合公式一览表

| 省（市、区）名 | 分　区 | $x$ | $y$ | 参数公式 | $\theta$的定义 | $J$的取值 | 备　注 |
|---|---|---|---|---|---|---|---|
| 河北 | 背风山区 | | | $m=1.4\theta^{0.25}$ | $\theta=\frac{L}{J^{1/3}}$ | 千分率 | |
| 山西 | Ⅰ密蔽林区 | | | $m=0.20h^{-0.25}\theta^{0.37}$ | $\theta=\frac{L}{J^{1/3}F^{1/4}}$ | 千分率 | $\theta<1.5$时用1.5，全省$h>120$mm时用120mm |
| | Ⅱ疏林区 | | | $m=0.34h^{-0.26}\theta^{0.26}$ | | | |
| | Ⅲ一般山区 | | | $m=0.38h^{-0.27}\theta^{0.27}$ | | | |
| | Ⅳ裸露山、丘区 | | | $m=0.375h^{-0.17}\theta^{0.22}$ | | | |
| | Ⅴ晋西黄土丘陵沟壑区 | | | $m=0.37h^{-0.16}\theta^{0.38}$ | | | $\theta<3$时用3 |
| 内蒙古 | 其他地区 | | | $m=0.402\theta^{0.286}$ | $\theta=\frac{L}{J^{1/3}}$ | 小数 | $m$为50年一遇值，其他频率的$m$值应乘以0.9～1.05 |
| | 黄土高原沟壑区 | | | $m=0.482\theta^{0.286}$ | | | |
| 辽宁 | Ⅰ$_{1,2}$中部平原区 | 1.4 | 0.78 | $\tau=x(L/\sqrt{J})^{y}$ | $\theta=L/\sqrt{J}$ | 千分率 | （1）$x$、$y$为地区参数；（2）适用于300km$^2$以下的中小流域 |
| | Ⅰ$_3$中部平原区 | 2.5 | 0.85 | | | | |
| | Ⅱ北部半干旱丘陵区 | 0.84 | 0.72 | | | | |
| | Ⅲ东部湿润山区 | 0.96 | 0.73 | | | | |
| | Ⅳ辽东半岛半湿润丘陵区 | 0.78 | 0.71 | | | | |
| | Ⅴ$_{1,2}$西部干旱丘陵区 | 0.57 | 0.65 | | | | |
| | Ⅵ西部半干旱丘陵区 | 0.64 | 0.67 | | | | |
| 吉林 | 鸭绿江、浑江、东辽河 | | | $m=0.0567\theta^{0.68}$ | $\theta=\frac{L}{J^{1/3}F^{1/4}}$ | 小数 | |
| | 第二松花江、珲春河 | | | $m=0.0468\theta^{0.68}$ | | | |
| | 图们江、拉林河 | | | $m=0.0323\theta^{0.68}$ | | | |
| 陕西 | Ⅰ$_1$陕北黄土丘陵沟壑区 | | | $m=4.95\theta^{0.325}h_R^{-0.41}$ | $\theta=\frac{L}{J^{1/3}F^{1/4}}$ | 小数 | $h_R\leqslant$90mm |
| | Ⅰ$_2$陕北黄土丘陵沟壑区 | | | $m=4.2\theta^{0.325}h_R^{-0.41}$ | | | |
| | Ⅰ$_3$陕北黄土丘陵沟壑区 | | | $m=3.6\theta^{0.325}h_R^{-0.41}$ | | | |
| | Ⅰ$_4$陕北黄土丘陵沟壑区 | | | $m=2.6\theta^{0.325}h_R^{-0.41}$ | | | |
| | Ⅱ$_1$渭北土石山区兼黄土沟壑区 | | | $m=1.34\theta^{0.587}h_R^{-0.541}$ | | | |
| | Ⅱ$_2$渭北黄土沟壑区小型流域 | | | $m=2.1\theta^{0.435}h_R^{-0.47}$ | | | |
| | Ⅲ$_1$渭南秦岭山区 | | | $m=0.0614\theta^{0.75}$ | $\theta=\frac{L}{J^{1/3}F^{1/4}}$ | | $h_R\leqslant$70mm |
| | Ⅲ$_2$陕南秦巴山区 | | | $m=0.193\theta^{0.584}$ | $\theta=\frac{L^2}{J^{1/3}F}$ | | |

续表

| 省（市、区）名 | 分　区 | 参数公式 | $\theta$的定义 | $J$的取值 | 备　注 |
|---|---|---|---|---|---|
| 甘肃 | 六盘山土石山林区（植被优良） | $m=0.1\theta^{0.384}$ | $\theta=\frac{L}{J^{1/3}}$ | 小数 | $h\leqslant 35$mm |
| | 六盘山土石山区（植被一般） | $m=0.195\theta^{0.397}$ | | | |
| | 黄土区 | $m=1.845h^{-0.465}\theta^{0.515}$ | $\theta=\frac{L}{J^{1/3}F^{1/4}}$ | | |
| 青海 | 浅脑混合区 | $m=0.75\theta^{0.487}$ | $\theta=\frac{L}{J^{1/3}F^{1/4}}$ | 小数 | |
| | 脑山区 | $m=0.45\theta^{0.356}$ | | | |
| 山东 | 全省分四区七组 | 为简化计，建立 $qm$-$H_{24}$-$K$（即$\theta$）图 | $K=\frac{L}{J^{1/3}F^{2/5}}$ | 小数 | $F<50\text{km}^2$ |
| 江苏 | 苏北山丘区 | $\tau=1.35\theta^{0.34}$ | $\theta=\frac{L}{J^{1/3}}$ | 万分率 | |
| | 苏南山丘区 | $\tau=2.1\theta^{0.34}(P>5\%)$ | | | |
| | | $\tau=1.6\theta^{0.34}(P\leqslant 5\%)$ | | | |
| 浙江 | Ⅱ类：植被较好 | $m=0.3\theta^{0.154}(\theta<90)$ | $\theta=\frac{L}{J^{1/3}}$ | 千分率 | |
| | | $m=0.043\theta^{0.584}(\theta\geqslant 90)$ | | | |
| | Ⅲ类：植被一般 | $m=0.6\theta^{0.1}(\theta<90)$ | | | |
| | | $m=0.114\theta^{0.464}(\theta\geqslant 90)$ | | | |
| | Ⅳ：植被较差 | $m=\theta^{0.05}(\theta<90)$ | | | |
| | | $m=0.207\theta^{0.4}(\theta\geqslant 90)$ | | | |
| 江西 | Ⅰ | $\theta\geqslant 90$　$m=0.45\theta^{0.17}$ | $\theta=\frac{L}{J^{1/3}}$ | 小数 | |
| | | $\theta<90$　$m=0.29\theta^{0.265}$ | | | |
| | Ⅱ | $\theta\geqslant 70$　$m=0.47\theta^{0.18}$ | | | |
| | | $\theta<70$　$m=0.32\theta^{0.265}$ | | | |
| | Ⅲ | $\theta\geqslant 80$　$m=0.29\theta^{0.24}$ | | | |
| | | $\theta<70$　$m=0.25\theta^{0.265}$ | | | |
| | Ⅳ | $\theta\geqslant 10$　$m=0.2\theta^{0.295}$ | | | |
| | | $\theta<10$　$m=0.212\theta^{0.265}$ | | | |
| | Ⅴ | $\theta\geqslant 5$　$m=0.17\theta^{0.368}$ | | | |
| | | $\theta<5$　$m=0.2\theta^{0.265}$ | | | |
| | Ⅵ | $\theta\geqslant 25$　$m=0.088\theta^{0.46}$ | | | |
| | | $\theta<25$　$m=0.158\theta^{0.265}$ | | | |
| | Ⅶ | $\theta\geqslant 100$　$m=0.108\theta^{0.394}$ | | | |
| | | $\theta<100$　$m=0.196\theta^{0.265}$ | | | |
| | Ⅷ | $\theta\geqslant 10$　$m=0.121\theta^{0.434}$ | | | |
| | | $\theta<10$　$m=0.174\theta^{0.265}$ | | | |

续表

| 省（市、区）名 | 分　区 | 参数公式 | | θ的定义 | J的取值 | 备　注 |
|---|---|---|---|---|---|---|
| 福建 | 沿海区 | $\theta \geqslant 2.5$ | $m=0.053\theta^{0.785}$ | $\theta=\frac{L}{J^{1/3}F^{1/4}}$ | 千分率 | |
| | | $\theta < 2.5$ | $m=0.062\theta^{0.613}$ | | | |
| | 内地区 | $\theta \geqslant 2.5$ | $m=0.035\theta^{0.785}$ | | | |
| | | $\theta < 2.5$ | $m=0.041\theta^{0.613}$ | | | |
| 河南 | Ⅰ | | $m=0.32\theta^{0.40}$ | $\theta=\frac{L}{J^{1/3}F^{1/4}}$ | 小数 | $\theta<5$ 取 $\theta=5$<br>$\theta>100$ 取 $\theta=100$<br>$F<300\text{km}^2$ |
| | Ⅱ | | $m=0.48\theta^{0.40}$ | | | |
| | Ⅲ | | $m=0.58\theta^{0.40}$ | | | |
| | Ⅳ | | $m=0.42\theta^{0.40}$ | | | |
| | Ⅴ | | $m=0.52\theta^{0.40}$ | | | |
| 湖北 | PMP 及 $H_{24}>700\text{mm}$ | 1 区 | $m=0.42\theta^{0.24}$；其他各区 $m=0.36\theta^{0.24}$ | $\theta=\frac{L}{J^{1/3}}$ | 小数 | 两个量级之间的洪水使用内插值用于一般施工洪水计算 |
| | 50 年一遇以上的洪水 | 2 区 | $m=0.5\theta^{0.21}$；其他各区 $m=0.45\theta^{0.21}$ | | | |
| | 50 年一遇以下的洪水 | 3 区 | $m=0.56\theta^{0.21}$；其他各区 $m=0.5\theta^{0.21}$ | | | |
| 湖南 | 植被好，以森林为主的山区（平均线） | $25\leqslant\theta<100$ | $m=0.0228\theta^{1.067}$ | $\theta=\frac{L}{J^{1/3}F^{1/4}}$ | 小数 | |
| | | $\theta<25$ | $m=0.145\theta^{0.489}$ | | | |
| | 植被较差的丘陵山区（外包线） | $22\leqslant\theta<100$ | $m=0.0284\theta^{1.093}$ | | | |
| | | $\theta<22$ | $m=0.183\theta^{0.489}$ | | | |
| 广西 | 山区 | | $m=0.17\theta^{0.581}$ | $\theta=\frac{L}{J^{1/3}F^{1/4}}$ | 小数 | |
| | 山丘区 | | $m=0.13\theta^{0.581}$ | | | |
| | 平原区 | | $m=0.086\theta^{0.558}$ | | | |
| | 岩溶地区 | | $m=0.072\theta^{0.551}$ | | | |
| 四川 | 盆地丘陵区 | $1<\theta\leqslant30$ | $m=0.4\theta^{0.204}$ | $\theta=\frac{L}{J^{1/3}F^{1/4}}$ | 小数 | 对森林茂密，水田、塘库多，岩层特别疏松，喀斯特特别发育的地区 $m'=Km$，$K$ 为修正系数，其值为 0.38～1.0 |
| | | $30<\theta\leqslant300$ | $m=0.092\theta^{0.636}$ | | | |
| | 青衣江–鹿头山暴雨区、盆缘地区、凉山地区 | $1<\theta\leqslant30$ | $m=0.318\theta^{0.204}$ | | | |
| | | $30<\theta\leqslant300$ | $m=0.055\theta^{0.72}$ | | | |
| | 安宁河、盐源盆地 | $1<\theta\leqslant30$ | $m=0.221\theta^{0.204}$ | | | |
| | | $30<\theta\leqslant300$ | $m=0.025\theta^{0.345}$ | | | |
| 贵州 | $\text{I}_1$ 丘山为主，中等或部分强岩溶，植被较差 | | $m=0.056\theta^{0.73}$ | $\theta=\frac{L}{J^{1/3}F^{1/4}}$ | 小数 | |
| | $\text{I}_2$ 丘山间谷坝，强岩溶，植被较差 | | $m=0.04\theta^{0.73}$ | | | |

续表

| 省（市、区）名 | 分　区 | 参数公式 | $\theta$的定义 | $J$的取值 | 备　注 |
|---|---|---|---|---|---|
| 贵州 | Ⅱ$_1$高山间山丘区，少量岩溶，植被差 | $m=0.071\theta^{0.73}$ | $\theta=\frac{L}{J^{1/3}F^{1/4}}$ | 小数 | |
| | Ⅱ$_2$山区间山丘，少量岩溶，植被一般或较好 | $m=0.064\theta^{0.73}$ | | | |
| | Ⅱ$_3$山区间山丘，非岩溶或少量岩溶，植被好 | $m=0.053\theta^{0.73}$ | | | |

# 附录Z　损失参数分区和系数（指数）表

| 省（市、区）名 | 分区 | | 系数（指数） | | | | |
|---|---|---|---|---|---|---|---|
| | | | $K_1$ | $\beta_1$ | $K_2$ | $\beta_2$ | $\lambda$ |
| 河北 | | 河北平原区 | 1.23 | 0.61 | | | |
| | Ⅰ | 冀北山区 | 0.95 | 0.60 | | | |
| | Ⅱ | 冀西北盆地区 | 1.15 | 0.58 | | | |
| | Ⅲ | 冀西山区 | 1.12 | 0.56 | | | |
| | | 坝上高原区 | 1.52 | 0.50 | | | |
| 山西 | Ⅰ | 煤矿塌陷和森林覆盖较好地区 | 0.85 | 0.98 | | | |
| | Ⅱ | 裸露石山区 | 0.25 | 0.98 | | | |
| | Ⅲ | 黄土丘陵区 | 0.65 | 0.98 | | | |
| 四川 | Ⅰ | 青衣江区 | | | 0.742 | 0.542 | 0.222 |
| | Ⅱ | 盆地丘陵区 | | | 0.270 | 0.897 | 0.272 |
| | Ⅲ | 盆缘山区 | | | 0.263 | 0.887 | 0.281 |
| 安徽 | Ⅱ | 根据表7-9土壤分类 | | | 0.755 | 0.74 | 0.0171 |
| | Ⅲ | | | | 0.103 | 1.21 | 0.0425 |
| | Ⅳ | | | | 0.406 | 1.00 | 0.1104 |
| | Ⅴ | | | | 0.520 | 0.94 | 0 |
| | Ⅵ | | | | 0.332 | 1.099 | 0 |
| 宁夏 | Ⅳ | 根据表7-9土壤分类 | 0.93 | 0.86 | | | |
| | Ⅴ | | 1.98 | 0.69 | | | |
| 湖南 | Ⅰ | 湘资流域 | 0.697 | 0.567 | | | |
| | Ⅱ | 沅水流域 | 0.213 | 0.940 | | | |
| | Ⅲ | 沣水流域 | 1.925 | 0.223 | | | |
| 甘肃 | Ⅱ | 根据表7-9土壤分类 | 0.65 | 0.82 | | | |
| | Ⅲ | | 0.75 | 0.84 | | | |
| | Ⅳ | | 0.75 | 0.86 | | | |
| 吉林 | Ⅱ | 根据表7-9土壤分类 | 0.12 | 1.44 | | | |
| | Ⅲ | | 0.13 | 1.37 | | | |
| | Ⅳ | | 0.29 | 1.01 | | | |
| | Ⅴ | | 0.29 | 1.01 | | | |
| 河南 | Ⅰ | 根据河南省 $n$ 值分区图 | 0.0023 | 1.75 | | | |
| | Ⅱ | | 0.057 | 1.0 | | | |
| | Ⅲ | | 1.0 | 0.71 | | | |
| | Ⅳ | | 0.80 | 0.51 | | | |

续表

| 省（市、区）名 | 分区 | | 系数（指数） | | | | |
|---|---|---|---|---|---|---|---|
| | | | $K_1$ | $\beta_1$ | $K_2$ | $\beta_2$ | $\lambda$ |
| 青海 | Ⅰ | 东部区 | 0.52 | 0.774 | | | |
| | Ⅱ | 内陆区 | 0.32 | 0.913 | | | |
| 新疆 | Ⅰ | $50<F<200$ | 0.46 | 1.09 | | | |
| | Ⅱ | $F>200$ | 0.68 | 1.09 | | | |
| 浙江 | Ⅰ | 浙北地区 | 0.08 | 0.15 | | | |
| | Ⅱ | 浙东南沿海区 | 0.10～0.11 | 0.15 | | | |
| | Ⅲ | 浙西南、西北及东部丘陵区 | 0.13～0.14 | 0.15 | | | |
| | Ⅳ | 杭嘉湖平原边缘地势平缓区 | 0.15 | 0.15 | | | |
| 内蒙古 | Ⅳ | 大兴安岭中段及余脉山区 | 0.517～0.830 | 0.40～0.71 | | | |
| | Ⅵ | 黄河流域山地丘陵区 | 1.0 | 1.05 | | | |
| 福建 | | 全省通用 | 0.34 | 0.93 | | | |
| 贵州 | Ⅰ | 深山区 | | | 1.17 | 1.099 | 0.437 |
| | Ⅱ | 浅山区 | | | 0.51 | 1.099 | 0.437 |
| | Ⅲ | 平丘区 | | | 0.31 | 1.099 | 0.437 |
| 广西 | Ⅰ | 丘陵区 | 0.52 | 0.774 | | | |
| | Ⅱ | 山区 | 0.32 | 0.915 | | | |

# 附录AA　汇流时间分区和系数（指数）表

| 省（市、区）名 | 分区 | | 系数（指数） | | | | |
|---|---|---|---|---|---|---|---|
| | | | $K_3$ | $\alpha_1$ | $K_4$ | $\alpha_2$ | $\beta_3$ |
| 河北 | Ⅰ | 河北平原 | 0.700 | 0.410 | | | |
| 河北 | Ⅱ | 冀北山区 | 0.650 | 0.380 | | | |
| 河北 | Ⅱ | 冀西北盆区 | 0.580 | 0.390 | | | |
| 河北 | Ⅱ | 冀西山区 | 0.540 | 0.400 | | | |
| 河北 | Ⅲ | 坝上高原 | 0.450 | 0.180 | | | |
| 山西 | | 土石山覆盖的林区 | 0.150 | 0.420 | | | |
| 山西 | | 煤矿塌陷漏水区和严重风化区 | 0.130 | 0.420 | | | |
| 山西 | | 黄土丘陵区 | 0.100 | 0.420 | | | |
| 四川 | | 盆地丘陵区 $I_z \leqslant 10‰$ | | | 3.670 | 0.620 | 0.203 |
| 四川 | | 青衣江区区 $I_z > 10‰$ | | | 3.670 | 0.516 | 0.203 |
| 四川 | | 盆缘山区 $I_z < 15‰$ | | | 3.290 | 0.696 | 0.239 |
| 四川 | | 西昌区 $I_z \geqslant 15‰$ | | | 3.290 | 0.536 | 0.239 |
| 安徽 | Ⅰ | ＞15‰ | | | $F<90$，取37.5；$F>90$，取26.3 | 0.925 | 0.725 |
| 安徽 | Ⅱ | 10‰～15‰ | | | 11.000 | 0.512 | 0.395 |
| 安徽 | Ⅲ | 5‰～10‰ | | | 29.000 | 0.810 | 0.544 |
| 安徽 | Ⅳ | ＜5‰ | | | 14.300 | 0.300 | 0.330 |
| 湖南 | Ⅰ | 湘资水系 | 5.590 | 0.380 | | | |
| 湖南 | Ⅱ | 沅水系 | 3.790 | 0.197 | | | |
| 湖南 | Ⅲ | 沣水系 | 1.570 | 0.636 | | | |
| 宁夏 | Ⅰ | 山区 | 0.140 | 0.440 | | | |
| 宁夏 | Ⅱ | 丘陵区 | 0.380 | 0.210 | | | |
| 广西 | Ⅰ | 山区 | 0.560 | 0.306 | | | |
| 广西 | Ⅱ | 丘陵区 | 0.420 | 0.419 | | | |
| 甘肃 | Ⅰ | 平原 | 0.960 | 0.710 | | | |
| 甘肃 | Ⅱ | 丘陵区 | 0.620 | 0.710 | | | |
| 甘肃 | Ⅲ | 山区 | 0.390 | 0.710 | | | |
| 吉林 | Ⅰ | | 0.00035 | 1.400 | | | |
| 吉林 | Ⅱ | | 0.032 | 0.840 | | | |
| 吉林 | Ⅲ | | 0.022 | 1.450 | | | |

续表

| 省（市、区）名 | 分区 | | 系数（指数） | | | | |
|---|---|---|---|---|---|---|---|
| | | | $K_3$ | $\alpha_1$ | $K_4$ | $\alpha_2$ | $\beta_3$ |
| 河南 | Ⅰ | 根据 $n$ 值分区 | 0.730 | 0.320 | | | |
| | Ⅱ | | 0.038 | 0.750 | | | |
| | Ⅲ | | 0.630 | 0.150 | | | |
| | Ⅳ | | 0.800 | 0.200 | | | |
| 青海 | Ⅰ | 东部区 | 0.871 | 0.750 | | | |
| | Ⅱ | 内陆区 | 0.960 | 0.747 | | | |
| 新疆 | Ⅰ | 50＜$F$＜200 | 0.600 | 0.650 | | | |
| | Ⅱ | $F$＞200 | 0.200 | 0.650 | | | |
| 浙江 | Ⅰ | 浙北地区 | | | 72.000 | 0.187 | 0.900 |
| | Ⅱ | 浙东南沿海区 | | | 72.000 | 0. 187 | 0.900 |
| | Ⅲ | 浙西南、西北山区及中部丘陵区 | | | 72.000 | 0.187 | 0.900 |
| | Ⅳ | 杭嘉湖平原边缘地势平缓地区 | | | 105.000 | 0. 187 | 0.900 |
| 内蒙古 | Ⅰ | 大兴安岭中段及余脉山地丘陵区 | 0.334～0.537 | 0.160 | | | |
| | Ⅱ | 黄河流域山地丘陵区 | 0.334～0.537 | 0.160 | | | |
| 福建 | Ⅰ | 平原区 | | | 1.800 | 0.480 | 0.510 |
| | Ⅱ | 丘陵区 | | | 2.000 | 0.480 | 0.510 |
| | Ⅲ | 山区 | | | 2.600 | 0.480 | 0.510 |
| 贵州 | Ⅰ | 平丘区 | 0.080 | 0.713 | | | |
| | Ⅱ | 浅山区 | 0.193 | 0.713 | | | |
| | Ⅲ | 深山区 | 0.302 | 0.713 | | | |

# 附录AB　交通部门经验公式1各区系数（指数）表

| 省（市、区）名 | 分　区 | | | 系数（指数） | | |
|---|---|---|---|---|---|---|
| | | | | $A$ | $m$ | $\lambda_2$ |
| 四川 | Ⅰ | 盆地丘陵区 | $I_z \leqslant 2‰$ | 0.086 | 1.18 | 0.712 |
| | | | $2‰ < I_z < 10‰$ | 0.105 | | 0.730 |
| | | | $I_z \geqslant 10‰$ | 0.124 | | 0.747 |
| | Ⅱ | 盆缘山区青衣江区 | $I_z \leqslant 10‰$ | 0.102 | 1.20 | 0.724 |
| | | | $10‰ < I_z < 20‰$ | 0.123 | | 0.745 |
| | | | $I_z \geqslant 20‰$ | 0.142 | | 0.788 |
| 安徽 | Ⅰ | $I_z > 15‰$ | $P=4\%$ | $1.2\times10^{-4}$ | 2.75 | 0.896 |
| | | | $P=2\%$ | $1.4\times10^{-4}$ | | |
| | | | $P=1\%$ | $1.6\times10^{-4}$ | | |
| | Ⅱ | $I_z=5‰\sim15‰$ | $P=4\%$ | $4.8\times10^{-4}$ | 2.75 | 1.0 |
| | | | $P=2\%$ | $5.5\times10^{-4}$ | | |
| | | | $P=1\%$ | $7.0\times10^{-4}$ | | |
| | Ⅲ | $I_z < 5‰$ | $P=4\%$ | $1.8\times10^{-4}$ | 2.75 | 0.965 |
| | | | $P=2\%$ | $1.9\times10^{-4}$ | | |
| | | | $P=1\%$ | $2.0\times10^{-4}$ | | |
| 宁夏 | Ⅰ | 丘陵区 | | 0.308 | 1.32 | 0.60 |
| | Ⅱ | 山区 | | 0.542 | 1.32 | 0.60 |
| | Ⅲ | 林区 | | 0.085 | 1.32 | 0.75 |
| 甘肃 | Ⅰ | 平原 | | 0.08 | 1.08 | 0.96 |
| | Ⅱ | 丘陵 | | 0.14 | 1.08 | 0.96 |
| | Ⅲ | 山区 | | 0.27 | 1.08 | 0.96 |
| 吉林 | Ⅰ | 平原 | | 0.0076～5.6 | 1.50 | 0.80 |
| | Ⅱ | 丘陵 | | 0.0053～7.0 | 1.50 | 0.80 |
| | Ⅲ | 山区 | | 0.003～0.68 | 1.50 | 0.80 |
| 河南 | Ⅰ | 根据河南省 $n$ 值分区图 | | 0.22 | 0.98 | 0.86 |
| | Ⅱ | | | 0.66 | 1.03 | 0.65 |
| | Ⅲ | | | 0.76 | 1.00 | 0.67 |
| | Ⅳ | | | 0.28 | 1.07 | 0.81 |
| 新疆 | Ⅰ | 林区土石山 | | 0.0065 | 1.5 | 0.80 |
| | Ⅱ | 土石山 | | 0.035 | 1.5 | 0.80 |
| 内蒙古 | Ⅰ | 大青山东端山区 | $P=4\%$ | 8.4 | 0.41 | 0.55 |
| | | | $P=2\%$ | 12.3 | | |
| | | | $P=1\%$ | 19.2 | | |

续表

| 省（市、区）名 | 分　区 | | | 系数（指数） | | |
|---|---|---|---|---|---|---|
| | | | | $A$ | $m$ | $\lambda_2$ |
| 内蒙古 | Ⅱ | 大青山东部和蛮汗山山地丘陵区 | $P$=4% | 7.8 | 0.41 | 0.55 |
| | | | $P$=2% | 11.8 | | |
| | | | $P$=1% | 16.5 | | |
| | Ⅲ | 大青山西端山区 | $P$=4% | 7.4 | 0.41 | 0.55 |
| | | | $P$=2% | 11.2 | | |
| | | | $P$=1% | 15.0 | | |
| 福建 | Ⅰ | 平原区 | | 0.09 | 1.0 | 0.96 |
| | Ⅱ | 丘陵区 | | 0.10 | | |
| | Ⅲ | 浅山区 | | 0.16 | | |
| | Ⅳ | 深山区 | | 0.25 | | |
| 贵州 | Ⅰ | 平原丘陵区 | | 0.022 | 1.085 | 0.98 |
| | Ⅱ | 浅山区 | | 0.038 | | |
| | Ⅲ | 深山区 | | 0.066 | | |

# 附录AC　交通部门经验公式2各区系数（指数）表

| 省（市、区）名 | 分区 | | | 系数（指数） | | |
|---|---|---|---|---|---|---|
| | | | | $C$ | $\beta$ | $\lambda_3$ |
| 山西 | Ⅰ | 石山、黄土丘陵植被差 | | 0.24～0.20 | 1.0 | 0.78 |
| | Ⅱ | 土石山、风化石山植被一般 | | 0.19～0.16 | | |
| | Ⅲ | 煤矿漏水区，植被较好地区 | | 0.15～0.12 | | |
| 四川 | Ⅰ | 盆地丘陵区 | $I_z \leqslant 10‰$ | 0.125 | 1.10 | 0.723 |
| | | | $I_z > 5‰$ | 0.145 | | |
| | Ⅱ | 盆缘山区 | $I_z \leqslant 10‰$ | 0.140 | 1.14 | 0.737 |
| | Ⅲ | 青衣江区 | $I_z > 10‰$ | 0.160 | | |
| 安徽 | Ⅰ | $I_z > 15‰$ | $P$=4% | $2.92 \times 10^{-4}$ | 2.414 | 0.896 |
| | | | $P$=2% | $3.15 \times 10^{-4}$ | | |
| | | | $P$=1% | $3.36 \times 10^{-4}$ | | |
| | Ⅱ | $I_z$=5‰～15‰ | $P$=4% | $1.27 \times 10^{-4}$ | 2.414 | 1.0 |
| | | | $P$=2% | $1.32 \times 10^{-4}$ | | |
| | | | $P$=1% | $1.50 \times 10^{-4}$ | | |
| | Ⅲ | $I_z < 5‰$ | $P$=4% | $2.35 \times 10^{-4}$ | 2.414 | 0.965 |
| | | | $P$=2% | $2.66 \times 10^{-4}$ | | |
| | | | $P$=1% | $2.75 \times 10^{-4}$ | | |
| 宁夏 | Ⅰ | 丘陵区 | | 0.061 | 1.51 | 0.60 |
| | Ⅱ | 山区 | | 0.082 | | 0.60 |
| | Ⅲ | 林区 | | 0.013 | | 0.75 |
| 甘肃 | Ⅰ | 平原区 | | 0.016 | 1.40 | 0.95 |
| | Ⅱ | 丘陵区 | | 0.025 | | |
| | Ⅲ | 山区 | | 0.05 | | |
| 吉林 | Ⅰ | 松花江、图们江、牡丹江水系 | 山岭 | 0.075 | 0.8 | 1.12 |
| | | | 丘陵 | 0.035 | | |
| | | | 平原 | 0.0135 | | |
| | Ⅱ | 拉林河、饮马河水系 | 山岭 | 0.31 | 0.8 | 1.37 |
| | | | 丘陵 | | | |
| | | | 平原 | 0.14～0.618 | | |
| | Ⅲ | 东运河水系 | 山岭 | | 0.8 | 0.52 |
| | | | 丘陵 | | | |
| | | | 平原 | 0.275 | | |
| 河南 | Ⅰ | 见 $n$ 值分区 | | 0.18 | 1.0 | 0.86 |
| | Ⅱ | | | 0.45 | 1.09 | 0.65 |

续表

| 省（市、区）名 | 分区 | | 系数（指数） | | |
|---|---|---|---|---|---|
| | | | $C$ | $\beta$ | $\lambda_3$ |
| 河南 | Ⅲ | 见 $n$ 值分区 | 0.36 | 1.07 | 0.67 |
| | Ⅳ | | 0.48 | 0.95 | 0.80 |
| 浙江 | Ⅰ | 钱塘江流域 | 0.01 | 1.37 | 1.11 |
| | Ⅱ | 浙北地区 | 0.02 | | |
| | Ⅲ | 其他 | 0.015 | | |
| 福建 | Ⅰ | 平原区 | 0.030 | 1.25 | 0.90 |
| | Ⅱ | 丘陵区 | 0.034 | | |
| | Ⅲ | 浅山区 | 0.050 | | |
| | Ⅳ | 深山区 | 0.071 | | |
| 贵州 | Ⅰ | 平原区 | 0.016 | 1.112 | 0.985 |
| | Ⅱ | 浅山区 | 0.030 | | |
| | Ⅲ | 深山区 | 0.056 | | |

# 附录AD　常见天文分潮一览表

| Doodson代码 | 振幅（系数平均值） | $\tau$ | $s$ | $h$ | $p$ | $N'$ | $P'$ | 角速率［(°)/平太阳时］ | 周期（平太阳日或时） | 名称 |
|---|---|---|---|---|---|---|---|---|---|---|
| 055.565.55 | −0.06556 | 0 | 0 | 0 | 0 | 1 | 0 | 0.00220641 | 6798.364585（日） | $M_N$ |
| 065.455.55 | 0.08254 | 0 | 1 | 0 | −1 | 0 | 0 | 0.54437469 | 27.554550（日） | $M_M$ |
| 085.455.55 | 0.02996 | 0 | 3 | 0 | −1 | 0 | 0 | 1.64240775 | 9.132933（日） | $M_t$ |
| 145.555.55 | 0.37694 | 1 | −1 | 0 | 0 | 0 | 0 | 13.94303559 | 1.075805（日） | $O_1$ |
| 147.555.55 | −0.00493 | 1 | −1 | 2 | 0 | 0 | 0 | 14.02517285 | 1.069505（日） | $MP_1$ |
| 155.655.55 | −0.02964 | 1 | 0 | 0 | 1 | 0 | 0 | 14.49669394 | 1.034718（日） | $NO_1$ |
| 164.556.55 | −0.00416 | 1 | 1 | −1 | 0 | 0 | 1 | 15.00000196 | 23.999996（时） | $S_1$ |
| 165.555.55 | −0.53011 | 1 | 1 | 0 | 0 | 0 | 0 | 15.04106864 | 23.934469（时） | $K_1$ |
| 166.554.55 | −0.00422 | 1 | 1 | 1 | 0 | 0 | −1 | 15.08213531 | 23.869299（时） | $\psi_1$ |
| 167.555.55 | −0.00755 | 1 | 1 | 2 | 0 | 0 | 0 | 15.12320592 | 23.804476（时） | $\varphi_1$ |
| 175.455.55 | −0.02964 | 1 | 2 | 0 | −1 | 0 | 0 | 15.58544334 | 23.098476（时） | $J_1$ |
| 183.555.55 | −0.00492 | 1 | 3 | −2 | 0 | 0 | 0 | 16.05696442 | 22.420177（时） | $SO_1$ |
| 185.555.55 | −0.01624 | 1 | 3 | 0 | 0 | 0 | 0 | 16.13910169 | 22.306074（时） | $OO_1$ |
| 237.555.55 | 0.02776 | 2 | −2 | 2 | 0 | 0 | 0 | 27.96820846 | 12.871757（时） | $u_2$ |
| 245.655.55 | 0.17386 | 2 | −1 | 0 | 1 | 0 | 0 | 28.43972954 | 12.658348（时） | $N_2$ |
| 247.455.55 | 0.03302 | 2 | −1 | 2 | −1 | 0 | 0 | 28.51258316 | 12.626004（时） | $v_2$ |
| 255.555.55 | 0.90809 | 2 | 0 | 0 | 0 | 0 | 0 | 28.98410424 | 12.420601（时） | $M_2$ |
| 257.555.55 | 0.00104 | 2 | 0 | 2 | 0 | 0 | 0 | 29.06624149 | 12.385502（时） | $MKS_2$ |
| 263.655.55 | −0.00670 | 2 | 1 | −2 | 1 | 0 | 0 | 29.45562530 | 12.221774（时） | $\lambda_2$ |
| 265.455.55 | −0.02567 | 2 | 1 | 0 | −1 | 0 | 0 | 29.52847894 | 12.191620（时） | $L_2$ |
| 274.554.55 | −0.00355 | 2 | 2 | −1 | 0 | 0 | −1 | 30.04106667 | 11.983595（时） | $R_2$ |
| 275.555.55 | 0.11498 | 2 | 2 | 0 | 0 | 0 | 0 | 30.08213728 | 11.967234（时） | $K_2$ |
| 293.555.55 | 0.00107 | 2 | 4 | −2 | 0 | 0 | 0 | 31.09803306 | 11.576294（时） | $SKM_2$ |
| 355.555.55 | −0.01188 | 3 | 0 | 0 | 0 | 0 | 0 | 43.47615636 | 8.280400（时） | $M_3$ |

# 附录AE　浅水的波高、波速和波长与相对水深的关系表

| $d/L_0$ | $d/L$ | $C/C_0$及$L/L_0$ | $H/H_0'$ | $d/L_0$ | $d/L$ | $C/C_0$及$L/L_0$ | $H/H_0'$ |
|---|---|---|---|---|---|---|---|
| 0 | 0 | 0 | ∞ | 0.004300 | 0.02628 | 0.1636 | 1.756 |
| 0.000100 | 0.003990 | 0.02506 | 4.467 | 0.004400 | 0.02695 | 0.1655 | 1.746 |
| 0.000200 | 0.005643 | 0.03544 | 3.757 | 0.004500 | 0.02689 | 0.1674 | 1.737 |
| 0.000300 | 0.006912 | 0.04340 | 3.395 | 0.004600 | 0.02719 | 0.1692 | 1.727 |
| 0.000400 | 0.007982 | 0.05011 | 3.160 | 0.004700 | 0.02749 | 0.1710 | 1.718 |
| 0.000500 | 0.008925 | 0.05602 | 2.989 | 0.004800 | 0.02778 | 0.1728 | 1.709 |
| 0.000600 | 0.009778 | 0.06136 | 2.856 | 0.004900 | 0.02807 | 0.1746 | 1.701 |
| 0.000700 | 0.010560 | 0.06627 | 2.749 | 0.005000 | 0.02836 | 0.1764 | 1.692 |
| 0.000800 | 0.011290 | 0.07084 | 2.659 | 0.005100 | 0.02814 | 0.1781 | 1.684 |
| 0.000900 | 0.011980 | 0.07513 | 2.582 | 0.005200 | 0.02893 | 0.1798 | 1.676 |
| 0.001000 | 0.012630 | 0.07918 | 2.515 | 0.005300 | 0.02921 | 0.1815 | 1.669 |
| 0.001100 | 0.013250 | 0.08304 | 2.456 | 0.005400 | 0.02948 | 0.1832 | 1.662 |
| 0.001200 | 0.013840 | 0.08672 | 2.404 | 0.005500 | 0.02976 | 0.1848 | 1.654 |
| 0.001300 | 0.014400 | 0.09026 | 2.357 | 0.005600 | 0.03003 | 0.1865 | 1.647 |
| 0.001400 | 0.014950 | 0.09365 | 2.314 | 0.005700 | 0.03030 | 0.1881 | 1.640 |
| 0.001500 | 0.015480 | 0.09693 | 2.275 | 0.005800 | 0.03057 | 0.1897 | 1.633 |
| 0.001600 | 0.015980 | 0.10010 | 2.239 | 0.005900 | 0.03083 | 0.1913 | 1.626 |
| 0.001700 | 0.016480 | 0.10320 | 2.205 | 0.006000 | 0.03110 | 0.1929 | 1.620 |
| 0.001800 | 0.016960 | 0.10620 | 2.174 | 0.006100 | 0.03136 | 0.1945 | 1.614 |
| 0.001900 | 0.017430 | 0.10910 | 2.145 | 0.006200 | 0.03162 | 0.1961 | 1.607 |
| 0.002000 | 0.017880 | 0.11190 | 2.119 | 0.006300 | 0.03188 | 0.1976 | 1.601 |
| 0.002100 | 0.018320 | 0.11460 | 2.094 | 0.006400 | 0.03213 | 0.1992 | 1.595 |
| 0.002200 | 0.018760 | 0.11730 | 2.070 | 0.006500 | 0.03238 | 0.2007 | 1.589 |
| 0.002300 | 0.019180 | 0.11990 | 2.047 | 0.006600 | 0.03264 | 0.2022 | 1.583 |
| 0.002400 | 0.019590 | 0.12250 | 2.025 | 0.006700 | 0.03289 | 0.2037 | 1.578 |
| 0.002500 | 0.020000 | 0.12500 | 2.005 | 0.006800 | 0.03313 | 0.2052 | 1.572 |
| 0.002600 | 0.020400 | 0.12750 | 1.986 | 0.006900 | 0.03338 | 0.2067 | 1.567 |
| 0.002700 | 0.020790 | 0.12990 | 1.967 | 0.007000 | 0.03362 | 0.2082 | 1.561 |
| 0.002800 | 0.021170 | 0.13230 | 1.950 | 0.007100 | 0.03387 | 0.2096 | 1.556 |
| 0.002900 | 0.021550 | 0.13460 | 1.933 | 0.007200 | 0.03411 | 0.2111 | 1.551 |
| 0.003000 | 0.021920 | 0.13690 | 1.917 | 0.007300 | 0.03435 | 0.2125 | 1.546 |
| 0.003100 | 0.022280 | 0.13910 | 1.902 | 0.007400 | 0.03459 | 0.2139 | 1.541 |
| 0.003200 | 0.022640 | 0.14130 | 1.887 | 0.007500 | 0.03482 | 0.2154 | 1.536 |
| 0.003300 | 0.023000 | 0.14350 | 1.873 | 0.007600 | 0.03506 | 0.2168 | 1.531 |
| 0.003400 | 0.023350 | 0.14560 | 1.860 | 0.007700 | 0.03529 | 0.2182 | 1.526 |
| 0.003500 | 0.023690 | 0.14770 | 1.847 | 0.007800 | 0.03552 | 0.2196 | 1.521 |
| 0.003600 | 0.024030 | 0.14980 | 1.834 | 0.007900 | 0.03576 | 0.2209 | 1.517 |
| 0.003700 | 0.024360 | 0.15190 | 1.822 | 0.008000 | 0.03598 | 0.2223 | 1.512 |
| 0.003800 | 0.024690 | 0.15390 | 1.810 | 0.008100 | 0.03621 | 0.2237 | 1.508 |
| 0.003900 | 0.025020 | 0.15590 | 1.799 | 0.008200 | 0.03644 | 0.2250 | 1.503 |
| 0.004000 | 0.025340 | 0.15790 | 1.788 | 0.008300 | 0.03666 | 0.2264 | 1.499 |
| 0.004100 | 0.025660 | 0.15980 | 1.777 | 0.008400 | 0.03689 | 0.2277 | 1.495 |
| 0.004200 | 0.025970 | 0.16170 | 1.767 | 0.008500 | 0.03711 | 0.2290 | 1.491 |

续表

| $d/L_0$ | $d/L$ | $C/C_0$及$L/L_0$ | $H/H'_0$ | $d/L_0$ | $d/L$ | $C/C_0$及$L/L_0$ | $H/H'_0$ |
|---|---|---|---|---|---|---|---|
| 0.008600 | 0.03733 | 0.2303 | 1.487 | 0.03800 | 0.08100 | 0.4691 | 1.075 |
| 0.008700 | 0.03755 | 0.2317 | 1.482 | 0.03900 | 0.08215 | 0.4747 | 1.069 |
| 0.008800 | 0.03777 | 0.2330 | 1.478 | 0.04000 | 0.08329 | 0.4802 | 1.064 |
| 0.008900 | 0.03799 | 0.2343 | 1.474 | 0.04100 | 0.08442 | 0.4857 | 1.059 |
| 0.009000 | 0.03821 | 0.2356 | 1.471 | 0.04200 | 0.08553 | 0.4911 | 1.055 |
| 0.009100 | 0.03842 | 0.2368 | 1.467 | 0.04300 | 0.08664 | 0.4964 | 1.050 |
| 0.009200 | 0.03864 | 0.2381 | 1.463 | 0.04400 | 0.08774 | 0.5015 | 1.046 |
| 0.009300 | 0.03885 | 0.2394 | 1.459 | 0.04500 | 0.08883 | 0.5066 | 1.042 |
| 0.009400 | 0.03906 | 0.2407 | 1.456 | 0.04600 | 0.08991 | 0.5116 | 1.038 |
| 0.009500 | 0.03928 | 0.2419 | 1.452 | 0.04700 | 0.09098 | 0.5166 | 1.034 |
| 0.009600 | 0.03949 | 0.2431 | 1.448 | 0.04800 | 0.09205 | 0.5215 | 1.030 |
| 0.009700 | 0.03970 | 0.2443 | 1.445 | 0.04900 | 0.09311 | 0.5263 | 1.026 |
| 0.009800 | 0.03990 | 0.2456 | 1.442 | 0.05000 | 0.09416 | 0.5310 | 1.023 |
| 0.009900 | 0.04011 | 0.2468 | 1.438 | 0.05100 | 0.09520 | 0.5357 | 1.019 |
| 0.01000 | 0.04032 | 0.2480 | 1.435 | 0.05200 | 0.09623 | 0.5403 | 1.016 |
| 0.01100 | 0.04233 | 0.2598 | 1.403 | 0.05300 | 0.09726 | 0.5449 | 1.013 |
| 0.01200 | 0.04426 | 0.2711 | 1.375 | 0.05400 | 0.09829 | 0.5494 | 1.010 |
| 0.01300 | 0.04612 | 0.2820 | 1.350 | 0.05500 | 0.09930 | 0.5538 | 1.007 |
| 0.01400 | 0.04791 | 0.2924 | 1.327 | 0.05600 | 0.10030 | 0.5582 | 1.004 |
| 0.01500 | 0.04964 | 0.3022 | 1.307 | 0.05700 | 0.10130 | 0.5626 | 1.001 |
| 0.01600 | 0.05132 | 0.3117 | 1.288 | 0.05800 | 0.10230 | 0.5668 | 0.9885 |
| 0.01700 | 0.05296 | 0.3209 | 1.271 | 0.05900 | 0.10330 | 0.5711 | 0.9958 |
| 0.01800 | 0.05455 | 0.3298 | 1.255 | 0.06000 | 0.10430 | 0.5753 | 0.9932 |
| 0.01900 | 0.05611 | 0.3386 | 1.240 | 0.06100 | 0.10530 | 0.5794 | 0.9907 |
| 0.02000 | 0.05763 | 0.3470 | 1.226 | 0.06200 | 0.10630 | 0.5834 | 0.9883 |
| 0.02100 | 0.05912 | 0.3552 | 1.231 | 0.06300 | 0.10730 | 0.5874 | 0.9860 |
| 0.02200 | 0.06057 | 0.3632 | 1.201 | 0.06400 | 0.10820 | 0.5914 | 0.9837 |
| 0.02300 | 0.06200 | 0.3710 | 1.189 | 0.06500 | 0.10920 | 0.5954 | 0.9815 |
| 0.02400 | 0.06340 | 0.3786 | 1.178 | 0.06600 | 0.11010 | 0.5993 | 0.9793 |
| 0.02500 | 0.06478 | 0.3860 | 1.168 | 0.06700 | 0.11110 | 0.6031 | 0.9772 |
| 0.02600 | 0.06613 | 0.3932 | 1.159 | 0.06800 | 0.11200 | 0.6069 | 0.9752 |
| 0.02700 | 0.06747 | 0.4002 | 1.150 | 0.06900 | 0.11300 | 0.6106 | 0.9732 |
| 0.02800 | 0.06878 | 0.4071 | 1.141 | 0.07000 | 0.11390 | 0.6144 | 0.9713 |
| 0.02900 | 0.07007 | 0.4138 | 1.133 | 0.07100 | 0.11490 | 0.6181 | 0.9694 |
| 0.03000 | 0.07135 | 0.4205 | 1.125 | 0.07200 | 0.11580 | 0.6217 | 0.9676 |
| 0.03100 | 0.07260 | 0.4269 | 1.118 | 0.07300 | 0.11680 | 0.6252 | 0.9658 |
| 0.03200 | 0.07385 | 0.4333 | 1.111 | 0.07400 | 0.11770 | 0.6289 | 0.9641 |
| 0.03300 | 0.07507 | 0.4395 | 1.104 | 0.07500 | 0.11860 | 0.6324 | 0.9624 |
| 0.03400 | 0.07630 | 0.4457 | 1.098 | 0.07600 | 0.11950 | 0.6359 | 0.9607 |
| 0.03500 | 0.07748 | 0.4517 | 1.092 | 0.07700 | 0.12050 | 0.6392 | 0.9591 |
| 0.03600 | 0.07867 | 0.4577 | 1.086 | 0.07800 | 0.12140 | 0.6427 | 0.9576 |
| 0.03700 | 0.07984 | 0.4635 | 1.080 | 0.07900 | 0.12230 | 0.6460 | 0.9562 |

续表

| $d/L_0$ | $d/L$ | $C/C_0$及$L/L_0$ | $H/H_0'$ | $d/L_0$ | $d/L$ | $C/C_0$及$L/L_0$ | $H/H_0'$ |
|---|---|---|---|---|---|---|---|
| 0.08000 | 0.1232 | 0.6493 | 0.9548 | 0.1220 | 0.1598 | 0.7634 | 0.9196 |
| 0.08100 | 0.1241 | 0.6526 | 0.9534 | 0.1230 | 0.1607 | 0.7656 | 0.9192 |
| 0.08200 | 0.1251 | 0.6558 | 0.9520 | 0.1240 | 0.1615 | 0.7678 | 0.9189 |
| 0.08300 | 0.1259 | 0.6590 | 0.9506 | 0.1250 | 0.1624 | 0.7700 | 0.9186 |
| 0.08400 | 0.1268 | 0.6622 | 0.9493 | 0.1260 | 0.1632 | 0.7721 | 0.9182 |
| 0.08500 | 0.1277 | 0.6655 | 0.9481 | 0.1270 | 0.1640 | 0.7742 | 0.9178 |
| 0.08600 | 0.1286 | 0.6685 | 0.9469 | 0.1280 | 0.1649 | 0.7763 | 0.9175 |
| 0.08700 | 0.1295 | 0.6716 | 0.9457 | 0.1290 | 0.1657 | 0.7783 | 0.9172 |
| 0.08800 | 0.1304 | 0.6747 | 0.9445 | 0.1300 | 0.1665 | 0.7804 | 0.9179 |
| 0.08900 | 0.1313 | 0.6778 | 0.9433 | 0.1310 | 0.1674 | 0.7824 | 0.9166 |
| 0.09000 | 0.1322 | 0.6808 | 0.9422 | 0.1320 | 0.1682 | 0.7844 | 0.9164 |
| 0.09100 | 0.1331 | 0.6838 | 0.9411 | 0.1330 | 0.1691 | 0.7865 | 0.9161 |
| 0.09200 | 0.1340 | 0.6868 | 0.9401 | 0.1340 | 0.1699 | 0.7885 | 0.9158 |
| 0.09300 | 0.1349 | 0.6897 | 0.9391 | 0.1350 | 0.1708 | 0.7905 | 0.9156 |
| 0.09400 | 0.1357 | 0.6925 | 0.9381 | 0.1360 | 0.1716 | 0.7925 | 0.9154 |
| 0.09500 | 0.1366 | 0.6953 | 0.9371 | 0.1370 | 0.1724 | 0.7945 | 0.9152 |
| 0.09600 | 0.1375 | 0.6982 | 0.9362 | 0.1380 | 0.1733 | 0.7964 | 0.9150 |
| 0.09700 | 0.1384 | 0.7011 | 0.9353 | 0.1390 | 0.1741 | 0.7983 | 0.9148 |
| 0.09800 | 0.1392 | 0.7039 | 0.9344 | 0.1400 | 0.1749 | 0.8002 | 0.9146 |
| 0.09900 | 0.1401 | 0.7066 | 0.9335 | 0.1410 | 0.1758 | 0.8021 | 0.9144 |
| 0.1000 | 0.1410 | 0.7093 | 0.9327 | 0.1420 | 0.1766 | 0.8039 | 0.9142 |
| 0.1010 | 0.1419 | 0.7120 | 0.9319 | 0.1430 | 0.1774 | 0.8057 | 0.9141 |
| 0.1020 | 0.1427 | 0.7147 | 0.9311 | 0.1440 | 0.1783 | 0.8076 | 0.9140 |
| 0.1030 | 0.1436 | 0.7173 | 0.9304 | 0.1450 | 0.1791 | 0.8094 | 0.9139 |
| 0.1040 | 0.1445 | 0.7200 | 0.9297 | 0.1460 | 0.1880 | 0.8112 | 0.9137 |
| 0.1050 | 0.1453 | 0.7226 | 0.9290 | 0.1470 | 0.1808 | 0.8131 | 0.9136 |
| 0.1060 | 0.1462 | 0.7252 | 0.9282 | 0.1480 | 0.1816 | 0.8149 | 0.9135 |
| 0.1070 | 0.1470 | 0.7277 | 0.9276 | 0.1490 | 0.1825 | 0.8166 | 0.9134 |
| 0.1080 | 0.1479 | 0.7303 | 0.9269 | 0.1500 | 0.1833 | 0.8183 | 0.9133 |
| 0.1090 | 0.1488 | 0.7327 | 0.9263 | 0.1510 | 0.1841 | 0.8200 | 0.9133 |
| 0.1100 | 0.1496 | 0.7352 | 0.9257 | 0.1520 | 0.1850 | 0.8217 | 0.9132 |
| 0.1110 | 0.1505 | 0.7377 | 0.9251 | 0.1530 | 0.1858 | 0.8234 | 0.9132 |
| 0.1120 | 0.1513 | 0.7402 | 0.9245 | 0.1540 | 0.1866 | 0.8250 | 0.9132 |
| 0.1130 | 0.1522 | 0.7426 | 0.9239 | 0.1550 | 0.1875 | 0.8267 | 0.9131 |
| 0.1140 | 0.1530 | 0.7450 | 0.9234 | 0.1560 | 0.1883 | 0.8284 | 0.9130 |
| 0.1150 | 0.1539 | 0.7474 | 0.9228 | 0.1570 | 0.1891 | 0.8301 | 0.9130 |
| 0.1160 | 0.1547 | 0.7497 | 0.9223 | 0.1580 | 0.1900 | 0.8317 | 0.9129 |
| 0.1170 | 0.1556 | 0.7520 | 0.9218 | 0.1590 | 0.1908 | 0.8333 | 0.9130 |
| 0.1180 | 0.1564 | 0.7543 | 0.9214 | 0.1600 | 0.1917 | 0.8349 | 0.9130 |
| 0.1190 | 0.1573 | 0.7566 | 0.9209 | 0.1610 | 0.1925 | 0.8365 | 0.9130 |
| 0.1200 | 0.1581 | 0.7589 | 0.9204 | 0.1620 | 0.1933 | 0.8381 | 0.9130 |
| 0.1210 | 0.1590 | 0.7612 | 0.9200 | 0.1630 | 0.1941 | 0.8396 | 0.9130 |

续表

| $d/L_0$ | $d/L$ | $C/C_0$及$L/L_0$ | $H/H_0'$ | $d/L_0$ | $d/L$ | $C/C_0$及$L/L_0$ | $H/H_0'$ |
|---|---|---|---|---|---|---|---|
| 0.1640 | 0.1950 | 0.8411 | 0.9130 | 0.2060 | 0.2302 | 0.8950 | 0.9195 |
| 0.1650 | 0.1958 | 0.8427 | 0.9131 | 0.2070 | 0.2310 | 0.8960 | 0.9197 |
| 0.1660 | 0.1966 | 0.8442 | 0.9132 | 0.2080 | 0.2319 | 0.8971 | 0.9200 |
| 0.1670 | 0.1975 | 0.8457 | 0.9132 | 0.2090 | 0.2328 | 0.8981 | 0.9202 |
| 0.1680 | 0.1983 | 0.8472 | 0.9133 | 0.2100 | 0.2336 | 0.8991 | 0.9205 |
| 0.1690 | 0.1992 | 0.8486 | 0.9133 | 0.2110 | 0.2344 | 0.9001 | 0.9207 |
| 0.1700 | 0.2000 | 0.8501 | 0.9134 | 0.2120 | 0.2353 | 0.9011 | 0.9210 |
| 0.1710 | 0.2008 | 0.8515 | 0.9135 | 0.2130 | 0.2361 | 0.9021 | 0.9213 |
| 0.1720 | 0.2017 | 0.8529 | 0.9136 | 0.2140 | 0.2370 | 0.9031 | 0.9215 |
| 0.1730 | 0.2025 | 0.8544 | 0.9137 | 0.2150 | 0.2378 | 0.9041 | 0.9218 |
| 0.1740 | 0.2033 | 0.8558 | 0.9138 | 0.2160 | 0.2387 | 0.9051 | 0.9221 |
| 0.1750 | 0.2042 | 0.8572 | 0.9139 | 0.2170 | 0.2395 | 0.9061 | 0.9223 |
| 0.1760 | 0.2050 | 0.8586 | 0.9140 | 0.2180 | 0.2404 | 0.9070 | 0.9226 |
| 0.1770 | 0.2058 | 0.8600 | 0.9141 | 0.2190 | 0.2412 | 0.9079 | 0.9228 |
| 0.1780 | 0.2066 | 0.8614 | 0.9142 | 0.2200 | 0.2421 | 0.9088 | 0.9231 |
| 0.1790 | 0.2075 | 0.8627 | 0.9144 | 0.2210 | 0.2429 | 0.9097 | 0.9234 |
| 0.1800 | 0.2083 | 0.8640 | 0.9145 | 0.2220 | 0.2438 | 0.9107 | 0.9236 |
| 0.1810 | 0.2092 | 0.8653 | 0.9146 | 0.2230 | 0.2446 | 0.6116 | 0.9239 |
| 0.1820 | 0.2100 | 0.8666 | 0.9148 | 0.2240 | 0.2455 | 0.9125 | 0.9242 |
| 0.1830 | 0.2108 | 0.8680 | 0.9149 | 0.2250 | 0.2463 | 0.9134 | 0.9245 |
| 0.1840 | 0.2117 | 0.8693 | 0.9150 | 0.2260 | 0.2472 | 0.9143 | 0.9248 |
| 0.1850 | 0.2125 | 0.8706 | 0.9152 | 0.2270 | 0.2481 | 0.9152 | 0.9251 |
| 0.1860 | 0.2134 | 0.8718 | 0.9154 | 0.2280 | 0.2489 | 0.9161 | 0.9254 |
| 0.1870 | 0.2142 | 0.8731 | 0.9155 | 0.2290 | 0.2498 | 0.9170 | 0.9258 |
| 0.1880 | 0.2150 | 0.8743 | 0.9157 | 0.2300 | 0.2506 | 0.9178 | 0.9261 |
| 0.1890 | 0.2159 | 0.8755 | 0.9159 | 0.2310 | 0.2515 | 0.9186 | 0.9264 |
| 0.1900 | 0.2167 | 0.8767 | 0.9161 | 0.2320 | 0.2523 | 0.9194 | 0.9267 |
| 0.1910 | 0.2176 | 0.8779 | 0.9163 | 0.2330 | 0.2532 | 0.9203 | 0.9270 |
| 0.1920 | 0.2184 | 0.8791 | 0.9165 | 0.2340 | 0.2540 | 0.9211 | 0.9273 |
| 0.1930 | 0.2192 | 0.8803 | 0.9167 | 0.2350 | 0.2549 | 0.9219 | 0.9276 |
| 0.1940 | 0.2201 | 0.8815 | 0.9169 | 0.2360 | 0.2558 | 0.9227 | 0.9279 |
| 0.1950 | 0.2209 | 0.8827 | 0.9170 | 0.2370 | 0.2566 | 0.9235 | 0.9282 |
| 0.1960 | 0.2218 | 0.8839 | 0.9172 | 0.2380 | 0.2575 | 0.9243 | 0.9285 |
| 0.1970 | 0.2226 | 0.8850 | 0.9174 | 0.2390 | 0.2584 | 0.9251 | 0.9288 |
| 0.1980 | 0.2234 | 0.8862 | 0.9176 | 0.2400 | 0.2592 | 0.9259 | 0.9291 |
| 0.1990 | 0.2243 | 0.8873 | 0.9179 | 0.2410 | 0.2601 | 0.9267 | 0.9294 |
| 0.2000 | 0.2251 | 0.8884 | 0.9181 | 0.2420 | 0.2610 | 0.9275 | 0.9298 |
| 0.2010 | 0.2260 | 0.8895 | 0.9183 | 0.2430 | 0.2618 | 0.9282 | 0.9301 |
| 0.2020 | 0.2268 | 0.8906 | 0.9186 | 0.2440 | 0.2627 | 0.9289 | 0.9304 |
| 0.2030 | 0.2277 | 0.8917 | 0.9188 | 0.2450 | 0.2635 | 0.9296 | 0.9307 |
| 0.2040 | 0.2285 | 0.8928 | 0.9190 | 0.2460 | 0.2644 | 0.9304 | 0.9310 |
| 0.2050 | 0.2293 | 0.8939 | 0.9193 | 0.2470 | 0.2653 | 0.9311 | 0.9314 |

续表

| $d/L_0$ | $d/L$ | $C/C_0$及$L/L_0$ | $H/H_0'$ | $d/L_0$ | $d/L$ | $C/C_0$及$L/L_0$ | $H/H_0'$ |
|---|---|---|---|---|---|---|---|
| 0.2480 | 0.2661 | 0.9318 | 0.9317 | 0.2900 | 0.3031 | 0.9567 | 0.9456 |
| 0.2490 | 0.2670 | 0.9325 | 0.9320 | 0.2910 | 0.3040 | 0.9572 | 0.9459 |
| 0.2500 | 0.2679 | 0.9332 | 0.9323 | 0.2920 | 0.3049 | 0.9577 | 0.9463 |
| 0.2510 | 0.2687 | 0.9339 | 0.9327 | 0.2930 | 0.3058 | 0.9581 | 0.9466 |
| 0.2520 | 0.2696 | 0.9346 | 0.9330 | 0.2940 | 0.3067 | 0.9585 | 0.9469 |
| 0.2530 | 0.2705 | 0.9353 | 0.9333 | 0.2950 | 0.3076 | 0.9590 | 0.9473 |
| 0.2540 | 0.2714 | 0.9360 | 0.9336 | 0.2960 | 0.3085 | 0.9594 | 0.9476 |
| 0.2550 | 0.2722 | 0.9367 | 0.9340 | 0.2970 | 0.3094 | 0.9599 | 0.9480 |
| 0.2560 | 0.2731 | 0.9374 | 0.9343 | 0.2980 | 0.3103 | 0.9603 | 0.9483 |
| 0.2570 | 0.2740 | 0.9381 | 0.9346 | 0.2990 | 0.3112 | 0.9607 | 0.9486 |
| 0.2580 | 0.2749 | 0.9388 | 0.9349 | 0.3000 | 0.3121 | 0.9611 | 0.9490 |
| 0.2590 | 0.2757 | 0.9394 | 0.9353 | 0.3010 | 0.3130 | 0.9616 | 0.9493 |
| 0.2600 | 0.2766 | 0.9400 | 0.9356 | 0.3020 | 0.3139 | 0.9620 | 0.9496 |
| 0.2610 | 0.2775 | 0.9406 | 0.9360 | 0.3030 | 0.3148 | 0.9624 | 0.9499 |
| 0.2620 | 0.2784 | 0.9412 | 0.9363 | 0.3040 | 0.3157 | 0.9629 | 0.9502 |
| 0.2630 | 0.2792 | 0.9418 | 0.9367 | 0.3050 | 0.3166 | 0.9633 | 0.9505 |
| 0.2640 | 0.2801 | 0.9425 | 0.9370 | 0.3060 | 0.3175 | 0.9637 | 0.9509 |
| 0.2650 | 0.2810 | 0.9431 | 0.9373 | 0.3070 | 0.3184 | 0.9641 | 0.9512 |
| 0.2660 | 0.2819 | 0.9437 | 0.9377 | 0.3080 | 0.3193 | 0.9645 | 0.9515 |
| 0.2670 | 0.2827 | 0.9443 | 0.9380 | 0.3090 | 0.3202 | 0.9649 | 0.9518 |
| 0.2680 | 0.2836 | 0.9449 | 0.9383 | 0.3100 | 0.3211 | 0.9653 | 0.9522 |
| 0.2690 | 0.2845 | 0.9455 | 0.9386 | 0.3110 | 0.3220 | 0.9656 | 0.9525 |
| 0.2700 | 0.2854 | 0.9461 | 0.9390 | 0.3120 | 0.3230 | 0.9660 | 0.9528 |
| 0.2710 | 0.2863 | 0.9467 | 0.9393 | 0.3130 | 0.3239 | 0.9664 | 0.9531 |
| 0.2720 | 0.2872 | 0.9473 | 0.9396 | 0.3140 | 0.3248 | 0.9668 | 0.9535 |
| 0.2730 | 0.2880 | 0.9478 | 0.9400 | 0.3150 | 0.3257 | 0.9672 | 0.9538 |
| 0.2740 | 0.2889 | 0.9484 | 0.9403 | 0.3160 | 0.3266 | 0.9676 | 0.9541 |
| 0.2750 | 0.2898 | 0.9490 | 0.9406 | 0.3170 | 0.3275 | 0.9679 | 0.9544 |
| 0.2760 | 0.2907 | 0.9495 | 0.9410 | 0.3180 | 0.3284 | 0.9682 | 0.9547 |
| 0.2770 | 0.2916 | 0.9500 | 0.9413 | 0.3190 | 0.3294 | 0.9686 | 0.9550 |
| 0.2780 | 0.2924 | 0.9505 | 0.9416 | 0.3200 | 0.3302 | 0.9690 | 0.9553 |
| 0.2790 | 0.2933 | 0.9511 | 0.9420 | 0.3210 | 0.3311 | 0.9693 | 0.9556 |
| 0.2800 | 0.2942 | 0.9516 | 0.9423 | 0.3220 | 0.3321 | 0.9696 | 0.9559 |
| 0.2810 | 0.2951 | 0.9521 | 0.9426 | 0.3230 | 0.3330 | 0.9700 | 0.9562 |
| 0.2820 | 0.2960 | 0.9526 | 0.9430 | 0.3240 | 0.3339 | 0.9703 | 0.9565 |
| 0.2830 | 0.2969 | 0.9532 | 0.9433 | 0.3250 | 0.3349 | 0.9707 | 0.9568 |
| 0.2840 | 0.2978 | 0.9537 | 0.9436 | 0.3260 | 0.3357 | 0.9710 | 0.9571 |
| 0.2850 | 0.2987 | 0.9542 | 0.9440 | 0.3270 | 0.3367 | 0.9713 | 0.9574 |
| 0.2860 | 0.2996 | 0.9547 | 0.9443 | 0.3280 | 0.3376 | 0.9717 | 0.9577 |
| 0.2870 | 0.3005 | 0.9552 | 0.9446 | 0.3290 | 0.3385 | 0.9720 | 0.9580 |
| 0.2880 | 0.3014 | 0.9557 | 0.9449 | 0.3300 | 0.3394 | 0.9723 | 0.9583 |
| 0.2890 | 0.3022 | 0.9562 | 0.9452 | 0.3310 | 0.3403 | 0.9726 | 0.9586 |

续表

| $d/L_0$ | $d/L$ | $C/C_0$及$L/L_0$ | $H/H_0'$ | $d/L_0$ | $d/L$ | $C/C_0$及$L/L_0$ | $H/H_0'$ |
|---|---|---|---|---|---|---|---|
| 0.3320 | 0.3413 | 0.9729 | 0.9589 | 0.3740 | 0.3804 | 0.9834 | 0.9702 |
| 0.3330 | 0.3422 | 0.9732 | 0.9592 | 0.3750 | 0.3813 | 0.9835 | 0.9705 |
| 0.3340 | 0.3431 | 0.9735 | 0.9595 | 0.3760 | 0.3822 | 0.9837 | 0.9707 |
| 0.3350 | 0.3440 | 0.9738 | 0.9598 | 0.3770 | 0.3832 | 0.9839 | 0.9709 |
| 0.3360 | 0.3449 | 0.9741 | 0.9601 | 0.3780 | 0.3841 | 0.9841 | 0.9712 |
| 0.3370 | 0.3459 | 0.9744 | 0.9604 | 0.3790 | 0.3850 | 0.9843 | 0.9714 |
| 0.3380 | 0.3468 | 0.9747 | 0.9607 | 0.3800 | 0.3860 | 0.9845 | 0.9717 |
| 0.3390 | 0.3477 | 0.9750 | 0.9610 | 0.3810 | 0.3869 | 0.9847 | 0.9719 |
| 0.3400 | 0.3486 | 0.9753 | 0.9613 | 0.3820 | 0.3879 | 0.9848 | 0.9721 |
| 0.3410 | 0.3495 | 0.9756 | 0.9615 | 0.3830 | 0.3888 | 0.9850 | 0.9724 |
| 0.3420 | 0.3504 | 0.9758 | 0.9618 | 0.3840 | 0.3898 | 0.9852 | 0.9726 |
| 0.3430 | 0.3514 | 0.9761 | 0.9621 | 0.3850 | 0.3907 | 0.9854 | 0.9728 |
| 0.3440 | 0.3523 | 0.9764 | 0.9623 | 0.3860 | 0.3917 | 0.9855 | 0.9730 |
| 0.3450 | 0.3532 | 0.9767 | 0.9626 | 0.3870 | 0.3926 | 0.9857 | 0.9732 |
| 0.3460 | 0.3542 | 0.9769 | 0.9629 | 0.3880 | 0.3936 | 0.9859 | 0.9735 |
| 0.3470 | 0.3551 | 0.9772 | 0.9632 | 0.3890 | 0.3945 | 0.9860 | 0.9737 |
| 0.3480 | 0.3560 | 0.9775 | 0.9635 | 0.3900 | 0.3955 | 0.9862 | 0.9739 |
| 0.3490 | 0.3570 | 0.9777 | 0.9638 | 0.3910 | 0.3964 | 0.9864 | 0.9741 |
| 0.3500 | 0.3579 | 0.9780 | 0.9640 | 0.3920 | 0.3974 | 0.9865 | 0.9743 |
| 0.3510 | 0.3588 | 0.9782 | 0.9643 | 0.3930 | 0.9383 | 0.9867 | 0.9745 |
| 0.3520 | 0.3598 | 0.9785 | 0.9646 | 0.3940 | 0.3993 | 0.9869 | 0.9748 |
| 0.3530 | 0.3607 | 0.9787 | 0.9648 | 0.3950 | 0.4002 | 0.9870 | 0.9750 |
| 0.3540 | 0.3616 | 0.9790 | 0.9651 | 0.3960 | 0.4012 | 0.9872 | 0.9752 |
| 0.3550 | 0.3625 | 0.9792 | 0.9654 | 0.3970 | 0.4021 | 0.9873 | 0.9754 |
| 0.3560 | 0.3635 | 0.9795 | 0.9657 | 0.3980 | 0.4031 | 0.9874 | 0.9756 |
| 0.3570 | 0.3644 | 0.9797 | 0.9659 | 0.3990 | 0.4040 | 0.9876 | 0.9758 |
| 0.3580 | 0.3653 | 0.9799 | 0.9662 | 0.4000 | 0.4050 | 0.9877 | 0.9761 |
| 0.3590 | 0.3663 | 0.9801 | 0.9665 | 0.4010 | 0.4059 | 0.9879 | 0.9763 |
| 0.3600 | 0.3672 | 0.9804 | 0.9667 | 0.4020 | 0.4069 | 0.9880 | 0.9765 |
| 0.3610 | 0.3682 | 0.9806 | 0.9670 | 0.4030 | 0.4078 | 0.9882 | 0.9766 |
| 0.3620 | 0.3691 | 0.9808 | 0.9673 | 0.4040 | 0.4088 | 0.9883 | 0.9768 |
| 0.3630 | 0.3700 | 0.9811 | 0.9675 | 0.4050 | 0.4098 | 0.9885 | 0.9770 |
| 0.3640 | 0.3709 | 0.9813 | 0.9677 | 0.4060 | 0.4107 | 0.9886 | 0.9772 |
| 0.3650 | 0.3719 | 0.9815 | 0.9680 | 0.4070 | 0.4116 | 0.9887 | 0.9774 |
| 0.3660 | 0.3728 | 0.9817 | 0.9683 | 0.4080 | 0.4126 | 0.9889 | 0.9776 |
| 0.3670 | 0.3737 | 0.9819 | 0.9686 | 0.4090 | 0.4136 | 0.9890 | 0.9778 |
| 0.3680 | 0.3747 | 0.9821 | 0.9688 | 0.4100 | 0.4145 | 0.9891 | 0.9780 |
| 0.3690 | 0.3756 | 0.9823 | 0.9690 | 0.4110 | 0.4155 | 0.9892 | 0.9782 |
| 0.3700 | 0.3766 | 0.9825 | 0.9693 | 0.4120 | 0.4164 | 0.9894 | 0.9784 |
| 0.3710 | 0.3775 | 0.9827 | 0.9696 | 0.4130 | 0.4174 | 0.9895 | 0.9786 |
| 0.3720 | 0.3785 | 0.9830 | 0.9698 | 0.4140 | 0.4183 | 0.9596 | 0.9788 |
| 0.3730 | 0.3794 | 0.9832 | 0.9700 | 0.4150 | 0.4193 | 0.9898 | 0.9790 |

续表

| $d/L_0$ | $d/L$ | $C/C_0$及$L/L_0$ | $H/H_0'$ | $d/L_0$ | $d/L$ | $C/C_0$及$L/L_0$ | $H/H_0'$ |
|---|---|---|---|---|---|---|---|
| 0.4160 | 0.4203 | 0.9899 | 0.9792 | 0.4580 | 0.4608 | 0.9939 | 0.9858 |
| 0.4170 | 0.4212 | 0.9900 | 0.9794 | 0.4590 | 0.4618 | 0.9940 | 0.9859 |
| 0.4180 | 0.4222 | 0.9901 | 0.9795 | 0.4600 | 0.4628 | 0.9941 | 0.9860 |
| 0.4190 | 0.4231 | 0.9902 | 0.9797 | 0.4610 | 0.4637 | 0.9941 | 0.9862 |
| 0.4200 | 0.4241 | 0.9904 | 0.9798 | 0.4620 | 0.4647 | 0.9942 | 0.9863 |
| 0.4210 | 0.4251 | 0.9905 | 0.9800 | 0.4630 | 0.4657 | 0.9943 | 0.9864 |
| 0.4220 | 0.4260 | 0.9906 | 0.9802 | 0.4640 | 0.4666 | 0.9944 | 0.9865 |
| 0.4230 | 0.4270 | 0.9907 | 0.9804 | 0.4650 | 0.4676 | 0.9944 | 0.9867 |
| 0.4240 | 0.4280 | 0.9908 | 0.9806 | 0.4660 | 0.4686 | 0.9945 | 0.9868 |
| 0.4250 | 0.4289 | 0.9909 | 0.9808 | 0.4670 | 0.4695 | 0.9946 | 0.9869 |
| 0.4260 | 0.4298 | 0.9910 | 0.9810 | 0.4680 | 0.4705 | 0.9946 | 0.9871 |
| 0.4270 | 0.4308 | 0.9911 | 0.9811 | 0.4690 | 0.4715 | 0.9947 | 0.9872 |
| 0.4280 | 0.4318 | 0.9912 | 0.9812 | 0.4700 | 0.4725 | 0.9947 | 0.9873 |
| 0.4290 | 0.4328 | 0.9913 | 0.9814 | 0.4710 | 0.4735 | 0.9948 | 0.9874 |
| 0.4300 | 0.4337 | 0.9914 | 0.9816 | 0.4720 | 0.4744 | 0.9949 | 0.9875 |
| 0.4310 | 0.4347 | 0.9915 | 0.9818 | 0.4730 | 0.4754 | 0.9949 | 0.9876 |
| 0.4320 | 0.4356 | 0.9916 | 0.9819 | 0.4740 | 0.4764 | 0.9950 | 0.9877 |
| 0.4330 | 0.4366 | 0.9917 | 0.9821 | 0.4750 | 0.4774 | 0.9951 | 0.9878 |
| 0.4340 | 0.4376 | 0.9918 | 0.9823 | 0.4760 | 0.4783 | 0.9951 | 0.9880 |
| 0.4350 | 0.4385 | 0.9919 | 0.9824 | 0.4770 | 0.4793 | 0.9952 | 0.9881 |
| 0.4360 | 0.4395 | 0.9920 | 0.9826 | 0.4780 | 0.4803 | 0.9952 | 0.9882 |
| 0.4370 | 0.4405 | 0.9921 | 0.9828 | 0.4790 | 0.4813 | 0.9953 | 0.9883 |
| 0.4380 | 0.4414 | 0.9922 | 0.9829 | 0.4800 | 0.4822 | 0.9953 | 0.9885 |
| 0.4390 | 0.4424 | 0.9923 | 0.9830 | 0.4810 | 0.4832 | 0.9954 | 0.9886 |
| 0.4400 | 0.4434 | 0.9924 | 0.9832 | 0.4820 | 0.4842 | 0.9955 | 0.9887 |
| 0.4410 | 0.4443 | 0.9925 | 0.9833 | 0.4830 | 0.4852 | 0.9955 | 0.9888 |
| 0.4420 | 0.4453 | 0.9926 | 0.9835 | 0.4840 | 0.4862 | 0.9956 | 0.9889 |
| 0.4430 | 0.4463 | 0.9927 | 0.9836 | 0.4850 | 0.4871 | 0.9956 | 0.9890 |
| 0.4440 | 0.4472 | 0.9928 | 0.9838 | 0.4860 | 0.4881 | 0.9957 | 0.9891 |
| 0.4450 | 0.4482 | 0.9929 | 0.9839 | 0.4870 | 0.4891 | 0.9957 | 0.9892 |
| 0.4460 | 0.4492 | 0.9930 | 0.9841 | 0.4880 | 0.4901 | 0.9958 | 0.9893 |
| 0.4470 | 0.4501 | 0.9930 | 0.9843 | 0.4890 | 0.4911 | 0.9958 | 0.9895 |
| 0.4480 | 0.4511 | 0.9931 | 0.9844 | 0.4900 | 0.4920 | 0.9959 | 0.9896 |
| 0.4490 | 0.4521 | 0.9932 | 0.9846 | 0.4910 | 0.4930 | 0.9959 | 0.9897 |
| 0.4500 | 0.4531 | 0.9933 | 0.9847 | 0.4920 | 0.4940 | 0.9960 | 0.9898 |
| 0.4510 | 0.4540 | 0.9934 | 0.9848 | 0.4930 | 0.4950 | 0.9960 | 0.9899 |
| 0.4520 | 0.4550 | 0.9935 | 0.9849 | 0.4940 | 0.4960 | 0.9961 | 0.9899 |
| 0.4530 | 0.4560 | 0.9935 | 0.9851 | 0.4950 | 0.4969 | 0.9961 | 0.9900 |
| 0.4540 | 0.4569 | 0.9936 | 0.9852 | 0.4960 | 0.4979 | 0.9962 | 0.9901 |
| 0.4550 | 0.4579 | 0.9937 | 0.9853 | 0.4970 | 0.4989 | 0.9962 | 0.9902 |
| 0.4560 | 0.4589 | 0.9938 | 0.9855 | 0.4980 | 0.4999 | 0.9963 | 0.9903 |
| 0.4570 | 0.4599 | 0.9938 | 0.9857 | 0.4990 | 0.5009 | 0.9963 | 0.9904 |

续表

| $d/L_0$ | $d/L$ | $C/C_0$及$L/L_0$ | $H/H_0'$ | $d/L_0$ | $d/L$ | $C/C_0$及$L/L_0$ | $H/H_0'$ |
|---|---|---|---|---|---|---|---|
| 0.5000 | 0.5018 | 0.9964 | 0.9905 | 0.5800 | 0.5808 | 0.9987 | 0.9957 |
| 0.5100 | 0.5117 | 0.9968 | 0.9914 | 0.5900 | 0.5907 | 0.9988 | 0.9962 |
| 0.5200 | 0.5215 | 0.9972 | 0.9922 | 0.6000 | 0.6006 | 0.9990 | 0.9965 |
| 0.5300 | 0.5314 | 0.9975 | 0.9930 | 0.7000 | 0.7002 | 0.9997 | 0.9988 |
| 0.5400 | 0.5412 | 0.9978 | 0.9936 | 0.8000 | 0.8001 | 0.9999 | 0.9996 |
| 0.5500 | 0.5511 | 0.9980 | 0.9942 | 0.9000 | 0.9000 | 1.0000 | 0.9999 |
| 0.5600 | 0.5610 | 0.9983 | 0.9947 | 1.0000 | 1.0000 | 1.0000 | 1.0000 |
| 0.5700 | 0.5709 | 0.9985 | 0.9953 | | | | |

# 附录AF 理想大气总辐射量查算表

(1000hPa) (0.1kW·h/m²)

| 纬度(°) \ 月份 | 1 | 2 | 3 | 4 | 5 | 6 | 7 | 8 | 9 | 10 | 11 | 12 | 全年 |
|---|---|---|---|---|---|---|---|---|---|---|---|---|---|
| 16 | 2247 | 2264 | 2784 | 2871 | 3018 | 2916 | 3003 | 2967 | 2750 | 2601 | 2245 | 2162 | 31828 |
| 18 | 2164 | 2205 | 2747 | 2867 | 3042 | 2951 | 3034 | 2976 | 2729 | 2547 | 2171 | 2074 | 31507 |
| 20 | 2078 | 2143 | 2706 | 2859 | 3062 | 2983 | 3062 | 2981 | 2704 | 2490 | 2094 | 1986 | 31148 |
| 22 | 1991 | 2079 | 2662 | 2848 | 3078 | 2908 | 3086 | 2983 | 2675 | 2430 | 2015 | 1895 | 30650 |
| 24 | 1902 | 2012 | 2615 | 2834 | 3091 | 3039 | 3107 | 2981 | 2643 | 2367 | 1934 | 1802 | 30327 |
| 26 | 1812 | 1943 | 2564 | 2816 | 3101 | 3061 | 3125 | 2976 | 2608 | 2301 | 1851 | 1709 | 29867 |
| 28 | 1719 | 1871 | 2510 | 2794 | 3107 | 3081 | 3140 | 2966 | 2569 | 2233 | 1766 | 1614 | 29370 |
| 30 | 1626 | 1798 | 2452 | 2769 | 3110 | 3098 | 3151 | 2955 | 2527 | 2162 | 1680 | 1518 | 28846 |
| 32 | 1531 | 1723 | 2392 | 2741 | 3109 | 3111 | 3158 | 2938 | 2482 | 2088 | 1593 | 1422 | 28288 |
| 34 | 1436 | 1646 | 2329 | 2709 | 3105 | 3121 | 3163 | 2919 | 2434 | 2012 | 1503 | 1324 | 27701 |
| 36 | 1340 | 1567 | 2262 | 2674 | 3097 | 3129 | 3164 | 2896 | 2382 | 1936 | 1413 | 1227 | 27087 |
| 38 | 1243 | 1487 | 2193 | 2636 | 3086 | 3133 | 3162 | 2876 | 2328 | 1852 | 1323 | 1129 | 26448 |
| 40 | 1146 | 1403 | 2121 | 2594 | 3072 | 3135 | 3157 | 2841 | 2270 | 1769 | 1225 | 1032 | 25765 |
| 42 | 1049 | 1322 | 2047 | 2550 | 3055 | 3133 | 3150 | 2808 | 2210 | 1684 | 1139 | 935 | 25082 |
| 44 | 953 | 1238 | 1970 | 2502 | 3035 | 3129 | 3139 | 2772 | 2148 | 1597 | 1047 | 839 | 24369 |
| 46 | 857 | 1154 | 1891 | 2452 | 3012 | 3122 | 3125 | 2734 | 2093 | 1510 | 954 | 744 | 23648 |
| 48 | 762 | 1068 | 1809 | 2398 | 2986 | 3113 | 3109 | 2692 | 2014 | 1420 | 862 | 640 | 22873 |
| 50 | 668 | 982 | 1725 | 2342 | 2958 | 3103 | 3091 | 2647 | 1943 | 1329 | 771 | 559 | 22118 |
| 52 | 577 | 896 | 1640 | 2284 | 2927 | 3090 | 3071 | 2600 | 1870 | 1237 | 681 | 470 | 21343 |
| 54 | 488 | 810 | 1552 | 2222 | 2894 | 3076 | 3049 | 2551 | 1795 | 1145 | 592 | 385 | 20559 |

(900hPa) (0.1kW·h/m²)

| 纬度(°) \ 月份 | 1 | 2 | 3 | 4 | 5 | 6 | 7 | 8 | 9 | 10 | 11 | 12 | 全年 |
|---|---|---|---|---|---|---|---|---|---|---|---|---|---|
| 22 | 2004 | 2092 | 2678 | 2864 | 3095 | 3029 | 3103 | 2999 | 2690 | 2445 | 2018 | 1908 | 30925 |
| 24 | 1915 | 2025 | 2630 | 2850 | 3108 | 3056 | 3125 | 3000 | 2658 | 2381 | 1947 | 1815 | 30510 |
| 26 | 1824 | 1955 | 2579 | 2832 | 3118 | 3079 | 3142 | 2992 | 2623 | 2316 | 1863 | 1721 | 30044 |
| 28 | 1732 | 1884 | 2525 | 2810 | 3125 | 3099 | 3157 | 2996 | 2584 | 2247 | 1778 | 1626 | 29563 |
| 30 | 1638 | 1810 | 2467 | 2785 | 3127 | 3115 | 3169 | 2971 | 2542 | 2175 | 1692 | 1530 | 29021 |
| 32 | 1543 | 1735 | 2407 | 2757 | 3126 | 3128 | 3176 | 2955 | 2497 | 2101 | 1604 | 1432 | 28461 |
| 34 | 1447 | 1657 | 2343 | 2725 | 3122 | 3139 | 3181 | 2936 | 2448 | 2025 | 1515 | 1335 | 27873 |
| 36 | 1350 | 1578 | 2277 | 2690 | 3115 | 3146 | 3182 | 2913 | 2397 | 1946 | 1424 | 1237 | 27255 |
| 38 | 1253 | 1498 | 2207 | 2652 | 3104 | 3151 | 3181 | 2893 | 2342 | 1865 | 1333 | 1139 | 26618 |
| 40 | 1156 | 1416 | 2135 | 2610 | 3090 | 3152 | 3176 | 2857 | 2285 | 1782 | 1241 | 1041 | 25941 |

续表

| 纬度（°）\月份 | 1 | 2 | 3 | 4 | 5 | 6 | 7 | 8 | 9 | 10 | 11 | 12 | 全年 |
|---|---|---|---|---|---|---|---|---|---|---|---|---|---|
| 42 | 1058 | 1332 | 2061 | 2566 | 3073 | 3151 | 3168 | 2825 | 2224 | 1697 | 1148 | 943 | 25246 |
| 44 | 961 | 1248 | 1973 | 2509 | 3053 | 3147 | 3157 | 2789 | 2162 | 1610 | 1056 | 846 | 24511 |
| 46 | 865 | 1163 | 1904 | 2468 | 3030 | 3141 | 3144 | 2750 | 2096 | 1521 | 962 | 751 | 23795 |
| 48 | 769 | 1077 | 1822 | 2414 | 3004 | 3132 | 3128 | 2709 | 2028 | 1431 | 870 | 657 | 23041 |
| 50 | 675 | 991 | 1389 | 2358 | 2976 | 3121 | 3110 | 2664 | 1957 | 1340 | 778 | 565 | 21924 |
| 52 | 583 | 904 | 1652 | 2299 | 2945 | 3109 | 3090 | 2617 | 1884 | 1248 | 687 | 475 | 21493 |
| 54 | 493 | 818 | 1564 | 2237 | 2909 | 3095 | 3068 | 2568 | 1808 | 1154 | 598 | 389 | 20701 |

(800hPa) (0.1kW·h/m²)

| 纬度（°）\月份 | 1 | 2 | 3 | 4 | 5 | 6 | 7 | 8 | 9 | 10 | 11 | 12 | 全年 |
|---|---|---|---|---|---|---|---|---|---|---|---|---|---|
| 22 | 2018 | 2105 | 2694 | 2881 | 3113 | 3047 | 3121 | 3017 | 2706 | 2460 | 2042 | 1921 | 31125 |
| 24 | 1929 | 2038 | 2646 | 2867 | 3126 | 3073 | 3143 | 3015 | 2674 | 2397 | 1960 | 1828 | 30696 |
| 26 | 1837 | 1968 | 2595 | 2849 | 3136 | 3096 | 3161 | 3010 | 2639 | 2331 | 1877 | 1734 | 30233 |
| 28 | 1745 | 1897 | 2541 | 2827 | 3143 | 3117 | 3175 | 3014 | 2658 | 2223 | 1791 | 1638 | 29769 |
| 30 | 1650 | 1823 | 2483 | 2802 | 3145 | 3133 | 3187 | 2989 | 2558 | 2190 | 1704 | 1541 | 29205 |
| 32 | 1555 | 1747 | 2422 | 2773 | 3145 | 3147 | 3195 | 2973 | 2512 | 2115 | 1616 | 1444 | 28644 |
| 34 | 1459 | 1669 | 2358 | 2742 | 3141 | 3157 | 3200 | 2953 | 2464 | 2039 | 1526 | 1346 | 28054 |
| 36 | 1361 | 1590 | 2292 | 2707 | 3134 | 3165 | 3201 | 2931 | 2412 | 1560 | 1435 | 1247 | 27035 |
| 38 | 1264 | 1509 | 2222 | 2668 | 3123 | 3170 | 3199 | 2911 | 1358 | 1878 | 1343 | 1143 | 25788 |
| 40 | 1166 | 1427 | 2150 | 2627 | 3109 | 3171 | 3195 | 2876 | 2300 | 1795 | 1250 | 1050 | 26116 |
| 42 | 1068 | 1343 | 2075 | 2582 | 3092 | 3170 | 3187 | 2843 | 2240 | 1710 | 1158 | 952 | 25420 |
| 44 | 970 | 1259 | 1998 | 2534 | 3072 | 3166 | 3177 | 2807 | 2177 | 1622 | 1065 | 855 | 24702 |
| 46 | 873 | 1173 | 1918 | 2484 | 3049 | 3160 | 3163 | 2768 | 2111 | 1533 | 971 | 758 | 23961 |
| 48 | 777 | 1086 | 1836 | 2430 | 3023 | 3151 | 3148 | 2727 | 2042 | 1443 | 878 | 664 | 23205 |
| 50 | 582 | 997 | 1751 | 2374 | 2995 | 3141 | 3130 | 2682 | 1971 | 1351 | 786 | 571 | 22331 |
| 52 | 589 | 913 | 1665 | 2315 | 2965 | 3129 | 3109 | 2635 | 1898 | 1258 | 695 | 481 | 21652 |
| 54 | 499 | 826 | 1577 | 2253 | 2932 | 3115 | 3088 | 2586 | 1822 | 1165 | 605 | 394 | 20862 |

(700hPa) (0.1kW·h/m²)

| 纬度（°）\月份 | 1 | 2 | 3 | 4 | 5 | 6 | 7 | 8 | 9 | 10 | 11 | 12 | 全年 |
|---|---|---|---|---|---|---|---|---|---|---|---|---|---|
| 22 | 2033 | 2119 | 2711 | 2887 | 3132 | 3065 | 3140 | 3035 | 2723 | 2476 | 2056 | 1936 | 31313 |
| 24 | 1943 | 2052 | 2663 | 2884 | 3145 | 3092 | 3162 | 3034 | 2691 | 2413 | 1974 | 1842 | 30895 |
| 26 | 1851 | 1982 | 2612 | 2866 | 3155 | 3115 | 3180 | 3028 | 2655 | 2346 | 1891 | 1747 | 30428 |
| 28 | 1758 | 1910 | 2557 | 2845 | 3162 | 3135 | 3195 | 3032 | 2617 | 2277 | 1805 | 1651 | 29944 |
| 30 | 1664 | 1836 | 2500 | 2820 | 3165 | 3187 | 3206 | 3007 | 2574 | 2205 | 1718 | 1554 | 29436 |
| 32 | 1567 | 1760 | 2439 | 2791 | 3164 | 3166 | 3214 | 2991 | 2529 | 2131 | 1629 | 1456 | 28837 |
| 34 | 1471 | 1682 | 2375 | 2759 | 3160 | 3177 | 3219 | 2972 | 2480 | 2054 | 1539 | 1357 | 28245 |

续表

| 纬度（°）＼月份 | 1 | 2 | 3 | 4 | 5 | 6 | 7 | 8 | 9 | 10 | 11 | 12 | 全年 |
|---|---|---|---|---|---|---|---|---|---|---|---|---|---|
| 36 | 1373 | 1602 | 2308 | 2724 | 3153 | 3185 | 3221 | 2950 | 2429 | 1974 | 1447 | 1258 | 27624 |
| 38 | 1275 | 1521 | 2238 | 2686 | 3143 | 3189 | 3219 | 2929 | 2374 | 1893 | 1355 | 1159 | 26981 |
| 40 | 1177 | 1439 | 2166 | 2644 | 3129 | 3191 | 3215 | 2894 | 2316 | 1808 | 1262 | 1060 | 26301 |
| 42 | 1078 | 1355 | 2090 | 2599 | 3112 | 3190 | 3207 | 2861 | 2256 | 1723 | 1168 | 962 | 25601 |
| 44 | 980 | 1270 | 2013 | 2552 | 3092 | 3187 | 3197 | 2826 | 2192 | 1635 | 1075 | 864 | 24883 |
| 46 | 882 | 1183 | 1933 | 2502 | 3069 | 3181 | 3184 | 2787 | 2126 | 1546 | 981 | 766 | 24140 |
| 48 | 785 | 1097 | 1850 | 2447 | 3044 | 3172 | 3168 | 2745 | 2057 | 1455 | 888 | 671 | 23379 |
| 50 | 690 | 1010 | 1766 | 2391 | 3016 | 3162 | 3151 | 2701 | 1986 | 1363 | 795 | 578 | 22609 |
| 52 | 596 | 922 | 1679 | 2332 | 2985 | 3150 | 3131 | 2654 | 1913 | 1270 | 703 | 487 | 21822 |
| 54 | 505 | 1834 | 1590 | 2270 | 2953 | 3136 | 3109 | 2604 | 1837 | 1176 | 612 | 399 | 22025 |

（600hPa）　　(0.1kW · h/m$^2$)

| 纬度（°）＼月份 | 1 | 2 | 3 | 4 | 5 | 6 | 7 | 8 | 9 | 10 | 11 | 12 | 全年 |
|---|---|---|---|---|---|---|---|---|---|---|---|---|---|
| 26 | 1866 | 1997 | 2630 | 2885 | 3175 | 3135 | 3200 | 3048 | 2673 | 2363 | 1905 | 1762 | 30639 |
| 28 | 1773 | 1925 | 2575 | 2863 | 3182 | 3155 | 3215 | 3051 | 2634 | 2294 | 1819 | 1665 | 30151 |
| 30 | 1677 | 1850 | 2517 | 2838 | 3185 | 3172 | 3226 | 3027 | 2592 | 2222 | 1732 | 1568 | 29606 |
| 32 | 1576 | 1774 | 2456 | 2810 | 3185 | 3186 | 3235 | 3011 | 2546 | 2147 | 1642 | 1469 | 29037 |
| 34 | 1484 | 1696 | 2392 | 2778 | 3181 | 3197 | 3240 | 2991 | 2498 | 2070 | 1552 | 1370 | 28449 |
| 36 | 1386 | 1616 | 2325 | 2743 | 3174 | 3205 | 3242 | 2969 | 2446 | 1990 | 1460 | 1270 | 27826 |
| 38 | 1287 | 1534 | 2255 | 2704 | 3163 | 3210 | 3240 | 2949 | 2391 | 1908 | 1368 | 1171 | 27180 |
| 40 | 1188 | 1451 | 2182 | 2663 | 3150 | 3212 | 3236 | 2913 | 2333 | 1824 | 1274 | 1071 | 26497 |

（500hPa）　　(0.1kW · h/m$^2$)

| 纬度（°）＼月份 | 1 | 2 | 3 | 4 | 5 | 6 | 7 | 8 | 9 | 10 | 11 | 12 | 全年 |
|---|---|---|---|---|---|---|---|---|---|---|---|---|---|
| 26 | 1882 | 2013 | 2649 | 2904 | 3197 | 3156 | 3221 | 3068 | 2692 | 2381 | 1921 | 1777 | 30861 |
| 28 | 1788 | 1940 | 2594 | 2883 | 3203 | 3176 | 3236 | 3072 | 2653 | 2311 | 1835 | 1680 | 30371 |
| 30 | 1692 | 1865 | 2536 | 2858 | 3206 | 3193 | 3248 | 3047 | 2610 | 2239 | 1747 | 1582 | 29823 |
| 32 | 1596 | 1789 | 2475 | 2829 | 3206 | 3193 | 3248 | 3047 | 2610 | 2239 | 1747 | 1582 | 29561 |
| 34 | 1498 | 1710 | 2411 | 2798 | 3202 | 3219 | 3262 | 3012 | 2516 | 2086 | 1566 | 1384 | 28664 |
| 36 | 1399 | 1630 | 2343 | 2763 | 3196 | 3227 | 3264 | 2990 | 2464 | 2007 | 1474 | 1283 | 28040 |
| 38 | 1300 | 1548 | 2274 | 2724 | 3185 | 3232 | 3263 | 2970 | 2409 | 1924 | 1381 | 1183 | 27393 |
| 40 | 1201 | 1465 | 2200 | 2682 | 3172 | 3234 | 3258 | 2934 | 2351 | 1840 | 1287 | 1083 | 26707 |

# 主要量的符号及其计量单位

| 量 的 名 称 | 符号 | 计量单位 | 量 的 名 称 | 符号 | 计量单位 |
|---|---|---|---|---|---|
| 长度 | $L$ | m | 水力半径 | $R$ | m |
| 宽度 | $B$ | m | 水面比降 | $I$ | |
| 面积 | $A$ | $m^2$ | 超越概率 | $F(t)$ | |
| 密度 | $\rho$ | $kg/m^3$ | 年交叉率 | $\lambda$ | |
| 库容 | $V$ | $m^3$ | 频率 | $P$ | % |
| 流速 | $v$ | m/s | 随机误差 | $E_r$ | |
| 水温 | $t$ | ℃ | 流速不均匀系数 | $\alpha$ | |
| 水位 | $H$ | m | 局部损失系数 | $\xi$ | |
| 水面高程 | $z$ | m | 谢才系数 | $C$ | |
| 流量 | $Q$ | $m^3/s$ | 伽马函数 | $\Gamma(\alpha)$ | |
| 冰厚 | $h_i$ | cm | 离均系数 | $\Phi$ | |
| 坡度 | $J$ | | 变差系数 | $C_V$ | |
| 净雨深 | $h$ | mm | 偏态系数 | $C_S$ | |
| 下渗率 | $\mu$ | | 频率为 $P$ 的模比系数 | $K_P$ | |
| 洪水总量 | $W$ | $m^3$ | 相对均方误 | $\sigma'_{Pm}$ | |
| 泥沙等容粒径 | $d$ | mm | $y$ 倚 $x$ 的均方误 | $S_y$ | |
| 泥沙颗粒体积 | $V$ | $mm^3$ | $x$ 倚 $y$ 的均方误 | $S_x$ | |
| 暴雨衰减指数 | $n$ | | $y$ 倚 $x$ 的回归系数 | $R_{y/x}$ | |
| 汇流参数 | $m$ | | 综合稳定性指标 | $\varphi$ | |

# 参考文献


[1] 邱大洪. 工程水文学［M］. 北京：人民交通出版社，2011.

[2] 叶秉如. 水利计算［M］. 北京：水利电力出版社，1984.

[3] 刘光文. 水文分析与计算［M］. 北京：水利电力出版社，1989.

[4] 时文生，郭一兵，等. 水利水电工程设计洪水计算手册［M］. 北京：水利电力出版社，1994.

[5] 华东水利学院. 水文学的概率统计基础［M］. 北京：水利电力出版社，1982.

[6] 印凡成，复乐天，袁永生，等. 概率论与数理统计［M］. 南京：河海大学出版社，2000.

[7] 黄振平，陈无芳. 水文统计学［M］. 北京：中国水利水电出版社，2013.

[8] 王俊德. 水文统计［M］. 北京：水利电力出版社，1993.

[9] 李炜. 水力计算手册［M］. 北京：中国水利水电出版社，2006.

[10] 张瑞瑾. 河流泥沙动力学［M］. 2版. 北京：中国水利水电出版社，2014.

[11] 涂启华，杨赉斐. 泥沙设计手册［M］. 北京：中国水利水电出版社，2006.

[12] 水利部水文司. 水文调查指南［M］. 北京：水利电力出版社，1991.

[13] 朱晓原，张留柱，姚永熙. 水文实用测验手册［M］北京：中国水利电力出版社，2013.

[14] 水利电力部东北勘测设计院. 洪水调查［M］. 北京：水利电力出版社，1978.

[15] 钱宁，等. 河床演变学［M］. 北京：科学出版社，1987.

[16] 冯持，等. 不同因素影响条件下的水位流量关系［J］. 东北水利水电，2012，01：48-49.

[17] 张明明，赵文，于世超. 我国海洋污损生物的研究概况［J］. 水产科学，2008，27（10）：545-549.

[18] 高冬光，王亚玲. 桥涵水文［M］. 4版. 北京：人民交通出版社，2008.

[19] 铁道部第三勘测设计院. 桥渡水文［M］. 北京：中国铁道出版社，1993.

[20] 毛昶熙. 堤防工程手册［M］. 北京：中国水利水电出版社，2009.

[21] 北京市市政工程设计研究总院. 给水排水设计手册［M］. 北京：中国建筑工业出版社，2004.

[22] 工程地质手册编委会. 工程地质手册［M］. 北京：中国建筑出版社，2007.

[23] 陈宗镛. 潮汐学［M］. 北京：科学出版社，1980.

[24] 林钢. 计算海岸动力学［M］. 北京：海洋出版社，2010.

[25] 常瑞芳. 海岸工程环境［M］. 青岛：青岛海洋大学出版社，1997.

[26] 薛洪超，谢金赞，胡方西，等. 中国海岸带水文［M］. 北京：海洋出版社，1995.

[27] 薛禹群，朱学愚，吴吉春，等. 地下水动力学［M］北京：地质出版社，2005.

[28] 严凯，梁其荀. 海岸工程［M］. 北京：海洋出版社，2002.

[29] 严凯，梁其荀. 海港工程［M］. 北京：海洋出版社，1996.

[30] 方国洪，郑文振，陈宗镛，等. 潮汐和潮流的分析和预报［M］. 北京：海洋出版社，1986.

[31] 丰鉴章，李元智，孙书敏，等. 海岸工程中的海浪推算方法［M］. 北京：海洋出版社，1987.

[32] 海洋局908专项办公室. 海洋水文气象调查技术规程［M］. 北京：海军出版社，2005.

[33] 翁笃鸣. 中国辐射气候［M］. 北京：气象出版社，1997.

[34] 邵尧明，邵丹娜. 中国城市新一代暴雨强度公式［M］. 北京：中国建筑工业出版社，2014.

[35] 中国气象局. 地面气象观测规范［M］. 北京：气象出版社，2003.

[36] 中国气象局. 湿度查算表（甲种本）［M］. 北京：气象出版社，1986.

[37] 朱瑞兆. 风压计算的研究［M］. 北京：科学出版社，1976.

[38] 中国电力工程顾问集团中南电力设计院. 电力工程水文气象计算手册［M］. 武汉：湖北科学技术出版社，2011.

[39] 曹靖，田蓉，宋连瑞. 盐度对电厂温排水取水温升的影响［J］. 珠江水运，2014（10）：90-91.

[40] 陈时若，龙慧. 人类活动对河道的影响［J］. 长江科学院院报，1993，10（3）：22-29.

[41] 崔杰. 矿井涌水量计算方法评述 [J]. 水力采煤与管道运输，2009，4：1-4.

[42] 杜敏铭，邓英尔，许模. 矿井涌水量预测方法综述 [J]. 四川地质学报，2009，1：71-73.

[43] 陈宗镛，汤恩祥，周天华，等. "1985 国家高程基准"与中国平均海平面 [J]. 军事测绘，1988，6：44-49.

[44] 冯楚桥. 内涝水位计算 [J]. 铁路勘测与设计，1994，1：16-19.

[45] 桂轶. 城市生活用水类行业用水定额编制研究-上海市水利学会 2007 年学术年会论文汇编 [C]. 上海：上海市水利协会，2007.

[46] 胡振红，沈永明，郑永红，等. 温度和盐度分层流的数值模拟 [J]. 水科学进展，2001，12（4）：439-444.

[47] 江志红，刘冬，刘渝，等. 导线覆冰极值的概率分布模拟及其应用试验 [J]. 大气科学学报，2010，33（4），385-394.

[48] 焦玉红，陈虎. 浅论输电线路杆塔冲刷深度的确定 [J]. 新疆电力，2005，3：53-54.

[49] 金元欢，孙志林. 中国河口盐淡水混合特征研究 [J]. 地理学报，1992（2）：165-173.

[50] 李志永，郜会彩. 人类活动影响下飞云江河口河床演变分析 [J]. 人民长江，2014，45（9）：15-18.

[51] 刘昆. 广义帕雷托分布（GPD）在波浪极值推算中的应用 [D]. 青岛：中国海洋大学，2013.

[52] 刘如琛. 平地与高山风速转换的数值研究 [J]. 电力勘测设计，1997，1：54-61.

[53] 马彦伟，赵彬宇，谢建国，等. 广义 Pareto 分布的参数估计 [J] 贵阳：贵州师范学院学报，2014，30（6）：5-8.

[54] 毛北平. 长江界牌河段近期河床演变分析 [J]. 人民长江，2005，36（11）：20-22.

[55] 潘存鸿，曾剑，唐子文，等. 钱塘江河口泥沙特性及河床冲淤研究 [J]. 水利水运工程学报，2013，1：1-7.

[56] 钱学溥. 预测矿井涌水量的计算级别与精度评述 [J]. 中国煤田地质，2007，5：48-51.

[57] 任芝花，黎明琴，张伟敏. 小型蒸发器对 E-601B 蒸发器的折算系数 [J]. 应用气象学报，北京：中国气象科学研究院，2002，13（4）：508-512.

[58] 谭维炎. 盐水楔运动规律的研究述评 [J]. 水科学进展，1994，5（2）：149-159.

[59] 王国安，贺顺德，等. 排涝模数法的基本原理和适用条件 [J]. 人民黄河，2011（2）：21-26.

[60] 王积强，等. 中国水面蒸发器的发展简史与相关技术问题探讨 [J]. 水利技术监督，2011，3：9-39.

[61] 王天平，解建仓，张建龙，等. 基于突变理论的西王寨矿区矿井疏干水开发利用风险评价 [J]. 西安理工大学学报，2010，4：417-420.

[62] 王维新，周宪庄，张恭肃，等. 华东地区特小流域洪水参数研究 [J]. 水文，1989，4

[63] 魏勇. 常见溃坝模型综述 [J]. 工业安全与环保，2009，4：45-46.

[64] 吴德彪. 排水模数计算方法简介 [J]. 水文科技情报，1991，4：29-31.

[65] 夏军强，张晓雷，邓珊珊，等. 黄河下游高含沙洪水过程一维水沙耦合数学模型 [J]. 水科学进展，2015，26（5）：686-697.

[66] 谢作涛，侯卫国，任昊. 葛洲坝下游宜昌—杨家脑河段平面二维水沙数学模型 [J] 水科学进展，2008，19（3）：309-316.

[67] 徐凤丽，牧振伟，郝瑞. 玛纳斯河总干渠推移质输沙率公式分析 [J]. 水利与建筑工程学报，2011，9（1）：39-41.

[68] 杨光菊，陈星. 淮河中游河床稳定性分析 [J]. 治淮，2009，9：19-20.

[69] 杨光菊. 淮河中游河段河相关系研究 [J]. 治淮，2001，8：30-32.

[70] 赵旭，程维虎，李婧兰. 广义 Pareto 分布的广义有偏概率加权矩估计方法 [J]. 应用数学学报，2012，35（2）：321-329.

[71] 中国气象局. 常规高空气象探测规范[EB/OL]. http://www.moc.cma.gov.cn/c/document_library/get_file? folderId=23732&name=DLFE-1103.pdf.

[72] 中国气象局. 风能太阳能资源中心. http://cwera.cma.gov.cn/cn/.

[73] 3TIER 新能源项目评估 .http://www. 3tier.com/cn/.

[74] ANSI/ASCE7-93, Minimum Design Loads for Buildings and Other Structures[S]. American Society of Civil Engineers, 1996.

[75] ASCE/SEI 7-10, Minimum Design Loads for Buildings and Other Structures[S]. American Society of Civil Engineers, 2010.

[76] BS EN 1991-1-4:2005, Eurocode 1. Actions on structures-Part 1-4: General actions-Wind actions[S]. British Standards Institution, 2005.

[77] IEC 61400-1-2005, Windturbines Part I:Design requirements[S]. International Electrotechnical Commission, 2005.

[78] TCVN 2737-1995, Loads and Actions-Design Code[S]. Construction Publishing house, 2002.

[79] Cartwright, D, E and Catton. D, B. On the Fourier analysis of tidal observations[J]. Int. Hydrogr, Rev. 1963, 1(17): 113-125.

[80] Us Army Corps of Engineers Hydrologic Engineering Center. HEC-RAS River Analysis System Hydraulic Reference Manual Version 4.1 [EB/OL]. http://www. hec.usace.army.mil.

[81] Horn, W. Some recent approaches to tidal problems [J]. Intern. Hydrogr. Rev. 1960, 37(2): 65-84.